上海高等学校一流本科建设引领计划项目系列教材
上海市高校本科重点教改项目
上海普通高校优秀教材

概率论与数理统计

（第二版）

徐晓岭　王蓉华　顾蓓青　编

上海交通大学出版社
SHANGHAI JIAO TONG UNIVERSITY PRESS

内容提要

本书是统计学专业的基础课教材，其比较系统地介绍了概率论与数理统计的基本概念、基本原理和基本方法. 本书是在多年的教学实践基础上逐步形成的，内容丰富，叙述严谨，并附有典型例题及大量习题，有助于读者掌握和理解概率论与数理统计的基础知识. 全书共 10 章，内容包括：随机事件与概率、随机变量及其分布、多维随机变量及其分布、数字特征、大数定律和中心极限定理、数理统计的基础知识、参数估计、假设检验、方差分析、回归分析和相关分析等.

本书可供高等院校理工类等其他专业师生阅读参考，也可作为考研的参考用书.

图书在版编目(CIP)数据

概率论与数理统计/ 徐晓岭，王蓉华，顾蓓青编
. —2 版. —上海：上海交通大学出版社，2021.8
ISBN 978 - 7 - 313 - 25194 - 7

Ⅰ. ①概… Ⅱ. ①徐… ②王… ③顾… Ⅲ. ①概率论
—教材②数理统计—教材 Ⅳ. ①O21

中国版本图书馆 CIP 数据核字(2021)第 148589 号

概率论与数理统计(第二版)
GAILVLUN YU SHULI TONGJI(DI - ER BAN)

编　　者：徐晓岭　王蓉华　顾蓓青
出版发行：上海交通大学出版社　　地　　址：上海市番禺路 951 号
邮政编码：200030　　电　　话：021 - 64071208
印　　制：上海景条印刷有限公司　　经　　销：全国新华书店
开　　本：787 mm×1092 mm　1/16　　印　　张：27.75
字　　数：688 千字
版　　次：2013 年 8 月第 1 版　2021 年 8 月第 2 版　　印　　次：2021 年 8 月第 7 次印刷
书　　号：ISBN 978 - 7 - 313 - 25194 - 7
定　　价：59.80 元

第二版前言

本书自第一版发行以来受到同行的关注，广大师生也提出了一些很好的意见和建议，我们也在教学中发现了一些值得进一步改进的地方. 在上海交通大学出版社的鼓励和支持下，我们着手修改教材，目的是让学生更容易理解概率论、数理统计的思想方法，注重习题的训练，使学生易学、教师易教，做到事半功倍的效果. 修改的重点涉及如下四个方面.

一是优化了定理、例题的解题过程. 例如优化了第 4 章中关于 t 分布、F 分布等期望与方差的求取过程；第 10 章中优化了一元线性回归中回归系数性质的证明过程等.

二是删除了一些与数理统计关联度不大或者学生理解有难度的内容. 例如第 6 章中删除了分组资料确定中位数、众数等内容，删除了离散型总体次序统计量的分布等内容；第 8 章中删除了显著性检验等内容.

三是增添了一些新内容，尤其是一些最新的研究成果. 例如第 2 章增添了几个常用的离散型分布(负二项分布、负超几何分布等)、连续型分布(贝塔分布、拉普拉斯分布等)；第 4 章增添了几个矩的不等式的证明过程、常用离散型分布的高阶矩的简易求法等；第 8 章增添了多正态总体方差齐性检验以及正态性检验等.

四是优化了第一版中的习题，删除了一些类似的习题，并在书的最后补充了一些有一定难度的综合练习题，供学有余力的同学加强训练之用.

本书前 5 章由徐晓岭负责修改，后 5 章由王蓉华负责修改，习题部分由顾蓓青负责修改，全书由徐晓岭统稿. 本次修订得到了广大师生的关心和支持，尤其是得到了上海对外经贸大学统计与信息学院数理统计系领导的支持，在此深表感谢. 由于编者水平有限，书中难免有不妥或谬误之处，衷心欢迎广大读者和专家批评指正，我们将不断改进，把教材建设工作做得更好.

本书第二版的出版得到了“上海高等学校一流本科建设引领计划项目系列教材”“上海市高校本科重点教改项目”“上海对外经贸大学应用统计学一流本科建设项目”和上海师范大学 2020 年度上海高校市级重点课程“概率论与数理统计”的资助！

编　者

2021 年 4 月于上海

第一版前言

本书是一本面向大学统计学专业的概率论与数理统计课程的教材.全书较系统地介绍了概率论与数理统计的基本理论和方法,并将近一二十年来的新进展融入教材,使其内容更为丰富;例题的选取注重实用性,选用了许多背景资料来阐述和解释概率和统计的基本概念,以帮助读者正确理解和掌握这些概念的实质,这也是本书的一大特色.本书也可作为大学理工类本科生概率论与数理统计的教材,对考研的学生也具有一定的参考价值.

本书的编排分为两部分,第1章到第5章是概率论,第6章到第10章是数理统计.考虑到不同院校的需要,教师可以根据课时及学生的实际情况取舍.另外,为了使学生能更好地掌握概率论与数理统计的解题技巧,我们还编写了与本教材对应的习题参考书《概率论与数理统计学习指导与习题精解》,两本书如能对照阅读,相信会有更大的收获.

本书由上海对外经贸大学的徐晓岭、上海师范大学的王蓉华两位作者合作完成.徐晓岭编写了第1～5章,王蓉华编写了第6～10章,并由徐晓岭对全书进行了统稿.

本书的撰写得到了上海对外经贸大学的顾蓓青、赵飞、沙丹、凌学岭、王磊、范登锋、陈洁、徐冰纨等8位老师的关心与帮助,此外,上海师范大学概率论与数理统计专业的部分硕士研究生:张晓丽、李智军、魏晓、金藜勤、廖英、段贵锋、方园、王賛、胡平,上海对外经贸大学国际经济与贸易专业的硕士研究生梁舒,2009级统计学专业的本科生:程慧君、於笑扬,2010级统计学专业的本科生:刘芳芳、李桂芳、王园园、杨雯逸等也对本书的撰写提供了协助,在此一并深表感谢!

本书的出版得到了上海对外经贸大学地方本科085工程(二期)建设项目——统计学重点专业建设的资助!

由于编者水平有限,书中存在的不妥或谬误之处,恳请广大读者和专家批评指正.

编　者

2013年3月

目　录

第1章 随机事件与概率

1.1 随机事件

1.1.1 随机现象与样本空间

1. 随机现象

在自然界和人类日常活动中，每天都发生着不同的现象，从数学角度研究社会和自然的现象，可以把这些现象大体分为两类：确定(必然)现象和随机现象.

事先可预测的现象称为确定现象，即在准确地重复某些条件时，它的结果总是肯定的. 例如太阳不会从西边升起，同性电荷必然互斥等.

事前不可预测的现象称为随机现象，即在一定条件下，并不总是出现相同结果的现象. 例如，以同样的方式抛掷硬币，可能出现正面向上，也可能出现反面向上；走到某十字路口时，可能正好是红灯，也可能正好是绿灯. 随机现象揭示了条件和结果之间的不确定性联系，其数量关系无法用函数加以描述，其结果具有不确定性，但在大量试验和观察中，这种结果的出现具有一定的统计规律性，概率论和数理统计就是研究大量随机现象统计规律性的数学学科.

随机现象有两个缺一不可的特点：① 随机现象的结果至少有两个；② 至于哪一个出现，事先并不知道.

例 1.1 以下是随机现象的一些例子：

(1) 抛一个骰子，观察出现的点数；

(2) 某一顾客在超市排队等候付款的时间；

(3) 某电话呼叫中心在早晨 8:00—9:00 接到的电话呼叫次数；

(4) 在分析天平上重复称量某种物品的质量，其值有相近但不尽相同的结果；

(5) 新产品在未来市场的占有率；

(6) 明天的天气可能是晴天，也可能多云或雨.

试验是一个广泛的术语，它包括各种各样的科学试验，对客观事物进行的"调查""观察"等. 如抛掷一个骰子，观察出现的点数；记录某一电话呼叫中心在某一时间段接到的呼叫次数等. 为了探索随机现象的规律性，需要对随机现象进行观察，将观察随机现象或为了某种目的进行的操作统称为试验，在相同条件下可以重复的随机现象称为随机试验. 但也有很多随机现象是不能重复的，如某场球赛的输赢是不能重复的，某些经济现象(如失业、经济增长速度等)也是不能重复的. 概率论与数理统计主要是研究大量重复的随机现象，但也十分注意研究不能重复的随机现象. 随机试验是概率论中的一个基本概念，通常将符合下面 3 个特点的试验叫作随机试验，用英文字母 E 记之：

(1) 每次试验的可能结果不止一个，并且事先明确试验的所有可能结果；

(2) 进行一次试验之前无法确定哪一个结果先出现;

(3) 可以在同一条件下重复进行试验.

2. 样本空间

样本空间是一个概率论术语,将随机试验 E 的一切可能出现的结果组成的集合称为 E 的样本空间,通常记为 Ω. 样本空间中的元素,即 E 的每一个可能出现的结果称为样本点,用 ω 表示. 在随机试验中,确定样本空间至关重要.

例 1.2　下面给出一些随机现象的样本空间:

(1) 抛掷一枚骰子,可能出现的点数的样本空间 $\Omega=\{1, 2, 3, 4, 5, 6\}$, 其中的 1, 2, 3, 4, 5, 6 就是 6 个样本点;

(2) 从一批产品中一次取 3 件,记录出现正品与次品的情况,以 N 表示正品, P 表示次品,则其样本空间是 $\Omega=\{NNN, PPP, NNP, NPN, PNN, PNP, NPP, PPN\}$, 其中的元素就是样本点,若记录出现的正品次数,则样本空间 $\Omega=\{0, 1, 2, 3\}$, 由该例可见,样本空间的元素是由试验的目的所确定的;

(3) 某电话呼叫中心在早晨 8:00—9:00 接到的电话呼叫次数的样本空间 $\Omega=\{0, 1, 2, \cdots, 100, \cdots, 10\,000, \cdots\}$, "0"表示没有接到一个电话呼叫,"10 000"表示有可能接到 10 000 次电话呼叫,这两种情况虽然发生的概率小,但是我们不能认为它们绝不可能发生,所以该样本空间用非负整数表示,既不脱离实际,又合理想象,这便是数学的处理;

(4) 考察某地区 7 月份的气温, $\Omega=\{T_1<t<T_2\}$, 其中 t 表示平均气温.

列出样本空间是认识随机现象的重要一步,同时也要注意随机现象的样本空间需要注意以下 3 点.

(1) 样本空间中的元素是由试验目的所确定的,可以是数也可以不是数,当试验的目的不同时,样本空间往往是不同的,如把某射击比赛中一选手的射击情况作为随机试验,若以考察是否命中靶子为目的,则试验的样本空间 $\Omega=\{$中,不中$\}$;若以考察射中的环数为目的,则试验的样本空间 $\Omega=\{0, 1, 2, 3, 4, 5, 6, 7, 8, 9, 10\}$.

(2) 样本空间中至少有两个样本点,只含有两个样本点的样本空间是最简单的样本空间,如上述(1)中的样本空间 $\Omega=\{$中,不中$\}$ 就是一个最简单的样本空间.

(3) 从样本空间含有的样本点的个数来区分,样本空间可以大致分为有限、无限可列和无限不可列 3 类.

1.1.2　随机事件

在随机试验中,可能出现也可能不出现,而在大量重复试验中具有某种规律性的事件称为随机事件,简称事件,它是由随机现象的某些样本点组成的集合,随机事件通常用大写英文字母 A, B, C 等来表示. 例如,抛掷一枚硬币时, $A=$"正面向上"是一个事件.

随机事件可以分为基本事件和复合事件,只含有一个样本点的随机事件称为基本事件,含有多个样本点的随机事件称为复合事件.

在随机试验中,随机事件一般是由若干个基本事件组成的. 样本空间 Ω 的任一子集 A 称为随机事件. 若属于事件 A 的样本点出现,则称事件 A 发生.

因此,理论上称试验 E 所对应的样本空间 Ω 的子集为 E 的一个随机事件,简称事件. 在一次试验中,当这一子集中的一个样本点出现时,称这一事件发生.

样本空间Ω包含所有的样本点，它是Ω自身的子集，在每次的试验中它总是发生，称为必然事件，必然事件仍记为Ω，空集$\varnothing$不包含任何样本点，它也作为样本空间Ω的子集. 在每次试验中都不发生，称为不可能事件，必然事件和不可能事件在不同的试验中有不同的表达方式.

综上所述，随机事件可能有不同的表达方式：一种是直接用语言描述，同一事件可能有不同的描述；另一种是用样本空间子集的形式表示，此时，必须理解它所表达的实际含义，才能有利于对事件的理解.

例 1.3　某灯具厂生产的灯泡中，一盒灯泡有 20 个，经检查其中正品有 18 个，次品有 2 个，从中任取 3 件，这是随机试验，下列事件都是随机事件：

① A 表示"随机抽取的 3 件中恰有一件正品"；② B 表示"随机抽取的 3 件中恰有两件正品"；③ C 表示"随机抽取的 3 件中至少有两件正品"；④ D 表示"随机抽取的 3 件中至少有一件正品"；⑤ Ω 表示"随机抽取的 3 件中必有正品"是必然事件；⑥ $\varnothing$ 表示"随机抽取的 3 件中都是次品"是不可能事件.

注意　不可能事件和必然事件本没有随机性可言，但为了研究问题的需要，通常把这两个事件看成随机事件的两个极端情形.

例 1.4　将黑白两球随机地放入三个盒子中，试写出该试验的样本空间，并确定下列事件所含的样本点：① $A=$"第一个盒子中恰有一个球"；② $B=$"黑球在第一个盒子中"；③ $C=$"第一个盒子中至少有一个球".

解　记$\omega_{ij}=$"黑球、白球分别放入第 i，j 个盒子"，$\Omega=\{\omega_{ij}: i, j=1, 2, 3\}$，

$$A=\{\omega_{ij}: \min(i, j)=1; i, j=1, 2, 3; i\neq j\},$$
$$B=\{\omega_{1j}: j=1, 2, 3\},$$
$$C=\{\omega_{ij}: \min(i, j)=1; i, j=1, 2, 3\}.$$

1.1.3　事件之间的关系及运算

在样本空间中有许多事件，这些事件之中又有联系，分析事件之间的联系，有助于更加深刻地认识随机事件和随机现象的本质，给出事件的运算及运算规律，有助于研究复杂事件.

通常用希腊字母Ω表示样本空间，ω表示样本点，称ω是Ω的成员，或者ω属于Ω，或者ω是Ω的元素，记为$\omega\in\Omega$.

如果ω不是试验的一个可能结果，那么ω不是Ω的元素，则记为$\omega\notin\Omega$.

一个事件对应于样本空间的一个子集，因此某事件发生当且仅当它对应的子集中的某个元素(即样本点)在试验中出现. 用$A\subset\Omega$表示事件A是Ω的子集. 事件的相互关系与集合论中集合的包含、相等以及集合的运算等概念对应. 以下就是这些对应关系与运算. 为简化起见，以下均假设涉及的集合A，B，A_1，A_2，…，A_n等都是Ω的子集，而不再每次申明.

1. 事件之间的关系

1) 包含关系

如图 1.1 所示，假设有两个事件A和B，若事件A中任意一个样本点必在事件B中，则称B包含A，记为$B\supset A$，

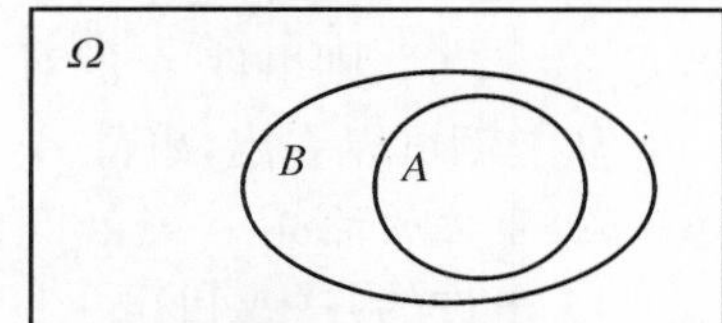

图 1.1　包含关系

或称 A 包含在 B 中,记为 $A \subset B$,也即 A 发生时,B 当然也就发生了,或说"A 的发生必导致 B 的发生".

例 1.5　袋中装有 2 个白球 5 个红球,任意抽取 2 个球,事件 A 表示所取的球恰有一个白球,事件 B 表示所取的球至少有一个白球,则事件 B 包含事件 A, $B \supset A$.

从上例可以看出,若 B 包含 A,则事件 A 发生必然导致事件 B 发生,并且对任一事件,必有:$\varnothing \subset A \subset \Omega$.

2) 相等关系

假设有两个事件 A 和 B,若事件 A 和 B 含有完全相同的样本点,则称 A 和 B 相等,记为 $A = B$,则若 $A \subset B$, $B \subset A$,那么 $A = B$,同样若 $A = B$,则 $A \subset B$, $B \subset A$.

例 1.6　同时抛掷两枚相同的骰子,观察出现的点数. 样本点记为 (x, y),其中 x, y 分别表示第一个和第二个骰子出现的点数,事件 $A = \{(x, y), x + y = \text{奇数}\}$,事件 $B = \{(x, y), x \text{ 与 } y \text{ 的奇偶性不同}\}$,可以验证,$A$ 若发生必然导致 B 发生,B 若发生必然导致 A 发生,则 $A = B$.

从上面的例子可以看出,若事件 A 和事件 B 相等,则 $A \subset B$ 且 $B \subset A$,也就是说,这两个事件表示成同一个集合,有时候不同形式表示的事件也有可能是同一个事件.

3) 互不相容(两两互不相容,或称两两互斥)

如图 1.2 所示,假设有两个事件 A 和 B,若事件 A 和事件 B 没有相同的样本点,或 A、B 不可能同时发生,则称 A 和 B 互不相容,记为 $AB = \varnothing$.

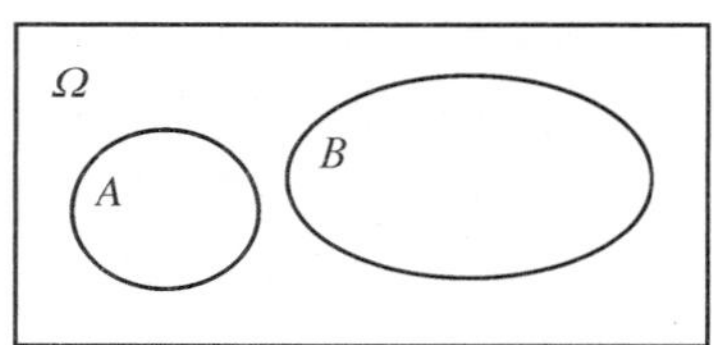

图 1.2　互不相容

例 1.7　在重复抛掷骰子两次观察其点数的试验中,事件 A 表示"两次中至少有一次出现偶数点",事件 B 表示"两次中都是出现奇数点",这两个事件不可能同时发生,因此它们是两个互不相容的事件.

从上面的例子可以看出,互不相容事件包含 3 种情况:A 发生 B 不发生;B 发生 A 不发生;A, B 都不发生.

4) 对立关系(互逆)

如图 1.3 所示,事件 A 与事件 B 在一次试验中有且仅有一个发生,即 A 与 B 为互为对立事件或称 B 是 A 的对立事件,或称逆事件,记为 $B = \bar{A}$,通常将事件 A 的对立事件记为 $\bar{A}$.

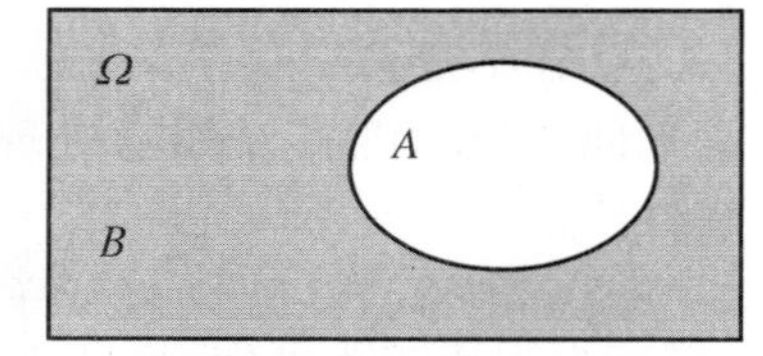

图 1.3　对立关系

对立事件属于一种特殊的互斥事件,它们的区别可以通过定义看出来. 一个事件本身与其对立事件的并集等于总的样本空间;而若两个事件互为互斥事件,表明一者发生则另一者必然不发生,但不强调它们的并集是整个样本空间. 即对立必然互斥,互斥不一定会对立.

例 1.8　在抛掷骰子的试验中,事件 A 表示"出现奇数点 1, 3, 5",事件 B 表示"出现偶数点 2, 4, 6",则事件 A 的对立事件就是事件 B,即 $\bar{A} = B$.

从上例可以看出,事件 A, B 互为对立事件的充要条件是:$A \cup B = \Omega$, $AB = \varnothing$.

2. 事件的运算

1) 事件的并(或和)

事件 A 与事件 B 至少有一个发生,称为事件 A 与事件 B 的并,记作 $A \cup B$,或记为

$A+B$，$A\cup B$ 表示由事件 A 与事件 B 的所有样本点（相同的只计一次）组成的新事件，即 $A\cup B=\{\omega:\omega\in A$ 或 $\omega\in B\}$，如图1.4所示.

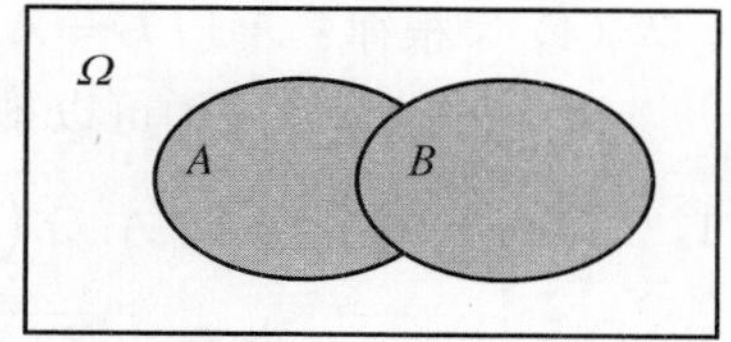

图1.4　事件的并

例1.9　设有某种圆柱形的产品，若底面直径和高都合格，则该产品合格，若 A 表示"直径不合格"，B 表示"高不合格"，则 $A\cup B$ 表示"产品不合格".

显然，对于任意事件 A，有 $A\cup\varnothing=A$，$A\cup\Omega=\Omega$.

事件的并可以推广到多个事件的情形：n 个事件 A_1，A_2，…，A_n 的并记为 $\bigcup\limits_{i=1}^{n}A_i$ 或 $\sum\limits_{i=1}^{n}A_i$，它表示 A_1，A_2，…，A_n 至少有一个发生；可数（或称可列）个事件 A_1，A_2，…，A_n，… 的并记为 $\bigcup\limits_{i=1}^{+\infty}A_i$ 或 $\sum\limits_{i=1}^{+\infty}A_i$，它表示 A_1，A_2，…，A_n，… 至少有一个发生.

2）事件的交（或积）

事件 A 与 B 同时发生，称为事件 A 与事件 B 的交，记作 $A\cap B$，或记为 AB，$A\cap B$ 表示由事件 A 与事件 B 的公共样本点组成的新事件，即 $A\cap B=\{\omega:\omega\in A$ 且 $\omega\in B\}$，如图1.5所示.

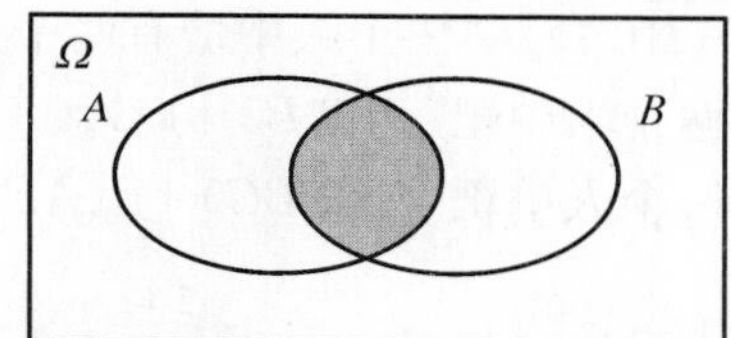

图1.5　事件的交

例1.10　在例1.9中设 C 为"直径合格"，D 为"高合格"，则 $C\cap D$ 为"产品合格". 显然，对于任意事件 A，有 $A\cap\varnothing=\varnothing$，$A\cap\Omega=A$.

事件的交也可以推广到多个事件的情形：n 个事件 A_1，A_2，…，A_n 的交记为 $\bigcap\limits_{i=1}^{n}A_i$ 或 $\prod\limits_{i=1}^{n}A_i$，它表示 A_1，A_2，…，A_n 同时发生；可数（或称可列）个事件 A_1，A_2，…，A_n，… 的交记为 $\bigcap\limits_{i=1}^{+\infty}A_i$ 或 $\prod\limits_{i=1}^{+\infty}A_i$，它表示 A_1，A_2，…，A_n，… 同时发生.

3）事件的差

事件 A 发生而 B 不发生，称为事件 A 与事件 B 的差，记作 $A-B$，即 $A-B$ 表示由在事件 A 中而不在事件 B 中的样本点组成的新事件，易见 $A-B=A\bar{B}$，如图1.6所示.

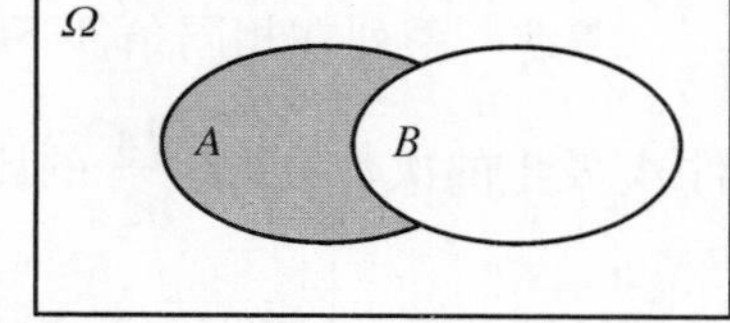

图1.6　事件的差

例1.11　在例1.9中 $A-B$ 表示"产品的直径不合格而高合格".

注意　以下等式总是成立的：

$$\bar{\Omega}=\varnothing,\ \bar{\varnothing}=\Omega,\ \Omega\cup A=\Omega,\ \Omega\cap A=A,$$

$$A\cup\bar{A}=\Omega,\ A\cap\bar{A}=\varnothing,\ \overline{(\bar{A})}=A.$$

事件之间的关系和运算与集合之间的关系和运算是类似的，下面给出事件的运算规律：

(1) 交换律：$A\cup B=B\cup A$，$AB=BA$；

(2) 结合律：$(A\cup B)\cup C=A\cup(B\cup C)$，$(A\cap B)\cap C=A\cap(B\cap C)$；

(3) 分配律：$A(B\cup C)=(AB)\cup(AC)$，$A\cup(BC)=(A\cup B)(A\cup C)$；

(4) 摩根律：$\overline{A \cup B}=\bar{A} \cap \bar{B}$，$\overline{A \cap B}=\bar{A} \cup \bar{B}$.

以上的运算性质均可以推广到有限个或可数个事件的情形. 例如，对 n 个事件 B_i，$i=1, 2, \cdots, n$ 有分配律：$A \cap \left(\bigcup\limits_{i=1}^{n} B_i\right)=\bigcup\limits_{i=1}^{n}(A \cap B_i)$，$A \cup \left(\bigcap\limits_{i=1}^{n} B_i\right)=\bigcap\limits_{i=1}^{n}(A \cup B_i)$；还有摩根律：$\overline{\bigcup\limits_{i=1}^{+\infty} B_i}=\bigcap\limits_{i=1}^{+\infty} \overline{B_i}$，$\overline{\bigcap\limits_{i=1}^{+\infty} B_i}=\bigcup\limits_{i=1}^{+\infty} \overline{B_i}$.

例 1.12　设甲、乙、丙三个人各射一次靶子，若 A 表示“甲射中靶子”，B 表示“乙射中靶子”，C 表示“丙射中靶子”，则可用上述三个事件的运算来分别表示下列事件.

解　① “甲未中靶”：$\bar{A}$；② “甲中靶而乙未中靶”：$A\bar{B}$；③ “三个人中只有丙未中靶”：$AB\bar{C}$；④ “三个人中恰有一个人中靶”：$(A\bar{B}\bar{C}) \cup (\bar{A}B\bar{C}) \cup (\bar{A}\bar{B}C)$；⑤ “三个人中至少有一个人中靶”：$A \cup B \cup C$ 或 $\overline{\bar{A}\bar{B}\bar{C}}$；⑥ “三个人中至少有一个人未中靶”：$\bar{A} \cup \bar{B} \cup \bar{C}$ 或 $\overline{ABC}$；⑦ “三个人中恰有两个人中靶”：$(AB\bar{C}) \cup (\bar{A}BC) \cup (A\bar{B}C)$；⑧ “三个人中至少有两个人中靶”：$(AB) \cup (AC) \cup (BC)$；⑨ “三个人都未中靶”：$\bar{A}\bar{B}\bar{C}$；⑩ “三个人中至多有一个人中靶”：$(A\bar{B}\bar{C}) \cup (\bar{A}B\bar{C}) \cup (\bar{A}\bar{B}C) \cup (\bar{A}\bar{B}\bar{C})$.

1.2　概率

在 1.1 节中，我们已经认识到在一次试验中随机试验的发生带有不确定性，结果事先是不知道的，但在大量的重复试验的情况下，它的发生是否有一定的规律性呢？这正是这一节要讨论的内容——随机事件的概率，这也是概率论中最基本和最重要的概念.

1.2.1　概率的统计定义与公理化定义

1. 概率的统计定义

考虑一系列在相同条件下重复做的随机试验，在最初 n 次重复试验中，假设 n_A 表示事件 A 发生的次数，那么 $\dfrac{n_A}{n}$ 的比值则给出了在最初 n 次试验中事件 A 发生的比例. 例如，如果是投掷硬币的试验，如果事件 A 相对应“正面”，那么 $\dfrac{n_A}{n}$ 给出了在最初 n 次投掷中正面出现的比例，直观上感觉随着 n 的增加，$\dfrac{n_A}{n}$ 的比值应该稳定且接近某些可以测量事件 A 发生可能性的固定数值. 这样，可以用下面的方式来指定事件的概率：$P(A)=\lim\limits_{n \to +\infty} \dfrac{n_A}{n}$.

定义 1.1　事件的频数是指在相同条件下，进行 n 次试验，在这 n 次试验中，事件 A 发生的次数 n_A 称为事件 A 发生的频数，称比值 $\dfrac{n_A}{n}$ 为事件 A 发生的频率，记为：$f_n(A)=\dfrac{n_A}{n}$.

由上述对频率的定义知，频率具有如下性质.

(1) 非负性：$f_n(A) \geqslant 0$；

(2) 规范性：$f_n(\Omega)=1$；

(3) 有限可加性：对于互不相容的事件 $A_1, A_2, A_3, \cdots, A_k$，有 $f_n\left(\sum_{i=1}^{k} A_i\right) = \sum_{i=1}^{k} f_n(A_i)$.

例 1.13　说明频率稳定性的例子.

(1) 抛掷硬币的试验. 历史上关于抛掷硬币的试验有不少人做过，表 1.1 给出了他们试验的结果，从表中的数字可以明显看出，随着试验抛掷次数 n 的增加，事件"出现正面"的频率也愈来愈接近常数 0.5.

(2) 英文字母的频率. 人们在生活实践中已经认识到：英文中某些字母的频率要高于另外一些字母，但 26 个英文字母各自出现的频率到底是多少？有人对各类典型的英文书刊中字母出现的频率进行了统计，发现各个字母的使用频率相当稳定，结果如表 1.2 所示，这项研究对计算机键盘设计(在方便的地方安排使用频率最高的字母键)、早期的密码破译(替代作业)等方面都是十分有用的.

表 1.1　历史上抛掷硬币试验的若干结果

试　验　者	抛掷次数 n	出现正面的次数 n_A	出现正面的频率 $\frac{n_A}{n}$
德摩根	2 048	1 061	0.518
蒲丰	4 040	2 048	0.506 9
皮尔逊(Ⅰ)	12 000	6 019	0.501 6
皮尔逊(Ⅱ)	24 000	12 012	0.500 5
维尼	30 000	14 994	0.499 8
罗曼诺夫斯基	80 640	39 699	0.492 3
费勒	10 000	4 979	0.497 9

表 1.2　英文字母的使用频率

字　母	使用频率	字　母	使用频率	字　母	使用频率
E	0.126 8	L	0.039 4	P	0.018 6
T	0.097 8	D	0.038 9	B	0.015 6
A	0.078 8	U	0.028 0	V	0.010 2
O	0.077 6	C	0.026 8	K	0.006 0
I	0.070 7	F	0.025 6	X	0.001 6
N	0.070 6	M	0.024 4	J	0.001 0
S	0.063 4	W	0.021 4	Q	0.000 9
R	0.059 4	Y	0.020 2	Z	0.000 6
H	0.057 3	G	0.018 7		

(3) 女婴出生频率. 研究男婴、女婴出生频率，对人口统计是很重要的. 历史上较早研究这一问题的是拉普拉斯，他对伦敦、彼得堡、柏林和全法国的大量人口资料进行研究，发现女婴出生频率总是在 0.488 4 左右波动. 统计学家克拉梅通过瑞典 1935 年的官方统计资料(见表 1.3)发现女婴出生频率总是在 0.482 左右波动.

表 1.3　瑞典 1935 年各月出生女婴的频率

月　份	婴 儿 数	女 婴 数	频　率
1	7 280	3 537	0.486
2	6 957	3 407	0.489
3	7 883	3 866	0.490
4	7 884	3 711	0.471
5	7 892	3 775	0.478
6	7 609	3 665	0.482
7	7 585	3 621	0.462
8	7 393	3 596	0.484
9	7 203	3 491	0.485
10	6 903	3 391	0.491
11	6 552	3 160	0.482
12	7 132	3 371	0.473
全年	88 273	42 591	0.482 5

事件发生的频率在一定程度上反映了事件发生的可能性的大小. 为什么要加上“在一定程度上”这一限定语呢? 因为频率不是一成不变的. 例如,若将上述投掷硬币试验重新再做,则 A 发生的次数就会改变,这是完全有可能的. 如此说来,频率还能够真实地反映事件发生的可能性的大小吗? 回答依然是肯定的,条件是试验次数 n 要足够大. 这里要指出一个重要的事实,就是,尽管 n 次试验中事件 A 发生的次数 n_A 不是一个固定的数,从而频率 $f_n(A)$ 也不是一个固定的数,但当试验的次数 n 较大时,频率 $f_n(A)$ 会趋于稳定.

人们从大量的实践中观察到,频率的稳定性可以推测,应该有一个由事件 A 自身所决定的常数 p 存在,使 $f_n(A)$ 十分稳定地在其上下做窄幅变动. 将这样一个客观存在的数 p 称作事件 A 的概率应当是合乎逻辑的.

定义 1.2　在相同条件下所做的 n 次试验中,当 $n\to+\infty$ 时,事件 A 发生的频率 $f_n(A)$ 稳定在某个常数 p 附近. 称此常数 p 为事件 A 发生的概率,记作

$$P(A)=p.$$

定义 1.2 是建立在试验及其统计数据的基础上的,故称之为概率的统计定义. 它有相当直观的试验背景,易被人们接受. 不足之处是,定义中常数 p 的存在只是人们经过大量观察之后的推断. 从传统数学惯有的严格性角度看,似乎应对其客观性给出严格的证明才能令人信服. 此外,定义中对频率与概率关系的描述是定性的,非数学化的,从而容易造成误解. 概率与频率的区别与联系: 一方面,事件发生的概率是客观存在的,带有确定性,是个不变的常数,而事件发生的频率是通过大量重复试验所得的,带有偶然性,是可变的数;另一方面,事件发生的频率在客观上能体现概率的含义,比如,若一个事件发生的频率越大,说明该事件发生的可能性就越大,若频率越小,说明该事件发生的可能性就越小,同时,事件发生的概率也体现在其发生的频率上,若事件的概率越大,即发生的可能性越大,那么该事件在试验

中发生的频率就越大,反之就越小. 由于定义1.2在上述方面的不足,人们开始寻找更好的定义概率的方式,于是,概率的公理化定义应运而生.

2. 概率的公理化定义

早在1900年大数学家希尔伯特在巴黎第二届国际数学家大会上公开提出要建立概率的公理化体系,即从概率的少数几条特性来刻画概率的概念. 直到1933年苏联数学家柯尔莫哥洛夫在他的《概率论基本概念》一书中首次提出概率的公理化定义. 这个定义概括了历史上几种概率定义中的共同特性,又避免了各自的局限性和含混之处,不管什么随机现象,只有满足定义中的3条公理才能说它是概率. 这一公理化体系的提出迅速获得了公认,为现代概率论的发展打下了坚实的基础. 从此数学界才承认概率论是数学的一个分支,这个公理化体系是概率论发展史上的一个里程碑,具有划时代的意义.

定义1.3 设E为随机试验,Ω为E的样本空间,对于随机试验E中的任一随机事件A都赋予一个实数,记为$P(A)$,称为事件A发生的概率,这里的$P(\cdot)$是一个集合函数,$P(\cdot)$满足下列条件:

(1) **公理1** 非负性:$P(A)\geqslant 0$;

(2) **公理2** 规范性:$P(\Omega)=1$;

(3) **公理3** 可列可加性:设$A_1, A_2, A_3, \cdots, A_n, \cdots$为互不相容的事件列,则

$$P\left(\sum_{i=1}^{+\infty} A_i\right)=\sum_{i=1}^{+\infty} P(A_i).$$

上述定义即为概率的公理化定义,公理1说明任一事件的概率介于0和1之间,公理2说明必然事件的概率为1,公理3说明对于任何互不相容的事件序列,这些事件至少有一个发生的概率正好与它们各自的概率之和相等.

1.2.2 概率的性质

根据上述概率的公理化定义,可以导出概率的若干性质,下面我们就给出概率的一些基本性质.

性质1 对任何事件A,都有$0\leqslant P(A)\leqslant 1$.

性质2 不可能事件的概率为0,即$P(\varnothing)=0$.

证明 因$\varnothing=\varnothing\cup\varnothing\cup\cdots$,由公理3有:$P(\varnothing)=P(\varnothing)+P(\varnothing)+\cdots$,再由公理1得$P(\varnothing)=0$.

性质3(有限可加性) 若有限个事件$A_1, A_2, \cdots, A_k$两两互不相容,则有

$$P\left(\bigcup_{i=1}^{k} A_i\right)=\sum_{i=1}^{k} P(A_i).$$

证明 因$\bigcup\limits_{i=1}^{k} A_i=A_1\cup A_2\cup\cdots\cup A_k\cup\varnothing\cup\varnothing\cup\cdots$,

故
$$P\left(\bigcup_{i=1}^{k} A_i\right)=P(A_1\cup A_2\cup\cdots\cup A_k\cup\varnothing\cup\varnothing\cup\cdots),$$

再由公理3和性质2得证.

注意 本性质从概率的可列可加性导出了有限可加性,但有限可加性并不能推出可列可加性.

性质 4 对任一事件 A,都有 $P(\bar{A})=1-P(A)$.

证明 因为 $\bar{A}\cup A=\Omega$,且 A 与 $\bar{A}$ 互不相容,故有 $P(A)+P(\bar{A})=1$,即有 $P(\bar{A})=1-P(A)$.

性质 5 若 $A\supset B$,则有 $P(A-B)=P(A)-P(B)$,且 $P(A)\geqslant P(B)$.

证明 因为当 $A\supset B$ 时,$A=B\cup(A-B)$,又 B 与 $A-B$ 互不相容,所以

$$P(A)=P(B)+P(A-B).$$

故有 $P(A-B)=P(A)-P(B)$,又因为 $P(A-B)\geqslant 0$,从而得 $P(A)\geqslant P(B)$.

性质 6 对任何事件 A, B,有 $P(A-B)=P(A)-P(AB)$.

证明 由于 $A-B=A-AB$,且 $A\supset AB$,故由性质 5 知

$$P(A-B)=P(A-AB)=P(A)-P(AB).$$

性质 7(概率连续性) 设 $A_1\supset A_2\supset\cdots$, $\bigcap_{n=1}^{+\infty}A_n=\varnothing$,则 $\lim_{n\to+\infty}P(A_n)=0$.

证明 对 $n=1, 2, \cdots$,易知:$A_n=\bigcup_{k=n}^{+\infty}(A_k-A_{k+1})$,而 $A_k-A_{k+1}(k=n,\ n+1,\ \cdots)$ 互不相容,则由公理 3 得:$1\geqslant P(A_1)=P\left(\bigcup_{k=1}^{+\infty}(A_k-A_{k+1})\right)=\sum_{k=1}^{+\infty}P(A_k-A_{k+1})$.

由于 $P(A_n)=\sum_{k=n}^{+\infty}P(A_k-A_{k+1})$ 是上面收敛级数的尾项,则 $\lim_{n\to+\infty}P(A_n)=0$.

注意 可将性质 7 做进一步推广:设 $A_1\supset A_2\supset\cdots$, $\bigcap_{n=1}^{+\infty}A_n=A$,则 $\lim_{n\to+\infty}P(A_n)=P(A)$.

事实上,令 $B_n=A_n-A=A_n\bar{A}$,则 $B_1\supset B_2\supset\cdots$,且

$$\bigcap_{n=1}^{+\infty}B_n=\bigcap_{n=1}^{+\infty}(A_n\bar{A})=\left(\bigcap_{n=1}^{+\infty}A_n\right)\bar{A}=A\bar{A}=\varnothing,\quad \lim_{n\to+\infty}P(B_n)=0,$$

$\lim_{n\to+\infty}P(B_n)=\lim_{n\to+\infty}P(A_n-A)=\lim_{n\to+\infty}P(A_n)-P(A)=0$,即有 $\lim_{n\to+\infty}P(A_n)=P(A)$.

性质 8(加法定理) 对任何事件 A, B,有 $P(A\cup B)=P(A)+P(B)-P(AB)$.

证明 由于 $A\cup B=A\cup(B-A)$,且 A 与 $B-A$ 互不相容,故有

$$P(A\cup B)=P(A)+P(B-A)=P(A)+P(B)-P(AB).$$

性质 9(多除少补原理) 将性质 8 推广到 n 个事件的情形:对任意 n 个事件 A_1, $A_2\cdots$, A_n,有

$$\begin{aligned}P\left(\bigcup_{i=1}^{n}A_i\right)=&\sum_{i=1}^{n}P(A_i)-\sum_{1\leqslant i<j\leqslant n}P(A_iA_j)+\sum_{1\leqslant i<j<k\leqslant n}P(A_iA_jA_k)+\cdots+\\&(-1)^{n-1}P(A_1A_2\cdots A_n)\end{aligned}$$

可用数学归纳法进行证明.

当 $n=2$ 时,即为性质 8,假设上式对 $n-1$ 时成立,那么对于 n 则有

$$\begin{aligned}P(A_1\cup A_2\cup\cdots\cup A_n)=&P(A_1\cup A_2\cup\cdots\cup A_{n-1})+P(A_n)-\\&P((A_1\cup A_2\cup\cdots\cup A_{n-1})\cap A_n)\\=&P(A_1\cup A_2\cup\cdots\cup A_{n-1})+P(A_n)-\\&P((A_1A_n)\cup(A_2A_n)\cup\cdots\cup(A_{n-1}A_n)).\end{aligned}$$

最后展开整理合并可得等式对 n 是成立的.

上面所证明的这些概率的性质在解题时是非常有用的,下面适当地举出一些例子予以说明.

例 1.14 设 $P(A)=0.7$, $P(B)=0.3$, $P(A\cup B)=0.8$, 求 $P(\bar{A}\bar{B})$, $P(A\bar{B})$.

解
$$P(\bar{A}\bar{B})=1-P(\overline{\bar{A}\bar{B}})=1-P(A\cup B)=1-0.8=0.2,$$
$$P(AB)=P(A)+P(B)-P(A\cup B)=0.7+0.3-0.8=0.2,$$
$$P(A\bar{B})=P(A)-P(AB)=0.7-0.2=0.5.$$

例 1.15 一批产品共有 50 件,其中 5 件是次品,另外 45 件是合格品,从这批产品中任意取出 3 件,求其中有次品出现的概率.

解 方法一:设 B_i 表示"取出的 3 件中恰有 i 件次品", $i=1, 2, 3$; B 表示"取出的 3 件中有次品",则显然有 $B=B_1\cup B_2\cup B_3$, 且 B_1, B_2, B_3 之间互不相容,故

$$P(B)=P(B_1)+P(B_2)+P(B_3),$$
$$=\frac{\mathrm{C}_5^1\mathrm{C}_{45}^2}{\mathrm{C}_{50}^3}+\frac{\mathrm{C}_5^2\mathrm{C}_{45}^1}{\mathrm{C}_{50}^3}+\frac{\mathrm{C}_5^3}{\mathrm{C}_{50}^3}=0.252\,5+0.023+0.000\,5=0.276.$$

方法二:运用概率的性质, $P(B)=1-P(\bar{B})=1-\dfrac{\mathrm{C}_{45}^3}{\mathrm{C}_{50}^3}=1-0.724=0.276.$

1.2.3 古典概型和几何概型

下面讨论在概率论发展初期讨论得最多的试验——古典概型和几何概型的概率计算,它们分别适用于有限和无限的概率空间情形,并且每个样本点都以等可能出现.

1. 古典概型

人们早期研究概率是从抛掷硬币、骰子、摸球和赌博等游戏中开始的,这类游戏有两个共同特点:一是试验的样本空间(某一试验全部可能结果的各元素组成的集合)有限,如掷硬币有正反两种结果,掷骰子有 6 种结果等;二是试验中每个结果出现的可能性相同,如硬币和骰子是均匀的前提下,掷硬币出现正反的可能性各为 $\dfrac{1}{2}$,掷骰子出现各种点数的可能性各为 $\dfrac{1}{6}$,具有这两个特点的随机试验称为古典概型或等可能概型. 计算古典概型概率的方法称为概率的古典定义或古典概率.

古典概型是概率论中最直观和最简单的模型,它不需要做大量的重复试验,概率的许多运算规则,也首先是在这种模型下得到的,判定一个试验是否为古典概型,在于这个试验是否具有古典概型的两个特征:

(1) 试验的样本空间只包括有限个元素;

(2) 试验中每个基本事件发生具有等可能性.

根据古典概型的两个特征,可以得知计算古典概型的概率的基本步骤:

(1) 计算出所有基本事件的个数 n;

(2) 计算出事件 A 所包含的基本事件的个数 m;

(3) 计算 $P(A)=\frac{m}{n}$,$P(A)$ 即为所求的事件 A 的概率.

在古典概型中,求事件 A 的概率主要是计算 A 中含有的样本点的个数和样本空间 Ω 中含有的样本点的个数,所以在计算中经常要用到排列组合工具,下面列出排列组合中的一些有用的结论,如结论 1～结论 5、表 1.4 和表 1.5 所示.

结论 1 设 S 是一个有 k 种不同元素的多重集,每种元素的重复数是无限的,则 S 的 r 排列(即选 r 个元素排列)数是 k^r.

结论 2 设 S 是一个有 k 种不同元素的多重集,有有限的重数,对应的重数分别为 n_1,n_2,…,n_k,记 $n=\sum_{i=1}^{k}n_i$,则 S 的排列(即全排列)数是 $\frac{n!}{n_1!\ n_2!\ \cdots n_k!}$.

结论 3 设 S 是一个有 k 种不同元素的多重集,每种元素的重复数是无限的,则 S 的 r 组合数是 C_{k+r-1}^{r}. 即其组合数等于方程 $x_1+x_2+\cdots+x_k=r$ 的非负整数解的个数.

结论 4 设 S 是一个有 k 种不同元素的多重集,每种元素的重复数是无限的,则 S 的每种元素至少出现一个的 r 组合数是 C_{r-1}^{k-1}.

结论 5 n 元集合的环状 r 排列数是 $\frac{n!}{r(n-r)!}$,特别地,n 个元素的环状排列数是 $(n-1)!$.

表 1.4 摸 球 问 题

	摸 球 方 式		不同摸法总数
从 n 个球中摸取 m 个球	有放回	计序	n^m
		不计序	C_{n+m-1}^{m}
	无放回	计序	A_n^m
		不计序	C_n^m

表 1.5 质 盒 问 题

	放 入 方 式		不同放法总数
m 个质点随机放入 n 个盒中	每盒可容纳任意个质点	质点可分辨	n^m
		质点不可辨	C_{n+m-1}^{m}
	每盒最多只容纳一质点	质点可分辨	A_n^m
		质点不可辨	C_n^m

例 1.16 将三个球随意地放入四个杯子中,问杯子中球的个数最多为 1, 2, 3 的概率各为多少?(设杯子的容量有限,球可辨.)

解 设 A, B, C 分别表示杯子中最多的球数分别为 1, 2, 3,由于球可辨,放球的所有可能结果数为:$n=4^3$.

(1) A 中所含的基本事件数:相当于从 4 个杯子中任意取出 3 个,每个杯子中放入一个球,则杯子的选法共有 C_4^3 种,球的放法有 3! 种,于是得 $P(A)=\frac{3!\ \mathrm{C}_4^3}{4^3}=\frac{3}{8}$;

(2) C 中所含的基本事件数：因为一个杯子中最多放入了 3 个球，所以 3 个球放入同一个杯子中有 4 种放法，于是得 $P(C)=\frac{C_4^1}{4^3}=\frac{1}{16}$；

(3) 由于 3 个球放入 4 个杯子中的所有可能性结果为：$A\cup B\cup C$，显然有 $A\cup B\cup C=\Omega$，且 A，B，C 之间互不相容，于是得 $P(B)=1-P(A)-P(C)=1-\frac{3}{8}-\frac{1}{16}=\frac{9}{16}$.

例 1.17　设掷 n 次均匀硬币，求出现正面的次数多于反面的次数的概率.

解　以 A 记事件"出现正面的次数多于反面的次数".

(1) 当 n 为奇数时，正面次数与反面次数不会相等，A 的对立事件 $\bar{A}$ 为正面次数不多于反面次数，即反面次数多于正面次数. 由于正、反面地位对称，所以 $P(A)=P(\bar{A})=\frac{1}{2}$；

(2) 当 n 为偶数时，正、反面次数可能相等，且相等的概率为：$C_n^{\frac{n}{2}}\ \frac{1}{2^n}$，

进而有：
$$P(A)=\frac{1}{2}\left(1-\frac{C_n^{\frac{n}{2}}}{2^n}\right).$$

例 1.18　从数字 1，2，…，9 中(可重复地)任取 n 次，求 n 次所取的数字的乘积能被 10 整除的概率.

解　乘积要能被 10 整除必须既取到数字 5(记为事件 A)，又取到偶数(记为事件 B)，即要求 $P(AB)$，由于 $P(\bar{A})=\frac{8^n}{9^n}$，$P(\bar{B})=\frac{5^n}{9^n}$，$P(\bar{A}\bar{B})=\frac{4^n}{9^n}$，

则
$$\begin{aligned}P(AB)&=1-P(\bar{A}\cup\bar{B})\\&=1-[P(\bar{A})+P(\bar{B})-P(\bar{A}\bar{B})]=1-\frac{8^n+5^n-4^n}{9^n}.\end{aligned}$$

例 1.19　一部五卷的文集，按任意次序放在书架上，求自左至右，第一卷不在第一位置且第二、三卷也不在第二、第三位置的概率.

解　设 A_1，A_2，A_3 分别表示第一、二、三卷在其相应位置上，所求概率为
$$\begin{aligned}P(\bar{A}_1\bar{A}_2\bar{A}_3)&=P(\overline{A_1\cup A_2\cup A_3})=1-P(A_1\cup A_2\cup A_3)\\&=1-[P(A_1)+P(A_2)+P(A_3)-P(A_1A_2)-\\&\quad P(A_2A_3)-P(A_1A_3)+P(A_1A_2A_3)],\end{aligned}$$

而 $P(A_1)=P(A_2)=P(A_3)=\frac{4!}{5!}$，$P(A_1A_2)=P(A_2A_3)=P(A_1A_3)=\frac{3!}{5!}$，$P(A_1A_2A_3)=\frac{2!}{5!}$，

故
$$P(\bar{A}_1\bar{A}_2\bar{A}_3)=\frac{8}{15}.$$

例 1.20(生日问题)　在有 k 个同学的一个班级里，考虑至少有 2 个同学同一天生日的概率[记为 $p(k)$]有多大？先考虑其对立事件，即先计算“没有 2 个人是同一天生日”的概率(在此只考虑一年有 365 天的情形，生日为 2 月 29 日的被认为是 3 月 1 日的生日，同时假设 $2\leqslant k\leqslant 365$). 每个同学的生日都等可能是 365 天中任何一天，因此样本空间大小为 365^k，k 个人没有 2 个人同生日，等价于在 365 天中选 k 个不同的日子作为他们的生日，共有 A_{365}^k 种选法. 也可以用另外一种观点，第 1 个同学的生日可以是 365 天的任何一天，第 2 个同学只能在剩下的 364 天中选择，依此类推，共有 $365\times 364\times\cdots\times(365-k+1)=\mathrm{A}_{365}^k=\frac{365!}{(365-k)!}$ 种选法，则
$$p(k)=1-\frac{\mathrm{A}_{365}^k}{365^k}=1-\frac{365!}{365^k\times(365-k)!}.$$
以下表 1.6 给出不同 k 值对应的 $p(k)$ 值.

表 1.6　k 个人中至少有两个人同日生的概率数值表

k	5	10	15	20	25	30	40	50	60	100
$p(k)$	0.027	0.117	0.253	0.411	0.569	0.706	0.891	0.970	0.994	0.999 999 7

如果对上表的数据仍有所怀疑的话，不妨留意一下以下的例子：在美国前 42 任总统中，有两个人的生日是一样的(第 11 任总统波尔克和第 29 任总统哈定生于 11 月 2 日)，有 3 个人死在同一天(第 2 任总统亚当斯、第 3 任总统杰斐逊和第 5 任总统门罗均死于 7 月 4 日)，大文豪莎士比亚生于 1564 年 4 月 23 日，卒于 1616 年 4 月 23 日，生卒日相同.

例 1.21(匹配问题)　假设一个人打印了 n 封信，并在 n 个信封上打印相应的地址，接着随意地把这 n 封信放进 n 个信封中. 求至少有一封信刚好放进正确的信封的概率 p_n.

同样该问题可以用不同有趣的内容来表述. 比如，从 n 个班级的每个班级中选 1 名男生和 1 名女生，将这些男生和女生随机地配对跳交谊舞，求其中至少有一对来自同一个班级的概率 p_n. 另一个例子是，某项国际乒乓球比赛，共有 n 个国家参赛，每个国家只能派 2 名选手参赛，在淘汰赛的第一轮，这 $2n$ 个选手抽签进行 n 场比赛，求没有 1 对选手来自同一个国家的概率，这正好是“至少有 1 对选手来自同一个国家”的对立事件，因此其概率等于 $1-p_n$.

解　记 A_i 为把第 $i(i=1,2,\cdots,n)$ 封信放进正确的信封这一事件，则 $p_n=P\left(\bigcup_{i=1}^{n}A_i\right)$，由于是随意把信装进信封的，那么把任意一封信放进正确的信封的概率 $P(A_i)$ 是 $\frac{1}{n}$，因此
$$\sum_{i=1}^{n}P(A_i)=n\frac{1}{n}=1.$$
进而，因为可把第一封信放进 n 个信封的任一个，那么第二封信可放进剩下的 $n-1$ 个信封

中的任一个，那么把第一封信和第二封信都放进正确的信封的概率 $P(A_1A_2)$ 是 $\frac{1}{n(n-1)}$，类似地，把任意第 i 封信和第 $j(i \neq j)$ 封信都放进正确的信封的概率 $P(A_i A_j)$ 是 $\frac{1}{n(n-1)}$，因此

$$\sum_{i<j} P(A_i A_j) = \mathrm{C}_n^2 \frac{1}{n(n-1)} = \frac{1}{2!}.$$

用类似的推理方法，可算出把任何三封信 i，j 和 $k(i<j<k)$ 放进正确的信封的概率 $P(A_i A_j A_k)$ 是 $\frac{1}{n(n-1)(n-2)}$，因此 $\sum\limits_{i<j<k} P(A_i A_j A_k) = \mathrm{C}_n^3 \frac{1}{n(n-1)(n-2)} = \frac{1}{3!}$. 持续这个过程，直到把所有 n 封信都正确放进各自信封的概率 $P(A_1A_2\cdots A_n)$ 是 $\frac{1}{n!}$，从而可得至少把一封信放进正确的信封的概率：

$$p_n = 1 - \frac{1}{2!} + \frac{1}{3!} - \frac{1}{4!} + \cdots + (-1)^{n+1} \frac{1}{n!}.$$

这个概率有如下有趣的特征，当 $n \to +\infty$ 的时候，p_n 的值趋向于下式的极限：

$$\lim_{n\to+\infty} p_n = 1 - \frac{1}{2!} + \frac{1}{3!} - \frac{1}{4!} + \cdots = 1 - \frac{1}{\mathrm{e}} \approx 0.632\,12,$$

即当 n 充分大时，至少有一封信被放进正确的信封的概率 p_n 的值接近 0.632 12.

注意　p_n 的值会随着 n 的增加形成一个波动序列. 当 n 以偶数 2，4，6，… 增加时，p_n 的值会逐渐增大到极限值 0.632 12；当 n 以奇数 3，5，7，… 增加时，p_n 的值会逐渐减小到同样的极限值，p_n 的值收敛得很快. 事实上，当 $n=7$ 时，p_7 的值已经可以精确到小数点后第 4 位了.

值得一提的是，利用该例的结果，通过实际试验，可以得到 e 的近似值 $\hat{\mathrm{e}}$. 记 $A=$“至少有一封信刚好放进正确的信封”，$P(A) \approx 1 - \mathrm{e}^{-1}$，得 e 的近似值 $\hat{\mathrm{e}} = \frac{1}{1-P(A)}$. 国内有位老师曾做过该试验，他与某班 40 名同学一道，利用扑克进行匹配试验，并对 e 进行了估计. 方法是：取扑克中两种花色共 26 张牌，每次随机取两张，若成对则认为是一个匹配，试验时，先将牌充分洗匀，若出现对子时停止试验，洗匀后再进行下一轮试验，否则摸完 26 张牌. 共进行了 2 500 次试验，有对子出现的有 1 578 次，则 $\hat{\mathrm{e}} = 2.711\,496\,746$，而 $\mathrm{e} \approx 2.718\,281\,828$，其误差 $|\hat{\mathrm{e}} - \mathrm{e}| < 6.8 \times 10^{-3}$.

2. 几何概型

古典概型只是考虑有限个试验结果的情形，那么无限个试验结果的情形又该如何考虑呢？于是就产生了几何概型. 几何概型中假设随机试验中的基本事件有无穷多个，且每个基本事件发生是等可能性的，几何概型的基本思想就是把事件和几何区域对应，利用几何区域的度量来计算事件发生的概率，并假设这种度量具有如长度一样的各种性质，如度量的非负性、可加性.

设 Ω 是 n 维空间中的勒贝格可测集，并且具有有限的测度 $L(\Omega) > 0$，其中 $L(\Omega)$ 表示

Ω 的勒贝格测度. 直观地说,对于一维区间来说它是区间的长度,对于二维区域来说它是区域的面积,对于三维来说它是体积. 向 Ω 中投掷一个质点 M, 如果 M 在 Ω 中均匀分布,那么就称这样的随机试验(掷点)是几何概型.

所谓"M 在 Ω 中均匀分布"是指:点 M 必须落在 Ω 中,而且落在可测集 $A(\subset \Omega)$ 中的可能性大小与 A 的测度成正比,而与 A 的位置与形状无关. 此时, Ω 中每一点 ω 是基本事件:"点 M 落于 ω 上",因此有无穷多个基本事件而不能再应用古典概型的公式计算相应的概率问题. 如果以 $P(A)$ 表示"点 M 落在可测集 A 中"的概率,考虑到点 M 的均匀分布性,自然可以定义 $P(A)=\dfrac{L(A)}{L(\Omega)}$,其中 $L(A)$ 表示 A 的测度,同时认为 $\varnothing$ 也是可测的,且有 $L(\varnothing)=0$. 图 1.7 列出了二维情形的几何概型.

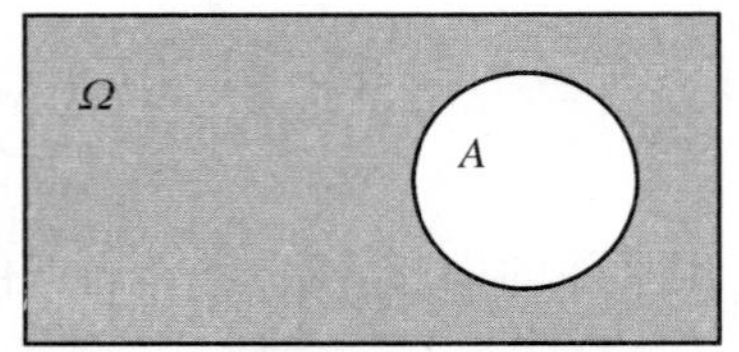

图 1.7 二维情形的几何概型
$$\boldsymbol{P(A)=\frac{S_A}{S_\Omega}}$$

注意 这里的概率 $P(A)$ 只是针对可测集 A 才有定义,而不是对 Ω 的所有子集都有定义,因为有不可测的子集存在.

不难发现几何概型具有以下两个特征:① 试验的结果是无限而且不可列的;② 每个结果出现的可能性是均匀的.

例 1.22(会面问题) 甲乙两人相约上午 8:00 至 9:00 之间到预约地点见面,先到者等候另外一人 20 分钟,过时就可离去,如果每个人可在指定的 1 小时内任意时刻到达,求甲乙两人能见面的概率.

解 在平面上建立 xOy 直角坐标系,将 8:00 作为计算时间的 0 时,以分钟为单位,设甲乙两人到达预定地点的时刻分别为 x, y, 则它们可以取区间 $[0, 60]$ 内的任一值,即 $0\leqslant x\leqslant 60$, $0\leqslant y\leqslant 60$, $\Omega=\{(x, y)\mid 0\leqslant x\leqslant 60, 0\leqslant y\leqslant 60\}$.

由于甲乙两人都在 0~60 分钟的时间内等可能地到达,所以由等可能性知这是一个几何概率的问题,而两人能会面的充要条件是: $|x-y|\leqslant 20$, 以 A 表示"两人能见面",则事件 A 对应的区域为: $A=\{(x, y): |x-y|\leqslant 20, (x, y)\in\Omega\}$ (区域 A 如图 1.8 的中间部分所示),故根据几何概率的定义知: $P(A)=\dfrac{S_A}{S_\Omega}=\dfrac{60^2-40^2}{60^2}=\dfrac{5}{9}$.

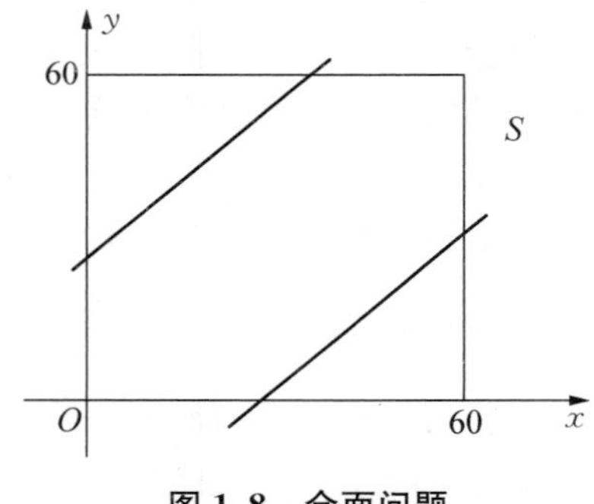

图 1.8 会面问题

例 1.23 把长度为 l 的棒任意折成三段,求它们可以构成一个三角形的概率.

解 设其中两段的长为 x 和 y, 则第三段长为 $l-x-y$, 且 $0<x<l$, $0<y<l$, $0<l-x-y<l$, 样本空间为: $0<x<l$, $0<y<l$, $0<x+y<l$, 令 $A=$"使折成的三段构成一个三角形", 且 $y+(l-x-y)>x$, $x+(l-x-y)>y$, $x+y>l-x-y$, 即 $x<\dfrac{l}{2}$, $y<\dfrac{l}{2}$, $x+y>\dfrac{l}{2}$, 则所求概率 $P(A)=\dfrac{\frac{1}{2}\left(\frac{l}{2}\right)^2}{\frac{1}{2}l^2}=0.25$.

例 1.24(蒲丰投针问题) 平面上画有等距离为 a $(a>0)$ 的一些平行线,向平面任意

投一长为 $l\ (l<a)$ 的针，如图 1.9 所示，试求针与一平行线相交的概率.

解　以 M 表示落下后针的中点，x 表示 M 与最近一平行线的距离，φ 表示针与此线的交角，易知，$0\leqslant x<\frac{a}{2}$，$0\leqslant\varphi\leqslant\pi$. 这两个式子决定了 $xO\varphi$ 平面上一矩形 R，样本空间为

$$\Omega=\left\{(\varphi,\ x)\mid 0\leqslant x<\frac{a}{2},\ 0\leqslant\varphi\leqslant\pi\right\}.$$

若使针与一平行线相交(这线必定是与 M 最近的平行线相交)，充分必要条件是 $x\leqslant\frac{l}{2}\sin\varphi$. 这个不等式决定 R 中一子集，因此，问题等价于向 R 中均匀分布地掷点而求点落于 $G=\left\{(\varphi,\ x)\middle|0\leqslant x<\frac{a}{2},\ 0\leqslant\varphi\leqslant\pi,\ x\leqslant\frac{1}{2}\sin\varphi\right\}$ 中的概率 p，由几何概型的计算公式得：$p=\frac{1}{\frac{a}{2}\pi}\int_0^{\pi}\frac{l}{2}\sin\varphi\,\mathrm{d}\varphi=\frac{2}{\pi}\frac{l}{a}$.

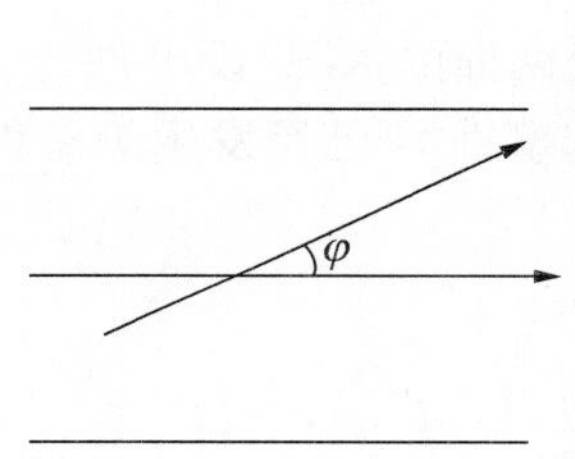

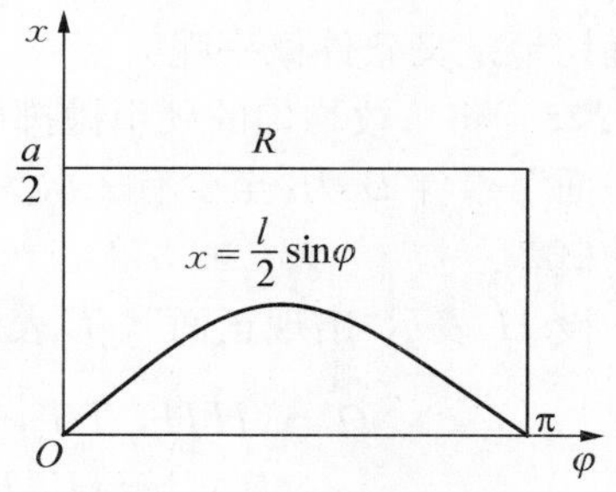

图 1.9　蒲丰投针问题

注意　上述概率 p 只依赖于比值 $\frac{l}{a}$，因此当 l 和 a 成比例变化时，概率 p 的值不发生变化，同时计算此概率的公式也提供了一个求 π 值的方法：如果能事先求得概率 p 值，便可以求得 π 值. 若投针 N 次，其中针与平行线相交 n 次，则相交的频率为 $\frac{n}{N}$，用频率 $\frac{n}{N}$ 近似估计概率值 p，可得 π 的近似计算方法：$\hat{\pi}\approx\frac{2lN}{an}$. 表 1.7 给出了历史上几位试验者做投针试验的情况.

表 1.7　投针试验表

试验者	年份	投掷次数	相交次数
沃尔夫	1850	5 000	2 532
斯密斯	1855	3 204	1 218
拉兹瑞尼	1901	3 408	1 808

本例的意义深远，它指出了一种很有用的近似计算方法，即现在应用广泛的蒙特卡罗模

拟."蒲丰投针问题"是找矿的一个重要概型.设在给定区域内的某处有一矿脉(相当于针)长为 l,用间隔为 a 的一组平行线进行探测,假定 $l < a$,要求"找到这个矿脉"(相当于针与平行线相交)的概率有多大就可用投针问题的结果.

另外,还可以考虑投掷凸形、凹形甚至弯针等,其与一平行线相交的概率为 $\frac{2}{\pi}\frac{s}{a}$,其中 s 为图形的周长.同学们还可以再思考一下,蒲丰为何要画一些平行线呢?

1.3　条件概率

1.3.1　条件概率

在实际生活中,很多事件的发生都要基于一定的条件,因此在考虑实际问题是否发生时,要注意事件的前提条件.例如,人们往往要考虑在事件 B 发生的情形下,事件 A 发生的概率.将在已知事件 B 发生的条件下,事件 A 发生的概率称为条件概率,记为 $P(A \mid B)$,那么如何确切地定义条件概率呢?

例 1.25　将一枚均匀的硬币抛掷两次,观察其出现正反两面的情况.设事件 A 为"两次掷出同一面",事件 B 为"至少有一次为正面".现在来求已知事件 B 已经发生的条件下事件 A 发生的概率.

解　设 H 表示"出现正面",T 表示"出现反面",则

$$\Omega=\{HH, TT, HT, TH\}, A=\{HH, TT\},$$
$$B=\{HH, HT, TH\}, AB=\{HH\}.$$

易见,$P(A)=\frac{2}{4}=\frac{1}{2}$, $P(B)=\frac{3}{4}$, $P(AB)=\frac{1}{4}$,那么,在 B 发生的前提下,A 出现的可能性又是多少呢?

很明显若已知 B 发生,则可能的情况只有 HH、HT、TH 3 种,其中只有一种可导致 A 的发生,故在事件 B 已经发生的条件下,事件 A 发生的概率 $P(A \mid B)$ 等于$\frac{1}{3}$.从上面的例子可以得到 $P(A \mid B)=\frac{1}{3}=\frac{\frac{1}{4}}{\frac{3}{4}}=\frac{P(AB)}{P(B)}$.

实际上,上面这个式子具有一般性,其对事件的频率、古典概型及几何概率的问题都成立.因此在一般的情况下,可将这个式子作为条件概率的定义.下面就具体给出条件概率的定义.

定义 1.4　设 A, B 为两个事件,$P(B)>0$,那么在"事件 B 已发生"的条件下,事件 A 发生的条件概率 $P(A \mid B)$ 定义为:$P(A \mid B)=\frac{P(AB)}{P(B)}$.

由条件概率的定义易知,条件概率满足概率的条件.

(1) 非负性：对任何事件 A，有 $P(A \mid B) \geqslant 0$；

(2) 规范性：$P(\Omega \mid B)=1$；

(3) 可列可加性：若 $A_1, A_2, A_3, \cdots$ 为互不相容的事件列，则有 $P\left(\bigcup_{i=1}^{+\infty} A_i \mid B\right)=\sum_{i=1}^{+\infty} P(A_i \mid B)$，进而条件概率满足概率的所有性质. 如加法定理，如果 A_1 和 A_2 是任何事件，则

$$P(A_1 \cup A_2 \mid B)=P(A_1 \mid B)+P(A_2 \mid B)-P(A_1A_2 \mid B),$$
$$P(\bar{A} \mid B)=1-P(A \mid B).$$

也可以把条件概率进一步推广到多个事件的情形，如果 A_i，$i=1, 2, 3, \cdots, n$，是 n 个事件，给定 $A_1, A_2, \cdots, A_{n-1}$ 出现，那么 A_n 的条件概率可由下式给出：

$$P(A_n \mid A_1, A_2, A_3, \cdots, A_{n-1})=\frac{P(A_1A_2\cdots A_{n-1}A_n)}{P(A_1A_2\cdots A_{n-1})}.$$

例 1.26　人寿保险公司常常需要知道存活到某一年龄段的人在下一年仍然存活的概率. 根据统计资料可知，某城市的人由出生一直存活到 50 岁的概率为 0.907 18，存活到 51 岁的概率为 0.901 35，问现在已经 50 岁的人，能存活到 51 岁的概率.

解　设 A 表示“活到 50 岁”，B 表示“活到 51 岁”，显然 $B \subset A$，因此 $AB=B$ 由于 $P(A)=0.907\,18$，$P(B)=0.901\,35$，$P(AB)=P(B)=0.901\,35$，故

$$P(B \mid A)=\frac{P(AB)}{P(A)}=\frac{0.901\,35}{0.907\,18}\approx 0.993\,57.$$

从得到的数据可以看出，该城市 50 岁到 51 岁的死亡概率为 0.006 43，这意味着，该城市 50 岁到 51 岁年龄段的人群中，每千人中大概有 6.43 个人死亡.

例 1.27　掷三颗骰子，若已知没有两个相同，求至少有一个一点的概率.

解　设 $A=\{$出现点子没有两个相同$\}$，$B=\{$至少有一个一点$\}$，$\bar{B}=\{$没有一个一点$\}$，$A\bar{B}=\{$没有两个点子相同，且不包含一点$\}$.

$$P(A)=\frac{\mathrm{A}_6^3}{6^3},\ P(A\bar{B})=\frac{\mathrm{A}_5^3}{6^3},\ P(B \mid A)=1-\frac{P(A\bar{B})}{P(A)}=1-\frac{\mathrm{A}_5^3/6^3}{\mathrm{A}_6^3/6^3}=1-1/2=\frac{1}{2}.$$

1.3.2　独立性

在一般情况下，条件概率 $P(B \mid A)$ 不等于 $P(B)$，这说明事件 A 和事件 B 是有联系的，其中一个事件的发生会影响另一个事件的发生. 在实际问题中，经常会碰到一些问题中一个事件的发生不影响另一个事件的发生，也即 $P(B \mid A)=P(B)$，就好像这两个事件似乎存在着某种“独立性”，独立性是概率中又一个很基本而又很重要的概念.

1. 两个事件之间的独立性

定义 1.5　如果事件 A 与事件 B 满足 $P(AB)=P(A)P(B)$，则称事件 A 与事件 B 相互独立.

作为特殊情形，若 A、B 中有一个是必然事件或不可能事件，上式显然成立. 这表明，任

意事件都与 Ω (或 $\varnothing$) 相互独立.

定理 1.1　设事件 A 与事件 B 相互独立,且 $P(A)>0$,则 $P(B\mid A)=P(B)$,反之亦然.

证明　由条件概率和独立性的定义易证得结论.

定理 1.2　设事件 A 与事件 B 相互独立,则 A 与 $\bar{B}$ 相互独立,$\bar{A}$ 与 B 相互独立,$\bar{A}$ 与 $\bar{B}$ 相互独立.

证明　因为事件 A 与事件 B 相互独立,则 $P(AB)=P(A)P(B)$,

又 $A=A\Omega=A(B\cup\bar{B})=(AB)\cup(A\bar{B})$,从而有

$$P(A)=P(AB)+P(A\bar{B})=P(A)P(B)+P(A\bar{B}),$$

$$P(A\bar{B})=P(A)[1-P(B)]=P(A)P(\bar{B}).$$

这就证得 A 与 $\bar{B}$ 相互独立,同理可证 $\bar{A}$ 与 B 相互独立,$\bar{A}$ 与 $\bar{B}$ 相互独立.

初学者往往容易将事件 A 与 B 独立和事件 A、B 互斥相混淆,常误以为独立就是互斥,或许是独立与互斥这两个汉语词汇的词义相近造成这样的误解. 其实当 $P(A)>0$,$P(B)>0$ 时,如果 A、B 独立,则 $P(AB)\neq 0$,从而 A、B 相容而不是互斥;而当 A、B 互斥时则因 $P(AB)=0$,但 $P(A)\cdot P(B)\neq 0$,所以 A、B 不独立.

例 1.28　一个袋子中装有 a 个红球和 b 个黑球,(1) 采用有放回摸球,求:已知第一次摸得红球的条件下,第二次摸得红球的概率;(2) 采用不放回摸球,求:已知第一次摸得红球的条件下,第二次摸得红球的概率.

解　设 A_i 表示“第 i 次摸得红球”,$i=1,2$.

(1) 采用有放回摸球,则

$$P(A_1)=\frac{a}{a+b},\ P(A_2)=\frac{a}{a+b}.$$

故事件 A_1 发生不影响事件 A_2 发生的概率,即事件 A_1 与事件 A_2 相互独立,所以

$$P(A_2\mid A_1)=P(A_2)=\frac{a}{a+b};$$

(2) 采用不放回摸球,

$$P(A_1)=\frac{a}{a+b},\ P(A_1A_2)=\frac{\mathrm{C}_a^2}{\mathrm{C}_{a+b}^2}=\frac{a(a-1)}{(a+b)(a+b-1)},$$

$$P(A_2\mid A_1)=\frac{P(A_1A_2)}{P(A_1)}=\frac{a-1}{a+b-1}.$$

2. 多个事件之间的独立性

随机事件独立性的概念可以推广到 3 个及 3 个以上事件的情形,下面先讨论 3 个事件的独立性的情况.

定义 1.6　设 A_1, A_2, A_3 是三个事件,若同时满足:

$$\begin{cases}P(A_1A_2)=P(A_1)P(A_2),\\P(A_1A_3)=P(A_1)P(A_3),\\P(A_2A_3)=P(A_2)P(A_3),\\P(A_1A_2A_3)=P(A_1)P(A_2)P(A_3),\end{cases}$$

则称事件 A_1, A_2, A_3 相互独立.

若满足前3个等式，则称事件 A_1, A_2, A_3 两两独立，相互独立一定两两独立，两两独立未必相互独立.

例 1.29　假设投掷两枚均匀的硬币，设 A 是事件“第一次出现正面”，设 B 是事件“第二次出现正面”，设 C 是事件“两个硬币匹配”(两个正面或两个反面). 易知事件 A 和 B 是独立事件，而事件 A 和 C 也是独立事件，同样事件 B 和 C 仍是独立事件. 所以事件 A、B 和 C 是两两独立，但是观测 $P(ABC)=\frac{1}{4}$，而

$$P(A)P(B)P(C)=\frac{1}{2}\times\frac{1}{2}\times\frac{1}{2}=\frac{1}{8}\neq P(ABC),$$

从而事件 A, B 和 C 不是相互独立的，尽管它们是两两独立.

另一种情况是：仅有第4个等式成立，也不能保证前3个等式成立，见下例.

例 1.30　掷一颗骰子，观察其点数. 令 $A=\{1, 2, 3, 4\}$，$B=\{4, 5, 6\}$，$C=\{3, 4, 5\}$，则有

$$P(A)=\frac{2}{3},\ P(B)=P(C)=\frac{1}{2},$$

于是

$$P(ABC)=\frac{1}{6}=P(A)P(B)P(C),$$

而

$$P(AB)=\frac{1}{6}\neq P(A)P(B).$$

下面给出多个事件独立性的定义.

定义 1.7　设 $A_1, A_2, \cdots, A_n$ 为 $n\ (n\geqslant 2)$ 个随机事件，如果其中的任意 $k(2\leqslant k\leqslant n)$ 个事件 $A_{i_1}, A_{i_2}, \cdots, A_{i_k}$，$1\leqslant i_1<i_2<\cdots<i_k\leqslant n$ 有：$P(A_{i_1}A_{i_2}\cdots A_{i_k})=P(A_{i_1})P(A_{i_2})\cdots P(A_{i_k})$，则称事件 $A_1, A_2, \cdots, A_n$ 相互独立.

从以上多个事件的独立性的定义来看，如果 n 个事件相互独立，那么其中任意一个或多个事件的发生不会对其他事件的概率产生影响. 同时由于 k 的任意性，若 n 个事件 $A_1, A_2, \cdots, A_n$ 相互独立，应满足以下 2^n-n-1 个等式：

$P(A_iA_j)=P(A_i)P(A_j)$，$1\leqslant i<j\leqslant n$；

$P(A_iA_jA_k)=P(A_i)P(A_j)P(A_k)$，$1\leqslant i<j<k\leqslant n$；

$\cdots$

$P(A_1A_2\cdots A_n)=P(A_1)P(A_2)\cdots P(A_n)$.

例 1.31(先下手为强)　甲、乙两人的射击水平相当，于是约定比赛规则：双方对同一目标轮流射击，若一方失利，另一方可以继续射击，直到有人命中目标为止. 命中一方为该轮比赛的获胜者. 你认为先射击者是否一定沾光？为什么？

解　设甲、乙两人每次命中的概率均为 p，失利的概率为 $q\ (0<q<1,\ p+q=1)$，令 $A_i=\{第\ i\ 次射击命中目标\}$，$i=1, 2, \cdots$，假设甲先发第一枪，则

$$\begin{aligned}P(\text{甲胜})&=P(A_1\cup\bar{A}_1\bar{A}_2A_3\cup\bar{A}_1\bar{A}_2\bar{A}_3\bar{A}_4A_5\cup\cdots)\\&=P(A_1)+P(\bar{A}_1\bar{A}_2A_3)+P(\bar{A}_1\bar{A}_2\bar{A}_3\bar{A}_4A_5)+\cdots\\&=p+q^2p+q^4p+\cdots=\frac{1}{1+q}.\end{aligned}$$

又可得 $P(\text{乙胜})=1-P(\text{甲胜})=\dfrac{q}{1+q}$. 因为 $0<q<1$, 所以 $P(\text{甲胜})>P(\text{乙胜})$.

另外,考察体育赛事的局数,可以看到对水平高的选手,比赛局数越多越有利;对水平低的选手,比赛局数越少,随机性越强,对他越有利.

例 1.32(小概率事件必然发生) 设在每次试验中,事件 A 发生的概率均为 $p(0<p<1$, 且很小,称事件 A 为小概率事件),试求在 n 次独立试验中,事件 A 发生的概率.

解 设 $B_n=$"在 n 次试验中事件 A 发生", $A_i=$"在第 i 次试验中事件 A 发生", $i=1, 2, \cdots, n$, $P(A_i)=p$, 易知 $B_n=\bigcup\limits_{i=1}^{n}A_i$,

$$P(B_n)=P\left(\bigcup_{i=1}^{n}A_i\right)=1-P\left(\overline{\bigcup_{i=1}^{n}A_i}\right)=1-P(\bar{A}_1\bar{A}_2\cdots\bar{A}_n)$$
$$=1-\prod_{i=1}^{n}P(\bar{A}_i)=1-(1-p)^n.$$

所以 $\lim\limits_{n\to+\infty}P(B_n)=1$, 即当重复次数 n 很大时,事件 A 必然发生.

值得注意的是,通常做决策要依赖大样本,但小概率事件也应该足够重视. 中国有句老话"不怕一万,就怕万一",说的就是小概率事件. 洛伦兹有这样一句名言"巴西境内一只蝴蝶扇动翅膀,可能引起得克萨斯州的一场龙卷风."由此可见,小概率事件是不可轻视的."水滴石穿""铁杵磨成针""不积跬步无以至千里,不积小流无以成江海"就是这个道理,量变才能达到质变. 人的一生充满变数,你做的每一件事几乎是由随机概率过程向必然结果的一种飞跃."勿以恶小而为之,勿以善小而不为",在日常生活学习中,决不能轻视小概率事件.

1.3.3　伯努利概型

如果试验 E 只有两种结果: A 和 $\bar{A}$, 并且 $P(A)=p$, $P(\bar{A})=q$, $p+q=1$, $0<p<1$, 把 E 独立地重复 n 次构成了一个试验,这个试验称为 n 重伯努利试验,有时简称为伯努利试验或伯努利概型. 例如射手向某目标射击,只考虑两个结果: 击中与未击中;掷一颗骰子考察结果是出现 6 点还是未出现 6 点;从一批产品中任意取出一件产品,看其是合格品还是不合格品;买彩票中奖或不中奖. 以上这些都是伯努利试验. 为方便计,有时将 A 称为"成功",而将 $\bar{A}$ 称为"失败",所以伯努利试验也常称为成败型试验. 值得一提的是: n 重伯努利试验不属于古典概型,因为样本点不是等概率的.

定理 1.3(伯努利定理) 设伯努利试验中事件 A 发生的概率为 p, $0<p<1$, 如记 n 重伯努利试验中事件 A 恰发生 k 次的概率为 $b(k; n, p)$, 则 $b(k; n, p)=\mathrm{C}_n^k p^k(1-p)^{n-k}$, 其中 $p+q=1$, $k=0, 1, 2, \cdots, n$.

证明 注意到 n 重伯努利试验的结果可以记作: $\omega=\{\omega_1, \omega_2, \cdots, \omega_n\}$, 其中 ω_i 表示 A 发生或者 $\bar{A}$ 发生,因而这样的 ω 共有 2^n 个,它们的全体构成了样本空间 Ω, 对于 $\omega=\{\omega_1, \omega_2, \cdots, \omega_n\}\in\Omega$, 如果 ω_i 中有 k 个 A 发生,则必有 $n-k$ 个 $\bar{A}$ 发生,于是由独立性即得 $P(\omega)=p^k q^{n-k}$, 记 B_k 为"n 重伯努利试验中事件 A 恰好发生 k 次"这一事件,则

$$b(k; n, p)=P(B_k)=\sum_{\omega\in B_k}P(\omega).$$

而 B_k 中这样的 ω 共有 C_n^k 个，所以得：$b(k;n,p)=C_n^k p^k q^{n-k}$.

例 1.33　设 20 mL 微生物溶液中含微生物的浓度是 0.3 只/mL，从中抽 1 mL 溶液，试求它含多于一只微生物的概率.

解　20 mL 溶液中共有微生物 $20\times 0.3=6$(只)，1 只微生物或者落入抽出的 1 mL 溶液中 (A)，或者不落入抽出的 1 mL 溶液中$(\bar{A})$，问题可看作求 6 次伯努利试验中 A 至少发生两次的概率. 由于 $P(A)=\dfrac{1}{20}$，故所求概率为：

$$\sum_{k=2}^{6} b\left(k;6,\frac{1}{20}\right)=1-b\left(0;6,\frac{1}{20}\right)-b\left(1;6,\frac{1}{20}\right)$$

$$=1-C_6^0\left(\frac{1}{20}\right)^0\left(\frac{19}{20}\right)^6-C_6^1\frac{1}{20}\left(\frac{19}{20}\right)^5\approx 0.032\,8.$$

例 1.34　某厂每天的产品分 3 批包装，规定每批产品的次品率都低于 0.01 才能出厂，某日有 3 批产品等待检验出厂，检验员进行抽样检查，从三批产品中各抽一件进行检验，发现有一件是次品，问该日产品能否出厂？

解　假设该日产品能出厂，表明每批产品的次品率都低于 0.01，在这个条件下，计算事件 $B=$“3 件产品中至少有 1 件是次品”的概率. 如将抽出的 1 件产品是次品看作 A，是正品看作 $\bar{A}$，$P(A)=p\leqslant 0.01$，所求概率为 3 次伯努利试验中事件 A 至少发生一次的概率：

$$P(B)=\sum_{k=1}^{3} b(k;3,p)=1-b(0;3,p)=1-C_3^0 p^0(1-p)^3$$

$$=1-(1-p)^3\leqslant 1-0.99^3<0.03.$$

这是一个小概率，在一次试验中 B 可以认为是不可能发生的，然而现在经一次检查发现有一件是次品，也就是小概率事件 B 在一次试验中竟然发生了，这表明原假设不正确，即该日产品不能出厂.

1.3.4　乘法公式

由条件概率的定义，很容易得到概率的乘法公式.

定理 1.4(乘法公式)　对于任意两个事件 A，B，若 $P(B)>0$，则有

$$P(AB)=P(B)P(A\mid B);$$

同样，若 $P(A)>0$，则有　$P(AB)=P(A)P(B\mid A)$.

上述定理可以推广到多个事件的情形.

定理 1.5　对于 n 个事件 $A_1,A_2,\cdots,A_n$，若 $P(A_1A_2\cdots A_{n-1})>0$，则有

$$P(A_1A_2\cdots A_n)=P(A_1)P(A_2\mid A_1)P(A_3\mid A_1A_2)\cdots P(A_n\mid A_1A_2\cdots A_{n-1}).$$

证明　由于 $P(A_1)\geqslant P(A_1A_2)\geqslant\cdots\geqslant P(A_1A_2\cdots A_{n-1})>0$，

$$P(A_1)P(A_2\mid A_1)P(A_3\mid A_1A_2)\cdots P(A_n\mid A_1A_2\cdots A_{n-1})$$

$$=P(A_1)\frac{P(A_1A_2)}{P(A_1)}\frac{P(A_1A_2A_3)}{P(A_1A_2)}\cdots\frac{P(A_1A_2\cdots A_n)}{P(A_1A_2\cdots A_{n-1})}=P(A_1A_2\cdots A_n).$$

值得一提的是一个有趣的情形：$A_1, A_2, \cdots, A_n$ 一系列的事件有以下性质，每个事件仅仅依赖前面一个事件，即 A_{j+1} 只依赖于 A_j，一旦 A_j 给定，A_{j+1} 不再依赖 $A_{j-1}, A_{j-2}, \cdots, A_1$. 那么，在这种情形下，乘法公式变形为：

$$P(A_1A_2\cdots A_n)=P(A_1)P(A_2 \mid A_1)P(A_3 \mid A_2)\cdots P(A_n \mid A_{n-1}).$$

例 1.35　甲乙两人比赛羽毛球，甲先发球，已知甲发球不会失误，乙接发球的失误率为 0.3，接甲回球的成功率为 0.5，甲接乙回球的失误率为 0.4，求乙在两回合中丢分的概率.

解　设 A 表示"乙接发球成功"，B 表示"甲接乙第一次回球成功"，C 表示"乙第二次回球成功"，D 表示"乙在两回合中丢分".

故

$$P(\bar{A})=0.3,\ P(B \mid A)=0.6,\ P(\bar{C} \mid AB)=0.5,$$

$$P(AB)=P(A)P(B \mid A)=0.42,$$

$$P(AB\bar{C})=P(AB)P(\bar{C} \mid AB)=0.21,$$

则

$$P(D)=P(\bar{A} \cup (AB\bar{C}))=P(\bar{A})+P(AB\bar{C})=0.3+0.21=0.51.$$

例 1.36　罐中装有 2 个黑球. 1 个红球，随机地取 1 个后把原球放回，并加进与抽出球同色的球 1 个，再摸第二次，这样下去共摸了 n 次，求 n 次均摸得红球的概率.

解　记 $A_i=$"第 i 次摸得红球"，$i=1, 2, \cdots, n$，所求概率为 $P(A_1A_2\cdots A_n)$，则

$$P(A_1A_2\cdots A_n)=P(A_1)P(A_2 \mid A_1)P(A_3 \mid A_1A_2)\cdots P(A_n \mid A_1A_2\cdots A_{n-1})$$

$$=\frac{1}{3}\times\frac{2}{4}\cdots\frac{n}{n+2}=\frac{2}{(n+1)(n+2)}.$$

1.3.5　全概率公式和贝叶斯公式

在概率论中处理复杂事件时，经常要通过已知的简单事件，将问题化繁为简从而使复杂事件分解为若干个简单事件，通过简单事件的概率即概率的性质来求得复杂事件的概率，形成的定理便是经常用到的全概率公式. 全概率公式是概率论中的一个基本公式，在很多方面都有着重要的作用，下面给出全概率公式的定义及应用.

定义 1.8　若事件组 $B_1, B_2, \cdots, B_n$ 满足下列条件：① $B_iB_j=\varnothing$，$i\neq j$，$i, j=1, 2, \cdots, n$；② $\bigcup_{i=1}^{n} B_i=\Omega$，则称 $B_1, B_2, \cdots, B_n$ 是一个完备事件组或称事件组 $B_1, B_2, \cdots, B_n$ 为 Ω 的一个分割(也称为划分、剖分).

定理 1.6(全概率公式)　设 $B_1, B_2, \cdots, B_n$ 是一个完备事件组，$P(B_i)>0$，$i=1, 2, \cdots, n$，则对任意的事件 A 有：

$$P(A)=\sum_{i=1}^{n} P(B_i)P(A \mid B_i).$$

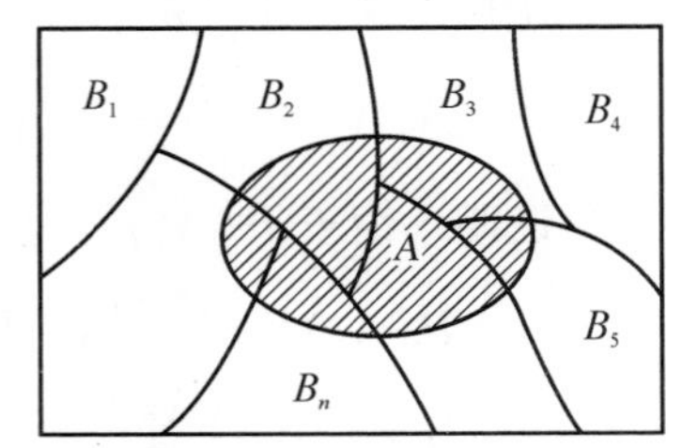

图 1.10　全概率公式

证明　A 是任何事件，如果 A 发生，那么它必然与 $\{B_i\}$ 中的一个同时发生，如图 1.10 所示.

$$A=A\Omega=(B_1 \cup B_2 \cup \cdots \cup B_n)A$$

$$=(B_1A)\cup(B_2A)\cup\cdots\cup(B_nA),$$

且 B_1A, B_2A, …, B_nA 两两互不相容,则由概率的可加性和乘法公式有:

$$\begin{aligned}P(A)&=P(B_1A)+P(B_2A)+\cdots+P(B_nA)\\&=P(B_1)P(A\mid B_1)+P(B_2)P(A\mid B_2)+\cdots+P(B_n)P(A\mid B_n)\\&=\sum_{i=1}^{n}P(B_i)P(A\mid B_i).\end{aligned}$$

下面来探讨另一个问题.如果观测到事件 A 实际发生,要计算条件概率 $P(B_j\mid A)$,即得到了著名的贝叶斯公式,它也称为逆概率公式.

定理 1.7(贝叶斯公式) 设 B_1, B_2, …, B_n 是一个完备事件组,$P(B_j)>0$, $j=1$, 2, …, n,对任意的事件 A, $P(A)>0$,则 $P(B_i\mid A)=\dfrac{P(B_i)P(A\mid B_i)}{\sum\limits_{j=1}^{n}P(B_j)P(A\mid B_j)}$, $i=1$, 2, …, n.

证明 由条件概率的定义有 $P(B_i\mid A)=\dfrac{P(B_iA)}{P(A)}$,

又
$$P(B_iA)=P(B_i)P(A\mid B_i),\ P(A)=\sum_{j=1}^{n}P(B_j)P(A\mid B_j),$$

从而有
$$P(B_i\mid A)=\frac{P(B_i)P(A\mid B_i)}{\sum\limits_{j=1}^{n}P(B_j)P(A\mid B_j)}.$$

贝叶斯公式的实际背景是:已知出现了试验结果 A,求造成 A 发生的各种原因 B_i 的可能性的大小,而贝叶斯公式中的 $P(B_i)$ 和 $P(B_i\mid A)$ 分别成为原因 B_i 的先验概率和后验概率,贝叶斯公式为利用搜集到的信息对原有判断进行修正提供了有效手段.

特别地,当 $n=2$ 时,将 B_1 记为 B,则 B_2 就是 $\bar{B}$,此时全概率公式和贝叶斯公式表示为:

$$P(A)=P(B)P(A\mid B)+P(\bar{B})P(A\mid \bar{B}),$$

$$P(B\mid A)=\frac{P(B)P(A\mid B)}{P(B)P(A\mid B)+P(\bar{B})P(A\mid \bar{B})}.$$

另外,全概率公式和贝叶斯公式可以推广到可数个事件组构成的分割情形,即假设 B_1, B_2, B_3, … 是可数个互不相容事件,且满足 $B_iB_j=\varnothing$, $i\neq j$, i, $j=1$, 2, … 和 $\bigcup\limits_{i=1}^{+\infty}B_i=\Omega$,则如果有 $P(B_i)>0$, $i=1$, 2, …,则对任意事件 A 有:

$$P(A)=\sum_{j=1}^{+\infty}P(B_j)P(A\mid B_j),\ P(B_i\mid A)=\frac{P(B_i)P(A\mid B_i)}{\sum\limits_{j=1}^{+\infty}P(B_j)P(A\mid B_j)}.$$

例 1.37 假设在某时期内,影响股票价格的因素只有银行存款利率的变化,经分析,该时期内利率不会上调,利率下调的概率为60%,利率不变的概率为40%,根据经验,在利率下调时,某只股票上涨的概率为 80%,在利率不变时,这只股票上涨的概率为 40%,求这只股票上涨的概率.

解 设 A 表示"利率下调",$\bar{A}$ 表示"利率不变",B 表示"该只股票价格上涨",则

$$P(A)=0.6,\ P(\bar{A})=0.4,\ P(B \mid A)=0.8,\ P(B \mid \bar{A})=0.4,$$

$$P(B)=P(AB)+P(\bar{A}B)=P(A)P(B \mid A)+P(\bar{A})P(B \mid \bar{A})$$
$$=0.6\times 0.8+0.4\times 0.4=0.64=64\%.$$

例 1.38 设某品种的母鸡产 $k(k=0,1,2,\cdots)$ 个蛋的概率为 $\frac{\lambda^k e^{-\lambda}}{k!}$,而一个蛋孵化成小鸡的概率为 p,设各个蛋是否孵化成小鸡是相互独立的,试求一只母鸡恰有后代 l 只小鸡的概率.

解 记 A_k:母鸡产 $k\ (k=0,1,2,\cdots)$ 个蛋,$P(A_k)=\frac{\lambda^k e^{-\lambda}}{k!}$;$B$:该母鸡有 l 只小鸡.

$P(B \mid A_k)=C_k^l p^l(1-p)^{k-l}$,$k=l,\ l+1,\ \cdots$,由全概率公式得:

$$P(B)=\sum_{k=0}^{+\infty}P(A_k)P(B \mid A_k)=\sum_{k=l}^{+\infty}P(A_k)P(B \mid A_k)=\sum_{k=l}^{+\infty}\frac{\lambda^k e^{-\lambda}}{k!}C_k^l p^l(1-p)^{k-l}$$

$$=\sum_{i=0}^{+\infty}\frac{\lambda^{i+l}e^{-\lambda}}{(i+l)!}C_{i+l}^l p^l(1-p)^i=\frac{(\lambda p)^l}{l!}e^{-\lambda}\sum_{i=0}^{+\infty}\frac{[\lambda(1-p)]^i}{i!}$$

$$=\frac{(\lambda p)^l}{l!}e^{-\lambda}e^{\lambda(1-p)}=\frac{(\lambda p)^l}{l!}e^{-\lambda p}.$$

例 1.39 甲、乙两人比赛射击,每回射击的胜者得 1 分. 每回射击中甲胜的概率为 α,乙胜的概率为 $\beta(\alpha+\beta=1)$,比赛进行到有一人比对方多 2 分为止,多 2 分者最终获胜. 求甲最终获胜的概率.

解 记 A:"甲最终获胜",B_1:"在第一、二回射击中甲均获胜",B_2:"在第一、二回射击中乙均获胜",B_3:"在第一、二回射击中甲、乙各胜一回",则

$$P(B_1)=\alpha^2,\ P(B_2)=\beta^2,\ P(B_3)=2\alpha\beta.$$

若 B_1 发生,甲已获胜,$P(A \mid B_1)=1$;若 B_2 发生,乙已获胜,$P(A \mid B_2)=0$,
若 B_3 发生,从第三回开始,比赛就如从头开始一样,即 $P(A \mid B_3)=P(A)$.

由全概率公式:$P(A)=\alpha^2+2\alpha\beta P(A)$,解得:$P(A)=\frac{\alpha^2}{1-2\alpha\beta}$.

例 1.40 某一地区患有某种癌症的人占 0.005,该种癌症患者对一种试验反应是阳性的概率为 0.95,正常人对这种试验反应是阳性的概率为 0.04,现抽查了一个人,试验反应是阳性,问此人是癌症患者的概率有多大?

解 设 A 表示"试验的结果是阳性",B 表示"抽查的人患有该种癌症",$\bar{B}$ 表示"抽查的人不患该种癌症",所求概率为 $P(B \mid A)$.

$$P(B)=0.005,\ P(\bar{B})=0.995,\ P(A \mid B)=0.95,\ P(A \mid \bar{B})=0.04,$$

$$P(B \mid A)=\frac{P(B)P(A \mid B)}{P(B)P(A \mid B)+P(\bar{B})P(A \mid \bar{B})}$$
$$=\frac{0.005\times 0.95}{0.005\times 0.95+0.995\times 0.04}=0.1066,$$

即此人患癌症的概率为 0.106 6，下面进一步分析该结果的实际意义.

(1) 这种试验对于诊断一个人是否患有该种癌症有无意义？如果不做试验，抽查一人，他是患者的概率 $P(B)=0.005$，患者阳性反应的概率是 0.95，若试验后得阳性反应，则根据试验得来的信息，此人是患者的概率为 $P(B \mid A)=0.1066$，即从 0.005 增加到 0.106 6，将近增加约 21 倍，说明这种试验对于诊断一个人是否患有该种癌症有意义.

(2) 检出阳性是否一定患有该种癌症？试验结果为阳性，此人确患该种癌症的概率为 $P(B \mid A)=0.1066$，说明即使试验呈阳性，尚可不必过早下结论患有该种癌症，这种可能性只有 10.66%（平均来说，1 000 个人中大约只有 107 人确患该种癌症），此时医生常要通过再试验或其他试验来确认.

例 1.41 《伊索寓言》中有一个大家耳熟能详的故事叫《狼来了》. 故事讲的是一个小孩每天到山上牧羊，山里经常群狼出没，十分危险. 有一日，他突然在山上大喊“狼来了！狼来了！”，山下的村民闻声纷纷举起锄头上山打狼，可是来到山上，发现狼没有来，一切只是小孩子的一个玩笑；第二天仍是如此；第三天，狼真的来了，可是无论小孩子怎么喊叫，也没有人来救他，他只好葬身狼腹. 原来因为他前两次说了谎，人们便不再相信他了.

这个故事，不仅教人诚信，而且它还蕴含着“事不过三”的哲理，而“事不过三”这个哲理刚好可以用贝叶斯公式来刻画，实在是妙不可言.

下面用贝叶斯公式来分析寓言中村民对这个孩子的可信度在三次喊“狼来了”的过程中是如何下降的.

记事件 A 为“小孩说谎”，记事件 B 为“小孩可信”. 不妨假设村民起初对这个小孩的可信度印象为：

$$P(B)=0.8,\ P(\bar{B})=0.2,$$

在贝叶斯公式中用到两个概率 $P(A \mid B)$ 和 $P(A \mid \bar{B})$，其分别表示可信的孩子说谎的可能性和不可信的孩子说谎的可能性. 不妨假设 $P(A \mid B)=0.1$，$P(A \mid \bar{B})=0.5$.

注意 $P(B \mid A)$ 有着鲜明的意义，它是指这个小孩子说了一次谎之后，村民对他保有的可信度.

第一次村民上山打狼，发现狼没有来，即小孩子说了谎（A 发生），于是村民根据这个信息对小孩子的可信度进行调整，此时对小孩子的可信度调整为 $P(B \mid A)$，根据贝叶斯公式计算得：

$$P(B \mid A)=\frac{P(B)P(A \mid B)}{P(B)P(A \mid B)+P(\bar{B})P(A \mid \bar{B})}=\frac{0.8\times 0.1}{0.8\times 0.1+0.2\times 0.5}=0.444.$$

这表明，村民上了一次当之后，对这个小孩子保有的可信程度由原来的 0.8 调整为 0.444，也就是，此时村民对这个小孩子的可信度印象调整为：$P(B)=0.444$，$P(\bar{B})=0.556$；

在此基础上，再次应用贝叶斯公式计算 $P(B \mid A)$，也就是这个小孩子第二次说谎后，村民对他的可信程度的调整，于是，

$$P(B \mid A)=\frac{P(B)P(A \mid B)}{P(B)P(A \mid B)+P(\bar{B})P(A \mid \bar{B})}=\frac{0.444\times 0.1}{0.444\times 0.1+0.556\times 0.5}=0.138.$$

这表明,村民经过两次上当后,对这个小孩子的可信程度已经从 0.8 降低到了 0.138,如此低的可信度,无怪乎村民听到第三次“狼来了”无动于衷,如此一来他们自然不会再上山打狼了.

习　题　1

1. 写出下列随机事件的样本空间.

(1) 同时抛掷三颗骰子,记录三颗骰子之和;(2) 生产产品,直到得到 10 件正品,记录生产产品的总件数;(3) 冰箱寿命的样本空间;(4) 测量误差的样本空间;(5) 一个袋中装有完全相同的 8 个球,其中有 4 个白球和 4 个黑球,搅匀后从中任意抽一个球观察其颜色的样本空间.

2. 工厂对一批产品做出厂前的最后检查,用抽样检查方法,约定从这批产品中任意取出 4 件产品来做检查,若 4 件产品全合格就允许这批产品正常出厂;若有 1 件次品就再做进一步检查;若有 2 件次品则将这批产品降级后出厂;若有 2 件以上次品就不允许出厂. 试写出这一试验的样本空间,并将“正常出厂”“再做检查”“降级出厂”“不予出厂”这 4 个事件用样本空间的子集表示.

3. 设 A, B, C 为 3 个事件,试表示下列事件: (1) A 发生而 B 和 C 都不发生;(2) A 与 B 发生而 C 不发生;(3) 3 个事件都发生;(4) 3 个事件恰有一个发生;(5) 3 个事件恰有两个发生;(6) 3 个事件至少有一个发生;(7) 3 个事件都不发生;(8) 3 个事件中至少有一个不发生.

4. 某人连续购买彩票,设事件 A, B, C 分别表示其第一、二、三次所买的彩票中奖,试写出下列各事件: (1) $\bar{C}$; (2) $\bar{A}BC$; (3) $(A\bar{B}\bar{C}) \cup (\bar{A}B\bar{C}) \cup (\bar{A}\bar{B}C)$; (4) $A \cup B \cup C$; (5) $(AB) \cup (AC) \cup (BC)$; (6) $\overline{ABC}$.

5. 已知 $A \subset B$, $P(A) = 0.4$, $P(B) = 0.6$, 求: (1) $P(\bar{A})$, $P(\bar{B})$; (2) $P(AB)$; (3) $P(A \cup B)$; (4) $P(\bar{A}B)$; (5) $P(\bar{A}\bar{B})$; (6) $P(\bar{B}A)$.

6. 证明: (1) $\overline{(\bar{A} \cup \bar{B})\bar{C}} = (A \cup C)(B \cup C)$; (2) $\overline{A \cup B \cup C} = \bar{A}\bar{B}\bar{C}$; (3) $A \cup (BC) \neq (A \cup B)C$; (4) $C(A-B) = CA - CB$.

7. 某城市发行两种报纸 A 和 B, 经调查,在该市的居民中,订阅 A 报纸的有 45%,订阅 B 报纸的有 35%,同时订阅这两种报纸的有 10%,求只订一种报纸的概率 α.

8. 某城市电话号码从七位数升至八位数,方法是在原先号码前加 6 或 8,求: (1) 随机取出的一个电话号码是没有重复数字的八位数的概率 p_1; (2) 随机取出的一个电话号码末尾数是 8 的概率 p_2.

9. 三个人独立地同时破译一密码,若各人能破译出的概率分别是 $\dfrac{1}{5}$, $\dfrac{1}{3}$, $\dfrac{1}{4}$, 求此密码能被他们破译出的概率.

10. 化简(1) $(A \cup B)(A \cup C)$; (2) $(A \cup B)(A \cup \bar{B})(\bar{A} \cup B)(\bar{A} \cup \bar{B})$;

(3) $(AB) \cup (\bar{A}B) \cup (A\bar{B}) \cup (\bar{A}\bar{B}) - \overline{AB}$.

11. 设两事件 A, B, 若 $AB = \bar{A}\bar{B}$, 问 A 与 B 是什么关系?

12. 指出下列各题是否正确: (1) $A \cup B = (A\bar{B}) \cup B$; (2) $\bar{A}B = A \cup B$; (3) $\bar{A} \cup (\bar{B}\bar{C}) = \bar{A}\bar{B}\bar{C}$; (4) $AB(A\bar{B}) = \varnothing$; (5) 若 $A \subset B$, 则 $A = AB$; (6) 若 $AB = \varnothing$, $C \subset A$, 则 $BC = \varnothing$; (7) 若 $A \subset B$, 则 $\bar{B} \subset \bar{A}$; (8) 若 $B \subset A$, 则 $A \cup B = B$; (9) 若 $A \cup C = B \cup C$, 则 $A = B$; (10) 若 $A - C = B - C$, 则 $A = B$.

13. 设 A, B 是两事件,且 $P(A) = 0.6$, $P(B) = 0.7$, 问(1) 在什么条件下 $P(AB)$ 取到最大值,最大值是多少? (2) 在什么条件下 $P(AB)$ 取到最小值,最小值是多少?

14. 设事件 A, B 是任意两事件,其中事件 A 的概率不等于 0 或者 1,证明: $P(B \mid A) = P(B \mid \bar{A})$ 是事件 A, B 相互独立的充分必要条件.

15. 某油漆公司发货17桶油漆,其中白漆10桶、黑漆4桶、红漆3桶,在搬运中所有标签脱落,交货人随意将这些油漆发给顾客,问一个订货为4桶白漆、3桶黑漆和2桶红漆的顾客,能按所订颜色如数得到订货的概率.

16. 将15名新生(其中有3名优秀生)随机地分配到三个班级中,其中一班4名,二班5名,三班6名,求:(1) 每一个班级各分配到一名优秀生的概率;(2) 3名优秀生被分配到一个班级的概率.

17. 将n个球随机放入N个盒子中($n \leqslant N$),设盒子的容量不限,计算下列事件的概率:(1) 每个盒子中至多有一个球;(2) 某个指定的盒子中恰有m个球;(3) 某指定的n个盒子中各有一个球;(4) 至少有两个球在一个盒子中.

18. 在$1 \sim 9$的整数中,可重复地随机抽取6个数组成6位数,求下列事件的概率:(1) 6个数完全不同;(2) 6个数不含奇数;(3) 6个数中5恰好出现了4次.

19. 一个医生知道某种疾病患者自然痊愈率为0.25,为试验一种新药是否有效,把它给10个病人服用,且规定若10个病人中至少有4个人被治好则认为这种药有效,反之则认为无效.求:(1) 虽然新药有效,且把痊愈率提高到0.35,但通过实验却被否定的概率;(2) 新药完全无效,但通过实验却被认为有效的概率.

20. 设n个朋友随机地围绕圆桌而坐,求其中甲、乙两人坐在一起(座位相邻)的概率.

21. 袋中有a只黑球、b只白球.把球随机地一只只摸出来(不放回),求第k次($1 \leqslant k \leqslant a+b$)摸出黑球的概率.

22. 同时掷五个骰子,求下列事件的概率:① $A =$"点数各不相同";② $B =$"至少出现两个6点";③ $C =$"恰有两个点数相同";④ $D =$"某两个点数相同,另三个同是另一个点数";⑤ $E =$"点数总和等于10".

23. 从$[0, 1]$中随机地取两个数,求其积不小于3/16、其和不大于1的概率.

24. 随机地向半圆$0 < y < \sqrt{2ax - x^2}$(a为正常数)内掷一点,点落在半圆内任何区域的概率与区域的面积成正比,求原点和该点的连线与x轴的夹角小于$\dfrac{\pi}{4}$的概率?

25. 甲乙两市位于长江下游,据一百多年的气象记录,知道在一年中雨天的比例甲市占20%,乙市占18%,两地同时下雨占12%,记事件A表示"甲市出现雨天",事件B表示"乙市出现雨天",求:(1) 两市至少有一市下雨的概率;(2) 乙市出现下雨的条件下,甲市也出现下雨的概率;(3) 甲市出现下雨的条件下,乙市也出现下雨的概率.

26. 已知$P(\bar{A}) = 0.3$, $P(B) = 0.4$, $P(A\bar{B}) = 0.5$,求$P(B \mid A \cup \bar{B})$.

27. 已知$P(A) = \dfrac{1}{4}$, $P(B \mid A) = \dfrac{1}{3}$, $P(A \mid B) = \dfrac{1}{2}$,求$P(A \cup B)$.

28. 已知A, B, C三事件两两独立,$ABC = \varnothing$,(1) 若$P(A) = P(B) = P(C) < \dfrac{1}{2}$及$P(A \cup B \cup C) = \dfrac{9}{16}$,求$P(A)$;(2) 若$P(A) = P(B) = P(C) > 0$,试证$P(A) \leqslant \dfrac{1}{2}$.

29. 根据以往资料显示,某一三口之家患某种传染病的概率有如下规律:P(孩子得病)$= 0.6$,P(母亲得病 | 孩子得病)$= 0.5$,P(父亲得病 | 母亲及孩子得病)$= 0.4$,求母亲及孩子得病但父亲未得病的概率.

30. 袋内装有红球、白球、黑球各一个和红白黑三色球一个,现从袋中任取一球,用A, B, C分别表示取到的球上有红色、白色、黑球,试讨论三个事件之间的独立性.

31. 已知甲、乙两袋中分别装有编号为1, 2, 3, 4的4个球.今从甲、乙两袋中各取出一球,设$A =$ {从甲袋中取出的是偶数号球},$B =$ {从乙袋中取出的是奇数号球},$C =$ {从两袋中取出的都是偶数号球或都是奇数号球},试证A, B, C两两独立但不相互独立.

32. 随机地掷一颗骰子,连掷6次,求:(1) 恰有一次出现"3点"的概率;(2) 恰有两次出现"3点"的概率;(3) 至少有一次出现“3 点”的概率.

33. 甲、乙两人进行乒乓球比赛,每局甲胜的概率 $p \geqslant 1/2$,问对甲而言,采用三局二胜制有利,还是采用五局三胜制有利(设各局胜负相互独立).

34. 已知男子有 5%是色盲患者,女子有 0.25%是色盲患者,今从男女人数相等的人群中随机地挑选一人,恰好是色盲患者,问此人是男性的概率是多少?

35. 如题图 1.1 所示,1, 2, 3, 4, 5 表示继电器接点.假设每一继电器接点闭合的概率为 p,且设各继电器接点闭合与否相互独立,求 L 至 R 是通路的概率.

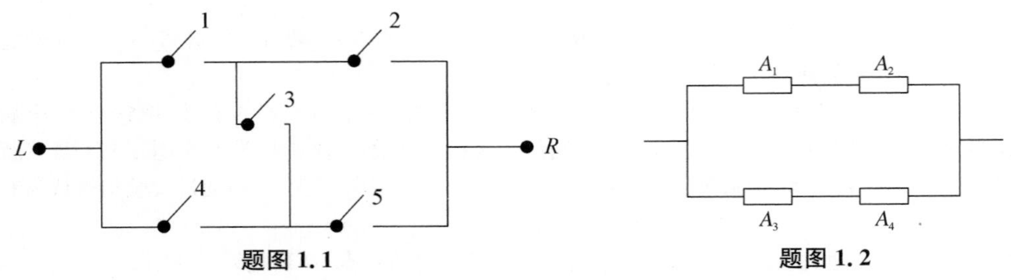

题图 1.1　　**题图 1.2**

36. 一个电子元件(或由电子元件构成的系统)正常工作的概率称为元件(或系统)的可靠性.现有 4 个独立工作的同种元件,可靠性都是 p, $0 < p < 1$,按先串联后并联的方式连接(如题图 1.2 所示).求这个系统的可靠性.

37. 某地成年人体重肥胖者占 0.1,中等者占 0.82,瘦小者占 0.08,又肥胖者、中等者、瘦小者患高血压病的概率分别为 0.2, 0.1, 0.05. 若已知某人患高血压病,他最可能属于哪种体型?

38. 将两信息分别编码为 A, B 传递出去,接收站收到时,A 被误收作 B 的概率为 0.02,而 B 被误收作 A 的概率为 0.01,信息 A 与信息 B 传送的频繁程度为 2∶1,若接收站收到的信息是 A,问原发信息是 A 的概率是多少?

39. 某旅客在拉萨托运一件行李到北京.已知拉萨有甲、乙、丙三个客运站,每天的平均客运量之比是 3∶2∶5,且甲、乙、丙三站不能及时运转行李的概率分别为 0.1, 0.2, 0.4,试问该旅客把行李交给哪一站托运为好?

40. 有朋友自远方来访,他乘火车、轮船、汽车、飞机来的概率分别是 0.3, 0.2, 0.1, 0.4. 如果他乘火车、轮船、汽车来的话,迟到的概率分别是 $\frac{1}{4}$, $\frac{1}{3}$, $\frac{1}{12}$,而乘飞机不会迟到.结果他迟到了,试问他乘火车来的概率是多少?

第 2 章　随机变量及其分布

2.1　随机变量

在第 1 章中我们研究了一些随机事件及其概率，为了更深入地研究随机试验的性质，深刻地揭示随机现象的统计规律性，本章将引入随机变量的概念.

在随机试验中，实验结果可以用数值表示出来. 比如说抛硬币，每次的结果是正面或者反面，我们可以记正面时为“1”，反面时为“0”，假设抛 1 000 次硬币，最后得到的结果 1 出现的次数也就是正面朝上的次数. 再比如掷骰子，骰子是六个面，掷一次可能得到的结果分别用 1, 2, 3, 4, 5, 6 表示.

定义 2.1　设 E 是随机试验，$\Omega=\{\omega\}$ 为 E 的样本空间，ω 是 Ω 中的样本点. $X(\omega)$ 是定义在 Ω 上的单值实函数，如果对任一实数 x，$\{X(\omega)\leqslant x\}$［有时也用 $(X(\omega)\leqslant x)$ 或 $(X\leqslant x)$ 表示］是一随机事件，则称 $X=X(\omega)$ 为随机变量. 随机变量常用大写字母 X, Y, Z 等表示.

例 2.1　假设统计某景区每天的游客数量 X，这样的 X 就是一个随机变量，其取值范围为 $\{0, 1, 2, \cdots\}$.

例 2.2　统计掷两次骰子点数之和 X，这样的 X 是一个随机变量，其取值范围为 $\{2, 3, \cdots, 12\}$. 事件“出现点数之和为 3”可表示为 $\{X=3\}$，它包含两个样本点 $(1, 2)$ 和 $(2, 1)$. 事件“出现的点数在 3 和 6 之间”可以表示为 $\{3\leqslant X\leqslant 6\}$，是事件 $\{X=3\}$, $\{X=4\}$, $\{X=5\}$ 和事件 $\{X=6\}$ 的和，包括 $\{(i, j)\mid 3\leqslant i+j\leqslant 6, 1\leqslant i, j\leqslant 6\}$ 共 14 个样本点，因此事件 $\{3\leqslant X\leqslant 6\}$ 的概率为 $\dfrac{14}{36}=\dfrac{7}{18}$.

例 2.3　假设调查一特定人群，用 X 表示他们的收入，它就是一个随机变量，收入大于三千的事件可以用 $\{X>3\,000\}$ 表示.

有了随机变量，随机事件的表达在形式上简洁多了. 但这毕竟只是形式上的，在以后的讨论中，就会发现引入“随机变量”这个概念还有更为深远的意义.

2.2　离散型随机变量及其分布

按照随机变量取值的不同，可将随机变量分为两类：离散型随机变量和非离散型随机变量. 如果随机变量的所有可能取值是有限的或者无限可数的，则称该随机变量是离散型随机变量. 如果随机变量的可能取值不能一一列举，是无限不可数的，那么该随机变量就是非离散型随机变量. 非离散型随机变量的范围很广，其中最重要的、也是实际应用中最常遇到的是连续型随机变量.例如人体身高或体重、等车时间、服务部门对顾客的服务时间等都是连续型随机变量.

定义 2.2 如果随机变量 X 所有取值只能是有限个或无限可数个,则称 X 为离散型随机变量.

定义 2.3 设 $\{x_i\}$ 为离散型随机变量 X 的所有可能取值,而 p_i 为 $\{X=x_i\}$ 的概率,即:

$$P(X=x_i)=p_i,\ i=1,\ 2,\ \cdots;$$

则称其为随机变量 X 的概率分布或称为 X 的分布列.

离散型随机变量的概率分布具有以下两个性质:① 非负性:$p_i\geqslant 0$, $i=1, 2, \cdots$; ② 规范性:$\sum\limits_{i=1}^{+\infty}p_i=1$.

反过来,任意一个具有以上两个性质的数列 $\{p_i,\ i=1,\ 2,\ \cdots\}$ 都可以作为某个离散型随机变量的分布列.

通常用矩阵形式来表示离散型随机变量 X 的概率分布,即 $\begin{pmatrix} x_1, & x_2, & \cdots, & x_n, & \cdots \\ p_1, & p_2, & \cdots, & p_n, & \cdots \end{pmatrix}$,也可以用以下表格的形式表示:

表 2.1 离散型随机变量的概率分布

x	x_1	x_2	x_3	…	x_k	…
p	p_1	p_2	p_3	…	p_k	…

例 2.4 假设一个箱子里面装有 3 个红球和 3 个黑球,每一次从箱子里取出一个球,取出后不放回,直到取到一个红球为止,记随机变量 X 为第一次取到红球时取球的次数,求 X 的分布列.

解 因球取出后不放回,故 X 的可能取值为 1, 2, 3, 4,可得:

$$p_1=P(X=1)=\frac{3}{6}=0.5;$$

$$p_2=P(X=2)=\frac{3}{6}\times\frac{3}{5}=0.3;$$

$$p_3=P(X=3)=\frac{3}{6}\times\frac{2}{5}\times\frac{3}{4}=0.15;$$

$$p_4=P(X=4)=\frac{3}{6}\times\frac{2}{5}\times\frac{1}{4}\times\frac{3}{3}=0.05.$$

故 X 的分布列为:$\begin{pmatrix} 1 & 2 & 3 & 4 \\ 0.5 & 0.3 & 0.15 & 0.05 \end{pmatrix}$.

例 2.5(洛特卡分布) 设离散型随机变量 X 的分布列为 $P(X=k)=\dfrac{C}{k^2}$, $k=1, 2, \cdots$, 求常数 C 的值.

解 注意到恒等式 $\sum\limits_{k=1}^{+\infty}\dfrac{1}{k^2}=\dfrac{\pi^2}{6}$,又 $\sum\limits_{k=1}^{+\infty}P(X=k)=1$,即 $C\sum\limits_{k=1}^{+\infty}\dfrac{1}{k^2}=1$,故 $C=\dfrac{6}{\pi^2}$.

值得一提的是在文献计量学中，布拉德福定律、齐普夫定律和洛特卡定律是三个最基本的定律，是文献计量学重要的理论基础，被人们喻为文献计量学的“三大定律”. 洛特卡定律或称洛特卡分布是用来研究一本期刊论文与作者数量的关系，体现了科学技术工作者在某个学科领域的科技生产率. 1926 年，在美国一家人寿保险公司供职的统计学家洛特卡经过大量统计和研究，在美国著名的学术刊物《华盛顿科学院学报》上发表了一篇题名为《科学生产率的频率分布》的论文，旨在通过对发表论著的统计来探明科技工作者的生产能力及对科技进步和社会发展所做出的贡献. 这篇论文发表后，并未引起多大反响，直到 1949 年才引起学术界关注，并誉之为“洛特卡定律”，又称“倒数平方定律”. 洛特卡定律描述的是科学工作者人数与其所著论文之间的关系：写两篇论文的作者数量约为写一篇论文的作者数量的 1/4；写三篇论文的作者数量约为写一篇论文作者数量的 1/9；写 k 篇论文的作者数量约为写一篇论文作者数量的 $1/k^2$，而写一篇论文作者的数量约占所有作者数量的 60%. 该定律被认为是第一次揭示了作者数量与论文之间的关系.

2.3　重要的离散型分布

2.3.1　两点分布

在一次伯努利试验中，事件 A 发生的概率为 p，不发生的概率为 $q=1-p$，$0<p<1$，记 X 为事件 A 发生的次数，则 X 只能取 0 或 1 两值，其分布列为：$\begin{pmatrix} 0 & 1 \\ q & p \end{pmatrix}$ 或 $P(X=0)=q$，$P(X=1)=p$，或表示为 $P(X=k)=p^k q^{1-k}$，$k=0, 1$，则称 X 服从参数为 p 的两点分布，记作 $X \sim B(1, p)$. 值得一提的是，1 重伯努利试验成功的次数服从两点分布.

例 2.6　现对一批刚出厂的元件进行抽查检验，1 000 个产品中有 30 个次品，现从该 1 000 个产品中抽出一个产品，设 X 是抽到的合格产品数，写出 X 的分布列.

解　该试验只能有两种结果：抽到合格产品和抽不到合格产品，即：$\{X=0\}$ 和 $\{X=1\}$.

$$P(X=0)=\frac{30}{1\,000}=0.03,\ P(X=1)=\frac{970}{1\,000}=0.97,$$

则 X 的分布列为：$\begin{pmatrix} 0 & 1 \\ 0.03 & 0.97 \end{pmatrix}$.

2.3.2　二项分布

在 n 重伯努利试验中，每次试验中事件 A 发生的概率为 p，不发生的概率为 $q=1-p$，$0<p<1$，记 X 为 n 重伯努利试验中事件 A 出现的次数，则 X 的所有可能取值为 0，1，2，…，n，其分布列为：$b(k; n, p)=P(X=k)=C_n^k p^k q^{n-k}$，$k=0, 1, 2, \cdots, n$，则称 X 服从参数为 p 的二项分布，记作 $X \sim B(n, p)$. 特别地，当 $n=1$ 时，$X \sim B(1, p)$，此时 X 服从两点分布.

例 2.7　设击中目标的概率为 0.02，独立射击 400 次，求至少击中两次的概率.

解 设 X 为击中的次数,则 $X \sim B(400, 0.02)$,

$$P(X \geqslant 2)=\sum_{k=2}^{400} P(X=k)=1-P(X=0)-P(X=1)$$
$$=1-(0.98)^{400}-400 \times(0.02) \times(0.98)^{399} \approx 0.997\,165.$$

二项分布具有如下性质.

(1) 对于固定的 n 和 p, X 取 k 的概率随着 k 的增大起先增大,直至达到最大值,然后再下降. 事实上, $\dfrac{b(k; n, p)}{b(k-1; n, p)}=\dfrac{(n-k+1) p}{k q}=1+\dfrac{(n+1) p-k}{k q}$, 则当 $k<(n+1) p$ 时, $b(k; n, p)$ 大于前一项,即随着 k 的增加而上升;当 $k>(n+1) p$ 时,则下降. 当 $(n+1) p=m$ 为正整数时, $b(m; n, p)=b(m-1; n, p)$, 此时该两项为最大值;而当 $(n+1) p$ 不是正整数时,则 m 为满足 $(n+1) p-1<m \leqslant(n+1) p$ 的正整数,即取 $m=[(n+1) p]$, 使 $b(m; n, p)$ 为最大值. 通常称 m 为最可能出现的次数, $b(m; n, p)$ 为中心项;

(2) 对于固定的 p, 随着 n 的增大,二项分布的图形趋于对称. 即如果 $p=0.5$, 二项分布的图形是对称的;如果 $p \neq 0.5$, 则二项分布的图形是非对称的,但当 n 愈大时非对称性愈不明显.

注意 当 n 和 k 很大时, $b(k; n, p)$ 的计算将会很烦琐,要计算出其确切数值很不容易. 1837 年法国数学家泊松对此进行研究,得到了二项分布的泊松逼近公式,就是下面的泊松定理.

定理 2.1(泊松定理) 设有一列二项分布 $\{B(n, p_n), n \geqslant 1\}$, 其中参数列 $\{p_n, n \geqslant 1\}$ 满足 $\lim\limits_{n \rightarrow+\infty} n p_n=\lambda \geqslant 0$, 则对任意非负整数 k, 有

$$\lim _{n \rightarrow+\infty} b(k; n, p_n)=\lim _{n \rightarrow+\infty} \mathrm{C}_n^k p_n^k(1-p_n)^{n-k}=\frac{\lambda^k}{k!} \mathrm{e}^{-\lambda}.$$

证明 记 $\lambda_n=n p_n$, 即有 $\lim\limits_{n \rightarrow+\infty} \lambda_n=\lambda$.

当 $k=0$ 时,
$$b(0; n, p_n)=\left(1-\frac{\lambda_n}{n}\right)^n=\mathrm{e}^{-\lambda};$$

当 $k \geqslant 1$ 时,
$$b(k; n, p_n)=\frac{n(n-1) \cdots(n-k+1)}{k!} p_n^k(1-p_n)^{n-k}$$
$$=\frac{\lambda_n^k}{k!}\left(1-\frac{1}{n}\right)\left(1-\frac{2}{n}\right) \cdots\left(1-\frac{n-k+1}{n}\right)\left(1-\frac{\lambda_n}{n}\right)^{n-k}.$$

易见
$$\lim _{n \rightarrow+\infty} \lambda_n^k=\lambda^k, \quad \lim _{n \rightarrow+\infty}\left(1-\frac{\lambda_n}{n}\right)^{n-k}=\lim _{n \rightarrow+\infty}\left[\left(1-\frac{\lambda_n}{n}\right)^n\right]^{\frac{n-k}{n}}=\mathrm{e}^{-\lambda},$$
$$\lim _{n \rightarrow+\infty}\left(1-\frac{1}{n}\right)\left(1-\frac{2}{n}\right) \cdots\left(1-\frac{n-k+1}{n}\right)=1,$$

故
$$\lim _{n \rightarrow+\infty} b(k; n, p_n)=\frac{\lambda^k}{k!} \mathrm{e}^{-\lambda}.$$

二项分布的泊松近似,通常用来研究发生次数很多的小概率事件. 由定理 2.1 可知,当 $n p_n$ 恒等于常数 λ 或 n 足够大、p_n 足够小(这样才使得 $n p_n$ 的极限存在)时,一般说来 $b(k; n, p_n) \approx \dfrac{\lambda_n^k}{k!} \mathrm{e}^{-\lambda_n}$, 其中 $n p_n=\lambda_n$. 实际表明,在一般情况下,当 $p<0.1$ 时,泊松近似程度

就很高了，甚至 n 不必很大.

例 2.8　设一女工照管 800 个纱锭，若每一纱锭单位时间内纱线被扯断的概率为 0.005，试求最可能扯断次数及概率；并求单位时间内扯断次数不大于 10 的概率.

解　由于 $n=800$, $p=0.005$, $np=4$, $(n+1)p=4.001$，故最可能扯断次数为 4，其概率为 $b(4;\ 800,\ 0.005)=C_{800}^{4}\times 0.005^{4}\times 0.995^{796}=0.195\,857$，而 $\dfrac{4^4}{4!}e^{-4}=0.195\,367$，在单位时间内扯断次数不大于 10 的概率为：$\sum\limits_{k=0}^{10}b(k;\ 800,\ 0.005)=\sum\limits_{k=0}^{10}\dfrac{4^k}{k!}e^{-4}\approx 0.997\,160$.

例 2.9　保险公司里，有 2 500 个同一年龄和同社会阶层的人参加了人寿保险，在一年里每个人死亡的概率为 0.002，每个参加保险的人在 1 月 1 日付 0.12 万元保险费，而在死亡时家属可向公司索赔 20 万元，问：(1)“保险公司亏本”的概率是多少？(2)“保险公司获利不少于 100 万元和 200 万元”的概率各是多少？

解　(1) 在一年的 1 月 1 日，保险公司收入为：2 500×0.12=300 万元，若一年中死亡 x 人，则保险公司在这一年应付出 $20x$ 万元. 如果 $20x>300$，即 $x>15$ 人时保险公司便亏本(此处不计 300 万元所得的利息). 于是“保险公司亏本”的事件等价于“一年中多于 15 人死亡”的事件，从而问题转化为求“一年中多于 15 人死亡”的概率，注意到 2 500 人中死亡数服从二项分布 $B(2\,500,\ 0.002)$，再应用泊松近似即得：

$$
\begin{aligned}
P(\text{“保险公司亏本”})&=P(\text{“多于 15 人死亡”})\\
&=\sum_{k=16}^{2\,500}C_{2\,500}^{k}\times 0.002^{k}\times 0.998^{2\,500-k}\\
&=1-\sum_{k=0}^{15}C_{2\,500}^{k}\times 0.002^{k}\times 0.998^{2\,500-k}\\
&\approx 1-\sum_{k=0}^{15}\frac{e^{-5}5^k}{k!}\approx 0.000\,069,
\end{aligned}
$$

由此可见在一年里，保险公司亏本的概率是非常小的.

(2)“保险公司获利不少于 100 万元”，即 $300-20x\geqslant 100$，也即 $x\leqslant 10$

$$
\begin{aligned}
P(\text{“获利不少于 100 万元”})&=P(\text{“死亡人数}\leqslant 10\text{”})\\
&=\sum_{k=0}^{10}C_{2\,500}^{k}\times 0.002^{k}\times 0.998^{2\,500-k}\\
&\approx\sum_{k=0}^{10}\frac{e^{-5}5^k}{k!}\approx 0.986\,305.
\end{aligned}
$$

类似地，

$$
\begin{aligned}
P(\text{“获利不少于 200 万元”})&=P(\text{“死亡人数}\leqslant 5\text{”})\\
&=\sum_{k=0}^{5}C_{2\,500}^{k}\times 0.002^{k}\times 0.998^{2\,500-k}\\
&\approx\sum_{k=0}^{5}\frac{e^{-5}5^k}{k!}\approx 0.615\,961.
\end{aligned}
$$

2.3.3 泊松分布

设随机变量 X 所有可能取值为非负整数,其取各个值的概率为:

$$P(k;\lambda)=P(X=k)=\frac{\lambda^k}{k!}\mathrm{e}^{-\lambda},\ k=0,\ 1,\ 2,\ \cdots,$$

其中 $\lambda>0$,则称 X 服从参数为 λ 的泊松分布,记作 $X\sim P(\lambda)$.

泊松分布作为二项分布的一种极限情况,已成为描述稀有事件发生规律的一种重要分布,其中的参数通常由经验决定. 例如:飞机被击中的子弹数;一个集团中员工生日是元旦的人数;一批产品的废品数;一本书中某一页出现印刷错误的个数;某服务部门等待接受服务的顾客人数;某保险公司在一年内需要理赔的顾客数;一年中暴雨出现在夏季中的次数;数字通信中传输数字时发生误码的个数;某时间段内某操作系统发生故障的次数;生物医学统计中分析医学上诸如人群中遗传缺陷、癌症等发病率很低的非传染性疾病的发病或患病人数的分布;研究单位时间内(或单位面积、容积、空间内)某罕见事件发生次数的分布,如分析在单位时间内放射性物质放射次数的分布,在单位面积或容积内细菌数的分布,在单位空间中某种昆虫或野生动物数的分布;等等. 因此,泊松分布在经济、管理科学中占据着十分重要的地位. 另外,泊松分布具有良好的性质,是构造一类重要随机过程的基石之一.

泊松分布的适用条件. 假定在规定的观测单位内某事件(如"阳性")平均发生次数为 λ,且该规定的观测单位可等分为充分多的 n 份,其样本计数为 X ($X=0,\ 1,\ 2,\ \cdots$). 则在满足下面三个条件时,有 $X\sim P(\lambda)$.

条件 1: 普通性. 在充分小的观测单位上 X 的取值最多为 1. 简言之,就是在试验次数 n 足够大时,每次试验可看作是一个"充分小的观测单位",且每次试验只会发生两种互斥的可能结果之一(阳性或阴性),这样阳性数 X 的取值最多为 1.

条件 2: 独立增量. 在某个观测单位上 X 的取值与前面各观测单位上 X 的取值无关. 简言之,就是前面的试验结果不影响下一次的试验结果,各次试验具有独立性.

条件 3: 平稳性. X 的取值只与观测单位的大小有关,与观测单位的位置无关. 简言之,就是每一次试验阳性事件发生的概率都应相同,为 $p=\dfrac{\lambda}{n}$,这样阳性数 X 的取值只与重复试验的次数有关,为合计的阳性数,可看作是大量独立试验的总结果.

例如在医学研究中,一些不具传染性、无永久免疫、无遗传性且发病率很低的疾病,在人群中的发病人数 X 往往近似满足上述三个条件. 因为,若目标人群的人口数 n 很大,每个人相当于一个充分小的观测单位,观测每个人的发病情况可看作是一次"试验",观测到的结果是发病或不发病,这样 X 的取值最多是 1,即满足"条件 1";所研究的疾病无传染性、无遗传性,每个人的发病与否互不影响,是相互独立的,即满足"条件 2";所研究的疾病无永久性免疫,每个人发病的概率可看作相同,都是 p 且很低,n 个人的发病情况相当于 n 次独立的重复试验,这样 X 的取值只与观测人数的多少有关,为合计的阳性数,即满足"条件 3". 因此,发病人数 X 服从以 $\lambda=np$ 为参数的泊松分布.

对于研究规定时间(或面积、容积、空间)内某罕见事件(如放射性脉冲、细菌、粉尘颗粒等)发生数的分布,假定事件的发生分布均匀,此时,样本计数 X 也往往满足上述三个条件而服从泊松分布. 以研究空气中均匀分布的粉尘颗粒为例,将所规定的空间(如 1 m^3)等分成

n 份，当 n 足够大时，可得到一系列充分小的观测单位. 在每一个充分小的观测单位内或有粉尘颗粒或无粉尘颗粒，但出现 2 个或更多个粉尘颗粒的机会可以忽略，这样 X 的取值最多为 1，即满足“条件 1”；在不同小份的观测单位内粉尘颗粒出现与否互不影响是独立的，即满足“条件 2”；由于空气中粉尘颗粒的分布是均匀的，每立方米空气中的平均粉尘颗粒数为 λ，因此在每一小份观测单位内粉尘颗粒出现的概率都相同，均为小概率 $\frac{\lambda}{n}$，这样 X 的取值只与观测的空间大小有关，可看作是构成观测空间的各小份观测单位内粉尘颗粒的合计数，即满足“条件 3”. 此时，规定空间内所实际观测到的空气中粉尘颗粒发生数 $X \sim P(\lambda)$.

例 2.10　由某商店过去的销售记录知道，某种商品每月的销售件数可以用参数 $\lambda = 10$ 的泊松分布来描述，为了有 95% 以上的把握不脱销，问商店在月底至少应进该种商品多少件？

解　设该商店每月销售某种商品 X 件，月底的进货为 a 件，则当 $X \leqslant a$ 时就不会脱销. 则 $P(X \leqslant a) \geqslant 0.95$，即 $\sum_{k=0}^{a} \frac{10^k}{k!} \mathrm{e}^{-10} \geqslant 0.95$.

$$\sum_{k=0}^{14} \frac{10^k}{k!} \mathrm{e}^{-10} \approx 0.916\,6 < 0.95, \quad \sum_{k=0}^{15} \frac{10^k}{k!} \mathrm{e}^{-10} \approx 0.951\,3 > 0.95.$$

于是，该商店只要在月底进货某种商品 15 件即可（假定上月没有存货）.

例 2.11　某大学生夜晚休息，已知进入他房间的蚊子数服从参数为 λ 的泊松分布，而每个蚊子叮咬他的概率为 p，试求恰有 m 个蚊子叮咬他的概率.（该例与第 1 章例 1.38 类似）

解　以 X 表示进入他房间的蚊子数，以 Y 表示叮咬他的蚊子数，则

$$P(X=n) = \frac{\lambda^n}{n!} \mathrm{e}^{-\lambda}, \ n \geqslant 1, \ P(Y=m \mid X=n) = \mathrm{C}_n^m p^m (1-p)^{n-m},$$

由全概率公式：

$$\begin{aligned} P(Y=m) &= \sum_{n=m}^{+\infty} P(Y=m \mid X=n) P(X=n) \\ &= \sum_{n=m}^{+\infty} \frac{n!}{m!\,(n-m)!} \frac{\lambda^n \mathrm{e}^{-\lambda}}{n!} p^m (1-p)^{n-m} \\ &= \frac{(\lambda p)^m}{m!} \mathrm{e}^{-\lambda} \sum_{n=m}^{+\infty} \frac{\lambda^{n-m} (1-p)^{n-m}}{(n-m)!} = \frac{(\lambda p)^m}{m!} \mathrm{e}^{-\lambda p}, \end{aligned}$$

即一晚上叮咬他的蚊子数也服从泊松分布，参数为 λp.

不同的参数 λ 值有对应的泊松分布函数值，即不同的 $F(k) = \sum_{i=0}^{k} \frac{\lambda^i}{i!} \mathrm{e}^{-\lambda}$ 值，如果要得到泊松的分布列，可通过 $P(X=k) = \frac{\lambda^k}{k!} \mathrm{e}^{-\lambda} = F(k) - F(k-1)$ 求得. 泊松分布在适当条件下可由二项分布取极限得到，因此泊松分布与二项分布有一些类似的性质. 注意到，$\frac{P(k;\,\lambda)}{P(k-1;\,\lambda)} = \frac{\lambda}{k}$，可见，当 $k < \lambda$ 时，$P(k-1;\,\lambda) < P(k;\,\lambda)$；当 $k > \lambda$ 时，$P(k-1;\,\lambda) > P(k;\,\lambda)$，在 λ 是正整数时，有 $P(\lambda;\,\lambda) = P(\lambda-1;\,\lambda)$. 于是有泊松分布的分布列

$P(k;\lambda)$，当 k 由 0 变到 $[\lambda]$ 时，单调上升，并且在 $k=[\lambda]$ 时，达到最大值 $P([\lambda];\lambda)$；当 k 超过 λ 继续变动时，$P(k;\lambda)$ 单调下降. 通常称 $[\lambda]$ 为最可能出现次数，值得注意的是若 $\lambda=[\lambda]$ 时，则有两个最大值 $P(\lambda;\lambda)=P(\lambda-1;\lambda)$.

2.3.4 几何分布

在独立的重复试验中，事件 A 发生的概率为 p，不发生的概率为 $q=1-p$，$0<p<1$，记 X 为 A 首次发生的试验次数，则 X 的所有可能取值为 1, 2, …，其概率分布为：$P(X=k)=pq^{k-1}$，$k=1, 2, \cdots$，称 X 服从参数为 p 的几何分布，记作 $X\sim Ge(p)$.

若 $X\sim Ge(p)$，以下两个结论经常被用到：

$$P(X\geqslant k)=\sum_{i=k}^{+\infty}(pq^{i-1})=q^{k-1},\ P(X\leqslant k)=1-P(X\geqslant k+1)=1-q^{k}.$$

值得一提的是，几何分布有时也有如下表达：记 Y 为事件 A 首次发生时前面的试验次数，则 Y 的所有可能取值为 0, 1, 2, …，其概率分布为：$P(Y=k)=pq^{k}$，$k=0, 1, 2, \cdots$，易见 X 与 Y 有如下关系式：$X=Y+1$.

在某事件出现的概率为 p 的伯努利试验中，若以 X 记该事件首次出现时的试验次数，则随机变量 X 服从参数为 p 的几何分布，即等待某一事件发生的试验次数服从几何分布. 另外，由于 $P(X=k)=pq^{k-1}$ 正好是几何级数 $\sum\limits_{k=1}^{+\infty}pq^{k-1}$ 的通项，几何分布由此得名.

几何分布有如下典型特征：

定理 2.2 取非负整数值的随机变量 X 有几何分布

$$P(X=k)=pq^{k-1},\ k=1, 2, \cdots,\ 0<p<1,\ q=1-p$$

的充分必要条件是

$$P(X>m+n\mid X>n)=P(X>m),\ m,\ n=1, 2, \cdots.$$

证明 必要性：因为 $P(X=k)=pq^{k-1}$，所以 $P(X>k)=P(X\geqslant k+1)=q^{k}$，$P(X>m+n\mid X>n)=\dfrac{P(X>m+n)}{P(X>n)}=\dfrac{q^{m+n}}{q^{n}}=q^{m}=P(X>m)$.

充分性：记 $q_x=P(X>x)$，则 $q_{m+n}=q_m q_n$，$(m,\ n=1, 2, \cdots)$，

故 $$q_{m+1}=q_m q_1=q_{m-1}q_1^2=\cdots=q_1q_1^{m}=q_1^{m+1},$$

$$P(X=k)=P(X>k-1)-P(X>k)=q_{k-1}-q_k=(1-q_1)q_1^{k-1},\ k=1, 2, \cdots,$$

因此，X 服从几何分布.

将非负离散型随机变量满足 $P(X>m+n\mid X>n)=P(X>m)$ 这一特性的，称为具有“无记忆性”或“无后效性”，也被称作“永远年轻性”. 定理 2.2 说明在非负离散型分布中只有几何分布具有“无记忆性”. 如果将 X 假设为某件插件产品(比如开关等)的寿命，“无记忆性”用语言表述则为：产品做了 n 次试验没坏，至少再做 m 次试验的条件概率等于它至少做 m 次试验的初始概率. 换句话说，当产品做了 n 次试验后没坏，则它在 n 次试验以后的剩余寿命与新的寿命一样服从原来的几何分布.

2.3.5 超几何分布

若随机变量 X 的概率分布列为：$P(X=k)=\dfrac{C_M^k C_{N-M}^{n-k}}{C_N^n}$，$k=0, 1, 2, \cdots, l$，其中 N, M, n 为自然数，满足 $M<N$，$n<N$，$l=\min\{M, n\}$，则称随机变量 X 服从超几何分布. 其中 N, M, n 为参数，又称 X 为服从参数为 N, M, n 的超几何分布，记为 $X \sim H(n, M, N)$.

例 2.12 设有一批同类产品共 N 个，其中 M 个次品，从中任意抽取 n 个产品进行检查. 则 n 个产品中次品数 X 就服从超几何分布 $H(n, M, N)$.

上例中 n 个产品的抽取可一次完成，也可以多次抽取. 不管采取哪种方式，抽取均为无放回的. 超几何分布就是产生于这些无放回的采样方式，即每抽取一次样本后，继续抽取样本时的样本空间发生改变. 但是，当产品总数 N 相对于抽取样本的数目 n 而言很大时，每做一次无放回的抽样对次品率影响不大，都近似为 $\dfrac{M}{N}$，即无放回抽样和有放回的抽样差别不大. 在这种情况下，问题正是典型的伯努利试验概型，故抽到的次品数 X 可近似地看为服从二项分布 $B\left(n, \dfrac{M}{N}\right)$，对此，有下列定理.

定理 2.3 若在 $P(X=k)=\dfrac{C_M^k C_{N-M}^{n-k}}{C_N^n}$ 中，有 $\lim\limits_{N\to+\infty}\dfrac{M}{N}=p$（亦即在无穷多个产品中废品率是 p），那么对任意的 $n\geqslant 1$ 及 $0\leqslant k\leqslant n$，

$$\lim_{N\to+\infty}\frac{C_M^k C_{N-M}^{n-k}}{C_N^n}=C_n^k p^k(1-p)^{n-k}.$$

证明 由于

$$\begin{aligned}\frac{C_M^k C_{N-M}^{n-k}}{C_N^n}&=\frac{M!}{k!\,(M-k)!}\frac{(N-M)!}{(n-k)!\,(N-M-n+k)!}\frac{n!\,(N-n)!}{N!}\\&=\frac{n!}{k!\,(n-k)!}\frac{M(M-1)\cdots(M-k+1)}{N^k}\cdot\\&\quad\frac{(N-M)\cdots[N-M-(n-k)+1]}{N^{n-k}}\frac{N^n}{N(N-1)\cdots(N-n+1)}.\end{aligned}$$

又
$$\lim_{N\to+\infty}\frac{N^n}{N(N-1)\cdots(N-n+1)}=1,\ \lim_{N\to+\infty}\frac{M(M-1)\cdots(M-k+1)}{N^k}=p^k,$$

$$\lim_{N\to+\infty}\frac{(N-M)\cdots[N-M-(n-k)+1]}{N^{n-k}}=(1-p)^{n-k},$$

即
$$\lim_{N\to\infty}\frac{C_M^k C_{N-M}^{n-k}}{C_N^n}=C_n^k p^k(1-p)^{n-k}.$$

2.3.6 负二项分布

负二项分布是一种离散型分布，又叫帕斯卡分布，是几何分布的直接推广. 负二项分布

常用于描述生物的群聚性,如钉螺在土壤中的分布、昆虫的空间分布等. 医学上可用于描述传染性疾病的分布和致病生物的分布,在毒理学的显性致死试验或致癌试验中也都有应用. 负二项分布可以用伯努利试验来定义.

考虑伯努利试验,其中"成功"的概率为 p,"失败"的概率为 $q=1-p$,试验进行到第 r 次"成功"出现为止,记 W 为试验共进行的次数,则

$$P(W=k)=p\mathrm{C}_{k-1}^{r-1}p^{r-1}q^{k-r}=\mathrm{C}_{k-1}^{r-1}p^{r}q^{k-r},\ k=r,\ r+1,\ \cdots.$$

如令 $X=W-r$,则 X 的分布列为

$$P(X=k)=P(W=k+r)=\mathrm{C}_{k+r-1}^{k}p^{r}q^{k},\ k=0,\ 1,\ 2,\ \cdots.$$

上式 X 的概率分布称为负二项分布或等待时间分布,记为 $X\sim NB(r,\ p)$.

特别地,若 $r=1$,即 $X\sim NB(1,\ p)$,$P(X=k)=pq^{k}$,则 $X+1$ 服从几何分布,$X+1\sim Ge(p)$.

定理 2.4 若在 $P(X=k)=\mathrm{C}_{k+r-1}^{k}p_{r}^{r}q_{r}^{k}$ 中,有 $\lim\limits_{r\to+\infty}rq_{r}=\lambda$,那么对 $k=0,1,2,\cdots$,

$$\lim_{r\to+\infty}\mathrm{C}_{k+r-1}^{k}p_{r}^{r}q_{r}^{k}=\frac{\lambda^{k}}{k!}\mathrm{e}^{-\lambda}.$$

证明 记 $\lambda_{r}=rq_{r}$,则 $q_{r}=\dfrac{\lambda_{r}}{r}$,故

$$\mathrm{C}_{k+r-1}^{k}p_{r}^{r}q_{r}^{k}=\frac{(k+r-1)!}{k!\ (r-1)!}\left(1-\frac{\lambda_{r}}{r}\right)^{r}\frac{\lambda_{r}^{k}}{r^{k}}=\frac{\lambda_{r}^{k}}{k!}\left[\left(1-\frac{\lambda_{r}}{r}\right)^{-r/\lambda_{r}}\right]^{-\lambda_{r}}\frac{(k+r-1)\cdots r}{r^{k}}.$$

又
$$\lim_{r\to+\infty}\lambda_{r}^{k}=\lambda^{k},\ \lim_{r\to+\infty}\left[\left(1-\frac{\lambda_{r}}{r}\right)^{-r/\lambda_{r}}\right]^{-\lambda_{r}}=\mathrm{e}^{-\lambda},\ \lim_{r\to+\infty}\frac{(k+r-1)\cdots r}{r^{k}}=1$$

则
$$\lim_{r\to+\infty}\mathrm{C}_{k+r-1}^{k}p_{r}^{r}q_{r}^{k}=\frac{\lambda^{k}}{k!}\mathrm{e}^{-\lambda}.$$

2.3.7 负超几何分布

若随机变量 X 的分布列为:$P(X=k)=\dfrac{\mathrm{C}_{r+k-1}^{r-1}\mathrm{C}_{N-r-k}^{M-r}}{\mathrm{C}_{N}^{M}}$,$k=0,\ 1,\ 2,\ \cdots,\ N-M$,其中 $N,\ M,\ r$ 为自然数,且 $r\leqslant M<N$,则称 X 服从负超几何分布,记为 $X\sim HP(N,\ M,\ r)$.

负超几何分布可由如下概率模型得到:设有 N 件产品,其中有 M 件次品,其余 $N-M$ 件为正品. 今从中一次任意一个不放回地取出,直到取出 r 个次品时取出的产品数,记 W 为总的抽取次数.

如假设次品与正品各自内部产品之间相互不可辨,又取得 k 件产品时才得到了 r 件次品,那就是取得的前 $k-1$ 件产品中有 $r-1$ 件是次品,而第 k 件产品是次品,则

$$P(W=k)=\frac{\mathrm{C}_{M}^{r-1}\mathrm{C}_{N-M}^{k-r}}{\mathrm{C}_{N}^{k-1}}\frac{M-r+1}{N-k+1}=\frac{\mathrm{C}_{k-1}^{r-1}\mathrm{C}_{N-k}^{M-r}}{\mathrm{C}_{N}^{M}},\ k=r,\ r+1,\ \cdots,\ r+N-M.$$

如假设所有 N 个产品均可辨,又抽取 k 件产品时才得到了 r 件次品. 考虑整个前 k 次抽取,则

$$P(W=k)=\frac{C_{k-1}^{r-1}A_M^rA_{N-M}^{k-r}}{A_N^k}=\frac{C_{k-1}^{r-1}C_{N-k}^{M-r}}{C_N^M},\ k=r,\ r+1,\ \cdots,\ r+N-M.$$

令 $X=Y-r$，对 $k=0,\ 1,\ 2,\ \cdots,\ N-M$，则 $P(X=k)=P(W=r+k)=\dfrac{C_{r+k-1}^{r-1}C_{N-r-k}^{M-r}}{C_N^M}$.

定理 2.5　当 N 很大时，而 k 不大，且 r 与 k 不变，$\dfrac{M}{N}$ 保持不变，并令 $p=\dfrac{M}{N}$，则

$$\lim_{N\to+\infty}\frac{C_{r+k-1}^{r-1}C_{N-r-k}^{M-r}}{C_N^M}=C_{r+k-1}^{r-1}p^r(1-p)^k.$$

证明　注意到 $\dfrac{C_{N-r-k}^{M-r}}{C_N^M}=\left(1-\dfrac{M}{N}\right)^k\dfrac{N^k}{(N-M)^k}\dfrac{M!\ (N-M)!}{N!}\dfrac{(N-r-k)!}{(M-r)!\ (N-M-k)!}=$
$\left(1-\dfrac{M}{N}\right)^k\dfrac{N^k}{N\cdots(N-k+1)}\dfrac{M\cdots(M-r+1)}{N^r}\dfrac{N^k}{(N-M)^k}\dfrac{N^{r-k}(N-M)!}{(N-k)!}\dfrac{(N-r-k)!}{(N-M-k)!}$，

而
$$\frac{N^{r-k}(N-M)!}{(N-k)!}\frac{(N-r-k)!}{(N-M-k)!}=\frac{N^{r-k}(N-M)\cdots(N-M-k+1)}{(N-k)\cdots(N-k-r+1)},$$

其分子 $N^{r-k}(N-M)\cdots(N-M-k+1)$ 与分母 $(N-k)\cdots(N-k-r+1)$ 中 N 的最高次方都为 r，则 $\lim\limits_{N\to+\infty}\dfrac{N^{r-k}(N-M)!}{(N-k)!}\dfrac{(N-r-k)!}{(N-M-k)!}=1$.

又
$$\frac{N^k}{N\cdots(N-k+1)}=1,\ \lim_{N\to+\infty}\frac{N^k}{(N-M)^k}=1,$$

$$\lim_{N\to+\infty}\left(1-\frac{M}{N}\right)^k=(1-p)^k,\ \lim_{N\to+\infty}\frac{M\cdots(M-r+1)}{N^r}=p^r,$$

则
$$\lim_{N\to+\infty}\frac{C_{r+k-1}^{r-1}C_{N-r-k}^{M-r}}{C_N^M}=C_{r+k-1}^{r-1}p^r(1-p)^k.$$

由定理 2.5 可以看出：当 N 很大，而 k 较小时，负超几何分布可用负二项分布来近似替代.

2.4　分布函数

定义 2.4　设 X 是一随机变量，对任意实数 x，函数 $F_X(x)=P(X\leqslant x)$，$-\infty<x<+\infty$，称为随机变量 X 的分布函数. 且称 X 服从 $F_X(x)$，记为 $X\sim F_X(x)$，不引起混淆的情况下，通常记为 $X\sim F(x)$.

随机变量的分布函数是一个普通的函数，它完整地描述了随机变量的统计规律性，通过它人们就可以利用高等数学的方法来研究随机变量. 若将 X 看作数轴上随机点的坐标，则分布函数 $F(x)$ 的值就表示 X 落在区间 $(-\infty,\ x]$ 的概率. 对于任意的实数 x_1，x_2，$x_1<x_2$，有：

$$P(x_1<X\leqslant x_2)=P(X\leqslant x_2)-P(X\leqslant x_1)=F(x_2)-F(x_1).$$

分布函数 $F(x)$ 具有以下 3 条基本性质.

(1) 单调性：$F(x)$ 为单调非降函数,即对任意的实数 x_1, x_2, $x_1 < x_2$, 有 $F(x_1) \leqslant F(x_2)$;

(2) 有界性：对任意的 x, 有 $0 \leqslant F(x) \leqslant 1$, 且

$$F(-\infty) = \lim_{x \to -\infty} F(x) = 0,\ F(+\infty) = \lim_{x \to +\infty} F(x) = 1;$$

(3) 右连续性：对任意的 x_0, 有 $\lim\limits_{x \to x_0^+} F(x) = F(x_0)$, 即 $F(x_0 + 0) = F(x_0)$.

值得注意的是,若一个普通函数 $F(x)$ 具备以上 3 条性质,则其可作为某个随机变量的分布函数. 另外,有的教科书定义的分布函数为 $F_X(x) = P(X < x)$, $-\infty < x < +\infty$, 此时分布函数也具有单调性、有界性,但第(3)条基本性质改为"左连续",即 $F(x_0 - 0) = F(x_0)$.

有了随机变量 X 的分布函数 $F(x)$, 有关 X 的各种事件的概率都能方便地用分布函数来表达. 例如：对任意的实数 a 与 b, 有：

$$P(a < X \leqslant b) = F(b) - F(a);\ P(X = a) = F(a) - F(a - 0);$$

$$P(X \geqslant b) = 1 - F(b - 0);\ P(X > b) = 1 - F(b);$$

$$P(a < X < b) = F(b - 0) - F(a);\ P(a \leqslant X \leqslant b) = F(b) - F(a - 0);$$

$$P(a \leqslant X < b) = F(b - 0) - F(a - 0).$$

特别地,当 $F(x)$ 在 a 处连续,则有 $F(a - 0) = F(a)$.

例 2.13 (1) 设 X 的分布列为：$\begin{pmatrix} 0 & 1 & 2 \\ 0.25 & 0.5 & 0.25 \end{pmatrix}$, 求 X 的分布函数;

(2) 设 X 的分布函数为 $F(x) = \begin{cases} 0, & x < 1, \\ 0.2, & 1 \leqslant x < 3, \\ 1, & x \geqslant 3, \end{cases}$ 求 X 的分布列及 $P(0.5 < X \leqslant 2)$, $P(2 \leqslant X < 4)$ 和 $P(X > 3)$.

解 (1) 当 $x < 0$ 时, $F(x) = P(X \leqslant x) = 0$;

当 $0 \leqslant x < 1$ 时, $F(x) = P(X \leqslant x) = P(X = 0) = \dfrac{1}{4}$;

当 $1 \leqslant x < 2$ 时, $F(x) = P(X \leqslant x) = P(X = 0) + P(X = 1) = \dfrac{3}{4}$;

当 $x \geqslant 2$ 时, $F(x) = P(X \leqslant x) = P(X = 0) + P(X = 1) + P(X = 2) = 1$;

即有：

$$F(x) = \begin{cases} 0, & x < 0, \\ \dfrac{1}{4}, & 0 \leqslant x < 1, \\ \dfrac{3}{4}, & 1 \leqslant x < 2, \\ 1, & x \geqslant 2. \end{cases}$$

(2) 由 $F(x)$ 是一个取值于 $[0, 1]$ 的单调不减的阶梯形函数知, X 必是一个离散型随

机变量. 离散型随机变量仅在其分布函数发生跳跃的点 x_i 处取值，且取 x_i 的概率 p_i 恰等于分布函数在该点处的跃度. 于是可得 X 的分布列：$\begin{pmatrix} 1 & 3 \\ 0.2 & 0.8 \end{pmatrix}$，即随机变量 X 服从两点分布.

$$P(0.5 < X \leqslant 2) = P(X=1) = 0.2;$$

$$P(2 \leqslant X < 4) = P(X=3) = 0.8;\ P(X > 3) = 0.$$

值得注意的是：在写离散型随机变量的分布函数时，其取值 x 的范围应表示为“左闭右开”(除“$-\infty < x$”不表示成“$-\infty \leqslant x$”外)，另外，如分布函数 $F(x)$ 定义为 $P(X < x)$ 时，其取值 x 的范围应表示为“左开右闭”(除“$x <+\infty$”不表示成“$x \leqslant +\infty$”外).

2.5　连续型随机变量及其分布

离散型随机变量最多只能取可数个数值，而连续型随机变量的一切可能取值充满某个区间 I，在这个区间内有无穷不可数个实数，因此描述连续型随机变量的概率分布不能再用分布列的形式表示，从而引入概率密度函数的定义.

譬如要考察某厂加工的机械轴的直径，则机械轴的直径 X 是一个连续型随机变量. 若我们一个接一个地测量轴的直径，把测量值 x 一个接一个地放到数轴上去，当累积很多测量值 x 时，就形成了一定的图形. 为了使这个图形得以稳定，我们把纵轴由“单位长度上的频数”改为“单位长度上的频率”. 由于频率具有稳定性，随着测量值 x 的个数越多，这个图形就越稳定，其外形就显现出一条光滑曲线. 这时，这条曲线所表示的函数 $f(x)$ 称为密度函数，它表示出 X“在一些地方(如中部)取值的机会大，在另一些地方(如两侧)取值的机会小”的一种统计规律性. 密度函数 $f(x)$ 有多种形式，有的位置不同，有的散布不同，有的形状不同. 这正是反映不同连续随机变量取值的统计规律性上的差别.

定义 2.5　设 $F(x)$ 为随机变量 X 的分布函数，若存在非负可积函数 $f(x)$，对于任意实数的 x，有 $F(x) = \int_{-\infty}^{x} f(t)\mathrm{d}t$，称 X 为连续型随机变量，$f(x)$ 为 X 的概率密度函数，或称密度函数、分布密度. 有时为强调分布函数 $F(x)$ 和密度函数 $f(x)$ 对随机变量 X 的依赖性，也可记为 $F_X(x)$，$f_X(x)$.

密度函数曲线其实就是所研究的变量数据经过分组、归一化处理后在组距趋于 0 时的变量分布频率线.

应该指出，能够表示成变上限积分的函数在数学分析中称为绝对连续函数. 绝对连续函数必为连续函数. 所以连续型随机变量的分布函数在实数集 $\mathbf{R}$ 上处处连续(而不只是右连续)，而密度函数本身不一定处处连续.

注意　若密度函数 $f(x)$ 在点 x 连续，则 $f(x) = F'(x)$，此时，连续型随机变量的分布函数和密度函数之间可互相推导.

连续型随机变量的概率密度 $f(x)$ 具有以下性质.

(1) 非负性：$f(x) \geqslant 0$，即密度曲线 $y = f(x)$ 位于 x 轴上方，由于 $F(x+\Delta x) - F(x) = f(\xi)\Delta x$，$x < \xi < x + \Delta x$，当 Δx 很小时，有 $F(x+\Delta x) - F(x) \approx f(x)\Delta x$，随

机变量 X 落在小区间 $(x, x+\Delta x]$ 内的概率近似地为 $f(x)\Delta x$. 这表明 $f(x)$ 本身并非概率,但它的大小却决定了 X 落入区间 $(x, x+\Delta x]$ 内的概率的大小,密度函数值越大的地方,随机变量落在其附近的概率就越大,这意味着 $f(x)$ 确实具有"密度"的性质,因此称它为密度函数.

(2) 规范性:$\int_{-\infty}^{+\infty} f(x)\mathrm{d}x=1$,即介于密度函数曲线与 x 轴之间的平面图形的面积为1;反过来,若某个连续函数具有上述非负性和规范性,则此函数一定可作为某个连续型随机变量的密度函数.

(3) 对于任意的实数 $a, b, a \leqslant b$,

$$P(X=a)=0,$$

$$\begin{aligned} P(a \leqslant X \leqslant b) &= P(a < X \leqslant b) = P(a \leqslant X < b) = P(a < X < b) \\ &= F(b)-F(a)=\int_a^b f(x)\mathrm{d}x. \end{aligned}$$

由于随机变量的分布函数是在整个实数轴上定义的,不管是离散型还是连续型随机变量,其分布函数中 x 都写成"左闭右开"形式.

例 2.14 设随机变量 X 的密度函数:$f(x)=\begin{cases} kx, & 0 \leqslant x < 1, \\ 2-x, & 1 \leqslant x < 2, \\ 0, & \text{其他}. \end{cases}$ 求:(1) k;(2) X 的分布函数 $F(x)$;(3) $P\left(\frac{1}{4} < X \leqslant \frac{5}{4}\right)$.

解 (1) 由于 $\int_{-\infty}^{+\infty} f(x)\mathrm{d}x=1$,有 $\int_0^1 kx\mathrm{d}x+\int_1^2 (2-x)\mathrm{d}x=1$,从中解得:$k=1$;

(2) X 的分布函数为:

$$F(x)=\int_{-\infty}^{x} f(t)\mathrm{d}t=\begin{cases} 0, & x<0, \\ \int_0^x t\mathrm{d}t=\frac{x^2}{2}, & 0 \leqslant x < 1, \\ \int_0^1 t\mathrm{d}t+\int_1^x (2-t)\mathrm{d}t=2x-1-\frac{x^2}{2}, & 1 \leqslant x < 2, \\ 1, & x \geqslant 2, \end{cases}$$

(3) $P\left(\frac{1}{4} < X \leqslant \frac{5}{4}\right)=F\left(\frac{5}{4}\right)-F\left(\frac{1}{4}\right)=\frac{11}{16}$.

在生存分析中,其研究的对象是产品寿命等非负的随机变量. 产品的可靠性指标通过产品寿命的各种特征表现出来,产品寿命 X 是指产品从开始工作到发生失效(故障)为止所经历的时间,寿命 X 是一个随机变量,其可以是连续型或离散型的,它的分布称为寿命分布. 下面先就连续型寿命分布给出可靠度、失效率以及累积失效率的定义.

定义 2.6 产品在规定的条件下、规定的时间内,完成规定功能的概率称为产品的可靠度,记作 $R(x)$.

由于下列三个事件是等价的:"产品在时间 x 内,实现预期功能""产品在时间 x 内,没有失效”“产品寿命 X 至少比时间 x 长”. 于是，产品的可靠度函数 $R(x)$ 可表示成事件“$X>x$”的概率，即 $R(x)=P(X>x)$. 可靠性函数 $R(x)$ 是 x 的递减函数，规定时间 x 愈大，可靠度 $R(x)$ 就愈小，用 $F(x)$ 作为产品寿命的失效分布函数或寿命分布函数. 则有：$R(x)=1-F(x)$.

定义 2.7　产品已工作到时刻 x，在时刻 x 后的单位时间内发生失效的概率称为产品在时刻 x 的失效率，记为 $\lambda(x)$，将 $\Lambda(x)=\int_0^x \lambda(t)\mathrm{d}t$ 定义为累积失效率函数.

失效率又称“瞬时失效率”或“危险率”，在人寿保险业中称作“死亡率强度”，在极值理论中称作“强度函数”，在经济学中称它的倒数为“密尔率”等. 由失效率的定义易知其值为：$\lambda(x)=\dfrac{f(x)}{1-F(x)}$，事实上

$$\begin{aligned}\lambda(x)&=\lim_{\Delta x\to 0}\frac{P(x<X\leqslant x+\Delta x \mid X>x)}{\Delta x}=\lim_{\Delta x\to 0}\frac{P(x<X\leqslant x+\Delta x,\ X>x)}{\Delta x P(X>x)}\\&=\lim_{\Delta x\to 0}\frac{P(X\leqslant x+\Delta x)-P(X\leqslant x)}{\Delta x R(x)}=\lim_{\Delta x\to 0}\frac{F(x+\Delta x)-F(x)}{\Delta x}\frac{1}{R(x)}\\&=\frac{f(x)}{R(x)}=\frac{f(x)}{1-F(x)}.\end{aligned}$$

另外，

$$\lambda(x)=\frac{F'(x)}{1-F(x)}=\frac{-R'(x)}{R(x)}=[-\ln R(x)]',$$

$$\int_0^x \lambda(t)\mathrm{d}t=\int_0^x[-\ln R(t)]'\mathrm{d}t=-\ln R(x),$$

由此在已知 $\lambda(x)$ 的情形下有：$R(x)=\exp\left\{-\int_0^x\lambda(t)\mathrm{d}t\right\}=\exp\{-\Lambda(x)\}$，

$$F(x)=1-R(x)=1-\exp\left\{-\int_0^x\lambda(t)\mathrm{d}t\right\},\ f(x)=F'(x)=\lambda(x)\exp\left\{-\int_0^x\lambda(t)\mathrm{d}t\right\}.$$

失效率函数是刻画产品寿命分布的一个重要特征函数. 失效率曲线反映产品总体在整个寿命周期中失效率的情况. 很多产品的失效率函数都呈现“浴盆”形，“浴盆”形失效率函数在大科学工程、产品可靠性分析、经济运行分析、管理决策、安全生产、海事预防等领域都有着广泛的应用. 其实就我们人类而言，小孩的时候抵抗力弱容易生病，中年比较健康，而老了也容易生病，完全呈现一个“浴盆”形曲线.

图 2.1 所示为产品的失效率曲线的典型情况，可形象地称其为“浴盆”曲线. “浴盆”形失效率函数随时间变化可分为三段时期.

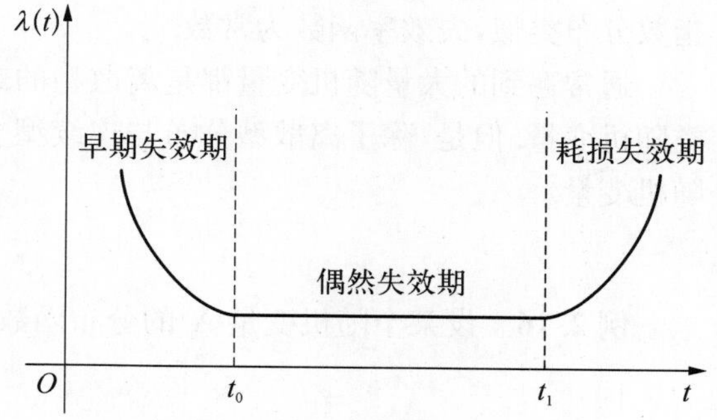

图 2.1　“浴盆”失效率图形

(1) 早期失效期，失效率曲线为递减形. 产品使用的早期，失效率较高而下降很快. 这主要是由设计、制造、贮存、运输等环节形成的缺陷，以及调试、跑合、起动不当等人为因素所造成的失效. 当经过这些所谓先天不足的故障之后运转逐渐正常，即产品工作一

段时间后失效率就趋于稳定,如图 2.1 中所示到 t_0 后失效率曲线已开始变得平稳. t_0 以前称为早期失效期,针对早期失效期的失效原因,应该尽量设法避免,争取失效率低且 t_0 短.

(2) 偶然失效期,失效率低而稳定. 在图 2.1 中 t_0 到 t_1 间的失效率近似为常数. 失效主要由非预期的过载、误操作、意外的天灾以及一些尚不清楚的偶然因素所造成. 由于失效原因多属偶然,故称为偶然失效期. 偶然失效期是能有效工作的时期,这段时间称为有效寿命. 为降低偶然失效期的失效率而增长有效寿命,应注意提高产品的质量,精心使用和维护产品.

(3) 耗损失效期,失效率是递增形. 在图 2.1 中,t_1 以后失效率上升较快,这是由产品的老化、疲劳、磨损、蠕变、腐蚀等有耗损的原因所引起的,故称为耗损失效期. 针对耗损失效的原因,应该注意检查、监控、预测耗损开始的时间,提前维修.

在许多失效现象的研究中,产品的寿命是离散型的,例如周期地检查产品性能才能发现失效的情形,此时产品的寿命可以认为是周期长度的非负整数倍. 再者有许多接插件产品(如开关等)的寿命就可以用离散型分布中的几何分布来拟合. 针对离散型寿命分布,同样也可以研究失效率函数.

例如设某产品的寿命 X 是离散型的, X 取非负整数值范围为 $\{0, 1, 2, \cdots\}$, 记 $p_k = P(X=k)$, $k=0, 1, 2, \cdots$. 记 $\bar{F}(k)=P(X \geqslant k)$, 而其失效率函数记为 $\lambda(k)=P(X=k \mid X \geqslant k)$.

对 $k=0, 1, 2, \cdots$, $\bar{F}(k)=P(X \geqslant k)=\sum_{i=k}^{+\infty} p_i$, $\lambda(k)=P(X=k \mid X \geqslant k)=\frac{p_k}{\bar{F}(k)}$,

易见
$$1-\lambda(k)=\frac{\bar{F}(k)-p_k}{\bar{F}(k)}=\frac{\bar{F}(k+1)}{\bar{F}(k)},$$

则
$$\bar{F}(k)=\frac{\bar{F}(1)}{\bar{F}(0)}\frac{\bar{F}(2)}{\bar{F}(1)}\cdots\frac{\bar{F}(k)}{\bar{F}(k-1)}=\prod_{i=0}^{k-1}[1-\lambda(i)],\ k=1, 2, \cdots.$$

例 2.15　设随机变量 X 服从几何分布,其分布列为 $P(X=k)=pq^k$, $k=0, 1, 2, \cdots$, 求 $\lambda(k)$.

解　$\lambda(k)=P(X=k \mid X \geqslant k)=\dfrac{p_k}{\bar{F}(k)}=\dfrac{pq^k}{P(X \geqslant k)}=\dfrac{pq^k}{\sum_{i=k}^{+\infty} pq^i}=\dfrac{q^k}{\dfrac{q^k}{1-q}}=p$, 此与指数分布类似,失效率函数为常数.

通常遇到的大量随机变量都是离散型的或连续型的,一般教材所介绍的也仅限于这两类随机变量. 但是,除了离散型分布与连续型分布之外,确实存在既非离散型又非连续型的随机变量.

例 2.16　设某个随机变量 X 的分布函数为: $F(x)=\begin{cases} 0, & x<0, \\ \dfrac{1+x}{2}, & 0 \leqslant x<1, \\ 1, & x \geqslant 1, \end{cases}$ 则 X 是一个既非离散又非连续的随机变量.

2.6　重要的连续型分布

本节介绍几种在实际工作中经常用到的连续型分布，关于其他的一些连续型分布可查阅相关资料.

2.6.1　均匀分布

设连续型随机变量 X 的密度函数与分布函数分别为

$$f(x)=\begin{cases}\dfrac{1}{b-a}, & a<x<b,\\ 0, & \text{其他},\end{cases}\quad F(x)=\begin{cases}0, & x\leqslant a,\\ \dfrac{x-a}{b-a}, & a<x<b,\\ 1, & x\geqslant b,\end{cases}$$

则称 X 在区间 (a, b) 上服从均匀分布，记为 $X \sim U(a, b)$. 于是，对于任意的 $x_1, x_2 \in (a, b)$，$x_1 < x_2$，有 $P(x_1 < X < x_2)=F(x_2)-F(x_1)=\dfrac{x_2-x_1}{b-a}$.

均匀分布的密度函数和分布函数的图形如图 2.2 所示.

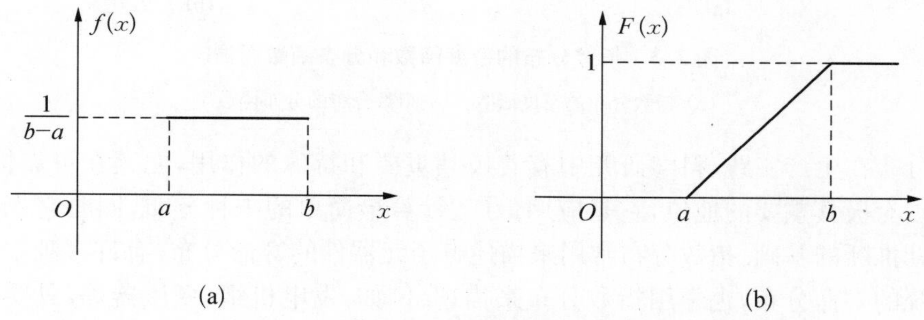

图 2.2　均匀分布的密度函数和分布函数图形

(a) 均匀分布的密度函数；(b) 均匀分布的分布函数

均匀分布是常见的连续型分布之一. 例如数值计算中的舍入误差常被认为具有均匀分布；在每隔一定时间有一辆班车到来的汽车站上乘客的候车时间常被假设服从均匀分布. 此外，均匀分布在随机模拟中亦有广泛应用.

针对均匀分布，以下几个问题值得注意：① 在概率论中，均匀分布的记号 $U(a, b)$ 与 $U[a, b]$，$U(a, b]$，$U[a, b)$ 是不加区分的，但在数理统计中却是不同的，其主要原因是样本的取值问题，比如 $U(a, b)$ 中 a，b 是取不到的，而 $U[a, b]$ 中 a，b 是有可能取到的；② 如果取 $a=0$，$b=1$，此时即为 $(0, 1)$ 上的均匀分布 $U(0, 1)$，其有特殊意义，是统计中蒙特卡罗方法的基础，这一点在下一节中给予说明；③ 如果随机变量 $X \sim U(a, b)$，则 $\dfrac{X-a}{b-a} \sim U(0, 1)$，这一结论看似简单，但如在解题过程中用得好，可以大大简化复杂的解题过程.

2.6.2 指数分布

设连续型随机变量 X 具有密度函数和分布函数，分别为

$$f(x)=\begin{cases}\lambda e^{-\lambda x}, & x>0,\\ 0, & x\leqslant 0,\end{cases}\quad F(x)=\begin{cases}1-e^{-\lambda x}, & x>0,\\ 0, & x\leqslant 0,\end{cases}$$

其中 $\lambda>0$ 为参数，则称 X 服从参数为 λ 的指数分布或单参数指数分布，记为 $X\sim \mathrm{Exp}(\lambda)$.

在非负连续型随机变量中，在密度函数与分布函数的表达式中通常将“$x\leqslant 0$”这部分舍去. 例如，若 $X\sim \mathrm{Exp}(\lambda)$，此时 $f(x)$，$F(x)$ 表示为：$f(x)=\lambda e^{-\lambda x}$，$F(x)=1-e^{-\lambda x}$，$x>0$.

指数分布的密度函数图像和分布函数图像如图 2.3 所示.

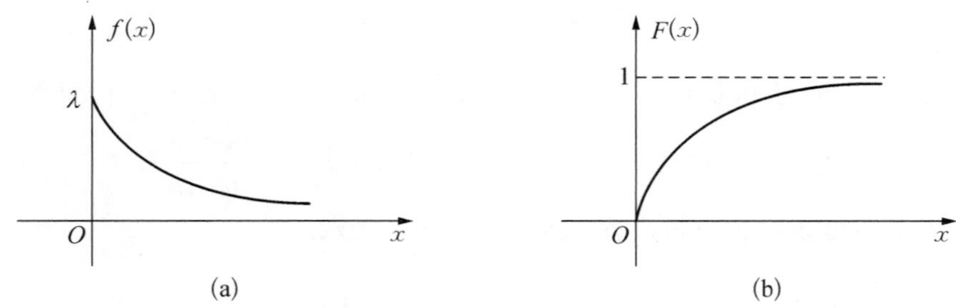

图 2.3 指数分布的密度函数和分布函数图像

(a) 指数分布的密度函数；(b) 指数分布的分布函数

指数分布在生产实践、科学研究中有着极其重要和特殊的作用，尤其在可靠性领域中，指数分布占有极其重要的地位，它是应用最广、计算最简单的一种分布，同时它也是其他寿命分布统计推断的基础. 指数分布常用来描述电子元器件的寿命分布，有许多独立元件组成的复杂系统的寿命分布，也常用指数分布来描述. 例如，发电机组、变压器等，只要当元器件或系统在 $[t_1, t_2]$ 内出现的故障次数服从泊松分布，此元件或系统的寿命分布就是指数分布. 另外，在排队服务系统中的等候时间、服务时间、电话的通话时间等都认为是服从指数分布.

例 2.17 某种电子元件的寿命(单位：小时)服从 $\lambda=\dfrac{1}{2\,000}$ 的指数分布，一报警系统内装有 4 个这种元件. 已知它们是独立工作的，而且只要有不少于 3 个元件正常工作，该系统就正常运行. 求该系统能正常运行 1 000 小时以上的概率.

解 设 X 为元件的寿命，Y 为该报警系统中寿命超过 1 000 小时的元件数，因此，事件“系统正常运行 1 000 小时以上”可表示为 $Y\geqslant 3$.

$$X\sim \mathrm{Exp}\left(\frac{1}{2\,000}\right),\ Y\sim B(4,\ p),\ \text{其中 } p=P(X\geqslant 1\,000),$$

$$p=P(X\geqslant 1\,000)=\int_{1\,000}^{+\infty}\frac{1}{2\,000}e^{-\frac{x}{2\,000}}dx=e^{-0.5}=0.606\,5,$$

故所求概率为

$$P(Y \geqslant 3)=\sum_{k=3}^{4} \mathrm{C}_4^k(0.6065)^k(1-0.6065)^{4-k}=0.4865.$$

指数分布具有“无记忆性”. 所谓“无记忆性”是指所研究的产品在已知工作了 t 小时的条件下,它再工作 s 小时的概率与已工作过的时间 t 长短无关,而好像一个新产品开始工作一样. 所以也有人风趣地称其为“永远年轻性”,可用如下关系式表示:

$$P(X>s+t \mid X>t)=P(X>s).$$

并有如下结论:在连续型寿命分布类中只有指数分布具有“无记忆性”. 也就是说,在连续寿命分布类中,分布具有“无记忆性”当且仅当该分布是指数分布.

定理 2.6　若 $F(x)$ 是非负非退化随机变量 X 的分布函数, $F(x)=1-\mathrm{e}^{-\lambda x}$, $\lambda>0$, $x>0$ 成立的充分必要条件是:对所有 s, $t>0$ 有: $P(X>s+t \mid X>t)=P(X>s)$.

证明　必要性:因为 $\bar{F}(x)=1-F(x)=\mathrm{e}^{-\lambda x}$, 易知对所有 s, $t>0$, 有 $\dfrac{\bar{F}(s+t)}{\bar{F}(t)}=\bar{F}(s)$.

充分性:记 $R(t)=P(X>t)$, 由条件 $P(X>s+t \mid X>t)=P(X>s)$ 知,

对所有 s, $t>0$,

$$R(s+t)=R(s)R(t).$$

利用上式,对任意正整数 m, n 及 $t>0$, 有

$$R(mt)=R^m(t),\ R\left(\frac{m}{n}\right)=R^m\left(\frac{1}{n}\right),\ R\left(\frac{1}{n}\right)=R^{1/n}(1),$$

故对任意有理数 $t>0$, 有

$$R(t)=R^t(1).$$

进一步,对任意实数 $t>0$, 存在 $t_n \to t-0$, $\tilde{t}_n \to t+0$, 其中 t_n, $\tilde{t}_n$ 均为有理数,且当 $n \to +\infty$, 有

$$R(t_n)=R^{t_n}(1) \to R^t(1),\ R(\tilde{t}_n)=R^{\tilde{t}_n}(1) \to R^t(1).$$

由于 $R(t)$ 的非增性, $R(\tilde{t}_n) \leqslant R(t) \leqslant R(t_n)$, 令 $n \to +\infty$, 即知对任意实数 $t>0$, $R(t)=R^t(1)$ 都成立.

由于 X 非退化,知 $R(t)$ 不恒为0,也不恒为1. 又 $0<R(1)<1$. 故存在实数 $\lambda>0$, 使 $R(1)=\mathrm{e}^{-\lambda}$, 于是 $R(t)=\mathrm{e}^{-\lambda t}$.

注意　指数分布与几何分布都具有“无记忆性”,那么指数分布与几何分布之间有什么联系呢? 下面定理 2.7 回答了这一问题.

定理 2.7　若连续型随机变量 X 服从指数分布,则离散型随机变量 $[X+1]$ 服从几何分布,其中[　]表示取整.

证明　因为 X 服从指数分布,即 $F(x)=1-\mathrm{e}^{-\lambda x}$, $\lambda>0$, $x>0$, 因此,对正整数 $k \geqslant 1$,

$$\begin{aligned} P([X+1]=k) &= P(k \leqslant X+1<k+1)=F(k)-F(k-1) \\ &= \mathrm{e}^{-\lambda(k-1)}-\mathrm{e}^{-\lambda k}=(1-\mathrm{e}^{-\lambda})\mathrm{e}^{-\lambda(k-1)}, \end{aligned}$$

即 $[X+1]$ 服从几何分布.

该定理说明了指数分布与几何分布之间的关系. 另外指数分布和几何分布也有很多相似的性质. 例如若随机变量 X 和 Y 独立同分布于指数分布或几何分布，则 $\min(X, Y)$ 和 $X-Y$ 相互独立.

例 2.18 设某种电子产品使用了 x 小时以后在 Δx 小时内损坏的概率等于 $\lambda\Delta x+o(\Delta x)$，其中 λ 是不依赖于 x 的常数. 该电子产品的寿命记为 X，求其分布函数，记为 $F(x)$.

解 由于
$$P(x<X\leqslant x+\Delta x \mid X>x)=\lambda\Delta x+o(\Delta x),$$
而
$$\begin{aligned}P(x<X\leqslant x+\Delta x \mid X>x)&=\frac{P(x<X\leqslant x+\Delta x, X>x)}{P(X>x)}\\&=\frac{P(x<X\leqslant x+\Delta x)}{P(X>x)},\\&=\frac{F(x+\Delta x)-F(x)}{1-F(x)}=\lambda\Delta x+o(\Delta x),\end{aligned}$$
即
$$F(x+\Delta x)-F(x)=\lambda[1-F(x)]\Delta x+[1-F(x)]o(\Delta x),$$
$$\frac{F(x+\Delta x)-F(x)}{\Delta x}=\lambda[1-F(x)]+[1-F(x)]\frac{o(\Delta x)}{\Delta x},$$
$$\lim_{\Delta x\to 0}\frac{F(x+\Delta x)-F(x)}{\Delta x}=\lambda[1-F(x)],\ F'(x)=f(x)=\lambda[1-F(x)],$$
即该电子产品寿命的失效率函数为 $\dfrac{f(x)}{1-F(x)}=\lambda$，则 $F(x)=1-\mathrm{e}^{-\lambda x}$，$x\geqslant 0$. 进而 X 的密度函数为：$f(x)=\lambda\mathrm{e}^{-\lambda x}$，$x\geqslant 0$，即 X 服从参数为 λ 的指数分布.

针对指数分布以下几个问题值得注意：① 若 $X\sim\mathrm{Exp}(\lambda)$，则参数 λ 实质上是指数分布的失效率. 事实上，失效率函数 $\dfrac{f(x)}{1-F(x)}=\dfrac{\lambda\mathrm{e}^{-\lambda x}}{1-(1-\mathrm{e}^{-\lambda x})}=\lambda$. 同时可知如下结论：连续型寿命分布为指数分布的充分必要条件是其失效率是常数；② 有些教材也把指数分布记为 $\mathrm{Exp}\left(\dfrac{1}{\theta}\right)$，此时密度函数和分布函数分别为：$f(x)=\dfrac{1}{\theta}\exp\left(-\dfrac{N}{\theta}\right)$，$F(x)=1-\exp\left(-\dfrac{x}{\theta}\right)$，$x>0$，$\theta>0$，易知其失效率 $\lambda=\dfrac{1}{\theta}$，参数 θ 实质上是指数分布的数字期望；③ 特别地，取 $\lambda=1$，此时 $\mathrm{Exp}(1)$ 称为标准指数分布，注意到若 $X\sim\mathrm{Exp}(\lambda)$，则 $\lambda X\sim\mathrm{Exp}(1)$，或者若 $X\sim\mathrm{Exp}\left(\dfrac{1}{\theta}\right)$，则 $\dfrac{X}{\theta}\sim\mathrm{Exp}(1)$. 在遇到指数分布的问题时，如果将其化为标准指数分布处理会大大简化解题过程.

2.6.3 正态分布

若随机变量 X 的密度函数为：$f(x)=\dfrac{1}{\sqrt{2\pi}\sigma}\mathrm{e}^{-\frac{(x-\mu)^2}{2\sigma^2}}$，$-\infty<x<+\infty$，其中 $-\infty<$

$\mu<+\infty$，$\sigma>0$ 为参数，则称 X 服从参数为 (μ, σ^2) 的正态分布，记作 $X\sim N(\mu, \sigma^2)$，μ 称为均值，σ^2 称为方差.

在直角坐标系中，函数 $f(x)$ 的图像呈"中间大、两头小"的钟形曲线，如图 2.4 所示.

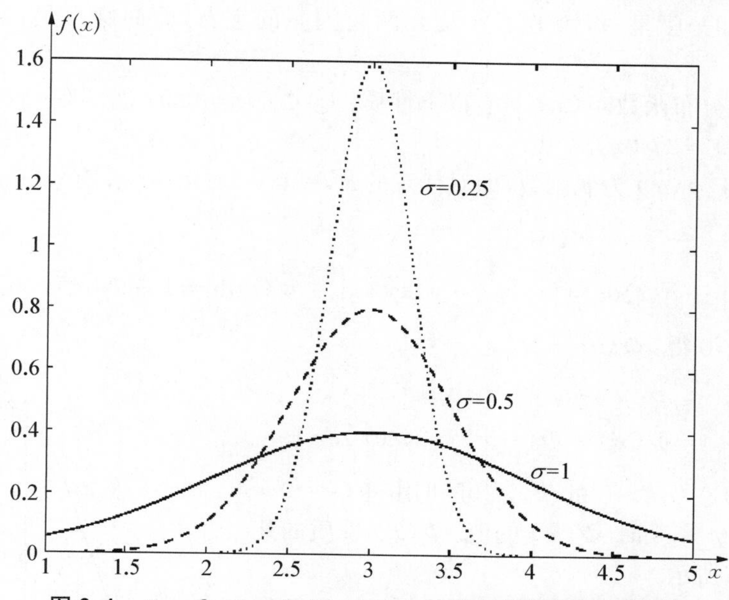

图 2.4　$\mu=3$，$\sigma=0.25$，0.5，1 的正态分布密度函数图像

令 $f'(x)=-\dfrac{x-\mu}{\sigma^2}\dfrac{1}{\sqrt{2\pi}\sigma}e^{-\frac{(x-\mu)^2}{2\sigma^2}}=0$，可解得 $x=\mu$，所以密度函数在点 $x=\mu$ 处达到最大值 $f(\mu)=\dfrac{1}{\sqrt{2\pi}\sigma}$. 再令 $f''(x)=\dfrac{1}{\sqrt{2\pi}\sigma}e^{-\frac{(x-\mu)^2}{2\sigma^2}}\left[\dfrac{(x-\mu)^2-\sigma^2}{\sigma^4}\right]=0$，从中解得 $x=\mu\pm\sigma$，所以函数 $f(x)$ 在点 $x=\mu\pm\sigma$ 处有拐点. 当 $x\to\pm\infty$ 时，$f(x)\to 0$，即曲线以 x 轴为渐近线，直线 $x=\mu$ 为曲线的对称轴，这表明 $P(X<\mu-h)=P(X>\mu+h)$，$P(\mu-h<X<\mu)=P(\mu<X<\mu+h)$. 而参数 σ 的大小则决定了曲线的形态相对集中或分散的程度：σ 值小，则随机变量取值相对集中在 μ 附近，图像偏"陡"；σ 值大，则随机变量在 μ 附近取值较为分散，图像偏"平坦". 图 2.4 显示了参数 $\mu=3$ 时，σ 取不同值的正态分布密度曲线的不同形态.

特别地，参数 $\mu=0$，$\sigma^2=1$ 的正态分布 $N(0, 1)$ 称作标准正态分布，其密度函数和分布函数分别用 $\varphi(x)$ 和 $\Phi(x)$ 表示：

$$\varphi(x)=\frac{1}{\sqrt{2\pi}}e^{-\frac{x^2}{2}},\ \Phi(x)=\int_{-\infty}^{x}\varphi(t)\mathrm{d}t=\frac{1}{\sqrt{2\pi}}\int_{-\infty}^{x}e^{-\frac{t^2}{2}}\mathrm{d}t,\ -\infty<x<+\infty.$$

正态分布是广泛存在的一种连续型分布，大量实际经验与理论分析表明，很多质量指标（如长度、质量、强度、测量结果等）都可以看作或近似看作服从正态分布. 这些试验结果都有一个共同的特点：都可以看作许多微小的、相互独立的随机因素共同作用的结果. 但是在正常情况下，每一个因素都不能起决定性的作用. 具有这种特性的变量通常都可认为服从正态分布. 正态分布在概率论中占据着极其重要的地位. 有学者是这样形容正态分布的，正态分布的存在就如“钻石”一般,它不是我们发明的,它是自然存在的,而人类用极大的心力从自然现象里逐步提粹精炼,最后得到了标准正态分布的密度函数 $\varphi(x)=\frac{1}{\sqrt{2\pi}}\mathrm{e}^{-\frac{x^2}{2}}$ 这样的简洁形式,犹如一座皇冠,镶上了 e 及 π 两粒闪亮的宝石,而尚嫌不足,又配了一个 $\sqrt{2}$ 做链子.

$N(0,1)$ 的分布函数 $\Phi(x)$ 具有以下性质: ① $\Phi(0)=0.5$; ② $\Phi(-x)=1-\Phi(x)$; ③ $P(|X|<x)=2\Phi(x)-1$.

事实上,由于 $\varphi(x)$ 为偶函数,即对任意的 x, $-\infty<x<+\infty$, 有 $\varphi(-x)=\varphi(x)$, 进而有

$$\Phi(-x)=\int_{-\infty}^{-x}\varphi(t)\mathrm{d}t=\int_{x}^{+\infty}\varphi(-y)\mathrm{d}y=\int_{x}^{+\infty}\varphi(t)\mathrm{d}t=1-\Phi(x),$$

特别取 $x=0$ 得: $\Phi(0)=0.5$,

$$\begin{aligned}P(|X|<x)&=P(X<x)-P(X\leqslant -x)\\&=\Phi(x)-\Phi(-x)=2\Phi(x)-1.\end{aligned}$$

已知 $\Phi(x)$ 在 $x>0$ 的值,就可利用 $\Phi(-x)=1-\Phi(x)$ 计算 $x\leqslant 0$ 时 $\Phi(x)$ 的值. $\Phi(x)$ 性质的几何意义如图 2.5 所示.

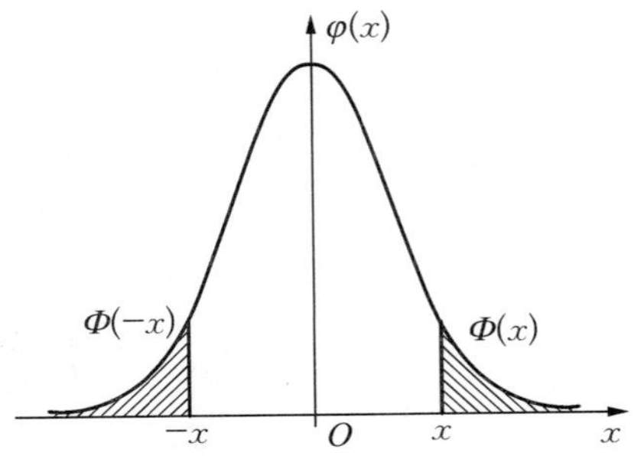

图 2.5　标准正态分布的密度函数图像

再者, $N(0,1)$ 的分布函数 $\Phi(x)$ 与密度函数 $\varphi(x)$, 在 $x\to+\infty$ 时有如下近似关系:

$$1-\Phi(x)\approx\frac{\varphi(x)}{x},$$

事实上, $\lim\limits_{x\to+\infty}[1-\Phi(x)]=0$, $\lim\limits_{x\to+\infty}\frac{\varphi(x)}{x}=\frac{1}{\sqrt{2\pi}}\lim\limits_{x\to+\infty}\frac{1}{x\exp\left(\frac{x^2}{2}\right)}=0$,

$$\lim_{x\to+\infty}\frac{\frac{\varphi(x)}{x}}{1-\Phi(x)}=\lim_{x\to+\infty}\frac{\varphi(x)-x\varphi'(x)}{x^2\varphi(x)}=\lim_{x\to+\infty}\frac{1+x^2}{x^2}=1.$$

注意　如果 $X\sim N(\mu,\sigma^2)$, 其分布函数为 $F(x)=\int_{-\infty}^{x}\frac{1}{\sqrt{2\pi}\sigma}\mathrm{e}^{-\frac{(t-\mu)^2}{2\sigma^2}}\mathrm{d}t$, 令 $y=\frac{t-\mu}{\sigma}$, 此时 $F(x)$ 变为 $F(x)=\int_{-\infty}^{\frac{x-\mu}{\sigma}}\frac{1}{\sqrt{2\pi}}\mathrm{e}^{-\frac{y^2}{2}}\mathrm{d}y=\int_{-\infty}^{\frac{x-\mu}{\sigma}}\varphi(y)\mathrm{d}y=\Phi\left(\frac{x-\mu}{\sigma}\right)$, 这便将一般正态分布的分布函数转化为标准正态分布的分布函数. 要想计算一般正态分布 $N(\mu,\sigma^2)$ 的随机变量落在某区间内的概率,可以采取变量代换的方法,将其转化为标准正态分布的计算问题. 事实上,如果随机变量 $X\sim N(\mu,\sigma^2)$, 令 $Y=\frac{X-\mu}{\sigma}$, 则随机变量 $Y\sim N(0,1)$, 这就是著名的正态随机变量 X 的标准化,也就是说对于一般正态分布的问题,必不可少的一步是将其标准化.

例 2.19　若已知某随机变量 $X \sim N(\mu, \sigma^2)$，求 $P(|X-\mu|<\sigma)$，$P(|X-\mu|<2\sigma)$，$P(|X-\mu|<3\sigma)$，$P(|X-\mu|<6\sigma)$.

解　因为 $X \sim N(\mu, \sigma^2)$，则 $\dfrac{X-\mu}{\sigma} \sim N(0, 1)$，

$$P(|X-\mu|<\sigma)=P(\mu-\sigma<X<\mu+\sigma)=P\left(\frac{\mu-\sigma-\mu}{\sigma}<\frac{X-\mu}{\sigma}<\frac{\mu+\sigma-\mu}{\sigma}\right),$$

$$=\Phi(1)-\Phi(-1)=2\Phi(1)-1=0.6826.$$

类似地，

$$P(|X-\mu|<2\sigma)=\Phi(2)-\Phi(-2)=2\Phi(2)-1=0.9544,$$

$$P(|X-\mu|<3\sigma)=\Phi(3)-\Phi(-3)=2\Phi(3)-1=0.9974,$$

$$P(|X-\mu|<6\sigma)=\Phi(6)-\Phi(-6)=0.9999999980.$$

例 2.20　测量某一目标的距离时发生的随机误差 X (m)，具有密度函数 $f(x)=\dfrac{1}{40\sqrt{2\pi}}\mathrm{e}^{-\frac{(x-20)^2}{3200}}$，$-\infty<x<+\infty$，求在三次测量中至少有一次误差的绝对值不超过 30 m 的概率.

解　易知 $X \sim N(20, 40^2)$，则 $\dfrac{X-20}{40} \sim N(0, 1)$，设 A_i 表示第 i 次测量中误差值不超过 30 米的事件，$i=1, 2, 3$，

于是
$$P(A_i)=P(|X|\leqslant 30)=P(-30\leqslant X\leqslant 30)$$

$$=P\left(\frac{-30-20}{40}\leqslant\frac{X-20}{40}\leqslant\frac{30-20}{40}\right)$$

$$=\Phi(0.25)-\Phi(-1.25)\approx 0.4931,\ i=1, 2, 3.$$

三次测量中至少有一次误差的绝对值不超过 30 m，它的对立事件是三次测量的误差绝对值都超过 30 m，其概率为：$P(\bar{A}_1\bar{A}_2\bar{A}_3)=P(\bar{A}_1)P(\bar{A}_2)P(\bar{A}_3)\approx(1-0.4931)^3\approx 0.1303$，所求概率为：$1-P(\bar{A}_1\bar{A}_2\bar{A}_3)\approx 0.8697$.

2.6.4　对数正态分布

若随机变量 X 的密度函数为 $f(x)=\dfrac{1}{\sqrt{2\pi}\sigma x}\exp\left[-\dfrac{(\ln x-\mu)^2}{2\sigma^2}\right]$，$x>0$，其中 μ，σ 为参数，$\sigma>0$，则称 X 服从参数为 (μ, σ^2) 的对数正态分布，记为 $X\sim LN(\mu, \sigma^2)$，μ 称为对数均值，σ^2 称为对数方差. 给定参数 μ，参数 σ 取不同的值，其相应的密度函数的图像如图 2.6 所示. 对数正态分布的分布函数为 $F(x)=\int_0^x\dfrac{1}{\sqrt{2\pi}\sigma t}\exp\left[-\dfrac{(\ln t-\mu)^2}{2\sigma^2}\right]\mathrm{d}t$，$x>0$.

不少产品寿命的取值分得很散，往往可以跨几个数量级，将其寿命 X 取对数后，取值就集中了，而且寿命取对数后的数据 $\ln X$ 是服从正态分布的，这时产品寿命 X 就服从对数正态分布. 可见对数正态分布的概率计算亦可转化为标准正态分布的计算. 实际上，如果 $X\sim$

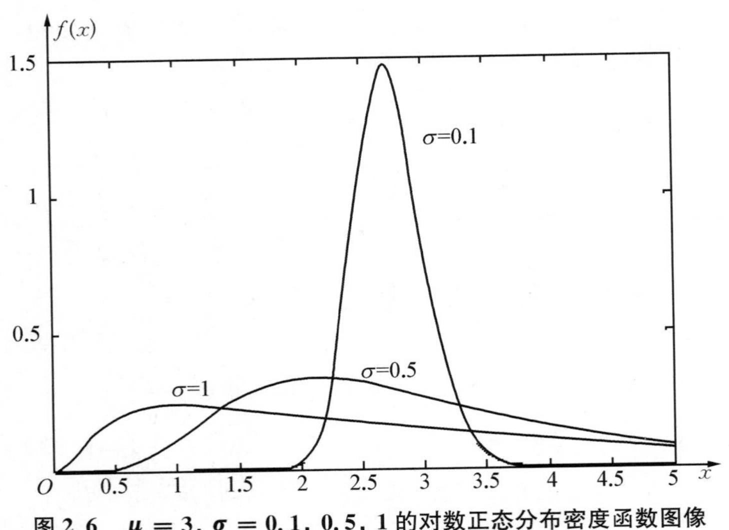

图 2.6　$\mu=3$, $\sigma=0.1$, 0.5, 1 的对数正态分布密度函数图像

$LN(\mu, \sigma^2)$，则 $\ln X \sim N(\mu, \sigma^2)$. 如 X 为债券的价格，服从对数正态分布，而 $\ln X$ 则服从正态分布.

对数正态分布可以通过考虑一个由于疲劳断裂引起失效的物理过程推出. 例如某些材料的疲劳破坏、由于暴露而造成的腐蚀等，其疲劳裂纹的增长及腐蚀的深度随着时间的增加而逐渐增大，这些现象引起的疲劳寿命服从对数正态分布. 对数正态分布在技术、生物学、医学、经济学、金融学等领域有重要应用. 例如在医学、生物学中对数正态分布用于分析不同药物或毒品的作用、针刺麻醉的镇痛效果，拟合流行病蔓延的长短；在技术中，它广泛应用于疲劳试验结果的统计分析；金融学中，它可用来描述债券的收益；在维修领域中，它可用来拟合维修时间；在英语语言研究中，对数正态分布可用来拟合英语单词的长度等.

例如在实际中通常用对数正态分布来描述价格的分布，特别是在金融市场的理论研究中. 如著名的期权定价公式(Black - Scholes 公式)，以及许多实证研究都用对数正态分布来描述金融资产的价格. 设某种资产当前价格为 P_0，考虑单期投资问题，到期时该资产的价格为一个随机变量，记作 P_1，设投资于该资产的连续复合收益率为 r，则有 $P_1=P_0\mathrm{e}^r$，

从而
$$r=\ln\frac{P_1}{P_0}=\ln P_1-\ln P_0.$$

注意　P_0 为当前价格，是已知常数，因而假设价格 P_1 服从对数正态分布实际上等价于假设连续复合收益率 r 服从正态分布.

2.6.5　Γ 分布

若随机变量 X 的密度函数为 $f(x)=\dfrac{\lambda^\alpha}{\Gamma(\alpha)}x^{\alpha-1}\mathrm{e}^{-\lambda x}$，$x>0$，其中 $\alpha>0$，$\lambda>0$ 为参数，则称 X 服从参数为 (α, λ) 的 Γ 分布，记作 $X\sim\Gamma(\alpha, \lambda)$，而 $\Gamma(\alpha)=\int_0^{+\infty}x^{\alpha-1}\mathrm{e}^{-x}\mathrm{d}x$，$\alpha>0$ 称为伽马函数，其主要有如下性质：① $\Gamma(\alpha+1)=\alpha\Gamma(\alpha)$；② $\Gamma(1)=1$，$\Gamma(1/2)=\sqrt{\pi}$；③ 若 n 为正整数，$\Gamma(n+1)=n!$.

特别地，当 $\alpha=1$ 时 $\Gamma(1,\lambda)$ 就是参数为 λ 的指数分布 $\mathrm{Exp}(\lambda)$. 当 $\alpha=\frac{n}{2}$, $\lambda=\frac{1}{2}$ 时，$\Gamma\left(\frac{n}{2},\frac{1}{2}\right)$ 就是自由度为 n 的 χ^2 分布，即 $\chi^2(n)$，这在数理统计中有重要应用，图 2.7 给出了 $\lambda=1$ 时不同 α 值的 Γ 分布密度曲线.

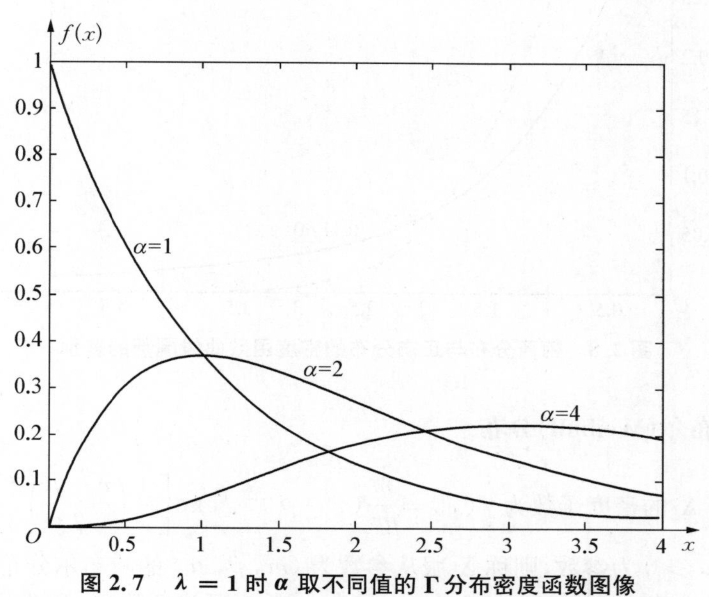

图 2.7　$\lambda=1$ 时 α 取不同值的 Γ 分布密度函数图像

2.6.6　柯西(Cauchy)分布

若随机变量 X 的密度函数为 $f(x)=\dfrac{1}{\pi\lambda\left[1+\left(\dfrac{x-\theta}{\lambda}\right)^2\right]}$, $-\infty<x<+\infty$，其中 $\lambda>0$, $-\infty<\theta<+\infty$ 为参数，则称 X 服从参数为 (λ,θ) 的柯西分布，记为 $X\sim C(\lambda,\theta)$，而其分布函数为 $F(x)=\displaystyle\int_{-\infty}^{x}\frac{\mathrm{d}t}{\pi\lambda\left[1+\left(\dfrac{t-\theta}{\lambda}\right)^2\right]}=\frac{1}{2}+\frac{1}{\pi}\arctan\frac{x-\theta}{\lambda}$.

特别地，当 $\lambda=1$, $\theta=0$ 时，$f(x)=\dfrac{1}{\pi(1+x^2)}$, $-\infty<x<+\infty$，称 X 服从标准柯西分布 $C(1,0)$，也就是自由度为 1 的 t 分布，即 $t(1)$.

注意　柯西分布密度曲线与正态分布密度曲线比较相似，但其实它们之间是有区别的. 柯西分布的尾部趋于零，比正态分布慢，图 2.8 显示了两者的相似与不同之处.

柯西分布有一典型特征是其数学期望不存在(详见第 4 章)，使得它在分布理论中占有特别的地位，几乎所有的教材中，柯西分布均作为常用矩不存在的反例而出现，从而使人们误认为它是人为杜撰出来的，并没有实际意义. 实际上，柯西分布在力学、电学、心理生物学、人类学、计量学以及工程等其他许多学科中有许多重要应用.

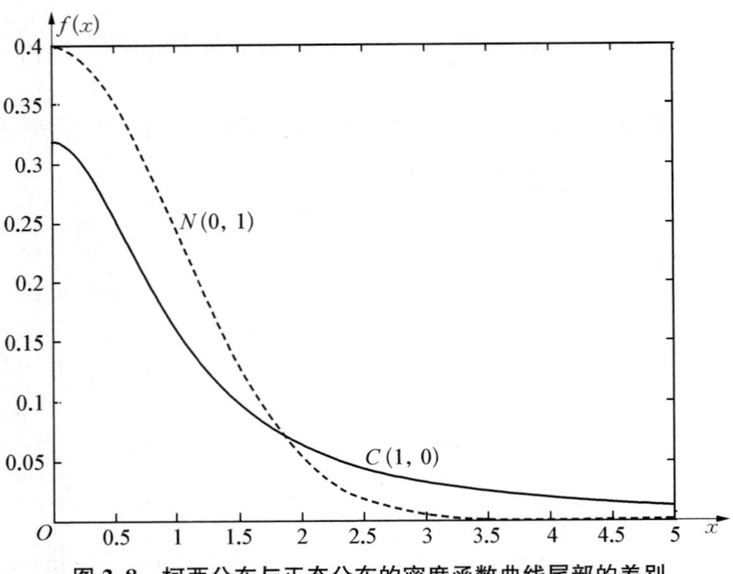

图 2.8　柯西分布与正态分布的密度函数曲线尾部的差别

2.6.7　威布尔(Weibull)分布

若随机变量 X 的密度函数为 $f(x)=\dfrac{m}{\beta^m}(x-\mu)^{m-1}\exp\left[-\left(\dfrac{x-\mu}{\beta}\right)^m\right]$，$x>\mu$，其中 $m>0$，$\beta>0$，$\mu>0$ 为参数，则称 X 服从参数为 (m, β, μ) 的威布尔分布，或称 X 服从三参数威布尔分布，记作 $X\sim W(m, \beta, \mu)$，其中 m 称为形状参数，μ 称为位置参数(或称最小保证寿命)，β 称为刻度参数(或尺度参数). 威布尔分布的密度曲线随参数而变化的情况可参阅图 2.9，其分布函数为 $F(x)=1-\exp\left[-\left(\dfrac{x-\mu}{\beta}\right)^m\right]$，$x>\mu$.

特别地，(1) 如果 $\mu=0$，此时称 X 服从两参数威布尔分布，记为 $W(m, \beta)$，其密度函数与分布函数分别为：$f(x)=\dfrac{m}{\beta^m}x^{m-1}\exp\left[-\left(\dfrac{x}{\beta}\right)^m\right]$，$F(x)=1-\exp\left[-\left(\dfrac{x}{\beta}\right)^m\right]$，$x>0$，$m>0$，$\beta>0$；

(2) 如果 $m=1$，此时称 X 服从两参数指数分布，其密度函数与分布函数分别为：$f(x)=\dfrac{1}{\beta}\exp\left(-\dfrac{x-\mu}{\beta}\right)$，$F(x)=1-\exp\left(-\dfrac{x-\mu}{\beta}\right)$，$x>\mu$，$\beta>0$；进一步若有 $\mu=0$，则 X 服从单参数指数分布，即 $\mathrm{Exp}\left(\dfrac{1}{\beta}\right)$，由此可以看到指数分布为威布尔分布的特殊类型.

威布尔分布可以从最弱环模型导出，这为威布尔分布的实际应用提供了具体的物理背景. 例如在金属材料疲劳寿命试验中，由于材料内部分布着各种缺陷，每个缺陷可视为一个环，其中最弱的环断裂便引起材料断裂，可见疲劳寿命试验是典型的最弱环模型. 例如，当交流电子管收音机中某一电子管失效时，就可能引起整个收音机不能正常工作，假设收音机各电子管的参数相差不大，就可以用威布尔分布来模拟收音机的使用期限. 大量的实践表明，凡是因为某一局部失效或故障就会引起全局机能停止运行的元件、器件、设备、系统等的寿命也都是服从威布尔分布的. 威布尔分布最早是由瑞典科学家、工程师威布尔于 1939 年在

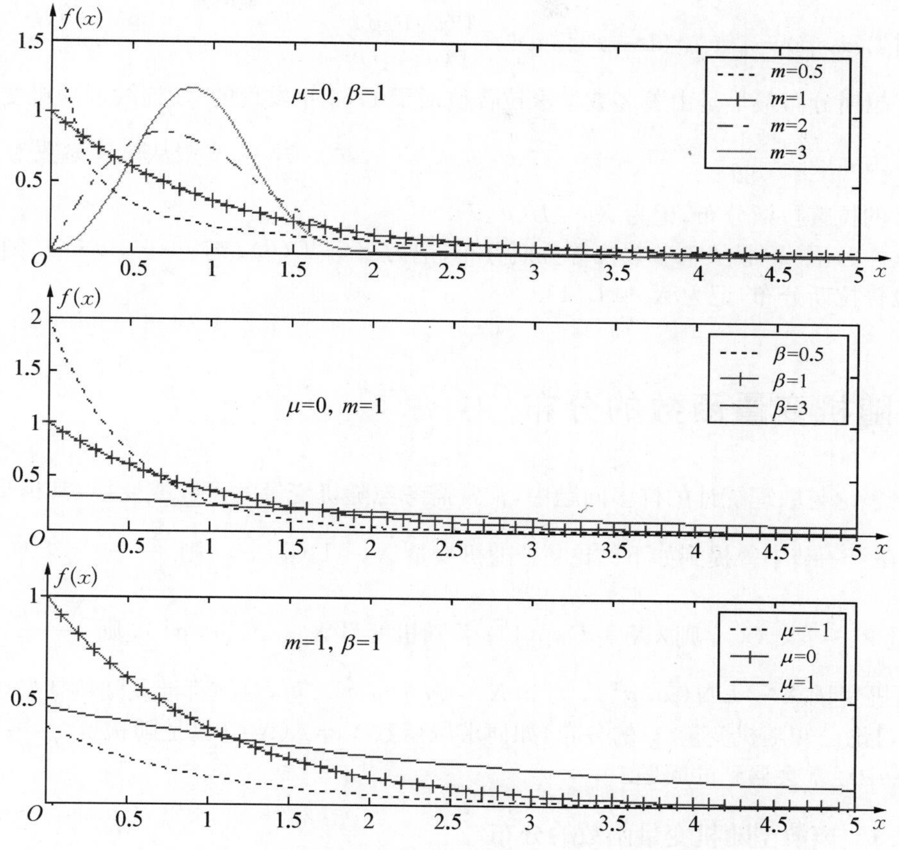

图 2.9 威布尔分布在不同参数下的密度函数图像

对材料断裂强度进行概率特性的描述时导出的. 威布尔分布已成为可靠性中最广泛使用的分布,常用来描述零件的寿命像电子管、滚珠轴承等,材料的疲劳强度、元件的腐蚀、磨损等都常用威布尔分布来描述.

例 2.21 设某产品的寿命 X 服从三参数威布尔分布 $W(m, \beta, \mu)$, 试求 X 的失效率函数 $\lambda(x)$, 并讨论其单调性.

解
$$\lambda(x)=\frac{f(x)}{1-F(x)}=\frac{m}{\beta^m}(x-\mu)^{m-1}$$

当 $m=1$ 时, $\lambda(x)=\frac{1}{\beta}$ 为常数,属偶然失效;当 $0<m<1$ 时, $\lambda'(x)=\frac{m(m-1)}{\beta^m}(x-\mu)^{m-2}<0$, 即 $\lambda(x)$ 单调递减,属早期失效;当 $m>1$ 时,易知 $\lambda'(x)>0$, 即 $\lambda(x)$ 单调递增,属耗损失效.

2.6.8 贝塔分布和拉普拉斯分布

设连续型随机变量 X 的密度函数为 $f(x)=\frac{x^{\alpha-1}(1-x)^{\beta-1}}{\mathrm{B}(\alpha, \beta)}$, $0\leqslant x\leqslant 1$, $\alpha>0$, $\beta>0$, 称 X 服从参数为 α 和 β 的贝塔分布,记为 $X\sim \mathrm{BE}(\alpha, \beta)$. 其中 $\mathrm{B}(\alpha, \beta)$ 称为贝塔函数,

并有性质 $B(\alpha, \beta)=\int_0^1 x^{\alpha-1}(1-x)^{\beta-1}\mathrm{d}x=\dfrac{\Gamma(\alpha)\Gamma(\beta)}{\Gamma(\alpha+\beta)}$

拉普拉斯分布最早是由著名数学家拉普拉斯于1774年发现的. 设连续型随机变量 X 的密度函数为 $f(x)=\dfrac{1}{2\theta}\mathrm{e}^{-|x-\mu|/\theta}$, $-\infty<x, \mu<+\infty, \theta>0$, 称 X 服从位置参数为 μ、尺度参数为 θ 的拉普拉斯分布,记为 $X\sim L(\mu,\theta)$.

若 $\mu=0$, 称 X 服从单参数拉普拉斯分布,记为 $X\sim L(\theta)$; 若 $\mu=0$, $\theta=1$, 则称 X 服从标准拉普拉斯分布,记为 $X\sim L(1)$.

2.7　随机变量函数的分布

在概率论与数理统计的许多问题中,常常需考虑随机变量的函数或变换,其仍是一个随机变量. 在上一节中曾提到如下结论: 若随机变量 $X\sim U(a, b)$, 则 $\dfrac{X-a}{b-a}\sim U(0, 1)$; 若随机变量 $X\sim \mathrm{Exp}(\lambda)$, 则 $\lambda X\sim \mathrm{Exp}(1)$; 若随机变量 $X\sim N(\mu, \sigma^2)$, 则 $\dfrac{X-\mu}{\sigma}\sim N(0, 1)$; 若随机变量 $X\sim LN(\mu, \sigma^2)$, 则 $\ln X\sim N(\mu, \sigma^2)$ 等,这些都涉及随机变量函数的分布. 本节讨论已知随机变量 X 的分布,如何求取函数 $Y=g(X)$ (也是随机变量)的分布,这是概率论中经常会遇到的问题.

2.7.1　离散型随机变量函数的分布

若离散型随机变量 X 的分布列为 $P(X=x_i)=p_i$, $i=1, 2, \cdots$, 则 $Y=g(X)$ 的全部可能取值为 $\{y_i=g(x_i), i=1, 2, \cdots\}$. 由于其中可能有重复的,所以在计算 $P(Y=y_i)$ 时应将使 $g(x_k)=y_i$ 的所有 x_k 所对应的概率 $P(X=x_k)$ 累加起来,即有

$$P(Y=y_i)=\sum_{k:\, g(x_k)=y_i} P(X=x_k),\ i=1, 2, \cdots.$$

例 2.22　设随机变量 X 的概率分布如下: $\begin{pmatrix}-2 & -1 & 0 & 1 & 2 & 3\\ 0.1 & 0.2 & 0.1 & 0.3 & 0.2 & 0.1\end{pmatrix}$, 求随机变量 $Y=2X+1$ 及随机变量 $Z=X^2$ 的概率分布列.

解　Y 的分布列为: $\begin{pmatrix}-3 & -1 & 1 & 3 & 5 & 7\\ 0.1 & 0.2 & 0.1 & 0.3 & 0.2 & 0.1\end{pmatrix}$,

Z 的分布列为: $\begin{pmatrix}0 & 1 & 4 & 9\\ 0.1 & 0.5 & 0.3 & 0.1\end{pmatrix}$.

2.7.2　连续型随机变量函数的分布

已知连续型随机变量 X 的密度函数 $f_X(x)$, 如果函数 $y=g(x)$ 是一连续函数,那么随机变量 $Y=g(X)$ 也为一连续型随机变量. 如何求得 $Y=g(X)$ 的密度函数 $f_Y(y)$ 呢? 下面分两种情况讨论.

(1) 当 $y=g(x)$ 为严格单调时,通过定理 2.8 求取,称其为"公式法".

定理 2.8　设连续型随机变量 X 的密度函数为 $f_X(x)$，$-\infty<x<+\infty$，又设函数 $y=g(x)$ 处处严格单调，则 $Y=g(X)$ 是一个连续型随机变量，其密度函数为 $f_Y(y)=\begin{cases} f_X[h(y)]\,|h'(y)|, & \alpha<y<\beta, \\ 0, & \text{其他}. \end{cases}$ 其中，$x=h(y)$ 是 $y=g(x)$ 的反函数，$\alpha=\min\{g(-\infty),\ g(+\infty)\}$，$\beta=\max\{g(-\infty),\ g(+\infty)\}$.

证明　不妨设 $y=g(x)$ 是严格单调增函数，此时，它的反函数 $x=h(y)$ 存在，且在 (α,β) 上严格单调增、可导，下面先求 $F_Y(y)$.

当 $y<\alpha$ 时，$F_Y(y)=P(Y\leqslant y)=0$，$f_Y(y)=0$；

当 $y\geqslant\beta$ 时，$F_Y(y)=P(Y\leqslant y)=1$，$f_Y(y)=0$；

当 $\alpha\leqslant y<\beta$ 时，

$$F_Y(y)=P(Y\leqslant y)=P(g(X)\leqslant y)=P(X\leqslant h(y))=F_X(h(y)),$$
$$f_Y(y)=f_X[h(y)]h'(y).$$

若 $y=g(x)$ 是严格单调减函数，可以类似地证明.

当 $\alpha\leqslant y<\beta$ 时，

$$F_Y(y)=P(Y\leqslant y)=P(g(X)\leqslant y)=P(X\geqslant h(y))=1-F_X(h(y)),$$
$$f_Y(y)=f_X[h(y)][-h'(y)].$$

注意　若 $f_X(x)$ 在有限区间 $[a,\ b]$ 以外等于零，则只需假设在 $[a,\ b]$ 上函数 $y=g(x)$ 严格单调即可，此时，$\alpha=\min\{g(a),\ g(b)\}$，$\beta=\max\{g(a),\ g(b)\}$.

例 2.23　设 X 的密度为 $f_X(x)$，求 $Y=aX+b$ 的密度 $(a\neq 0)$.

解　令 $y=g(x)=ax+b$，其反函数为 $x=h(y)=\dfrac{y-b}{a}$，导数为 $h'(y)=\dfrac{1}{a}$，则

$$f_Y(y)=f_X[h(y)]\,|h'(y)|=f_X\left[\frac{y-b}{a}\right]\left|\frac{1}{a}\right|,\ -\infty<y<\infty.$$

特别地，如果 $X\sim N(\mu,\ \sigma^2)$，则 $Y=aX+b\sim N(a\mu+b,\ (a\sigma)^2)$，$a\neq 0$，这表明正态分布的线性变换仍为正态分布.

(2) 当 $y=g(x)$ 为不严格单调时，通常采用先求分布函数 $F_Y(y)=P(Y\leqslant y)=P(g(X)\leqslant y)$，然后再求导得 $f_Y(y)$，称其为“分布函数法”，这是求连续型随机变量函数分布的最常用的方法. 将此方法采用“公式法”表示为定理 2.9.

定理 2.9　设连续型随机变量 X 的密度函数为 $f_X(x)$. 若函数 $y=g(x)$ 在 $(-\infty,+\infty)$ 不严格单调或者说其在不相交的区间 I_1，I_2，… 上逐段严格单调，且其反函数分别为 $h_1(y)$，$h_2(y)$，…，且有连续导数，则 $Y=g(X)$ 也是连续型随机变量，其密度函数为

$$f_Y(y)=\begin{cases} \displaystyle\sum_{i:\ g_i(y)\in I_i} f_X[h_i(y)]\,|h_i'(y)|, & y\in g(I_1\cup I_2\cup\cdots), \\ 0, & \text{其他}, \end{cases}$$

其中，$g(I_1\cup I_2\cup\cdots)=\{y\mid \exists x\in I_1\cup I_2\cup\cdots$，使得 $y=g(x)\}$.

在随机变量函数的分布求解中，往往会遇到随机变量函数是非单调的情形，此时定理 2.8 的“公式法”不可以直接套用，应把随机变量函数的单调区间先求出，在每个单调区间上应用定理 2.8 的公式，把单调区间上的每个结果相加便可得到所求随机变量函数的密度函

数,这就是定理 2.9.

例 2.24　证明:(1) 设随机变量 X 的分布函数 $F_X(x)$ 连续并且严格单调递增,那么,$Y=F_X(X)$ 在区间 $[0, 1]$ 上服从均匀分布;

(2) 设 X 为一随机变量,而 $G(x)$ 为某一随机变量的分布函数,其连续且严格单调递增,如果 $G(X)$ 在区间 $[0, 1]$ 上服从均匀分布,那么 X 的分布函数就是 $G(x)$,即 $F_X(x)=G(x)$.

证明　(1) 对任意实数 y,有

$$\{Y \leqslant y\}=\{F_X(X) \leqslant y\}=\begin{cases}\varnothing, & y<0, \\ \{X \leqslant F_X^{-1}(y)\}, & 0 \leqslant y<1, \\ \Omega, & y \geqslant 1,\end{cases}$$

于是

$$\begin{aligned} F_Y(y) & =P(Y \leqslant y)=P(F_X(X) \leqslant y) \\ & =\begin{cases}0, & y<0, \\ P(X \leqslant F_X^{-1}(y))=F_X[F_X^{-1}(y)]=y, & 0 \leqslant y<1, \\ 1, & y \geqslant 1,\end{cases}\end{aligned}$$

即 $Y=F_X(X)$ 在 $[0, 1]$ 上有均匀分布.

(2) 令 $Y=G(X)$,则 $F_Y(y)=P(Y \leqslant y)=\begin{cases}0, & y<0, \\ y, & 0 \leqslant y<1, \\ 1, & y \geqslant 1,\end{cases}$ 而 $X=G^{-1}(Y)$,

对任意实数 x,$0 \leqslant G(x) \leqslant 1$,则有

$$\begin{aligned} F_X(x) & =P(X \leqslant x)=P(G^{-1}(Y) \leqslant x)=P(G(G^{-1}(Y)) \leqslant G(x)) \\ & =P(Y \leqslant G(x))=G(x).\end{aligned}$$

例 2.25　设随机变量 $X \sim U(0, 1)$,则 $Y=-\ln X \sim \operatorname{Exp}(1)$,$Z=2Y=-2\ln X \sim \operatorname{Exp}(1/2)$,也即 $Z \sim \chi^2(2)$(自由度为 2 的 χ^2 分布).

证明　对 $y>0$,

$$\begin{aligned} F_Y(y) & =P(Y \leqslant y)=P(-\ln X \leqslant y)=P(\ln X \geqslant -y) \\ & =P(X \geqslant \mathrm{e}^{-y})=1-P(X<\mathrm{e}^{-y})=1-\mathrm{e}^{-y}, \text{即 } Y \sim \operatorname{Exp}(1);\end{aligned}$$

对 $z>0$,$F_Z(z)=P(Z \leqslant z)=P(2Y \leqslant z)=P(Y \leqslant 0.5z)=1-\mathrm{e}^{-0.5z}$,即 $Z \sim \operatorname{Exp}(0.5)$;而 $\operatorname{Exp}(0.5)$ 与 $\chi^2(2)$ 实质上是同一分布,所以有 $Z \sim \chi^2(2)$.

注意　结合例 2.24 和例 2.25 易得如下结论:设随机变量 X 的分布函数 $F_X(x)$ 连续并且严格单调递增,则 $-2\ln F(X) \sim \chi^2(2)$,$-2\ln[1-F(X)] \sim \chi^2(2)$.

例 2.26　设 $X \sim N(\mu, \sigma^2)$,求 $Y=\mathrm{e}^X$ 的分布.

解　由于 X 的取值范围为全体实数,故 $Y=\mathrm{e}^X$ 的全部可能取值都在 $(0, +\infty)$ 内.
当 $y<0$ 时,有 $F_Y(y)=P(Y \leqslant y)=0$;
当 $y \geqslant 0$ 时,$F_Y(y)=P(Y \leqslant y)=P(\mathrm{e}^X \leqslant y)=P(X \leqslant \ln y)=F_X(\ln y)$,$f_Y(y)=$

$\frac{1}{y}f_X(\ln y)$，而 $f_X(x)=\frac{1}{\sqrt{2\pi}\sigma}\mathrm{e}^{-\frac{(x-\mu)^2}{2\sigma^2}}$，故 $f_Y(y)=\frac{1}{\sqrt{2\pi}\sigma y}\mathrm{e}^{-\frac{(\ln y-\mu)^2}{2\sigma^2}}$，即 $Y\sim LN(\mu,\sigma^2)$.

例 2.27　当(1) 设随机变量 $X\sim U[0,\pi]$，求 $Y=\sin X$ 的密度函数；

(2) 设随机变量 $X\sim U[0,2\pi]$，求 $Y=\cos X$ 的密度函数.

解　(1) 当 $0\leqslant y<1$ 时，

$$F_Y(y)=P(\sin X\leqslant y)=P(0\leqslant X\leqslant \arcsin y)+P(\pi-\arcsin y\leqslant X\leqslant \pi)$$

$$=\int_0^{\arcsin y}\frac{1}{\pi}\mathrm{d}x+\int_{\pi-\arcsin y}^{\pi}\frac{1}{\pi}\mathrm{d}x=\frac{2\arcsin y}{\pi},$$

则
$$f_Y(y)=F'_Y(y)=\begin{cases}\dfrac{2}{\pi\sqrt{1-y^2}}, & 0\leqslant y<1,\\ 0, & \text{其他；}\end{cases}$$

(2) 当 $-1\leqslant y<1$ 时，

$$F_Y(y)=P(\cos X\leqslant y)=P(\arccos y\leqslant X\leqslant 2\pi-\arccos y),$$

$$=\int_{\arccos y}^{2\pi-\arccos y}\frac{1}{2\pi}\mathrm{d}x=1-\frac{1}{\pi}\arccos y,$$

则
$$f_Y(y)=F'_Y(y)=\begin{cases}\dfrac{1}{\pi\sqrt{1-y^2}}, & -1<y<1,\\ 0, & \text{其他.}\end{cases}$$

例 2.28　设随机变量 $X\sim U[-1,1]$，函数 $y=g(x)=\begin{cases}\sqrt{x}, & 0\leqslant x\leqslant 1,\\ 0, & -1\leqslant x<0,\end{cases}$ 求 $Y=g(X)$ 的分布函数.

解　X 的密度函数为：$f(x)=\begin{cases}\dfrac{1}{2}, & -1\leqslant x\leqslant 1,\\ 0, & \text{其他，}\end{cases}$

当 $y<0$ 时，$F_Y(y)=P(Y\leqslant y)=0$；当 $y\geqslant 1$ 时，$F_Y(y)=1$；

当 $0\leqslant y<1$ 时，

$$F_Y(y)=P(Y\leqslant y)=P(Y\leqslant 0)+P(0<Y\leqslant y)=\frac{1}{2}+P(0<\sqrt{X}\leqslant y)$$

$$=\frac{1}{2}+P(0<X\leqslant y^2)=\frac{1}{2}+\int_0^{y^2}\frac{1}{2}\mathrm{d}x=\frac{y^2+1}{2},$$

即
$$F_Y(y)=\begin{cases}0, & y<0,\\ \dfrac{y^2+1}{2}, & 0\leqslant y<1,\\ 1, & y\geqslant 1.\end{cases}$$

例 2.29 设随机变量 $X\sim U[0,1]$，又 $X=\frac{1}{2}[1+g(Y)]$，其中 $g(y)=\frac{2}{\sqrt{2\pi}}\int_0^y \mathrm{e}^{-\frac{t^2}{2}}\mathrm{d}t$，求随机变量 Y 的密度函数.

解 方法一：$g(y)=\frac{2}{\sqrt{2\pi}}\int_0^y \mathrm{e}^{-\frac{t^2}{2}}\mathrm{d}t$ 是单调增函数，所以

$$F_Y(y)=P(Y\leqslant y)=P\left(\frac{1}{2}[1+g(Y)]\leqslant\frac{1}{2}[1+g(y)]\right)$$

$$=P\left(X\leqslant\frac{1}{2}[1+g(y)]\right)=F_X\left(\frac{1}{2}[1+g(y)]\right).$$

再对 y 求导得：$f_Y(y)=f_X\left(\frac{1}{2}(1+g(y))\right)\frac{1}{2}g'(y)=f_X\left(\frac{1}{2}(1+g(y))\right)\frac{1}{\sqrt{2\pi}}\mathrm{e}^{-\frac{y^2}{2}}$.

由 $\frac{1}{\sqrt{2\pi}}\int_{-\infty}^{\infty}\mathrm{e}^{-\frac{t^2}{2}}\mathrm{d}t=1$，易证得 $\int_0^{\infty}\mathrm{e}^{-\frac{t^2}{2}}\mathrm{d}t=\frac{\sqrt{2\pi}}{2}$.

又 $g(y)<1$，进而 $0<\frac{1}{2}(1+g(y))<1$，

而 $f_X(x)=\begin{cases}1, & 0<x<1\\ 0, & \text{其他}\end{cases}$，故 $f_X\left(\frac{1}{2}[1+g(y)]\right)=1$，$f_Y(y)=\frac{1}{\sqrt{2\pi}}\mathrm{e}^{-\frac{y^2}{2}}$，$-\infty<y<+\infty$，即有 $Y\sim N(0,1)$.

方法二：由于 $X=\frac{1}{2}[1+g(Y)]$，

则
$$2X-1=g(Y)=\frac{2}{\sqrt{2\pi}}\int_0^Y \mathrm{e}^{-\frac{t^2}{2}}\mathrm{d}t=2\int_0^Y\frac{1}{\sqrt{2\pi}}\mathrm{e}^{-\frac{t^2}{2}}\mathrm{d}t$$

$$=2\int_0^Y\varphi(t)\mathrm{d}t=2[\Phi(Y)-\Phi(0)]=2\Phi(Y)-1,$$

即有 $X=\Phi(Y)$. 由于 $X\sim U[0,1]$，$\Phi(y)$ 是 $N(0,1)$ 的分布函数，则 $Y\sim N(0,1)$.

在求连续型随机变量函数的分布密度函数时，采用“分布函数法”有时会遇到复杂的积分运算，通常可在积分号下直接求导得其密度函数，这样可避免复杂的积分运算. 下面列出了经常用到的积分号求导的公式.

$$\frac{\mathrm{d}}{\mathrm{d}t}\int_a^t f(x)\mathrm{d}x=f(t),\quad \frac{\mathrm{d}}{\mathrm{d}t}\int_a^{b(t)} f(x)\mathrm{d}x=f(b(t))\frac{\mathrm{d}b(t)}{\mathrm{d}t},$$

$$\frac{\mathrm{d}}{\mathrm{d}t}\int_a^b f(x,t)\mathrm{d}x=\int_a^b f'_t(x,t)\mathrm{d}x$$

$$\frac{\mathrm{d}}{\mathrm{d}t}\int_a^{b(t)} f(x,t)\mathrm{d}x=\int_a^{b(t)} f'_t(x,t)\mathrm{d}x+f(b(t),t)\frac{\mathrm{d}b(t)}{\mathrm{d}t},$$

$$\frac{\mathrm{d}}{\mathrm{d}t}\int_{a(t)}^{b(t)} f(x,t)\mathrm{d}x=\int_{a(t)}^{b(t)} f'_t(x,t)\mathrm{d}x+f(b(t),t)\frac{\mathrm{d}b(t)}{\mathrm{d}t}-f(a(t),t)\frac{\mathrm{d}a(t)}{\mathrm{d}t}.$$

例 2.30　设 X 的密度函数为 $f_X(x)$，$-\infty < x < +\infty$，求 $Y = X^2$ 的密度函数 $f_Y(y)$ 表达式；如果 $f_X(x)$，$-\infty < x < +\infty$ 为偶函数时，$f_Y(y)$ 表达式又如何？并分别用 $X \sim N(0, 1)$ 和 $X \sim t(1)$ 说明之.

解　采用"分布函数法". X 的取值范围为 $(-\infty, +\infty)$，故 Y 的取值范围为 $(0, +\infty)$，则：

当 $y \leqslant 0$ 时，$$F_Y(y) = 0;$$

当 $y > 0$ 时，$F_Y(y) = P(X^2 \leqslant y) = P(-\sqrt{y} \leqslant X \leqslant \sqrt{y}) = F_X(\sqrt{y}) - F_X(-\sqrt{y})$，

两边对 y 求导得　$$f_Y(y) = f_X(\sqrt{y})\frac{1}{2\sqrt{y}} + f_X(-\sqrt{y})\frac{1}{2\sqrt{y}}.$$

从而 $Y = X^2$ 的密度函数为：$f_Y(y) = \begin{cases} 0, & y \leqslant 0, \\ \dfrac{1}{2\sqrt{y}}[f_X(\sqrt{y}) + f_X(-\sqrt{y})], & y > 0. \end{cases}$

特别地，当 $f_X(x)$，$-\infty < x < +\infty$ 为偶函数时，$f_Y(y) = \begin{cases} 0, & y \leqslant 0, \\ \dfrac{f_X(\sqrt{y})}{\sqrt{y}}, & y > 0. \end{cases}$

若 $X \sim N(0, 1)$，则 $f_X(x) = \dfrac{1}{\sqrt{2\pi}}e^{-\frac{x^2}{2}}$，则 $Y = X^2$ 的密度为：

$$f_Y(y) = \begin{cases} 0, & y \leqslant 0, \\ \dfrac{1}{\sqrt{2\pi}}y^{-\frac{1}{2}}e^{-\frac{y}{2}}, & y > 0, \end{cases}$$

即有 $Y \sim \Gamma\left(\dfrac{1}{2}, \dfrac{1}{2}\right)$，或 $Y \sim \chi^2(1)$（自由度为 1 的 χ^2 分布）.

若 $X \sim t(1)$，则 $f_X(x) = \dfrac{1}{\pi(1+x^2)}$，则 $Y = X^2$ 的密度为：$f_Y(y) = \begin{cases} 0, & y \leqslant 0, \\ \dfrac{1}{\pi(1+y)\sqrt{y}}, & y > 0, \end{cases}$ 即有 $Y \sim F(1,1)$（两个自由度都为 1 的 F 分布）.

习　题　2

1. 设 10 只同类型零件中有 2 只是次品，在其中取三次，每次任取一只不放回，以 X 表示取出次品的只数，求 X 的分布列.

2. 设离散型随机变量 X 的分布列为：(1) $P(X = k) = 2^k a$，$k = 1, 2, \cdots, 10$，求常数 a；(2) $P(X = k) = 2^{-k} b$，$k = 1, 2, \cdots$，求常数 b.

3. 将一颗骰子抛掷两次，以 X_1 表示两次所得点数之和，以 X_2 表示两次中得到的小的点数，试分别求

X_1, X_2 的分布列.

4. 设离散型随机变量 X 的分布列为 $P(X=k)=C\dfrac{\lambda^k}{k!}\mathrm{e}^{-\lambda}$, $k=1,2,\cdots$, 其中 $\lambda>0$ 为已知参数, 求 C 的值.

5. 一个人要开门,他共有 n 把钥匙,其中仅有一把是能打开这扇门的.他随机地选取一把钥匙开门,求这人在第 k 次试开时才将门打开的概率.

6. 现有一批待检的零件 10 000 个,其中有问题零件的概率为 0.001,现需对每个零件进行检查,如果超过 6 个,则认为该批零件不合格,求该批零件合格的概率.

7. 设随机变量 X 的分布列为: $\begin{pmatrix} 0 & 1 & 2 \\ 0.25 & 0.5 & 0.25 \end{pmatrix}$, 试求: (1) $P(-0.5<X\leqslant 0.5)$; (2) $P(-0.5<X\leqslant 1.5)$; (3) X 的分布函数.

8. 某射手有 5 发子弹,射一次命中的概率为 0.9,如果命中了就停止射击,否则一直射到子弹用尽. (1) 求耗用子弹数 X 的分布列; (2) 求 X 的分布函数.

9. 假设某个公交站台每个小时内经过公交车的车次服从参数为 2 的泊松分布,求: (1) 一小时内恰有 6 辆公交车经过的概率; (2) 一小时内至少有 10 辆公交车经过的概率.

10. 设 X 具有离散均匀分布, 即 $P(X=x_i)=1/n$, $i=1,2,\cdots,n$, 求 X 的分布函数.

11. 设某产品寿命的失效率函数为 $\lambda(x)=\alpha+\beta x$, 其中 α, $\beta>0$ 为参数,求其相应的分布函数.

12. 设随机变量 X 的密度函数为: $f(x)=\begin{cases} 0.5\mathrm{e}^x, & x<0, \\ 0.25, & 0\leqslant x<2, \\ 0, & x\geqslant 2, \end{cases}$ 求: X 的分布函数 $F(x)$.

13. 设随机变量 X 的分布函数为: $F(x)=A+B\arctan x$, $-\infty<x<+\infty$, 求: (1) 常数 A, B; (2) $P(-1<x\leqslant 1)$.

14. 设随机变量 X 具有密度函数 $f(x)=\begin{cases} kx, & 0\leqslant x<3, \\ 2-\dfrac{x}{2}, & 3\leqslant x\leqslant 4, \\ 0, & \text{其他}, \end{cases}$ (1) 确定常数 k; (2) 求 X 的分布函数 $F(x)$; (3) 求 $P(1<X\leqslant 7/2)$.

15. 设随机变量 X 的密度函数为: $f(x)=a\mathrm{e}^{-|x|}$, $-\infty<x<+\infty$, 求: (1) 常数 a; (2) $P(0<X\leqslant 1)$; (3) X 的分布函数.

16. 设随机变量 X 的密度函数为: $f(x)=\begin{cases} x, & 0<x\leqslant 1, \\ 2-x, & 1<x\leqslant 2, \\ 0, & \text{其他}, \end{cases}$ 求: (1) 分布函数 $F(x)$; (2) $P(1<X\leqslant 3)$.

17. 设随机变量 X 的概率密度为 $f(x)=\begin{cases} 0.003x^2, & 0\leqslant x\leqslant 10, \\ 0, & \text{其他}, \end{cases}$ 求 t 的方程 $4t^2+4Xt+3X-2=0$ 有实根的概率.

18. 某人上班地点离家仅一站路,他在公共汽车站的候车时间为 X (min), $X\sim \mathrm{Exp}(0.25)$, 他每天要在车站候车 4 次,每次若候车时间超 5 min,他就改为步行,求他在一天内步行次数恰好是 2 次的概率.

19. 设 $X\sim N(10,4)$, (1) 求 $P(7<X\leqslant 12)$; (2) 求常数 m, 使得 $P(|X-10|<m)<0.8$.

20. 现有一批待出厂的元件的寿命 X 服从 $N(120,\sigma^2)$, 要求 $P(100<X\leqslant 140)\geqslant 0.8$, 求 σ 可取的最大值.

21. 设随机变量 X 的分布列为: $\begin{pmatrix} -2 & -1 & 0 & 1 & 2 \\ 0.125 & 0.125 & 0.5 & 0.125 & 0.125 \end{pmatrix}$, 求 $Y=X^2+1$ 的分布列.

22. 设随机变量 $X\sim \mathrm{Exp}(1)$, 求 $Y=\ln X$ 的密度函数.

23. 设连续型随机变量 X 的概率密度为：$f_X(x)=\begin{cases}2x, & 0\leqslant x<1,\\ 0, & \text{其他},\end{cases}$ 求：(1) $Y=\sqrt{X}$ 的密度函数；(2) $Y=3X+5$ 的密度函数；(3) 求 $Y=\ln X$ 的密度函数；(4) 以 Y 表示对 X 的三次独立重复观察中事件“$X\leqslant 0.5$”出现的次数，求 $P(Y=2)$.

24. 设随机变量 X 的密度函数为：$f_X(x)=\begin{cases}x/8, & 0<x<4,\\ 0, & \text{其他},\end{cases}$ 求 $Y=2X+8$ 的密度函数.

第 3 章　多维随机变量及其分布

在实际问题中,对于某些随机试验的结果需要同时用两个或两个以上的随机变量才能较好地描述,为了揭示各变量之间的内在关系,因此需要引出多维随机变量的概念. 譬如为研究某种型号手枪的弹着点分布,每枚子弹弹着点位置需要由横坐标 X_1 及纵坐标 X_2 来确定,而 (X_1, X_2) 是定义在同一样本空间的两个随机变量. 在研究每个家庭的支出情况时,感兴趣的是每个家庭的衣、食、住、行四个方面,若用 (X_1, X_2, X_3, X_4) 分别表示衣、食、住、行的费用占整个家庭收入的百分比,(X_1, X_2, X_3, X_4) 就是一个四维随机变量. 本章主要讨论二维离散型和连续型随机变量的分布,包括联合分布、边际分布及其独立性,对于二维以上的多维随机变量分布可由二维的情形加以推广.

3.1　二维随机变量及其分布

定义 3.1　设 X, Y 为定义在同一样本空间 Ω 上的两个随机变量,它们的有序组 (X, Y) 称为二维随机变量(或二维随机向量).

对于一维随机变量,引入分布函数可完整地描述随机变量. 对于二维随机变量 (X, Y),其定义在同一样本空间上,不仅要研究单个随机变量的性质,还要研究两个随机变量之间的联系,因此需要知道随机点 (X, Y) 落在某一区域内这一事件的概率,为此需要引入二维随机变量的联合分布函数的概念,其也是研究二维随机变量概率分布的有力工具.

定义 3.2　设 (X, Y) 为二维随机变量,对任意两个实数 x, y,概率 $P(X \leqslant x, Y \leqslant y)$ 为 x, y 的实函数,称该函数为二维随机变量 (X, Y) 的联合分布函数,记为:

$$F(x, y) = P(X \leqslant x, Y \leqslant y).$$

考虑二维随机变量 (X, Y),其联合分布函数为:$F(x, y) = P(X \leqslant x, Y \leqslant y)$,它表示事件“$X \leqslant x$”与事件“$Y \leqslant y$”同时发生的概率. 如果将 (X, Y) 视作一个随机点,那么二维随机变量的分布函数 $F(x, y)$ 的几何意义就是随机点 (X, Y) 落入坐标平面上的无限区域“$-\infty < X \leqslant x, -\infty < Y \leqslant y$”内的概率,或者说落入点 (x, y) 左下方的无穷矩形 $(-\infty, x] \times (-\infty, y]$ 内的概率,如图 3.1所示.

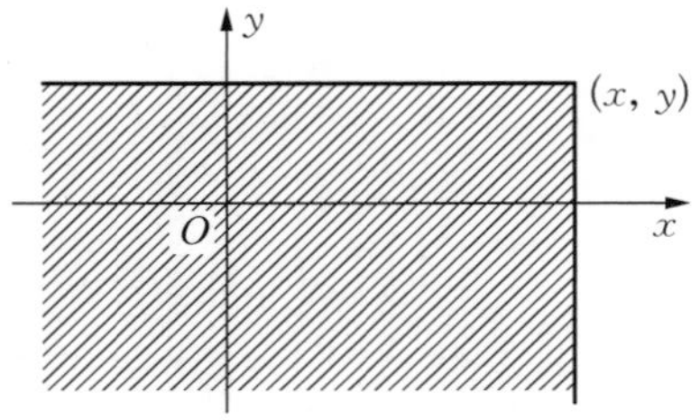

图 3.1　分布函数的几何意义

对 $x_1 \leqslant x_2$, $y_1 \leqslant y_2$, (X, Y) 落入矩形区域 $(x_1, x_2] \times (y_1, y_2]$ 内的概率的计算公式为:

$$P(x_1 < X \leqslant x_2, y_1 < Y \leqslant y_2) = F(x_2, y_2) - F(x_2, y_1) - F(x_1, y_2) + F(x_1, y_1).$$

由图3.2可直观地显示出上述公式的几何意义：(X, Y) 落入矩形 $(x_1, x_2] \times (y_1, y_2]$ 内的概率 $P(x_1 < X \leqslant x_2, y_1 < Y \leqslant y_2)$ 等于落在 A 点 (x_2, y_2) 左下部分矩形 $(-\infty, x_2] \times (-\infty, y_2]$ 区域内的概率 $F(x_2, y_2)$ 减去落在 B 点 (x_1, y_2) 左下部分矩形 $(-\infty, x_1] \times (-\infty, y_2]$ 区域内的概率 $F(x_1, y_2)$ 和落在 C 点 (x_2, y_1) 左下部分矩形 $(-\infty, x_2] \times (-\infty, y_1]$ 区域内的概率 $F(x_2, y_1)$，而后再加上重复减去的落在 D 点 (x_1, y_1) 左下部分矩形 $(-\infty, x_1] \times (-\infty, y_1]$ 区域内的概率 $F(x_1, y_1)$.

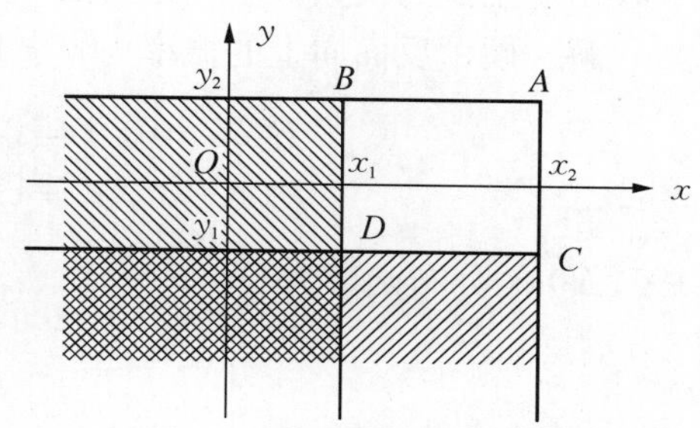

图3.2　矩形内概率的几何意义

由分布函数 $F(x, y)$ 的定义及概率的性质可以证明 $F(x, y)$ 具有以下基本性质.

(1) 单调性(非降性)：$F(x, y)$ 是变量 x 或 y 的单调不减函数，即当 $x_1 < x_2$ 时，有 $F(x_1, y) \leqslant F(x_2, y)$；当 $y_1 < y_2$ 时，有 $F(x, y_1) \leqslant F(x, y_2)$；

(2) 有界性：对于任意的 x, y，有 $0 \leqslant F(x, y) \leqslant 1$，且 $F(-\infty, y) = \lim\limits_{x \to -\infty} F(x, y) = 0$，$F(x, -\infty) = \lim\limits_{y \to -\infty} F(x, y) = 0$，$F(-\infty, -\infty) = 0$，$F(+\infty, +\infty) = \lim\limits_{\substack{x \to +\infty \\ y \to +\infty}} F(x, y) = 1$；

(3) 右连续性：$F(x, y)$ 分别对 x, y 右连续，即

$$F(x+0, y) = F(x, y),\ F(x, y+0) = F(x, y);$$

(4) 非负性：对任意的 $x_1, x_2, y_1, y_2, x_1 < x_2, y_1 < y_2$，有

$$P(x_1 < X \leqslant x_2, y_1 < Y \leqslant y_2) = F(x_2, y_2) - F(x_1, y_2) - F(x_2, y_1) + F(x_1, y_1) \geqslant 0.$$

“非负性”的直观意义是：(X, Y) 落入矩形 $(x_1, x_2] \times (y_1, y_2]$ 内的概率 $P(x_1 < X \leqslant x_2, y_1 < Y \leqslant y_2)$，因此必须是非负的.

另一方面，可以证明，如果一个普通的二元函数具有以上4条性质，则此函数必定可以作为某个二维随机变量的联合分布函数. 另外，“非负性”可导出“单调性”，但是单从前3条性质不能导出“非负性”. 也就是说，一个普通函数仅满足前3条性质而不具有“非负性”，则其不能作为某个二维随机变量的分布函数. 这正是多维随机变量分布函数特有的现象. 下面举两个例子进行说明.

例3.1　二元函数 $G(x, y) = \begin{cases} 0, & x + y < 0, \\ 1, & x + y \geqslant 0, \end{cases}$ 不难验证其满足二维联合分布函数的前三条性质，但它不满足“非负性”. 可从 $G(x, y)$ 的定义看到：若用 $x + y = 0$ 将平面 xOy 一分为二，则 $G(x, y)$ 在右上半平面($x + y \geqslant 0$)取值为1，$G(x, y)$ 在左下半平面($x + y < 0$)取值为0，$G(x, y)$ 具有“非降性”“有界性”和“右连续性”，但在正方形区域 $\{(x, y): -1 \leqslant x \leqslant 1, -1 \leqslant y \leqslant 1\}$ 的四个顶点上，右上三个顶点位于右上半闭平面，只有左下顶点 $(-1, 1)$ 位于左下半开平面，故有：

$$G(1, 1) - G(1, -1) - G(-1, 1) + G(-1, -1) = 1 - 1 - 1 + 0 = -1 < 0,$$

即 $G(x, y)$ 不满足“非负性”，所以 $G(x, y)$ 不能成为某二维随机变量的联合分布函数.

例 3.2 抛掷硬币,其正面向上的概率为 p. 现考虑抛掷两枚硬币的试验,以 X 表示第一枚出现正面的次数,以 Y 表示第二枚出现正面的次数,求 (X, Y) 的分布函数.

解 硬币反面向上的概率为 $q=1-p$, 则 (X, Y) 的联合分布列为:

$$P(X=0, Y=0)=q^2,\ P(X=1, Y=0)=pq,$$
$$P(X=0, Y=1)=pq,\ P(X=1, Y=1)=p^2.$$

(X, Y) 的分布函数为

$$F(x, y)=\begin{cases}0, & x<0 \text{ 或 } y<0,\\ q^2, & 0\leqslant x<1 \text{ 且 } 0\leqslant y<1,\\ q, & 0\leqslant x<1 \text{ 且 } y\geqslant 1, \text{ 或 } x\geqslant 1 \text{ 且 } 0\leqslant y<1,\\ 1, & x\geqslant 1 \text{ 且 } y\geqslant 1.\end{cases}$$

特别地,如果硬币是均匀的,则

$$F(x, y)=\begin{cases}0, & x<0 \text{ 或 } y<0,\\ \dfrac{1}{4}, & 0\leqslant x<1 \text{ 且 } 0\leqslant y<1,\\ \dfrac{1}{2}, & 0\leqslant x<1 \text{ 且 } y\geqslant 1, \text{ 或 } x\geqslant 1 \text{ 且 } 0\leqslant y<1,\\ 1, & x\geqslant 1 \text{ 且 } y\geqslant 1.\end{cases}$$

3.2 二维离散型随机变量及其分布

3.2.1 二维离散型随机变量的联合分布与边际分布

定义 3.3 若二维随机变量 (X, Y) 的所有可能取值为有限个或可数个数对,则称 (X, Y) 为二维离散型随机变量.

显然,当且仅当 X, Y 皆为离散型随机变量时,二维随机变量 (X, Y) 为离散型随机变量. 例如,掷两枚硬币,用 X, Y 分别表示第一、第二枚硬币所得到的正面向上次数,则 (X, Y) 为二维离散型随机变量.

定义 3.4 设 (X, Y) 为二维离散型随机变量,其全部可能取值为 (x_i, y_j) $i=1, 2, \cdots, n, \cdots$; $j=1, 2, \cdots, m, \cdots$, 称

$$P(X=x_i, Y=y_j)=p_{ij},\ i=1, 2, \cdots, n, \cdots;\ j=1, 2, \cdots, m, \cdots$$

为二维随机变量 (X, Y) 的联合分布列,简称联合分布.

根据概率的性质,定义 3.4 中的 p_{ij} 应满足以下性质.

(1) 非负性: $p_{ij}\geqslant 0$, $i=1, 2, \cdots, n, \cdots$; $j=1, 2, \cdots, m, \cdots$.

(2) 规范性: $\sum\limits_{i=1}^{+\infty}\sum\limits_{j=1}^{+\infty} p_{ij}=1$.

易知, (X, Y) 的联合分布函数为

$$F(x, y)=P(X\leqslant x, Y\leqslant y)=\sum_{x_i\leqslant x}\sum_{y_j\leqslant y}P(X=x_i, Y=y_j)=\sum_{x_i\leqslant x}\sum_{y_j\leqslant y}p_{ij}.$$

定义 3.5 称二维随机变量 (X, Y) 中分量 X（或 Y）的概率分布为 (X, Y) 关于 X（或 Y）的边际分布(或边缘分布). 在不引起混淆的情况下，简称为 X（或 Y）的边际分布.

通常将 X 和 Y 的边际分布列分别记为：$P(X=x_i)=p_{i\cdot}$, $i=1, 2, \cdots$ 和 $P(Y=y_i)=p_{\cdot j}$, $j=1, 2, \cdots$, 易知：

$$\begin{aligned}p_{i\cdot}&=P(X=x_i)=P\{(X=x_i)\Omega\}=P\left\{(X=x_i)\left[\bigcup_{j=1}^{+\infty}(Y=y_j)\right]\right\}\\&=P\left\{\bigcup_{j=1}^{+\infty}(X=x_i, Y=y_j)\right\}=\sum_{j=1}^{+\infty}P(X=x_i, Y=y_j)\\&=\sum_{j=1}^{+\infty}p_{ij}, i=1, 2, \cdots.\end{aligned}$$

同理
$$p_{\cdot j}=P(Y=y_j)=\sum_{i=1}^{+\infty}p_{ij}, j=1, 2, \cdots.$$

一般地，二维离散型随机变量的联合分布列和边际分布列常被列成如表 3.1 所示的形式.

表 3.1 二维离散型随机变量的联合分布和边际分布

X \ Y	y_1	y_2	$\cdots$	y_j	$\cdots$	$P(X=x_i)$
x_1	p_{11}	p_{12}	$\cdots$	p_{1j}	$\cdots$	$p_{1\cdot}$
$\vdots$	$\vdots$	$\vdots$	$\vdots$	$\vdots$	$\vdots$	$\vdots$
x_i	p_{i1}	p_{i2}	$\cdots$	p_{ij}	$\cdots$	$p_{i\cdot}$
$\vdots$	$\vdots$	$\vdots$	$\cdots$	$\vdots$	$\vdots$	$\vdots$
$P(Y=y_j)$	$p_{\cdot 1}$	$p_{\cdot 2}$	$\cdots$	$p_{\cdot j}$	$\cdots$	1

可以看到在表的最右边增加的一列，是对每一行的 p_{ij} 关于 j 相加得到的 $p_{i\cdot}$，它为 X 的分布列；相应地，在表的最下方增加了一行，它是对每一行的 p_{ij} 关于 i 相加得到的 $p_{\cdot j}$，它为 Y 的分布列. 在这样的列表方式中，X 和 Y 的分布列的位置在 (X, Y) 联合分布列的边上，这就是称 X 和 Y 的分布列是 (X, Y) 联合分布列的边际分布或边缘分布的原因.

例 3.3 将一硬币抛掷三次，以 X 表示在三次中出现正面的次数，以 Y 表示三次中出现正面次数与出现反面次数之差的绝对值，试写出 (X, Y) 的联合分布列.

解 设抛硬币第 i 次出现正面的事件为 A_i, $i=1, 2, 3$, 则随机试验(一硬币抛掷三次)的样本空间为：$\Omega=\{$(正,正,正),(正,正,反),(正,反,正),(反,正,正),(正,反,反),(反,正,反),(反,反,正),(反,反,反)$\}$.

设 X 的可能取值为 i, Y 的可能取值为 j, 易知 $i=0, 1, 2, 3$; $j=1, 3$.

$$P(X=0, Y=3)=P(\bar{A}_1\bar{A}_2\bar{A}_3)=\frac{1}{8};\ P(X=3, Y=3)=P(A_1A_2A_3)=\frac{1}{8};$$

$$P(X=1, Y=1)=P(A_1\bar{A}_2\bar{A}_3+\bar{A}_1A_2\bar{A}_3+\bar{A}_1\bar{A}_2A_3)$$
$$=P(A_1\bar{A}_2\bar{A}_3)+P(\bar{A}_1A_2\bar{A}_3)+P(\bar{A}_1\bar{A}_2A_3)=\frac{3}{8};$$
$$P(X=2, Y=1)=P(A_1A_2\bar{A}_3+A_1\bar{A}_2A_3+\bar{A}_1A_2A_3)$$
$$=P(A_1A_2\bar{A}_3)+P(A_1\bar{A}_2A_3)+P(\bar{A}_1A_2A_3)=\frac{3}{8}.$$

由于 $\frac{1}{8}+\frac{1}{8}+\frac{3}{8}+\frac{3}{8}=1$，故 X 与 Y 取其余值的概率为 0，于是 (X, Y) 的联合分布列如表 3.2 所示.

表 3.2 (X, Y) 的联合分布列

Y \ X	0	1	2	3
1	0	$\frac{3}{8}$	$\frac{3}{8}$	0
3	$\frac{1}{8}$	0	0	$\frac{1}{8}$

从边际分布列的计算中可以看到，如果知道了二维随机变量 (X, Y) 的联合分布列，那么 X 和 Y 的边际分布列可由联合分布列求出. 这一事实直观上容易理解，因为如果确定了 (X, Y) 的总规律性(即联合分布列)，那么它个别分量的规律性(即边际分布列)也就确定了. 反过来，如果已知 X 和 Y 的边际分布列，能不能由此来决定二维随机变量 (X, Y) 的联合分布列呢？也就是说，这两者是否等价呢？回答是否定的，请看下面的例子.

例 3.4 袋中有 1 只红球，1 只白球. 做放回摸球，每次一球，连摸两次. 记

$$X=\begin{cases}0, & \text{第一次摸到红球},\\ 1, & \text{第一次摸到白球},\end{cases}\quad Y=\begin{cases}0, & \text{第二次摸到红球},\\ 1, & \text{第二次摸到白球}.\end{cases}$$

求 (X, Y) 的联合分布列和边际分布列. 若将摸球方式改为不放回摸球，情况又如何？

解 摸球方式为“放回摸球”情形下的联合分布列和边际分布列如表 3.3 所示.

表 3.3 “放回摸球”情形下的联合分布列和边际分布列

X \ Y	0	1	$p_{i\cdot}$
0	$\frac{1}{4}$	$\frac{1}{4}$	$\frac{1}{2}$
1	$\frac{1}{4}$	$\frac{1}{4}$	$\frac{1}{2}$
$p_{\cdot j}$	$\frac{1}{2}$	$\frac{1}{2}$	1

摸球方式为“不放回摸球”情形下的联合分布列和边际分布列如表 3.4 所示.

表 3.4　“不放回摸球”情形下的联合分布列和边际分布列

X \ Y	0	1	$p_{i\cdot}$
0	0	$\frac{1}{2}$	$\frac{1}{2}$
1	$\frac{1}{2}$	0	$\frac{1}{2}$
$p_{\cdot j}$	$\frac{1}{2}$	$\frac{1}{2}$	1

观察例 3.4 中的“放回摸球”与“不放回摸球”这两种不同的试验，(X, Y) 具有不同的联合分布列，但它们相应的边际分布列却是一样的. 这一事实表明，对 (X, Y) 中分量的边际分布的讨论不能代替对 (X, Y) 整体分布的讨论. 换句话说，虽然二维随机变量的联合分布完全决定了两个边际分布，但反过来，一般地讲 (X, Y) 的两个边际分布却不能完全确定 (X, Y) 的联合分布. 这正是必须把 (X, Y) 作为一个整体来研究的理由. 也就是说，联合分布决定边际分布，而边际分布不能决定联合分布.

事实上，二维随机变量 (X, Y) 的联合分布包含比边际分布更多的内容. 例 3.4 中，在“无放回”取球中，$p_{ij}=P(X=i, Y=j)=P(X=i \mid Y=j)P(Y=j)$，而在“有放回”取球中，事件“$X=i$”和“$Y=j$”是独立的，这时候条件概率 $P(X=i \mid Y=j)=P(X=i)$，从而有 $p_{ij}=P(X=i, Y=j)=P(X=i)P(Y=j)$. 由上可见，尽管两种情形有着相同的边际分布，却由于 X 和 Y 取值之间的相互关系不同而导致它们的联合分布列不同. 由此可知，(X, Y) 的联合分布列还包含了 X 和 Y 之间相互关系的内容，这是它们的边际分布所不能提供的. 因此对单个随机变量 X 和 Y 的研究不能代替对二维随机变量 (X, Y) 的整体研究.

3.2.2　离散型随机变量的独立性

在例 3.4 的“放回摸球”的情形中，对任意的 i, j, $i, j=0, 1$，由于事件“$X=i$”和事件“$Y=j$”相互独立，使得条件概率 $P(Y=j \mid X=i)=P(Y=j)$, $P(X=i \mid Y=j)=P(X=i)$，也就是说，Y 的取值不受 X 的影响，反过来也不影响 X 的取值. 相应地，(X, Y) 的联合分布列和 X, Y 边际分布列之间有着非常简单的关系：$P(X=i, Y=j)=P(X=i)P(Y=j)$，称这样的随机变量相互独立.

定义 3.6　若二维离散型随机变量 (X, Y) 的联合分布列与边际分布列满足：对一切的 x_i, y_j, $i, j=1, 2, \cdots$，有 $P(X=x_i, Y=y_j)=P(X=x_i)\times P(Y=y_j)$, $i, j=1, 2, \cdots$，即

$$p_{ij}=p_{i\cdot}\, p_{\cdot j},\ i, j=1, 2, \cdots,$$

则称随机变量 X 与 Y 相互独立.

值得注意的是，边际分布不能决定二维随机变量的联合分布，但当 X 和 Y 相互独立时，(X, Y) 的联合分布被它的两个边际分布完全确定.

例 3.5　设 X 和 Y 是相互独立同分布的随机变量，且已知 $P(X=1)=p$, $P(X=0)=1-p$, $0<p<1$，又设 $Z=\begin{cases}0, & \text{当 } X+Y=\text{偶数},\\ 1, & \text{当 } X+Y=\text{奇数},\end{cases}$ 问 p 何值时，才能使 X 和 Z 相互独立?

解　(X, Z) 的联合分布列如表 3.5 所示.

表 3.5 (X, Z) 的联合分布列

X \ Z	0	1	$P(X=x_i)$
0	$(1-p)^2$	$p(1-p)$	$1-p$
1	p^2	$p(1-p)$	p
$P(Z=z_j)$	$2p^2-2p+1$	$2p(1-p)$	1

要使 X 和 Z 相互独立,以下两式必须同时成立:

$$(1-p)^2=(1-p)(2p^2-2p+1),\ p(1-p)=(1-p)2p(1-p),$$
$$p^2=p(2p^2-2p+1),\ p(1-p)=p2p(1-p).$$

易得:当 $p=\frac{1}{2}$ 时,X 和 Z 相互独立.

随机变量 X 和 Y 相互独立的直观意义就是随机变量 X,Y 取值互不影响.如果随机变量 X 与 Y 不相互独立时,X 的取值影响 Y 的取值,或 Y 的取值影响 X 的取值,那么怎样用概率语言来描述两者取值之间的影响?一个随机变量的不同取值会导致另一个随机变量的概率分布发生什么样的改变呢?也就是说,对于离散型的二维随机变量 (X, Y),如果 $P(Y=y_j)>0$,在随机变量 Y 取值 y_j 的条件下,随机变量 X 的分布与无条件下 X 的分布相比有什么变化?从而引出了条件分布的概念.

3.2.3 条件分布

随机变量的条件分布是指二维随机变量中一个分量取某个定值的条件下,另一个分量的概率分布.二维离散型随机变量 (X, Y) 的条件分布可定义如下.

定义 3.7 设 (X, Y) 是二维离散型随机变量,对于固定的 j,若 $P(Y=y_j)>0$,称

$$P(X=x_i \mid Y=y_j)=\frac{P(X=x_i, Y=y_j)}{P(Y=y_j)}=\frac{p_{ij}}{p_{\cdot j}},\ i=1, 2, \cdots$$

为 $Y=y_j$ 条件下随机变量 X 的条件概率分布,简称条件分布,有时记作 $p_{X|Y}(x_i \mid y_j)$.

又 $\sum_{i=1}^{+\infty} p_{X|Y}(x_i \mid y_j)=\sum_{i=1}^{+\infty} P(X=x_i \mid Y=y_j)=\sum_{i=1}^{+\infty} \frac{P(X=x_i, Y=y_j)}{P(Y=y_j)}$

$$=\frac{\sum_{i=1}^{+\infty} p_{ij}}{p_{\cdot j}}=\frac{p_{\cdot j}}{p_{\cdot j}}=1,$$

因此,$Y=y_j$ 条件下 X 的条件概率分布亦满足一般概率分布(亦称无条件概率分布)的基本性质.

(1) 非负性:$P(X=x_i \mid Y=y_j)\geqslant 0,\ i=1, 2, \cdots$;

(2) 规范性:$\sum_{i=1}^{+\infty} P(X=x_i \mid Y=y_j)=1$.

类似地,对于固定的 i,当 $P(X=x_i)>0$ 时,可定义 $X=x_i$ 条件下 Y 的条件分布:

$$p_{Y|X}(y_j \mid x_i) = P(Y = y_j \mid X = x_i) = \frac{p_{ij}}{p_{i\cdot}},\ j = 1,\ 2,\ \cdots,$$

由此可得：$$p_{ij} = p_{i\cdot}\, p_{Y|X}(y_j \mid x_i) = p_{\cdot j} p_{X|Y}(x_i \mid y_j),\ i,\ j = 1,\ 2,\ \cdots.$$

由此可以看出，二维离散型随机变量 (X, Y) 的联合分布不但确定了其边际分布，而且也确定了相应的条件分布；反过来，如果知道了 (X, Y) 关于 X 的边际分布及 $X = x_i$，$i = 1$，2，$\cdots$ 条件下 Y 的条件分布，则 (X, Y) 的联合分布 $\{p_{ij},\ i,\ j = 1,\ 2,\ \cdots\}$ 便可被确定下来. 同样的，(X, Y) 的联合分布 $\{p_{ij},\ i,\ j = 1,\ 2,\ \cdots\}$ 亦可由 Y 的边际分布及 $Y = y_j$，$j = 1$，2，$\cdots$ 条件下 X 的条件分布确定.

应当注意，条件分布和边际分布是两个完全不同的概念. 边际分布是考虑二维随机变量 (X, Y) 中的分量作为一个单独的随机变量的分布，而不管另一个随机变量的取值. 而条件分布指的是在固定一个随机变量取值的“条件下”另一个随机变量的分布. 因此该条件分布有可能随着另一随机变量的取值而发生变化.

由条件分布的定义及离散型随机变量独立性的定义，容易得出下面的定理.

定理 3.1　当且仅当下列两条之一成立时，离散型随机变量 X 与 Y 相互独立：

(1) $P(X = x_i \mid Y = y_j) = p_{i\cdot}$，$i$，$j = 1$，$2$，$\cdots$；(2) $P(Y = y_j \mid X = x_i) = p_{\cdot j}$，$i$，$j = 1$，$2$，$\cdots$.

例 3.6　一整数 X 随机地在 1，2，3，4 中取一值，另一整数 Y 随机地在 $1 \sim X$ 中取一值，求 (X, Y) 的联合分布列.

解　$$P(X = 1, Y = 1) = P(X = 1)P(Y = 1 \mid X = 1) = \frac{1}{4} \times 1 = \frac{1}{4},$$

$$P(X = 1, Y = 2) = P(X = 1)P(Y = 2 \mid X = 1) = \frac{1}{4} \times 0 = 0,$$

$$P(X = 1, Y = 3) = 0,\ P(X = 1, Y = 4) = 0,$$

$$P(X = 2, Y = 1) = P(X = 2)P(Y = 1 \mid X = 2) = \frac{1}{4} \times \frac{1}{2} = \frac{1}{8},$$

$$P(X = 2, Y = 2) = \frac{1}{8},\ P(X = 2, Y = 3) = 0,\ P(X = 2, Y = 4) = 0,$$

$$\cdots$$

$$P(X = 4, Y = 4) = \frac{1}{16}.$$

故(X, Y)的联合分布列如表 3.6 所示.

表 3.6　(X, Y) 的联合分布列

Y \ X	1	2	3	4
1	$\frac{1}{4}$	$\frac{1}{8}$	$\frac{1}{12}$	$\frac{1}{16}$
2	0	$\frac{1}{8}$	$\frac{1}{12}$	$\frac{1}{16}$

(续　表)

Y \ X	1	2	3	4
3	0	0	$\frac{1}{12}$	$\frac{1}{16}$
4	0	0	0	$\frac{1}{16}$

下面引入随机变量的条件概率分布函数的概念：将在 $Y=y_j$ 条件下随机变量 X 的条件分布函数记为 $F_{X|Y}(x \mid y_j)$，即：

$$F_{X|Y}(x \mid y_j)=P(X \leqslant x \mid Y=y_j),\ -\infty<x<+\infty,$$

将在 $X=x_i$ 条件下随机变量 Y 的条件分布函数记为 $F_{Y|X}(y \mid x_i)$，即：

$$F_{Y|X}(y \mid x_i)=P(Y \leqslant y \mid X=x_i),\ -\infty<y<+\infty.$$

由条件概率的加法公式易知：

$$F_{X|Y}(x \mid y_j)=P(X \leqslant x \mid Y=y_j)=\sum_{x_i \leqslant x} P(X=x_i \mid Y=y_j)=\sum_{x_i \leqslant x} p_{X|Y}(x_i \mid y_j),$$

$$F_{Y|X}(y \mid x_i)=P(Y \leqslant y \mid X=x_i)=\sum_{y_j \leqslant y} P(Y=y_j \mid X=x_i)=\sum_{y_j \leqslant y} p_{Y|X}(y_j \mid x_i).$$

随机变量条件分布函数的性质与随机变量的普通分布函数基本性质相同，在此不再详述，读者可以自己验证.

3.3　二维连续型随机变量及其分布

3.3.1　二维连续型随机变量的联合分布与边际分布

本节讨论二维连续型随机变量. 首先引进二维连续型随机变量分布密度的概念. 从二维随机变量的分布函数出发，考虑 (X, Y) 落在小矩形区域 $(x, x+\Delta x] \times (y, y+\Delta y]$ 内的概率：

$$\begin{aligned}&P(x<X \leqslant x+\Delta x,\ y<Y \leqslant y+\Delta y)\\&=F(x+\Delta x,\ y+\Delta y)-F(x+\Delta x,\ y)-F(x,\ y+\Delta y)+F(x,\ y).\end{aligned}$$

当 Δx，$\Delta y \to 0$ 时，此概率与矩形面积 $\Delta x \Delta y$ 之比的极限如果存在，则称该比值的极限为二维连续型随机变量的分布密度，记作 $f(x, y)$，即

$$\begin{aligned}f(x, y)&=\lim_{\substack{\Delta x \to 0\\ \Delta y \to 0}} \frac{P(x<X \leqslant x+\Delta x,\ y<Y \leqslant y+\Delta y)}{\Delta x \Delta y}\\&=\lim_{\substack{\Delta x \to 0\\ \Delta y \to 0}} \frac{F(x+\Delta x,\ y+\Delta y)-F(x+\Delta x,\ y)-F(x,\ y+\Delta y)+F(x,\ y)}{\Delta x \Delta y},\end{aligned}$$

如果函数 $F(x, y)$ 存在连续的二阶混合偏导数，则 $f(x, y)$ 就是 $F(x, y)$ 的二阶混合偏导数：

$$f(x, y)=\frac{\partial^2 F(x, y)}{\partial x \partial y}=F''_{x, y}(x, y).$$

二维连续型随机变量 (X, Y) 落在小矩形区域 $(x, x+\Delta x]\times(y, y+\Delta y]$ 的概率近似为：

$$P(x<X\leqslant x+\Delta x, y<Y\leqslant y+\Delta y)\approx f(x, y)\Delta x\Delta y,$$

(X, Y) 落在任意区域 A 内的概率为：$P((X, Y)\in A)=\iint\limits_A f(x, y)\mathrm{d}x\mathrm{d}y$，

(X, Y) 落在 $(-\infty, x]\times(-\infty, y]$ 内的概率 $F(x, y)$ 为：$F(x, y)=\int_{-\infty}^{x}\int_{-\infty}^{y}f(u, v)\mathrm{d}u\mathrm{d}v$.

与一维连续型随机变量的定义类似，可由函数 $f(x, y)$ 出发来定义二维连续型随机变量.

定义 3.8　设 $F(x, y)$ 为二维随机变量 (X, Y) 的联合分布函数，若 $F(x, y)$ 可以写成积分形式，即存在非负函数 $f(x, y)$，使对于任意的 $x, y\in R$ 有：$F(x, y)=\int_{-\infty}^{x}\int_{-\infty}^{y}f(u, v)\mathrm{d}u\mathrm{d}v$，则称 (X, Y) 为二维连续型随机变量，并称 $f(x, y)$ 为 (X, Y) 的联合概率密度函数，简称联合密度函数.

由分布函数的性质可知，联合密度具有以下基本性质.

① 非负性：$f(x, y)\geqslant 0$；② 规范性：$\int_{-\infty}^{+\infty}\int_{-\infty}^{+\infty}f(x, y)\mathrm{d}x\mathrm{d}y=1$.

联合密度函数 $f(x, y)$ 的几何意义为 (X, Y) 落在任意区域 A 内的概率 $P((X, Y)\in A)$ 等于以曲面 $z=f(x, y)$ 为顶，以平面区域 A 为底的曲顶柱体的体积 $\iint\limits_A f(x, y)\mathrm{d}x\mathrm{d}y$. 需要注意的是，该计算公式看似简单，但是在实际计算中会有一定的难度，这是因为 $f(x, y)>0$ 的范围有可能是 $(-\infty, +\infty)\times(-\infty, +\infty)$ 上某一区域 D，积分实际是在 $D\cap A$ 区域上进行的，因此正确判断二重积分的上下限才能使计算不出差错，如图 3.3 所示.

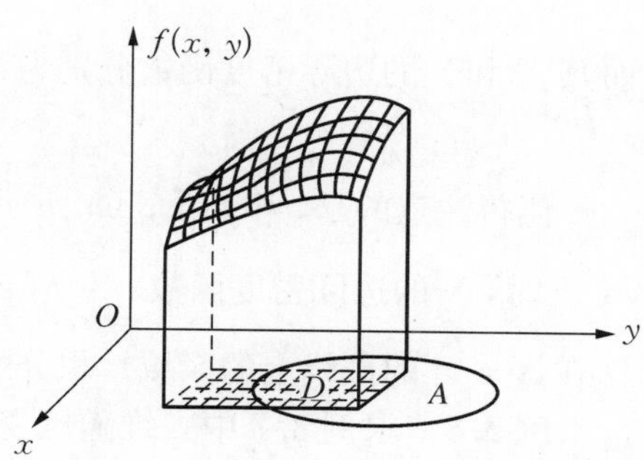

图 3.3　(X, Y) 落在 A 内概率的积分区

例 3.7　设二维随机变量 (X, Y) 的联合密度函数为：$f(x, y)=\begin{cases}\mathrm{e}^{-y}, & 0<x<y,\\ 0, & \text{其他},\end{cases}$ 求：

(1) (X, Y) 的分布函数；

(2) $P(X+Y<1)$.

解　(1) 当 $0<x<y$ 时，

$$F(x, y)=\int_0^x \mathrm{d}u\int_u^y \mathrm{e}^{-v}\mathrm{d}v=1-\mathrm{e}^{-x}-x\mathrm{e}^{-y};$$

当 $0<y\leqslant x$ 时，

$$F(x, y)=\int_0^y \mathrm{d}u\int_u^y \mathrm{e}^{-v}\mathrm{d}v=1-\mathrm{e}^{-y}-y\mathrm{e}^{-y}.$$

即
$$F(x, y)=\begin{cases}1-\mathrm{e}^{-x}-x\mathrm{e}^{-y}, & 0<x<y,\\ 1-\mathrm{e}^{-y}-y\mathrm{e}^{-y}, & 0<y\leqslant x,\\ 0, & \text{其他}.\end{cases}$$

(2)
$$P(X+Y<1)=\iint_{x+y<1} f(x, y)\mathrm{d}x\mathrm{d}y$$
$$=\int_0^{\frac{1}{2}}\mathrm{d}x\int_x^{1-x}\mathrm{e}^{-y}\mathrm{d}y=1+\mathrm{e}^{-1}-2\mathrm{e}^{-\frac{1}{2}}.$$

需注意的是 (X, Y) 的分布函数 $F(x, y)$ 是对一切 $-\infty<x<+\infty$, $-\infty<y<+\infty$ 都有定义,因而对每一对 (x, y) 都要讨论到,尤其是当 $F(x, y)$ 在 (x, y) 的不同区域取值不同时,这些区域要分别讨论.

接下来给出二维连续型随机变量的边际分布函数与边际密度函数的定义.

定义 3.9 二维随机变量 (X, Y) 的两个分量 X, Y 各自的分布函数 $F_X(x)$, $F_Y(y)$ 和密度函数 $f_X(x)$, $f_Y(y)$ 分别称为 (X, Y) 的边际分布函数和边际密度函数.

对于二维连续型随机变量 (X, Y),若已知其密度函数为 $f(x, y)$,则 X 和 Y 的边际分布函数分别为:

$$F_X(x)=P(X\leqslant x)=P(X\leqslant x, Y<+\infty)=F(x, +\infty)=\int_{-\infty}^{x}\left[\int_{-\infty}^{+\infty}f(u, v)\mathrm{d}v\right]\mathrm{d}u,$$

$$F_Y(y)=P(Y\leqslant y)=P(X<+\infty, Y\leqslant y)=F(+\infty, y)=\int_{-\infty}^{y}\left[\int_{-\infty}^{+\infty}f(u, v)\mathrm{d}u\right]\mathrm{d}v.$$

而其 X 和 Y 的边际密度函数分别为: $f_X(x)=\int_{-\infty}^{+\infty}f(x, y)\mathrm{d}y$ 和 $f_Y(y)=\int_{-\infty}^{+\infty}f(x, y)\mathrm{d}x$.

值得注意的是,当 $f(x, y)>0$ 的范围是 $-\infty<x<+\infty$, $-\infty<y<+\infty$ 上某一区域 D 时, X 的边际密度函数 $\int_{-\infty}^{+\infty}f(x, y)\mathrm{d}y$ 的实际积分区间为 $D_x=\{y \mid (x, y)\in D\}$ (即 D 在 $X=x$ 的截线上的区域),积分的上下限为 x 的函数.

例 3.8 求例 3.7 中二维随机变量 (X, Y) 关于 X 和 Y 的边际密度函数.

解
$$f_X(x)=\int_{-\infty}^{+\infty}f(x, y)\mathrm{d}y=\begin{cases}\int_x^{+\infty}\mathrm{e}^{-y}\mathrm{d}y=\mathrm{e}^{-x}, & x>0,\\ 0, & x\leqslant 0,\end{cases}$$

$$f_Y(y)=\int_{-\infty}^{+\infty}f(x, y)\mathrm{d}x\begin{cases}\int_0^y\mathrm{e}^{-y}\mathrm{d}x=y\mathrm{e}^{-y}, & y>0,\\ 0, & y\leqslant 0.\end{cases}$$

例 3.9 设二维随机变量 (X, Y) 的联合密度函数为 $f(x, y)$,求其边际密度函数 $f_X(x)$, $f_Y(y)$,其中 $f(x, y)=\begin{cases}1, & 0\leqslant x\leqslant 2, \max\{0, x-1\}\leqslant y\leqslant \min\{1, x\},\\ 0, & \text{其他}.\end{cases}$

解 易知二维随机变量 (X, Y) 在一平行四边形 D 上有密度,而 D 是由四条直线 $y=$

0，$y=1$，$y=x$ 和 $x-y=1$ 所围成的区域. 则

当 $0\leqslant x<1$ 时，$f_X(x)=\int_{-\infty}^{+\infty}f(x, y)\mathrm{d}y=\int_0^x\mathrm{d}y=x$；

当 $1\leqslant x<2$ 时，$f_X(x)=\int_{-\infty}^{+\infty}f(x, y)\mathrm{d}y=\int_{x-1}^1\mathrm{d}y=2-x$；

当 $0\leqslant y<1$ 时，$f_Y(y)=\int_{-\infty}^{+\infty}f(x, y)\mathrm{d}x=\int_y^{1+y}\mathrm{d}x=1$.

于是 $$f_X(x)=\begin{cases}x, & 0\leqslant x<1,\\ 2-x, & 1\leqslant x<2,\\ 0, & \text{其他},\end{cases}\quad f_Y(y)=\begin{cases}1, & 0\leqslant y<1,\\ 0, & \text{其他}.\end{cases}$$

下面介绍两个重要的二维连续型随机变量.

3.3.2 两个重要的二维连续型分布

1）二维均匀分布

设 D 为 xOy 平面上的有界区域，其面积记为 S_D，称其具有联合密度函数

$$f(x, y)=\begin{cases}\dfrac{1}{S_D}, & (x, y)\in D\\ 0, & (x, y)\notin D\end{cases}$$

的二维随机变量 (X, Y) 服从 D 上的均匀分布.

若 G 为 D 的子区域，面积记为 S_G，则 $P((X, Y)\in G)=\dfrac{1}{S_D}\iint_G\mathrm{d}x\,\mathrm{d}y=\dfrac{S_G}{S_D}$. 这表明二维均匀分布随机变量 (X, Y) 落入 D 内任意子区域 G 内的概率与 G 的面积成正比，而与 G 的形状及位置无关.

例 3.10 设 (X, Y) 在 D 中服从均匀分布，其中 D 为函数 $y=x$，$y=x^2$ 在第一象限所围区域，求 $f(x, y)$，$f_X(x)$，$f_Y(y)$.

解 D 的面积 $S_D=\int_0^1\int_{x^2}^x\mathrm{d}y\mathrm{d}x=\dfrac{1}{6}$，$f(x, y)=\begin{cases}6, & (x, y)\in D,\\ 0, & \text{其他},\end{cases}$

$$f_X(x)=\int_{-\infty}^{+\infty}f(x, y)\mathrm{d}y=\begin{cases}\int_{x^2}^x 6\mathrm{d}y=6(x-x^2), & 0\leqslant x\leqslant 1,\\ 0, & \text{其他},\end{cases}$$

$$f_Y(y)=\int_{-\infty}^{+\infty}f(x, y)\mathrm{d}x=\begin{cases}\int_y^{\sqrt{y}} 6\mathrm{d}x=6(\sqrt{y}-y), & 0\leqslant y\leqslant 1,\\ 0, & \text{其他}.\end{cases}$$

2）二维正态分布

称具有以下联合密度函数 $f(x, y)$ 的随机变量 (X, Y) 服从二维正态分布，其中，$-\infty<\mu_1$，$\mu_2<+\infty$，$\sigma_1>0$，$\sigma_2>0$，$|\rho|<1$ 为常数，记作 $(X, Y)\sim N(\mu_1, \sigma_1^2; \mu_2, \sigma_2^2; \rho)$.

$$f(x, y)=\frac{1}{2\pi\sigma_1\sigma_2\sqrt{1-\rho^2}}\exp\left\{-\frac{1}{2(1-\rho^2)}\left[\frac{(x-\mu_1)^2}{\sigma_1^2}-\frac{2\rho(x-\mu_1)(y-\mu_2)}{\sigma_1\sigma_2}+\frac{(y-\mu_2)^2}{\sigma_2^2}\right]\right\}.$$

二维正态分布的密度函数图像如图 3.4 所示,从中可以看出,$f(x, y)$ 是单峰的,在 (μ_1, μ_2) 点处取得最大值 $f(\mu_1, \mu_2)=\dfrac{1}{2\pi\sigma_1\sigma_2\sqrt{1-\rho^2}}$,当 $x\to\pm\infty$ 或 $y\to\pm\infty$ 时,均有 $f(x, y)\to 0$,即在各个方向上,xOy 平面都是 $f(x, y)$ 的渐近平面,因此 $f(x, y)$ 的图像犹如扣在坐标平面 xOy 上、其边际无限延伸的铜钹.

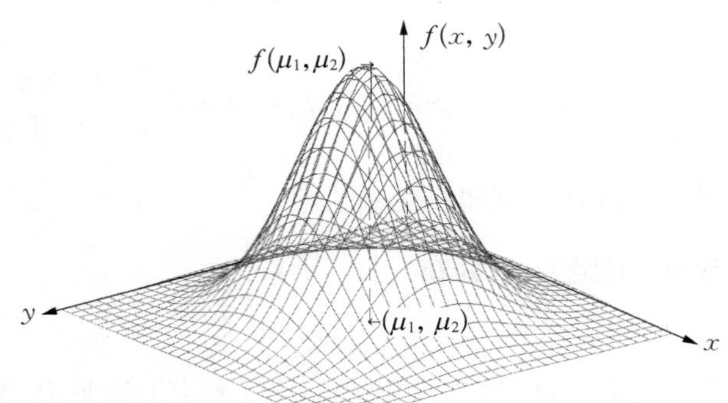

图 3.4 二维正态分布的概率密度函数

记 $a^2=\dfrac{(x-\mu_1)^2}{\sigma_1^2}-\dfrac{2\rho(x-\mu_1)(y-\mu_2)}{\sigma_1\sigma_2}+\dfrac{(y-\mu_2)^2}{\sigma_2^2}$,此为平面上的椭圆方程,称为等概率椭圆.在这个椭圆上,密度函数取定值,即 $f(x, y)=\dfrac{1}{2\pi\sigma_1\sigma_2\sqrt{1-\rho^2}}e^{-\frac{a^2}{2(1-\rho^2)}}$,当 a 取不同的值时得到不同的椭圆.根据 σ_1,σ_2 和 ρ 的大小,椭圆呈不同的形状.

生活中有不少二维随机变量是服从(或近似服从)二维正态分布的.例如,炮弹的落地点在平面上的分布和打靶时子弹在靶面上的分布、轴承的内径和外径、某地的年降水量与平均气温、某种树的直径与高度、某种生物的体长与体重(人的身高和体重)等都可用服从二维正态分布的随机变量来近似刻画.

下面讨论二维正态分布的边际分布,先计算随机变量 X 的边际分布密度.注意到,

$$\frac{(y-\mu_2)^2}{\sigma_2^2}-\frac{2\rho(x-\mu_1)(y-\mu_2)}{\sigma_1\sigma_2}=\left(\frac{y-\mu_2}{\sigma_2}-\rho\frac{x-\mu_1}{\sigma_1}\right)^2-\rho^2\frac{(x-\mu_1)^2}{\sigma_1^2},$$

$$f_X(x)=\int_{-\infty}^{+\infty}f(x, y)\mathrm{d}y=\frac{1}{2\pi\sigma_1\sigma_2\sqrt{1-\rho^2}}\exp\left[-\frac{(x-\mu_1)^2}{2\sigma_1^2}\right]\cdot$$
$$\int_{-\infty}^{+\infty}\exp\left[-\frac{1}{2(1-\rho^2)}\left(\frac{y-\mu_2}{\sigma_2}-\rho\frac{x-\mu_1}{\sigma_1}\right)^2\right]\mathrm{d}y,$$

令 $t=\dfrac{1}{\sqrt{1-\rho^2}}\left(\dfrac{y-\mu_2}{\sigma_2}-\rho\dfrac{x-\mu_1}{\sigma_1}\right)$,则

$$f_X(x)=\int_{-\infty}^{+\infty}f(x, y)\mathrm{d}y=\frac{1}{2\pi\sigma_1}\exp\left[-\frac{(x-\mu_1)^2}{2\sigma_1^2}\right]\cdot$$

$$\int_{-\infty}^{+\infty} e^{-\frac{t^2}{2}} dt = \frac{1}{\sqrt{2\pi}\sigma_1} \exp\left[-\frac{(x-\mu_1)^2}{2\sigma_1^2}\right].$$

同理：

$$f_Y(y) = \int_{-\infty}^{+\infty} f(x, y) dx = \frac{1}{\sqrt{2\pi}\sigma_2} \exp\left[-\frac{(y-\mu_2)^2}{2\sigma_2^2}\right].$$

由此得到，$X \sim N(\mu_1, \sigma_1^2)$，$Y \sim N(\mu_2, \sigma_2^2)$，即二维正态分布的两个边际分布都是一维正态分布．此外，还注意到，两个边际密度都不含参数 ρ，即 ρ 值不同的二维正态分布有着相同的边际分布．这一事实再一次表明：边际分布一般不能决定联合分布．例如，(X, Y) 的联合密度为：

$$f(x, y) = \frac{1+\sin x \sin y}{2\pi} \exp\left(-\frac{x^2+y^2}{2}\right), -\infty < x, y < +\infty,$$

但有 $X \sim N(0, 1)$，$Y \sim N(0, 1)$．

3.3.3　随机变量的独立性

在上节中定义了二维离散型随机变量的独立性．下面将此定义推广，给出一般二维随机变量独立性的定义．

定义 3.10　若二维随机变量 (X, Y) 的联合分布函数与边际分布函数满足：

$$F(x, y) = F_X(x) F_Y(y), -\infty < x, y < +\infty,$$

则称随机变量 X 与 Y 相互独立．如果两个随机变量不独立，就称它们是相依的．

随机变量 X 与 Y 独立，意味着对任何集合 A 和 B 都有：

$$P(X \in A, Y \in B) = P(X \in A) P(Y \in B),$$

即事件"$X \in A$"和事件"$Y \in B$"是相互独立的．由集合 A 和 B 的任意性可知，随机变量的独立性比事件的独立性要求更高．

可以证明，对于二维离散型随机变量，定义 3.10 与定义 3.6 是等价的．

对于二维连续型随机变量 (X, Y)，利用分布函数与密度函数的关系可得如下的判定定理．

定理 3.2　二维连续型随机变量 (X, Y) 中两个分量 X 与 Y 相互独立的充分必要条件是，在联合密度函数 $f(x, y)$ 的任意连续点 (x, y) 处都有 $f(x, y) = f_X(x) f_Y(y)$．

确切地说，上式只需"几乎处处成立"，即可以允许上式在一个测度为零的点集上不成立．因为函数在测度为零的点集上的取值不影响对它的积分．

同时易知，当 X 与 Y 相互独立时，(X, Y) 的联合分布被两个边际分布完全确定．

例 3.11　设二维连续型随机变量 (X, Y) 的联合分布函数为：

$$F(x, y) = A\left(B + \arctan\frac{x}{2}\right)\left(C + \arctan\frac{y}{3}\right), -\infty < x, y < +\infty,$$

求：(1) 未知数 A，B 及 C；(2) (X, Y) 的联合密度；(3) X，Y 的边际分布函数及边际密度；(4) 随机变量 X 与 Y 是否独立？

解　(1) 对任给的 x，y，$F(+\infty, +\infty) = 1$，$F(x, -\infty) = 0$，$F(-\infty, y) = 0$，即由

$F(x, -\infty)=0$ 可得:

$$A\left(B+\arctan\frac{x}{2}\right)\left(C-\frac{\pi}{2}\right)=0;$$

由 $F(-\infty, y)=0$ 可得:

$$A\left(B-\frac{\pi}{2}\right)\left(C+\arctan\frac{y}{3}\right)=0.$$

由此得:
$$B=\frac{\pi}{2},\ C=\frac{\pi}{2},$$

由 $F(+\infty, +\infty)=1$ 可得: $A\left(B+\frac{\pi}{2}\right)\left(C+\frac{\pi}{2}\right)=1$, 解得: $A=\frac{1}{\pi^2}$.

(2) $f(x, y)=\frac{\partial^2 F(x, y)}{\partial x\partial y}=\frac{6}{\pi^2(4+x^2)(9+y^2)}, -\infty<x, y<+\infty.$

(3)
$$\begin{aligned}F_X(x)&=F(x, +\infty)=\frac{1}{\pi^2}\left(\frac{\pi}{2}+\arctan\frac{x}{2}\right)\left(\frac{\pi}{2}+\frac{\pi}{2}\right)\\&=\frac{1}{\pi}\left(\frac{\pi}{2}+\arctan\frac{x}{2}\right), -\infty<x<+\infty,\end{aligned}$$

$$F_Y(y)=F(+\infty, y)=\frac{1}{\pi^2}\left(\frac{\pi}{2}+\frac{\pi}{2}\right)\left(\frac{\pi}{2}+\arctan\frac{y}{3}\right)=\frac{1}{\pi}\left(\frac{\pi}{2}+\arctan\frac{y}{3}\right),$$
$$-\infty<y<+\infty,$$

$$f_X(x)=F'_X(x)=\frac{2}{\pi(4+x^2)}, -\infty<x<+\infty,$$

$$f_Y(y)=F'_Y(y)=\frac{3}{\pi(9+y^2)}, -\infty<y<+\infty.$$

(4) $f_X(x)f_Y(y)=\frac{2}{\pi(4+x^2)}\frac{3}{\pi(9+y^2)}=f(x, y)$, 因此 X 与 Y 独立.

例 3.12 设二维随机变量 (X, Y) 的概率密度为: $f(x, y)=\begin{cases}1, & |y|<x, 0<x<1, \\ 0, & 其他,\end{cases}$ 问随机变量 X 与 Y 是否相互独立.

解
$$f_X(x)=\int_{-\infty}^{+\infty}f(x, y)\mathrm{d}y=\begin{cases}\int_{-x}^{x}\mathrm{d}y=2x, & 0<x<1, \\ 0, & 其他,\end{cases}$$

$$f_Y(y)=\int_{-\infty}^{+\infty}f(x, y)\mathrm{d}x=\begin{cases}\int_{-y}^{1}\mathrm{d}x=1+y, & -1<y<0, \\ \int_{y}^{1}\mathrm{d}x=1-y, & 0\leqslant y<1, \\ 0, & 其他,\end{cases}$$

当 $|y|<x, 0<x<1$ 时, $f(x, y)\neq f_X(x)f_Y(y)$, 因此 X, Y 不相互独立.

例 3.13　设二维随机变量 $(X, Y) \sim N(\mu_1, \sigma_1^2; \mu_2, \sigma_2^2; \rho)$，则 X 与 Y 相互独立的充分必要条件是参数 $\rho = 0$.

证明　由于 $(X, Y) \sim N(\mu_1, \sigma_1^2; \mu_2, \sigma_2^2; \rho)$，$X \sim N(\mu_1, \sigma_1^2)$，$Y \sim N(\mu_2, \sigma_2^2)$，

$$f(x, y) = \frac{1}{2\pi\sigma_1\sigma_2\sqrt{1-\rho^2}}\exp\left\{-\frac{1}{2(1-\rho^2)}\left[\frac{(x-\mu_1)^2}{\sigma_1^2} - \frac{2\rho(x-\mu_1)(y-\mu_2)}{\sigma_1\sigma_2} + \frac{(y-\mu_2)^2}{\sigma_2^2}\right]\right\},$$

$$f_X(x) = \frac{1}{\sqrt{2\pi}\sigma_1}\exp\left\{-\frac{(x-\mu_1)^2}{2\sigma_1^2}\right\},\ f_Y(y) = \frac{1}{\sqrt{2\pi}\sigma_2}\exp\left\{-\frac{(y-\mu_2)^2}{2\sigma_2^2}\right\}.$$

若 $\rho = 0$，易见对一切的 x，y 有：$f(x, y) = f_X(x) f_Y(y)$，即 X 与 Y 相互独立.

若 X 与 Y 相互独立，则对一切的 x，y 有：$f(x, y) = f_X(x) f_Y(y)$，

特别地，令 $x = \mu_1$，$y = \mu_2$，得：$\dfrac{1}{2\pi\sigma_1\sigma_2\sqrt{1-\rho^2}} = \dfrac{1}{2\pi\sigma_1\sigma_2}$，即有 $\rho = 0$.

关于随机变量的独立性，下面的定理 3.3 是经常使用的，其给出了一般的随机变量函数的独立性判断的充分条件，但必要性却是不成立的，举例见 3.3.4 节内容.

定理 3.3　设随机变量 X 与 Y 相互独立，$g_1(x)$，$g_2(x)$ 为连续函数，则随机变量 $g_1(X)$ 与 $g_2(Y)$ 相互独立.

3.3.4　条件分布

上一节最后给出了一般随机变量的条件分布的定义，记在 $Y = y$ 的条件下随机变量 X 的条件分布函数为 $F_{X|Y}(x \mid y)$：$F_{X|Y}(x \mid y) = P(X \leqslant x \mid Y = y)$.

如果随机变量 (X, Y) 是离散型的，当 $P(Y = y) > 0$ 时，$F_{X|Y}(x \mid y)$ 可由条件概率的定义直接求得：$F_{X|Y}(x \mid y) = P(X \leqslant x \mid Y = y) = \dfrac{P(X \leqslant x, Y = y)}{P(Y = y)}$.

但是对于连续型随机变量 (X, Y)，对于任意的 y，均有 $P(Y = y) = 0$，所以不能直接利用上式来求条件分布，但可以借助极限的定义方式，将“$Y = y$”换为“Y 落在小区域 $y - \varepsilon < Y \leqslant y + \varepsilon$”，这样的条件才有意义.

定义 3.11　设 y 为定值，对于任意给定的 $\varepsilon > 0$，$P(y - \varepsilon < Y \leqslant y + \varepsilon) > 0$，且对于任意实数 x，若极限 $\lim\limits_{\varepsilon \to 0^+} P(X \leqslant x \mid y - \varepsilon < Y \leqslant y + \varepsilon) = \lim\limits_{\varepsilon \to 0^+} \dfrac{P(X \leqslant x, y - \varepsilon < Y \leqslant y + \varepsilon)}{P(y - \varepsilon < Y \leqslant y + \varepsilon)}$ 存在，则称此极限为在“$Y = y$”条件下，X 的条件分布函数，记作 $F_{X|Y}(x \mid y)$.

对于二维连续型随机变量 (X, Y)，其联合分布函数和联合密度函数分别为 $F(x, y)$ 和 $f(x, y)$，若在点 (x, y) 处 $f(x, y)$ 连续，而 Y 的边际密度函数 $f_Y(y)$ 连续且 $f_Y(y) > 0$，则

$$F_{X|Y}(x \mid y) = \lim_{\varepsilon \to 0^+} \frac{P(X \leqslant x, y - \varepsilon < Y \leqslant y + \varepsilon)}{P(y - \varepsilon < Y \leqslant y + \varepsilon)} = \lim_{\varepsilon \to 0^+} \frac{F(x, y + \varepsilon) - F(x, y - \varepsilon)}{F_Y(y + \varepsilon) - F_Y(y - \varepsilon)}$$

$$= \frac{\lim\limits_{\varepsilon \to 0^+} \dfrac{F(x, y + \varepsilon) - F(x, y - \varepsilon)}{2\varepsilon}}{\lim\limits_{\varepsilon \to 0^+} \dfrac{F_Y(y + \varepsilon) - F_Y(y - \varepsilon)}{2\varepsilon}} = \frac{\dfrac{\partial F(x, y)}{\partial y}}{\dfrac{\mathrm{d}F_Y(y)}{\mathrm{d}y}}$$

$$=\frac{\int_{-\infty}^{x} f(u, y)\mathrm{d}u}{f_Y(y)}=\int_{-\infty}^{x} \frac{f(u, y)}{f_Y(y)}\mathrm{d}u.$$

这表明,二维连续型随机变量 (X, Y) 在已知"$Y=y$"的条件下,X 的条件分布仍是连续分布,且其条件密度函数为 $\frac{f(x, y)}{f_Y(y)}$,将其记作 $f_{X|Y}(x \mid y)$,此时有:

$$f_{X|Y}(x \mid y)=\frac{f(x, y)}{f_Y(y)},\ F_{X|Y}(x \mid y)=\int_{-\infty}^{x} f_{X|Y}(u \mid y)\mathrm{d}u.$$

同理,可定义已知"$X=x$"的条件下,Y 的条件密度函数和条件分布函数分别为:

$$f_{Y|X}(y \mid x)=\frac{f(x, y)}{f_X(x)},\ F_{Y|X}(y \mid x)=\int_{-\infty}^{y} f_{Y|X}(v \mid x)\mathrm{d}v.$$

注意到,条件密度函数不仅是实数 x 的函数,也是实数 y 的函数. 在具体表达时,x 的取值范围及满足 $f_Y(y)>0$ 的 y 的取值范围都要明确表明,否则会出错. 另外,条件概率密度 $f_{X|Y}(x \mid y)$ 仅对使 $f_Y(y)>0$ 的 y 的区域才有定义. 当 $D=\{(x, y) \mid f(x, y)>0\}$ 不是整个坐标平面时,在"$Y=y$"条件下,X 的取值范围是 $D_y=\{x \mid (x, y)\in D\}$ (即 D 在 $Y=y$ 的截线上的区域),此时 $f_{X|Y}(x \mid y)$ 是一分段函数,即 $f_{X|Y}(x \mid y)=\begin{cases}\frac{f(x, y)}{f_Y(y)}, & x\in D_y, \\ 0, & x\notin D_y.\end{cases}$

关于二维连续型随机变量 (X, Y) 的密度函数 $f(x, y)$、边际密度函数 $f_X(x)$(或 $f_Y(y)$)与条件密度函数 $f_{Y|X}(y \mid x)$(或 $f_{X|Y}(x \mid y)$)之间仍成立着乘法公式,这与第 1 章中的事件的乘法公式是类似的.

$$f(x, y)=f_{Y|X}(y \mid x)f_X(x)=f_{X|Y}(x \mid y)f_Y(y).$$

例 3.14　在圆 $x^2+y^2\leqslant R^2$ 内均匀投点 (X, Y),求:(1) 关于 X 和 Y 的边际密度函数;(2) 条件密度函数 $f_{X|Y}(x \mid y)$,$f_{Y|X}(y \mid x)$;(3) $P\left(X<\frac{R}{2}\middle| Y>\frac{R}{2}\right)$.

解　(1) (X, Y) 的联合密度函数为 $f(x, y)=\begin{cases}\frac{1}{\pi R^2}, & x^2+y^2\leqslant R^2, \\ 0, & x^2+y^2>R^2,\end{cases}$

当 $|x|\leqslant R$ 时,

$$f_X(x)=\int_{-\infty}^{+\infty} f(x, y)\mathrm{d}y=\int_{-\sqrt{R^2-x^2}}^{\sqrt{R^2-x^2}} \frac{1}{\pi R^2}\mathrm{d}y=\frac{2\sqrt{R^2-x^2}}{\pi R^2},$$

则 $f_X(x)=\begin{cases}\frac{2\sqrt{R^2-x^2}}{\pi R^2}, & |x|\leqslant R, \\ 0, & \text{其他},\end{cases}$ 同理,$f_Y(y)=\begin{cases}\frac{2\sqrt{R^2-y^2}}{\pi R^2}, & |y|\leqslant R, \\ 0, & \text{其他}.\end{cases}$

(2) 对 $|y|<R$,在 $Y=y$ 条件下,X 的条件密度函数为

$$f_{X|Y}(x \mid y)=\frac{f(x,\ y)}{f_Y(y)}=\begin{cases}\dfrac{1}{2\sqrt{R^2-y^2}}, & -\sqrt{R^2-y^2}\leqslant x\leqslant\sqrt{R^2-y^2},\\ 0, & \text{其他},\end{cases}$$

对 $|x|<R$，在 $X=x$ 条件下，Y 的条件密度函数为

$$f_{Y|X}(y \mid x)=\frac{f(x,\ y)}{f_X(x)}=\begin{cases}\dfrac{1}{2\sqrt{R^2-x^2}}, & -\sqrt{R^2-x^2}\leqslant y\leqslant\sqrt{R^2-x^2},\\ 0, & \text{其他},\end{cases}$$

(3) $$P\left(X<\frac{R}{2}\middle|Y>\frac{R}{2}\right)=\frac{P\left(X<\dfrac{R}{2},\ Y>\dfrac{R}{2}\right)}{P\left(Y>\dfrac{R}{2}\right)}=\frac{\displaystyle\iint_{x<\frac{R}{2},\ y>\frac{R}{2}} f(x,\ y)\mathrm{d}x\mathrm{d}y}{\displaystyle\int_{y>\frac{R}{2}} f_Y(y)\mathrm{d}y}$$

$$=\frac{\displaystyle\int_{-\frac{\sqrt{3}}{2}R}^{\frac{R}{2}}\mathrm{d}x\int_{\frac{R}{2}}^{\sqrt{R^2-x^2}}\frac{1}{\pi R^2}\mathrm{d}y}{\displaystyle\int_{\frac{R}{2}}^{R}\frac{2\sqrt{R^2-y^2}}{\pi R^2}\mathrm{d}y}=\frac{3(\pi-1)}{4\pi-3\sqrt{3}}.$$

从上例可以看到，当 $(X,\ Y)$ 在圆内服从均匀分布时，它的两个边际分布都不再是均匀分布，但是在“$Y=y$”的条件下 X 的条件分布或在“$X=x$”的条件下 Y 的条件分布均是均匀分布. 事实上，更一般地，如果二维随机变量 $(X,\ Y)$ 服从某区域 D 内的均匀分布，可能该变量的边际分布不服从均匀分布，但是它的条件分布仍是一维均匀分布，即当 $Y=y$ 且 D 在 $Y=y$ 的截线段 $D_y=\{x \mid (x,\ y)\in D\}$ 的长度不为零时，

$$f_{X|Y}(x \mid y)=\begin{cases}\dfrac{1}{D_y}\text{ 的长度}, & x\in D_y,\\ 0, & x\notin D_y.\end{cases}$$

这符合人们的常规推理，联合分布是均匀分布，边际分布也应该和均匀分布有关，这一点是在条件分布中体现出来的.

例 3.15　设 $(X,\ Y)\sim N(\mu_1,\ \sigma_1^2;\ \mu_2,\ \sigma_2^2;\ \rho)$，求条件密度函数 $f_{X|Y}(x \mid y)$ 及 $f_{Y|X}(y \mid x)$.

解　$(X,\ Y)$ 的联合密度 $f(x,\ y)$，X 的边际密度 $f_X(x)$ 和 Y 的边际密度 $f_Y(y)$ 分别为

$$f(x,\ y)=\frac{1}{2\pi\sigma_1\sigma_2\sqrt{1-\rho^2}}\exp\left\{-\frac{1}{2(1-\rho^2)}\left[\frac{(x-\mu_1)^2}{\sigma_1^2}-\frac{2\rho(x-\mu_1)(y-\mu_2)}{\sigma_1\sigma_2}+\frac{(y-\mu_2)^2}{\sigma_2^2}\right]\right\},$$

$$f_X(x)=\frac{1}{\sqrt{2\pi}\sigma_1}\exp\left\{-\frac{(x-\mu_1)^2}{2\sigma_1^2}\right\},\ f_Y(y)=\frac{1}{\sqrt{2\pi}\sigma_2}\exp\left\{-\frac{(y-\mu_2)^2}{2\sigma_2^2}\right\},$$

$$f_{X|Y}(x \mid y)=\frac{f(x,\ y)}{f_Y(y)}=\frac{1}{\sqrt{2\pi}\sigma_1\sqrt{1-\rho^2}}\exp\left\{-\frac{1}{2(1-\rho^2)}\left[\frac{(x-\mu_1)^2}{\sigma_1^2}-\right.\right.$$

$$\left.\frac{2\rho(x-\mu_1)(y-\mu_2)}{\sigma_1\sigma_2}+\frac{(y-\mu_2)^2}{\sigma_2^2}\right]+\frac{(y-\mu_2)^2}{2\sigma_2^2}\Bigg\}$$

$$=\frac{1}{\sqrt{2\pi}\sigma_1\sqrt{1-\rho^2}}\exp\left\{-\frac{1}{2(1-\rho^2)}\left[\frac{(x-\mu_1)^2}{\sigma_1^2}-\right.\right.$$

$$\left.\left.\frac{2\rho(x-\mu_1)(y-\mu_2)}{\sigma_1\sigma_2}+\frac{\rho^2(y-\mu_2)^2}{\sigma_2^2}\right]\right\}$$

$$=\frac{1}{\sqrt{2\pi}\sigma_1\sqrt{1-\rho^2}}\exp\left\{-\frac{1}{2(1-\rho^2)}\left[\frac{x-\mu_1}{\sigma_1}-\frac{\rho(y-\mu_2)}{\sigma_2}\right]^2\right\}$$

$$=\frac{1}{\sqrt{2\pi}\sigma_1\sqrt{1-\rho^2}}\exp\left\{-\frac{1}{2\sigma_1^2(1-\rho^2)}\left\{x-\left[\mu_1+\rho\frac{\sigma_1}{\sigma_2}(y-\mu_2)\right]\right\}^2\right\},$$

同理 $f_{Y|X}(y \mid x)=\dfrac{1}{\sqrt{2\pi}\sigma_2\sqrt{1-\rho^2}}\exp\left\{-\dfrac{1}{2\sigma_2^2(1-\rho^2)}\left\{y-\left[\mu_2+\rho\dfrac{\sigma_2}{\sigma_1}(x-\mu_1)\right]\right\}^2\right\}$.

该例结果显示,二维正态分布 $N(\mu_1, \sigma_1^2; \mu_2, \sigma_2^2; \rho)$ 的两个条件分布分别为正态分布 $N\left(\mu_1+\rho\dfrac{\sigma_1}{\sigma_2}(y-\mu_2), \sigma_1^2(1-\rho^2)\right)$ 及 $N\left(\mu_2+\rho\dfrac{\sigma_2}{\sigma_1}(x-\mu_1), \sigma_2^2(1-\rho^2)\right)$.

例 3.16 设随机变量 $X\sim U[0, 1]$, 在 $X=x\ (0<x<1)$ 的条件下,随机变量 $Y\sim U(0, x)$, 求: (1) 随机变量 X 和 Y 的联合密度函数;(2) Y 的密度函数;(3) 概率 $P(X+Y>1)$.

解 (1) X 的密度函数为: $f_X(x)=\begin{cases}1, & 0<x<1,\\ 0, & 其他,\end{cases}$

在 $X=x(0<x<1)$ 条件下, Y 的条件密度为: $f_{Y|X}(y \mid x)=\begin{cases}\dfrac{1}{x}, & 0<y<x,\\ 0, & 其他.\end{cases}$

当 $0<y<x<1$ 时,随机变量 X 和 Y 的联合密度函数为:

$$f(x, y)=f_X(x)f_{Y|X}(y \mid x)=\frac{1}{x};$$

在其他点 (x, y) 处,有 $f(x, y)=0$. 因此 $f(x, y)=\begin{cases}\dfrac{1}{x}, & 0<y<x<1,\\ 0, & 其他.\end{cases}$

(2) 当 $0<y<1$ 时, Y 的密度函数为

$$f_Y(y)=\int_{-\infty}^{+\infty}f(x, y)\mathrm{d}x=\int_y^1\frac{1}{x}\mathrm{d}x=-\ln y;$$

当 $y\leqslant 0$ 或 $y\geqslant 1$ 时, $f_Y(y)=0$.

因此
$$f_Y(y)=\begin{cases}-\ln y, & 0<y<1,\\ 0, & \text{其他}.\end{cases}$$

(3) $P(X+Y>1)=\int_{\frac{1}{2}}^{1}\mathrm{d}x\int_{1-x}^{x}f(x,\ y)\mathrm{d}y=\int_{\frac{1}{2}}^{1}\left(2-\frac{1}{x}\right)\mathrm{d}x=1-\ln 2.$

3.4　多维随机变量及其分布

3.4.1　多维随机变量及其联合分布函数

定义 3.12　设 $X_1,\ X_2,\ \cdots,\ X_n$ 为定义在同一样本空间 Ω 上的 n，$n\geqslant 1$ 个随机变量，它们的有序组 $X=(X_1,\ X_2,\ \cdots,\ X_n)$ 称为 n 维随机变量(或 n 维随机向量).

定义 3.13　设 $X=(X_1,\ X_2,\ \cdots,\ X_n)$ 为 n 维随机变量，对任意 n 个实数 $x_1,\ x_2,\ \cdots,\ x_n$，概率 $P(X_1\leqslant x_1,\ X_2\leqslant x_2,\ \cdots,\ X_n\leqslant x_n)$ 为 $x_1,\ x_2,\ \cdots,\ x_n$ 的实函数，称该函数为 n 维随机变量 $X=(X_1,\ X_2,\ \cdots,\ X_n)$ 的联合分布函数，记为：

$$F(x_1,\ x_2,\ \cdots,\ x_n)=P(X_1\leqslant x_1,\ X_2\leqslant x_2,\ \cdots,\ X_n\leqslant x_n).$$

与一维随机变量类似，多维随机变量也有连续型、离散型以及既非连续又非离散之分.

定义 3.14　设 $F(x_1,\ x_2,\ \cdots,\ x_n)$ 为 n 维随机变量 $(X_1,\ X_2,\ \cdots,\ X_n)$ 的联合分布函数，若存在非负函数 $f(x_1,\ x_2,\ \cdots,\ x_n)$ 使得

$$F(x_1,\ x_2,\ \cdots,\ x_n)=\int_{-\infty}^{x_1}\int_{-\infty}^{x_2}\cdots\int_{-\infty}^{x_n}f(u_1,\ u_2,\ \cdots,\ u_n)\mathrm{d}u_1\mathrm{d}u_2\cdots\mathrm{d}u_n,$$

则称 $(X_1,\ X_2,\ \cdots,\ X_n)$ 为 n 维连续型随机变量，并称 $f(x_1,\ x_2,\ \cdots,\ x_n)$ 为 $(X_1,\ X_2,\ \cdots,\ X_n)$ 的联合密度函数.

可以证明，n 维连续型随机变量 $(X_1,\ X_2,\ \cdots,\ X_n)$ 的任意 k $(1\leqslant k<n)$ 个分量所构成的 k 维随机变量仍是连续型随机变量.

定义 3.15　设 n 维随机变量 $(X_1,\ X_2,\ \cdots,\ X_n)$ 的 k $(1\leqslant k<n)$ 个分量所构成的 k 维随机变量 $(X_{i_1},\ X_{i_2},\ \cdots,\ X_{i_k})$ 的联合分布函数 $F(x_{i_1},\ x_{i_2},\ \cdots,\ x_{i_k})$ 为 $(X_1,\ X_2,\ \cdots,\ X_n)$ 的 k 维边际分布函数，联合密度函数 $f(x_{i_1},\ x_{i_2},\ \cdots,\ x_{i_k})$ 为 k 维边际密度函数. 特别地，当 $k=1$ 时，称作一维边际分布函数，记作 $F_{X_i}(x)$，$i=1,\ 2,\ \cdots,\ n$；相应地，一维边际密度函数记作 $f_{X_i}(x)$，$i=1,\ 2,\ \cdots,\ n$.

定义 3.16　若 n 维随机变量 $(X_1,\ X_2,\ \cdots,\ X_n)$ 的联合分布函数与其 n 个一维边际分布函数满足：

$$F(x_1,\ x_2,\ \cdots,\ x_n)=F_{X_1}(x_1)F_{X_2}(x_2)\cdots F_{X_n}(x_n)=\prod_{i=1}^{n}F_{X_i}(x_i),$$
$$-\infty<x_1,\ x_2,\ \cdots,\ x_n<+\infty,$$

则称 n 个随机变量 $X_1,\ X_2,\ \cdots,\ X_n$ 相互独立.

该定义中涉及的随机变量 $X_1,\ X_2,\ \cdots,\ X_n$ 针对所有的随机变量，不管这些随机变量是离散型的还是连续型的. 下面给出一个判定 n 维连续型随机变量 $(X_1,\ X_2,\ \cdots,\ X_n)$ 中 n

个分量相互独立的充分必要条件.

定理 3.4　n 维连续型随机变量 $(X_1, X_2, \cdots, X_n)$ 中 n 个分量相互独立的充分必要条件是,在联合密度函数的任意连续点 $(x_1, x_2, \cdots, x_n)$ 处有

$$f(x_1, x_2, \cdots, x_n) = f_{X_1}(x_1) f_{X_2}(x_2) \cdots f_{X_n}(x_n) = \prod_{i=1}^{n} f_{X_i}(x_i).$$

类似地,也有一个判定定理判定 n 维离散型随机变量 $(X_1, X_2, \cdots, X_n)$ 中 n 个分量相互独立,见定理 3.5.

定理 3.5　n 维离散型随机变量 $(X_1, X_2, \cdots, X_n)$ 中 n 个分量相互独立的充分必要条件是 $(X_1, X_2, \cdots, X_n)$ 的联合分布与边际分布满足:

$$\begin{aligned} P(X_1 = x_1, \cdots, X_n = x_n) &= P(X_1 = x_1) P(X_2 = x_2) \cdots P(X_n = x_n) \\ &= \prod_{i=1}^{n} P(X_i = x_i), \ -\infty < x_1, x_2, \cdots, x_n < +\infty. \end{aligned}$$

可以证明,若 n 个随机变量 $X_1, X_2, \cdots, X_n$ 相互独立,则其中任意 k $(2 \leqslant k < n)$ 个亦相互独立. 但是需要指出的是 n 维随机变量 $(X_1, X_2, \cdots, X_n)$ 中 n 个分量相互独立与这 n 个分量两两独立是有区别的,"n 维随机变量 $(X_1, X_2, \cdots, X_n)$ 中 n 个分量相互独立"隐含着两两独立,但反之不然. 反例见例 3.17,即著名的四面体染色问题.

例 3.17　一个均匀的四面体,有三面分别染上红、白、黑三种颜色,第四面同时染上这三种颜色. 投掷此四面体,观察底面的颜色.

解　$X = \begin{cases} 1, & \text{底面有红色}, \\ 0, & \text{底面没有红色}, \end{cases}$ $Y = \begin{cases} 1, & \text{底面有白色}, \\ 0, & \text{底面没有白色}, \end{cases}$ $Z = \begin{cases} 1, & \text{底面有黑色}, \\ 0, & \text{底面没有黑色}, \end{cases}$

则随机变量 X, Y, Z 同分布,均服从参数为 0.5 的两点分布 $\begin{pmatrix} 0 & 1 \\ 0.5 & 0.5 \end{pmatrix}$.

易得:
$$P(X=1, Y=1) = 0.25 = P(X=1)P(Y=1).$$

类似地,
$$\begin{aligned} &P(X=0, Y=1) = P(X=0)P(Y=1), \\ &P(X=1, Y=0) = P(X=1)P(Y=0), \\ &P(X=0, Y=0) = P(X=0)P(Y=0), \end{aligned}$$

因此随机变量 X, Y 相互独立. 由 X, Y, Z 的对称性可知,这三个随机变量两两独立. 但是 $P(X=1, Y=1, Z=1) = 0.25 \neq 0.125 = P(X=1)P(Y=1)P(Z=1)$,因此随机变量 X, Y, Z 不相互独立.

3.4.2　常用的多元分布简介

1) 多项分布

多项分布是二项分布的直接推广. 在一个大城市中,若已知男性在总人口中的比例为 p,现从城市中随机地抽了 N 个人,用 X 表示其中男性的数目,则 $X \sim B(N, p)$. 类似地,在一个大城市中,若将人口按年龄分成 n 组,这 n 组人在总人口中各自占的比例分别为 $p_1, p_2, \cdots, p_n$, $p_1 + p_2 + \cdots + p_n = 1$,现从城市中随机地抽取 N 个人,用 $X_1, X_2, \cdots, X_n$ 分别表示这 N 个人中每个年龄组的人数,则 $X = (X_1, X_2, \cdots, X_n)$ 的分布叫作多项分布.

下面来求事件“$X_1=m_1,\ X_2=m_2,\ \cdots,\ X_n=m_n$”的概率. 在 N 个人中,在第一组中取 m_1 个人,在第二组中取 m_2 个人,…,在第 n 组中取 m_n 个人的一切可能的取法有 $\dfrac{N!}{m_1!\ m_2!\ \cdots m_n!}$ 种. 在 N 个人中有 m_1 个第一组人,m_2 个第二组人,…,m_n 个第 n 组人的概率为: $P(X_1=m_1,\ X_2=m_2,\ \cdots,\ X_n=m_n)=\dfrac{N!}{m_1!\ m_2!\ \cdots m_n!}p_1^{m_1}p_2^{m_2}\cdots p_n^{m_n}$.

定义 3.17　如果一个随机向量 $\boldsymbol{X}=(X_1,\ X_2,\ \cdots,\ X_n)$ 满足下列条件: ① $X_i\geqslant 0,\ i=1,\ 2,\ \cdots,\ n$,且 $X_1+X_2+\cdots+X_n=N$; ② 设 $m_1,\ m_2,\ \cdots,\ m_n$ 为任意非负整数,且 $m_1+m_2+\cdots+m_n=N$,则事件“$X_1=m_1,\ X_2=m_2,\ \cdots,\ X_n=m_n$”的概率为: $\dfrac{N!}{m_1!\ m_2!\ \cdots m_n!}p_1^{m_1}p_2^{m_2}\cdots p_n^{m_n}$,其中,$p_i\geqslant 0,\ i=1,\ 2,\ \cdots,\ n,\ p_1+p_2+\cdots+p_n=1$,则称随机向量 X 服从多项分布,记作 $X\sim PN(N,\ p_1,\ p_2,\ \cdots,\ p_n)$.

由于 $X_1+X_2+\cdots+X_n=N$,第 n 个随机变量的值可由前 $n-1$ 个随机变量的值唯一决定. 当 $n=2$ 时,$X_2=N-X_1$,而 $X_1\sim B(N,\ p_1)$ [或 $X_2\sim B(N,\ p_2)$].

2) 多维超几何分布

多维超几何分布是超几何分布的直接推广,可用缸的模型来描述它的背景.

设缸内有 n 种颜色的球,每种各有 $N_1,\ N_2,\ \cdots,\ N_n$ 个,现从缸中一个接一个地往外抽球,每一次缸内的球有相等的机会被抽到,共抽了 m 个球,用 $X_1,\ X_2,\ \cdots,\ X_n$ 分别表示在被抽的 m 个球中,第一种颜色,第二种颜色,…,第 n 种颜色的球数,显然,$(X_1,\ X_2,\ \cdots,\ X_n)$ 是一个随机向量,满足 $X_1+X_2+\cdots+X_n=m,\ X_i=0,\ 1,\ \cdots,\ N_i,\ i=1,\ 2,\ \cdots,\ n$.

下面求 $(X_1,\ X_2,\ \cdots,\ X_n)$ 的分布.

令 $m_i=0,\ 1,\ \cdots,\ N_i,\ i=1,\ 2,\ \cdots,\ n,\ m_1+m_2+\cdots+m_n=m$,则事件“$X_1=m_1,\ X_2=m_2,\ \cdots,\ X_n=m_n$”发生的概率可以这样来计算: 缸中共有 $N_1+N_2+\cdots+N_n=N$ 个球,从中抽出的 m 个球的一切可能方法共有 C_N^m 种,在第 i 种颜色的 N_i 个球中取出 m_i 个球的一切可能共有 $C_{N_i}^{m_i}\ (i=1,\ 2,\ \cdots,\ n)$ 种,故

$$P(X_1=m_1,\ X_2=m_2,\ \cdots,\ X_n=m_n)=\frac{C_{N_1}^{m_1}C_{N_2}^{m_2}\cdots C_{N_n}^{m_n}}{C_N^m},$$

这个分布就是多维超几何分布.

定义 3.18　如果一个随机向量 $\boldsymbol{X}=(X_1,\ X_2,\ \cdots,\ X_n)$ 满足下列条件: ① $X_i=0,\ 1,\ \cdots,\ N_i,\ N_1+N_2+\cdots+N_n=N$; ② 设 $m_1,\ m_2,\ \cdots,\ m_n$ 为任意的非负整数,且事件“$X_1=m_1,\ X_2=m_2,\ \cdots,\ X_n=m_n$”的概率为 $\dfrac{C_{N_1}^{m_1}C_{N_2}^{m_2}\cdots C_{N_n}^{m_n}}{C_N^m}$,则称随机向量 X 服从多维超几何分布,并记作 $X\sim MH(N_1,\ N_2,\ \cdots,\ N_n,\ m)$.

3) 多维正态分布

将一维正态分布推广到多维,得到多维正态分布,它是多元统计分析的理论基础.

(1) 二维正态分布密度函数的矩阵形式.

设 $\boldsymbol{X}=(X_1,\ X_2)^{\mathrm{T}}\sim N(\mu_1,\ \sigma_1^2;\ \mu_2,\ \sigma_2^2;\ \rho)$,则其密度函数可以写成如下矩阵形式:

$$f_X(\boldsymbol{x})=\frac{1}{2\pi\sqrt{|\boldsymbol{\Sigma}|}}\exp\left\{-\frac{1}{2}(\boldsymbol{x}-\boldsymbol{\mu})'\boldsymbol{\Sigma}^{-1}(\boldsymbol{x}-\boldsymbol{\mu})\right\},$$

其中，$\boldsymbol{x}=\begin{pmatrix}x_1\\x_2\end{pmatrix}$，$\boldsymbol{\mu}=\begin{pmatrix}\mu_1\\\mu_2\end{pmatrix}$，$\boldsymbol{x}-\boldsymbol{\mu}=\begin{pmatrix}x_1-\mu_1\\x_2-\mu_2\end{pmatrix}$，而 $(\boldsymbol{x}-\boldsymbol{\mu})^{\mathrm{T}}=(x_1-\mu_1, x_2-\mu_2)^{\mathrm{T}}$ 为 $\boldsymbol{x}-\boldsymbol{\mu}$ 的转置(即 1×2 阶矩阵)，

$$\boldsymbol{\Sigma}=\begin{pmatrix}\sigma_1^2 & \rho\sigma_1\sigma_2\\ \rho\sigma_1\sigma_2 & \sigma_2^2\end{pmatrix},\ |\boldsymbol{\Sigma}|=(1-\rho^2)\sigma_1^2\sigma_2^2,\ \boldsymbol{\Sigma}^{-1}=\frac{1}{1-\rho^2}\begin{pmatrix}\dfrac{1}{\sigma_1^2} & -\dfrac{\rho}{\sigma_1\sigma_2}\\ -\dfrac{\rho}{\sigma_1\sigma_2} & \dfrac{1}{\sigma_2^2}\end{pmatrix}.$$

(2) n 维正态分布密度函数.

设 n 维随机向量 $\boldsymbol{X}=(X_1, X_2, \cdots, X_n)^{\mathrm{T}}$ 有 n 维正态分布，参数为 $(\boldsymbol{\mu}, \boldsymbol{\Sigma})$，即 $\boldsymbol{X}\sim N(\boldsymbol{\mu}, \boldsymbol{\Sigma})$，$\boldsymbol{X}$ 的密度函数为

$$f_X(\boldsymbol{x})=(2\pi)^{-\frac{n}{2}}|\boldsymbol{\Sigma}|^{-\frac{1}{2}}\exp\left\{-\frac{1}{2}(\boldsymbol{x}-\boldsymbol{\mu})^{\mathrm{T}}\boldsymbol{\Sigma}^{-1}(\boldsymbol{x}-\boldsymbol{\mu})\right\},$$

其中 $\boldsymbol{\Sigma}=(\sigma_{ij})_{n\times n}$ 为正定对称矩阵，$|\boldsymbol{\Sigma}|$ 为其行列式，$\boldsymbol{\Sigma}^{-1}$ 为其逆矩阵，记作 $\boldsymbol{\Sigma}^{-1}=(\sigma_{ij})^{-1}_{n\times n}$.

$$\boldsymbol{x}=(x_1, x_2, \cdots, x_n)^{\mathrm{T}},\ \boldsymbol{\mu}=(\mu_1, \mu_2, \cdots, \mu_n)^{\mathrm{T}},$$
$$\boldsymbol{x}-\boldsymbol{\mu}=(x_1-\mu_1, x_2-\mu_2, \cdots, x_n-\mu_n)^{\mathrm{T}},$$
$$(\boldsymbol{x}-\boldsymbol{\mu})^{\mathrm{T}}\boldsymbol{\Sigma}^{-1}(\boldsymbol{x}-\boldsymbol{\mu})=\sum_{i=1}^{n}\sum_{j=1}^{n}(\sigma_{ij})^{-1}(x_i-\mu_i)(x_j-\mu_j).$$

为了方便读者查阅，下面罗列了多维正态分布的一些重要性质，其中有部分内容涉及第4章、第6章的知识.

(1) $\boldsymbol{X}$ 的特征函数为：$\varphi_X(\boldsymbol{t})=\exp\left(\mathrm{i}\boldsymbol{t}^{\mathrm{T}}\boldsymbol{\mu}-\dfrac{1}{2}\boldsymbol{t}^{\mathrm{T}}\boldsymbol{\Sigma}\boldsymbol{t}\right)$，其中 $\boldsymbol{t}=(t_1, t_2, \cdots, t_n)^{\mathrm{T}}$.

(2) $\boldsymbol{X}$ 的期望和方差分别为：$E(\boldsymbol{X})=\boldsymbol{\mu}$，$D(\boldsymbol{X})=\boldsymbol{\Sigma}$.

(3) 设 $\boldsymbol{X}\sim N(\boldsymbol{\mu}, \boldsymbol{\Sigma})$，则存在一个正交矩阵 $\boldsymbol{T}$，使 $\boldsymbol{Y}=\boldsymbol{T}^{\mathrm{T}}(\boldsymbol{X}-\boldsymbol{\mu})$ 的分量 $Y_1, Y_2, \cdots, Y_n$ 相互独立，而且 $Y_j\sim N(0, \lambda_j)$，$j=1, 2, \cdots, n$，其中 $\lambda_1, \lambda_2, \cdots, \lambda_n$ 是矩阵 $\boldsymbol{\Sigma}$ 的特征根.

(4) 对于任意 m，$1\leqslant m\leqslant n$ 和 $1\leqslant j_1<\cdots<j_m\leqslant n$，$\boldsymbol{X}=(X_{j_1}, X_{j_2}, \cdots, X_{j_m})^{\mathrm{T}}$ 是 m 维正态随机向量. 换句话说，n 维正态分布的任意边际分布也是正态的.

(5) 设有随机向量 $\boldsymbol{Z}=(\boldsymbol{X}, \boldsymbol{Y})^{\mathrm{T}}$，$\boldsymbol{X}=(X_1, X_2, \cdots, X_r)^{\mathrm{T}}$，$\boldsymbol{Y}=(Y_1, Y_2, \cdots, Y_s)^{\mathrm{T}}$，且 $\boldsymbol{X}\sim N(\boldsymbol{a}, \boldsymbol{A})$，$\boldsymbol{Y}\sim N(\boldsymbol{b}, \boldsymbol{B})$，$\boldsymbol{X}$ 和 $\boldsymbol{Y}$ 相互独立，则随机向量 $\boldsymbol{Z}$ 服从 $r+s$ 维正态分布 $N(\boldsymbol{\mu}, \boldsymbol{\Sigma})$，其中 $E(\boldsymbol{Z})=\boldsymbol{\mu}=(\boldsymbol{a}, \boldsymbol{b})^{\mathrm{T}}$，$\boldsymbol{a}=E(\boldsymbol{X})=(a_1, a_2, \cdots, a_r)$，$\boldsymbol{b}=E(\boldsymbol{Y})=(b_1, b_2, \cdots, b_s)^{\mathrm{T}}$，$D(\boldsymbol{Z})=\boldsymbol{\Sigma}=\begin{pmatrix}\boldsymbol{A} & \boldsymbol{O}\\ \boldsymbol{O} & \boldsymbol{B}\end{pmatrix}$，$\boldsymbol{A}=D(\boldsymbol{X})$，$\boldsymbol{B}=D(\boldsymbol{Y})$ ($\boldsymbol{A}$ 是 $r\times r$ 阶，而 $\boldsymbol{B}$ 是 $s\times s$ 阶正定对称矩阵，$\boldsymbol{O}$ 相应为 $r\times s$ 和 $s\times r$ 阶零矩阵).

(6) (线性变换)正态随机向量经线性变换后仍然是正态的，即如果 $\boldsymbol{X}=(X_1, X_2, \cdots,$

$X_n)^{\mathrm{T}}$ 服从正态分布 $N(\boldsymbol{\mu}, \boldsymbol{\Sigma})$，而 $\boldsymbol{A}$ 是秩为 r 的 $r \times n$ 阶矩阵，$\boldsymbol{b}=(b_1, b_2, \cdots, b_r)^{\mathrm{T}}$ 是 r 维向量，则 $\boldsymbol{Y}=\boldsymbol{AX}+\boldsymbol{b}$ 服从正态分布 $N(\boldsymbol{A\mu}+\boldsymbol{b}, \boldsymbol{A\Sigma A}^{\mathrm{T}})$.

(7)（正交变换）设 $\boldsymbol{X}=(X_1, X_2, \cdots, X_n)^{\mathrm{T}}$ 的各分量相互独立，服从正态分布，并且有相同的方差，$\boldsymbol{T}$ 是任意 $n \times n$ 阶正交矩阵，则 $\boldsymbol{Y}=\boldsymbol{T}^{\mathrm{T}}\boldsymbol{X}=(Y_1, Y_2, \cdots, Y_n)^{\mathrm{T}}$ 的各分量仍然独立，服从正态分布，而且有相同的方差.

特别地，设 $\boldsymbol{X}=(X_1, X_2, \cdots, X_n)^{\mathrm{T}}$ 的各分量相互独立，并且都有标准正态分布，$\boldsymbol{T}$ 是 $n \times n$ 阶正交矩阵，则 $\boldsymbol{Y}=\boldsymbol{T}^{\mathrm{T}}\boldsymbol{X}=(Y_1, Y_2, \cdots, Y_n)^{\mathrm{T}}$ 的各分量仍然独立，而且都有标准正态分布.

(8) 随机向量 $\boldsymbol{X}=(X_1, X_2, \cdots, X_n)^{\mathrm{T}}$ 有 n 维正态分布的充分必要条件是：对于任意 $\boldsymbol{a}=(a_1, a_2, \cdots, a_n)^{\mathrm{T}} \in \mathbf{R}^n (\boldsymbol{a} \neq \boldsymbol{0})$，随机向量 $\boldsymbol{Y}=\boldsymbol{a}^{\mathrm{T}}\boldsymbol{X}=a_1X_1+a_2X_2+\cdots+a_nX_n$ 有一维正态分布. 定义多维正态分布有许多种途径，可以用特征函数来定义，也可以用一切线性组合均为正态的性质来定义.

(9) 设 $\boldsymbol{X}=(X_1, \cdots, X_r, X_{r+1}, \cdots, X_n)^{\mathrm{T}}$ 服从正态分布 $N(\boldsymbol{\mu}, \boldsymbol{\Sigma})$，则随机向量 $\boldsymbol{Y}=(X_1, \cdots, X_r)^{\mathrm{T}}$ 和 $\boldsymbol{Z}=(X_{r+1}, \cdots, X_n)^{\mathrm{T}}$ 独立，当且仅当 $\mathrm{cov}(\boldsymbol{Y}, \boldsymbol{Z})=\boldsymbol{0}$.

(10) 设 $\boldsymbol{X}=(X_1, X_2, \cdots, X_n)^{\mathrm{T}}$ 服从 n 维正态分布，且 $D(X_i)>0$, $i=1, 2, \cdots, n$，则下列命题等价：① $X_1, X_2, \cdots, X_n$ 相互独立；② $X_1, X_2, \cdots, X_n$ 线性无关，即对 $i \neq j$，X_i, X_j 的相关系数 $\rho_{ij}=0$；③ 协方差矩阵是对角线矩阵，即对 $i \neq j$，$\mathrm{cov}(X_i, X_j)=0$.

(11) 设 $X_1, X_2, \cdots, X_n$ 独立同分布，且 $X_i \sim N(\mu, \sigma^2)$，$-\infty<\mu<+\infty$，$0<\sigma^2<+\infty$，而 $g(x_1, x_2, \cdots, x_n)$ 满足条件：$g(x_1+c, x_2+c, \cdots, x_n+c)=g(x_1, x_2, \cdots, x_n)$，对任何 c，则有：$\bar{X}$ 与 $g(X_1, X_2, \cdots, X_n)$ 相互独立.

常见的满足上述条件的统计量有：$S^2=\dfrac{1}{n-1}\sum\limits_{i=1}^{n}(X_i-\bar{X})^2$，$D_n^*=X_{(n)}-X_{(1)}$，$M_d=\dfrac{1}{n}\sum\limits_{i=1}^{n}|X_i-\bar{X}|$ 等. 也就是说 $\bar{X}$ 分别与 S^2，D_n^*，M_d 相互独立.

由于利用该性质可以证明第 6 章的费歇定理，在此给出这一性质的证明.

证明　不妨设 $\mu=0$, $\sigma=1$，由 $g(x_1, x_2, \cdots, x_n)$ 的性质可知：

$$g(X_1-\bar{X}, X_2-\bar{X}, \cdots, X_n-\bar{X})=g(X_1, X_2, \cdots, X_n).$$

记 $Y_i=X_i-\bar{X}$, $i=1, 2, \cdots, n$，则 $g(X_1, X_2, \cdots, X_n)=g(Y_1, Y_2, \cdots, Y_n)$.

又由于 $\sum\limits_{i=1}^{n}(X_i-\bar{X})=0$，即有 $Y_1=-\sum\limits_{i=2}^{n}Y_i$，进而

$$g(X_1, X_2, \cdots, X_n)=g\left(-\sum_{i=2}^{n}Y_i, Y_2, \cdots, Y_n\right),$$

也就是说 $g(X_1, X_2, \cdots, X_n)$ 是 $Y_2, Y_3, \cdots, Y_n$ 的函数.

如果 $\bar{X}$ 与 $(Y_2, Y_3, \cdots, Y_n)$ 相互独立，则易见 $\bar{X}$ 与 $(Y_2, Y_3, \cdots, Y_n)$ 的函数也相互独立，即 $\bar{X}$ 与 $g(X_1, X_2, \cdots, X_n)$ 的独立性自然就成立了. 下面证明 $\bar{X}$ 与 $(Y_2, Y_3, \cdots, Y_n)$ 相互独立.

事实上，$X_1, X_2, \cdots, X_n$ 的联合密度为：

$$f_{X_1, X_2, \cdots, X_n}(x_1, x_2, \cdots, x_n) = (2\pi)^{-n/2}\exp\left(-\frac{1}{2}\sum_{i=1}^{n} x_i^2\right).$$

令$\begin{cases} z = \bar{x} \\ y_2 = x_2 - \bar{x} \\ \quad\vdots \\ y_n = x_n - \bar{x} \end{cases}$，则有$\begin{cases} x_1 = z - \sum\limits_{i=2}^{n} y_i \\ x_2 = z + y_2 \\ \quad\vdots \\ x_n = z + y_n \end{cases}$，其$J = \begin{vmatrix} 1 & -1 & \cdots & -1 \\ 1 & 1 & \cdots & 0 \\ \vdots & \vdots & & \vdots \\ 1 & 0 & \cdots & 1 \end{vmatrix} = \begin{vmatrix} n & 0 & \cdots & 0 \\ 1 & 1 & \cdots & 0 \\ \vdots & \vdots & & \vdots \\ 1 & 0 & \cdots & 1 \end{vmatrix} = n$

同时 $$\sum_{i=1}^{n} x_i^2 = \left(z - \sum_{i=2}^{n} y_i\right)^2 + \sum_{i=2}^{n}(z + y_i)^2 = nz^2 + \left(\sum_{i=2}^{n} y_i\right)^2 + \sum_{i=2}^{n} y_i^2,$$

因此 $\bar{X}$, Y_2, Y_3, $\cdots$, Y_n 的联合密度为：

$$\begin{aligned} & f_{\bar{X}, Y_2, Y_3, \cdots, Y_n}(z, y_2, y_3, \cdots, y_n) \\ = & n(2\pi)^{-n/2}\exp\left\{-\frac{1}{2}\left[nz^2 + \left(\sum_{i=2}^{n} y_i\right)^2 + \sum_{i=2}^{n} y_i^2\right]\right\} \\ = & \left[\frac{\sqrt{n}}{\sqrt{2\pi}}\exp\left(-\frac{n}{2}z^2\right)\right]\left\{\sqrt{n}(2\pi)^{-(n-1)/2}\exp\left\{-\frac{1}{2}\left[\left(\sum_{i=2}^{n} y_i\right)^2 + \sum_{i=2}^{n} y_i^2\right]\right\}\right\} \end{aligned}$$

而 $\dfrac{\sqrt{n}}{\sqrt{2\pi}}\exp\left(-\dfrac{n}{2}z^2\right)$ 即为正态分布 $N(0, 1/n)$ 的密度函数，即 Z 的密度函数.

于是 $\bar{X}$ 与 $(Y_2, Y_3, \cdots, Y_n)$ 相互独立，而 $(Y_2, Y_3, \cdots, Y_n)$ 的密度函数为：

$$f_{Y_2, Y_3, \cdots, Y_n}(y_2, y_3, \cdots, y_n) = \sqrt{n}(2\pi)^{-(n-1)/2}\exp\left\{-\frac{1}{2}\left[\left(\sum_{i=2}^{n} y_i\right)^2 + \sum_{i=2}^{n} y_i^2\right]\right\}.$$

3.5 多维随机变量函数的分布

在上一章中已经讨论了由一维随机变量通过一元函数生成的随机变量的分布问题. 本节将重点讨论二维随机变量 (X, Y) 的函数 $Z = g(X, Y)$ 的分布. 此问题无论在理论上或应用中都有重要意义. 例如在系统可靠性统计中的贮备系统，如图 3.5 所示，如果两个单元的寿命分别记为 X 和 Y，则系统的寿命即为 $X + Y$. 又譬如在数理统计中经常要用到的样本均值 $\bar{X} = \dfrac{1}{n}\sum\limits_{i=1}^{n} X_i$，其实质上是由多维随机变量的和所构成的函数.

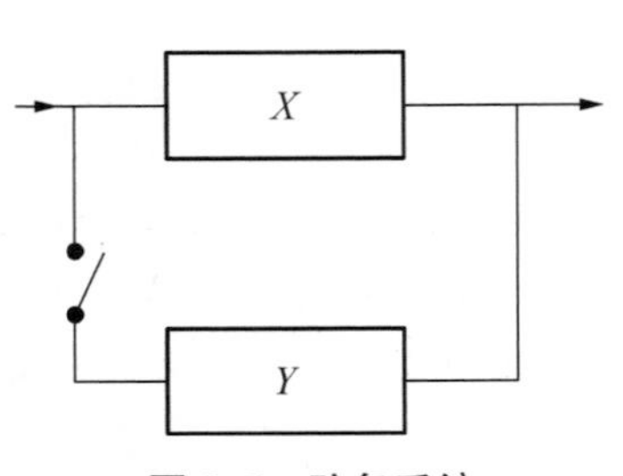

图 3.5 贮备系统

需要指出的是，尽管随机变量 Z 是由两个随机变量生成的，但是随机变量 Z 仍是一维随机变量. 因此可用研究一维随机变量函数的思路来研究 Z 的分布. 鉴于离散型随机变量和连续型随机变量取值范围不同导致对它们的描述和处理方法也有很大的不同，在此仍将这两大类随机变量分开讨论.

3.5.1　二维离散型随机变量函数的分布

下面通过两个取值为非负整数值的离散型随机变量的和为例来说明求解一般随机变量函数的分布的思路.

设两个离散型随机变量 X, Y 取非负整数值,而 $Z=X+Y$ 也是离散型随机变量,取值也为非负整数值. 对 $k=0, 1, 2, \cdots$, $P(Z=k)=\sum_{i=0}^{k} P(X=i, Y=k-i)$, 如果 X 与 Y 相互独立,则有: $P(Z=k)=\sum_{i=0}^{k} P(X=i) P(Y=k-i)$.

例 3.18　设随机变量 $X \sim P(\lambda_1)$, $Y \sim P(\lambda_2)$, 且 X, Y 相互独立. 求随机变量 $Z=X+Y$ 的分布.

解　由于 $X \sim P(\lambda_1)$, $Y \sim P(\lambda_2)$, 且 X 与 Y 相互独立,则对 $k=0, 1, 2, \cdots$,

$$
\begin{aligned}
P(Z=k) &= P(X+Y=k)=\sum_{i=0}^{k} P(X=i) P(Y=k-i) \\
&= \sum_{i=0}^{k} \frac{\lambda_1^i \mathrm{e}^{-\lambda_1}}{i!} \frac{\lambda_2^{k-i} \mathrm{e}^{-\lambda_2}}{(k-i)!}=\mathrm{e}^{-(\lambda_1+\lambda_2)} \sum_{i=0}^{k} \frac{\lambda_1^i \lambda_2^{k-i}}{i!\,(k-i)!} \\
&= \frac{\mathrm{e}^{-(\lambda_1+\lambda_2)}}{k!} \sum_{i=0}^{k} \frac{k!}{i!\,(k-i)!} \lambda_1^i \lambda_2^{k-i}=\frac{(\lambda_1+\lambda_2)^k}{k!} \mathrm{e}^{-(\lambda_1+\lambda_2)}.
\end{aligned}
$$

该例表明,两个相互独立的泊松随机变量之和仍然服从泊松分布,且其参数恰为原有两分布参数之和,这是泊松分布的一个重要特性,这个事实通常称作泊松分布的可加性.

对于其他离散型随机变量函数 $Z=g(X, Y)$ 的分布,求解思路都是利用函数表达式直接求出新的随机变量的取值,再利用等价事件的概率相等这个原理直接求出新的随机变量取所有值的概率,在此不再举例了.

3.5.2　二维连续型随机变量函数的分布

对于连续型随机变量 (X, Y), 如果 $g(x, y)$ 是二元连续函数,则 $Z=g(X, Y)$ 仍是一维连续型随机变量,计算 Z 的密度函数最基本的方法是“分布函数法”.

第一步: 求 $Z=g(X, Y)$ 的分布函数. 按照分布函数的定义和密度函数的性质,将概率计算转化为关于 (X, Y) 的概率计算.

$$
F_Z(z)=P(Z \leqslant z)=P(g(X, Y) \leqslant z)=P((X, Y) \in G)=\iint_G f(x, y) \mathrm{d} x \mathrm{d} y,
$$

其中, $f(x, y)$ 是 (X, Y) 的联合密度函数,而区域 $G=\{(x, y): g(x, y) \leqslant z\}$.

注意　当 $f(x, y)>0$ 的区域不是整个坐标平面,而是坐标平面上的一个子区域 D 时,上述积分实际上是在区域 $D \cap G$ 上进行的.

第二步: 利用分布函数与密度函数的关系,对 $F_Z(z)$ 求导数就得到了 Z 的密度函数 $f_Z(z)$.

常见的二元函数有两变量之和、积与商等. 下面具体说明连续型随机变量和、商的分布的求解问题,关于连续型随机变量之差、积分布的求解由读者自行完成,在此仅给出计算公式.

1) 和的分布

设二维随机变量 (X, Y) 的联合密度为 $f(x, y)$，令 $Z=X+Y$，则

$$F_Z(z)=P(Z\leqslant z)=P(X+Y\leqslant z)=\iint_{x+y\leqslant z} f(x, y)\mathrm{d}x\mathrm{d}y$$
$$=\int_{-\infty}^{+\infty}\mathrm{d}x\int_{-\infty}^{z-x} f(x, y)\mathrm{d}y,$$

上式对 z 求导可得 Z 的密度函数：$f_Z(z)=\int_{-\infty}^{+\infty} f(x, z-x)\mathrm{d}x$.

同理可知：$f_Z(z)=\int_{-\infty}^{+\infty} f(z-y, y)\mathrm{d}y$，于是有：

$$f_Z(z)=\int_{-\infty}^{+\infty} f(x, z-x)\mathrm{d}x=\int_{-\infty}^{+\infty} f(z-y, y)\mathrm{d}y.$$

特别地，当 X 与 Y 相互独立时，则有：

$$f_Z(z)=\int_{-\infty}^{+\infty} f_X(x)f_Y(z-x)\mathrm{d}x=\int_{-\infty}^{+\infty} f_X(z-y)f_Y(y)\mathrm{d}y,$$

上式被称为卷积公式(又称褶积)，记作：

$$f_Z(z)=f_X(z)*f_Y(z)=\int_{-\infty}^{+\infty} f_X(x)f_Y(z-x)\mathrm{d}x$$
$$=\int_{-\infty}^{+\infty} f_X(z-y)f_Y(y)\mathrm{d}y.$$

在公式运用时，一定要注意对一切 z 进行讨论，可能 z 的取值区域要分成几个区间来分别处理，在不同的区间上 z 的密度函数有不同的表达方式，可以通过画图决定其积分区域.

例 3.19(辛普森分布) 设 X 和 Y 独立，且 $X\sim U\left[\frac{a}{2}, \frac{b}{2}\right]$，$Y\sim U\left[\frac{a}{2}, \frac{b}{2}\right]$，求 $Z=X+Y$ 的密度函数和分布函数.

解 X 和 Y 的密度函数为：

$$f_X(x)=\begin{cases}\dfrac{2}{b-a}, & x\in\left[\dfrac{a}{2}, \dfrac{b}{2}\right],\\ 0, & x\notin\left[\dfrac{a}{2}, \dfrac{b}{2}\right],\end{cases}\quad f_Y(y)=\begin{cases}\dfrac{2}{b-a}, & y\in\left[\dfrac{a}{2}, \dfrac{b}{2}\right],\\ 0, & y\notin\left[\dfrac{a}{2}, \dfrac{b}{2}\right],\end{cases}$$

当 $z<a$ 时，$$F_Z(z)=0,\ f_Z(z)=0,$$

当 $a\leqslant z<\frac{a+b}{2}$ 时，

$$F_Z(z)=\frac{4}{(b-a)^2}\int_{\frac{a}{2}}^{z-\frac{a}{2}}\mathrm{d}x\int_{\frac{a}{2}}^{z-x}\mathrm{d}y=\frac{4}{(b-a)^2}\left(\frac{1}{2}z^2-az+\frac{a^2}{2}\right),$$

$$f_Z(z)=\frac{4}{(b-a)^2}(z-a);$$

当 $\frac{a+b}{2}\leqslant z<b$ 时，

$$F_Z(z)=\frac{4}{(b-a)^2}\left(\int_{\frac{a}{2}}^{\frac{b}{2}}\mathrm{d}x\int_{\frac{a}{2}}^{z-\frac{b}{2}}\mathrm{d}y+\int_{z-\frac{b}{2}}^{\frac{b}{2}}\mathrm{d}y\int_{\frac{a}{2}}^{z-y}\mathrm{d}x\right)$$

$$=\frac{4}{(b-a)^2}\left[-\frac{1}{2}z^2+bz-\frac{1}{4}(b^2-a^2+2ab)\right],$$

$$f_Z(z)=\frac{4}{(b-a)^2}(b-z);$$

当 $z\geqslant b$ 时，　　$F_Z(z)=1,\ f_Z(z)=0.$

综上，

$$F_Z(z)=\begin{cases}0, & z<a,\\ \frac{4}{(b-a)^2}\left(\frac{1}{2}z^2-az+\frac{a^2}{2}\right), & a\leqslant z<\frac{a+b}{2},\\ \frac{4}{(b-a)^2}\left[-\frac{1}{2}z^2+bz-\frac{1}{4}(b^2-a^2+2ab)\right], & \frac{a+b}{2}\leqslant z<b,\\ 1, & z\geqslant b,\end{cases}$$

$$f_Z(z)=\begin{cases}\frac{4}{(b-a)^2}(z-a), & a\leqslant z<\frac{a+b}{2},\\ \frac{4}{(b-a)^2}(b-z), & \frac{a+b}{2}\leqslant z<b,\\ 0, & \text{其他}.\end{cases}$$

特别地，如果取 $a=0$，$b=2$，此时 $X\sim U[0,1]$，$Y\sim U[0,1]$，如果 X 与 Y 相互独立，则 $Z=X+Y$ 的分布函数、密度函数分别为

$$F_Z(z)=\begin{cases}0, & z<0,\\ \frac{1}{2}z^2, & 0\leqslant z<1,\\ 2z-\frac{1}{2}z^2-1, & 1\leqslant z<2,\\ 1, & z\geqslant 2,\end{cases}\qquad f_Z(z)=\begin{cases}z, & 0\leqslant z<1,\\ 2-z, & 1\leqslant z<2,\\ 0, & \text{其他}.\end{cases}$$

例 3.20　设随机变量 X 与 Y 相互独立，X 的分布列为：$P(X=i)=\frac{1}{3}$，$i=-1,0,1$，而 Y 的密度函数为：$f_Y(y)=\begin{cases}1, & 0\leqslant y\leqslant 1,\\ 0, & \text{其他},\end{cases}$ 记 $Z=X+Y$，求：(1) $P\left(Z\leqslant\frac{1}{2}\,\middle|\,X=0\right)$；(2) Z 的密度函数.

解　(1) $P\left(Z\leqslant\frac{1}{2}\,\middle|\,X=0\right)=\dfrac{P\left(Z\leqslant\frac{1}{2},\,X=0\right)}{P(X=0)}=\dfrac{P\left(X+Y\leqslant\frac{1}{2},\,X=0\right)}{P(X=0)}$

$$=\frac{P\left(Y\leqslant\frac{1}{2},\,X=0\right)}{P(X=0)}=\frac{P\left(Y\leqslant\frac{1}{2}\right)P(X=0)}{P(X=0)}=P\left(Y\leqslant\frac{1}{2}\right)=\frac{1}{2}.$$

(2) 当 $z<-1$ 时,

$$F_Z(z)=P(X+Y\leqslant z)=0,$$

当 $-1\leqslant z<2$ 时,

$$\begin{aligned}F_Z(z)=P(X+Y\leqslant z)=&P(X+Y\leqslant z,\,X=-1)+\\&P(X+Y\leqslant z,\,X=0)+P(X+Y\leqslant z,\,X=1)\\=&\frac{1}{3}[P(Y\leqslant z+1)+P(Y\leqslant z)+P(Y\leqslant z-1)].\end{aligned}$$

其中,当 $-1\leqslant z<0$ 时, $P(Y\leqslant z+1)=z+1$, $P(Y\leqslant z)=0$, $P(Y\leqslant z-1)=0$;
当 $0\leqslant z<1$ 时, $P(Y\leqslant z+1)=1$, $P(Y\leqslant z)=z$, $P(Y\leqslant z-1)=0$;
当 $1\leqslant z<2$ 时, $P(Y\leqslant z+1)=1$, $P(Y\leqslant z)=1$, $P(Y\leqslant z-1)=z-1$.

即,当 $-1\leqslant z<0$ 时, $F_Z(z)=\frac{1}{3}(z+1)$;当 $0\leqslant z<1$ 时, $F_Z(z)=\frac{1}{3}(z+1)$;当 $1\leqslant z<2$ 时, $F_Z(z)=\frac{1}{3}(z+1)$.

综上, $F_Z(z)=\begin{cases}0, & z<-1,\\ \frac{1}{3}(z+1), & -1\leqslant z<2,\\ 1, & z\geqslant 2,\end{cases}$ 而密度函数 $f_Z(z)=\begin{cases}\frac{1}{3}, & -1\leqslant z<2,\\ 0, & \text{其他}.\end{cases}$

例 3.21　设 $X\sim N(\mu_1,\sigma_1^2)$, $Y\sim N(\mu_2,\sigma_2^2)$,且 X 与 Y 相互独立,求 $Z=X+Y$ 的分布.

解　由卷积公式,对 $-\infty<z<+\infty$,有

$$f_Z(z)=\int_{-\infty}^{+\infty}f_X(x)f_Y(z-x)\mathrm{d}x=\frac{1}{2\pi\sigma_1\sigma_2}\int_{-\infty}^{+\infty}\exp\left\{-\frac{(x-\mu_1)^2}{2\sigma_1^2}-\frac{[(z-x)-\mu_2]^2}{2\sigma_2^2}\right\}\mathrm{d}x$$

令 $u=x-\mu_1$, $v=z-(\mu_1+\mu_2)$,则

$$f_Z(z)=\frac{1}{2\pi\sigma_1\sigma_2}\int_{-\infty}^{+\infty}\exp\left\{-\frac{1}{2}\left[\frac{u^2}{\sigma_1^2}+\frac{(v-u)^2}{\sigma_2^2}\right]\right\}\mathrm{d}u,$$

而 $\dfrac{u^2}{\sigma_1^2}+\dfrac{(v-u)^2}{\sigma_2^2}=\dfrac{\sigma_1^2+\sigma_2^2}{\sigma_1^2\sigma_2^2}u^2-\dfrac{2uv}{\sigma_2^2}+\dfrac{v^2}{\sigma_2^2}=\left(\dfrac{\sqrt{\sigma_1^2+\sigma_2^2}}{\sigma_1\sigma_2}u-\dfrac{\sigma_1 v}{\sigma_2\sqrt{\sigma_1^2+\sigma_2^2}}\right)^2+\dfrac{v^2}{\sigma_1^2+\sigma_2^2}$,

令 $t=\frac{\sqrt{\sigma_1^2+\sigma_2^2}}{\sigma_1\sigma_2}u-\frac{\sigma_1}{\sigma_2\sqrt{\sigma_1^2+\sigma_2^2}}v$，则 Z 的密度函数为

$$f_Z(z)=\frac{1}{\sqrt{2\pi}\sqrt{\sigma_1^2+\sigma_2^2}}\exp\left[-\frac{v^2}{2(\sigma_1^2+\sigma_2^2)}\right]\int_{-\infty}^{+\infty}\frac{1}{\sqrt{2\pi}}\mathrm{e}^{-\frac{t^2}{2}}\mathrm{d}t$$
$$=\frac{1}{\sqrt{2\pi}\sqrt{\sigma_1^2+\sigma_2^2}}\exp\left\{-\frac{[z-(\mu_1+\mu_2)]^2}{2(\sigma_1^2+\sigma_2^2)}\right\},$$

即有：$Z\sim N(\mu_1+\mu_2,\ \sigma_1^2+\sigma_2^2)$.

上例表明，独立的正态随机变量之和仍为正态随机变量，其称为正态分布的可加性，概率论中许多分布具有可加性，下面罗列了一些分布的可加性.

(1) 设 $X_1, X_2, \cdots, X_n$ 独立同分布，且分布为两点分布，其参数为 p，则 $\sum_{i=1}^{n}X_i$ 服从二项分布 $B(n, p)$；

(2) 设 $X_1, X_2, \cdots, X_m$ 独立，且 X_i 服从二项分布 $B(n_i, p)$，$i=1, 2, \cdots, m$，则 $\sum_{i=1}^{m}X_i$ 服从二项分布 $B(n, p)$，其中 $n=\sum_{i=1}^{m}n_i$；

(3) 设 $X_1, X_2, \cdots, X_n$ 独立，且 X_i 服从泊松分布，参数为 λ_i，$i=1, 2, \cdots, n$，则 $\sum_{i=1}^{n}X_i$ 服从泊松分布，参数为 λ，其中 $\lambda=\sum_{i=1}^{n}\lambda_i$；

(4) 设 $X_1, X_2, \cdots, X_n$ 独立，且 X_i 服从负二项分布 $X_i\sim NB(r_i, p)$，$i=1, 2, \cdots, n$，即 $P(X_i=k)=\mathrm{C}_{k+r_i-1}^{k}p^{r_i}(1-p)^k$，$k=0, 1, \cdots$，则 $\sum_{i=1}^{n}X_i$ 服从负二项分布 $NB(r, p)$，其中 $r=\sum_{i=1}^{n}r_i$；

(5) 设 $X\sim N(\mu_1, \sigma_1^2)$ 与 $Y\sim N(\mu_2, \sigma_2^2)$ 独立，则 $X+Y\sim N(\mu_1+\mu_2, \sigma_1^2+\sigma_2^2)$. 设 $X\sim LN(\mu_1, \sigma_1^2)$，$Y\sim LN(\mu_2, \sigma_2^2)$，且 X，Y 独立，则 $XY\sim LN(\mu_1+\mu_2, \sigma_1^2+\sigma_2^2)$；

(6) 设 $X\sim\chi^2(n)$ 与 $Y\sim\chi^2(m)$ 独立，则 $X+Y\sim\chi^2(n+m)$；

(7) 设 $X_1, X_2, \cdots, X_n$ 独立，$X_i\sim\Gamma(\alpha_i, \beta)$，$i=1, 2, \cdots, n$，则 $\sum_{i=1}^{n}X_i\sim\Gamma\left(\sum_{i=1}^{n}\alpha_i, \beta\right)$；

(8) 设 $X_1, X_2, \cdots, X_n$ 独立，且 X_i 服从柯西分布 $X_i\sim C(\theta_i, \lambda_i)$，$i=1, 2, \cdots, n$，其密度函数为 $f(x; \theta_i, \lambda_i)=\frac{1}{\pi\lambda_i\left[1+\left(\frac{x-\theta_i}{\lambda_i}\right)^2\right]}$，$\lambda_i>0$，$-\infty<\theta_i<\infty$，$-\infty<x<+\infty$，则

$$\sum_{i=1}^{n}X_i\sim C\left(\sum_{i=1}^{n}\theta_i, \sum_{i=1}^{n}\lambda_i\right).$$

2) 商的分布

设 (X, Y) 的联合密度函数为 $f(x, y)$，则 $Z=\frac{X}{Y}$ 的分布函数为：

$$F_Z(z)=P(Z\leqslant z)=P\left(\frac{X}{Y}\leqslant z\right)=P\left(\frac{X}{Y}\leqslant z,\ Y>0\right)+P\left(\frac{X}{Y}\leqslant z,\ Y<0\right)$$
$$=\int_0^{+\infty}\mathrm{d}y\int_{-\infty}^{yz}f(x,\ y)\mathrm{d}x+\int_{-\infty}^{0}\mathrm{d}y\int_{yz}^{+\infty}f(x,\ y)\mathrm{d}x,$$

对 z 求导得:$f_Z(z)=\int_0^{+\infty}yf(yz,\ y)\mathrm{d}y-\int_{-\infty}^{0}yf(yz,\ y)\mathrm{d}y=\int_{-\infty}^{+\infty}f(yz,\ y)\mid y\mid\mathrm{d}y.$

特别地,当 X 和 Y 相互独立时,则有:$f_Z(z)=\int_{-\infty}^{+\infty}f_X(yz)f_Y(y)\mid y\mid\mathrm{d}y.$

例 3.22 设 X 和 Y 独立,且 $X\sim N(0,\ 1)$, $Y\sim N(0,\ 1)$,求 $Z=\frac{X}{Y}$ 的密度函数.

解 对 $-\infty<z<+\infty$,有:

$$f_Z(z)=\frac{1}{2\pi}\int_{-\infty}^{+\infty}\mid y\mid\mathrm{e}^{-\frac{1}{2}y^2(z^2+1)}\mathrm{d}y=\frac{1}{\pi}\int_0^{+\infty}y\mathrm{e}^{-\frac{1}{2}y^2(z^2+1)}\mathrm{d}y$$
$$=\frac{1}{\pi(z^2+1)}\int_0^{+\infty}\mathrm{e}^{-t}\mathrm{d}t=\frac{1}{\pi(z^2+1)},$$

即 Z 服从标准柯西分布.

例 3.23 设 X, Y 相互独立,其密度函数分别为:

$$f_X(x)=\begin{cases}\frac{1}{2}, & x\in[1,\ 3],\\ 0, & \text{其他},\end{cases}\quad f_Y(y)=\begin{cases}\mathrm{e}^{-(y-2)}, & y\in[2,\ +\infty),\\ 0, & \text{其他},\end{cases}$$

求 $Z=\frac{X}{Y}$ 的密度函数.

解 $F_Z(z)=P\left(\frac{X}{Y}\leqslant z\right)=\iint\limits_{x/y\leqslant z}f_X(x)f_Y(y)\mathrm{d}x\mathrm{d}y,$

当 $0\leqslant z<\frac{1}{2}$ 时,

$$F_Z(z)=P\left(\frac{X}{Y}\leqslant z\right)=\int_1^3\mathrm{d}x\int_{\frac{x}{z}}^{+\infty}f_X(x)f_Y(y)\mathrm{d}y=\int_1^3\frac{1}{2}\mathrm{d}x\int_{\frac{x}{z}}^{+\infty}\mathrm{e}^{-(y-2)}\mathrm{d}y=\frac{1}{2}\mathrm{e}^2z(\mathrm{e}^{-\frac{1}{z}}-\mathrm{e}^{-\frac{3}{z}}),$$

$$f_Z(z)=\frac{1}{2z}\mathrm{e}^2\left[(1+z)\mathrm{e}^{-\frac{1}{z}}-(3+z)\mathrm{e}^{-\frac{3}{z}}\right];$$

当 $\frac{1}{2}\leqslant z<\frac{3}{2}$ 时,

$$F_Z(z)=P\left(\frac{X}{Y}\leqslant z\right)=\int_2^{\frac{3}{z}}\mathrm{d}y\int_1^{yz}f_X(x)f_Y(y)\mathrm{d}x+\int_1^3\mathrm{d}x\int_{\frac{3}{z}}^{+\infty}f_X(x)f_Y(y)\mathrm{d}y$$
$$=\frac{1}{2}\mathrm{e}^2\int_2^{\frac{3}{z}}(yz-1)\mathrm{e}^{-y}\mathrm{d}y+\frac{1}{2}\mathrm{e}^2\int_1^3\mathrm{d}x\int_{\frac{3}{z}}^{+\infty}\mathrm{e}^{-y}\mathrm{d}y$$

$$=\frac{1}{2}e^2\left(z\int_2^{\frac{3}{z}}ye^{-y}dy-\int_2^{\frac{3}{z}}e^{-y}dy+\int_1^3dx\int_{\frac{3}{z}}^{+\infty}e^{-y}dy\right)$$

$$=\frac{3}{2}z-\frac{1}{2}e^2ze^{-\frac{3}{z}}-\frac{1}{2},$$

$$f_Z(z)=\frac{3}{2}-\frac{e^2}{2z}e^{-\frac{3}{z}}(3+z),$$

综上，$f_Z(z)=\begin{cases}\frac{1}{2z}e^2\left[(1+z)e^{-\frac{1}{z}}-(3+z)e^{-\frac{3}{z}}\right], & 0\leqslant z<\frac{1}{2},\\ \frac{3}{2}-\frac{e^2}{2z}e^{-\frac{3}{z}}(3+z), & \frac{1}{2}\leqslant z<\frac{3}{2},\\ 0, & 其他.\end{cases}$

3）差的分布

设 (X, Y) 的联合密度为 $f(x, y)$，记 $Z=X-Y$，则 Z 的密度函数为：

$$f_Z(z)=\int_{-\infty}^{+\infty}f(y+z, y)dy.$$

特别地，若 X，Y 相互独立，则有：$f_Z(z)=\int_{-\infty}^{+\infty}f_X(y+z)f_Y(y)dy.$

例 3.24　设二维随机变量 (X, Y) 的联合密度函数为：

$$f(x, y)=\begin{cases}\frac{1}{4}, & 0\leqslant x\leqslant 2, 0\leqslant y\leqslant 2,\\ 0, & 其他,\end{cases}$$

求 $Z=X-Y$ 的密度函数.

解　采用“分布函数法”为：

$$F_Z(z)=P(Z\leqslant z)=P(X-Y\leqslant z)=\iint\limits_{x-y\leqslant z}f(x, y)dxdy.$$

当 $z<-2$ 时，$F_Z(z)=0$；

当 $z\geqslant 2$ 时，$F_Z(z)=1$；

当 $-2\leqslant z<0$ 时，

$$F_Z(z)=\int_0^{2+z}dx\int_{x-z}^2\frac{1}{4}dy=\frac{1}{4}\int_0^{2+z}(2-x+z)dx=\frac{1}{8}(z+2)^2;$$

当 $0\leqslant z<2$ 时，

$$F_Z(z)=\int_0^zdx\int_0^2\frac{1}{4}dy+\int_z^2dx\int_{x-z}^2\frac{1}{4}dy$$

$$=\int_0^z\frac{1}{2}dx+\frac{1}{4}\int_z^2(2+z-x)dx$$

$$=\frac{1}{2}+\frac{z}{2}-\frac{z^2}{8}.$$

综上，$F_Z(z)=\begin{cases}0, & z<-2,\\ \dfrac{1}{8}(z+2)^2, & -2\leqslant z<0,\\ \dfrac{1}{2}+\dfrac{z}{2}-\dfrac{z^2}{8}, & 0\leqslant z<2,\\ 1, & z\geqslant 2,\end{cases}$

则
$$f_Z(z)=F'_Z(z)=\begin{cases}\dfrac{1}{2}+\dfrac{z}{4}, & -2\leqslant z<0,\\ \dfrac{1}{2}-\dfrac{z}{4}, & 0\leqslant z<2,\\ 0, & \text{其他}.\end{cases}$$

4）积的分布

设 (X, Y) 的联合密度为 $f(x, y)$，记 $Z=XY$，则 Z 的密度函数为
$$f_Z(z)=\int_{-\infty}^{+\infty}\frac{1}{|x|}f\left(x, \frac{z}{x}\right)\mathrm{d}x.$$

特别地，若 X，Y 相互独立，则有 $f_Z(z)=\int_{-\infty}^{+\infty}\dfrac{1}{|x|}f_X(x)f_Y\left(\dfrac{z}{x}\right)\mathrm{d}x$.

例 3.25　(1) 设 X_1，X_2 独立同服从 $U(0, 1)$，求 $Z=X_1X_2$ 的密度函数；(2) 设 X_1，X_2，…，X_n 独立同服从 $U(0, 1)$，求 $Z=\prod\limits_{i=1}^{n}X_i$ 的密度函数.

解　(1) 当 $z<0$ 时，$F_Z(z)=0$，$f_Z(z)=0$；当 $z\geqslant 1$ 时，$F_Z(z)=1$，$f_Z(z)=0$；当 $0\leqslant z<1$ 时，$F_Z(z)=P(Z\leqslant z)=P(X_1X_2\leqslant z)=1-\int_z^1\mathrm{d}x_1\int_{z/x_1}^1\mathrm{d}x_2=z-z\ln z$，
$$f_Z(z)=-\ln z.$$

(2) 当 $0<z<1$ 时，$Z=\prod\limits_{i=1}^{n}X_i$ 的密度函数为 $\dfrac{(-1)^{n-1}}{(n-1)!}(\ln z)^{n-1}$，可用数学归纳法给予证明.

事实上，设 $Y=\prod\limits_{i=1}^{n}X_i$ 的密度函数为 $\dfrac{(-1)^{n-1}}{(n-1)!}(\ln y)^{n-1}$，$0<y<1$，而 $X_{n+1}\sim U(0, 1)$ 且与 Y 相互独立. 下面求 $Z=YX_{n+1}$ 的密度函数.

对 $0<z<1$，
$$\begin{aligned}F_Z(z)&=P(YX_{n+1}\leqslant z)=1-\int_z^1\frac{(-1)^{n-1}}{(n-1)!}(\ln y)^{n-1}(1-z/y)\mathrm{d}y\\&=1-\int_z^1\frac{(-1)^{n-1}}{(n-1)!}(\ln y)^{n-1}\mathrm{d}y+\frac{(-1)^n}{n!}z(\ln z)^n,\end{aligned}$$

于是
$$f_Z(z)=\frac{(-1)^{n-1}}{(n-1)!}(\ln z)^{n-1}+\frac{(-1)^n}{n!}(\ln z)^n+\frac{(-1)^n}{(n-1)!}(\ln z)^{n-1}=\frac{(-1)^n}{n!}(\ln z)^n.$$

3.5.3 随机变量之差、商及积的背景分析

前面分析了随机变量之和的背景. 在概率论中如要研究相邻事件发生的时间间隔就涉及随机变量的差,在生物统计研究中,经常要考察某种生物在两个不同阶段繁殖的时间间隔之比,这就涉及随机变量的商.

另外,随机变量之差与商通常是为了消除未知参数,或者说通过差与商的变换,使其分布不含未知参数. 例如随机变量 X_1, X_2 独立同服从正态分布 $N(\mu, \sigma^2)$, 那么其差 $X_1 - X_2 = (X_1 - \mu) - (X_2 - \mu)$ 的分布就不再涉及参数 μ. 再如随机变量 $X_1, X_2, \cdots, X_n$ 独立同分布于 $N(\mu, \sigma^2)$, 将其从小到大排序记为 $X_{(1)}, X_{(2)}, \cdots, X_{(n)}$, $\dfrac{X_{(2)} - X_{(1)}}{X_{(n)} - X_{(1)}}$ 就涉及随机变量的差与商, $\dfrac{X_{(2)} - X_{(1)}}{X_{(n)} - X_{(1)}} = \dfrac{\dfrac{X_{(2)} - \mu}{\sigma} - \dfrac{X_{(1)} - \mu}{\sigma}}{\dfrac{X_{(n)} - \mu}{\sigma} - \dfrac{X_{(1)} - \mu}{\sigma}}$, 且其分布与参数 μ, σ^2 无关. 而随机变量之积也在多个领域中有应用. 例如合成孔径雷达(SAR)是一种高分辨率成像雷达,可以全天候、在任意气候条件下获取感兴趣区域的高分辨率图像,因而在遥感、测绘、侦察等民用和军事领域有重要的应用价值. SAR 图像的观测信号可以表示为地物目标的真实后向散射强度(纹理分量)和相干斑噪声分量相乘的形式. 通常假设纹理分量和相干斑噪声分量均服从伽马分布,此时 SAR 图像的观测信号就服从 K - 分布.

3.5.4 多维随机变量函数的分布

本节前两部分讨论的是二维随机变量的一维函数的分布问题. 那么,多维随机变量 $Y_1, Y_2, \cdots, Y_m$ 分别由 $X_1, X_2, \cdots, X_n$ 的多维函数生成的分布该如何求得呢? 例如,多维随机变量 $Y_1, Y_2, \cdots, Y_m$ 分别由 $X_1, X_2, \cdots, X_n$ 通过不同的函数生成: $Y_1 = g_1(X_1, X_2, \cdots, X_n)$, $Y_2 = g_2(X_1, X_2, \cdots, X_n)$, $\cdots$, $Y_m = g_m(X_1, X_2, \cdots, X_n)$, 如果已知 $(X_1, X_2, \cdots, X_n)$ 的联合分布,如何求得多维随机变量 $(Y_1, Y_2, \cdots, Y_m)$ 的联合分布呢? 由前面所学知识可知,如果随机变量 $(Y_1, Y_2, \cdots, Y_m)$ 是离散型随机变量,其分布容易求得. 当 $(Y_1, Y_2, \cdots, Y_m)$ 是连续型随机变量时,问题就相对复杂些.

定理 3.6　设 $\boldsymbol{X} = (X_1, X_2, \cdots, X_n)$ 的联合密度函数为 $f_{\boldsymbol{X}}(x_1, x_2, \cdots, x_n)$, 若对于函数

$$
\begin{cases}
y_1 = g_1(x_1, x_2, \cdots, x_n), \\
y_2 = g_2(x_1, x_2, \cdots, x_n), \\
\qquad\vdots \\
y_n = g_n(x_1, x_2, \cdots, x_n),
\end{cases}
$$

满足如下条件:

(1) 存在唯一的反函数 $\begin{cases} x_1 = h_1(y_1, y_2, \cdots, y_n), \\ x_2 = h_2(y_1, y_2, \cdots, y_n), \\ \qquad\vdots \\ x_n = h_n(y_1, y_2, \cdots, y_n), \end{cases}$

(2) 有连续的一阶偏导数,记 $J=\begin{vmatrix} \frac{\partial x_1}{\partial y_1} & \frac{\partial x_1}{\partial y_2} & \cdots & \frac{\partial x_1}{\partial y_n} \\ \frac{\partial x_2}{\partial y_1} & \frac{\partial x_2}{\partial y_2} & \cdots & \frac{\partial x_2}{\partial y_n} \\ \vdots & \vdots & & \vdots \\ \frac{\partial x_n}{\partial y_1} & \frac{\partial x_n}{\partial y_2} & \cdots & \frac{\partial x_n}{\partial y_n} \end{vmatrix}$,

若随机变量 $Y_1=g_1(X_1, X_2, \cdots, X_n)$, $Y_2=g_2(X_1, X_2, \cdots, X_n)$, $\cdots$, $Y_n=g_n(X_1, X_2, \cdots, X_n)$,则 $\boldsymbol{Y}=(Y_1, Y_2, \cdots, Y_n)$ 的联合密度函数为:

$$f_{\boldsymbol{Y}}(y_1, y_2, \cdots, y_n)=f_{\boldsymbol{X}}(h_1(y_1, y_2, \cdots, y_n), h_2(y_1, y_2, \cdots, y_n), \cdots, h_n(y_1, y_2, \cdots, y_n))\,|J|.$$

证明 利用"分布函数法",首先知 $Y_1, Y_2, \cdots, Y_n$ 为连续型随机变量. 由分布函数的定义知:

$$F_{\boldsymbol{Y}}(y_1, y_2, \cdots, y_n)=P(Y_1\leqslant y_1, Y_2\leqslant y_2, \cdots, Y_n\leqslant y_n)=\iint\limits_D f_{\boldsymbol{X}}(x_1, x_2, \cdots, x_n)\mathrm{d}x_1\mathrm{d}x_2\cdots\mathrm{d}x_n,$$

$D=\{(x_1, x_2, \cdots, x_n) \mid g_1(x_1, x_2, \cdots, x_n)\leqslant y_1, g_2(x_1, x_2, \cdots, x_n)\leqslant y_2, \cdots, g_n(x_1, x_2, \cdots, x_n)\leqslant y_n\}$.

在上式中做变量替换,令 $\begin{cases} x_1=h_1(y_1, y_2, \cdots, y_n), \\ x_2=h_2(y_1, y_2, \cdots, y_n), \\ \quad\vdots \\ x_n=h_n(y_1, y_2, \cdots, y_n), \end{cases}$

该变换的雅可比行列式用 J 表示,则有:

$$F_{\boldsymbol{Y}}(y_1, y_2, \cdots, y_n)=\int_{-\infty}^{y_n}\int_{-\infty}^{y_{n-1}}\cdots\int_{-\infty}^{y_1} f_{\boldsymbol{X}}(h_1(u_1, u_2, \cdots, u_n), h_2(u_1, u_2, \cdots, u_n), \cdots, h_n(u_1, u_2, \cdots, u_n))\cdot|J|\,\mathrm{d}u_1\mathrm{d}u_2\cdots\mathrm{d}u_n,$$

由联合分布函数和联合密度函数的定义可知 $\boldsymbol{Y}=(Y_1, Y_2, \cdots, Y_n)$ 的联合密度函数为:

$$f_{\boldsymbol{Y}}(y_1, y_2, \cdots, y_n)=f_{\boldsymbol{X}}(h_1(y_1, y_2, \cdots, y_n), h_2(y_1, y_2, \cdots, y_n), \cdots, h_n(y_1, y_2, \cdots, y_n))\,|J|.$$

注意 如果定理 3.6 中的反函数在整个定义域内不唯一,即某个区域内的点 $(y_1, y_2, \cdots, y_n)$ 对应于 X 平面上几个点时,可将 X 平面划分为几个区域,使得 Y 平面内的每个点 $(y_1, y_2, \cdots, y_n)$ 在 X 平面上每个区域内只有一个点相对应,再在每个区域上直接利用定理 3.6,最后将得到的联合密度函数相加即可. 另外,如果要求的是 $Y_1, Y_2, \cdots, Y_m$, $1\leqslant m<n$ 的联合密度函数,可令 $y_i=g_i(x_1, x_2, \cdots, x_n)$, $i=1, 2, \cdots, m$, $y_j=x_j$, $j=m+1, m+2, \cdots, n$,然后利用该定理可得 $\boldsymbol{Y}=(Y_1, Y_2, \cdots, Y_m, Y_{m+1}, \cdots, Y_n)$ 的联合密度函数 $f_{\boldsymbol{Y}}(y_1, y_2, \cdots, y_m, y_{m+1}, \cdots, y_n)$,再通过下式求得 $Y_1, Y_2, \cdots, Y_m$ 的联合密度函数:

$$
\begin{aligned}
& f_{Y_1, Y_2, \cdots, Y_m}(y_1, y_2, \cdots, y_m) \\
= & \int_{-\infty}^{+\infty}\int_{-\infty}^{+\infty}\cdots\int_{-\infty}^{+\infty} f_Y(y_1, y_2, \cdots, y_m, y_{m+1}, \cdots, y_n)\mathrm{d}y_{m+1}\mathrm{d}y_{m+2}\cdots\mathrm{d}y_n.
\end{aligned}
$$

例 3.26　设随机变量 X, Y 相互独立,且 $X \sim \mathrm{Exp}(1)$, $Y \sim \mathrm{Exp}(1)$, 证明: $X+Y$ 和 $\dfrac{X}{X+Y}$ 相互独立.

证明　由于 X, Y 相互独立同分布,(X, Y)的联合密度函数为: $f_{X,Y}(x, y)=\mathrm{e}^{-(x+y)}$, $x \geqslant 0$, $y \geqslant 0$, 令 $U=X+Y$, $V=\dfrac{X}{X+Y}$, 做变换 $\begin{cases} u=x+y, \\ v=\dfrac{x}{x+y}, \end{cases}$ 得 $\begin{cases} x=uv, \\ y=u(1-v), \end{cases}$ 且当 $x \geqslant 0$, $y \geqslant 0$ 时, $u \geqslant 0$, $0 \leqslant v \leqslant 1$, $J=\begin{vmatrix} v & u \\ 1-v & -u \end{vmatrix}=-u$, $|J|=u$. 故 (U, V) 的联合密度函数为: $f_{U,V}(u, v)=u\mathrm{e}^{-u}$, $u \geqslant 0$, $0 \leqslant v \leqslant 1$. 于是得 U 和 V 的边际密度 $f_U(u)$, $f_V(v)$ 为:

当 $u \geqslant 0$ 时,　$f_U(u)=\displaystyle\int_{-\infty}^{+\infty} f_{U,V}(u, v)\mathrm{d}v=\int_0^1 u\mathrm{e}^{-u}\mathrm{d}v=u\mathrm{e}^{-u}$;

当 $u<0$ 时,　$f_U(u)=0$.

故

$$
f_U(u)=\begin{cases} u\mathrm{e}^{-u}, & u \geqslant 0, \\ 0, & u<0. \end{cases}
$$

当 $0 \leqslant v \leqslant 1$ 时,　$f_V(v)=\displaystyle\int_{-\infty}^{+\infty} f_{U,V}(u, v)\mathrm{d}u=\int_0^{+\infty} u\mathrm{e}^{-u}\mathrm{d}u=1$;

当 $v<0$ 或 $v>1$ 时,　$f_V(v)=0$.

故

$$
f_V(v)=\begin{cases} 1, & 0 \leqslant v \leqslant 1, \\ 0, & \text{其他}, \end{cases}
$$

所以 $f_{U,V}(u, v)=f_U(u)f_V(v)$, 即 U, V 相互独立,亦即 $X+Y$ 和 $\dfrac{X}{X+Y}$ 相互独立.

注意　上例中的随机变量 U 和 V 都依赖随机变量 X 与 Y, 直觉上 U 和 V 是不独立的. 但是通过计算可以知道 U 和 V 实际上是相互独立的. 因此在判断随机变量的独立性时只靠直觉是不行的.

例 3.27(瑞利分布)　设火炮射击时弹着点的坐标 (X, Y) 服从二维正态分布,其联合密度函数为 $f_{X,Y}(x, y)=\dfrac{1}{2\pi\sigma^2}\mathrm{e}^{-\frac{x^2+y^2}{2\sigma^2}}$, 此处把目标作为坐标原点,试求弹着点与目标之间的距离 $Z=\sqrt{X^2+Y^2}$ 的密度函数 $f_Z(z)$.

解　方法一: 令 $\begin{cases} z=\sqrt{x^2+y^2} \\ y=y \end{cases} \Rightarrow \begin{cases} x=\pm\sqrt{z^2-y^2}, \\ y=y, \end{cases}$ $z \geqslant |y|$,

$$J_1=\begin{vmatrix}\dfrac{z}{\sqrt{z^2-y^2}} & \dfrac{-y}{\sqrt{z^2-y^2}}\\ 0 & 1\end{vmatrix}=\frac{z}{\sqrt{z^2-y^2}},\ J_2=-\frac{z}{\sqrt{z^2-y^2}},$$

$$f_{Z,Y}(z,\ y)=\sum_{i=1}^{2}f_{X,Y}(h_1^{(i)}(z,\ y),\ h_2^{(i)}(z,\ y))\mid J_i\mid$$

$$=\frac{1}{2\pi\sigma^2}\mathrm{e}^{-\frac{(z^2-y^2)+y^2}{2\sigma^2}}\frac{2z}{\sqrt{z^2-y^2}}=\frac{z\mathrm{e}^{-\frac{z^2}{2\sigma^2}}}{\pi\sigma^2\sqrt{z^2-y^2}},$$

对 $z>0$ 有：　　$f_Z(z)=\int_{-\infty}^{+\infty}f_{Z,Y}(z,\ y)\mathrm{d}y=\frac{z}{\pi\sigma^2}\mathrm{e}^{-\frac{z^2}{2\sigma^2}}\int_{-z}^{z}\frac{\mathrm{d}y}{\sqrt{z^2-y^2}}$

$$=\frac{z}{\sigma^2}\mathrm{e}^{-\frac{z^2}{2\sigma^2}}.$$

方法二：对 $z>0$，

$$F_Z(z)=P(Z\leqslant z)=P(\sqrt{X^2+Y^2}\leqslant z)=P(X^2+Y^2\leqslant z^2)$$

$$=\int_0^z\rho\mathrm{d}\rho\int_0^{2\pi}\frac{1}{2\pi\sigma^2}\mathrm{e}^{-\frac{\rho^2}{2\sigma^2}}\mathrm{d}\theta=\int_0^{\frac{z^2}{2\sigma^2}}\mathrm{e}^{-t}\mathrm{d}t=1-\mathrm{e}^{-\frac{z^2}{2\sigma^2}},$$

即有：$f_Z(z)=\frac{z}{\sigma^2}\mathrm{e}^{-\frac{z^2}{2\sigma^2}},\ z>0.$

方法三：$X\sim N(0,\ \sigma^2)$，$Y\sim N(0,\ \sigma^2)$，且相互独立，则 $\frac{X}{\sigma}\sim N(0,\ 1)$，$\frac{Y}{\sigma}\sim N(0,\ 1)$，且相互独立，进而 $\frac{X^2}{\sigma^2}\sim\chi^2(1)$，$\frac{Y^2}{\sigma^2}\sim\chi^2(1)$，且相互独立，于是有：$\frac{X^2+Y^2}{\sigma^2}\sim\chi^2(2)$ 或 $\mathrm{Exp}(1/2)$，所以，对 $z>0$，

$$F_Z(z)=P(Z\leqslant z)=P(\sqrt{X^2+Y^2}\leqslant z)=P(X^2+Y^2\leqslant z^2)$$

$$=P\left(\frac{X^2+Y^2}{\sigma^2}\leqslant\frac{z^2}{\sigma^2}\right)=1-\mathrm{e}^{-\frac{z^2}{2\sigma^2}}.$$

即有：$f_Z(z)=\frac{z}{\sigma^2}\mathrm{e}^{-\frac{z^2}{2\sigma^2}},\ z>0.$

例 3.28　设四维随机向量 $(X_1,\ X_2,\ X_3,\ X_4)$ 的联合密度函数为

$$f_{X_1,X_2,X_3,X_4}(x_1,\ x_2,\ x_3,\ x_4)=\begin{cases}1+x_1x_2x_3x_4, & -0.5\leqslant x_1,\ x_2,\ x_3,\ x_4\leqslant 0.5,\\ 0, & \text{其他},\end{cases}$$

则有 $X_1\pm X_2$ 与 $X_3\pm X_4$ 不独立.

证明　易知：$f_{X_i}(x)=\begin{cases}1, & -0.5\leqslant x\leqslant 0.5,\\ 0, & \text{其他},\end{cases}$ $i=1,\ 2,\ 3,\ 4$，且 $-X_i$ 与 X_i 同分布，

$$f_{X_1,X_2}(x_1, x_2)=\begin{cases}1, & -0.5\leqslant x_1, x_2\leqslant 0.5,\\ 0, & \text{其他},\end{cases}$$

$$f_{X_1,X_2,X_3}(x_1, x_2, x_3)=\begin{cases}1, & -0.5\leqslant x_1, x_2, x_3\leqslant 0.5,\\ 0, & \text{其他},\end{cases}$$

易知：X_1, X_2, X_3, X_4 每三个都独立，进而也两两独立，再者 $X_1\pm X_2$ 与 $X_3\pm X_4$ 同分布.

且　$$f_{X_1+X_2}(x)=f_{X_1-X_2}(x)=f_{X_3+X_4}(x)=f_{X_3-X_4}(x)=\begin{cases}1+x, & -1\leqslant x<0,\\ 1-x, & 0\leqslant x<1,\\ 0, & \text{其他},\end{cases}$$

做如下变换：$Y_1=X_1+X_2$，$Y_2=X_1-X_2$，$Y_3=X_3+X_4$，$Y_4=X_3-X_4$，则 (Y_1, Y_2, Y_3, Y_4) 的联合密度函数为 $f_{Y_1,Y_2,Y_3,Y_4}(y_1, y_2, y_3, y_4)=$
$$\begin{cases}\dfrac{1}{4}+\dfrac{1}{64}(y_1^2-y_2^2)(y_3^2-y_4^2), & -1\leqslant y_1+y_2, y_1-y_2, y_3+y_4, y_3-y_4\leqslant 1,\\ 0, & \text{其他},\end{cases}$$

则对 $0\leqslant y_2, y_3\leqslant 1$ 时，

$$f_{Y_2,Y_3}(y_2, y_3)=\int_{y_2-1}^{1-y_2}\mathrm{d}y_1\int_{y_3-1}^{1-y_3}\left[\frac{1}{4}+\frac{1}{64}(y_1^2-y_2^2)(y_3^2-y_4^2)\right]\mathrm{d}y_4$$
$$=(1-y_2)(1-y_3)\left[1-\frac{1}{144}(1-2y_2-2y_2^2)(1-2y_3-2y_3^2)\right],$$

也即当 $0\leqslant x, y\leqslant 1$ 时，(X_1-X_2, X_3+X_4) 的联合密度函数为

$$f_{X_1-X_2,X_3+X_4}(x, y)=(1-x)(1-y)\left[1-\frac{1}{144}(1-2x-2x^2)(1-2y-2y^2)\right].$$

由于 $(1-2x-2x^2)(1-2y-2y^2)$ 在 $0\leqslant x, y\leqslant 1$ 上仅在 $x=\dfrac{\sqrt{3}-1}{2}$ 与 $y=\dfrac{\sqrt{3}-1}{2}$ 上等于零，因此，在 $0\leqslant x, y\leqslant 1$ 上，$f_{X_1-X_2,X_3+X_4}(x, y)$ 并非几乎处处等于 $f_{X_1-X_2}(x)f_{X_3+X_4}(y)=(1-x)(1-y)$，这表明：$X_1-X_2$ 与 X_3+X_4 不独立. 同理可得：$X_1\pm X_2$ 与 $X_3\pm X_4$ 不独立.

注意　上例说明虽然 X_1, X_2, X_3, X_4 每三个都独立(当然两两独立)，但也可能 $X_1\pm X_2$ 与 $X_3\pm X_4$ 不独立，特别地，虽然 X_1, X_2, X_3 两两独立，但也可能 $X_1\pm X_2$ 与 X_3 不独立.

例 3.29(和模运算)　信号、图像信息领域中经常遇到两幅图像信息或两个信号之间的求和模运算. 假设连续型随机变量 X, Y 相互独立，$X\sim U[0, 1)$，且 Y 的密度函数为 $f_Y(y)$，$0\leqslant y\leqslant 1$，证明 $Z=\mathrm{mod}(X+Y, 1)\sim U[0, 1)$，且 Z, Y 相互独立.

证明　对 $z<0$ 时，$F_Z(z)=P(Z\leqslant z)=0$；当 $z\geqslant 1$ 时，$F_Z(z)=P(Z\leqslant z)=1$. 又 (X, Y) 的联合密度为：$f(x, y)=f_Y(y)$，$(x, y)\in[0, 1)\times[0, 1)$，

$$F_Z(z)=P(\mathrm{mod}(X+Y, 1)\leqslant z)=P(0\leqslant X+Y\leqslant z)+P(1\leqslant X+Y\leqslant 1+z)$$

$$=\int_0^z dy\int_0^{z-y} f_Y(y)dx+\int_0^1 dy\int_{1-y}^1 f_Y(y)dx-\int_z^1 dy\int_{1+z-y}^1 f_Y(y)dx$$
$$=\int_0^z (z-y)f_Y(y)dy+\int_0^1 yf_Y(y)dy-\int_z^1 (y-z)f_Y(y)dy$$
$$=\int_0^1 (z-y)f_Y(y)dy+\int_0^1 yf_Y(y)dy=z,$$

即
$$Z\sim U[0,1).$$

又
$$F_{Z|Y}(z\mid y)=P(Z\leqslant z\mid Y=y)=P(\mathrm{mod}(X+y,1)\leqslant z)$$
$$=P(0\leqslant X+y\leqslant z)+P(1\leqslant X+y\leqslant 1+z)$$
$$=P(0\leqslant X\leqslant z-y)+P(1-y\leqslant X\leqslant 1+z-y).$$

当 $z\leqslant y$ 时,$F_{Z|Y}(z\mid y)=P(1-y\leqslant X\leqslant 1+z-y)=(1+z-y)-(1-y)=z$;
当 $z>y$ 时,$F_{Z|Y}(z\mid y)=P(0\leqslant X\leqslant z-y)+P(1-y\leqslant X\leqslant 1)=z-y+1-(1-y)=z$.
由此可以看到,$F_{Z|Y}(z\mid y)$ 与 y 无关,即 Z,Y 相互独立.

3.5.5 极值的分布

称 $\max(X_1, X_2, \cdots, X_n)$ 为 n 个随机变量 $X_1, X_2, \cdots, X_n$ 的极大值随机变量,记为 $X_{(n)}$,称 $\min(X_1, X_2, \cdots, X_n)$ 为 n 个随机变量 $X_1, X_2, \cdots, X_n$ 的极小值随机变量,记为 $X_{(1)}$,在统计中 $X_{(n)}$ 与 $X_{(1)}$ 称为极值,其分布称为极值分布.

极值在概率论与数理统计中具有极其重要的作用和实用价值,因为一些灾害性的自然现象,如地震、洪水等都是一种极值;又如材料和疲劳试验等,用极值模型来描述都比较方便和自然.从应用的角度来看,使用极值的一个很大的优点是它受到数据可能缺失的影响不大,因为极端值往往是最使人注意的现象,因而忽视它的可能性比较小,这在使用历史数据时尤其重要.从理论上说,关于个别观察值的总体分布形式通常所知甚少,然而极值分布只有很少几种类型,其形式与原数据的总体分布关系不大,极值在系统可靠性理论中也有极其重要的应用.例如,如果一个系统 L_1 由 n 个单元串联所构成,每个单元的寿命记为 X_i,$i=1, 2, \cdots, n$,则易知系统 L_1 的寿命为 $\min(X_1, X_2, \cdots, X_n)$.如果一个系统 L_2 由 n 个单元并联所构成,每个单元的寿命记为 X_i,$i=1, 2, \cdots, n$,则易知系统 L_2 的寿命为 $\max(X_1, X_2, \cdots, X_n)$.下面求 $X_{(1)}$ 和 $X_{(n)}$ 的分布函数.

设 X_i 的分布函数为 $F_{X_i}(x)$,$i=1, 2, \cdots, n$,采用"分布函数法"可得:

$$F_{X_{(1)}}(x)=P(X_{(1)}\leqslant x)=1-P(X_{(1)}>x)=1-P(X_1>x, X_2>x, \cdots, X_n>x),$$
$$F_{X_{(n)}}(x)=P(X_{(n)}\leqslant x)=P(X_1\leqslant x, X_2\leqslant x, \cdots, X_n\leqslant x).$$

如果 $X_1, X_2, \cdots, X_n$ 相互独立,则

$$F_{X_{(1)}}(x)=1-P(X_1>x)P(X_2>x)\cdots P(X_n>x)=1-\prod_{i=1}^n[1-F_{X_i}(x)],$$
$$F_{X_{(n)}}(x)=P(X_1\leqslant x)P(X_2\leqslant x)\cdots P(X_n\leqslant x)=\prod_{i=1}^n F_{X_i}(x).$$

如果 $X_1, X_2, \cdots, X_n$ 相互独立同分布,X_i 的分布函数记为 $F(x)$,此时有:

$$F_{X_{(1)}}(x)=1-[1-F(x)]^n,\ F_{X_{(n)}}(x)=[F(x)]^n.$$

如果 $X_1, X_2, \cdots, X_n$ 为连续型的，且相互独立同分布，X_i 的分布函数和密度函数分别记为 $F(x)$，$f(x)$，则 $X_{(1)}$ 和 $X_{(n)}$ 的密度函数分别为：

$$f_{X_{(1)}}(x)=n[1-F(x)]^{n-1}f(x),\ f_{X_{(n)}}(x)=n[F(x)]^{n-1}f(x).$$

例 3.30　(1) 设 n 个非负随机变量 $X_1, X_2, \cdots, X_n$ 独立同分布于指数分布 $\mathrm{Exp}(\lambda)$，问 $X_{(1)}$ 服从什么分布？

(2) 设 n 个非负随机变量 $X_1, X_2, \cdots, X_n$ 独立同分布于两参数威布尔分布 $W(m, \beta)$，问 $X_{(1)}$ 服从什么分布？

(3) 设取值为正整数值的 n 个离散型随机变量 $X_1, X_2, \cdots, X_n$ 独立同分布于几何分布 $Ge(p)$，问 $X_{(1)}$ 服从什么分布？

解　(1) 对 $x>0$，$F_{X_{(1)}}(x)=1-[1-F(x)]^n=1-\mathrm{e}^{-n\lambda x}$，即 $X_{(1)}\sim\mathrm{Exp}(n\lambda)$；

(2) 对 $x>0$，$F_{X_{(1)}}(x)=1-[1-F(x)]^n=1-\exp\left[-n\left(\dfrac{x}{\beta}\right)^m\right]=1-\exp\left[-\left(\dfrac{x}{\beta/n^{1/m}}\right)^m\right]$，

即 $X_{(1)}\sim W\left(m, \dfrac{\beta}{n^{1/m}}\right)$；

(3) 对 $k=1, 2, \cdots$，$P(X_{(1)}>k)=P(X_1>k, X_2>k, \cdots, X_n>k)=[P(X_1>k)]^n=\left[p\sum\limits_{i=k+1}^{+\infty}q^{i-1}\right]^n=q^{kn}$，

$$P(X_{(1)}=k)=P(X_{(1)}>k-1)-P(X_{(1)}>k)=q^{(k-1)n}-q^{kn}=(1-q^n)(q^n)^{k-1},$$

记 $p'=1-q^n$，$q'=1-p'=q^n$，则 $P(X_{(1)}=k)=p'(q')^{k-1}$，即 $X_{(1)}\sim Ge(p')$.

例 3.31(致命冲击模型)　假设有两个单元组成的一个系统，受到三个相互独立的冲击源的影响：第一个冲击源的冲击只损坏单元 1，其出现在随机时间 U_1，$P(U_1>x)=\mathrm{e}^{-\lambda_1 x}$，即 U_1 服从失效率为 λ_1 的指数分布 $U_1\sim\mathrm{Exp}(\lambda_1)$，分布函数为 $P(U_1\leqslant x)=1-\mathrm{e}^{-\lambda_1 x}$；第二个冲击源的冲击只损坏单元 2，其出现在随机时间 U_2，$P(U_2>y)=\mathrm{e}^{-\lambda_2 y}$，即 U_2 服从失效率为 λ_2 的指数分布 $U_2\sim\mathrm{Exp}(\lambda_1)$，分布函数为 $P(U_2\leqslant y)=1-\mathrm{e}^{-\lambda y}$；第三个冲击源的冲击同时损坏单元 1 和单元 2，其出现在随机时间 U_{12}，$P(U_{12}>z)=\mathrm{e}^{-\lambda_{12}z}$，即 U_{12} 服从失效率为 λ_{12} 的指数分布 $U_{12}\sim\mathrm{Exp}(\lambda_{12})$，分布函数为 $P(U_{12}\leqslant z)=1-\mathrm{e}^{-\lambda_{12}z}$.

此时，若用 X，Y 分别表示单元 1 和单元 2 的寿命，则 $X=\min(U_1, U_{12})$，$Y=\min(U_2, U_{12})$.

由此 (X, Y) 的联合生存概率为：对 $x, y\geqslant 0$，

$$\begin{aligned}P(X>x, Y>y)&=P(\min(U_1, U_{12})>x, \min(U_2, U_{12})>y)\\&=P(U_1>x, U_{12}>x, U_2>y, U_{12}>y)\\&=P(U_1>x, U_2>y, U_{12}>\max(x, y))\\&=P(U_1>x)P(U_2>y)P(U_{12}>\max(x, y))\\&=\mathrm{e}^{-\lambda_1 x}\mathrm{e}^{-\lambda_2 y}\mathrm{e}^{-\lambda_{12}\max(x, y)}.\end{aligned}$$

(X, Y) 的联合密度函数为：$f(x, y)=\begin{cases}\lambda_2(\lambda_1+\lambda_{12})\mathrm{e}^{-(\lambda_1+\lambda_{12})x-\lambda_2 y}, & x>y, \\ \lambda_1(\lambda_2+\lambda_{12})\mathrm{e}^{-(\lambda_2+\lambda_{12})y-\lambda_1 x}, & x \leqslant y.\end{cases}$

习　题　3

1. 甲、乙两人独立地各进行两次射击，设两人命中概率分别为0.6，0.7，以 X，Y 分别表示甲和乙的命中次数，试求 X 和 Y 的联合分布列.

2. 某公司经理和他的秘书定于周末星期日中午12点至下午1点在办公室会面，并约定先到者等20分钟后即可离去，试求两人能会面的概率.

3. 假设二维随机变量 (X, Y) 在矩形域 $G=\{(x, y): 0 \leqslant x \leqslant 2, 0 \leqslant y \leqslant 1\}$ 上服从均匀分布. 令 $U=\begin{cases}1, & X>Y, \\ 0, & X \leqslant Y,\end{cases}$ $V=\begin{cases}1, & X>2Y, \\ 0, & X \leqslant 2Y,\end{cases}$ 求 U 和 V 的联合概率分布.

4. 设二维随机变量 (X, Y) 的联合概率密度为：$f(x, y)=\begin{cases}kxy, & 0 \leqslant x<1, 0 \leqslant y<1, \\ 0, & \text{其他},\end{cases}$ 求：(1) k 的值；(2) (X, Y) 的联合分布函数；(3) X，Y 是否独立？

5. 一射手进行射击，击中目标的概率为 $p\ (0<p<1)$，射击进行到击中目标两次为止，以 X 表示首次击中目标所进行射击次数，以 Y 表示总共进行的射击次数. 试求 X 和 Y 的联合分布及条件分布.

6. 若随机变量 X，Y 分别服从 $p_1=0.5$ 和 $p_2=0.6$ 的两点分布，且相互独立，求概率 $P(X \leqslant Y)$.

7. 设二维随机变量 (X, Y) 在区域 D：$|x| \leqslant 1$，$|y| \leqslant 1$ 上服从均匀分布，求：(1) (X, Y) 的联合密度函数 $f(x, y)$；(2) $P(|X|+|Y| \leqslant 1)$.

8. 一盒装有4个球，分别标以号码1,2,3,4，现从中随机地取一球，不放回，再取一个，分别记第一次、第二次取出球上的号码为 X，Y，问 X，Y 是否相互独立？

9. 设 (X, Y)，(U, V) 的联合密度函数分别为：

$$f(x, y)=\begin{cases}x+y, & 0 \leqslant x \leqslant 1, 0 \leqslant y \leqslant 1, \\ 0, & \text{其他},\end{cases}$$

$$f(u, v)=\begin{cases}\left(u+\dfrac{1}{2}\right)\left(v+\dfrac{1}{2}\right), & 0 \leqslant u \leqslant 1, 0 \leqslant v \leqslant 1, \\ 0, & \text{其他},\end{cases}$$

分别求出它们的边际密度函数.

10. 设 (X, Y) 的联合密度为：$f(x, y)=\begin{cases}x+y, & 0<x<1, 0<y<1, \\ 0, & \text{其他},\end{cases}$ 求在 $0<X<\dfrac{1}{n}$ 的条件下，Y 的分布函数与密度函数.

11. 设 (X, Y) 是从 $S=\{(x, y): (x-1)^2+(y+2)^2 \leqslant 9\}$ 中随机取出的一点的坐标，(1) 求 (X, Y) 的联合密度函数；(2) 对任意给定 $X=x$ 下，求 Y 的条件密度；(3) 求 $P(Y>0 \mid X=2)$.

12. 设 X 服从 $[0, 1]$ 上的均匀分布，求在已知 $X>\dfrac{1}{2}$ 的条件下 X 的条件分布函数.

13. 设随机变量 X 和 Y 相互独立，有 $f_X(x)=\begin{cases}1, & 0 \leqslant x \leqslant 1, \\ 0, & \text{其他},\end{cases}$ $f_Y(y)=\begin{cases}2y, & 0 \leqslant y \leqslant 1, \\ 0, & \text{其他},\end{cases}$ 求随机变量 $Z=X+Y$ 的密度函数 $f_Z(z)$.

14. 设随机变量 X,Y 相互独立，其密度函数分别为：

$$f_X(x)=\begin{cases}1, & 0\leqslant x\leqslant 1,\\ 0, & \text{其他},\end{cases}\quad f_Y(y)=\begin{cases}e^{-y}, & y>0,\\ 0, & y\leqslant 0,\end{cases}$$

求 $Z=2X+Y$ 的密度函数.

15. 甲乙两人约定中午 12:30 在某地会面. 如果甲来到的时间在 12:15 到 12:45 之间是均匀分布. 乙独立地到达，而且到达时间在 12:00 到 13:00 之间是均匀分布，试求先到的人等待另一人到达的时间不超过 5 分钟的概率及甲先到的概率.

16. 若 U_1, U_2 相互独立，均服从 $U[0,1]$，令 $X=\sqrt{-2\ln U_1}\cos 2\pi U_2$, $Y=\sqrt{-2\ln U_1}\sin 2\pi U_2$，证明 X, Y 相互独立，且均服从 $N(0,1)$.

17. 设随机变量 X 与 Y 相互独立，分别服从 $[a_1, b_1]$ 和 $[a_2, b_2]$ 上的均匀分布，且区间长 $b_1-a_1<b_2-a_2$，求 $Z=X+Y$ 的密度函数.

18. 某投资者现持有两种股票：第一种持有 150 股，第二种持有 100 股(这样的投资策略称为投资组合)，分别用 X_i, $i=1, 2$ 表示第 i 只股票一年后的价格，并设 X_1 和 X_2 相互独立，已知 X_1 服从 $[6, 8]$ 上的均匀分布，X_2 服从 $[10, 15]$ 上的均匀分布. 则 $Y=150X_1+100X_2$ 是一年后该投资者持有的投资组合的价值. 试求 Y 的分布.

19. 设随机变量 X 和 Y 相互独立，且有 $X\sim \mathrm{Exp}(a)$, $a>0$, $Y\sim \mathrm{Exp}(b)$, $b>0$，求随机变量 $Z=\dfrac{X}{Y}$ 的密度函数.

20. 掷二枚硬币，以 X 表示出现正面的次数，Y 表示出现反面的次数，试求 $V=|X-Y|$ 的分布列.

21. 已知随机变量 X 与 Y 相互独立，密度函数分别为 $f_X(x)$, $x\in(0,1)$ 和 $f_Y(y)$, $y\in(0,1)$，试求乘积 $Z=XY$ 的密度函数表达式.

22. 设 (X, Y) 在矩形区域 $D=\{(x, y)\mid 0\leqslant x\leqslant 1, 0\leqslant y\leqslant 2\}$ 上服从均匀分布，求下列随机变量的密度函数：(1) $Z_1=XY$; (2) $Z_2=\min\{X, Y\}$.

23. 设某种商品一周的需要量是一个随机变量，其概率密度函数为 $f(x)=\begin{cases}x e^{-x}, & x>0,\\ 0, & \text{其他},\end{cases}$ 如果各周的需要量相互独立，求两周需要量的密度函数.

24. 设某种型号灯泡的寿命(以小时计)近似地服从 $N(180, 40^2)$ 分布，随机地选取 4 只做寿命测试，求其中没有一只寿命小于 200 小时的概率.

25. 设二维随机变量 (X, Y) 的联合分布列如题表 3.1 所示：

题表 3.1

Y \ X	0	1	2
0	0.25	0.15	0.20
1	0.10	0.15	0.15

求 $Z_1=X+Y$, $Z_2=\max(X, Y)$, $Z_3=\min(X, Y)$ 的分布列.

26. 设随机变量 X, Y 相互独立，其密度函数分别为：

$$f_X(x)=\begin{cases}1, & 0\leqslant x\leqslant 1,\\ 0, & \text{其他},\end{cases}\quad f_Y(y)=\begin{cases}e^{-y}, & y\geqslant 0,\\ 0, & y<0,\end{cases}$$

求 $Z=X+Y$ 的密度函数.

27. 设二维随机变量 (X, Y) 的密度函数为：

$$f(x, y)=\begin{cases}cy(1-x-y), & x>0, y>0, x+y<1,\\ 0, & \text{其他}.\end{cases}$$

求:(1) 常数 c;(2) 条件密度函数 $f_{X|Y}(x \mid y)$.

28. 设 (X, Y) 为二维随机变量,且 X, Y 独立同分布于参数为 1 的指数分布,记 $\begin{cases} U = X + Y, \\ V = X - Y, \end{cases}$ 求 (U, V) 的联合密度函数.

29. 设系统 L 由两个相互独立的子系统 L_1, L_2 连接而成,连接方式分别为串联、并联、贮备(当系统 L_1 损坏时,系统 L_2 开始工作),如题图 3.1 所示,设 L_1, L_2 的寿命分别为 X, Y,已知它们的概率密度分别为 $f_X(x) = \begin{cases} \alpha e^{-\alpha x}, & x > 0, \\ 0, & x \leqslant 0, \end{cases}$ $f_Y(y) = \begin{cases} \beta e^{-\beta y}, & y > 0, \\ 0, & y \leqslant 0, \end{cases}$ 其中 $\alpha > 0$, $\beta > 0$ 且 $\alpha \neq \beta$,试分别就以上三种连接方式写出系统 L 的寿命 Z 的密度函数(串联、并联、贮备).

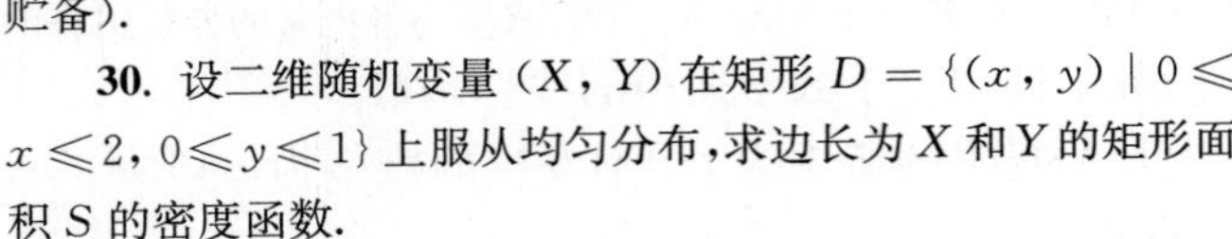

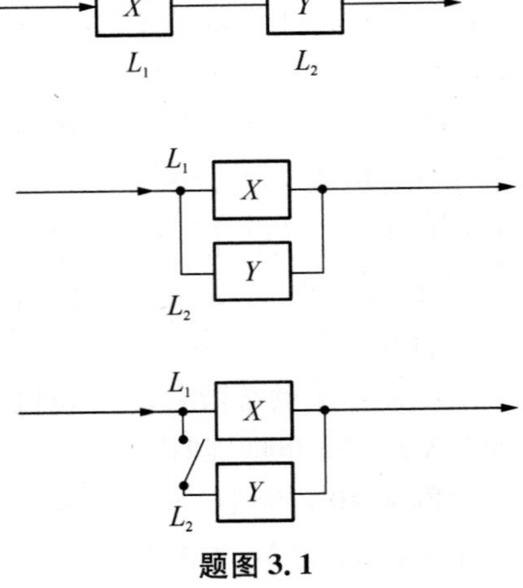

题图 3.1

30. 设二维随机变量 (X, Y) 在矩形 $D = \{(x, y) \mid 0 \leqslant x \leqslant 2, 0 \leqslant y \leqslant 1\}$ 上服从均匀分布,求边长为 X 和 Y 的矩形面积 S 的密度函数.

31. 设 (X, Y) 在区域 D 内服从均匀分布,求 (X, Y) 的联合分布函数,其中 D 是由直线 $x + 2y = 2$、x 轴及 y 轴所围的三角形区域.

32. 设随机变量 (X, Y) 的联合密度函数为:$f(x, y) = \begin{cases} 3x, & 0 < x < 1, 0 < y < x, \\ 0, & \text{其他}, \end{cases}$ 求 $Z = X + Y$ 的密度函数 $f_Z(z)$.

33. 设随机变量 X 与 Y 相互独立,且都服从均匀分布 $U[0, 1]$,令 $Z = X + Y$, $W = X - Y$,问 Z 与 W 是否相互独立?

34. 设 X_1, X_2 独立且同服从正态总体 $N(0, \sigma^2)$,证明:(1) $X_1 + X_2$ 与 $X_1 - X_2$ 相互独立;(2) 求 $\dfrac{(X_1 + X_2)^2}{(X_1 - X_2)^2}$ 的密度函数;(3) 求 $P\left\{\dfrac{(X_1 + X_2)^2}{(X_1 - X_2)^2} \leqslant 1\right\}$.

35. 求二重积分 $\iint\limits_D \dfrac{1}{2\pi ab} \exp\left[\dfrac{1}{2}\left(\dfrac{x^2}{a^2} + \dfrac{y^2}{b^2}\right)\right] dx\,dy$,其中 D 为椭圆 $\dfrac{x^2}{a^2} + \dfrac{y^2}{b^2} \leqslant r$, $r > 0$.

36. 设 X_1 与 X_2 相互独立,并同服从参数为 p 的几何分布,即 $P(X_i = k) = pq^k$, $i = 1, 2$, $k = 0, 1, \cdots$. 证明:(1) $P(X_1 = k \mid X_1 + X_2 = n) = \dfrac{1}{n+1}$, $k = 0, 1, \cdots, n$;(2) 求 $Y = \max(X_1, X_2)$ 的分布;(3) 求 Y 与 X_1 的联合分布.

37. 设随机变量 (X, Y) 的联合密度函数为:$f(x, y) = \begin{cases} cx e^{-y}, & 0 < x < y < +\infty, \\ 0, & \text{其他}, \end{cases}$ 求:(1) 常数 c;(2) 关于 X 和关于 Y 的边际密度函数;(3) $f_{X|Y}(x \mid y)$, $f_{Y|X}(y \mid x)$;(4) (X, Y) 的联合分布函数;(5) $Z = X + Y$ 的密度函数;(6) $Z_1 = \max(X, Y)$ 和 $Z_2 = \min(X, Y)$ 的密度函数;(7) $P(X + Y \leqslant 1)$.

第 4 章　数 字 特 征

在前两章中分别研究了一维和多维随机变量的概率分布，明确了概率分布能完整地刻画随机变量的性质. 然而在许多实际问题中，一方面要确定一个随机变量的概率分布常常是比较困难的，另一方面，有时也并不需要明确知道随机变量完整的性质，而只要了解随机变量的某些特征就足够了. 例如，在评价某地区粮食产量的水平时，通常只要知道该地区粮食的平均产量. 又如，在评价一批棉花的质量时，既要注意纤维的平均长度，又要注意纤维长度与平均长度之间的偏离程度，平均长度较长，偏离程度较小，则质量就较好. 再如，如果要了解某射手的射击水平，我们关注的并不是该射手每次射击命中环数的分布规律，而是命中环数的平均值，这个值大致刻画了命中环数这个随机变量取值的平均位置，用它可以反映出该射手的射击水平. 像这种刻画随机变量某种特征的量，称其为随机变量的数字特征. 常用的数字特征有：数学期望、方差、矩、相关系数、偏度和峰度等.

4.1　数学期望

4.1.1　数学期望

平均值是日常生活中最常用的一个数字特征，它对评判事物、做出决策等具有重要的作用. 例如，某商场计划国庆节在户外搞一次促销活动，统计资料表明，如果在商场内搞促销活动，可获经济效益 3 万元，而在商场外搞促销活动，如果不遇到雨天可获得经济效益 12 万元，遇到雨天则带来经济损失 5 万元. 若前一天的天气预报称当日有雨的概率为 40%，那么商场应如何选择促销方式？

设商场该日在商场外搞促销活动预期获得的经济效益为 X，其为一随机变量，分布列为：$P(X=12)=0.6$，$P(X=-5)=0.4$. 如果要做出决策就要将此时的平均效益与 3 万元进行比较，如何求平均效益呢？要客观地反映平均效益，既要考虑 X 的所有取值，又要考虑 X 取每一个值的概率，即 $12P(X=12)+(-5)P(X=-5)=12\times 0.6-5\times 0.4=5.2$(万元)，称这个平均效益 5.2 万元为随机变量 X 的数学期望或均值. 下面分别给出离散型和连续型变量的数学期望定义.

定义 4.1(离散型变量的数学期望)　设 X 为离散型随机变量，其分布列为：$p_k=P(X=x_k)$，$k=1, 2, \cdots$，如果 $\sum\limits_{k=1}^{+\infty} x_k p_k$ 绝对收敛，即 $\sum\limits_{k=1}^{+\infty} |x_k| p_k<+\infty$，则称 $\sum\limits_{k=1}^{+\infty} x_k p_k$ 为离散型随机变量 X 的数学期望，记为 $E(X)$ 或 EX，有时也记作 μ，即 $E(X)=\sum\limits_{k=1}^{+\infty} x_k p_k$；

如果 $\sum_{k=1}^{+\infty} x_k p_k$ 不绝对收敛,则称其数学期望不存在.

(连续型变量的数学期望) 设 X 为连续型随机变量,其密度函数为 $f(x)$. 如果 $\int_{-\infty}^{+\infty} x f(x) \mathrm{d}x$ 绝对收敛,即 $\int_{-\infty}^{+\infty} |x| f(x) \mathrm{d}x < +\infty$,则称 $\int_{-\infty}^{+\infty} x f(x) \mathrm{d}x$ 为连续型随机变量 X 的数学期望,记为 $E(X)$ 或 EX,有时也记作 μ,即 $E(X) = \int_{-\infty}^{+\infty} x f(x) \mathrm{d}x$,如果 $\int_{-\infty}^{+\infty} x f(x) \mathrm{d}x$ 不绝对收敛,则称其数学期望不存在.

关于数学期望的定义,以下两点值得注意,一是数学期望实际上是平均数,所以也将数学期望称为“均值”,比如离散型随机变量的均值实际上就是随机变量取值 $x_k (k=1, 2, \cdots)$ 的加权平均,对应的权为 p_k;二是为什么要加“绝对收敛”这一条件?在此仅针对离散型随机变量作如下说明:要求级数绝对收敛,即 $\sum_{k=1}^{+\infty} |x_k| p_k < +\infty$. 这是因为随机变量 X 的取值 $x_k (k=1, 2, \cdots)$ 的次序并不是本质的,因而要求改变 X 的取值次序并不影响其数学期望的收敛性及和的值,这在数学上就要求级数绝对收敛,再者,由于级数的绝对收敛,使得其在处理和号交换等问题时就十分方便.

另外,连续型随机变量的数学期望的计算公式可通过离散型随机变量的数学期望公式求极限得到. 即设 X 是一个连续型随机变量,密度函数为 $f(x)$,取分点:$x_0 < x_1 < \cdots < x_{n+1}$,则随机变量 X 落在 $(x_i, x_{i+1}]$ 中的概率为:$P(x_i < X \leqslant x_{i+1}) = \int_{x_i}^{x_{i+1}} f(x) \mathrm{d}x$,$i = 0, 1, \cdots, n$,记 $\Delta x_i = x_{i+1} - x_i$,当 Δx_i 相当小时,就有 $P(x_i < X \leqslant x_{i+1}) \approx f(x_i) \Delta x_i$,$i = 0, 1, \cdots, n$,即分布列为 $\begin{pmatrix} x_0 & x_1 & \cdots & x_n \\ f(x_0)\Delta x_0 & f(x_1)\Delta x_1 & \cdots & f(x_n)\Delta x_n \end{pmatrix}$ 的离散型随机变量可以视作是 X 的一种近似,而这个离散型随机变量的数学期望为和式:$\sum_{i=0}^{n} x_i f(x_i) \Delta x_i$,它近似地表达了连续型随机变量 X 的平均值. 当 n 很大,即当分点愈密时,这种近似也愈好,于是上述和式以积分 $\int_{-\infty}^{+\infty} x f(x) \mathrm{d}x$ 为极限.

下面计算一些常用的离散型与连续型随机变量的数学期望.

例 4.1 求下列离散型和连续型随机变量的数学期望:

(1) $X \sim B(n, p)$;(2) $X \sim P(\lambda)$;(3) $X \sim Ge(p)$;(4) $X \sim U[a, b]$;(5) $X \sim N(\mu, \sigma^2)$;(6) $X \sim W(m, \beta)$;(7) $X \sim LN(\mu, \sigma^2)$.

解 (1) 若 $X \sim B(n, p)$,则

$$E(X) = \sum_{k=0}^{n} k \mathrm{C}_n^k p^k q^{n-k} = \sum_{k=1}^{n} k \mathrm{C}_n^k p^k q^{n-k} = np \sum_{i=0}^{n-1} \mathrm{C}_{n-1}^i p^i q^{n-1-i} = np(p+q)^{n-1} = np;$$

(2) 若 $X \sim P(\lambda)$,则

$$E(X) = \sum_{k=0}^{+\infty} k \frac{\lambda^k}{k!} \mathrm{e}^{-\lambda} = \sum_{k=1}^{+\infty} k \frac{\lambda^k}{k!} \mathrm{e}^{-\lambda} = \lambda \mathrm{e}^{-\lambda} \sum_{i=0}^{+\infty} \frac{\lambda^i}{i!} = \lambda \mathrm{e}^{-\lambda} \mathrm{e}^{\lambda} = \lambda;$$

(3) 若 $X \sim Ge(p)$,则

$$E(X)=\sum_{k=1}^{+\infty}kpq^{k-1}=p\left(\sum_{k=1}^{+\infty}q^k\right)'=p\left(\frac{q}{1-q}\right)'=p\,\frac{1}{(1-q)^2}=\frac{1}{p};$$

(4) 若 $X\sim U[a,b]$，则 $E(X)=\int_{-\infty}^{+\infty}xf(x)\mathrm{d}x=\int_a^b\frac{x}{b-a}\mathrm{d}x=\frac{b+a}{2}$，显然 $E(X)$ 正好是区间 $[a,b]$ 的中点；

(5) 若 $X\sim N(\mu,\sigma^2)$，则

$$\begin{aligned}E(X)&=\int_{-\infty}^{+\infty}xf(x)\mathrm{d}x=\int_{-\infty}^{+\infty}x\,\frac{1}{\sqrt{2\pi}\sigma}\exp\left[-\frac{(x-\mu)^2}{2\sigma^2}\right]\mathrm{d}x\\&=\frac{1}{\sqrt{2\pi}}\int_{-\infty}^{+\infty}(\sigma z+\mu)\exp\left(-\frac{z^2}{2}\right)\mathrm{d}z=\frac{\mu}{\sqrt{2\pi}}\int_{-\infty}^{+\infty}\exp\left(-\frac{z^2}{2}\right)\mathrm{d}z=\mu,\end{aligned}$$

可见正态分布 $N(\mu,\sigma^2)$ 中的参数 μ 正好是 X 的数学期望；

(6) 若 $X\sim W(m,\beta)$，则

$$E(X)=\int_0^{+\infty}x\,\frac{mx^{m-1}}{\beta^m}\exp\left[-\left(\frac{x}{\beta}\right)^m\right]\mathrm{d}x=\int_0^{+\infty}\beta t^{\frac{1}{m}}\mathrm{e}^{-t}\mathrm{d}t=\beta\Gamma\left(1+\frac{1}{m}\right),$$

特别地，若 $X\sim \mathrm{Exp}(\lambda)$，即在威布尔分布 $W(m,\beta)$ 中令 $m=1$，$\beta=\frac{1}{\lambda}$ 就成为 $\mathrm{Exp}(\lambda)$，于是有：$E(X)=\frac{1}{\lambda}$；

(7) 若 $X\sim LN(\mu,\sigma^2)$，则

$$\begin{aligned}E(X)&=\int_0^{+\infty}x\,\frac{1}{\sqrt{2\pi}\sigma x}\exp\left[-\frac{(\ln x-\mu)^2}{2\sigma^2}\right]\mathrm{d}x\\&=\int_{-\infty}^{+\infty}\frac{1}{\sqrt{2\pi}}\mathrm{e}^{\sigma t+\mu}\,\mathrm{e}^{-\frac{t^2}{2}}\mathrm{d}t=\int_{-\infty}^{+\infty}\mathrm{e}^{\mu+\frac{\sigma^2}{2}}\frac{1}{\sqrt{2\pi}}\exp\left[-\frac{(t-\sigma)^2}{2}\right]\mathrm{d}t=\mathrm{e}^{\mu+\frac{\sigma^2}{2}}.\end{aligned}$$

注意　在求离散型随机变量的数字特征时，经常会用到如下公式：

$$\sum_{k=1}^{+\infty}kx^{k-i}=\frac{1}{x^{i-1}(1-x)^2},\ x\in(0,1);\ \sum_{k=1}^{n}kx^{k-i}=\frac{1-(n+1)x^n+nx^{n+1}}{x^{i-1}(1-x)^2}.$$

例 4.2(数学期望不存在的例子)

(1) 设离散型随机变量 X 取值为 $x_k=(-1)^k\frac{2^k}{k}$，$k=1,2,\cdots$，而 $p_k=P(X=x_k)=\frac{1}{2^k}$.

注意到，虽然有：$\sum_{k=1}^{+\infty}x_k p_k=\sum_{k=1}^{+\infty}(-1)^k\frac{1}{k}=-\ln 2$，

但由于 $\sum_{k=1}^{+\infty}|x_k|p_k=\sum_{k=1}^{+\infty}\frac{1}{k}=+\infty$，因此 X 的数学期望不存在.

(2) 设随机变量 X 服从柯西分布,其密度函数为:

$$f(x)=\frac{1}{\pi(1+x^2)},\ -\infty<x<+\infty,$$

注意到,

$$\int_{-\infty}^{+\infty}|x|f(x)\mathrm{d}x=\frac{1}{\pi}\int_{-\infty}^{+\infty}\left|\frac{x}{1+x^2}\right|\mathrm{d}x=\frac{2}{\pi}\int_0^{+\infty}\frac{x}{1+x^2}\mathrm{d}x$$
$$=\lim_{t\to+\infty}\frac{1}{\pi}\ln(1+t^2)=+\infty,$$

可见积分 $\int_{-\infty}^{+\infty}|x|f(x)\mathrm{d}x$ 不是绝对收敛,所以 X 的数学期望不存在.

例 4.3 设某射击手每次射击的命中率为 $p\ (0<p<1)$,现在他拿了 m 发子弹,射击进行到击中 1 次或子弹全部用完结束,求直到射击结束平均射击了多少次?

解 设 X 表示直到射击结束时的射击次数,则 X 的可能取值为 $1,2,\cdots,m$,且

$$P(X=k)=(1-p)^{k-1}p,\ k=1,2,\cdots,(m-1),$$
$$P(X=m)=(1-p)^{m-1}p+(1-p)^m=(1-p)^{m-1},$$

记 $q=1-p$,并注意到

$$\sum_{k=1}^{m}kx^{k-1}=\Big(\sum_{k=1}^{m}x^k\Big)'=\left(\frac{x-x^{m+1}}{1-x}\right)'=\frac{1-(m+1)x^m+mx^{m+1}}{(1-x)^2},$$

$$E(X)=\sum_{k=1}^{m}kP(X=k)=\sum_{k=1}^{m-1}k(1-p)^{k-1}p+m(1-p)^{m-1}=\sum_{k=1}^{m-1}kq^{k-1}p+mq^{m-1}$$
$$=p\,\frac{1-mq^{m-1}+(m-1)q^m}{(1-q)^2}+mq^{m-1}=\frac{1-q^m}{p}.$$

上例中,由于 $0<q<1$,当子弹足够多,即 $m\to+\infty$ 时,$\frac{1-q^m}{p}\to\frac{1}{p}$,和一直射击到击中目标为止所需的射击次数$\left[\text{服从参数 } p \text{ 的几何分布 } Ge(p) \text{ 的均值为} \frac{1}{p}\right]$是一致的.

例 4.4(打仗需要男子) 古代有一个国家的国王喜欢打仗,为了国内有更多的男子可以被征集来当兵,他下了一道命令:每个家庭最多只许有 1 个女孩,否则全家处死.这道命令实行几十年后,这个国家的家庭情况十分有趣:不少家庭只有 1 个女孩,有 2 个孩子的家庭是 1 男 1 女,有 3 个孩子的家庭是 2 男 1 女,有 4 个孩子的家庭是 3 男 1 女,……,无论前面有几个男孩,最后一个肯定是女孩.这是因为妇女生了一个女孩后,再也不敢生育了,怕万一下一胎还生女孩招来杀身之祸.从家庭里孩子的情况看,似乎男孩比女孩多,但国王发现可以征召的青年男子与同龄少女的比例还是差不多,也就是男子并没因他的命令而多起来,他十分不解,又无可奈何,感叹这是天意.

设随机变量 X,Y 分别表示一个家庭生育的男孩数与孩子数,注意到:事件“$X=i$,$i=0,1,2,\cdots$”表示第 $1,2,\cdots,i$ 胎是男孩,第 $i+1$ 胎是女孩,并终止生育.事件“$Y=j$,$j=$

1，2，⋯”表示第 $j-1$ 胎是男孩，第 j 胎是女孩，并终止生育，$E(X)$，$E(Y)$ 则分别表示一个家庭平均生育的男孩数与孩子数.

$$P(X=i)=\frac{1}{2^{i+1}},\ i=0,\ 1,\ 2,\ \cdots;\ P(Y=j)=\frac{1}{2^{j}},\ j=1,\ 2,\ \cdots.$$

由级数

$$\sum_{k=1}^{+\infty} k x^{k-1}=\frac{1}{(1-x)^{2}},\ \sum_{k=1}^{+\infty}\frac{k}{2^{k-1}}=4,$$

$$E(X)=\sum_{i=0}^{+\infty} i P(X=i)=\sum_{i=1}^{+\infty}\frac{i}{2^{i+1}}=\frac{1}{4}\sum_{i=1}^{+\infty}\frac{i}{2^{i-1}}=1,$$

$$E(Y)=\sum_{j=1}^{+\infty} j P(Y=j)=\sum_{j=1}^{+\infty}\frac{j}{2^{j}}=\frac{1}{2}\sum_{j=1}^{+\infty}\frac{j}{2^{j-1}}=2,$$

因为 $E(X)=1$，表示一个家庭平均生育的男孩数，而女孩总是一个，所以男女比例不会失调. 可见男孩不会多，果然是“天意”啊.

4.1.2 中位数、众数

用于刻画随机变量取值的平均位置和集中位置除了上面所讲的数学期望外，还有中位数和众数. 随机变量的数学期望不一定存在，当数学期望不存在时，中位数、众数在刻画取值的平均位置或集中位置时显得更为重要. 即使在数学期望存在的情形下，中位数、众数有时仍然是刻画取值平均位置或集中位置的良好参数，因为数学期望可能会受到虽然概率很小但数值很大的那些非主要部分的影响.

定义 4.2 对任意的随机变量 X，满足下面两个不等式的 x 称为 X 的中位数，记为 $x_{0.5}$，

$$P(X\leqslant x)\geqslant 0.5,\ P(X\geqslant x)\geqslant 0.5.$$

从中位数的定义可以看出，随机变量 X 的中位数指的是这样的点：它把 X 的概率分布分成相等的两部分，即位于该点左、右部分的概率均等于 0.5. 然而对于离散型随机变量，有时未必能找到把概率分布恰好分成概率相等两部分的点，也就是说，对于离散型分布，分位数可能不唯一. 对于连续型随机变量，由于 $P(X\leqslant x)=F_X(x)=1-P(X\geqslant x)$，上面两个不等式等价于 $F_X(x)=0.5$，此时，中位数 $x_{0.5}$ 便是方程 $F_X(x)=0.5$ 的根. 例如 $X\sim \mathrm{Exp}(\lambda)$，其中位数 $x_{0.5}$ 可由方程 $1-\mathrm{e}^{-\lambda x}=0.5$ 解得，即 $x_{0.5}=\frac{\ln 2}{\lambda}$. 当分布是对称时，对称中心就是中位数. 例如 $X\sim N(\mu,\ \sigma^2)$，其中位数 $x_{0.5}=\mu$.

中位数非常有用，有时比均值更能说明问题. 例如甲厂的电视机寿命的中位数是 25 000 小时，它表明甲厂的电视机中一半的寿命高于 25 000 小时，另一半的寿命低于 25 000 小时；若乙厂的电视机寿命的中位数是 30 000 小时，则乙厂的电视机在寿命质量上比甲厂好. 又如某城市职工年收入的中位数是两万元，这告诉人们，该城市职工中有一半人年收入超过两万元，另一半低于两万元. 而均值没有这种解释.

定义 4.3 设随机变量 X 是离散型的，X 最可能取的值[即概率 $P(X=x)$ 达到最大的 x 值]称为 X 的众数，如果随机变量 X 是连续型的，则使其密度函数 $f(x)$ 达到最大的 x 值

称为 X 的众数. X 的众数记为 $\mathrm{Mod}(X)$.

众数也是随机变量的一种位置特征数,在单峰分布场合,众数附近常是随机变量最可能取值的区域,众数及其附近区域通常会受到人们的特别关注. 例如,生产服装、鞋、帽等的工厂很重视最普遍、最众多的尺码,生产这种尺码给厂家带来的利润最大,这种最普遍、最众多的尺码便是众数.

对于 $X \sim B(n, p)$, 其众数为:

$$\mathrm{Mod}(X)=\begin{cases}(n+1)p \text{ 和 } (n+1)p-1, & \text{当 } (n+1)p \text{ 为整数},\\ [(n+1)p], & \text{当 } (n+1)p \text{ 不为整数};\end{cases}$$

而对于 $X \sim P(\lambda)$, 其众数为: $\mathrm{Mod}(X)=\begin{cases}\lambda \text{ 和 } \lambda-1, & \text{当 } \lambda \text{ 为整数},\\ [\lambda], & \text{当 } \lambda \text{ 不为整数}.\end{cases}$

例 4.5　设随机变量 X 服从自由度为 $n\ (n>2)$ 的 χ^2 分布,即 $X \sim \chi^2(n)$, 其密度函数为: $f(x)=\dfrac{1}{2^{\frac{n}{2}}\Gamma\left(\frac{n}{2}\right)}x^{\frac{n}{2}-1}\mathrm{e}^{-\frac{x}{2}}$, $x>0$, 求 X 的众数.

解　令函数 $g(x)=x^{\frac{n}{2}-1}\mathrm{e}^{-\frac{x}{2}}$, $x>0$,

$$g'(x)=\left(\frac{n}{2}-1\right)x^{\frac{n}{2}-2}\mathrm{e}^{-\frac{x}{2}}-\frac{1}{2}x^{\frac{n}{2}-1}\mathrm{e}^{-\frac{x}{2}}=\frac{1}{2}x^{\frac{n}{2}-2}\mathrm{e}^{-\frac{x}{2}}[(n-2)-x],$$

易知

$$\mathrm{Mod}(X)=n-2.$$

4.1.3　$N(0, 1)$, $\chi^2(n)$, $t(n)$ 和 $F(m, n)$ 分布及其分位数

下面针对连续型随机变量给出上侧 α 分位数的定义.

定义 4.4　设连续型随机变量 X 的分布函数和密度函数分别为 $F(x)$, $f(x)$, 对任意 $\alpha\ (0<\alpha<1)$, 假如 x_α 满足如下等式:

$$1-F(x_\alpha)=P(X>x_\alpha)=\int_{x_\alpha}^{+\infty}f(x)\mathrm{d}x=\alpha,$$

则称 x_α 为 X 的分布的上侧 α 分位数,特别地取 $\alpha=0.5$, 即 0.5 分位数就是中位数.

分位数在实际中常有应用. 例如轴承的寿命是较长的,为了比较轴承寿命的长短,常用 $\alpha=0.9$ 的分位数 $x_{0.9}$ 来进行,譬如一个厂的 $x_{0.9}=1\,000$ 小时,其表示有 10%的轴承在 1 000 小时前损坏,若另一厂的轴承 $\alpha=0.9$ 的分位数 $y_{0.9}=1\,500$ 小时,那么后者的轴承寿命较长.

1. $N(0, 1)$及其上侧分位数

设随机变量 X 服从标准正态分布 $N(0, 1)$, 其密度函数和分布函数分别为:

$$\varphi(x)=\frac{1}{\sqrt{2\pi}}\mathrm{e}^{-\frac{x^2}{2}},\ \Phi(x)=\frac{1}{\sqrt{2\pi}}\int_{-\infty}^{x}\mathrm{e}^{-\frac{t^2}{2}}\mathrm{d}t,$$

统计学上已编制成了现成的标准正态分布的分布函数值表. 另外,给定 $\alpha\ (0<\alpha<1)$, 定义 U_α, 使 $1-\Phi(U_\alpha)=\int_{U_\alpha}^{+\infty}\varphi(x)\mathrm{d}x=\alpha$, 称 U_α 为标准正态分布的上侧 α 分位数,其值可"倒查"标准正态分布的分布函数值表得到. 例如: $\alpha=0.001$, 0.01, 0.025, 0.05, 0.1,

0.9，0.95，0.975，0.99，0.999 时对应的 U_α 值分别为 3.10，2.326，1.96，1.645，1.28，-1.28，-1.645，-1.96，-2.326，-3.10.

若随机变量 X 服从一般的正态分布 $N(\mu,\sigma^2)$，其密度函数和分布函数分别为：

$$f(x)=\frac{1}{\sqrt{2\pi}\sigma}e^{-\frac{(x-\mu)^2}{2\sigma^2}}，F(x)=\frac{1}{\sqrt{2\pi}\sigma}\int_{-\infty}^{x}e^{-\frac{(t-\mu)^2}{2\sigma^2}}dt,$$

记正态分布 $N(\mu,\sigma^2)$ 的上侧 α 分位数为 x_α，即 $1-F(x_\alpha)=\alpha$.

又由于 $\frac{X-\mu}{\sigma}\sim N(0,1)$，则

$$\alpha=1-F(x_\alpha)=1-P(X\leqslant x_\alpha)=1-P\left(\frac{X-\mu}{\sigma}\leqslant\frac{x_\alpha-\mu}{\sigma}\right)=1-\Phi\left(\frac{x_\alpha-\mu}{\sigma}\right),$$

于是有：$\frac{x_\alpha-\mu}{\sigma}=U_\alpha$，即 $x_\alpha=\mu+\sigma U_\alpha$.

2. $\chi^2(n)$ 及其分位数

称随机变量 X 服从 $\chi^2(n)$，如果它有密度函数：

$$f(x)=\begin{cases}\dfrac{1}{2^{\frac{n}{2}}\Gamma\left(\dfrac{n}{2}\right)}x^{\frac{n}{2}-1}e^{-\frac{x}{2}}, & x>0,\\ 0, & x\leqslant 0,\end{cases}$$

记为 $X\sim\chi^2(n)$，其中，n 称为自由度，$\Gamma\left(\frac{n}{2}\right)=\int_0^{+\infty}x^{\frac{n}{2}-1}e^{-x}dx$.

$\chi^2(n)$ 是由皮尔逊于 1900 年发现的. $\chi^2(n)$ 的密度函数曲线与自由度有关. 图 4.1 是自由度分别为 1,3,10 和 20 的 $\chi^2(n)$ 的密度函数曲线. 从图上可以看出，当自由度很小时，$\chi^2(n)$ 的密度函数曲线向右伸展. 随着自由度的增加，$\chi^2(n)$ 的密度函数曲线变得越来越对称，当自由度达到相当大时，$\chi^2(n)$ 的密度函数曲线接近正态分布 $N(n,2n)$.

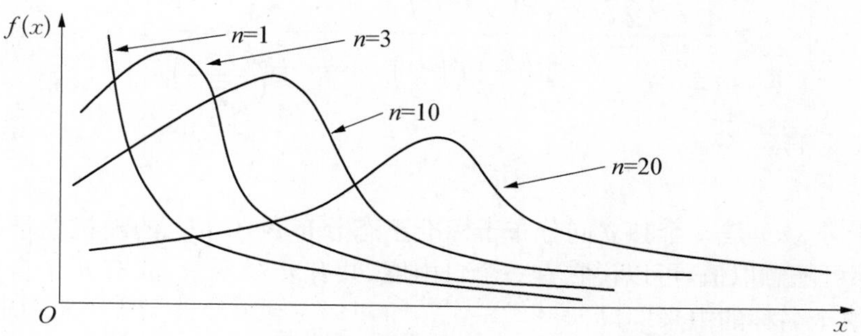

图 4.1 不同自由度的 $\chi^2(n)$ 分布密度函数曲线

定理 4.1 设 $X_1,X_2,\cdots,X_n$ 相互独立，且都服从 $N(0,1)$，则 $X=\sum_{i=1}^{n}X_i^2\sim\chi^2(n)$，特别地，若 $X\sim N(0,1)$，则 $X^2\sim\chi^2(1)$.

证明　采用数学归纳法.

(1) 当 $n=1$ 时, $X=X_1^2$, 而 X_1 的密度函数是: $\varphi(x)=\dfrac{1}{\sqrt{2\pi}}\mathrm{e}^{-\frac{x^2}{2}}$; 注意到 $\Gamma\left(\dfrac{1}{2}\right)=\sqrt{\pi}$, 而当 $x>0$, X 的密度函数为:

$$f_X(x)=\frac{1}{\sqrt{2\pi}}\mathrm{e}^{-\frac{x}{2}}(\sqrt{x})'+\frac{1}{\sqrt{2\pi}}\mathrm{e}^{-\frac{x}{2}}\left|(-\sqrt{x})'\right|=\frac{1}{2^{\frac{1}{2}}\Gamma\left(\frac{1}{2}\right)}x^{\frac{1}{2}-1}\mathrm{e}^{-\frac{x}{2}},$$

即 $X\sim\chi^2(1)$;

(2) 设 $n=k$ 时, $Y_k=X_1^2+X_2^2+\cdots+X_k^2$ 的分布密度为:

$$f_{Y_k}(y)=\begin{cases}\dfrac{1}{2^{\frac{k}{2}}\Gamma\left(\frac{k}{2}\right)}y^{\frac{k}{2}-1}\mathrm{e}^{-\frac{y}{2}}, & y>0,\\ 0, & y\leqslant 0,\end{cases}$$

而 $X=(X_1^2+X_2^2+\cdots+X_k^2)+X_{k+1}^2$, 当 $x>0$ 时,其分布密度为:

$$f_X(x)=\int_0^x\frac{1}{2^{\frac{k}{2}}\Gamma\left(\frac{k}{2}\right)}t^{\frac{k}{2}-1}\mathrm{e}^{-\frac{t}{2}}\,\frac{1}{2^{\frac{1}{2}}\Gamma\left(\frac{1}{2}\right)}(x-t)^{\frac{1}{2}-1}\mathrm{e}^{-\frac{x-t}{2}}\mathrm{d}t$$

$$=\frac{\mathrm{e}^{-\frac{x}{2}}}{2^{\frac{k+1}{2}}\Gamma\left(\frac{k}{2}\right)\Gamma\left(\frac{1}{2}\right)}\int_0^x t^{\frac{k}{2}-1}(x-t)^{\frac{1}{2}-1}\mathrm{d}t$$

$$=\frac{\mathrm{e}^{-\frac{x}{2}}x^{\frac{k+1}{2}-1}}{2^{\frac{k+1}{2}}\Gamma\left(\frac{k}{2}\right)\Gamma\left(\frac{1}{2}\right)}\int_0^1 u^{\frac{k}{2}-1}(1-u)^{\frac{1}{2}-1}\mathrm{d}u$$

$$=\frac{\mathrm{e}^{-\frac{x}{2}}x^{\frac{k+1}{2}-1}}{2^{\frac{k+1}{2}}}\,\frac{\mathrm{B}\left(\frac{k}{2},\frac{1}{2}\right)}{\Gamma\left(\frac{k}{2}\right)\Gamma\left(\frac{1}{2}\right)}=\frac{1}{2^{\frac{k+1}{2}}\Gamma\left(\frac{k+1}{2}\right)}x^{\frac{k+1}{2}-1}\mathrm{e}^{-\frac{x}{2}},$$

即 $X\sim\chi^2(k+1)$.

注意

(1) 由于 $\chi^2(n)$ 是 n 个独立同分布于标准正态分布 $N(0,1)$ 的随机变量的平方和,每个变量 X_i 都可随意取值,可以说它有一个自由度,共有 n 个变量,故有 n 个自由度,这就是"自由度 n"这个名称的由来.

(2) 如果 $X_1, X_2, \cdots, X_n$ 相互独立,且 $X_i\sim N(\mu_i,\sigma_i^2)$, 则 $\sum\limits_{i=1}^{n}\left(\dfrac{X_i-\mu_i}{\sigma_i}\right)^2\sim\chi^2(n)$.

记 $\chi^2(n)$ 的上侧 α 分位数为 $\chi_\alpha^2(n)$, 即 $\int_{\chi_\alpha^2(n)}^{+\infty}f(x)\mathrm{d}x=\alpha$, 分位数 $\chi_\alpha^2(n)$ 的数值可查知.

定理 4.2(χ^2 分布的可加性) 若 $X\sim\chi^2(m)$，$Y\sim\chi^2(n)$，且 X 与 Y 相互独立，则 $X+Y\sim\chi^2(m+n)$.

证明 令 $Z=X+Y$，对 $z>0$ 有：

$$f_Z(z)=\int_0^z \frac{1}{2^{\frac{m}{2}}\Gamma\left(\frac{m}{2}\right)}(z-y)^{\frac{m}{2}-1}\mathrm{e}^{-\frac{z-y}{2}}\cdot\frac{1}{2^{\frac{n}{2}}\Gamma\left(\frac{n}{2}\right)}y^{\frac{n}{2}-1}\mathrm{e}^{-\frac{y}{2}}\mathrm{d}y$$

$$=\frac{1}{2^{\frac{m+n}{2}}\Gamma\left(\frac{m}{2}\right)\Gamma\left(\frac{n}{2}\right)}z^{\frac{m+n}{2}-1}\mathrm{e}^{-\frac{z}{2}}\int_0^1(1-t)^{\frac{m}{2}-1}t^{\frac{n}{2}-1}\mathrm{d}t$$

$$=\frac{\mathrm{B}\left(\frac{m}{2},\ \frac{n}{2}\right)}{2^{\frac{m+n}{2}}\Gamma\left(\frac{m}{2}\right)\Gamma\left(\frac{n}{2}\right)}z^{\frac{m+n}{2}-1}\mathrm{e}^{-\frac{z}{2}}=\frac{1}{2^{\frac{m+n}{2}}\Gamma\left(\frac{m+n}{2}\right)}z^{\frac{m+n}{2}-1}\mathrm{e}^{-\frac{z}{2}},$$

即有：
$$X+Y\sim\chi^2(m+n).$$

3. $t(n)$ 及其分位数

称随机变量 X 服从 $t(n)$，如果它有密度函数：

$$f(x)=\frac{\Gamma\left(\frac{n+1}{2}\right)}{\sqrt{n\pi}\,\Gamma\left(\frac{n}{2}\right)}\left(1+\frac{x^2}{n}\right)^{-\frac{n+1}{2}},\ -\infty<x<+\infty,$$

记为 $X\sim t(n)$，其中，n 称为自由度.

$t(n)$ 的密度函数与标准正态分布的密度函数一样也是对称的，有与 $\Phi(-x)=1-\Phi(x)$ 类似的性质，即 $P(X\leqslant -x)=1-P(X\leqslant x)$，但 $t(n)$ 的密度函数比标准正态分布相对平坦一些. 随着自由度 n 的增加，t 分布的形状由平坦逐渐变得接近于标准正态分布. 当样本容量大于 30 时，t 分布就非常接近于标准正态分布，可以用标准正态分布来近似了. 图 4.2 是自由度 n 分别为 5 和 20 的 t 分布曲线，并与标准正态分布曲线比较.

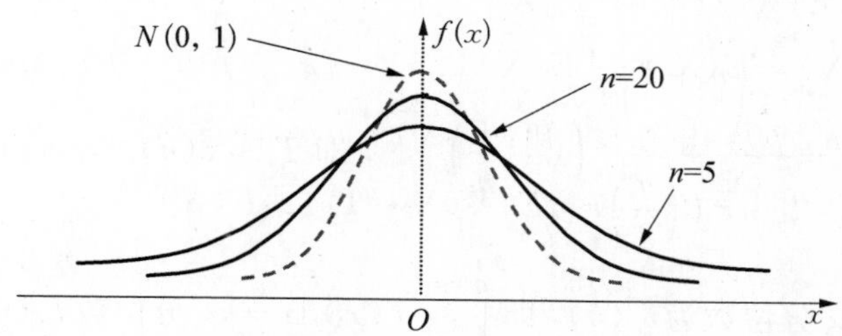

图 4.2 标准正态分布与 $t(n)$ 分布密度函数曲线

定理 4.3 设 $X\sim N(0,1)$，$Y\sim\chi^2(n)$，且 X 与 Y 相互独立，则 $T=\dfrac{X}{\sqrt{\dfrac{Y}{n}}}\sim t(n)$.

证明 先求出$\sqrt{\dfrac{Y}{n}}$的密度函数,

当$z>0$时,$P\left(\sqrt{\dfrac{Y}{n}}\leqslant z\right)=P(Y\leqslant nz^2)=\int_0^{nz^2}\dfrac{1}{2^{\frac{n}{2}}\Gamma\left(\frac{n}{2}\right)}t^{\frac{n}{2}-1}\mathrm{e}^{-\frac{t}{2}}\mathrm{d}t$,

$$f_{\sqrt{\frac{Y}{n}}}(z)=\frac{\mathrm{d}P\left(\sqrt{\frac{Y}{n}}\leqslant z\right)}{\mathrm{d}z}=\frac{n^{\frac{n}{2}}}{2^{\frac{n}{2}-1}\Gamma\left(\frac{n}{2}\right)}z^{n-1}\mathrm{e}^{-\frac{nz^2}{2}},$$

由求商的分布公式得:

$$f_T(t)=\int_{-\infty}^{+\infty}|z|f_X(tz)f_{\sqrt{\frac{Y}{n}}}(z)\mathrm{d}z=\int_0^{+\infty}zf_X(tz)f_{\sqrt{\frac{Y}{n}}}(z)\mathrm{d}z$$

$$=\int_0^{+\infty}z\frac{1}{\sqrt{2\pi}}\mathrm{e}^{-\frac{t^2z^2}{2}}\frac{n^{\frac{n}{2}}}{2^{\frac{n}{2}-1}\Gamma\left(\frac{n}{2}\right)}z^{n-1}\mathrm{e}^{-\frac{nz^2}{2}}\mathrm{d}z$$

$$=\frac{n^{\frac{n}{2}}}{\sqrt{2\pi}\,2^{\frac{n}{2}-1}\Gamma\left(\frac{n}{2}\right)}\int_0^{+\infty}z^n\mathrm{e}^{-\frac{1}{2}(n+t^2)z^2}\mathrm{d}z$$

$$=\frac{n^{\frac{n}{2}}}{\sqrt{\pi}\Gamma\left(\frac{n}{2}\right)(n+t^2)^{\frac{n+1}{2}}}\int_0^{+\infty}x^{\frac{n+1}{2}-1}\mathrm{e}^{-x}\mathrm{d}x$$

$$=\frac{n^{\frac{n}{2}}}{\sqrt{\pi}\Gamma\left(\frac{n}{2}\right)(n+t^2)^{\frac{n+1}{2}}}\Gamma\left(\frac{n+1}{2}\right)$$

$$=\frac{\Gamma\left(\frac{n+1}{2}\right)}{\sqrt{n\pi}\Gamma\left(\frac{n}{2}\right)}\left(1+\frac{t^2}{n}\right)^{-\frac{n+1}{2}},\text{即 } T\sim t(n).$$

记$t(n)$的上侧α分位数为$t_\alpha(n)$,即$\int_{t_\alpha(n)}^{+\infty}f(x)\mathrm{d}x=\alpha$,分位数$t_\alpha(n)$的数值可查知.另外,关于标准正态分布的上侧$\alpha$分位数$U_\alpha$,可以通过查$t(n)$的分位数表中的最后一行($n\to+\infty$)得到,其理由见例4.6,通常当$n>45$时,$t_\alpha(n)\approx U_\alpha$.

例 4.6 当自由度$n\to+\infty$时,$t(n)$的极限分布为标准正态分布,即若令$t(n)$的密度函数为$f(t)$,则有$\lim\limits_{n\to+\infty}f(t)=\varphi(t)$.

证明　由于 $\lim\limits_{n\to+\infty} f(t)=\lim\limits_{n\to+\infty}\dfrac{\Gamma\left(\dfrac{n+1}{2}\right)}{\sqrt{n\pi}\,\Gamma\left(\dfrac{n}{2}\right)}\left(1+\dfrac{t^2}{n}\right)^{-\frac{n+1}{2}}=\dfrac{1}{\sqrt{\pi}}\mathrm{e}^{-\frac{t^2}{2}}\lim\limits_{n\to+\infty}\dfrac{\Gamma\left(\dfrac{n+1}{2}\right)}{\sqrt{n}\,\Gamma\left(\dfrac{n}{2}\right)}$,

要证明 $\lim\limits_{n\to+\infty} f(t)=\varphi(t)$，即只要证明 $\lim\limits_{n\to+\infty}\dfrac{\Gamma\left(\dfrac{n+1}{2}\right)}{\sqrt{n}\,\Gamma\left(\dfrac{n}{2}\right)}=\dfrac{1}{\sqrt{2}}$ 即可.

注意到，由斯特灵公式：对很大的 x，$\Gamma(x)\sim\sqrt{2\pi}\,x^{x-\frac{1}{2}}\mathrm{e}^{-x}$，

则有当 n 很大时，$\Gamma\left(\dfrac{n+1}{2}\right)\sim\sqrt{2\pi}\left(\dfrac{n+1}{2}\right)^{\frac{n+1}{2}-\frac{1}{2}}\mathrm{e}^{-\frac{n+1}{2}}=\sqrt{2\pi}\left(\dfrac{n+1}{2}\right)^{\frac{n}{2}}\mathrm{e}^{-\frac{n+1}{2}}$

$$\Gamma\left(\frac{n}{2}\right)\sim\sqrt{2\pi}\left(\frac{n}{2}\right)^{\frac{n}{2}-\frac{1}{2}}\mathrm{e}^{-\frac{n}{2}}=\sqrt{2\pi}\left(\frac{n}{2}\right)^{\frac{n-1}{2}}\mathrm{e}^{-\frac{n}{2}},$$

$$\frac{\Gamma\left(\frac{n+1}{2}\right)}{\sqrt{n}\,\Gamma\left(\frac{n}{2}\right)}\sim\frac{\sqrt{2\pi}\left(\frac{n+1}{2}\right)^{\frac{n}{2}}\mathrm{e}^{-\frac{n+1}{2}}}{\sqrt{n}\sqrt{2\pi}\left(\frac{n}{2}\right)^{\frac{n-1}{2}}\mathrm{e}^{-\frac{n}{2}}}=\frac{(n+1)^{\frac{n}{2}}}{\sqrt{n}\,n^{\frac{n-1}{2}}}\frac{1}{\sqrt{2\mathrm{e}}}=\left(\frac{n+1}{n}\right)^{\frac{n}{2}}\frac{1}{\sqrt{2\mathrm{e}}}$$

$$=\left[\left(1+\frac{1}{n}\right)^{n}\right]^{\frac{1}{2}}\frac{1}{\sqrt{2\mathrm{e}}},$$

由此得：

$$\lim_{n\to+\infty}\frac{\Gamma\left(\frac{n+1}{2}\right)}{\sqrt{n}\,\Gamma\left(\frac{n}{2}\right)}=\frac{1}{\sqrt{2}}.$$

注意　$t(n)$ 是统计中的一个重要分布，它与 $N(0,\ 1)$ 的微小差别是戈塞特提出的. 他是英国一家酿酒厂的化学技师，在长期从事实验和数据分析的工作中，发现了 $t(n)$，并在 1908 年以"Student"笔名发表此项结果，故后人又称 $t(n)$ 为"学生分布".

4. $F(m,\ n)$ 及其分位数

称随机变量 X 服从 $F(m,\ n)$，如果它有密度函数：

$$f(x)=\begin{cases}\dfrac{\Gamma\left(\dfrac{m+n}{2}\right)}{\Gamma\left(\dfrac{m}{2}\right)\Gamma\left(\dfrac{n}{2}\right)}m^{\frac{m}{2}}n^{\frac{n}{2}}x^{\frac{m}{2}-1}(n+mx)^{-\frac{m+n}{2}}=\dfrac{m^{\frac{m}{2}}n^{\frac{n}{2}}}{\mathrm{B}\left(\dfrac{m}{2},\ \dfrac{n}{2}\right)}x^{\frac{m}{2}-1}(n+mx)^{-\frac{m+n}{2}}, & x>0,\\ 0, & x\leqslant 0,\end{cases}$$

记为 $X\sim F(m,\ n)$，其中，$(m,\ n)$ 称为自由度.

$F(m,\ n)$ 是由费歇于 1924 年建立的. $F(m,\ n)$ 与 $t(n)$、$\chi^2(n)$ 一样也有自由度. $t(n)$

与$\chi^2(n)$都仅有一个自由度,但$F(m, n)$有两个自由度.一个是分子的自由度m,一个是分母的自由度n.

图4.3是$F(m, n)$的密度函数的图像.图中的曲线随自由度的取值不同而不同.$F(m, n)$分布的密度曲线是一个单峰的偏态曲线.它的具体形状取决于$F(m, n)$比值中分子和分母的自由度.一般地,$F(m, n)$为右偏分布,随着分子分母自由度的增加,分布愈来愈趋于对称.

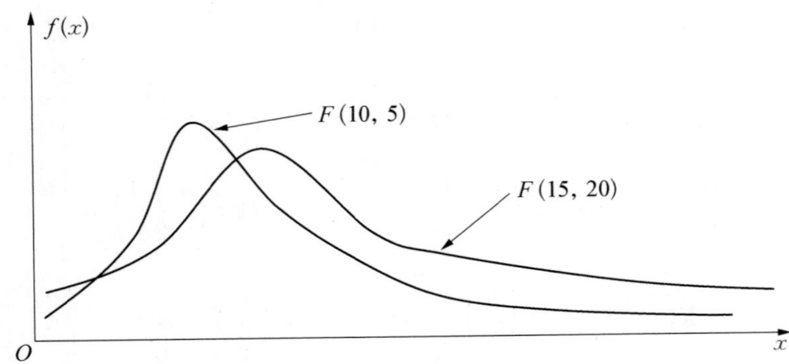

图4.3　不同自由度的$F(m, n)$分布密度函数曲线

定理4.4　设$X\sim\chi^2(m)$,$Y\sim\chi^2(n)$,且X与Y相互独立,则

$$\frac{X/m}{Y/n}\sim F(m, n),\ \frac{Y/n}{X/m}\sim F(n, m).$$

证明　先求$Z_1=\dfrac{X}{m}$的密度函数,

$$F_{Z_1}(z_1)=P\left(\frac{X}{m}\leqslant z_1\right)=P(X\leqslant mz_1)=F_X(mz_1),\ f_{Z_1}(z_1)=mf_X(mz_1),$$

当$z_1>0$时,
$$f_{Z_1}(z_1)=\frac{m}{2^{\frac{m}{2}}\Gamma\left(\frac{m}{2}\right)}(mz_1)^{\frac{m}{2}-1}\mathrm{e}^{-\frac{mz_1}{2}},$$

类似地可得$Z_2=\dfrac{Y}{n}$的密度函数$f_{Z_2}(z_2)$;

当$z_2>0$时,
$$f_{Z_2}(z_2)=\frac{n}{2^{\frac{n}{2}}\Gamma\left(\frac{n}{2}\right)}(nz_2)^{\frac{n}{2}-1}\mathrm{e}^{-\frac{nz_2}{2}},$$

令$Z=\dfrac{X/m}{Y/n}$,则有$Z=\dfrac{Z_1}{Z_2}$;

当$z>0$时,$f_Z(z)=\displaystyle\int_0^{+\infty}y\,\frac{m}{2^{\frac{m}{2}}\Gamma\left(\frac{m}{2}\right)}(mzy)^{\frac{m}{2}-1}\mathrm{e}^{-\frac{mzy}{2}}\,\frac{n}{2^{\frac{n}{2}}\Gamma\left(\frac{n}{2}\right)}(ny)^{\frac{n}{2}-1}\mathrm{e}^{-\frac{ny}{2}}\mathrm{d}y$

$$=\int_0^{+\infty}\frac{z^{\frac{m}{2}-1}m^{\frac{m}{2}}n^{\frac{n}{2}}}{2^{\frac{m+n}{2}}\Gamma\left(\frac{m}{2}\right)\Gamma\left(\frac{n}{2}\right)}y^{\frac{m+n}{2}-1}\mathrm{e}^{-\frac{y}{2}(mz+n)}\mathrm{d}y$$

$$=\frac{m^{\frac{m}{2}}n^{\frac{n}{2}}z^{\frac{m}{2}-1}}{\Gamma\left(\frac{m}{2}\right)\Gamma\left(\frac{n}{2}\right)}(mz+n)^{-\frac{m+n}{2}}\int_0^{+\infty}t^{\frac{m+n}{2}-1}\mathrm{e}^{-t}\mathrm{d}t$$

$$=\frac{\Gamma\left(\frac{m+n}{2}\right)}{\Gamma\left(\frac{m}{2}\right)\Gamma\left(\frac{n}{2}\right)}m^{\frac{m}{2}}n^{\frac{n}{2}}z^{\frac{m}{2}-1}(mz+n)^{-\frac{m+n}{2}}.$$

注意 由上述定理易知：若 $X\sim F(m,n)$，则 $\frac{1}{X}\sim F(n,m)$.

记 $F(m,n)$ 的上侧 α 分位数为 $F_\alpha(m,n)$，即 $\int_{F_\alpha(m,n)}^{+\infty}f(x)\mathrm{d}x=\alpha$，分位数 $F_\alpha(m,n)$ 的数值可查知. 注意到 $F(m,n)$ 的上侧分位数与 $F(n,m)$ 的上侧分位数有如下关系：$F_{1-\alpha}(m,n)=\frac{1}{F_\alpha(n,m)}$，这也是 $F(m,n)$ 的上侧分位数表仅列出 $F_\alpha(m,n)$ 的原因，如要求 $F_{1-\alpha}(m,n)$ 需通过 $F_\alpha(n,m)$ 用 $F_{1-\alpha}(m,n)=\frac{1}{F_\alpha(n,m)}$ 进行换算.

事实上，若 $X\sim F(m,n)$，则 $\frac{1}{X}\sim F(n,m)$，并由分位数的定义知：

$$1-\alpha=P(X>F_{1-\alpha}(m,n))=P\left(\frac{1}{X}<\frac{1}{F_{1-\alpha}(m,n)}\right)=1-P\left(\frac{1}{X}\geqslant\frac{1}{F_{1-\alpha}(m,n)}\right),$$

于是
$$P\left(\frac{1}{X}\geqslant\frac{1}{F_{1-\alpha}(m,n)}\right)=\alpha,\ \text{又}\ P\left(\frac{1}{X}>F_\alpha(n,m)\right)=\alpha,$$

因此 $\frac{1}{F_{1-\alpha}(m,n)}=F_\alpha(n,m)$，即有 $F_{1-\alpha}(m,n)=\frac{1}{F_\alpha(n,m)}$.

例 4.7 已知 $T\sim t(n)$，则 $T^2\sim F(1,n)$.

证明 由 $T\sim t(n)$，则存在相互独立的随机变量 X 与 Y，使 $T=\frac{X}{\sqrt{Y/n}}$，其中，$X\sim N(0,1)$，$Y\sim\chi^2(n)$，且 X 与 Y 相互独立，故 X^2 与 Y 相互独立，而 $X^2\sim\chi^2(1)$，

因此
$$T^2=\frac{X^2/1}{Y/n}\sim F(1,n).$$

注意 该例同时也说明在一元回归分析中检验回归系数是否显著时，用 t 检验和用方差分析表（F 检验）是等价的.

例 4.8 证明：(1) $N(0,1)$ 与 $\chi^2(1)$ 的上侧分位数有如下关系：$U_{\alpha/2}^2=\chi_\alpha^2(1)$；

(2) $t(n)$ 与 $F(1,n)$ 的上侧分位数有如下关系：$t_{\alpha/2}^2(n)=F_\alpha(1,n)$，其中 α 很小，通常

取 0.10，0.05，0.01 等.

证明 (1) 若 $X \sim N(0, 1)$，则 $X^2 \sim \chi^2(1)$，

$$\alpha = P(|X| > U_{\alpha/2}) = P(X^2 > U_{\alpha/2}^2),$$

则
$$U_{\alpha/2}^2 = \chi_\alpha^2(1),$$

取 $\alpha = 0.1$，$U_{\alpha/2} = U_{0.05} = 1.645$，$\chi_\alpha^2(1) = \chi_{0.1}^2(1) = 2.706 \approx (1.645)^2$；

(2) 若 $T \sim t(n)$，则 $T^2 \sim F(1, n)$，

$$\alpha = P(|T| > t_{\alpha/2}(n)) = P(T^2 > t_{\alpha/2}^2(n)),$$

则
$$t_{\alpha/2}^2(n) = F_\alpha(1, n),$$

取 $n=10$，$\alpha=0.1$，$t_{\alpha/2}(n)=t_{0.05}(10)=1.812$，$F_\alpha(1, n)=F_{0.1}(1, 10)=3.29\approx(1.812)^2$.

4.1.4 一维随机变量函数的数学期望

设 X 为一随机变量，下面研究 X 的函数 $Y=g(X)$ 的数学期望. 当然可以由 X 的分布计算出 $Y=g(X)$ 的分布，然后按数学期望的定义来计算 $E[g(X)]$，即先求 $f_Y(y)$，然后由定义 4.1 可得：$E[g(X)]=E(Y)=\begin{cases}\sum\limits_j y_j P(Y=y_j), & \text{离散情形},\\ \int_{-\infty}^{+\infty} y f_Y(y)\mathrm{d}y, & \text{连续情形},\end{cases}$ 但实际上可由下述定理 4.5 来计算 $E(Y)$. 这两种方法实质上是等价的，其证明要用到积分论，已超出了本书的范围，事实上，通常更多的是用定理 4.5 来计算 $E(Y)$.

定理 4.5 设 X 是一个随机变量，$g(x)$ 是连续函数，随机变量 $Y=g(X)$ 是 X 的函数.

(1) 当 X 是离散型随机变量，其分布列为 $P(X=x_i)=p_i$，$i=1, 2, \cdots$，若 $\sum\limits_{i=1}^{+\infty} g(x_i)p_i$ 绝对收敛，则 $E(Y)=E[g(X)]=\sum\limits_{i=1}^{+\infty} g(x_i)p_i$；

(2) 当 X 是连续型随机变量，其密度函数为 $f(x)$，若 $\int_{-\infty}^{+\infty} g(x)f(x)\mathrm{d}x$ 绝对收敛，则

$$E(Y)=E[g(X)]=\int_{-\infty}^{+\infty} g(x)f(x)\mathrm{d}x.$$

例 4.9(组织多少货源才能使国家受益最大) 假定在国际市场上每年对我国某种出口商品的需求量是随机变量 X（单位：吨），它服从 [2 000，4 000] 上的均匀分布. 设每售出这种商品一吨，可为国家挣得外汇 3 万元；但假如销售不掉而囤积于仓库，则每吨需花费保养费 1 万元，问需要组织多少货源，才能使国家的收益最大.

解 每年需要出口的商品数量是一随机变量 X，若以 y 记某年预备出口的该种商品量，只要考虑 $2\,000 \leqslant y \leqslant 4\,000$ 的情况，则国家的收益(单位：万元)是随机变量 X 的函数，仍是一个随机变量，记为 Y，则有 $Y=H(X)=\begin{cases}3y, & X \geqslant y,\\ 3X-(y-X), & X < y,\end{cases}$

由于 Y 是一随机变量，因此，题中所指的国家受益最大可理解为收益的均值最大，因而求 Y 的均值，即

$$E(Y)=\int_{-\infty}^{+\infty}H(x)f(x)\mathrm{d}x=\frac{1}{2\,000}\int_{2\,000}^{4\,000}H(x)\mathrm{d}x$$

$$=\frac{1}{2\,000}\int_{2\,000}^{y}[3x-(y-x)]\mathrm{d}x+\frac{1}{2\,000}\int_{y}^{4\,000}3y\mathrm{d}x$$

$$=\frac{1}{1\,000}(-y^2+7\,000y-4\times10^6),$$

由于 $-y^2+7\,000y-4\times10^6=-(y-3\,500)^2+(3\,500^2-4\times10^6)$，此式当 $y=3\,500$ 时取得最大值，因此组织 3 500 吨这种商品，能使国家所获得的收益均值最大.

从数学期望的定义容易得到如下数学期望的两个简单性质：

(1) 如果 $a\leqslant X\leqslant b$，则 $a\leqslant E(X)\leqslant b$. 特别地 $E(c)=c$，这里 a, b, c 都是常数；

(2) 对任意常数 a, b，随机变量 X 的线性函数 $Y=aX+b$ 的数学期望为：$E(Y)=aE(X)+b$，也即，随机变量线性函数的数学期望等于数学期望的线性函数.

例 4.10 在独立的重复试验中，事件 A 发生的概率为 p，不发生的概率为 $q=1-p$，$0<p<1$，记 Y 为事件 A 首次发生时前面的试验次数，求 $E(Y)$.

解 Y 的所有可能取值为 0, 1, 2, …，其概率分布为：$P(Y=k)=pq^k$, $k=0, 1, 2, \cdots$，这实际上是几何分布的另一种表示形式.

$$E(Y)=\sum_{k=0}^{+\infty}kpq^k=pq\sum_{k=1}^{+\infty}kq^{k-1}=pq\Big(\sum_{k=1}^{+\infty}q^k\Big)'$$

$$=pq\left(\frac{q}{1-q}\right)'=pq\frac{1}{(1-q)^2}=\frac{q}{p}.$$

事实上，若记 X 为 A 首次发生的试验次数，其概率分布为：$P(X=k)=pq^{k-1}$, $k=1, 2, \cdots$，即 $X\sim Ge(p)$，则 $E(X)=\frac{1}{p}$. 又由于 X 与 Y 有关系式：$X=Y+1$，进而 $E(Y)=E(X)-1=\frac{1}{p}-1=\frac{q}{p}$.

4.1.5 多维随机变量函数的数学期望

将上述定理 4.5 推广到求多个随机变量函数的数学期望. 考虑计算两个或两个以上随机变量函数的数学期望，例如计算 $Z=g(X, Y)$ 的数学期望的问题，一是通过求 Z 的分布，然后利用数学期望的定义求取；二是效仿定理 4.5，在此假设 $g(x, y)$ 是二元连续函数，具体解法如下.

当 (X, Y) 是二维离散型随机变量时，其分布列为 $P(X=x_i, Y=y_j)$, $i, j=1, 2, \cdots$，若 $\sum_{i=1}^{+\infty}\sum_{j=1}^{+\infty}g(x_i, y_j)P(X=x_i, Y=y_j)$ 绝对收敛，则

$$E(Z)=E[g(X, Y)]=\sum_{i=1}^{+\infty}\sum_{j=1}^{+\infty}g(x_i, y_j)P(X=x_i, Y=y_j);$$

当 (X, Y) 是二维连续型随机变量时，其联合密度函数为 $f(x, y)$，若

$\int_{-\infty}^{+\infty}\int_{-\infty}^{+\infty} g(x, y)f(x, y)\mathrm{d}x\mathrm{d}y$ 绝对收敛,则

$$E(Z)=E[g(X, Y)]=\int_{-\infty}^{+\infty}\int_{-\infty}^{+\infty} g(x, y)f(x, y)\mathrm{d}x\mathrm{d}y;$$

特别有:$E(X)=\int_{-\infty}^{+\infty}\int_{-\infty}^{+\infty} xf(x, y)\mathrm{d}x\mathrm{d}y$, $E(Y)=\int_{-\infty}^{+\infty}\int_{-\infty}^{+\infty} yf(x, y)\mathrm{d}x\mathrm{d}y$.

例 4.11 在长为 l 的线段上任意取两点,求两点间距离的数学期望.

解 将此线段置于数轴上,与区间 $[0, l]$ 重合,任取两点的坐标分别记为 X, Y, 又设随机变量 Z 为两点间的距离,则有 $Z=|X-Y|$.

方法一:Z 的分布函数为:$F(z)=P(Z\leqslant z)=P(|X-Y|\leqslant z)$.

当 $z<0$ 时,显然 $F(z)=0$; 当 $z\geqslant l$ 时, $F(z)=1$;

而当 $0\leqslant z<l$ 时, $P(|X-Y|\leqslant z)=\dfrac{l^2-2\cdot\dfrac{1}{2}(l-z)^2}{l^2}=1-\left(1-\dfrac{z}{l}\right)^2$,

进而得 Z 的密度函数:$f(z)=\begin{cases}\dfrac{2}{l}\left(1-\dfrac{z}{l}\right), & 0\leqslant z<l,\\ 0, & z<0 \text{ 或 } z\geqslant l,\end{cases}$

故
$$E(Z)=\frac{2}{l}\int_0^l z\left(1-\frac{z}{l}\right)\mathrm{d}z=\frac{l}{3}.$$

方法二:易知, (X, Y) 的联合密度为 $f(x, y)=\begin{cases}\dfrac{1}{l^2}, & 0<x, y<l,\\ 0, & \text{其他},\end{cases}$

$$E(Z)=E(|X-Y|)=\int_{-\infty}^{+\infty}\int_{-\infty}^{+\infty}|x-y|f(x, y)\mathrm{d}x\mathrm{d}y=\frac{1}{l^2}\int_0^l\int_0^l|x-y|\mathrm{d}x\mathrm{d}y$$

$$=\frac{1}{l^2}\left[\int_0^l\mathrm{d}x\int_0^x(x-y)\mathrm{d}y+\int_0^l\mathrm{d}y\int_0^y(y-x)\mathrm{d}x\right]=\frac{2}{l^2}\int_0^l\mathrm{d}x\int_0^x(x-y)\mathrm{d}y$$

$$=\frac{2}{l^2}\int_0^l\frac{x^2}{2}\mathrm{d}x=\frac{l}{3}.$$

方法三:记 $Z_1=\max(X, Y)$, $Z_2=\min(X, Y)$, 则 $Z=Z_1-Z_2$.
对 $0\leqslant z<l$,

$$F_{Z_1}(z)=P(Z_1\leqslant z)=P(X\leqslant z, Y\leqslant z)=P(X\leqslant z)P(Y\leqslant z)=\left(\frac{z}{l}\right)^2,$$

$$F_{Z_2}(z)=P(Z_2\leqslant z)=1-P(Z_2>z)=1-P(X>z, Y>z)$$

$$=1-P(X>z)P(Y>z)=1-\left(\frac{l-z}{l}\right)^2,$$

$$f_{Z_1}(z)=\frac{2z}{l^2},\ f_{Z_2}(z)=\frac{2(l-z)}{l^2},\ 0\leqslant z<l,$$

则 $$E(Z)=E(Z_1)-E(Z_2)=\int_0^l z\,\frac{2z}{l^2}\mathrm{d}z-\int_0^l z\,\frac{2(l-z)}{l^2}\mathrm{d}z=\frac{l}{3}.$$

方法四：易知两个点把 $[0,\ l]$ 区间分成 3 段，它们的长度分别依次记为 X_1，X_2，X_3，又由于每个 X_i 同分布，从而数学期望也相同. 又 $X_1+X_2+X_3=l$，因此 $E(X_i)=\frac{l}{3}$. 而两点的距离为 X_2，即它的数学期望是 $\frac{l}{3}$.

多维随机变量函数的数学期望具有下列性质：

(1) $E(\sum_{i=1}^{n}a_iX_i)=\sum_{i=1}^{n}a_iE(X_i)$，其中，$a_1$，$a_2$，…，$a_n$ 是常数，特别地：$E(\sum_{i=1}^{n}X_i)=\sum_{i=1}^{n}E(X_i)$；

(2) 若 X_1，X_2，…，X_n 相互独立，则 $E(\prod_{i=1}^{n}X_i)=\prod_{i=1}^{n}E(X_i)$.

为说明上述两个性质，在此仅针对两个连续型随机变量的情形给出证明，关于离散型及更一般的情形读者可自行完成. 设 $(X,\ Y)$ 的联合密度函数为 $f(x,\ y)$，X 和 Y 的边际密度函数分别为 $f_X(x)$ 和 $f_Y(y)$，则

$$\begin{aligned}E(X+Y)&=\int_{-\infty}^{+\infty}\int_{-\infty}^{+\infty}(x+y)f(x,\ y)\mathrm{d}x\mathrm{d}y\\&=\int_{-\infty}^{+\infty}x\int_{-\infty}^{+\infty}f(x,\ y)\mathrm{d}y\mathrm{d}x+\int_{-\infty}^{+\infty}y\int_{-\infty}^{+\infty}f(x,\ y)\mathrm{d}x\mathrm{d}y\\&=\int_{-\infty}^{+\infty}xf_X(x)\mathrm{d}x+\int_{-\infty}^{+\infty}yf_Y(y)\mathrm{d}y=E(X)+E(Y).\end{aligned}$$

而当 X 和 Y 相互独立时，有

$$\begin{aligned}E(XY)&=\int_{-\infty}^{+\infty}\int_{-\infty}^{+\infty}xyf(x,\ y)\mathrm{d}x\mathrm{d}y=\int_{-\infty}^{+\infty}\int_{-\infty}^{+\infty}xyf_X(x)f_Y(y)\mathrm{d}x\mathrm{d}y\\&=\int_{-\infty}^{+\infty}xf_X(x)\mathrm{d}x\int_{-\infty}^{+\infty}yf_Y(y)\mathrm{d}y=E(X)E(Y).\end{aligned}$$

例 4.12　设袋中装有 m 只颜色不相同的球，有返回地摸取 n 次，摸到了 X 种颜色的球，求 $E(X)$.

解　令 $X_i=\begin{cases}1, & \text{第 } i \text{ 种颜色的球在 } n \text{ 次中至少也被摸到一次},\\0, & \text{第 } i \text{ 种颜色的球在 } n \text{ 次中一次也没被摸到},\end{cases}\quad i=1,\ 2,\ \cdots,\ m,$

则 $X=\sum_{i=1}^{m}X_i$.

易见，$P(X_i=0)=\left(1-\frac{1}{m}\right)^n$，因此 $E(X_i)=P(X_i=1)=1-\left(1-\frac{1}{m}\right)^n$，

即得
$$E(X)=m\left[1-\left(1-\frac{1}{m}\right)^n\right].$$

例 4.13　设 X，Y 相互独立且同服从 $N(0,1)$，求 $Z=\sqrt{X^2+Y^2}$ 的数学期望.

解　方法一：

$$E(Z)=\int_{-\infty}^{+\infty}\int_{-\infty}^{+\infty}\sqrt{x^2+y^2}f(x,y)\mathrm{d}x\mathrm{d}y=\frac{1}{2\pi}\int_{-\infty}^{+\infty}\int_{-\infty}^{+\infty}\sqrt{x^2+y^2}\mathrm{e}^{-\frac{x^2+y^2}{2}}\mathrm{d}x\mathrm{d}y$$
$$=\frac{1}{2\pi}\int_0^{+\infty}\int_0^{2\pi}\rho^2\mathrm{e}^{-\frac{\rho^2}{2}}\mathrm{d}\rho\mathrm{d}\theta=\int_0^{+\infty}\rho^2\mathrm{e}^{-\frac{\rho^2}{2}}\mathrm{d}\rho=\sqrt{2}\int_0^{+\infty}t^{\frac{3}{2}-1}\mathrm{e}^{-t}\mathrm{d}t$$
$$=\sqrt{2}\,\Gamma\left(\frac{3}{2}\right)=\sqrt{\frac{\pi}{2}}.$$

方法二：对 $z>0$，

$$P(Z\leqslant z)=P(\sqrt{X^2+Y^2}\leqslant z)=\int_0^{2\pi}\int_0^z\rho\,\frac{1}{2\pi}\mathrm{e}^{-\frac{\rho^2}{2}}\mathrm{d}\rho\mathrm{d}\theta=\int_0^z\rho\mathrm{e}^{-\frac{\rho^2}{2}}\mathrm{d}\rho,$$

则 Z 的密度函数为 $f_Z(z)=z\mathrm{e}^{-\frac{z^2}{2}}$，$z>0$，$E(Z)=\int_0^{+\infty}z^2\mathrm{e}^{-\frac{z^2}{2}}\mathrm{d}z=\sqrt{\frac{\pi}{2}}$.

方法三：由于 X^2，Y^2 相互独立同服从 $\chi^2(1)$，进而 $X^2+Y^2\sim\chi^2(2)$，也即 $X^2+Y^2\sim\mathrm{Exp}\left(\frac{1}{2}\right)$，

$$E(Z)=\int_0^{+\infty}\sqrt{t}\,\frac{1}{2}\mathrm{e}^{-\frac{t}{2}}\mathrm{d}t=\sqrt{2}\int_0^{+\infty}x^{\frac{1}{2}}\mathrm{e}^{-x}\mathrm{d}x=\sqrt{2}\,\Gamma\left(\frac{3}{2}\right)=\sqrt{\frac{\pi}{2}}.$$

4.1.6　条件数学期望

定义 4.5　条件分布的数学期望(若存在)称为条件期望,其定义如下：

$$E(X\mid Y=y)=\begin{cases}\sum\limits_{i=1}^{+\infty}x_iP(X=x_i\mid Y=y), & (X,Y)\text{ 为二维离散随机变量},\\ \int_{-\infty}^{+\infty}xf_{X|Y}(x\mid y)\mathrm{d}x, & (X,Y)\text{ 为二维连续随机变量};\end{cases}$$

$$E(Y\mid X=x)=\begin{cases}\sum\limits_{j=1}^{+\infty}y_jP(Y=y_j\mid X=x), & (X,Y)\text{ 为二维离散随机变量},\\ \int_{-\infty}^{+\infty}yf_{Y|X}(y\mid x)\mathrm{d}y, & (X,Y)\text{ 为二维连续随机变量}.\end{cases}$$

注意　条件期望 $E(X\mid Y=y)$ 是 y 的函数,它与无条件期望 $E(X)$ 的区别,不仅在于计算公式上,而且两者的含义也不同. 对 y 的不同取值,条件期望 $E(X\mid Y=y)$ 的取值也在变化. 为此记 $g(y)=E(X\mid Y=y)$. 同时,条件期望是条件分布的期望,因此,它具有数学期望所具有的一切性质.

进一步还可以将条件期望看成是随机变量 Y 的函数，记为 $E(X \mid Y)=g(Y)$，而将 $E(X \mid Y=y)$ 看成是 $Y=y$ 时 $E(X \mid Y)$ 的一个取值，由此可以看出：$E(X \mid Y)$ 本身也是个随机变量.

引进 $E(X \mid Y)$ 不仅使前面所定义的 $E(X \mid Y=y)$ 得到了统一的处理，而且从下面的定理还可以得到更深刻的结果.

定理 4.6(全期望公式)　设 (X, Y) 是二维随机变量，且 $E(X)$ 存在，则有：

$$E(X)=E[E(X \mid Y)].$$

证明　(1) 若 (X, Y) 是连续型随机变量. 设二维随机变量 (X, Y) 的联合密度函数为 $f(x, y)$，由于 $f(x, y)=f_{X|Y}(x \mid y) f_Y(y)$，则

$$\begin{aligned}
E[E(X \mid Y)] &= \int_{-\infty}^{+\infty} E(X \mid Y=y) f_Y(y) \mathrm{d} y=\int_{-\infty}^{+\infty}\left[\int_{-\infty}^{+\infty} x f_{X|Y}(x \mid y) \mathrm{d} x\right] f_Y(y) \mathrm{d} y \\
&= \int_{-\infty}^{+\infty} \int_{-\infty}^{+\infty} x f_{X|Y}(x \mid y) f_Y(y) \mathrm{d} x \mathrm{d} y=\int_{-\infty}^{+\infty} \int_{-\infty}^{+\infty} x f(x, y) \mathrm{d} x \mathrm{d} y \\
&= \int_{-\infty}^{+\infty} x\left[\int_{-\infty}^{+\infty} f(x, y) \mathrm{d} y\right] \mathrm{d} x=\int_{-\infty}^{+\infty} x f_X(x) \mathrm{d} x=E(X).
\end{aligned}$$

(2) 若 (X, Y) 是离散型随机变量，其联合分布列为 $p_{ij}=P(X=x_i, Y=y_j)$，$i, j=1, 2, \cdots$，则

$$\begin{aligned}
E[E(X \mid Y)] &= \sum_{j=1}^{+\infty} E(X \mid Y=y_j) P(Y=y_j) \\
&= \sum_{j=1}^{+\infty}\left[\sum_{i=1}^{+\infty} x_i P(X=x_i \mid Y=y_j)\right] P(Y=y_j) \\
&= \sum_{i=1}^{+\infty} x_i \sum_{j=1}^{+\infty} P(X=x_i \mid Y=y_j) P(Y=y_j) \\
&= \sum_{i=1}^{+\infty} x_i P(X=x_i)=E(X).
\end{aligned}$$

在实际应用中，全期望公式具体如下：

(1) 如果 Y 是一个离散随机变量，则有 $E(X)=\sum_{j=1}^{+\infty} E(X \mid Y=y_j) P(Y=y_j)$；

(2) 如果 Y 是一个连续随机变量，则有 $E(X)=\int_{-\infty}^{+\infty} E(X \mid Y=y) f_Y(y) \mathrm{d} y$.

条件期望公式在实际应用中很有用，有时利用此公式能得到事半功倍的效果. 例如，某夜凌晨，某市军工厂的绝密技术资料被窃，厂方发现后立刻报告了公安部门，公安部门随即派人跟进调查. 据公安人员分析，案犯身高 1.74 m 左右.

那么公安人员是怎么知道案犯身高的呢？原来在保险柜前发现了案犯留下的鞋印，鞋印的长度为 25.3 cm，公安人员根据如下公式推断出了案犯的身高：

$$\text{身高}=\text{鞋印长度} \times 6.876.$$

其实以上公式的得出并不复杂，一般认为人的身高和足长可以当作一组二维正态随机变量 (X, Y)，即 (X, Y) 服从二维正态分布 $N(\mu_1, \sigma_1^2; \mu_2, \sigma_2^2; \rho)$，则在给定 $Y=y$ 的条

件下，X 服从一维正态分布 $N\left(\mu_1+\rho\dfrac{\sigma_1}{\sigma_2}(y-\mu_2),\ \sigma_1^2(1-\rho^2)\right)$，由此得

$$E(X \mid Y=y)=\mu_1+\rho\frac{\sigma_1}{\sigma_2}(y-\mu_2),$$

以 $E(X \mid Y=y)$ 作为身高 X 的估计量，它是 y 的线性函数. 使用统计方法从大量的实际数据中得出 μ_1, μ_2, σ_1^2, σ_2^2, ρ 的估计后，就可以得到上述的公式.

如果把 $(x, E(X \mid Y=y))$ 在平面上表示，它是一条直线，常被称为回归直线. 实际上有很多类似的例子，如人的身高与体重，大树的树径与高度等都可以采用这种方法得到简单易行的经验公式，在实际的生产、生活中发挥作用.

例 4.14 一位矿工被困在有三个门的矿井里. 第一个门通一个坑道，沿此坑道走 3 小时可到达安全区；第二个门通一个坑道，沿此坑道走 5 小时又回到原处；第三个门通一个坑道，沿此坑道走 7 小时也回到原处. 假设此矿工总是等可能地在三个门中选择一个，试求他平均要用多少时间才能到达安全区.

解 设该矿工需要 X 小时到达安全区，则 X 的可能取值为：

$$3,\ 3+5,\ 7+3,\ 5+5+3,\ 5+7+3,\ 7+7+3,\ \cdots,$$

显然要写出 X 的分布列是困难的，因此无法直接求 $E(X)$，为此记 Y 表示第一次所选的门，$Y=i$ 就是选择第 i 个门.

由题设知：$P(Y=1)=P(Y=2)=P(Y=3)=\dfrac{1}{3}$,

选第一个门后 3 小时可到达安全区，所以 $E(X \mid Y=1)=3$；

选第二个门后 5 小时回到原处，所以 $E(X \mid Y=2)=5+E(X)$；

选第三个门后 7 小时也回到原处，所以 $E(X \mid Y=3)=7+E(X)$.

所以
$$E(X)=\frac{1}{3}[3+5+E(X)+7+E(X)]=5+\frac{2}{3}E(X),$$

解得：$E(X)=15$，即该矿工平均要 15 小时才能到达安全区.

例 4.15 设随机变量 X 与 Y 相互独立同服从参数为 λ 的指数分布 $\mathrm{Exp}(\lambda)$，求 $E(Z)$，其中，$Z=\begin{cases}3X+1, & X\geqslant Y,\\ 6Y, & X<Y.\end{cases}$

解 方法一：对于 $x\geqslant 0$，当 $X=x$ 时，Z 仅是 Y 的函数，故

$$\begin{aligned}E(Z \mid x)&=\int_0^x(3x+1)f_Y(y)\,\mathrm{d}y+\int_x^{+\infty}(6y)f_Y(y)\,\mathrm{d}y\\&=\int_0^x(3x+1)\lambda\mathrm{e}^{-\lambda y}\,\mathrm{d}y+\int_x^{+\infty}(6y)\lambda\mathrm{e}^{-\lambda y}\,\mathrm{d}y\\&=3x+1+3x\mathrm{e}^{-\lambda x}+\left(\frac{6}{\lambda}-1\right)\mathrm{e}^{-\lambda x},\end{aligned}$$

于是由全期望公式得：

$$E(Z)=\int_0^{+\infty}\left[3x+1+3x\mathrm{e}^{-\lambda x}+\left(\frac{6}{\lambda}-1\right)\mathrm{e}^{-\lambda x}\right]\lambda\mathrm{e}^{-\lambda x}\mathrm{d}x=\frac{1}{2}+\frac{27}{4\lambda}.$$

从上述解题过程可以看出,条件“X 与 Y 相互独立”实际上是多余的.

方法二：将全期望公式拓展如下：

$$E(Z)=E[E(Z\mid X,Y)]=\int_{-\infty}^{+\infty}\int_{-\infty}^{+\infty}E(Z\mid x,y)f_{X,Y}(x,y)\mathrm{d}x\mathrm{d}y.$$

结合本题有：

$$E(Z)=E[E(Z\mid X,Y)]=E(3X+1\mid X\geqslant Y)P(X\geqslant Y)+E(6Y\mid X<Y)P(X<Y).$$

又 $E(3X+1\mid X\geqslant Y)=3E(X\mid X\geqslant Y)+1$, $E(6Y\mid X<Y)=6E(Y\mid X<Y)$,

故只需计算 $E(X\mid X\geqslant Y)$, $E(Y\mid X<Y)$, 为此先计算 $X\geqslant Y$ 条件下 X 的条件分布函数 $F_1(x\mid X\geqslant Y)$ 和条件密度函数 $f_1(x\mid X\geqslant Y)$.

由于 X 与 Y 相互独立,则 (X,Y) 的联合密度函数为 $f(x,y)=\lambda^2\mathrm{e}^{-\lambda(x+y)}$, $x\geqslant 0$, $y\geqslant 0$.

对 $x\geqslant 0$,有：

$$F_1(x\mid X\geqslant Y)=P(X\leqslant x\mid X\geqslant Y)=\frac{P(Y\leqslant X\leqslant x)}{P(X\geqslant Y)}=\frac{\int_0^x\lambda\mathrm{e}^{-\lambda u}\mathrm{d}u\int_0^u\lambda\mathrm{e}^{-\lambda v}\mathrm{d}v}{\int_0^{+\infty}\lambda\mathrm{e}^{-\lambda u}\mathrm{d}u\int_0^u\lambda\mathrm{e}^{-\lambda v}\mathrm{d}v}$$

$$=\frac{\int_0^x\lambda\mathrm{e}^{-\lambda u}(1-\mathrm{e}^{-\lambda u})\mathrm{d}u}{\int_0^{+\infty}\lambda\mathrm{e}^{-\lambda u}(1-\mathrm{e}^{-\lambda u})\mathrm{d}u}=1-2\mathrm{e}^{-\lambda x}+\mathrm{e}^{-2\lambda x},$$

$$f_1(x\mid X\geqslant Y)=\frac{\mathrm{d}}{\mathrm{d}x}F_1(x\mid X\geqslant Y)=2\lambda\mathrm{e}^{-\lambda x}-2\lambda\mathrm{e}^{-2\lambda x},$$

进而 $E(X\mid X\geqslant Y)=\int_0^{+\infty}xf_1(x\mid X\geqslant Y)\mathrm{d}x=\int_0^{+\infty}x(2\lambda\mathrm{e}^{-\lambda x}-2\lambda\mathrm{e}^{-2\lambda x})\mathrm{d}x=\dfrac{2}{\lambda}-\dfrac{1}{2\lambda}=\dfrac{3}{2\lambda}$,

从而
$$E(3X+1\mid X\geqslant Y)=3\times\frac{3}{2\lambda}+1=\frac{9}{2\lambda}+1.$$

其次计算 $X<Y$ 条件下 Y 的条件分布函数 $F_2(y\mid X<Y)$ 和条件密度函数 $f_2(y\mid X<Y)$.

对 $y\geqslant 0$,有：

$$F_2(y\mid X<Y)=P(Y\leqslant y\mid X<Y)=\frac{P(X<Y\leqslant y)}{P(X<Y)}$$

$$=\frac{\int_0^y\lambda\mathrm{e}^{-\lambda v}\mathrm{d}v\int_0^v\lambda\mathrm{e}^{-\lambda u}\mathrm{d}u}{\int_0^{+\infty}\lambda\mathrm{e}^{-\lambda v}\mathrm{d}v\int_0^v\lambda\mathrm{e}^{-\lambda u}\mathrm{d}u}=1-2\mathrm{e}^{-\lambda y}+\mathrm{e}^{-2\lambda y},$$

$$f_2(y\mid X<Y)=2\lambda\mathrm{e}^{-\lambda y}-2\lambda\mathrm{e}^{-2\lambda y},$$

进而
$$E(Y \mid X<Y)=\int_0^{+\infty} y f_2(y \mid X<Y)\mathrm{d}y$$
$$=\int_0^{+\infty} y(2\lambda \mathrm{e}^{-\lambda y}-2\lambda \mathrm{e}^{-2\lambda y})\,\mathrm{d}y=\frac{3}{2\lambda},$$

从而
$$E(6Y \mid X<Y)=6E(Y \mid X<Y)=6\times\frac{3}{2\lambda}=\frac{9}{\lambda},$$

故
$$E(Z)=\left(\frac{9}{2\lambda}+1\right)\times\frac{1}{2}+\frac{9}{\lambda}\times\frac{1}{2}=\frac{1}{2}+\frac{27}{4\lambda}.$$

例 4.16(随机个随机变量和的数学期望) 设 $X_1, X_2, \cdots, X_N$ 为一列独立同分布的随机变量,随机变量 N 只取整数值,且 N 与 $\{X_n\}$ 相互独立,试证 $E\left(\sum_{i=1}^{N} X_i\right)=E(X_1)E(N)$.

证明
$$E\left(\sum_{i=1}^{N} X_i\right)=E\left[E\left(\sum_{i=1}^{N} X_i \mid N\right)\right]=\sum_{n=1}^{+\infty} E\left(\sum_{i=1}^{N} X_i \mid N=n\right)P(N=n)$$
$$=\sum_{n=1}^{+\infty} E\left(\sum_{i=1}^{n} X_i\right)P(N=n)=\sum_{n=1}^{+\infty} nE(X_1)P(N=n)$$
$$=E(X_1)\sum_{n=1}^{+\infty} nP(N=n)=E(X_1)E(N).$$

注意 可利用上例的结论解决许多实际问题,下面仅举两例说明之.

(1) 设一天内到达某商场的顾客数 N 是仅取非负整数值的随机变量,且 $E(N)=35\,000$. 若假设进入此商场的第 i 位顾客的购物金额为 X_i,可以认为诸 X_i 是独立同分布的随机变量,且 $E(X_i)=82$(元),假设 N 与 X_i 相互独立,则此商场一天的平均营业额为:
$$E\left(\sum_{i=1}^{N} X_i\right)=E(X_1)E(N)=82\times 35\,000=287(\text{万元}).$$

(2) 一只昆虫一次产卵数 $N\sim P(\lambda)$,每个卵成活的概率是 p,可设 X_i 服从两点分布,而 $(X_i=1)$ 表示第 i 个卵成活,则一只昆虫一次产卵后的平均成活卵数为:
$$E\left(\sum_{i=1}^{N} X_i\right)=E(X_1)E(N)=\lambda p.$$

条件数学期望还有一个重要应用就是事件的概率可用条件期望来定义,即对于任意的随机事件 A 有:$P(A)=\begin{cases}\displaystyle\int_{-\infty}^{+\infty} P(A \mid Y=y)f_Y(y)\mathrm{d}y, & Y\text{ 为连续型随机变量},\\ \displaystyle\sum_{j=1}^{+\infty} P(A \mid Y=y_j)P(Y=y_j), & Y\text{ 为离散型随机变量}.\end{cases}$ 事实上因为对于任意的随机事件 A,可定义随机变量 X,
$$X=\begin{cases}1, & \text{若随机事件 } A \text{ 发生},\\ 0, & \text{若随机事件 } A \text{ 未发生},\end{cases}$$

则
$$P(A)=E(I_A)=E[E(I_A\mid Y)]$$
$$=\begin{cases}\int_{-\infty}^{+\infty}P(A\mid Y=y)f_Y(y)\mathrm{d}y, & Y\text{为连续型随机变量},\\ \sum_{j=1}^{+\infty}P(A\mid Y=y_j)P(Y=y_j), & Y\text{为离散型随机变量}.\end{cases}$$

例 4.17　设连续型随机变量 X，Y 相互独立，分布函数分别为 $F_X(x)$ 和 $F_Y(y)$，证明：$Z=X+Y$ 的分布函数 $F_Z(z)=\int_{-\infty}^{+\infty}F_X(z-y)\mathrm{d}F_Y(y)$.

证明　对 $-\infty<z<+\infty$，
$$\begin{aligned}F_Z(z)&=P(X+Y\leqslant z)=E[P(X+Y\leqslant z\mid Y)]\\&=\int_{-\infty}^{+\infty}P(X+Y\leqslant z\mid Y=y)f_Y(y)\mathrm{d}y\\&=\int_{-\infty}^{+\infty}P(X+y\leqslant z\mid Y=y)f_Y(y)\mathrm{d}y\\&=\int_{-\infty}^{+\infty}P(X\leqslant z-y)f_Y(y)\mathrm{d}y=\int_{-\infty}^{+\infty}F_X(z-y)f_Y(y)\mathrm{d}y\\&=\int_{-\infty}^{+\infty}F_X(z-y)\mathrm{d}F_Y(y).\end{aligned}$$

例 4.18　设随机变量 $U\sim U[0,1]$，已知在 $U=u$ 的条件下随机变量 X 服从参数为 (n,u) 的二项分布 $B(n,u)$，求 X 的概率分布列.

解　由条件知 $P(X=i\mid U=u)=\mathrm{C}_n^i u^i(1-u)^{n-i}$，$i=0,1,2,\cdots,n$，而 $U\sim U[0,1]$ 是连续型随机变量，$f_U(u)=1$，$0<u<1$，则有
$$\begin{aligned}P(X=i)&=\int_{-\infty}^{+\infty}P(X=i\mid U=u)f_U(u)\mathrm{d}u=\int_0^1\mathrm{C}_n^i u^i(1-u)^{n-i}\mathrm{d}u\\&=\frac{1}{n+1},\ i=0,1,2,\cdots,n.\end{aligned}$$

4.2　原点矩与中心矩

4.2.1　方差、标准差和矩

数学期望体现了随机变量所有可能取值的平均值，是随机变量最重要的数字特征之一. 但在许多问题中只知道这一点是不够的，还需要知道随机变量与其数学期望之间的偏离程度. 在概率论中，这个偏离程度通常用 $E[X-E(X)]^2$ 来表示，由此引出了方差的概念. 先看下面一例.

例 4.19　有甲、乙两射手，他们每次射击命中的环数分别用 X，Y 表示，已知 X，Y 的分布列为：

$$P(X=8)=0.2,\ P(X=9)=0.6,\ P(X=10)=0.2,$$

$$P(Y=8)=0.1,\ P(Y=9)=0.8,\ P(Y=10)=0.1,$$

试问甲、乙两人谁的技术更高明些?

解　自然,首先计算甲、乙两人每次射击命中的平均环数:

$$E(X)=0.2\times 8+0.6\times 9+0.2\times 10=9\ (\text{环}),$$

$$E(Y)=0.1\times 8+0.8\times 9+0.1\times 10=9\ (\text{环}).$$

该两射手每次射击的平均命中环数相等,这表明他们的技术水平是差不多的,因此单从数学期望这一点来看很难判断哪一位射手的技术更高明些.所以有必要考虑另外的因素.通常的想法是:在技术水平相同的条件下要比较一下谁的技术更稳定些.为此,应该观察射手射击时命中环数是否大起大落,或者说要看谁命中的环数比较集中于平均值附近,而这可用命中的环数 X 与它的平均值 $E(X)$ 之间的离差 $X-E(X)$ 绝对值 $|X-E(X)|$ 的平均 $E|X-E(X)|$ 来度量. $E|X-E(X)|$ 愈小,表明 X 的值愈集中于 $E(X)$ 附近,技术稳定;$E|X-E(X)|$ 愈大,表明 X 的值很分散,技术不稳定.注意到,$E|X-E(X)|$ 中带有绝对值,这在数学处理上不方便,通常用离差平方 $[X-E(X)]^2$ 的平均 $E[X-E(X)]^2$ 来度量随机变量 X 取值的分散程度(也就是 X 取值的集中程度),于是

$$E[X-E(X)]^2=0.2\times(8-9)^2+0.6\times(9-9)^2+0.2\times(10-9)^2=0.4,$$

$$E[Y-E(Y)]^2=0.1\times(8-9)^2+0.8\times(9-9)^2+0.1\times(10-9)^2=0.2.$$

由于 $E[X-E(X)]^2>E[Y-E(Y)]^2$,所以乙的技术更稳定些,从而乙的技术更好些.

下面给出随机变量方差的定义.

定义 4.6(方差)　设 X 为一随机变量,如果 $E[X-E(X)]^2$ 存在,则称 $E[X-E(X)]^2$ 为 X 的方差,记为 $D(X)$ 或 $\mathrm{var}(X)$,有时也记作 σ^2,即 $D(X)=E[X-E(X)]^2$. 方差是随机变量分布分散程度的一个度量.而称 $\sigma=\sqrt{D(X)}$ 为随机变量 X 的**标准差**或**均方差**,标准差也是随机变量分布分散程度的一个度量.

由定义 4.6 可知,随机变量 X 的方差反映了 X 与其数学期望 $E(X)$ 的偏离程度,如果 X 取值集中在 $E(X)$ 附近,则方差 $D(X)$ 较小;如果 X 取值比较分散,方差 $D(X)$ 较大.不难看出,方差 $D(X)$ 实质上是随机变量 X 的函数 $[X-E(X)]^2$ 的数学期望.

如果 X 是离散型随机变量,其分布列为 $P(X=x_k)=p_k$, $k=1,2,\cdots$, 则有

$$D(X)=E[X-E(X)]^2=\sum_{k=1}^{+\infty}[x_k-E(X)]^2p_k;$$

如果 X 是连续型随机变量,其密度函数为 $f(x)$,则有

$$D(X)=E[X-E(X)]^2=\int_{-\infty}^{+\infty}[x-E(X)]^2f(x)\mathrm{d}x,$$

根据数学期望的性质,可得

$$\begin{aligned}D(X)&=E[X-E(X)]^2=E\{X^2-2E(X)X+[E(X)]^2\}\\&=E(X^2)-[E(X)]^2,\end{aligned}$$

这是计算随机变量方差常用的公式.

定义 4.7(k 阶矩) 设 X 为随机变量,对正整数 k,若 $E\mid X\mid^k<+\infty$,则称 $E(X^k)$ 为随机变量 X 的 k 阶矩,记为 μ_k.

设 X 为离散型随机变量,其分布列为: $p_i=P(X=x_i)$, $i=1, 2, \cdots$, 对正整数 k,如果 $\sum_{i=1}^{+\infty} x_i^k p_i$ 绝对收敛,即 $\sum_{i=1}^{+\infty}\mid x_i\mid^k p_i<+\infty$,则称 $\mu_k=E(X^k)=\sum_{i=1}^{+\infty} x_i^k p_i$ 为离散型随机变量 X 的 k 阶矩或称为 k 阶原点矩;如果 $\sum_{i=1}^{+\infty} x_i^k p_i$ 不绝对收敛,则称其 k 阶矩不存在.

设 X 为连续型随机变量,其密度函数为 $f(x)$. 如果 $\int_{-\infty}^{+\infty} x^k f(x)\mathrm{d}x$ 绝对收敛,即 $\int_{-\infty}^{+\infty}\mid x\mid^k f(x)\mathrm{d}x<+\infty$,则称 $\mu_k=E(X^k)=\int_{-\infty}^{+\infty} x^k f(x)\mathrm{d}x$ 为连续型随机变量 X 的 k 阶矩或称为 k 阶原点矩. 如果 $\int_{-\infty}^{+\infty} x^k f(x)\mathrm{d}x$ 不绝对收敛,则称其 k 阶矩不存在. 取 $k=1$, 一阶矩就是随机变量 X 的数学期望,即 $\mu=\mu_1=E(X)$.

在实际中常用低阶矩,高于 4 阶矩极少使用. 由于 $\mid X\mid^{k-1}\leqslant\mid X\mid^k+1$,故当 k 阶矩存在时, $k-1$ 阶矩也存在,从而低于 k 的各阶矩都存在.

类似于对方差的讨论,下面给出 $X-E(X)$ 幂函数的数学期望,即中心矩的定义.

定义 4.8(中心矩) 设 X 为随机变量,对正整数 k,若 $E(X)<+\infty$,且 $E\mid X-E(X)\mid^k<+\infty$,则称 $E[X-E(X)]^k$ 为随机变量 X 的 k 阶中心矩,记为 ν_k.

设 X 为离散型随机变量,其分布列为: $p_i=P(X=x_i)$, $i=1, 2, \cdots$, 对正整数 k,如果 $\sum_{i=1}^{+\infty} x_i p_i$, $\sum_{i=1}^{+\infty}[x_i-E(X)]^k p_i$ 绝对收敛,即 $\sum_{i=1}^{+\infty}\mid x_i\mid p_i<+\infty$, $\sum_{i=1}^{+\infty}\mid x_i-E(X)\mid^k p_i<+\infty$,则称 $\nu_k=E[X-E(X)]^k=\sum_{i=1}^{+\infty}[x_i-E(X)]^k p_i$ 为离散型随机变量 X 的 k 阶中心矩.

设 X 为连续型随机变量,其密度函数为 $f(x)$. 如果 $\int_{-\infty}^{+\infty} x f(x)\mathrm{d}x$, $\int_{-\infty}^{+\infty}[x-E(X)]^k f(x)\mathrm{d}x$ 绝对收敛,即 $\int_{-\infty}^{+\infty}\mid x\mid f(x)\mathrm{d}x<+\infty$, $\int_{-\infty}^{+\infty}\mid x-E(X)\mid^k f(x)\mathrm{d}x<+\infty$,则称 $\nu_k=E[X-E(X)]^k=\int_{-\infty}^{+\infty}[x-E(X)]^k f(x)\mathrm{d}x$ 为连续型随机变量 X 的 k 阶中心矩.

特别地,取 $k=1$, $\nu_1=E[X-E(X)]=E(X)-E(X)=0$;取 $k=2$, $\nu_2=D(X)$.

中心矩与原点矩之间有如下简单的关系:

$$\nu_k=E[X-E(X)]^k=E(X-\mu_1)^k=\sum_{i=0}^{k}(-1)^{k-i}\mathrm{C}_k^i\mu_i\mu_1{}^{k-i},$$

其中, $\mu_0=1$. 故前 4 阶中心矩可分别用原点矩表示:

$$\nu_1=0,\ \nu_2=\mu_2-\mu_1^2,\ \nu_3=\mu_3-3\mu_2\mu_1+2\mu_1^3,\ \nu_4=\mu_4-4\mu_3\mu_1+6\mu_2\mu_1^2-3\mu_1^4.$$

例 4.20 设随机变量 $X\sim N(\mu, \sigma^2)$,求 X 的 4 阶中心矩及 k 阶中心矩.

解 注意到 $Z=\dfrac{X-\mu}{\sigma}\sim N(0, 1)$,

$$\nu_k = E[X-E(X)]^k = E(X-\mu)^k = \sigma^k E\left(\frac{X-\mu}{\sigma}\right)^k = \sigma^k E(Z^k),$$

即 X 的 k 阶中心矩就是标准正态分布的 k 阶原点矩与 σ^k 的乘积.

又 $$E(Z^k) = \frac{1}{\sqrt{2\pi}}\int_{-\infty}^{+\infty} t^k e^{-\frac{t^2}{2}} dt,$$

当 k 为奇数时, $E(Z^k) = \frac{1}{\sqrt{2\pi}}\int_{-\infty}^{+\infty} t^k e^{-\frac{t^2}{2}} dt = 0$, 即 $\nu_k = 0$;

当 k 为偶数时,

$$E(Z^k) = \frac{2}{\sqrt{2\pi}}\int_0^{+\infty} t^k e^{-\frac{t^2}{2}} dt = \frac{2}{\sqrt{2\pi}}\int_0^{+\infty} 2^{\frac{k-1}{2}} x^{\frac{k-1}{2}} e^{-x} dx = \frac{1}{\sqrt{\pi}} 2^{\frac{k}{2}} \Gamma\left(\frac{k+1}{2}\right),$$

即 $$\nu_k = \frac{\sigma^k}{\sqrt{\pi}} 2^{\frac{k}{2}} \Gamma\left(\frac{k+1}{2}\right),$$

$$\nu_4 = \frac{\sigma^4}{\sqrt{\pi}} 2^{\frac{4}{2}} \Gamma\left(\frac{4+1}{2}\right) = \frac{4\sigma^4}{\sqrt{\pi}} \Gamma\left(\frac{5}{2}\right) = \frac{4\sigma^4}{\sqrt{\pi}} \frac{3}{2} \Gamma\left(\frac{3}{2}\right) = \frac{6\sigma^4}{\sqrt{\pi}} \frac{1}{2} \Gamma\left(\frac{1}{2}\right) = 3\sigma^4.$$

下面给出一些常用分布的数学期望与方差.

例 4.21 (1)(两点分布) 设 $X \sim B(1, p)$, $E(X) = p$, $D(X) = pq$, 其中, $q = 1-p$;

(2)(二项分布) 设 $X \sim B(n, p)$, $E(X) = np$, $D(X) = npq$, 其中, $q = 1-p$;

(3)(泊松分布) 设 $X \sim P(\lambda)$, $E(X) = \lambda$, $D(X) = \lambda$;

(4)(几何分布) 设 $X \sim Ge(p)$, $E(X) = \frac{1}{p}$, $D(X) = \frac{q}{p^2}$, 其中, $q = 1-p$, 特别地,如果几何分布随机变量 Y 的分布列采用如下表示:

$$P(Y=k) = pq^k,\ q = 1-p,\ k = 0, 1, 2, \cdots, \text{则 } E(Y) = \frac{q}{p},\ D(Y) = \frac{q}{p^2}.$$

证明 (1) 若 $X \sim B(1, p)$, 则 $P(X=k) = p^k q^{1-k}$, $k = 0, 1$,

$$E(X) = 0 \times P(X=0) + 1 \times P(X=1) = p,$$

$$E(X^2) = 0^2 \times P(X=0) + 1^2 \times P(X=1) = p,$$

$$D(X) = E(X^2) - [E(X)]^2 = p - p^2 = p(1-p) = pq;$$

(2) 若 $X \sim B(n, p)$, 由例 4.1 知: $E(X) = np$, 注意到

$$E(X^2) = E[X(X-1)] + E(X)$$

$$\begin{aligned} E[X(X-1)] &= \sum_{k=2}^{n} k(k-1) C_n^k p^k q^{n-k} \\ &= n(n-1)p^2 \sum_{k=2}^{n} \frac{(n-2)!}{(k-2)!\,[(n-2)-(k-2)]!} p^{k-2} q^{(n-2)-(k-2)} \\ &= n(n-1)p^2 \sum_{i=0}^{n-2} \frac{(n-2)!}{i!\,[(n-2)-i]!} p^i q^{(n-2)-i} = n(n-1)p^2, \end{aligned}$$

则
$$D(X)=E(X^2)-[E(X)]^2=E[X(X-1)]+E(X)-[E(X)]^2$$
$$=n(n-1)p^2+np-(np)^2=np(1-p)=npq;$$

(3) 若 $X\sim P(\lambda)$，$E(X)=\lambda$，

$$E[X(X-1)]=\sum_{k=2}^{+\infty}k(k-1)\frac{\lambda^k}{k!}\mathrm{e}^{-\lambda}=\lambda^2\mathrm{e}^{-\lambda}\sum_{k=2}^{+\infty}\frac{\lambda^{k-2}}{(k-2)!}=\lambda^2\mathrm{e}^{-\lambda}\sum_{i=0}^{+\infty}\frac{\lambda^i}{i!}=\lambda^2,$$

则
$$D(X)=E(X^2)-[E(X)]^2=E[X(X-1)]+E(X)-[E(X)]^2$$
$$=\lambda^2+\lambda-\lambda^2=\lambda;$$

(4) 若 $X\sim Ge(p)$，$E(X)=\dfrac{1}{p}$，

$$E[X(X-1)]=\sum_{k=2}^{+\infty}k(k-1)pq^{k-1}=pq\sum_{k=2}^{+\infty}k(k-1)q^{k-2}=pq\frac{\mathrm{d}^2}{\mathrm{d}q^2}(\sum_{k=0}^{\infty}q^k)$$
$$=pq\frac{\mathrm{d}^2}{\mathrm{d}q^2}\left(\frac{1}{1-q}\right)=pq\frac{2}{(1-q)^3}=\frac{2q}{p^2},$$

则
$$D(X)=E(X^2)-[E(X)]^2=E[X(X-1)]+E(X)-[E(X)]^2$$
$$=\frac{2q}{p^2}+\frac{1}{p}-\frac{1}{p^2}=\frac{2q+p-1}{p^2}=\frac{q}{p^2},$$

若几何分布随机变量 Y 的分布列采用如下表示：$P(Y=k)=pq^k$，$q=1-p$，$k=0$，1，2，…，则 $Y=X-1$，进而有：

$$E(Y)=E(X)-1=\frac{q}{p},\ D(Y)=D(X)=\frac{q}{p^2}.$$

上例给出了常见的离散型随机变量的数学期望与方差，在计算随机变量 X 的 2 阶矩时，用到了如下关系式：$E(X^2)=E[X(X-1)]+E(X)$. 由此可以看到，如果要计算 X 的 3 阶矩 $E(X^3)$，可通过求取 $E[X(X-1)(X-2)]$，$E[X(X-1)]$ 和 $E(X)$，然后利用下式便可得到：$E(X^3)=E[X(X-1)(X-2)]+3E[X(X-1)]+E(X)$. 这一方法具有一般性，也就是说通过这一方法可以得到随机变量 X 的 k 阶矩 $E(X^k)$.

定义 4.9(*r* 阶阶乘矩)　设离散型随机变量 X 的 r 阶阶乘矩 $\mu_{(r)}$（有意义下）定义为

$$\mu_{(r)}=E[X(X-1)(X-2)\cdots(X-r+1)],$$

易见，1 阶阶乘矩即为数学期望 $E(X)$，2 阶阶乘矩为 $E[X(X-1)]$. 上例中在求二项分布、泊松分布和几何分布的方差时，就用到了 2 阶阶乘矩，即 $D(X)=E(X^2)-[E(X)]^2=E[X(X-1)]+E(X)-[E(X)]^2$. 下面通过定理 4.7 给出常见的离散型随机变量的 3 阶与 r 阶阶乘矩，其可以采用数学归纳法得到.

定理 4.7　(1) 若 $X\sim B(n,p)$，则其 3 阶阶乘矩和 r 阶阶乘矩分别为：

$$\mu_{(3)}=n(n-1)(n-2)p^3,$$
$$\mu_{(r)}=n(n-1)\cdots(n-r+1)p^r,\ r=1,2,\cdots,n;$$

(2) 若 $X \sim P(\lambda)$，则其 3 阶阶乘矩和 r 阶阶乘矩分别为：

$$\mu_{(3)}=\lambda^3,\ \mu_{(r)}=\lambda^r,\ r=1,\ 2,\ \cdots;$$

(3) 若 $X \sim Ge(p)$，则其 3 阶阶乘矩和 r 阶阶乘矩分别为：

$$\mu_{(3)}=\frac{6q^2}{p^3},\ \mu_{(r)}=\frac{r!\ q^{r-1}}{p^r},\ r=1,\ 2,\ \cdots.$$

特别地，如果几何分布随机变量 Y 的分布列采用如下表示：$P(Y=k)=pq^k$，$q=1-p$，$k=0,\ 1,\ 2,\ \cdots$，则有 $\mu_{(r)}=r!\ \dfrac{q^r}{p^r}$.

关于非负离散型随机变量 X 的 1 阶矩、2 阶矩以及任何 k 阶矩有如下结论.

定理 4.8 设 X 为取非负整数值的随机变量，其 k 阶矩存在，$k=1,\ 2,\ \cdots$，记 $\bar{F}(i)=P(X\geqslant i)$，$i=0,\ 1,\ 2,\ \cdots$，则：

(1) $E(X)=\sum\limits_{i=1}^{+\infty} iP(X=i)=\sum\limits_{i=1}^{+\infty} P(X\geqslant i)=\sum\limits_{i=1}^{+\infty}\bar{F}(i)$；

(2) $E(X^2)=\sum\limits_{i=1}^{+\infty} i^2P(X=i)=\sum\limits_{i=1}^{+\infty}(2i-1)P(X\geqslant i)=\sum\limits_{i=1}^{+\infty}(2i-1)\bar{F}(i)$；

(3) 一般地，对 $k=1,\ 2,\ \cdots$，

$$E(X^k)=\sum_{i=1}^{+\infty} i^k P(X=i)=\sum_{i=1}^{+\infty}[i^k-(i-1)^k]\bar{F}(i).$$

证明 (1)
$$\begin{aligned}E(X)&=\sum_{i=0}^{+\infty} iP(X=i)=\sum_{i=1}^{+\infty} iP(X=i)\\&=\sum_{i=1}^{+\infty} i[P(X\geqslant i)-P(X\geqslant i+1)]\\&=\sum_{i=1}^{+\infty} i\bar{F}(i)-\sum_{i=1}^{+\infty} i\bar{F}(i+1)=\sum_{i=1}^{+\infty} i\bar{F}(i)-\sum_{j=2}^{+\infty}(j-1)\bar{F}(j)\\&=\sum_{i=1}^{+\infty}[i-(i-1)]\bar{F}(i)=\sum_{i=1}^{+\infty}\bar{F}(i);\end{aligned}$$

(2)
$$\begin{aligned}E(X^2)&=\sum_{i=1}^{+\infty} i^2P(X=i)=\sum_{i=1}^{+\infty} i^2[P(X\geqslant i)-P(X\geqslant i+1)]\\&=\sum_{i=1}^{+\infty} i^2\bar{F}(i)-\sum_{i=1}^{+\infty} i^2\bar{F}(i+1)=\sum_{i=1}^{+\infty} i^2\bar{F}(i)-\sum_{j=2}^{+\infty}(j-1)^2\bar{F}(j)\\&=\sum_{i=1}^{+\infty}[i^2-(i-1)^2]\bar{F}(i)=\sum_{i=1}^{+\infty}(2i-1)\bar{F}(i);\end{aligned}$$

(3)
$$\begin{aligned}E(X^k)&=\sum_{i=1}^{\infty} i^k P(X=i)=\sum_{i=1}^{+\infty} i^k[P(X\geqslant i)-P(X\geqslant i+1)]\\&=\sum_{i=1}^{+\infty} i^k\bar{F}(i)-\sum_{i=1}^{+\infty} i^k\bar{F}(i+1)=\sum_{i=1}^{+\infty} i^k\bar{F}(i)-\sum_{j=2}^{+\infty}(j-1)^k\bar{F}(j)\end{aligned}$$

$$=\sum_{i=1}^{+\infty}[i^k-(i-1)^k]\bar{F}(i).$$

从定理4.8的结论中可以看到如下关系式：$\sum_{i=1}^{+\infty}\bar{F}(i)=E(X)$，$\sum_{i=1}^{+\infty}i\bar{F}(i)=\frac{1}{2}E(X^2)+\frac{1}{2}E(X)$，这说明 $\sum_{i=1}^{+\infty}\bar{F}(i)$ 与均值 $E(X)$，$\sum_{i=1}^{+\infty}i\bar{F}(i)$ 与均值 $E(X)$、2阶矩 $E(X^2)$ 存在着数值关系，一般地，$\sum_{i=1}^{+\infty}i^k\bar{F}(i)$，$k=2, 3, \cdots$ 与 $E(X)$，$E(X^2)$，$\cdots$，$E(X^{k+1})$ 也存在着数值关系，这一数值关系在离散型寿命类的贴近性研究中起着重要作用.

例 4.22 甲、乙两个进行比赛，每局甲胜的概率为 p，乙胜的概率为 $1-p=q$. 比赛进行到有一人连胜两局为止. 以 X 记比赛的局数，求平均比赛多少局 $E(X)$.

解 方法一：直接求 X 的分布列，即 $P(X=1)=0$，

$$P(X=2k+1)=p^{k+1}q^k+p^kq^{k+1}=(pq)^k,\ k=1, 2, \cdots,$$

$$P(X=2k)=(p^2+q^2)(pq)^{k-1},\ k=1, 2, \cdots,$$

则

$$E(X)=\sum_{k=1}^{+\infty}(2k+1)(pq)^k+2(p^2+q^2)\sum_{k=1}^{+\infty}k(pq)^{k-1}$$

$$=\frac{pq}{1-pq}+\frac{2pq}{(1-pq)^2}+\frac{2(p^2+q^2)}{(1-pq)^2}$$

$$=\frac{pq-(pq)^2+2pq+2(p^2+q^2)}{(1-pq)^2}$$

$$=\frac{2-pq-(pq)^2}{(1-pq)^2}=\frac{2+pq}{1-pq}.$$

方法二：注意到 $(X\geqslant n)$ 表示到 $(n-1)$ 局为止，没有一人连胜两局，总是两人轮流胜，所以

$$P(X\geqslant 1)=1,\ P(X\geqslant 2k+1)=2p^kq^k,\ k=1, 2, \cdots,$$

$$P(X\geqslant 2k)=p^kq^{k-1}+p^{k-1}q^k=(pq)^{k-1},\ k=1, 2, \cdots,$$

则

$$E(X)=\sum_{i=1}^{+\infty}P(X\geqslant i)=1+2\sum_{k=1}^{+\infty}(pq)^k+\sum_{k=1}^{+\infty}(pq)^{k-1}$$

$$=1+\frac{2pq}{1-pq}+\frac{1}{1-pq}=\frac{2+pq}{1-pq}.$$

定理 4.9 设 X 为取非负整数值的随机变量，记 $\bar{F}(i)=P(X\geqslant i)$，$i=0, 1, 2, \cdots$，则：

(1) $\sum_{i=1}^{+\infty}\bar{F}(i)=E(X)$；

(2) $\sum_{i=1}^{+\infty}i\bar{F}(i)=\frac{1}{2}E(X^2)+\frac{1}{2}E(X)$；

(3) $\sum_{i=1}^{+\infty} i^2 \bar{F}(i) = \frac{1}{3}E(X^3) + \frac{1}{2}E(X^2) + \frac{1}{6}E(X)$;

(4) $\sum_{i=1}^{+\infty} i^3 \bar{F}(i) = \frac{1}{4}E(X^4) + \frac{1}{2}E(X^3) + \frac{1}{4}E(X^2)$;

(5) $\sum_{i=1}^{+\infty} i^4 \bar{F}(i) = \frac{1}{5}E(X^5) + \frac{1}{2}E(X^4) + \frac{1}{3}E(X^3) - \frac{1}{30}E(X)$;

(6) 更一般地,对 $k=2, 3, \cdots$, 有:

$$\sum_{i=1}^{+\infty} i^{k-1} \bar{F}(i) = \frac{1}{k}\left[E(X^k) - \sum_{l=2}^{k}(-1)^{1-l} C_k^l \sum_{i=1}^{+\infty} i^{k-l} \bar{F}(i)\right].$$

证明 (1)和(2)易知;

(3) 由于

$$E(X^3) = \sum_{i=1}^{+\infty}[i^3 - (i-1)^3]\bar{F}(i) = \sum_{i=1}^{+\infty}(3i^2 - 3i + 1)\bar{F}(i),$$

$$3\sum_{i=1}^{+\infty} i^2 \bar{F}(i) = E(X^3) + 3\sum_{i=1}^{+\infty} i\bar{F}(i) - \sum_{i=1}^{+\infty} \bar{F}(i),$$

进而得

$$\sum_{i=1}^{+\infty} i^2 \bar{F}(i) = \frac{1}{3}E(X^3) + \frac{1}{2}E(X^2) + \frac{1}{6}E(X);$$

(4) 由于

$$E(X^4) = \sum_{i=1}^{+\infty}[i^4 - (i-1)^4]\bar{F}(i) = \sum_{i=1}^{+\infty}(4i^3 - 6i^2 + 4i - 1)\bar{F}(i),$$

$$4\sum_{i=1}^{+\infty} i^3 \bar{F}(i) = E(X^4) + 6\sum_{i=1}^{+\infty} i^2\bar{F}(i) - 4\sum_{i=1}^{+\infty} i\bar{F}(i) + \sum_{i=1}^{+\infty} \bar{F}(i),$$

进而得

$$\sum_{i=1}^{+\infty} i^3 \bar{F}(i) = \frac{1}{4}E(X^4) + \frac{1}{2}E(X^3) + \frac{1}{4}E(X^2);$$

(5) 由于

$$E(X^5) = \sum_{i=1}^{+\infty}[i^5 - (i-1)^5]\bar{F}(i) = \sum_{i=1}^{+\infty}(5i^4 - 10i^3 + 10i^2 - 5i + 1)\bar{F}(i),$$

$$5\sum_{i=1}^{+\infty} i^4 \bar{F}(i) = E(X^5) + 10\sum_{i=1}^{+\infty} i^3\bar{F}(i) - 10\sum_{i=1}^{+\infty} i^2\bar{F}(i) + 5\sum_{i=1}^{+\infty} i\bar{F}(i) - \sum_{i=1}^{+\infty} \bar{F}(i),$$

进而得

$$\sum_{i=1}^{+\infty} i^4 \bar{F}(i) = \frac{1}{5}E(X^5) + \frac{1}{2}E(X^4) + \frac{1}{3}E(X^3) - \frac{1}{30}E(X);$$

(6) 一般地,由于

$$E(X^k) = \sum_{i=1}^{+\infty}[i^k - (i-1)^k]\bar{F}(i)$$

$$= \sum_{i=1}^{+\infty}\left[i^k - (-1)^k \sum_{l=0}^{k}(-1)^{k-l} C_k^l i^{k-l}\right]\bar{F}(i)$$

$$=\sum_{i=1}^{+\infty}\Big[\sum_{l=1}^{k}(-1)^{1-l}C_k^l i^{k-l}\Big]\bar{F}(i)$$

$$=\sum_{i=1}^{+\infty}[ki^{k-1}-C_k^2 i^{k-2}+\cdots+(-1)^{2-k}C_k^{k-1}i+(-1)^{1-k}C_k^k]\bar{F}(i),$$

即
$$E(X^k)=k\sum_{i=1}^{+\infty}i^{k-1}\bar{F}(i)+\sum_{l=2}^{k}(-1)^{1-l}C_k^l\sum_{i=1}^{+\infty}i^{k-l}\bar{F}(i),$$

进而得
$$\sum_{i=1}^{+\infty}i^{k-1}\bar{F}(i)=\frac{1}{k}\Big[E(X^k)-\sum_{l=2}^{k}(-1)^{1-l}C_k^l\sum_{i=1}^{+\infty}i^{k-l}\bar{F}(i)\Big].$$

例 4.23 证明：(1)（均匀分布）设 $X\sim U[a,b]$，$E(X)=\dfrac{b+a}{2}$，则 $D(X)=\dfrac{(b-a)^2}{12}$；

(2)（正态分布）设 $X\sim N(\mu,\sigma^2)$，则 $E(X)=\mu$，$D(X)=\sigma^2$；

(3)（两参数威布尔分布）设 $X\sim W(m,\beta)$，则

$$E(X)=\beta\Gamma\Big(1+\frac{1}{m}\Big),\ D(X)=\beta^2\Big\{\Gamma\Big(1+\frac{2}{m}\Big)-\Big[\Gamma\Big(1+\frac{1}{m}\Big)\Big]^2\Big\};$$

(4)（对数正态分布）设 $X\sim LN(\mu,\sigma^2)$，则 $E(X)=e^{\mu+\frac{\sigma^2}{2}}$，$D(X)=e^{2\mu+\sigma^2}(e^{\sigma^2}-1)$；

(5)（Γ-分布）设 $X\sim\Gamma(\alpha,\lambda)$，则 $E(X)=\dfrac{\alpha}{\lambda}$，$D(X)=\dfrac{\alpha}{\lambda^2}$；

(6)（χ^2-分布）设 $X\sim\chi^2(n)$，则 $E(X)=n$，$D(X)=2n$；

(7)（t-分布）设 $X\sim t(n)$，则 $E(X)=0$，$n>1$，$D(X)=\dfrac{n}{n-2}$，$n>2$；

(8)（F-分布）设 $X\sim F(m,n)$，则 $E(X)=\dfrac{n}{n-2}$，$n>2$，$D(X)=\dfrac{2n^2(m+n-2)}{m(n-2)^2(n-4)}$，$n>4$.

证明 (1) 因 $X\sim U[a,b]$，$E(X^k)=\displaystyle\int_{-\infty}^{+\infty}x^k f(x)dx=\int_a^b\frac{x^k}{b-a}dx=\frac{b^{k+1}-a^{k+1}}{(k+1)(b-a)}$，

$$E(X)=\frac{b+a}{2},\ E(X^2)=\int_{-\infty}^{+\infty}x^2 f(x)dx=\int_a^b\frac{x^2}{b-a}dx=\frac{b^2+ab+a^2}{3},$$

$$D(X)=E(X^2)-[E(X)]^2=\frac{b^2+ab+a^2}{3}-\frac{(b+a)^2}{4}=\frac{(b-a)^2}{12}.$$

(2) 因 $X\sim N(\mu,\sigma^2)$，令 $Z=\dfrac{X-\mu}{\sigma}$，则 $Z\sim N(0,1)$，而 $X=\mu+\sigma Z$，

$$E(Z)=\int_{-\infty}^{+\infty}x\frac{1}{\sqrt{2\pi}}e^{-\frac{x^2}{2}}dx=0,\ E(X)=\mu+\sigma E(Z)=\mu,$$

$$E(Z^2)=\int_{-\infty}^{+\infty}x^2\frac{1}{\sqrt{2\pi}}e^{-\frac{x^2}{2}}dx=\frac{2}{\sqrt{2\pi}}\int_0^{+\infty}x^2e^{-\frac{x^2}{2}}dx,$$

$$=\frac{2}{\sqrt{2\pi}}\int_0^{+\infty}\sqrt{2}t^{\frac{1}{2}}e^{-t}dt=\frac{2}{\sqrt{\pi}}\Gamma\left(\frac{3}{2}\right)=\frac{1}{\sqrt{\pi}}\Gamma\left(\frac{1}{2}\right)=1,$$

则 $D(Z)=E(Z^2)-[E(Z)]^2=1$，进而 $D(X)=D(\mu+\sigma Z)=\sigma^2D(Z)=\sigma^2$.

(3) 因 $X\sim W(m,\beta)$，则

$$E(X^k)=\int_0^{+\infty}x^k\frac{mx^{m-1}}{\beta^m}\exp\left[-\left(\frac{x}{\beta}\right)^m\right]dx=\int_0^{+\infty}\beta^kt^{\frac{k}{m}}e^{-t}dt=\beta^k\Gamma\left(1+\frac{k}{m}\right),$$

$$E(X)=\beta\Gamma\left(1+\frac{1}{m}\right),\ E(X^2)=\beta^2\Gamma\left(1+\frac{2}{m}\right),$$

$$D(X)=\beta^2\left\{\Gamma\left(1+\frac{2}{m}\right)-\left[\Gamma\left(1+\frac{1}{m}\right)\right]^2\right\}.$$

特别地，若 $X\sim \mathrm{Exp}(\lambda)$，即在威布尔分布 $W(m,\beta)$ 中令 $m=1$，$\beta=\frac{1}{\lambda}$ 就成为 $\mathrm{Exp}(\lambda)$，于是有：$E(X)=\frac{1}{\lambda}$，$D(X)=\frac{1}{\lambda^2}$.

(4) 因 $X\sim LN(\mu,\sigma^2)$，令 $Z=\frac{\ln X-\mu}{\sigma}$，则 $Z\sim N(0,1)$；而 $X=e^{\mu+\sigma z}$，则

$$E(X^k)=\int_0^{+\infty}x^k\frac{1}{\sqrt{2\pi}\sigma x}\exp\left[-\frac{(\ln x-\mu)^2}{2\sigma^2}\right]dx$$

$$=\int_{-\infty}^{+\infty}\frac{1}{\sqrt{2\pi}}e^{k\sigma t+k\mu}e^{-\frac{t^2}{2}}dt$$

$$=\int_{-\infty}^{+\infty}e^{k\mu+\frac{k^2\sigma^2}{2}}\frac{1}{\sqrt{2\pi}}\exp\left[-\frac{(t-k\sigma)^2}{2}\right]dt$$

$$=e^{k\mu+\frac{k^2\sigma^2}{2}},$$

$$E(X)=e^{\mu+\frac{\sigma^2}{2}},\ E(X^2)=e^{2\mu+2\sigma^2},\ D(X)=e^{2\mu+\sigma^2}(e^{\sigma^2}-1).$$

(5) 因 $X\sim\Gamma(\alpha,\lambda)$，其密度函数为 $f(x)=\frac{\lambda^\alpha}{\Gamma(\alpha)}x^{\alpha-1}e^{-\lambda x}$，$x>0$，$\alpha>0$，$\lambda>0$，

$$E(X^k)=\int_0^{+\infty}x^k\frac{\lambda^\alpha}{\Gamma(\alpha)}x^{\alpha-1}e^{-\lambda x}dx=\frac{1}{\lambda^k\Gamma(\alpha)}\int_0^{+\infty}t^{k+\alpha-1}e^{-t}dt=\frac{\Gamma(k+\alpha)}{\lambda^k\Gamma(\alpha)},$$

$$E(X)=\frac{\Gamma(1+\alpha)}{\lambda\Gamma(\alpha)}=\frac{\alpha}{\lambda},\ E(X^2)=\frac{\Gamma(2+\alpha)}{\lambda^2\Gamma(\alpha)}=\frac{(1+\alpha)\Gamma(1+\alpha)}{\lambda^2\Gamma(\alpha)}=\frac{\alpha(1+\alpha)}{\lambda^2},$$

$$D(X)=E(X^2)-[E(X)]^2=\frac{\alpha(1+\alpha)}{\lambda^2}-\left(\frac{\alpha}{\lambda}\right)^2=\frac{\alpha}{\lambda^2}.$$

特别地，若 $X\sim \mathrm{Exp}(\lambda)$，即在 $\Gamma(\alpha,\lambda)$ 中令 $\alpha=1$ 就成为 $\mathrm{Exp}(\lambda)$，$E(X)=\frac{1}{\lambda}$，$D(X)=\frac{1}{\lambda^2}$.

(6) 因 $X\sim \chi^2(n)$，在 $\Gamma(\alpha,\lambda)$ 中令 $\alpha=\frac{n}{2}$，$\lambda=\frac{1}{2}$ 就成为 $\chi^2(n)$，则 $E(X)=n$，$D(X)=2n$.

下面给出 $\chi^2(n)$ 的 k（k 为整数）阶高阶矩，并为证明(7)与(8)做准备.

$$E(X^k)=\int_0^{+\infty}x^k\frac{1}{2^{n/2}\Gamma(n/2)}x^{n/2-1}\mathrm{e}^{-x/2}\mathrm{d}x=\frac{2^k}{\Gamma(n/2)}\int_0^{+\infty}t^{k+n/2-1}\mathrm{e}^{-t}\mathrm{d}t=2^k\frac{\Gamma(n/2+k)}{\Gamma(n/2)}.$$

易见 $E(X)=n$，$E(X^2)=n(n+2)$，$E(X^{-1})=\frac{1}{n-2}$，$n>2$，$E(X^{-2})=\frac{1}{(n-2)(n-4)}$，$n>4$.

(7) 若 $X\sim t(n)$，当 $n=1$ 时，$X\sim C(1,0)$，其数学期望不存在，进而方差也不存在；对 $n>1$，由于 $f(x)$ 为偶函数，所以有 $E(X)=0$；

对 $n>2$，设随机变量 $U\sim N(0,1)$，$V\sim\chi^2(n)$，且 U，V 相互独立，则 $X=\frac{U}{\sqrt{V/n}}$，

又
$$E(U^2)=1,\ E(V^{-1})=\frac{1}{n-2},$$

$$D(X)=E(X^2)=nE(U^2)E(V^{-1})=\frac{n}{n-2}.$$

(8) 若 $X\sim F(m,n)$，设随机变量 $U\sim\chi^2(m)$，$V\sim\chi^2(n)$，且 U，V 相互独立，则

$$X=\frac{n}{m}\frac{U}{V}.$$

对 $n>2$，$E(X)=\frac{n}{m}E(U)E(V^{-1})=\frac{n}{m}m\frac{1}{n-2}=\frac{n}{n-2}$；

对 $n>4$，$E(X^2)=\frac{n^2}{m^2}E(U^2)E(V^{-2})=\frac{n^2}{m^2}m(m+2)\frac{1}{(n-2)(n-4)}=\frac{(m+2)n^2}{m(n-2)(n-4)}$，

则
$$D(X)=\frac{(m+2)n^2}{m(n-2)(n-4)}-\left(\frac{n}{n-2}\right)^2=\frac{2n^2(m+n-2)}{m(n-2)^2(n-4)}.$$

下面定理 4.10 至定理 4.14 给出几个常用的离散型随机变量的 k 阶矩的递推关系式，并由此得到其 3 阶与 4 阶原点矩. 在此仅证明定理 4.10～定理 4.12，定理 4.13～定理 4.14 留着读者自行完成.

定理 4.10　设离散型随机变量 X_n 服从参数为 p 的二项分布,即 $X_n \sim B(n, p)$, $n=2, 3, \cdots$, 则(1) 对正整数 k, $E(X_n^k)=npE[(X_{n-1}+1)^{k-1}]$; (2) $E(X_n)=np$, $E(X_n^2)=np[(n-1)p+1]$, $E(X_n^3)=np[(n-1)(n-2)p^2+3(n-1)p+1]$,

$$E(X_n^4)=np[(n-1)(n-2)(n-3)p^3+6(n-1)(n-2)p^2+7(n-1)p+1].$$

证明　(1) $E(X_n^k)=\sum_{i=0}^{n} i^k C_n^i p^i q^{n-i}=\sum_{i=1}^{n} i^{k-1}\dfrac{n!}{(i-1)!\,(n-i)!}p^i q^{n-i}$

$$=np\sum_{j=0}^{n-1}(j+1)^{k-1}\frac{(n-1)!}{j!\,(n-1-j)!}p^j q^{(n-1)-j}$$

$$=np\sum_{j=0}^{n-1}(j+1)^{k-1}C_{n-1}^j p^j q^{(n-1)-j}$$

$$=npE[(X_{n-1}+1)^{k-1}].$$

(2) 若 $k=1$, 　$E(X_n)=npE[(X_{n-1}+1)^{1-1}]=np$;

若 $k=2$, 　$E(X_{n-1})=(n-1)p$,

$$E(X_n^2)=npE[(X_{n-1}+1)^{2-1}]=npE(X_{n-1}+1)=np[(n-1)p+1];$$

若 $k=3$, 　$E(X_{n-1}^2)=(n-1)(n-2)p^2+(n-1)p$,

$$\begin{aligned}E(X_n^3)&=npE[(X_{n-1}+1)^2]=np[E(X_{n-1}^2)+2E(X_{n-1})+1]\\&=np[(n-1)(n-2)p^2+(n-1)p+2(n-1)p+1]\\&=np[(n-1)(n-2)p^2+3(n-1)p+1];\end{aligned}$$

若 $k=4$, $E(X_{n-1}^3)=(n-1)(n-2)(n-3)p^3+3(n-1)(n-2)p^2+(n-1)p$,

$$\begin{aligned}E(X_n^4)&=npE[(X_{n-1}+1)^{4-1}]=np[E(X_{n-1}^3)+3E(X_{n-1}^2)+3E(X_{n-1})+1]\\&=np[(n-1)(n-2)(n-3)p^3+3(n-1)(n-2)p^2+(n-1)p+\\&\quad 3(n-1)(n-2)p^2+3(n-1)p+3(n-1)p+1]\\&=np[(n-1)(n-2)(n-3)p^3+6(n-1)(n-2)p^2+7(n-1)p+1].\end{aligned}$$

定理 4.11　设离散型随机变量 X 服从参数 λ 的泊松分布,即 $X\sim P(\lambda)$, 则(1) 对正整数 k, $E(X^k)=\lambda E[(X+1)^{k-1}]$; (2) $E(X)=\lambda$, $E(X^2)=\lambda(\lambda+1)$,

$$E(X^3)=\lambda(\lambda^2+3\lambda+1),\ E(X^4)=\lambda(\lambda^3+6\lambda^2+7\lambda+1).$$

证明　(1)　$E(X^k)=\sum_{i=0}^{+\infty} i^k\dfrac{\lambda^i}{i!}e^{-\lambda}=\sum_{i=1}^{+\infty} i^{k-1}\dfrac{\lambda^i}{(i-1)!}e^{-\lambda}$

$$=\lambda\sum_{j=0}^{+\infty}(j+1)^{k-1}\frac{\lambda^j}{j!}e^{-\lambda}=\lambda E[(X+1)^{k-1}].$$

(2) 若 $k=1$, 　$E(X)=\lambda E[(X+1)^{1-1}]=\lambda$;

若 $k=2$, 　$E(X^2)=E[(X+1)^{2-1}]=\lambda E(X+1)=\lambda(\lambda+1)$;

若 $k=3$，$E(X^3)=\lambda E[(X+1)^{3-1}]=\lambda[E(X^2)+2E(X)+1]=\lambda(\lambda^2+3\lambda+1)$；

若 $k=4$，$E(X^4)=\lambda E[(X+1)^{4-1}]=\lambda[E(X^3)+3E(X^2)+3E(X)+1]$

$$=\lambda(\lambda^3+3\lambda^2+\lambda+3\lambda^2+3\lambda+3\lambda+1)=\lambda(\lambda^3+6\lambda^2+7\lambda+1).$$

定理 4.12 设离散型随机变量 X 服从参数 p 的几何分布，其分布列为：$P(X=i)=pq^i$，$i=0, 1, 2, \cdots$，$q=1-p$，则(1) 对正整数 k，$E(X^k)=\dfrac{q}{p}\sum\limits_{i=0}^{k-1}C_k^iE(X^i)$；

(2) $E(X)=\dfrac{q}{p}$，$E(X^2)=\dfrac{q}{p}\left(2\dfrac{q}{p}+1\right)$，$E(X^3)=\dfrac{q}{p}\left[6\left(\dfrac{q}{p}\right)^2+6\dfrac{q}{p}+1\right]$，

$$E(X^4)=\frac{q}{p}\left[24\left(\frac{q}{p}\right)^3+36\left(\frac{q}{p}\right)^2+14\frac{q}{p}+1\right].$$

证明 (1)
$$E(X^k)=\sum_{i=0}^{+\infty}i^kpq^i=\sum_{i=1}^{+\infty}i^kpq^i=\sum_{j=0}^{+\infty}(j+1)^kpq^{j+1}=q\sum_{j=0}^{+\infty}(j+1)^kpq^j$$
$$=q\sum_{j=0}^{+\infty}\left(\sum_{l=0}^{k}C_k^lj^l\right)pq^j=q\sum_{l=0}^{k}C_k^l\sum_{j=0}^{+\infty}j^lpq^j=q\sum_{l=0}^{k}C_k^lE(X^l)$$
$$=q\left[\sum_{l=0}^{k-1}C_k^lE(X^l)+E(X^k)\right],$$

则
$$E(X^k)=\frac{q}{p}\sum_{i=0}^{k-1}C_k^iE(X^i).$$

(2) 若 $k=1$，
$$E(X)=\frac{q}{p}\sum_{i=0}^{1-1}C_1^iE(X^i)=\frac{q}{p};$$

若 $k=2$，
$$E(X^2)=\frac{q}{p}\sum_{i=0}^{2-1}C_2^iE(X^i)=\frac{q}{p}[2E(X)+1]=\frac{q}{p}\left(2\frac{q}{p}+1\right);$$

若 $k=3$，
$$E(X^3)=\frac{q}{p}\sum_{i=0}^{3-1}C_3^iE(X^i)=\frac{q}{p}[3E(X^2)+3E(X)+1]$$
$$=\frac{q}{p}\left[3\frac{q}{p}\left(2\frac{q}{p}+1\right)+3\frac{q}{p}+1\right]=\frac{q}{p}\left[6\left(\frac{q}{p}\right)^2+6\frac{q}{p}+1\right];$$

若 $k=4$，
$$E(X^4)=\frac{q}{p}\sum_{i=0}^{4-1}C_4^iE(X^i)=\frac{q}{p}[4E(X^3)+6E(X^2)+4E(X)+1]$$
$$=\frac{q}{p}\left[24\left(\frac{q}{p}\right)^3+24\left(\frac{q}{p}\right)^2+4\frac{q}{p}+12\left(\frac{q}{p}\right)^2+6\frac{q}{p}+4\frac{q}{p}+1\right]$$
$$=\frac{q}{p}\left[24\left(\frac{q}{p}\right)^3+36\left(\frac{q}{p}\right)^2+14\frac{q}{p}+1\right].$$

定理 4.13 设离散型随机变量 X_r 服从参数为 p 的负二项分布，即 $X_r\sim NB(r, p)$，$r=1, 2, \cdots$，其分布列为 $P(X_r=i)=C_{r+i-1}^ip^rq^i$，$i=0, 1, 2, \cdots$，则(1) 对正整数 k，

$E(X_r^k)=r\dfrac{q}{p}E[(X_{r+1}+1)^{k-1}]$；(2) $E(X_r)=r\dfrac{q}{p}$，$E(X_r^2)=r\dfrac{q}{p}\left[(r+1)\dfrac{q}{p}+1\right]$，

$$E(X_r^3)=r\frac{q}{p}\left[(r+1)(r+2)\left(\frac{q}{p}\right)^2+3(r+1)\frac{q}{p}+1\right],$$

$$E(X_r^4)=r\frac{q}{p}\left[(r+1)(r+2)(r+3)\left(\frac{q}{p}\right)^3+3(r+1)(r+2)\left(\frac{q}{p}\right)^2+7(r+1)\frac{q}{p}+1\right].$$

定理 4.14　设离散型随机变量 $X_{n,M,N}$ 服从超几何分布，其分布列为 $P(X_{n,M,N}=i)=\dfrac{C_M^i C_{N-M}^{n-i}}{C_N^n}$，$i=0, 1, 2, \cdots, n(n\leqslant M)$，则

(1) 对正整数 k，$E(X_{n,M,N}^k)=n\dfrac{M}{N}E[(X_{n-1,M-1,N-1}+1)^{k-1}]$；

(2) $E(X_{n,M,N})=n\dfrac{M}{N}$，$E(X_{n,M,N}^2)=n\dfrac{M}{N}\left[(n-1)\dfrac{M-1}{N-1}+1\right]$，

$$E(X_{n,M,N}^3)=n\frac{M}{N}\left[(n-1)\frac{M-1}{N-1}(n-2)\frac{M-2}{N-2}+3(n-1)\frac{M-1}{N-1}+1\right],$$

$$E(X_{n,M,N}^4)=n\frac{M}{N}\Big[(n-1)\frac{M-1}{N-1}(n-2)\frac{M-2}{N-2}(n-3)\frac{M-3}{N-3}+ 6(n-1)\frac{M-1}{N-1}(n-2)\frac{M-2}{N-2}+7(n-1)\frac{M-1}{N-1}+1\Big].$$

4.2.2　变异系数、偏度和峰度

在用方差或标准差度量随机变量的分散程度时，要注意 $D(X)$，$\sqrt{D(X)}$ 均是有量纲的值，因此，对于具有不同量纲的随机变量，通常很难通过方差或标准差来比较它们的分散程度；另一方面，即使是同一量纲的随机变量，也由于数值较大的随机变量一般有较大的方差或标准差，使得用方差或标准差来比较它们的分散程度也不可靠，为此引入“变异系数”这一无量纲的数.

定义 4.10(变异系数)　设随机变量 X 的二阶矩存在，且 $E(X)\neq 0$，称 $C(X)=\dfrac{\sqrt{D(X)}}{E(X)}$ 为 X 的变异系数或称变差系数，用它可度量随机变量的相对分散程度.

譬如北京与上海的距离是一个常量，其测量值 X 是随机变量，若其均值 $E(X)=1\,463\text{ km}=1\,463\,000\text{ m}$，标准差 $\sqrt{D(X)}=500\text{ m}$，则其变异系数 $C(X)=0.000\,34$. 如果 Y 表示测量 100 m 跑道的测量值，若其均值 $E(Y)=100\text{ m}$，标准差 $\sqrt{D(Y)}=0.05\text{ m}=5\text{ cm}$，则其变异系数 $C(Y)=0.000\,5$. 相比之下，还是测量北京至上海的距离较为精确，因为其变异系数较小.

定义 4.11(偏度)　设随机变量 X 的前 3 阶矩存在，其偏度系数(简称偏度)定义为

$$\beta_1=\frac{\nu_3}{\nu_2^{3/2}}=\frac{E[X-E(X)]^3}{[D(X)]^{3/2}}.$$

偏度度量了分布的偏斜程度及偏向，是一个无量纲的数值. 分布的 3 阶中心矩 ν_3 决定偏度的符号，而分布的标准差 $\sqrt{D(X)}$ 决定偏度的大小.

偏度 $\beta_1=0$ 时，分布形态与正态分布类似，其均值是对称的. 图 4.4 所示为非零偏度的分布密度图像，若 $\beta_1>0$，则称 X 的分布是正偏(或右偏)的，长尾巴拖在右边(变量在高值处比低值处有较大的偏离中心趋势)；若 $\beta_1<0$，则称 X 的分布是负偏(或左偏)的，长尾巴拖在左边(变量在低值处比高值处有较大的偏离中心趋势). $|\beta_1|$ 越大，说明分布偏斜得越厉害. 对偏度值影响较大的是分布在其中一个方向上的尾部有拉长趋势的程度. 正(负)偏度往往更多反映的是分布在右(左)方向的尾部比在左(右)方向的尾部有拉长的趋势.

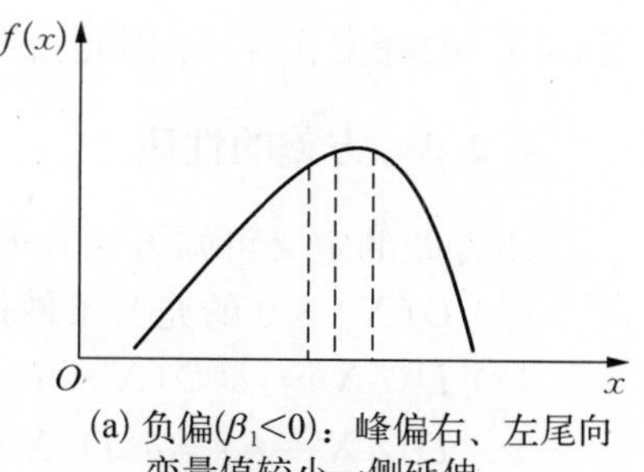

(a) 负偏($\beta_1<0$)：峰偏右、左尾向变量值较小一侧延伸

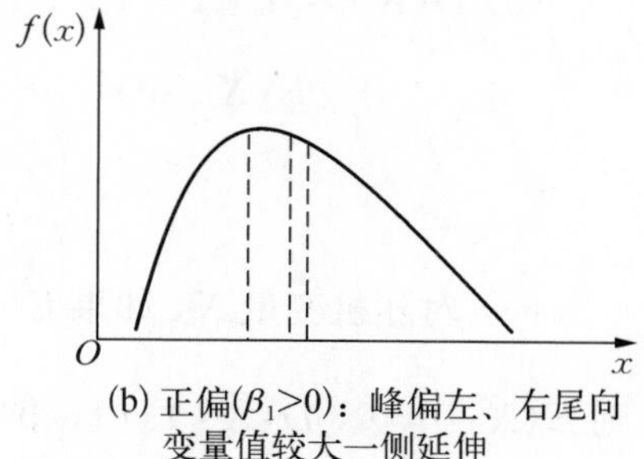

(b) 正偏($\beta_1>0$)：峰偏左、右尾向变量值较大一侧延伸

图 4.4 有非零偏度的分布密度图像

定义 4.12(峰度) 设随机变量 X 的前 4 阶矩存在，峰度系数(简称峰度)定义为

$$\beta_2=\frac{E[X-E(X)]^4}{[D(X)]^2}-3=\frac{\nu_4}{\nu_2^2}-3.$$

峰度是另一个反映随机变量分布形状的量. 同偏度一样，峰度也是一个无量纲的数，它是描述分布尖峭程度或尾部粗细的一个特征数，其与偏度的差别是：偏度刻画的是分布的对称性，而峰度刻画的是分布的峰峭性.

峰度把正态分布的峰峭性作为标准，因为正态分布 $N(\mu,\sigma^2)$ 的 4 阶中心矩 $\nu_4=3\sigma^4$，其峰度系数为：$\beta_2=\frac{\nu_4}{\nu_2^2}-3=\frac{3\sigma^4}{\sigma^4}-3=0$，这说明任一正态分布的峰度为 0. 由此可见，峰度并不是指密度函数的峰值高低，而是用于和正态分布的峰峭程度比较的一种度量. 从密度函数的图形上看，其密度函数曲线下的面积等于 1，若随机变量取值较集中，则其密度函数的峰值必高无疑，所以密度函数值的高低含有随机变量取值的集中程度. 为了消除这个因素，可以考察“标准化”后的分布的峰峭性，即用 $X^*=\frac{X-E(X)}{\sqrt{D(X)}}$ 的 4 阶原点矩 $E[(X^*)^4]$ 考察密度函数的峰值，再考虑到任一标准正态分布的峰度矩等于 3，所以就有了上述峰度的定义.

峰度 β_2 可用来比较已标准化了的各随机变量分布的尾部厚度. 以正态分布为标准，若 $\beta_2>0$，则说明随机变量 X 分布的尾部比正态分布的尾部粗，并且 β_2 值越大，倾向认为尾部越粗，同时也说明标准化后的分布形状比标准正态分布更尖峭，称为高峰度；若 $\beta_2<0$，则说明 X 分布的尾部比正态分布的尾部细，且 $|\beta_2|$ 值越大，倾向认为尾部越细，同时也说明标准化后的分布形状比标准正态分布更平坦，称为低峰度. 而 $\beta_2=0$，说明标准化后的分布形状和标准正态分布相当.

常见的分布中，均匀分布 $U(a,b)$ 的峰度 $\beta_2=-1.2$，而均匀分布的密度是一条平坦的直线段，因此如果一个分布的峰度 $\beta_2<-1.2$，则它的密度函数形状如 U 形. 指数分布

$\mathrm{Exp}(\lambda)$ 的峰度 $\beta_2=6$，因此指数分布比正态分布更尖峭.

4.2.3 方差的性质

由方差的定义可知方差有如下简单的性质：

(1) $D(X)=0$ 的充要条件是 $P(X=c)=1$，其中，c 是常数；

(2) $D(cX)=c^2D(X)$，$D(X+c)=D(X)$，其中，c 是常数；

$D(aX+b)=a^2D(X)$，其中，a，b 是常数；

(3) $D(X)\leqslant E(X-c)^2$，其中，c 是常数，当且仅当 $c=E(X)$ 时等号成立，事实上，

$$\begin{aligned}E(X-c)^2&=E\{[X-E(X)]+[E(X)-c]\}^2\\&=E[X-E(X)]^2+[E(X)-c]^2\geqslant D(X);\end{aligned}$$

(4) 对随机变量 X，如果 $E(X)$、$D(X)$ 都存在，且 $D(X)>0$，令 $X^*=\dfrac{X-E(X)}{\sqrt{D(X)}}$，则 $E(X^*)=0$，$D(X^*)=1$，事实上，

$$E(X^*)=E\left[\frac{X-E(X)}{\sqrt{D(X)}}\right]=\frac{E[X-E(X)]}{\sqrt{D(X)}}=0,$$

$$D(X^*)=D\left[\frac{X-E(X)}{\sqrt{D(X)}}\right]=\frac{D[X-E(X)]}{D(X)}=\frac{D(X)}{D(X)}=1.$$

X^* 称为对应于 X 的标准化随机变量，它是无量纲的. 因此用它可把不同单位的量进行加减、比较. 例如在教育统计学中，若以 X 表示某门课的分数，那么 X^* 称为该课的标准分数. 由于标准分数以原点为基准，因此在升学考试或评定学生奖学金中，以各门课的标准分总和多少排列顺序比以各门课的原始分总和多少排列顺序更加合理.

类似于定理 4.8，非负连续型随机变量也有相应的结论，见定理 4.15.

定理 4.15 设 X 为非负连续型随机变量，其 k 阶矩存在，$k=1, 2, \cdots$，密度函数记为 $f(x)$，则(1) $E(X)=\int_0^{+\infty}P(X\geqslant x)\mathrm{d}x$；

(2) $E(X^2)=2\int_0^{+\infty}xP(X\geqslant x)\mathrm{d}x$；

(3) $E(X^k)=k\int_0^{+\infty}x^{k-1}P(X\geqslant x)\mathrm{d}x$，$k=1, 2, \cdots$.

证明 (1) $$\begin{aligned}E(X)&=\int_0^{+\infty}yf(y)\mathrm{d}y=\int_0^{+\infty}f(y)\mathrm{d}y\int_0^y\mathrm{d}x=\int_0^{+\infty}\mathrm{d}x\int_x^{+\infty}f(y)\mathrm{d}y\\&=\int_0^{+\infty}P(X\geqslant x)\mathrm{d}x;\end{aligned}$$

(2) $$\begin{aligned}E(X^2)&=\int_0^{+\infty}y^2f(y)\mathrm{d}y=2\int_0^{+\infty}f(y)\mathrm{d}y\int_0^y x\mathrm{d}x=2\int_0^{+\infty}x\mathrm{d}x\int_x^{+\infty}f(y)\mathrm{d}y\\&=2\int_0^{+\infty}xP(X\geqslant x)\mathrm{d}x;\end{aligned}$$

(3) 一般地，对 $k=1, 2, \cdots$，

$$E(X^k)=\int_0^{+\infty} y^k f(y)\mathrm{d}y = k\int_0^{+\infty} f(y)\mathrm{d}y\int_0^y x^{k-1}\mathrm{d}x$$

$$=k\int_0^{+\infty} x^{k-1}\mathrm{d}x\int_x^{+\infty} f(y)\mathrm{d}y = k\int_0^{+\infty} x^{k-1}P(X\geqslant x)\mathrm{d}x.$$

4.2.4　关于矩的不等式

从前面的介绍可以看到，许多常见的随机变量的分布，在分布函数的类型为已知时，完全由它的数学期望和方差所决定. 如泊松分布、二项分布、正态分布等，可见这两个数字特征的重要性. 此外，它们的重要性还在于当分布的函数形式未知时，也能提供关于分布的某些信息，这可从下面著名的切比雪夫不等式看到，涉及数学期望、方差等的不等式统称为随机变量关于矩的不等式.

定理 4.16(切比雪夫不等式)　设随机变量 X 的方差 $D(X)$ 存在，则对任何 $\varepsilon>0$，有

$$P(|X-E(X)|\geqslant\varepsilon)\leqslant\frac{D(X)}{\varepsilon^2}.$$

证明　在此针对 X 是离散型和连续型分别给出证明.
若 X 为离散型的，其可能的取值为 x_i，$i=1, 2, \cdots$，相应的概率记为 p_i，$i=1, 2, \cdots$，则

$$P(|X-E(X)|\geqslant\varepsilon)=\sum_{|x_i-E(X)|\geqslant\varepsilon} p_i\leqslant\sum_{|x_i-E(X)|\geqslant\varepsilon}\left(\frac{|x_i-E(X)|}{\varepsilon}\right)^2 p_i$$

$$=\frac{1}{\varepsilon^2}\sum_{|x_i-E(X)|\geqslant\varepsilon}[x_i-E(X)]^2 p_i$$

$$\leqslant\frac{1}{\varepsilon^2}\sum_{i=1}^{+\infty}[x_i-E(X)]^2 p_i=\frac{D(X)}{\varepsilon^2};$$

若 X 为连续型的，其密度函数为 $f(x)$，则

$$P(|X-E(X)|\geqslant\varepsilon)=\int_{|x-E(X)|\geqslant\varepsilon} f(x)\mathrm{d}x\leqslant\int_{|x-E(X)|\geqslant\varepsilon}\left(\frac{|x-E(X)|}{\varepsilon}\right)^2 f(x)\mathrm{d}x$$

$$=\frac{1}{\varepsilon^2}\int_{|x-E(X)|\geqslant\varepsilon}[x-E(X)]^2 f(x)\mathrm{d}x$$

$$\leqslant\frac{1}{\varepsilon^2}\int_{-\infty}^{+\infty}[x-E(X)]^2 f(x)\mathrm{d}x=\frac{D(X)}{\varepsilon^2}.$$

这个不等式称为切比雪夫不等式，它给出了随机变量取值距离的均值大于某个固定的数 ε 的概率的一个上界，这个上界与方差 $D(X)$ 成正比，与 ε^2 成反比.

例 4.24　某地区有 10 000 个电灯，每晚每个电灯开灯的概率均为 0.7，假定灯的开关是互相独立的，试用切比雪夫不等式估计夜晚同时开着的电灯数在 6 800～7 200 盏之间的概率.

解　令 X 表示夜晚同时开着的电灯数，则 X 服从 $n=10\,000$，$p=0.7$ 的二项分布，这时 $E(X)=np=7\,000$，$D(X)=np(1-p)=2\,100$，由切比雪夫不等式可得如下估计：

$$P(6\,800 < X < 7\,200) = P(|X - 7\,000| < 200) \geqslant 1 - \frac{2\,100}{200^2} \approx 0.95.$$

事实上,这个概率的估计还比较粗糙,实际此概率的精确值可由棣莫弗-拉普拉斯中心极限定理求得为 0.999 99. 可见,虽然切比雪夫不等式可以用来估计概率,但精度并不高. 但另一方面,切比雪夫不等式有它的普适性,它对于任何 1 阶矩和 2 阶矩存在的随机变量都成立,因此有着广泛的应用. 比切比雪夫不等式更为一般的还有马尔可夫不等式.

定理 4.17(马尔可夫不等式) 设随机变量 X 的 r 阶绝对矩 $E(|X|^r)$, $r > 0$ 存在,则对任何 $\varepsilon > 0$, 有:

$$P(|X| \geqslant \varepsilon) \leqslant \frac{E|X|^r}{\varepsilon^r}.$$

证明 在此仅针对 X 是连续型给出证明. 设随机变量 X 的密度函数为 $f(x)$,

$$P(|X| \geqslant \varepsilon) = \int_{|x| \geqslant \varepsilon} f(x)\mathrm{d}x \leqslant \int_{|x| \geqslant \varepsilon} \frac{|x|^r}{\varepsilon^r} f(x)\mathrm{d}x = \frac{1}{\varepsilon^r}\int_{|x| \geqslant \varepsilon} |x|^r f(x)\mathrm{d}x$$

$$\leqslant \frac{1}{\varepsilon^r}\int_{-\infty}^{+\infty} |x|^r f(x)\mathrm{d}x = \frac{E|X|^r}{\varepsilon^r}.$$

注意到,马尔可夫不等式是切比雪夫不等式的推广. 事实上,在马尔可夫不等式中,以 $|X - E(X)|$ 代替 $|X|$, 并令 $r = 2$ 即得切比雪夫不等式.

定理 4.18 若 $D(X) = 0$, 则 $P\{X = E(X)\} = 1$.

证明 由于 $\{X = E(X)\} \cup \{X \neq E(X)\} = \Omega$,

而
$$\{X \neq E(X)\} = \bigcup_{i=1}^{+\infty} \left\{|X - E(X)| \geqslant \frac{1}{i}\right\},$$

$$P\{X \neq E(X)\} \leqslant \sum_{i=1}^{+\infty} P\left\{|X - E(X)| \geqslant \frac{1}{i}\right\} \leqslant \sum_{i=1}^{+\infty} i^2 D(X) = 0,\ P\{X \neq E(X)\} = 0,$$

即
$$P\{X = E(X)\} = 1 - P\{X \neq E(X)\} = 1.$$

定理 4.19(柯西-施瓦兹不等式,也称柯西-布尼亚科夫斯基不等式) 设随机变量 X, Y 的 2 阶矩存在,则 $[E(XY)]^2 \leqslant E(X^2)E(Y^2)$, 其中等号成立,当且仅当存在一常数 λ, 使 $P(Y = \lambda X) = 1$, 即称 X 和 Y 线性相关.

证明 对任意实数 c, 定义函数 $g(c)$:

$$g(c) = E[(cX - Y)^2] = c^2 E(X^2) - 2cE(XY) + E(Y^2),$$

易见,对一切实数 c, $g(c) \geqslant 0$, 由于此二次方程 $g(c) = 0$ 或者没有实根或者有一个重根,则

$$[E(XY)]^2 - E(X^2)E(Y^2) \leqslant 0;$$

又方程 $g(c) = 0$ 有一个重根 λ 的充要条件是: $[E(XY)]^2 - E(X^2)E(Y^2) = 0$,

即
$$E[(\lambda X - Y)^2] = 0,$$

而
$$E[(\lambda X - Y)^2] = D(\lambda X - Y) + [E(\lambda X - Y)]^2,$$

因此 $E(\lambda X - Y) = 0$, $D(\lambda X - Y) = 0$. 由定理 4.18 知:

$$P\{\lambda X - Y = E(\lambda X - Y)\} = 1,$$

即

$$P(Y = \lambda X) = 1.$$

下面列出了几个常见的矩的不等式，其中定理 4.24 与定理 4.25 的证明请参阅相关书籍.

定理 4.20(赫尔德不等式) 设 $E(|X|^{\alpha}) < +\infty$，$E(|Y|^{\beta}) < +\infty$，其中 $\alpha > 1$，$\beta > 1$，且 $\dfrac{1}{\alpha} + \dfrac{1}{\beta} = 1$，则

$$E(|XY|) \leqslant [E(|X|^{\alpha})]^{\frac{1}{\alpha}} [E(|Y|^{\beta})]^{\frac{1}{\beta}},$$

特别地，当 $\alpha = \beta = 2$ 时，得柯西-施瓦兹不等式，即

$$|E(XY)| \leqslant E(|XY|) \leqslant \sqrt{E(X^2)E(Y^2)}.$$

证明 考虑曲线 $y = x^{\alpha-1}$，也即 $x = y^{\beta-1}$，事实上 $\alpha > 1$，$\beta > 1$，$\dfrac{1}{\alpha} + \dfrac{1}{\beta} = 1$，则 $\beta - 1 = \dfrac{1}{\alpha - 1}$，取任意 $a > 0$，$b > 0$，由图 4.5 可见，曲边三角形 AOD 的面积 S 与曲线三角形 BOC 的面积 T 之和不小于 ab，即 $ab \leqslant S + T$.

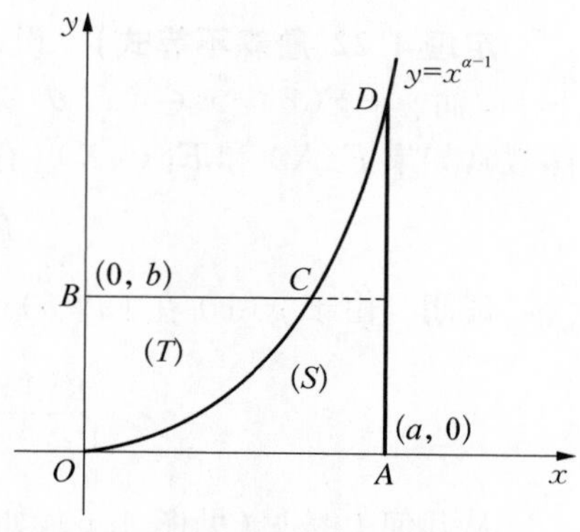

图 4.5 曲线 $y = x^{\alpha-1}$ 的图像

又 $$S = \int_0^a x^{\alpha-1} \mathrm{d}x = \frac{a^{\alpha}}{\alpha},\ T = \int_0^b y^{\beta-1} \mathrm{d}y = \frac{b^{\beta}}{\beta},$$

即 $$ab \leqslant S + T = \frac{a^{\alpha}}{\alpha} + \frac{b^{\beta}}{\beta}.$$

在上式中令 $a = \dfrac{|X|}{[E(|X|^{\alpha})]^{1/\alpha}}$，$b = \dfrac{|Y|}{[E(|Y|^{\beta})]^{1/\beta}}$，即有：

$$\frac{|X|}{[E(|X|^{\alpha})]^{1/\alpha}} \frac{|Y|}{[E(|Y|^{\beta})]^{1/\beta}} \leqslant \frac{|X|^{\alpha}}{\alpha E(|X|^{\alpha})} + \frac{|Y|^{\beta}}{\beta E(|Y|^{\beta})}.$$

上式两边取数学期望：

$$E\left\{\frac{|XY|}{[E(|X|^{\alpha})]^{1/\alpha}[E(|Y|^{\beta})]^{1/\beta}}\right\} \leqslant E\left[\frac{|X|^{\alpha}}{\alpha E(|X|^{\alpha})}\right] + E\left[\frac{|Y|^{\beta}}{\beta E(|Y|^{\beta})}\right] = \frac{1}{\alpha} + \frac{1}{\beta} = 1,$$

即 $$E(|XY|) \leqslant [E(|X|^{\alpha})]^{1/\alpha}[E(|Y|^{\beta})]^{1/\beta}.$$

定理 4.21(闵可夫斯基不等式) 设 $r \geqslant 1$，$E(|X|^r) < +\infty$，$E(|Y|^r) < +\infty$，则

$$[E(|X+Y|^r)]^{\frac{1}{r}} \leqslant [E(|X|^r)]^{\frac{1}{r}} + [E(|Y|^r)]^{\frac{1}{r}}.$$

证明 当 $r = 1$ 时，$|X+Y| \leqslant |X| + |Y|$，即 $E(|X+Y|) \leqslant E(|X|) + E(|Y|)$；当 $r > 1$ 时，若 $E(|X+Y|^r) = 0$，则不等式显然成立.
假设 $r > 1$，$E(|X+Y|^r) > 0$，由于 $|X+Y|^r \leqslant |X||X+Y|^{r-1} + |Y||X+Y|^{r-1}$，

则 $$E(|X+Y|^r)\leqslant E(|X||X+Y|^{r-1})+E(|Y||X+Y|^{r-1}).$$

记 $\frac{1}{r}+\frac{1}{s}=1$, $\frac{1}{s}=1-\frac{1}{r}=\frac{r-1}{r}$, $s(r-1)=r$, 由赫尔德不等式:

$$E(|X||X+Y|^{r-1})\leqslant[E(|X|^r)]^{1/r}[E(|X+Y|^{(r-1)s})]^{1/s}$$
$$=[E(|X|^r)]^{1/r}[E(|X+Y|^r)]^{1/s},$$
$$E(|Y||X+Y|^{r-1})\leqslant[E(|Y|^r)]^{1/r}[E(|X+Y|^{(r-1)s})]^{1/s}$$
$$=[E(|Y|^r)]^{1/r}[E(|X+Y|^r)]^{1/s}.$$

则 $$E(|X+Y|^r)\leqslant\{[E(|X|^r)]^{1/r}+[E(|Y|^r)]^{1/r}\}[E(|X+Y|^r)]^{1/s},$$
$$[E(|X+Y|^r)]^{1-1/s}\leqslant[E(|X|^r)]^{1/r}+[E(|Y|^r)]^{1/r},$$
即 $$[E(|X+Y|^r)]^{1/r}\leqslant[E(|X|^r)]^{1/r}+[E(|Y|^r)]^{1/r}.$$

定理 4.22(詹森不等式) 设 X 是一随机变量,取值于区间 (a, b), $-\infty\leqslant a<b\leqslant+\infty$, 而 $y=g(x)$, $x\in(a, b)$ 是连续向下凸函数(或凹函数,例如满足 $g''(x)>0$ 即为凹函数),如果 $E(X)$ 和 $E[g(X)]$ 存在,则

$$E[g(X)]\geqslant g(E(X)).$$

证明 由于 $g(x)$ 在 (a, b) 上是凹函数,即对于任意 x_1, $x_2\in(a, b)$ 有:

$$\frac{g(x_1)+g(x_2)}{2}\geqslant g\left(\frac{x_1+x_2}{2}\right).$$

从几何上易见(见图 4.6),如果 $y=g(x)$ 是凹函数,而 $(x_0, g(x_0))$ 是它图形上的任意一点,则过该点可以画一条切线,使曲线 $y=g(x)$ 的一切点都位于此直线的上方. 假设该直线的斜率为 $k(x_0)$, 那么,若以 (x, y) 表示直线上的点,则直线方程为:

$$y=k(x_0)(x-x_0)+g(x_0).$$

由 $g(x)$ 的凹性可知,对于每个 $x_0\in(a, b)$ 和一切 $x\in(a, b)$, 有 $g(x)\geqslant y$, 即

$$g(x)\geqslant k(x_0)(x-x_0)+g(x_0).$$

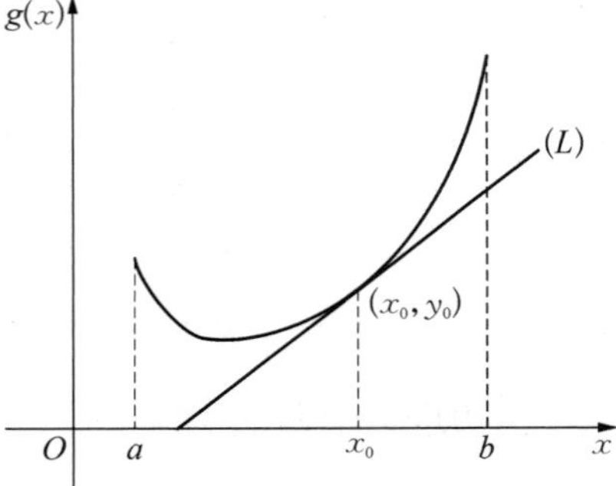

图 4.6 凹函数 $y=g(x)$ 的图像

现取 $x_0=E(X)$, 显然 $x_0\in(a, b)$, 则有: $g(X)\geqslant k(E(X))[X-E(X)]+g(E(X))$,

$$E[g(X)]\geqslant k[E(X)]E[X-E(X)]+g(E(X)),$$

即 $$E[g(X)]\geqslant g(E(X)).$$

定理 4.23(李雅普诺夫不等式) 对于任意实数 $0<r<s$, 如果 $E(|X|^s)<+\infty$, 则

$$[E(|X|^r)]^{\frac{1}{r}}\leqslant[E(|X|^s)]^{\frac{1}{s}}.$$

特别地,对 $r\geqslant 1$, 则 $$E(|X|)\leqslant[E(|X|^r)]^{1/r}.$$

证明 令 $g(x)=|x|^t$，当 $t\geqslant 1$ 时，$g(x)$ 是凹函数. 设 $t=\dfrac{s}{r}>1$，由詹森不等式得：

$$[E(|X|^r)]^{s/r}=g(E(|X|^r))\leqslant E[g(|X|^r)]=E(|X|^s),$$

即

$$[E(|X|^r)]^{1/r}\leqslant[E(|X|^s)]^{1/s}.$$

定理 4.24(柯尔莫哥洛夫不等式) 设 $X_1, X_2, \cdots, X_n$ 相互独立，$D(X_i)<+\infty$，$i=1, 2, \cdots, n$，则对任意 $\varepsilon>0$，有：

$$P\left\{\max_{1\leqslant k\leqslant n}\left|\sum_{i=1}^{k}[X_i-E(X_i)]\right|\geqslant\varepsilon\right\}\leqslant\frac{\sum\limits_{i=1}^{n}D(X_i)}{\varepsilon^2},$$

特别地，当 $n=1$ 时，便为切比雪夫不等式；

定理 4.25(噶依克-瑞尼不等式) 若 $\{X_n, n=1, 2, \cdots\}$ 是独立随机变量序列，$D(X_n)=\sigma_n^2<+\infty$，$n=1, 2, \cdots$，而 $\{C_n, n=1, 2, \cdots\}$ 是正的非增常数列，则对于任意正整数 $m, n, m<n$，对任意的 $\varepsilon>0$，有：

$$P\left\{\max_{m\leqslant k\leqslant n}C_k\left|\sum_{i=1}^{k}[X_i-E(X_i)]\right|\geqslant\varepsilon\right\}\leqslant\frac{C_m^2\sum\limits_{i=1}^{m}\sigma_i^2+\sum\limits_{i=m+1}^{n}C_i^2\sigma_i^2}{\varepsilon^2}.$$

例 4.25 设 X 是非负连续型随机变量，证明：对 $x>0$，有 $P(X<x)\geqslant 1-\dfrac{E(X)}{x}$.

证明 设 X 的密度函数为 $f(x)$，则

$$\begin{aligned}P(X<x)&=1-P(X\geqslant x)=1-\int_x^{+\infty}f(t)\mathrm{d}t\geqslant 1-\int_x^{+\infty}\frac{t}{x}f(t)\mathrm{d}t\\&=1-\frac{1}{x}\int_x^{+\infty}tf(t)\mathrm{d}t\geqslant 1-\frac{1}{x}\int_0^{+\infty}tf(t)\mathrm{d}t=1-\frac{E(X)}{x}.\end{aligned}$$

4.2.5 多个随机变量函数的方差

设 X 和 Y 是随机变量，考虑它们的和 $Z=X+Y$ 的方差. 由于 $E(Z)=E(X)+E(Y)$，则

$$\begin{aligned}D(Z)&=E\{[Z-E(Z)]^2\}=E\{[X+Y-E(X)-E(Y)]\}^2\\&=E\{[X-E(X)]+[Y-E(Y)]\}^2\\&=E\{[X-E(X)]^2+[Y-E(Y)]^2+2[X-E(X)][Y-E(Y)]\}\\&=E\{[X-E(X)]^2\}+E\{[Y-E(Y)]^2\}+2E\{[X-E(X)][Y-E(Y)]\}\\&=D(X)+D(Y)+2E\{[X-E(X)][Y-E(Y)]\}.\end{aligned}$$

上式最后一项 $E\{[X-E(X)][Y-E(Y)]\}$ 是 X 和 Y 的协方差，通常情况下是不能略

去的,但是当假设 X 和 Y 相互独立时,由于

$$E\{[X-E(X)][Y-E(Y)]\}=E\{[X-E(X)]\}E\{[Y-E(Y)]\}=0,$$

此时有:

$$D(Z)=D(X+Y)=D(X)+D(Y).$$

上式可以推广到多个独立随机变量和它们的线性组合的情形,也即若 $X_1, X_2, \cdots, X_n$ 是相互独立的随机变量,$a_1, a_2, \cdots, a_n$ 为常数,则有

$$D\left(\sum_{i=1}^{n} a_i X_i\right)=\sum_{i=1}^{n} a_i^2 D(X_i).$$

以下是上式的两个简单应用.

(1) 若 $X_1, X_2, \cdots, X_n$ 是相互独立的随机变量,且 $X_i \sim N(\mu_i, \sigma_i^2)$, $i=1, 2, \cdots, n$, $a_1, a_2, \cdots, a_n$ 是常数,则 $\sum_{i=1}^{n} a_i X_i \sim N\left(\sum_{i=1}^{n} a_i \mu_i, \sum_{i=1}^{n} a_i^2 \sigma_i^2\right)$. 事实上,由第 3 章知:$\sum_{i=1}^{n} a_i X_i$ 服从正态分布,且 $E\left(\sum_{i=1}^{n} a_i X_i\right)=\sum_{i=1}^{n} a_i E(X_i)=\sum_{i=1}^{n} a_i \mu_i$, $D\left(\sum_{i=1}^{n} a_i X_i\right)=\sum_{i=1}^{n} a_i^2 D(X_i)=\sum_{i=1}^{n} a_i^2 \sigma_i^2$;

(2) 如果设随机变量 $X \sim B(n, p)$,则 $X=\sum_{i=1}^{n} Y_i$,其中,$Y_1, Y_2, \cdots, Y_n$ 相互独立,且 $Y_i \sim B(1, p)$, $i=1, 2, \cdots, n$,而 $E(Y_i)=p$, $D(Y_i)=p(1-p)$,于是有:$E(X)=E\left(\sum_{i=1}^{n} Y_i\right)=\sum_{i=1}^{n} E(Y_i)=np$, $D(X)=D\left(\sum_{i=1}^{n} Y_i\right)=\sum_{i=1}^{n} D(Y_i)=np(1-p)$.

例 4.26　设 $X_1, X_2, \cdots, X_n$ 是相互独立的随机变量,且 $E(X_i)=\mu$, $D(X_i)=\sigma^2<+\infty$, $i=1, 2, \cdots, n$,记 $\bar{X}=\frac{1}{n}\sum_{i=1}^{n} X_i$, $S_n^2=\frac{1}{n}\sum_{i=1}^{n}(X_i-\bar{X})^2$, $S^2=\frac{1}{n-1}\sum_{i=1}^{n}(X_i-\bar{X})^2$,试证:

(1) $E(\bar{X})=\mu$, $D(\bar{X})=\frac{\sigma^2}{n}$; (2) $E(S_n^2)=\frac{n-1}{n}\sigma^2$, $E(S^2)=\sigma^2$.

证明　(1)

$$E(\bar{X})=E\left(\frac{1}{n}\sum_{i=1}^{n} X_i\right)=\frac{1}{n}\sum_{i=1}^{n} E(X_i)=\mu,$$

$$D(\bar{X})=D\left(\frac{1}{n}\sum_{i=1}^{n} X_i\right)=\frac{1}{n^2}\sum_{i=1}^{n} D(X_i)=\frac{1}{n^2}n\sigma^2=\frac{\sigma^2}{n};$$

(2) 注意到 $S_n^2=\frac{1}{n}\sum_{i=1}^{n}(X_i-\bar{X})^2=\overline{X^2}-(\bar{X})^2$,其中,$\overline{X^2}=\frac{1}{n}\sum_{i=1}^{n} X_i^2$,

事实上,

$$S_n^2=\frac{1}{n}\sum_{i=1}^{n}(X_i-\bar{X})^2=\frac{1}{n}\sum_{i=1}^{n}[X_i^2-2X_i\bar{X}+(\bar{X})^2]$$

$$=\frac{1}{n}\left[\sum_{i=1}^{n} X_i^2-2\bar{X}\sum_{i=1}^{n} X_i+n(\bar{X})^2\right]=\overline{X^2}-(\bar{X})^2,$$

$$E(S_n^2)=E[\overline{X^2}-(\bar{X})^2]=\frac{1}{n}\sum_{i=1}^{n} E(X_i^2)-D(\bar{X})-[E(\bar{X})]^2$$

$$=\sigma^2+\mu^2-\frac{\sigma^2}{n}-\mu^2=\frac{n-1}{n}\sigma^2,$$

进而有
$$E(S^2)=\frac{n}{n-1}E(S_n^2)=\sigma^2.$$

4.2.6 条件方差

既然可以定义 $Y=y$ 之下的条件期望，当然也可以定义 $Y=y$ 之下 X 的条件方差.

定义 4.13 条件分布的方差(若存在)称为条件方差，其定义如下：

$$D(X\mid Y)=E\{[X-E(X\mid Y)]^2\mid Y\},$$

$D(X\mid Y)$ 是 X 和它的条件期望之差的平方的(条件)期望值，或者说，$D(X\mid Y)$ 在 Y 已知的条件下与通常的方差的定义完全一样，不过求期望的过程换成了求条件期望.

条件方差和方差之间具有某种联系，人们通常利用这种关系计算一个随机变量的方差.首先，和普通方差的公式 $D(X)=E(X^2)-[E(X)]^2$ 一样，条件方差也有

$$D(X\mid Y)=E(X^2\mid Y)-[E(X\mid Y)]^2,$$

由此得
$$\begin{aligned}E[D(X\mid Y)]&=E[E(X^2\mid Y)]-E\{[E(X\mid Y)]^2\}\\&=E(X^2)-E\{[E(X\mid Y)]^2\},\end{aligned}$$

同时
$$\begin{aligned}D[E(X\mid Y)]&=E\{[E(X\mid Y)]^2\}-\{E[E(X\mid Y)]\}^2\\&=E\{[E(X\mid Y)]^2\}-[E(X)]^2,\end{aligned}$$

将上两式相加得：
$$D(X)=E[D(X\mid Y)]+D[E(X\mid Y)].$$

例 4.27 在任何长度为 t 的一段时间区间 $(0,t)$ 内到达某火车站的人数是一个服从泊松分布的随机变量，均值为 λt. 现设火车在 $(0,T)$ 区间内随机到达，即到达时间是 $(0,T)$ 上的均匀分布，并且它与到达火车站的人数独立，求火车到达时上火车的旅客人数的期望和方差.

解 记 $N(t)$ 表示 t 以前到达车站的人数，Y 表示火车到达时间，能够上火车的人数为 $N(Y)$ (假定火车到达后立即开走，而 Y 以后到达火车站的人只好等下班火车). 把 Y 的值固定，设为条件，由 Y 与 $N(t)$ 相互独立，$N(t)\sim P(\lambda t)$，则得：

$$E[N(Y)\mid Y=t]=E[N(t)\mid Y=t]=E[N(t)]=\lambda t,$$

因此
$$E[N(Y)\mid Y]=\lambda Y,$$

两边求期望得：
$$E[N(Y)]=\lambda E(Y)=\frac{\lambda T}{2}.$$

为求 $D[N(Y)]$，利用固定 $Y=t$ 之下的条件方差公式：

$$D[N(Y)\mid Y=t]=D[N(t)\mid Y=t]=D[N(t)]=\lambda t,$$

故
$$D[N(Y)\mid Y]=\lambda Y,\ E[N(Y)\mid Y]=\lambda Y,$$

则
$$D[N(Y)]=E(\lambda T)+D(\lambda T)=\frac{1}{2}\lambda T+\frac{1}{12}\lambda^2T^2.$$

4.3　协方差与相关系数

4.3.1　协方差与相关系数

对于二维随机变量 (X, Y)，除了关心它的各个分量的期望和方差外，还希望了解两分量之间的联系，这种联系无法从各个分量的期望和方差来说明，尚须引入描述两分量间联系的数字特征. 在推导相互独立随机变量 X, Y 之和的方差时，曾经得到：若 X, Y 相互独立，则有：$E\{[X-E(X)][Y-E(Y)]\}=0$. 这意味着，若 $E\{[X-E(X)][Y-E(Y)]\}\neq 0$，则 X, Y 必然不独立，而是存在着一定的联系. 因此用 $E\{[X-E(X)][Y-E(Y)]\}$ 来描述两个随机变量 X 与 Y 间的联系程度，于是引入如下定义.

定义 4.14(协方差、相关系数)　设 (X, Y) 为二维随机变量，如果 $E\{[X-E(X)][Y-E(Y)]\}$ 存在，则称它为 X 与 Y 的协方差，记为 $\mathrm{cov}(X, Y)$；又若 $D(X)\neq 0$, $D(Y)\neq 0$，则称 $\rho=\dfrac{\mathrm{cov}(X, Y)}{\sqrt{D(X)D(Y)}}$ 为 X 和 Y 的相关系数，有时为强调讨论的随机变量，也将相关系数记作 $\rho_{X,Y}$. 如果 $\rho_{X,Y}=0$ 或者 $\mathrm{cov}(X, Y)=0$，则称 X 与 Y 不相关.

注意到以下事实：$\mathrm{cov}(X, Y)=\mathrm{cov}(Y, X)$, $D(X)=\mathrm{cov}(X, X)$, $D(Y)=\mathrm{cov}(Y, Y)$，另外，$\mathrm{cov}(X, Y)$ 是一个有量纲的数，而 ρ_{XY} 是一个无量纲的数. 事实上，分别记 X, Y 的标准化随机变量为 X^*, Y^*，即 $X^*=\dfrac{X-E(X)}{\sqrt{D(X)}}$, $Y^*=\dfrac{Y-E(Y)}{\sqrt{D(Y)}}$，它是无量纲的. 而

$$\begin{aligned}\rho_{X,Y}&=\frac{\mathrm{cov}(X, Y)}{\sqrt{D(X)D(Y)}}=\frac{E\{[X-E(X)][Y-E(Y)]\}}{\sqrt{D(X)}\sqrt{D(Y)}}\\&=E\left[\frac{X-E(X)}{\sqrt{D(X)}}\ \frac{Y-E(Y)}{\sqrt{D(Y)}}\right]=E(X^*Y^*),\end{aligned}$$

于是可得 $\rho_{X,Y}$ 也是一个无量纲的数.

协方差有下列性质(假定所言的方差、协方差等都存在).

(1) $\mathrm{cov}(X, Y)=E(XY)-E(X)E(Y)$.

事实上，
$$\begin{aligned}\mathrm{cov}(X, Y)&=E\{[X-E(X)][Y-E(Y)]\}\\&=E[XY-XE(Y)-YE(X)+E(X)E(Y)]\\&=E(XY)-E(X)E(Y).\end{aligned}$$

(2) $\mathrm{cov}(aX+c_1, bY+c_2)=ab\,\mathrm{cov}(X, Y)$，其中，$a$, b, c_1, c_2 为常数.

事实上，
$$\begin{aligned}\mathrm{cov}(aX+c_1, bY+c_2)&=E[(aX+c_1)(bY+c_2)]-\\&\quad E(aX+c_1)E(bY+c_2)\\&=abE(XY)+ac_2E(X)+bc_1E(Y)+c_1c_2-\\&\quad abE(X)E(Y)-ac_2E(X)-bc_1E(Y)-c_1c_2\end{aligned}$$

$$=abE(XY)-abE(X)E(Y)$$
$$=ab\text{cov}(X, Y).$$

(3) $\text{cov}(X_1+X_2, Y)=\text{cov}(X_1, Y)+\text{cov}(X_2, Y)$.

事实上，
$$\begin{aligned}\text{cov}(X_1+X_2, Y)&=E[(X_1+X_2)Y]-E(X_1+X_2)E(Y)\\&=E(X_1Y)-E(X_1)E(Y)+E(X_2Y)-E(X_2)E(Y)\\&=\text{cov}(X_1, Y)+\text{cov}(X_2, Y).\end{aligned}$$

(4) $D(X\pm Y)=D(X)+D(Y)\pm 2\text{cov}(X, Y)$.

事实上，
$$\begin{aligned}D(X\pm Y)&=E\{[X\pm Y-E(X\pm Y)]^2\}\\&=E\{\{[X-E(X)]\pm[Y-E(Y)]\}^2\}\\&=E\{[X-E(X)]^2\}+E\{[Y-E(Y)]^2\}\pm\\&\quad 2E\{[X-E(X)][Y-E(Y)]\}\\&=D(X)+D(Y)\pm 2\text{cov}(X, Y).\end{aligned}$$

该性质可推广至一般情形：$D\left(\sum_{i=1}^{n}c_iX_i+b\right)=\sum_{i=1}^{n}c_i^2D(X_i)+2\sum_{1\leqslant i<j\leqslant n}c_ic_j\text{cov}(X_i, X_j)$，其中，$c_1, c_2, \cdots, c_n, b$ 都是常数.

(5) 若 X, Y 相互独立，有 $\text{cov}(X, Y)=0$. 这一结论上一节已经证明过了，由此可以看出：独立性和相关性是有联系但又不同的两个概念，独立性比非相关性要更强，也就是说如果随机变量 X 和 Y 相互独立，则 X 和 Y 不相关，反之则不然.

(6) $|\text{cov}(X, Y)|\leqslant\sqrt{D(X)}\sqrt{D(Y)}$.

事实上，由柯西-施瓦兹不等式知：

$$\begin{aligned}[\text{cov}(X, Y)]^2&=\{E\{[X-E(X)][Y-E(Y)]\}\}^2\\&\leqslant E\{[X-E(X)]^2\}E\{[Y-E(Y)]^2\}=D(X)D(Y).\end{aligned}$$

相关系数 $\rho_{X,Y}$ 有下列性质(假定所言的方差、协方差等都存在).

(1) $|\rho_{X,Y}|\leqslant 1$.

事实上，由 $\rho_{X,Y}=E(X^*Y^*)$，再利用柯西-施瓦兹不等式得：

$$\rho_{X,Y}^2=[E(X^*Y^*)]^2\leqslant E[(X^*)^2]E[(Y^*)^2]=D(X^*)D(Y^*)=1.$$

(2) 设 $Y_1=a_1X_1+b_1$, $Y_2=a_2X_2+b_2$，则 $\rho_{Y_1,Y_2}=\frac{a_1a_2}{|a_1a_2|}\rho_{X_1,X_2}$，其中，$a_1, a_2, b_1, b_2$ 为常数.

事实上，$D(Y_1)=a_1^2D(X_1)$, $D(Y_2)=a_2^2D(X_2)$, $\text{cov}(Y_1, Y_2)=a_1a_2\text{cov}(X_1, X_2)$,

$$\begin{aligned}\rho_{Y_1,Y_2}&=\frac{\text{cov}(Y_1, Y_2)}{\sqrt{D(Y_1)D(Y_2)}}=\frac{a_1a_2\text{cov}(X_1, X_2)}{\sqrt{a_1^2D(X_1)}\sqrt{a_2^2D(X_2)}}\\&=\frac{a_1a_2}{|a_1a_2|}\frac{\text{cov}(X_1, X_2)}{\sqrt{D(X_1)D(X_2)}}=\frac{a_1a_2}{|a_1a_2|}\rho_{X_1,X_2}.\end{aligned}$$

(3) $|\rho_{X,Y}|=1$ 的充分必要条件是 X 与 Y 以概率 1 线性相关，即存在常数 $a\neq 0$ 和 b，

使得 $P(Y=aX+b)=1$.

事实上,设 $D(X)=\sigma_X^2>0$, $D(Y)=\sigma_Y^2>0$, 对于任意实数 $a\neq 0$, 有

$$\begin{aligned}D(Y-aX)&=E\{[Y-aX-E(Y-aX)]^2\}\\&=E\{\{[Y-E(Y)]-a[X-E(X)]\}^2\}\\&=E\{[Y-E(Y)]^2\}-2aE\{[Y-E(Y)][X-E(X)]\}+\\&\quad a^2E\{[X-E(X)]^2\}\\&=a^2\sigma_X^2-2a\operatorname{cov}(X,Y)+\sigma_Y^2.\end{aligned}$$

在上式中,如果取 $a=\dfrac{\operatorname{cov}(X,Y)}{\sigma_X^2}$, 则有

$$\begin{aligned}D(Y-aX)&=\frac{[\operatorname{cov}(X,Y)]^2}{\sigma_X^2}-2\frac{[\operatorname{cov}(X,Y)]^2}{\sigma_X^2}+\sigma_Y^2=\sigma_Y^2-\frac{[\operatorname{cov}(X,Y)]^2}{\sigma_X^2}\\&=\sigma_Y^2\left\{1-\frac{[\operatorname{cov}(X,Y)]^2}{\sigma_X^2\sigma_Y^2}\right\}=\sigma_Y^2(1-\rho_{X,Y}^2).\end{aligned}$$

因此 $|\rho_{X,Y}|=1$ 的充分必要条件是 $D(Y-aX)=0$, 而 $D(Y-aX)=0$ 的充分必要条件是 $Y-aX$ 的概率为 1 取常数 $b=E(Y-aX)$, 即 $P(Y-aX=b)=1$, 也即 $P(Y=aX+b)=1$.

由上述性质表明 X, Y 的相关系数 $\rho_{X,Y}$ 是衡量 X 和 Y 之间线性相关程度的量. 当 $|\rho_{X,Y}|=1$ 时, X 与 Y 依概率 1 线性相关,特别地,当 $\rho_{X,Y}=1$ 时, Y 随 X 的增大而线性地增大,此时称 X 与 Y 正线性相关;当 $\rho_{X,Y}=-1$ 时, Y 随 X 的增大而线性地减小,此时称 X 与 Y 负线性相关. 而当 $|\rho_{X,Y}|<1$ 时, X 与 Y 的线性相关程度要减弱, $\rho_{X,Y}$ 接近于零时,表明 X 与 Y 间的线性关系很差. 如果 $\rho_{X,Y}=0$, 称 X 与 Y 不相关. 值得注意的是:这里的不相关,指的是在线性关系的角度上考虑的不相关,即线性无关,并不是 X, Y 没有什么关系. 例如,设随机变量 X 的密度函数 $f(x)$ 是偶函数,取 $Y=X^2$, 有 $E(X)=0$, $E(XY)=E(X^3)=0$, $\operatorname{cov}(X,Y)=E(XY)-E(X)E(Y)=0$, 因而 X, Y 不相关,但 X, Y 间存在函数关系.

例 4.28　若二维随机变量 $(X,Y)\sim N(\mu_1,\sigma_1^2;\mu_2,\sigma_2^2;\rho)$, 则 $\rho_{X,Y}=\rho$.

证明

$$\begin{aligned}\operatorname{cov}(X,Y)&=\int_{-\infty}^{+\infty}\int_{-\infty}^{+\infty}(x-\mu_1)(y-\mu_2)f(x,y)\,\mathrm{d}x\,\mathrm{d}y\\&=\frac{1}{2\pi\sigma_1\sigma_2\sqrt{1-\rho^2}}\int_{-\infty}^{+\infty}\int_{-\infty}^{+\infty}(x-\mu_1)(y-\mu_2)\mathrm{e}^{-\frac{(x-\mu_1)^2}{2\sigma_1^2}}\mathrm{e}^{-\frac{1}{2(1-\rho^2)}\left(\frac{y-\mu_2}{\sigma_2}-\rho\frac{x-\mu_1}{\sigma_1}\right)^2}\mathrm{d}y\mathrm{d}x.\end{aligned}$$

令 $t=\dfrac{1}{\sqrt{1-\rho^2}}\left(\dfrac{y-\mu_2}{\sigma_2}-\rho\dfrac{x-\mu_1}{\sigma_1}\right)$, $u=\dfrac{x-\mu_1}{\sigma_1}$, 则

$$\begin{aligned}\operatorname{cov}(X,Y)&=\frac{1}{2\pi}\int_{-\infty}^{+\infty}\int_{-\infty}^{+\infty}(\sigma_1\sigma_2\sqrt{1-\rho^2}\,tu+\rho\sigma_1\sigma_2u^2)\mathrm{e}^{-\frac{u^2}{2}-\frac{t^2}{2}}\mathrm{d}t\,\mathrm{d}u\\&=\frac{\rho\sigma_1\sigma_2}{2\pi}\left(\int_{-\infty}^{+\infty}u^2\mathrm{e}^{-\frac{u^2}{2}}\mathrm{d}u\right)\left(\int_{-\infty}^{+\infty}\mathrm{e}^{-\frac{t^2}{2}}\mathrm{d}t\right)+\end{aligned}$$

$$\frac{\sigma_1\sigma_2\sqrt{1-\rho^2}}{2\pi}\left(\int_{-\infty}^{+\infty}u\mathrm{e}^{-\frac{u^2}{2}}\mathrm{d}u\right)\left(\int_{-\infty}^{+\infty}t\mathrm{e}^{-\frac{t^2}{2}}\mathrm{d}t\right)$$

$$=\frac{\rho\sigma_1\sigma_2}{2\pi}\sqrt{2\pi}\sqrt{2\pi}=\rho\sigma_1\sigma_2,$$

故
$$\rho_{X,Y}=\frac{\operatorname{cov}(X,Y)}{\sqrt{D(X)}\sqrt{D(Y)}}=\frac{\rho\sigma_1\sigma_2}{\sqrt{\sigma_1^2}\sqrt{\sigma_2^2}}=\rho.$$

例 4.29 设随机变量 θ 服从 $[-\pi,\pi]$ 上的均匀分布，$X=\sin\theta$，$Y=\cos\theta$，则 $\rho_{XY}=0$，但 X，Y 不独立.

证明
$$E(X)=\frac{1}{2\pi}\int_{-\pi}^{\pi}\sin x\,\mathrm{d}x=\frac{1}{2\pi}(-\cos x)\Big|_{-\pi}^{\pi}=0,$$

$$E(Y)=\frac{1}{2\pi}\int_{-\pi}^{\pi}\cos x\,\mathrm{d}x=\frac{1}{2\pi}(\sin x)\Big|_{-\pi}^{\pi}=0,$$

$$E(XY)=\frac{1}{2\pi}\int_{-\pi}^{\pi}\sin x\cos x\,\mathrm{d}x=\frac{1}{2\pi}\left(\frac{\sin^2 x}{2}\right)\Big|_{-\pi}^{\pi}=0,$$

则 $\operatorname{cov}(X,Y)=E(XY)-(EX)(EY)=0$，即 $\rho_{X,Y}=0$，X，Y 不相关，但由于 $X^2+Y^2=\sin^2\theta+\cos^2\theta=1$，可见 X，Y 有函数关系，但并不独立.

要说明 X，Y 不独立，也可以通过如下过程给予说明：

$$P\left(X\leqslant-\frac{\sqrt{2}}{2}\right)=P\left(\sin\theta\leqslant-\frac{\sqrt{2}}{2}\right)=P\left(-\frac{3\pi}{4}\leqslant\theta\leqslant-\frac{\pi}{4}\right)=\frac{1}{4},$$

$$P\left(Y\leqslant-\frac{\sqrt{2}}{2}\right)=P\left(\cos\theta\leqslant-\frac{\sqrt{2}}{2}\right)=P\left(-\pi\leqslant\theta\leqslant-\frac{3\pi}{4}\right)+P\left(\frac{3\pi}{4}\leqslant\theta\leqslant\pi\right)=\frac{1}{4},$$

而
$$P\left(X\leqslant-\frac{\sqrt{2}}{2},Y\leqslant-\frac{\sqrt{2}}{2}\right)=P\left(\sin\theta\leqslant-\frac{\sqrt{2}}{2},\cos\theta\leqslant-\frac{\sqrt{2}}{2}\right)$$

$$=P\left(-\frac{3\pi}{4}\leqslant\theta\leqslant-\frac{\pi}{4},-\pi\leqslant\theta\leqslant-\frac{3\pi}{4}\text{ 或 }\frac{3\pi}{4}\leqslant\theta\leqslant\pi\right)=0,$$

即 $P\left(X\leqslant-\frac{\sqrt{2}}{2},Y\leqslant-\frac{\sqrt{2}}{2}\right)\neq P\left(X\leqslant-\frac{\sqrt{2}}{2}\right)P\left(Y\leqslant-\frac{\sqrt{2}}{2}\right)$，于是有 X，Y 不独立.

上例说明两个随机变量不相关不能推出独立性，因为即使不相关，他们之间也可能有函数关系. 不过，对于二维正态随机变量 (X,Y) 而言，X，Y 的独立性与非相关性是等价的，见定理 4.26.

定理 4.26 设二维随机变量 $(X,Y)\sim N(\mu_1,\sigma_1^2;\mu_2,\sigma_2^2;\rho)$，则 X 与 Y 相互独立的充分必要条件是 X 与 Y 不相关.

证明 由例 3.13 可知：若二维随机变量 $(X,Y)\sim N(\mu_1,\sigma_1^2;\mu_2,\sigma_2^2;\rho)$，则 X 与 Y 相互独立的充分必要条件是参数 $\rho=0$，又由例 4.28 知：$\rho_{X,Y}=\rho$. 因而得 X 与 Y 相互独立的充分必要条件是 $\rho_{X,Y}=0$，也即 X 与 Y 不相关.

在第 3 章中指出对于独立的正态分布具有可加性，于是容易得到独立服从正态分布的随机变量的线性组合仍服从正态分布，即 $X \sim N(\mu_1, \sigma_1^2)$，$Y \sim N(\mu_2, \sigma_2^2)$，且 X，Y 独立，则 $aX+bY+c \sim N(a\mu_1+b\mu_2+c, a^2\sigma_1^2+b^2\sigma_2^2)$，其中，$a$，$b$，$c$ 为常数. 那么，如果 X，Y 不独立，其线性组合是否仍服从正态分布呢？

例 4.30 设 $(X, Y) \sim N(\mu_1, \sigma_1^2; \mu_2, \sigma_2^2; \rho)$，则 $X+Y \sim N(\mu_1+\mu_2, \sigma_1^2+2\rho\sigma_1\sigma_2+\sigma_2^2)$.

证明 记 $Z=X+Y$，则

$$\begin{aligned} f_Z(z) &= \int_{-\infty}^{+\infty} f(x, z-x)\mathrm{d}x \\ &= \frac{1}{2\pi\sigma_1\sigma_2\sqrt{1-\rho^2}}\int_{-\infty}^{+\infty}\exp\left\{-\frac{1}{2(1-\rho^2)}\left[\frac{(x-\mu_1)^2}{\sigma_1^2}-\right.\right. \\ &\quad \left.\left. 2\rho\frac{(x-\mu_1)(z-x-\mu_2)}{\sigma_1\sigma_2}+\frac{(z-x-\mu_2)^2}{\sigma_2^2}\right]\right\}\mathrm{d}x, \end{aligned}$$

令 $u=x-\mu_1$，$v=z-\mu_1-\mu_2$，得

$$\begin{aligned} &\frac{(x-\mu_1)^2}{\sigma_1^2}-2\rho\frac{(x-\mu_1)(z-x-\mu_2)}{\sigma_1\sigma_2}+\frac{(z-x-\mu_2)^2}{\sigma_2^2} \\ &= \frac{u^2}{\sigma_1^2}-2\rho\frac{u(v-u)}{\sigma_1\sigma_2}+\frac{(v-u)^2}{\sigma_2^2} \\ &= \left[\frac{u\sqrt{\sigma_1^2+2\rho\sigma_1\sigma_2+\sigma_2^2}}{\sigma_1\sigma_2}-\frac{v(\sigma_1+\rho\sigma_2)}{\sigma_2\sqrt{\sigma_1^2+2\rho\sigma_1\sigma_2+\sigma_2^2}}\right]^2+\frac{v^2(1-\rho^2)}{\sigma_1^2+2\rho\sigma_1\sigma_2+\sigma_2^2}, \end{aligned}$$

再令 $t=\dfrac{1}{\sqrt{1-\rho^2}}\left[\dfrac{u\sqrt{\sigma_1^2+2\rho\sigma_1\sigma_2+\sigma_2^2}}{\sigma_1\sigma_2}-\dfrac{v(\sigma_1+\rho\sigma_2)}{\sigma_2\sqrt{\sigma_1^2+2\rho\sigma_1\sigma_2+\sigma_2^2}}\right]$，则得

$$\begin{aligned} f_Z(z) &= \frac{1}{\sqrt{2\pi}\sqrt{\sigma_1^2+2\rho\sigma_1\sigma_2+\sigma_2^2}}\exp\left[-\frac{v^2}{2(\sigma_1^2+2\rho\sigma_1\sigma_2+\sigma_2^2)}\right]\int_{-\infty}^{+\infty}\frac{1}{\sqrt{2\pi}}\mathrm{e}^{-\frac{t^2}{2}}\mathrm{d}t \\ &= \frac{1}{\sqrt{2\pi}\sqrt{\sigma_1^2+2\rho\sigma_1\sigma_2+\sigma_2^2}}\exp\left[-\frac{(z-\mu_1-\mu_2)^2}{2(\sigma_1^2+2\rho\sigma_1\sigma_2+\sigma_2^2)}\right], \end{aligned}$$

即 $Z \sim N(\mu_1+\mu_2, \sigma_1^2+2\rho\sigma_1\sigma_2+\sigma_2^2)$.

将例 4.30 做简单推广，可得定理 4.27，其回答了上述问题.

定理 4.27 设二维随机变量 $(X, Y) \sim N(\mu_1, \sigma_1^2; \mu_2, \sigma_2^2; \rho)$，则 X，Y 的线性组合 $aX+bY+c$ 服从正态分布 $N(a\mu_1+b\mu_2+c, a^2\sigma_1^2+b^2\sigma_2^2+2ab\rho\sigma_1\sigma_2)$，其中，$a$，$b$，$c$ 为常数.

值得注意的是：定理 4.27 关于 (X, Y) 服从二维正态分布这一条件经常会被人忽略，而被人通俗地记作："正态分布随机变量的线性组合仍服从正态分布"，这是不对的. 例如若随机变量 $X \sim N(0, 1)$，则 $Y=-X \sim N(0, 1)$，而 $X+Y=0$ 并不是正态分布.

例 4.31 若 n 个人将自己的帽子放在一起，充分混合后每人随机地取出一顶，求选中自己帽子人数的均值和方差.

解 该例实际上是例 1.21 的匹配问题的延续.

令 X 表示选中自己帽子的人数，并设 $X_i=\begin{cases}1, & \text{第 } i \text{ 人选中自己的帽子},\\ 0, & \text{第 } i \text{ 人选中别人的帽子},\end{cases}$ $i=1, 2, \cdots, n$，则 $X=\sum_{i=1}^{n} X_i$，易知 $P(X_i=1)=\frac{1}{n}$，$P(X_i=0)=\frac{n-1}{n}$，

所以
$$E(X_i)=\frac{1}{n},\ D(X_i)=\frac{n-1}{n^2},\ i=1,\ 2,\ \cdots,\ n,$$

因此
$$E(X)=\sum_{i=1}^{n} E(X_i)=1.$$

注意到
$$X_i X_j=\begin{cases}1, & \text{如第 } i \text{ 人与第 } j \text{ 人都选中自己的帽子},\\ 0, & \text{否则},\end{cases}\quad i \neq j,$$

于是
$$E(X_i X_j)=P(X_i=1,\ X_j=1)=P(X_i=1)P(X_j=1 \mid X_i=1)=\frac{1}{n(n-1)},$$

$$\operatorname{cov}(X_i,\ X_j)=E(X_i X_j)-E(X_i)E(X_j)=\frac{1}{n^2(n-1)},$$

从而
$$D(X)=\sum_{i=1}^{n} D(X_i)+2\sum_{i<j}\operatorname{cov}(X_i,\ X_j)=\frac{n-1}{n}+2\mathrm{C}_n^2\frac{1}{n^2(n-1)}=1.$$

4.3.2 随机向量的数学期望与方差

定义 4.15 (1) 称 n 维常向量 $E(\boldsymbol{X})=(EX_1,\ EX_2,\ \cdots,\ EX_n)^{\mathrm{T}}$ 为随机向量 $\boldsymbol{X}=(X_1,\ X_2,\ \cdots,\ X_n)^{\mathrm{T}}$ 的数学期望；(2) 称 $m\times n$ 阶矩阵 $E(\boldsymbol{Z})=(E(Z_{ij}))_{m\times n}$ 为随机矩阵 $\boldsymbol{Z}=(Z_{ij})_{m\times n}$ 的数学期望；(3) 称 $n\times n$ 阶矩阵

$$D(\boldsymbol{X})=E[(\boldsymbol{X}-E(\boldsymbol{X}))(\boldsymbol{X}-E(\boldsymbol{X}))^{\mathrm{T}}]$$
$$=\begin{bmatrix} D(X_1) & \operatorname{cov}(X_1,\ X_2) & \cdots & \operatorname{cov}(X_1,\ X_n)\\ \operatorname{cov}(X_2,\ X_1) & D(X_2) & \cdots & \operatorname{cov}(X_2,\ X_n)\\ \cdots & \cdots & \cdots & \cdots\\ \operatorname{cov}(X_n,\ X_1) & \operatorname{cov}(X_n,\ X_2) & \cdots & D(X_n)\end{bmatrix}$$

为随机向量 $\boldsymbol{X}=(X_1,\ X_2,\ \cdots,\ X_n)^{\mathrm{T}}$ 的方差矩阵，简称方差(其为非负定的).

数学期望的性质：设 $\boldsymbol{X}$ 和 $\boldsymbol{Y}$ 是任意 n 维随机向量，而 $\boldsymbol{Z}=(Z_{ij})_{m\times n}$ 是任意 $m\times n$ 阶矩阵，其元素是随机变量，那么

(1) 对于任意 n 维常向量 $\boldsymbol{c}$，如果 $P(\boldsymbol{X}=\boldsymbol{c})=1$，则 $E(\boldsymbol{X})=\boldsymbol{c}$；

(2) 对于任意实数 λ，有 $E(\lambda\boldsymbol{X})=\lambda E(\boldsymbol{X})$；对于任意 $m\times n$ 阶矩阵 $\boldsymbol{A}$，有 $E(\boldsymbol{AX})=\boldsymbol{A}(E(\boldsymbol{X}))$；对于任意矩阵 $\boldsymbol{A}$、$\boldsymbol{B}$ 和 $\boldsymbol{C}$，有 $E(\boldsymbol{AZB}+\boldsymbol{C})=\boldsymbol{A}(E(\boldsymbol{Z}))\boldsymbol{B}+\boldsymbol{C}$ (只要相应的运算有意义)；

(3) $E(\boldsymbol{X}+\boldsymbol{Y})=E(\boldsymbol{X})+E(\boldsymbol{Y})$;

(4) 如果 $\boldsymbol{X}$ 和 $\boldsymbol{Y}$ 相互独立,则 $E(\boldsymbol{X}\boldsymbol{Y}^{\mathrm{T}})=[E(\boldsymbol{X})](E(\boldsymbol{Y}))^{\mathrm{T}}$, $E(\boldsymbol{X}^{\mathrm{T}}\boldsymbol{Y})=[E(\boldsymbol{X})]^{\mathrm{T}}[E(\boldsymbol{Y})]$.

方差的性质:设 $\boldsymbol{X}$ 和 $\boldsymbol{Y}$ 是 n 维随机向量,那么

(1) 对于任意常向量, $D(\boldsymbol{c})=\boldsymbol{0}$($\boldsymbol{0}$ 是零向量);

(2) 对于任意实数 λ, 有 $D(\lambda\boldsymbol{X})=\lambda^2 D(\boldsymbol{X})$; 对于任意 $m\times n$ 阶矩阵 $\boldsymbol{A}$, 有 $D(\boldsymbol{A}\boldsymbol{X})=\boldsymbol{A}[D(\boldsymbol{X})]\boldsymbol{A}^{\mathrm{T}}$;

(3) 如果 $\boldsymbol{X}$ 和 $\boldsymbol{Y}$ 相互独立,则 $D(\boldsymbol{X}+\boldsymbol{Y})=D(\boldsymbol{X})+D(\boldsymbol{Y})$;

(4) $D(\boldsymbol{X})$ 是非负定对称矩阵,即 $[D(\boldsymbol{X})]^{\mathrm{T}}=D(\boldsymbol{X})$ (对称性),且对于任意 n 维(列)向量 $\boldsymbol{\alpha}=(\alpha_1, \alpha_2, \cdots, \alpha_n)^{\mathrm{T}}\in R^n$, 有 $\boldsymbol{\alpha}^{\mathrm{T}}[D(\boldsymbol{X})]\boldsymbol{\alpha}\geqslant 0$(非负定性).

注意 当 $n=1$ 时, $\boldsymbol{\alpha}^{\mathrm{T}}[D(\boldsymbol{X})]\boldsymbol{\alpha}\geqslant 0$ 等价于 $D(\boldsymbol{X})\geqslant 0$.

此外,对于一维随机变量 X, 有 $D(X)=EX^2-[E(X)]^2$. 对于任意随机向量 $\boldsymbol{X}$, 也有类似的公式: $D(\boldsymbol{X})=E(\boldsymbol{X}\boldsymbol{X}^{\mathrm{T}})-(E(\boldsymbol{X}))(E(\boldsymbol{X}))^{\mathrm{T}}$.

定义 4.16 设 $\boldsymbol{X}=(X_1, X_2, \cdots, X_m)^{\mathrm{T}}$ 是 m 维随机向量,而 $\boldsymbol{Y}=(Y_1, Y_2, \cdots, Y_n)^{\mathrm{T}}$ 是 n 维随机向量,称

$$\begin{aligned}\operatorname{cov}(\boldsymbol{X}, \boldsymbol{Y}) &= E[(\boldsymbol{X}-E(\boldsymbol{X}))(\boldsymbol{Y}-E(\boldsymbol{Y}))^{\mathrm{T}}] \\ &= \begin{bmatrix} \operatorname{cov}(X_1, Y_1) & \operatorname{cov}(X_1, Y_2) & \cdots & \operatorname{cov}(X_1, Y_n) \\ \operatorname{cov}(X_2, Y_1) & \operatorname{cov}(X_2, Y_2) & \cdots & \operatorname{cov}(X_2, Y_n) \\ \cdots & \cdots & \cdots & \cdots \\ \operatorname{cov}(X_m, Y_1) & \operatorname{cov}(X_m, Y_2) & \cdots & \operatorname{cov}(X_m, Y_n) \end{bmatrix}\end{aligned}$$

为随机向量 $\boldsymbol{X}$ 和 $\boldsymbol{Y}$ 的协方差矩阵,简称协方差. 如果 $\operatorname{cov}(\boldsymbol{X}, \boldsymbol{Y})=\boldsymbol{0}$, 则称随机向量 $\boldsymbol{X}$ 与 $\boldsymbol{Y}$ 不相关.

显然, $D(\boldsymbol{X})=\operatorname{cov}(\boldsymbol{X}, \boldsymbol{X})$, $\operatorname{cov}(\boldsymbol{X}, \boldsymbol{Y})=E(\boldsymbol{X}\boldsymbol{Y}^{\mathrm{T}})-(E(\boldsymbol{X}))(E(\boldsymbol{Y}))^{\mathrm{T}}$.

协方差的性质有:

(1) 如果 $\boldsymbol{X}$ 和 $\boldsymbol{Y}$ 相互独立,则 $\operatorname{cov}(\boldsymbol{X}, \boldsymbol{Y})=\boldsymbol{0}$;

(2) 对于任意实数 λ_1 和 λ_2, 有 $\operatorname{cov}(\lambda_1\boldsymbol{X}, \lambda_2\boldsymbol{Y})=\lambda_1\lambda_2\operatorname{cov}(\boldsymbol{X}, \boldsymbol{Y})$; 对于任意 $l\times m$ 阶矩阵 $\boldsymbol{A}$ 和 $k\times n$ 阶矩阵 $\boldsymbol{B}$, 有 $\operatorname{cov}(\boldsymbol{A}\boldsymbol{X}, \boldsymbol{B}\boldsymbol{Y})=\boldsymbol{A}\operatorname{cov}(\boldsymbol{X}, \boldsymbol{Y})\boldsymbol{B}^{\mathrm{T}}$;

(3) 对于任意 m 维(列)向量 $\boldsymbol{X}^{(1)}$ 和 $\boldsymbol{X}^{(2)}$, 以及任意 n 维(列)向量 $\boldsymbol{Y}$, 有

$$\operatorname{cov}(\boldsymbol{X}^{(1)}+\boldsymbol{X}^{(2)}, \boldsymbol{Y})=\operatorname{cov}(\boldsymbol{X}^{(1)}, \boldsymbol{Y})+\operatorname{cov}(\boldsymbol{X}^{(2)}, \boldsymbol{Y});$$

(4) 协方差矩阵具有对称性 $\operatorname{cov}(\boldsymbol{X}, \boldsymbol{Y})=[\operatorname{cov}(\boldsymbol{Y}, \boldsymbol{X})]^{\mathrm{T}}$.

n 维正态分布的数学期望与方差:设 n 维随机向量 $\boldsymbol{X}=(X_1, X_2, \cdots, X_n)^{\mathrm{T}}$ 有 n 维正态分布,参数为 $(\boldsymbol{\mu}, \boldsymbol{\Sigma})$, 即 $\boldsymbol{X}\sim N(\boldsymbol{\mu}, \boldsymbol{\Sigma})$, $\boldsymbol{X}$ 的密度函数为:

$$f_{\boldsymbol{X}}(\boldsymbol{x})=(2\pi)^{-\frac{n}{2}}|\boldsymbol{\Sigma}|^{-\frac{1}{2}}\exp\left\{-\frac{1}{2}(\boldsymbol{x}-\boldsymbol{\mu})^{\mathrm{T}}\boldsymbol{\Sigma}^{-1}(\boldsymbol{x}-\boldsymbol{\mu})\right\},$$

其中, $\boldsymbol{\Sigma}=(\sigma_{ij})_{n\times n}$ 为正定对称矩阵, $|\boldsymbol{\Sigma}|$ 为其行列式, $\boldsymbol{\Sigma}^{-1}$ 为其逆矩阵,记作 $\boldsymbol{\Sigma}^{-1}=(\sigma_{ij}^{-1})_{n\times n}$,

$$\boldsymbol{x}=(x_1, x_2, \cdots, x_n)^{\mathrm{T}}, \ \boldsymbol{\mu}=(\mu_1, \mu_2, \cdots, \mu_n)^{\mathrm{T}},$$

$$\boldsymbol{x}-\boldsymbol{\mu}=(x_1-\mu_1, x_2-\mu_2, \cdots, x_n-\mu_n)^{\mathrm{T}},$$

$$(\boldsymbol{x}-\boldsymbol{\mu})^{\mathrm{T}}\boldsymbol{\Sigma}^{-1}(\boldsymbol{x}-\boldsymbol{\mu})=\sum_{i=1}^{n}\sum_{j=1}^{n}\sigma_{ij}^{-1}(x_i-\mu_i)(x_j-\mu_j).$$

则有

$$E(\boldsymbol{X})=\boldsymbol{\mu},\ D(\boldsymbol{X})=\boldsymbol{\Sigma}.$$

4.4 特征函数、矩母函数和概率母函数

从前面的学习可以看到，通过随机变量来描述随机现象，通过随机变量的分布函数来了解它的统计规律，通过数字特征来掌握分布函数的某些特征. 而数字特征一般由各阶矩所决定，随着阶数的增高，求矩的计算会愈加麻烦. 另外，随机现象是错综复杂的，往往需要多个随机变量. 即使是两个相互独立的随机变量之和或积，求它们的分布函数也不是很简单的事. 总之，要解决复杂得多的问题没有优越的数学工具是不行的. 而傅里叶变换是数学中非常重要又非常有效的工具，把它应用于分布函数或密度函数，就产生了“特征函数”. 而当随机变量为离散型取非负整数值时，则用“概率母函数”更为方便，因为这时可以充分利用幂级数的性质而避免引进复函数的积分.

4.4.1 随机变量的特征函数

定义 4.17 随机变量 X 的特征函数定义为它的概率函数(若连续型为密度函数，若离散型则为分布列)的傅里叶变换，即

$$\phi(t)=E(\mathrm{e}^{\mathrm{i}tX})=E[\cos(tX)+\mathrm{i}\sin(tX)]=\begin{cases}\displaystyle\int_{-\infty}^{+\infty}\mathrm{e}^{\mathrm{i}tx}f(x)\mathrm{d}x, & X\text{ 连续型},\\ \displaystyle\sum_j \mathrm{e}^{\mathrm{i}tx_j}p_j, & X\text{ 离散型},\end{cases}$$

$$=\begin{cases}\displaystyle\int_{-\infty}^{+\infty}[\cos(tx)+\mathrm{i}\sin(tx)]f(x)\mathrm{d}x, & X\text{ 连续型},\\ \displaystyle\sum_j[\cos(tx_j)+\mathrm{i}\sin(tx_j)]p_j, & X\text{ 离散型},\end{cases}$$

其中，t 为任意实数，$\mathrm{i}=\sqrt{-1}$ 为虚数单位.

由于 $|\mathrm{e}^{\mathrm{i}tX}|=\sqrt{\cos^2(tX)+\sin^2(tX)}=1$，可见特征函数中取数学期望的函数是有界的，从而数学期望中的级数或积分是绝对收敛的. 事实上，对于连续型随机变量(针对离散型随机变量也类似证明)，$|E(\mathrm{e}^{\mathrm{i}tX})|=\left|\int_{-\infty}^{+\infty}\mathrm{e}^{\mathrm{i}tx}f(x)\mathrm{d}x\right|\leqslant\int_{-\infty}^{+\infty}|\mathrm{e}^{\mathrm{i}tx}|f(x)\mathrm{d}x=\int_{-\infty}^{+\infty}f(x)\mathrm{d}x=1.$

下面给出一些重要分布的特征函数.

例 4.32 试求下列离散型随机变量的特征函数：(1) X 服从单点分布，$P(X=a)=1$；(2) $X\sim B(n,p)$；(3) $X\sim P(\lambda)$；(4) $X\sim U[a,b]$；(5) $X\sim \mathrm{Exp}(\lambda)$；(6) $X\sim N(0,1)$.

解 (1) 若 X 服从单点分布，$P(X=a)=1$，$\phi(t)=E(\mathrm{e}^{\mathrm{i}tX})=\mathrm{e}^{\mathrm{i}ta}P(X=a)=\mathrm{e}^{\mathrm{i}at}$；

(2) 若 $X\sim B(n,p)$，分布列为 $P(X=k)=\mathrm{C}_n^k p^k q^{n-k}$，$k=0,1,2,\cdots,n$，

$$\phi(t)=E(\mathrm{e}^{\mathrm{i}tX})=\sum_{k=0}^{n}\mathrm{e}^{\mathrm{i}kt}C_n^k p^k q^{n-k}=\sum_{k=0}^{n}C_n^k(p\mathrm{e}^{\mathrm{i}t})^k q^{n-k}=(p\mathrm{e}^{\mathrm{i}t}+q)^n;$$

(3) 若 $X\sim P(\lambda)$，分布列为 $P(X=k)=\dfrac{\lambda^k}{k!}\mathrm{e}^{-\lambda}$，$k=0, 1, 2, \cdots$，

$$\phi(t)=E(\mathrm{e}^{\mathrm{i}tX})=\sum_{k=0}^{+\infty}\mathrm{e}^{\mathrm{i}kt}\frac{\lambda^k}{k!}\mathrm{e}^{-\lambda}=\mathrm{e}^{-\lambda}\sum_{k=0}^{+\infty}\frac{1}{k!}(\lambda\mathrm{e}^{\mathrm{i}t})^k=\mathrm{e}^{\lambda(\mathrm{e}^{\mathrm{i}t}-1)};$$

(4) 若 $X\sim U[a, b]$，$\phi(t)=\displaystyle\int_{-\infty}^{+\infty}\mathrm{e}^{\mathrm{i}tx}f(x)\mathrm{d}x=\frac{1}{b-a}\int_a^b\mathrm{e}^{\mathrm{i}tx}\mathrm{d}x=\frac{\mathrm{e}^{\mathrm{i}bt}-\mathrm{e}^{\mathrm{i}at}}{\mathrm{i}(b-a)t}$；

(5) 若 $X\sim \mathrm{Exp}(\lambda)$，$\displaystyle\int_0^{+\infty}[\sin(tx)]\mathrm{e}^{-\lambda x}\mathrm{d}x=\frac{t}{\lambda^2+t^2}$，$\displaystyle\int_0^{+\infty}[\cos(tx)]\mathrm{e}^{-\lambda x}\mathrm{d}x=\frac{\lambda}{\lambda^2+t^2}$，

$$\begin{aligned}\phi(t)&=\int_{-\infty}^{+\infty}\mathrm{e}^{\mathrm{i}tx}f(x)\mathrm{d}x=\int_0^{+\infty}\mathrm{e}^{\mathrm{i}tx}\lambda\mathrm{e}^{-\lambda x}\mathrm{d}x\\&=\int_0^{+\infty}[\cos(tx)]\lambda\mathrm{e}^{-\lambda x}\mathrm{d}x+\mathrm{i}\int_0^{+\infty}[\sin(tx)]\lambda\mathrm{e}^{-\lambda x}\mathrm{d}x\\&=\lambda\left(\frac{\lambda}{\lambda^2+t^2}+\mathrm{i}\frac{t}{\lambda^2+t^2}\right)=\left(1-\frac{\mathrm{i}t}{\lambda}\right)^{-1};\end{aligned}$$

(6) 若 $X\sim N(0, 1)$，$\phi(t)=\displaystyle\int_{-\infty}^{+\infty}\mathrm{e}^{\mathrm{i}tx}\frac{1}{\sqrt{2\pi}}\mathrm{e}^{-\frac{x^2}{2}}\mathrm{d}x=\frac{1}{\sqrt{2\pi}}\int_{-\infty}^{+\infty}\mathrm{e}^{\mathrm{i}tx}\mathrm{e}^{-\frac{x^2}{2}}\mathrm{d}x$，

由于 $\left|\mathrm{i}x\mathrm{e}^{\mathrm{i}tx-\frac{x^2}{2}}\right|\leqslant|x|\mathrm{e}^{-\frac{x^2}{2}}$，且 $\displaystyle\int_{-\infty}^{+\infty}|x|\mathrm{e}^{-\frac{x^2}{2}}\mathrm{d}x<+\infty$，则有

$$\phi'(t)=\frac{1}{\sqrt{2\pi}}\int_{-\infty}^{+\infty}\mathrm{i}x\mathrm{e}^{\mathrm{i}tx-\frac{x^2}{2}}\mathrm{d}x,$$

进而 $\mathrm{i}t\phi(t)+\mathrm{i}\phi'(t)=\displaystyle\frac{1}{\sqrt{2\pi}}\int_{-\infty}^{+\infty}(\mathrm{i}t-x)\mathrm{e}^{\mathrm{i}tx-\frac{x^2}{2}}\mathrm{d}x=\frac{1}{\sqrt{2\pi}}\left(\mathrm{e}^{\mathrm{i}tx-\frac{x^2}{2}}\right)\Big|_{-\infty}^{+\infty}=0$，

故得微分方程
$$t\phi(t)+\phi'(t)=0,$$
解微分方程 $\dfrac{\phi'(t)}{\phi(t)}=-t$，$\ln\phi(t)=-\dfrac{t^2}{2}+C$，$\phi(t)=\mathrm{e}^C\mathrm{e}^{-\frac{t^2}{2}}$.

令 $t=0$ 得：$1=\phi(0)=\mathrm{e}^C$，$C=0$，

于是
$$\phi(t)=\mathrm{e}^{-\frac{t^2}{2}}.$$

注意　若 $X\sim N(\mu, \sigma^2)$，采用同样的方法可得(用到复变函数中的围道积分)：

$$\phi(t)=\frac{1}{\sqrt{2\pi}\sigma}\int_{-\infty}^{+\infty}\mathrm{e}^{\mathrm{i}tx-\frac{(x-\mu)^2}{2\sigma^2}}\mathrm{d}x=\mathrm{e}^{\mathrm{i}\mu x-\frac{1}{2}\sigma^2t^2}\frac{1}{\sqrt{2\pi}\sigma}\int_{-\infty-\mathrm{i}t\sigma}^{+\infty-\mathrm{i}t\sigma}\mathrm{e}^{-\frac{z^2}{2}}\mathrm{d}z=\mathrm{e}^{\mathrm{i}\mu t-\frac{1}{2}\sigma^2t^2}.$$

特征函数有如下性质.

(1) 随机变量 X 的特征函数 $\phi(t)$ 满足：$|\phi(t)|\leqslant\phi(0)=1$，$\phi(-t)=\overline{\phi(t)}$[$\overline{\phi(t)}$ 为 $\phi(t)$ 的共轭复数]. 事实上，由于 $\phi(t)=E(\mathrm{e}^{\mathrm{i}tX})=E[\cos(tX)]+\mathrm{i}E[\sin(tX)]$，

$$\begin{aligned}|\phi(t)|^2&=E^2[\cos(tX)]+E^2[\sin(tX)]\leqslant E\{[\cos(tX)]^2\}+E\{[\sin(tX)]^2\}\\&=E\{[\cos(tX)]^2+[\sin(tX)]^2\}=1=\phi(0),\end{aligned}$$

又

$$\begin{aligned}\phi(-t)&=E(\mathrm{e}^{-\mathrm{i}tX})=E[\cos(-tX)]+\mathrm{i}E[\sin(-tX)]\\&=E[\cos(tX)]-\mathrm{i}E[\sin(tX)]=\overline{\phi(t)}.\end{aligned}$$

(2) 设 X 的特征函数为 $\phi_X(t)$，则 $Y=aX+b$ 的特征函数 $\phi_Y(t)=\mathrm{e}^{\mathrm{i}bt}\phi_X(at)$，其中，$a$，$b$ 为常数. 事实上，$\phi_Y(t)=E(\mathrm{e}^{\mathrm{i}tY})=E[\mathrm{e}^{\mathrm{i}t(aX+b)}]=E(\mathrm{e}^{\mathrm{i}tb}\mathrm{e}^{\mathrm{i}atX})=\mathrm{e}^{\mathrm{i}bt}E(\mathrm{e}^{\mathrm{i}atX})=\mathrm{e}^{\mathrm{i}bt}\phi_X(at)$.

作为该性质的简单应用，在已知 $X\sim N(0,1)$ 的特征函数为 $\phi_X(t)=\mathrm{e}^{-\frac{t^2}{2}}$，则 $Y\sim N(\mu,\sigma^2)$ 的特征函数为 $\phi_Y(t)=\phi_{\sigma X+\mu}(t)=\mathrm{e}^{\mathrm{i}\mu t}\phi_X(\sigma t)=\mathrm{e}^{\mathrm{i}\mu t-\frac{1}{2}\sigma^2t^2}$.

(3) 随机变量 X 的特征函数 $\phi(t)$ 在 $(-\infty,+\infty)$ 上一致连续.

(4) 随机变量 X 的特征函数 $\phi(t)$ 是非负定的. 即对于任意的正整数 n、任意实数 t_1，t_2，…，t_n 及复数 λ_1，λ_2，…，λ_n，有 $\sum\limits_{k=1}^{n}\sum\limits_{j=1}^{n}\phi(t_k-t_j)\lambda_k\overline{\lambda_j}\geqslant0$. 事实上，

$$\begin{aligned}\sum_{k=1}^{n}\sum_{j=1}^{n}\phi(t_k-t_j)\lambda_k\overline{\lambda_j}&=\sum_{k=1}^{n}\sum_{j=1}^{n}\left\{\int_{-\infty}^{+\infty}\mathrm{e}^{\mathrm{i}(t_k-t_j)x}f(x)\mathrm{d}x\right\}\lambda_k\overline{\lambda_j}\\&=\int_{-\infty}^{+\infty}\left\{\sum_{k=1}^{n}\sum_{j=1}^{n}\mathrm{e}^{\mathrm{i}(t_k-t_j)x}\lambda_k\overline{\lambda_j}\right\}f(x)\mathrm{d}x\\&=\int_{-\infty}^{+\infty}\left(\sum_{k=1}^{n}\mathrm{e}^{\mathrm{i}t_kx}\lambda_k\right)\left(\sum_{j=1}^{n}\mathrm{e}^{-\mathrm{i}t_jx}\overline{\lambda_j}\right)f(x)\mathrm{d}x\\&=\int_{-\infty}^{+\infty}\left|\left(\sum_{k=1}^{n}\mathrm{e}^{\mathrm{i}t_kx}\lambda_k\right)\right|^2f(x)\mathrm{d}x\geqslant0.\end{aligned}$$

注意　非负定性是特征函数最本质的性质之一. 另外，若函数 $\phi(t)$，$-\infty<t<+\infty$ 连续、非负定性且 $\phi(0)=1$，则 $\phi(t)$ 为某随机变量 X 的特征函数.

对于给定的一个分布函数 $F(x)$，其能唯一决定它的特征函数 $\phi(t)$. 下述的定理 4.28～定理 4.31 说明其逆命题也是成立的，即分布函数 $F(x)$ 能唯一地被其特征函数 $\phi(t)$ 表达出来. 这就建立了分布函数与特征函数一一对应的关系.

定理 4.28(反演公式)　设随机变量 X 的分布函数和特征函数分别为 $F(x)$ 和 $\phi(t)$，则对于 $F(x)$ 的任意连续点 x_1 和 x_2，$-\infty<x_1<x_2<+\infty$，有：

$$F(x_2)-F(x_1)=\lim_{T\to+\infty}\frac{1}{2\pi}\int_{-T}^{T}\frac{\mathrm{e}^{-\mathrm{i}tx_1}-\mathrm{e}^{-\mathrm{i}tx_2}}{\mathrm{i}t}\phi(t)\mathrm{d}t.$$

该定理说明，当 x_1，x_2 为 $F(x)$ 的连续点时，$F(x_2)-F(x_1)$ 的值完全由特征函数按上式给出，即它给出了随机变量 X 取值于区间 $(x_1,x_2]$ 的概率：$P(x_1<X\leqslant x_2)=F(x_2)-F(x_1)$.

设 $x_2=x$ 为 $F(x)$ 的连续点，令 x_1 沿着 $F(x)$ 的连续点趋于 $-\infty$，这时 $\lim\limits_{x_1\to-\infty}F(x_1)=$

0, 由此 $F(x)=\lim\limits_{x_1\to-\infty}[F(x)-F(x_1)]=\lim\limits_{x_1\to-\infty}\lim\limits_{T\to+\infty}\dfrac{1}{2\pi}\int_{-T}^{T}\dfrac{\mathrm{e}^{-\mathrm{i}tx_1}-\mathrm{e}^{-\mathrm{i}tx}}{\mathrm{i}t}\phi(t)\mathrm{d}t$.

这样,对于 $F(x)$ 的每一连续点, $F(x)$ 由特征函数按上式完全给出. 如果对于 $F(x)$ 的不连续点 x, 重新规定 $\widetilde{F}(x)=\dfrac{F(x-0)+F(x)}{2}$, 则对任意 x, $\widetilde{F}(x)$ 完全由特征函数 $\phi(t)$ 按反演公式给出.

定理 4.29　若随机变量 X 的特征函数 $\phi(t)$ 于 R 上绝对可积,则 X 为具有密度函数 $f(x)$ 的连续型随机变量,且 $f(x)=\dfrac{1}{2\pi}\int_{-\infty}^{+\infty}\mathrm{e}^{-\mathrm{i}tx}\phi(t)\mathrm{d}t$.

定理 4.30　设 X 为取整数值及 0 的随机变量,对 $k=\cdots,-3,-2,-1,0,1,2,3,\cdots$, 分布列为: $p_k=P(X=k)$, 而 X 的特征函数为: $\phi(t)=\sum\limits_{k=-\infty}^{+\infty}p_k\mathrm{e}^{\mathrm{i}tk}$, 则 $p_k=\dfrac{1}{2\pi}\int_{-\pi}^{\pi}\mathrm{e}^{-\mathrm{i}tk}\phi(t)\mathrm{d}t$.

定理 4.31(唯一性定理)　分布函数 $F_1(x)$ 和 $F_2(x)$ 恒等的充分必要条件为它们的特征函数 $\phi_1(t)$ 和 $\phi_2(t)$ 恒等.

定理 4.32　设随机变量 X 和 Y 相互独立, $Z=X+Y$, Z 的特征函数等于 X 和 Y 的特征函数之积.

证明　设随机变量 X 和 Y 的特征函数分别为 $\phi_X(t)$, $\phi_Y(t)$, 则 $Z=X+Y$ 的特征函数为:

$$\phi_Z(t)=E(\mathrm{e}^{\mathrm{i}tZ})=E[\mathrm{e}^{\mathrm{i}t(X+Y)}]=E(\mathrm{e}^{\mathrm{i}tX}\mathrm{e}^{\mathrm{i}tY})=E(\mathrm{e}^{\mathrm{i}tX})E(\mathrm{e}^{\mathrm{i}tY})=\phi_X(t)\phi_Y(t).$$

这个性质在概率论与数理统计中有重要作用,并可以推广到任意有限多个独立随机变量和的情形. 即若 X_1, X_2, $\cdots$, X_n 是相互独立的随机变量,特征函数分别为 $\phi_{X_1}(t)$, $\phi_{X_2}(t)$, $\cdots$, $\phi_{X_n}(t)$, 则 $Y=\sum\limits_{i=1}^{n}X_i$ 的特征函数 $\phi_Y(t)=\prod\limits_{i=1}^{n}\phi_{X_i}(t)$. 由此独立随机变量和的特征函数可以方便地用各个随机变量特征函数的乘积得到,于是用特征函数来处理独立随机变量和的问题就显得方便很多.

例 4.33　设随机变量 X 和 Y 相互独立, $Z=X+Y$, (1) $X\sim B(n,p)$, $Y\sim B(m,p)$, 则 $Z\sim B(n+m,p)$; (2) $X\sim P(\lambda_1)$, $Y\sim P(\lambda_2)$, 则 $Z\sim P(\lambda_1+\lambda_2)$; (3) $X\sim N(\mu_1,\sigma_1^2)$, $Y\sim N(\mu_2,\sigma_2^2)$, 则 $Z\sim N(\mu_1+\mu_2,\sigma_1^2+\sigma_2^2)$.

证明　(1) X 和 Y 的特征函数分别为 $\phi_X(t)=(p\mathrm{e}^{\mathrm{i}t}+q)^n$ 和 $\phi_Y(t)=(p\mathrm{e}^{\mathrm{i}t}+q)^m$, 则 Z 的特征函数为 $\phi_Z(t)=\phi_X(t)\phi_Y(t)=(p\mathrm{e}^{\mathrm{i}t}+q)^n(p\mathrm{e}^{\mathrm{i}t}+q)^m=(p\mathrm{e}^{\mathrm{i}t}+q)^{n+m}$, 即 $Z\sim B(n+m,p)$.

(2) X 和 Y 的特征函数分别为 $\phi_X(t)=\mathrm{e}^{\lambda_1(\mathrm{e}^{\mathrm{i}t}-1)}$ 和 $\phi_Y(t)=\mathrm{e}^{\lambda_2(\mathrm{e}^{\mathrm{i}t}-1)}$, 则 Z 的特征函数为

$$\phi_Z(t)=\phi_X(t)\phi_Y(t)=\mathrm{e}^{\lambda_1(\mathrm{e}^{\mathrm{i}t}-1)}\mathrm{e}^{\lambda_2(\mathrm{e}^{\mathrm{i}t}-1)}=\mathrm{e}^{(\lambda_1+\lambda_2)(\mathrm{e}^{\mathrm{i}t}-1)},$$

即 $Z\sim P(\lambda_1+\lambda_2)$.

(3) X 和 Y 的特征函数分别为 $\phi_X(t)=\mathrm{e}^{\mathrm{i}\mu_1t-\frac{1}{2}\sigma_1^2t^2}$ 和 $\phi_Y(t)=\mathrm{e}^{\mathrm{i}\mu_2t-\frac{1}{2}\sigma_2^2t^2}$, 则 Z 的特征函数为

$$\phi_Z(t)=\phi_X(t)\phi_Y(t)=\mathrm{e}^{\mathrm{i}\mu_1t-\frac{1}{2}\sigma_1^2t^2}\mathrm{e}^{\mathrm{i}\mu_2t-\frac{1}{2}\sigma_2^2t^2}=\mathrm{e}^{\mathrm{i}(\mu_1+\mu_2)t-\frac{1}{2}(\sigma_1^2+\sigma_2^2)t^2},$$

即 $Z \sim N(\mu_1+\mu_2, \sigma_1^2+\sigma_2^2)$.

注意 设 $X_j \sim N(\mu_j, \sigma_j^2)$, $j=1, 2, \cdots, n$ 且相互独立,而 $a_1, a_2, \cdots, a_n$ 是任意实数,不全为 0,则 $\sum_{i=1}^{n} a_1 X_i \sim N(\mu, \sigma^2)$,其中,$\mu=\sum_{j=1}^{n} a_j \mu_j$, $\sigma^2=\sum_{j=1}^{n} a_j^2 \sigma_j^2$.

例 4.34 设随机变量 X 和 Y 相互独立,$Z=X+Y$,(1) 若 $X \sim \chi^2(n)$, $Y \sim \chi^2(m)$,则 $Z \sim \chi^2(n+m)$;(2) 若 $X \sim \chi^2(n)$, $Z \sim \chi^2(n+m)$,则 $Y \sim \chi^2(m)$.

证明 (1) 由于 X, Y 的特征函数分别为 $\phi_X(t)=(1-2\mathrm{i}t)^{-\frac{n}{2}}$, $\phi_Y(t)=(1-2\mathrm{i}t)^{-\frac{m}{2}}$,又由于 X 和 Y 相互独立,则 Z 的特征函数为:$\phi_Z(t)=\phi_X(t)\phi_Y(t)=(1-2\mathrm{i}t)^{-\frac{n}{2}}(1-2\mathrm{i}t)^{-\frac{m}{2}}=(1-2\mathrm{i}t)^{-\frac{n+m}{2}}$,即有 $Z \sim \chi^2(n+m)$.

(2) 设 Y 的特征函数为 $\phi_Y(t)$,又 Z 的特征函数为 $\phi_Z(t)=(1-2\mathrm{i}t)^{-\frac{n+m}{2}}$,$X$ 的特征函数为 $\phi_X(t)=(1-2\mathrm{i}t)^{-\frac{n}{2}}$,又由于 X 和 Y 相互独立,则有 $\phi_Z(t)=\phi_X(t)\phi_Y(t)$,进而得:

$$\phi_Y(t)=\frac{\phi_Z(t)}{\phi_X(t)}=\frac{(1-2\mathrm{i}t)^{-\frac{n+m}{2}}}{(1-2\mathrm{i}t)^{-\frac{n}{2}}}=(1-2\mathrm{i}t)^{-\frac{m}{2}},\text{即有 } Y \sim \chi^2(m).$$

特征函数与矩的关系.关于求随机变量 X 的各阶矩,有时需要非常繁杂的积分计算,有了特征函数后,求矩的方法可通过对特征函数求导的办法得到,见定理 4.33.

定理 4.33 设随机变量 X 有 n 阶矩存在,则它的特征函数 n 次可微,且对 $k \leqslant n$,有:

$$\phi^{(k)}(0)=\mathrm{i}^k E(X^k) \text{ 或 } E(X^k)=\mathrm{i}^{-k}\phi^{(k)}(0).$$

证明 仅对 X 是连续型的情况加以证明.对 $k \leqslant n$,由于

$$\left|\frac{\mathrm{d}^k}{\mathrm{d}t^k}(\mathrm{e}^{\mathrm{i}tx})\right|=|\mathrm{i}^k x^k \mathrm{e}^{\mathrm{i}tx}| \leqslant |x^k|,$$

由于 X 的 k 阶矩存在,故 $\int_{-\infty}^{+\infty}|x^k| f(x)\mathrm{d}x<\infty$,因此可以在积分号下求微分

$$\phi^{(k)}(t)=\int_{-\infty}^{+\infty}\left[\frac{\mathrm{d}^k}{\mathrm{d}t^k}(\mathrm{e}^{\mathrm{i}tx})\right] f(x)\mathrm{d}x=\mathrm{i}^k\int_{-\infty}^{+\infty} x^k \mathrm{e}^{\mathrm{i}tx} f(x)\mathrm{d}x,$$

取 $t=0$,即得 $$\phi^{(k)}(0)=\mathrm{i}^k\int_{-\infty}^{+\infty} x^k f(x)\mathrm{d}x=\mathrm{i}^k E(X^k).$$

例 4.35 试利用定理 4.33 求下述随机变量 X 的数学期望与方差:(1) 设随机变量 X 服从泊松分布 $P(\lambda)$;(2) 设随机变量 X 服从正态分布 $N(\mu, \sigma^2)$.

解 (1) $X \sim P(\lambda)$,特征函数为 $\phi(t)=\mathrm{e}^{\lambda(\mathrm{e}^{\mathrm{i}t}-1)}$,

$$\phi'(t)=\mathrm{i}\lambda\mathrm{e}^{\mathrm{i}t}\mathrm{e}^{\lambda(\mathrm{e}^{\mathrm{i}t}-1)},\ \phi'(0)=\mathrm{i}\lambda;\ \phi''(t)=\lambda\mathrm{i}^2\mathrm{e}^{\mathrm{i}t}\mathrm{e}^{\lambda(\mathrm{e}^{\mathrm{i}t}-1)}(\lambda\mathrm{e}^{\mathrm{i}t}+1),\ \phi''(0)=-\lambda(\lambda+1),$$

$$E(X)=-\mathrm{i}\phi'(0)=\lambda,\ E(X^2)=(-1)^2\mathrm{i}^2\phi''(0)=-[-\lambda(\lambda+1)]=\lambda(\lambda+1),\ D(X)=\lambda.$$

(2) $X \sim N(\mu, \sigma^2)$,特征函数为 $\phi(t)=\mathrm{e}^{\mathrm{i}\mu t-\frac{1}{2}\sigma^2 t^2}$,

$$\phi'(t)=(\mathrm{i}\mu-\sigma^2 t)\mathrm{e}^{\mathrm{i}\mu t-\frac{1}{2}\sigma^2 t^2},\ \phi''(t)=[(\mathrm{i}\mu-\sigma^2 t)^2-\sigma^2]\mathrm{e}^{\mathrm{i}\mu t-\frac{1}{2}\sigma^2 t^2},$$

$$\phi'(0)=\mathrm{i}\mu,\ \phi''(0)=(\mathrm{i}\mu)^2-\sigma^2=-\mu^2-\sigma^2,$$

$$E(X)=-\mathrm{i}(\mathrm{i}\mu)=\mu,\ E(X^2)=(-1)^2\mathrm{i}^2\phi''(0)=\mu^2+\sigma^2,\ D(X)=\sigma^2.$$

4.4.2 随机变量的矩母函数

定义 4.18　设 X 是一个随机变量，e^{tX} 为 t 的函数,定义随机变量 X 的矩母函数为：

$$M(t)=E(\mathrm{e}^{tX})=\begin{cases}\int_{-\infty}^{+\infty}\mathrm{e}^{tx}f(x)\mathrm{d}x, & X\text{ 为连续型},\\ \sum_i \mathrm{e}^{tx_i}p_i, & X\text{ 为离散型},\end{cases}$$

如果积分或级数绝对收敛. 有时为突出它对 X 的依赖性,也记为 $M_X(t)$. 当然 X 的矩母函数不一定对所有的 t 都存在(如果积分或级数不绝对收敛).

例 4.36　求随机变量 X 的矩母函数：(1) $X\sim\mathrm{Exp}(\lambda)$；(2) $X\sim B(n,p)$.

解　(1) 对 $t<\lambda$,$M(t)=E(\mathrm{e}^{tX})=\int_0^{+\infty}\mathrm{e}^{tx}\lambda\mathrm{e}^{-\lambda x}\mathrm{d}x=\dfrac{\lambda}{\lambda-t}=\dfrac{1}{1-(t/\lambda)}$.

(2) $M(t)=E(\mathrm{e}^{tX})=\sum_{k=0}^{n}\mathrm{e}^{tk}P(X=k)=\sum_{k=0}^{n}\mathrm{e}^{tk}C_n^k p^k(1-p)^{n-k}=(p\mathrm{e}^t+1-p)^n$.

定义 4.18 代表了一种函数变换的方法,它把概率函数变换成另一种函数——矩母函数. 在通常情况下求矩母函数要比求分布的概率函数更容易些,可以用矩母函数代替概率函数来回答许多我们感兴趣的问题,下面定理 4.34 保证了这种做法的正确性.

定理 4.34　(1) 如果两个随机变量有相同的矩母函数,则它们必有相同的分布函数. (2) 如果一列矩母函数收敛到某个矩母函数,即 $\lim\limits_{n\to+\infty}M_n(t)=M(t)$,则这列矩母函数对应的分布函数收敛到极限矩母函数所对应的分布函数,即 $\lim\limits_{n\to+\infty}F_n(x)=F(x)$.

由定理 4.34 可以知道:如果可以证明所要研究的随机变量与另一个有已知分布的随机变量有相同的矩母函数,则可以断定它们有相同的分布.

应用矩母函数最重要和方便的是讨论独立随机变量和的分布. 比如假设 $Z=X+Y$,其中随机变量 X 与 Y 相互独立,则它们的矩母函数有以下关系：

$$M_Z(t)=E(\mathrm{e}^{tZ})=E[\mathrm{e}^{t(X+Y)}]=E(\mathrm{e}^{tX}\mathrm{e}^{tY})=E(\mathrm{e}^{tX})E(\mathrm{e}^{tY})=M_X(t)M_Y(t).$$

由此可见独立随机变量和的矩母函数等于它们矩母函数的乘积. 这个性质可以进一步推广到多个独立随机变量和的情形.

例 4.37　设 $X\sim\mathrm{Exp}(\lambda)$,$Y\sim\mathrm{Exp}(\lambda)$,且相互独立,其矩母函数为:$M(t)=\dfrac{1}{1-(t/\lambda)}$, $t<\lambda$. 如果另一个随机变量 Z 的分布密度为：$f_Z(z)=\lambda^2 z\mathrm{e}^{-\lambda z}$, $z>0$, 则 Z 的矩母函数为：

$$M_Z(t)=E(\mathrm{e}^{tZ})=\int_0^{+\infty}\mathrm{e}^{tz}\lambda^2 z\mathrm{e}^{-\lambda z}\mathrm{d}z=\lambda^2\int_0^{+\infty}z\mathrm{e}^{-(\lambda-t)z}\mathrm{d}z=\frac{\lambda^2}{(\lambda-t)^2}=\frac{1}{[1-(t/\lambda)]^2},\ t<\lambda.$$

由上述定理可知 Z 与 $X+Y$ 有相同的分布函数.

由矩母函数的级数展开,可以求得随机变量的各阶矩.事实上

$$\mathrm{e}^{tX}=1+tX+\frac{t^2X^2}{2!}+\cdots+\frac{t^nX^n}{n!}+\cdots,$$

则
$$M(t)=E(\mathrm{e}^{tX})=1+tE(X)+\frac{t^2E(X^2)}{2!}+\cdots+\frac{t^nE(X^n)}{n!}+\cdots$$
$$=1+\mu t+\mu_2\frac{t^2}{2!}+\cdots+\mu_n\frac{t^n}{n!}+\cdots.$$

因此只需把矩母函数展开成 t 的泰勒级数,相应的系数就是各阶矩,例如:

$$\mu=E(X)=M'(0),\ \mu_2=E(X^2)=M''(0).$$

例 4.38 设随机变量 X 服从指数分布 $\mathrm{Exp}(\lambda)$,其矩母函数为 $M(t)=\dfrac{1}{1-(t/\lambda)}$,而

$$M(t)=1+\frac{t}{\lambda}+\frac{t^2}{\lambda^2}+\cdots+\frac{t^n}{\lambda^n}+\cdots=1+\frac{t}{\lambda}+\frac{2}{\lambda^2}\frac{t^2}{2!}+\cdots+\frac{n!}{\lambda^n}\frac{t}{n!}+\cdots,$$

$$\mu=E(X)=\frac{1}{\lambda},\ \mu_2=E(X^2)=\frac{2}{\lambda^2},\ \cdots,\ \mu_n=\frac{n!}{\lambda^n},\ \cdots,\ D(X)=\frac{1}{\lambda^2}.$$

4.4.3 随机变量的概率母函数

在研究只取有穷或无穷非负整数值的随机变量时,用概率母函数(或称母函数)来代替特征函数较为方便.

定义 4.19 设随机变量 X 的分布列为 $p_k=P(X=k)$, $k=0, 1, 2, \cdots$, 记实变数 $s\ (-1\leqslant s\leqslant 1)$ 的实函数 $\psi(s)=E(s^X)=\sum\limits_{k=0}^{+\infty}s^kp_k$ 称为 X 的概率母函数或简称母函数,有时也称为 X 的 z-变换.

由于 $\psi(1)=\sum\limits_{k=0}^{+\infty}p_k=1$,则级数 $\sum\limits_{k=0}^{+\infty}s^kp_k$ 在 $|s|\leqslant 1$ 上绝对收敛,所以任一取值非负整数值的随机变量的母函数总是存在的,并且在 $[-1, 1]$ 上是一致连续的.另外,如果在 X 的矩母函数表达式中取 $s=\mathrm{e}^t$,即可得到其相应的概率母函数.

注意 若对连续型随机变量 X,也可定义其概率母函数: $\psi(s)=E(s^X)=\int_{-\infty}^{+\infty}s^xf(x)\mathrm{d}x$.

例 4.39 求下列分布的概率母函数:(1) $X\sim B(n, p)$; (2) $X\sim P(\lambda)$.

解 (1) $\psi(s)=\sum\limits_{k=0}^{n}s^k\mathrm{C}_n^kp^k(1-p)^{n-k}=\sum\limits_{k=0}^{n}\mathrm{C}_n^k(sp)^k(1-p)^{n-k}=[sp+(1-p)]^n$;

(2) $\psi(s)=\sum\limits_{k=0}^{+\infty}s^k\dfrac{\lambda^k}{k!}\mathrm{e}^{-\lambda}=\sum\limits_{k=0}^{+\infty}\dfrac{(s\lambda)^k}{k!}\mathrm{e}^{-\lambda}=\mathrm{e}^{\lambda(s-1)}$.

概率母函数也有类似特征函数的一些性质,见定理 4.35.

定理 4.35 概率母函数有以下一些性质:(1) $|\psi(s)|\leqslant\psi(1)=1$; (2) 线性性质:设 X 的概率母函数为 $\psi_X(s)$,则 $Y=aX+b$ 的概率母函数为 $\psi_Y(s)=s^b\psi_X(s^a)$,其中 a, b 为非

负整数;(3) 有限个相互独立随机变量和的概率母函数等于各个随机变量的概率母函数的乘积,即 X_1, X_2, …, X_n 的概率母函数分别为 $\psi_{X_1}(s)$, $\psi_{X_2}(s)$, …, $\psi_{X_n}(s)$,则 $Y=\sum_{i=1}^{n} X_i$ 的概率母函数为 $\psi_Y(s)=\prod_{k=1}^{n}\psi_{X_k}(s)$;(4) 若随机变量 X 的 n 阶矩存在,则其概率母函数 $\psi_X(s)$ 的 $k(k\leqslant n)$ 阶导数 $\psi_X^{(k)}(s)$ 存在($|s|\leqslant 1$),且 X 的 $k(k\leqslant n)$ 阶矩可由概率母函数在 $s=1$ 的各阶导数表示,如 $E(X)=\psi'(1)$, $E(X^2)=\psi''(1)+\psi'(1)$;(5) 反演公式:设随机变量 X 的分布列为 p_k, $k=0, 1, 2, \cdots$,其概率母函数为 $\psi_X(s)=\sum_{k=0}^{+\infty} p_k s^k$, $|s|\leqslant 1$,则分布列可由 $p_k=\frac{1}{k!}\psi_X^{(k)}(0)$ 给出.

例 4.40 在已知随机变量的概率母函数的情况下,利用概率母函数的性质,求(1) 二项分布 $B(n, p)$ 的数学期望与方差;(2) 泊松分布 $P(\lambda)$ 的分布列.

解 (1) $X\sim B(n, p)$,其概率母函数为 $\psi_X(s)=[sp+(1-p)]^n$,

$$E(X)=\psi'_X(1)=\{np[sp+(1-p)]^{n-1}\}|_{s=1}=np,$$

$$\begin{aligned}E(X^2)&=\psi''_X(1)+\psi'_X(1)=\{n(n-1)p^2[sp+(1-p)]^{n-2}\}|_{s=1}+np\\&=np[np+(1-p)],\end{aligned}$$

则
$$D(X)=n^2p^2+np(1-p)-(np)^2=np(1-p).$$

(2) $X\sim P(\lambda)$,其概率母函数为 $\psi_X(s)=\mathrm{e}^{\lambda(s-1)}$,

则 $$P(X=k)=p_k=\frac{1}{k!}\psi_X^{(k)}(0)=\frac{1}{k!}[\lambda^k\mathrm{e}^{\lambda(s-1)}]|_{s=0}=\frac{\lambda^k}{k!}\mathrm{e}^{-\lambda},\ k=0, 1, 2, \cdots.$$

习 题 4

1. 某经销商需要销售某种原料,根据历史资料表明:这种原料的市场需求量(单位:吨)服从(300, 500)上的均匀分布.且每销售 1 吨该原料,即可获利 1.5 万元;若滞销 1 吨,则要损失 0.5 万元.请问,公司需要进该原料多少吨,可以使平均收益最大化?

2. 某民营企业生产的某种产品每周的需求量 Y(单位:箱)取$[1, 5]$上的每个整数值是等可能的.生产每箱产品的成本是 300 元,出厂价每箱 900 元.若售不出,则每箱以 100 元的保管费借外面仓库保存,问该企业每周生产几箱产品才能使所获利润的期望值最大?

3. 公共汽车起点站于每小时的 10 分,30 分,55 分发车,设乘客不知发车时间,在每小时内的任一时刻随机到达车站,求乘客等候时间的数学期望值(精确到秒).

4. 有两个相互独立工作的电子装置,它们的寿命(以小时计) $X_k(k=1, 2)$ 同服从指数分布,其概率密度为 $f(x)=\frac{1}{\theta}\mathrm{e}^{-x/\theta}$, $x>0$, $\theta>0$,若将这 2 个电子装置串联连接组成整机,求整机寿命 Z 的数学期望.

5. 一民航送客车载有 20 位旅客自机场开出,旅客有 10 个车站可以下车.如到达一个车站没有旅客下车就不停车.以 X 表示停车的次数,求 $E(X)$(设每位旅客在各个车站下车是等可能的,并设各旅客是否下车相互独立).

6. 将 n 个球随机放入 M 个盒子中去,设每个球放入各盒子是等可能的,求有球盒子数 X 的期望.

7. 设在区间[0, 1]上随机地取 n 个点. 求相距最远的两点间距离的数学期望.

8. 设随机变量 X 满足 $E(X)=D(X)=\lambda$，已知 $E[(X-1)(X-2)]=1$，试求 λ.

9. 一只猫困在有3个门的黑暗地下室，第1个门通到一个地道，沿此地道走2天后，结果使它又转回原地，第2个门通到使它走4天后也转回原地的地道，第3个门通到使它走1天后到达地面的地道. 设此猫始终以概率0.5，0.3及0.2分别选择第1、第2及第3个门，求这只猫能走出地下室到达地面的平均天数.

10. 口袋中有编号为 1, 2, …, n 的 n 个球，从中任取1球. 若取到1号球，则得1分，且停止摸球；若取到 i $(i\geqslant 2)$ 号球，则得 i 分，且将此球放回重新摸球. 如此下去，试求得到的平均总分数.

11. 从电梯最底层(入口)向上共有 N 层楼(N 个出口)，假定开始乘电梯的人数服从参数为 λ 的泊松分布，而每个人要求哪一层停下来离开是彼此独立且等可能的. 求所有乘客都走出电梯时，该电梯停止次数的数学期望.

12. 设二维随机变量 (X, Y) 的分布列如题表4.1所示：

题表 4.1

X \ Y	-1	0	1
0	0.1	0.2	0
1	0.05	0.1	0.1
2	0.05	0.15	0.05
3	0.1	0.05	0.05

求 $E(X\mid Y=-1)$ 和 $E(X\mid Y=1)$.

13. 接连掷一枚均匀的骰子，设 X 与 Y 分别表示获得6点和5点所需的投掷次数，求 $E(X\mid Y=1)$.

14. 设每天到达货站的货物件数 X 具有的分布列如题表4.2所示.

题表 4.2

X	10	11	12	13	14	15
$P(X=x_i)$	0.05	0.10	0.10	0.20	0.35	0.20

如果每天到达的货物中次品的概率是相同的，都等于0.10，试求每天运到的货物中次品件数 Y 的数学期望.

15. 设随机变量 X 与 Y 相互独立，都服从参数为 λ_1 与 λ_2 的泊松分布，求 $E(X\mid X+Y=n)$.

16. 设二维随机变量 (X, Y) 的密度函数为 $f(x, y)=\begin{cases}3x, & 0<y<x,\ 0<x<1\\ 0, & \text{其他}\end{cases}$，求 $E\left(X\,\middle|\,Y=\dfrac{1}{2}\right)$.

17. 设二维随机变量 (X, Y) 的密度函数为 $f(x, y)=\dfrac{\mathrm{e}^{-\frac{x}{y}}\mathrm{e}^{-y}}{y}$，$0<x<+\infty$，$0<y<+\infty$，求 $E(X\mid Y=y)(y>0)$.

18. 设随机变量 Z_1, Z_2 独立同分布于 $N(0, 1)$，令 $X=WZ_2$，其中 $W=\begin{cases}1, & \text{若 } Z_1\leqslant\lambda Z_2\\ -1, & \text{若 } Z_1>\lambda Z_2\end{cases}$，$\lambda$ 为任意实数，(1) 证明 $X^2\sim\chi^2(1)$；(2) 求 X 的密度函数.

19. 设随机变量 X 的分布列为：$P(X=k)=\dfrac{\alpha^k}{(1+\alpha)^{k+1}}$，$\alpha>0$，$k=0, 1, 2, \cdots$，求(1) $E(X)$，$E(X^2)$，$D(X)$；(2) $E(X^3)$，$E(X^4)$.

20. 设随机变量 X 的密度函数为 $f(x)=\begin{cases}0, & x\leqslant 0\\ \dfrac{3}{(x+1)^4}, & x>0\end{cases}$，求 $E(X)$，$D(X)$.

21. 设随机变量 X，Y 的联合点在以点(0, 1)，(1, 0)，(1, 1)为顶点的三角形区域上服从均匀分布，试求随机变量 $Z=X+Y$ 的期望与方差.

22. 设随机变量 X 和 Y 相互独立，则

$$D(XY)=D(X)D(Y)+[E(X)]^2D(Y)+[E(Y)]^2D(X).$$

23. 设 X，Y 相互独立，其密度函数分别为：

$$f_X(x)=\begin{cases}e^{-x}, & 0\leqslant x<+\infty,\\ 0, & \text{其他},\end{cases}\quad f_Y(y)=\begin{cases}2y, & 0\leqslant y<1,\\ 0, & \text{其他},\end{cases}$$

求 $X+Y$ 的密度函数、数学期望和方差.

24. 已知 $E(X)=5$，$D(X)=25$，$E(Y)=20$，$D(Y)=64$，$\operatorname{cov}(X, Y)=-10$，试求：(1) $E(X+2Y)$；(2) $D(X+2Y)$.

25. 设 X 和 Y 是相互独立的随机变量，都是服从正态分布 $N(0, \sigma^2)$，又 $\xi=aX+bY$，$\eta=aX-bY$，其中 a，b 不同时为 0，求：(1) ξ 与 η 的相关系数；(2) 当 a，b 满足什么条件时，ξ 与 η 不相关，此时，ξ 与 η 是否独立.

26. 设 (X, Y) 的密度函数为 $f(x, y)=\begin{cases}\dfrac{3xy}{16}, & 0\leqslant x\leqslant 2,\ 0\leqslant y\leqslant x^2,\\ 0, & \text{其他},\end{cases}$ 求：(1) $E(X)$，$E(Y)$；(2) $D(X)$，$D(Y)$；(3) $\operatorname{cov}(X, Y)$ 和 $\rho_{X,Y}$.

27. 设 X_1，X_2，…，X_{m+n} 独立同分布，有有限方差. 求 $Y=\sum\limits_{k=1}^{n}X_k$ 与 $Z=\sum\limits_{k=1}^{n}X_{m+k}$ 的相关系数.

28. 设二维随机变量 (X, Y) 服从区域 $D=\{(x, y)\mid 0<x<1,\ 0<x<y<1\}$ 上的均匀分布，求 X 与 Y 的协方差及相关系数.

29. 设随机变量 X，Y 相互独立，且都服从正态分布 $N(0, 0.5)$，求 $D(|X-Y|)$.

30. 设二维随机变量 (X, Y) 的密度函数为 $f(x, y)=\begin{cases}\dfrac{1}{8}(x+y), & 0\leqslant x\leqslant 2,\ 0\leqslant y\leqslant 2,\\ 0, & \text{其他},\end{cases}$ 试求 $E(X)$，$E(Y)$，$D(X)$，$D(Y)$，$\operatorname{cov}(X, Y)$，ρ_{XY} 及协方差矩阵.

31. 设随机变量 X 与 Y 均服从两点分布，试证明 X 与 Y 不相关时必有 X 与 Y 相互独立.

32. 设 X 服从几何分布，且 $P(X=k)=pq^k$，$0<p<1$，$q=1-p$，$k=0, 1, 2, \cdots$，求 X 的特征函数，并求 $E(X)$ 和 $D(X)$.

33. 已知连续型随机变量 X 的特征函数为 $\phi(t)=e^{-|t|}$，求 X 的密度函数.

34. 设 X 和 Y 是两个相互独立的随机变量，服从同一个几何分布，若 $Z=X+Y$，试利用矩母函数 $M_Z(t)$ 推导 $E(Z)$ 和 $D(Z)$.

35. 若 X_1，X_2，…，X_n 是一组相互独立的随机变量，均服从 [0, 1] 上的均匀分布，设 $Y=X_1+X_2+\cdots+X_n$，试利用矩母函数 $M_Z(t)$ 推导 $E(Z)$ 和 $D(Z)$.

36. 设 X 和 Y 是两个相互独立的随机变量，分别服从正态分布 $N(\mu_X, \sigma_X^2)$ 和 $N(\mu_Y, \sigma_Y^2)$，设 $Z=X-Y$，利用特征函数的性质证明 Z 也服从正态分布且 $Z\sim N(\mu_X-\mu_Y, \sigma_X^2+\sigma_Y^2)$.

第5章　大数定律与中心极限定理

极限理论是概率论的基本理论，在概率论中起着非常重要的作用. 而大数定律与中心极限定理是极限理论中最重要的两个理论，同时也是数理统计的理论基础之一.

大数定律是在试验条件不变的情形下，重复试验多次，随机事件结果的平均值近似于某个确定的值. 例如，抛一枚质地均匀的硬币，落地后哪一个面朝上是偶然的，但当重复次数足够多后，就会发现硬币每一面朝上的次数都是总次数的一半. 中心极限定理就是讨论大量随机变量之和近似服从于正态分布. 例如，误差的产生是由许许多多微小的随机因素叠加而成的，但每个随机因素的影响又是非常小的，而且是时大时小，时正时负，人们无法控制，这些因素综合起来最后产生误差. 中心极限定理就是考虑这些微小因素之和的近似分布.

对不同的随机变量序列，大数定律和中心极限定理有不同的形式，本章仅考虑独立同分布的随机变量序列下的大数定律和中心极限定理.

5.1　随机变量序列的四种收敛性

设 $X_1, X_2, \cdots, X_n, \cdots$ 是一列随机变量序列或简记为 $\{X_n, n=1, 2, \cdots\}$，研究其收敛性无论从理论上还是在应用上都有十分重要的意义. 所谓收敛性，从直观上讲，就是指 n 很大时，X_n 近似地是什么样的随机变量. 本节主要讨论随机变量序列如下 4 种收敛性，即"以概率 1 收敛（或称几乎处处收敛）""r-阶矩收敛（$r>0$）""依概率收敛"和"依分布收敛". 这 4 种收敛有如下关系：

$$\left.\begin{array}{l}\text{以概率 1 收敛} \Rightarrow \\ r\text{-阶矩收敛} \Rightarrow\end{array}\right\} \text{依概率收敛} \Rightarrow \text{依分布收敛}.$$

其中"$A \Rightarrow B$"表示由命题 A 可以导出命题 B，上述逆命题一般不成立. 此外在"r-阶矩收敛"和"以概率 1 收敛"之间不存在导出的关系.

5.1.1　以概率1收敛

定义 5.1(以概率 1 收敛)　设 $\{X_n, n=1, 2, \cdots\}$ 为随机变量序列，若存在一随机变量 X（也可以是一常数），使 $P(\omega: \lim\limits_{n\to+\infty} X_n(\omega)=X(\omega))=1$，简记为 $P(\lim\limits_{n\to+\infty} X_n=X)=1$，则称随机变量序列 $\{X_n, n=1, 2, \cdots\}$ 以概率 1 收敛（或称几乎处处收敛）于 X. 记作：$\lim\limits_{n\to+\infty} X_n=X(\text{a.s.})$ 或 $X_n \xrightarrow{\text{a.s.}} X$.

记事件 $A=(\omega: \lim\limits_{n\to+\infty} X_n(\omega)=X(\omega))=\bigcap\limits_{m=1}^{+\infty}\bigcup\limits_{N=1}^{+\infty}\bigcap\limits_{n=N}^{+\infty}\left(\omega: |X_n(\omega)-X(\omega)|<\dfrac{1}{m}\right)$，或

简记为 $A=(\lim\limits_{n\to+\infty}X_n=X)=\bigcap\limits_{m=1}^{+\infty}\bigcup\limits_{N=1}^{+\infty}\bigcap\limits_{n=N}^{+\infty}\left(|X_n-X|<\dfrac{1}{m}\right)$，在此不加证明给出定理 5.1～定理 5.4.

定理 5.1 随机变量序列 $\{X_n,\ n=1,\ 2,\ \cdots\}$ 以概率 1 收敛于某一随机变量 X 当且仅当

$$P\left\{\bigcap_{m=1}^{+\infty}\bigcup_{N=1}^{+\infty}\bigcap_{n=N}^{+\infty}\left(\omega:|X_n(\omega)-X(\omega)|<\frac{1}{m}\right)\right\}=1.$$

定理 5.2 随机变量序列 $\{X_n,\ n=1,\ 2,\ \cdots\}$ 以概率 1 收敛于某一随机变量 X 当且仅当对于任意 $\varepsilon>0$ 有

$$P\{\bigcup_{N=1}^{+\infty}\bigcap_{n=N}^{+\infty}(|X_n-X|<\varepsilon)\}=1.$$

定理 5.3 随机变量序列 $\{X_n,\ n=1,\ 2,\ \cdots\}$ 以概率 1 收敛于某一随机变量 X 当且仅当对于任意 $\varepsilon>0$ 有

$$\lim_{N\to+\infty}P\{\bigcup_{n=N}^{+\infty}(|X_n-X|\geqslant\varepsilon)\}=0.$$

定理 5.4 设 $\{X_n,\ n=1,\ 2,\ \cdots\}$ 为随机变量序列，X 为随机变量，对于任意 $\varepsilon>0$ 有

$$\sum_{n=1}^{+\infty}P(|X_n-X|\geqslant\varepsilon)<+\infty,$$

则随机变量序列 $\{X_n,\ n=1,\ 2,\ \cdots\}$ 以概率 1 收敛于随机变量 X.

定理 5.5 设 $\{X_n,\ n=1,\ 2,\ \cdots\}$ 为独立随机变量序列，则 $X_n\xrightarrow{\text{a.s.}}0$ 的充分必要条件为：对任意的 $\varepsilon>0$ 有 $\sum\limits_{n=1}^{+\infty}P(|X_n|\geqslant\varepsilon)<+\infty$.

证明 由定理 5.4 即知其充分性成立.

下面证必要性，即若 $X_n\xrightarrow{\text{a.s.}}0$，则由定理 5.2 知：对任意的 $\varepsilon>0$ 有

$$P\{\bigcup_{N=1}^{+\infty}\bigcap_{n=N}^{+\infty}(|X_n|<\varepsilon)\}=1,$$

反设若 $\sum\limits_{n=1}^{+\infty}P(|X_n|\geqslant\varepsilon)<+\infty$ 不成立，即 $\sum\limits_{n=1}^{+\infty}P(|X_n|\geqslant\varepsilon)$ 发散，$\sum\limits_{n=N}^{+\infty}P(|X_n|\geqslant\varepsilon)$ 也发散.

由于 $\{X_n,\ n=1,\ 2,\ \cdots\}$ 为独立随机变量序列，利用不等式：$1-x\leqslant e^{-x},\ x\geqslant0$，则

$$\begin{aligned}0\leqslant P\{\bigcap_{n=N}^{+\infty}(|X_n|<\varepsilon)\}&=\prod_{n=N}^{+\infty}P(|X_n|<\varepsilon)\\&=\prod_{n=N}^{+\infty}[1-P(|X_n|\geqslant\varepsilon)]\leqslant\prod_{n=N}^{+\infty}\exp[-P(|X_n|\geqslant\varepsilon)]\\&=\exp\left[-\sum_{n=N}^{+\infty}P(|X_n|\geqslant\varepsilon)\right]=0.\end{aligned}$$

即对任意 $N=1, 2, \cdots$，均有 $P\{\bigcap_{n=N}^{+\infty}(|X_n|<\varepsilon)\}=0$，进而得 $P\{\bigcup_{N=1}^{+\infty}\bigcap_{n=N}^{+\infty}(|X_n|<\varepsilon)\}=0$ 这与 $P\{\bigcup_{N=1}^{+\infty}\bigcap_{n=N}^{+\infty}(|X_n|<\varepsilon)\}=1$ 矛盾，于是反设不成立，也即有 $\sum_{n=1}^{+\infty}P(|X_n|\geqslant\varepsilon)<+\infty$.

例 5.1　设 $\{X_n, n=1, 2, \cdots\}$ 为随机变量序列，如果存在 $r>0$，使得 $\sum_{n=1}^{+\infty}E(|X_n|^r)<+\infty$，求证：$P(\lim_{n\to\infty}X_n=0)=1$.

证明　因为存在 $r>0$，使得 $\sum_{n=1}^{+\infty}E(|X_n|^r)<+\infty$，而对于任意 $\varepsilon>0$，有

$$P(|X_n|\geqslant\varepsilon)\leqslant\frac{E(|X_n|^r)}{\varepsilon^r},\ n=1, 2, \cdots,$$

则 $\sum_{n=1}^{+\infty}P(|X_n|\geqslant\varepsilon)\leqslant\frac{1}{\varepsilon^r}\sum_{n=1}^{+\infty}E(|X_n|^r)<+\infty$，故由定理 5.4 可知

$$P(\lim_{n\to+\infty}X_n=0)=1.$$

5.1.2　r-阶矩收敛

定义 5.2(r-阶矩收敛)　设对随机变量序列 $\{X_n, n=1, 2, \cdots\}$ 和随机变量 X 有 $E(|X_n|^r)<+\infty$，$E(|X|^r)<+\infty$，其中 $r>0$ 为常数. 如果 $\lim_{n\to+\infty}E(|X_n-X|^r)=0$，则称随机变量序列 $\{X_n, n=1, 2, \cdots\}$ r-阶矩收敛于随机变量 X，记作 $X_n\xrightarrow{r}X$.

在 r-阶矩收敛中最重要的是 $r=2$ 的情形，此时称为均方收敛.

定理 5.6　如果 $0<s<r$，且 $X_n\xrightarrow{r}X$，则 $X_n\xrightarrow{s}X$.

证明　由于 $X_n\xrightarrow{r}X$，则 $\lim_{n\to+\infty}E(|X_n-X|^r)=0$，

对 $0<s<r$，由李雅普诺夫不等式可知：$E(|X_n-X|^s)\leqslant[E(|X_n-X|^r)]^{\frac{s}{r}}$，

则　$\lim_{n\to+\infty}E(|X_n-X|^s)\leqslant\lim_{n\to+\infty}[E(|X_n-X|^r)]^{\frac{s}{r}}=0$，即有 $X_n\xrightarrow{s}X$.

随机变量序列 $\{X_n, n=1, 2, \cdots\}$ 以概率 1 收敛是概率论中较强的一种收敛性. 但以概率 1 收敛与 r-阶矩收敛之间却没有明显的依存关系. 也就是说：

(1) $\{X_n, n=1, 2, \cdots\}$ 依概率 1 收敛于 X，但它不一定 r-阶矩收敛；

(2) $\{X_n, n=1, 2, \cdots\}$ r-阶矩收敛于 X，但它不一定依概率 1 收敛.

例 5.2　(1) 设 $\{X_n, n=1, 2, \cdots\}$ 为独立的随机变量序列，X_n 的分布列定义为：对于 $n=1, 2, \cdots$，$P(X_n=0)=1-\frac{1}{n^2}$，$P(X_n=n)=\frac{1}{n^2}$，则 $X_n\xrightarrow{1}0$，$X_n\xrightarrow{\text{a.s.}}0$，但 $X_n\xrightarrow{2}0$ 不成立；

(2) 设 $\{X_n, n=1, 2, \cdots\}$ 为独立的随机变量序列，X_n 的分布列定义为：对于 $n=1, 2, \cdots$，$P(X_n=0)=1-\frac{1}{n}$，$P(X_n=1)=\frac{1}{n}$，则 $X_n\xrightarrow{2}0$，但 $X_n\xrightarrow{\text{a.s.}}0$ 不成立；

(3) 设 $\{X_n, n=1, 2, \cdots\}$ 为随机变量序列，X_n 的分布列定义为：对于 $n=1, 2, \cdots$，$P\left(X_n=\frac{1}{n}\right)=\frac{1}{2}$，$P\left(X_n=-\frac{1}{n}\right)=\frac{1}{2}$，则对任意的 $r>0$，$X_n \xrightarrow{r} 0$，且 $X_n \xrightarrow{a.s.} 0$.

证明　(1) $\lim\limits_{n\to+\infty} E(|X_n|)=\lim\limits_{n\to+\infty}\frac{1}{n}=0$，即有 $X_n \xrightarrow{1} 0$，但 $\lim\limits_{n\to+\infty} E(|X_n|^2)=1\neq 0$，即 $X_n \xrightarrow{2} 0$ 是不成立的. 对任意 $\varepsilon>0$，$\sum\limits_{n=1}^{+\infty} P(|X_n|\geqslant\varepsilon)=\sum\limits_{n=1}^{+\infty}\frac{1}{n^2}<+\infty$，由定理 5.5 得：$X_n \xrightarrow{a.s.} 0$.

(2) $E(X_n)=\frac{1}{n}$，$D(X_n)=\frac{1}{n}\left(1-\frac{1}{n}\right)$，$E(|X_n|^2)=\frac{1}{n}$，则 $\lim\limits_{n\to+\infty} E(|X_n|^2)=\lim\limits_{n\to+\infty}\frac{1}{n}=0$，即有 $X_n \xrightarrow{2} 0$. 但对任意 $\varepsilon>0$，$\sum\limits_{n=1}^{+\infty} P(|X_n|\geqslant\varepsilon)=\sum\limits_{n=1}^{+\infty}\frac{1}{n}$ 发散，则 $X_n \xrightarrow{a.s.} 0$ 不成立.

(3) 对任意的 $r>0$，$E(|X_n|^r)=\left|-\frac{1}{n}\right|^r\frac{1}{2}+\left|\frac{1}{n}\right|^r\frac{1}{2}=\frac{1}{n^r}$，$\lim\limits_{n\to+\infty} E(|X_n|^r)=0$，即 $X_n \xrightarrow{r} 0$.

对 $j<k$ 时，$|X_j|>|X_k|$. 于是，对任意 $\varepsilon>0$ 有 $(|X_k|\geqslant\varepsilon)\subset(|X_j|\geqslant\varepsilon)$. 进而 $\bigcup\limits_{n=N}^{+\infty}(|X_n|\geqslant\varepsilon)=(|X_N|\geqslant\varepsilon)$.

如果取 $N>\frac{1}{\varepsilon}$，则 $P\{\bigcup\limits_{n=N}^{+\infty}(|X_n|\geqslant\varepsilon)\}=P(|X_N|\geqslant\varepsilon)=0$. 由定理 5.3 知：$X_n \xrightarrow{a.s.} 0$.

从例 5.2(1)可以看出定理 5.6 的逆命题不成立.

5.1.3　按概率收敛

定义 5.3(按概率收敛)　设 $\{X_n, n=1, 2, \cdots\}$ 为随机变量序列，X 为一随机变量，如果对任意正数 ε 有：$\lim\limits_{n\to+\infty} P(|X_n-X|\geqslant\varepsilon)=0$ 或等价为 $\lim\limits_{n\to+\infty} P(|X_n-X|<\varepsilon)=1$，则称随机变量序列 $\{X_n, n=1, 2, \cdots\}$ 按概率收敛于 X，记作 $X_n \xrightarrow{P} X$.

定理 5.7　若 $X_n \xrightarrow{a.s.} X$，则必有 $X_n \xrightarrow{P} X$.

证明　对任意 n 及任意 $\varepsilon>0$，由于 $(|X_n-X|\geqslant\varepsilon)\subset\bigcup\limits_{k=n}^{+\infty}(|X_k-X|\geqslant\varepsilon)$，

则
$$0\leqslant P(|X_n-X|\geqslant\varepsilon)\leqslant P\{\bigcup_{k=n}^{+\infty}(|X_k-X|\geqslant\varepsilon)\}.$$

若 $X_n \xrightarrow{a.s.} X$，由定理 5.3 可知：$\lim\limits_{n\to+\infty} P\{\bigcup\limits_{k=n}^{+\infty}(|X_k-X|\geqslant\varepsilon)\}=0$，

则 $\lim\limits_{n\to+\infty} P(|X_n-X|\geqslant\varepsilon)=0$，也即有：$X_n \xrightarrow{P} X$.

注意　定理 5.7 的逆命题不真，也就是说“按概率收敛”导不出“以概率 1 收敛”.

例 5.3　设 $\{X_n, n=1, 2, \cdots\}$ 为独立随机变量序列，X_n 的分布列定义为：对于 $n=1$，

2, …, $P\left(X_n=\frac{1}{n}\right)=1-\frac{1}{n}$, $P(X_n=n+1)=\frac{1}{n}$, 则有

(1) $\{X_n, n=1, 2, \cdots\}$ 按概率收敛于 0, 即 $X_n \xrightarrow{P} 0$;

(2) $\{X_n, n=1, 2, \cdots\}$ 不以概率 1 收敛于 0.

证明　(1) 对任意 $\varepsilon>0$, 有 $\lim\limits_{n\to+\infty} P(|X_n|\geqslant\varepsilon)=\lim\limits_{n\to+\infty} P(X_n=n+1)=\lim\limits_{n\to+\infty}\frac{1}{n}=0$, 于是有 $\{X_n, n=1, 2, \cdots\}$ 按概率收敛于 0.

(2) 取 $\varepsilon=1$, 对 $n=1, 2, \cdots$ 有

$$P(|X_n|\geqslant\varepsilon)=P(X_n\geqslant\varepsilon)=P(X_n=n+1)=\frac{1}{n},$$

$$P(|X_n|<\varepsilon)=P\left(X_n=\frac{1}{n}\right)=1-\frac{1}{n}.$$

由于 $\{X_n, n=1, 2, \cdots\}$ 为独立随机变量序列, 并利用不等式: $1-x\leqslant e^{-x}$, $x\geqslant 0$,

$$\begin{aligned}0\leqslant P\{\bigcap_{n=N}^{+\infty}(|X_n|<\varepsilon)\}&=\prod_{n=N}^{+\infty}P(|X_n|<\varepsilon)=\prod_{n=N}^{+\infty}[1-P(|X_n|\geqslant\varepsilon)]\\&\leqslant\prod_{n=N}^{+\infty}\exp\{-P(|X_n|\geqslant\varepsilon)\}\\&=\exp\left[-\sum_{n=N}^{+\infty}P(|X_n|\geqslant\varepsilon)\right]=\exp\left(-\sum_{n=N}^{+\infty}\frac{1}{n}\right)=0,\end{aligned}$$

即对任意 $N=1, 2, \cdots$, 均有: $P\{\bigcap_{n=N}^{+\infty}(|X_n|<\varepsilon)\}=0$, 进而得:

$$P\{\bigcup_{N=1}^{+\infty}\bigcap_{n=N}^{+\infty}(|X_n|<\varepsilon)\}=0.$$

由定理 5.2 可知: $\{X_n, n=1, 2, \cdots\}$ 不以概率 1 收敛于 0.

定理 5.8　若 $X_n \xrightarrow{r} X$, 则必有 $X_n \xrightarrow{P} X$.

证明　对任意 $\varepsilon>0$ 及 $r>0$, 由马尔可夫不等式知:

$$P(|X_n-X|\geqslant\varepsilon)\leqslant\frac{E(|X_n-X|^r)}{\varepsilon^r}.$$

若 $X_n \xrightarrow{r} X$, 则 $\lim\limits_{n\to+\infty}E(|X_n-X|^r)=0$, 进而有 $\lim\limits_{n\to+\infty}P(|X_n-X|\geqslant\varepsilon)=0$, 也即有: $X_n \xrightarrow{P} X$.

注意　定理 5.8 的逆命题不真, 也就是说"按概率收敛"导不出"r-阶矩收敛".

例 5.4　设随机变量 X 在区间 $[0, 1]$ 上服从均匀分布, $r>0$ 为给定的实数, 对每个 $n\geqslant 1$, 记事件 $A_n=\left(0\leqslant X\leqslant\frac{1}{n^r}\right)$, $\overline{A_n}=\left(\frac{1}{n^r}<X\leqslant 1\right)$, 令 $X_n=\begin{cases}n, & \text{当 } A_n \text{ 发生},\\ 0, & \text{当 } \overline{A_n} \text{ 发生},\end{cases}$ 则有 $X_n \xrightarrow{P} 0$, 但 $X_n \xrightarrow{r} 0$ 不成立, 而 $\{\ln(1+X_n), n=1, 2, \cdots\}$ r-阶矩收敛于 0.

证明　对任意 $\varepsilon>0$，有：

$$P(|X_n|\geqslant\varepsilon)=P(X_n\geqslant\varepsilon)=P(X_n=n)=P(A_n)=P\left(0\leqslant X\leqslant\frac{1}{n^r}\right)=\frac{1}{n^r},$$

则 $\lim\limits_{n\to+\infty}P(|X_n|\geqslant\varepsilon)=0$，即 $X_n\xrightarrow{P}0$.

又 $E(|X_n|^r)=E[(X_n)^r]=n^rP(X_n=n)=n^r\dfrac{1}{n^r}=1$，则 $X_n\xrightarrow{r}0$ 不成立.

而
$$E[|\ln(1+X_n)|^r]=E\{[\ln(1+X_n)]^r\}=[\ln(1+n)]^rP(X_n=n)$$
$$=\left[\frac{\ln(1+n)}{n}\right]^r,$$

则 $\lim\limits_{n\to+\infty}E[|\ln(1+X_n)|^r]=0$，即有 $\ln(1+X_n)\xrightarrow{r}0$.

定理 5.9　若 $\{X_n,\ n=1,\ 2,\ \cdots\}$ 是单调下降的正随机变量序列，且 $X_n\xrightarrow{P}0$，则 $X_n\xrightarrow{\text{a.s.}}0$.

证明　由正序列的单调下降性可得，当 $n\to+\infty$ 时，X_n 的极限存在.

对任意 $\varepsilon>0$ 及一切的 k，　$(\lim\limits_{n\to+\infty}X_n<\varepsilon)\supset(X_k<\varepsilon)$，

从而
$$P(\lim_{n\to+\infty}X_n<\varepsilon)\geqslant\lim_{k\to+\infty}P(X_k<\varepsilon).$$

又由于 $X_n\xrightarrow{P}0$，得：
$$\lim_{k\to+\infty}P(X_k<\varepsilon)=1.$$

因此必有 $1\geqslant P(\lim\limits_{n\to+\infty}X_n<\varepsilon)\geqslant\lim\limits_{k\to+\infty}P(X_k<\varepsilon)=1$，从而得：

$$P(\lim_{n\to+\infty}X_n<\varepsilon)=1.$$

再由 $X_n>0$ 及 ε 的任意性得：$P(\lim\limits_{n\to\infty}X_n=0)=1$，也即 $X_n\xrightarrow{\text{a.s.}}0$.

定理 5.9 给出了按概率收敛推出以概率 1 收敛的一种特殊条件. 下面不加证明给出定理 5.10，其给出了按概率收敛与以概率 1 收敛、按概率收敛与 r-阶矩收敛、以概率 1 收敛与 r-阶矩收敛之间的一种关系.

定理 5.10　(1) 若 $X_n\xrightarrow{P}X$，则存在一个子序列 $\{X_{n_k},\ k=1,\ 2,\ \cdots\}$，有 $X_{n_k}\xrightarrow{\text{a.s.}}X$；

(2) 若 $Y_n\xrightarrow{P}Y$，且 $|Y_n|\leqslant|X|$，$E|X|^r<+\infty$，则 $Y_n\xrightarrow{r}Y$；

(3) 若 $Y_n\xrightarrow{\text{a.s.}}Y$，且 $|Y_n|\leqslant|X|$，$E|X|^r<+\infty$，则 $Y_n\xrightarrow{r}Y$.

关于按概率收敛有如下一些主要性质，见定理 5.11：

定理 5.11　(1) 若 $X_n\xrightarrow{P}X$，则 $X_n-X\xrightarrow{P}0$；(2) 若 $X_n\xrightarrow{P}X$，$X_n\xrightarrow{P}Y$，则 $P(X=Y)=1$；(3) 若 $X_n\xrightarrow{P}X$，则 $X_n-X_m\xrightarrow{P}0(n,\ m\to+\infty)$；(4) 若 $X_n\xrightarrow{P}X$，$Y_n\xrightarrow{P}Y$，则 $X_n\pm Y_n\xrightarrow{P}X\pm Y$；(5) 若 $X_n\xrightarrow{P}X$，k 是常数，则 $kX_n\xrightarrow{P}kX$；(6) 若 $X_n\xrightarrow{P}X$，则 $X_n^2\xrightarrow{P}X^2$；(7) 若 $X_n\xrightarrow{P}a$，$Y_n\xrightarrow{P}b$，a，b 是常数，则 $X_nY_n\xrightarrow{P}ab$；

(8) 若 $X_n \xrightarrow{P} 1$，则 $X_n^{-1} \xrightarrow{P} 1$；(9) 若 $X_n \xrightarrow{P} a$，$Y_n \xrightarrow{P} b$，a，b 是常数；$b \neq 0$，则 $X_n Y_n^{-1} \xrightarrow{P} ab^{-1}$；(10) 若 $X_n \xrightarrow{P} X$，Y 是随机变量，则 $X_n Y \xrightarrow{P} XY$；(11) 若 $X_n \xrightarrow{P} X$，$Y_n \xrightarrow{P} Y$，则 $X_n Y_n \xrightarrow{P} XY$.

5.1.4　分布函数弱收敛与依分布收敛

定义 5.4(分布函数弱收敛)　设 $\{F_n(x),\ n=1,\ 2,\ \cdots\}$ 是一分布函数序列，如果存在一个非降函数 $F(x)$，使在 $F(x)$ 的每一连续点上 x 都有：$\lim\limits_{n\to+\infty} F_n(x)=F(x)$，则称分布函数序列 $\{F_n(x),\ n=1,\ 2,\ \cdots\}$ 弱收敛于 $F(x)$，记作 $F_n(x) \xrightarrow{W} F(x)$.

注意　(1) 上述定义中的极限函数 $F(x)$ 是单调函数，它的不连续点是第一类的，并且其不连续点全体至多为一可列集；

(2) 可以适当修改 $F(x)$ 在不连续点上的值，使其成为右连续，其并不影响弱收敛性，而且右连续的极限函数是唯一的；

(3) $F(x)$ 并不一定是分布函数.

例 5.5　取 $F_n(x)=\begin{cases}0, & x<n,\\ 1, & x\geqslant n,\end{cases}$ $F(x)\equiv 0$，显然，对任一固定的 x，当 n 充分大后，总有 $x<n$，则 $F_n(x)=0$，即 $\lim\limits_{n\to+\infty} F_n(x)=0=F(x)$，于是有 $F_n(x) \xrightarrow{W} F(x)$，但 $F(x)\equiv 0$ 不是分布函数.

在概率论与数理统计中，常会遇到分布函数序列弱收敛于分布函数的情形，这时便有定理 5.12，由该定理可知后面所学的中心极限定理中涉及的都是一致收敛.

定理 5.12　设分布函数序列 $\{F_n(x),\ n=1,\ 2,\ \cdots\}$ 弱收敛于连续的分布函数 $F(x)$，则这收敛对 $x\in(-\infty,\ +\infty)$ 是一致的.

为得到一个分布函数序列弱收敛到一个分布函数的充分必要条件，由于分布函数与特征函数是一一对应的，因此自然希望通过特征函数来表达这一条件，这便是著名的勒维-克拉美定理，在此分如下两个定理来叙述.

定理 5.13　设分布函数 $F_n(x)$ 的特征函数为 $\phi_n(t)$，$n=1,\ 2,\ \cdots$，分布函数 $F(x)$ 的特征函数为 $\phi(t)$，如果 $F_n(x) \xrightarrow{W} F(x)$，则对任何实数 t 有：$\lim\limits_{n\to+\infty}\phi_n(t)=\phi(t)$，且其收敛在 t 的任一有限区间内是一致的.

定理 5.14　设分布函数 $F_n(x)$ 的特征函数为 $\phi_n(t)$，$n=1,\ 2,\ \cdots$，$\phi(t)$ 为某一函数，且在 $t=0$ 点连续，如果 $\{\phi_n(t),\ n=1,\ 2,\ \cdots\}$ 收敛于 $\phi(t)$，则(1) $\phi(t)$ 为特征函数，如设其对应的分布函数为 $F(x)$；(2) $F_n(x) \xrightarrow{W} F(x)$.

将上述两个定理合在一起，便得分布函数序列弱收敛到一个分布函数的充要条件，即：若分布函数 $F_n(x)$ 的特征函数为 $\phi_n(t)$，$n=1,\ 2,\ \cdots$，分布函数 $F(x)$ 的特征函数为 $\phi(t)$，则 $F_n(x) \xrightarrow{W} F(x)$ 当且仅当 $\lim\limits_{n\to+\infty}\phi_n(t)=\phi(t)$，$t\in(-\infty,\ +\infty)$. 这一结论在概率论与数理统计中很重要，它的价值在于：为论证分布函数序列弱收敛于某一分布函数，只需证明相应的特征函数序列收敛于某一特征函数就可以了，而后者只涉及普通的函数序列的收敛问题，通常可用微积分工具来处理.

例 5.6 设 Y_n 服从参数为 $n\lambda$ 的泊松分布，$n=1, 2, \cdots, \lambda>0$，记 $X_n=\dfrac{Y_n-n\lambda}{\sqrt{n\lambda}}$，则 X_n 的分布函数弱收敛于标准正态分布 $N(0, 1)$ 的分布函数.

证明 记 X_n 的分布函数为 $F_n(x)$，特征函数为 $\phi_{X_n}(t)$，而 $N(0, 1)$ 的分布函数记为 $\Phi(x)$，特征函数为 $\phi(t)=\mathrm{e}^{-\frac{t^2}{2}}$，由于 Y_n 的特征函数为 $\phi_{Y_n}(t)=\exp\{n\lambda[\exp(\mathrm{i}t)-1]\}$，则

$$\begin{aligned}\phi_{X_n}(t)&=\exp(-\mathrm{i}\sqrt{n\lambda}\,t)\phi_{Y_n}\left(\frac{t}{\sqrt{n\lambda}}\right)=\exp(-\mathrm{i}\sqrt{n\lambda}\,t)\exp\left\{n\lambda\left[\exp\left(\frac{\mathrm{i}t}{\sqrt{n\lambda}}\right)-1\right]\right\}\\&=\exp(-\mathrm{i}\sqrt{n\lambda}\,t)\exp\left\{n\lambda\left[\frac{\mathrm{i}t}{\sqrt{n\lambda}}-\frac{t^2}{2n\lambda}+o\left(\frac{t^2}{n\lambda}\right)\right]\right\}\\&=\exp\left\{-\frac{t^2}{2}+o(1)\right\}\xrightarrow[n\to+\infty]{}\mathrm{e}^{-\frac{t^2}{2}}=\phi(t).\end{aligned}$$

于是得：X_n 的分布函数弱收敛于标准正态分布 $N(0, 1)$ 的分布函数.

定义 5.5(依分布收敛) 设随机变量序列 $\{X_n, n=1, 2, \cdots\}$ 和随机变量 X 的分布函数分别为 $\{F_n(x), n=1, 2, \cdots\}$ 和 $F(x)$，如果 $\{F_n(x), n=1, 2, \cdots\}$ 弱收敛于 $F(x)$，则称 $\{X_n, n=1, 2, \cdots\}$ 依分布收敛于 X，记作 $X_n\xrightarrow{L}X$.

由定义 5.5 可知，为了论证随机变量序列的依分布收敛，只要研究其相应的分布函数序列的弱收敛便可.

例 5.7 设 X，$\{X_n, n=1, 2, \cdots\}$ 都是服从退化分布的随机变量，且

$$P(X=0)=1,\ P\left(X_n=-\frac{1}{n}\right)=1,\ n=1, 2, \cdots,$$

则 $X_n\xrightarrow{P}X$，且连续点上有 $\lim\limits_{n\to\infty}F_n(x)=F(x)$，不连续点上不成立.

证明 对任给的 $\varepsilon>0$，当 $n>\dfrac{1}{\varepsilon}$ 时，有 $P(|X_n-X|\geqslant\varepsilon)=P(|X_n|\geqslant\varepsilon)=0$，即 $X_n\xrightarrow{P}X$，又 X，X_n 的分布函数分别为 $F(x)$，$F_n(x)$，则

$$F(x)=\begin{cases}0, & x<0\\1, & x\geqslant 0\end{cases},\ F_n(x)=\begin{cases}0, & x<-\dfrac{1}{n},\\1, & x\geqslant-\dfrac{1}{n}.\end{cases}$$

显然，当 $x\neq 0$ 时，有 $\lim\limits_{n\to+\infty}F_n(x)=F(x)$；而当 $x=0^-$ 时，$\lim\limits_{n\to+\infty}F_n(0^-)=\lim\limits_{n\to+\infty}1\neq 0=F(0^-)$.

定理 5.15 若 $X_n\xrightarrow{P}X$，则必有 $X_n\xrightarrow{L}X$.

证明 设 x_0 是 X 的分布函数 $F(x)$ 的连续点，记 $F_n(x)=P(X_n\leqslant x)$，$n=1, 2, \cdots$，对任意 $\varepsilon>0$，有：

$$(X_n \leqslant x_0) = (X_n - X + X \leqslant x_0) \subset (X_n - X \leqslant -\varepsilon) \cup (X \leqslant x_0 + \varepsilon),$$

$$\begin{aligned} P(X_n \leqslant x_0) &\leqslant P(X_n - X \leqslant -\varepsilon) + P(X \leqslant x_0 + \varepsilon) \\ &\leqslant P(|X_n - X| \geqslant \varepsilon) + P(X \leqslant x_0 + \varepsilon), \end{aligned}$$

则
$$F_n(x_0) - F(x_0) \leqslant P(|X_n - X| \geqslant \varepsilon) + F(x_0 + \varepsilon) - F(x_0).$$

类似地，
$$(X_n \leqslant x_0) \supset (X_n - X \leqslant \varepsilon,\ X \leqslant x_0 - \varepsilon),$$

利用不等式：$P(AB) \geqslant P(B) - P(\bar{A})$，则有

$$P(X_n \leqslant x_0) \geqslant P(X_n - X \leqslant \varepsilon,\ X \leqslant x_0 - \varepsilon) \geqslant P(X \leqslant x_0 - \varepsilon) - P(X_n - X > \varepsilon),$$

进而
$$F_n(x_0) \geqslant F(x_0 - \varepsilon) - P(|X_n - X| \geqslant \varepsilon),$$

$$F_n(x_0) - F(x_0) \geqslant F(x_0 - \varepsilon) - F(x_0) - P(|X_n - X| \geqslant \varepsilon),$$

由此得
$$|F_n(x_0) - F(x_0)| \leqslant F(x_0 + \varepsilon) - F(x_0 - \varepsilon) + P(|X_n - X| \geqslant \varepsilon).$$

由于 x_0 是 $F(x)$ 的连续点，因此对任意 $\delta > 0$，有 $\varepsilon > 0$ 满足：

$$F(x_0 + \varepsilon) - F(x_0 - \varepsilon) < \frac{\delta}{2}.$$

再取 n_0，当 $n \geqslant n_0$ 时，
$$P(|X_n - X| \geqslant \varepsilon) < \frac{\delta}{2},$$

于是对一切 $n \geqslant n_0$，有
$$|F_n(x_0) - F(x_0)| \leqslant \delta,$$

这就证明了 $F_n(x_0) \xrightarrow[n \to +\infty]{} F(x_0)$，即 $X_n \xrightarrow{L} X$.

注意　定理 5.15 的逆命题不真，也就是说“依分布收敛”导不出“依概率收敛”.

例 5.8　(1) 设随机变量 X 服从 $[-1, 1]$ 上均匀分布，对一切 n，令 $X_n \equiv -X$，则 $X_n \xrightarrow{L} X$，但 $X_n \xrightarrow{P} X$ 不成立；

(2) 设随机变量 $X \sim N(0, 1)$，令 $X_{2n-1} = X$，$X_{2n} = -X$，$n = 1, 2, \cdots$，则 $X_n \xrightarrow{L} X$，但 $X_n \xrightarrow{P} X$ 不成立；

(3) 设 X，X_1，X_2，$\cdots$ 为独立同分布的随机变量，其分布列为 $\begin{pmatrix} 0 & 1 \\ 0.5 & 0.5 \end{pmatrix}$，则 $X_n \xrightarrow{L} X$，但 $X_n \xrightarrow{P} X$ 不成立.

证明　(1) 易见 X_n 与 X 同分布，即对一切 n 有 $F_n(x) \equiv F(x)$，故有 $F_n(x) \xrightarrow{W} F(x)$，即 $X_n \xrightarrow{L} X$，但对 $0 < \varepsilon < 1$，

$$P(|X_n - X| \geqslant \varepsilon) = P(|2X| \geqslant \varepsilon) = 1 - P\left(|X| < \frac{\varepsilon}{2}\right) = 1 - \frac{\varepsilon}{2} > \frac{1}{2},$$

于是 $\{X_n,\ n = 1, 2, \cdots\}$ 不依概率收敛于 X；

(2) 易见所有的 X_n 有相同的分布函数 $\Phi(x)$，则 $X_n \xrightarrow{L} X$，但对 $\varepsilon > 0$，有：

$$P(|X_n - X| \geqslant \varepsilon) = \begin{cases} 0, & n = 2k-1, \\ P\left(|X| \geqslant \dfrac{\varepsilon}{2}\right), & n = 2k, \end{cases} \quad k = 1, 2, \cdots,$$

于是 $\{X_n, n=1, 2, \cdots\}$ 不依概率收敛于 X；

(3) 由于 $F_n(x) = F(x)$，则有 $X_n \xrightarrow{L} X$，但对任意 $0 < \varepsilon < 1$，有：

$$\begin{aligned} P(|X_n - X| \geqslant \varepsilon) &= P(X_n = 1, X = 0) + P(X_n = 0, X = 1) \\ &= P(X_n = 1)P(X = 0) + P(X_n = 0)P(X = 1) \\ &= 0.5 \times 0.5 + 0.5 \times 0.5 = 0.5, \end{aligned}$$

于是 $\{X_n, n=1, 2, \cdots\}$ 不依概率收敛于 X.

不过,在特殊场合却有如下结果,见定理 5.16.

定理 5.16　设 C 为常数,则 $X_n \xrightarrow{P} C$ 当且仅当 $X_n \xrightarrow{L} C$.

证明　必要性易见,下面证充分性.

若 $X_n \xrightarrow{L} C$，即 $F_n(x) \xrightarrow{W} F(x)$，其中 $F(x)$ 为常数 C 对应的分布函数(退化分布)，即 $F(x) = \begin{cases} 0, & x < C, \\ 1, & x \geqslant C, \end{cases}$ 则对任意 $\varepsilon > 0$，注意到 $C + \dfrac{\varepsilon}{2}$，$C - \varepsilon$ 是 $F(x)$ 的连续点，

$$\begin{aligned} P(|X_n - C| \geqslant \varepsilon) &= P(X_n \geqslant C + \varepsilon) + P(X_n \leqslant C - \varepsilon) \\ &\leqslant P\left(X_n > C + \frac{\varepsilon}{2}\right) + P(X_n \leqslant C - \varepsilon) \\ &= 1 - F_n\left(C + \frac{\varepsilon}{2}\right) + F_n(C - \varepsilon) \xrightarrow[n \to +\infty]{} \\ &\quad 1 - F\left(C + \frac{\varepsilon}{2}\right) + F(C - \varepsilon) = 1 - 1 + 0 = 0, \end{aligned}$$

则有：$X_n \xrightarrow{P} C$.

定理 5.17(连续映射定理)　设 $\{X_n, n \geqslant 1\}$ 为随机变量序列,而 $g(x)$ 是 $(-\infty, +\infty)$ 上的连续函数,则(1) 若 $X_n \xrightarrow{\text{a.s.}} X$，则 $g(X_n) \xrightarrow{\text{a.s.}} g(X)$；(2) 若 $X_n \xrightarrow{P} X$，则 $g(X_n) \xrightarrow{P} g(X)$；(3) 若 $X_n \xrightarrow{L} X$，则 $g(X_n) \xrightarrow{L} g(X)$.

证明　在此仅证明(2). 由于 $X_n \xrightarrow{P} X$，则对任意 $\delta > 0$，有 $\lim\limits_{n \to +\infty} P(|X_n - X| \geqslant \delta) = 0$，因 $g(x)$ 是 $(-\infty, +\infty)$ 上的连续函数,故对任意 $\varepsilon > 0$，存在 $\delta > 0$，使当 $|x_n - x| < \delta$ 时,必有 $|g(x_n) - g(x)| < \varepsilon$，即

$$(|X_n - X| < \delta) \subset \{|g(X_n) - g(X)| < \varepsilon\},$$

故

$$P\{|g(X_n) - g(X)| \geqslant \varepsilon\} \leqslant P(|X_n - X| \geqslant \delta),$$

则有 $\lim\limits_{n \to +\infty} P\{|g(X_n) - g(X)| \geqslant \varepsilon\} \leqslant \lim\limits_{n \to +\infty} P(|X_n - X| \geqslant \delta) = 0$，即 $g(X_n) \xrightarrow{P} g(X)$.

利用定理 5.17 可以方便地证明随机变量函数的各种收敛性. 下面给出斯托克斯定理,

其在概率论与数理统计中有着重要的应用.

定理 5.18(斯托克斯定理)　设 $\{X_n, n \geqslant 1\}$ 和 $\{Y_n, n \geqslant 1\}$ 是两个随机变量序列,若 $X_n \xrightarrow{L} X$, $Y_n \xrightarrow{P} C$ (C 为常数),则有: $X_n + Y_n \xrightarrow{L} X + C$, $X_n Y_n \xrightarrow{L} CX$, $\dfrac{X_n}{Y_n} \xrightarrow{L} \dfrac{X}{C}$ $(C \neq 0)$.

特别地,若 $Y_n \xrightarrow{P} 0$, 则有 $X_n + Y_n \xrightarrow{L} X$ (称为去 0 律);若 $Y_n \xrightarrow{P} 1$, 则有 $X_n Y_n \xrightarrow{L} X$ (称为去 1 律).

定理 5.19(斯托克斯定理的推广)　设 $\{X_n, n \geqslant 1\}$ 和 $\{Y_n, n \geqslant 1\}$ 是两个随机变量序列,若 $X_n \xrightarrow{L} X$, $Y_n \xrightarrow{P} Y$, 且 X_n 与 Y 相互独立,则有: $X_n + Y_n \xrightarrow{L} X + Y$, $X_n Y_n \xrightarrow{L} XY$, $\dfrac{X_n}{Y_n} \xrightarrow{L} \dfrac{X}{Y}$ $(Y \neq 0)$.

例 5.9　设 $T_n \sim t(n)$, 则 T_n 的极限分布为标准正态分布 $N(0, 1)$.

证明　该例即为例 4.6,在此给出另一种证明方法.

易见 T_n 可以表示为: $T_n = \dfrac{X}{\sqrt{Y/n}}$, 其中, $X \sim N(0, 1)$, $Y \sim \chi^2(n)$, 且 X 与 Y 相互独立.

而 Y 的特征函数为: $(1 - 2\mathrm{i}t)^{-n/2}$, 则 $\dfrac{Y}{n}$ 的特征函数为 $\left(1 - 2\mathrm{i}\dfrac{t}{n}\right)^{-n/2}$.

又 $\lim\limits_{n \to +\infty}\left(1 - 2\mathrm{i}\dfrac{t}{n}\right)^{-n/2} = \lim\limits_{n \to +\infty}\left(1 - \dfrac{2\mathrm{i}t}{n}\right)^{-\frac{n}{2\mathrm{i}t}\mathrm{i}t} = \mathrm{e}^{\mathrm{i}t}$, 而 $\mathrm{e}^{\mathrm{i}t}$ 为单点分布 $P(Z=1)=1$ 的特征函数,由特征函数性质知: $\dfrac{Y}{n} \xrightarrow{L} 1$, 进而 $\dfrac{Y}{n} \xrightarrow{P} 1$, 从而 $\sqrt{\dfrac{Y}{n}} \xrightarrow{P} 1$.

再由斯托克斯定理知: $T_n = \dfrac{X}{\sqrt{Y/n}} \xrightarrow{L} X$, 即 T_n 的极限分布为标准正态分布 $N(0, 1)$.

5.2　大数定律

大量试验证实,在相同试验条件下,随着重复试验次数的增加,随机事件 A 的频率趋于稳定,稳定在某一个常数的附近,伯努利大数定律就解释了这一现象. 历史上第一个大数定律是由伯努利提出的,见于他死后 8 年(1713 年)出版的著作《猜度术》中,它是就伯努利分布(两点分布)情形给出了明确的叙述和严格的论证. 150 多年后,俄罗斯数学家切比雪夫于 1866 年前后提出了随机变量的一般概念及更一般的大数定律.

在一般的伯努利试验中,每次试验中事件 A 出现的概率为 p $(0<p<1)$, 以 μ_n 表示前 n 次试验中 A 出现的次数,能否从数学上证明: 当 $n \to +\infty$ 时, $\dfrac{\mu_n}{n}$ 收敛于 p? 将这一问题改述如下: 考虑独立随机变量序列 $\{X_n, n=1, 2, \cdots\}$, 其中,

$$X_n=\begin{cases}1, & \text{第 } n \text{ 次试验 } A \text{ 出现},\\ 0, & \text{第 } n \text{ 次试验 } \bar{A} \text{ 出现},\end{cases}$$

求证：
$$\frac{\mu_n}{n}=\frac{1}{n}\sum_{i=1}^{n}X_i \to p=E(X_1).$$

将上述问题推广到一般，即可以提出如下问题：设给定随机变量序列 $\{X_n,\ n=1,\ 2,\ \cdots\}$ (通常假定其是相互独立的)及数列 $\{C_n,\ n=1,\ 2,\ \cdots\}$，$\{D_n\neq 0,\ n=1,\ 2,\ \cdots\}$，令 $Y_n=\dfrac{\sum\limits_{i=1}^{n}(X_i-C_i)}{D_n}$，要研究随机变量序列 $\{Y_n,\ n=1,\ 2,\ \cdots\}$ 的收敛性.

特别地，当取 $C_i=E(X_i)$，$D_n=n$ 时，

$$Y_n=\frac{\sum\limits_{i=1}^{n}[X_i-E(X_i)]}{n}\begin{cases}\xrightarrow{P} 0, \text{称}\{X_n,\ n=1,\ 2,\ \cdots\}\text{服从弱大数定律},\\ \quad\text{通常称}\{X_n,\ n=1,\ 2,\ \cdots\}\text{服从大数定律},\\ \xrightarrow{\text{a. s.}} 0, \text{称}\{X_n,\ n=1,\ 2,\ \cdots\}\text{服从强大数定律}.\end{cases}$$

特别地，当取 $C_i=E(X_i)$，$D_n=\sqrt{\sum\limits_{i=1}^{n}D(X_i)}$ 时，$Y_n=\dfrac{\sum\limits_{i=1}^{n}[X_i-E(X_i)]}{\sqrt{\sum\limits_{i=1}^{n}D(X_i)}}$ 的分布函数弱收敛于标准正态分布 $N(0,\ 1)$ 的分布函数时，称 $\{X_n,\ n=1,\ 2,\ \cdots\}$ 服从中心极限定理.

5.2.1 弱大数定律

定义 5.6 设 $\{X_n,\ n=1,\ 2,\ \cdots\}$ 为一随机变量序列，数学期望 $E(X_n)$ 存在，令 $\overline{X_n}=\dfrac{1}{n}\sum\limits_{i=1}^{n}X_i$，若 $\overline{X_n}-E(\overline{X_n})\xrightarrow{P}0$，则称随机变量序列 $\{X_n,\ n=1,\ 2,\ \cdots\}$ 服从弱大数定律或大数定律.

由依概率收敛的定义可知：要验证 $\overline{X_n}-E(\overline{X_n})\xrightarrow{P}0$ 成立，只需利用切比雪夫不等式证明对任意 $\varepsilon>0$，有 $\lim\limits_{n\to+\infty}P\{|\overline{X_n}-E(\overline{X_n})|\geqslant\varepsilon\}=0$ 成立便可.

定理 5.20(伯努利大数定律) 设 $\{X_n,\ n=1,\ 2,\ \cdots\}$ 为相互独立同分布的随机变量序列，且 $P(X_n=1)=p$，$P(X_n=0)=1-p$，$0<p<1$，令 $\overline{X_n}=\dfrac{1}{n}\sum\limits_{i=1}^{n}X_i$，则 $\overline{X_n}-p\xrightarrow{P}0$，即 $\{X_n,\ n=1,\ 2,\ \cdots\}$ 服从大数定律.

证明
$$E(\overline{X_n})=\frac{1}{n}\sum_{i=1}^{n}E(X_i)=p,\ D(\overline{X_n})=\frac{1}{n^2}\sum_{i=1}^{n}D(X_i)$$
$$=\frac{1}{n}p(1-p)\leqslant\frac{1}{4n},$$

对任意 $\varepsilon>0$，有

$$P(|\overline{X_n}-p|\geqslant\varepsilon)\leqslant\frac{D(\overline{X_n})}{\varepsilon^2}=\frac{p(1-p)}{\varepsilon^2 n}\leqslant\frac{1}{4\varepsilon^2 n},$$

则 $\lim\limits_{n\to+\infty}P(|\overline{X_n}-p|\geqslant\varepsilon)=0$，即 $\overline{X_n}-p\xrightarrow{P}0$.

伯努利大数定律实质上就是频率 $\overline{X_n}$ 依概率收敛于概率 p.

定理 5.21(泊松大数定律)　设 $\{X_n, n=1, 2, \cdots\}$ 为相互独立的随机变量序列，且 $P(X_n=1)=p_n$，$P(X_n=0)=1-p_n$，$0<p_n<1$，令 $\overline{X_n}=\frac{1}{n}\sum\limits_{i=1}^{n}X_i$，则 $\overline{X_n}-\frac{1}{n}\sum\limits_{i=1}^{n}p_i\xrightarrow{P}0$，即 $\{X_n, n=1, 2, \cdots\}$ 服从大数定律.

证明

$$E(\overline{X_n})=\frac{1}{n}\sum_{i=1}^{n}E(X_i)=\frac{1}{n}\sum_{i=1}^{n}p_i,$$

$$D(\overline{X_n})=\frac{1}{n^2}\sum_{i=1}^{n}D(X_i)=\frac{1}{n^2}\sum_{i=1}^{n}p_i(1-p_i)\leqslant\frac{1}{4n},$$

对任意 $\varepsilon>0$，有：$P\left(\left|\overline{X_n}-\frac{1}{n}\sum\limits_{i=1}^{n}p_i\right|\geqslant\varepsilon\right)\leqslant\frac{D(\overline{X_n})}{\varepsilon^2}\leqslant\frac{1}{4\varepsilon^2 n}$，

则 $\lim\limits_{n\to+\infty}P\left(\left|\overline{X_n}-\frac{1}{n}\sum\limits_{i=1}^{n}p_i\right|\geqslant\varepsilon\right)=0$，即 $\overline{X_n}-\frac{1}{n}\sum\limits_{i=1}^{n}p_i\xrightarrow{P}0$.

定理 5.22(马尔可夫大数定律)　设 $\{X_n, n=1, 2, \cdots\}$ 为随机变量序列，如对任一正整数 n，有 $D(\sum\limits_{i=1}^{n}X_i)<+\infty$，且 $\lim\limits_{n\to+\infty}D(\overline{X_n})=0$（称此为马尔可夫条件），则 $\overline{X_n}-E(\overline{X_n})\xrightarrow{P}0$，即 $\{X_n, n=1, 2, \cdots\}$ 服从大数定律.

证明　$E(\overline{X_n})=\frac{1}{n}\sum\limits_{i=1}^{n}E(X_i)$，$D(\overline{X_n})=\frac{1}{n^2}D(\sum\limits_{i=1}^{n}X_i)$，

对任意 $\varepsilon>0$，有 $P\{|\overline{X_n}-E(\overline{X_n})|\geqslant\varepsilon\}\leqslant\frac{D(\overline{X_n})}{\varepsilon^2}=\frac{1}{\varepsilon^2 n^2}D(\sum\limits_{i=1}^{n}X_i)\xrightarrow[n\to+\infty]{}0$，

即有 $\overline{X_n}-E(\overline{X_n})\xrightarrow{P}0$.

值得一提的是马尔可夫条件常用来检验 $\{X_n, n=1, 2, \cdots\}$ 服从大数定律，但马尔可夫条件只是大数定律成立的充分条件，不是必要条件. 另外，在马尔可夫大数定律中，没有关于 $\{X_n, n=1, 2, \cdots\}$ 相互独立性的假定.

例 5.10　(1) 若 $\{X_n, n=1, 2, \cdots\}$ 是相互独立的随机变量序列，对每个 n，X_n 的分布列为 $\begin{pmatrix}\sqrt{\ln n} & -\sqrt{\ln n}\\ 0.5 & 0.5\end{pmatrix}$，问 $\{X_n, n=1, 2, \cdots\}$ 是否服从马尔可夫大数定律？

(2) 若 $\{X_n, n=1, 2, \cdots\}$ 是相互独立的随机变量序列，对每个 n，X_n 的分布列为 $\begin{pmatrix}-2^n & 2^n\\ 0.5 & 0.5\end{pmatrix}$，问马尔可夫条件是否成立？

(3) 若 $\{X_n,\ n=1,\ 2,\ \cdots\}$ 是相互独立的随机变量序列,对每个 n, X_n 的分布列为 $\begin{pmatrix} -n & 0 & n \\ \frac{1}{2}n^{-\frac{1}{2}} & 1-n^{-\frac{1}{2}} & \frac{1}{2}n^{-\frac{1}{2}} \end{pmatrix}$,问马尔可夫条件是否成立?

解 (1) $E(X_n)=0$, $D(X_n)=\frac{1}{2}(\sqrt{\ln n})^2+\frac{1}{2}(-\sqrt{\ln n})^2=\ln n$,而 $\frac{1}{n^2}D(\sum_{i=1}^{n}X_i)=\frac{1}{n^2}\sum_{i=1}^{n}D(X_i)=\frac{1}{n^2}\sum_{i=1}^{n}\ln i\leqslant\frac{n\ln n}{n^2}=\frac{\ln n}{n}\xrightarrow[n\to+\infty]{}0$,于是马尔可夫大数定律成立.

(2) $E(X_n)=0$, $D(X_n)=E(X_n^2)=\frac{1}{2}(2^n)^2+\frac{1}{2}(-2^n)^2=2^{2n}=4^k$,而 $\frac{1}{n^2}D(\sum_{i=1}^{n}X_i)=\frac{1}{n^2}\sum_{i=1}^{n}D(X_i)=\frac{1}{n^2}\sum_{i=1}^{n}4^i=\frac{4^{n+1}}{3n^2}-\frac{4}{3n^2}\xrightarrow[n\to+\infty]{}+\infty$,故马尔可夫条件不成立.

(3) $E(X_n)=0$, $D(X_n)=E(X_n^2)=\frac{(-n)^2}{2n^{\frac{1}{2}}}+\frac{n^2}{2n^{\frac{1}{2}}}=n^{\frac{3}{2}}$,而 $\frac{1}{n^2}D(\sum_{i=1}^{n}X_i)=\frac{1}{n^2}\sum_{i=1}^{n}i^{\frac{3}{2}}\geqslant\frac{1}{n^2}\sum_{i=1}^{n}i=\frac{1}{n^2}\frac{n(n+1)}{2}=\frac{n+1}{n}\frac{1}{2}\xrightarrow[n\to+\infty]{}\frac{1}{2}$,故马尔可夫条件不成立.

例 5.11 设在随机变量序列 $\{X_n,\ n=1,\ 2,\ \cdots\}$ 中 X_n 仅与 X_{n-1} 及 X_{n+1} 相关,而与其他的随机变量都不相关,且对一切 n,一致地有 $D(X_n)\leqslant C$ (C 为常数),则 $\{X_n,\ n=1,\ 2,\ \cdots\}$ 服从大数定律.

证明 $\begin{cases}\mathrm{cov}(X_i,\ X_j)=0, & \text{当 } |i-j|>1 \text{ 时} \\ \mathrm{cov}(X_i,\ X_j)\neq 0, & \text{当 } |i-j|=1 \text{ 时}\end{cases}$,又 $|\mathrm{cov}(X_i,\ X_{i+1})|\leqslant\sqrt{D(X_i)D(X_{i+1})}$,

则

$$\begin{aligned}D(\sum_{i=1}^{n}X_i)&=\sum_{i=1}^{n}D(X_i)+2\sum_{1\leqslant i<j\leqslant n}\mathrm{cov}(X_i,\ X_j)\\&=\sum_{i=1}^{n}D(X_i)+2\sum_{i=1}^{n-1}\mathrm{cov}(X_i,\ X_{i+1})\\&\leqslant\sum_{k=1}^{n}D(X_k)+2\sum_{k=1}^{n-1}\sqrt{D(X_k)D(X_{k+1})}\\&\leqslant nC+2(n-1)C=(3n-2)C,\end{aligned}$$

故 $D(\overline{X_n})\leqslant\frac{3n-2}{n^2}C\xrightarrow[n\to+\infty]{}0$, $\{X_n,\ n=1,\ 2,\ \cdots\}$ 满足马尔可夫条件,即 $\{X_n,\ n=1,\ 2,\ \cdots\}$ 服从大数定律.

特别地,如果在例 5.11 中假设随机变量序列 $\{X_n,\ n=1,\ 2,\ \cdots\}$ 两两不相关,则其就是著名的切比雪夫大数定律.

定理 5.23(切比雪夫大数定律) 设 $\{X_n,\ n=1,\ 2,\ \cdots\}$ 为两两不相关(或相互独立)的随机变量序列,每个随机变量的方差有界,即存在常数 C,使 $D(X_n)\leqslant C$, $n=1,\ 2,\ \cdots$,则 $\overline{X_n}-E(\overline{X_n})\xrightarrow{P}0$,即 $\{X_n,\ n=1,\ 2,\ \cdots\}$ 服从大数定律.

证明 只需验证其满足马尔可夫条件即可. 事实上,

$$\frac{1}{n^2}D\left(\sum_{i=1}^{n}X_i\right)=\frac{1}{n^2}\sum_{i=1}^{n}D(X_i)\leqslant\frac{1}{n^2}nC=\frac{C}{n}\xrightarrow[n\to+\infty]{}0,$$

故 $\{X_n, n=1, 2, \cdots\}$ 满足马尔可夫条件，即 $\{X_n, n=1, 2, \cdots\}$ 服从大数定律.

比较上述两个大数定律可以知道，切比雪夫大数定律可由马尔可夫大数定律推出，也就是说马尔可夫条件要比切比雪夫大数定律的条件来得弱. 也就是说存在这样的随机变量序列，其满足马尔可夫条件但不满足切比雪夫大数定律的条件.

例 5.12 设 $\{X_n, n=1, 2, \cdots\}$ 是相互独立的随机变量序列，且 $X_i, i=1, 2, \cdots$ 的分布为 $P(X_i=\pm\sqrt{\ln i})=0.5$，则 $\{X_n, n=1, 2, \cdots\}$ 不满足切比雪夫大数定律的条件，但满足马尔可夫条件.

证明 注意到 $E(X_i)=0$, $D(X_i)=E(X_i^2)=\ln i$ 非一致有界，即 $\{X_n, n=1, 2, \cdots\}$ 不满足切比雪夫大数定律的条件. 又 $D\left(\sum_{i=1}^{n}X_i\right)=\sum_{i=1}^{n}D(X_i)=\sum_{i=1}^{n}\ln i\leqslant n\ln n$，则 $D(\overline{X_n})\leqslant\frac{\ln n}{n}$，又 $\lim_{n\to+\infty}\frac{\ln n}{n}=0$，则 $\lim_{n\to+\infty}D(\overline{X_n})=0$，即 $\{X_n, n=1, 2, \cdots\}$ 满足马尔可夫条件.

前面几个大数定律都假定了方差的存在性，而且大多数要求方差有界. 然而在许多问题中，尤其在数理统计中往往不能满足上述要求，而仅知道 $\{X_n, n=1, 2, \cdots\}$ 是相互独立同分布的. 对于这种情况，就有了下面著名的辛钦大数定律.

定理 5.24(辛钦大数定律) 设 $\{X_n, n=1, 2, \cdots\}$ 为相互独立同分布的随机变量序列，且具有有限的数学期望 $E(X_1)=\mu$，则 $\overline{X_n}\xrightarrow{P}\mu$，即 $\{X_n, n=1, 2, \cdots\}$ 服从大数定律.

证明 $X_1, X_2, \cdots$ 有相同分布，其特征函数为 $\phi(t)$，而 $E(X_1)=\mu$ 存在，

$$\phi(t)=\phi(0)+\phi'(0)t+o(t)=1+\mathrm{i}\mu t+o(t),$$

由独立性知：$\overline{X_n}=\frac{1}{n}\sum_{i=1}^{n}X_i$ 的特征函数为：$\left[\phi\left(\frac{t}{n}\right)\right]^n=\left[1+\mathrm{i}\mu\frac{t}{n}+o\left(\frac{t}{n}\right)\right]^n$，

对于给定的 t 有：

$$\lim_{n\to+\infty}\left[\phi\left(\frac{t}{n}\right)\right]^n=\lim_{n\to\infty}\left[1+\mathrm{i}\mu\frac{t}{n}+o\left(\frac{t}{n}\right)\right]^n=\mathrm{e}^{\mathrm{i}\mu t},$$

注意到 $\mathrm{e}^{\mathrm{i}\mu t}$ 是退化分布的特征函数，相应的分布函数为 $F(x)=\begin{cases}0, & x<\mu,\\ 1, & x\geqslant\mu.\end{cases}$

由于 $\overline{X_n}$ 的分布函数弱收敛于 $F(x)$，即 $\overline{X_n}\xrightarrow{L}\mu$，再由定理 5.16 知：$\overline{X_n}\xrightarrow{P}\mu$.

例 5.13 设 $\{X_n, n=1, 2, \cdots\}$ 是相互独立同分布的随机变量序列，$X_i, i=1, 2, \cdots$ 的密度函数为 $f(x)=\begin{cases}\frac{1}{|x|^3}, & |x|\geqslant 1,\\ 0, & |x|<1,\end{cases}$ 则 $\{X_n, n=1, 2, \cdots\}$ 服从辛钦大数定律，但不服从马尔可夫大数定律.

证明 由于 $E(X_i)=\int_{-\infty}^{+\infty}xf(x)\mathrm{d}x=-\int_{-\infty}^{-1}\frac{1}{x^2}\mathrm{d}x+\int_{1}^{+\infty}\frac{1}{x^2}\mathrm{d}x=0$，故 $\{X_n,\ n=1,2,\cdots\}$ 服从辛钦大数定律. 但 $D(X_i)=E(X_i^2)=-\int_{-\infty}^{-1}\frac{1}{x}\mathrm{d}x+\int_{1}^{+\infty}\frac{1}{x}\mathrm{d}x=2\int_{1}^{+\infty}\frac{1}{x}\mathrm{d}x=+\infty$，故 $\{X_n,\ n=1,2,\cdots\}$ 不服从马尔可夫大数定律.

显然,伯努利大数定律是辛钦大数定律的特殊情形. 辛钦大数定律有许多重要的应用.

例 5.14(用蒙特卡罗模拟方法计算定积分) 计算积分：$J=\int_a^b g(x)\mathrm{d}x$，其中 $g(x)$ 是 $[a,b]$ 上的连续函数.

解 这一问题可以通过如下方法实现. 任取一列相互独立且同服从 $[a,b]$ 上均匀分布的随机变量序列 $\{X_i,\ i=1,2,\cdots,n\}$，则 $\{g(X_i),\ i=1,2,\cdots,n\}$ 也是相互独立且同分布的随机变量序列，而且 $E[g(X_i)]=\frac{1}{b-a}\int_a^b g(x)\mathrm{d}x=\frac{J}{b-a}$，则有 $J=(b-a)E[g(X_i)]$，因而只要能求得 $E[g(X_i)]$，便能得到 J 的数值.

根据辛钦大数定律得：$\frac{1}{n}\sum_{i=1}^{n}g(X_i)\xrightarrow{P}E[g(X_1)]$，

于是,当 n 充分大时,有
$$E[g(X_1)]\approx\frac{1}{n}\sum_{i=1}^{n}g(X_i),$$

进而得
$$J\approx\frac{b-a}{n}\sum_{i=1}^{n}g(X_i).$$

由此,当 n 很大时,只要产生相互独立,都服从 $[a,b]$ 上均匀分布的随机数 $\{x_i,\ i=1,2,\cdots,n\}$，将其代入上式(其中 X_i 用数值 x_i 替代)即可得 J 的近似值.

大数定律研究中值得一提的是格列坚科给出了大数定律成立的充分必要条件,见定理 5.25.

定理 5.25(格列坚科大数定律) 设 $\{X_n,\ n=1,2,\cdots\}$ 是随机变量序列,令 $\overline{X_n}=\frac{1}{n}\sum_{i=1}^{n}X_i$，$\overline{\mu_n}=\frac{1}{n}\sum_{i=1}^{n}E(X_i)$，则 $\{X_n,\ n=1,2,\cdots\}$ 服从大数定律的充要条件是：$\lim_{n\to+\infty}E\left[\frac{(\overline{X_n}-\overline{\mu_n})^2}{1+(\overline{X_n}-\overline{\mu_n})^2}\right]=0$.

证明 充分性：对任意 $\varepsilon>0$，注意到 $t>0$ 时，$g(t)=\frac{t^2}{1+t^2}$ 是增函数,故当 $|y-\overline{\mu_n}|\geqslant\varepsilon$ 时，$\frac{(y-\overline{\mu_n})^2}{1+(y-\overline{\mu_n})^2}\geqslant\frac{\varepsilon^2}{1+\varepsilon^2}$，$\frac{1+\varepsilon^2}{\varepsilon^2}\frac{(y-\overline{\mu_n})^2}{1+(y-\overline{\mu_n})^2}\geqslant1$,

故有 $P(|\overline{X_n}-\overline{\mu_n}|\geqslant\varepsilon)=\int\limits_{|y-\overline{\mu_n}|\geqslant\varepsilon}\mathrm{d}F_{\overline{X_n}}(y)\leqslant\frac{1+\varepsilon^2}{\varepsilon^2}\int\limits_{|y-\overline{\mu_n}|\geqslant\varepsilon}\frac{(y-\overline{\mu_n})^2}{1+(y-\overline{\mu_n})^2}\mathrm{d}F_{\overline{X_n}}(y)$

$$\leqslant\frac{1+\varepsilon^2}{\varepsilon^2}\int_{-\infty}^{+\infty}\frac{(y-\overline{\mu_n})^2}{1+(y-\overline{\mu_n})^2}\mathrm{d}F_{\overline{X_n}}(y)$$

$$=\frac{1+\varepsilon^2}{\varepsilon^2}E\left[\frac{(\overline{X_n}-\overline{\mu_n})^2}{1+(\overline{X_n}-\overline{\mu_n})^2}\right].$$

当 $\lim\limits_{n\to+\infty}E\left[\frac{(\overline{X_n}-\overline{\mu_n})^2}{1+(\overline{X_n}-\overline{\mu_n})^2}\right]=0$ 时，$\lim\limits_{n\to+\infty}P(|\overline{X_n}-\overline{\mu_n}|\geqslant\varepsilon)=0$，$\{X_n,n=1,2,\cdots\}$ 服从大数定律.

必要性：设 $\{X_n,n=1,2,\cdots\}$ 服从大数定律，即 $\lim\limits_{n\to+\infty}P(|\overline{X_n}-\overline{\mu_n}|\geqslant\varepsilon)=0$，则对任意 $\varepsilon>0$，存在 N，当 $n>N$ 时，有 $P(|\overline{X_n}-\overline{\mu_n}|\geqslant\varepsilon)\leqslant\varepsilon$，再由函数 $g(t)=\frac{t^2}{1+t^2}$ 的单调性和 $0<g(t)<1$ 得：$0\leqslant E\left[\frac{(\overline{X_n}-\overline{\mu_n})^2}{1+(\overline{X_n}-\overline{\mu_n})^2}\right]\leqslant\frac{\varepsilon^2}{1+\varepsilon^2}P(|\overline{X_n}-\overline{\mu_n}|<\varepsilon)+P(|\overline{X_n}-\overline{\mu_n}|\geqslant\varepsilon)\leqslant\varepsilon^2+\varepsilon$，则 $\lim\limits_{n\to+\infty}E\left[\frac{(\overline{X_n}-\overline{\mu_n})^2}{1+(\overline{X_n}-\overline{\mu_n})^2}\right]=0$.

定理 5.25 在应用时并不是一件很简单的事，但当 $\{X_n,n=1,2,\cdots\}$ 相互独立时，可将其变形为较为简单的形式，在此不证明给出定理 5.26，此定理也被称为格列坚科大数定律.

定理 5.26　设 $\{X_n,n=1,2,\cdots\}$ 是相互独立的随机变量序列，令 $\overline{X_n}=\frac{1}{n}\sum\limits_{i=1}^{n}X_i$，$\overline{\mu_n}=\frac{1}{n}\sum\limits_{i=1}^{n}E(X_i)$，则 $\{X_n,n=1,2,\cdots\}$ 服从大数定律的充要条件是：$\lim\limits_{n\to+\infty}\sum\limits_{i=1}^{n}E\left\{\frac{[X_i-E(X_i)]^2}{n^2+[X_i-E(X_i)]^2}\right\}=0$.

例 5.15　设 $\{X_n,n=1,2,\cdots\}$ 是相互独立的随机变量序列，且 X_i，$i=1,2,\cdots$ 的分布列为 $P(X_i=\pm1)=\frac{1}{2}(1-2^{-i})$，$P(X_i=\pm2^i)=2^{-i-1}$，则 $\{X_n,n=1,2,\cdots\}$ 不满足马尔可夫条件，但服从大数定律.

证明　易知 $E(X_i)=0$，$D(X_i)=E(X_i^2)=1-2^{-i}+2^{2i}2^{-i}=2^i+1-2^{-i}$，

$$D\left(\sum_{i=1}^{n}X_i\right)=\sum_{i=1}^{n}D(X_i)=\sum_{i=1}^{n}(2^i+1-2^{-i})=2^{n+1}+n-3+\frac{1}{2^n},$$

$$D(\overline{X_n})=\frac{1}{n^2}\left(2^{n+1}+n-3+\frac{1}{2^n}\right)=\frac{2^{n+1}+n-3+2^{-n}}{n^2}.$$

由于 $$\lim_{x\to+\infty}\frac{2^{x+1}+x-3+2^{-x}}{x^2}=\lim_{x\to+\infty}\frac{2^{x+1}\ln 2+1-2^{-x}\ln 2}{2x}$$

$$=(\ln 2)^2\lim_{x\to+\infty}(2^x+2^{-x-1})=(\ln 2)^2\lim_{x\to+\infty}\frac{2^{2x+1}+1}{2^{x+1}}$$

$$=(\ln 2)^2\lim_{x\to+\infty}\frac{2^{2x+1}2\ln 2}{2^{x+1}\ln 2}=(\ln 2)^2\lim_{x\to+\infty}2^{x+1}=+\infty,$$

即 $\{X_n,n=1,2,\cdots\}$ 不满足马尔可夫条件.

考虑到 $\{X_n, n=1, 2, \cdots\}$ 是相互独立的随机变量序列,且 $E(X_i)=0, i=1, 2, \cdots$,而

$$\sum_{i=1}^{n} E\left\{\frac{[X_i-E(X_i)]^2}{n^2+[X_i-E(X_i)]^2}\right\}=\sum_{i=1}^{n} E\left(\frac{X_i^2}{n^2+X_i^2}\right)=\sum_{i=1}^{n}\left[\frac{1}{n^2+1}\left(1-\frac{1}{2^i}\right)+\frac{2^{2i}}{n^2+2^{2i}}\frac{1}{2^i}\right]$$

$$=\sum_{i=1}^{n}\frac{1-2^{-i}}{n^2+1}+\sum_{i=1}^{n}\frac{2^i}{n^2+2^{2i}},$$

注意到 $\sum_{i=1}^{n}\frac{1-2^{-i}}{n^2+1}<\sum_{i=1}^{n}\frac{1}{n^2+1}=\frac{n}{n^2+1}$,即 $\lim_{n\to+\infty}\sum_{i=1}^{n}\frac{1-2^{-i}}{n^2+1}=0$,

而又
$$\int_0^n \frac{2^x}{n^2+2^{2x}}\mathrm{d}x=\frac{1}{\ln 2}\int_1^{2^n}\frac{1}{n^2+u^2}\mathrm{d}u=\frac{1}{n\ln 2}\int_{\frac{1}{n}}^{\frac{2^n}{n}}\frac{1}{1+t^2}\mathrm{d}t$$

$$=\frac{1}{n\ln 2}\left[\arctan\left(\frac{2^n}{n}\right)-\arctan\left(\frac{1}{n}\right)\right],$$

则 $\lim_{n\to+\infty}\int_0^n \frac{2^x}{n^2+2^{2x}}\mathrm{d}x=0$. 由级数收敛的积分判别法可知:$\lim_{n\to+\infty}\sum_{i=1}^{n}\frac{2^i}{n^2+2^{2i}}=0$.

由此 $\lim_{n\to+\infty}\sum_{i=1}^{n}E\left\{\frac{[X_i-E(X_i)]^2}{n^2+[X_i-E(X_i)]^2}\right\}=0$,由格列坚科大数定律知:$\{X_n, n=1, 2, \cdots\}$ 服从大数定律.

5.2.2 强大数定律

强大数定律与(弱)大数定律的区别在于其收敛方式的不同,前者的收敛性是以概率 1 收敛,而后者是依概率收敛. 于是可知若强大数定律成立,则(弱)大数定律也成立,反之则不然.

定义 5.7 设 $\{X_n, n=1, 2, \cdots\}$ 为一随机变量序列,数学期望 $E(X_n)$ 存在,令 $\overline{X_n}=\frac{1}{n}\sum_{i=1}^{n}X_i$,若 $\overline{X_n}-E(\overline{X_n})\xrightarrow{\text{a. s.}}0$,则称随机变量序列 $\{X_n, n=1, 2, \cdots\}$ 服从强大数定律.

定理 5.27(康泰利强大数定律) 设 $\{X_n, n=1, 2, \cdots\}$ 是相互独立的随机变量序列,M 是一正常数,$E(X_i)=\mu_i$, $E(X_i-\mu_i)^4\leqslant M$, $i=1, 2, \cdots$,则有 $\overline{X_n}-E(\overline{X_n})\xrightarrow{\text{a. s.}}0$.

如果 $\{X_n, n=1, 2, \cdots\}$ 是相互独立同分布的随机变量序列,作为定理 5.27 的一个特例,如果 $E(X_1)$ 和 $E(X_1^4)$ 存在,则有 $\overline{X_n}\xrightarrow{\text{a. s.}}\mu$.

再者,作为定理 5.27 的一个特例,如果 $\{X_n, n=1, 2, \cdots\}$ 是相互独立且同服从两点分布的随机变量序列,则有 $\overline{X_n}\xrightarrow{\text{a. s.}}\mu$,即为如下的博雷尔强大数定律.

定理 5.28(博雷尔强大数定律) 设 $\{X_n, n=1, 2, \cdots\}$ 是独立同分布的随机变量序列,且 $P(X_1=1)=p$, $P(X_1=0)=1-p$, $0<p<1$,则 $\{X_n, n=1, 2, \cdots\}$ 服从强大数定律,即 $\overline{X_n}\xrightarrow{\text{a. s.}}p$ 或 $P\left(\lim_{n\to+\infty}\frac{1}{n}\sum_{i=1}^{n}X_i=p\right)=1$.

如果随机变量 μ_n 表示 n 重伯努利试验中事件 A 发生的次数,$\frac{\mu_n}{n}$ 为事件 A 发生的频率,

则由上述定理可知，$\lim\limits_{n\to+\infty}\dfrac{\mu_n}{n}=p$ 成立的概率为 1，也就是说事件 $\left(\lim\limits_{n\to+\infty}\dfrac{\mu_n}{n}\neq p\right)$ 发生的概率为 0，这样就进一步说明了频率"稳定于"概率. 这个定理比伯努利大数定律的结论更强.

定理 5.29(柯尔莫哥洛夫强大数定律)　设 $\{X_n,\ n=1,\ 2,\ \cdots\}$ 是相互独立的随机变量序列，$X_i,\ i=1,\ 2,\ \cdots$ 的期望与方差都存在，如果 $\sum\limits_{n=1}^{+\infty}\dfrac{D(X_n)}{n^2}<+\infty$，则 $\{X_n,\ n=1,\ 2,\ \cdots\}$ 服从强大数定律.

例 5.16　若 $\{X_n,\ n=1,\ 2,\ \cdots\}$ 是相互独立的随机变量序列，对每个 n，X_n 的分布列为 $\begin{pmatrix}\sqrt{\ln n} & -\sqrt{\ln n}\\ 0.5 & 0.5\end{pmatrix}$，问 $\{X_n,\ n=1,\ 2,\ \cdots\}$ 是否服从强大数定律?

解　由于 $E(X_n)=0$，$D(X_n)=\dfrac{1}{2}(\sqrt{\ln n})^2+\dfrac{1}{2}(-\sqrt{\ln n})^2=\ln n$，则

$$\sum_{n=1}^{+\infty}\frac{D(X_n)}{n^2}=\sum_{n=1}^{+\infty}\frac{\ln n}{n^2}=\sum_{n=2}^{+\infty}\frac{\ln n}{n^2},$$

由于

$$\int_2^{+\infty}\frac{\ln x}{x^2}\mathrm{d}x=-\frac{\ln x}{x}\bigg|_2^{+\infty}+\int_2^{+\infty}\frac{1}{x^2}\mathrm{d}x=\frac{1}{2}\ln 2+\frac{1}{2},$$

则 $\sum\limits_{n=1}^{+\infty}\dfrac{D(X_n)}{n^2}<+\infty$，由柯尔莫哥洛夫强大数定律知 $\{X_n,\ n=1,\ 2,\ \cdots\}$ 服从强大数定律.

作为定理 5.29 的一个简单应用，设 $\{X_n,\ n=1,\ 2,\ \cdots\}$ 为相互独立的随机变量序列，如果存在常数 C，有 $D(X_i)=\sigma_i^2<C,\ i=1,\ 2,\ \cdots$，则 $\{X_n,\ n=1,\ 2,\ \cdots\}$ 服从强大数定律.

定理 5.29 的条件可以进一步减弱，即可得到定理 5.30.

定理 5.30　设 $\{X_n,\ n=1,\ 2,\ \cdots\}$ 是两两不相关的随机变量序列，$X_i,\ i=1,\ 2,\ \cdots$ 的期望与方差都存在，则有下列结论：(1) 若级数 $\sum\limits_{n=1}^{+\infty}\dfrac{D(X_n)}{n^2}<+\infty$，则 $\overline{X_n}-E(\overline{X_n})\xrightarrow{P}0$；

(2) 若级数 $\sum\limits_{n=1}^{+\infty}\dfrac{D(X_n)}{n^{3/2}}<+\infty$，则 $\overline{X_n}-E(\overline{X_n})\xrightarrow{\text{a.s.}}0$.

定理 5.31　设 $\{X_n,\ n=1,\ 2,\ \cdots\}$ 是相互独立的随机变量序列，$X_i,\ i=1,\ 2,\ \cdots$ 的 4 阶矩存在，如果 $\sum\limits_{n=1}^{+\infty}\dfrac{E(X_n^4)}{n^3}<+\infty$，则 $\{X_n,\ n=1,\ 2,\ \cdots\}$ 服从强大数定律.

定理 5.29 的柯尔莫哥洛夫强大数定律中的条件 $\sum\limits_{n=1}^{+\infty}\dfrac{D(X_n)}{n^2}<+\infty$ 是独立随机变量序列 $\{X_n,\ n=1,\ 2,\ \cdots\}$ 服从强大数定律的充分条件，而不是必要条件，也就是说如果级数 $\sum\limits_{n=1}^{+\infty}\dfrac{D(X_n)}{n^2}=+\infty$，独立随机变量序列 $\{X_n,\ n=1,\ 2,\ \cdots\}$ 仍有可能服从强大数定律，定理 5.32 提供了相互独立的随机变量序列 $\{X_n,\ n=1,\ 2,\ \cdots\}$ 服从强大数定律的必要条件.

例 5.17　设 $\{X_n,\ n=1,\ 2,\ \cdots\}$ 是独立随机变量序列，$X_n,\ n=1,\ 2,\ \cdots$ 的分布列为 $P\left\{X_n=\pm\sqrt{\dfrac{n}{\ln(n+1)}}\right\}=\dfrac{1}{2}$，则有 $\sum\limits_{n=1}^{+\infty}\dfrac{D(X_n)}{n^2}=+\infty$，但 $\{X_n,\ n=1,\ 2,\ \cdots\}$ 服从强大

数定律.

证明 易见 $E(X_n)=0$, $D(X_n)=E(X_n^2)=\dfrac{n}{\ln(n+1)}$, $E(X_n^4)=\dfrac{n^2}{[\ln(n+1)]^2}$, 从而 $\sum\limits_{n=1}^{+\infty}\dfrac{D(X_n)}{n^2}=\sum\limits_{n=1}^{+\infty}\dfrac{1}{n\ln(n+1)}$, 由于 $\lim\limits_{n\to+\infty}\left[\dfrac{1}{n\ln(n+1)}\div\dfrac{1}{n\ln n}\right]=\lim\limits_{n\to+\infty}\dfrac{\ln n}{\ln(n+1)}=1$, 级数 $\sum\limits_{n=1}^{+\infty}\dfrac{1}{n\ln n}$ 发散, 则 $\sum\limits_{n=1}^{+\infty}\dfrac{D(X_n)}{n^2}=+\infty$, 但 $\sum\limits_{n=1}^{+\infty}\dfrac{E(X_n^4)}{n^3}=\sum\limits_{n=1}^{+\infty}\dfrac{1}{n[\ln(n+1)]^2}$, $\lim\limits_{n\to+\infty}\left\{\dfrac{1}{n[\ln(n+1)]^2}\div\dfrac{1}{n(\ln n)^2}\right\}=\lim\limits_{n\to+\infty}\left[\dfrac{\ln n}{\ln(n+1)}\right]^2=1$, 级数 $\sum\limits_{n=1}^{+\infty}\dfrac{1}{n(\ln n)^2}<+\infty$, 则 $\sum\limits_{n=1}^{+\infty}\dfrac{E(X_n^4)}{n^3}<+\infty$, 即 $\{X_n,\ n=1,\ 2,\ \cdots\}$ 服从强大数定律.

定理 5.32 设 $\{X_n,\ n=1,\ 2,\ \cdots\}$ 为相互独立的随机变量序列,且 $E(X_n)=0$, $n=1$, 2, $\cdots$, 若 $\{X_n,\ n=1,\ 2,\ \cdots\}$ 服从强大数定律,则对任意 $\varepsilon>0$ 有: $\sum\limits_{n=1}^{+\infty}P(|X_n|\geqslant n\varepsilon)<+\infty$.

证明 由于 $\{X_n,\ n=1,\ 2,\ \cdots\}$ 为相互独立的随机变量序列,且 $E(X_n)=0$, $n=1$, 2, $\cdots$,若$\{X_n,\ n=1,\ 2,\ \cdots\}$ 服从强大数定律, $\overline{X_n}=\dfrac{1}{n}\sum\limits_{i=1}^{n}X_i\xrightarrow{\text{a. s.}}0$, $\overline{X_{n-1}}=\dfrac{1}{n-1}\sum\limits_{i=1}^{n-1}X_i\xrightarrow{\text{a. s.}}0$, 则 $\dfrac{1}{n}\sum\limits_{i=1}^{n-1}X_i=\dfrac{n-1}{n}\overline{X_{n-1}}\xrightarrow{\text{a. s.}}0$, $\dfrac{X_n}{n}=\overline{X_n}-\dfrac{1}{n}\sum\limits_{i=1}^{n-1}X_i\xrightarrow{\text{a. s.}}0$, 由定理 5.4 知: $\sum\limits_{n=1}^{+\infty}P\left(\left|\dfrac{X_n}{n}-0\right|\geqslant\varepsilon\right)<+\infty$, 即 $\sum\limits_{n=1}^{+\infty}P(|X_n|\geqslant n\varepsilon)<+\infty$.

注意 辛钦大数定律是考虑相互独立同分布时的大数定律,若将大数定律换为强大数定律也是成立的,这一结果也是由柯尔莫哥洛夫得到的.

定理 5.33 设 $\{X_n,\ n=1,\ 2,\ \cdots\}$ 是相互独立同分布的随机变量序列, $E(X_1)$ 存在,则 $\{X_n,\ n=1,\ 2,\ \cdots\}$ 服从强大数定律.

有趣的是,定理 5.33 的条件还可减弱,即将"相互独立"改为"两两独立".

定理 5.34 设 $\{X_n,\ n=1,\ 2,\ \cdots\}$ 是两两独立同分布的随机变量序列, $E(X_1)$ 存在,则 $\{X_n,\ n=1,\ 2,\ \cdots\}$ 服从强大数定律.

大数定律和强大数定律有广泛的应用.

(1) 它们是很多统计方法的理论依据. 例如,为了估计随机变量 X 的数学期望 $\mu=E(X)$, 若 X_1, X_2, $\cdots$, X_n 是 X 的 n 次观察值,人们常用平均值 $\bar{X}=\dfrac{1}{n}\sum\limits_{i=1}^{n}X_i$ 作为 μ 的估计值(近似值). 由于强大数定律: 当 $n\to+\infty$ 时, $\bar{X}\xrightarrow{\text{a. s.}}\mu$, 故 n 很大时用 $\bar{X}$ 估计 μ 是合理的. 而对于 X 方差 $\sigma^2=D(X)$, 人们常用 $S_n^2=\dfrac{1}{n}\sum\limits_{i=1}^{n}(X_i-\bar{X})^2$ 作为 σ^2 的估计值,由于 $S_n^2=\dfrac{1}{n}\sum\limits_{i=1}^{n}X_i^2-(\bar{X})^2$, 再利用强大数定律易知: $S_n^2\xrightarrow{\text{a. s.}}E(X_1^2)-[E(X_1)]^2=\sigma^2$, 这表明,当 n 很大时用 S_n^2 估计 σ^2 是合理的,这也正是第 7 章中的矩法估计的理论依据.

(2) 大数定律和强大数定律是用随机模拟法计算数学期望和概率等的理论依据. 为了计算随机变量 X 的数学期望 μ，若能产生与 X 同分布且相互独立的随机变量序列 $\{X_n, n=1, 2, \cdots\}$，则由强大数定律知：当 n 很大时，$\bar{X}$ 就是 μ 的近似值，如何得到与 X 同分布且相互独立的随机变量序列 $\{X_n, n=1, 2, \cdots\}$ 呢？设 X 的分布函数为 $F(x)$，$\{U_n, n=1, 2, \cdots\}$ 是服从 $(0, 1)$ 上均匀分布且相互独立的随机变量序列，令 $X_i=F^{-1}(U_i)$，$i=1, 2, \cdots$，则 $\{X_n, n=1, 2, \cdots\}$ 是相互独立且同分布的随机变量序列，共同分布的分布函数恰好就是 $F(x)$，而其中 $F^{-1}(u)=\min\{x: F(x)\geqslant u\}$，$0<u<1$.

最后给出经常用到的几个大数定律之间的关系：

柯尔莫哥洛夫强大数定律$\supset$博雷尔强大数定律$\supset$马尔可夫大数定律$\supset$切比雪夫大数定律$\supset$伯努利大数定律. 辛钦大数定律$\supset$伯努利大数定律.

5.3　中心极限定理

在实际问题中，很多随机现象是由大量相互独立的随机因素综合形成的，这些随机因素在整个随机现象中所起的作用是很小的，并且是人们无法控制的、随机的、时大时小、时正时负的. 以即将射门的足球为例，影响足球能否射入球门的随机因素包括：足球结构导致的误差，球员用力的方向，风速及风向的干扰造成的误差等. 其中每个因素的影响都是很小的，并且可以看作是相互独立的，但是人们关心的是这众多误差因素对足球所造成的总的影响. 因此，需要考虑很多独立随机变量和的问题.

在客观世界中，许多随机现象都服从或近似服从正态分布，为什么正态分布在随机变量众多的分布中占有非常特殊的地位？在长达两个世纪的时间内，经过许多数学家的研究，建立了众多的中心极限定理. 中心极限定理指出：大量相互独立的随机变量之和在适当的条件下近似服从正态分布. 这就解释了为什么许多随机现象中的量都近似服从正态分布的问题.

定义 5.8　设 $\{X_n, n=1, 2, \cdots\}$ 是相互独立的随机变量序列，且有有限的数学期望与方差，对 $n=1, 2, \cdots$，记 $E(X_n)=\mu_n$，$D(X_n)=\sigma_n^2$，

$$B_n^2=\sum_{i=1}^{n} D(X_i)=\sum_{i=1}^{n}\sigma_i^2,\ Z_n=\frac{1}{B_n}\sum_{i=1}^{n}[X_i-E(X_i)]=\frac{1}{B_n}\left[\sum_{i=1}^{n}X_i-\sum_{i=1}^{n}E(X_i)\right],$$

若对于 $z\in(-\infty, +\infty)$ 一致地有：$\lim\limits_{n\to+\infty}P(Z_n\leqslant z)=\Phi(z)$，则称随机变量序列 $\{X_n, n=1, 2, \cdots\}$ 服从中心极限定理. 其中标准正态分布 $N(0, 1)$ 的密度函数和分布函数分别记为 $\varphi(z)$，$\Phi(z)$.

从上述定义可知，中心极限定理可以表达为：$Z_n\xrightarrow{L}Z$，其中 $Z\sim N(0, 1)$. 易知 $E(Z_n)=0$，$D(Z_n)=1$，所以 Z_n 实质上是随机变量和 $\sum\limits_{i=1}^{n}X_i$ 的标准化，由此中心极限定理也可记为：在满足一定的条件下，独立的随机变量和 $\sum\limits_{i=1}^{n}X_i$ 的标准化在 n 很大时近似服从

标准正态分布 $N(0, 1)$，简记为 $Z_n=\dfrac{\sum\limits_{i=1}^{n}X_i-E(\sum\limits_{i=1}^{n}X_i)}{\sqrt{D(\sum\limits_{i=1}^{n}X_i)}}=\dfrac{\sum\limits_{i=1}^{n}X_i-\sum\limits_{i=1}^{n}E(X_i)}{\sqrt{\sum\limits_{i=1}^{n}D(X_i)}}\stackrel{.}{\sim}N(0,$ $1)$，也可记为 $\sum\limits_{i=1}^{n}X_i\stackrel{.}{\sim}N(\sum\limits_{i=1}^{n}E(X_i),\ \sum\limits_{i=1}^{n}D(X_i))$.

本节首先考虑相互独立同分布的中心极限定理情形，然后研究相互独立但不必同分布的中心极限定理情形.

5.3.1 独立同分布场合的中心极限定理

定理 5.35(林德贝格-勒维中心极限定理) 设 $\{X_n,\ n=1,\ 2,\ \cdots\}$ 是相互独立同分布的随机变量序列，且 $E(X_n)=\mu,\ 0<D(X_n)=\sigma^2<+\infty,\ n=1,\ 2,\ \cdots$，则 $\{X_n,\ n=1,$ $2,\ \cdots\}$ 服从中心极限定理.

证明 令 $Z_n=\dfrac{\sum\limits_{i=1}^{n}X_i-n\mu}{\sqrt{n}\sigma}=\dfrac{1}{\sqrt{n}\sigma}\sum\limits_{i=1}^{n}(X_i-\mu)$，记 $X_n-\mu$，Z_n 和标准正态分布 $N(0, 1)$ 的特征函数分别为 $\phi_{X_1-\mu}(t)$，$\phi_{Z_n}(t)$ 和 $\phi(t)=\mathrm{e}^{-\frac{t^2}{2}}$，要证明 $\{X_n,\ n=1,\ 2,\ \cdots\}$ 服从中心极限定理，只要证明 $F_{Z_n}(z)\xrightarrow{W}\Phi(z)$，也即只要证明 $\lim\limits_{n\to+\infty}\phi_{Z_n}(t)=\phi(t)$.

由特征函数性质知：$\phi'_{X_1-\mu}(0)=\mathrm{i}E(X_1-\mu)=0$，$\phi''_{X_1-\mu}(0)=\mathrm{i}^2E[(X_1-\mu)^2]=-\sigma^2$，故 $\phi_{X_1-\mu}(t)$ 可在 0 点泰勒展开：

$$\phi_{X_1-\mu}(t)=\phi_{X_1-\mu}(0)+\phi'_{X_1-\mu}(0)t+\frac{\phi''_{X_1-\mu}(0)}{2}t^2+o(t^2)=1-\frac{1}{2}\sigma^2t^2+o(t^2),$$

则 Z_n 的特征函数为

$$\phi_{Z_n}(t)=\prod_{k=1}^{n}\phi_{X_1-\mu}\left(\frac{t}{\sqrt{n}\sigma}\right)=\left[\phi_{X_1-\mu}\left(\frac{t}{\sqrt{n}\sigma}\right)\right]^n=\left[1-\frac{t^2}{2n}+o\left(\frac{t^2}{n}\right)\right]^n\xrightarrow[n\to+\infty]{}\phi(t).$$

例 5.18 计算机在进行加法计算时，对每个加数取整，设所有的取整误差是相互独立的，且它们都在$(-0.5,\ 0.5)$上服从均匀分布，(1) 若将 1 500 个数相加，问误差总和的绝对值超过 15 的概率是多少？(2) 多少个数相加会使误差总和的绝对值小于 10 的概率在 0.90 左右？

解 设 $X_i=\{$第 i 个加数的取整误差$\}$，$i=1,\ 2,\ \cdots$，$X_i\sim U(-0.5,\ 0.5)$，即 $\{X_n,$ $n=1,\ 2,\ \cdots\}$ 是独立同分布的随机变量序列. $E(X_i)=\int_{-0.5}^{0.5}x\,\mathrm{d}x=0$，$\sigma^2=D(X_i)=$ $\int_{-0.5}^{0.5}x^2\mathrm{d}x=\dfrac{1}{12}$.

(1) 由林德贝格-勒维中心极限定理：

$$P(\left|\sum_{i=1}^{1\,500}X_i\right|>15)=1-P(\left|\sum_{i=1}^{1\,500}X_i\right|\leqslant 15)=1-P(-15\leqslant\sum_{i=1}^{1\,500}X_i\leqslant 15)$$

$$=1-P\left(\frac{-3}{\sqrt{5}}\leqslant\frac{1}{5\sqrt{5}}\sum_{i=1}^{1\,500}X_i\leqslant\frac{3}{\sqrt{5}}\right)\approx 1-\Phi\left(\frac{3}{\sqrt{5}}\right)+\Phi\left(-\frac{3}{\sqrt{5}}\right)$$

$$=2\left[1-\Phi\left(\frac{3}{\sqrt{5}}\right)\right]=2[1-\Phi(1.341\,6)]=0.180\,2;$$

(2) 即求满足 $P\left(\left|\sum_{i=1}^{n}X_i\right|<10\right)\approx 0.90$ 的 n. 由林德贝格-勒维中心极限定理知：

$$0.90\approx P\left(\left|\sum_{i=1}^{n}X_i\right|<10\right)=P\left(-10<\sum_{i=1}^{n}X_i<10\right)$$

$$=P\left(\frac{-20\sqrt{3}}{\sqrt{n}}<\frac{2\sqrt{3}}{\sqrt{n}}\sum_{i=1}^{n}X_i<\frac{20\sqrt{3}}{\sqrt{n}}\right)$$

$$\approx\Phi\left(\frac{20\sqrt{3}}{\sqrt{n}}\right)-\Phi\left(\frac{-20\sqrt{3}}{\sqrt{n}}\right)=2\Phi\left(\frac{20\sqrt{3}}{\sqrt{n}}\right)-1,$$

即有：$\Phi\left(\frac{20\sqrt{3}}{\sqrt{n}}\right)=0.95$，查标准正态分布的分位数表得：$20\sqrt{\frac{3}{n}}=1.645$，所以 $n=443$，这表明大约 443 个整数相加，可以 90%的概率保证取整误差总和的绝对值小于 10.

例 5.19　设 $\{X_n, n=1, 2, \cdots\}$ 是相互独立同分布的随机变量序列，$E(X_1)=\mu$，$0<D(X_1)=\sigma^2<+\infty$，记 $\bar{X}=\frac{1}{n}\sum_{i=1}^{n}X_i$，$S^2=\frac{1}{n-1}\sum_{i=1}^{n}(X_i-\bar{X})^2$，$T_n=\frac{\bar{X}-\mu}{S/\sqrt{n}}$，证明：当 $n\to+\infty$ 时，(1) $S^2\xrightarrow{P}\sigma^2$；(2) $T_n\xrightarrow{L}N(0, 1)$ 随机变量.

证明　(1) 由于 $\sum_{i=1}^{n}(X_i-\bar{X})^2=\sum_{i=1}^{n}X_i^2-n(\bar{X})^2$，$S^2=\frac{1}{n-1}\sum_{i=1}^{n}X_i^2-\frac{n}{n-1}(\bar{X})^2$，

由辛钦大数定律得：$\bar{X}\xrightarrow{P}\mu$，$\frac{1}{n}\sum_{i=1}^{n}X_i^2\xrightarrow{P}E(X_1^2)=\sigma^2+\mu^2$，

则 $(\bar{X})^2\xrightarrow{P}\mu^2$，$\frac{1}{n-1}\sum_{i=1}^{n}X_i^2=\frac{n}{n-1}\frac{1}{n}\sum_{i=1}^{n}X_i^2\xrightarrow{P}\sigma^2+\mu^2$，则 $S^2\xrightarrow{P}\sigma^2$.

(2) 由于
$$T_n=\frac{\bar{X}-\mu}{S/\sqrt{n}}=\frac{\sigma}{S}\frac{1}{\sqrt{n}\sigma}\sum_{i=1}^{n}(X_i-\mu),$$

由林德贝格中心极限定理知：$\frac{1}{\sqrt{n}\sigma}\sum_{i=1}^{n}(X_i-\mu)\xrightarrow{L}N(0, 1)$ 随机变量.

又 $S\xrightarrow{P}\sigma$，则 $\frac{S}{\sigma}\xrightarrow{P}1$，进而 $\frac{\sigma}{S}\xrightarrow{P}1$，最后由斯托克斯定理得：$T_n\xrightarrow{L}N(0, 1)$ 随机变量.

特别地，在定理 5.35 中的随机变量序列 $\{X_n, n=1, 2, \cdots\}$ 是相互独立且同服从两点分布，此时 $\{X_n, n=1, 2, \cdots\}$ 服从中心极限定理就是著名的棣莫弗-拉普拉斯中心极限

定理.

定理 5.36(棣莫弗-拉普拉斯中心极限定理) 设随机变量 Y_n 服从二项分布 $B(n, p)$，则对于任意实数 y 恒有：$\lim\limits_{n \to +\infty} P\left(\dfrac{Y_n - np}{\sqrt{np(1-p)}} \leqslant y\right) = \Phi(y)$.

证明 由于服从二项分布的随机变量 Y_n 可以表示成 n 个相互独立的、服从同一参数为 p 的两点分布的随机变量之和，即 $Y_n = \sum\limits_{i=1}^{n} X_i$，

其中，$E(X_i) = p$，$D(X_i) = p(1-p)$，$i = 1, 2, \cdots, n$，由定理 5.35 可得，对任意实数 y 有：

$$\lim_{n \to +\infty} P\left(\frac{Y_n - np}{\sqrt{np(1-p)}} \leqslant y\right) = \lim_{n \to +\infty} P\left(\frac{\sum\limits_{i=1}^{n} X_i - np}{\sqrt{np(1-p)}} \leqslant y\right) = \Phi(y).$$

上述的棣莫弗-拉普拉斯中心极限定理也可记为 $\dfrac{Y_n - np}{\sqrt{np(1-p)}} \stackrel{\cdot}{\sim} N(0, 1)$ 或 $Y_n \stackrel{\cdot}{\sim} N[np, np(1-p)]$，它是概率论历史上的第一个中心极限定理，它是专门针对二项分布的，因此也称为“二项分布的正态近似”. 在第 2 章中曾给出泊松定理，即“二项分布的泊松近似”. 两者相比，一般在 p 较小时，用泊松分布近似比较好；而在 $np > 5$ 和 $n(1-p) > 5$ 时，用正态分布近似较好. 应用棣莫弗-拉普拉斯中心极限定理时，应注意以下三点.

(1) 对于任意区间 (a, b) 有

$$P(a < Y_n \leqslant b) = P\left(\frac{a - np}{\sqrt{np(1-p)}} < \frac{Y_n - np}{\sqrt{np(1-p)}} \leqslant \frac{b - np}{\sqrt{np(1-p)}}\right)$$

$$\approx \Phi\left(\frac{b - np}{\sqrt{np(1-p)}}\right) - \Phi\left(\frac{a - np}{\sqrt{np(1-p)}}\right).$$

实践表明，上述近似对于 $n>10$，在 p 接近 0.5 时是有效的；如果 p 接近于 0 或 1 时，则 n 应稍大一些以保证有良好的近似.

(2) 在应用二项分布的正态近似时，它是用一个连续型随机变量的分布来近似一个离散型随机变量的分布，因此必须注意所包含的区间的端点. 例如，对于连续型随机变量 X，$P(X=a)=0$，而对于离散型随机变量 X，$P(X=a)$ 有可能是正的. 为此，对 Y_n 落在包含区间端点的概率计算要做修正以提高精度. 经验表明，用下面的修正以改进近似.

若 a，b 均为非负整数，$a < b$，即用如下近似：

$$P(a \leqslant Y_n \leqslant b) \approx P(a - 0.5 < Y_n < b + 0.5)$$

$$\approx \Phi\left(\frac{b + 0.5 - np}{\sqrt{np(1-p)}}\right) - \Phi\left(\frac{a - 0.5 - np}{\sqrt{np(1-p)}}\right),$$

若 b 为非负整数，可用如下近似：$P(0 \leqslant X \leqslant b) \approx \Phi\left(\dfrac{b - np \pm 0.5}{\sqrt{np(1-p)}}\right)$，其中 ± 0.5 为连续性校正数，当 $b - np < 0$ 时，取 0.5；当 $b - np > 0$ 时，取 -0.5；当 $b - np = 0$ 时，则不需校正.

例如，$Y_{25} \sim B(25, 0.4)$，可以计算 $P(5 \leqslant Y_{25} \leqslant 15)$ 的精确值为 0.978 0，如不用修正时有：

$$P(5 \leqslant Y_{25} \leqslant 15) = P\left(\frac{5-10}{\sqrt{6}} \leqslant \frac{Y_{25}-10}{\sqrt{6}} \leqslant \frac{15-10}{\sqrt{6}}\right) \approx 2\Phi\left(\frac{5}{\sqrt{6}}\right) - 1$$

$$= 2\Phi(2.041) - 1 = 0.958\,8,$$

而使用修正时有：

$$P(5 \leqslant Y_{25} \leqslant 15) = P(5-0.5 \leqslant Y_{25} \leqslant 15+0.5)$$

$$= P\left(\frac{5-0.5-10}{\sqrt{6}} \leqslant \frac{Y_{25}-10}{\sqrt{6}} \leqslant \frac{15+0.5-10}{\sqrt{6}}\right)$$

$$\approx 2\Phi\left(\frac{5.5}{\sqrt{6}}\right) - 1 = 2\Phi(2.245) - 1 = 0.975\,4,$$

由此可见不用修正的正态近似误差较大.

(3) 若 k 是正整数时，

$$P(Y_n = k) = P(k-0.5 < Y_n < k+0.5)$$

$$= P\left(\frac{k-0.5-np}{\sqrt{np(1-p)}} < \frac{Y_n - np}{\sqrt{np(1-p)}} < \frac{k+0.5-np}{\sqrt{np(1-p)}}\right)$$

$$\approx \Phi\left(\frac{k+0.5-np}{\sqrt{np(1-p)}}\right) - \Phi\left(\frac{k-0.5-np}{\sqrt{np(1-p)}}\right),$$

由中值定理知：
$$P(Y_n = k) \approx \frac{1}{\sqrt{np(1-p)}} \varphi\left(\frac{k-np}{\sqrt{np(1-p)}}\right),$$

只要 n 充分大，上式对一切 p，$0 < p < 1$ 都适用. 但在实际中，当 p 较小(一般 $p \leqslant 0.1$)、np 大小适中时，$P(Y_n = k)$ 的计算用“泊松近似”；而当 np 较大时，则采用上式的近似计算.

例 5.20　交通银行某支行为支付某日到期的国家交通债券须准备一笔现金. 已知该债券在该支行所在地区发售了 10 000 张，每张须付本金与利息一共 1 500 元. 设持券人(一人一券)在到期日去支行兑换的概率为 0.6，问该支行于到期日应准备多少现金才能至少以 99.9%的把握满足客户的兑换？

解　设 $X_i = \begin{cases} 1, & \text{第 } i \text{ 个持券人在到期日去支行兑换,} \\ 0, & \text{第 } i \text{ 个持券人在到期日未去支行兑换,} \end{cases}$ 则 X_i 服从参数为 0.6 的两点分布，于是 $E(X_i) = 0.6$，$D(X_i) = 0.24$，$i = 1, 2, \cdots, 10\,000$，且 $X_1, X_2, \cdots, X_{10\,000}$ 相互独立.

记到期日去该支行兑换的总人数 $Y = \sum_{i=1}^{10\,000} X_i$，而 $Y \sim B(10\,000, 0.6)$，$E(Y) = np = 6\,000$，$D(Y) = np(1-p) = 2\,400$，由棣莫弗-拉普拉斯中心极限定理可知：$Y \dot{\sim} N(6\,000, 2\,400)$.

设到期日该支行应准备 a 元,则有

$$P(0\leqslant 1\,500Y\leqslant a)=P\left(0\leqslant Y\leqslant \frac{a}{1\,500}\right)\approx \Phi\left(\frac{a/1\,500-6\,000}{\sqrt{2\,400}}\right)-\Phi\left(\frac{-6\,000}{\sqrt{2\,400}}\right)$$

$$\approx \Phi\left(\frac{a/1\,500-6\,000}{\sqrt{2\,400}}\right)\geqslant 0.999,$$

查表得:$\dfrac{a/1\,500-6\,000}{\sqrt{2\,400}}\geqslant 3.1$, $a\geqslant 9\,227\,802.4$,取 $a=9\,227\,803$. 于是,到期日该支行只需准备 9 227 803 元就能至少以 99.9%的把握满足客户的兑换.

例 5.21　一养鸡场购进 1 万只良种鸡蛋,已知每只鸡蛋孵化成雏鸡的概率为 0.84,每只雏鸡育成种鸡的概率为 0.9,试计算由这批鸡蛋得到种鸡不少于 7 500 只的概率.

解　记事件 $A_k=\{$第 k 只鸡蛋孵化成雏鸡$\}$,

$B_k=\{$第 k 只鸡蛋育成种鸡$\}$,并记 $X_k=\begin{cases}1, & \text{第 } k \text{ 只鸡蛋育成种鸡},\\ 0, & \text{第 } k \text{ 只鸡蛋没育成种鸡},\end{cases}$ $k=1, 2, \cdots, 10\,000$,则 $\{X_k, k=1, 2, \cdots, 10\,000\}$ 是相互独立且同分布的随机变量,且

$$P(X_k=1)=P(B_k)=P(A_k)P(B_k\mid A_k)=0.84\times 0.9=0.756,$$

$$P(X_k=0)=P(\overline{B_k})=0.244.$$

显然,$\sum\limits_{k=1}^{10\,000}X_k$ 表示 10 000 只鸡蛋育成的种鸡数,$\sum\limits_{k=1}^{10\,000}X_k\sim B(10\,000, 0.756)$.

所求概率为 $P\left(\sum\limits_{k=1}^{10\,000}X_k\geqslant 7\,500\right)$,根据棣莫弗-拉普拉斯中心极限定理可知:

$$P\left(\sum_{k=1}^{10\,000}X_k\geqslant 7\,500\right)\approx 1-\Phi\left(\frac{7\,500-7\,560-0.5}{\sqrt{10\,000\times 0.756\times 0.244}}\right)$$

$$=1-\Phi(-1.40)=\Phi(1.40)=0.92,$$

即由这批鸡蛋得到种鸡不少于 7 500 只的概率为 0.92.

5.3.2　独立不同分布场合的中心极限定理

林德贝格-勒维中心极限定理要求随机变量序列 $\{X_n, n=1, 2, \cdots\}$ 是相互独立同分布的,这一假定是较强的,许多实际问题中是不满足的,能不能放弃这一假定,而使中心极限定理仍然成立呢?这个问题,在历史上引起许多人的关注和研究,直到 1922 年才有了显著的进展,林德贝格提出了他的著名条件,使问题得到较圆满的解决.

定理 5.37(林德贝格中心极限定理)　设 $\{X_n, n=1, 2, \cdots\}$ 是独立的随机变量序列,它们具有有限的数学期望与方差,如果满足林德贝格条件,则 $\{X_n, n=1, 2, \cdots\}$ 服从中心极限定理,即记 $Y_n=\dfrac{1}{B_n}\sum\limits_{i=1}^{n}(X_i-\mu_i)$, $\lim\limits_{n\to+\infty}P(Y_n\leqslant y)=\Phi(y)$ 或 $F_{Y_n}(y)\xrightarrow{W}\Phi(y)$.

林德贝格条件是指:若对任意的 $\varepsilon>0$,有

$$\lim_{n\to+\infty}\frac{1}{B_n^2}\sum_{i=1}^{n}\int_{|x-\mu_i|>\varepsilon B_n}(x-\mu_i)^2 f_{X_i}(x)\mathrm{d}x=0,$$

其中，$f_{X_i}(x)$ 为 X_i 的密度函数，$\mu_i=E(X_i)$，$\sigma_i^2=D(X_i)$，$i=1, 2, \cdots$，而 $B_n^2=\sum_{i=1}^{n}D(X_i)=\sum_{i=1}^{n}\sigma_i^2$.

林德贝格条件是中心极限定理成立的充分条件，下面来分析一下林德贝格条件的概率意义. 记事件 $A_i=(|X_i-\mu_i|>\varepsilon B_n)$，$i=1, 2, \cdots$，则

$$\begin{aligned}P\left(\max_{1\leqslant i\leqslant n}\left|\frac{X_i-\mu_i}{B_n}\right|>\varepsilon\right)&=P(\max_{1\leqslant i\leqslant n}|X_i-\mu_i|>\varepsilon B_n)\\&=P(\bigcup_{i=1}^{n}A_i)\leqslant\sum_{i=1}^{n}P(A_i)\\&=\sum_{i=1}^{n}\int_{|x-\mu_i|>\varepsilon B_n}f_{X_i}(x)\mathrm{d}x\\&\leqslant\frac{1}{(\varepsilon B_n)^2}\sum_{i=1}^{n}\int_{|x-\mu_i|>\varepsilon B_n}(x-\mu_i)^2f_{X_i}(x)\mathrm{d}x,\end{aligned}$$

当林德贝格条件满足时，可知对任意 $\varepsilon>0$，有 $\lim\limits_{n\to+\infty}P\left(\max\limits_{1\leqslant i\leqslant n}\left|\frac{X_i-\mu_i}{B_n}\right|>\varepsilon\right)=0$，即

$$\max_{1\leqslant i\leqslant n}\left|\frac{X_i-\mu_i}{B_n}\right|\xrightarrow{P}0.$$

这说明当 n 充分大时，$Y_n=\frac{1}{B_n}\sum_{i=1}^{n}(X_i-\mu_i)$ 的每一被加项 $\frac{1}{B_n}(X_i-\mu_i)$ 依概率一致地小，而一些“影响一致地小”的随机变量之和的极限分布是正态分布. 所以，林德贝格中心极限定理可以解释如下：假定被研究的随机变量可以表示为大量独立随机变量的总和，且总和中的每个单独的随机变量对于总和又不起主要作用，那么可以认为这个随机变量近似地服从正态分布，这正好揭示了正态分布的重要性. 因为在现实世界中许多变量往往可看作是由大量独立的而且影响一致的、小的变量相加而成，那么它的分布近似于正态分布. 例如，成年人身体的高度是受许多因素(先天的、后天的)影响的总结果，因而一般认为身高是近似正态分布的随机变量. 同样的理由，一个城市的用水量可看成是大量的单独居民户的用水量的总和；一个物理试验的测量误差由许多观测不到的、可加的微小误差所组成；一个年级数学成绩的总分是该年级每个学生成绩的总和，类似的例子举不胜举，这就回答了自然界中为什么广泛存在着正态分布这一问题.

另外，定理 5.35 可由定理 5.37 推出，即林德贝格-勒维中心极限定理是林德贝格中心极限定理的特例. 事实上，如果 $\{X_n, n=1, 2, \cdots\}$ 是独立同分布的随机变量序列，$E(X_i)=\mu$，$0<\sigma^2=D(X_i)<+\infty$，$i=1, 2, \cdots$，$B_n=\sqrt{n}\sigma$，这时

$$\frac{1}{B_n^2}\sum_{i=1}^{n}\int_{|x-\mu_i|>\varepsilon B_n}(x-\mu_i)^2f_{X_i}(x)\mathrm{d}x=\frac{1}{\sigma^2}\int_{|x-\mu|>\varepsilon B_n}(x-\mu)^2f_{X_1}(x)\mathrm{d}x,$$

由于方差 $0<\sigma^2=D(X_i)<+\infty$，上式右边的积分当 $n\to+\infty$ 时趋于 0，即林德贝格条件满足，也即定理 5.35 成立.

林德贝格条件的价值在于它的广泛性，但应用却并不容易，一是计算复杂，二是在许多

实际问题中 $f_{X_i}(x)$ 往往未给出,因此李雅普诺夫定理起到了很重要的作用.

定理 5.38(李雅普诺夫中心极限定理) 设 $\{X_n, n=1, 2, \cdots\}$ 是独立的随机变量序列,若存在 $\delta>0$, 满足 $\lim\limits_{n\to+\infty}\frac{1}{B_n^{2+\delta}}\sum\limits_{i=1}^{n}E(|X_i-\mu_i|^{2+\delta})=0$, 则 $\{X_n, n=1, 2, \cdots\}$ 服从中心极限定理,即记 $Y_n=\frac{1}{B_n}\sum\limits_{i=1}^{n}(X_i-\mu_i)$, $\lim\limits_{n\to+\infty}P(Y_n\leqslant y)=\Phi(y)$ 或 $F_{Y_n}(y)\xrightarrow{W}\Phi(y)$.

证明 只要验证林德贝格条件成立便可.

$$\begin{aligned}\frac{1}{B_n^2}\sum_{i=1}^{n}\int_{|x-\mu_i|>\varepsilon B_n}(x-\mu_i)^2 f_{X_i}(x)\mathrm{d}x&\leqslant\frac{1}{B_n^2}\sum_{i=1}^{n}\frac{1}{(\varepsilon B_n)^{\delta}}\int_{|x-\mu_i|>\varepsilon B_n}|x-\mu_i|^{2+\delta}f_{X_i}(x)\mathrm{d}x\\&\leqslant\frac{1}{\varepsilon^{\delta}}\frac{1}{B_n^{2+\delta}}\sum_{i=1}^{n}\int_{-\infty}^{+\infty}|x-\mu_i|^{2+\delta}f_{X_i}(x)\mathrm{d}x\\&=\frac{1}{\varepsilon^{\delta}}\frac{1}{B_n^{2+\delta}}\sum_{i=1}^{n}E(|X_i-\mu_i|^{2+\delta})\xrightarrow[n\to+\infty]{}0,\end{aligned}$$

于是林德贝格条件满足,进而 $\{X_n, n=1, 2, \cdots\}$ 服从中心极限定理.

下面来说明李雅普诺夫中心极限定理的意义,设事件 $A_i=(|X_i-\mu_i|>\varepsilon B_n)$, $i=1, 2, \cdots$, 则

$$\begin{aligned}P\left(\max_{1\leqslant i\leqslant n}\left|\frac{X_i-\mu_i}{B_n}\right|>\varepsilon\right)&=P(\max_{1\leqslant i\leqslant n}|X_i-\mu_i|>\varepsilon B_n)=P(\bigcup_{i=1}^{n}A_i)\leqslant\sum_{i=1}^{n}P(A_i)\\&\leqslant\frac{1}{\varepsilon^{2+\delta}}\frac{1}{B_n^{2+\delta}}\sum_{i=1}^{n}E(|X_i-\mu_i|^{2+\delta}).\end{aligned}$$

由李雅普诺夫中心极限定理可知,对任意 $\varepsilon>0$, 有 $\lim\limits_{n\to+\infty}P\left(\max\limits_{1\leqslant i\leqslant n}\left|\frac{X_i-\mu_i}{B_n}\right|>\varepsilon\right)=0$, 这就是说,当 $n\to+\infty$ 时,和式 $Y_n=\frac{1}{B_n}\sum\limits_{i=1}^{n}(X_i-\mu_i)$ 中的各项 $\frac{1}{B_n}(X_i-\mu_i)$ 一致地依概率收敛于 0, 它意味着和式 Y_n 中的各项"均匀地小",这与林德贝格条件的解释是一样的.

例 5.22 设 $\{X_n, n=1, 2, \cdots\}$ 独立, $X_n\sim\begin{pmatrix}-\sqrt{n} & \sqrt{n}\\ 0.5 & 0.5\end{pmatrix}$, $n=1, 2, \cdots$, 问李雅普诺夫中心极限定理是否成立?

解 易知 $\mu_i=E(X_i)=0$, $\sigma_i^2=D(X_i)=E(X_i^2)=i$, $i=1, 2, \cdots$,

$$B_n^2=\sum_{i=1}^{n}\sigma_i^2=\sum_{i=1}^{n}i=\frac{1}{2}n(n+1),\ B_n=\sqrt{0.5n(n+1)},\ E(|X_i|^{2+\delta})=i^{\frac{2+\delta}{2}},$$

则

$$\begin{aligned}\lim_{n\to+\infty}\frac{1}{B_n^{2+\delta}}\sum_{i=1}^{n}E(|X_i-\mu_i|^{2+\delta})&=\lim_{n\to+\infty}\frac{1}{B_n^{2+\delta}}\sum_{i=1}^{n}E(|X_i|^{2+\delta})\\&=\lim_{n\to+\infty}\frac{1}{[0.5n(n+1)]^{\frac{2+\delta}{2}}}\sum_{i=1}^{n}i^{\frac{2+\delta}{2}}.\end{aligned}$$

取 $\delta=2$，

$$\lim_{n\to+\infty}\frac{1}{[0.5n(n+1)]^2}\sum_{i=1}^{n}i^2=\lim_{n\to+\infty}\frac{1}{[0.5n(n+1)]^2}\frac{1}{6}n(n+1)(2n+1)=0,$$

即李雅普诺夫定理成立.

例 5.23　设 $\{X_n,\ n=1,\ 2,\ \cdots\}$ 为独立的随机变量序列，其中心极限定理成立，则对 $\{X_n,\ n=1,\ 2,\ \cdots\}$ 服从大数定律的充要条件为 $\lim\limits_{n\to+\infty}\frac{1}{n^2}\sum\limits_{i=1}^{n}D(X_i)=0$.

证明　充分性：设 $\lim\limits_{n\to+\infty}\frac{1}{n^2}\sum\limits_{i=1}^{n}D(X_i)=0$，则由切比雪夫不等式得

$$P\left\{\left|\frac{1}{n}\sum_{i=1}^{n}[X_i-E(X_i)]\right|\geqslant\varepsilon\right\}\leqslant\frac{D\left(\sum\limits_{i=1}^{n}X_i\right)}{\varepsilon^2n^2}=\frac{\sum\limits_{i=1}^{n}D(X_i)}{\varepsilon^2n^2}\xrightarrow[n\to+\infty]{}0,$$

所以 $\{X_n,\ n=1,\ 2,\ \cdots\}$ 服从大数定律.

必要性：$\{X_n,\ n=1,\ 2,\ \cdots\}$ 成立中心极限定理，即对任意 $x>0$，有

$$\lim_{n\to+\infty}P\left\{\frac{1}{B_n}\left|\sum_{i=1}^{n}[X_i-E(X_i)]\right|\leqslant x\right\}=\Phi(x),$$

其中 $B_n=\sqrt{\sum\limits_{i=1}^{n}D(X_i)}$，又 $\{X_n,\ n=1,\ 2,\ \cdots\}$ 服从大数定律，即对任意 $\varepsilon>0$，有

$$\lim_{n\to+\infty}P\left\{\frac{1}{n}\left|\sum_{i=1}^{n}[X_i-E(X_i)]\right|<\varepsilon\right\}=1,$$

$$\begin{aligned}P\left(\frac{1}{n}\left|\sum_{i=1}^{n}[X_i-E(X_i)]\right|<\varepsilon\right)&=P\left(\frac{B_n}{n}\frac{1}{B_n}\left|\sum_{i=1}^{n}[X_i-E(X_i)]\right|<\varepsilon\right)\\&=P\left(\frac{1}{B_n}\left|\sum_{i=1}^{n}[X_i-E(X_i)]\right|<\varepsilon\frac{n}{B_n}\right),\end{aligned}$$

于是，当 $n\to+\infty$ 时，应有 $\frac{\varepsilon n}{B_n}\to+\infty$，即 $\frac{B_n}{n}\to0$，从而得 $\lim\limits_{n\to+\infty}\frac{1}{n^2}\sum\limits_{i=1}^{n}D(X_i)=0$.

再观察定理 5.37 中的林德贝格条件 $\lim\limits_{n\to+\infty}\frac{1}{B_n^2}\sum\limits_{i=1}^{n}\int_{|x-\mu_i|>\varepsilon B_n}(x-\mu_i)^2f_{X_i}(x)\mathrm{d}x=0$，从中可以推出：$\lim\limits_{n\to+\infty}\frac{\max\limits_{1\leqslant i\leqslant n}\sigma_i^2}{B_n^2}=0$. 事实上，对任意 $\varepsilon>0$，有

$$\begin{aligned}\sigma_i^2&=\int_{|x-\mu_i|\leqslant\varepsilon B_n}(x-\mu_i)^2f_{X_i}(x)\mathrm{d}x+\int_{|x-\mu_i|>\varepsilon B_n}(x-\mu_i)^2f_{X_i}(x)\mathrm{d}x\\&\leqslant\varepsilon^2B_n^2+\int_{|x-\mu_i|>\varepsilon B_n}(x-\mu_i)^2f_{X_i}(x)\mathrm{d}x\end{aligned}$$

$$\leqslant \varepsilon^2 B_n^2 + \sum_{i=1}^{n} \int_{|x-\mu_i|>\varepsilon B_n} (x-\mu_i)^2 f_{X_i}(x)\mathrm{d}x,$$

$$\frac{\sigma_i^2}{B_n^2} \leqslant \varepsilon^2 + \frac{1}{B_n^2} \sum_{i=1}^{n} \int_{|x-\mu_i|>\varepsilon B_n} (x-\mu_i)^2 f_{X_i}(x)\mathrm{d}x,$$

则有 $\lim\limits_{n\to+\infty} \dfrac{\max\limits_{1\leqslant i\leqslant n} \sigma_i^2}{B_n^2} = 0$ 成立.

前面曾指出林德贝格条件虽然适用范围很广,但不是中心极限定理成立的必要条件,费勒在 1935 年证明了定理 5.39.

定理 5.39(费勒-林德贝格中心极限定理) 设 $\{X_n, n=1, 2, \cdots\}$ 是相互独立的随机变量序列,$\mu_i = E(X_i)$,$\sigma_i^2 = D(X_i)$,$i=1, 2, \cdots$ 都存在,$B_n^2 = \sum\limits_{i=1}^{n} \sigma_i^2$,如果满足 $\lim\limits_{n\to+\infty} \dfrac{\max\limits_{1\leqslant i\leqslant n} \sigma_i^2}{B_n^2} = 0$,则林德贝格条件也是中心极限定理成立的必要条件,或者说中心极限定理成立的充要条件是林德贝格条件成立.

“$\lim\limits_{n\to+\infty} \dfrac{\max\limits_{1\leqslant i\leqslant n} \sigma_i^2}{B_n^2} = 0$”通常被称为费勒条件,其等价于:“$\lim\limits_{n\to+\infty} B_n = +\infty$,$\lim\limits_{n\to+\infty} \dfrac{\sigma_n}{B_n} = 0$”. 另外从前面的推导中也可以看出:当林德贝格条件成立时,费勒条件也成立.

例 5.24 设 $\{X_n, n=1, 2, \cdots\}$ 是独立随机变量序列,$X_1 \sim U[-1, 1]$,而对 $k=2, 3, \cdots$,$X_k \sim N(0, 2^{k-1})$,则 $\{X_n, n=1, 2, \cdots\}$ 不满足费勒条件,但其服从中心极限定理.

证明 易知 $\sigma_1^2 = D(X_1) = \dfrac{1}{3}$,$\sigma_k^2 = D(X_k) = 2^{k-1}$,$k=2, 3, \cdots$,

则
$$\lim_{n\to+\infty} B_n^2 = \lim_{n\to+\infty} \left(\frac{1}{3} + \sum_{k=2}^{n} 2^{k-1}\right) = \lim_{n\to+\infty} \left(\frac{1}{3} + \frac{2-2^{n-1}2}{1-2}\right)$$
$$= \lim_{n\to+\infty} \left(2^n - \frac{5}{3}\right) = +\infty,$$

而 $\lim\limits_{n\to+\infty} \dfrac{\sigma_n^2}{B_n^2} = \lim\limits_{n\to+\infty} \dfrac{2^{n-1}}{2^n - 5/3} = \dfrac{1}{2} \neq 0$,即费勒条件中的 $\lim\limits_{n\to+\infty} \dfrac{\sigma_n}{B_n} = 0$ 不满足.

考虑到 $\sum\limits_{k=1}^{n} X_k$ 的特征函数为:$\phi_{\sum\limits_{k=1}^{n} X_k}(t) = \prod\limits_{k=1}^{n} \phi_{X_k}(t) = \dfrac{\sin t}{t} \exp\left[-\dfrac{1}{2}(2^n-2)t^2\right]$,

则 $Y_n = \dfrac{\sum\limits_{k=1}^{n} X_k}{\sqrt{2^n - 5/3}}$ 的特征函数为:

$$\phi_{Y_n}(t) = \frac{\sqrt{2^n - 5/3}}{t} \sin\left(\frac{t}{\sqrt{2^n - 5/3}}\right) \exp\left(-\frac{1}{2} \frac{2^n-2}{2^n-5/3} t^2\right),$$

进而 $\lim\limits_{n\to+\infty}\phi_{Y_n}(t)=\mathrm{e}^{-\frac{1}{2}t^2}$，即有 $Y_n\xrightarrow{L}N(0,1)$ 随机变量，即中心极限定理成立.

从上例可以看到，若独立随机变量序列 $\{X_n, n=1, 2, \cdots\}$ 不满足费勒条件，它也有可能服从中心极限定理. 下面的定理5.40也是经常用到的.

定理5.40 设 $\{X_n, n=1, 2, \cdots\}$ 是相互独立的随机变量序列，$\mu_i=E(X_i)$，$\sigma_i^2=D(X_i)$，$i=1, 2, \cdots$ 都存在，$B_n^2=\sum\limits_{i=1}^{n}\sigma_i^2$，如果存在常数 k_n，使 $\max\limits_{1\leqslant i\leqslant n}|X_i|\leqslant k_n$，$n=1, 2, \cdots$，且 $\lim\limits_{n\to+\infty}\dfrac{k_n}{B_n}=0$，则 $\{X_n, n=1, 2, \cdots\}$ 服从中心极限定理.

最后给出经常用到的几个中心极限定理之间的关系：

棣莫弗-拉普拉斯中心极限定理⊂林德贝格-勒维中心极限定理⊂李雅普诺夫中心极限定理⊂林德贝格中心极限定理⊂费勒-林德贝格中心极限定理.

习 题 5

1. 若 $\{X_n, 1, 2, \cdots\}$ 是一随机变量序列，$X_n\sim\begin{pmatrix}0 & n\\ 1-\dfrac{1}{n} & \dfrac{1}{n}\end{pmatrix}$，$n=1, 2, \cdots$，试证相应的分布函数收敛，但矩不收敛.

2. 设 $X_n\sim\begin{pmatrix}-n^s & n^s\\ \dfrac{1}{2} & \dfrac{1}{2}\end{pmatrix}$，$n=1, 2, \cdots$，$0<s<\dfrac{1}{2}$，$\{X_n, n=1, 2, \cdots\}$ 独立，问 $\{X_n, n=1, 2, \cdots\}$ 是否服从马尔可夫大数定律？

3. 设 $\{X_n, n=1, 2, \cdots\}$ 独立，$X_n\sim\begin{pmatrix}-2^n & 0 & 2^n\\ \dfrac{1}{2^{2n+1}} & 1-\dfrac{1}{2^{2n}} & \dfrac{1}{2^{2n+1}}\end{pmatrix}$，$n=1, 2, \cdots$，问切比雪夫大数定律是否成立？

4. 将一枚骰子重复掷 n 次，每次掷出的点数 $X_1, X_2, \cdots, X_n$ 都是随机的，且平均值为 $\overline{X_n}$，求 $\overline{X_n}$ 依概率收敛的极限.

5. 设随机变量序列 $\{X_n, n=1, 2, \cdots\}$ 独立同分布，服从参数为 λ 的泊松分布，求平均值 $\overline{X_n}$ 依概率收敛的极限.

6. 设随机变量序列 $\{X_n, n=1, 2, \cdots\}$ 独立同分布，服从 $(0, 2)$ 上的均匀分布，求平均值 $\overline{X_n}$ 依概率收敛的极限.

7. 已知 $\{X_n, n=1, 2, \cdots\}$ 是相互独立且都服从参数为2的指数分布的随机变量序列，求当 $n\to+\infty$ 时，$Y_n=\dfrac{1}{n}\sum\limits_{k=1}^{n}X_k^2$ 依概率收敛的极限.

8. 设 $\{X_n, n=1, 2, \cdots\}$ 为独立同分布的随机变量序列，其分布列为：

$$P\left(X_n=\frac{3^k}{k^2}\right)=\frac{1}{3^k},\ k=1, 2, \cdots, n=1, 2, \cdots,$$

证明 $\{X_n, n=1, 2, \cdots\}$ 服从大数定律.

9. 设 $\{X_n, n=1, 2, \cdots\}$ 为独立同分布的随机变量序列，其分布列为：

$$P(X_n=k)=\frac{a}{k^2(\ln k)^2},\ k=2,\ 3,\ \cdots,\ n=1,\ 2,\ \cdots,$$

其中 $a=\left[\sum_{k=2}^{+\infty}\frac{1}{k^2(\ln k)^2}\right]^{-1}$，证明 $\{X_n,\ n=1,\ 2,\ \cdots\}$ 服从大数定律.

10. 设 $\{X_n,\ n=1,\ 2,\ \cdots\}$ 是随机变量序列，$S_n=\sum_{k=1}^{n}X_k$，如 $|S_n|<nc$ 且 $D(S_n)>\alpha n^2$(c，α 均为大于零的常数)，求证：$\{X_n,\ n=1,\ 2,\ \cdots\}$ 不服从大数定律.

11. 已知随机变量序列 $X_1,\ X_2,\ \cdots$ 的方差有界，$D(X_n)\leqslant C$，并且当 $|i-j|\to+\infty$ 时，相关系数 $\rho_{ij}\to 0$，证明：$\{X_n,\ n=1,\ 2,\ \cdots\}$ 服从大数定律.

12. 设 $\{X_n,\ n=1,\ 2,\ \cdots\}$ 为独立同分布的随机变量序列，且 $X_n\sim U(0,\ 1)$，$n=1,\ 2,\ \cdots$，令 $Y_n=\left(\prod_{i=1}^{n}X_i\right)^{\frac{1}{n}}$，证明：$Y_n\xrightarrow{P}C$，其中 C 是常数，并求出 C.

13. 若 $\{X_n,\ n=1,\ 2,\ \cdots\}$ 服从中心极限定理，求证 $\{X_n\pm a_n,\ n=1,\ 2,\ \cdots\}$ 也服从中心极限定理，其中 $\{a_n,\ n=1,\ 2,\ \cdots\}$ 为常数列.

14. 设 $\{X_n,\ n=1,\ 2,\ \cdots\}$ 为互不相关的随机变量序列，且 $E(X_n)=\mu_n$，$D(X_n)=\sigma_n^2$，$n=1,\ 2,\ \cdots$，若当 $n\to+\infty$ 时，$\sum_{i=1}^{n}\sigma_i^2\to+\infty$，则当 $n\to+\infty$ 时，$\dfrac{\sum_{i=1}^{n}(X_i-\mu_i)}{\sum_{i=1}^{n}\sigma_i^2}$ 依概率收敛于 0.

15. 设 $X_1,\ X_2,\ \cdots,\ X_n$ 相互独立且服从同一分布，已知 $E(X_i^k)=\alpha_k$，$k=1,\ 2,\ 3,\ 4$，证明：当 n 充分大时，随机变量 $Z_n=\frac{1}{n}\sum_{i=1}^{n}X_i^2$ 近似服从正态分布，并指出其分布参数.

16. 设 X 服从泊松分布，参数为 $\lambda>0$，证明：当 $\lambda\to+\infty$ 时，$Y_\lambda=\dfrac{X-\lambda}{\sqrt{\lambda}}$ 的极限分布是标准正态分布，即 $\lim\limits_{\lambda\to+\infty}P\left(\dfrac{X-\lambda}{\sqrt{\lambda}}\leqslant x\right)=\Phi(x)$.

17. 设 $\{X_n,\ n=1,\ 2,\ \cdots\}$ 是一列具有相同数学期望，方差一致有界的随机变量序列，且 $j\neq k$ 时 $E(X_jX_k)\leqslant 0$，证明：$\{X_n,\ n=1,\ 2,\ \cdots\}$ 服从大数定律.

18. 某工厂有机床 300 台，由于换料等各种原因，每台机床平均每小时要停开 15 min. 设每台机床电动机的功率为 2 kW，且各台机床的停与开是相互独立的，试计算至少需供电多少千瓦，才能以 99.5%的概率保证这些机床不致因供电不足而影响生产?

19. 某单位设置一电话总机，共有 200 个电话分机，设每个电话分机有 5%的时间要使用外线通话，每个分机是否使用外线通话是相互独立的，问总机要有多少条外线，才能至少以 90%的概率保证分机要使用外线时可供使用?

20. 某商场负责 1 000 人的商品供应. 某种产品在一段时间内每人需要一件的概率为 0.6，假定购买与否互不影响，且某一段时间内每人至多可买一件，为了使该产品以 99.7%的概率不会脱销，该商场需预备多少件产品?

21. 一批产品中，不合格品率为 0.1，以 S_{100} 表示在随意抽查的 100 件产品中不合格数，(1) 写出 S_{100} 的分布列；(2) 求不合格品数不少于 14 件且不多于 30 件的概率近似值.

22. 假设一箱子里红球所占比例为$\frac{1}{6}$，在其中任选 600 个球，求这 600 个球中，红球所占的比例值与$\frac{1}{6}$之差的绝对值不超过 0.02 的概率. (1) 用切比雪夫不等式估计；(2) 用中心极限定理计算出估计值.

23. 某药厂断言，该厂生产的某种药品对于医治某种疑难血液病的治疗率为 0.8，医院检验员任意抽取 100 个服用此药品的病人，如果其中多于 75 人治愈，就接受这一断言，否则就拒绝这一断言. (1) 若实际上此药品对这种疾病的治愈率是 0.8，问接受这一断言的概率是多少？(2) 若实际上此药品对这种疾病的治愈率是 0.7，问接受这一断言的概率是多少？

24. 某螺丝钉厂的废品率为 0.01，问一盒中应装多少只螺丝钉才能使盒中至少含有 100 个合格品的概率不小于 95%？

25. 某单位组织考试，共有 85 道选择题，每题有四个备选答案，只有一个正确，若想通过此次考试，则必须答对 51 道题以上，试问某学生靠运气能通过该考试的概率有多大？

26. 某保险公司有 10 000 个同龄又同阶层的人参加平安保险，已知该类人在一年内死亡的概率为 0.006，每个参加保险的人在年初付 12 元保险费，而在死亡时家属可从公司得到 1 000 元的保险费. 问在此项业务活动中，(1) 保险公司亏本的概率多大？(2) 保险公司一年的利润不少于 40 000 的概率多大？

27. 设有 1 000 人独立行动，每个人能够按时进入掩蔽体的概率为 0.9，以 95% 的概率估计，在一次行动中，至少有多少人能进入掩蔽体.

28. 设 $X_1, X_2, \cdots, X_n$ 独立同分布，X_1 的密度函数为 $f(x)$，且 $E(X_1^2)=1$，$D(X_1^2)=2$，求当 n 很大时，$\frac{1}{n}\sum_{i=1}^{n}X_i^2$ 的渐近分布，并写出其密度函数.

第 6 章　数理统计的基础知识

从本章开始,我们将讲述数理统计的基本内容.概率论与数理统计犹如"一只手的正反两面"."手的正面"是概率论,它是在已知随机变量服从某种分布的条件下,来研究随机变量的性质、数字特征及其应用.但是实际情况中往往并非如此,一个随机现象所服从的分布可能完全不知道,也有可能仅知道其服从什么分布但并不知晓其所含参数的具体数值.譬如,在一段时间内,某地区发生的雷暴数量服从什么分布是完全不知道的;航空发动机的寿命服从什么分布也是不知道的.再譬如,考察血样化验这一试验,可能的结果有两个:"阴性"和"阳性",每人的化验结果不是"阴性"就是"阳性",服从两点分布,但分布中的参数却是不知道的.由此,了解它们的分布或者分布中的参数是非常重要的问题,也是数理统计首先要解决的问题."手的反面"是数理统计,它作为一门学科诞生于 19 世纪末 20 世纪初,是具有广泛应用的一个统计学分支.数理统计就是以概率论为基础,根据试验或观察到的数据对研究对象的客观规律性做出种种合理的估计和推断.数理统计包括两个方面的内容:一个是如何合理地搜集数据——抽样方法、试验设计;另一个是由收集到的局部数据如何比较正确地进行分析、推断整体情况——统计推断.本书重点讲述统计推断.

6.1　数理统计的基本概念

6.1.1　总体与样本

在数理统计中,把具有一定共性的研究对象的全体称为总体(或称为母体),把构成总体的每个成员(或基本单位)称为个体.总体中所包含的个体的个数称为总体的容量.容量为有限的称为有限总体,容量为无限的称为无限总体.总体与个体之间的关系,犹如集合与元素的关系.

例如,考察某大学一年级新生的体重和身高,则该校一年级的全体新生就构成了一个总体,每一名新生就是一个个体.又如,研究某灯泡厂生产的一批灯泡的质量,则该批灯泡构成一个总体,其中每一个灯泡就是一个个体.再如空气中悬浮颗粒的总数就可以认为是一个无限总体.

数理统计是研究随机现象数量化规律的学科,在数理统计中我们所关心的并非每个个体的所有特征,而仅仅是它的一项或几项数量指标.如上述一年级新生总体中,我们关心的是个体的体重和身高,而在一批灯泡所构成的总体中,我们关心的仅仅是灯泡的寿命.代表总体的指标是一个随机变量,通常记为 X,它可以是一维(一项指标)的,也可以是多维(多项指标)的随机变量,总体中每个个体是随机变量 X 的一个取值,从而总体对应于一个随机变量(向量).对总体的研究就相当于对这个随机变量的研究.在统计学中称总体 X 的分布为总体分布. 总体分布一般来说是未知的,有时即使知道其分布的类型[如正态分布 $N(\mu, \sigma^2)$、二项分布 $B(n, p)$ 等],也可能不知道这些分布中所含的参数的具体数值(如 μ, σ^2, p 等). 数理统计的任务就是根据总体中部分个体的数据来对总体的未知分布及其参数进行统计推断.

由于总体分布是未知的,或者至少它的某些参数是未知的,为了判断总体服从何种分布或估计未知参数应取何值,我们可以从总体中抽取若干个体进行观察,从中获得研究总体的一些观测数据,然后通过对这些观测数据的统计分析,对总体的分布做出判断或对某些参数做出合理估计. 一般的方法是按一定的法则(称为抽样法则)从总体中抽取若干个体进行观察,这个过程叫作抽样. 显然,对个体的观察结果是随机的,可将其看成是一个随机变量的取值,这样就把个体的观察结果与一个随机变量的取值对应起来了. 于是,我们可记从总体 X 中第 i $(i=1, 2, \cdots, n)$ 次抽取的个体指标为 X_i,则 X_i 是一个随机变量,用 x_i 记个体指标 X_i 的具体观测值. 我们称 $X_1, X_2, \cdots, X_n$ 为来自总体 X 的一个样本,称观测值 $x_1, x_2, \cdots, x_n$ 为样本值,样本所含个体数目 n 称为样本容量(或样本大小).

从总体中抽取样本的方法很多,在这里只介绍一种最常用方法: 简单随机抽样. 它要求抽取样本满足下面两个条件.

(1) 代表性: $X_1, X_2, \cdots, X_n$ 与所观察的总体具有相同的分布;

(2) 独立性: $X_1, X_2, \cdots, X_n$ 是相互独立的随机变量. 由简单随机抽样得到的样本称为简单随机样本,用 $X_1, X_2, \cdots, X_n$ 表示.

定义 6.1　若总体 X 的分布函数为 $F(x)$, $X_1, X_2, \cdots, X_n$ 为来自总体 X、样本容量为 n 的简单随机样本(简称样本),则 $X_1, X_2, \cdots, X_n$ 相互独立,且与总体 X 具有相同分布,对 $-\infty < x_i < +\infty$, $i=1, 2, \cdots, n$, $X_1, X_2, \cdots, X_n$ 的联合分布函数为:

$$F_{X_1, X_2, \cdots, X_n}(x_1, x_2, \cdots, x_n) = P(X_1 \leqslant x_1, X_2 \leqslant x_2, \cdots, X_n \leqslant x_n) = \prod_{i=1}^{n} F_{X_i}(x_i) = \prod_{i=1}^{n} F(x_i).$$

特别地,若总体 X 为离散型随机变量,其分布列为 $P(X=x_j)$, $j=1, 2, \cdots$,则 $X_1, X_2, \cdots, X_n$ 的联合分布列为: $P(X_1=x_1, X_2=x_2, \cdots, X_n=x_n) = \prod_{i=1}^{n} P(X_i=x_i) = \prod_{i=1}^{n} P(X=x_i)$.

若总体 X 为连续型随机变量,其概率密度函数为 $f(x)$,则样本 $X_1, X_2, \cdots, X_n$ 的联合密度函数为: $f_{X_1, X_2, \cdots, X_n}(x_1, x_2, \cdots, x_n) = \prod_{i=1}^{n} f_{X_i}(x_i) = \prod_{i=1}^{n} f(x_i)$.

值得注意的是,在实际应用中,在严格意义下,获取简单随机样本并不容易. 对无限总体,可采用无放回抽样,其每次抽取一个个体,并不影响下一次的抽样结果,因此每次抽样可以看作是相互独立的,故采用无放回抽样即可得到一个简单随机样本. 而对有限总体,若采用无放回抽样,抽取一个个体后,总体里的个体就会少一个,前一次的抽样结果会影响下一次的抽样结果,因此每次抽取是不相互独立的;为此若采用有放回抽样就能得到简单随机样本,但有放回抽样使用起来并不方便,故实际操作中通常采用无放回抽样,当所考察的总体容量非常大时,无放回抽样与有放回抽样之间的区别就很小,此时可近似地把无放回抽样所得到的样本看成是一个简单随机样本. 本书后面假定考察的样本均为简单随机抽样,简称样本.

例 6.1 (1) 设总体 X 服从参数为 λ 的泊松分布，$X_1, X_2, \cdots, X_n$ 为总体 X 的一个容量为 n 的简单随机样本，求 $X_1, X_2, \cdots, X_n$ 的联合分布列；

(2) 总体 X 服从正态分布 $N(\mu, \sigma^2)$，$X_1, X_2, \cdots, X_n$ 为总体 X 的一个容量为 n 的简单随机样本，求 $X_1, X_2, \cdots, X_n$ 的联合密度函数.

解 (1) 对非负整数 x_i，$i=1, 2, \cdots$，$X_1, X_2, \cdots, X_n$ 的联合分布列为

$$P(X_1=x_1, X_2=x_2, \cdots, X_n=x_n)=\prod_{i=1}^{n} P(X=x_i)$$
$$=\prod_{i=1}^{n}\left(\frac{\lambda^{x_i}}{x_i!}\mathrm{e}^{-\lambda}\right)=\mathrm{e}^{-n\lambda}\lambda^{\sum\limits_{i=1}^{n} x_i}\prod_{i=1}^{n}\frac{1}{x_i!};$$

(2) 对 $-\infty<x_i<+\infty$，$i=1, 2, \cdots, n$，$X_1, X_2, \cdots, X_n$ 的联合密度函数为

$$f_{X_1, X_2, \cdots, X_n}(x_1, x_2, \cdots, x_n)=\prod_{i=1}^{n}\left[\frac{1}{\sqrt{2\pi}\sigma}\mathrm{e}^{-\frac{(x_i-\mu)^2}{2\sigma^2}}\right]$$
$$=\left(\frac{1}{\sqrt{2\pi}\sigma}\right)^n\exp\left[-\frac{1}{2\sigma^2}\sum_{i=1}^{n}(x_i-\mu)^2\right].$$

6.1.2 统计量与枢轴量

定义 6.2 设 $X_1, X_2, \cdots, X_n$ 为来自总体 X 的一个简单随机样本，$T(X_1, X_2, \cdots, X_n)$ 为样本 $X_1, X_2, \cdots, X_n$ 的函数，如果 T 中不包含任何未知参数，则称 $T(X_1, X_2, \cdots, X_n)$ 为一个统计量，统计量的分布称为抽样分布.

定义 6.3 设 $X_1, X_2, \cdots, X_n$ 为来自总体 X 的一个简单随机样本，$T(X_1, X_2, \cdots, X_n)$ 为样本 $X_1, X_2, \cdots, X_n$ 的函数，如果 T 中包含未知参数，且其分布不含任何未知参数，则称 $T(X_1, X_2, \cdots, X_n)$ 为一个枢轴量.

枢轴量与统计量是完全不同的概念. 它们的相同之处是都为样本 $X_1, X_2, \cdots, X_n$ 的函数. 不同之处是统计量不含未知参数，但其概率分布可以含有未知参数也可以不含未知参数；而枢轴量是含有未知参数，但其概率分布不含未知参数.

值得指出的是，通常利用枢轴量来求取参数的区间估计，这将在第 7 章中做详细说明. 而统计量的分布如果不含未知参数，则可以利用该统计量进行异常数据检验或分布的拟合检验.

例 6.2 设总体 $X\sim N(\mu, \sigma_0^2)$，总体均值参数 μ 未知，总体方差参数 σ_0^2 已知，而 $X_1, X_2, \cdots, X_n$ 为总体 X 的一个简单随机样本.

(1) 由于 $\bar{X}=\frac{1}{n}\sum\limits_{i=1}^{n} X_i$ 中不含未知参数，所以 $\bar{X}$ 是统计量，且 $\bar{X}\sim N\left(\mu, \frac{\sigma_0^2}{n}\right)$，即 $\bar{X}$ 的分布含有未知参数 μ；又由于 $\frac{\bar{X}-\mu}{\sigma_0/\sqrt{n}}\sim N(0, 1)$，则 $\frac{\bar{X}-\mu}{\sigma_0/\sqrt{n}}$ 为枢轴量；

(2) $\frac{1}{\sigma_0^2}\sum\limits_{i=1}^{n}(X_i-\mu)^2$ 中含有未知参数 μ，所以 $\frac{1}{\sigma_0^2}\sum\limits_{i=1}^{n}(X_i-\mu)^2$ 不是统计量，但由于

$\frac{1}{\sigma_0^2}\sum_{i=1}^{n}(X_i-\mu)^2 \sim \chi^2(n)$，则有 $\frac{1}{\sigma_0^2}\sum_{i=1}^{n}(X_i-\mu)^2$ 为枢轴量；

(3) 记 $X_{(1)}=\min(X_1, X_2, \cdots, X_n)$，$X_{(n)}=\max(X_1, X_2, \cdots, X_n)$，易知 $\frac{1}{\sigma_0}(X_{(n)}-X_{(1)})$ 为统计量，注意到 $\frac{1}{\sigma_0}(X_{(n)}-X_{(1)})=\frac{X_{(n)}-\mu}{\sigma_0}-\frac{X_{(1)}-\mu}{\sigma_0}$，其概率分布不含未知参数.

在通常情况下，总体的特征是我们所关心的，但总体的情况却往往又是未知的，参数在一般情况下也是未知数. 比如，某一高校大学生一个月的平均生活费、平均每周的上网时间等一般并不清楚. 再比如，某一地区的居民收入差异情况、一批产品的次品率等一般也是不清楚的. 于是，往往通过抽样的办法，用样本的信息来推断总体的情况. 例如，用样本均值 $\bar{X}$ 去估计总体均值 μ，用样本方差 $S_n^2=\frac{1}{n}\sum_{i=1}^{n}(X_i-\bar{X})^2$ 去估计总体方差 σ^2 等.

6.1.3 次序统计量及经验分布

定义 6.4 设 $X_1, X_2, \cdots, X_n$ 为总体 X 的一个简单随机样本，将 X_i，$i=1, 2, \cdots, n$，按由小到大的次序重新排列记为 $X_{(1)}, X_{(2)}, \cdots, X_{(n)}$，即 $X_{(1)} \leqslant X_{(2)} \leqslant \cdots \leqslant X_{(n)}$，称 $X_{(k)}(k=1, 2, \cdots, n)$ 为总体的第 k 个次序统计量，特别称 $X_{(1)}$ 为极小值统计量，$X_{(n)}$ 为极大值统计量.

次序统计量在统计学中有着特殊的应用地位，例如，为了解一批产品的平均寿命，从中抽样 n 个产品进行寿命试验，那么第一个失效产品的失效时间为 $X_{(1)}$，第二个失效产品的失效时间为 $X_{(2)}$，…，最后一个失效产品的失效时间为 $X_{(n)}$.

例 6.3 设连续型总体 X 的密度函数与分布函数分别记为 $f(x)$，$F(x)$，X_1，X_2 为来自总体 X 的一个样本容量为 2 的简单随机样本，$X_{(1)}$，$X_{(2)}$ 为其次序统计量，则 $X_{(1)}$，$X_{(2)}$ 不相互独立.

证明 对 $-\infty < x < +\infty$，则

$$\begin{aligned} F_{X_{(1)}}(x) &= P(X_{(1)} \leqslant x) = 1-P(X_{(1)} > x) \\ &= 1-P(X_1 > x, X_2 > x) \\ &= 1-P(X_1 > x)P(X_2 > x) = 1-[1-F(x)]^2, \end{aligned}$$

$$f_{X_{(1)}}(x) = 2f(x)[1-F(x)];$$

对 $-\infty < y < +\infty$，则

$$F_{X_{(2)}}(y) = P(X_{(2)} \leqslant y) = P(X_1 \leqslant y, X_2 \leqslant y) = [F(y)]^2,$$

$$f_{X_{(2)}}(y) = 2f(y)F(y);$$

对 $-\infty < x < +\infty$，$-\infty < y < +\infty$，则

$$\begin{aligned} F_{X_{(1)}, X_{(2)}}(x, y) &= P(X_{(1)} \leqslant x, X_{(2)} \leqslant y) \\ &= P(X_{(2)} \leqslant y) - P(X_{(1)} > x, X_{(2)} \leqslant y) \\ &= [F(y)]^2 - P(X_1 > x, X_2 > x, X_1 \leqslant y, X_2 \leqslant y). \end{aligned}$$

当 $y\leqslant x$ 时，$P(X_1>x,\ X_2>x,\ X_1\leqslant y,\ X_2\leqslant y)=0$，

则
$$F_{X_{(1)},X_{(2)}}(x,\ y)=[F(y)]^2;$$

当 $y>x$ 时，

$$\begin{aligned}P(X_1>x,\ X_2>x,\ X_1\leqslant y,\ X_2\leqslant y)&=P(x<X_1\leqslant y,\ x<X_2\leqslant y)\\&=P(x<X_1\leqslant y)P(x<X_2\leqslant y)\\&=[F(y)-F(x)]^2,\end{aligned}$$

则　$F_{X_{(1)},X_{(2)}}(x,\ y)=[F(y)]^2-[F(y)-F(x)]^2=[F(x)][2F(y)-F(x)]$.

故 $X_{(1)}$ 与 $X_{(2)}$ 不相互独立.

例 6.4　设有一个总体，它以等概率取 $-1,\ 0,\ 1$ 三个值，现从此总体中取容量为 2 的一个样本 $X_1,\ X_2$，表 6.1 列出样本 $X_1,\ X_2$ 所有可能取值情况和相应的次序统计量 $X_{(1)}$，$X_{(2)}$ 的取值情况. 样本中的 $X_i,i=1,2$ 都等可能取值 $-1,\ 0,\ 1$，并且 X_1 与 X_2 相互独立，但它的次序统计量 $X_{(1)},\ X_{(2)}$ 取这些值的概率却不相等，而且 $X_{(1)}$ 与 $X_{(2)}$ 的分布列也是不相同的，也不再独立，如表 6.1 所示.

表 6.1　样本 X_1，X_2 和次序统计量 $X_{(1)}$，$X_{(2)}$ 的取值情况

样本	$(-1,\ -1)$	$(-1,\ 0)$	$(-1,\ 1)$	$(0,\ -1)$	$(0,\ 0)$	$(0,\ 1)$	$(1,\ -1)$	$(1,\ 0)$	$(1,\ 1)$
次序统计量	$(-1,\ -1)$	$(-1,\ 0)$	$(-1,\ 1)$	$(-1,\ 0)$	$(0,\ 0)$	$(0,\ 1)$	$(-1,\ 1)$	$(0,\ 1)$	$(1,\ 1)$

$X_{(1)}$ 与 $X_{(2)}$ 的联合分布列如表 6.2 所示.

表 6.2　次序统计量 $X_{(1)}$，$X_{(2)}$ 的联合分布列

$X_{(2)}$ \ $X_{(1)}$	-1	0	1
-1	1/9	0	0
0	2/9	1/9	0
1	2/9	2/9	1/9

可得
$$X_{(1)}\sim\begin{pmatrix}-1 & 0 & 1\\ 5/9 & 3/9 & 1/9\end{pmatrix},\ X_{(2)}\sim\begin{pmatrix}-1 & 0 & 1\\ 1/9 & 3/9 & 5/9\end{pmatrix},$$

由于 $P(X_{(1)}=-1,\ X_{(2)}=1)=2/9$，$P(X_{(1)}=-1)=5/9$，$P(X_{(2)}=1)=5/9$，
易见 $P(X_{(1)}=-1,\ X_{(2)}=1)\neq P(X_{(1)}=-1)P(X_{(2)}=1)$，即 $X_{(1)}$ 与 $X_{(2)}$ 不独立.

从上述两例中可以看到，虽然 X_1 与 X_2 独立同分布，但 $X_{(1)}$ 与 $X_{(2)}$ 既不独立也不同分布. 由此可以得到，对于总体 X 的一个简单随机样本 $X_1,\ X_2,\ \cdots,\ X_n$，虽然 $X_1,\ X_2,\ \cdots,\ X_n$ 彼此独立同分布，但 $X_{(1)},\ X_{(2)},\ \cdots,\ X_{(n)}$ 既不相互独立，也不再同分布.

定义 6.5　设 $X_1,\ X_2,\ \cdots,\ X_n$ 为来自总体 X 的一个容量为 n 的简单随机样本，其次序统计量为 $X_{(1)}\leqslant X_{(2)}\leqslant\cdots\leqslant X_{(n)}$，对应的样本观察值为 $x_{(1)}\leqslant x_{(2)}\leqslant\cdots\leqslant x_{(n)}$，定义函数 $F_n^*(x)$ 或记为 $F_n^*(x;\ X_1,\ X_2,\ \cdots,\ X_n)$：

$$F_n^*(x)=\begin{cases}0, & x<x_{(1)},\\ \dfrac{1}{n}, & x_{(1)}\leqslant x<x_{(2)},\\ \vdots & \vdots,\\ \dfrac{k}{n}, & x_{(k)}\leqslant x<x_{(k+1)},\\ \vdots & \vdots,\\ 1, & x\geqslant x_{(n)},\end{cases}$$

则称 $F_n^*(x)$ 为总体 X 的对应于样本 $X_1, X_2, \cdots, X_n$ 的经验分布函数.

注意　$F_n^*(x)$ 中 x 的取值范围为“左闭右开”,若分布函数定义为 $F(x)=P(X<x)$,则 $F_n^*(x)$ 中 x 的取值范围为“左开右闭”.

经验分布函数有如下的性质:

(1) $0\leqslant F_n^*(x)\leqslant 1$; $F_n^*(x)$ 是非减函数; $F_n^*(-\infty)=0$, $F_n^*(+\infty)=1$; $F_n^*(x)$ 右连续;

(2) 当样本固定时,作为 x 的函数是一个阶梯形的分布函数, $F_n^*(x)$ 恰为样本中小于等于 x 的频率,即 $F_n^*(x)=\dfrac{x_1, x_2, \cdots, x_n \text{ 中小于或等于 } x \text{ 的个数}}{n}$;

(3) 当 x 固定时,它是一个统计量,其分布由总体的分布所确定.

$$\begin{aligned}P\left\{F_n^*(x)=\frac{k}{n}\right\}&=P\{nF_n^*(x)=k\}\\&=C_n^k[F_X(x)]^k[1-F_X(x)]^{n-k},\ k=0, 1, \cdots, n,\end{aligned}$$

即 $nF_n^*(x)$ 服从参数为 $p=F_X(x)$ 的二项分布,也取 $nF_n^*(x)\sim B(n, p)$.

例 6.5　某射手独立重复地进行 20 次打靶试验,命中靶子的环数如表 6.3 所示:

表 6.3　20 次打靶试验命中靶子的环数

环　数	10	9	8	7	6	5	4
频　数	2	3	0	9	4	0	2

用 X 表示此射手对靶射击一次所命中的环数,求 X 的经验分布函数,并画出其图像.

解　设 X 的经验分布函数为 $F_{20}^*(x)$,则

$$F_{20}^*(x)=\begin{cases}0, & x<4,\\ 0.1, & 4\leqslant x<5,\\ 0.1, & 5\leqslant x<6,\\ 0.3, & 6\leqslant x<7,\\ 0.75, & 7\leqslant x<8,\\ 0.75, & 8\leqslant x<9,\\ 0.9, & 9\leqslant x<10,\\ 1, & x\geqslant 10.\end{cases}$$

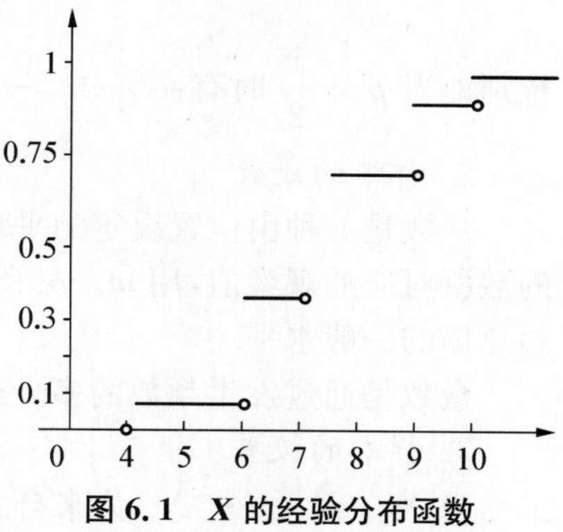

其图像如图 6.1 所示.

图 6.1　X 的经验分布函数

由于经验分布函数 $F_n^*(x)$ 是 n 次独立重复独立试验中事件 $(X \leqslant x)$ 的频率,根据伯努利大数定律可知,频率 $F_n^*(x)$ 与事件 $(X \leqslant x)$ 发生的概率 $F(x)$ 具有如下关系:对任意的 $\varepsilon > 0$,有

$$\lim_{n \to +\infty} P(|F_n^*(x) - F(x)| \geqslant \varepsilon) = 0.$$

6.1.4 常用的一些统计量

1. 样本的分位数

设 $X_1, X_2, \cdots, X_n$ 为来自总体 X 的一个简单随机样本,$X_{(1)} \leqslant X_{(2)} \leqslant \cdots \leqslant X_{(n)}$ 为其次序统计量,对 λ 有:$\dfrac{1}{n} \leqslant \lambda \leqslant \dfrac{n}{n+1}$,将样本的 λ 分位数 $X^*(\lambda)$ 定义为:

$$X^*(\lambda) = \{1 - (\lambda(n+1) - [\lambda n])\} X_{([\lambda n])} + \{\lambda(n+1) - [\lambda n]\} X_{([\lambda n]+1)},$$

上式中的[ ]为取整函数.

特别地,当 $\lambda = 0.5$ 时,$X^*(0.5)$ 称为样本的中位数(也用 m_e 表示),并有如下计算公式:

$$X^*(0.5) = m_e = \begin{cases} X_{((n+1)/2)}, & n \text{ 为奇数}, \\ \dfrac{1}{2}\{X_{(n/2)} + X_{(n/2+1)}\}, & n \text{ 为偶数}. \end{cases}$$

例 6.6 若从某总体 X 中抽取容量为 7 的一个样本,样本值为 1.5, 2.0, 4.0, 0, 8, 3.5, 9,从小到大排序后为 0, 1.5, 2.0, 3.5, 4.0, 8, 9,则样本的 1/7 分位数为:

$$\begin{aligned} x^*(1/7) &= \{1 - (8/7 - 1)\} x_{(1)} + (8/7 - 1) x_{(2)} = (6/7) x_{(1)} + (1/7) x_{(2)} \\ &= x_{(1)} + \frac{1}{7}(x_{(2)} - x_{(1)}) = 0 + \frac{1}{7} \times 1.5 = \frac{3}{14}. \end{aligned}$$

同理可得 $X^*(0.25) = X_{(2)} = 1.5, X^*(0.5) = X_{(4)} = 3.5.$

在总体的密度函数 $f(x)$ 的类型已知场合,样本中位数与样本 λ 分位数的精确分布比较复杂,不便实际使用,但在一定条件下可以求出其渐近分布.

定理 6.1 设总体的 p 分位数为 ξ_p,又设总体的密度函数 $f(x)$ 在 ξ_p 处连续且不为零,则当 $n \to +\infty$ 时有:$\sqrt{n}[X^*(p) - \xi_p] \xrightarrow{W} N\left(0, \dfrac{p(1-p)}{f^2(\xi_p)}\right)$,

特别地当 $p = \dfrac{1}{2}$ 时有:$\sqrt{n}(m_e - \xi_{0.5}) \xrightarrow{W} N\left(0, \dfrac{1}{4f^2(\xi_p)}\right)$.

2. 样本的众数

众数是一种由位置决定的平均数.它是数据分布中出现频数最多的数,即出现频数最多的数所对应的观察值,用 m_0 表示.由于它出现的频数最多,所以是最普遍的,可以用它来表示总体的一般水平.

众数是通过发生频数的多少来确定的,数据太少时,不宜用众数.

3. 样本的极差

设 $X_1, X_2, \cdots, X_n$ 为来自总体 X 的一个简单随机样本,$X_{(1)} \leqslant X_{(2)} \leqslant \cdots \leqslant X_{(n)}$ 为

其次序统计量，称 $D_n^* = X_{(n)} - X_{(1)}$ 为样本的极差，表示数据的变化范围. 例 6.6 中的样本极差为 $D_n^* = 9 - 0 = 9$.

极差计算方法简便，意义明确，容易理解，在实际工作中常用它粗略说明总体变异程度的大小. 但极差只考虑了最大和最小两端的数值，没有考虑中间各项数值的分布和影响，所以极差不能全面、准确地反映总体的离散程度.

4. 样本分量的秩

设 $X_1, X_2, \cdots, X_n$ 为来自总体 X 的一个简单随机样本，$X_{(1)} \leqslant X_{(2)} \leqslant \cdots \leqslant X_{(n)}$ 为其次序统计量，若 $X_k = X_{(j)}$，则称 X_k 的秩为 j，记作 $r(X_k) = j$，它表示 X_k 处于次序统计量中的位次. 例 6.6 中 $x_3 = 4 = x_{(5)}$，即 $r(x_3) = 5$.

5. 样本矩

设 $X_1, X_2, \cdots, X_n$ 为来自总体 X 的容量为 n 的一个简单随机样本，统计量 $\bar{X} = \frac{1}{n}\sum_{i=1}^{n} X_i$ 称为样本均值；统计量 $S_n^2 = \frac{1}{n}\sum_{i=1}^{n}(X_i - \bar{X})^2$ 称为样本方差，$S_n = \sqrt{S_n^2}$ 称为样本标准差；统计量 $S^2 = \frac{1}{n-1}\sum_{i=1}^{n}(X_i - \bar{X})^2$ 称为修正的样本方差，$S = \sqrt{S^2}$ 称为修正的样本标准差；统计量 $A_r = \overline{X^r} = \frac{1}{n}\sum_{i=1}^{n} X_i^r$，$r = 1, 2, \cdots$ 称为样本的 r 阶矩（或称原点矩）；统计量 $B_r = \frac{1}{n}\sum_{i=1}^{n}(X_i - \bar{X})^r$，$r = 1, 2, \cdots$ 称为样本的 r 阶中心矩. 从而易知 $A_1 = \bar{X}$，$B_2 = S_n^2$.

样本变异系数的定义为 $v = \frac{S}{\bar{X}}$，是一个测度数量离散程度的相对统计量，主要用于比较不同样本数据的离散程度. 变异系数大，说明数据的离散程度也大；变异系数小，说明数据的离散程度也小.

样本偏度定义为 $\alpha_3 = \sqrt{n-1}\dfrac{\sum_{i=1}^{n}(X_i - \bar{X})^3}{\sqrt{\left[\sum_{i=1}^{n}(X_i - \bar{X})^2\right]^3}} = \dfrac{n}{n-1}\dfrac{B_3}{S^3}$. 如果一组数据的分布是对称的，则偏度等于 0；如果偏度明显不等于 0，表明分布是非对称的. 若偏度大于 1 或小于 −1，被称为高度偏态分布；若偏度在 0.5～1 或 −1～−0.5 之间，被认为是中等偏态分布；偏度越接近 0，偏斜程度就越低. 当 α_3 为正值时，表示正离差值较大，可以判断为正偏或右偏；反之，当 α_3 为负值时，表示负离差值较大，可判断为负偏或左偏.

样本峰度定义为 $\alpha_4 = \dfrac{(n-1)\sum_{i=1}^{n}(X_i - \bar{X})^4}{\left[\sum_{i=1}^{n}(X_i - \bar{X})^2\right]^2} - 3 = \dfrac{n}{n-1}\dfrac{B_4}{S^4} - 3$. 若峰度的值明显不等于 0，则表明分布比正态分布更平或更尖，通常称为平峰分布或尖峰分布. 当 $\alpha_4 > 0$ 时为尖峰分布，数据的分布更集中；当 $\alpha_4 < 0$ 时为扁平分布，数据的分布更分散.

关于样本矩下面几个性质值得注意：

(1) $\sum_{i=1}^{n}(X_i - \bar{X}) = 0$；

(2) 对任何常数 C，$\sum_{i=1}^{n}(X_i-C)^2=\sum_{i=1}^{n}(X_i-\bar{X})^2+n(\bar{X}-C)^2$；

进而有 $\sum_{i=1}^{n}(X_i-\bar{X})^2\leqslant\sum_{i=1}^{n}(X_i-C)^2$，等号成立当且仅当 $C=\bar{X}$；

(3) $S_n^2=\frac{1}{n}\left(\sum_{i=1}^{n}X_i^2-n\bar{X}^2\right)=\overline{X^2}-\bar{X}^2$，$S^2=\frac{1}{n-1}\left(\sum_{i=1}^{n}X_i^2-n\bar{X}^2\right)=\frac{n}{n-1}(\overline{X^2}-\bar{X}^2)$.

另外有：$S^2=\frac{1}{n(n-1)}\sum_{i<j}(X_i-X_j)^2=\frac{1}{n(n-1)}\sum\sum_{i<j}(X_i-X_j)^2$. 事实上，

$$\begin{aligned}\sum_{i<j}(X_i-X_j)^2&=\sum\sum_{i<j}(X_i-X_j)^2=\sum_{i=1}^{n-1}\sum_{j=i+1}^{n}(X_i^2+X_j^2-2X_iX_j)\\&=\sum_{i=1}^{n-1}\sum_{j=i+1}^{n}X_i^2+\sum_{i=1}^{n-1}\sum_{j=i+1}^{n}X_j^2-\left[\left(\sum_{i=1}^{n}X_i\right)^2-\sum_{i=1}^{n}X_i^2\right]\\&=\sum_{i=1}^{n-1}(n-i)X_i^2+\sum_{j=2}^{n}\sum_{i=1}^{j-1}X_j^2-\left[\left(\sum_{i=1}^{n}X_i\right)^2-\sum_{i=1}^{n}X_i^2\right]\\&=\sum_{i=1}^{n-1}(n-i)X_i^2+\sum_{j=2}^{n}(j-1)X_j^2-\left[\left(\sum_{i=1}^{n}X_i\right)^2-\sum_{i=1}^{n}X_i^2\right]\\&=(n-1)\sum_{i=1}^{n}X_i^2-\left[\left(\sum_{i=1}^{n}X_i\right)^2-\sum_{i=1}^{n}X_i^2\right]=n\sum_{i=1}^{n}X_i^2-n^2\bar{X}^2,\end{aligned}$$

则
$$\frac{1}{n(n-1)}\sum_{i<j}(X_i-X_j)^2=\frac{1}{n-1}\left(\sum_{i=1}^{n}X_i^2-n\bar{X}^2\right)=S^2.$$

既然定义了样本方差 S_n^2，那为什么还要引入修正的样本方差 S^2 呢？其主要原因有两个：一是只有 S^2 才是总体方差 σ^2 的无偏估计；二是分母取为 $n-1$ 会使 S^2 大于实际的大小. 为什么将分母取为 $n-1$ 呢？是因为好的科学家一般都是“保守”的. “保守”的含义是，如果我们不得不出错，那么即使出错也是由于过高估计了总体的方差，分母较小可让我们做到这一点.

定理 6.2　设总体 X 的四阶矩存在，记 $\mu=E(X)$，$\sigma^2=D(X)$，$\nu_k=E(X-\mu)^k$，$k=3$，4，若 X_1，X_2，…，X_n 是总体 X 的一个样本，样本均值 $\bar{X}$、样本方差 S_n^2 以及修正的样本方差分别记为 $\bar{X}$，S_n^2 和 S^2，则(1) $E(\bar{X})=\mu$，$D(\bar{X})=\frac{\sigma^2}{n}$；(2) $E(S_n^2)=\frac{n-1}{n}\sigma^2$，$E(S^2)=\sigma^2$；(3) $\operatorname{cov}(\bar{X},S_n^2)=\frac{n-1}{n^2}\nu_3$，$\operatorname{cov}(\bar{X},S^2)=\frac{\nu_3}{n}$；(4) $D(S_n^2)=\frac{\nu_4-\sigma^4}{n}-2\frac{\nu_4-2\sigma^4}{n^2}+\frac{\nu_4-3\sigma^4}{n^3}$，$D(S^2)=\frac{n(\nu_4-\sigma^4)}{(n-1)^2}-2\frac{\nu_4-2\sigma^4}{(n-1)^2}+\frac{\nu_4-3\sigma^4}{n(n-1)^2}$.

证明　由例 4.26 知(1)与(2)成立.

(3) 为简化计算，记 $U_i=X_i-\mu$，$i=1$，2，…，n，则 $\bar{X}=\bar{U}+\mu$，

$$S_n^2=\frac{1}{n}\sum_{i=1}^{n}(X_i-\bar{X})^2=\frac{1}{n}\sum_{i=1}^{n}[(X_i-\mu)-(\bar{X}-\mu)]^2=\frac{1}{n}\sum_{i=1}^{n}(U_i-\bar{U})^2=\overline{U^2}-\bar{U}^2,$$

于是有：对 $i=1$，2，…，n，$E(U_i)=0$，$E(U_i^2)=D(U_i)=\sigma^2$，$E(U_i^k)=\nu_k$，$k=3$，4，

$$E(\bar{U})=0,\ E(\bar{U}^2)=D(\bar{U})=\frac{\sigma^2}{n},$$

$$\operatorname{cov}(\bar{X},\ S_n^2)=\operatorname{cov}(\bar{U}+\mu,\ \overline{U^2}-\bar{U}^2)=\operatorname{cov}(\bar{U},\ \overline{U^2}-\bar{U}^2),$$

$$\operatorname{cov}(\bar{U},\ \overline{U^2})=\frac{1}{n^2}\operatorname{cov}(\sum_{j=1}^n U_j,\ \sum_{i=1}^n U_i^2)=\frac{1}{n^2}\sum_{j=1}^n\operatorname{cov}(U_j,\ \sum_{i=1}^n U_i^2)=\frac{1}{n}\operatorname{cov}(U_1,\ \sum_{i=1}^n U_i^2)$$
$$=\frac{1}{n}\operatorname{cov}(U_1,\ U_1^2)=\frac{1}{n}E(U_1^3)=\frac{\nu_3}{n},$$

$$\operatorname{cov}(\bar{U},\ \bar{U}^2)=\frac{1}{n^3}\operatorname{cov}\left[\sum_{i=1}^n U_i,\ \left(\sum_{j=1}^n U_j\right)^2\right]=\frac{1}{n^2}\operatorname{cov}\left[U_1,\ \left(U_1+\sum_{j=2}^n U_j\right)^2\right]$$
$$=\frac{1}{n^2}\operatorname{cov}\left(U_1,\ U_1^2+2U_1\sum_{j=2}^n U_j\right)=\frac{1}{n^2}\left[\operatorname{cov}(U_1,\ U_1^2)+2\operatorname{cov}\left(U_1,\ \sum_{j=2}^n U_1U_j\right)\right]$$
$$=\frac{1}{n^2}\left[E(U_1^3)+2\sum_{j=2}^n\operatorname{cov}(U_1,\ U_1U_j)\right]=\frac{\nu_3}{n^2},$$

则 $$\operatorname{cov}(\bar{X},\ S_n^2)=\frac{\nu_3}{n}-\frac{\nu_3}{n^2}=\frac{n-1}{n^2}\nu_3,\ \operatorname{cov}(\bar{X},\ S^2)=\frac{n}{n-1}\operatorname{cov}(\bar{X},\ S_n^2)=\frac{\nu_3}{n}.$$

(4) $$D(S_n^2)=\operatorname{cov}(S_n^2,\ S_n^2)=\operatorname{cov}(\overline{U^2}-\bar{U}^2,\ \overline{U^2}-\bar{U}^2)$$
$$=\operatorname{cov}(\overline{U^2},\ \overline{U^2})-2\operatorname{cov}(\overline{U^2},\ \bar{U}^2)+\operatorname{cov}(\bar{U}^2,\ \bar{U}^2),$$

$$\operatorname{cov}(\overline{U^2},\ \overline{U^2})=\frac{1}{n^2}\operatorname{cov}\left(\sum_{i=1}^n U_i^2,\ \sum_{i=1}^n U_i^2\right)=\frac{1}{n}\operatorname{cov}\left(U_1^2,\ \sum_{i=1}^n U_i^2\right)=\frac{1}{n}\operatorname{cov}(U_1^2,\ U_1^2)=\frac{\nu_4-\sigma^4}{n},$$

$$\operatorname{cov}(\overline{U^2},\ \bar{U}^2)=\frac{1}{n^3}\operatorname{cov}\left[\sum_{i=1}^n U_i^2,\ \left(\sum_{i=1}^n U_i\right)^2\right]=\frac{1}{n^2}\operatorname{cov}\left[U_1^2,\ \left(U_1+\sum_{i=2}^n U_i\right)^2\right]$$
$$=\frac{1}{n^2}\operatorname{cov}\left[U_1^2,\ U_1^2+2U_1\sum_{i=2}^n U_i+\left(\sum_{i=2}^n U_i\right)^2\right]$$
$$=\frac{1}{n^2}\left\{\operatorname{cov}(U_1^2,\ U_1^2)+2\operatorname{cov}\left(U_1^2,\ U_1\sum_{i=2}^n U_i\right)+\operatorname{cov}\left[U_1^2,\ \left(\sum_{i=2}^n U_i\right)^2\right]\right\}$$
$$=\frac{1}{n^2}\operatorname{cov}(U_1^2,\ U_1^2)=\frac{\nu_4-\sigma^4}{n^2}.$$

下面用归纳法证明：$\operatorname{cov}(\bar{U}^2,\ \bar{U}^2)=\dfrac{\nu_4+3(n-1)\sigma^4}{n^3}-\dfrac{\sigma^4}{n^2}$.

事实上，当 $n=1$ 时，$\operatorname{cov}(U_1^2,\ U_1^2)=\nu_4-\sigma^4$，假设当 $n>1$ 时结论成立，记 $\bar{U}_n=\dfrac{1}{n}\sum_{i=1}^n U_i$，即 $\operatorname{cov}(\bar{U}_n^2,\ \bar{U}_n^2)=\dfrac{\nu_4+3(n-1)\sigma^4}{n^3}-\dfrac{\sigma^4}{n^2}$,

则 $$\operatorname{cov}(\bar{U}_{n+1}^2,\ \bar{U}_{n+1}^2)=\frac{1}{(n+1)^4}\operatorname{cov}((n\bar{U}_n+U_{n+1})^2,\ (n\bar{U}_n+U_{n+1})^2)$$
$$=\frac{1}{(n+1)^4}\operatorname{cov}(n^2\bar{U}_n^2+2n\bar{U}_nU_{n+1}+U_{n+1}^2,\ n^2\bar{U}_n^2+2n\bar{U}_nU_{n+1}+U_{n+1}^2)$$

$$=\frac{1}{(n+1)^4}[n^4\operatorname{cov}(\bar{U}_n^2,\bar{U}_n^2)+4n^2\operatorname{cov}(\bar{U}_nU_{n+1},\bar{U}_nU_{n+1})+\operatorname{cov}(U_{n+1}^2,U_{n+1}^2)]$$

$$=\frac{1}{(n+1)^4}\left\{n^4\left[\frac{\nu_4+3(n-1)\sigma^4}{n^3}-\frac{\sigma^4}{n^2}\right]+4n\sigma^4+\nu_4-\sigma^4\right\}$$

$$=\frac{\nu_4+3n\sigma^4}{(n+1)^3}-\frac{\sigma^4}{(n+1)^2}$$

由数学归纳法可知 $\operatorname{cov}(\bar{U}^2,\bar{U}^2)=\frac{\nu_4+3(n-1)\sigma^4}{n^3}-\frac{\sigma^4}{n^2}$ 成立.

则 $D(S_n^2)=\frac{\nu_4-\sigma^4}{n}-2\frac{\nu_4-\sigma^4}{n^2}+\frac{\nu_4+3(n-1)\sigma^4}{n^3}-\frac{\sigma^4}{n^2}=\frac{\nu_4-\sigma^4}{n}-2\frac{\nu_4-2\sigma^4}{n^2}+\frac{\nu_4-3\sigma^4}{n^3}$,

$$D(S^2)=D\left(\frac{n}{n-1}S_n^2\right)=\frac{n^2}{(n-1)^2}D(S_n^2)=\frac{n(\nu_4-\sigma^4)}{(n-1)^2}-2\frac{\nu_4-2\sigma^4}{(n-1)^2}+\frac{\nu_4-3\sigma^4}{n(n-1)^2}.$$

由定理 6.2 易知如下结论：(1) 总体 X 的偏度 $\beta_1=0$，当且仅当 $\operatorname{cov}(\bar{X},S^2)=0$；(2) 总体 X 的峰度 $\beta_2=0$，当且仅当 $D(S^2)=\frac{2\sigma^4}{n-1}$.

事实上,(1)是显然成立的,下面证明(2)成立.

若 $\beta_2=0$，即 $\nu_4=3\sigma^4$，则 $D(S^2)=\frac{2n\sigma^4}{(n-1)^2}-\frac{2\sigma^4}{(n-1)^2}=\frac{2\sigma^4}{n-1}$,

若 $D(S^2)=\frac{2\sigma^4}{n-1}$，则 $\frac{n(\nu_4-\sigma^4)}{(n-1)^2}-2\frac{\nu_4-2\sigma^4}{(n-1)^2}+\frac{\nu_4-3\sigma^4}{n(n-1)^2}=\frac{2\sigma^4}{n-1}$,

即 $n^2\nu_4-n^2\sigma^4-2n\nu_4+4n\sigma^4+\nu_4-3\sigma^4=2n(n-1)\sigma^4$，$\nu_4=3\sigma^4$，即 $\beta_2=0$.

特别地,如果总体 $X\sim N(\mu,\sigma^2)$,则 $\frac{X-\mu}{\sigma}\sim N(0,1)$，$\nu_3=0$，$\nu_4=3\sigma^4$.

由定理 6.2 可知：$E(\bar{X})=\mu$，$D(\bar{X})=\frac{\sigma^2}{n}$，$E(S_n^2)=\frac{n-1}{n}\sigma^2$，$E(S^2)=\sigma^2$，$D(S_n^2)=\frac{2(n-1)}{n^2}\sigma^4$，$D(S^2)=\frac{2}{n-1}\sigma^4$，$\operatorname{cov}(\bar{X},S_n^2)=\operatorname{cov}(\bar{X},S^2)=0$.

6. 二元总体的样本矩

设 (X,Y) 为二元随机变量，(X_1,Y_1)，(X_2,Y_2)，…，(X_n,Y_n) 为来自 (X,Y) 的一个样本,称 $S_1^2=\frac{1}{n}\sum_{i=1}^{n}(X_i-\bar{X})^2$ 为 X 的边际样本方差；$S_2^2=\frac{1}{n}\sum_{i=1}^{n}(Y_i-\bar{Y})^2$ 为 Y 的边际样本方差；$S_{12}=\frac{1}{n}\sum_{i=1}^{n}(X_i-\bar{X})(Y_i-\bar{Y})$ 为样本的协方差；$r=\frac{S_{12}}{\sqrt{S_1^2S_2^2}}$ 为样本的相关系数.

7. 样本比例

设 $X_1, X_2, \cdots, X_n$ 为来自总体 X 的一个简单随机样本，

$$X_i=\begin{cases}1, & \text{样本中第 } i \text{ 个分量具有某种属性},\\ 0, & \text{样本中第 } i \text{ 个分量不具有某种属性},\end{cases}\quad i=1, 2, \cdots, n,$$

则 $\bar{X}=\dfrac{1}{n}\sum\limits_{i=1}^{n}X_i$ 为样本中具有某种属性的比,称为样本比例或样本成数.

6.2 常用统计分布

常用的统计分布主要是指正态分布 $N(\mu, \sigma^2)$、$\chi^2(n)$ 分布、$t(n)$ 分布和 $F(n, m)$ 分布. 下面简单罗列一些常用的结论.

(1) 设二维正态随机变量 $(X, Y) \sim N(\mu_1, \sigma_1^2; \mu_2, \sigma_2^2; \rho)$，且 a, b, c 为常数,则 $aX+bY+c \sim N(a\mu_1+b\mu_2+c, a^2\sigma_1^2+b^2\sigma_2^2+2ab\sigma_1\sigma_2\rho)$；特别地,独立的正态分布的线性组合仍为正态分布,即：若 $X \sim N(\mu_1, \sigma_1^2)$，$Y \sim N(\mu_2, \sigma_2^2)$，且 X, Y 独立,则 $aX+bY+c \sim N(a\mu_1+b\mu_2+c, a^2\sigma_1^2+b^2\sigma_2^2)$.

(2) 设 $X_1, X_2, \cdots, X_n$ 相互独立,且都服从 $N(0, 1)$，则 $\sum\limits_{i=1}^{n}X_i^2 \sim \chi^2(n)$，特别地,若 $X \sim N(0, 1)$，则 $X^2 \sim \chi^2(1)$. 再者,如果 $X_1, X_2, \cdots, X_n$ 相互独立且 $X_i \sim N(\mu_i, \sigma_i^2)$，则 $\sum\limits_{i=1}^{n}\left(\dfrac{X_i-\mu_i}{\sigma_i}\right)^2 \sim \chi^2(n)$.

(3) 若 $X \sim \chi^2(n)$，则 $E(X)=n$，$D(X)=2n$. 这一结论在第 4 章中已经给出了证明,其实还可以用以下方法得到.

事实上,可将 X 表示成 n 个独立同服从标准正态分布的随机变量的平方和,即 $X=\sum\limits_{i=1}^{n}X_i^2 \sim \chi^2(n)$，其中 $X_i(i=1, 2, \cdots, n)$ 独立同分布于 $N(0, 1)$，

则 $E(X)=E\left(\sum\limits_{i=1}^{n}X_i^2\right)=\sum\limits_{i=1}^{n}E(X_i^2)=\sum\limits_{i=1}^{n}\{D(X_i)+[E(X_i)]^2\}=\sum\limits_{i=1}^{n}(1+0)=n$，

又
$$D(X_i^2)=E(X_i^4)-[E(X_i^2)]^2=\frac{1}{\sqrt{2\pi}}\int_{-\infty}^{+\infty}x^4\mathrm{e}^{-\frac{x^2}{2}}\,\mathrm{d}x-1=3-1=2,$$

所以，
$$D(X)=D\left(\sum_{i=1}^{n}X_i^2\right)=\sum_{i=1}^{n}D(X_i^2)=2n.$$

(4) (χ^2 分布的可加性)若 $X \sim \chi^2(n)$，$Y \sim \chi^2(m)$，且 X 与 Y 相互独立,则 $X+Y \sim \chi^2(n+m)$.

(5) 设 $X \sim \chi^2(n)$，则由中心极限定理知：当 n 很大时，$\dfrac{X-n}{\sqrt{2n}} \sim N(0, 1)$，或 $X \sim N(n, 2n)$.

(6) 当 $n>45$ 时,分位数 $\chi_\alpha^2(n)$ 查不到,但可以利用中心极限定理求其近似值,即

$$P(X \geqslant \chi_{\alpha}^{2}(n))=\alpha,\ P\left(\frac{X-n}{\sqrt{2n}} \geqslant \frac{\chi_{\alpha}^{2}(n)-n}{\sqrt{2n}}\right)=\alpha.$$

由于 $\frac{X-n}{\sqrt{2n}} \dot{\sim} N(0,1)$，则有：$\frac{\chi_{\alpha}^{2}(n)-n}{\sqrt{2n}} \approx U_{\alpha}$，$\chi_{\alpha}^{2}(n) \approx n+\sqrt{2n}U_{\alpha}$.
例如，若求 $\chi_{0.05}^{2}(120)$，则由 $\alpha=0.05$，$U_{\alpha}=U_{0.05}=1.645$ 可得

$$\chi_{0.05}^{2}(120) \approx 120+\sqrt{2\times 120}\times 1.645=145.5.$$

(7) 设 $X \sim N(0,1)$，$Y \sim \chi^{2}(n)$，且 X 与 Y 相互独立，则 $T=\frac{X}{\sqrt{Y/n}} \sim t(n)$.

(8) 当自由度 $n \to +\infty$ 时，$t(n)$ 的极限分布为标准正态分布. 通常当 $n>45$ 时，$t_{\alpha}(n) \approx U_{\alpha}$.

(9) 设 $X \sim \chi^{2}(n)$，$Y \sim \chi^{2}(m)$，且 X 与 Y 相互独立，则

$$\frac{X/n}{Y/m} \sim F(n,m),\ \frac{Y/m}{X/n} \sim F(m,n).$$

此结论蕴含着：若 $X \sim F(n,m)$，则 $\frac{1}{X} \sim F(m,n)$.

(10) 已知 $X \sim t(n)$，则 $X^{2} \sim F(1,n)$.

(11) $F_{1-\alpha}(m,n)=1/F_{\alpha}(n,m)$.

例 6.7　设 $X_1, X_2, \cdots, X_n$ 独立同分布 $N(\mu,\sigma^2)$，令 $\bar{X}=\frac{1}{n}\sum_{i=1}^{n}X_i$，$V_i=X_i-\bar{X}$，$i=1, 2, \cdots, n$，问 $Z_k=\frac{(k+1)V_k+V_{k+1}+\cdots+V_{n-1}}{\sigma\sqrt{k(k+1)}}$ 服从什么分布，$k=1, 2, \cdots, n-1$.

解　对 $k=1, 2, \cdots, n-1$，

$$\begin{aligned}(k+1)V_k+V_{k+1}+\cdots+V_{n-1}&=(k+1)(X_k-\bar{X})+(X_{k+1}-\bar{X})+\cdots+(X_{n-1}-\bar{X})\\&=(-X_1-X_2-\cdots-X_{k-1})+kX_k-X_n,\end{aligned}$$

于是 Z_k 是独立正态分布随机变量 $X_1, X_2, \cdots, X_k, X_n$ 的线性组合，所以 Z_k 服从正态分布；而 $E(V_i)=E(X_i-\bar{X})=0$，$i=1, 2, \cdots, n$，

$$E(Z_k)=\frac{E[(k+1)V_k+V_{k+1}+\cdots+V_{n-1}]}{\sigma\sqrt{k(k+1)}}=0,$$

$$\begin{aligned}D[(k+1)V_k+V_{k+1}+\cdots+V_{n-1}]&=D[(-X_1-X_2-\cdots-X_{k-1})+kX_k-X_n]\\&=D(X_1)+\cdots+D(X_{k-1})+k^2D(X_k)+D(X_n)\\&=[(k-1)+k^2+1]\sigma^2=(k^2+k)\sigma^2,\end{aligned}$$

由此 $(k+1)V_k+V_{k+1}+\cdots+V_{n-1} \sim N(0,(k^2+k)\sigma^2)$，标准化后即 $Z_k \sim N(0,1)$.

例 6.8　已知 X_1, X_2, X_3 独立且服从 $N(0,\sigma^2)$ 分布，证明：$\sqrt{\frac{2}{3}}\frac{X_1+X_2+X_3}{|X_2-X_3|} \sim t(1)$.

证明　记 $Y_1=X_2+X_3$, $Y_2=X_2-X_3$，则 $E(Y_1)=E(Y_2)=0$, $D(Y_1)=D(Y_2)=2\sigma^2$. 由于 X_2, X_3 独立且同服从 $N(0,\sigma^2)$，则 $Y_1\sim N(0,2\sigma^2)$, $Y_2\sim N(0,2\sigma^2)$.
又 $\begin{pmatrix}Y_1\\Y_2\end{pmatrix}=\begin{pmatrix}1&1\\1&-1\end{pmatrix}\begin{pmatrix}X_2\\X_3\end{pmatrix}$，且矩阵 $\begin{pmatrix}1&1\\1&-1\end{pmatrix}$ 可逆，则 (Y_1, Y_2) 服从二维正态分布. 再者，

$$\begin{aligned}\operatorname{cov}(Y_1,Y_2)&=E(Y_1Y_2)-EY_1EY_2=E(X_2+X_3)(X_2-X_3)\\&=E(X_2^2)-E(X_3^2)=\sigma^2-\sigma^2=0,\end{aligned}$$

故 Y_1, Y_2 独立且同服从 $N(0,2\sigma^2)$ 分布并与 X_1 独立.

$$X_1+X_2+X_3=X_1+Y_1\sim N(0,3\sigma^2),\ \frac{X_1+X_2+X_3}{\sigma\sqrt{3}}\sim N(0,1),$$

$\left(\dfrac{X_2-X_3}{\sqrt{2}\sigma}\right)^2\sim\chi^2(1)$，对任意的 x_1, y_1, y_2,

$$\begin{aligned}P(X_1\leqslant x_1,Y_1\leqslant y_1,Y_2\leqslant y_2)&=P(X_1\leqslant x_1,(Y_1\leqslant y_1,Y_2\leqslant y_2))\\&=P(X_1\leqslant x_1)P(Y_1\leqslant y_1,Y_2\leqslant y_2)\\&=P(X_1\leqslant x_1)P(Y_1\leqslant y_1)P(Y_2\leqslant y_2),\end{aligned}$$

即有 X_1, Y_1, Y_2 相互独立，进而 X_1+Y_1 与 Y_2 相互独立，即 $X_1+X_2+X_3$ 与 X_2-X_3 相互独立，按照 t 分布的定义有：

$$\sqrt{\frac{2}{3}}\,\frac{X_1+X_2+X_3}{|X_2-X_3|}=\frac{\dfrac{X_1+X_2+X_3}{\sigma\sqrt{3}}}{\sqrt{\left(\dfrac{X_2-X_3}{\sqrt{2}\sigma}\right)^2}}\sim t(1).$$

例6.9　设 (X_1, X_2) 是取自正态总体 $X\sim N(0,\sigma^2)$ 的一个样本，求 $P\left(\dfrac{(X_1+X_2)^2}{(X_1-X_2)^2}<4\right)$.

解　由于 $X_1+X_2\sim N(0,2\sigma^2)$, $X_1-X_2\sim N(0,2\sigma^2)$, $\begin{pmatrix}X_1+X_2\\X_1-X_2\end{pmatrix}=\begin{pmatrix}1&1\\1&-1\end{pmatrix}\begin{pmatrix}X_1\\X_2\end{pmatrix}$，且矩阵 $\begin{pmatrix}1&1\\1&-1\end{pmatrix}$ 可逆，则 $\begin{pmatrix}X_1+X_2\\X_1-X_2\end{pmatrix}$ 服从二维正态分布. 而

$$\operatorname{cov}(X_1+X_2,X_1-X_2)=E[(X_1+X_2)(X_1-X_2)]=E(X_1^2)-E(X_2^2)=0,$$

故 X_1+X_2, X_1-X_2 不相关，进而也独立，于是有 $(X_1+X_2)^2$, $(X_1-X_2)^2$ 相互独立.

又
$$\frac{X_1+X_2}{\sqrt{2}\sigma}\sim N(0,1),\ \frac{X_1-X_2}{\sqrt{2}\sigma}\sim N(0,1),$$

$$\left(\frac{X_1+X_2}{\sqrt{2}\sigma}\right)^2\sim\chi^2(1),\ \left(\frac{X_1-X_2}{\sqrt{2}\sigma}\right)^2\sim\chi^2(1),$$

由此
$$\frac{(X_1+X_2)^2}{(X_1-X_2)^2}=\frac{\left(\frac{X_1+X_2}{\sqrt{2}\sigma}\right)^2}{\left(\frac{X_1-X_2}{\sqrt{2}\sigma}\right)^2}\sim F(1,\ 1),$$

记 $Y=\frac{(X_1+X_2)^2}{(X_1-X_2)^2}$ 的密度函数为 $f_Y(y)$，$f_Y(y)=\begin{cases}\frac{1}{\pi(1+y)\sqrt{y}} &, y>0,\\ 0 &, y\leqslant 0,\end{cases}$

所以
$$P(Y<4)=\int_0^4 f_Y(y)\mathrm{d}y=2\int_0^4\frac{1}{\pi(1+y)}\mathrm{d}\sqrt{y}=\frac{2}{\pi}\arctan 2=0.7.$$

例 6.10 设总体 X 的均值 μ 与方差 σ^2 存在，$X_1,\ X_2,\ \cdots,\ X_n$ 为总体 X 的一个简单随机样本，试证明：对 $i\neq j$，$X_i-\bar{X}$，$X_j-\bar{X}$ 的相关系数 $\rho(X_i-\bar{X},\ X_j-\bar{X})=-\frac{1}{n-1}$.

证明 对 $i=1,\ 2,\ \cdots,\ n$，有：$E(X_i-\bar{X})=E(X_i)-E(\bar{X})=\mu-\mu=0$，
$$D(X_i-\bar{X})=D\left[\left(1-\frac{1}{n}\right)X_i-\frac{1}{n}\sum_{j\neq i}^{n}X_j\right]=\left(1-\frac{1}{n}\right)^2\sigma^2+\frac{n-1}{n^2}\sigma^2=\frac{n-1}{n}\sigma^2,$$

对 $i\neq j$，$X_i-\bar{X}$，$X_j-\bar{X}$ 的协方差为：
$$\begin{aligned}\operatorname{cov}(X_i-\bar{X},\ X_j-\bar{X})&=\operatorname{cov}(X_i-\bar{X},\ X_j)-\operatorname{cov}(X_i-\bar{X},\ \bar{X})\\&=\operatorname{cov}(X_i,\ X_j)-\operatorname{cov}(\bar{X},\ X_j)-\operatorname{cov}(X_i,\ \bar{X})+\operatorname{cov}(\bar{X},\ \bar{X})\\&=0-\frac{1}{n}\sum_{i=1}^{n}\operatorname{cov}(X_i,\ X_j)-\frac{1}{n}\sum_{j=1}^{n}\operatorname{cov}(X_i,\ X_j)+D(\bar{X})\\&=-\frac{1}{n}D(X_j)-\frac{1}{n}D(X_i)+\frac{\sigma^2}{n}=-\frac{\sigma^2}{n},\end{aligned}$$

对 $i\neq j$，$X_i-\bar{X}$，$X_j-\bar{X}$ 的相关系数为：
$$\rho(X_i-\bar{X},\ X_j-\bar{X})=\frac{\operatorname{cov}(X_i-\bar{X},\ X_j-\bar{X})}{\sqrt{D(X_i-\bar{X})D(X_j-\bar{X})}}=\frac{-\frac{\sigma^2}{n}}{\frac{n-1}{n}\sigma^2}=-\frac{1}{n-1}.$$

例 6.11 设总体 X 的分布函数 $F(x)$ 严格单调增加，$X_1,\ X_2,\ \cdots,\ X_n$ 是来自总体 X 的一个简单随机样本，则有 $-2\sum_{i=1}^{n}\ln F(X_i)\sim\chi^2(2n)$，$-2\sum_{i=1}^{n}\ln[1-F(X_i)]\sim\chi^2(2n)$.

证明 由于分布函数 $F(x)$ 严格单调增加，则 $F(X)\sim U[0,\ 1]$，$1-F(X)\sim U[0,\ 1]$，进而有：
$$-\ln F(X)\sim \mathrm{Exp}(1),\ -\ln[1-F(X)]\sim \mathrm{Exp}(1),$$
$$-2\ln F(X)\sim\chi^2(2),\ -2\ln[1-F(X)]\sim\chi^2(2).$$

由于 $X_1,\ X_2,\ \cdots,\ X_n$ 相互独立且同分布，则 $-2\ln F(X_1)$，$-2\ln F(X_2)$，$\cdots$，$-2\ln F(X_n)$

相互独立且同服从 $\chi^2(2)$；$-2\ln[1-F(X_1)]$，$-2\ln[1-F(X_2)]$，…，$-2\ln[1-F(X_n)]$ 也相互独立且同服从 $\chi^2(2)$，由 χ^2 分布的可加性知：

$$-2\sum_{i=1}^{n}\ln F(X_i) \sim \chi^2(2n),\ -2\sum_{i=1}^{n}\ln[1-F(X_i)] \sim \chi^2(2n).$$

6.3　抽样分布

统计量的分布称为抽样分布，它就是通常的随机变量函数的分布. 研究统计量的性质和评价一个统计推断的优良性，完全取决于其抽样分布的性质. 由此可见，抽样分布的研究是数理统计中的一个重要内容，近代统计学创始人之一、英国统计学家费歇曾把抽样分布、参数估计和假设检验看作统计推断的三个中心内容.

一般而言，即使总体分布的表达式很简单，但由于统计量 $T(X_1, X_2, \cdots, X_n)$ 是 n 维随机变量 $X_1, X_2, \cdots, X_n$ 的函数，在连续型下求其分布时需要计算 n 重积分，这往往是非常困难的，或者即使求出其分布，但表达式也是异常复杂的.

定理 6.3(格列汶科定理)　对任意实数 x，当 $n \to +\infty$ 时有：

$$P(\lim_{n\to+\infty}\sup_{-\infty<x<+\infty}|F_n^*(x)-F(x)|=0)=1.$$

格列汶科定理说明：当 $n \to +\infty$ 时，$F_n^*(x)$ 以概率 1 关于 x 收敛于 $F(x)$，即当 n 足够大时，对于所有的 x 值，$F_n^*(x)$ 同 $F(x)$ 之差的绝对值都很小，这一事件的概率是 1，也即当 n 足够大时，经验分布函数 $F_n^*(x)$ 与理论分布函数(总体分布函数) $F(x)$ 相差最大处也会足够小，也即当 n 很大时，$F_n^*(x)$ 是总体分布函数 $F(x)$ 的一个良好近似，数理统计中一切都以样本为依据，其理由就在于此.

6.3.1　正态总体下样本均值和样本方差的分布

首先介绍正态分布正交变换的不变性，其次介绍费歇定理，最后介绍柯赫伦定理(即 χ^2 分解定理).

定理 6.4　设 $X_1, X_2, \cdots, X_n$ 相互独立，且同服从 $N(0, \sigma^2)$，而 $\boldsymbol{A}=(a_{ij})_{n\times n}$ 是 n 阶正交矩阵，$Y_i=\sum_{j=1}^{n}a_{ij}X_j$，$i=1, 2, \cdots, n$，则 $Y_1, Y_2, \cdots, Y_n$ 必相互独立，且同服从 $N(0, \sigma^2)$.

定理 6.5　设 $X_1, X_2, \cdots, X_n$ 相互独立，且 $X_i \sim N(\mu_i, \sigma^2)$，而 $\boldsymbol{A}=(a_{ij})_{n\times n}$ 是 n 阶正交矩阵，$Y_i=\sum_{j=1}^{n}a_{ij}X_j$，$i=1, 2, \cdots, n$，则 $Y_1, Y_2, \cdots, Y_n$ 必相互独立，且 $Y_i \sim N(\sum_{k=1}^{n}a_{ik}\mu_k, \sigma^2)$，$i=1, 2, \cdots, n$.

定理 6.6(费歇定理)　设 $X_1, X_2, \cdots, X_n$ 是来自正态总体 $N(\mu, \sigma^2)$ 的一个简单随机样本，则：(1) $\bar{X} \sim N\left(\mu, \dfrac{\sigma^2}{n}\right)$；

(2) $\dfrac{\sum_{i=1}^{n}(X_i-\bar{X})^2}{\sigma^2}=\dfrac{nS_n^2}{\sigma^2}=\dfrac{(n-1)S^2}{\sigma^2}\sim\chi^2(n-1)$;

(3) $\bar{X}$ 与 S^2(或 S_n^2)相互独立.

证明 方法一:(1) 由于 $X_1, X_2, \cdots, X_n$ 独立同服从 $N(\mu, \sigma^2)$,则 $\bar{X}$ 也服从正态分布,且 $E(\bar{X})=\dfrac{1}{n}E\left(\sum_{i=1}^{n}X_i\right)=\mu$, $D(\bar{X})=\dfrac{1}{n^2}\sum_{i=1}^{n}D(X_i)=\dfrac{\sigma^2}{n}$,则有 $\bar{X}\sim N\left(\mu, \dfrac{\sigma^2}{n}\right)$;

(2)和(3) 记矩阵

$$\boldsymbol{A}=(a_{ij})_{n\times n}=\begin{pmatrix}\frac{1}{\sqrt{n}} & \frac{1}{\sqrt{n}} & \frac{1}{\sqrt{n}} & \cdots & \frac{1}{\sqrt{n}}\\ \frac{1}{\sqrt{2\times 1}} & \frac{-1}{\sqrt{2\times 1}} & 0 & \cdots & 0\\ \frac{1}{\sqrt{3\times 2}} & \frac{1}{\sqrt{3\times 2}} & \frac{-2}{\sqrt{3\times 2}} & \cdots & 0\\ \vdots & \vdots & \vdots & & \vdots\\ \frac{1}{\sqrt{n(n-1)}} & \frac{1}{\sqrt{n(n-1)}} & \frac{1}{\sqrt{n(n-1)}} & \cdots & \frac{-(n-1)}{\sqrt{n(n-1)}}\end{pmatrix},$$

易知 $\boldsymbol{A}$ 是一个 n 阶正交矩阵,对 $i=2, 3, \cdots, n$, $\sum_{j=1}^{n}a_{ij}=0$, $\sum_{j=1}^{n}a_{ij}^2=1$.
做正交变换:$(Y_1, Y_2, \cdots, Y_n)'=\boldsymbol{A}(X_1, X_2, \cdots, X_n)'$,则有

$$Y_1=\frac{1}{\sqrt{n}}\sum_{i=1}^{n}X_i=\sqrt{n}\bar{X},$$

$$\begin{aligned}(Y_1, Y_2, \cdots, Y_n)(Y_1, Y_2, \cdots, Y_n)'&=(X_1, X_2, \cdots, X_n)\boldsymbol{A}'\boldsymbol{A}(X_1, X_2, \cdots, X_n)'\\&=(X_1, X_2, \cdots, X_n)(X_1, X_2, \cdots, X_n)',\end{aligned}$$

即
$$\sum_{i=1}^{n}Y_i^2=\sum_{i=1}^{n}X_i^2=\sum_{i=1}^{n}(X_i-\bar{X})^2+n\bar{X}^2,$$

所以
$$\sum_{i=2}^{n}Y_i^2=\sum_{i=1}^{n}(X_i-\bar{X})^2=(n-1)S^2.$$

由定理 6.5 知:$Y_1, Y_2, \cdots, Y_n$ 相互独立,且 $Y_i\sim N\left(\mu\sum_{k=1}^{n}a_{ik}, \sigma^2\right)$, $i=1, 2, \cdots, n$,而 $\mu_1=E(Y_1)=E(\sqrt{n}\bar{X})=\sqrt{n}\mu$,当 $i\geqslant 2$ 时,$\mu_i=E(Y_i)=\sum_{j=1}^{n}a_{ij}E(X_j)=\left(\sum_{j=1}^{n}a_{ij}\right)\mu=0$,

即有
$$Y_1\sim N(\sqrt{n}\mu, \sigma^2),\ Y_i\sim N(0, \sigma^2),\ i=2, 3, \cdots, n,$$

所以 $\bar{X}=\dfrac{Y_1}{\sqrt{n}}\sim N\left(\mu, \dfrac{\sigma^2}{n}\right)$, $\dfrac{(n-1)S^2}{\sigma^2}=\dfrac{\sum_{i=2}^{n}Y_i^2}{\sigma^2}\sim\chi^2(n-1)$,且 $\bar{X}$ 与 S^2 相互独立.

方法二：如果 $\bar{X}$ 与 S^2 相互独立，进而 $\bar{X}^2$ 与 S^2 也相互独立.

又 $$\sum_{i=1}^{n} X_i^2 = \sum_{i=1}^{n} [(X_i - \bar{X}) + \bar{X}]^2 = \sum_{i=1}^{n} (X_i - \bar{X})^2 + n\bar{X}^2 = (n-1)S^2 + n\bar{X}^2,$$

由于 $\sum_{i=1}^{n} X_i^2 \sim \chi^2(n)$，且 $\bar{X} \sim N(0, 1/n)$，则 $\sqrt{n}\bar{X} \sim N(0, 1)$，$n\bar{X}^2 \sim \chi^2(1)$，

进而 $$(n-1)S^2 \sim \chi^2(n-1).$$

由此可以看到证明"$\bar{X}$ 与 S^2 相互独立"是证明"费歇定理"最为关键之处. 仍不失一般性，假定 $\mu = 0$，$\sigma = 1$，令 $Y_i = X_i - \bar{X}$，$i = 2, 3, \cdots, n$，记矩阵 $\boldsymbol{A} = \begin{pmatrix} \frac{1}{n} & \frac{1}{n} & \cdots & \frac{1}{n} \\ -\frac{1}{n} & 1-\frac{1}{n} & \cdots & -\frac{1}{n} \\ \vdots & \vdots & & \vdots \\ -\frac{1}{n} & -\frac{1}{n} & \cdots & 1-\frac{1}{n} \end{pmatrix}$，则

$$(\bar{X} \quad Y_2 \quad \cdots \quad Y_n)' = \boldsymbol{A}(X_1 \quad X_2 \quad \cdots \quad X_n)'.$$

又 $$|\boldsymbol{A}| = \begin{vmatrix} \frac{1}{n} & \frac{1}{n} & \cdots & \frac{1}{n} \\ -\frac{1}{n} & 1-\frac{1}{n} & \cdots & -\frac{1}{n} \\ \vdots & \vdots & & \vdots \\ -\frac{1}{n} & -\frac{1}{n} & \cdots & 1-\frac{1}{n} \end{vmatrix} = \begin{vmatrix} \frac{1}{n} & \frac{1}{n} & \cdots & \frac{1}{n} \\ 0 & 1 & \cdots & 0 \\ \vdots & \vdots & & \vdots \\ 0 & 0 & \cdots & 1 \end{vmatrix} = \frac{1}{n},$$

即矩阵 $\boldsymbol{A}$ 可逆，进而 $(\bar{X} \quad Y_2 \quad \cdots \quad Y_n)'$ 为 n 元正态分布.

对 $i = 2, 3, \cdots, n$，$\mathrm{cov}(\bar{X}, Y_i) = \mathrm{cov}(\bar{X}, X_i - \bar{X}) = \mathrm{cov}(\bar{X}, X_i) - \mathrm{cov}(\bar{X}, \bar{X}) = \frac{1}{n} - \frac{1}{n} = 0$，$\mathrm{cov}(\bar{X}, (Y_2 \quad Y_3 \quad \cdots \quad Y_n)') = (\mathrm{cov}(\bar{X}, Y_2) \quad \mathrm{cov}(\bar{X}, Y_3) \quad \cdots \quad \mathrm{cov}(\bar{X}, Y_n))' = (0 \quad 0 \quad \cdots \quad 0)'$. 由此 $\bar{X}$ 与 $(Y_2, Y_3, \cdots, Y_n)$ 相互独立，又 $S^2 = \frac{1}{n-1}\sum_{i=1}^{n} Y_i^2 = \frac{1}{n-1}\left[\left(\sum_{i=2}^{n} Y_i\right)^2 + \sum_{i=2}^{n} Y_i^2\right]$，则 $\bar{X}$ 与 S^2 相互独立.

方法三：利用数学归纳法. 引入记号：$\overline{X_n} = \frac{1}{n}\sum_{i=1}^{n} X_i$，$S_n^2 = \frac{1}{n-1}\sum_{i=1}^{n} (X_i - \overline{X_n})^2$，并注意到以下事实：$\overline{X_{n+1}} = \frac{n\overline{X_n} + X_{n+1}}{n+1}$，$S_{n+1}^2 = \frac{n-1}{n} S_n^2 + \frac{1}{n+1}(X_{n+1} - \overline{X_n})^2$.

当 $n = 2$ 时，$\overline{X_2} = \frac{1}{2}(X_1 + X_2)$，$S_2^2 = (X_1 - \overline{X_2})^2 + (X_2 - \overline{X_2})^2 = \frac{1}{2}(X_1 - X_2)^2$. 由

于 $\begin{pmatrix}\overline{X_2}\\X_1-X_2\end{pmatrix}=\begin{pmatrix}1/2&1/2\\1&-1\end{pmatrix}\begin{pmatrix}X_1\\X_2\end{pmatrix}$，且矩阵 $\begin{pmatrix}1/2&1/2\\1&-1\end{pmatrix}$ 可逆，则 $(\overline{X_2},\ X_1-X_2)$ 是二元正态分布，且 $\operatorname{cov}(\overline{X_2},\ X_1-X_2)=\dfrac{1}{2}\operatorname{cov}(X_1+X_2,\ X_1-X_2)=0$，即 $\overline{X_2}$ 与 X_1-X_2 不相关，进而也相互独立，由此 $\overline{X_2}$ 与 S_2^2 相互独立.

设 $n>2$ 时结论成立，即 $\overline{X_n}$ 与 S_n^2 相互独立，下面证明 $\overline{X_{n+1}}$ 与 S_{n+1}^2 也相互独立.

对任给的 $-\infty<a,\ b<+\infty,\ c>0$，

$$\begin{aligned}P(X_{n+1}\leqslant a,\ \overline{X_n}\leqslant b,\ S_n^2\leqslant c)&=P\big((X_{n+1}\leqslant a)\cap(\overline{X_n}\leqslant b,\ S_n^2\leqslant c)\big)\\&=P(X_{n+1}\leqslant a)P(\overline{X_n}\leqslant b,\ S_n^2\leqslant c)\\&=P(X_{n+1}\leqslant a)P(\overline{X_n}\leqslant b)P(S_n^2\leqslant c),\end{aligned}$$

则有 $X_{n+1},\ \overline{X_n},\ S_n^2$ 相互独立，进而 S_n^2 与 $(n\overline{X_n}+X_{n+1},\ X_{n+1}-\overline{X_n})$ 也相互独立.

又 $\begin{pmatrix}n\overline{X_n}+X_{n+1}\\X_{n+1}-\overline{X_n}\end{pmatrix}=\begin{pmatrix}1&1&\cdots&1&1\\-1/n&-1/n&\cdots&-1/n&1\end{pmatrix}(X_1\quad X_2\quad\cdots\quad X_n\quad X_{n+1})'$，

易见矩阵 $\begin{pmatrix}1&1&\cdots&1&1\\-1/n&-1/n&\cdots&-1/n&1\end{pmatrix}$ 的秩为 2，进而 $(n\overline{X_n}+X_{n+1},\ X_{n+1}-\overline{X_n})$ 为二元正态分布，且

$$\begin{aligned}\operatorname{cov}(n\overline{X_n}+X_{n+1},\ X_{n+1}-\overline{X_n})&=n\operatorname{cov}(\overline{X_n},\ X_{n+1})-n\operatorname{cov}(\overline{X_n},\ \overline{X_n})+\operatorname{cov}(X_{n+1},\\&\quad X_{n+1})-\operatorname{cov}(X_{n+1},\ \overline{X_n})=-n\,\frac{1}{n}+1=0,\end{aligned}$$

于是 $n\overline{X_n}+X_{n+1}$ 与 $X_{n+1}-\overline{X_n}$ 相互独立.

对任给的 $-\infty<a,\ b<+\infty,\ c>0$，

$$\begin{aligned}P(n\overline{X_n}+X_{n+1}\leqslant a,\ X_{n+1}-\overline{X_n}\leqslant b,\ S_n^2\leqslant c)&=P\big((n\overline{X_n}+X_{n+1}\leqslant a,\ X_{n+1}-\overline{X_n}\leqslant b)\cap(S_n^2\leqslant c)\big)\\&=P(n\overline{X_n}+X_{n+1}\leqslant a,\ X_{n+1}-\overline{X_n}\leqslant b)P(S_n^2\leqslant c)\\&=P(n\overline{X_n}+X_{n+1}\leqslant a)P(X_{n+1}-\overline{X_n}\leqslant b)P(S_n^2\leqslant c),\end{aligned}$$

则有 $n\overline{X_n}+X_{n+1},\ X_{n+1}-\overline{X_n},\ S_n^2$ 相互独立，由于 $\overline{X_{n+1}}$ 是 $n\overline{X_n}+X_{n+1}$ 的函数，S_{n+1}^2 是 $X_{n+1}-\overline{X_n},\ S_n^2$ 的函数，由此 $\overline{X_{n+1}}$ 与 S_{n+1}^2 相互独立.

由数学归纳法可知，对一般的 $n\geqslant 2$，$\overline{X_n}$ 与 S_n^2 总是相互独立的.

方法四：直接利用 3.4.2 节中的结论，即设 $X_1,\ X_2,\ \cdots,\ X_n$ 相互独立同分布，且 $X_i\sim N(\mu,\ \sigma^2)$，$-\infty<\mu<+\infty$，$\sigma^2>0$，而 $g(x_1,\ x_2,\ \cdots,\ x_n)$ 满足条件：对任何的 c，有 $g(x_1+c,\ x_2+c,\ \cdots,\ x_n+c)=g(x_1,\ x_2,\ \cdots,\ x_n)$，则 $\bar{X}$ 与 $g(X_1,\ X_2,\ \cdots,\ X_n)$ 相互独立. 由此即得 $\bar{X}$ 与 S^2 相互独立.

定理 6.7 设 $X_1,\ X_2,\ \cdots,\ X_n$ 为来自正态分布总体 $N(\mu,\ \sigma^2)$ 的一个简单随机样本，则

$$T=\frac{\bar{X}-\mu}{S_n/\sqrt{n-1}}=\frac{\bar{X}-\mu}{S/\sqrt{n}}\sim t(n-1).$$

证明　由 $\bar{X} \sim N\left(\mu, \dfrac{\sigma^2}{n}\right)$，标准化 $\dfrac{\bar{X}-\mu}{\sigma/\sqrt{n}} \sim N(0, 1)$，又 $\dfrac{(n-1)S^2}{\sigma^2} \sim \chi^2(n-1)$，且 $\bar{X}$ 与 S^2 相互独立，进而 $\dfrac{\bar{X}-\mu}{\sigma/\sqrt{n}}$ 与 $\dfrac{(n-1)S^2}{\sigma^2}$ 相互独立.

则
$$\frac{\bar{X}-\mu}{\sigma/\sqrt{n}}\Bigg/\sqrt{\frac{(n-1)S^2}{\sigma^2(n-1)}} \sim t(n-1)，即 \frac{\bar{X}-\mu}{S/\sqrt{n}} \sim t(n-1).$$

注意　$\dfrac{\bar{X}-\mu}{\sigma/\sqrt{n}} \sim N(0, 1)$，当 σ^2 未知时，可用 S^2 代替 σ^2，此时有 $\dfrac{\bar{X}-\mu}{S/\sqrt{n}} \sim t(n-1)$.

定理 6.8　设 $X_1, X_2, \cdots, X_{n_1}$ 与 $Y_1, Y_2, \cdots, Y_{n_2}$ 分别为取自 $N(\mu_1, \sigma_1^2)$，$N(\mu_2, \sigma_2^2)$ 的两个简单随机样本，且这两个样本独立，记 $\bar{X}=\dfrac{1}{n_1}\sum\limits_{i=1}^{n_1}X_i$，$S_1^2=\dfrac{1}{n_1-1}\sum\limits_{i=1}^{n_1}(X_i-\bar{X})^2$，$\bar{Y}=\dfrac{1}{n_2}\sum\limits_{i=1}^{n_2}Y_i$，$S_2^2=\dfrac{1}{n_2-1}\sum\limits_{i=1}^{n_2}(Y_i-\bar{Y})^2$，则

(1) $\dfrac{S_1^2/\sigma_1^2}{S_2^2/\sigma_2^2}=\dfrac{S_1^2\sigma_2^2}{S_2^2\sigma_1^2} \sim F(n_1-1, n_2-1)$；

(2) 当 $\sigma_1=\sigma_2=\sigma$ 时，则
$$\sqrt{\frac{n_1 n_2(n_1+n_2-2)}{n_1+n_2}}\ \frac{(\bar{X}-\bar{Y})-(\mu_1-\mu_2)}{\sqrt{(n_1-1)S_1^2+(n_2-1)S_2^2}} \sim t(n_1+n_2-2).$$

证明　(1) $\dfrac{(n_1-1)S_1^2}{\sigma_1^2} \sim \chi^2(n_1-1)$，$\dfrac{(n_2-1)S_2^2}{\sigma_2^2} \sim \chi^2(n_2-1)$，且相互独立，则
$$\frac{\dfrac{(n_1-1)S_1^2}{\sigma_1^2}\Big/(n_1-1)}{\dfrac{(n_2-1)S_2^2}{\sigma_2^2}\Big/(n_2-1)} \sim F(n_1-1, n_2-1)，即 \frac{S_1^2\sigma_2^2}{S_2^2\sigma_1^2} \sim F(n_1-1, n_2-1)；$$

(2) 当 $\sigma_1=\sigma_2=\sigma$ 时，又 $\bar{X}$ 与 $\bar{Y}$ 相互独立，$E(\bar{X}-\bar{Y})=\mu_1-\mu_2$，$D(\bar{X}-\bar{Y})=\left(\dfrac{1}{n_1}+\dfrac{1}{n_2}\right)\sigma^2$，则 $\bar{X}-\bar{Y} \sim N\left(\mu_1-\mu_2, \left(\dfrac{1}{n_1}+\dfrac{1}{n_2}\right)\sigma^2\right)$，将其标准化：
$$\frac{(\bar{X}-\bar{Y})-(\mu_1-\mu_2)}{\sigma\sqrt{1/n_1+1/n_2}} \sim N(0, 1),$$
又 $\dfrac{(n_1-1)S_1^2}{\sigma^2} \sim \chi^2(n_1-1)$，$\dfrac{(n_2-1)S_2^2}{\sigma^2} \sim \chi^2(n_2-1)$，且相互独立，则
$$\frac{(n_1-1)S_1^2+(n_2-1)S_2^2}{\sigma^2} \sim \chi^2(n_1+n_2-2),$$
对 $-\infty < x < +\infty$，$-\infty < y < +\infty$，$s_1 \geqslant 0$，$s_2 \geqslant 0$，由于两个样本独立，则
$$P(\bar{X} \leqslant x, \bar{Y} \leqslant y, S_1^2 \leqslant s_1, S_2^2 \leqslant s_2)=P(\bar{X} \leqslant x, S_1^2 \leqslant s_1)P(\bar{Y} \leqslant y, S_2^2 \leqslant s_2),$$

由费歇定理知 $\bar{X}$ 与 S_1^2 相互独立,$\bar{Y}$ 与 S_2^2 相互独立,从而

$$\begin{aligned}&P(\bar{X}\leqslant x,\bar{Y}\leqslant y,S_1^2\leqslant s_1,S_2^2\leqslant s_2)\\=&P(\bar{X}\leqslant x)P(S_1^2\leqslant s_1)P(\bar{Y}\leqslant y)P(S_2^2\leqslant s_2),\end{aligned}$$

即 $\bar{X}$, $\bar{Y}$, S_1^2, S_2^2 是相互独立的,由此得 $(\bar{X}-\bar{Y})-(\mu_1-\mu_2)$ 与 $(n_1-1)S_1^2+(n_2-1)S_2^2$ 相互独立,于是

$$\frac{\dfrac{(\bar{X}-\bar{Y})-(\mu_1-\mu_2)}{\sigma\sqrt{1/n_1+1/n_2}}}{\sqrt{\dfrac{(n_1-1)S_1^2+(n_2-1)S_2^2}{\sigma^2(n_1+n_2-2)}}}\sim t(n_1+n_2-2),$$

即
$$\sqrt{\frac{n_1n_2(n_1+n_2-2)}{n_1+n_2}}\ \frac{(\bar{X}-\bar{Y})-(\mu_1-\mu_2)}{\sqrt{(n_1-1)S_1^2+(n_2-1)S_2^2}}\sim t(n_1+n_2-2).$$

定理 6.9(柯赫伦定理或称 χ^2 变量分解定理) 设总体 $X\sim N(0,1)$, X_1, X_2, $\cdots$, X_n 为其一个简单随机样本,$Q=\sum\limits_{i=1}^{n}X_i^2=\sum\limits_{j=1}^{k}Q_j$, $1<k\leqslant n$,且 Q_j, $j=1,2,\cdots,k$ 是秩为 n_j 的关于 X_1, X_2, $\cdots$, X_n 的二次型,则 Q_j, $j=1,2,\cdots,k$ 相互独立,且 $Q_j\sim\chi^2(n_j)$ 的充要条件是 $\sum\limits_{j=1}^{k}n_j=n$.

例 6.12 设总体 $X\sim N(0,1)$, X_1, X_2, X_3 为其一个简单随机样本,试证:

$$Q_1=\frac{2}{3}(X_1^2+X_2^2+X_3^2-X_1X_2-X_2X_3-X_1X_3)\text{ 与}$$

$$Q_2=\frac{1}{3}(X_1^2+X_2^2+X_3^2)+\frac{2}{3}(X_1X_2+X_2X_3+X_1X_3)$$

相互独立,且分别服从 $\chi^2(2)$ 与 $\chi^2(1)$.

证明 由于
$$Q_1=\boldsymbol{X}^{\mathrm{T}}\begin{pmatrix}\frac{2}{3}&-\frac{1}{3}&-\frac{1}{3}\\-\frac{1}{3}&\frac{2}{3}&-\frac{1}{3}\\-\frac{1}{3}&-\frac{1}{3}&\frac{2}{3}\end{pmatrix}\boldsymbol{X}=\boldsymbol{X}^{\mathrm{T}}\boldsymbol{A}_1\boldsymbol{X},$$

$$Q_2=\boldsymbol{X}^{\mathrm{T}}\begin{pmatrix}\frac{1}{3}&\frac{1}{3}&\frac{1}{3}\\\frac{1}{3}&\frac{1}{3}&\frac{1}{3}\\\frac{1}{3}&\frac{1}{3}&\frac{1}{3}\end{pmatrix}\boldsymbol{X}=\boldsymbol{X}^{\mathrm{T}}\boldsymbol{A}_2\boldsymbol{X},$$

其中 $\boldsymbol{X}^{\mathrm{T}}=(X_1,X_2,X_3)$ 为转置矩阵. 又 $Q_1+Q_2=Q=\sum\limits_{i=1}^{3}X_i^2\sim\chi^2(3)$, $n=3$,而 $\boldsymbol{A}_1$, $\boldsymbol{A}_2$ 的秩分别为 $n_1=2$, $n_2=1$,即有:$n_1+n_2=3=n$.

由定理 6.9 易知：$Q_1 \sim \chi^2(2)$，$Q_2 \sim \chi^2(1)$，且相互独立.

例 6.13　设 $X_1, X_2, \cdots, X_9$ 是来自正态总体 X 的一个简单随机样本，记 $Y_1 = \dfrac{X_1 + X_2 + \cdots + X_6}{6}$，$Y_2 = \dfrac{X_7 + X_8 + X_9}{3}$，$S^2 = \dfrac{1}{2}\sum_{i=7}^{9}(X_i - Y_2)^2$，$Z = \dfrac{\sqrt{2}(Y_1 - Y_2)}{S}$，则 $Z \sim t(2)$.

证明　设总体 $X \sim N(\mu, \sigma^2)$，$Y_1 = \dfrac{1}{6}\sum_{i=1}^{6} X_i \sim N\left(\mu, \dfrac{\sigma^2}{6}\right)$，$Y_2 = \dfrac{1}{3}\sum_{i=7}^{9} X_i \sim N\left(\mu, \dfrac{\sigma^2}{3}\right)$，则 $Y_1 - Y_2 \sim N\left(0, \dfrac{\sigma^2}{2}\right)$，将其标准化 $\dfrac{Y_1 - Y_2}{\sigma/\sqrt{2}} = \dfrac{\sqrt{2}(Y_1 - Y_2)}{\sigma} \sim N(0, 1)$，又 $\dfrac{2S^2}{\sigma^2} \sim \chi^2(2)$，对 $-\infty < y_1 < +\infty$，$-\infty < y_2 < +\infty$，$s \geqslant 0$，由于 Y_1 与 Y_2，S^2 相互独立，则

$$P(Y_1 \leqslant y_1, Y_2 \leqslant y_2, S^2 \leqslant s) = P(Y_1 \leqslant y_1)P(Y_2 \leqslant y_2, S^2 \leqslant s).$$

由费歇定理知 Y_2，S^2 相互独立，则

$$P(Y_1 \leqslant y_1, Y_2 \leqslant y_2, S^2 \leqslant s) = P(Y_1 \leqslant y_1)P(Y_2 \leqslant y_2)P(S^2 \leqslant s),$$

即 Y_1，Y_2，S^2 是相互独立的，由此得 $Y_1 - Y_2$ 与 S^2 独立.

所以　$$\frac{\sqrt{2}(Y_1 - Y_2)}{\sigma}\bigg/\sqrt{\frac{2S^2}{\sigma^2}\bigg/2} = \frac{\sqrt{2}(Y_1 - Y_2)}{S} \sim t(2)，即 Z \sim t(2).$$

定理 6.10　设 $\boldsymbol{X} = (X_1, X_2, \cdots, X_n)^{\mathrm{T}}$，$X_1, X_2, \cdots, X_n$ 相互独立，$X_i \sim N(\mu_i, 1)$，$i = 1, 2, \cdots, n$，记 $\boldsymbol{Y} = \boldsymbol{X}^{\mathrm{T}}\boldsymbol{A}\boldsymbol{X}$，$\boldsymbol{A}$ 为 n 阶对称方阵，则 $\boldsymbol{Y}$ 服从 χ^2 分布的充要条件为 $\boldsymbol{A}$ 为幂等方阵，即 $\boldsymbol{A}^2 = \boldsymbol{A}$，此时 $\boldsymbol{Y} \sim \chi^2(r)$，其中 r 为矩阵 $\boldsymbol{A}$ 的秩.

定理 6.11　设 $\boldsymbol{X} = (X_1, X_2, \cdots, X_n)^{\mathrm{T}}$，$X_1, X_2, \cdots, X_n$ 相互独立，$X_i \sim N(\mu_i, 1)$，$i = 1, 2, \cdots, n$，设 $\boldsymbol{Y} = \boldsymbol{X}^{\mathrm{T}}\boldsymbol{A}\boldsymbol{X} \sim \chi^2(m)$，$\boldsymbol{Y}_1 = \boldsymbol{X}^{\mathrm{T}}\boldsymbol{A}_1\boldsymbol{X} \sim \chi^2(m_1)$，如果 $\boldsymbol{A}_2 = \boldsymbol{A} - \boldsymbol{A}_1 \geqslant 0$（非负定），且 $\boldsymbol{A}_2$ 不为零方阵，则 $Y_2 = Y - Y_1 = \boldsymbol{X}^{\mathrm{T}}\boldsymbol{A}_2\boldsymbol{X} \sim \chi^2(m - m_1)$，$Y_1$，$Y_2$ 相互独立，且 $\boldsymbol{A}_1\boldsymbol{A}_2 = 0$.

定理 6.12　设 $\boldsymbol{X} = (X_1, X_2, \cdots, X_n)^{\mathrm{T}}$，$X_1, X_2, \cdots, X_n$ 相互独立，$X_i \sim N(\mu_i, 1)$，$i = 1, 2, \cdots, n$，若 $Y_i = \boldsymbol{X}^{\mathrm{T}}\boldsymbol{A}_i\boldsymbol{X}$，$i = 1, 2$ 都服从 χ^2 分布，则 Y_1 与 Y_2 相互独立的充要条件为 $\boldsymbol{A}_1\boldsymbol{A}_2 = 0$.

证明　记 $\boldsymbol{A} = \boldsymbol{A}_1 + \boldsymbol{A}_2$，$\boldsymbol{Y} = \boldsymbol{X}^{\mathrm{T}}\boldsymbol{A}\boldsymbol{X}$，若 $\boldsymbol{A}_1\boldsymbol{A}_2 = 0$，则 $\boldsymbol{A}_2\boldsymbol{A}_1 = \boldsymbol{A}_2^{\mathrm{T}}\boldsymbol{A}_1^{\mathrm{T}} = (\boldsymbol{A}_1\boldsymbol{A}_2)^{\mathrm{T}} = \boldsymbol{O}^{\mathrm{T}} = \boldsymbol{O}$. 又 $\boldsymbol{A}_1$，$\boldsymbol{A}_2$ 是幂等方阵，

$$\boldsymbol{A}^2 = (\boldsymbol{A}_1 + \boldsymbol{A}_2)^2 = \boldsymbol{A}_1^2 + \boldsymbol{A}_2^2 + \boldsymbol{A}_1\boldsymbol{A}_2 + \boldsymbol{A}_2\boldsymbol{A}_1 = \boldsymbol{A}_1^2 + \boldsymbol{A}_2^2 = \boldsymbol{A}_1 + \boldsymbol{A}_2 = \boldsymbol{A},$$

即 $\boldsymbol{A}$ 也为幂等方阵，但 $\boldsymbol{A} - \boldsymbol{A}_1 = \boldsymbol{A}_2 \geqslant 0$，则 Y_1，Y_2 相互独立.

反之，若 Y_1，Y_2 相互独立，则 $Y = Y_1 + Y_2$ 也服从 χ^2 分布，而 $\boldsymbol{A}_2 = \boldsymbol{A} - \boldsymbol{A}_1 \geqslant 0$，则有 $\boldsymbol{A}_1\boldsymbol{A}_2 = 0$

注意　当定理 6.12 中去掉“Y_i，$i = 1, 2$ 都服从 χ^2 分布”的假定时，结论仍成立.

例 6.14　设 X_1，X_2，X_3，X_4 相互独立同服从 $N(0, 1)$，令 $Y = X_1X_2 + X_3X_4$，则 Y 的密度函数为 $f_Y(y) = \dfrac{1}{2}\mathrm{e}^{-|y|}$，$-\infty < y < +\infty$.

证明 注意到$Y=X_1X_2+X_3X_4=\dfrac{(X_1+X_2)^2}{2}+\dfrac{(X_3+X_4)^2}{2}-\dfrac{X_1^2+X_2^2+X_3^2+X_4^2}{2}$，做如下线性变换：

$$Y_1=\frac{X_1+X_2}{\sqrt{2}},\ Y_2=\frac{X_3+X_4}{\sqrt{2}},\ Y_3=\frac{X_3-X_4}{\sqrt{2}},\ Y_4=\frac{X_1-X_2}{\sqrt{2}},$$

则$(Y_1,Y_2,Y_3,Y_4)^{\mathrm{T}}=A(X_1,X_2,X_3,X_4)^{\mathrm{T}}$，其中

$$\boldsymbol{A}=\begin{pmatrix}1/\sqrt{2} & 1/\sqrt{2} & 0 & 0\\ 0 & 0 & 1/\sqrt{2} & 1/\sqrt{2}\\ 0 & 0 & 1/\sqrt{2} & -1/\sqrt{2}\\ 1/\sqrt{2} & -1/\sqrt{2} & 0 & 0\end{pmatrix},$$

则 $$\boldsymbol{AA}^{\mathrm{T}}=\begin{pmatrix}1/\sqrt{2} & 1/\sqrt{2} & 0 & 0\\ 0 & 0 & 1/\sqrt{2} & 1/\sqrt{2}\\ 0 & 0 & 1/\sqrt{2} & -1/\sqrt{2}\\ 1/\sqrt{2} & -1/\sqrt{2} & 0 & 0\end{pmatrix}\begin{pmatrix}1/\sqrt{2} & 0 & 0 & 1/\sqrt{2}\\ 1/\sqrt{2} & 0 & 0 & -1/\sqrt{2}\\ 0 & 1/\sqrt{2} & 1/\sqrt{2} & 0\\ 0 & 1/\sqrt{2} & -1/\sqrt{2} & 0\end{pmatrix}$$

$$=\begin{pmatrix}1 & 0 & 0 & 0\\ 0 & 1 & 0 & 0\\ 0 & 0 & 1 & 0\\ 0 & 0 & 0 & 1\end{pmatrix},$$

即矩阵$\boldsymbol{A}$是正交阵，也即上述线性变换为正交变换，

则 $$Y=Y_1^2+Y_2^2-\frac{Y_1^2+Y_2^2+Y_3^2+Y_4^2}{2}=\frac{(Y_1^2+Y_2^2)-(Y_3^2+Y_4^2)}{2},$$

$$2Y=(Y_1^2+Y_2^2)-(Y_3^2+Y_4^2).$$

由于X_1，X_2，X_3，X_4相互独立同服从$N(0,1)$，经过正交变换后得到的Y_1，Y_2，Y_3，Y_4也是相互独立且都服从$N(0,1)$，于是$Z_1=Y_1^2+Y_2^2\sim\chi^2(2)$，$Z_2=Y_3^2+Y_4^2\sim\chi^2(2)$，且两者独立.

又 $$f_{Z_1}(z_1)=\frac{1}{2}\mathrm{e}^{-\frac{z_1}{2}},\ z_1\geqslant 0;\ f_{Z_2}(z_2)=\frac{1}{2}\mathrm{e}^{-\frac{z_2}{2}},\ z_2\geqslant 0,$$

则$Y=\dfrac{Z_1-Z_2}{2}$的分布函数为：

$$F_Y(y)=P(Y\leqslant y)=P\left(\frac{Z_1-Z_2}{2}\leqslant y\right)=P(Z_1-Z_2\leqslant 2y).$$

对$y<0$时，$F_Y(y)=\displaystyle\int_{-2y}^{+\infty}\frac{1}{2}\mathrm{e}^{-\frac{z_2}{2}}\mathrm{d}z_2\int_0^{2y+z_2}\frac{1}{2}\mathrm{e}^{-\frac{z_1}{2}}\mathrm{d}z_1=\int_{-2y}^{+\infty}\frac{1}{2}\mathrm{e}^{-\frac{z_2}{2}}\left(1-\mathrm{e}^{-\frac{2y+z_2}{2}}\right)\mathrm{d}z_2=\frac{1}{2}\mathrm{e}^{y}$；

对$y\geqslant 0$时，$F_Y(y)=\displaystyle\int_0^{+\infty}\frac{1}{2}\mathrm{e}^{-\frac{z_2}{2}}\mathrm{d}z_2\int_0^{2y+z_2}\frac{1}{2}\mathrm{e}^{-\frac{z_1}{2}}\mathrm{d}z_1=\int_0^{+\infty}\frac{1}{2}\mathrm{e}^{-\frac{z_2}{2}}\left(1-\mathrm{e}^{-\frac{2y+z_2}{2}}\right)\mathrm{d}z_2=1-$

$\frac{1}{2}e^{-y}$.

进而得 Y 的密度函数为：$f_Y(y)=\frac{1}{2}e^{-|y|}$，$-\infty<y<+\infty$.

例 6.15　由柯赫伦定理导出费歇定理.

证明　令 $Y=\frac{X-\mu}{\sigma}\sim N(0,1)$，$Y_i=\frac{X_i-\mu}{\sigma}\sim N(0,1)$，$i=1,2,\cdots,n$，而

$$\bar{X}\sim N\left(0,\frac{\sigma^2}{n}\right),\ \frac{\bar{X}-\mu}{\sigma/\sqrt{n}}\sim N(0,1),$$

又　$$\sum_{i=1}^{n}(X_i-\mu)^2=\sum_{i=1}^{n}[(X_i-\bar{X})+(\bar{X}-\mu)]^2=\sum_{i=1}^{n}(X_i-\bar{X})^2+n(\bar{X}-\mu)^2,$$

上式两边同除以 σ^2 得：$\sum_{i=1}^{n}\left(\frac{X_i-\mu}{\sigma}\right)^2=\sum_{i=1}^{n}\left(\frac{X_i-\bar{X}}{\sigma}\right)^2+\left(\frac{\bar{X}-\mu}{\sigma/\sqrt{n}}\right)^2$，

而　$$\sum_{i=1}^{n}\left(\frac{X_i-\mu}{\sigma}\right)^2\sim\chi^2(n),\ \left(\frac{\bar{X}-\mu}{\sigma/\sqrt{n}}\right)^2\sim\chi^2(1),$$

$$\left(\frac{\bar{X}-\mu}{\sigma/\sqrt{n}}\right)^2=\frac{1}{n}\left(\sum_{i=1}^{n}\frac{X_i-\mu}{\sigma}\right)^2=\frac{1}{n}\left(\sum_{i=1}^{n}Y_i\right)^2$$

$$=\frac{1}{n}(Y_1,Y_2,\cdots,Y_n)\begin{pmatrix}1&1&\cdots&1\\1&1&\cdots&1\\\vdots&\vdots&&\vdots\\1&1&\cdots&1\end{pmatrix}_{n\times n}\begin{pmatrix}Y_1\\Y_2\\\vdots\\Y_n\end{pmatrix},$$

由此，$\left(\frac{\bar{X}-\mu}{\sigma/\sqrt{n}}\right)^2$ 对应 $Y_1,Y_2,\cdots,Y_n$ 的二次型的秩为 1.

又 $\sum_{i=1}^{n}\left(\frac{X_i-\bar{X}}{\sigma}\right)^2=\sum_{i=1}^{n}Y_i^2-\frac{1}{n}\left(\sum_{i=1}^{n}Y_i\right)^2$

$$=(Y_1,Y_2,\cdots,Y_n)\begin{pmatrix}1-\frac{1}{n}&-\frac{1}{n}&\cdots&-\frac{1}{n}\\-\frac{1}{n}&1-\frac{1}{n}&\cdots&-\frac{1}{n}\\\vdots&\vdots&&\vdots\\-\frac{1}{n}&-\frac{1}{n}&\cdots&1-\frac{1}{n}\end{pmatrix}_{n\times n}\begin{pmatrix}Y_1\\Y_2\\\vdots\\Y_n\end{pmatrix},$$

将矩阵 $\begin{pmatrix}1-\frac{1}{n}&-\frac{1}{n}&\cdots&-\frac{1}{n}\\-\frac{1}{n}&1-\frac{1}{n}&\cdots&-\frac{1}{n}\\\vdots&\vdots&&\vdots\\-\frac{1}{n}&-\frac{1}{n}&\cdots&1-\frac{1}{n}\end{pmatrix}_{n\times n}$ 所有行加至第一行得：

$$\begin{pmatrix} 0 & 0 & \cdots & 0 \\ -\frac{1}{n} & 1-\frac{1}{n} & \cdots & -\frac{1}{n} \\ \vdots & \vdots & & \vdots \\ -\frac{1}{n} & -\frac{1}{n} & \cdots & 1-\frac{1}{n} \end{pmatrix}_{n\times n},$$

所以，$\sum_{i=1}^{n}\left(\frac{X_i-\bar{X}}{\sigma}\right)^2$ 对应 $Y_1, Y_2, \cdots, Y_n$ 的二次型的秩为 $n-1$. 而 $n=(n-1)+1$，于是由柯赫伦定理知：$\sum_{i=1}^{n}\left(\frac{X_i-\bar{X}}{\sigma}\right)^2=\frac{nS_n^2}{\sigma^2}=\frac{(n-1)S^2}{\sigma^2}\sim\chi^2(n-1)$，且 $\frac{nS_n^2}{\sigma^2}$ 与 $\left(\frac{\bar{X}-\mu}{\sigma/\sqrt{n}}\right)^2$ 相互独立，进而 S_n^2（或 S^2）与 $\bar{X}$ 相互独立.

例 6.16　设总体 X 服从 $N(\mu, \sigma^2)$，$X_1, X_2, \cdots, X_n, X_{n+1}$ 为来自总体 X 的一个简单随机样本，记 $\bar{X}=\frac{1}{n}\sum_{i=1}^{n}X_i$，$S^2=\frac{1}{n-1}\sum_{i=1}^{n}(X_i-\bar{X})^2$，问 $\frac{X_{n+1}-\bar{X}}{S}\sqrt{\frac{n}{n+1}}$ 服从什么分布？

解　由于 $X_{n+1}-\bar{X}\sim N\left(0, \frac{n+1}{n}\sigma^2\right)$，$\frac{X_{n+1}-\bar{X}}{\sqrt{(n+1)/n}\sigma}\sim N(0, 1)$，$\frac{(n-1)S^2}{\sigma^2}\sim\chi^2(n-1)$，对任意的 $-\infty<x_1, x_2<+\infty, s>0$，

$$\begin{aligned} P(X_{n+1}\leqslant x_1, \bar{X}\leqslant x_2, S^2\leqslant s) &= P\big((X_{n+1}\leqslant x_1)(\bar{X}\leqslant x_2, S^2\leqslant s)\big) \\ &= P(X_{n+1}\leqslant x_1)P(\bar{X}\leqslant x_2, S^2\leqslant s) \\ &= P(X_{n+1}\leqslant x_1)P(\bar{X}\leqslant x_2)P(S^2\leqslant s) \end{aligned}$$

则 $X_{n+1}, \bar{X}, S^2$ 相互独立，进而 S^2 与 $X_{n+1}-\bar{X}$ 相互独立.

因此
$$\frac{X_{n+1}-\bar{X}}{\sqrt{(n+1)/n}\sigma}\Bigg/\sqrt{\frac{(n-1)S^2}{\sigma^2(n-1)}}=\frac{X_{n+1}-\bar{X}}{S}\sqrt{\frac{n}{n+1}}\sim t(n-1).$$

例 6.17　设 $X_1, X_2, \cdots, X_n$ 是总体 $X\sim N(\mu, \sigma^2)$ 的一个简单随机样本，记 $\bar{X}=\frac{1}{n}\sum_{i=1}^{n}X_i$，$S^2=\frac{1}{n-1}\sum_{i=1}^{n}(X_i-\bar{X})^2$，$T=\bar{X}^2-\frac{S^2}{n}$，(1) 证明：$E(T)=\mu^2$；(2) 当 $\mu=0$，$\sigma=1$ 时，求 $D(T)$.

解　(1) 由费歇定理知：$\bar{X}\sim N(\mu, \frac{\sigma^2}{n})$，$E\bar{X}^2=D\bar{X}+(E\bar{X})^2=\frac{\sigma^2}{n}+\mu^2$，又 $ES^2=\sigma^2$，由此

$$E(T)=E(\bar{X}^2)-\frac{1}{n}E(S^2)=\frac{\sigma^2}{n}+\mu^2-\frac{\sigma^2}{n}=\mu^2.$$

(2) 当 $\mu=0$，$\sigma=1$ 时，即 $X_1, X_2, \cdots, X_n$ 是总体 $X\sim N(0, 1)$ 的一个简单随机样本. 由费歇定理知：$\bar{X}\sim N(0, 1/n)$，$(n-1)S^2\sim\chi^2(n-1)$，$\bar{X}$ 与 S^2 相互独立，进而 $\bar{X}^2$

与 S^2 相互独立. 注意到，$\dfrac{\bar{X}}{\sqrt{1/n}} \sim N(0, 1)$，进而 $n\bar{X}^2 \sim \chi^2(1)$.

$$E(n\bar{X}^2)=1,\ D(n\bar{X}^2)=2,\ D(\bar{X}^2)=\frac{2}{n^2},$$

又
$$D[(n-1)S^2]=2(n-1),\ D(S^2)=\frac{2}{n-1},$$

由此
$$D(T)=D(\bar{X}^2)+D\left(-\frac{S^2}{n}\right)=D(\bar{X}^2)+\frac{D(S^2)}{n^2}$$
$$=\frac{2}{n^2}+\frac{2}{n^2(n-1)}=\frac{2}{n(n-1)}.$$

6.3.2　样本比例的分布

在经济、管理中经常需要研究总体或样本中具有某种属性的个体占全体单位数的百分比问题，由此需要研究样本比例的分布问题.

设总体 $X=\begin{cases}1, & \text{具有某种属性,}\\ 0, & \text{不具有某种属性,}\end{cases}$ 而 $P(X=1)=p$，$P(X=0)=q=1-p$，此时总体 X 服从两点分布 $B(1, p)$，p 称为总体成数，即总体中具有某种属性的比例.

设 $X_1, X_2, \cdots, X_n$ 为来自总体 X 的一个简单随机样本，

$$X_i=\begin{cases}1, & \text{样本中第 } i \text{ 个分量具有某种属性,}\\ 0, & \text{样本中第 } i \text{ 个分量不具有某种属性,}\end{cases}\quad i=1, 2, \cdots, n,$$

则 $\sum\limits_{i=1}^{n} X_i$ 服从二项分布 $B(n, p)$，而 $\bar{X}=\dfrac{1}{n}\sum\limits_{i=1}^{n} X_i$ 为样本中具有某种属性的比，称为样本比例或样本成数，$E(\bar{X})=E(X)=p$，$D(\bar{X})=\dfrac{1}{n^2}D\left(\sum\limits_{i=1}^{n} X_i\right)=\dfrac{1}{n}D(X)=\dfrac{p(1-p)}{n}$.

当样本容量 n 很大时，由棣莫弗-拉普拉斯中心极限定理知：$\dfrac{\sum\limits_{i=1}^{n} X_i-np}{\sqrt{np(1-p)}} \dot{\sim} N(0, 1)$，也即 $\dfrac{\bar{X}-p}{\sqrt{p(1-p)/n}} \dot{\sim} N(0, 1)$，或者 $\sum\limits_{i=1}^{n} X_i \dot{\sim} N(np, np(1-p))$，$\bar{X} \dot{\sim} N(p, p(1-p)/n)$.

但是，要使样本比例 $\bar{X}$ 的抽样分布近似于正态分布，样本容量 n 必须很大($n \geqslant 30$)，并且要满足 np 和 $n(1-p)$ 都不小于 5.

例 6.18　在最近的一次选举中，一位州代表获得了 52%的投票. 选举一年以后，该代表组织了一次调查，选取一个由 300 人组成的随机样本，询问他们在下一次选举中是否还会投他票，求 300 人中超过半数会投该代表选票的概率是多少？

解　会投该代表选票的回答者的数目服从 $n=300$，$p=0.52$ 的二项分布，所求的是样本比例大于 50%的概率，也即求 $\bar{X}>0.50$ 的概率.

由于样本比例 $\bar{X}$ 近似服从均值 $p=0.52$，标准差 $\sqrt{p(1-p)/n}=\sqrt{0.52\times 0.48/300}=$

0.028 8 的正态分布，于是 $P(\bar{X}>0.50)=P\left(\frac{\bar{X}-p}{\sqrt{p(1-p)/n}}>\frac{0.50-0.52}{0.028\,8}\right)=P\left(\frac{\bar{X}-p}{\sqrt{p(1-p)/n}}>-0.69\right)=1-\Phi(-0.69)=\Phi(0.69)=0.754\,9$，假设支持水平仍为52%，则300人中超过半数会投该代表选票的概率大约是75.49%.

6.3.3 连续型总体次序统计量的分布

定理 6.13 设连续型总体 X 的分布函数和密度函数分别为 $F(x)$，$f(x)$，X_1，X_2，…，X_n 为总体 X 的一个简单随机样本，$X_{(1)}\leqslant X_{(2)}\leqslant\cdots\leqslant X_{(n)}$ 为其次序统计量，则第 k 个次序统计量 $X_{(k)}$ 的密度函数与分布函数分别为：

$$f_{X_{(k)}}(y)=\frac{n!}{(k-1)!\,(n-k)!}[F(y)]^{k-1}f(y)[1-F(y)]^{n-k},$$

$$F_{X_{(k)}}(y)=\frac{n!}{(k-1)!\,(n-k)!}\int_0^{F(y)}u^{k-1}(1-u)^{n-k}\mathrm{d}u.$$

证明 “第 k 个次序统计量 $X_{(k)}$ 落入无穷小区间 $(y-\Delta y,\ y+\Delta y]$ 内”这一事件等价于“容量为 n 的样本 X_1，X_2，…，X_n 中有 $k-1$ 个分量落入区间 $(-\infty,\ y-\Delta y]$ 内，1个分量落入区间 $(y-\Delta y,\ y+\Delta y]$ 内，而余下 $n-k$ 个分量落入区间 $(y+\Delta y,\ +\infty)$ 内”，这是一个复合事件，设其概率等于 $F_{X_{(k)}}(y+\Delta y)-F_{X_{(k)}}(y-\Delta y)$，每一个样本分量落入区间 $(-\infty,\ y-\Delta y]$ 的概率为 $F(y-\Delta y)$，落入区间 $(y-\Delta y,\ y+\Delta y]$ 的概率为 $F(y+\Delta y)-F(y-\Delta y)$，落入区间 $(y+\Delta y,\ +\infty)$ 的概率为 $1-F(y+\Delta y)$. 并且把 n 个分量分成三组，第一组有 C_n^{k-1} 个，第二组有 $n-k+1$ 个，第三组有 C_{n-k}^{n-k}，这样的分组共有 $\mathrm{C}_n^{k-1}(n-k+1)\mathrm{C}_{n-k}^{n-k}=\frac{n!}{(k-1)!\,(n-k)!}$ 种可能. 所以有：

$$\begin{aligned}&F_{X_{(k)}}(y+\Delta y)-F_{X_{(k)}}(y-\Delta y)\\&=\frac{n!}{(k-1)!\,(n-k)!}[F(y-\Delta y)]^{k-1}[F(y+\Delta y)-F(y-\Delta y)][1-F(y+\Delta y)]^{n-k},\end{aligned}$$

则 $$\begin{aligned}f_{X_{(k)}}(y)&=\lim_{\Delta y\to 0}\frac{F_{X_{(k)}}(y+\Delta y)-F_{X_{(k)}}(y-\Delta y)}{2\Delta y}\\&=\frac{n!}{(k-1)!\,(n-k)!}\lim_{\Delta y\to 0}[F(y-\Delta y)]^{k-1}\frac{F(y+\Delta y)-F(y-\Delta y)}{2\Delta y}[1-F(y+\Delta y)]^{n-k}\\&=\frac{n!}{(k-1)!\,(n-k)!}[F(y)]^{k-1}f(y)[1-F(y)]^{n-k},\end{aligned}$$

$$\begin{aligned}F_{X_{(k)}}(y)&=\int_{-\infty}^{y}\frac{n!}{(k-1)!\,(n-k)!}[F(t)]^{k-1}f(t)[1-F(t)]^{n-k}\mathrm{d}t\\&=\frac{n!}{(k-1)!\,(n-k)!}\int_0^{F(y)}u^{k-1}(1-u)^{n-k}\mathrm{d}u.\end{aligned}$$

特别地：当 $k=1$ 时，得样本极小值 $X_{(1)}$ 的分布密度与分布函数为：

$$f_{X_{(1)}}(y)=n[1-F(y)]^{n-1}f(y),\ F_{X_{(1)}}(y)=1-[1-F(y)]^{n};$$

当 $k=n$ 时，得样本极大值 $X_{(n)}$ 的分布密度与分布函数为：

$$f_{X_{(n)}}(y)=n[F(y)]^{n-1}f(y),\ F_{X_{(n)}}(y)=[F(y)]^{n}.$$

极小值与极大值次序统计量 $X_{(1)}$，$X_{(n)}$ 有其实际应用背景. 例如，由 n 个元件串联而成的一个系统 L，每个元件的寿命为 X_i，则系统 L 的寿命为 $\min(X_1, X_2, \cdots, X_n)$，当 $X_1, X_2, \cdots, X_n$ 相互独立同分布时，$\min(X_1, X_2, \cdots, X_n)=X_{(1)}$. 另外，若系统 L 由 n 个元件并联而成，每个元件的寿命为 X_i，则系统 L 的寿命为 $\max(X_1, X_2, \cdots, X_n)$，当 $X_1, X_2, \cdots, X_n$ 相互独立同分布时，$\max(X_1, X_2, \cdots, X_n)=X_{(n)}$.

定理 6.14　设连续型总体 X 的分布函数和密度函数分别为 $F(x)$ 和 $f(x)$，$X_1, X_2, \cdots, X_n$ 为总体 X 的一个简单随机样本，$X_{(1)}\leqslant X_{(2)}\leqslant\cdots\leqslant X_{(n)}$ 为其次序统计量，则第 k 个次序统计量与第 r $(k<r)$ 个次序统计量的联合密度函数为：

$$\begin{aligned}f_{X_{(k)},X_{(r)}}(y, z)=&\frac{n!}{(k-1)!\,(r-k-1)!\,(n-r)!}[F(y)]^{k-1}f(y)\cdot\\&[F(z)-F(y)]^{r-k-1}f(z)[1-F(z)]^{n-r},\ y<z.\end{aligned}$$

证明　对 $y<z$，"第 k 个次序统计量 $X_{(k)}$ 落入无穷小区间 $(y-\Delta y, y+\Delta y]$ 内、第 r 个次序统计量 $X_{(r)}$ 落入无穷小区间 $(z-\Delta z, z+\Delta z]$ 内"这一事件等价于"容量为 n 的样本 $X_1, X_2, \cdots, X_n$ 中有 $k-1$ 个分量落入区间 $(-\infty, y-\Delta y]$ 内，1 个分量落入区间 $(y-\Delta y, y+\Delta y]$ 内，$r-k-1$ 个分量落入区间 $(y+\Delta y, z-\Delta z]$ 内，1 个分量落入区间 $(z-\Delta z, z+\Delta z]$ 内，而余下 $n-r$ 个分量落入区间 $(z+\Delta z, +\infty)$ 内"，这是一个复合事件，设其概率等于 $\int_{y-\Delta y}^{y+\Delta y}\int_{z-\Delta z}^{z+\Delta z}f_{X_{(k)},X_{(r)}}(y, z)\mathrm{d}y\mathrm{d}z$，每一个样本分量落入区间 $(-\infty, y-\Delta y]$ 的概率为 $F(y-\Delta y)$，落入区间 $(y-\Delta y, y+\Delta y]$ 的概率为 $F(y+\Delta y)-F(y-\Delta y)$，落入区间 $(y+\Delta y, z-\Delta z]$ 的概率为 $F(z-\Delta z)-F(y+\Delta y)$，落入区间 $(z-\Delta z, z+\Delta z]$ 的概率为 $F(z+\Delta z)-F(z-\Delta z)$，落入区间 $(z+\Delta z, +\infty)$ 的概率为 $1-F(z+\Delta z)$. 并且把 n 个分量分成五组，第一组有 C_n^{k-1} 个，第二组有 $n-k+1$ 个，第三组有 C_{n-k}^{r-k-1} 个，第四组有 $n-r+1$ 个，第五组有 C_{n-r}^{n-r} 个，这样的分组共有 $\mathrm{C}_n^{k-1}(n-k+1)\mathrm{C}_{n-k}^{r-k-1}(n-r+1)\mathrm{C}_{n-r}^{n-r}=\dfrac{n!}{(k-1)!\,(r-k-1)!\,(n-r)!}$ 种可能. 所以有：

$$\begin{aligned}\int_{y-\Delta y}^{y+\Delta y}\int_{z-\Delta z}^{z+\Delta z}f_{X_{(k)},X_{(r)}}(y, z)\mathrm{d}y\mathrm{d}z=&\frac{n!}{(k-1)!\,(r-k-1)!\,(n-r)!}[F(y-\Delta y)]^{k-1}\cdot\\&[F(y+\Delta y)-F(y-\Delta y)][F(z-\Delta z)-\\&F(y+\Delta y)]^{r-k-1}[F(z+\Delta z)-F(z-\Delta z)]\cdot\\&[1-F(z+\Delta z)]^{n-r},\end{aligned}$$

则
$$\begin{aligned}f_{X_{(k)},X_{(r)}}(y, z)&=\lim_{\substack{\Delta y\to 0\\ \Delta z\to 0}}\frac{1}{4\Delta y\Delta z}\int_{y-\Delta y}^{y+\Delta y}\int_{z-\Delta z}^{z+\Delta z}f_{X_{(k)},X_{(r)}}(y, z)\mathrm{d}y\mathrm{d}z\\&=\frac{n!}{(k-1)!\,(r-k-1)!\,(n-r)!}.\end{aligned}$$

$$\lim_{\substack{\Delta y \to 0 \\ \Delta z \to 0}} \left\{ [F(y-\Delta y)]^{k-1} \frac{F(y+\Delta y)-F(y-\Delta y)}{2\Delta y} [F(z-\Delta z)-F(y+\Delta y)]^{r-k-1} \cdot \frac{F(z+\Delta z)-F(z-\Delta z)}{2\Delta z} [1-F(z+\Delta z)]^{n-r} \right\}$$

$$= \frac{n!}{(k-1)!\ (r-k-1)!\ (n-r)!} [F(y)]^{k-1} f(y) [F(z)-F(y)]^{r-k-1} f(z) [1-F(z)]^{n-r}.$$

定理 6.15　设连续型总体 X 的分布函数和密度函数分别为 $F(x)$, $f(x)$, X_1, X_2, $\cdots$, X_n 为总体 X 的一个简单随机样本，$X_{(1)} \leqslant X_{(2)} \leqslant \cdots \leqslant X_{(n)}$ 为其次序统计量，则 s 个次序统计量 $X_{(n_1)}$, $X_{(n_2)}$, $\cdots$, $X_{(n_s)}$, $1 \leqslant n_1 < n_2 < \cdots < n_s \leqslant n$ 的联合密度函数为：

$$f_{X_{(n_1)}, X_{(n_2)}, \cdots, X_{(n_s)}}(y_1, y_2, \cdots, y_s) = \frac{n!}{(n_1-1)!\ (n_2-n_1-1)!\ \cdots (n-n_s)!} [F(y_1)]^{n_1-1} f(y_1) [F(y_2)-F(y_1)]^{n_2-n_1-1} \cdot f(y_2) [F(y_3)-F(y_2)]^{n_3-n_2-1} f(y_3) \cdots f(y_s) \cdot [1-F(y_s)]^{n-n_s},\ y_1 < y_2 < \cdots < y_s.$$

定理 6.16　设连续型总体 X 的分布函数和密度函数分别为 $F(x)$, $f(x)$, X_1, X_2, $\cdots$, X_n 为总体 X 的一个简单随机样本，$X_{(1)} \leqslant X_{(2)} \leqslant \cdots \leqslant X_{(n)}$ 为其次序统计量，则前 r 个次序统计量 $X_{(1)}$, $X_{(2)}$, $\cdots$, $X_{(r)}$, $1 \leqslant r \leqslant n$ 的联合密度函数为：

$$f_{X_{(1)}, X_{(2)}, \cdots, X_{(r)}}(y_1, y_2, \cdots, y_r) = \frac{n!}{(n-r)!} \prod_{i=1}^{r} f(y_i) \cdot [1-F(y_r)]^{n-r},\ y_1 < y_2 < \cdots < y_r,$$

特别地，当 $r=n$ 时，得 n 个次序统计量 $X_{(1)}$, $X_{(2)}$, $\cdots$, $X_{(n)}$ 的联合密度函数为：

$$f_{X_{(1)}, X_{(2)}, \cdots, X_{(n)}}(y_1, y_2, \cdots, y_n) = n! \prod_{i=1}^{n} f(y_i),\ y_1 < y_2 < \cdots < y_n.$$

注意　上式同时也说明 n 个次序统计量不相互独立，即次序化破坏了简单随机样本的独立性.

值得一提的是：上述定理 6.13～定理 6.16 的结论有其实际应用背景. 例如定理 6.15 可以这样认为：从一批产品中抽取 n 个产品进行寿命试验，由于某种原因，使得一部分数据缺失，仅知道第 n_1, n_2, $\cdots$, n_s 个失效产品的失效时间，此时定理 6.15 便给出了 $X_{(n_1)}$, $X_{(n_2)}$, $\cdots$, $X_{(n_s)}$ 的联合密度函数(即似然函数).

定理 6.17(极差的分布)　设连续型总体 X 的分布函数和密度函数分别为 $F(x)$, $f(x)$, X_1, X_2, $\cdots$, X_n 为总体 X 的一个简单随机样本，$X_{(1)} \leqslant X_{(2)} \leqslant \cdots \leqslant X_{(n)}$ 为其次序统计量，令 $D_n^* = X_{(n)} - X_{(1)}$，则 D_n^* 的分布函数和密度函数分别为：

$$F_{D_n^*}(y) = n \int_{-\infty}^{+\infty} f(x_1) [F(x_1+y) - F(x_1)]^{n-1} \mathrm{d}x_1,\ y > 0,$$

$$f_{D_n^*}(y) = n(n-1) \int_{-\infty}^{+\infty} f(x_1) f(x_1+y) [F(x_1+y) - F(x_1)]^{n-2} \mathrm{d}x_1,\ y > 0.$$

证明　由于 $X_{(1)}$, $X_{(n)}$ 的联合密度为

$$f_{X_{(1)},X_{(n)}}(x_1,x_n)=n(n-1)f(x_1)f(x_n)[F(x_n)-F(x_1)]^{n-2},\ x_1<x_n,$$

对 $y>0$，则

$$\begin{aligned}F_{D_n^*}(y)&=P(D_n^*\leqslant y)=P(X_{(n)}-X_{(1)}\leqslant y)\\&=\int_{-\infty}^{+\infty}\mathrm{d}x_1\int_{x_1}^{x_1+y}f_{X_{(1)},X_{(n)}}(x_1,x_n)\mathrm{d}x_n\\&=n(n-1)\int_{-\infty}^{+\infty}f(x_1)\mathrm{d}x_1\int_{x_1}^{x_1+y}f(x_n)[F(x_n)-F(x_1)]^{n-2}\mathrm{d}x_n\\&=n(n-1)\int_{-\infty}^{+\infty}f(x_1)\mathrm{d}x_1\int_0^{F(x_1+y)-F(x_1)}t^{n-2}\mathrm{d}t\\&=n\int_{-\infty}^{+\infty}f(x_1)[F(x_1+y)-F(x_1)]^{n-1}\mathrm{d}x_1,\end{aligned}$$

进而 $$f_{D_n^*}(y)=n(n-1)\int_{-\infty}^{+\infty}f(x_1)f(x_1+y)[F(x_1+y)-F(x_1)]^{n-2}\mathrm{d}x_1.$$

定理 6.18(中程的分布) 设连续型总体 X 的分布函数和密度函数分别为 $F(x)$，$f(x)$，$X_1,X_2,\cdots,X_n$ 为总体 X 的一个简单随机样本，$X_{(1)}\leqslant X_{(2)}\leqslant\cdots\leqslant X_{(n)}$ 为其次序统计量，令随机变量 $M=\frac{1}{2}[X_{(1)}+X_{(n)}]$ 定义为其最大值和最小值的平均值，称为“中程”，则“中程”分布函数为：$F_M(m)=n\int_{-\infty}^{m}[F(2m-x)-F(x)]^{n-1}f(x)\mathrm{d}x$.

证明 对 $x_1\leqslant x_n$，$X_{(1)}$，$X_{(n)}$ 的联合密度函数为

$$f_{X_{(1)},X_{(n)}}(x_1,x_n)=n(n-1)f(x_1)f(x_n)[F(x_n)-F(x_1)]^{n-2},$$

则 M 的分布函数为：

$$\begin{aligned}F_M(m)&=P(M\leqslant m)=P\left(\frac{1}{2}[X_{(1)}+X_{(n)}]\leqslant m\right)\\&=P(X_{(1)}+X_{(n)}\leqslant 2m)\\&=\int_{-\infty}^{m}\mathrm{d}x_1\int_{x_1}^{2m-x_1}n(n-1)f(x_1)f(x_n)[F(x_n)-F(x_1)]^{n-2}\mathrm{d}x_n\\&=\int_{-\infty}^{m}n(n-1)f(x_1)\mathrm{d}x_1\int_{x_1}^{2m-x_1}f(x_n)[F(x_n)-F(x_1)]^{n-2}\mathrm{d}x_n\\&=\int_{-\infty}^{m}n(n-1)f(x_1)\mathrm{d}x_1\int_{F(x_1)}^{F(2m-x_1)}[y-F(x_1)]^{n-2}\mathrm{d}y\\&=n\int_{-\infty}^{m}f(x_1)[F(2m-x_1)-F(x_1)]^{n-1}\mathrm{d}x_1\\&=n\int_{-\infty}^{m}[F(2m-x)-F(x)]^{n-1}f(x)\mathrm{d}x.\end{aligned}$$

例 6.19 设总体 X 服从参数为 λ 的指数分布，其分布函数与密度函数分别为：

$$F(x)=1-\mathrm{e}^{-\lambda x},\ f(x)=\lambda\mathrm{e}^{-\lambda x},\ x>0,\ \lambda>0,$$

$X_1,X_2,\cdots,X_n$ 为总体 X 的一个简单随机样本，$X_{(1)}\leqslant X_{(2)}\leqslant\cdots\leqslant X_{(n)}$ 为其次序统计量，求：(1) $X_{(k)}$，$k=1,2,\cdots,n$ 的密度函数，$E(X_{(k)})$，$D(X_{(k)})$；

(2) 极差 $D_n^* = X_{(n)} - X_{(1)}$ 的密度函数;

(3) 对 $1 \leqslant r \leqslant n$, $X_{(1)}, X_{(2)}, \cdots, X_{(r)}$ 的联合密度函数.

解　(1) 对 $y > 0$,

$$
\begin{aligned}
f_{X_{(k)}}(y) &= \frac{n!}{(k-1)!\,(n-k)!}(1-e^{-\lambda y})^{k-1}(e^{-\lambda y})^{n-k}\lambda e^{-\lambda y} \\
&= \frac{n!}{(k-1)!\,(n-k)!}\lambda e^{-(n-k+1)\lambda y}(1-e^{-\lambda y})^{k-1} \\
&= \frac{n!}{(k-1)!\,(n-k)!}\lambda e^{-(n-k+1)\lambda y}\sum_{i=0}^{k-1}(-1)^{k-1-i}C_{k-1}^{i}(e^{-\lambda y})^{k-1-i} \\
&= \frac{n!}{(k-1)!\,(n-k)!}\lambda \sum_{i=0}^{k-1}(-1)^{k-1-i}C_{k-1}^{i}e^{-(n-i)\lambda y},
\end{aligned}
$$

记 $Y_i = \lambda X_i$, $i=1, 2, \cdots, n$, 则 $Y_1, Y_2, \cdots, Y_n$ 相互独立且同服从标准指数分布 Exp(1),

$$
\begin{aligned}
E(X_{(k)}) &= \frac{1}{\lambda}E(Y_{(k)}) = \frac{1}{\lambda}\int_0^{+\infty} y f_{Y_{(k)}}(y)\,dy \\
&= \frac{1}{\lambda}\,\frac{n!}{(k-1)!\,(n-k)!}\sum_{i=0}^{k-1}(-1)^{k-1-i}C_{k-1}^{i}\int_0^{+\infty} y e^{-(n-i)y}\,dy \\
&= \frac{1}{\lambda}\,\frac{n!}{(k-1)!\,(n-k)!}\sum_{i=0}^{k-1}(-1)^{k-1-i}\frac{C_{k-1}^{i}}{n-i}\int_0^{+\infty} y(n-i)e^{-(n-i)y}\,dy \\
&= \frac{1}{\lambda}\,\frac{n!}{(k-1)!\,(n-k)!}\sum_{i=0}^{k-1}(-1)^{k-1-i}\frac{C_{k-1}^{i}}{(n-i)^2},
\end{aligned}
$$

$$
\begin{aligned}
E(X_{(k)}^2) &= \frac{1}{\lambda^2}\int_0^{+\infty} y^2 f_{Y_{(k)}}(y)\,dy \\
&= \frac{1}{\lambda^2}\,\frac{n!}{(k-1)!\,(n-k)!}\sum_{i=0}^{k-1}(-1)^{k-1-i}C_{k-1}^{i}\int_0^{+\infty} y^2 e^{-(n-i)y}\,dy \\
&= \frac{1}{\lambda^2}\,\frac{n!}{(k-1)!\,(n-k)!}\sum_{i=0}^{k-1}(-1)^{k-1-i}\frac{C_{k-1}^{i}}{n-i}\int_0^{+\infty} y^2(n-i)e^{-(n-i)y}\,dy \\
&= \frac{2}{\lambda^2}\,\frac{n!}{(k-1)!\,(n-k)!}\sum_{i=0}^{k-1}(-1)^{k-1-i}\frac{C_{k-1}^{i}}{(n-i)^3},
\end{aligned}
$$

进而有:

$$D(X_{(k)}) = E(X_{(k)}^2) - [E(X_{(k)})]^2.$$

(2) 对 $y > 0$,

$$
\begin{aligned}
f_{D_n^*}(y) &= n(n-1)\int_0^{+\infty}\left[1-e^{-\lambda(y+x_1)}-1+e^{-\lambda x_1}\right]^{n-2}\lambda^2 e^{-\lambda x_1}e^{-\lambda(y+x_1)}\,dx_1 \\
&= n(n-1)\lambda^2(1-e^{-\lambda y})^{n-2}e^{-\lambda y}\int_0^{+\infty} e^{-n\lambda x_1}\,dx_1 = (n-1)\lambda(1-e^{-\lambda y})^{n-2}e^{-\lambda y}.
\end{aligned}
$$

(3) 对 $0 \leqslant y_1 < y_2 < \cdots < y_r$,

$$f_{X_{(1)},X_{(2)},\cdots,X_{(r)}}(y_1,y_2,\cdots,y_r)=\frac{n!}{(n-r)!}\prod_{i=1}^{r}f(y_i)\cdot[1-F(y_r)]^{n-r}$$
$$=\frac{n!}{(n-r)!}\prod_{i=1}^{r}(\lambda e^{-\lambda y_i})\cdot[1-(1-e^{-\lambda y_r})]^{n-r}$$
$$=\frac{n!}{(n-r)!}\lambda^r\exp\left\{-\lambda\left[\sum_{i=1}^{r}y_i+(n-r)y_r\right]\right\}.$$

注意　(1) $X_{(1)}$ 的密度函数为：$f_{X_{(1)}}(y)=n[1-F(y)]^{n-1}f(y)=n\lambda e^{-n\lambda y}$，$y>0$，易见，$X_{(1)}$ 仍服从指数分布，此时参数为 $n\lambda$，即 $X_{(1)}\sim \mathrm{Exp}(n\lambda)$；

(2) $X_{(n)}$ 的密度函数为：$f_{X_{(n)}}(y)=n[F(y)]^{n-1}f(y)=n\lambda e^{-\lambda y}[1-e^{-\lambda y}]^{n-1}$，$y>0$，而 $X_{(n)}$ 并不服从指数分布；

(3) 一般地，对 $j=1,2,\cdots$，$X_{(k)}$ 的 j 阶矩 $E(X_{(k)}^j)$ 为

$$E(X_{(k)}^j)=\frac{1}{\lambda^j}E(Y_{(k)}^j)=\frac{1}{\lambda^j}\int_0^{+\infty}y^j f_{Y_{(k)}}(y)\mathrm{d}y$$
$$=\frac{1}{\lambda^j}\frac{n!}{(k-1)!(n-k)!}\sum_{i=0}^{k-1}(-1)^{k-1-i}C_{k-1}^i\int_0^{+\infty}y^j e^{-(n-i)y}\mathrm{d}y$$
$$=\frac{1}{\lambda^j}\frac{n!}{(k-1)!(n-k)!}\sum_{i=0}^{k-1}(-1)^{k-1-i}C_{k-1}^i\frac{1}{(n-i)^{j+1}}\int_0^{+\infty}t^j e^{-t}\mathrm{d}t$$
$$=\frac{j!}{\lambda^j}\frac{n!}{(k-1)!(n-k)!}\sum_{i=0}^{k-1}(-1)^{k-1-i}\frac{C_{k-1}^i}{(n-i)^{j+1}};$$

(4) 如果用随机变量 X 表示某种产品的寿命，从中抽取 n 个产品做寿命试验，试验做到有 r 个产品失效为止(被称为定数截尾寿命试验)，此时次序失效时间为：$X_{(1)}$，$X_{(2)}$，$\cdots$，$X_{(r)}$，统计量 $\sum_{i=1}^{r}X_{(i)}+(n-r)X_{(r)}=\sum_{i=1}^{r}(n-i+1)(X_{(i)}-X_{(i-1)})$ 实质上是产品总的试验时间(在此约定 $X_{(0)}=0$)．

例 6.20　设总体 X 服从参数为 λ 的指数分布，其分布函数与密度函数分别为：

$$F(x)=1-e^{-\lambda x},\ f(x)=\lambda e^{-\lambda x},\ x>0,\ \lambda>0,$$

$X_{(1)}\leqslant X_{(2)}\leqslant\cdots\leqslant X_{(r)}$ 是来自总体 X 的容量为 n 的前 r 个次序统计量，证明：(1) $Y_1=nX_{(1)}$，$Y_2=(n-1)(X_{(2)}-X_{(1)})$，$\cdots$，$Y_r=(n-r+1)(X_{(r)}-X_{(r-1)})$ 相互独立且同服从参数为 λ 的指数分布 $\mathrm{Exp}(\lambda)$；(2) $2\lambda\left[\sum_{i=1}^{r}X_{(i)}+(n-r)X_{(r)}\right]\sim\chi^2(2r)$．

证明　(1) 对 $0=t_0\leqslant t_1<t_2<\cdots<t_r$，注意到：$\sum_{i=1}^{r}t_i+(n-r)t_r=\sum_{i=1}^{r}(n-i+1)(t_i-t_{i-1})$，则 $X_{(1)}$，$X_{(2)}$，$\cdots$，$X_{(r)}$ 的联合密度函数为：

$$f_{X_{(1)},X_{(2)},\cdots,X_{(r)}}(t_1,t_2,\cdots,t_r)=\frac{n!}{(n-r)!}\lambda^r\exp\left\{-\lambda\left[\sum_{i=1}^{r}t_i+(n-r)t_r\right]\right\}$$
$$=\frac{n!}{(n-r)!}\lambda^r\exp\left\{-\lambda\left[\sum_{i=1}^{r}(n-i+1)(t_i-t_{i-1})\right]\right\}.$$

令$\begin{cases} y_1 = nt_1, \\ y_2 = (n-1)(t_2 - t_1), \\ y_3 = (n-2)(t_3 - t_2), \\ \vdots \\ y_r = (n-r+1)(t_r - t_{r-1}), \end{cases}$ 则有$\begin{cases} t_1 = \dfrac{1}{n} y_1, \\ t_2 = \dfrac{1}{n} y_1 + \dfrac{1}{n-1} y_2, \\ t_3 = \dfrac{1}{n} y_1 + \dfrac{1}{n-1} y_2 + \dfrac{1}{n-2} y_3, \\ \vdots \\ t_r = \dfrac{1}{n} y_1 + \dfrac{1}{n-1} y_2 + \cdots + \dfrac{1}{n-r+1} y_r, \end{cases}$

变换的雅可比行列式为:

$$J = \begin{vmatrix} \dfrac{\partial t_1}{\partial y_1} & \dfrac{\partial t_1}{\partial y_2} & \cdots & \dfrac{\partial t_1}{\partial y_r} \\ \dfrac{\partial t_2}{\partial y_1} & \dfrac{\partial t_2}{\partial y_2} & \cdots & \dfrac{\partial t_2}{\partial y_r} \\ \vdots & \vdots & \ddots & \vdots \\ \dfrac{\partial t_r}{\partial y_1} & \dfrac{\partial t_r}{\partial y_2} & \cdots & \dfrac{\partial t_r}{\partial y_r} \end{vmatrix} = \begin{vmatrix} \dfrac{1}{n} & 0 & \cdots & 0 \\ \dfrac{1}{n} & \dfrac{1}{n-1} & \cdots & 0 \\ \vdots & \vdots & \ddots & \vdots \\ \dfrac{1}{n} & \dfrac{1}{n-1} & \cdots & \dfrac{1}{n-r+1} \end{vmatrix} = \frac{(n-r)!}{n!},$$

于是,对 $y_i \geqslant 0$, $i=1, 2, \cdots, r$, $Y_1, Y_2, \cdots, Y_r$ 的联合密度函数为

$$\begin{aligned} & f_{Y_1, Y_2, \cdots, Y_r}(y_1, y_2, \cdots, y_r) \\ = & f_{X_{(1)}, X_{(2)}, \cdots, X_{(r)}}\left(\frac{y_1}{n}, \frac{y_1}{n} + \frac{y_2}{n-1}, \cdots, \frac{y_1}{n} + \frac{y_2}{n-1} + \cdots + \frac{y_r}{n-r+1}\right) \mid J \mid \\ = & \frac{n!}{(n-r)!} \lambda^r \exp\left\{-\lambda \sum_{i=1}^r y_i\right\} \frac{(n-r)!}{n!} = \lambda^r \exp\left\{-\lambda \sum_{i=1}^r y_i\right\} = \prod_{i=1}^r (\lambda e^{-\lambda y_i}), \end{aligned}$$

于是,$Y_1, Y_2, \cdots, Y_r$ 相互独立,且都服从参数为 λ 的指数分布 $\mathrm{Exp}(\lambda)$.

(2) 注意到 $\sum_{i=1}^r Y_i = \sum_{i=1}^r X_{(i)} + (n-r)X_{(r)}$,由于 $Y_1, Y_2, \cdots, Y_r$ 相互独立,同服从参数为 λ 的指数分布 $\mathrm{Exp}(\lambda)$,则 $\lambda Y_1, \lambda Y_2, \cdots, \lambda Y_r$ 相互独立,且同服从标准指数分布 $\mathrm{Exp}(1)$,进而 $2\lambda Y_1, 2\lambda Y_2, \cdots, 2\lambda Y_r$ 相互独立,且同服从 $\chi^2(2)$,由 χ^2 分布的可加性知:$2\lambda \sum_{i=1}^r Y_i \sim \chi^2(2r)$,即有

$$2\lambda\left[\sum_{i=1}^r X_{(i)} + (n-r)X_{(r)}\right] \sim \chi^2(2r).$$

注意 (1) 记 $X_{(0)}=0$,由于 $Y_1 = nX_{(1)}$, $Y_2 = (n-1)(X_{(2)} - X_{(1)})$, $\cdots$, $Y_r = (n-r+1)(X_{(r)} - X_{(r-1)})$ 相互独立同服从参数为 λ 的指数分布 $\mathrm{Exp}(\lambda)$,则 $X_{(1)}$, $X_{(2)} - X_{(1)}$, $X_{(3)} - X_{(2)}$, $\cdots$, $X_{(r)} - X_{(r-1)}$ 也相互独立,且 $X_{(i)} - X_{(i-1)}$, $i=1, 2, \cdots, r$ 服从参数为 $(n-i+1)\lambda$ 的指数分布 $\mathrm{Exp}((n-i+1)\lambda)$,则 $E(X_{(i)} - X_{(i-1)}) = \dfrac{1}{(n-i+1)\lambda}$,

$E[(X_{(i)}-X_{(i-1)})^2]=\dfrac{2}{(n-i+1)^2\lambda^2}$，$D(X_{(i)}-X_{(i-1)})=\dfrac{1}{(n-i+1)^2\lambda^2}$.

由此 $E(X_{(k)})=E\left[\sum\limits_{i=1}^{k}(X_{(i)}-X_{(i-1)})\right]=\sum\limits_{i=1}^{k}E(X_{(i)}-X_{(i-1)})=\dfrac{1}{\lambda}\sum\limits_{i=1}^{k}\dfrac{1}{n-i+1}$，

$D(X_{(k)})=D\left[\sum\limits_{i=1}^{k}(X_{(i)}-X_{(i-1)})\right]=\sum\limits_{i=1}^{k}D(X_{(i)}-X_{(i-1)})=\dfrac{1}{\lambda^2}\sum\limits_{i=1}^{k}\dfrac{1}{(n-i+1)^2}$.

对 $1\leqslant j\leqslant k\leqslant n$ 有：$\mathrm{cov}(X_{(j)},\ X_{(k)})=\mathrm{cov}(X_{(j)},\ (X_{(k)}-X_{(j)})+X_{(j)})=\mathrm{cov}(X_{(j)},\ X_{(j)})=D(X_{(j)})=\dfrac{1}{\lambda^2}\sum\limits_{i=1}^{j}\dfrac{1}{(n-i+1)^2}$.

(2) 特别地，当 $r=n$ 时有：$2\lambda\sum\limits_{i=1}^{n}X_i\sim\chi^2(2n)$，该结论也可以直接求得. 事实上，对 $i=1,\ 2,\ \cdots,\ n$，$\lambda X_i\sim\mathrm{Exp}(1)$，$2\lambda X_i\sim\mathrm{Exp}(0.5)$，即 $2\lambda X_i\sim\chi^2(2)$，且 $X_1,\ X_2,\ \cdots,\ X_n$ 相互独立，则 $2\lambda\sum\limits_{i=1}^{n}X_i\sim\chi^2(2n)$.

例 6.21　设总体 X 服从参数为 λ 的指数分布，其分布函数与密度函数分别为：

$$F(x)=1-\mathrm{e}^{-\lambda x},\ f(x)=\lambda\mathrm{e}^{-\lambda x},\ x>0,\ \lambda>0,$$

$X_{(1)}\leqslant X_{(2)}\leqslant\cdots\leqslant X_{(n)}$ 是来自总体 X 的容量为 n 的前 n 个次序统计量，则 $X_{(k+1)}-X_{(k)}$，$X_{(k+2)}-X_{(k)}$，$\cdots$，$X_{(n)}-X_{(k)}$ 是来自参数为 λ 的指数分布总体样本容量为 $n-k$ 的前 $n-k$ 个次序统计量.

证明　对 $k<r\leqslant n$，只要证明 $X_{(r)}-X_{(k)}$ 与参数为 λ 的指数分布总体样本容量为 $n-k$ 的第 $r-k$ 个次序统计量同分布即可.

记 $Y=\lambda X$，$Y_i=\lambda X_i$，$i=1,\ 2,\ \cdots,\ n$，易见 $Y\sim\mathrm{Exp}(1)$，于是只要证明 $Y_{(r)}-Y_{(k)}$ 与标准指数分布总体样本容量为 $n-k$ 的第 $r-k$ 个次序统计量同分布便可.

事实上，对 $0<y_k<y_r$，$Y_{(k)}$，$Y_{(r)}$ 的联合密度函数为

$$\begin{aligned}f_{Y_{(k)},Y_{(r)}}(y_k,\ y_r)&=\frac{n!}{(k-1)!\ (r-k-1)!\ (n-r)!}[F(y_k)]^{k-1}f(y_k)[F(y_r)-F(y_k)]^{r-k-1}\cdot\\&\quad f(y_r)[1-F(y_r)]^{n-r}\\&=\frac{n!}{(k-1)!\ (r-k-1)!\ (n-r)!}(1-\mathrm{e}^{-y_k})^{k-1}\mathrm{e}^{-y_k}(\mathrm{e}^{-y_k}-\mathrm{e}^{-y_r})^{r-k-1}\mathrm{e}^{-(n-r+1)y_r},\end{aligned}$$

令 $Z=Y_{(r)}-Y_{(k)}$，对 $z>0$，

$$\begin{aligned}F_Z(z)&=P(Z\leqslant z)\\&=\frac{n!}{(k-1)!\ (r-k-1)!\ (n-r)!}\int_0^{+\infty}(1-\mathrm{e}^{-y_k})^{k-1}\mathrm{e}^{-y_k}\mathrm{d}y_k\cdot\\&\quad\int_{y_k}^{y_k+z}(\mathrm{e}^{-y_k}-\mathrm{e}^{-y_r})^{r-k-1}\mathrm{e}^{-(n-r+1)y_r}\mathrm{d}y_r,\end{aligned}$$

$$\begin{aligned}f_Z(z)&=\frac{n!}{(k-1)!\ (r-k-1)!\ (n-r)!}\cdot\\&\quad\int_0^{+\infty}(1-\mathrm{e}^{-y_k})^{k-1}\mathrm{e}^{-y_k}[\mathrm{e}^{-y_k}-\mathrm{e}^{-(y_k+z)}]^{r-k-1}\mathrm{e}^{-(n-r+1)(y_k+z)}\mathrm{d}y_k\end{aligned}$$

$$=\frac{n!}{(k-1)!\ (r-k-1)!\ (n-r)!}(1-\mathrm{e}^{-z})^{r-k-1}\mathrm{e}^{-(n-r+1)z}\cdot$$
$$\int_0^{+\infty}(1-\mathrm{e}^{-y_k})^{k-1}\mathrm{e}^{-(n-k+1)y_k}\mathrm{d}y_k$$
$$=\frac{n!}{(k-1)!\ (r-k-1)!\ (n-r)!}(1-\mathrm{e}^{-z})^{r-k-1}\mathrm{e}^{-(n-r+1)z}\int_0^1 t^{k-1}(1-t)^{n-k}\mathrm{d}t$$
$$=\frac{n!}{(k-1)!\ (r-k-1)!\ (n-r)!}(1-\mathrm{e}^{-z})^{r-k-1}\mathrm{e}^{-(n-r+1)z}B(k,n-k+1)$$
$$=\frac{n!}{(k-1)!\ (r-k-1)!\ (n-r)!}\ \frac{(k-1)!\ (n-k)!}{n!}(1-\mathrm{e}^{-z})^{(r-k)-1}\mathrm{e}^{-z}\mathrm{e}^{-[(n-k)-(r-k)]z}$$
$$=\frac{(n-k)!}{[(r-k)-1]!\ [(n-k)-(r-k)]!}(1-\mathrm{e}^{-z})^{(r-k)-1}\mathrm{e}^{-z}\mathrm{e}^{-[(n-k)-(r-k)]z},$$

则 $Y_{(r)}-Y_{(k)}$ 与标准指数分布总体样本容量为 $n-k$ 的第 $r-k$ 个次序统计量同分布.

例 6.22 设总体 X 在 $[\theta_1,\ \theta_2]$ 上服从均匀分布,$X_1,\ X_2,\ \cdots,\ X_n$ 为总体 X 的一个简单随机样本,求(1) $E(X_{(1)})$, $D(X_{(1)})$, $E(X_{(n)})$, $D(X_{(n)})$, $E(X_{(1)}X_{(n)})$, $\mathrm{cov}(X_{(1)},\ X_{(n)})$;

(2) 极差 $D_n^*=X_{(n)}-X_{(1)}$ 的密度函数 $f_{D_n^*}(d)$、数学期望与方差;

(3) $D'_n=X_{(n)}+X_{(1)}$ 的密度函数 $f_{D'_n}(d)$、数学期望与方差;

(4) $\mathrm{cov}(X_{(n)}+X_{(1)},\ X_{(n)}-X_{(1)})$.

解 (1) 记 $Y=\dfrac{X-\theta_1}{\theta_2-\theta_1}\sim U[0,\ 1]$, $Y_i=\dfrac{X_i-\theta_1}{\theta_2-\theta_1}$, $Y_{(i)}=\dfrac{X_{(i)}-\theta_1}{\theta_2-\theta_1}$, $i=1,\ 2,\ \cdots,\ n$, 则 $Y_1,\ Y_2,\ \cdots,\ Y_n$ 相互独立且同服从 $U[0,\ 1]$, 而 $X_{(i)}=\theta_1+(\theta_2-\theta_1)Y_{(i)}$, 进而有

$$E(X_{(i)})=\theta_1+(\theta_2-\theta_1)E(Y_{(i)}),\ D(X_{(i)})=(\theta_2-\theta_1)^2D(Y_{(i)}),$$

注意到
$$f_Y(y)=\begin{cases}1, & 0\leqslant y\leqslant 1,\\ 0, & \text{其他},\end{cases}\quad F_Y(y)=\begin{cases}0, & y<0,\\ y, & 0\leqslant y\leqslant 1,\\ 1, & y>1,\end{cases}$$

$Y_{(1)}$ 的密度函数为:$f_{Y_{(1)}}(y)=n[1-F_Y(y)]^{n-1}f_Y(y)=\begin{cases}n(1-y)^{n-1}, & 0\leqslant y\leqslant 1,\\ 0, & \text{其他};\end{cases}$

$Y_{(n)}$ 的密度函数为:$f_{Y_{(n)}}(y)=n[F_Y(y)]^{n-1}f_Y(y)=\begin{cases}ny^{n-1}, & 0\leqslant y\leqslant 1,\\ 0, & \text{其他}.\end{cases}$

$$E(Y_{(1)})=\int_0^1 yn(1-y)^{n-1}\mathrm{d}y=\int_0^1(1-t)nt^{n-1}\mathrm{d}t=n\mathrm{B}(n,\ 2)=\frac{1}{n+1},$$
$$E(Y_{(1)}^2)=\int_0^1 y^2n(1-y)^{n-1}\mathrm{d}y=\int_0^1(1-x)^2nx^{n-1}\mathrm{d}x$$
$$=n\mathrm{B}(n,\ 3)=\frac{2}{(n+1)(n+2)},$$
$$D(Y_{(1)})=E(Y_{(1)}^2)-[E(Y_{(1)})]^2=\frac{2}{(n+1)(n+2)}-\left(\frac{1}{n+1}\right)^2=\frac{n}{(n+1)^2(n+2)},$$

$$E(Y_{(n)})=\int_0^1 yny^{n-1}\mathrm{d}y=\frac{n}{n+1},\ E(Y_{(n)}^2)=\int_0^1 y^2ny^{n-1}\mathrm{d}y=\frac{n}{n+2},$$

$$D(Y_{(n)})=E(Y_{(n)}^2)-[E(Y_{(n)})]^2=\frac{n}{n+2}-\left(\frac{n}{n+1}\right)^2=\frac{n}{(n+1)^2(n+2)},$$

$$E(X_{(1)})=\theta_1+\frac{\theta_2-\theta_1}{n+1}=\frac{\theta_2+n\theta_1}{n+1},\ D(X_{(1)})=\frac{n}{(n+1)^2(n+2)}(\theta_2-\theta_1)^2,$$

$$E(X_{(n)})=\theta_1+\frac{n}{n+1}(\theta_2-\theta_1)=\theta_2-\frac{\theta_2-\theta_1}{n+1}=\frac{n\theta_2+\theta_1}{n+1},$$

$$D(X_{(n)})=\frac{n}{(n+1)^2(n+2)}(\theta_2-\theta_1)^2.$$

记 $(Y_{(1)},Y_{(n)})$ 的联合密度为：

$$f_{Y_{(1)},Y_{(n)}}(y,z)=n(n-1)f_Y(y)f_Y(z)[F_Y(z)-F_Y(y)]^{n-2},\ y<z,$$

$$\begin{aligned}E(Y_{(1)}Y_{(n)})&=n(n-1)\int_0^1 yf_Y(y)\mathrm{d}y\int_y^1 zf_Y(z)[F_Y(z)-F_Y(y)]^{n-2}\mathrm{d}z\\&=n(n-1)\int_0^1 y\mathrm{d}y\int_y^1 z(z-y)^{n-2}\mathrm{d}z=n(n-1)\int_0^1 y\mathrm{d}y\int_0^{1-y}(t+y)t^{n-2}\mathrm{d}t\\&=n(n-1)\int_0^1 y\mathrm{d}y\int_0^{1-y}(t^{n-1}+yt^{n-2})\mathrm{d}t\\&=n(n-1)\int_0^1 y\left[\frac{(1-y)^n}{n}+\frac{y(1-y)^{n-1}}{n-1}\right]\mathrm{d}y\\&=n(n-1)\int_0^1\left[\frac{(1-t)t^n}{n}+\frac{(1-t)^2t^{n-1}}{n-1}\right]\mathrm{d}t\\&=n(n-1)\left[\frac{\mathrm{B}(n+1,\ 2)}{n}+\frac{\mathrm{B}(n,\ 3)}{n-1}\right]=\frac{1}{n+2},\end{aligned}$$

$$\begin{aligned}\operatorname{cov}(Y_{(1)},Y_{(n)})&=E(Y_{(1)}Y_{(n)})-E(Y_{(1)})E(Y_{(n)})\\&=\frac{1}{n+2}-\frac{n}{(n+1)^2}=\frac{1}{(n+1)^2(n+2)},\end{aligned}$$

$$\begin{aligned}E(X_{(1)}X_{(n)})&=E\{[\theta_1+(\theta_2-\theta_1)Y_{(1)}][\theta_1+(\theta_2-\theta_1)Y_{(n)}]\}\\&=\theta_1^2+\theta_1(\theta_2-\theta_1)[E(Y_{(1)})+E(Y_{(n)})]+(\theta_2-\theta_1)^2E(Y_{(1)}Y_{(n)})\\&=\theta_1^2+\theta_1(\theta_2-\theta_1)+\frac{(\theta_2-\theta_1)^2}{n+2},\end{aligned}$$

$$\begin{aligned}\operatorname{cov}(X_{(1)},X_{(n)})&=\operatorname{cov}(\theta_1+(\theta_2-\theta_1)Y_{(1)},\ \theta_1+(\theta_2-\theta_1)Y_{(n)})\\&=(\theta_2-\theta_1)^2\operatorname{cov}(Y_{(1)},Y_{(n)})=\frac{(\theta_2-\theta_1)^2}{(n+1)^2(n+2)}.\end{aligned}$$

(2) 由于 $$D_n^*=X_{(n)}-X_{(1)}=(\theta_2-\theta_1)(Y_{(n)}-Y_{(1)}),$$

$$E(D_n^*)=E(X_{(n)}-X_{(1)})=(\theta_2-\theta_1)E(Y_{(n)}-Y_{(1)})=\frac{n-1}{n+1}(\theta_2-\theta_1),$$

$$\begin{aligned}D(D_n^*)&=D(X_{(n)}-X_{(1)})=(\theta_2-\theta_1)^2D(Y_{(n)}-Y_{(1)})\\&=(\theta_2-\theta_1)^2[D(Y_{(1)})+D(Y_{(n)})-2\text{cov}(Y_{(1)},Y_{(n)})]\\&=(\theta_2-\theta_1)^2\left[\frac{2n}{(n+1)^2(n+2)}-\frac{2}{(n+1)^2(n+2)}\right]\\&=\frac{2(n-1)}{(n+1)^2(n+2)}(\theta_2-\theta_1)^2,\end{aligned}$$

对 $0\leqslant t<1$,

$$\begin{aligned}P(Y_{(n)}-Y_{(1)}\leqslant t)&=n(n-1)\int_0^{1-t}\mathrm{d}y\int_y^{y+t}(z-y)^{n-2}\mathrm{d}z+\\&\quad n(n-1)\int_{1-t}^1\mathrm{d}y\int_y^1(z-y)^{n-2}\mathrm{d}z\\&=n(n-1)\int_0^{1-t}\mathrm{d}y\int_0^t x^{n-2}\mathrm{d}x+n(n-1)\int_{1-t}^1\mathrm{d}y\int_0^{1-y}x^{n-2}\mathrm{d}x\\&=n(1-t)t^{n-1}+n\int_{1-t}^1(1-y)^{n-1}\mathrm{d}y\\&=n(1-t)t^{n-1}+n\int_0^t x^{n-1}\mathrm{d}x=nt^{n-1}-(n-1)t^n,\end{aligned}$$

进而
$$f_{Y_{(n)}-Y_{(1)}}(t)=n(n-1)t^{n-2}(1-t),$$

于是 $D_n^*=X_{(n)}-X_{(1)}$ 的密度函数为

$$f_{D_n^*}(d)=\begin{cases}\dfrac{n(n-1)}{(\theta_2-\theta_1)^n}d^{n-2}(\theta_2-\theta_1-d), & 0\leqslant d<\theta_2-\theta_1,\\ 0, & \text{其他}.\end{cases}$$

(3) 由于
$$D_n'=X_{(n)}+X_{(1)}=2\theta_1+(\theta_2-\theta_1)(Y_{(n)}+Y_{(1)}),$$

$$E(D_n')=E(X_{(n)}+X_{(1)})=2\theta_1+(\theta_2-\theta_1)E(Y_{(n)}+Y_{(1)})=\theta_1+\theta_2,$$

$$\begin{aligned}D(D_n')&=D(X_{(n)}+X_{(1)})=(\theta_2-\theta_1)^2D(Y_{(n)}+Y_{(1)})\\&=(\theta_2-\theta_1)^2[D(Y_{(1)})+D(Y_{(n)})+2\text{cov}(Y_{(1)},Y_{(n)})]\\&=(\theta_2-\theta_1)^2\left[\frac{2n}{(n+1)^2(n+2)}+\frac{2}{(n+1)^2(n+2)}\right]\\&=\frac{2}{(n+1)(n+2)}(\theta_2-\theta_1)^2,\end{aligned}$$

对 $0\leqslant t<1$,

$$\begin{aligned}P(Y_{(n)}+Y_{(1)}\leqslant t)&=n(n-1)\int_0^{t/2}\mathrm{d}y\int_y^{t-y}(z-y)^{n-2}\mathrm{d}z=n(n-1)\int_0^{t/2}\mathrm{d}y\int_0^{t-2y}x^{n-2}\mathrm{d}x\\&=n\int_0^{t/2}(t-2y)^{n-1}\mathrm{d}y=\frac{n}{2}\int_0^t x^{n-1}\mathrm{d}x=\frac{1}{2}t^n,\end{aligned}$$

进而
$$f_{Y_{(n)}+Y_{(1)}}(t)=\frac{n}{2}t^{n-1};$$

对 $1 \leqslant t < 2$，

$$\begin{aligned}P(Y_{(n)}+Y_{(1)} \leqslant t) &= n(n-1)\int_0^{t-1} \mathrm{d}y \int_y^1 (z-y)^{n-2} \mathrm{d}z + \\ &\quad n(n-1)\int_{t-1}^{t/2} \mathrm{d}y \int_y^{t-y} (z-y)^{n-2} \mathrm{d}z \\ &= n(n-1)\int_0^{t-1} \mathrm{d}y \int_0^{1-y} x^{n-2} \mathrm{d}x + n(n-1)\int_{t-1}^{t/2} \mathrm{d}y \int_0^{t-2y} x^{n-2} \mathrm{d}x \\ &= n\int_0^{t-1} (1-y)^{n-1} \mathrm{d}y + n\int_{t-1}^{t/2} (t-2y)^{n-1} \mathrm{d}y \\ &= n\int_{2-t}^1 x^{n-1} \mathrm{d}x + \frac{n}{2}\int_0^{2-t} x^{n-1} \mathrm{d}x \\ &= 1-(2-t)^n + \frac{1}{2}(2-t)^n = 1-\frac{1}{2}(2-t)^n,\end{aligned}$$

进而
$$f_{Y_{(n)}+Y_{(1)}}(t) = \frac{n}{2}(2-t)^{n-1}.$$

于是 $D'_n = X_{(n)} + X_{(1)}$ 的密度函数为

$$f_{D'_n}(d) = \begin{cases} \dfrac{n}{2(\theta_2-\theta_1)^n}(d-2\theta_1)^{n-1}, & 2\theta_1 \leqslant d < \theta_1+\theta_2, \\ \dfrac{n}{2(\theta_2-\theta_1)^n}(2\theta_2-d)^{n-1}, & \theta_1+\theta_2 \leqslant d < 2\theta_2, \\ 0, & \text{其他}. \end{cases}$$

(4)
$$\begin{aligned}&\operatorname{cov}(X_{(n)}+X_{(1)}, X_{(n)}-X_{(1)}) \\ &= \operatorname{cov}(X_{(n)}, X_{(n)}) - \operatorname{cov}(X_{(1)}, X_{(1)}) = D(X_{(n)}) - D(X_{(1)}) = 0.\end{aligned}$$

特别地，若总体 $X \sim U[0, \theta]$，$\theta > 0$，则有

$$E(X_{(1)}) = \frac{\theta}{n+1},\ D(X_{(1)}) = \frac{n}{(n+1)^2(n+2)}\theta^2;$$
$$E(X_{(n)}) = \frac{n}{n+1}\theta,\ D(X_{(n)}) = \frac{n}{(n+1)^2(n+2)}\theta^2.$$

注意　可将 $E(X_{(1)}) + E(X_{(n)}) = \theta_2 + \theta_1$，$D(X_{(1)}) = D(X_{(n)}) = \dfrac{n}{(n+1)^2(n+2)}(\theta_2-\theta_1)^2$ 推广为：

$$E(X_{(k)}) + E(X_{(n+1-k)}) = \theta_2 + \theta_1,\ D(X_{(k)}) = D(X_{(n+1-k)}),\ 1 \leqslant k \leqslant n.$$

由于 $\dfrac{X-\theta_1}{\theta_2-\theta_1}$ 与 $\dfrac{\theta_2-X}{\theta_2-\theta_1}$ 同服从 $U[0, 1]$，则对 $1 \leqslant k \leqslant n$，有 $\dfrac{X_{(k)}-\theta_1}{\theta_2-\theta_1}$ 与 $\dfrac{\theta_2-X_{(n+1-k)}}{\theta_2-\theta_1}$ 同分布，进而：

$$E\left(\frac{X_{(k)}-\theta_1}{\theta_2-\theta_1}\right)=E\left(\frac{\theta_2-X_{(n+1-k)}}{\theta_2-\theta_1}\right),\ D\left(\frac{X_{(k)}-\theta_1}{\theta_2-\theta_1}\right)=D\left(\frac{\theta_2-X_{(n+1-k)}}{\theta_2-\theta_1}\right),$$

即
$$E(X_{(k)})+E(X_{(n+1-k)})=\theta_2+\theta_1,\ D(X_{(k)})=D(X_{(n+1-k)}).$$

例 6.23　设总体 $X\sim N(0,1)$，X_1，X_2 为容量为 2 的一个简单随机样本，其次序统计量记为 $X_{(1)}$，$X_{(2)}$，问(1) $Z_1=\dfrac{X_{(1)}}{X_{(2)}}$ 服从什么分布？(2) $Z_2=\dfrac{X_{(2)}}{X_{(1)}}$ 服从什么分布？

解　(1) $(X_{(1)},X_{(2)})$ 的联合密度函数为：$f_{(X_{(1)},X_{(2)})}(x_1,x_2)=2\varphi(x_1)\varphi(x_2)$，$x_1\leqslant x_2$，$Z_1=\dfrac{X_{(1)}}{X_{(2)}}$ 的密度函数为：$f_{Z_1}(z)=\displaystyle\int_{-\infty}^{+\infty}|x_2|f_{(X_{(1)},X_{(2)})}(x_2z,x_2)\mathrm{d}x_2$.

注意到，$x_1\leqslant x_2$，即 $x_2z\leqslant x_2$，$(z-1)x_2\leqslant 0$. 也即，当 $z<1$ 时，$x_2>0$；当 $z\geqslant 1$ 时，$x_2\geqslant 0$.

当 $z<1$ 时，$f_{Z_1}(z)=2\displaystyle\int_0^{+\infty}x_2\varphi(x_2z)\varphi(x_2)\mathrm{d}x_2=\frac{1}{\pi}\int_0^{+\infty}x_2\mathrm{e}^{-\frac{1}{2}x_2{}^2(z^2+1)}\mathrm{d}x_2=\frac{1}{\pi(z^2+1)}$；

当 $z>1$ 时，$f_{Z_1}(z)=2\displaystyle\int_0^{+\infty}-x_2\varphi(x_2z)\varphi(x_2)\mathrm{d}x_2=\frac{1}{\pi}\int_0^{+\infty}x_2\mathrm{e}^{-\frac{1}{2}x_2{}^2(z^2+1)}\mathrm{d}x_2=\frac{1}{\pi(z^2+1)}$.

即有：
$$Z_1\sim t(1).$$

(2) $Z_2=\dfrac{X_{(2)}}{X_{(1)}}$ 的密度函数为：$f_{Z_2}(z)=\displaystyle\int_{-\infty}^{+\infty}|x_1|f_{(X_{(1)},X_{(2)})}(x_1,x_1z)\mathrm{d}x_1$.

注意到，$x_1\leqslant x_2$，即 $x_1\leqslant x_1z$，$(z-1)x_1\geqslant 0$. 也即，当 $z<1$ 时，$x_1<0$；当 $z\geqslant 1$ 时，$x_1\geqslant 0$.

当 $z>1$ 时，$f_{Z_2}(z)=2\displaystyle\int_0^{+\infty}x_1\varphi(x_1)\varphi(x_1z)\mathrm{d}x_1=\frac{1}{\pi}\int_0^{+\infty}x_1\mathrm{e}^{-\frac{1}{2}x_1{}^2(z^2+1)}\mathrm{d}x_1=\frac{1}{\pi(z^2+1)}$；

当 $z<1$ 时，$f_{Z_2}(z)=2\displaystyle\int_{-\infty}^{0}-x_1\varphi(x_1)\varphi(x_1z)\mathrm{d}x_1=\frac{1}{\pi}\int_0^{+\infty}x_1\mathrm{e}^{-\frac{1}{2}x_1{}^2(z^2+1)}\mathrm{d}x_1=\frac{1}{\pi(z^2+1)}$.

即有：
$$Z_2\sim t(1).$$

或者利用结论：若 $Z\sim t(1)$，则有 $\dfrac{1}{Z}\sim t(1)$，直接可以得到：$Z_2\sim t(1)$.

6.3.4　非正态总体统计量的极限分布

定理 6.19　设 X_1，X_2，…，X_n 为取自总体 X 的一个简单随机样本，总体 X 的方差存在，X 的均值、方差分别记为 μ，σ^2，则当样本容量 n 很大时有：

$$U_n=\frac{\bar{X}-\mu}{\sigma/\sqrt{n}}\ \dot{\sim}\ N(0,1),\ T_n=\frac{\bar{X}-\mu}{S/\sqrt{n}}\ \dot{\sim}\ N(0,1).$$

注意　定理 6.19 表明，当样本容量 n 很大时，U_n 和 T_n 都近似地服从标准正态分布. 因此，当总体方差 σ^2 已知时，可用 U_n 对 μ 进行统计推断；当 σ^2 未知时，可用 T_n 对 μ 进行统计推断.

习　题　6

1. 设总体 $X \sim B(1, p)$，$P(X=1)=p$，$P(X=0)=1-p$，其中 $p>0$ 为未知参数，$X_1, X_2, \cdots, X_n$ 为来自总体 X 的一个简单随机样本，指出下列函数哪些是统计量，哪些不是统计量. (1) X_1+X_2；(2) $\max\limits_{1\leqslant i\leqslant n}\{X_i\}$；(3) X_n+2p；(4) $(X_n-X_1)^2$.

2. 设总体 X 的密度函数为：$f_X(x)=\begin{cases}2x, & 0<x<1,\\ 0, & \text{其他},\end{cases}$ X_1, X_2 为来自总体 X 的一个简单随机样本，求 $P\left(\dfrac{X_1}{X_2}\leqslant\dfrac{1}{2}\right)$.

3. 随机观察总体 X，得到一个容量为 10 的样本值如下：

$$3.2,\ 2.5,\ -2,\ 2.5,\ 0,\ 3,\ 2,\ 2.5,\ 2,\ 4.$$

求 X 的经验分布函数.

4. 设 $X_1, X_2, \cdots, X_6$ 是来自总体 $N(0,1)$ 的一个简单随机样本，又设

$$Y=(X_1+X_2+X_3)^2+(X_4+X_5+X_6)^2,$$

试求常数 c，使 cY 服从 χ^2 分布.

5. 设 X_1, X_2, X_3, X_4 是来自总体 $X\sim N(0,4)$ 的一个简单随机样本，问当 a, b 为何值时，$Y=a(X_1-2X_2)^2+b(3X_3-4X_4)^2\sim\chi^2(n)$，并确定 n 的值.

6. 设 $X_1, X_2, \cdots, X_{10}$ 是来自正态总体 $N(0,3^2)$ 的一个简单随机样本. 求系数 a, b, c, d，使统计量 $Y=aX_1^2+b(X_2+X_3)^2+c(X_4+X_5+X_6)^2+d(X_7+X_8+X_9+X_{10})^2$ 服从 χ^2 分布，并求其自由度.

7. 从标准正态总体 $X\sim N(0,1)$ 中抽取一个简单随机样本 $X_1, X_2, \cdots, X_6$，试确定常数 c，使统计量 $Y=c[(X_1+X_2)^2+(X_3-X_4)^2+(X_5+X_6)^2]$ 服从 χ^2 分布.

8. 设总体 X 服从 $N(0,1)$，$X_1, X_2, \cdots, X_{m+n}$ 为来自总体 X 的一个简单随机样本，$Y=\dfrac{1}{m}\cdot\left(\sum\limits_{i=1}^{m}X_i\right)^2+\dfrac{1}{n}\left(\sum\limits_{i=m+1}^{m+n}X_i\right)^2$，$m, n>1$，试求常数 C，使 $CY\sim\chi^2$ 分布.

9. 设 $X_1, X_2, \cdots, X_{2n}$ 是来自正态总体 $X\sim N(0,\sigma^2)$ 的一个简单随机样本，试求下列统计量的分布：(1) $Y_1=\dfrac{X_1^2+X_3^2+\cdots+X_{2n-1}^2}{X_2^2+X_4^2+\cdots+X_{2n}^2}$；(2) $Y_2=\dfrac{X_1+X_3+\cdots+X_{2n-1}}{\sqrt{X_2^2+X_4^2+\cdots+X_{2n}^2}}$.

10. 设 $X_1, X_2, \cdots, X_{10}$ 为总体 $X\sim N(0,0.3^2)$ 的一个简单随机样本，求 $P\left(\sum\limits_{i=1}^{10}X_i^2>1.44\right)$.

11. 设总体 $X\sim N(\mu,\sigma^2)$，$X_1, X_2, \cdots, X_{2n}(n\geqslant 2)$ 是来自正态总体 X 的一个简单随机样本，其样本均值为 $\bar{X}=\dfrac{1}{2n}\sum\limits_{i=1}^{2n}X_i$. 求：统计量 $Y=\sum\limits_{i=1}^{n}(X_i+X_{n+i}-2\bar{X})^2$ 的数学期望.

12. 设 $X_1, X_2\cdots, X_n, X_{n+1}, X_{n+2}\cdots, X_{n+m}$ 是来自总体 $X\sim N(0,\sigma^2)$ 的容量为 $n+m$ 的一个样本，试求下列统计量的分布：(1) $Y_1=\dfrac{\sqrt{m}\sum\limits_{i=1}^{n}X_i}{\sqrt{n}\sqrt{\sum\limits_{i=n+1}^{n+m}X_i^2}}$；(2) $Y_2=\dfrac{m\sum\limits_{i=1}^{n}X_i^2}{n\sum\limits_{i=n+1}^{n+m}X_i^2}$.

13. 设两连续型总体 X 与 Y 相互独立，且 $X_1, X_2, \cdots, X_n$ 为来自总体 $X\sim \mathrm{Exp}(\lambda)$ 的一个简单随机

样本，$Y_1, Y_2, \cdots, Y_n$ 为来自总体 Y 的一个简单随机样本，Y 的分布函数为 $F_Y(y)$，记 $T = 2\lambda \sum_{i=1}^{n} X_i$，$W = -2\sum_{i=1}^{n}\ln[F(Y_i)]$，问 $\dfrac{T}{W}$ 服从什么分布？

14. 设随机变量 $X \sim F(n,n)$，求 $P(X < 1)$.

15. 设随机变量 $X \sim N(2, 1)$，随机变量 Y_1, Y_2, Y_3, Y_4 均服从 $N(0, 4)$，且 $X, Y_i (i = 1,2,3,4)$ 都相互独立,令：$T = \dfrac{4(X-2)}{\sqrt{\sum_{i=1}^{4} Y_i^2}}$，试求 T 的分布,并确定 t_0 的值,使 $P(|T| > t_0) = 0.01$.

16. 在天平上重复称量一重为 a 的物品,假设多次的称量结果相互独立且都服从正态分布 $N(a, 0.2^2)$. 若以 $\overline{X_n}$ 表示 n 次称量结果的算术平均值,则为使 $P(|\overline{X_n} - a| < 0.1) \geqslant 0.95$,问 n 的最小值应是多少?

17. 设总体 $X \sim N(\mu, \sigma^2)$，$X_1, X_2, \cdots, X_{10}$ 是总体 X 的一个简单随机样本,试求下列概率：

(1) $P\left\{0.26\sigma^2 \leqslant \dfrac{1}{10}\sum_{i=1}^{10}(X_i - \mu)^2 \leqslant 2.3\sigma^2\right\}$；(2) $P\left\{0.26\sigma^2 \leqslant \dfrac{1}{10}\sum_{i=1}^{10}(X_i - \bar{X})^2 \leqslant 2.3\sigma^2\right\}$.

18. 在总体 $N(12, 2^2)$ 中随机抽取出一容量为 5 的样本 X_1, X_2, X_3, X_4, X_5，求：(1) 样本均值与总体均值之差的绝对值大于 1 的概率；(2) $P\left\{\sum_{i=1}^{5}(X_i - 12)^2 > 44.284\right\}$；(3) $P(X_{(5)} > 15)$；(4) $P(X_{(1)} < 10)$.

19. 设从总体 $X \sim N(20, 5^2)$ 和总体 $Y \sim N(10, 2^2)$ 中分别独立地抽取样本,样本容量分别为 10 和 8,修正的样本方差分别为 S_1^2 和 S_2^2，求 $P\left(\dfrac{S_1^2}{S_2^2} \leqslant 23\right)$.

20. 设 $X_1, X_2, \cdots, X_n$ 是来自总体 $X \sim N(0, 1)$ 的一个简单随机样本,证明：

$$P\left(0 < \sum_{i=1}^{n} X_i^2 < 2n\right) \geqslant \frac{n-2}{n}.$$

21. 在设计导弹发射装置时,重要的事情之一是研究弹着点偏离目标中心的距离的方差,对于一类导弹发射装置,弹着点偏离目标中心的距离服从正态分布 $N(\mu, \sigma^2)$，这里 $\sigma^2 = 100\ \mathrm{m}^2$，现在进行了 25 次发射试验,用 S^2 记这 25 次试验中弹着点偏离目标中心的距离的方差,试求 S^2 超过 $50\ \mathrm{m}^2$ 的概率.

22. 设某厂生产的灯泡使用寿命 $X \sim N(1\,000, \sigma^2)$ (单位：小时),今抽取一容量为 9 的一个样本,得到 $\bar{x} = 944$，$s = 100$，试求 $P(\bar{X} < 940)$.

23. 设总体 X 的分布密度为 $f(x) = \begin{cases} 2x, & 0 < x < 1, \\ 0, & \text{其他}, \end{cases}$ $X_{(1)} < X_{(2)} < X_{(3)} < X_{(4)}$ 为从 X 取出的容量为 4 的样本的次序统计量,求 $X_{(3)}$ 的分布函数 $F_3(y)$，$P(X_{(3)} \geqslant 0.5)$.

第7章　参数估计

近代统计学的创始人之一、英国著名统计学家费歇把统计推断归纳为抽样分布、参数估计和假设检验三个方面. 上一章已经讨论过抽样分布，本章主要讨论参数估计，后一章将讨论假设检验.

在讨论参数估计之前，首先要知道什么是参数，一般情况下，参数常用 θ 来表示，参数 θ 的所有可能取值组成的集合称为参数空间，常用 Θ 来表示. 一般地，任何定义在 Θ 上的实值函数都可以称为参数，而本书所指的参数主要涉及以下几种：① 总体分布 $F(x;\theta)$ 中所含参数 θ（可以是向量）；② 总体分布的均值、方差、标准差、相关系数等特征数；③ 各种事件概率. 对这些参数要精确确定它是困难的，因而我们只能通过样本所提供的信息对它做出某种估计. 例如每升汽油行驶的里程数是服从正态分布的，但其均值 μ 与方差 σ^2 未知，为此我们从中抽取了一个样本均值 $\bar{X}$ 和样本方差 S_n^2 分别对 μ 和 σ^2 做出估计. 参数估计问题就是通过样本对各种未知参数做出的估计.

参数估计的形式有两种：点估计和区间估计. 在参数的点估计中，要构造一个统计量 $\hat{\theta}=\hat{\theta}(X_1, X_2, \cdots, X_n)$ 去估计 θ，称 $\hat{\theta}$ 为 θ 的点估计或估计量，简称估计，将样本观察值代入后便得到了 θ 的一个估计值 $\hat{\theta}=\hat{\theta}(x_1, x_2, \cdots, x_n)$，在不致混淆的情况下均可用 $\hat{\theta}$ 表示. 在参数的区间估计中，是要构造两个统计量 $\hat{\theta}_L$ 和 $\hat{\theta}_U$，且 $\hat{\theta}_L < \hat{\theta}_U$，然后以区间 $[\hat{\theta}_L, \hat{\theta}_U]$ 的形式给出未知参数 θ 的估计，将事件“区间 $[\hat{\theta}_L, \hat{\theta}_U]$ 包含有 θ”的概率称为置信水平.

7.1　参数的点估计

参数 θ 的点估计方法有很多，本节所讲述的矩法估计与极大似然估计是最常用的两种点估计方法. 同时本节还介绍在连续型总体中有许多重要应用的逆矩估计方法.

7.1.1　矩法估计

1900 年英国统计学家皮尔逊提出了一个替换原则：用样本矩去替换总体矩. 后来人们就称此为矩法估计，简称矩估计. 矩估计的思想是用样本的数字特征作为总体数字特征的估计（通常是用样本的 k 阶矩估计总体的 k 阶矩），简单说就是用样本矩估计总体矩. 具体来说就是：① 用样本矩替换总体矩；② 用样本矩的函数替换总体矩的函数；③ 用频率估计概率；④ 用样本 p 分位数估计总体的 p 分位数.

定义 7.1　设总体 X 的分布函数为 $F(x;\theta_1, \theta_2, \cdots, \theta_k)$，其中 $\theta_1, \theta_2, \cdots, \theta_k$ 为未知参数，假定总体 X 的 k 阶原点矩 $\mu_k=E(X^k)$ 存在，若假设 $\theta_1, \theta_2, \cdots, \theta_k$ 能够表示成 $\mu_1, \mu_2, \cdots, \mu_k$ 的函数 $\theta_j=\theta_j(\mu_1, \mu_2, \cdots, \mu_k)$，建立如下方程：

$$E(X^i)=\frac{1}{n}\sum_{j=1}^{n}X_j^i,\ i=1,\ 2,\ \cdots,\ k,$$

解得 $\hat{\theta}_i=\hat{\theta}_i(X_1,\ X_2,\ \cdots,\ X_n)$, $i=1,\ 2,\ \cdots,\ k$，则称为参数 $\theta_1,\ \theta_2,\ \cdots,\ \theta_k$ 的矩法估计，简称矩估计.

注意 (1) 通常有几个未知参数列几个相应的方程，但也不是绝对的；

(2) 矩估计可能不唯一，由于选择的函数不同，可能得到的矩估计也不同. 在矩估计不唯一时，常用的矩估计一般只涉及 1 阶矩、2 阶矩. 因为涉及矩的阶数尽可能小，从而对总体的要求也尽可能少；

(3) 矩估计可能不存在，如果总体的原点矩不存在(像柯西分布)，就不能得到矩估计.

矩估计的优点是其统计思想简单明确，易为人们接受，而且并不要求知道总体的分布类型，因而矩估计获得了广泛的应用. 矩估计的缺点是不唯一. 矩估计的合理性可以从以下两个方面来说明，一是根据大数定律，若 $\{X_i,\ i=1,\ 2,\ \cdots\}$ 是独立同分布随机变量序列，且 $E(X_i^k)=\mu_k$, $i=1,\ 2,\ \cdots$ 存在，则对任意的 $\varepsilon>0$，当 $n\to+\infty$ 时有

$$\lim_{n\to+\infty}P\left(\left|\frac{1}{n}\sum_{i=1}^{n}X_i^k-\mu_k\right|>\varepsilon\right)=0.$$

上式表明：随着样本容量的增加，样本 k 阶矩与总体 k 阶矩之间出现差异的可能性愈来愈小. 二是根据格列汶科定理知：当样本容量 n 很大时，经验分布函数 $F_n^*(x)$ 与总体分布函数 $F(x)$ 很靠近，它们的各阶矩也应该很靠近，而样本的各阶矩就是经验分布函数的各阶矩.

定理 7.1 若 $\hat{\theta}$ 为 θ 的矩估计量，$g(\theta)$ 为 θ 的连续函数，则 $g(\hat{\theta})$ 为 $g(\theta)$ 的矩估计量.

例 7.1 设 $X_1,\ X_2,\ \cdots,\ X_n$ 为来自总体 X 的一个简单随机样本，若 $E(X)=\mu$, $D(X)=\sigma^2$ 有限，求参数 $\mu,\ \sigma^2$ 的矩估计.

解 由矩估计思想，用样本的 1 阶矩、2 阶矩估计总体的 1 阶矩、2 阶矩，可建立如下方程：

$$\begin{cases}\mu=\bar{X},\\ \mu^2+\sigma^2=\dfrac{1}{n}\displaystyle\sum_{i=1}^{n}X_i^2.\end{cases}$$

或用样本 1 阶矩估计总体 1 阶矩，样本 2 阶中心矩(样本方差)估计总体 2 阶中心矩(总体方差)，可建立如下方程：$\begin{cases}\mu=\bar{X},\\ \sigma^2=S_n^2.\end{cases}$

从中可解得参数 $\mu,\ \sigma^2$ 的矩估计：$\hat{\mu}=\bar{X}$, $\hat{\sigma}^2=S_n^2$.

特别地，若总体 $X\sim N(\mu,\ \sigma^2)$, $\mu,\ \sigma^2$ 未知，$\mu,\ \sigma^2$ 的矩法估计为：$\hat{\mu}=\bar{X}$, $\hat{\sigma}^2=S_n^2$.

例 7.2 一个罐子里装有黑球和白球，有放回地抽取一个容量为 n 的样本，其中有 k 个白球，求罐子里的黑球数和白球数之比 R 的矩估计.

解 方法一：设罐中有白球 x 个，则有黑球 Rx 个，从而罐中共有 $(R+1)x$ 个球. 从罐中有放回地抽一个球为白球的概率为：$\dfrac{x}{(R+1)x}=\dfrac{1}{R+1}$，为黑球的概率为：$\dfrac{R}{R+1}$.

从中有放回地抽 n 个球，可视为从两点分布总体 X 中抽取的一个容量为 n 的样本 X_1,

$X_2, \cdots, X_n$，其中 $X_i=\begin{cases}0, & \text{第 } i \text{ 次抽得黑球},\\ 1, & \text{第 } i \text{ 次抽得白球},\end{cases}$ 而 $\sum_{i=1}^{n} x_i = k$，此时，$E(X)=\dfrac{1}{1+R}$，由矩估计思想可建立如下方程：$\dfrac{1}{1+R}=\dfrac{1}{n}\sum_{i=1}^{n} x_i=\dfrac{k}{n}$，从中可解得参数 R 的矩估计为：$\hat{R}=\dfrac{n}{k}-1$.

方法二：令随机变量 $X=\begin{cases}0, & \text{抽得黑球},\\ 1, & \text{抽得白球},\end{cases}$ $P(X=x)=p^x(1-p)^{1-x}$，本题即为从总体 X 中抽取一容量为 n 的样本 $X_1, X_2, \cdots, X_n$，其中 $X_i=\begin{cases}0, & \text{第 } i \text{ 次抽得黑球},\\ 1, & \text{第 } i \text{ 次抽得白球},\end{cases}$ 而 $\sum_{i=1}^{n} x_i = k$，此时，$E(X)=p$，由矩估计思想可建立如下方程：$p=\dfrac{1}{n}\sum_{i=1}^{n} X_i=\dfrac{k}{n}$，从中可解得参数 p 的矩估计为：$\hat{p}=\dfrac{k}{n}$，进而可得罐子里的黑球数和白球数之比 R 的矩估计为：$\hat{R}=\dfrac{1-\hat{p}}{\hat{p}}=\dfrac{n}{k}-1$.

例 7.3 设总体 $X \sim U[\theta_1, \theta_2]$，参数 θ_1, θ_2 未知，$X_1, X_2, \cdots, X_n$ 为来自总体 X 的一个简单随机样本，求参数 θ_1, θ_2 的矩估计量.

解 $E(X)=\dfrac{\theta_1+\theta_2}{2}$，$D(X)=\dfrac{(\theta_2-\theta_1)^2}{12}$，$E(X^2)=\dfrac{(\theta_2-\theta_1)^2}{12}+\dfrac{(\theta_1+\theta_2)^2}{4}$，由矩估计思想可建立方程：

$$\begin{cases}\dfrac{\theta_1+\theta_2}{2}=\dfrac{1}{n}\sum_{i=1}^{n} X_i,\\ \dfrac{(\theta_2-\theta_1)^2}{12}+\dfrac{(\theta_1+\theta_2)^2}{4}=\dfrac{1}{n}\sum_{i=1}^{n} X_i^2,\end{cases} \text{或} \begin{cases}\dfrac{\theta_1+\theta_2}{2}=\bar{X},\\ \dfrac{(\theta_2-\theta_1)^2}{12}=S_n^2,\end{cases}$$

从中可解得：$\hat{\theta}_1=\bar{X}-\sqrt{3}S_n$，$\hat{\theta}_2=\bar{X}+\sqrt{3}S_n$.

特别地，若总体 $X \sim U[0, \theta]$，易知参数 θ 的矩估计为：$\hat{\theta}=2\bar{X}$. 值得注意的是，矩估计 $2\bar{X}$ 有一个很不好的性质，当出现情况 $2\bar{X}<X_{(n)}$ 时，变得很不合理，这是因为样本数据不会超过 $[0, \theta]$ 这个范围，因此 θ 的估计值 $\hat{\theta}$ 也应该满足要求：$x_i \leqslant \hat{\theta}$，$i=1, 2, \cdots, n$，但条件 $2\bar{X}<X_{(n)}$ 说明样本数据已经超出了 $[0, \hat{\theta}]=[0, 2\bar{X}]$ 这个范围，出现了矛盾，这是矩估计的不足之处.

例 7.4 设总体 $X \sim LN(\mu, \sigma^2)$，参数 μ, σ^2 未知，$X_1, X_2, \cdots, X_n$ 为来自总体 X 的一个简单随机样本，求参数 μ, σ^2 的矩估计量.

解 方法一：由于 $E(X)=e^{\mu+\frac{\sigma^2}{2}}$，$D(X)=e^{2\mu+\sigma^2}[\exp(\sigma^2)-1]$，

由矩估计思想可建立如下方程：$\begin{cases}e^{\mu+\frac{\sigma^2}{2}}=\bar{X},\\ e^{2\mu+\sigma^2}[\exp(\sigma^2)-1]=S_n^2,\end{cases}$

从中解得： $\hat{\mu}=2\ln \bar{X}-\dfrac{1}{2}\ln(S_n^2+\bar{X}^2)$，$\hat{\sigma}^2=\ln(S_n^2+\bar{X}^2)-2\ln \bar{X}$.

方法二：令 $Y=\ln X\sim N(\mu,\sigma^2)$，$Y_i=\ln X_i$，$i=1,2,\cdots,n$，则 Y_1，Y_2，…，Y_n 为来自正态总体 $Y\sim N(\mu,\sigma^2)$ 的一个简单随机样本，记 $\overline{Y}=\dfrac{1}{n}\sum\limits_{i=1}^{n}Y_i=\dfrac{1}{n}\sum\limits_{i=1}^{n}\ln X_i$ 及 $S_{n,Y}^2=\dfrac{1}{n}\sum\limits_{i=1}^{n}(Y_i-\overline{Y})^2=\dfrac{1}{n}\sum\limits_{i=1}^{n}(\ln X_i-\overline{\ln X})^2$，则由例 7.1 知：$\mu$，$\sigma^2$ 的矩估计为 $\hat{\mu}=\overline{Y}$，$\hat{\sigma}^2=S_{n,Y}^2$.

例 7.5　设 (X_1,Y_1)，(X_2,Y_2)，…，(X_n,Y_n) 为从二维总体 (X,Y) 抽取的容量为 n 的一个简单随机样本，记 $\overline{X}=\dfrac{1}{n}\sum\limits_{i=1}^{n}X_i$，$S_1^2=\dfrac{1}{n}\sum\limits_{i=1}^{n}(X_i-\overline{X})^2$，$\overline{Y}=\dfrac{1}{n}\sum\limits_{i=1}^{n}Y_i$，$S_2^2=\dfrac{1}{n}\sum\limits_{i=1}^{n}(Y_i-\overline{Y})^2$，称统计量 $S_{12}=\dfrac{1}{n}\sum\limits_{i=1}^{n}(X_i-\overline{X})(\overline{Y}_i-\overline{Y})$ 为样本协方差，称统计量 $r=\dfrac{S_{12}}{S_1S_2}$ 为样本相关系数. 求总体相关系数 ρ 的矩估计量.

解　二维总体的协方差为：$\mathrm{cov}(X,Y)=E[X-E(X)][Y-E(Y)]$，相关系数为 $\rho=\dfrac{\mathrm{cov}(X,Y)}{\sqrt{D(X)}\sqrt{D(Y)}}$，用 $\overline{X}$，$\overline{Y}$ 作为 $E(X)$，$E(Y)$ 的矩估计量，用 S_1^2，S_2^2 分别作为 $D(X)$，$D(Y)$ 的矩估计量，用样本协方差 S_{12} 作为总体协方差 $\mathrm{cov}(X,Y)$ 的矩估计量，从而可用样本相关系数 r 作为总体相关系数 ρ 的矩估计量，即 $\hat{\rho}=\dfrac{S_{12}}{S_1S_2}$.

7.1.2　极大似然估计

极大似然估计方法最初由高斯在 1821 年提出的，但此时并未得到重视，直到 1922 年费歇在一篇文章中再次提出这种思想并且证明了这个方法的一些性质，从而使得极大似然估计法得到了广泛的应用. 极大似然估计这一名称也是由费歇给出的，这是目前仍得到广泛应用的一种求估计的方法.

极大似然估计的基本思想是建立在极大似然原理的基础上，即：已经实现的事件是概率最大的事件，或者说，概率最大的事件最可能出现. 具体来说，一个随机试验下有若干个可能的结果 A，B，C，…，如在一次试验中，结果 A 出现了，那么可以认为 $P(A)$ 最大. 极大似然估计的思想经常体现在我们的日常生活中，如以下几个具体实例.

(1) 有两位同学一起进行实弹射击，两人共同射击一个目标，事先并不知道谁的技术较好，让每人各打一发，有一人击中目标，认为击中的同学的技术比击不中的技术要好.

(2) 一个老猎人常领一个新手进山打猎，遇见一只飞奔的野兔，他们各发一弹，野兔被打中了，但身上只有一个弹孔，到底是谁打中的呢？绝大多数人认为是老猎人打中.

(3) 医生看病，在问明症状后(包括必要的检查)，做诊断的总是对那些可能直接引起这些症状的疾病多加考虑的. 类似地，当机器发生故障，有经验的修理工首先总从易损部件、薄弱环节查起.

(4) 公安人员在侦破一起他杀案时，谁是凶手？首先把与被害者密切来往又有作案可能性的人列为重点嫌疑对象.

(5) 有一事件，知道它发生的概率 p 只可能是 0.01 或 0.09，在一次观察中这事件发生了，试问这事件发生的概率是什么，当然会认为是 0.09 而不是 0.01.

例 7.6 有甲、乙两袋球，各装 10 个球，甲袋中 8 白 2 黑，乙袋中 8 黑 2 白，今有返回地抽查 4 次，结果如下(1, 0, 1, 1)其中“1”表示抽得黑球，“0”表示抽得白球，根据这个样本，推测：它是由哪个袋中抽取的呢？

解 若由甲袋抽取，其样本出现的概率为：$p_1=(1/5)^3\times(4/5)=4/625$；若由乙袋抽取，其样本出现的概率为：$p_2=(4/5)^3\times(1/5)=64/625$. 由于 $p_2>p_1$，自然认为它是由乙袋抽取的(尽管实际上也许是由甲袋抽取得到的).

例 7.7 设在一个罐中盛放着许多白球和黑球，但不知道是黑球多还是白球多，只知道两种球的数目之比为 1∶3，就是说抽到黑球的概率是 1/4 或 3/4，希望通过有放回抽取的方法来判断黑球占的比例是 1/4 还是 3/4？

解 从罐中抽取 n 个球，其中黑球的个数记为 X，X 服从二项分布，其概率函数(分布列) $f(x;p)$ 为：$f(x;p)=P(X=x)=C_n^x p^x(1-p)^{n-x}$，$x=0, 1, \cdots, n$，其中 p 作为抽到黑球的概率，现以 $n=3$ 为例讨论如何通过样本的观测值即 x 的取值来估计 p，即在什么情况下取 $p=1/4$，而在其他的情况下取 $p=3/4$ 更为合理. 先算抽样后的可能结果，x 在这两种可能 p 值之下的概率：如果观察到的黑球 $x=0$，此时 $f(0;1/4)=27/64$，$f(0;3/4)=1/64$，而 $27/64>1/64$，这说明使 $x=0$ 的样本从带有 $p=1/4$ 的总体中抽取比带有 $p=3/4$ 的总体中抽取更可能发生，因而取 1/4 作为 p 的估计比取 3/4 作为 p 的估计更合理. 类似地，$x=1$ 时也取 1/4 作为 p 的估计，而当 $x=2, 3$ 时，取 3/4 作为 p 的估计. 计算结果如表 7.1 所示.

表 7.1 抽取的 3 个球中黑球个数的分布列

x	0	1	2	3
$f(x;3/4)$	1/64	9/64	27/64	27/64
$f(x;1/4)$	27/64	27/64	9/64	1/64

综上所述，确定参数 p 的估计值为 $\hat{p}(x)=\begin{cases}1/4, 当\ x=0, 1,\\ 3/4, 当\ x=2, 3,\end{cases}$ 即对于每个 x 值，选取 $\hat{p}(x)$ 使得 $f(x;\hat{p}(x))\geqslant f(x;p(x))$，其中 $p(x)$ 是不同于 $\hat{p}(x)$ 的任一估计值，这就是极大似然估计的基本思想.

设 $X_1, X_2, \cdots, X_n$ 为取自具有概率函数族 $\{f(x;\theta): \theta\in\Theta\}$ 的总体 X 的一个简单随机样本，θ 为未知参数，Θ 为参数空间. 其中若总体 X 为离散型的，则概率函数即为其分布列 $P(X=x)=p(x;\theta)$；若总体 X 为连续型的，则概率函数即为其密度函数 $f(x;\theta)$.

如果 X 是离散型总体，对于样本 $X_1, X_2, \cdots, X_n$ 的一组已知的观察值 $x_1, x_2, \cdots, x_n$，$\prod\limits_{i=1}^{n} f(x_i;\theta)=\prod\limits_{i=1}^{n} P(X_i=x_i)=\prod\limits_{i=1}^{n} p(x_i;\theta)$ 给出了观察值 $x_1, x_2, \cdots, x_n$ 的概率，它是 θ 的函数，极大似然原理就是选取使得样本取观测值 $x_1, x_2, \cdots, x_n$ 的概率达到最大的数值 $\hat{\theta}(x_1, x_2, \cdots, x_n)$ 作为参数 θ 得估计值.

如果 X 是连续型总体，$\{f(x;\theta): \theta\in\Theta\}$ 是密度函数族，于是样本 $X_1, X_2, \cdots, X_n$ 落入点 $x_1, x_2, \cdots, x_n$ 的领域内的概率为 $\prod\limits_{i=1}^{n} f(x_i;\theta)\Delta x_i$，它是 θ 的函数，根据极大似然

原理,可取使 $\prod_{i=1}^{n} f(x_i;\theta)\Delta x_i$ 达到最大的 θ 的值 $\hat{\theta}(x_1, x_2, \cdots, x_n)$ 作为参数 θ 的估计值. 由于 Δx_i 是不依赖于 θ 的增量,就只需用使得 $\prod_{i=1}^{n} f(x_i;\theta)$ 达到极大的 $\hat{\theta}(x_1, x_2, \cdots, x_n)$ 作为参数 θ 的估计值.

综上所述:

(1) 对单参数情形,设总体 X 的概率函数为 $f(x;\theta)$, $X_1, X_2, \cdots, X_n$ 为总体 X 的一个简单随机样本,称 $X_1, X_2, \cdots, X_n$ 的联合密度(或联合分布列) $L(\theta)$ 为似然函数:

$$L(\theta)=L(x_1, x_2, \cdots, x_n;\theta)=\prod_{i=1}^{n} f(x_i;\theta).$$

若存在一个值 $\hat{\theta}$, 使得当 $\theta=\hat{\theta}$ 时, $L(x_1, x_2, \cdots, x_n;\hat{\theta})=\max\limits_{\theta\in\Theta} L(x_1, x_2, \cdots, x_n;\theta)$, 则称 $\hat{\theta}$ 是 θ 的一个极大似然估计值,简记为 MLE.

具体解法为:令 $\frac{\mathrm{d}}{\mathrm{d}\theta}L(\theta)=0$, 解出 θ 的极大似然估计值 $\hat{\theta}$. 又由于 $L(\theta)$ 与 $\ln L(\theta)$ 具有相同的单调性,故可令 $\frac{\mathrm{d}}{\mathrm{d}\theta}\ln L(\theta)=0$, 从中可解得参数 θ 的 MLE 为 $\hat{\theta}$.

(2) 对多参数情形,设总体 X 的概率函数 $f(x;\theta_1, \theta_2, \cdots, \theta_k)$, 其似然函数 $L(\theta_1, \theta_2, \cdots, \theta_k)$:

$$L(\theta_1, \theta_2, \cdots, \theta_k)=L(x_1, x_2, \cdots, x_n;\theta_1, \theta_2, \cdots, \theta_k)=\prod_{i=1}^{n} f(x_i;\theta_1, \theta_2, \cdots, \theta_k),$$

令
$$\frac{\partial}{\partial\theta_1}L(\theta_1, \theta_2, \cdots, \theta_k)=\frac{\partial}{\partial\theta_2}L(\theta_1, \theta_2, \cdots, \theta_k)=\cdots=\frac{\partial}{\partial\theta_k}L(\theta_1, \theta_2, \cdots, \theta_k)=0,$$

或令
$$\frac{\partial}{\partial\theta_1}\ln L(\theta_1, \theta_2, \cdots, \theta_k)=\frac{\partial}{\partial\theta_2}\ln L(\theta_1, \theta_2, \cdots, \theta_k)=\cdots=\frac{\partial}{\partial\theta_k}\ln L(\theta_1, \theta_2, \cdots, \theta_k)=0,$$

从中可解得参数 $\theta_1, \theta_2, \cdots, \theta_k$ 的 MLE 为 $\hat{\theta}_1, \hat{\theta}_2, \cdots, \hat{\theta}_k$.

注意 由高等数学的求极值原理可知,由似然方程组得到的解是否为极大值的点,还需要进一步验证 2 阶导数在该点是否小于零.

定理 7.2(不变原则) 设 $\hat{\theta}$ 是 θ 的一个极大似然估计,若函数 $g(\theta)$ 是 θ 的连续函数,则 $g(\theta)$ 的极大似然估计为 $g(\hat{\theta})$.

定理 7.3(渐近正态性) 设总体 X 具有密度函数 $f(x;\theta)$, 单参数 $\theta\in\Theta$ 未知, Θ 是一个非退化区间,并假定:

(1) 对一切 $\theta\in\Theta$, 偏导数 $\frac{\partial\ln f(x;\theta)}{\partial\theta}$, $\frac{\partial^2\ln f(x;\theta)}{\partial\theta^2}$, $\frac{\partial^3\ln f(x;\theta)}{\partial\theta^3}$ 存在;

(2) 对一切 $\theta\in\Theta$, 有 $\left|\frac{\partial\ln f(x;\theta)}{\partial\theta}\right|<F_1(x)$, $\left|\frac{\partial^2\ln f(x;\theta)}{\partial\theta^2}\right|<F_2(x)$,

$\left|\dfrac{\partial^3 \ln f(x;\theta)}{\partial\theta^3}\right| < F_3(x)$，其中函数 $F_1(x)$，$F_2(x)$ 在 $(-\infty, +\infty)$ 上可积，而函数 $F_3(x)$ 满足 $\int_{-\infty}^{+\infty} F_3(x)f(x;\theta)\mathrm{d}x < M$，其中 M 与 θ 无关；

（3）对一切 $\theta \in \Theta$，有 $0 < E\left[\left(\dfrac{\partial\ln f(X;\theta)}{\partial\theta}\right)^2\right] = \int_{-\infty}^{+\infty}\left(\dfrac{\partial\ln f(x;\theta)}{\partial\theta}\right)^2 f(x;\theta)\mathrm{d}x < +\infty$；则在分布参数 θ 的真值 θ_0 为 Θ 的一个内点的情况下，其似然方程 $\dfrac{\partial\ln L(\theta)}{\partial\theta} = 0$ 有一个解 $\hat{\theta}$ 存在，并对任给 $\varepsilon > 0$，随着 $n \to +\infty$ 有 $P(|\hat{\theta} - \theta_0| > \varepsilon) \to 0$，且 $\hat{\theta}$ 渐近服从正态分布 $N\left(\theta_0, \left\{nE\left[\left(\dfrac{\partial\ln f(X;\theta)}{\partial\theta}\right)^2\right]\right\}^{-1}_{\theta=\theta_0}\right)$.

该定理对单参数离散分布场合也是成立的，只要将定理中的密度函数改为分布列 $p(x;\theta)$，将积分号改为求和号即可.

例 7.8 一个罐子里装有黑球和白球，有放回地抽取一个容量为 n 的样本，其中有 k 个白球，求罐子里的黑球数和白球数之比 R 的极大似然估计.

解 方法一：在例 7.2 中我们求取了参数 R 的矩估计，下面求它的极大似然估计.

设罐中有白球 x 个，则有黑球 Rx 个，从而罐中共有 $(R+1)x$ 个球. 从罐中有放回地抽一个球为白球的概率为：$\dfrac{x}{(R+1)x} = \dfrac{1}{R+1}$，为黑球的概率为：$\dfrac{R}{R+1}$. 从中有放回地抽 n 个球，可视为从两点分布总体 X 中抽取的一个容量为 n 的样本 $X_1, X_2, \cdots, X_n$，其中，

$$X_i = \begin{cases} 0, & \text{第 } i \text{ 次抽得黑球}, \\ 1, & \text{第 } i \text{ 次抽得白球}. \end{cases}$$

而 $\sum\limits_{i=1}^{n} x_i = k$，似然函数为：

$$L(R) = \prod_{i=1}^{n}\left(\frac{1}{R+1}\right)^{x_i}\left(\frac{R}{R+1}\right)^{1-x_i} = \frac{R^{n-\sum\limits_{i=1}^{n}x_i}}{(R+1)^n} = \frac{R^{n-k}}{(R+1)^n},$$

$$\ln L(R) = (n-k)\ln R - n\ln(R+1),\quad \frac{\mathrm{d}\ln L(R)}{\mathrm{d}R} = \frac{n-k}{R} - \frac{n}{R+1}.$$

令 $\dfrac{\mathrm{d}\ln L(R)}{\mathrm{d}R} = 0$，得如下方程：$\dfrac{n-k}{R} - \dfrac{n}{R+1} = 0$，

从中解得：

$$\hat{R} = \frac{n}{k} - 1.$$

又 $\left.\dfrac{\mathrm{d}^2\ln L(R)}{\mathrm{d}R^2}\right|_{R=\hat{R}} = -\dfrac{k^3}{n(n-k)} < 0$，于是参数 R 的 MLE 为：$\hat{R} = \dfrac{n}{k} - 1$.

方法二：令随机变量 $X = \begin{cases} 0, & \text{抽得黑球}, \\ 1, & \text{抽得白球}, \end{cases}$ $P(X=x) = p^x(1-p)^{1-x}$，本题即为从总体 X 中抽取一容量为 n 的样本 $X_1, X_2, \cdots, X_n$，其中，$X_i = \begin{cases} 0, & \text{第 } i \text{ 次抽得黑球}, \\ 1, & \text{第 } i \text{ 次抽得白球}. \end{cases}$

而 $\sum_{i=1}^{n} x_i = k$，似然函数为：

$$L(p)=\prod_{i=1}^{n} P(X_i=x_i)=\prod_{i=1}^{n} p^{x_i}(1-p)^{1-x_i}=p^{\sum_{i=1}^{n} x_i}(1-p)^{n-\sum_{i=1}^{n} x_i},$$

$$\ln L(p)=(\sum_{i=1}^{n} x_i)\ln p+(n-\sum_{i=1}^{n} x_i)\ln(1-p),$$

$$\frac{\mathrm{d}\ln L(p)}{\mathrm{d}p}=\frac{\sum_{i=1}^{n} x_i}{p}-\frac{n-\sum_{i=1}^{n} x_i}{1-p}.$$

令 $\frac{\mathrm{d}\ln L(p)}{\mathrm{d}p}=0$，得：$\frac{\sum_{i=1}^{n} x_i}{p}-\frac{n-\sum_{i=1}^{n} x_i}{1-p}=0$，

从中解得：
$$\hat{p}=\frac{1}{n}\sum_{i=1}^{n} x_i.$$

又 $\left.\frac{\mathrm{d}^2\ln L(p)}{\mathrm{d}p^2}\right|_{p=\hat{p}}=-\frac{n^3}{(\sum_{i=1}^{n} x_i)(n-\sum_{i=1}^{n} x_i)}<0$，于是参数 p 的 MLE 为：$\hat{p}=\frac{\sum_{i=1}^{n} x_i}{n}=\frac{k}{n}$，进而可得罐子里的黑球数和白球数之比 R 的极大似然估计为：$\hat{R}=\frac{1-\hat{p}}{\hat{p}}=\frac{n}{k}-1.$

例 7.9　设总体 X 服从正态分布 $N(\mu,\sigma^2)$，$X_1, X_2, \cdots, X_n$ 为总体 X 的一个简单随机样本,求参数 μ，σ^2 和 σ 的极大似然估计.

解　似然函数为：

$$L(\mu,\sigma^2)=\prod_{i=1}^{n} f(x_i;\mu,\sigma^2)=\prod_{i=1}^{n}\frac{1}{\sqrt{2\pi}\sigma}\exp\left[-\frac{(x_i-\mu)^2}{2\sigma^2}\right]$$
$$=(2\pi)^{-\frac{n}{2}}(\sigma^2)^{-\frac{n}{2}}\exp\left[-\frac{1}{2\sigma^2}\sum_{i=1}^{n}(x_i-\mu)^2\right],$$

$$\ln L(\mu,\sigma^2)=-\frac{n}{2}\ln 2\pi-\frac{n}{2}\ln\sigma^2-\frac{1}{2\sigma^2}\sum_{i=1}^{n}(x_i-\mu)^2,$$

$$\frac{\partial\ln L(\mu,\sigma^2)}{\partial\mu}=\frac{1}{\sigma^2}\sum_{i=1}^{n}(x_i-\mu),\quad \frac{\partial\ln L(\mu,\sigma^2)}{\partial\sigma^2}=-\frac{n}{2\sigma^2}+\frac{1}{2\sigma^4}\sum_{i=1}^{n}(x_i-\mu)^2,$$

令 $\begin{cases}\frac{\partial\ln L(\mu,\sigma^2)}{\partial\mu}=0,\\ \frac{\partial\ln L(\mu,\sigma^2)}{\partial\sigma^2}=0,\end{cases}$ 得：$\begin{cases}\frac{1}{\sigma^2}\sum_{i=1}^{n}(x_i-\mu)=0,\\ -\frac{n}{2\sigma^2}+\frac{1}{2\sigma^4}\sum_{i=1}^{n}(x_i-\mu)^2=0,\end{cases}$

从中解得：
$$\hat{\mu}=\frac{1}{n}\sum_{i=1}^{n} x_i,\quad \hat{\sigma}^2=\frac{1}{n}\sum_{i=1}^{n}(x_i-\bar{x})^2=s_n^2.$$

又 $$\left.\frac{\partial^2 \ln L(\mu, \sigma^2)}{\partial \mu^2}\right|_{\mu=\hat{\mu}, \sigma^2=\hat{\sigma}^2} = -\frac{n}{\hat{\sigma}^2} < 0, \left.\frac{\partial^2 \ln L(\mu, \sigma^2)}{\partial (\sigma^2)^2}\right|_{\mu=\hat{\mu}, \sigma^2=\hat{\sigma}^2} = -\frac{n}{2(\hat{\sigma}^2)^2} < 0.$$

于是得参数 μ 的 MLE 为：$\hat{\mu} = \bar{X}$，σ^2 的 MLE 为：$\hat{\sigma}^2 = S_n^2$，σ 的 MLE 为：$\hat{\sigma} = S_n$.

例 7.10 设总体 X 在 $[\theta_1, \theta_2]$ 上服从均匀分布，参数 θ_1，θ_2 未知，X_1，X_2，…，X_n 为总体 X 的一个简单随机样本，求参数 θ_1，θ_2 的极大似然估计.

解 方法一：X 的密度函数为 $f(x; \theta_1, \theta_2) = \begin{cases} \dfrac{1}{\theta_2 - \theta_1}, & \theta_1 \leqslant x \leqslant \theta_2, \\ 0, & \text{其他}, \end{cases}$

似然函数为 $$L(\theta_1, \theta_2) = \begin{cases} \dfrac{1}{(\theta_2 - \theta_1)^n}, & \theta_1 \leqslant x_1, x_2, \cdots, x_n \leqslant \theta_2, \\ 0, & \text{其他}, \end{cases}$$

而 $\theta_1 \leqslant x_1, x_2, \cdots, x_n \leqslant \theta_2$，其等价于 $\theta_1 \leqslant x_{(1)} \leqslant x_{(2)} \leqslant \cdots \leqslant x_{(n)} \leqslant \theta_2$，

则 $$L(\theta_1, \theta_2) = \frac{1}{(\theta_2 - \theta_1)^n} \leqslant \frac{1}{(x_{(n)} - x_{(1)})^n},$$

于是参数 θ_1 的 MLE 为 $\hat{\theta}_1 = X_{(1)}$，θ_2 的 MLE 为 $\hat{\theta}_2 = X_{(n)}$.

方法二：由于对 $\theta_1 \leqslant x_1, x_2, \cdots, x_n \leqslant \theta_2$，其等价于 $\theta_1 \leqslant x_{(1)} \leqslant x_{(2)} \leqslant \cdots \leqslant x_{(n)} \leqslant \theta_2$，

$$\ln L(\theta_1, \theta_2) = -n\ln(\theta_2 - \theta_1), \frac{\partial \ln L(\theta_1, \theta_2)}{\partial \theta_1} = \frac{n}{\theta_2 - \theta_1} > 0,$$

$$\frac{\partial \ln L(\theta_1, \theta_2)}{\partial \theta_2} = -\frac{n}{\theta_2 - \theta_1} < 0,$$

即 $\ln L(\theta_1, \theta_2)$ 对 θ_1 严格单调增，此时 θ_1 的 MLE 为 $\hat{\theta}_1 = X_{(1)}$；又 $\ln L(\theta_1, \theta_2)$ 对 θ_2 严格单调降，此时 θ_2 的 MLE 为 $\hat{\theta}_2 = X_{(n)}$.

注意 特别地，如果总体 $X \sim U[0, \theta]$，易知参数 θ 的极大似然估计为 $\hat{\theta} = X_{(n)}$. 在概率统计教材中随机变量 X 服从 0 到 θ 上的均匀分布主要有如下两种表达形式：

(1) $X \sim U[0, \theta]$，此时 X 的密度函数为：$f_X(x) = \begin{cases} \dfrac{1}{\theta}, & 0 \leqslant x \leqslant \theta, \\ 0, & \text{其他}; \end{cases}$

(2) $X \sim U(0, \theta)$，此时 X 的密度函数为：$f_X(x) = \begin{cases} \dfrac{1}{\theta}, & 0 < x < \theta, \\ 0, & \text{其他}. \end{cases}$

通常在概率论的教学中会强调如下事实：密度函数为 $\dfrac{1}{\theta}$ 的均匀分布取值在开区间 $0 < x < \theta$ 还是闭区间 $0 \leqslant x \leqslant \theta$ 是无关紧要的，但是在数理统计的教学中却不是，很显然，对第(1)种表达形式参数 θ 的极大似然估计为 $\hat{\theta} = X_{(n)}$，而对第(2)种表达形式参数 θ 的极大似然

估计却并不存在,原因是 θ 总是大于 $X_{(n)}$.

例 7.11 设 $X_1, X_2, \cdots, X_n$ 为来自两参数指数分布总体 $X \sim \mathrm{Exp}(\mu, 1/\theta)$ 的一个简单随机样本,其密度函数为: $f(x)=\dfrac{1}{\theta}\exp\left(-\dfrac{x-\mu}{\theta}\right)$, $x \geqslant \mu$, $0 \leqslant \mu <+\infty$, $\theta > 0$,

(1) 求参数 μ, θ 的极大似然估计(记为 $\hat{\mu}_1$, $\hat{\theta}_1$); (2) 求参数 μ, θ 的矩估计(记为 $\hat{\mu}_2$, $\hat{\theta}_2$).

解 记次序统计量为 $X_{(1)} \leqslant X_{(2)} \leqslant \cdots \leqslant X_{(n)}$, 样本观察值记为: $x_1, x_2, \cdots, x_n$, 排序后记为 $x_{(1)} \leqslant x_{(2)} \leqslant \cdots \leqslant x_{(n)}$.

(1) 似然函数为:

$$L(\mu, \theta)=\frac{1}{\theta^n}\exp\left(-\sum_{i=1}^{n}\frac{x_i-\mu}{\theta}\right)=\frac{1}{\theta^n}\exp\left(-\frac{1}{\theta}\sum_{i=1}^{n}x_i+n\frac{\mu}{\theta}\right),$$

$$\ln L(\mu, \theta)=-n\ln\theta-\frac{\sum_{i=1}^{n}x_i}{\theta}+n\frac{\mu}{\theta},\ \frac{\partial \ln L(\mu, \theta)}{\partial \mu}=\frac{n}{\theta}>0,$$

即似然函数 $L(\mu, \theta)$ 对 μ 严格单调增加,考虑到 $\mu \leqslant x_{(1)} \leqslant x_{(2)} \leqslant \cdots \leqslant x_{(n)}$, 于是 μ 的 MLE 为 $\hat{\mu}_1=X_{(1)}$.

又
$$\frac{\partial \ln L(\mu, \theta)}{\partial \theta}=-\frac{n}{\theta}+\frac{\sum_{i=1}^{n}x_i}{\theta^2}-n\frac{\mu}{\theta^2},$$

$$\frac{\partial \ln L(x_{(1)}, \theta)}{\partial \theta}=-\frac{n}{\theta}+\frac{\sum_{i=1}^{n}x_i}{\theta^2}-n\frac{x_{(1)}}{\theta^2},$$

令 $\dfrac{\partial \ln L(x_{(1)}, \theta)}{\partial \theta}=0$, 得: $-\dfrac{n}{\theta}+\dfrac{\sum_{i=1}^{n}x_i}{\theta^2}-n\dfrac{x_{(1)}}{\theta^2}=0$,

从中可解得:
$$\hat{\theta}_1=\bar{x}-x_{(1)}.$$

又 $\left.\dfrac{\partial^2 \ln L(x_{(1)}, \theta)}{\partial \theta^2}\right|_{\theta=\hat{\theta}_1}=-\dfrac{n}{(\bar{x}-x_{(1)})^2}<0$, 于是 θ 的 MLE 为: $\hat{\theta}_1=\bar{X}-X_{(1)}$.

(2) 由于 $\dfrac{X-\mu}{\theta} \sim \mathrm{Exp}(1)$, $E\left(\dfrac{X-\mu}{\theta}\right)=1$, $D\left(\dfrac{X-\mu}{\theta}\right)=1$,

所以,
$$E(X)=\mu+\theta, D(X)=\theta^2,$$

由矩估计思想可建立方程组:
$$\begin{cases}\mu+\theta=\bar{X},\\ \theta^2=S_n^2,\end{cases}$$

从中可解得参数 μ, θ 的矩估计分别为: $\hat{\mu}_2=\bar{X}-S_n$, $\hat{\theta}_2=S_n$.

例 7.12 设总体 $X \sim LN(\mu, \sigma^2)$, 密度函数为: $f(x;\mu, \sigma^2)=\dfrac{1}{\sqrt{2\pi}\sigma x}\mathrm{e}^{-\frac{(\ln x-\mu)^2}{2\sigma^2}}$,

$x>0$，其中 μ，σ^2 是未知参数，X_1，X_2，…，X_n 是总体 X 的一个简单随机样本，求 μ，σ^2 的极大似然估计.

解 方法一：似然函数为

$$L(\mu,\sigma^2)=\prod_{i=1}^{n}f(x_i;\mu,\sigma^2)$$

$$=\left(\frac{1}{\sqrt{2\pi}\sigma}\right)^n\left(\prod_{i=1}^{n}x_i\right)^{-1}\exp\left[-\frac{1}{2\sigma^2}\sum_{i=1}^{n}(\ln x_i-\mu)^2\right],$$

$$\ln L(\mu,\sigma^2)=-n\ln(\sqrt{2\pi}\sigma)-\sum_{i=1}^{n}\ln x_i-\frac{1}{2\sigma^2}\sum_{i=1}^{n}(\ln x_i-\mu)^2,$$

$$\frac{\partial\ln L(\mu,\sigma^2)}{\partial\mu}=\frac{1}{\sigma^2}\sum_{i=1}^{n}(\ln x_i-\mu),\ \frac{\partial\ln L(\mu,\sigma^2)}{\partial\sigma^2}=-\frac{n}{2\sigma^2}+\frac{1}{2\sigma^4}\sum_{i=1}^{n}(\ln x_i-\mu)^2,$$

令 $\frac{\partial\ln L(\mu,\sigma^2)}{\partial\mu}=0$，$\frac{\partial\ln L(\mu,\sigma^2)}{\partial\sigma^2}=0$，得：

$$\begin{cases}\dfrac{1}{\sigma^2}\sum\limits_{i=1}^{n}(\ln x_i-\mu)=0\\ -\dfrac{n}{2\sigma^2}+\dfrac{1}{2\sigma^4}\sum\limits_{i=1}^{n}(\ln x_i-\mu)^2=0\end{cases},$$

从中解得：$\hat{\mu}=\frac{1}{n}\sum_{i=1}^{n}\ln x_i$，$\hat{\sigma}^2=\frac{1}{n}\sum_{i=1}^{n}(\ln x_i-\hat{\mu})^2$.

又
$$\left.\frac{\partial^2\ln L(\mu,\sigma^2)}{\partial\mu^2}\right|_{\mu=\hat{\mu},\ \sigma^2=\hat{\sigma}^2}=\frac{-n}{\hat{\sigma}^2}<0,\ \left.\frac{\partial^2\ln L(\mu,\sigma^2)}{\partial(\sigma^2)^2}\right|_{\mu=\hat{\mu},\ \sigma^2=\hat{\sigma}^2}=-\frac{n}{2(\hat{\sigma}^2)^2}<0,$$

于是参数 μ，σ^2 的 MLE 为：$\hat{\mu}=\frac{1}{n}\sum_{i=1}^{n}\ln X_i$，$\hat{\sigma}^2=\frac{1}{n}\sum_{i=1}^{n}(\ln X_i-\hat{\mu})^2$.

方法二：若 $X\sim LN(\mu,\sigma^2)$，则 $Y=\ln X\sim N(\mu,\sigma^2)$. 令 $Y_i=\ln X_i$，$i=1,2,\cdots,n$，由此 Y_1，Y_2，…，Y_n 为来自正态总体 $Y\sim N(\mu,\sigma^2)$ 一个简单随机样本，再由例 7.9 可得参数 μ，σ^2 的 MLE 为：$\hat{\mu}=\bar{Y}=\frac{1}{n}\sum_{i=1}^{n}\ln X_i$，$\hat{\sigma}^2=\frac{1}{n}\sum_{i=1}^{n}(Y_i-\bar{Y})^2=\frac{1}{n}\sum_{i=1}^{n}(\ln X_i-\hat{\mu})^2$.

例 7.13 如果一个基因有三个不同的染色体，总体中的每个个体都必有六种可能的基因类型中的一种. 而从父母那儿继承染色体是独立的，并假定每对父母将第一及第二染色体传给子女的概率各为 θ_1，θ_2，则不同类型基因的概率 p_1，p_2，p_3，p_4，p_5，p_6 可以用如下形式表示：$p_1=\theta_1^2$，$p_2=\theta_2^2$，$p_3=(1-\theta_1-\theta_2)^2$，$p_4=2\theta_1\theta_2$，$p_5=2\theta_1(1-\theta_1-\theta_2)$，$p_6=2\theta_2(1-\theta_1-\theta_2)$，其中，$\theta_1>0$，$\theta_2>0$，$\theta_1+\theta_2<1$. 基于一个随机样本中拥有每种基因

个体的观察数值 $N_1, N_2, N_3, N_4, N_5, N_6$，求 θ_1, θ_2 的 MLE.

解 似然函数为：

$$\begin{aligned} L(\theta_1, \theta_2) &= P(X_1 = x_1, X_2 = x_2, \cdots, X_n = x_n) \\ &= C^+ (\theta_1^2)^{N_1} (\theta_2^2)^{N_2} [(1-\theta_1-\theta_2)^2]^{N_3} \cdot \\ &\quad (2\theta_1\theta_2)^{N_4} [2\theta_1(1-\theta_1-\theta_2)]^{N_5} [2\theta_2(1-\theta_1-\theta_2)]^{N_6} \\ &= C^+ 2^{N_4+N_5+N_6} \theta_1^{2N_1+N_4+N_5} \theta_2^{2N_2+N_4+N_6} (1-\theta_1-\theta_2)^{2N_3+N_5+N_6}, \end{aligned}$$

其中，$C^+ = \dfrac{n!}{N_1!\ N_2!\ N_3!\ N_4!\ N_5!\ N_6!} > 0$，为正常数.

$$\begin{aligned} \ln L(\theta_1, \theta_2) &= \ln C^+ + (N_4+N_5+N_6)\ln 2 + (2N_1+N_4+N_5)\ln\theta_1 + (2N_2+N_4+ \\ &\quad N_6)\ln\theta_2 + (2N_3+N_5+N_6)\ln(1-\theta_1-\theta_2), \\ \frac{\partial \ln L(\theta_1, \theta_2)}{\partial\theta_1} &= \frac{2N_1+N_4+N_5}{\theta_1} - \frac{2N_3+N_5+N_6}{1-\theta_1-\theta_2}, \\ \frac{\partial \ln L(\theta_1, \theta_2)}{\partial\theta_2} &= \frac{2N_2+N_4+N_6}{\theta_2} - \frac{2N_3+N_5+N_6}{1-\theta_1-\theta_2}, \end{aligned}$$

令 $\dfrac{\partial \ln L(\theta_1, \theta_2)}{\partial\theta_1} = 0$，$\dfrac{\partial \ln L(\theta_1, \theta_2)}{\partial\theta_2} = 0$，可建立方程组：

$$\begin{cases} \dfrac{2N_1+N_4+N_5}{\theta_1} - \dfrac{2N_3+N_5+N_6}{1-\theta_1-\theta_2} = 0, \\ \dfrac{2N_2+N_4+N_6}{\theta_2} - \dfrac{2N_3+N_5+N_6}{1-\theta_1-\theta_2} = 0, \end{cases}$$

从中解得：$\hat{\theta}_1 = \dfrac{2N_1+N_4+N_5}{2n}$，$\hat{\theta}_2 = \dfrac{2N_2+N_4+N_6}{2n}$，其中 $n = \sum\limits_{i=1}^{6} N_i$ 为样本容量.

又

$$\left.\frac{\partial^2 \ln L(\theta_1, \theta_2)}{\partial\theta_1^2}\right|_{\theta_1=\hat{\theta}_1,\ \theta_2=\hat{\theta}_2} = -\frac{2N_1+N_4+N_5}{\hat{\theta}_1^2} - \frac{2N_3+N_5+N_6}{(1-\hat{\theta}_1-\hat{\theta}_2)^2} < 0,$$

$$\left.\frac{\partial^2 \ln L(\theta_1, \theta_2)}{\partial\theta_2^2}\right|_{\theta_1=\hat{\theta}_1,\ \theta_2=\hat{\theta}_2} = -\frac{2N_2+N_4+N_6}{\hat{\theta}_2^2} - \frac{2N_3+N_5+N_6}{(1-\hat{\theta}_1-\hat{\theta}_2)^2} < 0,$$

由此，参数 θ_1, θ_2 的 MLE 为：$\hat{\theta}_1 = \dfrac{2N_1+N_4+N_5}{2n}$，$\hat{\theta}_2 = \dfrac{2N_2+N_4+N_6}{2n}$.

7.2 估计量的评选标准

从上节我们知道可以用不同的方法获得参数的点估计，这些点估计有可能相同，也有可能不同. 为了比较不同的点估计，必须给出判断点估计好坏的评选标准.

如果对同一估计量使用不同的评选标准，就可能得到完全不一样的结论，所以，在评选某个估计好坏时应该说明是在哪一个标准下，不然评选好坏毫无意义. 常用的估计量优劣的评选标准有：无偏性、相合性、有效性等. 值得注意的是相合性是所有估计都应该满足的，它是衡量一个估计量是否可行的必要条件.

7.2.1 无偏性

定义 7.2 设 $\hat{\theta}(X_1, X_2, \cdots, X_n)$ 为未知参数 θ 的估计量，若 $E(\hat{\theta})=\theta$，则称 $\hat{\theta}$ 是 θ 的无偏估计；若 $E(\hat{\theta})\neq\theta$，但是 $\lim\limits_{n\to+\infty}E(\hat{\theta})=\theta$，则称 $\hat{\theta}$ 是 θ 的渐近无偏估计.

无偏性的要求可以改写为 $E(\hat{\theta}-\theta)=0$，这表示无偏估计的实际意义就是无系统误差. 当使用 $\hat{\theta}$ 估计 θ 时，由于样本的随机性，$\hat{\theta}$ 与 θ 总是有偏差的，这种偏差时而为正，时而为负，时而大，时而小. 无偏性表示把这些偏差平均起来其值为 0，这就是无偏估计的含义. 而若估计不具有无偏性，则无论使用多少次，其平均值也会与参数真值有一定的距离，这个距离就是系统误差.

例 7.14 设 $\hat{\theta}$ 是参数 θ 的无偏估计，且有 $D(\hat{\theta})>0$，则 $\hat{\theta}^2$ 不是 θ^2 的无偏估计.

证明 $E(\hat{\theta}^2)=[E(\hat{\theta})]^2+D(\hat{\theta})=\theta^2+D(\hat{\theta})>\theta^2$，即 $\hat{\theta}^2$ 不是 θ^2 的无偏估计.

注意 上例也说明，当 $E(\hat{\theta})=\theta$ 时，不一定有 $E[g(\hat{\theta})]=g(\theta)$，其中 $g(\theta)$ 为 θ 的实值函数.

无偏估计的作用在于可以把重复估计中的各次误差通过平均来消除. 这当然不意味着在该估计量一次使用时必能获得良好的结果. 因此，在具体问题中无偏性是否合理，应当结合具体情况来考虑. 在有些问题中，无偏性的要求会导致很不合理的结果.

例 7.15 设总体 $X\sim N(\theta, 1)$，$-\infty<\theta<+\infty$，$X_1, X_2\cdots, X_n$ 是来自总体 X 的一个简单随机样本，欲要估计 $g(\theta)=|\theta|$. 设 $\hat{g}(X_1, X_2, \cdots, X_n)$ 为 $g(\theta)=|\theta|$ 的无偏估计，则有：

$$E_\theta[\hat{g}(X_1, X_2, \cdots, X_n)]=\left(\frac{1}{\sqrt{2\pi}}\right)^n\int_{-\infty}^{+\infty}\int_{-\infty}^{+\infty}\cdots\int_{-\infty}^{+\infty}g(x_1, x_2, \cdots, x_n)\cdot \exp\left[-\frac{1}{2}\sum_{i=1}^{n}(x_i-\theta)^2\right]\mathrm{d}x_1\mathrm{d}x_2\cdots\mathrm{d}x_n=|\theta|,$$

在 $-\infty<\theta<+\infty$ 时，上式等号左边对 θ 有各级连续导数，而上式右边 $|\theta|$ 在 $\theta=0$ 处不可导，因此是不可能的，即对 $g(\theta)=|\theta|$ 而言，其无偏估计不存在.

例 7.16 设总体 X 的 k 阶矩 $\mu_k=E(X^k)$ 存在，$X_1, X_2, \cdots, X_n$ 为总体 X 的一个简单随机样本，则样本的 k 阶矩 $A_k=\frac{1}{n}\sum\limits_{i=1}^{n}X_i^k$ 是总体 k 阶矩 μ_k 的无偏估计. 特别当 $k=1$ 时，即有样本均值 $\bar{X}$ 是总体均值 $\mu=E(X)$ 的无偏估计.

证明 $E(A_k)=E\left(\frac{1}{n}\sum\limits_{i=1}^{n}X_i^k\right)=\frac{1}{n}\sum\limits_{i=1}^{n}E(X_i^k)=\frac{1}{n}\sum\limits_{i=1}^{n}\mu_k=\mu_k$，即 $A_k=\frac{1}{n}\sum\limits_{i=1}^{n}X_i^k$ 是 μ_k 的无偏估计.

由定理 6.2 可知：如果总体 X 的数学期望 μ 与方差 σ^2 存在，$X_1, X_2, \cdots, X_n$ 为总体 X 的一个简单随机样本，则样本方差 $S_n^2=\frac{1}{n}\sum\limits_{i=1}^{n}(X_i-\bar{X})^2$ 不是 σ^2 的无偏估计，而是 σ^2 渐

近无偏估计;修正的样本方差 $S^2=\frac{1}{n-1}\sum_{i=1}^{n}(X_i-\bar{X})^2$ 是 σ^2 的无偏估计.

例 7.17　设 $X_1, X_2, \cdots, X_n$ 是来自总体 $X\sim U[\theta_1, \theta_2]$ 的一个简单随机样本,求(1) $\theta_1+\theta_2$ 与 $\theta_2-\theta_1$ 的无偏估计;(2) θ_1 和 θ_2 的无偏估计量;(3) $\theta_2^2-\theta_1^2$ 的无偏估计.

解　由例 6.22: $E(X_{(1)})=\theta_1+\frac{\theta_2-\theta_1}{n+1}=\frac{\theta_2+n\theta_1}{n+1}$,

$$D(X_{(1)})=\frac{n}{(n+1)^2(n+2)}(\theta_2-\theta_1)^2,$$

$$E(X_{(n)})=\theta_1+\frac{n}{n+1}(\theta_2-\theta_1)=\theta_2-\frac{\theta_2-\theta_1}{n+1}=\frac{n\theta_2+\theta_1}{n+1},$$

$$D(X_{(n)})=\frac{n}{(n+1)^2(n+2)}(\theta_2-\theta_1)^2,$$

$$\begin{aligned}E(X_{(1)}^2)&=D(X_{(1)})+[E(X_{(1)})]^2\\&=\frac{n}{(n+1)^2(n+2)}(\theta_2-\theta_1)^2+\theta_1^2+\frac{(\theta_2-\theta_1)^2}{(n+1)^2}+\frac{2\theta_1(\theta_2-\theta_1)}{n+1},\end{aligned}$$

$$\begin{aligned}E(X_{(n)}^2)&=D(X_{(n)})+[E(X_{(n)})]^2\\&=\frac{n}{(n+1)^2(n+2)}(\theta_2-\theta_1)^2+\theta_2^2+\frac{(\theta_2-\theta_1)^2}{(n+1)^2}-\frac{2\theta_2(\theta_2-\theta_1)}{n+1},\end{aligned}$$

$$\begin{aligned}&E(X_{(1)}+X_{(n)})=\theta_1+\theta_2,\ E(X_{(n)}-X_{(1)})\\&\qquad=\frac{n-1}{n+1}(\theta_2-\theta_1),\ E(X_{(n)}^2-X_{(1)}^2)=\frac{n-1}{n+1}(\theta_2^2-\theta_1^2),\end{aligned}$$

$$E\left[\frac{n+1}{n-1}(X_{(n)}-X_{(1)})\right]=\theta_2-\theta_1,\ E\left[\frac{n+1}{n-1}(X_{(n)}^2-X_{(1)}^2)\right]=\theta_2^2-\theta_1^2;$$

则(1) $X_{(1)}+X_{(n)}$, $\frac{n+1}{n-1}(X_{(n)}-X_{(1)})$ 分别为 $\theta_1+\theta_2$ 与 $\theta_2-\theta_1$ 的无偏估计;

(2) $\frac{nX_{(1)}-X_{(n)}}{n-1}$, $\frac{nX_{(n)}-X_{(1)}}{n-1}$ 分别为 θ_1 和 θ_2 的无偏估计;

(3) $\frac{n+1}{n-1}(X_{(n)}^2-X_{(1)}^2)$ 是 $\theta_2^2-\theta_1^2$ 的无偏估计.

例 7.18　设 $X_1, X_2, \cdots, X_n$ 为来自两参数指数分布总体 $X\sim \mathrm{Exp}(\mu, 1/\theta)$ 的一个简单随机样本,其密度函数为: $f(x)=\frac{1}{\theta}\exp\left\{-\frac{x-\mu}{\theta}\right\}$, $x\geqslant\mu$, $0\leqslant\mu<+\infty$, $\theta>0$,记参数 μ, θ 的极大似然估计为 $\hat{\mu}$, $\hat{\theta}$,求 $\hat{\mu}$, $\hat{\theta}$ 的数学期望与方差,并求常数 k,使 $k\hat{\theta}$ 为 θ 的无偏估计,并求其方差.

解　记次序统计量为 $X_{(1)}\leqslant X_{(2)}\leqslant\cdots\leqslant X_{(n)}$,由例 7.11 知:参数 μ, θ 的极大似然估计为 $\hat{\mu}=X_{(1)}$, $\hat{\theta}=\bar{X}-X_{(1)}$.

令 $Y_i=\frac{X_i-\mu}{\theta}$, $i=1, 2, \cdots, n$,易知, $Y_1, Y_2, \cdots, Y_n$ 相互独立且同服从标准指数分

布 Exp(1).

令 $Y_{(i)}=\dfrac{X_{(i)}-\mu}{\theta}$, $i=1, 2, \cdots, n$, 则 $Y_{(1)}\leqslant Y_{(2)}\leqslant\cdots\leqslant Y_{(n)}$ 与标准指数分布总体的容量为 n 的次序统计量同分布.

又 $$X_i=\mu+\theta Y_i,\ X_{(i)}=\mu+\theta Y_{(i)},\ i=1, 2, \cdots, n,$$

易知 $Y_{(1)}\sim\text{Exp}(n)$, 则 $E(Y_{(1)})=\dfrac{1}{n}$, $D(Y_{(1)})=\dfrac{1}{n^2}$,

由此 $$E(\hat{\mu})=E(X_{(1)})=\mu+\frac{\theta}{n},\ D(\hat{\mu})=D(X_{(1)})=\frac{\theta^2}{n^2},$$

又 $$\begin{aligned}\bar{X}-X_{(1)}&=\frac{1}{n}\Big[\sum_{i=1}^{n}X_{(i)}-nX_{(1)}\Big]=\frac{1}{n}\Big[\sum_{i=1}^{n}(\mu+\theta Y_{(i)})-n(\mu+\theta Y_{(1)})\Big]\\&=\frac{\theta}{n}\Big[\sum_{i=1}^{n}Y_{(i)}-nY_{(1)}\Big]\\&=\frac{\theta}{n}\Big[\sum_{i=1}^{n}(n-i+1)(Y_{(i)}-Y_{(i-1)})-nY_{(1)}\Big]\\&=\frac{\theta}{n}\sum_{i=2}^{n}(n-i+1)(Y_{(i)}-Y_{(i-1)})\\&=\frac{\theta}{2n}\sum_{i=2}^{n}2(n-i+1)(Y_{(i)}-Y_{(i-1)})\ (\text{其中 } Y_{(0)}=0),\end{aligned}$$

由例 6.20 可知: $2(n-i+1)(Y_{(i)}-Y_{(i-1)})$, $i=2, 3, \cdots, n$ 相互独立同服从 $\chi^2(2)$,则

$$\begin{aligned}E(\hat{\theta})&=E(\bar{X}-X_{(1)})=\frac{\theta}{2n}\sum_{i=2}^{n}E[2(n-i+1)(Y_{(i)}-Y_{(i-1)})]=\frac{\theta}{2n}2(n-1)\\&=\frac{n-1}{n}\theta,\end{aligned}$$

或者 $$E(\hat{\theta})=E(\bar{X}-X_{(1)})=\theta E[\bar{Y}-Y_{(1)}]=\theta\Big(1-\frac{1}{n}\Big)=\frac{n-1}{n}\theta,$$

欲使 $k\hat{\theta}$ 为 θ 的无偏估计,即 $E(k\hat{\theta})=\theta$, $E(k\hat{\theta})=kE(\hat{\theta})=k\,\dfrac{n-1}{n}\theta=\theta$,

取 $k=\dfrac{n}{n-1}$,

$$\begin{aligned}D(\hat{\theta})&=D(\bar{X}-X_{(1)})=\frac{\theta^2}{4n^2}\sum_{i=2}^{n}D[2(n-i+1)(Y_{(i)}-Y_{(i-1)})]\\&=\frac{\theta^2}{4n^2}4(n-1)=\frac{n-1}{n^2}\theta^2,\end{aligned}$$

$$D(k\hat{\theta})=\frac{n^2}{(n-1)^2}\,\frac{n-1}{n^2}\theta^2=\frac{\theta^2}{n-1}.$$

7.2.2　相合性(一致性)

在参数估计中,很容易想到,如果样本容量越大,样本所含的总体信息就应该越多,也即样本容量越大就越能精确地估计总体的未知参数.随着样本容量 n 的增大,一个好的估计 $\hat{\theta}_n$ 应该越来越接近参数真值 θ,使偏差 $|\hat{\theta}_n-\theta|$ 大的概率越来越小,这一性质称为相合性(或称一致性).

相合性被认为是估计量的一个最基本的要求,如果一个估计量在样本容量 n 不断增大时都不能在概率意义下达到被估参数,那么这种估计量在小样本(n 较小)时就会更差,所以不满足相合性的估计量人们对它不感兴趣,更不会去使用它.这里“在概率意义下”是指大偏差($|\hat{\theta}_n-\theta|\geqslant\varepsilon$)发生的可能性将随着样本容量 n 的增大而愈来愈小,直至为0.

定义 7.3　若 $\hat{\theta}_n=\hat{\theta}(X_1,X_2,\cdots,X_n)$ 为 θ 的估计量,如果对任意 $\varepsilon>0$ 有:

$$\lim_{n\to+\infty}P(|\hat{\theta}_n-\theta|\geqslant\varepsilon)=0,$$

则称 $\hat{\theta}_n$ 为 θ 的相合估计(或称一致估计).

为说明参数 θ 的估计量 $\hat{\theta}_n$ 是否具有一致性,通常首先验证 $\hat{\theta}_n$ 是否为 θ 的无偏估计.若 $\hat{\theta}_n$ 为 θ 的无偏估计,则用切比雪夫不等式,即对任意 $\varepsilon>0$,有 $P(|\hat{\theta}_n-\theta|\geqslant\varepsilon)\leqslant\dfrac{D\hat{\theta}_n}{\varepsilon^2}$;若 $\hat{\theta}_n$ 不是 θ 的无偏估计,则用马尔可夫不等式,即对任意 $\varepsilon>0$,有 $P(|\hat{\theta}_n-\theta|\geqslant\varepsilon)\leqslant\dfrac{E(|\hat{\theta}_n-\theta|^r)}{\varepsilon^r}$,通常 r 取2.

例 7.19　设 $X_1,X_2,\cdots,X_n$ 是取自总体 X 的一个简单随机样本,且 $\mu_k=E(X^k)$ 存在,k 为正整数,则 $\dfrac{1}{n}\sum\limits_{i=1}^{n}X_i^k$ 为 μ_k 的相合估计量.

证明　对某个正整数 k,令 $Y=X^k$,$Y_i=X_i^k$,$i=1,2,\cdots,n$,则 $Y_1,Y_2,\cdots,Y_n$ 相互独立并与 Y 同分布,且 $E(Y_i)=E(Y)=E(X^k)=\mu_k$,由辛钦大数定律知,对任意 $\varepsilon>0$ 有:

$$\lim_{n\to+\infty}P\left\{\left|\frac{1}{n}\sum_{i=1}^{n}Y_i-E(Y)\right|\geqslant\varepsilon\right\}=\lim_{n\to+\infty}P\left\{\left|\frac{1}{n}\sum_{i=1}^{n}X_i^k-\mu_k\right|\geqslant\varepsilon\right\}=0,$$

即 $\dfrac{1}{n}\sum\limits_{i=1}^{n}X_i^k$ 为 μ_k 的相合估计量.

例 7.20　设 $X_1,X_2,\cdots,X_n$ 为来自正态总体 $X\sim N(\mu,\sigma^2)$ 的一个简单随机样本,而 $a_n>0$ 已知,且 $\lim\limits_{n\to+\infty}na_n=1$,则有 $\hat{\sigma}_n^2=a_n\sum\limits_{i=1}^{n}(X_i-\bar{X})^2$ 是 σ^2 的相合估计.

证明　由于 $\dfrac{1}{\sigma^2}\sum\limits_{i=1}^{n}(X_i-\bar{X})^2\sim\chi^2(n-1)$,即 $\dfrac{\hat{\sigma}_n^2}{a_n\sigma^2}\sim\chi^2(n-1)$,

则

$$E\left(\frac{\hat{\sigma}_n^2}{a_n\sigma^2}\right)=n-1,\ D\left(\frac{\hat{\sigma}_n^2}{a_n\sigma^2}\right)=2(n-1),$$

$$E(\hat{\sigma}_n^2)=(n-1)a_n\sigma^2,\ D(\hat{\sigma}_n^2)=2(n-1)a_n^2\sigma^4,$$

$$E(\hat{\sigma}_n^4)=D(\hat{\sigma}_n^2)+[E(\hat{\sigma}_n^2)]^2=(n-1)(n+1)a_n^2\sigma^4,$$

进而有
$$E[(\hat{\sigma}_n^2-\sigma^2)^2]=E(\hat{\sigma}_n^4)-2\sigma^2E(\hat{\sigma}_n^2)+\sigma^4$$
$$=[(n-1)(n+1)a_n^2-2(n-1)a_n+1]\sigma^4$$
$$=[(na_n-1)^2+a_n(2-a_n)]\sigma^4.$$

又由于 $\lim\limits_{n\to+\infty}na_n=1$，则 $\lim\limits_{n\to+\infty}a_n=0$，

对任意 $\varepsilon>0$，由马尔可夫不等式：$P(|\hat{\sigma}_n^2-\sigma^2|\geqslant\varepsilon)\leqslant\dfrac{E[(\hat{\sigma}_n^2-\sigma^2)^2]}{\varepsilon^2}$，

$$\lim_{n\to+\infty}P(|\hat{\sigma}_n^2-\sigma^2|\geqslant\varepsilon)\leqslant\lim_{n\to+\infty}\frac{E[(\hat{\sigma}_n^2-\sigma^2)^2]}{\varepsilon^2}$$
$$=\frac{1}{\varepsilon^2}\lim_{n\to+\infty}[(na_n-1)^2+a_n(2-a_n)]\sigma^4=0,$$

由此得：$\hat{\sigma}_n^2$ 为 σ^2 的相合估计.

注意 样本方差 $S_n^2=\dfrac{1}{n}\sum\limits_{i=1}^{n}(X_i-\bar{X})^2$ 与修正的样本方差 $S^2=\dfrac{1}{n-1}\sum\limits_{i=1}^{n}(X_i-\bar{X})^2$ 都是 σ^2 的相合估计.

又 $\lim\limits_{n\to+\infty}E(S_n^2)=\lim\limits_{n\to+\infty}\dfrac{n-1}{n}\sigma^2=\sigma^2$，$E(S^2)=\sigma^2$，$\lim\limits_{n\to+\infty}D(S_n^2)=\lim\limits_{n\to+\infty}\dfrac{2(n-1)\sigma^4}{n^2}=0$，$\lim\limits_{n\to+\infty}D(S^2)=\lim\limits_{n\to+\infty}\dfrac{2\sigma^4}{n-1}=0$，便有 S_n^2,S^2 为 σ^2 的相合估计. 将其推广可得如下定理.

定理 7.4 设 $X_1,X_2,\cdots,X_n$ 为来自总体 X 的一个简单随机样本，$\hat{\theta}_n$ 是参数 θ 的估计量. 若 $\lim\limits_{n\to+\infty}E(\hat{\theta}_n)=\theta$，$\lim\limits_{n\to+\infty}D(\hat{\theta}_n)=0$，则 $\hat{\theta}_n$ 是 θ 的相合估计量.

证明 $E[(\hat{\theta}_n-\theta)^2]=E\{[\hat{\theta}_n-E(\hat{\theta}_n)+E(\hat{\theta}_n)-\theta]^2\}=D(\hat{\theta}_n)+[E(\hat{\theta}_n)-\theta]^2$，

则 $\lim\limits_{n\to+\infty}E[(\hat{\theta}_n-\theta)^2]=\lim\limits_{n\to+\infty}\{D(\hat{\theta}_n)+[E(\hat{\theta}_n)-\theta]^2\}=0+(\theta-\theta)^2=0.$

由马尔可夫不等式：$\lim\limits_{n\to+\infty}P(|\hat{\theta}_n-\theta|\geqslant\varepsilon)\leqslant\lim\limits_{n\to+\infty}\dfrac{E(\hat{\theta}_n-\theta)^2}{\varepsilon^2}=0$，即 $\hat{\theta}_n$ 是 θ 的相合估计量.

定理 7.5 设 $\hat{\theta}_n$ 是 θ 的相合估计量，$g(x)$ 是连续函数，则 $g(\hat{\theta}_n)$ 是 $g(\theta)$ 的相合估计量.

证明 由于 $g(x)$ 在 $x=\theta$ 处是连续的，则对任意的 $\varepsilon>0$，存在 $\delta>0$，当 $|\hat{\theta}_n-\theta|<\delta$ 时有：
$$|g(\hat{\theta}_n)-g(\theta)|<\varepsilon.$$

又
$$1\geqslant P\{|g(\hat{\theta}_n)-g(\theta)|<\varepsilon\}\geqslant P(|\hat{\theta}_n-\theta|<\delta),$$

则
$$0\leqslant P\{|g(\hat{\theta}_n)-g(\theta)|\geqslant\varepsilon\}\leqslant P(|\hat{\theta}_n-\theta|\geqslant\delta).$$

又因为 $\hat{\theta}_n$ 是 θ 的相合估计量，即 $\lim\limits_{n\to+\infty}P(|\hat{\theta}_n-\theta|\geqslant\delta)=0$，

则 $0\leqslant\lim\limits_{n\to+\infty}P(|g(\hat{\theta}_n)-g(\theta)|\geqslant\varepsilon)\leqslant\lim\limits_{n\to+\infty}P(|\hat{\theta}_n-\theta|\geqslant\delta)=0$，即 $g(\hat{\theta}_n)$ 是 $g(\theta)$ 的相合估计.

例 7.21 设 $X_1,X_2,\cdots,X_n$ 是来自总体 $X\sim U[0,\theta]$ 的一个简单随机样本，证明：

(1) $\hat{\theta}=2X_1$ 不是 θ 的相合估计；

(2) 对任意给定的常数 a，b，$\hat{\theta}_n=\dfrac{n+a}{n+b}X_{(n)}$ 是 θ 的相合估计.

证明　(1) $E(\hat{\theta})=E(2X_1)=2E(X_1)=2\cdot\dfrac{\theta}{2}=\theta$，即 $\hat{\theta}$ 为 θ 的无偏估计. 为证明 $\hat{\theta}$ 不是 θ 的相合估计,只需要证明：对任意 $\varepsilon>0$，$\lim\limits_{n\to+\infty}P(|\hat{\theta}-\theta|\geqslant\varepsilon)=\lim\limits_{n\to+\infty}P(|2X_1-\theta|\geqslant\varepsilon)\neq 0$. 注意到 $|2X_1-\theta|\geqslant\varepsilon$ 等价于 $2X_1-\theta\geqslant\varepsilon$ 或 $2X_1-\theta\leqslant-\varepsilon$，也即 $X_1\geqslant\dfrac{\theta+\varepsilon}{2}$ 或 $X_1\leqslant\dfrac{\theta-\varepsilon}{2}$.

$$P(|\hat{\theta}-\theta|\geqslant\varepsilon)=P(|2X_1-\theta|\geqslant\varepsilon)=\int_{\frac{\theta+\varepsilon}{2}}^{\theta}f(x)\mathrm{d}x+\int_0^{\frac{\theta-\varepsilon}{2}}f(x)\mathrm{d}x$$

$$=\frac{1}{\theta}\left(\theta-\frac{\theta+\varepsilon}{2}\right)+\frac{1}{\theta}\ \frac{\theta-\varepsilon}{2}=\frac{\theta-\varepsilon}{\theta},$$

则有：$\lim\limits_{n\to+\infty}P(|\hat{\theta}-\theta|\geqslant\varepsilon)=\dfrac{\theta-\varepsilon}{\theta}\neq 0$，即 $\hat{\theta}$ 不是 θ 的相合估计.

(2) 由例 6.22 知：$E(X_{(n)})=\dfrac{n\theta}{n+1}$，$D(X_{(n)})=\dfrac{n\theta^2}{(n+2)(n+1)^2}$，

则

$$E(\hat{\theta}_n)=\frac{n(n+a)}{(n+b)(n+1)}\theta,\ D(\hat{\theta}_n)=\frac{n(n+a)^2\theta^2}{(n+b)^2(n+2)(n+1)^2},$$

$$\lim_{n\to+\infty}E(\hat{\theta}_n)=\lim_{n\to+\infty}\frac{n(n+a)}{(n+b)(n+1)}\theta=\theta,$$

$$\lim_{n\to+\infty}D(\hat{\theta}_n)=\lim_{n\to+\infty}\frac{n(n+a)^2\theta^2}{(n+b)^2(n+2)(n+1)^2}=0,$$

进而由定理 7.4 知：$\hat{\theta}_n=\dfrac{n+a}{n+b}X_{(n)}$ 是 θ 的相合估计.

注意　参数 θ 的极大似然估计 $X_{(n)}$，θ 的无偏估计 $\dfrac{n+1}{n}X_{(n)}$ 都是 θ 的相合估计.

7.2.3　有效性

参数的无偏估计可能不止一个,直观的想法就是希望该无偏估计围绕参数真值的波动越小越好,而波动的大小是可以用方差来衡量的,由此可以用无偏估计的方差的大小来作为衡量无偏估计优劣的标准,这就是有效性. 有效性是在无偏估计的范畴中讨论的.

定义 7.4　设 $\hat{\theta}_1$ 与 $\hat{\theta}_2$ 都是 θ 的无偏估计,若 $D(\hat{\theta}_1)<D(\hat{\theta}_2)$，则称 $\hat{\theta}_1$ 比 $\hat{\theta}_2$ 更有效.

例 7.22　设 X_1，X_2，…，X_n 是总体 X 的一个简单随机样本,总体均值 $E(X)=\mu$，$D(X)=\sigma^2$ 存在,则 $\bar{X}$ 是 μ 的线性无偏估计中最有效的估计量(如果参数 μ 的估计量 $\hat{\mu}$ 是样本 X_1，X_2，…，X_n 的线性函数,即 $\hat{\mu}=\sum\limits_{i=1}^{n}a_iX_i$，则称 $\hat{\mu}$ 为参数 μ 的线性估计).

证明 设样本的线性组合记为 $\hat{\mu}=\sum_{i=1}^{n}a_iX_i$，要使 $E(\hat{\mu})=\mu$，易知：$\sum_{i=1}^{n}a_i=1$.
又 $D(\hat{\mu})=\sum_{i=1}^{n}a_i^2D(X_i)=\sigma^2\sum_{i=1}^{n}a_i^2$，要使 $D(\hat{\mu})$ 在 $\sum_{i=1}^{n}a_i=1$ 的约束条件下达到最小值. 令函数 $g(c)=\sigma^2\sum_{i=1}^{n}a_i^2-c\left(\sum_{i=1}^{n}a_i-1\right)$，其中 c 是拉格朗日因子，$\frac{\partial g(c)}{\partial a_i}=2a_i\sigma^2-c$，$i=1$，$2$，$\cdots$，$n$，并令其为0，从中解得：$a_i=\frac{c}{2\sigma^2}$.
又 $\sum_{i=1}^{n}a_i=1$，则有 $c=\frac{2\sigma^2}{n}$，进而 $a_i=\frac{1}{n}$，$i=1,2,\cdots,n$.
由此 $D(\bar{X})=\frac{\sigma^2}{n}\leqslant D(\hat{\mu})$，即 $\bar{X}$ 是总体均值 μ 的无偏估计中最有效的估计量.

例 7.23 (1) 设 $X_1,X_2,\cdots,X_n$ 是取自总体 $X\sim U[0,\theta]$ 的一个简单随机样本，试证：$\hat{\theta}_1=\frac{n+1}{n}X_{(n)}$，$\hat{\theta}_2=(n+1)X_{(1)}$ 都是 θ 的无偏估计，并问这两个估计中哪个更有效？

(2) 设 $X_1,X_2,\cdots,X_n$ 是取自总体 $X\sim U\left[\theta-\frac{1}{2},\theta+\frac{1}{2}\right]$ 的一个简单随机样本，试证 $\hat{\theta}_1=\frac{1}{n}\sum_{i=1}^{n}X_i$ 和 $\hat{\theta}_2=\frac{1}{2}(X_{(n)}+X_{(1)})$ 都是 θ 的无偏估计，并问这两个估计中哪个更有效？

证明 (1) 由例 6.22 知，$E(X_{(n)})=\frac{n\theta}{n+1}$，$E(X_{(1)})=\frac{\theta}{n+1}$，

$$D(X_{(n)})=\frac{n\theta^2}{(n+2)(n+1)^2},\ D(X_{(1)})=\frac{n\theta^2}{(n+1)^2(n+2)},$$

由此，$E(\hat{\theta}_1)=\frac{n+1}{n}E(X_{(n)})=\theta$，$E(\hat{\theta}_2)=(n+1)E(X_{(1)})=\theta$，即 $\hat{\theta}_1$，$\hat{\theta}_2$ 都是 θ 的无偏估计.

$$D(\hat{\theta}_1)=\frac{(n+1)^2}{n^2}D(X_{(n)})=\frac{(n+1)^2}{n^2}\ \frac{n\theta^2}{(n+2)(n+1)^2}=\frac{\theta^2}{n(n+2)},$$

$$D(\hat{\theta}_2)=(n+1)^2D(X_{(1)})=\frac{n}{n+2}\theta^2,$$

易见，当 $n>1$ 时，有 $D(\hat{\theta}_1)=\frac{\theta^2}{n(n+2)}<\frac{n}{n+2}\theta^2=D(\hat{\theta}_2)$，即 $\hat{\theta}_1$ 的方差较小，其更有效.

(2) 易知 $E(\hat{\theta}_1)=\frac{1}{n}\sum_{i=1}^{n}E(X_i)=\theta$，$D(\hat{\theta}_1)=\frac{D(X)}{n}=\frac{1}{12n}$，并由例 6.22 知：

$$E(\hat{\theta}_2)=\frac{1}{2}[E(X_{(1)})+E(X_{(n)})]=\theta,$$

$$D(\hat{\theta}_2)=\frac{1}{4}D(X_{(1)}+X_{(n)})=\frac{1}{2(n+1)(n+2)},$$

当 $n \leqslant 2$ 时，$D\hat{\theta}_1 = D\hat{\theta}_2$；当 $n > 2$ 时，$D(\hat{\theta}_1) = \frac{1}{12n} > \frac{1}{2(n+1)(n+2)} = D(\hat{\theta}_2)$. 故 $\hat{\theta}_2$ 更有效.

7.2.4　均方误差

无偏性是估计的一个优良性质，但无偏估计不一定比有偏估计更优，有偏估计不一定是不好的估计. 一般而言，在样本容量一定时，评价一个点估计的好坏总是使用点估计值 $\hat{\theta}$ 与参数真值 θ 的距离平方的数学期望，即均方误差.

定义 7.5　设 $\hat{\theta}$ 是 θ 的估计量，称 $E(\hat{\theta}-\theta)^2$ 为估计量 $\hat{\theta}$ 与参数真值 θ 的均方误差，简记为 $\mathrm{MSE}(\hat{\theta})$，即 $\mathrm{MSE}(\hat{\theta}) = E(\hat{\theta}-\theta)^2$.

均方误差是评价点估计的最一般的标准，人们总是希望均方误差越小越好. 注意到：

$$\mathrm{MSE}(\hat{\theta}) = E(\hat{\theta}-\theta)^2 = E[\hat{\theta} - E(\hat{\theta}) + E(\hat{\theta}) - \theta]^2 = D(\hat{\theta}) + [E(\hat{\theta}) - \theta]^2,$$

因此，若 $\hat{\theta}$ 为参数 θ 的无偏估计，则 $\mathrm{MSE}(\hat{\theta}) = D(\hat{\theta})$，这说明用方差来考察无偏估计的有效性是合理的.

定义 7.6　设 $\hat{\theta}_1$，$\hat{\theta}_2$ 是 θ 的两个估计量，若 $\mathrm{MSE}(\hat{\theta}_1) \leqslant \mathrm{MSE}(\hat{\theta}_2)$，则称在均方误差准则下 $\hat{\theta}_2$ 不优于 $\hat{\theta}_1$.

下面几个例子说明无偏估计和有偏估计相比不一定是最优的.

例 7.24　设 $X_1, X_2, \cdots, X_n$ 是来自总体 $X \sim U[0, \theta]$ 的一个简单随机样本，θ 的极大似然估计 $\hat{\theta} = X_{(n)}$，而其无偏估计 $\hat{\theta}_1 = \frac{n+1}{n} X_{(n)}$，其均方误差：

$$\mathrm{MSE}(\hat{\theta}_1) = D(\hat{\theta}_1) = \frac{(n+1)^2}{n^2} \frac{n}{(n+1)^2(n+2)} \theta^2 = \frac{\theta^2}{n(n+2)},$$

现考虑如下形式：$\hat{\theta}_a = aX_{(n)}$ 的估计，其均方误差：

$$\begin{aligned}\mathrm{MSE}(\hat{\theta}_a) &= D(aX_{(n)}) + [aE(X_{(n)}) - \theta]^2 \\ &= a^2 \frac{n}{(n+1)^2(n+2)} \theta^2 + \left(\frac{na}{n+1} - 1\right)^2 \theta^2,\end{aligned}$$

当 a 取 $\frac{n+2}{n+1}$ 时，上述均方误差达到最小值，且 $\mathrm{MSE}\left(\frac{n+2}{n+1} X_{(n)}\right) = \frac{\theta^2}{(n+1)^2}$，这表明 $\hat{\theta}_0 = \frac{n+2}{n+1} X_{(n)}$ 虽为 θ 的有偏估计，但其均方误差为：

$$\mathrm{MSE}(\hat{\theta}_0) = \frac{\theta^2}{(n+1)^2} < \frac{\theta^2}{n(n+2)} = \mathrm{MSE}(\hat{\theta}_1),$$

即在此均方误差的标准下，有偏估计 $\hat{\theta}_0$ 优于无偏估计 $\hat{\theta}_1$.

例 7.25　设 $X_1, X_2, \cdots, X_n$ 来自正态总体 $X \sim N(\mu, \sigma^2)$ 的一个简单随机样本，由于 $\hat{\sigma}_1^2 = \frac{1}{n-1} \sum_{i=1}^{n} (X_i - \bar{X})^2$ 是 σ^2 的无偏估计量，$\hat{\sigma}_2^2 = \frac{1}{n} \sum_{i=1}^{n} (X_i - \bar{X})^2$ 是 σ^2 的极大似然估

计. 求在 σ^2 的估计类 $\left\{T_c = c\sum_{i=1}^{n}(X_i-\bar{X})^2, c>0\right\}$ 中具有最小均方误差的 σ^2 的估计量.

解 由于 $\dfrac{1}{\sigma^2}\sum_{i=1}^{n}(X_i-\bar{X})^2 \sim \chi^2(n-1)$,

则
$$E\left[\frac{1}{\sigma^2}\sum_{i=1}^{n}(X_i-\bar{X})^2\right]=n-1,\ D\left[\frac{1}{\sigma^2}\sum_{i=1}^{n}(X_i-\bar{X})^2\right]=2(n-1),$$

进而
$$E\left[\sum_{i=1}^{n}(X_i-\bar{X})^2\right]=(n-1)\sigma^2,\ D\left[\sum_{i=1}^{n}(X_i-\bar{X})^2\right]=2(n-1)\sigma^4,$$

$$\begin{aligned}\mathrm{MSE}(T_c)&=D(T_c)+[E(T_c)-\sigma^2]^2=2c^2(n-1)\sigma^4+[c(n-1)\sigma^2-\sigma^2]^2\\&=\{2c^2(n-1)+[c(n-1)-1]^2\}\sigma^4.\end{aligned}$$

令函数 $g(c)=2c^2(n-1)+[c(n-1)-1]^2, c>0$,

$g'(c)=4c(n-1)+2[c(n-1)-1](n-1)=0$, 并令 $g'(c)=0$, 解得 $c=\dfrac{1}{n+1}$.

又 $g''(c)\big|_{c=\frac{1}{n+1}}=4(n-1)+2(n-1)^2>0$, 则当 $c=\dfrac{1}{n+1}$ 时, $g(c)$ 取得最小值.

由此,在此估计类中具有最小均方误差的 σ^2 的估计量为: $\dfrac{1}{n+1}\sum_{i=1}^{n}(X_i-\bar{X})^2$.

7.3 充分统计量

统计量是只与样本有关的函数,它可以简化数据,便于统计推断. 统计量有很多,如何选择合适的统计量,以便更好地研究所关注的总体信息,这是人们所关心的. 我们知道统计量是将样本中的信息进行加工处理得到的,那么这种加工处理最好不损失原样本中的信息,这种不损失样本信息的统计量就是充分统计量.

充分性原则: 如果充分统计量存在,那么任何统计推断可以基于充分统计量进行. 这样就极大地简化了统计推断的过程.

充分统计量是统计推断中常用的一种重要统计量. 下面举例来说明什么是充分统计量.

例 7.26 投掷一枚硬币 n 次,设 X_i 表示第 i 次投硬币的结果,用 $X_i=1$ 表示第 i 次硬币正面朝上, $X_i=0$ 表示第 i 次硬币反面朝上. 为了考察硬币正面朝上的概率 p, 构造两个统计量: (1) $T_1=\sum_{i=1}^{n}X_i$; (2) $T_2=X_1+X_2$.

样本提供了两种信息: 一是 n 次投掷中正面朝上的次数;二是正面朝上出现的次序. 显然第二种统计量反映的信息对研究 p 几乎没有帮助,即第二种信息对估计是无用的,而第一种信息容量为 n 的样本中的正面朝上的次数已含有 p 的全部有价值信息,即第一种统计量不会丢失关于参数 p 的任何信息,用它来研究 p 就比较好. 这种"不损失样本信息"称作充分性.

定义 7.7: 设总体 X 的分布函数为 $F(x;\theta)$, 概率函数为 $f(x;\theta)$, θ 为未知参数, $\theta\in\Theta$, $X_1, X_2, \cdots, X_n$ 为总体 X 的一个简单随机样本, $T(X_1, X_2, \cdots, X_n)$ 为不带有未知参

数的统计量,若在给定统计量 $T(X_1, X_2, \cdots, X_n)=t$ 时,$(X_1, X_2, \cdots, X_n)$ 的条件分布 $F(x_1, x_2, \cdots, x_n \mid t)$ 与 θ 无关,则称 $T=T(X_1, X_2,\cdots X_n)$ 为 θ 的充分统计量. 也就是说:

(1) 若总体 X 服从离散型分布,$P(X_1=x_1, X_2=x_2, \cdots, X_n=x_n \mid T=t)$ 与参数 θ 无关;

(2) 若总体 X 服从连续型分布,$f(x_1, x_2, \cdots, x_n \mid T=t)$ 与参数 θ 无关;

则称 $T=T(X_1, X_2, \cdots, X_n)$ 为 θ 的充分统计量.

若用参数 θ 的充分统计量 $T(X_1, X_2, \cdots, X_n)$ 作为 θ 的点估计,则称 $T(X_1, X_2, \cdots, X_n)$ 为 θ 的充分估计量.

注意 定义 7.7 中的"概率函数为 $f(x; \theta)$"是指:若总体 X 是连续型的,则其概率函数为其密度函数;若总体 X 是离散型的,则其概率函数为其分布列.

下面用定义 7.7 来判断例 7.26 中的两个统计量是否为充分统计量.

样本 $X_1, X_2, \cdots, X_n$ 的联合分布列为:

$$P(X_1=x_1, X_2=x_2, \cdots, X_n=x_n)=\prod_{i=1}^{n}[p^{x_i}(1-p)^{1-x_i}],$$

其中,含有 p 意味着样本中含有 p 的信息.

统计量 $T_1 \sim B(n, p)$,其分布列为 $P(T_1=t)=C_n^t p^t(1-p)^{n-t}, t=0, 1, \cdots, n$,

统计量 $T_2 \sim B(2, p)$,其分布列为 $P(T_2=t)=C_2^t p^t(1-p)^{2-t}$, $t=0, 1, 2$.

则 T_1, T_2 给定时样本的条件分布为:

$$\begin{aligned}
&P(X_1=x_1, X_2=x_2, \cdots, \\
&X_n=x_n \mid T_1=t)=\frac{P(X_1=x_1, X_2=x_2, \cdots, X_n=x_n, T_1=t)}{P(T_1=t)} \\
&=\frac{P\left(X_1=x_1, X_2=x_2, \cdots, X_n=t-\sum_{i=1}^{n-1} x_i\right)}{C_n^t p^t(1-p)^{n-t}} \\
&=\frac{\prod_{i=1}^{n-1} p^{x_i}(1-p)^{1-x_i} p^{t-\sum_{i=1}^{n-1} x_i}(1-p)^{1-t+\sum_{i=1}^{n-1} x_i}}{C_n^t p^t(1-p)^{n-t}}=\frac{1}{C_n^t}.
\end{aligned}$$

此条件分布与 p 无关,意味着当 T_1 的值已知时,样本中就不存在关于 p 的信息了. 因此 T_1 估计 p 具有充分性,它可更好地反映样本的信息.

$$\begin{aligned}
&P(X_1=x_1, X_2=x_2, \cdots, X_n=x_n \mid T_2=t) \\
&=\frac{P(X_1=x_1, X_2=x_2, \cdots, X_n=x_n, T_2=t)}{P(T_2=t)} \\
&=\frac{P(X_1=x_1, X_2=t-x_1, \cdots, X_n=x_n)}{P(T_2=t)} \\
&=\frac{p^{x_1}(1-p)^{1-x_1} p^{t-x_1}(1-p)^{1-t+x_1} \prod_{i=3}^{n} p^{x_i}(1-p)^{1-x_i}}{C_2^t p^t(1-p)^{2-t}}
\end{aligned}$$

$$=\frac{p^{\sum_{i=3}^{n}x_i}(1-p)^{n-2-\sum_{i=3}^{n}x_i}}{C_2^t}.$$

此条件分布中含有 p，意味着当 T_2 的值已知时，样本中仍含有 p 的信息，T_2 没有把 p 的所有信息提取出来，因此 T_2 估计 p 不具有充分性.

但是在一般情况下，直接应用定义来判别一个统计量是否充分是很麻烦的，下面介绍一种简单易用的判别方法：费歇-奈曼因子分解定理.

定理 7.6(费歇-奈曼因子分解定理) 设总体 X 的分布函数为 $F(x;\theta)$，概率函数为 $f(x;\theta)$，θ 为待估参数，$\theta\in\Theta$，$X_1, X_2, \cdots, X_n$ 为总体 X 的一个简单随机样本，其样本观测值为 $x_1, x_2, \cdots, x_n$，则 $T(X_1, X_2, \cdots, X_n)$ 是 θ 的充分统计量的充要条件是样本的联合分布(联合密度函数或联合分布列)有分解式：

$$\prod_{i=1}^{n}f(x_i;\theta)=g_T(t;\theta)h(x_1, x_2, \cdots, x_n),$$

其中，$g_T(t;\theta)$ 是仅通过 $T=t$ 的值与样本联系且与 θ 有关的非负函数，$h(x_1, x_2, \cdots, x_n)$ 仅是样本观测值 $x_1, x_2, \cdots, x_n$ 的非负函数且与 θ 无关. 特别地，$g_T(t;\theta)$ 可为统计量 T 的密度函数.

下面用因式分解定理方法找出例 7.26 中的充分统计量.

$$P(X_1=x_1, X_2=x_2, \cdots, X_n=x_n)=\prod_{i=1}^{n}P(X_i=x_i)$$

$$=\prod_{i=1}^{n}[p^{x_i}(1-p)^{1-x_i}]=p^{\sum_{i=1}^{n}x_i}(1-p)^{n-\sum_{i=1}^{n}x_i}=\left(\frac{p}{1-p}\right)^{\sum_{i=1}^{n}x_i}(1-p)^n.$$

取 $\sum_{i=1}^{n}x_i=t$，$g_T(t;p)=\left(\frac{p}{1-p}\right)^{\sum_{i=1}^{n}x_i}(1-p)^n$，$h(x_1, x_2, \cdots, x_n)=1$，

则有 $\prod_{i=1}^{n}f(x_i;p)=g_T(t;p)\,h(x_1, x_2, \cdots, x_n)$，因此 $T=\sum_{i=1}^{n}X_i$ 为充分统计量.

例 7.27 设总体 $X\sim U[0,\theta]$，$\theta>0$ 为未知参数，$X_1, X_2, \cdots, X_n$ 是来自总体 X 的一个简单随机样本，求 θ 的一个充分统计量.

解 设样本观察值为 $x_1, x_2, \cdots, x_n$，样本 $X_1, X_2, \cdots, X_n$ 的联合密度函数为

$$\prod_{i=1}^{n}f(x_i;\theta)=\frac{1}{\theta^n}\mathrm{I}_{\{0\leqslant x_i\leqslant\theta,\ i=1,2,\cdots,n\}}=\frac{1}{\theta^n}\mathrm{I}_{\{0\leqslant x_{(1)}\leqslant x_{(n)}\leqslant\theta\}}=\frac{1}{\theta^n}\mathrm{I}_{\{0\leqslant x_{(1)}\leqslant x_{(n)}\leqslant\theta\}},$$

其中，$I_A(x)=\begin{cases}1, & x\in A,\\ 0, & x\notin A.\end{cases}$

取 $t=(x_{(1)}, x_{(n)})$，$g_T(t;\theta)=\frac{1}{\theta^n}\mathrm{I}_{\{0\leqslant x_{(1)}\leqslant x_{(n)}\leqslant\theta\}}$，$h(x_1, x_2, \cdots, x_n)=1$，

所以由因子分解定理可以取 θ 的一个联合充分统计量 $(X_{(1)}, X_{(n)})$.

进一步有：$$\prod_{i=1}^{n}f(x_i;\theta)=\frac{1}{\theta^n}\mathrm{I}_{\{0\leqslant x_{(1)}\leqslant x_{(n)}\leqslant\theta\}}=\frac{1}{\theta^n}\mathrm{I}_{\{0\leqslant x_{(1)}\}}\mathrm{I}_{\{x_{(n)}\leqslant\theta\}},$$

取 $t=x_{(n)}$, $g_T(t;\theta)=\dfrac{1}{\theta^n}\mathrm{I}_{\{x_{(n)}\leqslant\theta\}}$, $h(x_1, x_2, \cdots, x_n)=\mathrm{I}_{\{0\leqslant x_{(1)}\}}$, 则 $X_{(n)}$ 为 θ 的充分统计量.

定理 7.7 设总体 X 的分布函数 $F(x;\theta)$ 中只含一个未知参数 θ, $X_1, X_2, \cdots, X_n$ 为总体 X 的一个简单随机样本,如果 θ 的充分统计量 $T(X_1, X_2, \cdots, X_n)$ 存在,则似然方程 $\dfrac{\mathrm{d}\ln L(\theta)}{\mathrm{d}\theta}=0$ 的解一定是 $t=T(X_1, X_2, \cdots, X_n)$ 的函数,其中, $L(\theta)$ 为 $X_1, X_2, \cdots, X_n$ 的联合密度或联合分布列.

证明 如果 T 是 θ 的充分统计量,则 $L(\theta)=\prod\limits_{i=1}^{n}f(x_i;\theta)=g_T(t;\theta)h(x_1, x_2, \cdots, x_n)$, $\ln L(\theta)=\ln g_T(t;\theta)+\ln h(x_1, x_2, \cdots, x_n)$, $\dfrac{\mathrm{d}\ln L(\theta)}{\mathrm{d}\theta}=\dfrac{1}{g_T(t;\theta)}\dfrac{\partial g_T(t;\theta)}{\partial\theta}$.

由 $\dfrac{\mathrm{d}\ln L(\theta)}{\mathrm{d}\theta}=0$,得似然方程: $\dfrac{1}{g_T(t;\theta)}\dfrac{\partial g_T(t;\theta)}{\partial\theta}=0$,该方程的解一定是 t 的函数.

注意 定理 7.7 表明,如果参数 θ 的充分估计存在,且似然方程有解并为 θ 的极大似然估计,那么这个极大似然估计具有充分估计量的优良性.

定理 7.8 如果 $T(X_1, X_2, \cdots, X_n)$ 是 θ 的优效估计量,那么 $t=T(X_1, X_2, \cdots, X_n)$ 在满足 $f_T(t, \theta)>0$ 的区域内,概率为 1 的都是似然方程的解.

关于优效估计的概念见下节. 该定理表明,如果似然方程的解是极大似然估计,那么这个极大似然估计具有优效估计的优良性.

定理 7.9(杜琪定理) 设总体 X 为连续型随机变量,密度函数为 $f(x;\theta)$. 假定:

(1) 对任一数值 x 及 $\theta\in A\subset\Theta$, 导数 $\dfrac{\partial\ln f}{\partial\theta}$, $\dfrac{\partial^2\ln f}{\partial\theta^2}$ 及 $\dfrac{\partial^3\ln f}{\partial\theta^3}$ 都存在;

(2) 对每一个 $\theta\in A$, 关系式 $\left|\dfrac{\partial f}{\partial\theta}\right|<F_1(x)$, $\left|\dfrac{\partial^2 f}{\partial\theta^2}\right|<F_2(x)$ 及 $\left|\dfrac{\partial^3 f}{\partial\theta^3}\right|<F_3(x)$ 成立.

其中 $F_1(x)$, $F_2(x)$ 及 $F_3(x)$ 在 $x\in\mathbf{R}$ 上可积,而且 $F_3(x)$ 满足 $\int_{-\infty}^{+\infty}F_3(x)f(x;\theta)\mathrm{d}x<M$, M 为与参数 θ 无关的常数,则参数 θ 的极大似然估计 $\hat{\theta}(X_1, X_2, \cdots, X_n)$ 依概率收敛于 θ, 而且 $\sqrt{n}\,[\hat{\theta}(X_1, X_2, \cdots, X_n)-\theta]$ 的极限分布为正态 $N\left(0, \dfrac{1}{I(\theta)}\right)$, 其中 $I(\theta)=E\left[\dfrac{\partial\ln f(X;\theta)}{\partial\theta}\right]^2$.

该定理指出,对于足够大的 n, 参数 θ 的极大似然估计量 $\hat{\theta}(X_1, X_2, \cdots, X_n)$ 的概率分布,可用正态 $N\left(\theta, \dfrac{1}{nI(\theta)}\right)$ 做近似. 但是,还不能说 $\hat{\theta}$ 是 θ 的渐进优效估计,因为 $D(\hat{\theta})$ 及其极限都不一定存在.

由此,优效估计量一定是充分统计量,极大似然估计一定是充分估计量的函数,可以证明,充分统计量的单值函数也是一个充分统计量.

7.4 优效估计量

对于未知参数 θ，它有许多不同的无偏估计量，它们的方差可以小到怎样的程度？在此引进罗-克拉美不等式，指出无偏估计类中方差的下界，达到这个下界的无偏估计量称为优效估计量.

定理 7.10(罗-克拉美不等式) 设 Θ 是实轴上的一个开区间，$\{f(x;\theta),\ \theta\in\Theta\}$ 是总体 X 的分布密度族，$X_1, X_2, \cdots, X_n$ 是从总体 X 中抽出的一个简单随机样本，$\hat{\theta}=\hat{\theta}(X_1, X_2, \cdots, X_n)$ 是 θ 的无偏估计. 若满足下列正则条件：

(1) 集合 $S_\theta=\{x: f(x;\theta)>0\}$ 与 θ 无关；

(2) $\dfrac{\partial f(x;\theta)}{\partial\theta}$ 存在，且对于 Θ 中一切 θ 有：$\dfrac{\partial}{\partial\theta}\int_{-\infty}^{+\infty} f(x;\theta)\mathrm{d}x=\int_{-\infty}^{+\infty}\dfrac{\partial f(x;\theta)}{\partial\theta}\mathrm{d}x$ 和 $\dfrac{\partial}{\partial\theta}\int_{-\infty}^{+\infty}\int_{-\infty}^{+\infty}\cdots\int_{-\infty}^{+\infty}\hat{\theta}(x_1, x_2, \cdots, x_n)L(x_1, x_2, \cdots, x_n;\theta)\mathrm{d}x_1\mathrm{d}x_2\cdots\mathrm{d}x_n=\int_{-\infty}^{+\infty}\int_{-\infty}^{+\infty}\cdots\int_{-\infty}^{+\infty}\hat{\theta}(x_1, x_2, \cdots, x_n)\dfrac{\partial}{\partial\theta}L(x_1, x_2, \cdots, x_n;\theta)\mathrm{d}x_1\mathrm{d}x_2\cdots\mathrm{d}x_n$，其中 $L(x_1, x_2, \cdots, x_n;\theta)=\prod\limits_{i=1}^{n} f(x_i;\theta)$；

(3) $E\left[\dfrac{\partial\ln f(X;\theta)}{\partial\theta}\right]^2=\int_{-\infty}^{+\infty}\left(\dfrac{\partial\ln f(x;\theta)}{\partial\theta}\right)^2 f(x;\theta)\mathrm{d}x>0$；

则

$$D(\hat{\theta})\geqslant\frac{1}{n\int_{-\infty}^{+\infty}\left(\frac{\partial\ln f(x;\theta)}{\partial\theta}\right)^2 f(x;\theta)\mathrm{d}x}.$$

注意 上式称为罗-克拉美不等式，另外对离散型也是成立的，其分布列用 $p(x;\theta)$ 表示，即：

$$D(\hat{\theta})\geqslant\frac{1}{n\sum\limits_{x}\left(\frac{\partial\ln p(x;\theta)}{\partial\theta}\right)^2 p(x;\theta)}.$$

定义 7.8 如果 θ 的无偏估计量 $\hat{\theta}_0$ 的方差等于罗-克拉美下界(简称为 C-R 下界)，则称 $\hat{\theta}_0$ 是 θ 的优效估计量(或称达到方差下界的无偏估计).

综上可简述如下：设总体 X 的概率函数为 $f(x;\theta)$，θ 未知，$\hat{\theta}$ 是 θ 的无偏估计，且满足正则条件，则 $D(\hat{\theta})\geqslant\dfrac{1}{nE\left[\dfrac{\partial\ln f(X;\theta)}{\partial\theta}\right]^2}$，当等式成立时，称 $\hat{\theta}$ 为达到方差下界的无偏估计或称优效估计.

记 $I(\theta)=E\left[\dfrac{\partial\ln f(X;\theta)}{\partial\theta}\right]^2>0$，称其为费歇信息量，并有以下性质，如例 7.28 所示.

例 7.28 若 $\dfrac{\partial}{\partial\theta}\int_{-\infty}^{+\infty}\dfrac{\partial}{\partial\theta}f(x;\theta)\mathrm{d}x=\int_{-\infty}^{+\infty}\dfrac{\partial^2 f(x;\theta)}{\partial\theta^2}\mathrm{d}x$ (此式一般总成立)，则

$$I(\theta)=-E\left[\frac{\partial^2 \ln f(X;\theta)}{\partial\theta^2}\right].$$

证明 $$E\left[\frac{\partial \ln f(X;\theta)}{\partial\theta}\right]=\int_{-\infty}^{+\infty}\frac{\partial \ln f(x;\theta)}{\partial\theta}f(x;\theta)\mathrm{d}x$$
$$=\int_{-\infty}^{+\infty}\frac{1}{f(x;\theta)}\frac{\partial f(x;\theta)}{\partial\theta}f(x;\theta)\mathrm{d}x$$
$$=\int_{-\infty}^{+\infty}\frac{\partial f(x;\theta)}{\partial\theta}\mathrm{d}x=\frac{\partial}{\partial\theta}\int_{-\infty}^{+\infty}f(x;\theta)\mathrm{d}x=0,$$

上式等号两边对 θ 求偏导得:

$$0=\frac{\partial}{\partial\theta}E\left[\frac{\partial \ln f(X;\theta)}{\partial\theta}\right]=\frac{\partial}{\partial\theta}\int_{-\infty}^{+\infty}\frac{\partial \ln f(x;\theta)}{\partial\theta}f(x;\theta)\mathrm{d}x$$
$$=\int_{-\infty}^{+\infty}\frac{\partial}{\partial\theta}\left[\frac{\partial \ln f(x;\theta)}{\partial\theta}f(x;\theta)\right]\mathrm{d}x$$
$$=\int_{-\infty}^{+\infty}\frac{\partial^2 \ln f(x;\theta)}{\partial\theta^2}f(x;\theta)\mathrm{d}x+\int_{-\infty}^{+\infty}\frac{\partial \ln f(x;\theta)}{\partial\theta}\frac{\partial f(x;\theta)}{\partial\theta}\mathrm{d}x$$
$$=E\left[\frac{\partial^2 \ln f(X;\theta)}{\partial\theta^2}\right]+\int_{-\infty}^{+\infty}\frac{\partial \ln f(x;\theta)}{\partial\theta}\frac{\partial \ln f(x;\theta)}{\partial\theta}f(x;\theta)\mathrm{d}x$$
$$=E\left[\frac{\partial^2 \ln f(X;\theta)}{\partial\theta^2}\right]+E\left\{\left[\frac{\partial \ln f(X;\theta)}{\partial\theta}\right]^2\right\},$$

于是有 $$I(\theta)=E\left[\frac{\partial \ln f(X;\theta)}{\partial\theta}\right]^2=-E\left[\frac{\partial^2 \ln f(X;\theta)}{\partial\theta^2}\right].$$

更一般地,在满足正则条件下,若 $T(X_1, X_2, \cdots, X_n)$ 为 $g(\theta)$ 的无偏估计, $g'(\theta)$ 存在,且 $g'(\theta)=\int_{-\infty}^{+\infty}\int_{-\infty}^{+\infty}\cdots\int_{-\infty}^{+\infty}T(x_1, x_2, \cdots, x_n)\frac{\partial}{\partial\theta}L(x_1, x_2, \cdots, x_n;\theta)\mathrm{d}x_1\mathrm{d}x_2\cdots\mathrm{d}x_n$,则有

$$D(T)\geqslant\frac{[g'(\theta)]^2}{nI(\theta)}.$$

定义 7.9 记罗-克拉美下界为 I_R,若 $\hat{\theta}$ 是 θ 的无偏估计,则称 $e(\hat{\theta})=\dfrac{I_R}{D(\hat{\theta})}$ 为估计量 $\hat{\theta}$ 的有效率. 易见:优效估计量的有效率 $e(\hat{\theta})=1$.

定义 7.10 若无偏估计 $\hat{\theta}$ 的有效率满足 $\lim\limits_{n\to+\infty}e(\hat{\theta})=1$,则称 $\hat{\theta}$ 为 θ 的渐近优效估计量.

值得指出的是,罗-克拉美不等式中有两个正则条件,通常称满足正则条件(1)、(2)的估计量为正则估计. 由此可以看到,罗-克拉美不等式所规定的下界不是整个无偏估计类的方差下界,而是无偏估计类中一个子集——正则无偏估计类的方差下界.

例 7.29 设总体 X 具有两点分布,分布列为 $f(x;p)=p^x(1-p)^{1-x}$, $x=0, 1, 0<$

$p<1$，试问 $\bar{X}$ 是不是 p 的优效估计量？

解 先计算 p 的无偏估计的方差的罗-克拉美下界：

$$\ln f(x;p)=x\ln p+(1-x)\ln(1-p),$$

$$\frac{\partial \ln f(x;p)}{\partial p}=\frac{x}{p}-\frac{1-x}{1-p},\ \frac{\partial^2 \ln f(x;p)}{\partial p^2}=-\frac{x}{p^2}-\frac{1-x}{(1-p)^2},$$

$$I(p)=E\left[\frac{\partial \ln f(X;p)}{\partial p}\right]^2=E\left(\frac{X}{p}-\frac{1-X}{1-p}\right)^2=\frac{E(X-p)^2}{p^2(1-p)^2}=\frac{1}{p(1-p)},$$

或者
$$I(p)=-E\left(\frac{\partial^2 \ln f(X;p)}{\partial p^2}\right)=-E\left(-\frac{X}{p^2}-\frac{1-X}{(1-p)^2}\right)$$
$$=\frac{E(X)}{p^2}+\frac{1-E(X)}{(1-p)^2}=\frac{1}{p}+\frac{1}{1-p}=\frac{1}{p(1-p)},$$

故罗-克拉美的下界为：$I_R=\dfrac{p(1-p)}{n}$，又 $\bar{X}$ 是 p 的无偏估计，且 $D(\bar{X})=\dfrac{p(1-p)}{n}$，于是 $\bar{X}$ 是 p 的优效估计.

例 7.30 设正态总体 $X\sim N(\mu,\sigma^2)$，$-\infty<\mu<\infty$，$\sigma^2>0$，试问：$\bar{X}$ 和 S^2 是不是 μ 和 σ^2 的优效估计？

解

$$f(x;\mu,\sigma^2)=\frac{1}{\sqrt{2\pi}\sigma}e^{-\frac{(x-\mu)^2}{2\sigma^2}},\ln f(x;\mu,\sigma^2)=-\ln\sqrt{2\pi}-\frac{1}{2}\ln\sigma^2-\frac{(x-\mu)^2}{2\sigma^2},$$

$$\frac{\partial \ln f(x;\mu,\sigma^2)}{\partial \mu}=\frac{x-\mu}{\sigma^2},\ \frac{\partial^2 \ln f(x;\mu,\sigma^2)}{\partial \mu^2}=-\frac{1}{\sigma^2},$$

$$I(\mu)=E\left[\frac{\partial \ln f(X;\mu)}{\partial \mu}\right]^2=E\left(\frac{X-\mu}{\sigma^2}\right)^2=\frac{D(X)}{\sigma^4}=\frac{1}{\sigma^2},$$

或者
$$I(\mu)=-E\left[\frac{\partial^2 \ln f(X;\mu)}{\partial \mu^2}\right]=\frac{1}{\sigma^2},$$

故 μ 的无偏估计的方差的罗-克拉美的下界为：$I_{R,\mu}=\dfrac{\sigma^2}{n}$.

又 $E(\bar{X})=\mu$，$D\bar{X}=\dfrac{\sigma^2}{n}$，则 $\bar{X}$ 是 μ 的达到方差下界的无偏估计.

又
$$\frac{\partial \ln f(x;\mu,\sigma^2)}{\partial \sigma^2}=-\frac{1}{2\sigma^2}+\frac{(x-\mu)^2}{2\sigma^4},\ \frac{\partial^2 \ln f(x;\mu,\sigma^2)}{\partial \sigma^4}$$
$$=\frac{1}{2\sigma^4}-\frac{(x-\mu)^2}{\sigma^6},$$

$$I(\sigma^2)=E\left[\frac{\partial \ln f(X;\mu,\sigma^2)}{\partial \sigma^2}\right]^2=E\left[-\frac{1}{2\sigma^2}+\frac{(X-\mu)^2}{2\sigma^4}\right]^2$$

$$=\frac{1}{4\sigma^4}E\left[\left(\frac{X-\mu}{\sigma}\right)^2-1\right]^2$$

$$=\frac{1}{4\sigma^4}\left\{E\left[\left(\frac{X-\mu}{\sigma}\right)^2\right]^2-2E\left(\frac{X-\mu}{\sigma}\right)^2+1\right\},$$

考虑到
$$\frac{X-\mu}{\sigma}\sim N(0,\ 1),\left(\frac{X-\mu}{\sigma}\right)^2\sim \chi^2(1),$$

则
$$E\left(\frac{X-\mu}{\sigma}\right)^2=1,\ D\left(\frac{X-\mu}{\sigma}\right)^2=2,\ E\left[\left(\frac{X-\mu}{\sigma}\right)^2\right]^2=3,$$

进而
$$I(\sigma^2)=\frac{1}{4\sigma^4}(3-2+1)=\frac{1}{2\sigma^4},$$

或者
$$I(\sigma^2)=-E\left[\frac{\partial^2\ln f(X;\ \mu,\ \sigma^2)}{\partial\sigma^4}\right]=-E\left[\frac{1}{2\sigma^4}-\frac{(X-\mu)^2}{\sigma^6}\right]$$

$$=-\frac{1}{2\sigma^4}+\frac{E(X-\mu)^2}{\sigma^6}=\frac{1}{2\sigma^4},$$

则 σ^2 的无偏估计的方差的罗-克拉美下界为：$I_{R,\ \sigma^2}=\frac{2\sigma^4}{n}$；

又
$$\frac{(n-1)S^2}{\sigma^2}\sim \chi^2(n-1),\ E\left[\frac{(n-1)S^2}{\sigma^2}\right]=n-1,$$

$$D\left[\frac{(n-1)S^2}{\sigma^2}\right]=2(n-1),$$

则
$$E(S^2)=\sigma^2,\ D(S^2)=\frac{2\sigma^4}{n-1},$$

进而有 $e(S^2)=\frac{I_{R,\ \sigma^2}}{D(S^2)}=\frac{2\sigma^4}{n}\ \frac{n-1}{2\sigma^4}=\frac{n-1}{n}$，易见 S^2 是 σ^2 的渐近优效估计.

例 7.31 设正态总体 $X\sim N(\mu,\ \sigma^2)$，$-\infty<\mu<+\infty$，$\sigma^2>0$，

(1) 若 μ 已知,试求 σ 的无偏估计 $\hat{\sigma}=\sqrt{\frac{\pi}{2}}\ \frac{1}{n}\sum_{i=1}^{n}\mid X_i-\mu\mid$ 的有效率；

(2) 若 μ 未知,试求 σ 的无偏估计 $\hat{\sigma}=\sqrt{\frac{\pi}{2n(n-1)}}\sum_{i=1}^{n}\mid X_i-\bar{X}\mid$ 的有效率.

解 先求 σ 的无偏估计量的方差罗-克拉美下界：$f(x;\ \mu,\ \sigma)=\frac{1}{\sqrt{2\pi}\sigma}\mathrm{e}^{-\frac{(x-\mu)^2}{2\sigma^2}}$，

$$\ln f(x;\ \mu,\ \sigma)=-\ln\sqrt{2\pi}-\ln\sigma-\frac{(x-\mu)^2}{2\sigma^2},$$

$$\frac{\partial\ln f(x;\ \mu,\ \sigma)}{\partial\sigma}=-\frac{1}{\sigma}+\frac{(x-\mu)^2}{\sigma^3},$$

$$\frac{\partial^2\ln f(x;\ \mu,\ \sigma)}{\partial\sigma^2}=\frac{1}{\sigma^2}-3\ \frac{(x-\mu)^2}{\sigma^4},$$

$$I(\sigma)=-E\left[\frac{1}{\sigma^2}-3\frac{(X-\mu)^2}{\sigma^4}\right]=-\frac{1}{\sigma^2}+3\frac{\sigma^2}{\sigma^4}=\frac{2}{\sigma^2},$$

故 σ 的无偏估计量的方差的罗-克拉美下界为：$I_\sigma=\dfrac{\sigma^2}{2n}$；

(1) 当 μ 已知时，$\hat{\sigma}=\sqrt{\dfrac{\pi}{2}}\dfrac{1}{n}\sum\limits_{i=1}^{n}|X_i-\mu|$，$D(\hat{\sigma})=\left(\dfrac{\pi}{2}-1\right)\dfrac{\sigma^2}{n}$，$e(\hat{\sigma})=\dfrac{1}{\pi-2}\approx 0.876$；

(2) 当 μ 未知时，$\hat{\sigma}=\sqrt{\dfrac{\pi}{2n(n-1)}}\sum\limits_{i=1}^{n}|X_i-\bar{X}|$，$D(\hat{\sigma})=\left[\dfrac{\pi}{2n}+\dfrac{\sqrt{n}(n-2)^{3/2}}{(n-1)^2}-1\right]\sigma^2$①，

$$\begin{aligned}e(\hat{\sigma})&=\left[\pi+2n\frac{\sqrt{n}(n-2)^{3/2}}{(n-1)^2}-2n\right]^{-1}=\left[(\pi-2)+2n\frac{\sqrt{n}(n-2)^{3/2}}{(n-1)^2}-2(n-1)\right]^{-1}\\&=\left\{(\pi-2)+2\left[n\frac{\sqrt{n}(n-2)^{3/2}}{(n-1)^2}-(n-1)\right]\right\}^{-1},\end{aligned}$$

又
$$\begin{aligned}n\frac{\sqrt{n}(n-2)^{3/2}}{(n-1)^2}-(n-1)&=(n-1)\left(\frac{n}{n-1}\frac{n-2}{n-1}\right)^{3/2}-(n-1)\\&=(n-1)\left[\left(1+\frac{1}{n-1}\right)\left(1-\frac{1}{n-1}\right)\right]^{3/2}-(n-1)\\&=(n-1)\left[1-\frac{1}{(n-1)^2}\right]^{3/2}-(n-1),\end{aligned}$$

令函数 $g(t)=\dfrac{1}{t}(1-t^2)^{3/2}-\dfrac{1}{t}, t>0$，有 $\lim\limits_{t\to 0}g(t)=\lim\limits_{t\to 0}\dfrac{(1-t^2)^{3/2}-1}{t}=\lim\limits_{t\to 0}(-3t\sqrt{1-t^2})=0$，

则 $\lim\limits_{n\to+\infty}\left[n\dfrac{\sqrt{n}(n-2)^{3/2}}{(n-1)^2}-(n-1)\right]=0$，进而 $\lim\limits_{n\to+\infty}e(\hat{\sigma})=\dfrac{1}{\pi-2}\approx 0.876$.

7.5　一致最小方差无偏估计量

当样本容量 $n>1$ 时，可估参数的无偏估计不唯一. 设 $g(\theta)$ 为可估参数，把 $g(\theta)$ 的所有无偏估计组成的类记为 U，如何从 U 中选取一个较好的估计是人们关心的问题. 譬如，是否存在这样一个无偏估计，其方差在 U 中对 Θ 中所有 θ 一致达到最小呢？如果这样的无偏估计存在，又该如何把它找出来呢？

---

① 结论可参考：徐晓岭，王蓉华. 概率论与数理统计学习指导与习题精解[M]. 上海：上海交通大学出版社，2014：294-297.

定义 7.11　设 $T(X_1, X_2, \cdots, X_n)$ 为可估函数 $g(\theta)$ 的无偏估计量,若对于 $g(\theta)$ 的任一无偏估计量 $T'(X_1, X_2, \cdots, X_n)$, 有 $D_\theta(T) \leqslant D_\theta(T')$, 对一切 $\theta \in \Theta$. 则称 $T(X_1, X_2, \cdots, X_n)$ 为 $g(\theta)$ 的一致最小方差无偏估计量(UMVUE)(简称为最优无偏估计量).

记: $U=\{T: E_\theta(T)=\theta, D_\theta(T)<+\infty$,对一切 $\theta \in \Theta\}$, 即 U 为参数 θ 的方差有限的无偏估计量的集合. $U_0=\{T_0: E_\theta(T_0)=0, D_\theta(T)<+\infty$,对一切 $\theta \in \Theta\}$, 即 U_0 是参数 θ 的数学期望为零、方差有限的估计量的集合.

定理 7.11　设 U 是非空的集合,有一 $T \in U$, 则 T 为 θ 的最优无偏估计量的充要条件为对每个 $T_0 \in U_0$, 有 $E_\theta(TT_0)=0$, $\theta \in \Theta$.

证明　必要性(用反证法): 设 $T \in U$ 为 θ 的最优无偏估计量,但不满足 $E_\theta(TT_0)=0$, 即存在 $T_0 \in U_0$ 及 $\theta_0 \in \Theta$, 使得 $E_{\theta_0}(TT_0) \neq 0$.
因为 $E_\theta(T_0)=0$, 所以对一切 c 值, $T-cT_0 \in U$, 于是有:

$$E_{\theta_0}(T-cT_0)^2=E_{\theta_0}(T^2)+c^2E_{\theta_0}(T_0^2)-2cE_{\theta_0}(TT_0).$$

由于 $E_{\theta_0}(TT_0) \neq 0$, 于是一定能找到 c_0 值,例如 $c_0=\dfrac{E_{\theta_0}(TT_0)}{E_{\theta_0}(T_0^2)}-1$ 使得

$$E_{\theta_0}(T-c_0T_0)^2<E_{\theta_0}(T^2),$$

所以

$$D_{\theta_0}(T-c_0T_0) \leqslant D_{\theta_0}(T).$$

这与 T 为最优无偏估计量的假定相矛盾,即说明 $E_\theta(TT_0)=0$.

充分性: 设某个 $T \in U$, 使得 $E_\theta(TT_0)=0$, 现证明 T 为 θ 的最优无偏估计.
对任一估计量 $T' \in U$, 则 $T-T' \in U_0$, 因而对一切 $\theta \in \Theta$, 有: $E_\theta[T(T'-T)]=0$, 由柯西-施瓦兹不等式: 对一切 $\theta \in \Theta$, $E_\theta(T^2)=E_\theta(TT') \leqslant \sqrt{E_\theta(T^2)E_\theta(T'^2)}$,
即: $E_\theta(T^2) \leqslant E_\theta(T'^2)$. 又由于 $E_\theta(T)=E_\theta(T')=\theta$, 因而对一切 $\theta \in \Theta$, 有: $D_{\theta_0}(T) \leqslant D_{\theta_0}(T')$, 即 T 为 θ 的最优无偏估计量.

由定理 7.11 可得如下结论: 设 T_1 和 T_2 分别是参数 θ 的可估计函数 $g_1(\theta)$ 和 $g_2(\theta)$ 的最优无偏估计量,则 $b_1T_1+b_2T_2$ 是 $b_1g_1(\theta)+b_2g_2(\theta)$ 的最优无偏估计量,其中 b_1, b_2 为常数.

注意　可估计函数是指对于参数 θ 的任一实值函数 $g(\theta)$, 如果 $g(\theta)$ 的无偏估计量存在,也就是说有估计量 T, 使得 $E_\theta(T)=g(\theta)$, 则称 $g(\theta)$ 为可估计函数.

定理 7.12　设 U 为非空集合,则对参数 θ 而言至多存在一个最优无偏估计.

证明　设 T 及 T' 是 θ 的两个最优无偏估计量,即对一切 $\theta \in \Theta$, 有:

$$E_\theta(T')=E_\theta(T)=\theta, \ D_\theta(T)=D_\theta(T'),$$

则 $E_\theta(T-T')=0$, 即 $T-T' \in U_0$. 进而对一切 $\theta \in \Theta$ 有:

$$E_\theta[T(T-T')]=0, \ E_\theta[T'(T-T')]=0,$$

对一切 $\theta \in \Theta$, 有: $E_\theta(T-T')^2=E_\theta[T(T-T')]-E_\theta[T'(T-T')]=0$,
即对一切 $\theta \in \Theta$ 有: $D_\theta(T-T')=0$, 进而对一切 $\theta \in \Theta$ 有: $D_\theta(T=T')=1$,
也就是说参数 θ 的最优无偏估计量在概率为 1 的意义下是唯一的.

例 7.32 设 $X_1, X_2, \cdots, X_n$ 是来自正态总体 $X \sim N(\mu, \sigma^2)$ 的一个简单随机样本,其中 μ, σ^2 为未知参数,求 μ, σ^2 的最优无偏估计量.

解 由于 $E(\bar{X})=\mu$, $E(S^2)=\sigma^2$,观察 $E(\bar{X}T_0)=0$, $E(S^2T_0)=0$,对每个 $T_0 \in U_0$ 是否成立.设 $T_0 \in U_0$,则有 $E(T_0)=0$,即

$$\int_{-\infty}^{+\infty}\int_{-\infty}^{+\infty}\cdots\int_{-\infty}^{+\infty} T_0(x_1, x_2, \cdots, x_n)\exp\left[-\frac{1}{2\sigma^2}\sum_{i=1}^{n}(x_i-\mu)^2\right]\mathrm{d}x_1\mathrm{d}x_2\cdots\mathrm{d}x_n=0, \tag{$*$}$$

上式对 μ 求导,则有:

$$\int_{-\infty}^{+\infty}\int_{-\infty}^{+\infty}\cdots\int_{-\infty}^{+\infty} T_0(x_1, x_2, \cdots, x_n)\left[\frac{1}{\sigma^2}\sum_{i=1}^{n}(x_i-\mu)\right]\cdot$$
$$\exp\left[-\frac{1}{2\sigma^2}\sum_{i=1}^{n}(x_i-\mu)^2\right]\mathrm{d}x_1\mathrm{d}x_2\cdots\mathrm{d}x_n=0,$$

即

$$\int_{-\infty}^{+\infty}\int_{-\infty}^{+\infty}\cdots\int_{-\infty}^{+\infty} T_0(x_1, x_2, \cdots, x_n)\left(\sum_{i=1}^{n}x_i\right)\cdot$$
$$\exp\left[-\frac{1}{2\sigma^2}\sum_{i=1}^{n}(x_i-\mu)^2\right]\mathrm{d}x_1\mathrm{d}x_2\cdots\mathrm{d}x_n=0,$$

也即 $E\left(T_0\sum_{i=1}^{n}X_i\right)=0$, $E(T_0\bar{X})=0$, $\bar{X}$ 为参数 μ 的最优无偏估计量.

式($*$)中,对 μ 求导两次得

$$\int_{-\infty}^{+\infty}\int_{-\infty}^{+\infty}\cdots\int_{-\infty}^{+\infty} T_0(x_1, x_2, \cdots, x_n)\left(\sum_{i=1}^{n}x_i\right)^2\cdot$$
$$\exp\left[-\frac{1}{2\sigma^2}\sum_{i=1}^{n}(x_i-\mu)^2\right]\mathrm{d}x_1\mathrm{d}x_2\cdots\mathrm{d}x_n=0,$$

式($*$)中,对 σ^2 求导得

$$\int_{-\infty}^{+\infty}\int_{-\infty}^{+\infty}\cdots\int_{-\infty}^{+\infty} T_0(x_1, x_2, \cdots, x_n)\left[\sum_{i=1}^{n}(x_i-\mu)^2\right]\cdot$$
$$\exp\left[-\frac{1}{2\sigma^2}\sum_{i=1}^{n}(x_i-\mu)^2\right]\mathrm{d}x_1\mathrm{d}x_2\cdots\mathrm{d}x_n=0,$$

由于

$$\sum_{i=1}^{n}(x_i-\mu)^2=\sum_{i=1}^{n}(x_i-\bar{x})^2+n(\bar{x}-\mu)^2$$
$$=\sum_{i=1}^{n}(x_i-\bar{x})^2+\frac{1}{n}\left(\sum_{i=1}^{n}x_i-n\mu\right)^2,$$

因而可得:

$$\int_{-\infty}^{+\infty}\int_{-\infty}^{+\infty}\cdots\int_{-\infty}^{+\infty} T_0(x_1, x_2, \cdots, x_n)\left[\sum_{i=1}^{n}(x_i-\bar{x})^2\right]\cdot$$
$$\exp\left[-\frac{1}{2\sigma^2}\sum_{i=1}^{n}(x_i-\mu)^2\right]\mathrm{d}x_1\mathrm{d}x_2\cdots\mathrm{d}x_n=0,$$

进而 S^2 为参数 σ^2 的最优无偏估计量.

定义 7.12 称参数 θ 的估计量 $T(X_1, X_2, \cdots, X_n)$ 是样本 $X_1, X_2, \cdots, X_n$ 的线性函数,是指 $T(X_1, X_2, \cdots, X_n)=\sum_{i=1}^{n} c_i X_i$,其中 $c_1, c_2, \cdots, c_n$ 为给定的常数.

定义 7.13(最小方差线性无偏估计) 如果:

(1) $T(X_1, X_2, \cdots, X_n)$ 为样本的线性函数;

(2) $E_\theta[T(X_1, X_2, \cdots, X_n)]=g(\theta)$;

(3) 对于满足(1)、(2)的任一估计量 $T'(X_1, X_2, \cdots, X_n)$,对一切 $\theta \in \Theta$ 有:$D_\theta(T) \leqslant D_\theta(T')$.

可估计函数 $g(\theta)$ 的 $T(X_1, X_2, \cdots, X_n)$ 称为它的最小方差线性无偏估计.

定理 7.13 设 $T_1, T_2, \cdots, T_m$ 为可估计函数 $g(\theta)$ 的 m 个相互独立的线性无偏估计量,它们有相同的方差 $D_\theta(T_j)=\sigma^2<+\infty, j=1, 2, \cdots, m$,则统计量 $\bar{T}=\frac{1}{m}\sum_{j=1}^{m} T_j$ 是 T_1, $T_2, \cdots, T_m$ 的线性组合类中可估计函数 $g(\theta)$ 的最小方差线性无偏估计量,且有 $D_\theta(\bar{T})=\frac{\sigma^2}{m}$.

证明 令 $T=\sum_{i=1}^{m} b_i T_i+b_0$,其中 $b_0, b_1, b_2, \cdots, b_m$ 为常数,若 T 为 $g(\theta)$ 的最小方差线性无偏估计量,首先要 T 为 $g(\theta)$ 的无偏估计量,即 $E_\theta(T)=\sum_{j=1}^{m} b_j g(\theta)+b_0=g(\theta)\sum_{j=1}^{m} b_j+b_0$,知:$b_0=0$,$\sum_{j=1}^{m} b_j=1$. 进一步考虑 T 的方差:$D_\theta(T)=\sum_{j=1}^{m} b_j^2 E_\theta[T_j-E_\theta(T_j)]^2=\sigma^2\sum_{j=1}^{m} b_j^2$,在约束条件 $\sum_{j=1}^{m} b_j=1$ 达极小值,即有:$b_j=\frac{1}{m}$,$j=1, 2, \cdots, m$. 进而 $\bar{T}=\frac{1}{m}\sum_{j=1}^{m} T_j$ 是 $T_1, T_2, \cdots, T_m$ 的线性组合类中 $g(\theta)$ 的最小方差线性无偏估计,且 $D(\bar{T})=\frac{\sigma^2}{m}$.

注意 由定理 7.13 知,若总体 X 的期望 μ、方差 σ^2 存在,则 $\bar{X}$ 为 μ 的最小方差线性无偏估计.

利用充分统计量来构造最优无偏估计是一条最基本途径.

定理 7.14(罗-布莱克维尔定理) 设 X, Y 是两个随机变量,$E(X)=\mu$, $D(X)>0$,用条件期望构造一个新的随机变量 $\varphi(Y)$,其定义为:$\varphi(y)=E(X \mid Y=y)$,则有:

$$E[\varphi(Y)]=\mu,\ D[\varphi(Y)] \leqslant D(X),$$

其中等号成立的充分必要条件是 X 和 $\varphi(Y)$ 几乎处处相等.

证明 (仅证连续型)设 $f(x, y)$, $f_Y(y)$, $f(x \mid y)$ 分别表示 X 和 Y 的联合密度函数、Y 的边际密度函数和给定 $Y=y$ 下 X 的条件密度函数. 由定理 4.6 易知:

$$E[\varphi(Y)]=E[E(X \mid Y)]=E(X)=\mu,$$

又 $D(X)=E\{[X-\varphi(Y)]+[\varphi(Y)-\mu]\}^2$

$$=E[X-\varphi(Y)]^2+E[\varphi(Y)-\mu]^2+2E\{[X-\varphi(Y)][\varphi(Y)-\mu]\},$$

而
$$\int_{-\infty}^{+\infty}[x-\varphi(y)]f(x\mid y)\mathrm{d}x=E(X\mid Y=y)-\varphi(y)=0,$$

$$\begin{aligned}&E[(X-\varphi(Y))(\varphi(Y)-\mu)]\\&=\int_{-\infty}^{+\infty}\int_{-\infty}^{+\infty}[x-\varphi(y)][\varphi(y)-\mu]f(x,y)\mathrm{d}x\mathrm{d}y\\&=\int_{-\infty}^{+\infty}\int_{-\infty}^{+\infty}[x-\varphi(y)][\varphi(y)-\mu]f_Y(y)f(x\mid y)\mathrm{d}x\mathrm{d}y\\&=\int_{-\infty}^{+\infty}[\varphi(y)-\mu]\left\{\int_{-\infty}^{+\infty}[x-\varphi(y)]f(x\mid y)\mathrm{d}x\right\}f_Y(y)\mathrm{d}y=0,\end{aligned}$$

于是 $D(X)=E(X-\varphi(Y))^2+D(\varphi(Y))$，即 $D(\varphi(Y))\leqslant D(X)$，而等号成立当且仅当 $P(X-\varphi(Y)=0)=1$，即 X 与 $\varphi(Y)$ 几乎处处相等.

定理 7.15 设总体 $X\sim f(x;\theta)$，$X_1, X_2, \cdots, X_n$ 为总体 X 的一个简单随机样本，$T=T(X_1, X_2, \cdots, X_n)$ 为 θ 的充分统计量，则对 θ 的任一个无偏估计 $\hat{\theta}$，令 $\tilde{\theta}=E(\hat{\theta}\mid T)$，则 $\tilde{\theta}$ 也是 θ 的无偏估计，且 $D(\tilde{\theta})\leqslant D(\hat{\theta})$.

证明 由于 T 为充分统计量，故 $\tilde{\theta}=E(\hat{\theta}\mid T)$ 与 θ 无关. 在定理 7.14 中取 $X=\hat{\theta}$，$Y=T$ 即可.

定理 7.15 说明：如果无偏估计不是充分统计量的函数，则将之对充分统计量求条件期望可以得到一个新的无偏估计，该估计的方差比原来的估计的方差要小. 由此可见寻找 θ 的 UMVUE 只要在 θ 的充分统计量 T 的函数中寻找即可.

例 7.33 设 $X_1, X_2, \cdots, X_n$ 为来自两点分布总体 $X\sim B(1, p)$ 的一个简单随机样本，$\bar{X}$ 为 p 的充分统计量，求 $\theta=p^2$ 的最优无偏估计.

解 令 $\hat{\theta}_1=\begin{cases}1, & x_1=1, x_2=1,\\0, & \text{其他},\end{cases}$ $E(\hat{\theta}_1)=P(X_1=1, X_2=1)=p^2=\theta$，

即 $\hat{\theta}_1$ 为 θ 的无偏估计，这个估计并不好，它只使用了两个观测值. 下面用罗-布莱克维尔定理加以改进，求 $\hat{\theta}_1$ 关于充分完备统计量 $T=\sum\limits_{i=1}^{n}X_i$ 的条件期望(完备性见下节内容).

$$\begin{aligned}\hat{\theta}&=E(\hat{\theta}_1\mid T=t)=P(\hat{\theta}_1=1\mid T=t)=\frac{P(X_1=1, X_2=1, T=t)}{P(T=t)}\\&=\frac{P\left(X_1=1, X_2=1, \sum\limits_{i=3}^{n}X_i=t-2\right)}{P(T=t)}=\frac{pp\mathrm{C}_{n-2}^{t-2}p^{t-2}(1-p)^{n-t}}{\mathrm{C}_n^t p^t(1-p)^{n-t}}\\&=\frac{t(t-1)}{n(n-1)}, \text{其中 } t=\sum_{i=1}^{n}x_i,\end{aligned}$$

易见 $E(\hat{\theta})=E\left[\dfrac{T(T-1)}{n(n-1)}\right]=\dfrac{ET^2-ET}{n(n-1)}=\dfrac{np(1-p)+(np)^2-np}{n(n-1)}=\dfrac{(np)^2-np^2}{n(n-1)}=p^2$，

即 $\hat{\theta}$ 是 θ 的无偏估计，于是 $\hat{\theta}$ 是 p^2 的最优无偏估计.

7.6　完备性

最优无偏估计量可局限在充分无偏估计类中寻找. 如果充分无偏估计量是唯一的,那么它就是最优无偏估计了. 那么,在什么情况下,它是唯一的呢? 为此引进完备性这一概念.

定义 7.14(完备性统计量) 设总体 X 的分布函数 $F(x;\theta)$, $\theta\in\Theta$, $g(X)$ 为一个随机变量,如果对一切 $\theta\in\Theta$, $E_\theta[g(X)]=0$ 成立时,对于一切 $\theta\in\Theta$ 必有: $P_\theta(g(X)=0)=1$, 则称 $F(x;\theta)$ 是完备的. 若 $X_1, X_2, \cdots, X_n$ 为总体 X 的一个简单随机样本,统计量 $T(X_1, X_2, \cdots, X_n)$ 的分布函数是完备的,则称 T 为完备性统计量.

定理 7.16 设总体 X 的分布函数 $F(x;\theta)$, $\theta\in\Theta$, $X_1, X_2, \cdots, X_n$ 为总体 X 的一个简单随机样本, $T(X_1, X_2, \cdots, X_n)$ 是 θ 的充分完备统计量,如果 θ 的无偏估计量存在,记为 $\hat{\theta}$, 则 $\hat{\theta}^*=E(\hat{\theta}\mid T)$ 是唯一的最优无偏估计量.

证明 设 $\hat{\theta}_1$, $\hat{\theta}_2$ 是参数 θ 的任意两个无偏估计量,则 $E(\hat{\theta}_1\mid T)$, $E(\hat{\theta}_2\mid T)$ 也是 θ 的无偏估计量,即对一切 $\theta\in\Theta$ 有: $E_\theta[E(\hat{\theta}_1\mid T)]=E_\theta[E(\hat{\theta}_2\mid T)]=\theta$,

并有:
$$D_\theta[E(\hat{\theta}_1\mid T)]\leqslant D_\theta(\hat{\theta}_1),\ D_\theta[E(\hat{\theta}_2\mid T)]\leqslant D_\theta(\hat{\theta}_2),$$

进而有: $E_\theta[E(\hat{\theta}_1\mid T)-E(\hat{\theta}_2\mid T)]=0$, 且 T 为完备统计量,则
$$P_\theta\{E(\hat{\theta}_1\mid T)=E(\hat{\theta}_2\mid T)\}=1,$$

因此 θ 的充分无偏估计量是唯一的. 若 $\hat{\theta}$ 为 θ 的无偏估计,则 $\hat{\theta}^*$ 为最优无偏估计.

定义 7.15(指数族分布) 设总体 X 的密度函数为 $f(x;\theta)$, $\theta\in\Theta$, $X_1, X_2, \cdots, X_n$ 为总体 X 的一个简单随机样本,样本的联合密度函数具有形式:
$$c(\theta)\exp\{b(\theta)T(x_1, x_2, \cdots, x_n)\}h(x_1, x_2, \cdots, x_n),$$

其中, $c(\theta)$, $b(\theta)$ 只与参数 θ 有关而与样本无关, $h(x_1, x_2, \cdots, x_n)$, $T(x_1, x_2, \cdots, x_n)$ 只与样本有关而不带未知参数 θ, 则称 $f(x;\theta)$ 为指数族分布.

对于离散型总体,如果它的分布列 $p(x;\theta)$ 具有上述形式,也同样称它为指数族分布.

如果分布函数为 $F(x;\theta_1, \theta_2, \cdots, \theta_k)$, 即有 k 维参数向量 $\theta=(\theta_1, \theta_2, \cdots, \theta_k)$, 则上述中的指数部分为: $\exp\left\{\sum\limits_{j=1}^{k}b_j(\theta)T_j(x_1, x_2, \cdots, x_n)\right\}$, 其中, $T_j(X_1, X_2, \cdots, X_n)$, $j=1, 2, \cdots, k$ 为统计量.

定理 7.17 设总体 X 的密度函数 $f(x;\theta)$ 为指数分布族, $X_1, X_2, \cdots, X_n$ 为总体 X 的一个简单随机样本,联合密度函数具有以下形式:
$$c(\theta)\exp\left\{\sum_{j=1}^{k}b_j(\theta)T_j(x_1, x_2, \cdots, x_n)\right\}h(x_1, x_2, \cdots, x_n),$$

其中 $\theta=(\theta_1, \theta_2, \cdots, \theta_k)$. 如果 Θ 中包含有一个 k 维矩形,而且 $(b_1, b_2, \cdots, b_k)$ 的值域包含一个 k 维开集,则 $(T_1(X_1, X_2, \cdots, X_n), T_2(X_1, X_2, \cdots, X_n), \cdots, T_k(X_1, X_2, \cdots, X_n))$ 是 k 维参数向量 $(\theta_1, \theta_2, \cdots, \theta_k)$ 的充分完备统计量.

例 7.34 设二项分布总体 $X\sim B(m, p)$ 的分布列为: $f(x;p)=\mathrm{C}_m^x p^x(1-p)^{m-x}$,

$x=0, 1, 2, \cdots, m$，$0<p<1$，m 为已知常数，则 $f(x;p)$ 为指数族分布.

解 $\prod_{i=1}^{n} f(x_i;p)=\prod_{i=1}^{n} C_m^{x_i} p^{x_i}(1-p)^{m-x_i}=\prod_{i=1}^{n} C_m^{x_i}(1-p)^{mn}\left(\frac{p}{1-p}\right)^{\sum_{i=1}^{n} x_i}$

$$=(1-p)^{mn}\exp\left\{\left(\ln\frac{p}{1-p}\right)\sum_{i=1}^{n} x_i\right\}\left(\prod_{i=1}^{n} C_m^{x_i}\right),$$

取 $C(p)=(1-p)^{mn}$，$b(p)=\ln\frac{p}{1-p}$，$T(x_1, x_2, \cdots, x_n)=\sum_{i=1}^{n} x_i$，$h(x_1, x_2, \cdots, x_n)=\prod_{i=1}^{n} C_m^{x_i}$，于是 $f(x;p)$ 为指数族分布.

例 7.35 设 $X_1, X_2, \cdots, X_n$ 是来自总体 $X\sim N(\mu, \sigma^2)$ 的一个简单随机样本，求参数 μ，σ^2 的最优无偏估计.

解 取 $\theta=(\mu, \sigma^2)$，$X_1, X_2, \cdots, X_n$ 的联合密度函数为：

$$f(x_1, x_2, \cdots, x_n;\theta)=\frac{1}{(\sqrt{2\pi}\sigma)^n}\exp\left\{-\frac{1}{2\sigma^2}\sum_{i=1}^{n}(x_i-\mu)^2\right\}$$

$$=\frac{1}{(2\pi\sigma^2)^{n/2}}e^{-\frac{n\mu^2}{2\sigma^2}}\exp\left\{-\frac{n}{2\sigma^2}\left(\frac{1}{n}\sum_{i=1}^{n} x_i^2\right)+\frac{n\mu}{\sigma_2}\bar{x}\right\},$$

取 $c(\theta)=\frac{1}{(2\pi\sigma^2)^{n/2}}e^{-\frac{n\mu^2}{2\sigma^2}}$，$T(x_1, x_2, \cdots, x_n)=\left(\bar{x}, \frac{1}{n}\sum_{i=1}^{n} x_i^2\right)$，$h(x_1, x_2, \cdots, x_n)=1$，因此 $\bar{X}$ 及 S^2 是充分完备估计量，又 $E(\bar{X})=\mu$，$E(S^2)=\sigma^2$，进而 $\bar{X}$ 及 S^2 分别是 μ 及 σ^2 的最优无偏估计.

例 7.36 设总体 $X\sim U[0, \theta]$，$f(x;\theta)=\begin{cases}\frac{1}{\theta}, & 0\leqslant x\leqslant\theta,\\ 0, & \text{其他},\end{cases}$ $\theta\in\Theta=(0, 1)$，$X_1, X_2, \cdots, X_n$ 为来自总体 X 的一个简单随机样本，证明：$\frac{n+1}{n}X_{(n)}$ 和 $E(2X_1\mid X_{(n)})$ 都是 θ 的最优无偏估计，并说明 $E(2X_1\mid X_{(n)})=\frac{n+1}{n}X_{(n)}$.

证明 (1) $X_1, X_2, \cdots, X_n$ 的联合密度函数为：

$$f(x_1, x_2, \cdots, x_n;\theta)=\begin{cases}\frac{1}{\theta^n}, & 0\leqslant x_1, x_2, \cdots, x_n\leqslant\theta,\\ 0, & \text{其他},\end{cases}$$

这不便于用指数族寻找 θ 的充分完备估计量. 由于 $T(X_1, X_2, \cdots, X_n)=X_{(n)}$ 是参数 θ 的充分估计量. 下面从完备性的定义入手证明 T 也是 θ 的完备估计量.

因为 $f_{X_{(n)}}(x)=\begin{cases}\frac{nx^{n-1}}{\theta^n}, & 0\leqslant x\leqslant\theta,\\ 0, & \text{其他},\end{cases}$ 如果有函数 $g(x)$ 对于一切 $0<\theta<1$，使得

$$\int_0^\theta g(x)f_{X_{(n)}}(x)\mathrm{d}x=\frac{n}{\theta^n}\int_0^\theta g(x)x^{n-1}\mathrm{d}x\equiv 0,$$

下面证明对一切 $0<\theta<1$ 有：$g(x)\equiv 0$.

记 $h(\theta)=\int_0^\theta g(x)x^{n-1}\mathrm{d}x=0$，则 $h'(\theta)=g(\theta)\theta^{n-1}=0$ 几乎处处成立. 又 $\theta\neq 0$，从而推知对一切 $0<\theta<1$，$g(\theta)=0$，于是 $g(x)$ 在 $(0,1)$ 上几乎处处为零，因此 $X_{(n)}$ 是参数 θ 的完备估计量. 但 $X_{(n)}$ 不是 θ 的无偏估计，而 $\frac{n+1}{n}X_{(n)}$ 为 θ 的无偏估计，因而 $\frac{n+1}{n}X_{(n)}$ 是 θ 的最优无偏估计量.

(2) 由于 $2X_1$ 是 θ 的无偏估计，则 $E(2X_1\mid X_{(n)})$ 是 θ 的最优无偏估计.
由定理 7.16，参数 θ 的最优无偏估计是唯一的，由此得 $E(2X_1\mid X_{(n)})=\frac{n+1}{n}X_{(n)}$.
对 $0<x_1\leqslant\theta, 0<y\leqslant\theta$，且 $x_1<y$ 时，

$$\begin{aligned}P(X_1\leqslant x_1,\ X_{(n)}\leqslant y)&=P(X_1\leqslant x_1,\ X_1\leqslant y,\ X_2\leqslant y,\ \cdots,\ X_n\leqslant y)\\&=P(X_1\leqslant x_1,\ X_2\leqslant y,\ \cdots,\ X_n\leqslant y)\\&=P(X_1\leqslant x_1)P(X_2\leqslant y)\cdots P(X_n\leqslant y)=\frac{x_1y^{n-1}}{\theta^n},\end{aligned}$$

则
$$f_{X_1,X_{(n)}}(x_1,\ y)=\frac{(n-1)y^{n-2}}{\theta^n},\ 0<x_1\leqslant\theta,\ 0<y\leqslant\theta,\ x_1<y.$$

在给定 $X_{(n)}$ 的条件下，由于 $X_1, X_2, \cdots, X_n$ 独立同分布，则 X_1 有 $\frac{1}{n}$ 的可能性取 $X_{(n)}$. 而当 $X_1\neq X_{(n)}$ 时，$f_{X_1|X_{(n)}}(x_1\mid y)=\frac{f_{X_1,X_{(n)}}(x_1,\ y)}{f_{X_{(n)}}(y)}=\frac{n-1}{n}\frac{1}{y}$，$0<x_1\leqslant\theta$，$0<y\leqslant\theta$，$x_1<y$.

此时其条件数学期望为：
$$\int_0^y x_1\frac{n-1}{n}\frac{1}{y}\mathrm{d}x_1=\frac{n-1}{2n}y,$$

由此：
$$E(X_1\mid X_{(n)})=\frac{1}{n}X_{(n)}+\frac{n-1}{2n}X_{(n)}=\frac{n+1}{2n}X_{(n)},$$

进而有：
$$E(2X_1\mid X_{(n)})=\frac{n+1}{n}X_{(n)}.$$

例 7.37 设总体 $X\sim B(1,\ p)$，其分布列为 $P(X=x)=p^x(1-p)^{1-x}$，$x=0,\ 1$，$0<p<1$，$q=1-p$，而 $X_1, X_2, \cdots, X_n$ 为总体 X 的一个简单随机样本，试分别求参数 p，pq，q^2 的最优无偏估计.

解 $X_1, X_2, \cdots, X_n$ 的联合分布列为：$P(X_1=x_1,\ X_2=x_2,\ \cdots,\ X_n=x_n)=$
$$p^{\sum_{i=1}^n x_i}(1-p)^{n-\sum_{i=1}^n x_i}=(1-p)^n\left(\frac{p}{1-p}\right)^{\sum_{i=1}^n x_i}=(1-p)^n\exp\left\{n\bar{x}\ln\left(\frac{p}{1-p}\right)\right\},$$

取 $c(p)=(1-p)^n$，$h(x_1,\ x_2,\ \cdots,\ x_n)=1$，$b(p)=n\ln\frac{p}{1-p}$，$T(x_1,\ x_2,\ \cdots,\ x_n)=\bar{x}$，

因此，$\bar{X}$ 是充分完备估计量.

(1) 因为 $E(\bar{X})=p$，所以 $\bar{X}$ 是 p 的最优无偏估计.

(2) 令 $\theta=p(1-p)$，并令 $\hat{\theta}_1=\begin{cases}1, & x_1=1,\ x_2=0,\\ 0, & \text{其他},\end{cases}$ $E(\hat{\theta}_1)=P(X_1=1,\ X_2=0)=p(1-p)$，即 $\hat{\theta}_1$ 是 θ 的无偏估计，而 $\sum_{i=1}^{n}X_i$ 为充分完备统计量.

$$\begin{aligned}\hat{\theta}&=E\left(\hat{\theta}_1\,\middle|\,\sum_{i=1}^{n}X_i=t\right)=P\left(\hat{\theta}_1=1\,\middle|\,\sum_{i=1}^{n}X_i=t\right)\\&=\frac{P\left(X_1=1,\ X_2=0,\ \sum_{i=3}^{n}X_i=t-1\right)}{P\left(\sum_{i=1}^{n}X_i=t\right)}\\&=\frac{p(1-p)\mathrm{C}_{n-2}^{t-1}p^{t-1}(1-p)^{n-t-1}}{\mathrm{C}_n^t\,p^t(1-p)^{n-t}}=\frac{t(n-t)}{n(n-1)},\end{aligned}$$

由此，$\hat{\theta}=\dfrac{1}{n(n-1)}\sum_{i=1}^{n}X_i\left(n-\sum_{i=1}^{n}X_i\right)$ 为 θ 的最优无偏估计.

(3) 令 $\theta=q^2$，令 $\hat{\theta}_1=\begin{cases}1, & X_1=0,\ X_2=0,\\ 0, & \text{其他},\end{cases}$ $,E(\hat{\theta}_1)=P(X_1=0,X_2=0)=q^2=\theta$，即 $\hat{\theta}_1$ 为 θ 的无偏估计，而 $\sum_{i=1}^{n}X_i$ 为充分完备统计量.

$$\begin{aligned}\hat{\theta}&=E(\hat{\theta}_1\mid T=t)=P(\hat{\theta}_1=1\mid T=t)=\frac{P(x_1=0,\ x_2=0,\ T=t)}{P(T=t)}\\&=\frac{P\left(x_1=0,\ x_2=0,\ \sum_{i=3}^{n}X_i=t\right)}{P(T=t)}=\frac{qq\mathrm{C}_{n-2}^{t}p^t q^{n-2-t}}{\mathrm{C}_n^t\,p^t q^{n-t}}\\&=\frac{(n-t)(n-1-t)}{n(n-1)},\end{aligned}$$

由此，$\hat{\theta}=\dfrac{1}{n(n-1)}\left(n-\sum_{i=1}^{n}X_i\right)\left(n-1-\sum_{i=1}^{n}X_i\right)$ 为 θ 的最优无偏估计.

例 7.38 设 $X_1,X_2,\cdots,X_n$ 为来自总体 $X\sim P(\lambda)$ 的一个简单随机样本，求 $g(\lambda)=P(X=k)=\dfrac{\lambda^k}{k!}\mathrm{e}^{-\lambda}$ 的最优无偏估计.

解 $X_1,X_2,\cdots,X_n$ 的联合分布列为：$P(X_1=x_1,\ X_2=x_2,\ \cdots,\ X_n=x_n)=\dfrac{\lambda^{\sum_{i=1}^{n}x_i}}{\prod_{i=1}^{n}x_i!}\mathrm{e}^{-n\lambda}$，则 $T=\sum_{i=1}^{n}X_i$ 为充分完备统计量.

令 $\hat{g}_1(\lambda)=\begin{cases}1, & x_1=k,\\ 0, & x_1\neq k,\end{cases}$ 则 $E[\hat{g}_1(\lambda)]=1\cdot P(X_1=k)+\sum_{i\neq k}0\cdot P(X_1=i)=\dfrac{\lambda^k}{k!}\mathrm{e}^{-\lambda}$，即

$\hat{g}_1(\lambda)$ 是 $g(\lambda)$ 的一个无偏估计.

当 $T=t$ 时,

$$\hat{g}(\lambda)=E\left(\hat{g}_1(\lambda)\,\Big|\,\sum_{i=1}^{n}X_i=t\right)=P\left(X_1=k\,\Big|\,\sum_{i=1}^{n}X_i=t\right)$$

$$=\frac{P\left(X_1=k,\sum_{i=1}^{n}X_i=t\right)}{P\left(\sum_{i=1}^{n}X_i=t\right)}=\frac{P(X_1=k)P\left(\sum_{i=2}^{n}X_i=t-k\right)}{P\left(\sum_{i=1}^{n}X_i=t\right)}$$

$$=\frac{\dfrac{\lambda^k}{k!}\mathrm{e}^{-\lambda}\dfrac{[(n-1)\lambda]^{t-k}}{(t-k)!}\mathrm{e}^{-(n-1)\lambda}}{\dfrac{(n\lambda)^t}{t!}\mathrm{e}^{-n\lambda}}=\mathrm{C}_t^k\left(\frac{1}{n}\right)^k\left(1-\frac{1}{n}\right)^{t-k},$$

由此 $g(\lambda)$ 的最优无偏估计为:$\hat{g}(\lambda)=\mathrm{C}^k_{\sum_{i=1}^{n}X_i}\left(\frac{1}{n}\right)^k\left(1-\frac{1}{n}\right)^{\sum_{i=1}^{n}X_i-k}$.

下面讨论最优无偏估计与罗-克拉美下界(C-R下界)的关系.顾名思义,最优无偏估计是无偏估计类中方差最小的,而C-R下界是指在满足正则条件下的无偏估计类中方差的下界,但C-R下界有的能够达到,也有许多达不到.达到C-R下界的无偏估计称为优效估计量.另外,优效估计量一定是充分统计量,极大似然估计一定是充分估计量的函数.求最优无偏估计也可通过如下方法求取,即先对无偏估计的方差估计给出一个不可逾越的下界,如果某个无偏估计的方差真达到了这个下界,那么它就是最优无偏估计.由此,最优无偏估计的方差与C-R下界的关系如下:① 如果C-R下界能达到,则最小方差无偏估计的方差等于C-R下界,也就是说优效估计量一定是最小方差无偏估计;② 如果C-R下界达不到,通常最小方差无偏估计的方差应大于C-R下界.

下面的定理7.18给出了在何种情形下达到C-R下界.

定理7.18　在满足正则条件的指数型分布族中,当且仅当存在常数 a, b, 使

$$g(\theta)=E_\theta[aT(X_1,X_2,\cdots,X_n)+b],\theta\in\Theta$$

时,才存在 $g(\theta)$ 的无偏估计 $\hat{g}(X_1,X_2,\cdots,X_n)=aT(X_1,X_2,\cdots,X_n)+b$, 方差达到C-R下界.

由于C-R下界失之过低,Bhattacharyya于1946年在更强的正则条件下推广了C-R下界,得到了一系列愈来愈大的无偏估计方差的下界,称为Bhattacharyya下界.此下界比C-R下界要大.

例7.39　设 X_1, X_2, $\cdots$, X_n 为来自总体 $X\sim\mathrm{Exp}(\mu,1)$ 的一个简单随机样本,此分布不满足正则条件.计算:$I(\mu)$,但仅仅是形式上的计算结果.

解　$f(x;\mu)=\mathrm{e}^{-(x-\mu)}$, $\ln f(x;\mu)=-x+\mu$, $\dfrac{\partial\ln f(x;\mu)}{\partial\mu}=1$, $I(\mu)=E\left[\dfrac{\partial\ln f(X;\mu)}{\partial\mu}\right]^2=1$, $\dfrac{1}{nI(\mu)}=\dfrac{1}{n}$.

令 $\hat{\mu}=X_{(1)}-\dfrac{1}{n}$，而 $X_{(1)}$ 为充分统计量. 易知：$X_{(1)}-\mu\sim \mathrm{Exp}(1/n)$，其密度函数为：$n\mathrm{e}^{-ny}$，$y\geqslant 0$，$E(\hat{\mu})=\mu$，$E(\hat{\mu}^2)=\mu^2+\dfrac{1}{n^2}$，于是有：$D(\hat{\mu})=\dfrac{1}{n^2}<\dfrac{1}{n}$.

例 7.40 设 X_1，X_2，…，X_n 为来自泊松总体 X 的一个简单随机样本，参数为 λ，求 $\theta=\lambda^2$ 的一个无偏估计，并求其最小方差无偏估计，同时与 C-R 下界做比较.

解 利用下述两种方法构造参数 λ^2 的无偏估计.

方法一：由于 $E(X)=\lambda$，$D(X)=\lambda$，$E(\bar{X})=\lambda$，$D(\bar{X})=\dfrac{\lambda}{n}$，

$E(\bar{X}^2)=\dfrac{\lambda}{n}+\lambda^2$，$\lambda^2=E\left[(\bar{X})^2-\dfrac{\bar{X}}{n}\right]$，记 $\hat{\theta}_1=(\bar{X})^2-\dfrac{\bar{X}}{n}$，则 $\hat{\theta}_1$ 为 θ 的无偏估计.

方法二：由于 $\quad E(X^2)=\lambda+\lambda^2$，$\lambda^2=E(X^2)-E(X)$，

$\lambda^2=E\left(\dfrac{1}{n}\sum\limits_{i=1}^{n}X_i^2\right)-E(\bar{X})=E(\overline{X^2}-\bar{X})$，记 $\hat{\theta}_2=\overline{X^2}-\bar{X}$，则 $\hat{\theta}_2$ 为 θ 的无偏估计.

那么 $\hat{\theta}_1$ 和 $\hat{\theta}_2$ 哪一个方差更小呢？由于 $\sum\limits_{i=1}^{n}X_i$ 为充分完备统计量，则 $\hat{\theta}_1$ 为 λ^2 的最小方差无偏估计，所以有 $D(\hat{\theta}_1)<D(\hat{\theta}_2)$.

由于 $E(\hat{\theta}_1^2)=E\left[(\bar{X})^2-\dfrac{\bar{X}}{n}\right]^2=\dfrac{1}{n^4}E\left(\sum\limits_{i=1}^{n}X_i\right)^4-\dfrac{2}{n^4}E\left(\sum\limits_{i=1}^{n}X_i\right)^3+\dfrac{1}{n^4}E\left(\sum\limits_{i=1}^{n}X_i\right)^2$，由定理 4.11 知：

$$E(X^2)=\lambda^2+\lambda,\ E(X^3)=\lambda^3+3\lambda^2+\lambda,\ E(X^4)=\lambda^4+6\lambda^3+7\lambda^2+\lambda,$$

又 $\sum\limits_{i=1}^{n}X_i$ 服从参数为 $n\lambda$ 的泊松分布，则有：$E\left(\sum\limits_{i=1}^{n}X_i\right)^2=n^2\lambda^2+n\lambda$，

$$E\left(\sum_{i=1}^{n}X_i\right)^3=n^3\lambda^3+3n^2\lambda^2+n\lambda,\ E\left(\sum_{i=1}^{n}X_i\right)^4=n^4\lambda^4+6n^3\lambda^3+7n^2\lambda^2+n\lambda.$$

由此
$$E(\hat{\theta}_1^2)=\frac{1}{n^4}(n^4\lambda^4+4n^3\lambda^3+2n^2\lambda^2),$$

$$D(\hat{\theta}_1)=E(\hat{\theta}_1^2)-[E(\hat{\theta}_1)]^2=\frac{4\lambda^3}{n}+\frac{2\lambda^2}{n^2}>\frac{4\lambda^3}{n}.$$

又易知参数 λ^2 的无偏估计的 C-R 下界为：$\dfrac{4\lambda^3}{n}$，于是 λ^2 的最小方差无偏估计 $\hat{\theta}_1$ 的方差大于其 C-R 下界.

例 7.41 设 X_1，X_2，…，X_n 为来自正态总体 $X\sim N(\theta,1)$ 的一个简单随机样本，参数为 θ，求 $\lambda=\theta^2$ 的最优无偏估计，并求其方差，同时与 C-R 下界做比较.

解 易见 $\bar{X}$ 是完备充分统计量，

由于 $\bar{X}\sim N(\theta,1/n)$，则 $E(\bar{X}^2)=[E(\bar{X})]^2+D(\bar{X})=\theta^2+\dfrac{1}{n}$，

于是，记 $\hat{\lambda}=\bar{X}^2-\frac{1}{n}$，则有 $E(\hat{\lambda})=E(\bar{X}^2)-\frac{1}{n}=\theta^2=\lambda$，进而 $\hat{\lambda}$ 为 λ 的最优无偏估计.

记 $Z=\sqrt{n}(\bar{X}-\theta)\sim N(0,1)$，$\bar{X}=\theta+\frac{Z}{\sqrt{n}}$，$\bar{X}^2=\theta^2+2\frac{\theta}{\sqrt{n}}Z+\frac{Z^2}{n}$，

考虑到

$$E(Z)=0,\ E(Z^2)=1,\ E(Z^3)=0,\ E(Z^4)=3,$$

$$\begin{aligned}D(\hat{\lambda})&=D(\bar{X}^2)=D\left(2\frac{\theta}{\sqrt{n}}Z+\frac{Z^2}{n}\right)=\frac{1}{n^2}D(Z^2+2\theta\sqrt{n}Z)\\&=\frac{1}{n^2}\{E[(Z^2+2\theta\sqrt{n}Z)^2]-1\}\\&=\frac{1}{n^2}[E(Z^4)+4\theta\sqrt{n}E(Z^3)+4\theta^2nE(Z^2)-1]\\&=\frac{2}{n^2}(1+2n\theta^2),\end{aligned}$$

又

$$f(x;\theta)=\frac{1}{\sqrt{2\pi}}e^{-\frac{(x-\theta)^2}{2}},\ \ln f(x;\theta)=-\ln\sqrt{2\pi}-\frac{(x-\theta)^2}{2},$$

$$\frac{\partial\ln f(x;\theta)}{\partial\theta}=x-\theta,\ \frac{\partial^2\ln f(x;\theta)}{\partial\theta^2}=-1,\ I(\theta)=-E\left[\frac{\partial^2\ln f(x;\theta)}{\partial\theta^2}\right]=1,$$

则 $\lambda=\theta^2$ 无偏估计的 C－R 下界是：$\frac{[(\theta^2)']^2}{nI(\theta)}=\frac{4\theta^2}{n}$，易见 $D(\hat{\lambda})>\frac{4\theta^2}{n}$，即最优无偏估计未达到其 C－R 下界.

7.7　参数的区间估计

7.7.1　区间估计的定义

如前所述的参数 θ 的点估计，就是利用样本 $X_1, X_2, \cdots, X_n$ 中的信息构造一个统计量 $\hat{\theta}=\hat{\theta}(X_1, X_2, \cdots, X_n)$ 作为 θ 的估计量. 简单地说，就是利用样本求未知参数 θ 的一个“近似值” $\hat{\theta}$，而衡量其“近似”程度好坏的标准有无偏性、有效性、相合性等. 任何一种“近似”若不附加“误差范围”，这种近似都是没有价值的. 虽然只要给定样本观察值就能算出参数 θ 的估计值，但用点估计的方法得到的估计值不一定是参数的真值，即使与真值相等也无法肯定这种相等(因为通常总体参数本身是未知的). 也就是说，由点估计得到的参数估计没有给出它与真值之间的可靠程度. 在实际应用中往往需要了解参数的估计值落在其真值附近的一个范围. 因此需要由样本构造一个以较大的概率包含参数真值的一个范围或区间，被称为置信区间，这种根据样本观测值来确定未知参数 θ 的置信区间，就是区间估计，即用一个区间去估计未知参数，把未知参数值估计在某两界限之间. 例如，估计明年 GDP 增长为 7%～8%，比说增长 8%更容易让人们相信，因为 7%～8%已把可能出现的误差考虑进去了. 又例

如,火箭中某个部件的可靠度估计为0.95,鉴于可靠度对于火箭发射成功的重要性,仅有这样一个点估计是不够的,需要对估计的随机性有更明确的描述.如果说"有98%的把握该部件的可靠度为0.93~0.97",就稳妥得多.现今最流行的一种区间估计理论是统计学家奈曼在20世纪30年代建立起来的.

定义7.16　设总体X的分布函数是$F(x; \theta)$,其中θ是未知参数,$X_1, X_2, \cdots, X_n$是来自总体X的一个简单随机样本,作统计量$\hat{\theta}_1(X_1, X_2, \cdots, X_n)$和$\hat{\theta}_2(X_1, X_2, \cdots, X_n)$使$P(\hat{\theta}_1 \leqslant \theta \leqslant \hat{\theta}_2) = 1-\alpha$[或$P(\hat{\theta}_1 < \theta < \hat{\theta}_2) = 1-\alpha$,也有$P(\hat{\theta}_1 < \theta < \hat{\theta}_2) \geqslant 1-\alpha$],则称随机区间$[\hat{\theta}_1, \hat{\theta}_2]$为$\theta$的置信水平为$1-\alpha$的置信区间(或区间估计).其中$\hat{\theta}_1$,$\hat{\theta}_2$分别称为置信区间的置信下限和置信上限,$\alpha$称为显著性水平,$1-\alpha$称为置信水平,或称置信系数、置信概率、置信度.

定义7.17　若$P(\theta \geqslant \hat{\theta}_1) = 1-\alpha$,则称$\hat{\theta}_1$为$\theta$的置信水平为$1-\alpha$的置信下限(或单侧置信下限);若$P(\theta \leqslant \hat{\theta}_2) = 1-\alpha$,则称$\hat{\theta}_2$为$\theta$的置信水平为$1-\alpha$的置信上限(或单侧置信上限).

置信区间的意义可以解释如下:如果进行m次随机抽样,每次得到的样本值记为$(x_{1k}, x_{2k}, \cdots, x_{nk})$,$k=1, 2, \cdots, m$;则得到$m$个随机区间$[\hat{\theta}_{1k}, \hat{\theta}_{2k}]$,$k=1, 2, \cdots, m$.这$m$个区间中,有的包含参数$\theta$的真值,有的不包含.当$P(\hat{\theta}_1 \leqslant \theta \leqslant \hat{\theta}_2) = 1-\alpha$成立时,这些区间中,包含参数$\theta$的真值的区间大约占$1-\alpha$.

注意　(1) 置信区间$[\hat{\theta}_1, \hat{\theta}_2]$是随机区间,这个随机区间的端点及区间长度都是样本的函数,都是统计量.总体参数的真值是固定的、未知的,而用样本构造的区间则是不固定的.抽取不同的样本,用该方法可以得到不同的区间,从这个意义上说,置信区间是一个随机区间,它会因样本的不同而不同,而且不是所有的区间都包含总体参数的真值.

(2) 不能说参数θ以$1-\alpha$的概率落在区间$[\hat{\theta}_1, \hat{\theta}_2]$中,这种说法是不确切的,正确的说法应该是:随机区间$[\hat{\theta}_1, \hat{\theta}_2]$以$1-\alpha$的概率包含参数$\theta$,这是区间估计的本质所在.

事实上,由于参数θ是非随机的,对于一次抽样所得到的区间,绝不能说"不等式$\hat{\theta}_1(X_1, X_2, \cdots, X_n) \leqslant \theta \leqslant \hat{\theta}_2(X_1, X_2, \cdots, X_n)$成立的概率是$1-\alpha$".若反复抽样多次(容量一样),每组样本观察值确定一个区间$[\hat{\theta}_1, \hat{\theta}_2]$,用频率来解释:在这样多的区间中,包含$\theta$真值的约占$1-\alpha$,不包含$\theta$真值的约占$\alpha$.例如,若$\alpha$取0.05,在100次区间估计中,大约有95次算出的区间将包含参数θ的真值,不包含真值θ的约有5个.

如果用某种方法构造的所有区间中有95%的区间包含参数的真值,5%的区间不包含总体参数的真值,那么用该方法构造的区间称为置信水平为95%的置信区间.同样,其他置信水平的区间也可以用类似的方法进行表述.但在实际问题中,进行估计时往往只抽取一个样本,所构造的是与该样本相联系的置信水平为95%的置信区间.由于用该样本所构造的区间是一个特定的区间,我们无法知道这个样本所产生的区间是否包含总体参数的真值,所以,我们只能希望这个区间是大量包含总体参数真值的区间中的一个,但也可能是少数几个不包含参数真值的区间中的一个.

(3) 若认为"区间$[\hat{\theta}_1, \hat{\theta}_2]$包含着参数$\theta$的真值",这样"认为"犯错误的概率是$\alpha$.

(4) 显著性水平α一般取:0.025,0.05,0.01,0.1等.

评价一个区间估计$[\hat{\theta}_1, \hat{\theta}_2]$优劣的两个要素:一是精度,用区间长度$\hat{\theta}_2 - \hat{\theta}_1$来刻画,长度愈长,精度愈低;二是可靠性(置信度、置信系数、置信水平),即"θ落在区间$[\hat{\theta}_1, \hat{\theta}_2]$"是否可靠,用概率$P(\hat{\theta}_1 < \theta < \hat{\theta}_2)$来衡量.一般而言,"精度较高而置信度较小,精度较低而置

信度较大”. 为解决这一矛盾,一般采用如下原则：先照顾可靠性,即要求区间估计 $[\hat{\theta}_1, \hat{\theta}_2]$ 有 $1-\alpha$ 的置信度,在这一前提下使 $[\hat{\theta}_1, \hat{\theta}_2]$ 的精度尽可能高,也即使区间 $[\hat{\theta}_1, \hat{\theta}_2]$ 的长度 $\hat{\theta}_2-\hat{\theta}_1$ 尽可能短.

如何求区间估计？一般采用枢轴量法. 枢轴量是样本的函数,含有未知参数,但其分布不含未知参数. 例如,设 $X_1, X_2, \cdots, X_n$ 为来自正态总体 $X \sim N(\mu, \sigma^2)$ 的一个简单随机样本,均值 μ 未知,方差 $\sigma^2=\sigma_0^2$ 已知,易见 $\bar{X}$ 为统计量,不含未知参数,其分布为 $N\left(\mu, \frac{\sigma_0^2}{n}\right)$,含有未知参数；$\frac{\bar{X}-\mu}{\sigma_0/\sqrt{n}}$ 为枢轴量,含有未知参数,其分布为 $N(0, 1)$,不含未知参数. 另外,为求某个参数的区间估计,需要构造只含该参数的枢轴量,并要求通过该枢轴量求得的参数区间估计是一个区间,而不是几个不相交区间的并(例如枢轴量对此参数是严格单调的就能保证得到的参数区间估计是一个区间).

值得一提的是,我们通常的区间估计方法求得的区间估计并不总是最短的. 例如正态总体方差、两正态总体方差之比的区间估计,其长度并不是最短的,其原因是枢轴量的分布(χ^2 分布、F 分布)不是对称的. 而针对求正态总体的均值的区间估计,其长度是最短的,其原因是枢轴量的分布(正态分布、t 分布)是对称的.

7.7.2　正态总体参数的区间估计

(1) 设总体 $X \sim N(\mu, \sigma_0^2)$,且 σ_0^2 已知,$X_1, X_2, \cdots, X_n$ 是来自总体 X 的一个简单随机样本,求 μ 的置信水平为 $1-\alpha$ 的置信区间.

由于　$\bar{X} \sim N\left(\mu, \frac{\sigma_0^2}{n}\right)$, $\frac{\bar{X}-\mu}{\sigma_0/\sqrt{n}} \sim N(0, 1)$, $P\left(\left|\frac{\bar{X}-\mu}{\sigma_0/\sqrt{n}}\right| \leqslant U_{\frac{\alpha}{2}}\right)=1-\alpha$,

均值 μ 的置信水平为 $1-\alpha$ 的置信区间为 $\left[\bar{X}-U_{\frac{\alpha}{2}} \frac{\sigma_0}{\sqrt{n}}, \bar{X}+U_{\frac{\alpha}{2}} \frac{\sigma_0}{\sqrt{n}}\right]$,简记为 $\bar{X} \pm U_{\frac{\alpha}{2}} \frac{\sigma_0}{\sqrt{n}}$.

例 7.42　某旅行社为调查当地旅游者的平均消费额,随机访问了 100 名旅游者,得知平均消费额 $\bar{x}=80$ 元,根据经验,已知旅游者消费服从正态分布,且标准差为 12 元,求该地旅游者平均消费额 μ 的置信水平为 95%的置信区间.

解　$1-\alpha=0.95$, $\alpha=0.05$, $U_{0.025}=1.96$, $n=100$, $\bar{x}=80$, $\sigma_0=12$,

$$\bar{x}+U_{\frac{\alpha}{2}} \frac{\sigma_0}{\sqrt{n}}=80+1.96 \times \frac{12}{\sqrt{100}}=82.4,$$

$$\bar{x}-U_{\frac{\alpha}{2}} \frac{\sigma_0}{\sqrt{n}}=80-1.96 \times \frac{12}{\sqrt{100}}=77.6.$$

于是 μ 的置信水平为 95%的置信区间为 $[77.6, 82.4]$,即在已知 $\sigma_0=12$ 的情形下,有 95%的置信水平认为每个旅游者的平均消费额在 77.6 元到 82.4 元之间.

(2) 设总体 $X \sim N(\mu_0, \sigma^2)$,且 μ_0 已知,$X_1, X_2, \cdots, X_n$ 是来自总体 X 的一个简单随机样本,求 σ^2 的置信水平为 $1-\alpha$ 的置信区间.

由于

$$\frac{1}{\sigma^2} \sum_{i=1}^{n}(X_i-\mu_0)^2 \sim \chi^2(n),$$

$$P\left(\chi^2_{1-\frac{\alpha}{2}}(n) \leqslant \frac{1}{\sigma^2}\sum_{i=1}^{n}(X_i-\mu_0)^2 \leqslant \chi^2_{\frac{\alpha}{2}}(n)\right)=1-\alpha,$$

σ^2 的置信水平为 $1-\alpha$ 的置信区间为：$\left[\dfrac{\sum\limits_{i=1}^{n}(X_i-\mu_0)^2}{\chi^2_{\frac{\alpha}{2}}(n)}, \dfrac{\sum\limits_{i=1}^{n}(X_i-\mu_0)^2}{\chi^2_{1-\frac{\alpha}{2}}(n)}\right]$.

(3) 设总体 $X\sim N(\mu, \sigma^2)$，且 σ^2 未知，$X_1, X_2, \cdots, X_n$ 是来自总体 X 的一个简单随机样本，求 μ 的置信水平为 $1-\alpha$ 的置信区间.

由于 $T=\dfrac{\bar{X}-\mu}{S/\sqrt{n}}\sim t(n-1)$，$P\left(\left|\dfrac{\bar{X}-\mu}{S/\sqrt{n}}\right|\leqslant t_{\frac{\alpha}{2}}(n-1)\right)=1-\alpha$,

均值 μ 的置信水平为 $1-\alpha$ 的置信区间为 $\left[\bar{X}-t_{\frac{\alpha}{2}}(n-1)\dfrac{S}{\sqrt{n}}, \bar{X}+t_{\frac{\alpha}{2}}(n-1)\dfrac{S}{\sqrt{n}}\right]$，简记为 $\bar{X}\pm t_{\frac{\alpha}{2}}(n-1)\dfrac{S}{\sqrt{n}}$.

例 7.43 某工业公司的生产经理对一项计算机辅助程序很感兴趣，该程序可以用来培训公司的维修职员掌握机器维修的操作. 他希望这种计算机辅助方法可以减少培训工人所需要的时间. 为了评价这种培训方法，假定管理部门同意用这种新方法对 15 名职员进行培训，每个职员所需要的培训天数如下：52, 44, 55, 44, 45, 59, 50, 54, 62, 46, 54, 58, 60, 62, 63. 假定培训时间总体服从正态分布，试对这种程序所需要的平均时间进行估计 ($\alpha=0.05$).

解 计算得：$\bar{x}=\dfrac{1}{n}\sum\limits_{i=1}^{n}x_i=\dfrac{808}{15}=53.87$，$s=\sqrt{\dfrac{1}{n-1}\sum\limits_{i=1}^{n}(x_i-\bar{x})^2}=\sqrt{\dfrac{651.73}{14}}=6.82$，所以，职员总体平均培训时间的点估计为 53.87 天.

$$n=15,\ \alpha=0.05,\ t_{\frac{\alpha}{2}}(14)=t_{0.025}(14)=2.145,$$

$$\bar{x}\pm t_{0.025}(14)\frac{s}{\sqrt{n}}=53.87\pm 2.145\times\frac{6.82}{\sqrt{15}}=53.87\pm 3.78,$$

所以，培训时间总体均值的置信水平为 95%的置信区间是 50.09～57.65 天.

例 7.44 设 $X_1, X_2, \cdots, X_n$ 是取自正态总体 $N(\mu, \sigma^2)$ 的一个简单随机样本，其中 μ, σ^2 为未知，设随机变量 L 是关于 μ 的置信度为 $1-\alpha$ 的置信区间的长度，求 $E(L^2)$, $D(L^2)$.

解 当 σ^2 未知时，μ 的置信水平为 $1-\alpha$ 的置信区间为：

$$\left[\bar{X}-t_{\frac{\alpha}{2}}(n-1)\frac{S}{\sqrt{n}}, \bar{X}+t_{\frac{\alpha}{2}}(n-1)\frac{S}{\sqrt{n}}\right],$$

则

$$L=\frac{2S}{\sqrt{n}}t_{\frac{\alpha}{2}}(n-1),\ L^2=\frac{4S^2}{n}t^2_{\frac{\alpha}{2}}(n-1),$$

于是 $$E(L^2)=\frac{4}{n}t^2_{\frac{\alpha}{2}}(n-1)E(S^2)=\frac{4}{n}t^2_{\frac{\alpha}{2}}(n-1)\sigma^2,$$

$$D(L^2)=\frac{16}{n^2}t^4_{\frac{\alpha}{2}}(n-1)D(S^2)=\frac{32}{n^2(n-1)}t^4_{\frac{\alpha}{2}}(n-1)\sigma^4.$$

(4) 设总体 $X\sim N(\mu,\sigma^2)$，且 μ 未知，$X_1, X_2, \cdots, X_n$ 是来自总体 X 的一个简单随机样本，求 σ^2 的置信水平为 $1-\alpha$ 的置信区间.

由于 $$\frac{(n-1)S^2}{\sigma^2}\sim\chi^2(n-1),$$

$$P\left(\chi^2_{1-\frac{\alpha}{2}}(n-1)\leqslant\frac{(n-1)S^2}{\sigma^2}\leqslant\chi^2_{\frac{\alpha}{2}}(n-1)\right)=1-\alpha,$$

σ^2 的置信水平为 $1-\alpha$ 的置信区间为：$\left[\dfrac{(n-1)S^2}{\chi^2_{\frac{\alpha}{2}}(n-1)}, \dfrac{(n-1)S^2}{\chi^2_{1-\frac{\alpha}{2}}(n-1)}\right]$.

例 7.45 灌装机是用来包装各种液体的机器，包括牛奶、软饮料、油漆涂料等. 在理想状态下，每罐中灌装的液体量的变化应该很小，因为差异太大会导致有些容器装得太少(等于欺骗顾客)，而有些容器装得太满(导致浪费). 一家公司新研发了一种灌装机，为了估计这种新机器灌装液体量的方差，随机抽取了 25 罐 1 升灌装作为一个样本，并记录了试验数据：1 000.3，1 001.0，999.5，999.7，999.3，999.8，998.7，1 000.6，999.4，999.4，1 001.0，999.4，999.5，998.5，1 001.3，999.6，999.8，1 000.0，998.5，1 001.4，998.1，1 000.7，999.1，1 001.1，1 000.7. 通过这些数据在 99%的置信水平下估计灌装液体量的方差.

解 $n=25$，$\sum_{i=1}^{n}x_i=24\,996.4$，$\sum_{i=1}^{n}x_i^2=24\,992\,821.3$，

$$(n-1)s^2=\sum_{i=1}^{n}x_i^2-\frac{1}{n}\left(\sum_{i=1}^{n}x_i\right)^2=24\,992\,821.3-\frac{1}{25}\times 24\,996.4^2=20.8,$$

$$\alpha=0.01,\ \chi^2_{\frac{\alpha}{2}}(n-1)=\chi^2_{0.005}(24)=45.558\,5,$$

$$\chi^2_{1-\frac{\alpha}{2}}(n-1)=\chi^2_{0.995}(24)=9.886\,23,$$

于是 $$\frac{(n-1)s^2}{\chi^2_{\frac{\alpha}{2}}(n-1)}=\frac{20.8}{45.558\,5}=0.46,\ \frac{(n-1)s^2}{\chi^2_{1-\frac{\alpha}{2}}(n-1)}=\frac{20.8}{9.886\,23}=2.10,$$

所以，灌装液体量的方差 σ^2 的置信水平为 0.99 的置信区间为[0.46, 2.10].

(5) 设总体 $X\sim N(\mu_1,\sigma_1^2)$ 和 $Y\sim N(\mu_2,\sigma_2^2)$ 独立，$X_1, X_2, \cdots, X_{n_1}$ 和 $Y_1, Y_2, \cdots, Y_{n_2}$ 分别是总体 X, Y 的一个简单随机样本，且 σ_1^2, σ_2^2 已知，求 $\mu_1-\mu_2$ 的置信水平为 $1-\alpha$ 的置信区间.

由于 $$E(\bar{X}-\bar{Y})=\mu_1-\mu_2,\ D(\bar{X}-\bar{Y})=D(\bar{X})+D(\bar{Y})=\frac{\sigma_1^2}{n_1}+\frac{\sigma_2^2}{n_2},$$

故 $$\bar{X}-\bar{Y}\sim N\left(\mu_1-\mu_2, \frac{\sigma_1^2}{n_1}+\frac{\sigma_2^2}{n_2}\right),$$

$$Z=\left(\sqrt{\frac{\sigma_1^2}{n_1}+\frac{\sigma_2^2}{n_2}}\right)^{-1}[\bar{X}-\bar{Y}-(\mu_1-\mu_2)]\sim N(0,\ 1),$$

$$P\left(\left|\left(\sqrt{\frac{\sigma_1^2}{n_1}+\frac{\sigma_2^2}{n_2}}\right)^{-1}[\bar{X}-\bar{Y}-(\mu_1-\mu_2)]\right|\leqslant U_{\frac{\alpha}{2}}\right)=1-\alpha,$$

均值 $\mu_1-\mu_2$ 的置信水平为 $1-\alpha$ 的置信区间为:

$$\left[\bar{X}-\bar{Y}-U_{\frac{\alpha}{2}}\sqrt{\frac{\sigma_1^2}{n_1}+\frac{\sigma_2^2}{n_2}},\bar{X}-\bar{Y}+U_{\frac{\alpha}{2}}\sqrt{\frac{\sigma_1^2}{n_1}+\frac{\sigma_2^2}{n_2}}\right],$$

简记为 $\bar{X}-\bar{Y}\pm U_{\frac{\alpha}{2}}\sqrt{\frac{\sigma_1^2}{n_1}+\frac{\sigma_2^2}{n_2}}$.

例 7.46　甲医院治愈 2 570 名病人,平均住院天数为 13.60 天,乙医院治愈 2 000 名病人,平均住院天数为 14.36 天,根据经验,甲院住院天数的标准差为 1.25 天,乙院为 1.16 天,做出两院平均住院天数差的区间估计(假设两院住院天数服从正态分布,给定 $1-\alpha=0.95$).

解　$\bar{x}=13.60$, $n_1=2\,570$, $\sigma_1=1.25$, $\bar{y}=14.36$, $n_2=2\,000$, $\sigma_2=1.16$, $U_{\frac{\alpha}{2}}=1.96$,

$$\left[14.36-13.60-1.96\times\sqrt{\frac{1.25^2}{2\,570}+\frac{1.16^2}{2\,000}},\ 14.36-13.60+1.96\times\sqrt{\frac{1.25^2}{2\,570}+\frac{1.16^2}{2\,000}}\right],$$

即两院住院天数均数差的置信水平为 95%的置信区间为[0.69, 0.83].

(6) 设总体 $X\sim N(\mu_1,\ \sigma_1^2)$ 和 $Y\sim N(\mu_2,\ \sigma_2^2)$ 独立, $X_1,\ X_2,\ \cdots,\ X_{n_1}$ 和 $Y_1,\ Y_2,\ \cdots,\ Y_{n_2}$ 分别是总体 $X,\ Y$ 的一个简单随机样本,且 $\sigma_1^2=\sigma_2^2=\sigma^2$ 未知,而 $S_1^2=\frac{1}{n_1-1}\sum_{i=1}^{n_1}(X_i-\bar{X})^2$, $S_2^2=\frac{1}{n_2-1}\sum_{i=1}^{n_2}(Y_i-\bar{Y})^2$, 求 $\mu_1-\mu_2$ 的置信水平为 $1-\alpha$ 的置信区间.

由于 $T=\frac{\bar{X}-\bar{Y}-(\mu_1-\mu_2)}{\sqrt{1/n_1+1/n_2}}\Big/\sqrt{\frac{(n_1-1)S_1^2+(n_2-1)S_2^2}{n_1+n_2-2}}\sim t(n_1+n_2-2)$,

$$P\left(\left|\frac{\bar{X}-\bar{Y}-(\mu_1-\mu_2)}{\sqrt{1/n_1+1/n_2}}\Big/\sqrt{\frac{(n_1-1)S_1^2+(n_2-1)S_2^2}{n_1+n_2-2}}\right|\leqslant t_{\frac{\alpha}{2}}(n_1+n_2-2)\right)=1-\alpha,$$

所以, $\mu_1-\mu_2$ 的置信水平为 $1-\alpha$ 的置信区间为:

$$\left[\bar{X}-\bar{Y}-t_{\frac{\alpha}{2}}(n_1+n_2-2)\sqrt{\frac{(n_1-1)S_1^2+(n_2-1)S_2^2}{n_1+n_2-2}}\sqrt{\frac{1}{n_1}+\frac{1}{n_2}},\right.$$

$$\left.\bar{X}-\bar{Y}+t_{\frac{\alpha}{2}}(n_1+n_2-2)\sqrt{\frac{(n_1-1)S_1^2+(n_2-1)S_2^2}{n_1+n_2-2}}\sqrt{\frac{1}{n_1}+\frac{1}{n_2}}\right],$$

简记为：$\bar{X}-\bar{Y}\pm t_{\frac{\alpha}{2}}(n_1+n_2-2)\sqrt{\dfrac{(n_1-1)S_1^2+(n_2-1)S_2^2}{n_1+n_2-2}}\sqrt{\dfrac{1}{n_1}+\dfrac{1}{n_2}}$.

例 7.47 两台机床生产同一型号的滚珠，从甲机床生产的滚珠中抽取 8 个，从乙机床生产的滚珠中抽取 9 个，测得这些滚珠的直径(mm)如下.

甲机床：15.0，14.8，15.2，15.4，14.9，15.1，15.2，14.8；

乙机床：15.2，15.0，14.8，15.1，15.0，14.6，14.8，15.1，14.5.

设两台机床生产的滚珠直径服从正态分布，求这两台机床生产的滚珠直径均值差 $\mu_1-\mu_2$ 对应于置信水平为 0.90 的置信区间，如果：

(1) 已知两台机床生产的滚珠直径的标准差分别是 $\sigma_1=0.18$(mm) 及 $\sigma_2=0.24$(mm)；

(2) $\sigma_1=\sigma_2$ 未知.

解 $n_1=8$，$\bar{x}=15.05$，$s_1^2=0.0457$，$n_2=9$，$\bar{y}=14.9$，$s_2^2=0.0575$，$\alpha=0.10$.

(1) $U_{\frac{\alpha}{2}}=U_{0.05}=1.645$，$U_{\frac{\alpha}{2}}\sqrt{\dfrac{\sigma_1^2}{n_1}+\dfrac{\sigma_2^2}{n_2}}=0.168$，$\mu_1-\mu_2$ 的置信水平为 0.90 的置信区间为 $[15.05-14.9-0.168,\ 15.05-14.9+0.168]$，即 $[-0.018,\ 0.318]$；

(2) $\sqrt{\dfrac{(n_1-1)s_1^2+(n_2-1)s_2^2}{n_1+n_2-2}}=\sqrt{\dfrac{(8-1)\times 0.0457+(9-1)\times 0.0575}{8+9-2}}=0.228$，

由此得

$$t_{\frac{\alpha}{2}}(n_1+n_2-2)\sqrt{\frac{(n_1-1)s_1^2+(n_2-1)s_2^2}{n_1+n_2-2}}\sqrt{\frac{1}{n_1}+\frac{1}{n_2}}=0.194.$$

$\mu_1-\mu_2$ 的置信水平为 0.90 的置信区间为 $[-0.044,\ 0.344]$.

(7) 设总体 $X\sim N(\mu_1,\sigma_1^2)$ 和 $Y\sim N(\mu_2,\sigma_2^2)$ 独立，$X_1, X_2, \cdots, X_{n_1}$ 和 $Y_1, Y_2, \cdots, Y_{n_2}$ 分别是总体 X，Y 的一个简单随机样本，且 $\sigma_1^2\neq\sigma_2^2$ 未知，而 $S_1^2=\dfrac{1}{n_1-1}\sum\limits_{i=1}^{n_1}(X_i-\bar{X})^2$，$S_2^2=\dfrac{1}{n_2-1}\sum\limits_{i=1}^{n_2}(Y_i-\bar{Y})^2$，求 $\mu_1-\mu_2$ 的置信水平为 $1-\alpha$ 的置信区间.

由于 $T=\dfrac{\bar{X}-\bar{Y}-(\mu_1-\mu_2)}{\sqrt{S_1^2/n_1+S_2^2/n_2}}\sim t(\nu)$，其中自由度 $\nu=\dfrac{(S_1^2/n_1+S_2^2/n_2)^2}{\dfrac{(S_1^2/n_1)^2}{n_1-1}+\dfrac{(S_2^2/n_2)^2}{n_2-1}}$，一般 ν 不是整数，可取最接近于 ν 的整数 l 为自由度，否则用插入方法.

$$P\left(\left|\frac{\bar{X}-\bar{Y}-(\mu_1-\mu_2)}{\sqrt{S_1^2/n_1+S_2^2/n_2}}\right|\leqslant t_{\frac{\alpha}{2}}(\nu)\right)=1-\alpha.$$

$\mu_1-\mu_2$ 的置信水平为 $1-\alpha$ 的置信区间为：

$$\left[\bar{X}-\bar{Y}-t_{\alpha/2}(\nu)\sqrt{\frac{S_1^2}{n_1}+\frac{S_2^2}{n_2}},\bar{X}-\bar{Y}+t_{\alpha/2}(\nu)\sqrt{\frac{S_1^2}{n_1}+\frac{S_2^2}{n_2}}\right],$$

简记为：$\bar{X}-\bar{Y}\pm t_{\alpha/2}(\nu)\sqrt{\dfrac{S_1^2}{n_1}+\dfrac{S_2^2}{n_2}}$.

例 7.48 尽管存在一些争议，但科学家们还是普遍相信高纤维含量的谷类食品能够降低各种癌症的发病率. 然而，有个别科学家认为，相对那些早饭不吃高纤维谷类食品的人而言，早餐食用高纤维谷类食品的人们在午餐中平均摄入的热量要少一些. 如果结论属实，那些高纤维谷类食品生产厂家就可以声称，食用高纤维谷类食品具有另一好处——具有减肥的功效. 在这个结论的初步验证中，调查者随机抽出了 150 人，并询问他们通常早饭和中饭都吃些什么. 将受访者分为高纤维谷类食品消费者或非高纤维谷类食品消费者两类. 同时他们午餐所含的热量分别被记录，数据如下.

高纤维谷类食品的消费者午餐摄入的热量(单位：卡)：568，646，607，555，530，714，593，647，650，498，636，529，565，566，639，551，580，629，589，739，637，568，687，693，683，532，651，681，539，617，584，694，556，667，467，540，596，633，607，566，473，649，622；

非高纤维谷类食品的消费者午餐摄入的热量(单位：卡)：705，754，740，569，593，637，563，421，514，536，819，741，688，547，723，553，733，812，580，833，706，628，539，710，730，620，664，547，624，644，509，537，725，679，701，679，625，643，566，594，613，748，711，674，672，599，655，693，709，596，582，663，607，505，685，566，466，624，518，750，601，526，816，527，800，484，462，549，554，582，608，541，426，679，663，739，603，726，623，788，787，462，773，830，369，717，646，645，747，573，719，480，602，596，642，588，794，583，428，754，632，765，758，663，476，790，573.

在 95%的置信水平下，估计早餐食用高纤维谷类食品者和不食用高纤维谷类食品者午饭摄入的热量均值之差的置信区间.

解 $n_1=43$，$\bar{x}_1=604.02$，$s_1^2=4\,103$，$n_2=107$，$\bar{x}_2=633.23$，$s_2^2=10\,670$，

自由度为 $\nu=\dfrac{(s_1^2/n_1+s_2^2/n_2)^2}{\dfrac{(s_1^2/n_1)^2}{n_1-1}+\dfrac{(s_2^2/n_2)^2}{n_2-1}}=\dfrac{(4\,103/43+10\,670/107)^2}{\dfrac{(4\,103/43)^2}{43-1}+\dfrac{(10\,670/107)^2}{107-1}}=122.6\approx 123$，

$\alpha=0.05$，$t_{\frac{\alpha}{2}}(\nu)=t_{0.025}(123)=1.980$.

早餐食用高纤维谷类食品者和不食用高纤维谷类食品者午饭摄入的热量均值之差的置信区间如下：

$$
\begin{aligned}
&(\bar{x}_1-\bar{x}_2)\pm t_{\alpha/2}(\nu)\sqrt{\frac{s_1^2}{n_1}+\frac{s_2^2}{n_2}}\\
&=(604.02-633.23)\pm 1.980\sqrt{\frac{4\,103}{43}+\frac{10\,670}{107}}\\
&=-29.21\pm 27.65,
\end{aligned}
$$

所以，上下限分别是 -1.56 和 -56.86，即早餐不食用高纤维谷类食品者午饭的热量比早餐食用高纤维谷类食品者多 1.56～56.86 卡.

(8) 两个总体均值之差的估计：匹配样本. 例如为估计两种方法组装产品所需时间的差异，分别对两种不同的组装方法各随机安排 12 个工人，统计每个工人组装一件产品所需的时间. 在对每种方法随机指派 12 个工人时，偶尔可能会将技术比较差的 12 个工人指定给方法 1，而将技术较好的 12 个工人指定给方法 2，这种不公平的指派可能会掩盖两种方法组装

产品所需时间的真正差异. 为此可以先指定 12 个工人用第一种方法组装产品,然后再让这 12 个工人用第二种方法组装产品. 这样得到的两种方法组装产品的数据就是匹配数据. 匹配样本可以消除由于样本指定的不公平造成的两种方法组装时间上的差异. 匹配样本是指一个样本中的数据与另一个样本中的数据相对应.

设总体 $X \sim N(\mu_1, \sigma_1^2)$, $Y \sim N(\mu_2, \sigma_2^2)$, 且 X 与 Y 的相关系数为 ρ, $X_1, X_2, \cdots, X_n$ 为来自总体 $N(\mu_1, \sigma_1^2)$ 的一个样本, $Y_1, Y_2, \cdots, Y_n$ 为来自总体 $N(\mu_2, \sigma_2^2)$ 的一个样本.

$$E(X-Y)=\mu_1-\mu_2 \hat{=} \mu,\ D(X-Y)=\sigma_1^2-2\sigma_1\sigma_2\rho+\sigma_2^2 \hat{=} \sigma^2.$$

记 $Z_i = X_i - Y_i$, $i=1, 2, \cdots, n$, $\bar{Z}=\frac{1}{n}\sum_{i=1}^{n} Z_i=\bar{X}-\bar{Y}$, $S_Z^2=\frac{1}{n-1}\sum_{i=1}^{n}(Z_i-\bar{Z})^2$, 则

$$\frac{\bar{Z}-\mu}{\sigma/\sqrt{n}} \sim N(0, 1),\ \frac{\bar{Z}-\mu}{S_Z/\sqrt{n}} \sim t(n-1).$$

则两个总体均值之差 μ 的置信水平为 $1-\alpha$ 的置信区间为: $\bar{Z} \pm t_{\alpha/2}(n-1)\frac{S_Z}{\sqrt{n}}$.

例 7.49 由 10 名学生组成一个随机样本,让他们分别采用 A 和 B 两套试卷进行测试,结果如表 7.2 所示.

表 7.2 样本的试卷测试分数

学 生 编 号	试卷 A	试卷 B	差值 d
1	78	71	7
2	63	44	19
3	72	61	11
4	89	84	5
5	91	74	17
6	49	51	−2
7	68	55	13
8	76	60	16
9	85	77	8
10	55	39	16

假定两套试卷分数之差服从正态分布,试建立两套试卷平均分数之差 $\mu=\mu_1-\mu_2$ 的 95%的置信区间.

解 计算得: $\bar{z}=11$, $s_Z=\sqrt{\frac{1}{n-1}\sum_{i=1}^{n}(z_i-\bar{z})^2}=6.53$, 而 $t_{0.025}(9)=2.2622$, 则两套试卷平均分数之差 $\mu=\mu_1-\mu_2$ 的 95% 的置信区间为:

$$\bar{y} \pm t_{\alpha/2}(n-1)\frac{s_Y}{\sqrt{n}}=11 \pm 2.2622 \times \frac{6.53}{\sqrt{10}}=11 \pm 4.67=[6.3, 15.7],$$

即两套试卷平均分数之差的95%的置信区间为6.3～15.7分.

(9) 设总体 $X \sim N(\mu_1, \sigma_1^2)$ 和 $Y \sim N(\mu_2, \sigma_2^2)$ 独立, $X_1, X_2, \cdots, X_{n_1}$ 和 $Y_1, Y_2, \cdots, Y_{n_2}$ 分别是总体 X, Y 的一个简单随机样本,且均值 μ_1, μ_2 已知,而 $S_1^2 = \frac{1}{n_1 - 1}\sum_{i=1}^{n_1}(X_i - \bar{X})^2$, $S_2^2 = \frac{1}{n_2 - 1}\sum_{i=1}^{n_2}(Y_i - \bar{Y})^2$, 求 $\frac{\sigma_1^2}{\sigma_2^2}$ 的置信水平为 $1-\alpha$ 的置信区间.

由于
$$\frac{1}{\sigma_1^2}\sum_{i=1}^{n_1}(X_i - \mu_1)^2 \sim \chi^2(n_1),\ \frac{1}{\sigma_2^2}\sum_{i=1}^{n_2}(Y_i - \mu_2)^2 \sim \chi^2(n_2),$$

所以
$$\frac{\sigma_2^2}{\sigma_1^2}\frac{n_2\sum_{i=1}^{n_1}(X_i - \mu_1)^2}{n_1\sum_{i=1}^{n_2}(Y_i - \mu_2)^2} \sim F(n_1, n_2),$$

$$P\left(F_{1-\frac{\alpha}{2}}(n_1, n_2) \leqslant \frac{\sigma_2^2}{\sigma_1^2}\frac{n_2\sum_{i=1}^{n_1}(X_i - \mu_1)^2}{n_1\sum_{i=1}^{n_2}(Y_i - \mu_2)^2} \leqslant F_{\frac{\alpha}{2}}(n_1, n_2)\right) = 1-\alpha,$$

故 $\frac{\sigma_1^2}{\sigma_2^2}$ 的置信区间为:

$$\left[\frac{n_2\sum_{i=1}^{n_1}(X_i - \mu_1)^2}{n_1\sum_{i=1}^{n_2}(Y_i - \mu_2)^2}\frac{1}{F_{\frac{\alpha}{2}}(n_1, n_2)},\ \frac{n_2\sum_{i=1}^{n_1}(X_i - \mu_1)^2}{n_1\sum_{i=1}^{n_2}(Y_i - \mu_2)^2}\frac{1}{F_{1-\frac{\alpha}{2}}(n_1, n_2)}\right] \text{或者}$$

$$\left[\frac{n_2\sum_{i=1}^{n_1}(X_i - \mu_1)^2}{n_1\sum_{i=1}^{n_2}(Y_i - \mu_2)^2}F_{1-\frac{\alpha}{2}}(n_2, n_1),\ \frac{n_2\sum_{i=1}^{n_1}(X_i - \mu_1)^2}{n_1\sum_{i=1}^{n_2}(Y_i - \mu_2)^2}\frac{1}{F_{1-\frac{\alpha}{2}}(n_1, n_2)}\right] \text{或者}$$

$$\left[\frac{n_2\sum_{i=1}^{n_1}(X_i - \mu_1)^2}{n_1\sum_{i=1}^{n_2}(Y_i - \mu_2)^2}\frac{1}{F_{\frac{\alpha}{2}}(n_1, n_2)},\ \frac{n_2\sum_{i=1}^{n_1}(X_i - \mu_1)^2}{n_1\sum_{i=1}^{n_2}(Y_i - \mu_2)^2}F_{\frac{\alpha}{2}}(n_2, n_1)\right].$$

(10) 设总体 $X \sim N(\mu_1, \sigma_1^2)$ 和 $Y \sim N(\mu_2, \sigma_2^2)$ 独立, $X_1, X_2, \cdots, X_{n_1}$ 和 $Y_1, Y_2, \cdots, Y_{n_2}$ 分别是总体 X, Y 的一个简单随机样本,且 μ_1, μ_2 未知,而 $S_1^2 = \frac{1}{n_1 - 1}\sum_{i=1}^{n_1}(X_i - \bar{X})^2$, $S_2^2 = \frac{1}{n_2 - 1}\sum_{i=1}^{n_2}(Y_i - \bar{Y})^2$, 求 $\frac{\sigma_1^2}{\sigma_2^2}$ 的置信水平为 $1-\alpha$ 的置信区间.

由于 $\frac{(n_1 - 1)S_1^2}{\sigma_1^2} \sim \chi^2(n_1 - 1)$, $\frac{(n_2 - 1)S_2^2}{\sigma_2^2} \sim \chi^2(n_2 - 1)$, 且两者独立,

则 $\dfrac{(n_1-1)S_1^2}{\sigma_1^2(n_1-1)}\Big/\dfrac{(n_2-1)S_2^2}{\sigma_2^2(n_2-1)}\sim F(n_1-1,\ n_2-1)$，即 $\dfrac{S_1^2}{S_2^2}\dfrac{\sigma_2^2}{\sigma_1^2}\sim F(n_1-1,\ n_2-1)$，

$$P\left(F_{1-\frac{\alpha}{2}}(n_1-1,\ n_2-1)\leqslant\frac{S_1^2}{S_2^2}\frac{\sigma_2^2}{\sigma_1^2}\leqslant F_{\frac{\alpha}{2}}(n_1-1,\ n_2-1)\right)=1-\alpha,$$

即有 $\dfrac{\sigma_1^2}{\sigma_2^2}$ 的置信水平为 $1-\alpha$ 的置信区间为：$\left[\dfrac{S_1^2}{S_2^2}\dfrac{1}{F_{\frac{\alpha}{2}}(n_1-1,\ n_2-1)},\ \dfrac{S_1^2}{S_2^2}\dfrac{1}{F_{1-\frac{\alpha}{2}}(n_1-1,\ n_2-1)}\right]$ 或者 $\left[\dfrac{S_1^2}{S_2^2}F_{1-\frac{\alpha}{2}}(n_2-1,\ n_1-1),\ \dfrac{S_1^2}{S_2^2}\dfrac{1}{F_{1-\frac{\alpha}{2}}(n_1-1,\ n_2-1)}\right]$，$\left[\dfrac{S_1^2}{S_2^2}\dfrac{1}{F_{\frac{\alpha}{2}}(n_1-1,\ n_2-1)},\ \dfrac{S_1^2}{S_2^2}F_{\frac{\alpha}{2}}(n_2-1,\ n_1-1)\right]$.

例 7.50 两台机床生产同一个型号的滚珠，从甲机床生产的滚珠中抽取 8 个，从乙机床生产的滚珠中抽取 9 个，测得这些滚珠的直径(单位：mm)如下.

甲机床：15.0，14.8，15.2，15.4，14.9，15.1，15.2，14.8；

乙机床：15.2，15.0，14.8，15.1，15.0，14.6，14.8，15.1，14.5.

设两台机床生产的滚珠直径服从正态分布，(1) 已知两台机床生产的滚珠直径的均值分别是 $\mu_1=15.0$(mm)及 $\mu_2=14.9$(mm)；(2) μ_1 及 μ_2 未知. 试针对上述的两种情形分别求这两台机床生产的滚珠直径方差比 $\dfrac{\sigma_1^2}{\sigma_2^2}$ 的置信水平为 $1-\alpha=0.90$ 的置信区间.

解 (1) $$F_{0.05}(8,\ 9)=3.23,\ F_{0.95}(8,\ 9)=\frac{1}{3.39}=0.295,$$

$$\sum_{i=1}^{8}(x_i-\mu_1)^2=0.34,\ \sum_{j=1}^{9}(y_i-\mu_2)^2=0.46,$$

在均值已知的情况下，$\dfrac{\sigma_1^2}{\sigma_2^2}$ 的置信水平为 0.90 的置信区间为[0.257，2.819]；

(2) $F_{0.05}(7,\ 8)=3.50$，$F_{0.95}(7,\ 8)=\dfrac{1}{3.73}=0.268$，$s_1^2=0.045\ 7$，$s_2^2=0.057\ 5$.

在均值未知的情况下，$\dfrac{\sigma_1^2}{\sigma_2^2}$ 的置信水平为 0.90 的置信区间为[0.227，2.966].

7.7.3 大样本场合下的区间估计

一般样本容量 $n\geqslant 30$ 时称为大样本，要求参数的区间估计通常是利用中心极限定理.

(1) 设总体 X 均值、方差存在，$E(X)=\mu$，$D(X)=\sigma^2$，X_1，X_2，…，X_n 是来自总体 X 的一个简单随机样本，当 n 很大时，需求 μ 的置信水平为 $1-\alpha$ 的置信区间.

由中心极限定理知：$\dfrac{\bar{X}-\mu}{\sigma/\sqrt{n}}\stackrel{\cdot}{\sim}N(0,\ 1)$，当 n 充分大时，有 $P\left(\left|\dfrac{\bar{X}-\mu}{\sigma/\sqrt{n}}\right|\leqslant U_{\frac{\alpha}{2}}\right)\approx 1-\alpha$，

即
$$P\left(\bar{X}-U_{\frac{\alpha}{2}}\frac{\sigma}{\sqrt{n}}\leqslant\mu\leqslant\bar{X}+U_{\frac{\alpha}{2}}\frac{\sigma}{\sqrt{n}}\right)\approx1-\alpha,$$

当σ^2已知时，μ的置信水平为$1-\alpha$的近似区间估计为：
$$\left[\bar{X}-U_{\frac{\alpha}{2}}\frac{\sigma}{\sqrt{n}},\bar{X}+U_{\frac{\alpha}{2}}\frac{\sigma}{\sqrt{n}}\right];$$

当σ^2未知时，σ^2将用S^2代替，此时μ的置信水平为$1-\alpha$的近似区间估计为：
$$\left[\bar{X}-U_{\frac{\alpha}{2}}\frac{S}{\sqrt{n}},\bar{X}+U_{\frac{\alpha}{2}}\frac{S}{\sqrt{n}}\right].$$

例 7.51 某商店为了解居民对某种商品的需求，调查了100家住户，得出每户每月平均需求量$\bar{x}=10$ kg，$s^2=9$. (1) 试就居民对该种商品的平均需求量进行区间估计$(\alpha=0.01)$；(2) 如果这种商品供应1万户，问最少要准备多少才能以0.99的概率满足需要？

解 (1) $n=100$，$\bar{X}$近似服从正态分布，$\bar{x}=10$，$s^2=9$，$\alpha=0.01$，$U_{\frac{\alpha}{2}}=2.58$，则
$$\bar{x}\pm U_{\frac{\alpha}{2}}\frac{s}{\sqrt{n}}=10\pm2.58\times\frac{3}{10}=10\pm0.774=\begin{cases}10.774,\\9.226,\end{cases}$$

由此，该种商品的平均需求量μ的置信水平为0.99的近似区间估计为[9.226, 10.774]；

(2) $U_\alpha=2.326$，则μ的置信水平为0.99的近似置信下限为：
$$\bar{x}-U_\alpha\frac{s}{\sqrt{n}}=10-2.326\times\frac{3}{10}=10-0.6978=9.3022,$$

而$9.3022\times10000=93022$ kg.
于是，最少要准备93 022 kg这样的商品才能以0.99的概率满足需要.

(2) 设总体X与总体Y独立，且它们的均值与方差存在，$E(X)=\mu_1$，$D(X)=\sigma_1^2$，$E(Y)=\mu_2$，$D(Y)=\sigma_2^2$，$X_1, X_2, \cdots, X_{n_1}$与$Y_1, Y_2, \cdots, Y_{n_2}$是分别从总体$X$和总体$Y$中抽得的一个简单随机样本，当$n_1$，$n_2$很大时，需求均值差$\mu_1-\mu_2$的置信水平为$1-\alpha$的置信区间.

由中心极限定理知：$\bar{X}$和$\bar{Y}$均近似服从正态分布，且$\bar{X}$与$\bar{Y}$独立，因此$\bar{X}-\bar{Y}$也近似服从正态分布. 又由于$E(\bar{X}-\bar{Y})=\mu_1-\mu_2$，$D(\bar{X}-\bar{Y})=D(\bar{X})+D(\bar{Y})=\frac{\sigma_1^2}{n_1}+\frac{\sigma_2^2}{n_2}$，

则
$$Z=\frac{\bar{X}-\bar{Y}-(\mu_1-\mu_2)}{\sqrt{\frac{\sigma_1^2}{n_1}+\frac{\sigma_2^2}{n_2}}}\stackrel{\cdot}{\sim}N(0,1),$$

$$P\left(\left|\left(\sqrt{\frac{\sigma_1^2}{n_1}+\frac{\sigma_2^2}{n_2}}\right)^{-1}[\bar{X}-\bar{Y}-(\mu_1-\mu_2)]\right|<U_{\frac{\alpha}{2}}\right)\approx1-\alpha,$$

由此，均值$\mu_1-\mu_2$的置信水平为$1-\alpha$的近似置信区间为：

$$\left[\bar{X}-\bar{Y}-U_{\frac{\alpha}{2}}\sqrt{\frac{\sigma_1^2}{n_1}+\frac{\sigma_2^2}{n_2}},\bar{X}-\bar{Y}+U_{\frac{\alpha}{2}}\sqrt{\frac{\sigma_1^2}{n_1}+\frac{\sigma_2^2}{n_2}}\right],$$

而通常总体方差是未知的,所以均值 $\mu_1-\mu_2$ 的置信水平为 $1-\alpha$ 的近似置信区间为:

$$\left[\bar{X}-\bar{Y}-U_{\frac{\alpha}{2}}\sqrt{\frac{S_1^2}{n_1}+\frac{S_2^2}{n_2}},\bar{X}-\bar{Y}+U_{\frac{\alpha}{2}}\sqrt{\frac{S_1^2}{n_1}+\frac{S_2^2}{n_2}}\right].$$

例 7.52 某跨国公司有两家工厂设在不同的国家. 它们生产相同的产品但采用的制造工程是不尽相同的. 现分别在这两家厂进行抽样调查,以了解两个厂的工人在组装某种产品的组装时间上是否存在差异,调查所得数据如下.

工厂一:样本容量 $n_1=150$,平均组装时间 $\bar{x}=12$ 分钟,修正的标准差 $s_1=1.5$ 分钟;

工厂二:样本容量 $n_2=100$,平均组装时间 $\bar{y}=8$ 分钟,修正的标准差 $s_2=2$ 分钟.

在 95%的置信水平下,求两个工厂组装产品的平均组装时间之差的近似置信区间.

解 $n_1=150$, $n_2=100$, $\bar{x}=12$, $\bar{y}=8$, $s_1^2=1.5^2=2.25$, $s_2^2=2^2=4$,

$$\alpha=0.05, U_{\frac{\alpha}{2}}=U_{0.025}=1.96,$$

$$\bar{x}-\bar{y}\pm U_{\frac{\alpha}{2}}\sqrt{\frac{s_1^2}{n_1}+\frac{s_2^2}{n_2}}=12-8\pm 1.96\times\sqrt{\frac{2.25}{150}+\frac{4}{100}}=4\pm 0.46,$$

所以,在 95%的置信水平下,两个工厂组装产品的平均组装时间之差的近似置信区间为 $[3.54, 4.46]$.

7.7.4 两点分布总体参数的区间估计

1. 比率 p 的置信区间

设总体 X 服从两点分布 $B(1, p)$,即 $X=\begin{cases}1, & \text{事件 } A \text{ 发生},\\ 0, & \text{事件 } \bar{A}, \text{发生},\end{cases}$ $P(A)=p$, $P(\bar{A})=q$, $q=1-p$, $X_1, X_2, \cdots, X_n$ 是来自总体 X 的一个简单随机样本,$\sum\limits_{i=1}^{n}X_i$ 表示 n 次试验中 A 出现的次数,$\sum\limits_{i=1}^{n}X_i\sim B(n, p)$,$\bar{X}=\frac{1}{n}\sum\limits_{i=1}^{n}X_i$ 表示 n 次试验中 A 出现的频率,易知:$\hat{p}=\frac{1}{n}\sum\limits_{i=1}^{n}X_i$,求 p 的置信水平为 $1-\alpha$ 的置信区间.

方法一:参数的精确区间估计.

设随机变量 Y 表示 n 次试验中事件 A 出现的次数,$Y\sim B(n, p)$,k 是 Y 的一个观察值,即

$$P(Y=k)=C_n^k p^k(1-p)^{n-k}, F_Y(k; p)=P(Y\leqslant k)=\sum_{i=0}^{k}C_n^i p^i(1-p)^{n-i},$$

由于

$$\begin{aligned}\frac{\partial F_Y(k; p)}{\partial p}&=\sum_{i=0}^{k}iC_n^i p^{i-1}(1-p)^{n-i}-\sum_{i=0}^{k}(n-i)C_n^i p^i(1-p)^{n-i-1}\\&=\sum_{i=0}^{k-1}\frac{n!}{i!\ (n-i-1)!}p^i(1-p)^{n-i-1}-\end{aligned}$$

$$\sum_{i=0}^{k} \frac{n!}{i!\,(n-i-1)!} p^{i}(1-p)^{n-i-1}$$
$$= -\frac{n!}{k!\,(n-k-1)!} p^{k}(1-p)^{n-k-1} < 0,$$

因此，$F_Y(k;\ p)$ 是 p 的单调连续减函数.

则参数 p 的置信水平为 $1-\alpha$ 的精确置信区间为$[\hat{p}_1,\ \hat{p}_2]$，其中 $\hat{p}_1$，$\hat{p}_2$ 满足：

$$\begin{cases} \sum_{i=0}^{k} C_n^i \hat{p}_2^i (1-\hat{p}_2)^{n-i} = \frac{\alpha}{2}, \\ \sum_{i=0}^{k} C_n^i \hat{p}_1^i (1-\hat{p}_1)^{n-i} = 1-\frac{\alpha}{2}, \end{cases}$$

参数 p 的置信水平为 $1-\alpha$ 的单侧置信下限为 $\hat{p}_L$，其中 $\hat{p}_L$ 满足：

$$\sum_{i=0}^{k} C_n^i \hat{p}_L^i (1-\hat{p}_L)^{n-i} = 1-\alpha,$$

参数 p 的置信水平为 $1-\alpha$ 的单侧置信上限为 $\hat{p}_U$，其中 $\hat{p}_U$ 满足：

$$\sum_{i=0}^{k} C_n^i \hat{p}_U^i (1-\hat{p}_U)^{n-i} = \alpha,$$

特别地，当 $k=0$ 时，$\hat{p}_L=0$；当 $k=n$ 时，$\hat{p}_U=1$.

为便于参数 p 的置信区间的表达，将 $F_Y(k;\ p)$ 做变形，即

$$F_Y(k;p) = \frac{n!}{k!\,(n-k-1)!} \int_p^1 x^k (1-x)^{n-k-1} \mathrm{d}x,$$

记 $n_1 = 2(k+1)$，$n_2 = 2(n-k)$，对上述积分做如下变换：$x = \dfrac{n_1 t}{n_2 + n_1 t}$，则有

$$F_Y(k;\ p) = \int_{\frac{n_2}{n_1}\frac{p}{1-p}}^{+\infty} g(t;\ n_1,\ n_2)\mathrm{d}t,$$

其中 $g(t;\ n_1,\ n_2)$ 是 $F(n_1,\ n_2)$ 分布的密度函数，即

$$g(t;\ n_1,\ n_2) = \frac{\Gamma\left(\frac{n_1+n_2}{2}\right)}{\Gamma\left(\frac{n_1}{2}\right)\Gamma\left(\frac{n_2}{2}\right)} \frac{n_1^{n_1/2} n_2^{n_2/2} t^{n_1/2-1}}{(n_1+n_2 t)^{(n_1+n_2)/2}},\ t>0,$$

由此可得：参数 p 的置信水平为 $1-\alpha$ 的置信区间的上限 $\hat{p}_2$ 为：$\dfrac{n_2}{n_1}\dfrac{1-\hat{p}_2}{\hat{p}_2} = F_{\frac{\alpha}{2}}(n_1,\ n_2)$，

$$\hat{p}_2 = \frac{n_1 F_{\frac{\alpha}{2}}(n_1,\ n_2)}{n_2 + n_1 F_{\frac{\alpha}{2}}(n_1,\ n_2)} = \frac{F_{\frac{\alpha}{2}}(2(k+1),\ 2(n-k))}{\frac{n-k}{k+1} + F_{\frac{\alpha}{2}}(2(k+1),\ 2(n-k))}$$

$$=\frac{(k+1)F_{\frac{\alpha}{2}}(2(k+1),\ 2(n-k))}{(n-k)+(k+1)F_{\frac{\alpha}{2}}(2(k+1),2(n-k))}.$$

而参数 p 的置信水平为 $1-\alpha$ 的置信上限为：$\hat{p}_U=\dfrac{(k+1)F_\alpha(2(k+1),\ 2(n-k))}{(n-k)+(k+1)F_\alpha(2(k+1),\ 2(n-k))}.$

类似地，参数 p 的置信水平为 $1-\alpha$ 的置信区间的下限 $\hat{p}_1$ 为：$\dfrac{n_2}{n_1}\dfrac{1-\hat{p}_1}{\hat{p}_1}=F_{1-\frac{\alpha}{2}}(n_1,\ n_2)$，

$$\hat{p}_1=\frac{n_1F_{1-\frac{\alpha}{2}}(n_1,\ n_2)}{n_2+n_1F_{\frac{\alpha}{2}}(n_1,\ n_2)}=\frac{F_{1-\frac{\alpha}{2}}(2(k+1),\ 2(n-k))}{\dfrac{n-k}{k+1}+F_{1-\frac{\alpha}{2}}(2(k+1),\ 2(n-k))}$$

$$=\frac{(k+1)F_{1-\frac{\alpha}{2}}(2(k+1),\ 2(n-k))}{(n-k)+(k+1)F_{1-\frac{\alpha}{2}}(2(k+1),\ 2(n-k))},$$

而参数 p 的置信水平为 $1-\alpha$ 的置信下限为：

$$\hat{p}_L=\frac{(k+1)F_{1-\alpha}(2(k+1),2(n-k))}{(n-k)+(k+1)F_{1-\alpha}(2(k+1),2(n-k))}.$$

方法二：Wald 区间.

当 n 很大时，由中心极限定理 $\dfrac{\bar{X}-p}{\sqrt{p(1-p)/n}}\dot{\sim}N(0,\ 1)$，于是有：

$$P\left(-U_{\frac{\alpha}{2}}\leqslant\frac{\bar{X}-p}{\sqrt{p(1-p)/n}}\leqslant U_{\frac{\alpha}{2}}\right)\approx1-\alpha,$$

即
$$P(\bar{X}-U_{\frac{\alpha}{2}}\sqrt{p(1-p)/n}\leqslant p\leqslant\bar{X}+U_{\frac{\alpha}{2}}\sqrt{p(1-p)/n})\approx1-\alpha.$$

由于 $\hat{p}=\bar{X}$ 可以作为 p 的点估计，上式中的方差 $p(1-p)$ 用 $\hat{p}(1-\hat{p})$ 代替，所以 p 的置信水平为 $1-\alpha$ 的近似区间估计为：

$$\left[\hat{p}-U_{\frac{\alpha}{2}}\sqrt{\hat{p}(1-\hat{p})/n},\ \hat{p}+U_{\frac{\alpha}{2}}\sqrt{\hat{p}(1-\hat{p})/n}\right].$$

值得注意的是，根据中心极限定理的常识，对 Wald 置信区间通常有两个错误认识：① 样本量 n 越大，正态近似估计就越好，覆盖率就越接近 $1-\alpha$；② 对于小样本量的 n 或者概率 p 接近于 0 或 1 时，该区间的覆盖率就很差. 实际上，Wald 置信区间不会因为样本量越大而表现越好，同时，在样本量 n 小或者 p 接近 0 和 1 的情形下，Wald 置信区间在覆盖率上的表现也是时好时坏.

方法三：Wilson 区间.

将 $\dfrac{\bar{X}-p}{\sqrt{p(1-p)/n}}=U_{\frac{\alpha}{2}}$ 看成是 p 的一元二次方程，记 $a=U_{\frac{\alpha}{2}}$，则 p 的置信水平为 $1-\alpha$ 的近似区间估计为：

$$\left[\frac{2n\bar{X}+a^2-\sqrt{a^4+4n\bar{X}a^2-4n\bar{X}^2a^2}}{2(n+a^2)}, \frac{2n\bar{X}+a^2+\sqrt{a^4+4n\bar{X}a^2-4n\bar{X}^2a^2}}{2(n+a^2)}\right].$$

Wilson 区间的覆盖率除了接近 0 和 1 的点都在 $1-\alpha$ 附近波动.

方法四：AC 区间.

AC 区间是 Agresti 和 Coull 提出的方法，p 的置信水平为 $1-\alpha$ 的近似区间估计为：

$$\left[p-a\sqrt{\frac{p(1-p)}{n+a^2}}, p+a\sqrt{\frac{p(1-p)}{n+a^2}}\right],$$

其中，$a=U_{\frac{\alpha}{2}}$，$p=\dfrac{2n\bar{X}+a^2}{2(n+a^2)}$，特别是在 $\alpha=0.05$ 时，也有 $p=\dfrac{n\bar{X}+2}{n+4}$.

AC 区间是目前所有方法中最简单、应用最广泛的，它适用于样本容量 n 较大的情形，当样本容量 n 较小时，该区间宽度比 Wilson 区间宽很多，但仍优于精确置信区间.

注意 除了上述常用的四种方法外，还有十几种方法，只是这些方法理论性质较差或者计算困难，因此，这里不予介绍了. 根据 Brown 等在综合分析比较后建议，在样本容量 $n\leqslant 40$ 的情形下，推荐使用 Wilson 区间；对于样本容量 n 较大的情形，推荐使用 Wilson 区间或者 AC 区间，并且 AC 区间的计算最为简便.

例 7.53 研究某高校英语四级考试的及格率，随机抽查了 40 份考卷，统计得其中 32 份成绩及格，试求所有考生及格率的置信水平为 95%的区间估计.

解 方法一：$n=40$，$k=32$，$n_1=2(k+1)=66$，$n_2=2(n-k)=16$，$1-\alpha=0.95$，

则 $F_{0.025}(66, 16)=2.43$，$F_{0.975}(66, 16)=\dfrac{1}{2.01}=0.4975$，

$$\hat{p}_2=\frac{n_1F_{\frac{\alpha}{2}}(n_1, n_2)}{n_2+n_1F_{\frac{\alpha}{2}}(n_1, n_2)}=90.92\%,\ \hat{p}_1=\frac{n_1F_{1-\frac{\alpha}{2}}(n_1, n_2)}{n_2+n_1F_{\frac{\alpha}{2}}(n_1, n_2)}=67.24\%,$$

于是，所有考生及格率的置信水平为 95%的区间估计为[67.24%, 90.92%]，其区间估计的长度为 23.68%.

方法二：$\hat{p}=\dfrac{32}{40}=0.80$，

$$\hat{p}-U_{\frac{\alpha}{2}}\sqrt{\frac{1}{n}\hat{p}(1-\hat{p})}=0.8-1.96\times\sqrt{\frac{1}{40}\times0.8\times(1-0.8)}=67.60\%,$$

$$\hat{p}+U_{\frac{\alpha}{2}}\sqrt{\frac{1}{n}\hat{p}(1-\hat{p})}=0.8+1.96\times\sqrt{\frac{1}{40}\times0.8\times(1-0.8)}=92.40\%,$$

于是，所有考生及格率的置信水平为 95%的区间估计为[67.60%, 92.40%]，其区间估计的长度为 24.80%.

方法三：$a^4+4n\bar{x}a^2-4n\bar{x}^2a^2=1.96^4+4\times40\times0.8\times1.96^2-4\times40\times0.8^2\times1.96^2=113.1029$，

$2n\bar{x}+a^2=2\times40\times0.8+1.96^2=67.8416$，$2(n+a^2)=2\times(40+1.96^2)=87.6832$，

由此，$\dfrac{2n\bar{x}+a^2-\sqrt{a^4+4n\bar{x}a^2-4n\bar{x}^2a^2}}{2(n+a^2)}=\dfrac{67.8416-\sqrt{113.1029}}{87.6832}=65.24\%$，

$$\frac{2n\bar{x}+a^2+\sqrt{a^4+4n\bar{x}a^2-4n\bar{x}^2a^2}}{2(n+a^2)}=\frac{67.8416+\sqrt{113.1029}}{87.6832}=89.50\%,$$

于是，所有考生及格率的置信水平为95%的区间估计为[65.24%，89.50%]，其区间估计的长度为24.26%.

方法四：$a=U_{\frac{\alpha}{2}}=1.96$，$p=\dfrac{2n\bar{x}+a^2}{2(n+a^2)}=\dfrac{2\times 40\times 0.8+1.96^2}{2\times(40+1.96^2)}=0.7737$，

$$p-a\sqrt{\frac{p(1-p)}{n+a^2}}=0.7737-1.96\sqrt{\frac{0.7737\times(1-0.7737)}{40+1.96^2}}=64.98\%,$$

$$p+a\sqrt{\frac{p(1-p)}{n+a^2}}=0.7737+1.96\sqrt{\frac{0.7737\times(1-0.7737)}{40+1.96^2}}=89.76\%.$$

于是，所有考生及格率的置信水平为95%的区间估计为[64.98%，89.76%]，其区间估计的长度为24.78%.

2. 比率差异 p_1-p_2 的置信区间

设有两个相互独立的两点分布总体 X 和 Y，$X=\begin{cases}1, & \text{若事件 } A \text{ 出现},\\ 0, & \text{若事件 } \bar{A} \text{ 出现},\end{cases}$ $P(A)=p_1$，$P(\bar{A})=q_1$，$Y=\begin{cases}1, & \text{若事件 } B \text{ 出现},\\ 0, & \text{若事件 } \bar{B} \text{ 出现},\end{cases}$ $P(B)=p_2$，$P(\bar{B})=q_2$，如从总体 X 中抽取容量为 n_1 的一个简单随机样本 $X_1, X_2, \cdots, X_{n_1}$，$A$ 出现的次数为 $\sum\limits_{i=1}^{n_1}X_i$，从总体 Y 中抽取容量为 n_2 的一个简单随机样本 $Y_1, Y_2, \cdots, Y_{n_2}$，$B$ 出现的次数为 $\sum\limits_{i=1}^{n_2}Y_i$.

用 $\bar{X}=\dfrac{1}{n_1}\sum\limits_{i=1}^{n_1}X_i$ 估计 p_1，$\bar{Y}=\dfrac{1}{n_2}\sum\limits_{i=1}^{n_2}Y_i$ 估计 p_2，即 $\hat{p}_1=\bar{X}$，$\hat{p}_2=\bar{Y}$，

$$E(\bar{X}-\bar{Y})=p_1-p_2,\ D(\bar{X}-\bar{Y})=\frac{p_1(1-p_1)}{n_1}+\frac{p_2(1-p_2)}{n_2},$$

当 n_1，n_2 很大时，$\dfrac{\bar{X}-\bar{Y}-(p_1-p_2)}{\sqrt{p_1(1-p_1)/n_1+p_2(1-p_2)/n_2}}\ \dot{\sim}\ N(0,1)$，由于 p_1，p_2 未知，一般用其估计量代替，即：$\dfrac{\hat{p}_1-\hat{p}_2-(p_1-p_2)}{\sqrt{\hat{p}_1(1-\hat{p}_1)/n_1+\hat{p}_2(1-\hat{p}_2)/n_2}}\ \dot{\sim}\ N(0,1)$，

$$P\left(\left|\frac{\hat{p}_1-\hat{p}_2-(p_1-p_2)}{\sqrt{\hat{p}_1(1-\hat{p}_1)/n_1+\hat{p}_2(1-\hat{p}_2)/n_2}}\right|\leqslant U_{\frac{\alpha}{2}}\right)\approx 1-\alpha.$$

所以，p_1-p_2 的置信水平为 $1-\alpha$ 的近似置信区间为：

$$\left[\hat{p}_1-\hat{p}_2-U_{\frac{\alpha}{2}}\sqrt{\frac{\hat{p}_1(1-\hat{p}_1)}{n_1}+\frac{\hat{p}_2(1-\hat{p}_2)}{n_2}},\hat{p}_1-\hat{p}_2+U_{\frac{\alpha}{2}}\sqrt{\frac{\hat{p}_1(1-\hat{p}_1)}{n_1}+\frac{\hat{p}_2(1-\hat{p}_2)}{n_2}}\right].$$

例 7.54 左川兄弟公司是一家生产和销售各种日用品的公司. 由于面临残酷的竞争,该公司的某种浴皂的销售情况令人担忧. 为了改善该产品的销售情况,公司决定引入更加诱人的包装. 公司的广告代理给出了两种新的设计方案. 第一种方案是将包装改成几种艳丽夺目的颜色的组合,由此和其他公司的产品区别开来;第二种方案是在淡绿色的背景上,只有公司的标记. 为了检验哪种方案更加出色,营销经理选择了两家超市进行比较试验. 其中一家超市里浴皂的包装使用第一种方案,而另一家超市的包装则采用第二种方案. 营销试验历时一个星期. 在这个星期里,产品扫描仪记录下所有浴皂的销售情况,统计结果如下.

购买左川兄弟公司的浴皂:超市一是 180,超市二是 155;

购买其他公司的浴皂: 超市一是 724,超市二是 883.

在 95%的置信水平下,估计一下两总体比例之间的差异.

解 参数是两个总体比例 p_1-p_2 的差异(其中 p_1, p_2 分别是在超市一和超市二中左川兄弟公司浴皂的销售比例). $n_1=180+724=904$, $n_2=155+883=1\,038$,

$$\hat{p}_1=\frac{180}{904}=0.199\,1,\ \hat{p}_2=\frac{155}{1\,038}=0.149\,3,\ \alpha=0.05,\ U_{\frac{\alpha}{2}}=U_{0.025}=1.96,$$

在 95%的置信水平下,p_1-p_2 的置信区间为:$(\hat{p}_1-\hat{p}_2)\pm U_{\frac{\alpha}{2}}\sqrt{\frac{\hat{p}_1(1-\hat{p}_1)}{n_1}+\frac{\hat{p}_2(1-\hat{p}_2)}{n_2}}=$ $(0.199\,1-0.149\,3)\pm 1.96\sqrt{\frac{0.199\,1\times(1-0.199\,1)}{904}+\frac{0.149\,3\times(1-0.149\,3)}{1\,038}}=$ $0.049\,8\pm 0.033\,9$,由此,采用色彩鲜艳包装的产品的市场份额比采用简单绿色包装的产品的市场份额高出 1.59%~8.37%.

7.7.5 泊松分布总体参数的区间估计

设 X_1, X_2, …, X_n 为来自参数为 λ 的泊松分布总体的一个简单随机样本,x_1, x_2, …, x_n 为其样本观察值.

方法一:当样本容量 n 很大时,由中心极限定理知:$\bar{X}\dot{\sim}N\left(\lambda,\frac{\lambda}{n}\right)$,

于是有

$$P\left(\left|\frac{\bar{X}-\lambda}{\sqrt{\lambda/n}}\right|\leqslant U_{\frac{\alpha}{2}}\right)\approx 1-\alpha,$$

即 $\left(\frac{\bar{X}-\lambda}{\sqrt{\lambda/n}}\right)^2\leqslant U_{\frac{\alpha}{2}}^2$, $n\bar{X}^2-2\lambda n\bar{X}+n\lambda^2-\lambda U_{\frac{\alpha}{2}}^2\leqslant 0$, $n\lambda^2-(2n\bar{X}+U_{\frac{\alpha}{2}}^2)\lambda+n\bar{X}^2\leqslant 0$,

$$\bar{X}+\frac{U_{\alpha/2}^2}{2n}-\sqrt{\frac{\bar{X}}{n}U_{\alpha/2}^2+\frac{U_{\alpha/2}^4}{4n^2}}\leqslant\lambda\leqslant\bar{X}+\frac{U_{\alpha/2}^2}{2n}+\sqrt{\frac{\bar{X}}{n}U_{\alpha/2}^2+\frac{U_{\alpha/2}^4}{4n^2}},$$

于是,给定置信水平 $1-\alpha$,参数 λ 的近似区间估计为:

$$\left[\bar{X}+\frac{U_{\alpha/2}^2}{2n}-\sqrt{\frac{\bar{X}}{n}U_{\alpha/2}^2+\frac{U_{\alpha/2}^4}{4n^2}},\bar{X}+\frac{U_{\alpha/2}^2}{2n}+\sqrt{\frac{\bar{X}}{n}U_{\alpha/2}^2+\frac{U_{\alpha/2}^4}{4n^2}}\right].$$

例 7.55　电话总机每分钟收到的呼叫次数 X 服从参数为 λ 的泊松分布. 如今记录了 50 个数据,每一数字表示一分钟内收到的呼叫次数,由此求得平均呼叫次数 $\bar{x}=4.3$,试求 λ 的置信水平为 0.95 的置信区间.

解　由题意知: $n=50, \bar{x}=4.3, 1-\alpha=0.95$,而 $U_{0.025}=1.96$,将它们代入上式可得参数 λ 的置信水平为 0.95 的近似置信区间为 $[3.76, 4.91]$.

方法二: 记 $r=\sum_{i=1}^{n} x_i$,则给定置信水平 $1-\alpha$,参数 λ 的近似区间估计为:

$$\left[\frac{1}{2n}\chi^2_{1-\alpha/2}(2r), \frac{1}{2n}\chi^2_{\alpha/2}(2r+2)\right],$$

其置信下限与置信上限分别为: $\frac{1}{2n}\chi^2_{1-\alpha}(2r)$, $\frac{1}{2n}\chi^2_{\alpha}(2r+2)$.

例 7.56　设 $x_1, x_2, \cdots, x_{10}$ 为泊松分布总体 $X \sim P(\lambda)$ 的容量为 10 的一个简单随机样本,且 $r=\sum_{i=1}^{10} x_i=14$,取 $1-\alpha=0.95$,而 $\chi^2_{0.975}(28)=15.3079$, $\chi^2_{0.025}(30)=46.9792$,易见

$$\frac{1}{2n}\chi^2_{1-\alpha/2}(2r)=\frac{15.3079}{20}=0.765, \frac{1}{2n}\chi^2_{\alpha/2}(2r+2)=\frac{46.9792}{20}=2.349,$$

即参数 λ 的置信水平为 0.95 的双侧近似区间估计为 $[0.765, 2.349]$.

方法三: 当 $2r>30$ 时,记 $c=\frac{U^2_{\alpha/2}+2}{36}$,参数 λ 的近似区间估计为:

$$\left[\frac{1}{n}\left[c+\left(\sqrt{r+2c-0.5}-\frac{U_{\alpha/2}}{2}\right)^2\right], \frac{1}{n}\left[c+\left(\sqrt{r+2c+0.5}+\frac{U_{\alpha/2}}{2}\right)^2\right]\right],$$

其置信下限与置信上限分别为 $\left(\text{其中 } c=\frac{U^2_{\alpha}+2}{36}\right)$:

$$\frac{1}{n}\left[c+\left(\sqrt{r+2c-0.5}-\frac{U_{\alpha}}{2}\right)^2\right], \frac{1}{n}\left[c+\left(\sqrt{r+2c+0.5}+\frac{U_{\alpha}}{2}\right)^2\right].$$

例 7.57　设 $x_1, x_2, \cdots, x_{15}$ 为泊松分布总体 $X \sim P(\lambda)$ 的容量为 15 的一个简单随机样本,且 $r=\sum_{i=1}^{15} x_i=18$,取 $1-\alpha=0.95$, $U_{0.025}=1.95996$,而 $c=\frac{U^2_{\alpha/2}+2}{36}=0.16226$,

$$\frac{U_{0.025}}{2}=0.87998, \sqrt{r+2c-0.5}=4.22191, \sqrt{r+2c+0.5}=4.33872,$$

则

$$\frac{1}{n}\left[c+\left(\sqrt{r+2c-0.5}-\frac{U_{\alpha/2}}{2}\right)^2\right]=\frac{1}{15}[0.16226+(4.22191-0.87998)^2]=0.755,$$

$$\frac{1}{n}\left[c+\left(\sqrt{r+2c+0.5}+\frac{U_{\alpha/2}}{2}\right)^2\right]=\frac{1}{15}[0.16226+(4.33872+0.87998)^2]=1.826,$$

即参数 λ 的置信水平为 0.95 的双侧近似区间估计为 $[0.755, 1.826]$.

7.7.6 指数分布总体参数的区间估计

设 $X_1, X_2, \cdots, X_n$ 是取自总体 $X \sim \mathrm{Exp}(\lambda)$ 的一个简单随机样本，分布密度为 $f(x)=\lambda e^{-\lambda x}$，$x>0$，$\lambda>0$，由于对 $i=1, 2, \cdots, n$，$\lambda X_i \sim \mathrm{Exp}(1)$，$2\lambda X_i \sim \mathrm{Exp}(0.5)$，即 $2\lambda X_i \sim \chi^2(2)$，且 $2\lambda X_1, 2\lambda X_2, \cdots, 2\lambda X_n$ 相互独立，则 $2\lambda\sum_{i=1}^{n}X_i \sim \chi^2(2n)$，$P\left(\chi^2_{1-\frac{\alpha}{2}}(2n) < 2\lambda\sum_{i=1}^{n}X_i < \chi^2_{\frac{\alpha}{2}}(2n)\right)=1-\alpha$，$P\left(\dfrac{\chi^2_{1-\frac{\alpha}{2}}(2n)}{2\sum_{i=1}^{n}X_i} < \lambda < \dfrac{\chi^2_{\frac{\alpha}{2}}(2n)}{2\sum_{i=1}^{n}X_i}\right)=1-\alpha$，

由此，λ 的置信水平为 $1-\alpha$ 的区间估计为：$\left(\dfrac{\chi^2_{1-\frac{\alpha}{2}}(2n)}{2\sum_{i=1}^{n}X_i}, \dfrac{\chi^2_{\frac{\alpha}{2}}(2n)}{2\sum_{i=1}^{n}X_i}\right)$.

例 7.58 设 $X_1, X_2, \cdots, X_n$ 是取自 $\mathrm{Exp}\left(\dfrac{1}{\theta}\right)$ 的一个简单随机样本，求 $e^{-\theta}$ 的置信水平为 $1-\alpha$ 的单侧置信下限.

解 由于对 $i=1, 2, \cdots, n$，$\dfrac{X_i}{\theta} \sim \mathrm{Exp}(1)$，$2\dfrac{X_i}{\theta} \sim \mathrm{Exp}(0.5)$，即 $2\dfrac{X_i}{\theta} \sim \chi^2(2)$，且 $2\dfrac{X_1}{\theta}, 2\dfrac{X_2}{\theta}, \cdots, 2\dfrac{X_n}{\theta}$ 相互独立，则 $\dfrac{2}{\theta}\sum_{i=1}^{n}X_i \sim \chi^2(2n)$，

$$1-\alpha=P\left(\frac{2}{\theta}\sum_{i=1}^{n}X_i \geqslant \chi^2_{1-\alpha}(2n)\right)=P\left(\theta \leqslant \frac{2\sum_{i=1}^{n}X_i}{\chi^2_{1-\alpha}(2n)}\right),$$

即 θ 的置信水平为 $1-\alpha$ 的置信上限为 $\dfrac{2\sum_{i=1}^{n}X_i}{\chi^2_{1-\alpha}(2n)}$，由此 $e^{-\theta}$ 的置信水平为 $1-\alpha$ 的置信下限为：$\exp\left[-\dfrac{2}{\chi^2_{1-\alpha}(2n)}\sum_{i=1}^{n}X_i\right]$.

7.7.7 均匀分布 $U[0, \theta]$ 总体参数的区间估计

设总体 $X \sim U[0, \theta]$，$X_1, X_2, \cdots, X_n$ 为来自总体 X 的容量为 n 的一个简单随机样本，$X_{(1)} \leqslant X_{(2)} \leqslant \cdots \leqslant X_{(n)}$ 为其次序统计量. 易知，参数 θ 的矩估计为 $2\bar{X}$，极大似然估计为 $X_{(n)}$，最小方差无偏估计为 $\dfrac{n+1}{n}X_{(n)}$，在均方误差下最优的估计为 $\dfrac{n+2}{n+1}X_{(n)}$. 下面需求参数 θ 的置信水平为 $1-\alpha$ 的置信区间.

利用 $X_{(n)}$ 求 θ 的区间估计. 事实上，令 $T=\dfrac{X_{(n)}}{\theta}$，由于 $\dfrac{X_1}{\theta}, \dfrac{X_2}{\theta}, \cdots, \dfrac{X_n}{\theta}$ 独立同分布于 $U[0, 1]$，由此 T 为一枢轴量，且 T 的分布函数为：$F_T(t)=t^n$，$0 \leqslant t \leqslant 1$. 给定置信水平 $1-\alpha$，由 $P(T \geqslant u_1)=\dfrac{\alpha}{2}$，$P(T \geqslant u_2)=1-\dfrac{\alpha}{2}$，可得 $u_1=\left(1-\dfrac{\alpha}{2}\right)^{1/n}$，$u_2=\left(\dfrac{\alpha}{2}\right)^{1/n}$，则

$P(u_2 \leqslant T \leqslant u_1)=1-\alpha$，即参数 θ 的置信水平为 $1-\alpha$ 的置信区间为 $\left(\dfrac{X_{(n)}}{u_1},\ \dfrac{X_{(n)}}{u_2}\right)$.

注意 对于 $dX_{(n)}$ (d 已知)利用上述方法所得的参数 θ 的区间估计是一样的.

7.8 贝叶斯统计

数理统计有两种截然不同的观点,形成了两大学派：经典学派与贝叶斯学派. 它们观点的根本区别是对参数的看法不同. 设总体 X 的分布用 $f(x;\theta)$ 表示,前者认为参数 θ 是一个确定的常数,而后者认为参数 θ 是一个随机变量,其分布用 $\pi(\theta)$ 表示,而把分布 $f(x;\theta)$ 看作条件分布,改用 $f(x\mid\theta)$ 表示.

在对 θ 的统计推断问题上,经典学派仅利用总体信息和样本信息 $\prod\limits_{i=1}^{n} f(x_i;\theta)$，而贝叶斯学派不仅利用总体信息和样本信息 $\prod\limits_{i=1}^{n} f(x_i\mid\theta)$，还利用关于 θ 的信息 $\pi(\theta)$，称为先验信息.

下面对三种信息加以简单说明：① 总体信息：总体分布所提供的信息. 总体信息是一种重要信息,譬如,若已知“总体是正态分布”,也就意味着知道了很多有用的信息,如正态分布有很多好的性质,在正态分布条件下有很多统计推断方法可供选用. ② 样本信息：即抽取样本取得观察值后提供的信息. 样本是总体的一个代表,它含有统计推断所需要的信息,它是统计推断最重要的信息. ③ 先验信息：如果把抽取样本看作一次试验,则样本信息就是通过试验取得的信息,实际问题中,人们可能在试验之前对有关问题就已经有所了解,这些经验和历史资料性质的信息有时对统计推断是有用的,先验信息是指抽样之前有关参数的信息. 贝叶斯学派认为：利用先验信息有助于提高统计推断的质量,忽视先验信息的利用,有时是一种浪费,有时还会导出不合理的结论.

贝叶斯统计方法与经典统计方法的主要差别就在于是否利用先验信息,贝叶斯统计在重视使用总体信息和样本信息的同时,还注意先验信息的收集、挖掘并研究如何加工成先验分布. 贝叶斯学派认为：在抽取样本之前人们对未知参数 θ 已有认识,认识的总结用分布 $\pi(\theta)$ 表示,此分布称为先验分布,有了样本信息 $\prod\limits_{i=1}^{n} f(x_i\mid\theta)$，使我们对 θ 有了进一步认识,综合两种信息得到 θ 的后验分布,即后验密度为：

$$h(\theta\mid x_1,\ x_2,\ \cdots,\ x_n)=\frac{\pi(\theta)\prod\limits_{i=1}^{n} f(x_i\mid\theta)}{\int_{\theta\in\Theta}\pi(\theta)\prod\limits_{i=1}^{n} f(x_i\mid\theta)\mathrm{d}\theta},$$

其中 Θ 为参数空间.

事实上,$\theta, X_1,\ X_2,\ \cdots,\ X_n$ 的联合密度为 $\pi(\theta)\prod\limits_{i=1}^{n} f(x_i\mid\theta)$，进而 $X_1,\ X_2,\ \cdots,\ X_n$ 的边际密度为 $\int_{\theta\in\Theta}\pi(\theta)\prod\limits_{i=1}^{n} f(x_i\mid\theta)\mathrm{d}\theta$，于是在 $(X_1,\ X_2,\ \cdots,\ X_n)=(x_1,\ x_2,\ \cdots,\ x_n)$

时，θ 的条件密度为：$h(\theta \mid x_1, x_2, \cdots, x_n)=\dfrac{\pi(\theta)\prod\limits_{i=1}^{n} f(x_i \mid \theta)}{\int_{\theta\in\Theta}\pi(\theta)\prod\limits_{i=1}^{n} f(x_i \mid \theta)\mathrm{d}\theta}$，即为 θ 的后验密度. 所以对 θ 的统计推断应建立在后验分布 $h(\theta \mid x_1, x_2, \cdots, x_n)$ 的基础上.

7.8.1 贝叶斯矩估计

定义 7.18 参数 θ 的贝叶斯意义下的矩估计定义为：

$$\hat{\theta}=E(\theta \mid X_1, X_2, \cdots, X_n)=\int_{\theta\in\Theta}\theta h(\theta \mid X_1, X_2, \cdots, X_n)\mathrm{d}\theta,$$

它也被称为 θ 的贝叶斯估计.

例 7.59 设某批产品的废品率为 p，从这批产品中抽取一个样本 $X_1, X_2, \cdots, X_n$，取 p 的先验分布 $\pi(p)$ 为 $[0, 1]$ 上的均匀分布，求 p 的贝叶斯估计.

解 $\pi(p)=\begin{cases}1, & 0\leqslant p\leqslant 1,\\ 0, & \text{其他},\end{cases}$ $\prod\limits_{i=1}^{n} f(x_i \mid p)=\prod\limits_{i=1}^{n} p^{x_i}(1-p)^{1-x_i}=p^{\sum\limits_{i=1}^{n}x_i}(1-p)^{n-\sum\limits_{i=1}^{n}x_i}$,

$$\int_0^1\pi(p)\prod_{i=1}^{n} f(x_i \mid p)\mathrm{d}p=\int_0^1 p^{\sum\limits_{i=1}^{n}x_i}(1-p)^{n-\sum\limits_{i=1}^{n}x_i}\mathrm{d}p=\mathrm{B}\left(\sum_{i=1}^{n}x_i+1, n-\sum_{i=1}^{n}x_i+1\right),$$

所以 p 的后验分布为：

$$h(p \mid x_1, x_2, \cdots, x_n)=\frac{\pi(p)\prod\limits_{i=1}^{n} f(x_i \mid p)}{\int_0^1\pi(p)\prod\limits_{i=1}^{n} f(x_i \mid p)\mathrm{d}p}=\frac{p^{\sum\limits_{i=1}^{n}x_i}(1-p)^{n-\sum\limits_{i=1}^{n}x_i}}{\mathrm{B}\left(\sum\limits_{i=1}^{n}x_i+1, n-\sum\limits_{i=1}^{n}x_i+1\right)},$$
$$0\leqslant p\leqslant 1,$$

因此 p 的贝叶斯估计 $\hat{p}$ 为：

$$\begin{aligned}\hat{p}&=E(p \mid X_1, X_2, \cdots, X_n)=\int_0^1 p h(p \mid X_1, X_2, \cdots, X_n)\mathrm{d}p,\\ &=\frac{\int_0^1 p^{\sum\limits_{i=1}^{n}X_i+1}(1-p)^{n-\sum\limits_{i=1}^{n}X_i}\mathrm{d}p}{\mathrm{B}\left(\sum\limits_{i=1}^{n}X_i+1, n-\sum\limits_{i=1}^{n}X_i+1\right)}=\frac{\mathrm{B}\left(\sum\limits_{i=1}^{n}X_i+2, n-\sum\limits_{i=1}^{n}X_i+1\right)}{\mathrm{B}\left(\sum\limits_{i=1}^{n}X_i+1, n-\sum\limits_{i=1}^{n}X_i+1\right)}\\ &=\frac{\sum\limits_{i=1}^{n}X_i+1}{n+2}.\end{aligned}$$

注意 用经典方法构造的 p 的 UMVUE $\hat{p}=\bar{X}=\dfrac{1}{n}\sum\limits_{i=1}^{n}X_i$. 在 $\sum\limits_{i=1}^{n}x_i=0$ 时(即样本中无废品时)，估计 $\hat{p}=0$；在 $\sum\limits_{i=1}^{n}x_i=n$ 时(即样本中均是废品时)，估计 $\hat{p}=1$. 这样的估计似

乎太极端了,有点不切实际,但当样本容量 n 较小时这样的情形难以避免. 而按贝叶斯估计 $\hat{p}=\dfrac{1}{n+2}$ 或 $\dfrac{n+1}{n+2}$, 这样的估计留有余地,给人以比较可靠之感. 这个例子也是贝叶斯方法受到人们重视的一个原因.

7.8.2 贝叶斯极大似然估计

定义 7.19 参数 θ 的后验分布密度 $h(\theta \mid x_1, x_2, \cdots, x_n)$ 的极大值点称为 θ 的贝叶斯意义下的极大似然估计.

例 7.60 在例 7.59 的条件下,求 p 的贝叶斯意义下的极大似然估计.

解 p 的后验密度为:

$$h(p \mid x_1, x_2, \cdots, x_n)=\frac{p^{\sum_{i=1}^{n} x_i}(1-p)^{n-\sum_{i=1}^{n} x_i}}{\mathrm{B}\left(\sum_{i=1}^{n} x_i+1, n-\sum_{i=1}^{n} x_i+1\right)}, \quad 0 \leqslant p \leqslant 1,$$

令函数 $Q(p)=p^{\sum_{i=1}^{n} x_i}(1-p)^{n-\sum_{i=1}^{n} x_i}$, $0 \leqslant p \leqslant 1$, 要找 p 使 $h(p \mid x_1, x_2, \cdots, x_n)$ 达到最大只要使 $Q(p)$ 达到最大.

$$\ln Q(p)=\sum_{i=1}^{n} x_i \ln p+\left(n-\sum_{i=1}^{n} x_i\right) \ln(1-p),$$

$$[\ln Q(p)]'=\frac{\sum_{i=1}^{n} x_i}{p}-\frac{n-\sum_{i=1}^{n} x_i}{1-p},$$

令 $[\ln Q(p)]'=0$, 解得 $\hat{p}=\bar{x}$, 经检验它是 $\ln Q(p)$ 的极大值点,所以参数 p 的贝叶斯意义下的极大似然估计为 $\hat{p}=\bar{X}$, 与经典方法求得的极大似然估计一致.

7.8.3 先验分布的确定

在使用贝叶斯估计时,确定参数的先验分布是一个关键,也是一大难点. 现在已有一些确定先验分布的方法,常用的有: ① 贝叶斯假设法; ② 共轭型先验分布法; ③ 专家经验法; ④ 无信息法. 上述任何一种方法都有一定的合理性,但其中没有哪种方法是绝对正确和通用的. 下面介绍其中的两种.

1. 贝叶斯假设法

所谓贝叶斯假设就是对 θ 的认识除了在有限区间 (a, b) 内,其他不知道时,取 θ 的先验分布为均匀分布,即 $\pi(\theta)=U[a, b]$, 表示对 θ 的各种取值同等看待. 其中 a 可以取 $-\infty$, b 可以取 $+\infty$, 这时可定义 $\pi(\theta)=c$, $\theta \in (a, b)$. 因为此时 $\int_a^b \pi(\theta) \mathrm{d}\theta=+\infty$, 所以这时 $\pi(\theta)$ 已不是通常意义下的分布,称为广义的贝叶斯假设. 贝叶斯统计推断基于后验分布,而先验分布在差一个常数倍时与后验分布相同,所以可简化定义为 $\pi(\theta)=1$, $\theta \in (a, b)$.

2. 共轭型先验分布法

定义 7.20 设 $X \sim f(x \mid \theta)$, θ 的先验分布 $\pi(\theta)$ 与后验分布 $h(\theta \mid X_1, X_2, \cdots, X_n)$

是同一类型的分布，则称 $\pi(\theta)$ 为 $f(x \mid \theta)$ 的共轭型先验分布.

例 7.61　设总体 X 服从泊松分布 $P(\lambda)$，$\lambda > 0$，参数 λ 服从 Γ 分布 $\Gamma(\alpha, \beta)$，其密度函数为 $\pi(\lambda)=\dfrac{\beta^{\alpha}\lambda^{\alpha-1}}{\Gamma(\alpha)}\mathrm{e}^{-\beta\lambda}$，$X_1, X_2, \cdots, X_n$ 为总体 X 的一个简单随机样本，试求 λ 的后验分布.

解　样本的联合概率函数为：$\prod\limits_{i=1}^{n} f(x_i \mid \lambda)=\dfrac{\lambda^{\sum\limits_{i=1}^{n} x_i}}{\prod\limits_{i=1}^{n} x_i\,!}\mathrm{e}^{-n\lambda}$，则 λ 的后验分布密度为：

$$h(\lambda \mid x_1, x_2, \cdots, x_n)=\frac{\pi(\lambda)\prod\limits_{i=1}^{n} f(x_i \mid \lambda)}{\int_0^{+\infty}\pi(\lambda)\prod\limits_{i=1}^{n} f(x_i \mid \lambda)\mathrm{d}\lambda}=\frac{\lambda^{\alpha+n\bar{x}-1}}{\Gamma(\alpha+nx)}\mathrm{e}^{-(\beta+n)\lambda}.$$

例 7.62　设总体 X 服从指数分布 $\mathrm{Exp}(\lambda)$，$\lambda > 0$，参数 λ 的先验分布为 Γ 分布 $\Gamma(\alpha, \beta)$，其密度函数为 $\pi(\lambda)=\dfrac{\beta^{\alpha}\lambda^{\alpha-1}}{\Gamma(\alpha)}\mathrm{e}^{-\beta\lambda}$，设 $X_1, X_2, \cdots, X_n$ 为总体 X 的一个简单随机样本，试求 λ 的后验分布.

解　样本的联合概率函数为：$\prod\limits_{i=1}^{n} f(x_i \mid \lambda)=\lambda^{n}\mathrm{e}^{-\lambda\sum\limits_{i=1}^{n} x_i}$，$\lambda > 0$，
则 λ 的后验分布密度：

$$h(\lambda \mid x_1, x_2, \cdots, x_n)=\frac{\pi(\lambda)\prod\limits_{i=1}^{n} f(x_i \mid \lambda)}{\int_0^{\infty}\pi(\lambda)\prod\limits_{i=1}^{n} f(x_i \mid \lambda)\mathrm{d}\lambda}=\frac{\lambda^{\alpha+n-1}}{\Gamma(\alpha+n)}\mathrm{e}^{-\left(\beta+\sum\limits_{i=1}^{n} x_i\right)\lambda},$$

记 $n\bar{x}=\sum\limits_{i=1}^{n} x_i$，则 λ 的后验分布为 $\Gamma(\alpha+n, \beta+n\bar{x})$，就是说对于参数 λ 的指数分布，其均值 $E(X)=\dfrac{1}{\lambda}$，对于 λ 而言，Γ 分布是共轭型先验分布.

定理 7.19　设总体 $X \sim N(\mu, \sigma^2)$，参数 σ^2 已知，$X_1, X_2, \cdots, X_n$ 是来自总体 X 的一个简单随机样本，μ 的先验分布也为正态分布 $N(\alpha, \beta^2)$，则 μ 的后验分布为：

$$\mu \mid X_1, X_2, \cdots, X_n \sim N\left(\frac{n\bar{X}\sigma^{-2}+\alpha\beta^{-2}}{n\sigma^{-2}+\beta^{-2}}, \frac{1}{n\sigma^{-2}+\beta^{-2}}\right),$$

可知参数 σ^2 已知时，$N(\alpha, \beta^2)$ 是 $N(\mu, \sigma^2)$ 的共轭型先验分布，即 σ^2 已知时的正态分布是正态分布的共轭型先验分布，可称为自共轭的.

例 7.63　设总体 $X \sim N(\mu, \sigma^2)$，σ^2 已知，$X_1, X_2, \cdots, X_n$ 是来自总体 X 的一个简单随机样本，取 $\pi(\mu)=1$，$-\infty < \mu < +\infty$，求 μ 的贝叶斯估计.

解　$\prod\limits_{i=1}^{n} f(x_i \mid \mu)=\dfrac{1}{(\sqrt{2\pi})^{n}\sigma^{n}}\exp\left[-\dfrac{1}{2\sigma^2}\sum\limits_{i=1}^{n}(x_i-\mu)^2\right]$，

$$h(\mu \mid x_1, x_2, \cdots, x_n)=\frac{\pi(\mu)\prod_{i=1}^{n} f(x_i \mid \mu)}{\int_{-\infty}^{+\infty} \pi(\mu)\prod_{i=1}^{n} f(x_i \mid \mu)\mathrm{d}\mu}=\frac{\mathrm{e}^{-\frac{1}{2\sigma^2}\sum_{i=1}^{n}(x_i-\mu)^2}}{\int_{-\infty}^{+\infty}\mathrm{e}^{-\frac{1}{2\sigma^2}\sum_{i=1}^{n}(x_i-\mu)^2}\mathrm{d}\mu},$$

$$\sum_{i=1}^{n}(x_i-\mu)^2=\sum_{i=1}^{n}(x_i-\bar{x}+\bar{x}-\mu)^2=\sum_{i=1}^{n}(x_i-\bar{x})^2+n(\mu-\bar{x})^2,$$

$$\int_{-\infty}^{+\infty}\mathrm{e}^{-\frac{n}{2\sigma^2}(\mu-\bar{x})^2}\mathrm{d}\mu=\frac{\sqrt{2\pi}\,\sigma}{\sqrt{n}}\int_{-\infty}^{+\infty}\frac{\sqrt{n}}{\sqrt{2\pi}\,\sigma}\mathrm{e}^{-\frac{n}{2\sigma^2}(\mu-\bar{x})^2}\mathrm{d}\mu=\frac{\sqrt{2\pi}\,\sigma}{\sqrt{n}},$$

所以
$$h(\mu \mid x_1, x_2, \cdots, x_n)=\frac{\mathrm{e}^{-\frac{n}{2\sigma^2}(\mu-\bar{x})^2}}{\sqrt{2\pi}\,\sigma/\sqrt{n}},$$

因此 $\mu \mid X_1, X_2, \cdots, X_n \sim N\left(\bar{X}, \frac{\sigma^2}{n}\right)$，$\mu$ 的贝叶斯估计为 $\bar{X}$.

7.8.4　贝叶斯区间估计

定义 7.21　若 $P(\hat{\theta}_1 \leqslant \theta \leqslant \hat{\theta}_2 \mid X_1, X_2, \cdots, X_n)=1-\alpha$，则称 $[\hat{\theta}_1, \hat{\theta}_2]$ 是 θ 的贝叶斯意义下的置信水平为 $1-\alpha$ 的区间估计.

注意　此概率要用 θ 的后验分布计算，即 $\int_{\hat{\theta}_1}^{\hat{\theta}_2} h(\theta \mid X_1, X_2, \cdots, X_n)\mathrm{d}\theta=1-\alpha$.

例 7.64　设总体 $X \sim N(\mu, \sigma_0^2)$，$\sigma_0^2$ 已知，$X_1, X_2, \cdots, X_n$ 是来自总体 X 的一个简单随机样本，取 $\pi(\mu)=1$，$-\infty<\mu<+\infty$，求 μ 的贝叶斯区间估计.

解　由例 7.63 可知在题设条件下 μ 的后验分布为：$\mu \mid X_1, X_2, \cdots, X_n \sim N\left(\bar{X}, \frac{\sigma_0^2}{n}\right)$，

所以
$$\frac{\mu-\bar{X}}{\sigma_0}\sqrt{n} \mid X_1, X_2, \cdots, X_n \sim N(0, 1),$$

由
$$P\left(-U_{\frac{\alpha}{2}} \leqslant \frac{\mu-\bar{X}}{\sigma_0}\sqrt{n} \leqslant U_{\frac{\alpha}{2}} \mid X_1, X_2, \cdots, X_n\right)=1-\alpha,$$

得
$$P\left(\bar{X}-U_{\frac{\alpha}{2}}\frac{\sigma_0}{\sqrt{n}} \leqslant \mu \leqslant \bar{X}+U_{\frac{\alpha}{2}}\frac{\sigma_0}{\sqrt{n}} \mid X_1, X_2, \cdots, X_n\right)=1-\alpha,$$

μ 的贝叶斯区间估计为 $\left[\bar{X}-U_{\frac{\alpha}{2}}\frac{\sigma_0}{\sqrt{n}}, \bar{X}+U_{\frac{\alpha}{2}}\frac{\sigma_0}{\sqrt{n}}\right]$，与经典方法得到的一致.

例 7.65　设总体 X 服从 $N(a, \sigma_0^2)$，σ_0^2 已知，$X_1, X_2, \cdots, X_n$ 是来自总体 X 的一个简单随机样本，假定参数 a 服从 $N(0, 1)$，试求 a 的置信水平为 $1-\alpha$ 的贝叶斯区间估计.

解　$$\pi(a)\prod_{i=1}^{n} f(x_i \mid a)=\frac{1}{\sqrt{2\pi}\,(\sqrt{2\pi}\,\sigma_0)^n}\exp\left\{-\frac{1}{2\sigma_0^2}\left[\sum_{i=1}^{n}x_i^2-2an\bar{x}+(n+\sigma_0^2)a^2\right]\right\},$$

$$\int_{-\infty}^{+\infty}\pi(a)\prod_{i=1}^{n} f(x_i \mid a)\mathrm{d}a=\frac{1}{(\sqrt{2\pi}\,\sigma_0)^n}\exp\left[-\frac{1}{2\sigma_0^2}\left(\sum_{i=1}^{n}x_i^2-\frac{n^2\bar{x}^2}{n+\sigma_0^2}\right)\right]\frac{\sigma_0}{\sqrt{n+\sigma_0^2}},$$

$$h(a \mid x_1, x_2, \cdots, x_n) = \frac{\pi(a)\prod_{i=1}^{n} f(x_i \mid a)}{\int_{-\infty}^{+\infty}\pi(a)\prod_{i=1}^{n} f(x_i \mid a)\mathrm{d}a}$$

$$= \frac{\sqrt{n+\sigma_0^2}}{\sqrt{2\pi}\sigma_0}\exp\left[-\frac{n+\sigma_0^2}{2\sigma_0^2}\left(a - \frac{n\bar{x}}{n+\sigma_0}\right)^2\right],$$

于是在给定样本 $X_1, X_2, \cdots, X_n$ 的条件下，参数 a 的后验分布为 $N\left(\frac{n\bar{X}}{n+\sigma_0^2}, \frac{\sigma_0^2}{\sqrt{n+\sigma_0^2}}\right)$，

记 $U = \frac{a - n\bar{X}/(n+\sigma_0^2)}{\sigma_0/\sqrt{n+\sigma_0^2}}$，则 U 服从 $N(0, 1)$，且有

$$P(-U_{\alpha/2} \leqslant U \leqslant U_{\alpha/2} \mid X_1, X_2, \cdots, X_n) = 1-\alpha,$$

$$P\left(\frac{n\bar{X}}{n+\sigma_0^2} - \frac{\sigma_0 U_{\alpha/2}}{\sqrt{n+\sigma_0^2}} \leqslant a \leqslant \frac{n\bar{X}}{n+\sigma_0^2} + \frac{\sigma_0 U_{\alpha/2}}{\sqrt{n+\sigma_0^2}} \,\middle|\, X_1, X_2, \cdots, X_n\right) = 1-\alpha,$$

贝叶斯区间估计的中心是 a 的贝叶斯估计 $\hat{a} = \frac{n\bar{X}}{n+\sigma_0^2}$，区间长度 $\frac{2\sigma_0 U_{\alpha/2}}{\sqrt{n+\sigma_0^2}} < \frac{2\sigma_0 U_{\alpha/2}}{\sqrt{n}}$，由此，贝叶斯区间估计的精度比经典的区间估计要高. 这两个区间估计的含义不同. 贝叶斯区间估计的含义是：参数 a 是随机变量，在给定样本值 $x_1, x_2, \cdots, x_n$ 的条件下，置信上下限是由统计量的观察值计算得到的数值：$\frac{n\bar{x}}{n+\sigma_0} - \frac{\sigma_0 U_{\alpha/2}}{\sqrt{n+\sigma_0^2}}$，$\frac{n\bar{x}}{n+\sigma_0} + \frac{\sigma_0 U_{\alpha/2}}{\sqrt{n+\sigma_0^2}}$. a 落在这个区间的概率为 $1-\alpha$.

习　题　7

1. 设连续型总体 X，$X_1, X_2, \cdots, X_n$ 是来自总体 X 的一个简单随机样本，试求未知参数的矩估计. (1) $f(x;\theta) = (\theta+1)x^{\theta}$，$x \in (0, 1)$；(2) $f(x;\theta) = \sqrt{\theta}x^{\sqrt{\theta}-1}$，$x \in (0, 1)$，$\theta > 0$；(3) $f(x;\theta) = \frac{x}{\theta^2}\mathrm{e}^{-\frac{x^2}{2\theta^2}}$，$x \in (0, +\infty)$.

2. 设 $X_1, X_2, \cdots, X_n$ 是来自对数级数分布 $P(X=k) = -\frac{1}{\ln(1-p)}\frac{p^k}{k}$，$0 < p < 1$，$k = 1, 2, \cdots$ 的一个样本，求 p 的矩估计.

3. 设总体 X 的密度函数为 $f(x;\theta)$，$X_1, X_2, \cdots, X_n$ 为来自总体 X 的一个简单随机样本，求 θ 的极大似然估计. (1) $f(x;\theta) = \theta\mathrm{e}^{-\theta x}$，$x > 0$，$\theta > 0$；(2) $f(x;\theta) = \theta x^{\theta-1}$，$0 < x < 1$；(3) $f(x;\theta) = \sqrt{\theta}x^{\sqrt{\theta}-1}$，$x \in (0, 1)$，$\theta > 0$；(4) $f(x;\theta) = 2\theta x\mathrm{e}^{-\theta x^2}$，$x > 0$；(5) $f(x;\theta) = \theta c^{\theta}x^{-(\theta+1)}$，$x > c$，$c > 0$ 已知，$\theta > 1$；(6) $f(x) = (\theta+1)x^{\theta}$，$0 < x < 1$，$\theta > -1$.

4. 设 $X_1, X_2, \cdots, X_n$ 为来自总体 X 的一个简单随机样本，$E(X) = \mu$，$D(X) = \sigma^2$，$\hat{\sigma}^2 = k\sum_{i=1}^{n-1}$

$(X_{i+1}-X_i)^2$，问 k 为何值时 $\hat{\sigma}^2$ 为 σ^2 的无偏估计.

5. 设总体 X 的密度函数为 $f(x)=\begin{cases}\dfrac{6x}{\theta^3}(\theta-x), & 0<x<\theta,\\ 0, & \text{其他},\end{cases}$ $X_1, X_2, \cdots, X_n$ 为来自总体 X 的一个简单随机样本，(1) 求 θ 的矩估计量 $\hat{\theta}$；(2) 求 $D(\hat{\theta})$.

6. 设某种电子元件的使用寿命 X 的密度函数为：$f(x)=\begin{cases}2e^{-2(x-\theta)}, & x>\theta\\ 0, & x\leqslant\theta\end{cases}$，其中 $\theta>0$ 为未知参数，又设 $x_1, x_2, \cdots, x_n$ 是总体 X 的一组样本观察值，求 θ 的极大似然估计值.

7. 设离散总体 X 的分布列如题表 7.1 所示，其中 θ 是未知参数 $0<\theta<0.5$，利用总体的如下样本值：3, 1, 3, 0, 3, 1, 2, 3.

题表 7.1

X	0	1	2	3
P	θ^2	$2\theta(1-\theta)$	θ^2	$1-2\theta$

求参数 θ 的矩估计值和极大似然估计值.

8. 考虑一个基因问题，这个问题中一个基因有两个不同的染色体，一个给定的总体中的每一个个体都必须有三种可能基因类型中的一种. 如果从父母那里继承的染色体是独立的，且每对父母将第一染色体传给子女的概率是相同的，那么三种不同基因类型的概率 p_1, p_2 和 p_3 可以用以下形式表示：$p_1=\theta^2$, $p_2=2\theta(1-\theta)$, $p_3=(1-\theta)^2$，其中参数 $0<\theta<1$ 未知，而 $p_1, p_2, p_3>0$，且 $p_1+p_2+p_3=1$. (1) 基于一个随机样本中拥有每种基因个体的观察数值 N_1, N_2, N_3，求 θ 的极大似然估计；(2) 特别当 $N_1=10$, $N_2=53$, $N_3=46$，求 θ 的极大似然估计.

9. 设总体 X 的分布函数为：$F(x;\beta)=\begin{cases}1-\dfrac{\alpha^\beta}{x^\beta}, & x>\alpha,\\ 0, & x\leqslant\alpha,\end{cases}$ 其中参数 $\beta>1, \alpha>0$，设 $X_1, X_2, \cdots, X_n$ 为来自总体 X 的一个简单随机样本，(1) 当 $\alpha=1$ 时，求 β 的矩估计量；(2) 当 $\alpha=1$ 时，求 β 的极大似然估计量；(3) 当 $\beta=2$ 时，求 α 的极大似然估计量.

10. 设总体 X 的密度函数为：$f(x;\theta)=\begin{cases}\theta, & 0\leqslant x<1,\\ 1-\theta, & 1\leqslant x<2,\\ 0, & \text{其他},\end{cases}$ 其中 θ $(0<\theta<1)$ 是未知参数，$X_1, X_2, \cdots, X_n$ 是来自总体 X 的一个简单随机样本. (1) 求参数 θ 的矩估计 $\hat{\theta}_1$ 与极大似然估计 $\hat{\theta}_2$；(2) 证明 $\hat{\theta}_1$, $\hat{\theta}_2$ 都是 θ 的无偏与相合估计；(3) 求 $\hat{\theta}_1$, $\hat{\theta}_2$ 哪个更有效？

11. 设总体 X 的数学期望 μ 与方差 σ^2 存在，$X_1, X_2, \cdots, X_n$ 与 $Y_1, Y_2, \cdots, Y_m$ 为来自总体 X 的两个样本，证明：$S^2=\dfrac{1}{n+m-2}\left[\sum\limits_{i=1}^{n}(X_i-\bar{X})^2+\sum\limits_{i=1}^{m}(Y_i-\bar{Y})^2\right]$ 是 σ^2 的无偏估计.

12. 设 $X_1, X_2, \cdots, X_n$ 为来自总体 X 服从参数为 λ 的泊松分布的一个简单随机样本，(1) 证明对任意的常数 k，统计量 $k\bar{X}+(1-k)S^2$ 是 λ 的无偏估计量；(2) 求 λ^2 的两个不同的无偏估计.

13. 设总体 $X\sim U\left[\theta-\dfrac{1}{2}, \theta+\dfrac{1}{2}\right]$，$X_1, X_2, \cdots, X_n$ 为总体 X 的一个简单随机样本，$n>1$，(1) 求 θ 的极大似然估计，并问这种估计是否唯一？(2) 试求 α 取何值时，$\hat{\theta}=\alpha X_{(n)}+(1-\alpha)X_{(1)}$ 为 θ 的无偏估计.

14. 设总体 $X\sim U[\theta, 2\theta]$，其中 $\theta>0$ 是未知参数，$X_1, X_2, \cdots, X_n$ 是来自总体 X 的一个简单随机样本，$\bar{X}$ 为样本均值，(1) 证明 $\hat{\theta}=\dfrac{2}{3}\bar{X}$ 是参数 θ 的无偏估计和相合估计；(2) 求参数 θ 的极大似然估计，并判断它是否是无偏估计和相合估计.

15. 设从均值为 μ，方差为 $\sigma^2>0$ 的总体中分别抽取容量为 n_1，n_2 的两个独立样本，样本均值分别为 $\bar{X}$，$\bar{Y}$. 证明：对于任何满足条件 $a+b=1$ 的常数 a，b，$T=a\bar{X}+b\bar{Y}$ 是 μ 的无偏估计量，并确定常数 a，b 使得方差 $D(T)$ 达到最小.

16. 设总体 X 服从区间 $[1, \theta]$ 上的均匀分布，$\theta\ (\theta>1)$ 未知，$X_1, X_2, \cdots, X_n$ 是取自 X 的一个简单随机样本. (1) 求 θ 的矩估计量和极大似然估计量；(2) 上述两个估计量是否为无偏估计量，若不是，请修正为无偏估计量；(3) 问在(2)中两个无偏估计量哪一个更有效？

17. 设 $X_1, X_2, \cdots, X_n$ 是来自均匀分布总体 $X\sim U[\theta, \theta+1]$ 的一个简单随机样本，(1) 验证 $\hat{\theta}_1=\bar{X}-\dfrac{1}{2}$，$\hat{\theta}_2=X_{(1)}-\dfrac{1}{n+1}$，$\hat{\theta}_3=X_{(n)}-\dfrac{n}{n+1}$ 都是 θ 的无偏估计；(2) 比较上述三个估计的有效性.

18. 设 $X_1, X_2, \cdots, X_n$ 是取自均匀总体 $U[\alpha, \alpha+1]$ 的一个简单随机样本，证明估计量：

$$\hat{\alpha}_1=\frac{1}{n}\sum_{i=1}^{n}X_i-\frac{1}{2}, \hat{\alpha}_2=X_{(n)}-\frac{n}{n+1}$$

皆为参数 α 的无偏估计，且 $D(\hat{\alpha}_2)=o(D(\hat{\alpha}_1))$. 这里 $o(D(\hat{\alpha}_1))$ 是 $D(\hat{\alpha}_1)$ 的高阶无穷小.

19. 设 $X_1, X_2, \cdots, X_n$ 是总体 $X\sim N(\mu, \sigma^2)$ 的一个简单随机样本. 求 k，使 $\hat{\sigma}=k\sum\limits_{i=1}^{n}\sum\limits_{j=1}^{n}|X_i-X_j|$ 为 σ 的无偏估计.

20. 设总体 X 在区间 $[0, \theta]$ 上服从均匀分布，$X_1, X_2, \cdots, X_n$ 是取自总体 X 的一个简单随机样本，$\bar{X}=\dfrac{1}{n}\sum\limits_{i=1}^{n}X_i$，$X_{(n)}=\max(X_1, X_2, \cdots, X_n)$，求常数 a，b，使 $\hat{\theta}_1=a\bar{X}$，$\hat{\theta}_2=bX_{(n)}$ 均为 θ 的无偏估计，并比较其有效性.

21. 设 $X_1, X_2, \cdots, X_n$ 来自总体 X 的密度函数 $f(x; \theta)=\mathrm{e}^{-(x-\theta)}$，$x>\theta$ 的一个简单随机样本，(1) 求 θ 的极大似然估计 $\hat{\theta}_1$，它是否是相合估计？是否是无偏估计？(2) 求 θ 的矩估计 $\hat{\theta}_2$，它是否是相合估计？是否是无偏估计？(3) 考虑 θ 的形如 $\hat{\theta}_c=X_{(1)}-c$ 的估计，求使得 $\hat{\theta}_c$ 的均方误差达到最小的 c，并将之与 $\hat{\theta}_1$，$\hat{\theta}_2$ 的均方误差进行比较.

22. 设 X_1，X_2 独立同分布，其密度函数为 $f(x; \theta)=\dfrac{3x^2}{\theta^3}$，$0<x<\theta$，$\theta>0$. (1) 证明：$T_1=\dfrac{2}{3}(X_1+X_2)$ 和 $T_2=\dfrac{7}{6}\max(X_1, X_2)$ 都是 θ 的无偏估计；(2) 计算 T_1 和 T_2 的均方误差并进行比较；(3) 证明：在均方误差意义下，形如 $T_c=c\max(X_1, X_2)$ 的估计中，$T_{8/7}$ 最优.

23. 设总体 $X\sim N(\mu, \sigma^2)$，来自 X 的两个样本分别为：$X_1, X_2, \cdots, X_m$ 和 $Y_1, Y_2, \cdots, Y_n$，这两个样本相互独立，记 $T_1=\sum\limits_{i=1}^{m}(X_i-\bar{X})^2+\sum\limits_{i=1}^{n}(Y_i-\bar{Y})^2$，$T_2=\sum\limits_{i=1}^{m}(X_i-\mu)^2+\sum\limits_{i=1}^{n}(Y_i-\mu)^2$，其中，$\bar{X}=\dfrac{1}{m}\sum\limits_{i=1}^{m}X_i$，$\bar{Y}=\dfrac{1}{n}\sum\limits_{i=1}^{n}Y_i$. (1) 求 $\dfrac{T_i}{\sigma^2}$ 的分布，$i=1, 2$；(2) 求常数 C_i 使 $T_i^*=C_iT_i$ 是 σ^2 的无偏估计，$i=1, 2$；(3) 当 μ 已知时，在 T_1^*，T_2^* 中哪一个估计 σ^2 较优.

24. 设总体 $X\sim N(\mu, \sigma^2)$ 来自 X 的一个样本为：$X_1, X_2, \cdots, X_{2n}$，记 $\bar{X}=\dfrac{1}{n}\sum\limits_{i=1}^{n}X_i$，$T=\sum\limits_{i=1}^{n}(X_i-\bar{X})^2+\sum\limits_{i=n+1}^{2n}(X_i-\mu)^2$. (1) 求 $\dfrac{T}{\sigma^2}$ 的分布；(2) 当 μ 已知时，基于 T 构造估计 σ^2 的置信水平为 $1-\alpha$ 的置信区间.

25. 设 $X_1, X_2, \cdots, X_n$ 是独立同分布随机变量，都服从几何分布 $f(x; \theta)=\theta(1-\theta)^x$，$x=0, 1, 2, \cdots$，$0<\theta<1$，则 $T=\sum\limits_{i=1}^{n}X_i$ 是 θ 的充分统计量.

26. 设总体 X 服从泊松分布,其分布列为 $P(X=x)=\dfrac{e^{-\lambda}\lambda^x}{x!}$, $x=0, 1, 2, \cdots, \lambda>0$,从中取得一样本观察值 $x_1=1$, $x_2=2$,则 $T=2X_1+X_2$ 不是 λ 的充分统计量.

27. 设 $Y_i\sim N(\beta_0+\beta_1 x_i, \sigma^2)$, $i=1, 2, \cdots, n$,且 $Y_1, Y_2, \cdots, Y_n$ 相互独立,$x_1, x_2, \cdots, x_n$ 是已知常数,证明 $\left(\sum\limits_{i=1}^{n}Y_i, \sum\limits_{i=1}^{n}x_i Y_i, \sum\limits_{i=1}^{n}Y_i^2\right)$ 是充分统计量.

28. 设 $f(x;\sigma^2)$ 为正态总体 $X\sim N(0, \sigma^2)$ 的密度函数,证明 $f(x;\sigma^2)$, $0<\sigma^2<+\infty$ 为指数族分布.

29. 设总体密度函数为 $f(x;\theta)=\theta x^{\theta-1}$, $0<x<1$, $\theta>0$, $X_1, X_2, \cdots, X_n$ 是总体 X 的一个简单随机样本,(1) 求 $g(\theta)=1/\theta$ 的极大似然估计;(2) 求 $g(\theta)$ 的优效估计.

30. 设 $X_1, X_2, \cdots, X_n$ 是来自总体 $X\sim\Gamma(a, \lambda)$ 的一个简单样本,$a>0$ 已知,试证明 $\bar{X}/a$ 是 $g(\lambda)=1/\lambda$ 的优效估计,从而也是最优无偏估计.

31. 设 $X_1, X_2, \cdots, X_n$ 为总体 X 的一个简单随机样本,记 $\boldsymbol{X}=(X_1, X_2, \cdots, X_n)$,而 $T_1(\boldsymbol{X})$, $T_2(\boldsymbol{X})$ 分别是 $g_1(\theta)$, $g_2(\theta)$ 的最优无偏估计,且 $T_1(\boldsymbol{X})$, $T_2(\boldsymbol{X})$ 相互独立,试证明:$T_1(\boldsymbol{X})+T_2(\boldsymbol{X})$ 是 $g_1(\theta)+g_2(\theta)$ 的最优无偏估计.

32. 设 T 是 $g(\theta)$ 的最优无偏估计,$\hat{g}(\theta)$ 是 $g(\theta)$ 的无偏估计,试证明:若有 $D[\hat{g}(\theta)]<+\infty$,则 $\operatorname{cov}(T, \hat{g}(\theta))\geqslant 0$.

33. 设总体 $X\sim N(\mu, \sigma^2)$, $X_1, X_2, \cdots, X_n$ 为总体 X 的一个简单随机样本,试求:(1) $3\mu+4\sigma^2$ 的最优无偏估计;(2) $\mu^2-4\sigma^2$ 的最优无偏估计.

34. 设 $X_1, X_2, \cdots, X_n$ 独立同分布,X_1 的取值有四种可能,其概率分别为:

$$p_1=1-\theta,\ p_2=\theta-\theta^2,\ p_3=\theta^2-\theta^3,\ p_4=\theta^3.$$

记 N_j 为 $X_1, X_2, \cdots, X_n$ 中出现各种可能结果的次数,$\sum\limits_{i=1}^{4}N_i=n$

(1) 求参数 θ 的极大似然估计;(2) 确定 a_1, a_2, a_3, a_4,使 $\hat{\theta}=\sum\limits_{i=1}^{4}a_i N_i$ 为 θ 的无偏估计;(3) 将 $D(\hat{\theta})$ 与 θ 的无偏估计方差的 C-R 下界比较.

35. 某工厂生产一种产品,这种产品包装好后按一定数量放在盒子里,检验员从一盒里随机地抽出一个容量为 n 的子样,并逐个检验每个产品的质量.假如子样中有三个或更多个废品,那么这一盒被认为是废品,退回工厂,但厂方要求检验员一定要把每盒检查出的废品数通报厂方,(1) 假如产品的废品率为 $p(0<p<1)$,求任一盒通过的概率 θ;(2) 假如检验员通报厂方的数据如下,在检查过的 r 盒产品中,发现它们的废品数分别为 $X_1, X_2, \cdots, X_n$,证明:$\psi(X_1)=\begin{cases}0, & \text{若第一盒被接受}\\ 1, & \text{若第一盒被拒绝}\end{cases}$ 是 θ 的无偏估计;(3) 令 $T=\sum\limits_{i=1}^{n}X_i$,试求 $E(\psi(X_1)\mid T)$,并指出这是 θ 的最优无偏估计.

36. 设每一页书上的错别字的数目服从泊松分布 $P(\lambda)$,λ 有两个可能的取值:1.5 和 1.8,且先验分布为 $P(\lambda=1.5)=0.45$, $P(\lambda=1.8)=0.55$,现检查了一页,发现有 3 个错别字,试求 λ 的后验分布.

37. 设总体为均匀分布 $U[\theta, \theta+1]$,θ 的先验分布是均匀分布 $U[10, 16]$,现有三个观测值:11.7,12.1,12.0,求 θ 的后验分布.

38. 设 $X_1, X_2, \cdots, X_n$ 来自几何分布的样本,总体分布列为:$P(X=k\mid\theta)=\theta(1-\theta)^k$, $k=0, 1, 2, \cdots$, θ 的先验分布是均匀分布 $U[0, 1]$,(1) 求 θ 的后验分布;(2) 若 4 次观测值为 4, 3, 1, 6,求 θ 的贝叶斯估计.

39. 验证:泊松分布的均值 λ 的共轭型先验分布是伽马分布.

40. 设 $X_1, X_2, \cdots, X_n$ 是来自总体 X 的一个简单随机样本,$f(x\mid\theta)=\dfrac{2x}{\theta^2}$, $0<x<\theta$,(1) 若 θ 的先验分布是均匀分布 $U[0, 1]$,求 θ 的后验分布;(2) 若 θ 的先验分布为 $\pi(\theta)=3\theta^2$, $0<\theta<1$,求 θ 的

后验分布.

41. 设 $X_1, X_2, \cdots, X_n$ 是来自总体 X 的一个简单随机样本，$f(x \mid \theta) = \theta x^{\theta-1}, 0 < x < 1$，若取 θ 的先验分布为伽马分布，即 $\theta \sim \Gamma(\alpha, \lambda)$，求 θ 的后验期望估计.

42. 设 0.50，1.25，0.80，2.00 来自总体 X，已知 $Y = \ln X \sim N(\mu, 1)$，(1) 求 μ 的置信度为 0.95 的置信区间；(2) 求数学期望 $E(X)$ 的置信水平为 0.95 的置信区间.

43. 一个办公设备生产公司的经理试图确定一个新的为纠正人体坐姿而设计的椅子的加工流程. 物料、机器和工人配备方面的问题已经决定下来了，然而，现在有两种生产方式可供参考. 这两种方法的区别在于，生产过程中各个工序的顺序有所不同. 为了最终决定采用哪一种生产方式，经理进行了一次试验. 他随机抽出 25 名工人按照方法 A 装配椅子，同时随机抽出 25 名工人按照方法 B 装配椅子，以分钟为单位记录下他们的装配时间，记录的数据如下.

采用方法 A 所需的时间：6.8，5.0，7.9，5.2，7.6，5.0，5.9，5.2，6.5，7.4，6.1，6.2，7.1，4.6，6.0，7.1，6.1，5.0，6.3，7.0，6.4，6.1，6.6，7.7，6.4；

采用方法 B 所需的时间：5.2，6.7，5.7，6.6，8.5，6.5，5.9，6.7，6.6，4.2，4.2，4.5，5.3，7.9，7.0，5.9，7.1，5.8，7.0，5.7，5.9，4.9，5.3，4.2，7.1.

在 95%的置信水平下，估计这两种方法的平均装配时间之差 $\mu_1 - \mu_2$ 的置信区间.（假设两种方法的装配时间的方差相等）

44. 考虑某保险公司所进行的一项抽样研究，假定作为对人寿保险单每年审查的一部分，该公司抽取 36 个寿保人作为一个简单随机样本，根据保险单的下列项目进行检查：保费数量、保险单的现金值、残废补偿等. 36 个寿险投保人的年龄如下：

32，50，40，24，33，44，45，48，44，47，31，36，39，46，45，39，38，45，27，43，54，36，34，48，23，36，42，34，39，34，35，42，53，28，49，39.

为了便于研究，请求出寿险投保人总体平均年龄的 90%的区间估计.

45. 一家食品制造商用健康和节食观念作为细分早餐麦片市场的变量. 一共划分了四类：① 关注健康食品的群体；② 主要关心体重的群体；③ 由于身患疾病而关心健康的群体；④ 对食品没有特别要求的群体. 为了区分不同的群体，生产商进行了调查. 根据问卷调查，它们将人们归入以上四类之一. 最近进行的一次调查随机选出了 1 250 名美国成年人（年龄不小于 20 岁）来完成调查问卷，问卷结果是其中关注健康食品的有 269 人. 最近一次人口普查显示，美国共有 194 506 000 名年龄不低于 20 岁的成年人. 请在 95%的置信水平下，估计美国成年人中关注健康食品的人数.（用方法三）

46. 某钢铁公司的管理人员为比较新旧两个电炉的温度状况，他们抽取了新电炉的 31 个温度数据及旧电炉的 25 个温度数据，并计算出修正的样本方差分别为 $s_1^2 = 75$ 及 $s_2^2 = 100$. 设新电炉的温度 $X \sim N(\mu_1, \sigma_1^2)$，旧电炉的温度 $Y \sim N(\mu_2, \sigma_2^2)$，试求 $\dfrac{\sigma_1^2}{\sigma_2^2}$ 的 95%的置信区间.

47. 牙科常常会使用树脂基复合材料，现给出了两种制备这种复合材料样品的方法以及关于它们表面强度的一份对比结果. 一种是用恒定动力制备了 40 秒，另一种是用指数增长的动力制备了 40 秒. 每种方法各制备了 15 个样品 . 用恒定动力制备的样品的平均表面强度（单位 $\mathrm{N/mm^2}$）为 400.9，标准差为 10.6. 用呈指数增长的动力制备的样品的平均表面强度为 367.2，标准差为 6.1. 求这两种方法制备的样品的表面强度均值之差的置信区间，置信水平为 98%.

48. 从一大批产品中随机抽取 100 个进行检查，其中有 4 个次品，试以 95%的置信水平用比率的区间估计的方法二、三、四来估计整批产品的次品率.

第8章 假设检验

假设检验是一种通过样本对总体的某种假设(如总体均值、方差等于多少,总体服从什么分布等)进行检验的方法,它与第7章参数估计一样,是数理统计的重要内容之一.本章首先介绍假设检验的基本思想,在此基础上,介绍正态总体、非正态总体的参数假设检验,以及总体分布的 χ^2 拟合优度检验、独立性检验等非参数检验.

8.1 基本概念

8.1.1 假设检验的引入

被认为是现代统计学创始人的英国人费歇,曾提到下述故事:1920年的某日,有位女士对一群正在喝下午茶的科学家宣称,奶茶的调制顺序对风味有很大的影响,把茶加进牛奶里,和把牛奶加进茶里,两者喝起来完全不同.在座的科学家们当然对这种说法感到可笑,他们看不出两种混合方式的化学成分有什么差异.但费歇却认真地设计了一个实验步骤来对这件事做检定,包括要准备多少杯茶,以及依照什么顺序给这位女士喝等.

在费歇的故事里,如果只拿一杯奶茶让那位女士喝,而且她说对先放茶或先放牛奶,是否会相信她真有能力分辨?可能不会,因有1/2的概率她会说对.如果给她两杯呢?有1/4的概率皆说对,不算太小的概率,可能还是不相信她能分辨.如果连续10杯她皆说对,此概率仅为1/1 024,算是很小的,即使仍不太相信她有分辨的能力,也许暂时不会排除这一可能性.但是如果20次中错一次呢?毕竟人难免会犯错,有时你叫错朋友的名字,但你不会承认是认错他.那20次中错两次呢?我们对犯错是有一些忍受的程度,但程度究竟多大,就因人而异,或因情况而异.

在随机世界里,一件事往往很难被判定真伪.到底该女士能否分辨奶茶里是先放牛奶还是先放茶,即使她20次(乱猜猜中之概率等于 $1/2^{20}$ 约为百万分之一)皆说对,恐怕还是有人不信她有此能力.因此我们不会说"假设有某一泰勒女士,试证该女士能分辨奶茶是先放牛奶还是先放茶",或是该女士不能分辨……数学家因相信"在自然数 $n \geqslant 3$ 下, $x^n + y^n = z^n$ 无正整数解"是对的(即费尔玛大定理),于是去证明它.但对奶茶之类的问题,我们相信什么呢?应该是该女士无分辨能力.但我们却是先假设该女士有分辨能力.如费歇的做法设计一实验,再观察她有几次不正确.先设定一能忍受的错误概率 α(显著性水平),如0.05,0.01或0.001等,然后看在前述假设下,会有这么多次不正确之概率有多大.如果概率小于 α(也就是这么多次不正确是较不寻常的),则得到结论"拒绝"原假设,否则便说"不拒绝"原假设——这便是通常所言的显著性假设问题.

对于随机现象,研究人员都是先提出一猜想,将猜想表示为统计假设(简称假设)的形式. 而导致拒绝或不拒绝假设的步骤，就是统计假设检验的主要工作.

统计假设(简称假设)，实质是施加于一个或多个总体的概率分布或其参数的假设. 所做的假设可以是正确的，也可以是不正确的.

定义 8.1 所谓假设检验，是先对总体的分布函数形式或分布的某些参数做出某些可能的假设，然后根据所得的样本数据，对假设的正确性做出判断.

例 8.1 检验一批产品的废品率是否超过 0.03，把“$p\leqslant 0.03$”作为一个假设. 从这批产品中抽取若干个样品，记其中所含废品数为 X，则当 X 较小时，认为假设正确，或不拒绝假设. 反之，若 X 较大时，则认为假设不正确，拒绝或否定假设.

例 8.2 判断一个硬币是否均匀，即投掷时出现正面的概率是否为 0.5，把“$p=0.5$”作为一个假设，将硬币投掷 100 次，以 X 记正面出现的次数，若 $|X/100-0.5|$ 较小，则不拒绝假设，即“$p=0.5$”，否则拒绝假设.

例 8.3 某纯净水生产厂用自动灌装机灌装纯净水，该自动灌装机正常灌装量 $X\sim N(\mu,\ 0.4^2)$，规定每个产品的灌装标准量为 18 L，某天随机抽取测量该厂 9 个灌装产品的灌装量分别为(单位为：L)：18.0，17.6，17.3，18.2，18.1，18.5，17.9，18.1，18.3，试问当日产品的灌装是否合格？这也是一个具体的实际问题，把“生产的每个产品的灌装量是 18 L”作为原假设，我们知道 $\bar{X}$ 是 μ 的一个优良估计，由于随机因素的影响，$\bar{X}$ 和 18 之间肯定有一定的误差，但它们的误差不能很大，当 $|\bar{X}-18|$ 较大时，可认为灌装是不合格的；当 $|\bar{X}-18|$ 较小时，可认为灌装是合格的.

在统计学上，把统计假设称为“原假设”(或“零假设”)，记为 H_0，假设的对立面称为“对立假设”(或“备择假设”)，记为 H_1.

例 8.1 的统计假设为：$H_0:\ p\leqslant 0.03 \leftrightarrow H_1:\ p>0.03$；例 8.2 的统计假设为：$H_0:\ p=0.5 \leftrightarrow H_1:\ p\neq 0.5$；例 8.3 的统计假设为：$H_0:\ \mu=18 \leftrightarrow H_1:\ \mu\neq 18$.

注意 当根据抽样结果拒绝或不拒绝一个假设时，只是表明我们的一种判断. 由于样本的随机性，这样做出的判断就有可能犯错误. 例如：一批产品的真正废品率只有 0.01(其实通常是未知的)，因为 $0.01<0.03$，故对这批产品而言，“$p\leqslant 0.03$”的假设正确. 但由于抽样的随机性，样本也可能包含较多的废品，而导致拒绝“$p\leqslant 0.03$”，这就犯了错误. 反过来，当假设不成立时，也有可能被错误地接受了.

定义 8.2 使原假设被拒绝的样本观测值所在区域称为拒绝域，也称临界域. 一般它是样本空间的一个子集，并用 $\mathscr{X}_0$ 表示，而将它的补集称为接受域.

当拒绝域确定了，检验的判断准则也就确定了：如果样本观察 $(x_1,\ x_2,\ \cdots,\ x_n)\in\mathscr{X}_0$，则认为 H_0 不成立，通常称作拒绝 H_0；如果 $(x_1,\ x_2,\ \cdots,\ x_n)\notin\mathscr{X}_0$，则认为 H_0 成立，通常称作不拒绝 H_0. 由此可见，一个拒绝域 $\mathscr{X}_0$ 唯一确定一个检验法则，反之，一个检验法则也唯一确定一个拒绝域.

8.1.2 判断“假设”的根据

是拒绝还是不拒绝假设，通常是根据所谓的小概率原理.

定义 8.3 小概率原理，是指小概率事件(或概率很小的事件)在一次试验(或观察)中是几乎不可能发生的.

小概率原理体现了“反证法”的思想. 设有某个假设 H_0 需要检验，先假定 H_0 正确，在此“假定”下，构造一个小概率事件 A (即在 H_0 正确的条件下概率很小，$P(A\mid H_0)$ 很小)，再根据问题给出的条件,检验小概率事件 A 在一次试验中是否发生. 如果事件 A 居然发生了,则与小概率事件几乎不发生相矛盾,这就不能不使人怀疑 H_0 的正确性. 因此很有可能要否定 H_0;如果 A 不发生,这表明原命题成立在情理之中. 请看下面这个典型例子.

例 8.4 某家庭有 4 个女孩,她们去洗碗,在打破的 4 只碗中有 3 只是最小的女孩打破的,因此人家说她笨拙,问她是否有理由申辩这完全是碰巧?

解 设 $A=$"破碗是最小的女孩打破的",$B=$"四只破碗中有三只是最小的女孩打破的",记 $P(A)=p$, 则有:$P(B)=C_4^3 p^3(1-p)=4(p^3-p^4)>0$;

令函数 $g(p)=p^3-p^4$, $0<p<1$, $g'(p)=p^2(3-4p)$, 即函数 $g(p)$ 在$(0,\ 0.75)$上严格单调上升;而在$(0.75,\ 1)$上严格单调下降.

假设最小的女孩有理由申辩,即 $P(A)=p\leqslant 0.25$, 则

$$P(B)=4p^3(1-p)\leqslant 4\times(0.25)^3\times(1-0.25)\approx 0.046\,9,$$

这是一个小概率事件,然而在一次试验中竟然发生了,这与小概率事件在一次试验中几乎不发生的原理矛盾,因此,最小的女孩无理由申辩.

下面通过"手足口病"的发现,进一步体会"小概率原理". 2008 年 3 月 28 日下午,阜阳市人民医院儿科主任医师刘晓琳像往常一样走进病房值夜班. 这时,重症监护室里已同时住了两个小孩,病情一模一样,都是呼吸困难、吐粉红色痰,有肺炎症状,也表现出急性肺水肿症状,但是在另外一些症状上,却又与肺炎相矛盾. 当晚,这两个小孩的病情突然恶化,因肺出血抢救无效而死亡. 这时护士过来,告诉她 3 月 27 日也有一名相同症状的孩子死亡. 刘医生立即将这 3 个病例资料调到一起,发现患儿都是死于肺炎. 常规的肺火,大多是左心衰竭导致死亡. 这也就是说肺炎因右心衰竭而死是有可能的,只不过这个概率不大. 而这 3 个孩子都是右心衰竭导致死亡,这个概率更小了,这很不正常. 由此她就怀疑这些患儿得的不是肺炎. 职业的敏感和强烈的责任心,让刘晓琳医生警觉起来. 3 月 29 日零点多,她连夜用电话把情况向领导进行了汇报. 刘晓琳的预警起到了作用,4 月 23 日,经卫生部、省、市专家诊断,确定该病为手足口病(EV71 病毒感染). 人们都说,没有她的敏感和汇报,病毒还不知道要害死多少儿童. 不仅手足口病,就是 4 年之前,2004 年上半年引起社会公众高度关注的阜阳"大头娃娃"事件也是刘晓琳医生最早揭示的,是她首先想到"大头娃娃"吃的奶粉出了问题. 由此揭开了国内劣质奶粉的生产和销售的罪恶,挽救了无数婴儿的生命. 同年 4 月 26 日,时任卫生部部长陈竺对刘晓琳的行动也给予了高度赞扬:"一个好的临床医生,面对的应该不仅仅是个体病人的症状,还要想到症状后面的病因,要对临床情况的特殊性产生警觉,意识到其中的不同寻常之处,并且有报告意识. 刘主任对这次疫情的控制是有贡献的."

8.1.3 如何确定原假设 H_0 和对立假设 H_1

在假设检验问题中,首先要针对具体的检验问题提出原假设 H_0 和对立假设 H_1. 从经常遇到的实际检验问题的背景来看,区分原假设和对立假设是非常重要的. 由于原假设是作为检验的前提而提出来的,因此,原假设通常应该是受到保护的,没有充足的证据是不能被拒绝的. 对于原假设不轻易推翻,会使人们在做决策(如宣布某产品之规格,制定某项办法等)时更谨慎. 因为一旦宣布后,便很难被更改,如此使大家下决定前,能更周全地考虑. 例如公安部于 2013 年 1 月 1 日开始实施的两部新的《机动车驾驶证申领和使用规定》,受到社会广泛关注. 虽然被戏称为"世上最严"的交规,从实施初期的效果来看,新规在规范驾驶行为、

减少交通违法、预防重大交通事故等方面的积极作用已初步显现，但一些群众比较集中地对"闯黄灯"的相关处罚规定提出了意见和建议. 对此，公安部于 2013 年 1 月 6 日下发通知，要求各地交管部门对违反黄灯信号的，以教育警示为主，暂不予以处罚. 古人批评"朝令夕改"，今人说"朝令有错，夕改何妨?"

显而易见，对立假设只有当原假设被拒绝后，才能被接受，这就决定了原假设与对立假设不是处于对等的地位.

由于检验的方法是用概率意义下的反证法，所以拒绝原假设是有说服力的，而不拒绝原假设(接受原假设)是没有说服力的. 可以认为做假设检验的主要目的就是拒绝原假设. 因此应把希望否定的假设放在原假设；另外有的结果已经历了长时间的考验不应轻易否定的也可以放在原假设. 在实际问题中，若要决定新提出的方法(新材料、新工艺、新配方等)是否比原方法好，则在为此而进行的假设检验中，往往将原方法不比新方法差取为原假设 H_0，而将新方法优于原方法取为对立假设 H_1，或者说对立假设可能是我们真正感兴趣的，例如一般人感兴趣的是电影明星的婚姻有问题(对立假设)，影迷们对其经纪人一再宣称的该明星夫妻恩爱如常(原假设)是不感兴趣的. 接受对立假设可能意味着得到某种有特别意义的结论，或意味着采取某种重要决断，因此对统计假设做判断前，在处理 H_0 时总是偏于保守，在没有充分证据时，不轻易拒绝 H_0，或者说没有充分的证据不能轻易接受 H_1.

例如，假定某厂家过去的声誉很好，现要对它生产的一批产品进行质量检测，以判定这批产品是否合格. 由于这个厂家过去的声誉很好，如果没有充分的证据就轻易地判定这批产品不合格，可能对厂家和商家两方面都不会有好处. 因此，在这种情况下应设置原假设为"这批产品合格"，只有在抽样检测中抽到相当多的次品时才能拒绝这个假设.

又例如：要检验一种新的药品是否优于原来的药品，如果原来的药品已经长期使用并被证明有效，那么一种并不特别有效的新药投放市场不仅不会给病人带来多少好处，反而可能造成一些不良效果. 因此在进行临床试验时通常取原假设为"新药不优于旧药"，相应的对立假设是"新药优于旧药". 只有当试验结果提供充分的证据证明新药的效果显著地优于旧药时，才能拒绝原假设，接受对立假设，即接受新药.

在实际问题中，只提出一个假设，且统计检验的目的仅仅是为了判别这个假设是否成立，并不同时研究其他假设，此时直接取假设为原假设 H_0 即可.

由上所述，可以这样认为：原假设一般是我们不希望成立的假设，或者说是我们想要拒绝的假设；而备择假设是我们希望成立的假设，或者说希望通过抽样得到支持的假设. 这主要是因为，我们用一个样本无法去证实一个假设，但可以用一个样本去否定一个假设. 确定原假设与备择假设应注意：原假设和备择假设是相互排斥和对立的，它们两个有且只有一个成立；在确定假设时，首先根据实际情况，将希望成立的假设设定为备择假设，那么对立假设就是原假设；参数检验中，一般将"="放在原假设陈述中.

应该指出的是如何确定原假设和对立假设，这与个人的着眼点有关. 也就是说原假设与备择假设的关系不是对称的，一般不能颠倒. 有时交换原假设与对立假设会得出截然相反的检验结论.

例 8.5 某厂家断言它所生产的小型电动机在正常负载条件下平均电流不会超过 0.8 安，随机抽取该型号电动机 16 台，发现其平均电流为 0.92 安，而由该样本求出修正的标准差 $s=0.32$ 安，假定这种电动机的工作电流 X 服从正态分布，并取显著水平 $\alpha=0.05$，问：根据这一抽样结果，能否否定厂家断言?

解 假定 $X \sim N(\mu, \sigma^2)$，σ^2 未知，厂方的断言是 $\mu \leqslant 0.8$，

(1) 如将厂方的断言作为原假设，

此时假设检验问题为 $H_0: \mu \leqslant 0.8 \leftrightarrow H_1: \mu > 0.8$，

此时，$n = 16$，$\bar{x} = 0.92$，$s = 0.32$，$\alpha = 0.05$，由 t-检验法知，此问题的拒绝域为：

$$\bar{X} > 0.8 + \frac{0.32}{\sqrt{16}} t_{0.05}(16-1) = 0.8 + \frac{0.32}{4} \times 1.753 \approx 0.94,$$

由于 $\bar{x} = 0.92 < 0.94$，所以不应当拒绝 H_0，即在所给数据和检验水平下，没有充分理由否定厂方的断言；

(2) 如将厂方的断言的对立面(即 $\mu \geqslant 0.8$) 作为原假设，

此时假设检验问题为 $H_0: \mu \geqslant 0.8 \leftrightarrow H_1: \mu < 0.8$，

由 t-检验法，此时的拒绝域为：$\bar{X} < 0.8 - \dfrac{0.32}{\sqrt{16}} t_{0.05}(15) = 0.66$，

由于 $\bar{x} = 0.92 > 0.66$，所以不应当拒绝原假设，即接受厂方断言的对立面.

由上例可以看到随着问题提法的不同(把哪一个断言作为原假设的不同)，或者交换了原假设与对立假设，得到了截然相反的结论，其原因是个人对检验问题的着眼点不同所致. 当把“厂家断言正确”作为原假设时，我们是根据该厂以往的表现和信誉，对其断言已有了很大的信任. 只有很不利于他的观察结果才能改变我们的看法，因而一般难以拒绝这个断言. 反之当把“厂家断言不正确”作为原假设时，我们一开始就对该厂的产品持怀疑态度，只有很有利于该厂的结果，才能改变我们的看法，因此在所得观察数据并非决定性地偏于一方时，我们的着眼点决定了所得的结果.

吴喜之教授针对如何确定原假设与备择假设提出如下三条参考准则.

准则 1：采取“不轻易拒绝原假设”的原则，把没有充分理由不能轻易否定的命题作为原假设，而相应地把没有足够把握就不能轻易肯定的命题作为备择假设. 因为拒绝原假设犯错误的概率 α 是受到控制的，而且 α 通常很小，因此拒绝原假设即承认备择假设的结论一般都非常有说服力.

准则 2：把样本显示的信息(它是我们获取的事实，代表“现实世界”)作为备择假设 H_1，再将相反的命题作为原假设 H_0(它往往代表的是以往的经验，原来的状态、看法或理论). 例如，某企业以前产品的次品率为 1%，样本中次品率为 3%，显然样本信息显示次品率可能会比 1%更高. 因此，提出备择假设 $H_1: p > 1\%$，相应地，$H_0: p \leqslant 1\%$ (或简记为 $H_0: p = 1\%$).

准则 3：把想要证明的命题或想要支持的结论作为备择假设 H_1，再将相反的命题作为原假设 H_0.

统计假设的架构，与刑事诉讼法中的“无罪推定原则”或者“疑罪从无”(被告未经审判证明有罪前，推定其为无罪)是类似的. 所谓“疑罪”，是指证明被告人有罪的证据不足，即：既不能证明被告人有罪又不能证明被告人无罪的两难情况. 我国在 1996 年刑事诉讼法修改之前，司法实践中常常出现“疑罪从挂”的现象，即对于事出有因，又查无实据的疑难案件，先挂起来拖着，对已经被逮捕的犯罪嫌疑人则实行长期关押不予释放，造成了很坏的影响. 刑事

诉讼法修改后，正式确立了疑罪从无规则. 新刑事诉讼法第一百四十条规定："对于补充侦查的案件，人民检察院仍然认为证据不足，不符合起诉条件的，可以做出不起诉的决定"，第一百六十二条第三款规定："证据不足，不能认定被告人有罪的，应当做出证据不足、指控的犯罪不能成立的无罪判决". 这些规定，是我国确立"疑罪从无"规则的显著标志，它不仅是"无罪推定原则"的重要派生规则，而且也是证据采信规则的重要法则，该规则强调证明有罪的责任应由控诉机关来承担，控诉机关必须收集到确实充分的证据以证明犯罪，如果不能证实犯罪或者依据收集到的证据定罪存在异议，则应做有利于犯罪嫌疑人的解释和处理，罪轻罪重不能确定时，应定轻罪，有罪无罪不能确定时，应判定犯罪嫌疑人、被告人无罪. 以往检察官若认为法官未穷尽调查之途径便判被告无罪，会不服而提起上诉，那是因为长期法院是采用"有罪推定原则". 但法官判决时，采用"无罪推定原则"是较有道理的. 若一嫌犯因证据不足而被释放，如果他是无辜的，那当然最好；如果他其实是有罪的，但被释放后，洗心革面，再也不犯罪，那也很好；如果他因心存侥幸或因其他原因，又犯了罪，则第二次以后，就不见得总有那么好的运气了. 若采用"有罪推定原则"，由于此假设不易被推翻，被起诉者容易被判有罪，一旦执行刑罚(如死刑)，日后如果真相大白，错误将很难挽回.

8.1.4 两类错误，检验的水平与势函数

在统计假设检验中，当提出了原假设 H_0 和对立假设 H_1 以后，便要从总体中抽取样本，根据样本中所含信息做出不拒绝 H_0 还是拒绝 H_0 的判断，由于样本的随机性，这样做出的判断就可能犯错误. 例如，一批产品的真正的废品率上只有 $p=0.01$(通常是未知的)，我们要检验统计假设：$H_0: p\leqslant 0.03 \leftrightarrow H_1: p>0.03$，就这批产品的真实情况而言，假设 H_0 是正确的，但由于抽样的随机性，样本中有可能包含较多的废品，而导致拒绝 H_0 的错误.

反过来，如果该批产品的真实废品率为 $p=0.05$，但抽出的样本中有可能包含较少的废品，根据此样本做检验便有可能导致不拒绝 H_0，样本的随机性使得在统计假设的检验中犯上述错误是不可避免的.

对于前者而言，实际 H_0 为真，而我们根据抽样结果错误地拒绝了 H_0，我们称此错误为第一类错误，犯第一类错误的可能性可用条件概率：$\alpha=P$(拒绝 $H_0 \mid H_0$ 为真)来描述，称之为犯第一类错误的概率，或"弃真"的概率. 而对于后一种情况而言，实际上 H_0 不真(H_1 为真)，但我们却错误地接受了 H_0，这种错误我们称之为第二类错误，犯第二类错误的可能性可用条件概率：$\beta=P$(不拒绝 $H_0 \mid H_0$ 不真)$=P$(不拒绝 $H_0 \mid H_1$ 为真)来描述，或称为"采伪"(或"存伪")的概率. 关于两类错误可用表 8.1 表示：

表 8.1 两类错误的概率

真实情况	所做判断	
	不拒绝 H_0	拒绝 H_0(接受 H_1)
H_0 为真	正确 $(1-\alpha)$	第一类错误 (α)
H_0 不真	第二类错误 (β)	正确 $(1-\beta)$

例如，法院审讯犯罪嫌疑人时采用"无罪推定"，则原假设是"嫌疑人无罪"，备择假设是"嫌疑人有罪". 那么检验的第一类错误就相当于法院审讯时将无罪的嫌疑人判为有罪，在有了充分、确凿、有效的证据证明犯罪嫌疑人有罪时才认为他有罪，这是为了将无罪的嫌疑人

误判为有罪的可能性降低到非常小,几乎不可能发生.而检验的第二类错误就相当于将有罪的嫌疑人判为无罪,法院寻找充分、确凿、有效的证据也使得将有罪的嫌疑人误判为无罪的可有性尽可能地降低.

α 与 β 之间一般没有明确的解析关系.一个优良的假设检验准则应该使得犯两类错误的概率均尽可能得小.但一般来说,这两类错误是对立的,当样本容量给定时,犯两类错误的概率不可能同时减少,若减少其中之一,另一个就会增加.如果要同时减少犯两类错误的概率,则必须增加样本容量,也就是说要做更大规模的试验.

在统计学上,把犯第一类错误的概率称为检验的水平或显著性水平,用 α 表示,α 必须在原假设 H_0 成立的条件下去计算.第二类错误的概率 β 必须在 H_0 不成立的条件下计算,$1-\beta$ 是"不犯第二类错误"的概率,称为检验的"功效".

设 Θ 为参数空间,$\Theta_0 \subset \Theta$,$\Theta_1 \subset \Theta$,且 $\Theta_0 = \varphi$,$\Theta_0 \cap \Theta_1 = \varphi$,并设检验问题 $H_0: \theta \in \Theta_0 \leftrightarrow H_1: \theta \in \Theta_1$ 的拒绝域为 $\mathscr{X}_0$,则样本观测值 $(x_1, x_2, \cdots, x_n)$ 落在拒绝域 $\mathscr{X}_0$ 内的概率称为该检验的势函数(或称功效函数),记

$$g(\theta) = P_\theta((X_1, X_2, \cdots, X_n) \in \mathscr{X}_0), \ \theta \in \Theta.$$

易见,当 $\theta \in \Theta_0$ 时,$g(\theta) = \alpha = \alpha(\theta)$;当 $\theta \in \Theta_1$ 时,$g(\theta) = 1-\beta = 1-\beta(\theta)$.
则犯两类错误的概率都是参数 θ 的函数,并可由势函数得到:

$$g(\theta) = \begin{cases} \alpha(\theta), & \theta \in \Theta_0, \\ 1-\beta(\theta), & \theta \in \Theta_1, \end{cases} \text{或} \begin{cases} \alpha(\theta) = g(\theta), & \theta \in \Theta_0, \\ \beta(\theta) = 1-g(\theta), & \theta \in \Theta_1. \end{cases}$$

例 8.6 设正态总体 $X \sim N(\mu, \sigma^2)$,其方差 $\sigma^2 = \sigma_0^2$ 已知,而均值 μ 只能取 μ_0 或 $\mu_1(\mu_0 < \mu_1)$ 两者之一,设 $X_1, X_2, \cdots, X_n$ 是来自总体 X 的一个简单随机样本,检验假设:

$$H_0: \mu = \mu_0 \leftrightarrow H_1: \mu = \mu_1,$$

已知样本均值 $\bar{X} = \dfrac{1}{n}\sum_{i=1}^{n} X_i$ 是总体均值 μ 的一个优良估计,且 $\mu_0 < \mu_1$,当 $\bar{X}$ 过分偏大(或者说 $\bar{X} - \mu_0$ 过分偏大)时,则说明 H_0 不真,因此其拒绝域为:$\bar{X} > C$.

犯第一类错误的概率为:

$$\begin{aligned} \alpha &= P(\text{拒绝 } H_0 \mid H_0 \text{ 为真}) = P(\bar{X} > C \mid \mu = \mu_0) \\ &= P\left(\frac{\bar{X} - \mu_0}{\sigma_0/\sqrt{n}} > \frac{C - \mu_0}{\sigma_0/\sqrt{n}} \middle| \mu = \mu_0\right), \end{aligned}$$

而当 H_0 为真时,即有: $\mu = \mu_0, \ \dfrac{\bar{X} - \mu_0}{\sigma_0/\sqrt{n}} \sim N(0, 1)$,

由此,$\alpha = 1 - \Phi\left(\dfrac{(C-\mu_0)\sqrt{n}}{\sigma_0}\right)$,从而 $\dfrac{(C-\mu_0)\sqrt{n}}{\sigma_0} = U_\alpha$,$C = \mu_0 + \dfrac{\sigma_0}{\sqrt{n}} U_\alpha$.

犯第二类错误的概率为

$$\begin{aligned} \beta &= P(\text{接受 } H_0 \mid H_1 \text{ 为真}) = P(\bar{X} \leqslant C \mid \mu = \mu_1) \\ &= P\left(\frac{\bar{X} - \mu_1}{\sigma_0/\sqrt{n}} \leqslant \frac{C - \mu_1}{\sigma_0/\sqrt{n}} \middle| \mu = \mu_1\right), \end{aligned}$$

而当 H_1 为真时，即有： $\mu=\mu_1$, $\dfrac{\bar{X}-\mu_1}{\sigma_0/\sqrt{n}} \sim N(0, 1)$,

由此， $$\beta=\Phi\left(\frac{C-\mu_1}{\sigma_0/\sqrt{n}}\right)=\Phi\left(U_\alpha-\frac{\mu_1-\mu_0}{\sigma_0/\sqrt{n}}\right),$$

当 α 减小时，U_α 增大，$U_\alpha-\dfrac{\mu_1-\mu_0}{\sigma_0/\sqrt{n}}$ 也增大，从而 β 增大；反之，若减小 β，则 $U_\alpha-\dfrac{\mu_1-\mu_0}{\sigma_0/\sqrt{n}}$ 也随着减小，U_α 减小，从而 $\alpha=1-\Phi(U_\alpha)$ 增大. 可见，在样本容量 n 固定的情况下，要同时减小 α 和 β 是不可能的.

但若允许样本容量 n 变化，则同时减小 α 和 β 是可能的. 由于 $\beta=\Phi\left(U_\alpha-\dfrac{\mu_1-\mu_0}{\sigma_0/\sqrt{n}}\right)$，则 $U_\alpha-\dfrac{\mu_1-\mu_0}{\sigma_0/\sqrt{n}}=U_{1-\beta}$，考虑到正态分布的分位数满足 $U_{1-\beta}=-U_\beta$，则有：$U_\beta=-\left(U_\alpha-\dfrac{\mu_1-\mu_0}{\sigma_0/\sqrt{n}}\right)$，即 $U_\alpha+U_\beta=\dfrac{(\mu_1-\mu_0)\sqrt{n}}{\sigma_0}$. 因此若使 n 增加，可知 U_α，U_β 同时增加，即 α 和 β 同时减小. 另外，若给定 α 或 β 其中之一，可通过增加 n，减小犯另一类错误的概率.

虽然两类错误是对立的，但发生第一类错误与发生第二类错误并不是互逆的事件，也就是说 $\alpha+\beta$ 一般不为 1. 事实上，在原假设 H_0 给定后，具体做假设检验时，要么发生第一类错误，要么发生第二类错误，绝不可能第一类错误与第二类错误在同一次假设检验中同时存在，更不是两者为相互对立事件. 因此，一般来说，$\alpha+\beta\neq 1$. 前面所言的“如果要同时减少犯两类错误的概率，则必须增加样本容量，也就是说要做更大规模的试验”，这句话本身也说明 $\alpha+\beta\neq 1$. 当然这并不排除特殊场合会出现 $\alpha+\beta=1$ 的情况，即使这种情况出现，也决不能把“犯第一类错误”和“犯第二类错误”理解为相互对立的事件. 例如，设检验问题为：H_0：$\mu=\mu_0 \leftrightarrow H_1$：$\mu=\mu_1$，若取拒绝域为整个样本空间，即对任一次抽样都拒绝 H_0，则 $\beta=0$，$\alpha=1$(即这时不可能发生“以假当真”的事，但必然会发生“以真当假”的事). 反之，若取接受域为整个样本空间，则 $\alpha=0$，$\beta=1$. 在这两种场合都有 $\alpha+\beta=1$，但这两种情况都是极端的情况.

通常把在 $\alpha=0.05$ 时拒绝 H_0 称为“显著的”(实际情况“显著”异于 H_0)，把在 $\alpha=0.01$ 时拒绝 H_0 称为“高度显著的”.

例 8.7 设正态总体 $X\sim N(\mu, 1/2)$，X_1，X_2，…，X_n 是来自总体 X 的一个简单随机样本，给出检验假设：H_0：$\mu=5 \leftrightarrow H_1$：$\mu\neq 5$ 的拒绝域，并给出检验犯第二类错误的概率表达式，结果用 $\Phi(\cdot)$ 表示(显著性水平为 α).

解 H_0：$\mu=5 \leftrightarrow H_1$：$\mu\neq 5$,

在 H_0 成立的条件下有：$\dfrac{\bar{X}-5}{\sqrt{1/(2n)}}\sim N(0, 1)$，拒绝域 $\left\{\left|\dfrac{\bar{X}-5}{\sqrt{1/(2n)}}\right|>U_{\alpha/2}\right\}$，

对 $\mu_1\neq 5$，犯第二类错误的概率为：

$$\beta = P(\text{接受 } H_0 \mid H_1 \text{ 为真}) = P\left(\left| \frac{\bar{X}-5}{\sqrt{1/(2n)}} \right| \leqslant U_{\alpha/2} \middle| \mu = \mu_1 \neq 5 \right)$$
$$= P\left(-\sqrt{1/(2n)}U_{\alpha/2} \leqslant \bar{X}-5 \leqslant \sqrt{1/(2n)}U_{\alpha/2} \,\middle|\, \mu=\mu_1\right)$$
$$= P\left(5-\sqrt{1/(2n)}U_{\alpha/2} \leqslant \bar{X} \leqslant 5+\sqrt{1/(2n)}U_{\alpha/2} \,\middle|\, \mu=\mu_1\right)$$
$$= P\left(\frac{5-\sqrt{1/(2n)}U_{\alpha/2}-\mu_1}{\sqrt{1/(2n)}} \leqslant \frac{\bar{X}-\mu_1}{\sqrt{1/(2n)}} \leqslant \frac{5+\sqrt{1/(2n)}U_{\alpha/2}-\mu_1}{\sqrt{1/(2n)}} \right)$$
$$= \Phi(U_{\alpha/2}+\sqrt{2n}(5-\mu_1)) - \Phi(-U_{\alpha/2}+\sqrt{2n}(5-\mu_1)).$$

8.1.5 假设检验的程序

一般地,假设检验的程序大致有如下六个步骤.

(1) 提出统计假设:原假设 H_0 和对立假设 H_1;

(2) 在原假设 H_0 成立的条件下,选取样本的统计量 T(检验统计量);

(3) 规定显著性水平 α;

(4) 在显著性水平 α 下,根据统计量的分布将样本空间划分为两个不相交的区域,其中一个是由不拒绝假设的样本值全体组成的,称为接受域,反之为拒绝域;

(5) 根据样本观察值 $x_1, x_2, \cdots, x_n$,计算统计量 T 的观测值;

(6) 做出判断:若统计量 T 的观测值落在拒绝域,则拒绝原假设 H_0 而接受对立假设 H_1;反之,若 T 的观测值落在接受域,则不拒绝 H_0 而拒绝 H_1.

将类似于如下假设检验问题 $H_0: \mu=\mu_0 \leftrightarrow H_1: \mu \neq \mu_0$ 称为双侧检验;将类似于如下假设检验问题 $H_0: \mu=\mu_0 \leftrightarrow H_1: \mu < \mu_0$ 或 $H_0: \mu=\mu_0 \leftrightarrow H_1: \mu > \mu_0$ 称为单侧检验. 值得一提的是 $H_0: \mu=\mu_0 \leftrightarrow H_1: \mu<\mu_0$ 和 $H_0: \mu \geqslant \mu_0 \leftrightarrow H_1: \mu<\mu_0$ 具有相同的拒绝域,检验方法完全一样;类似地,$H_0: \mu=\mu_0 \leftrightarrow H_1: \mu>\mu_0$ 和 $H_0: \mu \leqslant \mu_0 \leftrightarrow H_1: \mu>\mu_0$ 具有相同的拒绝域,检验方法也完全一样.

由于原假设和备择假设是互斥的(对立假设),严格地讲,单侧检验中原假设应该用"$\leqslant$"或"$\geqslant$"表示,且必须包括"$=$". 但实际检验时,只取其边界值,该值能够拒绝,其他值就更有理由拒绝. 所以,原假设中一般可省略大于或小于符号而只用等号表示.

关于不拒绝原假设表述. 假设检验结论的正确表述为"拒绝原假设,接受备择假设"或"不能拒绝原假设",而通常不说"接受原假设". 这是因为假设检验的目的往往是要收集证据来证明情况已经发生了变化,从而应该拒绝原假设,转而支持你更倾向的备择假设. 原假设在假设检验之前往往被认为是正确的,现在要进行假设检验,一定是发生了某种变化(如政策变化、工艺变化、技术进步等),总体的性质因而就应该发生改变,这才需要收集证据来证明确实发生了变化. 在假设检验中,通常将不拒绝 H_0 的结果解释为"没有发现充足的证据拒绝 H_0",或更严格地解释为"在显著性水平 α 下没有发现充足的证据拒绝 H_0",而不用"接受原假设 H_0",因为我们无法证明原假设是真的. 根据得到的样本数据,确定是否有足够的证据来拒绝原假设. 如果样本数据不支持我们"拒绝原假设",则我们采用"接受原假设"来表述检验结论,则意味着证明了原假设是正确的. 但是"不拒绝原假设"的表述并不等于你已经证明了"原假设"是正确的,仅仅意味着目前现有的样本所提供的证据还不足以拒绝原假设. 因此,"不拒绝原假设"实际上等于还没有得出明确的结论. 采用"不拒绝原假设"的表述,体现了假设检验的严谨性.

8.2 正态总体参数的假设检验

8.2.1 方差已知情况下正态总体均值的检验

设总体的分布为 $N(\mu, \sigma^2)$，且已知方差为 σ^2，给定显著性水平 α，可以得到如下检验问题的拒绝域，在此称为 U-检验法.

(1) $H_0: \mu=\mu_0 \leftrightarrow H_1: \mu=\mu_1$（$\mu_0$, μ_1 已知，且 $\mu_1>\mu_0$），

在 H_0 成立的条件下，$U=\dfrac{\bar{X}-\mu_0}{\sigma/\sqrt{n}} \sim N(0,1)$，$\alpha=P(\bar{X}>C \mid \mu=\mu_0)=P\left(U>\dfrac{\sqrt{n}}{\sigma}(C-\mu_0)\right)$，$U_\alpha=\dfrac{\sqrt{n}}{\sigma}(C-\mu_0)$，$C=\mu_0+\dfrac{\sigma}{\sqrt{n}}U_\alpha$，拒绝域：$\{\bar{X}>C\}$，$C=\mu_0+\dfrac{\sigma}{\sqrt{n}}U_\alpha$，当 $\bar{X}>C$ 时，拒绝 H_0；当 $\bar{X}\leqslant C$ 时，不拒绝 H_0.

类似地，我们可以得到如下一些假设检验的拒绝域.

(2) $H_0: \mu=\mu_0 \leftrightarrow H_1: \mu>\mu_0$（$\mu_0$ 已知），拒绝域 $\{\bar{X}>C\}$，$C=\mu_0+\dfrac{\sigma}{\sqrt{n}}U_\alpha$.

(3) $H_0: \mu=\mu_0 \leftrightarrow H_1: \mu=\mu_1(<\mu_0)$（$\mu_0$, μ_1 已知），拒绝域 $\{\bar{X}<C\}$，$C=\mu_0-\dfrac{\sigma}{\sqrt{n}}U_\alpha$.

(4) $H_0: \mu=\mu_0 \leftrightarrow H_1: \mu<\mu_0$，拒绝域 $\{\bar{X}<C\}$，$C=\mu_0-\dfrac{\sigma}{\sqrt{n}}U_\alpha$.

(5) $H_0: \mu=\mu_0 \leftrightarrow H_1: \mu\neq\mu_0$（$\mu_0$ 已知），拒绝域 $\{|\bar{X}-\mu_0|>C\}$，$C=U_{\frac{\alpha}{2}}\dfrac{\sigma}{\sqrt{n}}$.

(6) $H_0: \mu\leqslant\mu_0 \leftrightarrow H_1: \mu>\mu_0$（$\mu_0$ 已知），拒绝域 $\{\bar{X}>C\}$，$C=\mu_0+\dfrac{\sigma}{\sqrt{n}}U_\alpha$.

(7) $H_0: \mu\geqslant\mu_0 \leftrightarrow H_1: \mu<\mu_0$（$\mu_0$ 已知），拒绝域 $\{\bar{X}<C\}$，$C=\mu_0-\dfrac{\sigma}{\sqrt{n}}U_\alpha$.

例 8.8 某公司生产某种型号的电池，假定其寿命服从正态分布 $N(\mu, 3^2)$. 该公司声称：该型号电池的平均寿命不低于 21.5 小时，在实验室里检测了该公司生产的 9 只电池，得知它们的平均寿命为 20 小时，该公司的信誉一向很好，显著性水平 $\alpha=0.05$.

(1) 问试验结果是否表明这种型号的电池的平均寿命比该公司宣布的更短；

(2) 对(1)的检验，给出犯两类错误的概率[该结果可用 $\Phi(\cdot)$ 表示].

解 (1) $X\sim N(\mu, 3^2)$，$H_0: \mu\geqslant 21.5 \leftrightarrow H_1: \mu<21.5$，记 $\mu_0=21.5$，

在 H_0 成立的条件下有：$\dfrac{\bar{X}-21.5}{3/\sqrt{9}}\sim N(0,1)$，即 $\bar{X}-21.5\sim N(0,1)$，

$$\alpha = 0.05,\ \bar{x} = 20,\ n = 9,\ U_{0.05} = 1.65,$$

$$\text{而}\ C = \mu_0 - \frac{\sigma}{\sqrt{n}} U_\alpha = 21.5 - \frac{3}{\sqrt{9}} \times 1.65 = 19.85,$$

由于 $20 > 19.85$，所以不拒绝原假设，即在 0.95 的置信水平下接受该公司的观点.

(2) 犯第一类错误的概率为 $\alpha = 0.05$；

在 H_1 成立的条件下有：$\dfrac{\bar{X} - \mu_1}{3/\sqrt{9}} \sim N(0,\ 1)$，其中 $\mu_1 < \mu_0$；

犯第二类错误的概率：

$$\begin{aligned}
\beta &= P(\text{接受}\ H_0 \mid H_1\ \text{为真}) = P\left(\bar{X} \geqslant \mu_0 - \frac{\sigma}{\sqrt{n}} U_\alpha \,\middle|\, \mu = \mu_1 < \mu_0\right) \\
&= P\left(\frac{\bar{X} - \mu_1}{\sigma/\sqrt{n}} \geqslant \frac{\mu_0 - \mu_1}{\sigma/\sqrt{n}} - U_\alpha \,\middle|\, \mu = \mu_1\right) \\
&= 1 - P\left(\frac{\bar{X} - \mu_1}{\sigma/\sqrt{n}} < \frac{\mu_0 - \mu_1}{\sigma/\sqrt{n}} - U_\alpha \,\middle|\, \mu = \mu_1\right) \\
&= 1 - \Phi\left(\frac{\mu_0 - \mu_1}{\sigma/\sqrt{n}} - U_\alpha\right) = 1 - \Phi(21.5 - \mu_1 - 1.65) = 1 - \Phi(19.85 - \mu_1).
\end{aligned}$$

8.2.2　方差未知情况下正态总体均值的检验

在实际问题中，方差已知的情况比较少见，更多的情况是知道总体 $X \sim N(\mu,\ \sigma^2)$，而方差 σ^2 未知，H_0：$\mu = \mu_0$（μ_0 已知），检验统计量为 $T = \dfrac{\bar{X} - \mu_0}{S/\sqrt{n}} \sim t(n-1)$，在此称为 t-检验，检验的拒绝域见表 8.2.

表 8.2　正态均值的假设检验

原假设 H_0	对立假设 H_1	σ^2	拒绝域
$\mu = \mu_0$ 或 $\mu \leqslant \mu_0$	$\mu = \mu_1$ 或 $\mu > \mu_0$ $(\mu_1 > \mu_0)$	已知	$\bar{X} > \mu_0 + \frac{\sigma}{\sqrt{n}} U_\alpha$
		未知	$\bar{X} > \mu_0 + \frac{S}{\sqrt{n}} t_\alpha(n-1)$
$\mu = \mu_0$ 或 $\mu \geqslant \mu_0$	$\mu = \mu_1$ 或 $\mu < \mu_0$ $(\mu_1 < \mu_0)$	已知	$\bar{X} < \mu_0 - \frac{\sigma}{\sqrt{n}} U_\alpha$
		未知	$\bar{X} < \mu_0 - \frac{S}{\sqrt{n}} t_\alpha(n-1)$
$\mu = \mu_0$	$\mu \neq \mu_0$	已知	$\lvert \bar{X} - \mu_0 \rvert > \frac{\sigma}{\sqrt{n}} U_{\alpha/2}$
		未知	$\lvert \bar{X} - \mu_0 \rvert > \frac{S}{\sqrt{n}} t_{\alpha/2}(n-1)$

例 8.9　某高校学生上周平均伙食费为 355 元，随机抽取 49 名大学生，他们本周伙食费

平均为 366 元,修正的样本标准差 $s=35$ 元.假定该高校学生周伙食费 X 服从正态分布,试分别在水平 $\alpha=0.05$ 和 $\alpha=0.01$ 之下检验“本周该高校学生平均伙食费较上周无变化”的假设.

解 $X\sim N(\mu,\sigma^2)$,σ^2 未知,$n=49$,$\bar{x}=366$,$s=35$,
检验问题:$H_0:\mu=355\leftrightarrow H_1:\mu\neq 355$.

当 $\alpha=0.05$ 时,$t_{0.025}(48)=2.01$,拒绝域为:$|\bar{X}-355|>\dfrac{35}{\sqrt{49}}t_{\alpha/2}(48)=\dfrac{35}{\sqrt{49}}\times 2.01=10.5$,而 $|\bar{x}-355|=11>10.5$,应拒绝 H_0;

当 $\alpha=0.01$ 时,$t_{0.005}(48)=2.6822$,拒绝域为:$|\bar{X}-355|>\dfrac{35}{\sqrt{49}}\times 2.6822=13.411$.
而 $|\bar{x}-355|=11<13.411$,故不应拒绝 H_0.

8.2.3 均值未知正态总体方差的检验

设总体 $X\sim N(\mu,\sigma^2)$,做假设检验:$H_0:\sigma^2=\sigma_0^2\leftrightarrow H_1:\sigma^2\neq\sigma_0^2$,其中 σ_0^2 已知,当 H_0 成立时,检验统计量 $\dfrac{(n-1)S^2}{\sigma_0^2}\sim\chi^2(n-1)$,在此称为 χ^2 -检验,所以给定显著性水平为 α 的接受域为:$\left\{\chi^2_{1-\frac{\alpha}{2}}(n-1)\leqslant\dfrac{(n-1)S^2}{\sigma_0^2}\leqslant\chi^2_{\frac{\alpha}{2}}(n-1)\right\}$,

而拒绝域为:$\left\{\dfrac{(n-1)S^2}{\sigma_0^2}<\chi^2_{1-\frac{\alpha}{2}}(n-1)\text{ 或 }\dfrac{(n-1)S^2}{\sigma_0^2}>\chi^2_{\frac{\alpha}{2}}(n-1)\right\}$;

同理:假设检验 $H_0:\sigma^2\leqslant\sigma_0^2\leftrightarrow H_1:\sigma^2>\sigma_0^2$ 的拒绝域为:

$$\left\{\frac{(n-1)S^2}{\sigma_0^2}>\chi^2_{\alpha}(n-1)\right\};$$

假设检验 $H_0:\sigma^2\geqslant\sigma_0^2\leftrightarrow H_1:\sigma^2<\sigma_0^2$ 的拒绝域为:

$$\left\{\frac{(n-1)S^2}{\sigma_0^2}<\chi^2_{1-\alpha}(n-1)\right\}.$$

例 8.10 灌装机是用来包装各种液体的机器,包括牛奶、软饮料、油漆涂料等.在理想状态下,每罐中的液体量的变化应该很小,因为差异太大会导致有些容器装得太少(等于欺骗顾客),而有些容器装得太满(增加成本).一家公司新研发了一种灌装机,该公司的总裁发表声明说这种新机器能连续稳定地灌装 1 升(1 000 立方厘米)的容器,灌装液体量的方差低于 1 立方厘米.为了验证该公司总裁的声明是否属实,随机抽取了 25 罐 1 升装作为样本,并记录了试验数据:1 000.3,1 001.0,999.5,999.7,999.3,999.8,998.7,1 000.6,999.4,999.4,1 001.0,999.4,999.5,998.5,1 001.3,999.6,999.8,1 000.0,998.5,1 001.4,998.1,1 000.7,999.1,1 001.1,1 000.7.
问能否在 5%的显著性水平下认为总裁的声明是正确的?

解 检验假设 $H_0:\sigma^2=1\leftrightarrow H_1:\sigma^2<1$,而 $n=25$,$\sum_{i=1}^{n}x_i=24\,996.4$,

$$\sum_{i=1}^{n} x_i^2 = 24\ 992\ 821.3,\ s^2 = 0.865\ 9,\ \alpha = 0.05,$$

$$\chi^2_{1-\alpha}(n-1) = \chi^2_{0.95}(24) = 13.848\ 4,$$

当 H_0 成立时,检验统计量: $(n-1)S^2 \sim \chi^2(n-1)$,

由于 $(n-1)s^2 = (25-1) \times 0.865\ 9 = 20.78 > 13.848\ 4$,所以不能拒绝 H_0,无法得出新机器的灌装量的方差小于1立方厘米的结论,即没有足够理由相信那个总裁的声明.

如果正态总体 X 的均值 $\mu = \mu_0$ 已知,做假设检验: $H_0: \sigma^2 = \sigma_0^2 \leftrightarrow H_1: \sigma^2 \neq \sigma_0^2$,其中 σ_0^2 已知. 当 H_0 成立时,检验统计量 $\frac{1}{\sigma_0^2}\sum_{i=1}^{n}(X_i - \mu_0)^2 \sim \chi^2(n)$,给定显著性水平为 α 的接受域为

$$\left\{\chi^2_{1-\frac{\alpha}{2}}(n) \leqslant \frac{1}{\sigma_0^2}\sum_{i=1}^{n}(X_i - \mu_0)^2 \leqslant \chi^2_{\frac{\alpha}{2}}(n)\right\},$$

而拒绝域为 $\left\{\frac{1}{\sigma_0^2}\sum_{i=1}^{n}(X_i - \mu_0)^2 < \chi^2_{1-\frac{\alpha}{2}}(n) \text{ 或 } \frac{1}{\sigma_0^2}\sum_{i=1}^{n}(X_i - \mu_0)^2 > \chi^2_{\frac{\alpha}{2}}(n)\right\}$;

同理: 假设检验 $H_0: \sigma^2 \leqslant \sigma_0^2 \leftrightarrow H_1: \sigma^2 > \sigma_0^2$ 的拒绝域为:

$$\left\{\frac{1}{\sigma_0^2}\sum_{i=1}^{n}(X_i - \mu_0)^2 > \chi^2_{\alpha}(n)\right\};$$

假设检验 $H_0: \sigma^2 \geqslant \sigma_0^2 \leftrightarrow H_1: \sigma^2 < \sigma_0^2$ 的拒绝域为:

$$\left\{\frac{1}{\sigma_0^2}\sum_{i=1}^{n}(X_i - \mu_0)^2 < \chi^2_{1-\alpha}(n)\right\}.$$

8.2.4 两正态总体均值的检验

设总体 $X \sim N(\mu_1, \sigma_1^2)$,总体 $Y \sim N(\mu_2, \sigma_2^2)$,$X_1, X_2, \cdots, X_{n_1}$ 来自总体 X 的一个简单随机样本,$Y_1, Y_2, \cdots, Y_{n_2}$ 来自总体 Y 的一个简单随机样本,且两个样本相互独立. 通常有以下三种检验: $H_0: \mu_1 = \mu_2 \leftrightarrow H_1: \mu_1 \neq \mu_2$; $H_0: \mu_1 \leqslant \mu_2 \leftrightarrow H_1: \mu_1 > \mu_2$; $H_0: \mu_1 \geqslant \mu_2 \leftrightarrow H_1: \mu_1 < \mu_2$.

(1) 方差已知时均值的检验: $H_0: \mu_1 = \mu_2 \leftrightarrow H_1: \mu_1 \neq \mu_2$.

当 H_0 成立时,检验统计量: $U = \dfrac{\bar{X} - \bar{Y}}{\sqrt{\dfrac{\sigma_1^2}{n_1} + \dfrac{\sigma_2^2}{n_2}}} \sim N(0, 1)$,

拒绝域 $\{|\bar{X} - \bar{Y}| > C\}$,其中 $C = U_{\alpha/2}\sqrt{\dfrac{\sigma_1^2}{n_1} + \dfrac{\sigma_2^2}{n_2}}$.

(2) 方差未知且相等 ($\sigma_1^2 = \sigma_2^2 = \sigma^2$) 时均值的检验: $H_0: \mu_1 = \mu_2 \leftrightarrow H_1: \mu_1 \neq \mu_2$.

当 H_0 成立时,检验统计量:

$$T = \frac{\bar{X} - \bar{Y}}{\sqrt{\dfrac{(n_1-1)S_1^2 + (n_2-1)S_2^2}{n_1+n_2-2}}\sqrt{\dfrac{1}{n_1} + \dfrac{1}{n_2}}} \sim t(n_1+n_2-2),$$

拒绝域 $\{|\bar{X}-\bar{Y}|>C\}$，其中，$C=t_{\frac{\alpha}{2}}(n_1+n_2-2)\sqrt{\dfrac{(n_1-1)S_1^2+(n_2-1)S_2^2}{n_1+n_2-2}}\cdot\sqrt{\dfrac{1}{n_1}+\dfrac{1}{n_2}}$，$S_1^2=\dfrac{1}{n_1-1}\sum\limits_{i=1}^{n_1}(X_i-\bar{X})^2$，$S_2^2=\dfrac{1}{n_2-1}\sum\limits_{j=1}^{n_2}(Y_j-\bar{Y})^2$.

(3) 方差未知且不相等 ($\sigma_1^2\neq\sigma_2^2$) 时均值的检验：$H_0:\mu_1=\mu_2\leftrightarrow H_1:\mu_1\neq\mu_2$. 当 H_0 成立时，检验统计量：$T=\dfrac{\bar{X}-\bar{Y}}{\sqrt{\dfrac{S_1^2}{n_1}+\dfrac{S_2^2}{n_2}}}\dot{\sim}t(v)$，拒绝域 $\{|\bar{X}-\bar{Y}|>C\}$，其中，$C=t_{\alpha/2}(\nu)\sqrt{\dfrac{S_1^2}{n_1}+\dfrac{S_2^2}{n_2}}$，自由度 $\nu=\dfrac{(S_1^2/n_1+S_2^2/n_2)^2}{\dfrac{(S_1^2/n_1)^2}{n_1-1}+\dfrac{(S_2^2/n_2)^2}{n_2-1}}$，$S_1^2=\dfrac{1}{n_1-1}\sum\limits_{i=1}^{n_1}(X_i-\bar{X})^2$，$S_2^2=\dfrac{1}{n_2-1}\sum\limits_{j=1}^{n_2}(Y_j-\bar{Y})^2$，其他检验问题的拒绝域见表 8.3，表中的 $S_w=\sqrt{\dfrac{(n_1-1)S_1^2+(n_2-1)S_2^2}{n_1+n_2-2}}$.

表 8.3 两正态总体均值的检验

原假设 H_0	对立假设 H_1	方 差	拒 绝 域
$\mu_1=\mu_2$	$\mu_1\neq\mu_2$	已知	$\lvert\bar{X}-\bar{Y}\rvert>U_{\alpha/2}\sqrt{\dfrac{\sigma_1^2}{n_1}+\dfrac{\sigma_2^2}{n_2}}$
		未知，但相等	$\lvert\bar{X}-\bar{Y}\rvert>t_{\frac{\alpha}{2}}(n_1+n_2-2)S_w\sqrt{\dfrac{1}{n_1}+\dfrac{1}{n_2}}$
		未知，不相等	$\lvert\bar{X}-\bar{Y}\rvert>t_{\alpha/2}(\nu)\sqrt{\dfrac{S_1^2}{n_1}+\dfrac{S_2^2}{n_2}}$
$\mu_1=\mu_2$ 或 $\mu_1\leqslant\mu_2$	$\mu_1>\mu_2$	已知	$\bar{X}-\bar{Y}>U_\alpha\sqrt{\dfrac{\sigma_1^2}{n_1}+\dfrac{\sigma_2^2}{n_2}}$
		未知，但相等	$\bar{X}-\bar{Y}>t_\alpha(n_1+n_2-2)S_w\sqrt{\dfrac{1}{n_1}+\dfrac{1}{n_2}}$
		未知，不相等	$\bar{X}-\bar{Y}>t_\alpha(\nu)\sqrt{\dfrac{S_1^2}{n_1}+\dfrac{S_2^2}{n_2}}$
$\mu_1=\mu_2$ 或 $\mu_1\geqslant\mu_2$	$\mu_1<\mu_2$	已知	$\bar{X}-\bar{Y}<-U_\alpha\sqrt{\dfrac{\sigma_1^2}{n_1}+\dfrac{\sigma_2^2}{n_2}}$
		未知，但相等	$\bar{X}-\bar{Y}<-t_\alpha(n_1+n_2-2)S_w\sqrt{\dfrac{1}{n_1}+\dfrac{1}{n_2}}$
		未知，不相等	$\bar{X}-\bar{Y}<-t_\alpha(\nu)\sqrt{\dfrac{S_1^2}{n_1}+\dfrac{S_2^2}{n_2}}$

例 8.11　新开发的一个计算机软件包可以用来帮助系统分析人员减少设计、开发和应用某一信息系统所需要的时间.为了评价这个新软件包的优点,可以随机抽取 24 个系统分析人员作为一个样本,给每一个分析人员关于某一假定信息系统的详细说明,然后要求其中的 12 个分析人员用现有技术来开发该信息系统,而另外的 12 个分析人员首先就如何使用这种新的软件包进行培训,然后再要求他们用这种新的软件包来开发该信息系统.在这项研究中,有两个总体:一个总体由使用现有技术的系统分析人员所组成;另一个总体则由使用新软件包的系统分析人员组成,假定这两个总体人员完成信息系统的设计项目所需要的时间都服从正态分布,且方差相等,抽取的 24 个系统分析员所需时间如下.

现有技术:300, 280, 344, 385, 372, 360, 288, 321, 376, 290, 301, 283;

新软件:276, 222, 310, 338, 200, 302, 317, 260, 320, 312, 334, 265.

试问负责新软件包评估项目的研究人员是否可以证明新软件包能够缩短完成项目所需要的平均时间 ($\alpha=0.05$)?

解　检验假设:$H_0: \mu_1 \leqslant \mu_2 \leftrightarrow H_1: \mu_1 > \mu_2$, $n_1=12$, $\bar{x}_1=325$, $s_1=40$, $n_2=12$, $\bar{x}_2=288$, $s_2=44$, $\alpha=0.05$, $t_\alpha(n_1+n_2-2)=t_{0.05}(22)=1.717$.
当 H_0 成立时,检验统计量为:

$$T=\frac{\bar{X}-\bar{Y}}{\sqrt{\frac{(n_1-1)S_1^2+(n_2-1)S_2^2}{n_1+n_2-2}}\sqrt{\frac{1}{n_1}+\frac{1}{n_2}}} \sim t(n_1+n_2-2),$$

$$t=\frac{\bar{x}_1-\bar{x}_2}{\sqrt{\frac{(n_1-1)s_1^2+(n_2-1)s_2^2}{n_1+n_2-2}\left(\frac{1}{n_1}+\frac{1}{n_2}\right)}}$$

$$=\frac{325-288}{\sqrt{\frac{11\times 40^2+11\times 44^2}{12+12-2}\left(\frac{1}{12}+\frac{1}{12}\right)}}=2.16>1.717,$$

所以拒绝 H_0,负责新软件包评估项目的研究人员可以得出结论:$\mu_1>\mu_2$,即新软件包能够缩短完成项目所需要的平均时间.

例 8.12　根据例 7.48 的数据,在 5%的显著性水平下,该科学家能从中验证相对那些早饭不吃高纤维谷类食品的人而言,早餐食用高纤维谷类食品的人们在午餐中平均摄入的热量要少一些吗?

解　根据问题的目标和样本数据类型可知,要检验的参数是两个均值的差 $\mu_1-\mu_2$.待检验的是,高纤维谷类食品的消费者午餐摄入的平均热量(单位:卡) μ_1 是否小于非高纤维谷类食品的消费者午餐摄入的平均热量(单位:卡) μ_2.因此可建立如下假设 $H_0: \mu_1=\mu_2 \leftrightarrow H_1: \mu_1<\mu_2$.

$$n_1=43,\ \bar{x}_1=604.02,\ s_1^2=4\,103,\ n_2=107,$$

$$\bar{x}_2=633.23,\ s_2^2=10\,670,\ \alpha=0.05.$$

当 H_0 成立时,检验统计量为:$T=\dfrac{\bar{X}-\bar{Y}}{\sqrt{\dfrac{S_1^2}{n_1}+\dfrac{S_2^2}{n_2}}} \dot{\sim} t(v)$,

$$\nu=\frac{(s_1^2/n_1+s_2^2/n_2)^2}{\frac{(s_1^2/n_1)^2}{n_1-1}+\frac{(s_2^2/n_2)^2}{n_2-1}}=\frac{(4\,103/43+10\,670/107)^2}{\frac{(4\,103/43)^2}{43-1}+\frac{(10\,670/107)^2}{107-1}}=122.6\approx 123,$$

$-t_{\alpha}(\nu)=-t_{0.05}(123)=-1.658$,

由于 $t=\frac{\bar{x}_1-\bar{x}_2}{\sqrt{\frac{s_1^2}{n_1}+\frac{s_2^2}{n_2}}}=\frac{604.02-633.23}{\sqrt{\frac{4\,103}{43}+\frac{10\,670}{107}}}=-2.09<-1.658$，则拒绝 H_0，有充分证据可以推断，高纤维谷类食品的消费者午餐摄入的热量较少.

(4) 检验中的匹配样本. 如果是从一个总体抽取两个样本，则是匹配样本，匹配样本的一个重要的统计特征是两组实验数据不独立. 若是从两个总体中分别抽取一个样本，那么这两个样本是相互独立的. 例如匹配样本在医学统计中经常被使用，通常涉及三种情况：自身比较，是指同一受试对象治疗前后的比较，目的是推断这种治疗是否有效(在治疗期间，要严格控制可能影响疗效的其他因素)；对匹配的两个受试对象分别给予两种处理，目的是推断两种处理的效果有无差别；对同一对象用两种不同方法进行检测，目的是看其检测结果有无差别.

例 8.13 一个以减肥为主要目标的健美俱乐部声称，参加它的训练班至少可以使肥胖者平均体重减轻 8.5 千克以上. 为了验证该声称是否可信，调查人员随机抽取了 10 名参加者，得到他们的体重记录如下(单位：千克)，在 $\alpha=0.05$ 的显著性水平下，该调查结果是否支持该俱乐部的声称?

训练前：94.5，101，110，103.5，97，88.5，96.5，101，104，116.5；

训练后：85，89.5，101.5，96，86，80.5，87，93.5，93，102.

解 $H_0:\mu_1-\mu_2\leqslant 8.5$，即平均减重没有超过 8.5 千克；$H_1:\mu_1-\mu_2>8.5$，即平均减重超过 8.5 千克. 此时，与训练前后的体重相比，调查人员更关心它们之间的差值. 差值样本(减重 x)数据为 9.5,11.5,8.5,7.5,11,8,9.5,7.5,11,14.5,合计为 98.5.

差值样本的均值与标准差分别为：$\bar{x}=\frac{1}{n}\sum_{i=1}^{n}x_i=\frac{98.5}{10}=9.85$,

$$s=\sqrt{\frac{1}{n-1}\sum_{i=1}^{n}(x_i-\bar{x})^2}=\sqrt{\frac{1}{9}[(9.5-9.85)^2+\cdots+(14.5-9.85)^2]}=2.199.$$

由于 $t=\frac{x-8.5}{s/\sqrt{10}}=1.942\,4>t_{0.05}(9)=1.833$，故拒绝原假设，认为该俱乐部的声称是可信的.

8.2.5 两正态总体方差的检验

设有两个正态总体 $X\sim N(\mu_1,\sigma_1^2)$，$Y\sim N(\mu_2,\sigma_2^2)$，从这两个总体中分别抽出样本 $X_1,X_2,\cdots,X_{n_1}$ 和 $Y_1,Y_2,\cdots,Y_{n_2}$，且两样本相互独立，要检验假设：

(1) $H_0:\sigma_1^2\leqslant\sigma_2^2\leftrightarrow H_1:\sigma_1^2>\sigma_2^2$；

(2) $H_0:\sigma_1^2\geqslant\sigma_2^2\leftrightarrow H_1:\sigma_1^2<\sigma_2^2$；

(3) $H_0:\sigma_1^2=\sigma_2^2\leftrightarrow H_1:\sigma_1^2\neq\sigma_2^2$.

由于在 H_0 成立时,检验统计量 $F=\dfrac{S_1^2}{S_2^2}\sim F(n_1-1,\ n_2-1)$,在此称为 F -检验,检验拒绝域如表 8.4 所示:

表 8.4　两个总体方差的假设检验

检 验 问 题	拒　绝　域
$H_0: \sigma_1^2 \leqslant \sigma_2^2 \leftrightarrow H_1: \sigma_1^2 > \sigma_2^2$	$S_1^2/S_2^2 > F_\alpha(n_1-1,\ n_2-1)$
$H_0: \sigma_1^2 \geqslant \sigma_2^2 \leftrightarrow H_1: \sigma_1^2 < \sigma_2^2$	$S_2^2/S_1^2 > F_\alpha(n_2-1,\ n_1-1)$
$H_0: \sigma_1^2 = \sigma_2^2 \leftrightarrow H_1: \sigma_1^2 \neq \sigma_2^2$	$S_1^2/S_2^2 > F_{\alpha/2}(n_1-1,\ n_2-1)$ 或 $S_2^2/S_1^2 > F_{\alpha/2}(n_2-1,\ n_1-1)$

为了方便,通常是用方差较大值比方差较小值,即 $F=\max(S_1^2,\ S_2^2)/\min(S_1^2,\ S_2^2)$.

例 8.14　根据例 7.48 的数据,在 5%的显著性水平下,能否得出结论,两个样本方差的差异说明了总体方差存在差异.

解　为了确定总体方差是否存在差异,检验假设 $H_0: \sigma_1^2=\sigma_2^2 \leftrightarrow H_1: \sigma_1^2 \neq \sigma_2^2$

$n_1=43, s_1^2=4\ 103,\ n_2=107,\ s_2^2=10\ 670,\ \alpha=0.05,\ F_{\alpha/2}(n_1-1,\ n_2-1)=F_{0.025}(42,\ 106)\approx 1.61,\ F_{1-\alpha/2}(n_1-1,\ n_2-1)=F_{0.975}(42,\ 106)=\dfrac{1}{F_{0.025}(106,\ 42)}\approx\dfrac{1}{1.72}=0.58.$

当 H_0 成立时,检验统计量:　　$F=\dfrac{S_1^2}{S_2^2}\sim F(n_1-1,\ n_2-1)$,

$F=\dfrac{s_1^2}{s_2^2}=\dfrac{4\ 103}{10\ 670}=0.384\ 5<0.58$,则拒绝 H_0,即有足够证据表明总体方差存在差异.

例 8.15(妇女嗜酒是否影响下一代的健康? 影响有多大?)　美国的 Jones 医生于 1974 年观察了母亲在妊娠时曾患慢性酒精中毒的 6 名 7 岁儿童(称为甲组),同时为了比较,以母亲的年龄、文化程度及婚姻状况与前 6 名儿童的母亲相同或相近,但不饮酒的 46 名 7 岁儿童作为对照组(称为乙组),测定两组儿童的智商,结果如下.

甲组:人数 $n_1=6$,智商平均数 $\bar{x}=78$,修正的样本标准差 $s_1=19$;

乙组:人数 $n_2=46$,智商平均数 $\bar{y}=99$,修正的样本标准差 $s_2=16$;

假定两组儿童的智商服从正态分布,由此结果推断妇女嗜酒是否影响下一代的智力,若有影响,推断其影响的程度有多大?

解　智商一般受诸多随机因素的影响,两组儿童的智商服从正态分布 $X\sim N(\mu_1,\ \sigma_1^2)$ 和 $Y\sim N(\mu_2,\ \sigma_2^2)$. 本问题实际是检验甲组总体均值 μ_1 是否比乙组总体均值 μ_2 显著偏小,若是,这个差异的范围有多大,前一问题属假设检验,后一问题属区间估计.

由于两个总体的方差均未知,而甲组的样本容量较小,因此不要采用大样本下两总体均值比较的 U -检验. 这里采用方差相等(但未知)时,两正态总体均值比较的 t -检验方法对第一个问题做出回答. 为此首先要利用样本检验两总体的方差相等,即假设检验:

$$H_0: \sigma_1^2=\sigma_2^2 \leftrightarrow H_1: \sigma_1^2 \neq \sigma_2^2.$$

当 H_0 成立时,检验统计量:　　$F=\dfrac{S_1^2}{S_2^2}\sim F(n_1-1,\ n_2-1)$,

代入观察值 $s_1=19$，$s_2=16$，求得 F 的观测值：$f=\dfrac{19^2}{16^2}=1.41$，

如果显著性水平取 $\alpha=0.10$，$F_{\alpha/2}(n_1-1,\ n_2-1)=F_{0.05}(5,\ 45)=2.43$，

$$F_{1-\alpha/2}(n_1-1,\ n_2-1)=F_{0.95}(5,\ 45)=\frac{1}{F_{0.05}(45,\ 5)}=\frac{1}{4.45}=0.22,$$

可见 $F_{0.95}(5,\ 45)<f<F_{0.05}(5,\ 45)$，故不拒绝 H_0，即认为两总体的方差相等.

下面利用 t-检验法检验 μ_1 是否比 μ_2 显著偏小. 在此取 $\mu_1=\mu_2$ 为原假设，即检验假设：

$$H_0:\ \mu_1=\mu_2 \leftrightarrow H_1:\ \mu_1<\mu_2.$$

当 H_0 成立时，检验统计量：$T=\dfrac{\bar{Y}-\bar{X}}{\sqrt{\dfrac{(n_1-1)S_1^2+(n_2-1)S_2^2}{n_1+n_2-2}}\sqrt{\dfrac{1}{n_1}+\dfrac{1}{n_2}}}\sim t(n_1+n_2-2)$，将有关数据：$s_1=19$，$s_2=16$，$n_1=6$，$n_2=46$，$\bar{x}=78$，$\bar{y}=99$ 代入可求得 T 的观察值 t 为：$t=2.96$.

如果显著性水平取 $\alpha=0.01$，$t_\alpha(n_1+n_2-2)=t_{0.01}(50)=2.40$，由于 $t>t_{0.01}(50)$，故拒绝 H_0，因而认为甲组儿童的智商比乙组儿童的智商显著偏小，即认为母亲嗜酒会对儿童的智力发育产生不良影响；如果求出 $\mu_2-\mu_1$ 的区间估计，便可在一定的置信度之下估计母亲嗜酒对下一代智商影响的程度. 可知，在此情况下，$\mu_2-\mu_1$ 的置信度为 $1-\alpha$ 的置信区间为：

$$\bar{Y}-\bar{X}\pm\sqrt{\frac{(n_1-1)S_1^2+(n_2-1)S_2^2}{n_1+n_2-2}}\sqrt{\frac{1}{n_1}+\frac{1}{n_2}}\,t_{\alpha/2}(n_1+n_2-2),$$

如果显著性水平取 $\alpha=0.01$，$t_{0.005}(50)=2.68$，故得置信水平为99%的置信区间为：

$$(99-78)\pm 16.32\times 2.68\times\sqrt{\frac{1}{6}+\frac{1}{46}}=21\pm 18.98=[2.02,\ 39.98].$$

根据所给的数据可以断言，在99%的置信水平下，嗜酒的母亲所生的孩子在7岁时的智商比正常妇女所生的孩子在7岁时的智商平均水平要低2.02～39.98.

读者可能已注意到，在解决此问题的过程中，两次假设检验所取的显著性水平不同，在检验方差相等时，取 $\alpha=0.10$；而在检验均值是否相等时，取 $\alpha=0.01$. 前者远比后者大. α 愈小，说明对原假设的保护愈充分. 在 α 较大时，若能不拒绝 H_0，说明 H_0 为真的依据就充足. 同样，在 α 很小时，仍能拒绝 H_0，说明 H_0 不真的理由就更充足. 本例中，对 $\alpha=0.10$，仍得出 $\sigma_1^2=\sigma_2^2$ 可被接受及对 $\alpha=0.01$，$\mu_1=\mu_2$ 可被拒绝的结论，说明在所给数据下得出相应的结论有很充足的理由，另外，在区间估计中，取较小的显著性水平 $\alpha=0.01$（即较大的置信度），从而使得区间估计的范围较大. 当然，若取较大的显著性水平可以减少估计区间的长度，使得区间估计更精确，但相应地就要冒更大的风险.

8.2.6 多正态总体方差齐性检验

下一章介绍的方差分析方法，要求所对比的各组即各样本的总体方差必须是相等的，这

一般需要在做方差分析之前,先对资料进行正态性检验与方差齐性进行检验,特别是在样本方差相差悬殊时,应注意这个问题.下面介绍多正态总体(也适用于两正态总体)方差比较的 Bartlett 检验.

设在 k 个正态总体中,分别独立地随机抽取 k 个样本,记各样本容量为 n_i,样本方差为 S_i^2, $i=1, 2, \cdots, k$,假设检验为:

$$H_0: \sigma_1^2=\sigma_2^2=\cdots=\sigma_k^2=\sigma^2 \leftrightarrow H_1: \text{各总体方差不全相等}.$$

在 H_0 成立的条件下,Bartlett 检验统计量为:

$$\chi^2=\frac{\sum_{i=1}^{k}(n_i-1)\ln\frac{S_c^2}{S_i^2}}{1+\frac{1}{3(k-1)}\left\{\sum_{i=1}^{k}(n_i-1)^{-1}-\left[\sum_{i=1}^{k}(n_i-1)\right]^{-1}\right\}}\sim\chi^2(k-1),$$

其中,$S_c^2=\frac{\sum_{i=1}^{k}(n_i-1)S_i^2}{\sum_{i=1}^{k}(n_i-1)}$ 称为合并方差.

给定置信水平 $1-\alpha$,若 $\chi^2\leqslant\chi_\alpha^2(k-1)$,则不拒绝 H_0;若 $\chi^2>\chi_\alpha^2(k-1)$,则拒绝 H_0,接受 H_1.

例 8.16　某医生为了研究一种降血脂新药的临床疗效,按统一纳入标准选择 120 名高血脂患者,按照完全随机化方法将患者等分为 4 组,进行双盲试验. 6 周后测得低密度脂蛋白作为试验结果,如表 8.5 所示.

表 8.5　4 个处理组低密度脂蛋白测量值

分　组	测量值/(mmol/L)	统　计　量			
		n	$\overline{x}_i$/(mmol/L)	$\sum x_i$/(mmol/L)	$\sum x_i^2$/(mmol²/L²)
安慰剂组	3.53, 4.59, 4.34, 2.66, 3.59, 3.13, 2.64, 2.56, 3.50, 3.25 3.30, 4.04, 3.53, 3.56, 3.85, 4.07, 3.52, 3.93, 4.19, 2.96 1.37, 3.93, 2.33, 2.98, 4.00, 3.55, 2.96, 4.30, 4.16, 2.59	30	3.43	102.91	367.85
降血脂新药	测量值/(mmol/L)	n	$\overline{x}_i$/(mmol/L)	$\sum x_i$/(mmol/L)	$\sum x_i^2$/(mmol²/L²)
2.4 g组	2.42, 3.36, 4.32, 2.34, 2.68, 2.95, 1.56, 3.11, 1.81, 1.77 1.98, 2.63, 2.86, 2.93, 2.17, 2.72, 2.65, 2.22, 2.90, 2.97 2.36, 2.56, 2.52, 2.27, 2.98, 3.72, 2.80, 3.57, 4.02, 2.31	30	2.72	81.46	233.00

(续 表)

降血脂新药	测量值/(mmol/L)	统计量			
		n	$\bar{x}_i$/(mmol/L)	$\sum x_i$/(mmol/L)	$\sum x_i^2$/(mmol²/L²)
4.8 g 组	2.86，2.28，2.39，2.28，2.48，2.28，3.21，2.23，2.32，2.68 2.66，2.32，2.61，3.64，2.58，3.65，2.66，3.68，2.65，3.02 3.48，2.42，2.41，2.66，3.29，2.70，3.04，2.81，1.97，1.68	30	2.70	80.94	225.54
7.2 g 组	0.89，1.06，1.08，1.27，1.63，1.89，1.19，2.17，2.28，1.72 1.98，1.74，2.16，3.37，2.97，1.69，0.94，2.11，2.81，2.52 1.31，2.51，1.88，1.41，3.19，1.92，2.47，1.02，2.10，3.71	30	1.97	58.99	132.13

试分析各处理组的低密度脂蛋白值是否满足方差齐性？($\alpha=0.1$)

解 原假设与备择假设为：H_0：$\sigma_1^2=\sigma_2^2=\sigma_3^2=\sigma_4^2 \leftrightarrow H_1$：各总体方差不全相等，计算结果如表 8.6 所示.

表 8.6 例 8.16 方差齐性检验计算表

分 组	s_i^2	$\ln s_i^2$
安慰剂组	0.511	−0.671
2.4 g 组	0.407	−0.898
4.8 g 组	0.247	−1.398
7.2 g 组	0.557	−0.585

$$s_c^2=\frac{(30-1)\times(0.511+0.407+0.247+0.557)}{4\times(30-1)}=0.431,$$

$$\chi^2=\frac{(30-1)\times4\times\ln 0.431-(30-1)\times(-0.671-0.898-1.391-0.585)}{1+\frac{1}{3\times(4-1)}\left[\frac{4}{30-1}-\frac{1}{(30-1)\times4}\right]}=5.10.$$

由于 $5.10<\chi_{0.1}^2(3)=6.2514$，不拒绝 H_0，还不能认为 4 个实验组的低密度脂蛋白不满足方差齐性.

8.3 非正态总体参数的假设检验

8.3.1 大样本场合总体均值的检验

设总体为 X，它的分布是任意的，而 1 阶矩和 2 阶矩都存在，其均值 $\mu=E(X)$，方差

$D(X)=\sigma^2$ 未知，$X_1, X_2, \cdots, X_n$ 是来自总体 X 的一个简单随机样本，且 n 很大. 检验假设 $H_0: \mu=\mu_0$（μ_0 已知），当 H_0 成立时，检验统计量：$U=\dfrac{\bar{X}-\mu_0}{S/\sqrt{n}} \stackrel{\cdot}{\sim} N(0, 1)$.

例 8.17 某厂的生产管理员认为该厂第一道工序加工完的产品送到第二道工序进行加工之前的平均等待时间超过 90 min，现对 100 件产品随机抽样，结果是平均等待时间为 96 min，修正的样本标准差为 30 min. 问抽样的结果是否支持该管理员的看法（$\alpha=0.05$）?

解 用 X 表示第一道工序加工完的产品送到第二道工序进行加工之前的等待时间，总体均值为 μ，是否支持管理员的看法，也就是检验 $\mu>90$ 是否成立. 检验假设为：

$$H_0: \mu \leqslant 90 \leftrightarrow H_1: \mu>90,$$

由于 $n=100$ 是大样本，故用 U 检验法，总体方差 σ^2 未知，用修正的样本方差 S^2 代替，当 H_0 成立时，检验统计量：$U=\dfrac{\bar{X}-90}{S/\sqrt{100}} \stackrel{\cdot}{\sim} N(0, 1)$,

对于 $\alpha=0.05$, $U_\alpha=U_{0.05}=1.645$, $\bar{x}=96$, $s=30$，而 $\dfrac{96-90}{30/\sqrt{100}}=2>1.645$，故拒绝 H_0，即支持该管理员的看法.

8.3.2 大样本场合两个总体均值的检验

设两个总体 X, Y 的分布是任意的，而 1 阶矩和 2 阶矩都存在，从这两个总体中分别抽出样本 $X_1, X_2, \cdots, X_{n_1}$ 和 $Y_1, Y_2, \cdots, Y_{n_2}$，且两样本相互独立，$n_1$ 和 n_2 都很大. 原假设 $H_0: \mu_1=\mu_2$，样本容量、平均数、修正的样本方差分别为：n_1, $\bar{X}$, S_1^2 和 n_2, $\bar{Y}$, S_2^2，当 H_0 成立时，检验统计量为：$U=\dfrac{\bar{X}-\bar{Y}}{\sqrt{S_1^2/n_1+S_2^2/n_2}} \stackrel{\cdot}{\sim} N(0, 1)$,

拒绝域 $\left\{|\bar{X}-\bar{Y}|>U_{\frac{\alpha}{2}}\sqrt{\dfrac{S_1^2}{n_1}+\dfrac{S_2^2}{n_2}}\right\}$，接受域 $\left\{|\bar{X}-\bar{Y}| \leqslant U_{\frac{\alpha}{2}}\sqrt{\dfrac{S_1^2}{n_1}+\dfrac{S_2^2}{n_2}}\right\}$.

例 8.18 在两种工艺条件下纺得细纱，各抽 100 个式样，试验得细纱强力数据，计算得如下数据. 甲工艺：$n_1=100$, $\bar{x}_1=280$（克力）①, $s_1=28$；乙工艺：$n_2=100$, $\bar{x}_2=286$（克力），$s_2=28.5$，试问两种工艺条件下细纱强力有无显著差异（$\alpha=0.05$）.

解 $H_0: \mu_1=\mu_2 \leftrightarrow H_1: \mu_1 \neq \mu_2$，两个样本容量 $n_1=100$, $n_2=100$ 很大，此时在 H_0 成立时，检验统计量为：$U=\dfrac{\bar{X}-\bar{Y}}{\sqrt{S_1^2/n_1+S_2^2/n_2}} \stackrel{\cdot}{\sim} N(0, 1)$,

$|\bar{x}-\bar{y}|=6$, $U_{\frac{\alpha}{2}}\sqrt{\dfrac{s_1^2}{n_1}+\dfrac{s_2^2}{n_2}}=1.96 \times \sqrt{\dfrac{28^2}{100}+\dfrac{28.5^2}{100}}=7.83$, $|\bar{x}-\bar{y}|<7.83$，由此，两种工艺条件下，细纱强力无显著差异.

---

① 1 克力 $=9.8 \times 10^{-3}$ 牛.

8.3.3　大样本场合两点分布总体参数的检验

在实际问题中，常常需要对一个事件 A 发生的概率 p 进行假设检验. 此时，总体服从两点分布. 设总体 $X \sim B(1, p)$，p 为未知参数，$X_1, X_2, \cdots, X_n$ 是取自总体 X 的一个简单随机样本，n 很大(通常 $n \geqslant 30$). 检验假设：$H_0: p = p_0 \leftrightarrow H_1: p \neq p_0$. 当 H_0 成立时，由中心极限定理知其检验统计量：$U = \dfrac{\bar{X} - p_0}{\sqrt{p_0(1-p_0)/n}} \dot{\sim} N(0, 1)$，对于给定的显著性水平 α，其检验的拒绝域为 $\{|U| > U_{\alpha/2}\}$. 同理对于检验 $H_0: p \leqslant p_0 \leftrightarrow H_1: p > p_0$ 和检验 $H_0: p \geqslant p_0 \leftrightarrow H_1: p < p_0$，其检验的拒绝域分别为：$\{U > U_\alpha\}$ 和 $\{U < -U_\alpha\}$.

例 8.19　某地区主管工业的负责人收到一份报告，该报中说他主管的工厂中执行环境保护条例的厂家不足 60%，这位负责人认为应不低于 60%，于是，他在该地区众多的工厂中随机抽查了 60 个厂家，结果发现有 33 家执行了环境条例，那么由他本人的调查结果能否证明那份报告中的说法有问题 ($\alpha = 0.05$)？

解　建立假设：$H_0: p \geqslant 0.6 \leftrightarrow H_1: p < 0.6$，

当 H_0 成立时，检验统计量为：$U = \dfrac{\bar{X} - 0.6}{\sqrt{0.6(1-0.6)/n}} \dot{\sim} N(0, 1)$，

给定显著性水平 α，$U_{0.05} = 1.645$，由于 $\bar{x} = \dfrac{33}{60} = 0.55$，$u = \dfrac{\bar{x} - 0.6}{\sqrt{0.6(1-0.6)/n}} = -0.79 > -1.645$，故不拒绝 H_0，即认为执行环保条例的厂家不低于 60%.

8.3.4　大样本场合两个两点分布总体参数的检验

设两个总体 $X \sim B(1, p_1)$ 与 $Y \sim B(1, p_2)$，从这两个总体中分别抽出样本 $X_1, X_2, \cdots, X_{n_1}$ 和 $Y_1, Y_2, \cdots, Y_{n_2}$，且两样本相互独立，$n_1, n_2$ 很大. 要检验的是两个总体参数 p_1, p_2 的差异性，需检验：$H_0: p_1 = p_2 \leftrightarrow H_1: p_1 \neq p_2$，由中心极限定理知：当 n_1, n_2 充分大时有：$\hat{p}_1 \dot{\sim} N(p_1, p_1(1-p_1)/n_1)$，$\hat{p}_2 \dot{\sim} N(p_2, p_2(1-p_2)/n_2)$，

进而有
$$\hat{p}_1 - \hat{p}_2 \dot{\sim} N(p_1 - p_2, p_1(1-p_1)/n_1 + p_2(1-p_2)/n_2),$$

即
$$\frac{\hat{p}_1 - \hat{p}_2 - (p_1 - p_2)}{\sqrt{p_1(1-p_1)/n_1 + p_2(1-p_2)/n_2}} \dot{\sim} N(0, 1),$$

当 H_0 成立且 n_1, n_2 均大于 100 时，上式分母中的 p_1, p_2 相等，并用 $\hat{p}$ 来代替，此时分母为：$\sqrt{\hat{p}(1-\hat{p})(1/n_1 + 1/n_2)}$，进而检验统计量：$U = \dfrac{\hat{p}_1 - \hat{p}_2}{\sqrt{\hat{p}(1-\hat{p})(1/n_1 + 1/n_2)}} \dot{\sim} N(0, 1)$，

其中，$\hat{p}_1 = \bar{X}$，$\hat{p}_2 = \bar{Y}$，$\hat{p} = \dfrac{1}{n_1 + n_2}\left(\sum\limits_{i=1}^{n_1} X_i + \sum\limits_{i=1}^{n_2} Y_i\right)$.

对于给定的显著性水平 α，检验的拒绝域为 $\{|U| > U_{\alpha/2}\}$. 同理对于检验 $H_0: p_1 \leqslant p_2 \leftrightarrow H_1: p_1 > p_2$ 和检验 $H_0: p_1 \geqslant p_2 \leftrightarrow H_1: p_1 < p_2$，其检验的拒绝域分别为：$\{U > U_\alpha\}$ 和 $\{U < -U_\alpha\}$.

例 8.20　某大城市为了确定城市养猫灭鼠的效果，进行调查得：119 户养猫户中有老鼠活动的有 15 户，418 户无猫户中有老鼠活动的有 58 户，问养猫与不养猫对大城市家庭灭

鼠有无显著差异 ($\alpha=0.05$)?

解　设 $X=\begin{cases}1 & \text{养猫户的家中有老鼠活动,}\\ 0 & \text{养猫户的家中无老鼠活动,}\end{cases}$ $Y=\begin{cases}1 & \text{无猫户的家中有老鼠活动,}\\ 0 & \text{无猫户的家中无老鼠活动,}\end{cases}$
设养猫户、无猫户的家中有老鼠活动的概率分别为 p_1, p_2, 则 $X\sim B(1,\ p_1)$, $Y\sim B(1,\ p_2)$, 且 X, Y 相互独立,检验假设:
H_0: $p_1=p_2 \leftrightarrow H_1$: $p_1\neq p_2$, $\alpha=0.05$, $U_{\alpha/2}=1.96$.

当 H_0 成立时,检验统计量为: $U=\dfrac{\hat{p}_1-\hat{p}_2}{\sqrt{\hat{p}(1-\hat{p})(1/n_1+1/n_2)}}\ \dot{\sim}\ N(0,\ 1)$,

$$\hat{p}_1=\frac{15}{119}=0.126\,1,\ \hat{p}_2=\frac{58}{418}=0.138\,8,\ \hat{p}=\frac{15+58}{119+418}=0.135\,9,$$

$$\sqrt{\hat{p}(1-\hat{p})\left(\frac{1}{n_1}+\frac{1}{n_2}\right)}=0.035\,6,\ \frac{\hat{p}_1-\hat{p}_2}{0.035\,6}=-0.356\,8,$$

而 $|-0.356\,796\,1|<1.96$, 故不拒绝 H_0, 可以认为城市养猫与不养猫没有显著差别.

例 8.21　左川税务事务所公司对它的两个地区性办事处的工作质量非常感兴趣,公司通过随机地从每个办事处准备的纳税申报单中抽取样本,对纳税申报单样本的准确率进行检查,公司就能够对每个办事处准备的申报单中错误的申报单比例进行估计. 假设来自两个办事处的独立简单随机纳税申报单样本提供了如下信息. 办事处 1: $n_1=250$, 错误申报单数量$=35$;办事处 2: $n_2=300$, 错误申报单数量$=27$. 试问左川税务事务所的两个办事处的错误率是否存在显著差异 ($\alpha=0.10$)?

解　检验假设: H_0: $p_1=p_2 \leftrightarrow H_1$: $p_1\neq p_2$, $\alpha=0.10$, $U_{\alpha/2}=U_{0.05}=1.645$,

当 H_0 成立时,检验统计量为: $U=\dfrac{\hat{p}_1-\hat{p}_2}{\sqrt{\hat{p}(1-\hat{p})(1/n_1+1/n_2)}}\ \dot{\sim}\ N(0,\ 1)$,

$$\hat{p}_1=\frac{35}{250}=0.14,\ \hat{p}_2=\frac{27}{300}=0.09,$$

$$\hat{p}=\frac{n_1\hat{p}_1+n_2\hat{p}_2}{n_1+n_2}=\frac{250\times 0.14+300\times 0.09}{250+300}=0.113,$$

$$\sqrt{\hat{p}(1-\hat{p})\left(\frac{1}{n_1}+\frac{1}{n_2}\right)}=\sqrt{0.113\times 0.887\times\left(\frac{1}{250}+\frac{1}{300}\right)}=0.027\,1,$$

而 $\dfrac{\hat{p}_1-\hat{p}_2}{\sqrt{\hat{p}(1-\hat{p})\left(\dfrac{1}{n_1}+\dfrac{1}{n_2}\right)}}=\dfrac{0.14-0.09}{0.027\,1}=1.85>1.645$, 所以,拒绝 H_0, 即两个办事处的错误比例存在差异.

8.3.5　大样本场合泊松总体参数的检验

设总体 $X\sim P(\lambda)$, X_1, X_2, $\cdots$, X_n 为来自总体 X 的一个简单随机样本,且 n 很大. 检验假设: H_0: $\lambda=\lambda_0 \leftrightarrow H_1$: $\lambda\neq\lambda_0$. 在 H_0 成立时,由中心极限定理知其检验统计量为: $U=$

$\frac{\sqrt{n}(\bar{X}-\lambda_0)}{\sqrt{\lambda_0}} \dot{\sim} N(0,1)$，对于给定的显著性水平 α，检验的拒绝域为 $\{|U|>U_{\alpha/2}\}$. 同理对于检验 $H_0: \lambda \leqslant \lambda_0 \leftrightarrow H_1: \lambda>\lambda_0$ 和检验 $H_0: \lambda \geqslant \lambda_0 \leftrightarrow H_1: \lambda<\lambda_0$，其检验的拒绝域分别为：$\{U>U_\alpha\}$ 和 $\{U<-U_\alpha\}$.

例 8.22 假定电话总机在某单位时间内接到的呼叫次数服从泊松分布，现观测了 40 个单位时间，接到的呼叫次数如下：0，2，3，2，3，2，1，0，2，2，1，2，2，1，3，1，1，4，1，1，5，1，2，2，3，3，1，3，1，3，4，0，6，1，1，1，4，0，1，3. 在显著性水平为 0.05 时能否认为该单位时间内平均呼叫次数不低于 2.5 次？

解 以 X 记电话总机在该单位时间内接到的呼叫次数，可认为 $X \sim P(\lambda)$，则要检验的假设为 $H_0: \lambda \geqslant 2.5 \leftrightarrow H_1: \lambda<2.5$，在 H_0 成立时，$U=\frac{\sqrt{40}(\bar{X}-2.5)}{\sqrt{2.5}} \dot{\sim} N(0,1)$，$\bar{x}=\frac{1}{40}(0+2+\cdots+0+1+3)=1.975$，$u=\frac{\sqrt{40}(1.975-2.5)}{\sqrt{2.5}}=-2.1$，若取 $\alpha=0.05$，$U_{0.05}=1.645$，由于 $-2.1<-1.645$，故拒绝原假设.

8.3.6 指数分布总体参数的检验

设总体 $X \sim \operatorname{Exp}(\lambda)$，$X_1, X_2, \cdots, X_n$ 为来自总体 X 的一个简单随机样本. 检验如下假设：

$$H_0: \lambda=\lambda_0 \leftrightarrow H_1: \lambda \neq \lambda_0,$$

在 H_0 成立时，检验统计量为：

$$2\lambda_0 n\bar{X} \sim \chi^2(2n),$$

对于给定的显著性水平 α，检验的拒绝域为 $\{2\lambda_0 n\bar{X}>\chi_{\alpha/2}^2(2n)\}$ 或 $\{2\lambda_0 n\bar{X}<\chi_{1-\alpha/2}^2(2n)\}$. 同理对于检验 $H_0: \lambda \leqslant \lambda_0 \leftrightarrow H_1: \lambda>\lambda_0$ 和检验 $H_0: \lambda \geqslant \lambda_0 \leftrightarrow H_1: \lambda<\lambda_0$，其检验的拒绝域分别为：$\{2\lambda_0 n\bar{X}<\chi_{1-\alpha}^2(2n)\}$ 和 $\{2\lambda_0 n\bar{X}>\chi_\alpha^2(2n)\}$.

由于指数分布的参数经常是用其平均寿命表示，此时总体 $X \sim \operatorname{Exp}(1/\theta)$，$X_1, X_2, \cdots, X_n$ 为来自总体 X 的一个简单随机样本. 检验如下假设：

$$H_0: \theta=\theta_0 \leftrightarrow H_1: \theta \neq \theta_0.$$

在 H_0 成立时，检验统计量为：

$$\frac{2n\bar{X}}{\theta_0} \sim \chi^2(2n),$$

对于给定的显著性水平 α，检验的拒绝域为 $\left\{\frac{2n\bar{X}}{\theta_0}>\chi_{\alpha/2}^2(2n)\right\}$ 或 $\left\{\frac{2n\bar{X}}{\theta_0}<\chi_{1-\alpha/2}^2(2n)\right\}$. 同理对于检验 $H_0: \theta \leqslant \theta_0 \leftrightarrow H_1: \theta>\theta_0$ 和检验 $H_0: \theta \geqslant \theta_0 \leftrightarrow H_1: \theta<\theta_0$，其检验的拒绝域分别为：$\left\{\frac{2n\bar{X}}{\theta_0}>\chi_\alpha^2(2n)\right\}$ 和 $\left\{\frac{2n\bar{X}}{\theta_0}<\chi_{1-\alpha}^2(2n)\right\}$.

例 8.23 假设要检验某种电子元件的平均寿命不小于 6 000 小时，假定该元件寿命服从指数分布. 现取 5 个元件进行寿命试验，其失效时间（单位：小时）如下：395，4 094，119，11 572，6 133. 试在显著性水平 $\alpha=0.05$ 下检验该元件的平均寿命不低于 6 000 小时.

解 设总体 $X \sim \operatorname{Exp}(1/\theta)$，检验假设：$H_0: \theta \geqslant 6\,000 \leftrightarrow H_1: \theta<6\,000$，

在 H_0 成立时,检验统计量为:$\dfrac{\bar{X}}{600} \sim \chi^2(10)$,$\alpha = 0.05$,$\chi^2_{0.95}(10) = 3.94$,$\bar{x} = 4\,462.6$,由于 $\dfrac{\bar{X}}{600} = 7.437\,7 > 3.94$,故不拒绝原假设,可以认为该元件的平均寿命不低于 6 000 小时.

8.4 检验的 p 值

显著性水平 α 是在检验之前确定的,这也就意味着我们事先确定了拒绝域.这样,不论检验统计量是大还是小,只要它的值落入拒绝域就拒绝原假设 H_0,否则就不拒绝原假设 H_0.这种固定的显著性水平 α 对检验结果的可靠性起了一种度量作用.但不足的是,α 是犯第一类错误的上限的控制值,它只能提供检验结论可靠性的一个大致范围,而对于一个特定的假设检验问题,却无法给出观测值与原假设之间不一致程度的精确度量,也就是说,仅从显著性水平来比较,如果选择的 α 相同,所有检验结论的可靠性都一样.要计算出样本观测数据与原假设中假设的值的偏离程度,则需要计算 p.

所谓 p,是指在一个假设检验问题中,利用观测值能够做出拒绝原假设的最小显著性水平.如果 p 小于显著性水平 α,则相应的检验统计量的值落在拒绝域中.因此在假设检验中,可以利用 p 来进行决策.检验规则如下:若 $\alpha \geqslant p$,则拒绝原假设 H_0;若 $\alpha < p$,则不拒绝原假设 H_0.下面给出一些常见形式的拒绝域所对应的 p 的计算式.

设检验统计量 T 为连续型变量,T_α 表示 T 分布的上侧分位数,检验的显著性水平为 α.

(1) 若检验的拒绝域为 $T < T_{1-\alpha}$,检验统计量的值为 T_0,且 $T_0 < T_{1-\alpha}$,则该检验的 p 为:$p = P(T < T_0)$;

(2) 若检验的拒绝域为 $T > T_\alpha$,检验统计量的值为 T_0,且 $T_0 > T_\alpha$(即 T_0 落入拒绝域),则该检验的 p 为:$p = P(T > T_0)$;

(3) 若检验的拒绝域为 $|T| > T_{\alpha/2}$,检验统计量的值为 T_0,且 $|T_0| > T_{\alpha/2}$(即 T_0 落入拒绝域),则该检验的 p 为:$p = P(|T| > |T_0|)$.

例 8.24 设 $X_1, X_2, \cdots, X_n$ 是来自总体 $X \sim B(1, \theta)$ 的一个简单随机样本,要检验假设:

$$H_0: \theta \leqslant \theta_0 \leftrightarrow H_1: \theta > \theta_0,$$

若取检验的显著性水平为 α,则可以给出检验的拒绝域的形式为:$\mathscr{X}_0 = \left\{\sum\limits_{i=1}^{n} X_i \geqslant C\right\}$,这里很难对一般的 n 和 α 定出 C 的表达式,只能说 C 是满足 $P_{\theta_0}\left(\sum\limits_{i=1}^{n} X_i \geqslant C\right) \leqslant \alpha$ 的最小正整数.事实上,并不需要定出 C,在得到观测值 $\sum\limits_{i=1}^{n} X_i = t_0$ 后,只需要计算如下的概率即可:

$$p = P_{\theta_0}\left(\sum_{i=1}^{n} X_i \geqslant t_0\right),$$

这就是检验的 p 值.比如,$n = 40$,$\theta_0 = 0.1$,$t_0 = 8$,则

$$p = 1 - 0.9^{40} - \mathrm{C}_{40}^{1} \times 0.1 \times 0.9^{39} - \cdots - \mathrm{C}_{40}^{7} \times 0.1^7 \times 0.9^{33} = 0.041\,9,$$

于是,若取 $\alpha=0.05$, 由于 $p<\alpha$, 则应拒绝原假设.

例 8.25 设总体 $X\sim N(\mu,9)$, $X_1, X_2, \cdots, X_{10}$ 为来自总体 X 的一个简单随机样本,其样本均值为 $\bar{x}=12$, 检验假设 $H_0: \mu=10 \leftrightarrow H_1: \mu\neq 10$, 检验的显著性水平 $\alpha=0.05$, 计算检验的 p 值.

解 检验的拒绝域为: $\left\{\left|\dfrac{\bar{X}-10}{3}\sqrt{10}\right|>U_{0.025}=1.96\right\}$, 而 $\left|\dfrac{\bar{x}-10}{3}\sqrt{10}\right|=2.11>1.96$, 故拒绝原假设. 下面求检验的 p 值:

$$p=P\left(\left|\frac{\bar{X}-10}{3}\sqrt{10}\right|>2.11\right)=2[1-\Phi(2.11)]=2(1-0.982\,6)=0.034\,8,$$

由 p 的意义可知,当显著性水平 α 降低到 0.034 8 时,仍会做出拒绝的选择.

例 8.26 设 $X_1, X_2, \cdots, X_n$ 是来自正态总体 $N(\mu,\sigma_0^2)$ 的一个简单随机样本, σ_0^2 已知, $x_1, x_2, \cdots, x_n$ 为其观察值. $\chi^2(m)$ 分布的分布密度函数记为 $f_{\chi^2(m)}(x)$, 给定检验的显著性水平 α, 试分别写出以下三个检验问题的 p 值表达式.

(1) $H_0: \sigma^2\leqslant\sigma_0^2 \leftrightarrow H_1: \sigma^2>\sigma_0^2$;

(2) $H_0: \sigma^2\geqslant\sigma_0^2 \leftrightarrow H_1: \sigma^2<\sigma_0^2$;

(3) $H_0: \sigma^2=\sigma_0^2 \leftrightarrow H_1: \sigma^2\neq\sigma_0^2$.

解 记 $S^2=\dfrac{1}{n-1}\sum\limits_{i=1}^{n}(X_i-\bar{X})^2$, $s^2=\dfrac{1}{n-1}\sum\limits_{i=1}^{n}(x_i-\bar{x})^2$, 这三个检验问题的检验统计量都为: $\dfrac{(n-1)S^2}{\sigma_0^2}\sim\chi^2(n-1)$.

(1) 检验问题: $H_0: \sigma^2\leqslant\sigma_0^2 \leftrightarrow H_1: \sigma^2>\sigma_0^2$, p 为: $p=\int_{\frac{(n-1)s^2}{\sigma_0^2}}^{+\infty} f_{\chi^2(n-1)}(x)\mathrm{d}x$;

(2) 检验问题: $H_0: \sigma^2\geqslant\sigma_0^2 \leftrightarrow H_1: \sigma^2<\sigma_0^2$, p 为: $p=\int_0^{\frac{(n-1)s^2}{\sigma_0^2}} f_{\chi^2(n-1)}(x)\mathrm{d}x$;

(3) 检验问题: $H_0: \sigma^2=\sigma_0^2 \leftrightarrow H_1: \sigma^2\neq\sigma_0^2$, p 为:

$$p=2\min\left\{\int_{\frac{(n-1)s^2}{\sigma_0^2}}^{+\infty} f_{\chi^2(n-1)}(x)\mathrm{d}x,\ \int_0^{\frac{(n-1)s^2}{\sigma_0^2}} f_{\chi^2(n-1)}(x)\mathrm{d}x\right\}.$$

8.5 非参数假设检验

前面讨论了总体分布类型为已知时的参数假设检验问题,一般在进行参数假设检验之前,需要对总体的分布类型进行推断. 本节将讨论总体分布的假设检验问题,因为所用的方法适用于任何分布或者仅有微弱假定的分布(如假定分布为连续等),实质上是不依赖于分布. 在数理统计学中不依赖于分布的统计方法统称为非参数统计方法,这里所讨论的问题就是非参数假设检验问题,研究如何用样本去拟合总体分布,所以又称为分布拟合优度检验.

非参数假设检验方法有诸多的优点,例如该方法不受总体分布的限定,适用范围广,对数据的要求不像参数检验那样严格,不论研究的是何种类型的变量包括那些难以测量,只能以严重程度、优劣等级、次序先后等表示的资料,或有的数据一端或两端是不确定数值(如“>50 mg”或“0.5 mg 以下”)等.

8.5.1 分布函数的拟合检验

1. 皮尔逊 χ^2 检验

χ^2 检验能够检验观察到的频率分布是否服从某种理论上的分布,或者说检验某一实际的随机变量与某一理论分布之间的差异是否显著. 这样就可以用来确定某种具体的概率分布究竟是否符合某种理论分布,如二项分布、泊松分布或正态分布,以便我们掌握这种分布的特性. 同时,这种检验反过来也就确定了用某种理论分布来研究某一实际问题时的适用性. χ^2 检验用于这方面的检验时称作拟合优度检验. 例如,将一颗骰子掷 120 次,得到的数据如表 8.7 所示,问: 这颗骰子是否均匀对称?

表 8.7 一颗骰子掷 120 次投得点数的情况

投得点数	1	2	3	4	5	6
观测次数	16	19	27	17	23	18

从理论上讲,如果骰子是绝对均匀的,那么出 1～6 点的次数完全一样. 投掷 120 次的话,期望各点均出现 20 次,现在 1～6 点的观测结果都与 20 有偏差,如何来分析这一偏差是由随机误差引起的还是由骰子的不均匀引起的?

对各类比例 $p_1, p_2, \cdots, p_k$ 分别派定 $p_{10}, p_{20}, \cdots, p_{k0}$,其中 p_{i0}, $i=1, 2, \cdots, k$ 均已知. 从总体中随机抽出样本容量为 n 的一个简单随机样本(即 n 个个体),发现其中含有 A_i 类个体 $n_i(i=1, 2, \cdots, k)$ 个. 根据这些观察结果检验原假设: H_0: $p_1=p_{10}$, $p_2=p_{20}$, $\cdots$, $p_k=p_{k0}$,把 $E_i=np_{i0}$ 叫作“A_i 类的理论频数”(简称理论值),n_i 叫作“A_i 类的观察频数”(或称实际频数、实际值). 1900 年英国统计学家 K. 皮尔逊证明了如下结论:

$$\chi^2=\sum_{i=1}^{k}\frac{(n_i-E_i)^2}{E_i}=\sum_{i=1}^{k}\frac{(n_i-np_{i0})^2}{np_{i0}}\ \dot{\sim}\ \chi^2(k-1).$$

因而,拒绝域为 $\{\chi^2>\chi^2_\alpha(k-1)\}$,且在实际应用中要求 n 必须充分大,以至于每类中的观察频数都不应小于 5,最好在 10 以上. 若某个 n_i 不满足 $n_i\geqslant 5$,应适当地合并相邻的小区间,使其满足要求(也称为“五数原则”). 另外,对 $k>2$,上述 χ^2 近似程度在一般情况下都不错,但 $k=2$ 时,效果却不理想,因而对于这种情况,一般采用耶茨的连续性修正统计量:

$$\chi^2=\sum_{i=1}^{k}\frac{(|n_i-E_i|-0.5)^2}{E_i}=\sum_{i=1}^{k}\frac{(|n_i-np_{i0}|-0.5)^2}{np_{i0}}.$$

下面仅就 $k=2$ 的情形做出证明. 事实上,

$$\begin{aligned}\chi^2&=\frac{(n_1-np_{10})^2}{np_{10}}+\frac{(n_2-np_{20})^2}{np_{20}}=\frac{(n_1-np_{10})^2}{np_{10}}+\frac{[(n-n_1)-n(1-p_{10})]^2}{n(1-p_{10})}\\&=\frac{(n_1-np_{10})^2}{np_{10}}+\frac{(n_1-np_{10})^2}{n(1-p_{10})}=\frac{(n_1-np_{10})^2}{np_1^0(1-p_{10})}=\left[\frac{n_1-np_{10}}{\sqrt{np_{10}(1-p_{10})}}\right]^2,\end{aligned}$$

记 $n_1=\sum_{i=1}^{n}X_i$，其中 $X_i=\begin{cases}1, & A_1\text{出现},\\0, & A_1\text{不出现},\end{cases}$ $P(X_i=1)=p_{10}$，$i=1, 2, \cdots, n$，$X_1, X_2, \cdots, X_n$ 是 n 个相互独立的随机变量. $E(n_1)=np_{10}$，$D(n_1)=np_{10}(1-p_{10})$，

由中心极限定理知，统计量 $\dfrac{n_1-np_{10}}{\sqrt{np_{10}(1-p_{10})}}$ 的极限分布为 $N(0, 1)$，因而统计量 χ^2 的极限分布为 $\chi^2(1)$.

注意 具体计算可用如下公式：$\sum_{i=1}^{k}\dfrac{(n_i-np_{i0})^2}{np_{i0}}=\dfrac{1}{n}\sum_{i=1}^{k}\dfrac{n_i^2}{p_{i0}}-n$，事实上，

$$\begin{aligned}\sum_{i=1}^{k}\frac{(n_i-np_{i0})^2}{np_{i0}}&=\sum_{i=1}^{k}\left(\frac{n_i^2-2nn_ip_{i0}+n^2p_{i0}^2}{np_{i0}}\right)\\&=\frac{1}{n}\sum_{i=1}^{k}\frac{n_i^2}{p_{i0}}+\sum_{i=1}^{k}(np_{i0}-2n_i)=\frac{1}{n}\sum_{i=1}^{k}\frac{n_i^2}{p_{i0}}-n.\end{aligned}$$

例 8.27 奥地利植物学家孟德尔关于豌豆的试验，导致了近代遗传学上起决定作用的基因学说的产生. 问题的大致情况如下：孟德尔观察到在一定试验安排下，豌豆的黄、绿两种颜色数目之比总是接近 3∶1. 为解释这个现象，他认为豌豆的颜色决定于一个实体，这实体有黄、绿两种状态，父本母本配合时，一共有 4 种情况：

(黄，黄)，(黄，绿)，(绿，黄)，(绿，绿)，

孟德尔认为只有后面一种会产生绿色豌豆，前三种均是黄色豌豆，这就解释了 3∶1 的比例. 在 20 世纪初，他所说的这种实体被命名为基因.

在实际观察中，由于有随机性，观察数不会恰呈 3∶1 的比例，因此就有必要进行统计检验. 皮尔逊 χ^2 检验正好可解决此问题，孟德尔的许多观察数据后人都曾用 χ^2 检验法检验符合 3∶1 的假设，这对确立孟德尔的学说起到了一定的促进作用.

在一个更为复杂的情况下，孟德尔同时考虑了豌豆的颜色和形状，一共有 4 种组合：(黄，圆)、(黄，皱)、(绿，圆)、(绿，皱). 按孟德尔的理论，这四类应有 9∶3∶3∶1 的比例，在一次具体观察中，发现这四类的观察数分别为 315，101，108 和 32，试在显著性水平 $\alpha=0.05$ 下，检验比例 9∶3∶3∶1 的正确性.

解 此时检验假设为：

H_0：$p_1=\dfrac{9}{16}$，$p_2=\dfrac{3}{16}$，$p_3=\dfrac{3}{16}$，$p_4=\dfrac{1}{16}\leftrightarrow H_1$：所考虑的 4 种情况不符合上述分布.

当 H_0 成立时，检验统计量：$\chi^2=\sum_{i=1}^{4}\dfrac{(n_i-np_i)^2}{np_i}\stackrel{\cdot}{\sim}\chi^2(4-1)$，即 $\chi^2(3)$，

其中 $n_1=315$，$n_2=101$，$n_3=108$，$n_4=32$，$n=\sum_{i=1}^{4}n_i=556$，$\chi_{0.05}^2(3)=7.81$，

$$\begin{aligned}\chi^2=&\frac{[315-556\times(9/16)]^2}{556\times(9/16)}+\frac{[101-556\times(3/16)]^2}{556\times(3/16)}+\\&\frac{[108-556\times(3/16)]^2}{556\times(3/16)}+\frac{[32-556\times(1/16)]^2}{556\times(1/16)}=0.47,\end{aligned}$$

由于 $\chi^2_{0.05}(3)=7.81>\chi^2=0.47$，故不拒绝 H_0，即由观察数据在显著性水平 $\alpha=0.05$ 下可认为 9∶3∶3∶1 的比例是正确的.

例 8.28　从总体 X 中抽取容量为 80 的一个简单随机样本，频数分布如表 8.8 所示.

表 8.8　容量为 80 的频数分布情况

区　间	(0, 0.25)	[0.25, 0.5)	[0.5, 0.75)	[0.75, 1)
频　数	6	18	20	36

试在显著水平 $\alpha=0.025$ 下检验总体 X 的密度函数为 $f(x)=\begin{cases}2x, & 0<x<1, \\ 0, & \text{其他,}\end{cases}$ 是否可信?

解　H_0: $X\sim f(x)=\begin{cases}2x, & 0<x<1 \\ 0, & \text{其他}\end{cases}$，列表计算如表 8.9 所示 ($n=80$).

表 8.9　例 8.6 的计算结果

i	区　间	n_i	p_i	np_i	n_i-np_i	$(n_i-np_i)^2/np_i$
1	(0, 0.25)	6	0.062 5	5	1	0.20
2	[0.25, 0.5)	18	0.187 5	15	3	0.60
3	[0.5, 0.75)	20	0.312 5	25	−5	1.00
4	[0.75, 1)	36	0.437 5	35	1	0.03

其中 $p_i=P\left(\frac{i-1}{4}\leqslant X<\frac{i}{4}\right)=\int_{\frac{i-1}{4}}^{\frac{i}{4}}2x\,\mathrm{d}x=\frac{i^2-(i-1)^2}{16}$, $i=1, 2, 3, 4$,

在 H_0 成立的条件下有：$\chi^2=\sum_{i=1}^{4}\frac{(n_i-np_i)^2}{np_i}\dot{\sim}\chi^2(4-1)$，即 $\chi^2(3)$,

统计量 $\chi^2=\sum_{i=1}^{4}\frac{(n_i-np_i)^2}{np_i}=1.83$，查表得 $\chi^2_{0.025}(4-1)=9.348$，由于 $\chi^2=1.83<9.348$，所以不拒绝假设 H_0: $X\sim f(x)=\begin{cases}2x, & 0<x<1, \\ 0, & \text{其他.}\end{cases}$

上面讨论的是 $p_1, p_2, \cdots, p_k$ 是已知的情况，但是在实际问题中，$p_1, p_2, \cdots, p_k$ 通常依赖于 s 个未知参数，而这 s 个未知参数需要用样本估计，可以先用极大似然估计方法估计这 s 个未知参数，从而得到 $p_1, p_2, \cdots, p_k$ 的估计分别为 $\hat{p}_1, \hat{p}_2, \cdots, \hat{p}_k$，这时统计量为 $\chi^2=\sum_{i=1}^{k}\frac{(n_i-n\hat{p}_i)^2}{n\hat{p}_i}$，当 $n\to+\infty$ 时，其近似分布为 $\chi^2(k-s-1)$.

注意　具体计算可用如下公式：$\sum_{i=1}^{k}\frac{(n_i-n\hat{p}_i)^2}{n\hat{p}_i}=\frac{1}{n}\sum_{i=1}^{k}\frac{n_i^2}{\hat{p}_i}-n$.

例 8.29　设对某靶每次连续射出 5 发子弹，只记录是否命中. 在 100 次射击中共打出 500 发子弹. 用 X 表示在每次射击中命中次数. 现有 X 的频数分布数据如表 8.10 所示，问 X 是否服从二项分布 ($\alpha=0.05$)?

表 8.10 100次射击的频数分布情况

每次命中次数 i	0	1	2	3	4	5
频数 n_i	5	16	27	33	14	5

解 设 H_0: $X \sim B(5, p)$，这里 p 是每发子弹的命中率，它是未知参数，$x_1, x_2, \cdots, x_{100}$ 是总体 X 的一个样本观察值（$n=100$），其中取"0"有5个，取"1"有16个，…，取"5"有5个，此时似然函数为：

$$L(p)=\prod_{i=1}^{n} \mathrm{C}_5^{x_i} p^{x_i}(1-p)^{5-x_i}=\left(\prod_{i=1}^{n} \mathrm{C}_5^{x_i}\right) p^{\sum_{i=1}^{n} x_i}(1-p)^{5n-\sum_{i=1}^{n} x_i},$$

$$\ln L(p)=\sum_{i=1}^{n} \ln \mathrm{C}_5^{x_i}+\left(\sum_{i=1}^{n} x_i\right) \ln p+\left(5n-\sum_{i=1}^{n} x_i\right) \ln (1-p),$$

$$\frac{\mathrm{d} \ln L(p)}{\mathrm{d} p}=\frac{\sum_{i=1}^{n} x_i}{p}-\frac{5n-\sum_{i=1}^{n} x_i}{1-p},$$

令 $\dfrac{\mathrm{d} \ln L(p)}{\mathrm{d} p}=0$，得如下方程：$\dfrac{\sum_{i=1}^{n} x_i}{p}-\dfrac{5n-\sum_{i=1}^{n} x_i}{1-p}=0$，从中解得：$\hat{p}=\dfrac{\sum_{i=1}^{n} x_i}{5n}$.

又 $\dfrac{\mathrm{d}^2 \ln L(p)}{\mathrm{d} p^2}=-\dfrac{\sum_{i=1}^{n} x_i}{p^2}-\dfrac{5n-\sum_{i=1}^{n} x_i}{(1-p)^2}<0$，所以 p 的极大似然估计为：$\hat{p}=\dfrac{\sum_{i=1}^{n} x_i}{5n}$，其值为：

$$\hat{p}=\frac{0 \times 5+1 \times 16+2 \times 27+3 \times 33+4 \times 14+5 \times 5}{5 \times 100}=\frac{1}{2},$$

$$\hat{p}_k=P(X=k)=\mathrm{C}_5^k \hat{p}^k(1-\hat{p})^{5-k}=\frac{\mathrm{C}_5^k}{2^5},\ k=0,1, \cdots, 5,$$

在 H_0 成立的条件下有：$\chi^2=\sum_{i=1}^{6} \dfrac{(n_i-n \hat{p}_i)^2}{n \hat{p}_i} \dot{\sim} \chi^2(6-1-1)$，即 $\chi^2(4)$，

$$\begin{aligned}\chi^2 & =\frac{1}{n} \sum_{i=0}^{5} \frac{n_i^2}{\hat{p}_i}-n \\ & =\frac{32}{100}\left(\frac{5^2}{1}+\frac{16^2}{5}+\frac{27^2}{10}+\frac{33^2}{10}+\frac{14^2}{5}+\frac{5^2}{1}\right)-100=3.104,\end{aligned}$$

而 $\chi_{0.05}^2(4)=9.488$，而 $3.104<9.488$，所以不拒绝 H_0，即可认为 X 服从二项分布.

例 8.30 某种动物的后代按体格的属性分三类，各类的数目是：10，53，46. 按照某种遗传模型其频率之比应为 $p^2: 2p(1-p):(1-p)^2$，问数据与模型是否相符（$\alpha=0.05$）？

解 设 $p_1=p^2$，$p_2=2p(1-p)$，$p_3=(1-p)^2$，H_0：频率之比为 $p_1: p_2: p_3$. 现观察到的三类数量分别为 n_1, n_2, n_3，记 $n=n_1+n_2+n_3$，因有一未知参数 p，采用极大似然估计求出 $\hat{p}$，似然函数为：

$$L(p)=C^{+}(p^2)^{n_1}[2p(1-p)]^{n_2}[(1-p)^2]^{n_3},$$

其中 $C^{+}=\dfrac{n!}{n_1!\ n_2!\ n_3!}$ 为正常数.

$$\begin{aligned}\ln L(p)&=\ln C^{+}+2n_1\ln p+n_2\ln 2+n_2\ln p+n_2\ln(1-p)+2n_3\ln(1-p)\\&=\ln C^{+}+n_2\ln 2+(2n_1+n_2)\ln p+(n_2+2n_3)\ln(1-p),\end{aligned}$$

$\dfrac{\mathrm{d}\ln L(p)}{\mathrm{d}p}=\dfrac{2n_1+n_2}{p}-\dfrac{n_2+2n_3}{1-p}$，令 $\dfrac{\mathrm{d}\ln L(p)}{\mathrm{d}p}=0$，得 $\dfrac{2n_1+n_2}{p}-\dfrac{n_2+2n_3}{1-p}=0$，

即 $2n_1+n_2-p(2n_1+n_2)-pn_2-2n_3p=0$，则 $\hat{p}=\dfrac{2n_1+n_2}{2n}$，

而 $\dfrac{\mathrm{d}^2\ln L(p)}{\mathrm{d}p^2}=-\dfrac{2n_1+n_2}{p^2}-\dfrac{n_2+2n_3}{(1-p)^2}<0$，则 p 的极大似然估计为 $\hat{p}=\dfrac{2n_1+n_2}{2n}$，其值为：

$\hat{p}=\dfrac{20+53}{218}=0.335$，由此 $\hat{p}_1=\hat{p}^2=0.112$，$\hat{p}_2=2\hat{p}(1-\hat{p})=0.45$，$\hat{p}_3=(1-\hat{p})^2=0.44$.

在 H_0 成立的条件下有：$\chi^2=\sum\limits_{i=1}^{3}\dfrac{(n_i-n\hat{p}_i)^2}{n\hat{p}_i}\ \dot{\sim}\ \chi^2(3-1-1)$，即 $\chi^2(1)$，

$$\alpha=0.05,\chi^2_{0.05}(1)=3.84,$$

$$\chi^2=\frac{(10-109\times 0.112)^2}{109\times 0.112}+\frac{(53-109\times 0.45)^2}{109\times 0.45}+\frac{(46-109\times 0.44)^2}{109\times 0.44}=0.801.$$

由于 $0.801<3.84$，所以不拒绝 H_0，即认为数据与模型相符.

例 8.31　2008 年 5 月 12 日下午 2 点 28 分，在我国的四川汶川发生了里氏八级的大地震！人们不禁要问如果能准确预报地震发生的时间该多好啊！但是，地震的准确预报仍是一个世界难题，要解决这一世界难题，应更多、更全面地了解地震规律.

有人统计了从 1965 年 1 月 1 日至 1971 年 2 月 9 日共 2 231 天中，全世界记录到里氏四级和四级以上的地震共计 162 次，地震发生的间隔时间及频数见表 8.11.

表 8.11　地震发生的间隔时间及频数

相继两次地震间隔天数	0～4	5～9	10～14	15～19	20～24	25～29	30～34	35～39	≥40
频　数	50	31	26	17	10	8	6	6	8

由以往经验，两次突发事件之间的时间间隔一般服从单参数指数分布，取显著性水平 $\alpha=0.05$，检验相继两次地震间隔的天数 X 是否服从指数分布.

解　检验假设 H_0：$X\sim \mathrm{Exp}(1/\theta)$，由于 X 的平均寿命即为两次地震间隔的平均天数，而 $E(X)=\theta$，参数 θ 的极大似然估计 $\hat{\theta}=\overline{X}$，在本例中，在 162 次观测中，所用总时间为 2 231 天，故 $\hat{\theta}=\bar{x}=\dfrac{2\ 231}{162}=13.77$.

将 X 的可能的取值区间 $[0, +\infty)$ 按记录时间分为 $k=9$ 个互不重叠的区间 $[a_i, a_{i+1})$，$i=1, 2, \cdots, 9$，其中 a_{i+1} 为各组的时间间隔的中间值，即 $a_2=4.5$，$a_3=9.5$，…，$a_9=39.5$，而 $a_{10}=+\infty$. 由于 X 的分布函数的估计为 $F(x)=1-\exp\left(-\dfrac{x}{13.77}\right)$，$x\geqslant 0$，由此：

$$\hat{p}_i=P(a_i\leqslant X<a_{i+1})=F(a_{i+1})-F(a_i),\ i=1, 2, \cdots, 9,$$

计算结果如表 8.12 所示：

表 8.12　观测值的分组计算表

区间序号	区　间	n_i	$\hat{p}_i$	$n\hat{p}_i$	$n_i-n\hat{p}_i$	$\dfrac{(n_i-n\hat{p}_i)^2}{n\hat{p}_i}$
1	$[0, 4.5)$	50	0.278 8	45.166	4.834	0.517
2	$[4.5, 9.5)$	31	0.219 6	35.575	−4.575	0.588
3	$[9.5, 14.5)$	26	0.152 7	24.737	1.263	0.064
4	$[14.5, 19.5)$	17	0.106 2	17.204	−0.204	0.002
5	$[19.5, 24.5)$	10	0.073 9	11.972	−1.972	0.325
6	$[24.5, 29.5)$	8	0.051 4	8.327	−0.327	0.013
7	$[29.5, 34.5)$	6	0.035 8	5.800	0.200	0.007
8	$[34.5, 39.5)$	6	0.024 8	4.018	1.982	0.978
9	$[39.5, +\infty)$	8	0.056 8	9.202	−1.202	0.157

而 $\sum\limits_{i=1}^{9}\dfrac{(n_i-n\hat{p}_i)^2}{n\hat{p}_i}=2.651$，在给定显著性水平 $\alpha=0.05$ 下，$\chi^2_{0.05}(7)=14.067>2.651$，故不拒绝 H_0，即根据所记录的数据，在显著性水平 $\alpha=0.05$ 下，可以认为两次地震间的间隔时间服从参数为 13.77 的指数分布. 知道了两次地震间隔时间的分布，对于了解地震规律及预报都具有十分重要的意义.

2. 柯尔莫哥洛夫拟合检验——D_n 检验

χ^2 拟合检验是比较样本频率与总体的概率的. 尽管它对于离散型和连续型总体分布都适用，但它是依赖于区间的划分的. 因为即使原假设 H_0：$F(x)=F_0(x)$ 不成立，在某种划分下还是可能有 $F(a_i)-F(a_{i-1})=F_0(a_i)-F_0(a_{i-1})=p_i$，$i=1, 2, \cdots, k$，从而不影响 $\chi^2=\sum\limits_{i=1}^{k}\dfrac{(n_i-np_i)^2}{np_i}$ 的值，也就是有可能把不真的原假设接受. 由此看到，用 χ^2 检验实际上只是检验了 $F_0(a_i)-F_0(a_{i-1})=p_i$，$i=1, 2, \cdots, k$，是否是真，而并未真正地检验总体分布 $F(x)$ 是否为 $F_0(x)$. 柯尔莫哥洛夫对连续型总体的分布提出了一种检验方法，一般称作柯尔莫哥洛夫检验或 D_n 检验. 这个检验法是比较样本经验分布函数 $F_n^*(x)$ 和总体分布函数 $F(x)$ 的. 它不是在划分区间上考虑 $F_n^*(x)$ 与原假设的分布函数之间的偏差，而是在每一点上考虑它们之间的偏差，这就克服了 χ^2 检验依赖区间划分的缺点. 但总体分布必须假定是连续的.

根据格列汶科定理,如果原假设成立,样本经验分布函数与总体分布函数差距一般不应太大.提出了一个统计量:$D_n=\sup\limits_x|F_n^*(x)-F(x)|$,并且得到这个统计量的精确分布与极限分布 $K(\lambda)$.

定理 8.1 设总体 X 有连续分布函数 $F(x)$,从中抽取容量为 n 的样本,并设经验分布函数为 $F_n^*(x)$,则 $D_n=\sup\limits_x|F_n^*(x)-F(x)|$ 的分布函数为:

$$P\left(D_n\leqslant\frac{1}{2n}+\lambda\right)=\begin{cases}0, & \lambda<0,\\ \displaystyle\int_{\frac{1}{2n}-\lambda}^{\frac{1}{2n}+\lambda}\int_{\frac{3}{2n}-\lambda}^{\frac{3}{2n}+\lambda}\cdots\int_{\frac{2n-1}{2n}-\lambda}^{\frac{2n-1}{2n}+\lambda}f(y_1,y_2,\cdots,y_n)\mathrm{d}y_1\mathrm{d}y_2\cdots\mathrm{d}y_n, & 0\leqslant\lambda<\dfrac{2n-1}{2n},\\ 1, & \lambda\geqslant\dfrac{2n-1}{2n},\end{cases}$$

其中,$f(y_1,y_2,\cdots,y_n)=\begin{cases}n!, & 0<y_1<y_2<\cdots<y_n<1,\\ 0, & \text{其他}.\end{cases}$

在 $n\to+\infty$ 时有极限分布函数:

$$P(\sqrt{n}D_n\leqslant\lambda)\to K(\lambda)=\begin{cases}\displaystyle\sum_{j=-\infty}^{n}(-1)^j\exp(-2j^2\lambda^2), & \lambda>0,\\ 0, & \lambda\leqslant0.\end{cases}$$

在一般的数理统计教科书中都列出了柯尔莫哥洛夫检验临界值表和 D_n 的极限分布函数表,在应用柯尔莫哥洛夫检验时,应注意的是,原假设的分布的参数值原则上应是已知的,但在参数未知时,有人对某些总体分布如正态分布和指数分布用以下两种方法估计:① 可用另一个大容量样本来估计未知参数;② 如果原来样本容量很大,也可用来估计未知参数,不过此时 D_n 检验是近似的.在检验时取较大的显著性水平为宜,一般取 $\alpha=0.10\sim0.20$,用 D_n 检验来检验总体有连续分布函数 $F(x)$ 这个假设的步骤如下:

(1) 从总体抽取容量为 n $(n\geqslant50)$ 的样本,并把样本观测值按由小到大的次序排列;

(2) 求出经验分布函数

$$F_n^*(x)=\begin{cases}0, & x<x_{(1)},\\ \dfrac{n_j(x)}{n}, & x_{(j)}\leqslant x<x_{(j+1)},j=1,2,\cdots,n,\\ 1, & x_{(n)}\leqslant x;\end{cases}$$

(3) 在原假设成立的条件下,计算观测值处的理论分布函数 $F(x)$ 的值;

(4) 对每一个 x_i 算出经验分布函数与理论分布函数的差的绝对值:

$$|F_n^*(x_{(i)})-F(x_{(i)})|\text{ 与 }|F_n^*(x_{(i+1)})-F(x_{(i)})|;$$

(5) 由(4)算出统计量:$D_n=\sup\limits_x|F_n^*(x)-F(x)|=\sup\limits_x\{|F_n^*(x_{(i)})-F(x_{(i)})|,|F_n^*(x_{(i+1)})-F(x_{(i)})|,i=1,2,\cdots,n\}$ 的值;

(6) 给出显著性水平 α,由柯尔莫哥洛夫检验的临界值表查出 $P(D_n>D_{n,\alpha})=\alpha$ 的临界值 $D_{n,\alpha}$;当 $n\geqslant100$ 时,可通过 $D_{n,\alpha}\approx\dfrac{\lambda_{1-\alpha}}{\sqrt{n}}$,查 D_n 的极限分布函数数值表得 $\lambda_{1-\alpha}$,从而

求出 $D_{n,\alpha}$ 的近似值；

(7) 若由(5)算出的 $D_n > D_{n,\alpha}$，则拒绝原假设；若 $D_n \leqslant D_{n,\alpha}$，则不拒绝原假设，并认为原假设的理论分布函数与样本数据是拟合得好的.

例 8.32　设总体 X 分布函数为 $F(x)$，检验假设 H_0：$F(x)=\Phi\left(\frac{x-\mu}{\sigma}\right)$，即检验 X 是否服从正态分布 $N(\mu, \sigma^2)$，显著性水平为 $\alpha=0.10$，从总体中抽取一个容量为 50 的样本，其观测值如下：

1.369 6，1.547 6，1.642 0，1.709 6，1.809 2，1.809 2，1.849 6，1.885 6，1.918 4，1.948 8
1.977 6，2.004 4，2.054 8，2.054 8，2.078 8，2.146 0，2.146 0，2.146 0，2.188 4，2.188 4
2.208 8，2.229 6，2.249 6，2.310 0，2.310 0，2.310 0，2.370 4，2.370 4，2.370 4，2.432 8
2.432 8，2.432 8，2.454 0，2.476 0，2.498 4，2.521 2，2.545 2，2.569 6，2.651 2，2.651 2
2.651 2，2.681 6，2.714 4，2.790 8，2.790 8，2.836 4，2.958 0，2.958 0，3.052 4，3.230 4

解　这里用点估计值：$\hat{\mu}=\bar{x}=2.3$，$\hat{\sigma}=\sqrt{\frac{1}{n-1}\sum_{i=1}^{n}(x_i-\bar{x})^2}\approx 0.4$，

由于样本容量为 $n=50$ 已经足够大，可以把这两个点估计值作为真的理论分布的参数 μ，σ，这样，要检验的原假设为：H_0：$F(x)$ 是 $N(2.3, 0.4^2)$ 的分布函数. 经过计算可得出统计量 $D_{50}=0.060\,2$，查柯尔莫哥洛夫检验临界值表，$n=50$，显著性水平为 $\alpha=0.10$，得临界值 $D_{50,0.10}=0.169\,59$，由于 $D_{50}=0.060\,2<0.169\,59$，故不能拒绝原假设，因此认为总体分布为正态分布 $N(2.3, 0.4^2)$.

3. 柯尔莫哥洛夫-斯米尔诺夫两样本检验

斯米尔诺夫按照柯尔莫哥洛夫拟合检验的思想方法，比较两个样本经验分布函数，得出一个检验两个样本是否来自同一个总体的检验.

设有两个具有连续分布函数 $F_1(x)$ 和 $F_2(y)$ 的总体，从中分别抽取两个独立的随机样本 $X_1, X_2, \cdots, X_{n_1}$ 和 $Y_1, Y_2, \cdots, Y_{n_2}$，现在要检验原假设 H_0：$F_1(x)=F_2(x)$，$-\infty<x<+\infty$，由两个样本的经验分布函数：

$$F_{1n_1}^*(x)=\begin{cases}0, & x<x_{(1)},\\ \dfrac{n_j(x)}{n_1}, & x_{(j)}\leqslant x<x_{(j+1)}, j=1, 2, \cdots, n_1\\ 1, & x\geqslant x_{(n_1)},\end{cases}$$

$$F_{2n_2}^*(y)=\begin{cases}0, & y<y_{(1)},\\ \dfrac{n_l(y)}{n_2}, & y_{(l)}\leqslant y<y_{(l+1)}, l=1, 2, \cdots, n_2,\\ 1, & y\geqslant y_{(n_2)},\end{cases}$$

构造统计量 $D_{n_1n_2}=\sup\limits_{x}|F_{1n_1}^*(x)-F_{2n_2}^*(x)|$，$-\infty<x<+\infty$，斯米尔诺夫证明了柯尔莫哥洛夫-斯米尔诺夫定理.

定理 8.2　当样本容量 n_1 和 n_2 分别趋向于 $+\infty$ 时，统计量 $D_{n_1n_2}=\sup\limits_{x}|F_{1n_1}^*(x)-F_{2n_2}^*(x)|$ 有极限分布函数：

$$P\left(\sqrt{\frac{n_1n_2}{n_1+n_2}}D_{n_1n_2}\leqslant\lambda\right)\to K(\lambda)=\begin{cases}\sum\limits_{j=-\infty}^{+\infty}(-1)^j\exp(-2j^2\lambda^2), & \lambda>0,\\ 0, & \lambda\leqslant 0,\end{cases}$$

这里没有给出统计量 $D_{n_1n_2}$ 的精确分布,但当 n_1 和 n_2 都较小时,可采用两样本秩和检验来代替这里的检验.

例 8.33 在自动车床上加工某一种零件,在工人刚接班时,抽取 $n_1=150$ 只零件作为第一个样本,在自动车床工作两个小时后再抽取 $n_2=100$ 只零件作为第二个样本.测定每个零件距离标准的偏差 x,其数值列入表 8.13 中.

解 根据样本观察值计算 $D_{n_1n_2}$ 步骤列在表 8.14 中.可看出 $\sup\limits_x|F^*_{1n_1}(x)-F^*_{2n_2}(x)|=0.293$,因为 n_1 和 n_2 都很大,应用定理 8.2,用 $D_{n_1n_2}$ 的极限分布来近似定出它的临界值,但 $\sqrt{\frac{n_1n_2}{n_1+n_2}}D_{n_1n_2}$ 和 $\sqrt{n}D_n$ 有相同的极限分布,所以只要计算 $\frac{n_1n_2}{n_1+n_2}=\frac{150\times 1\,000}{150+1\,000}=60$.

表 8.13 零件标准偏差数据

偏差 x 的测量区间(微米)	频数 n_{ij}	
	样本 1: n_{1j}	样本 2: n_{2j}
[−15, −10)	10	—
[−10, −5)	27	7
[−5, 0)	43	17
[0, 5)	38	30
[5, 10)	23	29
[10, 15)	8	15
[15, 20)	1	1
[20, 25)	—	1
	$n_1=150$	$n_2=100$

表 8.14 例 8.33 的计算结果

x	频数		累积频数		$F^*_{1n_1}(x)=\frac{n_1(x)}{n_1}$	$F^*_{2n_2}(x)=\frac{n_2(x)}{n_2}$	$\lvert F^*_{1n_1}(x)-F^*_{2n_2}(x)\rvert$
	n_{1j}	n_{2j}	$n_1(x)$	$n_2(x)$			
−10	10		10		0.067	0.000	0.067
−5	27	7	37	7	0.247	0.070	0.177
0	43	17	80	24	0.533	0.240	0.293
5	38	30	118	54	0.787	0.540	0.247
10	23	29	141	83	0.940	0.830	0.110
15	8	15	149	98	0.993	0.980	0.013
20	1	1	150	99	1.000	0.990	0.010
25		1	150	100	1.000	1.000	0.000

当 $\alpha=0.05$ 时,查 D_n 的极限分布函数值表得 1.358,即 $P\left(\sqrt{\frac{n_1n_2}{n_1+n_2}}D_{n_1n_2}\leqslant 1.358\right)\approx$

0.95，于是得临界值为 $D_{n_1n_2 0.05} \approx \frac{1.358}{\sqrt{60}} = 0.1753$，由于 $0.293 > 0.1753$，故拒绝原假设. 也就是说，在自动车床上加工零件不能忽视时间延续的影响，最好能找出合适的时间间隔做定时的调整.

4. 两样本的秩和检验

柯尔莫哥洛夫-斯米尔诺夫检验用两个样本的经验分布函数之差的绝对值上界为统计量，经验分布函数是与次序统计量密切联系的. 这里的检验用秩和为统计量，它与次序统计量密切联系，所以这两个检验在本质上是相同的，但在使用上和理论推导上，秩和检验法比柯尔莫哥洛夫-斯米尔诺夫检验简单.

定义 8.4 设 $X_1, X_2, \cdots, X_n$ 是取自有连续型分布的总体 X 的一个简单随机样本，并设 $x_1, x_2, \cdots, x_n$ 是 $X_1, X_2, \cdots, X_n$ 的观测值，将 $x_1, x_2, \cdots, x_n$ 按数值大小由小到大排列得 $x_{(1)}, x_{(2)}, \cdots, x_{(n)}$，如果 $x_j = x_{(k)}$，则 $R_j = k$，并称 X_j 的秩为 k，这里 $j = 1, 2, \cdots, n$，换句话说，X_j 的秩就是按照观测值的大小排列成序后所占的位次.

两样本秩和检验法步骤：

(1) 把两个样本的观测值合并成一个混合样本，排列成序后，写出这 $n_1 + n_2$ 个秩，用如此得到的秩代替原来的样本观测值，得到两个样本如下：$r_{h_1}, r_{h_2}, \cdots, r_{h_{n_1}}$；$r_{k_1}, r_{k_2}, \cdots, r_{k_{n_2}}$；

(2) 比较两个样本的容量，选用其中较小的；如果 $n_1 = n_2$，任选一个. 不失一般性，设 $n_1 \leqslant n_2$，取容量为 n_1 的那个样本，把这个样本的秩加起来，得到 $T = \sum_{j=1}^{n_j} r_{h_j}$，显然有：

$$\frac{n_1(n_1+1)}{2} \leqslant T \leqslant \frac{n_1(n_1+2n_2+1)}{2};$$

用秩和 $T = \sum_{j=1}^{n_j} r_{h_j}$ 这个统计量来检验原假设 H_0：$F_1(x) = F_2(x)$，因为在 H_0 成立下，第一个样本的秩一定随机地分散在开头 $n_1 + n_2$ 个自然数中而不会过度集中在较小的或较大的数中，从而得秩和 $T = \sum_{j=1}^{n_j} r_{h_j}$ 不会太靠近不等式 $\frac{n_1(n_1+1)}{2} \leqslant T \leqslant \frac{n_1(n_1+2n_2+1)}{2}$ 两端的值；

(3) 在显著性水平给定为 α 时，可算出临界值 t_1 和 t_2，当 $t_1 < T < t_2$ 时，不拒绝原假设；当 $T \leqslant t_1$ 或 $T \geqslant t_2$ 时，拒绝原假设. 因为在原假设成立下：

$$\begin{aligned} P(T=t) &= P\left(R_1 = r_{h_1}, R_2 = r_{h_2}, \cdots, R_{n_1} = r_{h_{n_1}} \mid T = \sum_{j=1}^{n_j} r_{h_j}\right) \\ &= \frac{1}{\mathrm{C}_{n_1+n_2}^{n_1}} = \frac{n_1!\ n_2!}{(n_1+n_2)!}, \end{aligned}$$

给定 α，采用如下办法分别定出 t_1 和 t_2，$P(T \leqslant t_1) = \frac{\alpha}{2}$ 和 $P(T \geqslant t_2) = \frac{\alpha}{2}$，把两个式子

合并起来,得到 $P(t_1 < T < t_2) = 1-\alpha$, 所以 (t_1, t_2) 也是 T 的一个 $1-\alpha$ 的置信区间.

一般数理统计教科书中都会列出秩和检验表,通常是给出不同的 n_1 和 n_2 的临界值 t_1, t_2.

例 8.34 为了比较两种不同的生产方式,对第一种方式测得 4 个数据,对第二种方式测得 6 个数据,试从这些数据判别两种生产方式有无显著差异. 设 $\alpha = 0.05$,
第一种生产方式: 548, 524, 512, 521;第二种生产方式: 551, 546, 540, 532, 518, 525.

解 用秩和检验法,把两个样本混成一个样本得出秩如表 8.15 所示.

表 8.15 例 8.34 的计算结果

秩	1	2	3	4	5	6	7	8	9	10
第一种方式	512		521	524					548	
第二种方式		518			525	532	540	546		551

由于 $n_1 = 4 < 6 = n_2$, 求秩和 $T = \sum_{j=1}^{4} r_{h_j} = 1+3+4+9 = 17$, 由于 $\alpha = 0.05$, 查表得 $t_1 = 12$, $t_2 = 32$. 而 $T = 17$ 位于 (t_1, t_2) 之内,原假设成立,因此不能认为两种生产方式有显著差异.

当 n_1, n_2 都较大时,可用 T 的渐进分布来近似. 莱曼给出如下定理.

定理 8.3 当 n_1, n_2 中较小的趋向无穷时,

$$P\left(\frac{T - n_1(n_1+n_2+1)/2}{\sqrt{n_1 n_2 (n_1+n_2+1)/12}} \leqslant t\right) \to \Phi(t).$$

注意 秩和 $T = \sum_{j=1}^{n_j} r_{h_j}$ 不是独立的随机变量之和,所以不能用中心极限定理来证明它的渐进正态性. 本节所讲的各种非参数检验方法都不怎么依赖于总体分布的信息. 这一特点称为抗扰性或稳健性.

例 8.35 从某班随机抽取 11 名女生和 15 名男生的"概率论与数理统计"期末考试成绩如下所示,试问该班男、女学生之间期末考试成绩有无显著差异 $(\alpha = 0.05)$?
女生: 87, 77, 92, 98, 97, 76, 62, 82, 46, 70, 70;
男生: 90, 71, 79, 94, 95, 82, 53, 95, 97, 96, 93, 85, 88, 78, 96.

解 (1) 提出假设: H_0: 男、女学生数学成绩无显著差异;

(2) 编排次序如表 8.16 所示:

表 8.16 例 8.35 的数据编排次序

次序	1	2	3	4.5	4.5	6	7	8	9	10	11.5	11.5	13	14	15
分数	46	53	62	70	70	71	76	77	78	79	82	82	85	87	88
次序	16	17	18	19	20.5	20.5	22.5	22.5	24.5	24.5	26				
分数	90	92	93	94	95	95	96	96	97	97	98				

(3) 计算秩和: $T = 14 + 8 + 17 + 26 + 24.5 + 7 + 3 + 11.5 + 1 + 4.5 + 4.5 = 121$;

(4) 计算检验统计量：$z=\dfrac{T-n_1(n_1+n_2+1)/2}{\sqrt{\dfrac{n_1n_2(n_1+n_2+1)}{12}}}=\dfrac{121-11\times(11+15+1)/2}{\sqrt{\dfrac{11\times 15(11+15+1)}{12}}}=-1.43$；

(5) 进行统计决断：因为 $|z|=1.43<U_{\alpha/2}=1.96$，故不拒绝 H_0，认为该班男、女生数学成绩并没有显著差异.

最后，简单谈谈秩和检验的可靠性问题. 秩和检验是威尔科克逊于 1945 年提出的，由于它不依赖于总体的分布形式，因此在应用上更受欢迎，但人们也怀疑检验的可靠性，统计学家已经证明了如下结论：① 在小样本的情况下，秩和检验的精度几乎与 t 检验一样；② 在总体为偏态分布的情况下，秩和检验的可靠度比 t 检验高；③ 在总体分布为“抛物线型”分布的情况下，秩和检验最为不利，其可靠性比 t 检验低.

8.5.2　不相关与独立性检验

1. 不相关检验

设 (X, Y) 服从二维正态分布，即 X 服从 $N(\mu_1, \sigma_1^2)$，Y 服从 $N(\mu_2, \sigma_2^2)$，ρ 为 X 和 Y 之间的相关系数. 现提出如下假设检验问题：$H_0: \rho=0 \leftrightarrow H_1: \rho\neq 0$，

记 $\bar{X}=\dfrac{1}{n}\sum\limits_{i=1}^{n}X_i$，$S_1^2=\dfrac{1}{n}\sum\limits_{i=1}^{n}(X_i-\bar{X})^2$，$\bar{Y}=\dfrac{1}{n}\sum\limits_{i=1}^{n}Y_i$，$S_2^2=\dfrac{1}{n}\sum\limits_{i=1}^{n}(Y_i-\bar{Y})^2$，

$S_{12}=\dfrac{1}{n}\sum\limits_{i=1}^{n}(X_i-\bar{X})(Y_i-\bar{Y})$.

相关系数 ρ 的矩法估计量为 $R=\dfrac{S_{12}}{S_1S_2}$，统计量 R 是两个样本之间的相关系数，它不带有未知参数 ρ，可作为 H_0 的检验统计量. 费歇于 1915 年导出了统计量 R 的密度函数为：

$$f_R(r)=\frac{n-2}{\pi}(1-\rho^2)^{\frac{n-1}{2}}(1-r^2)^{\frac{n-4}{2}}\int_0^1\frac{x^{n-2}}{(1-\rho r x)^{n-1}}\frac{1}{\sqrt{1-x^2}}\mathrm{d}x,\ |r|<1,$$

其中 r 为统计量 R 的观察值. 由此看到，R 的分布只与 ρ 及样本容量 n 有关.

当 H_0 成立时，R 的密度函数可简化为：$f_R(r)=\dfrac{n-2}{\pi}(1-r^2)^{\frac{n-4}{2}}\displaystyle\int_0^1\frac{x^{n-2}}{\sqrt{1-x^2}}\mathrm{d}x$，

记 $u=x^2$，得：

$$\begin{aligned}f_R(r)&=\frac{n-2}{2\pi}(1-r^2)^{\frac{n-4}{2}}\int_0^1 u^{\frac{n-1}{2}-1}(1-u)^{\frac{1}{2}-1}\mathrm{d}u\\&=\frac{n-2}{2\pi}(1-r^2)^{\frac{n-4}{2}}\mathrm{B}\left(\frac{n-1}{2}, \frac{1}{2}\right)\\&=\frac{\Gamma\left(\frac{n-1}{2}\right)}{\Gamma\left(\frac{1}{2}\right)\Gamma\left(\frac{n-2}{2}\right)}(1-r^2)^{\frac{n-4}{2}},\ |r|<1.\end{aligned}$$

达威于 1938 年利用上式,对于给定的显著性水平 α 及不同的样本容量 n,编造了临界值表,便于对 H_0 做显著性检验.

下面给出对 H_0 做显著性检验的另一个检验统计量,考虑统计量

$$T=\sqrt{n-2}\ \frac{R}{\sqrt{1-R^2}},$$

其中统计量 R 的密度函数为:$f_R(r)=\dfrac{\Gamma\left(\dfrac{n-1}{2}\right)}{\Gamma\left(\dfrac{1}{2}\right)\Gamma\left(\dfrac{n-2}{2}\right)}(1-r^2)^{\frac{n-4}{2}}$,$|r|<1$.

下面求 T 的密度函数 $f_T(t)$ 的表达式:

令 $t=\sqrt{n-2}\ \dfrac{r}{\sqrt{1-r^2}}$,则 $1-r^2=\left(1+\dfrac{t^2}{n-2}\right)^{-1}$,于是 T 的密度函数 $f_T(t)$ 为:

$$\begin{aligned} f_T(t)&=\frac{\Gamma\left(\frac{n-1}{2}\right)}{\Gamma\left(\frac{1}{2}\right)\Gamma\left(\frac{n-2}{2}\right)}\left(1+\frac{t^2}{n-2}\right)^{-\frac{n-4}{2}}\frac{1}{\sqrt{n-2}}\left(1+\frac{t^2}{n-2}\right)^{-\frac{3}{2}}\\ &=\frac{1}{\sqrt{(n-2)\pi}}\ \frac{\Gamma\left(\frac{n-1}{2}\right)}{\Gamma\left(\frac{n-2}{2}\right)}\left(1+\frac{t^2}{n-2}\right)^{-\frac{n-1}{2}}, \end{aligned}$$

$f_T(t)$ 即为自由度为 $n-2$ 的 $t(n-2)$ 分布的密度函数,即统计量 $T=\sqrt{n-2}\ \dfrac{R}{\sqrt{1-R^2}}$ 在 H_0 成立时服从自由度为 $n-2$ 的 $t(n-2)$ 分布,则可用统计量 T 做显著性检验,这也是 t 检验法.

2. 列联表和独立性检验

当 (X, Y) 服从二维正态分布时,X 与 Y 相互独立同不相关,即 $\rho=0$ 是等价的,因此检验 X 与 Y 是否相互独立,等价于 $\rho=0$ 的检验. 但在一般情形下,这个等价就不成立了.

对于任何两个随机变量 X 与 Y,其相互独立是指:若 (X, Y) 的联合分布函数为 $F(x, y)$,X 与 Y 的边际分布函数为 $F_X(x)$ 及 $F_Y(y)$,则对一切 x 及 y 下式成立:

$$F(x, y)=F_X(x)F_Y(y).$$

因此,两个随机变量之间独立性的检验可写为:

$$H_0: F(x, y)=F_X(x)F_Y(y)\leftrightarrow H_1: F(x, y)\neq F_X(x)F_Y(y).$$

在实际工作中如果总体的特征是由两个随机变量 X 及 Y 联合来反映,这就要考虑二维随机变量 (X, Y) 了. 从这个总体中随机抽取容量为 n 的二维样本 (X_1, Y_1),(X_2, Y_2),$\cdots$,(X_n, Y_n),将 X 及 Y 的可能取值范围分别分成 r 个及 s 个互不相交的小区间,

对 $i=1, 2, \cdots, r, j=1, 2, \cdots, s$，用 n_{ij} 表示这个样本中“X 属于第 i 个小区间、Y 属于第 j 个小区间”的个数，记 $n_{i\cdot}=\sum_{j=1}^{s} n_{ij}, n_{\cdot j}=\sum_{i=1}^{r} n_{ij}, n=\sum_{i=1}^{r}\sum_{j=1}^{s} n_{ij}$，表 8.17 称为两因素列联表.

表 8.17　两因素列联表

X \ Y	1	2	…	j	…	s	和
1	n_{11}	n_{12}	…	n_{1j}	…	n_{1s}	$n_{1.}$
2	n_{21}	n_{22}	…	n_{2j}	…	n_{2s}	$n_{2.}$
⋮	⋮	⋮	⋮	⋮	⋮	⋮	
i	n_{i1}	n_{i2}	…	n_{ij}	…	n_{is}	$n_{i.}$
⋮	⋮	⋮	⋮	⋮	⋮	⋮	
r	n_{r1}	n_{r2}	…	n_{rj}	…	n_{rs}	$n_{r.}$
和	$n_{\cdot 1}$	$n_{\cdot 2}$	…	$n_{\cdot j}$	…	$n_{\cdot s}$	n

特别地，当 $r=s=2$ 时，一共有四类，这种列联表常称为“四格表”.

从总体 (X, Y) 中任意抽取一个个体，它的“x 属于第 i 个小区间、y 属于第 j 个小区间”这一事件的概率记为 p_{ij}，以 $p_{i\cdot}$ 及 $p_{\cdot j}$ 分别记相应的边际概率，则有：

$$p_{i\cdot}=\sum_{j=1}^{s} p_{ij},\ p_{\cdot j}=\sum_{i=1}^{r} p_{ij},\ \sum_{i=1}^{r}\sum_{j=1}^{s} p_{ij}=\sum_{i=1}^{r} p_{i\cdot}=\sum_{j=1}^{s} p_{\cdot j}=1,$$

此时，独立性检验就等价于检验以下假设：H_0：$p_{ij}=p_{i\cdot}\, p_{\cdot j}, i=1, 2, \cdots, r, j=1, 2, \cdots, s.$

下面要寻找检验 H_0 的检验统计量. 首先，求未知参数 $p_{i\cdot}$ 及 $p_{\cdot j}$ 的极大似然估计，由于

$$p_{r\cdot}=1-\sum_{i=1}^{r-1} p_{i\cdot},\ p_{\cdot s}=1-\sum_{j=1}^{s-1} p_{\cdot j},$$

所以实际上要求 $r+s-2$ 个未知参数的估计量. 当 H_0 成立时，似然函数为：

$$L=\prod_{i=1}^{r}\prod_{j=1}^{s} p_{ij}^{n_{ij}}=\prod_{i=1}^{r}\prod_{j=1}^{s}(p_{i\cdot}^{n_{ij}}\ p_{\cdot j}^{n_{ij}})=(\prod_{i=1}^{r} p_{i\cdot}^{n_{i\cdot}})(\prod_{j=1}^{s} p_{\cdot j}^{n_{\cdot j}})$$
$$=(1-\sum_{i=1}^{r-1} p_{i\cdot})^{n_{r\cdot}}(1-\sum_{j=1}^{s-1} p_{\cdot j})^{n_{\cdot s}}(\prod_{i=1}^{r-1} p_{i\cdot}^{n_{i\cdot}})(\prod_{j=1}^{s-1} p_{\cdot j}^{n_{\cdot j}}),$$

由似然方程：
$$\begin{cases}\dfrac{\partial \ln L}{\partial p_{i\cdot}}=0, & i=1, 2, \cdots, r-1,\\[2mm] \dfrac{\partial \ln L}{\partial p_{\cdot j}}=0, & j=1, 2, \cdots, s-1,\end{cases}$$

解得 $p_{i\cdot}$ 和 $p_{\cdot j}$ 的极大似然估计：$\hat{p}_{i\cdot}=\dfrac{n_{i\cdot}}{n}, \hat{p}_{\cdot j}=\dfrac{n_{\cdot j}}{n}, i=1, 2, \cdots, r-1, j=1, 2, \cdots, s-1$. 由此检验 H_0 的检验统计量为：

$$\chi^2=\sum_{i=1}^{r}\sum_{j=1}^{s}\frac{(n_{ij}-n\hat{p}_{ij})^2}{n\hat{p}_{ij}}=\sum_{i=1}^{r}\sum_{j=1}^{s}\frac{(n_{ij}-n\hat{p}_{i\cdot}\hat{p}_{\cdot j})^2}{n\hat{p}_{i\cdot}\hat{p}_{\cdot j}}=\sum_{i=1}^{r}\sum_{j=1}^{s}\frac{(n_{ij}-n_{i\cdot}n_{\cdot j}/n)^2}{n_{i\cdot}n_{\cdot j}/n},$$

其自由度为 $rs-1-(r+s-2)=(r-1)(s-1)$，即当 H_0 成立时，$\chi^2=\sum_{i=1}^{r}\sum_{j=1}^{s}\frac{(n_{ij}-n\hat{p}_{ij})^2}{n\hat{p}_{ij}}$ 的极限分布为 $\chi^2((r-1)(s-1))$. 在给定显著性水平 α 下，当 $\chi^2>\chi^2_\alpha(r-1)(s-1)$ 时，否定 H_0.

特别地，当 $r=s=2$ 时，统计量为 $\chi^2=\frac{n(n_{11}n_{22}-n_{12}n_{21})^2}{n_{1\cdot}n_{2\cdot}n_{\cdot 1}n_{\cdot 2}}$ 的极限分布为 $\chi^2(1)$.

例 8.36 某公司有 A、B、C 三位业务员在甲、乙、丙三个地区开展营销业务活动，他们的年销售额如表 8.18 所示.

表 8.18 三位业务员业绩表

	甲	乙	丙	行总数
A	150	140	260	550
B	160	170	290	620
C	110	130	180	420
列总数	420	440	730	1 590

现在公司的营销经理需要评价这三个业务员在三个不同地区营销业绩的差异是否显著. 如果差异是显著的，说明对于这三位业务员来说，某个业务员特别适合在某个地区开展业务；如果差异不显著，则把每一位分配在哪一个地区对销售额都不会有影响. 这一问题的关键就是要决定这两个因素对营销业绩的影响是否独立 ($\alpha=0.05$).

解 计算结果如表 8.19 所示：

表 8.19 例 8.36 的计算结果

观察值	$n_{i\cdot}n_{\cdot j}/n$	$n_{ij}-n_{i\cdot}n_{\cdot j}/n$	$(n_{ij}-n_{i\cdot}n_{\cdot j}/n)^2$	$\frac{(n_{ij}-n_{i\cdot}n_{\cdot j}/n)^2}{n_{i\cdot}n_{\cdot j}/n}$
150	145	5	25	0.172
140	152	−12	144	0.947
260	253	7	49	0.194
160	164	−4	16	0.098
170	172	−2	4	0.023
290	285	5	25	0.088
110	111	−1	1	0.001
130	116	14	196	1.690
180	193	−13	169	0.876

由于 $\chi^2=\sum_{i=1}^{3}\sum_{j=1}^{3}\frac{(n_{ij}-n_{i.}n_{.j}/n)^2}{n_{i.}n_{.j}/n}=4.089<\chi^2_{0.05}(4)=9.488$，所以我们没有理由拒绝原假设，即销售人员与地区两个因素是独立的. 也就是说我们不能认为某个销售员特别适合在某个地区工作.

例 8.37　某研究机构随机调查了 520 人，其中 136 人患有高血压，另外 384 人血压正常. 另一方面在患高血压的 136 人中，有 48 人有冠心病，其余的 88 人无此病. 在无高血压的 384 人中，有 36 人患有冠心病，其余的 348 人无此病. 该研究机构希望确认高血压与冠心病之间有没有关联 ($\alpha=0.05$)？

解　建立如下的假设：H_0：患冠心病与患高血压之间是相互独立的.

$$\frac{n_{.1}n_{1.}}{n}=\frac{136\times 84}{520}\approx 21.97,\quad \frac{n_{.2}n_{1.}}{n}=\frac{384\times 84}{520}\approx 62.03,$$

$$\frac{n_{.1}n_{2.}}{n}=\frac{136\times 436}{520}\approx 114.03,\quad \frac{n_{.2}n_{2.}}{n}=\frac{384\times 436}{520}\approx 321.97,$$

$$\chi^2=\frac{(48-21.97)^2}{21.97}+\frac{(36-62.03)^2}{62.03}+\frac{(88-114.03)^2}{114.03}+\frac{(348-321.97)^2}{321.97}=49.81.$$

因为 $\chi^2=49.81>3.84=\chi^2_{0.05}(1)$，所以拒绝 H_0，可以认为患冠心病与患高血压之间是相互关联的.

8.6　正态分布检验

正态分布的拟合优度检验，除了皮尔逊 χ^2 检验，柯尔莫哥洛夫检验之外，专门针对正态分布的分布检验还有图检验、偏峰度检验、夏皮罗-威尔克(Shapiro-Wilk)检验、爱泼斯-普利(Epps-Pulley)检验等.

8.6.1　图检验

在正态概率纸上画出观测值的累积分布函数. 这种概率纸的纵坐标轴的刻度是非线性的，它是按标准正态分布函数的值刻画的，对具体数据则标出其累积相对频率的值. 其横坐标轴刻度是线性的，顺序标出 X 的值. 正态变量 X 的观测值的累积分布函数在正态概率纸上应近似为一条直线.

如果在正态概率纸上所绘制的点散布在一条直线附近，则它对样本来自正态分布提供了一个粗略的支持. 而当点的散布对直线出现系统偏差时，该图还可以提示一种可供考虑的分布模型.

图形方法的重要性在于它容易提供对正态分布偏离的视觉信息. 必须注意，图检验并不是严格意义上的正态检验方法，因此，图检验要与其他检验方法联合使用.

图检验首先把观测值从小到大顺序排列为 $(x_{(1)},\ x_{(2)},\ \cdots,\ x_{(n)})$，然后在正态概率纸

上对应 $x_{(k)}$ 的坐标为 $P_k=\dfrac{k-3/8}{n+1/4}$ 或 $P_k=\dfrac{k-0.5}{n}$，$P_k=\dfrac{k}{n+1}$.

应该注意两端的观测值比中段的观测值有较大的离差，并且累积相对频率的标度尺往两个端点的方向会变宽. 因此，当累积分布的两端有个别值明显偏离由中段值所确定的直线时，不能简单地认为这是偏离正态分布的标志. 当然，样本量越大，从图形获得的结论就越可靠. 如果在观测值的累积分布函数的图形中，较大的值明显地落在由其他值确定的直线的下方，即 $y=\lg x$ 或 $y=\sqrt{x}$ 等变换会使图形更符合直线.

例 8.38 对某种高温合金钢的 15 个试样在 580℃的温度和 15.5 kg/ mm^2 的压力下进行试验，其断裂时间为 t（单位：小时），表 8.20 给出了按由小到大的次序排列的 $x_{(k)}$，$\dfrac{k-3/8}{n+1/4}$ 及对数变化下的值 $\lg(10x_{(k)})$，$k=1, 2, \cdots, 15$，试用正态概率纸法分析高温合金钢的寿命分布.

表 8.20 断裂时间表

k	$\dfrac{k-3/8}{n+1/4}$	$x_{(k)}$	$\lg(10x_{(k)})$
1	0.041	0.200	0.301
2	0.107	0.330	0.519
3	0.172	0.445	0.648
4	0.238	0.490	0.690
5	0.303	0.780	0.892
6	0.369	0.920	0.964
7	0.434	0.950	0.978
8	0.500	0.970	0.997
9	0.566	1.040	1.017
10	0.631	1.710	1.233
11	0.697	2.220	1.346
12	0.762	2.275	1.357
13	0.828	3.650	1.562
14	0.893	7.000	1.845
15	0.959	8.800	1.944

解 将这 15 个结果值 $x_{(k)}$ 和 $\lg(10x_{(k)})$ 分别同 $\dfrac{k-3/8}{n+1/4}$ 组成点分别画在两张正态概率纸上，来检查这组结果值是否构成一条直线，是否服从正态分布(见图 8.1).

图 8.1 的左图是由 $\left(x_{(k)}, \dfrac{k-3/8}{n+1/4}\right)$ 所呈现的结果，可以看见这些点不成一条直线. 图 8.1 的右图是由 $\left(\lg(10x_{(k)}), \dfrac{k-3/8}{n+1/4}\right)$ 所呈现的结果，可以看到这些点明显接近一条直线，

所以说这些观测值的对数为正态分布的假设是适当的.

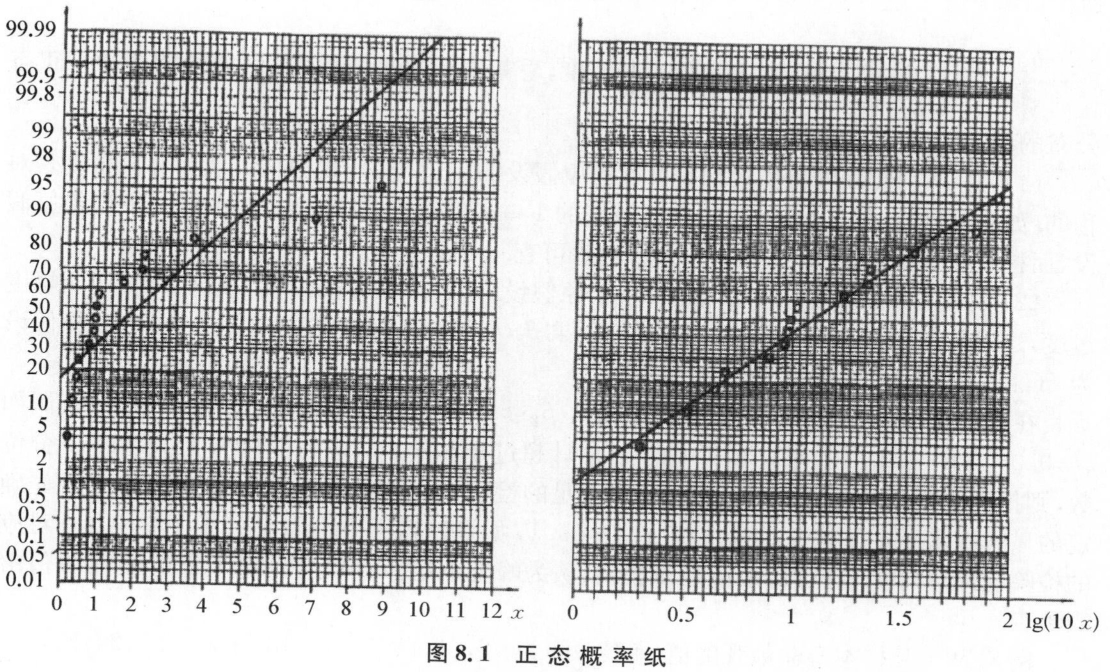

图8.1 正态概率纸

8.6.2 有方向检验(偏峰度检验,适用于样本量 $n\geqslant 8$)

正态分布的检验根据备择假设的不同可分为两种. 当在备择假设中指定对正态分布偏离的形式时,检验称为有方向检验;当在备择假设中未指定对正态分布偏离的形式时,检验称为无方向检验.

有方向检验基于以下事实:正态分布的偏度为0,峰度为0. 如果样本所代表的分布的偏度不等于0,就不是正态分布,峰度不等于0,也不是正态分布. 因此,可以通过样本偏度和峰度是否接近0来判断数据是否服从正态分布.

记 v_3 为3阶中心矩,v_4 为4阶中心矩,σ^2 为方差. 偏度与峰度分别为:

$$\beta_1=\frac{v_3}{\sigma^3},\ \beta_2=\frac{v_4}{\sigma^4}-3.$$

偏度指描述分布密度函数的对称程度,分布密度越对称,偏度越小. 峰度指描述分布密度函数陡峭程度,分布密度越陡峭,峰度越大.

仅当有关于真实分布与正态分布可能差别的特定信息时,使用有方向检验才是正当的. 这样的信息可能来自数据的物理特征或者可能影响数据产生过程的各类干扰. 例如,变量是非负的,其均值与标准差相比更接近于零,可能是有正偏度的一种物理原因. 类似地,数据产生过程中受到干扰,使它与相同均值不同方差的正态分布混合时,会得到一个 $\beta_2>0$ 的非正态分布.

总体的分布函数为 $F(x)$,抽取容量为 n 的样本 $x_1,x_2,\cdots,x_n$,则可由样本矩得到总体偏度和峰度的估计. 样本均值 $\bar{x}=\frac{1}{n}\sum_{i=1}^{n}x_i$,样本2阶中心矩 $s_n^2=\frac{1}{n}\sum_{i=1}^{n}(x_i-\bar{x})^2$,样本3

阶中心矩 $b_3=\frac{1}{n}\sum_{i=1}^{n}(x_i-\overline{x})^3$，样本 4 阶中心矩 $b_4=\frac{1}{n}\sum_{i=1}^{n}(x_i-\overline{x})^4$，将它们代入 β_1，β_2 得 $\hat{\beta}_1=\frac{b_3}{s_n^3}$，$\hat{\beta}_2=\frac{b_4}{s_n^4}-3$，即为样本的偏度和峰度，看其是否接近 0，然后做出数据是否服从正态分布的判断. 具体的判断方法如下.

(1) 偏度检验. 偏度检验的问题要检验原假设 H_0：$\beta_1=0$，即原假设认为分布密度是对称的. 如果偏度 β_1 估计 $\hat{\beta}_1$ 的绝对值超过它的 $1-\alpha$ 分位数，则在显著性水平 α 下拒绝原假设，而检验估计量 $|\beta_1|$ 的 $1-\alpha$ 分位数由表可查.

(2) 峰度检验. 峰度检验的问题要检验原假设 H_0：$\beta_2=0$. 如果 β_2 大于 0，则说明峰度过度，这时的备择假设为 H_1：$\beta_2>0$；而如果 β_2 小于 0，则说明峰度不足，这时的备择假设为 H_1：$\beta_2<0$.

在峰度过度的检验中，备择假设为 H_1：$\beta_2>0$. 在预先确定的显著性水平 α 下，例如 $\alpha=0.05$ 或 $\alpha=0.01$，如果计算所得的 β_2 估计超过样本量 n 对应的检验统计量的 $1-\alpha$ 分位数，则拒绝原假设，认为峰度过度. 在峰度不足的检验中，备择假设为 H_1：$\beta_2<0$. 在预先确定的显著性水平 α 下，例如 $\alpha=0.05$ 或 $\alpha=0.01$，如果计算所得的 β_2 估计小于样本量 n 对应的检验统计量的 α 分位数，则拒绝原假设，认为峰度不足. 其中，检验统计量 β_2 的临界值由表可查.

例 8.39　某样本寿命数观测值(单位：h)为：2，11，11，13，17，18，20，24，27，29，29，29，30，39，44，试计算其偏度和峰度，并初步选择其分布.

解　$n=15$，$\overline{t}=22.867$，$s_n^2=117.982$，$s_n=\sqrt{s_n^2}=10.862$，

$$b_3=68.944,\ b_4=34\ 325.356,$$

$$\hat{\beta}_1=\frac{b_3}{s_n^3}=\frac{68.944}{10.862^2}=0.054,\ \hat{\beta}_2=\frac{b_4}{s_n^4}-3=\frac{34\ 325.356}{10.864^4}-3=2.466-3=-0.534.$$

根据样本量 $n=15$，在显著性水平 $\alpha=0.05$ 下，查表得到偏度的临界值为 0.85，显然 $\hat{\beta}_1<0.85$，即可认为分布密度函数对称. 查表得到峰度的 0.05 分位数和 0.95 分位数分别为 -1.27 和 1.13，即 $-1.27<\hat{\beta}_2=-0.534<1.13$，因此可以判定该数据服从正态分布.

8.6.3　无方向检验

当不存在关于正态分布偏离的实质性信息时，推荐使用无方向检验. 下面给出两个无方向检验：夏皮罗-威尔克检验和爱泼斯-普利检验. 在两者之间选择的余地很小. 一个经验的规则是：当以往的资料提示备择假设为一个近似对称的低峰分布(如 $\beta_1<\frac{1}{2}$ 和 $\beta_2<0$)或非对称分布 $\left(\text{如 } |\beta_1|>\frac{1}{2}\right)$ 时选用夏皮罗-威尔克检验，否则选用爱泼斯-普利检验.

1) 夏皮罗-威尔克检验

这个检验在 $8\leqslant n\leqslant 50$ 时可以使用. 夏皮罗-威尔克检验是基于次序统计量对它们期望值的回归，它是一个完全样本的方差分析形式的检验. 检验统计量为样本次序统计量线性组合的平方与通常的方差估计量的比值.

这个检验是建立在次序观测值的基础上，具体检验步骤如下.

(1) 将样本从小到大排列为次序统计量：$x_{(1)} \leqslant x_{(2)} \leqslant \cdots \leqslant x_{(n)}$；

(2) 查表得对应 n 值的 $\alpha_{k,n}$ 值，$k=1, 2, \cdots, l$，$l=\begin{cases} n/2, & n \text{ 为偶数}, \\ (n-1)/2, & n \text{ 为奇数}; \end{cases}$

(3) 计算检验统计量：$Z=\dfrac{\left[\sum\limits_{k=1}^{l} \alpha_{k,n}(x_{(n+1-k)}-x_{(k)})\right]^2}{\sum\limits_{k=1}^{n}(x_{(k)}-\bar{x})^2}$；

(4) 根据显著性水平 α 和 n，查表得 Z 的临界值 Z_α；

(5) 做出判断：若 $Z \leqslant Z_\alpha$，拒绝 H_0；否则，不拒绝 H_0.

例 8.40 某种材料的抗拉强度为 X，通过测量得到样本量 $n=10$ 的一组数据：25.00，21.32，25.09，23.79，20.92，25.53，24.50，23.58，23.62，26.38，问能否认为抗拉强度服从正态分布？

解 (1) 将数据排列为次序统计量：20.92，21.32，23.58，23.62，23.79，24.50，25.00，25.09，25.53，26.38.

(2) 因为 n 为偶数，$l=5$，查表得：

$\alpha_{1,10}=0.573\,9, \alpha_{2,10}=0.329\,1, \alpha_{3,10}=0.214\,1, \alpha_{4,10}=0.122\,4, \alpha_{5,10}=0.039\,9.$

(3) 计算检验统计量：

$$\sum_{k=1}^{5} \alpha_{k,n}(x_{(n+1-k)}-x_{(k)}) = 0.537\,9(x_{(10)}-x_{(1)})+0.329\,1(x_{(9)}-x_{(2)})+0.214\,1(x_{(8)}-x_{(3)})+ \\ 0.122\,4(x_{(7)}-x_{(4)})+0.039\,9(x_{(6)}-x_{(5)}) = 5.039\,5,$$

$$\sum_{k=1}^{10}(x_{(k)}-\bar{x})^2=27.469\,7,\ \bar{x}=23.973.$$

于是有：
$$Z=\frac{5.039\,5^2}{27.469\,8}=0.924\,5.$$

最后，给定显著性水平 $\alpha=0.05$，查表 $Z_\alpha=0.842$，显然 $Z>Z_\alpha$，因此，不拒绝 H_0，可以认为该材料的抗拉强度服从正态分布.

2) 爱波斯-普利检验

这个检验适用于样本量 $n \geqslant 8$ 的情形. 爱波斯-普利检验利用样本的特征函数与正态分布的特征函数的差的模的平方产生的一个加权积分，属于积分型检验.

设通过观测得到的 n 个观测值 $x_j, j=1, 2, \cdots, n$，$\bar{x}=\dfrac{1}{n}\sum\limits_{j=1}^{n} x_j$，$s_n^2=\dfrac{1}{n}\sum\limits_{j=1}^{n}(x_j-\bar{x})^2$. 检验统计量选择为：

$$T_{\mathrm{EP}}=1+\frac{n}{\sqrt{3}}+\frac{2}{n}\sum_{k=2}^{n}\sum_{j=1}^{k-1}\exp\left[-\frac{(x_j-x_k)^2}{2s_n^2}\right]-\sqrt{2}\sum_{j=1}^{n}\exp\left[-\frac{(x_j-\bar{x})^2}{4s_n^2}\right].$$

如果计算出的检验统计量 T_{EP} 的值大于给定显著性水平 α 和样本量 n 所确定的 $1-\alpha$ 分位数，则拒绝原假设，判定数据不服从正态分布；否则，不拒绝原假设，认为数据服从正态分布. 这里，观测值的顺序是随意的(不一定是非降的)，但应特别注意在整个计算中选定的顺序必须保持不变,而检验统计量 T_{EP} 的临界值由表可查.

例 8.41　表 8.21 为某种人造丝纱线的断裂强度的 25 个值,它们是在标准环境下采用适当单位得到的观测值. 另外,给出了变换后的值 $z_j=\lg(204-x_j)$, 在正态概率纸上这些值看起来散布在一条直线附近.

表 8.21　人造丝纱线的断裂强度

测量值 x_j	变换值 z_j	测量值 x_j	变换值 z_j
147	1.756	99	2.021
186	1.255	156	1.681
141	1.799	176	1.447
183	1.322	160	1.643
190	1.146	174	1.477
123	1.908	153	1.208
155	1.690	162	1.623
164	1.602	167	1.568
183	1.322	179	1.398
150	1.732	78	2.100
134	1.846	173	1.491
170	1.531	168	1.556
144	1.778		

首先,检验断裂强度是否服从正态分布. 计算检验统计量 $T_{EP}=0.612$, 查表 $n=25$, $1-\alpha=0.99$ 对应的 $1-\alpha$ 分位数为 0.567. 可见,计算得到的 T_{EP} 大于临界值,因此,在显著性水平 0.01 下,拒绝原假设,即认为断裂强度不服从正态分布. 其次,检验断裂强度的对数变换 Z 是否服从正态分布. 计算检验统计量 $T_{EP}=0.006$. 显然,这个值小于临界值,因此,可以认为这些 Z_j 服从正态分布,即人造丝纱线断裂强度服从正态分布.

习　题　8

1. 设 $X_1, X_2, \cdots, X_{10}$ 来自两点分布总体 $X\sim B(1, p)$ 的样本,考虑如下检验问题: $H_0: p=0.2 \leftrightarrow H_1: p=0.4$, 取拒绝域为 $W=\{\bar{x}\geqslant 0.5\}$, 求该检验犯两类错误的概率.

2. 设总体 $X\sim N(\mu, \sigma^2)$, 有一个容量为 4 的简单随机样本 X_1, X_2, X_3, X_4, 若已知 $\sigma^2=16$, 对假设 $H_0: \mu=5 \leftrightarrow H_1: \mu\neq 5$, (1) 试给出一个 $\alpha=0.05$ 的检验法;(2) 若 $\mu=6$, 试计算利用所得检验法犯第二类错误的概率 β.

3. 总体 $X\sim N(\mu, \sigma_0^2)$, σ_0^2 已知,有一个容量为 n 的简单随机样本,其均值为 $\bar{X}$, 对假设 $H_0: \mu=\mu_0 \leftrightarrow H_1: \mu<\mu_0$, (1) 试给出一个显著性水平为 α 的检验法;(2) 若 $\mu=\mu_1(\mu_1<\mu_0)$, 试计算利用所得检验法犯第二类错误的概率 β.

4. 设 $X_1, X_2, \cdots, X_n$ 为取自正态分布 $N(a, 1)$ 的样本,考虑如下假设检验问题 $H_0: a=2 \leftrightarrow H_1: a=3$, 若检验的拒绝域为: $\bar{X}\in D=[2.6, +\infty)$.

(1) 当 $n=20$ 时求检验犯第一类错误的概率 α 和犯第二类错误的概率 β；

(2) 如果要使犯第二类错误的概率 $\beta \leqslant 0.01$，则 n 最小应为多少？

(3) 证明：当 $n \to +\infty$ 时，$\alpha \to 0, \beta \to 0$.

5. 设 $X_1, X_2, \cdots, X_n$ 为取自总体 $X \sim U[0, \theta]$ 的一个简单随机样本，考虑检验问题 $H_0: \theta \geqslant 3 \leftrightarrow H_1: \theta < 3$，拒绝域取为 $X_{(n)} \in \mathscr{X}_0 = [0, 2.5]$，试求该检验犯第一类错误概率的最大值 α，若要使该最大值 α 不超过 0.05，n 至少应取多大？

6. 已知某铁厂铁水含碳量服从正态分布 $N(4.55, 0.108^2)$，现在测定了 9 炉铁水，其平均含碳量为 4.484，如果铁水含碳量的方差没有发生变化，则可否认为现在生产的铁水平均含碳量仍为 4.55(取显著性水平 $\alpha = 0.05$)？

7. 考察一鱼塘中鱼的含汞量，现随机地取 10 条鱼测得各条鱼的含汞量(单位：mg)为：0.8，1.6，0.9，0.8，1.2，0.4，0.7，1.0，1.2，1.1，设鱼的含汞量服从正态分布 $X \sim N(\mu, \sigma^2)$，试检验假设：$H_0: \mu \leqslant 1.2 \leftrightarrow H_1: \mu > 1.2$，取显著性水平 $\alpha = 0.10$.

8. 设计某生产过程的目的是为了向容器中装入货物，装入货物的平均质量为 $\mu = 16$ 盎司①. 如果生产过程中装入的货物少于应装的质量，消费者就不能得到在容器上所注明质量的货物. 如果生产过程中装入的货物超过应装的质量，由于所装的质量比要求的多，公司利润就会减少. 为了监控生产过程，质量保证人员定期抽取 8 个容器作为一个简单随机样本，测得质量(单位：盎司)分别是：16.02，16.22，15.82，15.92，16.22，16.32，16.12，15.92；试问此生产过程是否符合设计要求(假定装入货物的总体质量服从正态分布，且给定显著性水平 $\alpha = 0.05$)？

9. 某厂生产一种电子产品，此产品的某个指标服从正态分布 $N(\mu, \sigma^2)$，现从中抽取容量 $n = 8$ 的一个样本，测得样本均值 $\bar{x} = 61.125$，修正的样本方差 $s^2 = 93.268$. 取显著性水平 $\alpha = 0.05$，试就 $\mu = 60$ 和 μ 未知这两种情况检验假设 $\sigma^2 = 8^2$.

10. 有两台机器生产同种金属部件，分别在两台机器所生产的部件中各取一个容量 $n_1 = 14$ 和 $n_2 = 12$ 的样本，测得部件质量的样本方差分别为 $s_1^2 = 15.64$，$s_2^2 = 9.66$，设这两样本相互独立，试在显著性水平 $\alpha = 0.05$ 下检验假设：$H_0: \sigma_1^2 = \sigma_2^2 \leftrightarrow H_1: \sigma_1^2 > \sigma_2^2$.

11. 牛顿提出万有引力定律 100 多年后，亨利·卡文迪许通过反复试验，终于在 1798 年利用扭秤测量出引力常数 G，他的测量数据已很难找到，现在在实验室利用金球和铂球分别测定的引力常数 X 和 Y 如题表 8.1 所示：

题表 8.1

X	6.67	6.68	6.67	6.69	6.67	6.69	6.66	6.66	6.66
Y	6.69	6.67	6.67	6.68	6.67	6.66	6.67	6.66	

试问在显著性水平 $\alpha = 0.05$ 下，以上两种测定方法的总体方差有无显著性差异？(由于测量误差服从正态分布，所以两组观测数据分别是正态总体的样本.)

12. 甲、乙两机床加工同一种零件，抽样测量其产品的数据(单位：mm)，经计算得如下数据.

甲机床：$n_1 = 80$，$\bar{x} = 33.75$，$s_1 = 0.1$；乙机床：$n_2 = 100$，$\bar{y} = 34.15$，$s_2 = 0.15$.
问：在 $\alpha = 0.01$ 下，两机床加工的产品尺寸有无显著差异？

13. 从某锌矿的东、西两支矿脉中，各抽取样本容量分别为 9 与 8 的样本进行测试，得到样本含锌平均数及修正的样本方差如下：

$$\text{东脉：}\bar{x} = 0.230,\ s_1^2 = 0.1337\text{；西脉：}\bar{y} = 0.269,\ s_2^2 = 0.1736.$$

如果东、西两支矿脉的含锌量都服从正态分布且方差相同，试问东、西两支矿脉含锌量的平均值是否可以看

① 1 盎司≈28.35 g.

作是一样的(取显著性水平 $\alpha = 0.05$)?

14. 在20世纪70年代,人们发现在酿造啤酒过程时,在麦芽干燥过程中会形成致癌物质亚硝基二甲胺(NDMA),到了80年代初又开发了新的麦芽干燥过程,题表8.2给出分别在新老两种过程中形成的NDMA含量(以10亿份中的份数计):

题表 8.2

老过程	6	4	5	5	6	5	5	6	4	6	7	4
新过程	2	1	2	2	1	0	3	2	1	0	1	3

设两样本分别来自正态总体,而且两总体的方差相同但未知,两样本独立. 记老过程 $X \sim N(\mu_1, \sigma^2)$,新过程 $Y \sim N(\mu_2, \sigma^2)$,试检验假设(显著性水平 $\alpha = 0.05$):

$$H_0: \mu_1 - \mu_2 = 2 \leftrightarrow H_1: \mu_1 - \mu_2 > 2.$$

15. 为比较甲、乙两种安眠药的疗效,将20名患者分成两组,每组10人,如服药后延长的睡眠时间分别服从正态分布,其数据(单位: h)如下所示.

甲: 5.5, 4.6, 4.4, 3.4, 1.9, 1.6, 1.1, 0.8, 0.1, −0.1;

乙: 3.7, 3.4, 2.0, 2.0, 0.8, 0.7, 0, −0.1, −0.2, −1.6.

问: 在显著性水平 $\alpha = 0.05$ 下两种药的疗效有无显著差别.

16. 某项调查结果声称,某市老年人口的比重为15.2%. 该市老年人口研究会为了检验该项调查结果是否可靠,随机抽选了400名居民,发现其中有62位老年人,问调查结果是否支持该市老年人口比重为15.2%的看法($\alpha = 0.01$)?

17. 在过去的几个月中,在松树溪打高尔夫球的人中有20%是妇女. 为了提高女性高尔夫球手的比例,某俱乐部采取了一项激励措施来吸引女性高尔夫球手. 一周以后,随机抽取了400名球手作为一个样本,结果其中有300名男性球手和100名女性球手,俱乐部经理想知道这些数据是否支持他们的结论: 该俱乐部的女性高尔夫球手的比例已经有所增加(给定显著水平 $\alpha = 0.05$).

18. 根据例7.54的数据,由于色彩鲜艳的包装带来了附加成本,所以它必须比简单包装多出3%的销售量才能获得利润. 在这种条件下,该经理是否应该采用第一种方案? ($\alpha = 0.05$)

19. 某大学随机调查120名男同学,发现有50人非常喜欢看武侠小数,而随机调查的85名女同学中有23人喜欢,用大样本检验方法在 $\alpha = 0.05$ 下确认: 男女同学在喜爱武侠小说方面有无显著差异? 并给出检验的 p 值.

20. 某工厂两位化验员甲、乙分别独立地用相同的方法对某种聚合物的含氯量进行测定. 甲测9次,其修正的样本方差为0.729 2;乙测11次,其修正样本方差为0.211 4. 假定测量数据服从正态分布,检验问题是两总体的方差是否一致,求其检验的 p 值.

21. 通常每平方米某种布上的疵点数服从泊松分布,现观测该种布100 m^2,发现有126个疵点,在显著水平为0.05下能否认为该种布每平方米上平均疵点数不超过1个? 并给出检验的 p 值.

22. 有人称某地成年人中大学毕业生比例不低于30%,为检验之,随机调查该地15名成年人中大学毕业生人数,现发现有3名大学毕业生,取 $\alpha = 0.05$,问该人看法是否成立? 并给出检验的 p 值.

23. 设总体 $X \sim \mathrm{Exp}(1/\theta)$, $X_{(1)}, X_{(2)}, \cdots, X_{(r)}$ 为来自总体 X 的容量为 n 的前 r 个次序统计量, $x_{(1)}, x_{(2)}, \cdots, x_{(r)}$ 为其次序观察值. $\chi^2(2r)$ 分布的分布密度记为 $f_{\chi^2(2r)}(x)$,给定检验的显著性水平 α,试分别写出如下三个检验问题的 p 的表达式.

(1) $H_0: \theta \leqslant \theta_0 \leftrightarrow H_1: \theta > \theta_0$;

(2) $H_0: \theta \geqslant \theta_0 \leftrightarrow H_1: \theta < \theta_0$;

(3) $H_0: \theta = \theta_0 \leftrightarrow H_1: \theta \neq \theta_0$.

24. 按孟德尔的遗传定律,让开粉红花的豌豆随机交配,子代可区分为红花、粉红花和白花三类,其比例为1∶2∶1.为检验这一遗传定律,特别安排了一个实验:种植100株豌豆,观察花的颜色,其中开红花30株,开粉红花48株,开白花22株.问这些数据与孟德尔遗传定律是否一致($\alpha=0.05$)?

25. 在一批灯泡中随机抽取300只做寿命试验,其结果如题表8.3所示:

题表8.3

寿命X(h)	<100	$[100, 200)$	$[200, 300)$	$\geqslant 300$
灯泡数	121	78	43	58

在显著性水平为$\alpha=0.05$下能否认为灯泡寿命X服从指数分布$\mathrm{Exp}(0.005)$?

26. 一农场10年前在一鱼塘里按比例20∶15∶40∶25投放了四种鱼:鲑鱼、鲈鱼、竹夹鱼和鲇鱼的鱼苗.现在在鱼塘里获得一样本,共600条鱼,数据如下:

序号: 1 2 3 4

种类: 鲑鱼, 鲈鱼, 竹夹鱼, 鲇鱼

数量(条数): 132, 100, 200, 168

试取$\alpha=0.05$检验各类鱼数量的比例较10年前是否有显著改变.

27. 检查产品质量时,每次随机抽取10个产品来检查,共抽取100次,记录每10个产品的次品数如题表8.4所示:

题表8.4

次品数	0	1	2	3	4	5	6	…	10
频数	32	45	17	4	1	1	0	…	0

试问生产过程中出现次品的概率能否看作是不变的,即次品数X是否服从二项分布(取显著性水平为$\alpha=0.05$)?

28. 检查一本书的100页,记录各页中的印刷错误的个数,其结果如题表8.5所示:

题表8.5

错误个数X	0	1	2	3	4	5	$\geqslant 6$
页数	35	40	19	3	2	1	0

问能否认为一页的印刷错误个数X服从泊松分布(取显著性水平为$\alpha=0.05$)?

29. 某啤酒厂生产和经销三种类型的啤酒:淡啤酒、普通啤酒和黑啤酒.公司市场研究小组通过对三种啤酒的市场部分的分析,提出这样的问题:在啤酒饮用者中,男性和女性对这三种啤酒的偏好是否存在差异.如果对啤酒的偏好与啤酒饮用者的性别相互独立,就会针对所有的啤酒进行广告宣传.可是,如果啤酒的偏好与啤酒饮用者的性别相关,公司就会针对不同的目标市场进行促销活动.假定抽取了150名啤酒饮用者作为一个简单随机样本,在品尝了每种酒后,要求每个人说出他们的偏好或第一选择,回答结果列于题表8.6:

题表8.6

性 别	啤 酒 偏 好			总 计
	淡啤酒	普通啤酒	黑啤酒	
男	20	40	20	80
女	30	30	10	70
总计	50	70	30	150

试问啤酒的偏好与啤酒饮用者的性别是否相互独立($\alpha=0.05$)?

第9章　方 差 分 析

一个事物的发展变化，常常受到多种因素的影响. 例如产品质量的高低要受到原材料、工艺条件、工人的技术水平等影响，如何通过试验数据的分析确定在可能影响质量的诸多因素中哪些对产品质量指标有显著影响，哪些没有显著影响，这是方差分析要解决的主要问题. 方差分析对于分清各因素的影响重要与否，提供了有效的方法.

方差分析是 20 世纪 20 年代由英国统计学家费歇创立的，是一种假设检验方法，它被广泛用于工业、心理学、生物学、工程和医药实验等数据处理并取得了很大的成功. 方差分析主要用来检验两个以上样本平均值差异的显著程度，由此判断样本究竟是否抽自具有同一均值的总体. 从本质上来讲，方差分析研究的是变量之间的关系. 方差分析对于比较不同生产工艺或设备条件下产量、质量的差异，分析不同计划方案效果的好坏和比较不同地区、不同人员有关的数量指标差异是否显著时，是非常有用的.

方差分析的基本思想可概述为：把全部数据的总方差分解成几部分，每一部分表示某一影响因素或各影响因素之间的交互作用所产生的效应，将各部分方差与随机误差的方差相比较，依据 F 分布做出统计推断，从而确定各因素或交互作用的效应是否显著. 因为分析是通过计算方差的估计值进行的，所以称为方差分析. 本章将介绍单因素方差分析和双因素方差分析.

9.1　方差分析简介

9.1.1　方差分析的基本思想

例 9.1　某洗衣机生产商研发部门研制了一种新型的洗衣机. 与市场上其他类型的洗衣机相比，该型号的洗衣机有三大优点：外形美观(时尚)、使用方便(全自动控制)、节电(平均省电 20%). 针对以上优点，市场营销经理想知道如何对该产品进行市场开发，为方便决策，经理决定做一个试验. 他选择了三个差不多的城市进行广告投放，不同的城市强调不同的优点：A_1 城市强调外形美观；A_2 城市强调使用方便；A_3 城市强调节电，考察不同的广告策略对销售量的影响. 试验记录了不同城市 15 周的销售量数据，如表 9.1 所示. 营销经理想知道不同的广告策略对销售量有没有影响.

为了判断不同广告策略对销售量的影响，其实就是检验三个总体均值是否相等. 如果均值相等，就表明不同城市对销售量没有影响，即不同的广告策略对销售的影响不显著；如果均值不全相等，则意味着“城市”对销售量有影响，即不同的广告策略对销售量的影响是显著的.

表 9.1　三个不同城市的周销售量数据

销售量观察值	城市		
	城市 A_1	城市 A_2	城市 A_3
1	414	360	450
2	388	339	297
3	407	394	392
4	349	400	396
5	332	313	325
6	376	316	363
7	357	526	425
8	433	438	334
9	282	491	358
10	482	487	376
11	350	439	370
12	405	439	394
13	349	378	460
14	253	352	470
15	386	393	423

在方差分析中把所要检验的对象称为因素或因子,像上例中的"城市"就是因素或因子,因素常用大写英文字母 A, B, C 等来表示. 把因素的不同水平称为水平或处理,通常如因素 A 有 r 个水平,则用 A_1, A_2, …, A_r 表示. 如上例中因素"城市"的三个水平是城市 A_1、城市 A_2、城市 A_3. 而每个水平下得到的样本数据称为观测值,上例中每个水平下的观察值的个数都是 15 个. 上例中只考虑"城市"一个因素对销售量的影响,因此把试验称为单因素试验. 试验的每个水平可以看成是一个总体,例如城市 A_1、城市 A_2、城市 A_3 可以看成三个总体,不同的销售量可以看成是从这三个总体中抽取出来的样本数据. 上述检验不同总体下的均值的差异所用的方法就是方差分析方法. 今后把只有一个因素的方差分析方法称为单因素方差分析. 在上例中除了考虑不同广告策略对销售量的影响外,如果还想知道不同的媒体(如电视、报纸)对销售量的影响,在有数据之后,同样可以用方差分析的方法来进行检验. 由于此时方差分析中涉及两个不同的因素"媒体"和"城市",因此把这样的方差分析方法称为双因素方差分析,类似的也有多因素方差分析法.

该怎样判断"城市"这一因素是否对销售量有显著影响呢? 我们知道不同的城市的销售量是有差异的,而且,即使在同一个城市,不同的周的数据也是不同的. 通过计算得到城市 A_2 的平均销售量最高,而城市 A_1 的销售量最低. 这表明不同的城市对销售量是有影响的,也即不同的广告策略所对应的销售量不同. 但是,单从上述平均值还不能提供充分的证据证明不同城市销售量之间有显著的不同,也许这种差异性只是由随机性引起的. 因此需要有更准确的方法来检验这种差异是否显著,也就是进行方差分析. 这里考察的是不同总体的均值之间的差异是否显著,但方差分析方法正如其名是通过对数据误差来源的分析来实现的.下面结合表9.1中的数据来分析造成数据误差的不同来源.

首先,注意到在同一个城市(同一个总体)中,样本的观察值是不同的.这种不同是由试验的随机抽样引起的,因此其差异可以看成是随机因素引起的,或者说是由抽样的随机误差引起的,称之为随机误差.在不同的总体下这种随机误差也是不相同的,因此衡量这种随机误差的大小,用数据与均值的平方和来表示.由于这种误差只发生在同一总体下,因此又称为组内误差,例如同一城市的销售量之间的误差.

其次,注意到不同城市的销售量也是不一样的.这种差异可能是由抽样的随机性引起的,也可能是不同城市本身造成的,也就是说由不同广告策略引起的,像后者由于因素的不同水平引起的误差,称之为系统误差.衡量因素不同水平(不同总体)下样本之间的误差,同样用平方和表示,其构造方法后面再具体说明.把上述不同水平引起的系统误差,也称为组间误差,而方差分析就是检验这种组间误差是否存在.

显然,组内误差只包含随机误差,而组间误差既包含随机误差,也包含系统误差.如果"城市"的不同水平对销售量没有什么影响,即组间误差只包含随机误差,则可以预见,此时组间误差和组内误差在经过平均后的数值应该很接近,他们的比值就会很接近.因为数据都是来自同一个总体,误差平方体现的是总体的离散程度;反之,如果不同的城市对销售量有影响,则反映在数据中,组间误差就既包含了随机误差,又包含了系统误差,从而组间误差的平均值就应该大于组内误差的平均值,两者的比值就应该大于1,当这种比值大到一定的程度,我们就可以说不同的水平之间存在显著的影响.由于这种差异的显著性是由不同水平(总体)引起的,因此方差分析的思想,就是假定各均值无差异,通过检验上述两误差均值的比值来检验假设的正确性.

为构造统计量,用方差分析方法进行检验多个总体均值的差异性必须要验证数据是否满足以下条件,这些条件被称为方差分析的基本假定.

(1) 正态性:每个总体都服从正态分布.即每个因素的每个水平的观察值是来自正态总体的简单随机样本;

(2) 等方差性:各个总体的方差 σ^2 必须相同.也就是说,对于各组观察数据,是从具有相同方差的正态总体中抽取的.

关于上述的假定一般数据都是满足的.在不确定的情况下,也可以借助观察值数据做一个简单的检验,比如正态性的检验等.

9.1.2　问题的一般提法

设因素有 r 个水平,每个水平的均值分别用 $\mu_1, \mu_2, \cdots, \mu_r$ 表示,要检验 r 个水平(总体)的均值是否相等,需要提出如下的假设:$H_0: \mu_1=\mu_2=\cdots=\mu_r$,即各水平均值无显著性差异;其对立假设为:$H_1: \mu_1, \mu_2, \cdots, \mu_r$ 不全相等,即各水平均值有显著性差异.

在例9.1中,可设城市 A_1 的周销售均值为 μ_1,城市 A_2 的周销售均值为 μ_2,城市 A_3 的周销售均值为 μ_3,为检验各城市间的周销售量之间有无显著性差异,即考察不同广告策略对洗衣机销售量有无影响,需提出如下的假设:

$$H_0: \mu_1=\mu_2=\mu_3,\text{即城市对销售量无显著影响;}$$

$$H_1: \mu_1, \mu_2, \mu_3 \text{ 不全相等,即城市对销售量有显著影响.}$$

与上一章介绍的假设检验方法相比，方差分析不仅可以提高检验的效率，同时由于它是将所有的样本信息结合在一起，也增加了分析的可靠性. 例如上面的问题，如果用一般的假设检验方法，如 t 检验，一次只能研究两个样本，要检验三个城市的销售量均值是否相等就需要做三次试验来检验.

检验 1：H_0：$\mu_1=\mu_2 \leftrightarrow H_1$：$\mu_1 \neq \mu_2$，城市 A_1 与城市 A_2 的周销售均值是否相等；

检验 2：H_0：$\mu_2=\mu_3 \leftrightarrow H_1$：$\mu_2 \neq \mu_3$，城市 A_2 与城市 A_3 的周销售均值是否相等；

检验 3：H_0：$\mu_1=\mu_3 \leftrightarrow H_1$：$\mu_1 \neq \mu_3$，城市 A_1 与城市 A_3 的周销售均值是否相等.

显然两两检验比较麻烦，效率比较低，而且正确率不高，如果假设每次检验的显著性水平 $\alpha=0.1$，即犯第一类错误的概率为 0.1，因此三次都检验正确的概率为 $0.9^3=0.729$，整个检验犯第一类错误的概率变为 0.271，这在检验中是不允许的. 方差分析可以同时对三个总体均值是否相等进行检验，而且犯第一类错误的概率就是给定的显著性水平 $\alpha=0.1$.

9.2 单因素方差分析

9.2.1 数学模型

单因素问题是指在问题中只考虑一个对指标有影响的因素 A，确切地说是对指标有影响的因素仅此一个. 把别的因素都适当固定下来，而只让因素 A 在试验中有变化，以观察和分析它对指标的影响. 这样就构成了一个单因素问题.

例 9.2 某灯泡厂用四种不同材料的灯丝生产了四批灯泡，除灯丝材料不同外，其他生产条件完全相同. 今由每批灯泡中随机地抽取若干个灯泡，测得使用寿命数据如表 9.2 所示，现在要求推断出灯泡的使用寿命是否因灯丝材料不同而有显著差异.

表 9.2 四批灯泡的使用寿命数据

灯 丝	灯 泡 寿 命							
	1	2	3	4	5	6	7	8
A_1	1 600	1 610	1 650	1 680	1 700	1 700	1 780	
A_2	1 500	1 640	1 400	1 700	1 750			
A_3	1 640	1 550	1 600	1 620	1 640	1 600	1 740	1 800
A_4	1 510	1 520	1 530	1 570	1 640	1 680		

在该例的灯泡试验中，只有一个因素(灯丝)在变化，其他因素保持不变，因此这是一个单因素试验. 因素灯丝具有 4 个水平 $(r=4)$，即 4 个不同材料的灯丝 A_1，A_2，A_3，A_4. 用 X_1，X_2，X_3，X_4 表示四种材料的灯丝所生产的灯泡的使用寿命，这样就有 4 个总体. 从这 4 个总体中随机抽取容量为 n_i 的一个简单随机样本 X_{i1}，X_{i2}，…，X_{in_i}，$i=1, 2, 3, 4$，即 $n_1=7$，$n_2=5$，$n_3=8$，$n_4=6$，并记 $n=\sum_{i=1}^{r} n_i=26$.

一般地，假设 r 个总体 X_1，X_2，…，X_r 是相互独立的随机变量，并且 $X_i \sim N(\mu_i, \sigma^2)$，$i=1, 2, \cdots, r$，其中 σ^2 和各个 μ_i 均未知，并假定在各水平下每次试验是独立进行的，所以

各 X_{ij}, $i=1, 2, \cdots, r$, $j=1, 2, \cdots, n_i$ 是相互独立的. 又因为 $X_{i1}, X_{i2}, \cdots, X_{in_i}$ 是总体 X_i 的一个样本,所以 $X_{i1}, X_{i2}, \cdots, X_{in_i}$ 还是同分布的,即有:

$$
\begin{array}{ll}
\text{水平 } A_1: & X_{11}, X_{12}, \cdots, X_{1j}, \cdots, X_{1n_1} \sim N(\mu_1, \sigma^2); \\
\text{水平 } A_2: & X_{21}, X_{22}, \cdots, X_{2j}, \cdots, X_{2n_2} \sim N(\mu_2, \sigma^2); \\
\vdots & \vdots \quad \vdots \quad \cdots \quad \vdots \quad \cdots \quad \vdots \quad \vdots \\
\text{水平 } A_i: & X_{i1}, X_{i2}, \cdots, X_{ij}, \cdots, X_{in_i} \sim N(\mu_i, \sigma^2); \\
\vdots & \vdots \quad \vdots \quad \cdots \quad \vdots \quad \cdots \quad \vdots \quad \vdots \\
\text{水平 } A_r: & X_{r1}, X_{r2}, \cdots, X_{rj}, \cdots, X_{rn_r} \sim N(\mu_r, \sigma^2);
\end{array}
$$

要检验假设 $H_0: \mu_1=\mu_2=\cdots=\mu_r \leftrightarrow H_1: \mu_1, \mu_2, \cdots, \mu_r$ 不全相同.

由假设知, $X_{ij} \sim N(\mu_i, \sigma^2)$, $i=1, 2, \cdots, r$, $j=1, 2, \cdots, n_i$, 记随机误差 $\varepsilon_{ij}=X_{ij}-\mu_i$, 则各 ε_{ij} 独立同分布,且 $\varepsilon_{ij} \sim N(0, \sigma^2)$, 并记 $n=\sum_{i=1}^{r} n_i$, 称 n 为样本总容量, $\mu=\frac{1}{n}\sum_{i=1}^{r} n_i \mu_i$, 称 μ 为总平均.

则有模型
$$
\begin{cases}
X_{ij}=\varepsilon_{ij}+\mu_i, \\
\varepsilon_{ij} \sim N(0, \sigma^2).
\end{cases}
$$

又记 $\delta_i=\mu_i-\mu$, $i=1, 2, \cdots, r$, 称 δ_i 为因素 A 的第 i 个水平 A_i 对试验指标 X 的效应,且满足 $\sum_{i=1}^{r} n_i \delta_i=0$. 这样上述模型可以表示为:

$$
\begin{cases}
X_{ij}=\varepsilon_{ij}+\mu+\delta_i, \\
\sum_{i=1}^{r} n_i \delta_i=0, & i=1, 2, \cdots, r, j=1, 2, \cdots, n_i, \\
\varepsilon_{ij} \sim N(0, \sigma^2), \text{各 } \varepsilon_{ij} \text{ 相互独立},
\end{cases}
$$

通常把上式称为单因素方差分析的数学模型,它实际上是一种线性模型.

9.2.2 方差分析

由于因素 A 在不同水平下对所关心的指标的影响是通过 r 个均值 $\mu_1, \mu_2, \cdots, \mu_r$ 来体现的,因此考察这种影响的差别是否显著,需要检验如下假设:

$$H_0: \mu_1=\mu_2=\cdots=\mu_r \leftrightarrow H_1: \mu_1, \mu_2, \cdots, \mu_r \text{ 不全相等},$$

而其也等价于检验如下假设: $H_0: \delta_1=\delta_2=\cdots=\delta_r=0 \leftrightarrow H_1: \delta_1, \delta_2, \cdots, \delta_r$ 不全为零.

1. *平方和分解*

首先分析各个 X_{ij} 变化的原因,通常用 X_{ij} 与样本总均值 $\bar{X}$ 之间的偏差平方和来反映各 X_{ij} 之间的波动,令 $S_T=\sum_{i=1}^{r}\sum_{j=1}^{n_i}(X_{ij}-\bar{X})^2$, 称 S_T 为总偏差平方和.

记 $\bar{X}_i=\frac{1}{n_i}\sum_{j=1}^{n_i} X_{ij}$, $\bar{X}=\frac{1}{n}\sum_{i=1}^{r}\sum_{j=1}^{n_i} X_{ij}$, 注意到,

$$S_T=\sum_{i=1}^{r}\sum_{j=1}^{n_i}(X_{ij}-\bar{X})^2=\sum_{i=1}^{r}\sum_{j=1}^{n_i}(X_{ij}-\bar{X}_i+\bar{X}_i-\bar{X})^2$$
$$=\sum_{i=1}^{r}\sum_{j=1}^{n_i}(\bar{X}_i-\bar{X})^2+\sum_{i=1}^{r}\sum_{j=1}^{n_i}(X_{ij}-\bar{X}_i)^2+$$
$$2\sum_{i=1}^{r}\sum_{j=1}^{n_i}(X_{ij}-\bar{X}_i)(\bar{X}_i-\bar{X}),$$

而其中 $\sum_{i=1}^{r}\sum_{j=1}^{n_i}(X_{ij}-\bar{X}_i)(\bar{X}_i-\bar{X})=\sum_{i=1}^{r}(\bar{X}_i-\bar{X})(\sum_{j=1}^{n_i}X_{ij}-n_i\bar{X}_i)=0$,

令 $S_A=\sum_{i=1}^{r}\sum_{j=1}^{n_i}(\bar{X}_i-\bar{X})^2=\sum_{i=1}^{r}n_i(\bar{X}_i-\bar{X})^2$，称 S_A 为因素 A 平方和，

$S_e=\sum_{i=1}^{r}\sum_{j=1}^{n_i}(X_{ij}-\bar{X}_i)^2$，称 S_e 为误差平方和，则总偏差平方和可分解为两个平方和：$S_T=S_A+S_e$.

上式为总偏差平方和分解式，它直接说明了“方差分析”这个名词的由来. 即 S_T 实际上是全部 n 个数据 $\{X_{ij},\ i=1,\ 2,\ \cdots,\ r,\ j=1,\ 2,\ \cdots,\ n_i\}$ 的样本方差(没有除以自由度 $n-1$)，它反映了全部数据的差异程度，之所以会有这个差异，有两个可能的原因：随机误差和水平之间的差异，而 S_A 反映了水平差异的影响，S_e 反映了随机误差的影响.

这就是方差分析的含义：把一个“总方差”(总偏差平方和) S_T 分解为由种种原因(因素 A，随机误差等)形成的“部分方差”. S_T 有 $n-1$ 个自由度；S_A 是由 r 个数 $\bar{X}_1,\ \bar{X}_2,\ \cdots,\ \bar{X}_r$ 算出的“方差”，有 $r-1$ 个自由度；S_e 是 $\sum_{j=1}^{n_1}(X_{1j}-\bar{X}_1)^2,\ \sum_{j=1}^{n_2}(X_{2j}-\bar{X}_2)^2,\ \cdots,\ \sum_{j=1}^{n_r}(X_{rj}-\bar{X}_r)^2$ 之和，其分别对应 $n_1-1,\ n_2-1,\ \cdots,\ n_r-1$ 个自由度，故 S_e 应有 $n-r$ 个自由度. 所以，$S_T=S_A+S_e$ 相应的一个自由度分解为：$n-1=(r-1)+(n-r)$.

在统计学上，把一个平方和除以其自由度，称为“平均平方和”，或简称“均方”，记为 MS. 例如，因素 A 的平均平方和为：$MS_A=\dfrac{S_A}{r-1}$，误差平均平方和为：$MS_e=\dfrac{S_e}{n-r}$.

2. 假设检验

对于假设检验问题：$H_0:\ \delta_1=\delta_2=\cdots=\delta_r=0\leftrightarrow H_1:\ \delta_1,\delta_2,\ \cdots,\delta_r$ 不全为零，关键是构造检验统计量，下面首先来考察 S_A 和 S_e 的数学期望.

$$E(S_T)=E\left[\sum_{i=1}^{r}\sum_{j=1}^{n_i}(X_{ij}-\bar{X})^2\right]=\sum_{i=1}^{r}\sum_{j=1}^{n_i}E(X_{ij}^2)-nE(\bar{X}^2)$$
$$=\sum_{i=1}^{r}\sum_{j=1}^{n_i}(\sigma^2+\mu_i^2)-n\left(\frac{\sigma^2}{n}+\mu^2\right)=(n-1)\sigma^2+\sum_{i=1}^{r}n_i(\mu_i-\mu)^2$$
$$=(n-1)\sigma^2+\sum_{i=1}^{r}n_i\delta_i^2,$$

$$E(S_A)=E\left[\sum_{i=1}^{r}n_i(\bar{X}_i-\bar{X})^2\right]=E\left[\sum_{i=1}^{r}n_i\bar{X}_i^2-n\bar{X}^2\right]=\sum_{i=1}^{r}n_iE(\bar{X}_i^2)-nE(\bar{X}^2)$$
$$=\sum_{i=1}^{r}n_i\left(\frac{\sigma^2}{n_i}+\mu_i^2\right)-n\left(\frac{\sigma^2}{n}+\mu^2\right)=(r-1)\sigma^2+\sum_{i=1}^{r}n_i(\mu_i-\mu)^2$$

$$=(r-1)\sigma^2+\sum_{i=1}^{r}n_i\delta_i^2,$$

$$E(S_e)=E\Big[\sum_{i=1}^{r}\sum_{j=1}^{n_i}(X_{ij}-\bar{X}_i)^2\Big]=E\Big[\sum_{i=1}^{r}\big(\sum_{j=1}^{n_i}X_{ij}^2-n_i\bar{X}_i^2\big)\Big]$$

$$=\sum_{i=1}^{r}\Big[\sum_{i=1}^{n_i}E(X_{ij}^2)-n_iE(\bar{X}_i^2)\Big]=\sum_{i=1}^{r}\left[n_i(\sigma^2+\mu_i^2)-n_i\left(\frac{\sigma^2}{n_i}+\mu_i^2\right)\right]$$

$$=\sum_{i=1}^{r}(n_i-1)\sigma^2=(n-r)\sigma^2.$$

于是知：$\dfrac{S_e}{n-r}$ 是σ^2 的无偏估计，而 $E\left(\dfrac{S_A}{r-1}\right)=\sigma^2+\dfrac{1}{r-1}\sum_{i=1}^{r}n_i\delta_i^2$，从而当 H_0 成立时，$\dfrac{S_A}{r-1}$ 是σ^2 的一个无偏估计. 同时 $\dfrac{S_A}{r-1}$ 反映了因素 A 的各水平效应的影响，所以从直观上看，当 H_0 成立时，则比值 $\dfrac{S_A/(r-1)}{S_e/(n-r)}$ 将接近于 1；而当 H_0 不成立时，比值将有变大的趋势，也即说明水平差异的影响大于随机误差的影响. 这就启发我们通过比较 S_A 与 S_e 的大小来检验 H_0.

记 $F=\dfrac{S_A/(r-1)}{S_e/(n-r)}=\dfrac{MS_A}{MS_e}$，下面讨论当 H_0 成立时，统计量 F 的分布.

定理 9.1 针对如下单因素方差分析模型：

$$\begin{cases}X_{ij}=\varepsilon_{ij}+\mu+\delta_i,\\ \sum_{i=1}^{r}n_i\delta_i=0, & i=1,2,\cdots,r,\ j=1,2,\cdots,n_i,\\ \varepsilon_{ij}\sim N(0,\sigma^2),\text{各 }\varepsilon_{ij}\text{ 相互独立},\end{cases}$$

当原假设 H_0 成立时，则有：① $\dfrac{S_e}{\sigma^2}\sim\chi^2(n-r)$；② $\dfrac{S_A}{\sigma^2}\sim\chi^2(r-1)$；③ S_A 和 S_e 相互独立.

证明 由于 $X_{ij}\sim N(\mu_i,\sigma^2)$，$i=1,2,\cdots,r$，$j=1,2,\cdots,n_i$，且 X_{i1}，X_{i2}，$\cdots$，X_{in_i} 相互独立，则 $\dfrac{1}{\sigma^2}\sum_{j=1}^{n_i}(X_{ij}-\bar{X}_i)^2\sim\chi^2(n_i-1)$，$i=1,2,\cdots,r$.

又由 X_{ij}，$i=1,2,\cdots,r$，$j=1,2,\cdots,n_i$ 的独立性及χ^2 分布的可加性，

$$\frac{S_e}{\sigma^2}=\frac{1}{\sigma^2}\sum_{i=1}^{r}\sum_{j=1}^{n_i}(X_{ij}-\bar{X}_i)^2\sim\chi^2\Big(\sum_{i=1}^{r}(n_i-1)\Big),$$

即
$$\frac{S_e}{\sigma^2}\sim\chi^2(n-r),$$

令 $\bar{\varepsilon}_i=\dfrac{1}{n_i}\sum_{j=1}^{n_i}\varepsilon_{ij}$，$i=1,2,\cdots,r$，$\bar{\varepsilon}=\dfrac{1}{n}\sum_{i=1}^{r}\sum_{j=1}^{n_i}\varepsilon_{ij}$，

则
$$\bar{X}_i=\mu+\delta_i+\bar{\varepsilon}_i,\ \bar{X}=\mu+\bar{\varepsilon},\ S_A=\sum_{i=1}^{r}n_i(\delta_i+\bar{\varepsilon}_i-\bar{\varepsilon})^2.$$

在假设 H_0 成立时，$S_A=\sum_{i=1}^{r}n_i(\bar{\varepsilon}_i-\bar{\varepsilon})^2$，由于 $\bar{\varepsilon}_1,\bar{\varepsilon}_2,\cdots,\bar{\varepsilon}_r$ 相互独立，且分别服从于 $N\left(0,\dfrac{\sigma^2}{n_1}\right)$，$N\left(0,\dfrac{\sigma^2}{n_2}\right)$，…，$N\left(0,\dfrac{\sigma^2}{n_r}\right)$，则有

$$\frac{1}{\sigma^2}\sum_{i=1}^{r}n_i(\bar{\varepsilon}_i-\bar{\varepsilon})^2\sim\chi^2(r-1)，即\ \frac{S_A}{\sigma^2}\sim\chi^2(r-1).$$

类似地，由于对每一个 i，$\sum_{j=1}^{n_i}(\varepsilon_{ij}-\bar{\varepsilon}_i)^2$ 与 $\bar{\varepsilon}_i$ 独立，从而 $\bar{\varepsilon}_1,\bar{\varepsilon}_2,\cdots,\bar{\varepsilon}_r$ 与 S_e 独立，而 $S_A=\sum_{i=1}^{r}n_i(\delta_i+\bar{\varepsilon}_i-\bar{\varepsilon})^2$ 只是 $\bar{\varepsilon}_1,\bar{\varepsilon}_2,\cdots,\bar{\varepsilon}_r$ 的函数，所以 S_A 和 S_e 相互独立.

由定理 9.1 知，在原假设 H_0 成立时，统计量 $F=\dfrac{S_A/(r-1)}{S_e/(n-r)}\sim F(r-1,\ n-r)$，因此，在显著性水平 α 下，检验的拒绝域为：$\mathscr{X}_0=\{F>F_\alpha(r-1,\ n-r)\}$.

通常将上述计算过程列成表格，称为方差分析表，单因素方差分析表如表 9.3 所示.

表 9.3 单因素方差分析表

方差来源	平方和	自由度	均 方	F 值
因素 A	S_A	$r-1$	$MS_A=S_A/(r-1)$	$\dfrac{MS_A}{MS_e}$
随机误差 e	S_e	$n-r$	$MS_e=S_e/(n-r)$	
总 和	S_T	$n-1$	—	—

当 $F_{0.01}(r-1,\ n-r)\geqslant F>F_{0.05}(r-1,\ n-r)$ 时，称因素 A 的效应显著，在其 F 值上加一个“*”；当 $F>F_{0.01}(r-1,\ n-r)$ 时，称因素 A 的效应高度显著，在其 F 值上加两个“**”.

在实际计算时，可采用以下的步骤进行：

(1) 对每个 i，算出 $T_i=X_{i1}+X_{i2}+\cdots+X_{in_i}$ 及 T_i^2，$i=1,\ 2,\ \cdots,\ r$，从而算出 $T=T_1+T_2+\cdots+T_r$；

(2) 算出每个 X_{ij} 的平方 X_{ij}^2，然后算出它们的和：$G=\sum_{i=1}^{r}\sum_{j=1}^{n_i}X_{ij}^2$；

(3) 计算 $S_A=\sum_{i=1}^{r}\dfrac{T_i^2}{n_i}-\dfrac{1}{n}T^2$，$S_e=G-\sum_{i=1}^{r}\dfrac{T_i^2}{n_i}$，$S_T=G-\dfrac{1}{n}T^2$.

3. 参数估计

如果检验的结果，原假设 H_0：$\mu_1=\mu_2=\cdots=\mu_r$ 通过了，则认为该因素各水平效应一样. 如果原假设 H_0：$\mu_1=\mu_2=\cdots=\mu_r$ 被拒绝了，则认为 μ_1，μ_2，…，μ_r 有差别，这里面情况就比较复杂. 例如当 $r=3$，也有可能是 H_0：$\mu_1=\mu_2>\mu_3$，即 μ_1，μ_2 并无区别，所以当原假设 H_0：$\mu_1=\mu_2=\cdots=\mu_r$ 被拒绝时，通常可采用如下的处理方法：把 r 个样本平均值 $\bar{X}_1$，$\bar{X}_2$，…，$\bar{X}_r$ 按大小排队，例如当 $r=4$，若 $\bar{X}_3>\bar{X}_4>\bar{X}_1>\bar{X}_2$，可据此推断 $\mu_3>\mu_4>\mu_1>\mu_2$，如 μ 越大越好，则应挑选水平 3.

另外，可进一步求出总均值 μ、效应 $\delta_i(i=1,\ 2,\ \cdots,\ r)$ 和误差方差 σ^2 等参数的估计.

1) 点估计

显然 $\hat{\mu}_i=\bar{X}_i$ 是 μ_i 的无偏估计量, $i=1,2,\cdots,r$, $\hat{\sigma}^2=\dfrac{S_e}{n-r}=\dfrac{1}{n-r}\sum\limits_{i=1}^{r}\sum\limits_{j=1}^{n_i}(X_{ij}-\bar{X}_i)^2$ 是 σ^2 的无偏估计量. 又因为 $E(\bar{X})=E\left(\dfrac{1}{n}\sum\limits_{i=1}^{r}\sum\limits_{j=1}^{n_i}X_{ij}\right)=\dfrac{1}{n}\sum\limits_{i=1}^{r}n_i\mu_i=\mu$, 所以 $\hat{\mu}=\bar{X}$ 是 μ 的无偏估计量,从而 $\hat{\delta}_i=\bar{X}_i-\bar{X}$, $i=1,2,\cdots,r$ 是 δ_i 的无偏估计量.

2) 区间估计

由于 $\bar{X}_i\sim N\left(\mu_i,\dfrac{\sigma^2}{n_i}\right)$, $i=1,2,\cdots,r$ 和 $\dfrac{S_e}{\sigma^2}\sim\chi^2(n-r)$, 且两者相互独立,从而有:

$$\frac{\sqrt{n_i}(\bar{X}_i-\mu_i)}{\sqrt{S_e/(n-r)}}\sim t(n-r),$$

则可得各水平均值 μ_i, $i=1,2,\cdots,r$ 的置信水平为 $1-\alpha$ 的置信区间为:

$$\left[\bar{X}_i-t_{\alpha/2}(n-r)\sqrt{\frac{S_e}{n_i(n-r)}},\ \bar{X}_i+t_{\alpha/2}(n-r)\sqrt{\frac{S_e}{n_i(n-r)}}\right].$$

由 $\dfrac{S_e}{\sigma^2}\sim\chi^2(n-r)$, 可以得到误差方差 σ^2 的置信水平为 $1-\alpha$ 的置信区间为:

$$\left[\frac{S_e}{\chi^2_{\alpha/2}(n-r)},\ \frac{S_e}{\chi^2_{1-\alpha/2}(n-r)}\right].$$

一般地,还会关心特定的两水平之差. 例如: $\mu_i-\mu_j$, 其可用 $\bar{X}_i-\bar{X}_j$ 作为 $\mu_i-\mu_j$ 的点估计. 又由于对 $i\neq j$, $\bar{X}_i\sim N\left(\mu_i,\dfrac{\sigma^2}{n_i}\right)$, $\bar{X}_j\sim N\left(\mu_j,\dfrac{\sigma^2}{n_j}\right)$, 且相互独立,则有:

$$\bar{X}_i-\bar{X}_j\sim N\left(\mu_i-\mu_j,\left(\frac{1}{n_i}+\frac{1}{n_j}\right)\sigma^2\right),$$

又 $\dfrac{S_e}{\sigma^2}=\dfrac{(n-r)MS_e}{\sigma^2}=\dfrac{1}{\sigma^2}\sum\limits_{i=1}^{r}\sum\limits_{j=1}^{n_i}(X_{ij}-\bar{X}_i)^2\sim\chi^2(n-r)$, 且与 $\bar{X}_i-\bar{X}_j$ 独立,则有:

$$T=\frac{[(\bar{X}_i-\bar{X}_j)-(\mu_i-\mu_j)]\Big/\sqrt{\left(\dfrac{1}{n_i}+\dfrac{1}{n_j}\right)\sigma^2}}{\sqrt{\dfrac{(n-r)MS_e}{\sigma^2}\Big/(n-r)}}$$

$$=\frac{(\bar{X}_i-\bar{X}_j)-(\mu_i-\mu_j)}{\sqrt{\left(\dfrac{1}{n_i}+\dfrac{1}{n_j}\right)MS_e}}\sim t(n-r),$$

由此,给定置信水平 $1-\alpha$, 可得 $\mu_i-\mu_j$ 的区间估计为:

$$\bar{X}_i-\bar{X}_j-t_{\alpha/2}(n-r)\sqrt{\left(\frac{1}{n_i}+\frac{1}{n_j}\right)MS_e}\leqslant\mu_i-\mu_j$$
$$\leqslant\bar{X}_i-\bar{X}_j+t_{\alpha/2}(n-r)\sqrt{\left(\frac{1}{n_i}+\frac{1}{n_j}\right)MS_e}.$$

例 9.3 检验例 9.2 的四种灯丝材料对灯泡使用寿命是否有显著影响 ($\alpha=0.05$).

解 经计算得 $S_A=\sum_{i=1}^{r}n_i(\bar{X}_i-\bar{X})^2=44\,360.7$，$S_e=\sum_{i=1}^{r}\sum_{j=1}^{n_i}(X_{ij}-\bar{X}_i)^2=151\,350.8$，

$$MS_A=\frac{S_A}{r-1}=\frac{44\,360.7}{4-1}=14\,786.9,$$

$$MS_e=\frac{S_e}{n-r}=\frac{151\,350.8}{26-4}=6\,879.58,$$

$$F=\frac{MS_A}{MS_e}=\frac{14\,786.9}{6\,879.58}\approx 2.15.$$

把计算结果整理成下面的方差分析表,如表 9.4 所示.

若给定显著性水平 $\alpha=0.05$，临界值 $F_\alpha(3,22)=3.05$. 因为 $F=2.15<3.05$，故不应拒绝 H_0，即认为四种灯丝生产的灯泡其平均使用寿命之间没有显著的差异.

表 9.4 四种灯丝材料对灯泡使用寿命的方差分析表

方差来源	平方和	自由度	均 方	F 值
灯丝材料 A	44 360.7	3	14 786.9	2.15
随机误差 e	151 350.8	22	6 879.58	
总 和	195 711.5	25	—	—

例 9.4 某消费报收集到的关于热狗热量的数据,其中包含了 63 种品牌热狗的热量,如表 9.5 所示.

表 9.5 四种类型热狗的热量

类 型	热量(卡)
牛肉	186, 181, 176, 149, 184, 190, 158, 139, 175, 148, 152, 111, 141, 153, 190, 157, 131, 149, 135, 132
猪肉	173, 191, 182, 190, 172, 147, 146, 139, 175, 136, 179, 153, 107, 195, 135, 140, 138
禽肉	129, 132, 102, 106, 94, 102, 87, 99, 107, 113, 135, 142, 86, 143, 152, 146, 144
特色	155, 170, 114, 191, 162, 146, 140, 187, 180

热狗有 4 种类型：牛肉、猪肉、禽肉和特色类. 设 μ_1 代表牛肉类热狗的平均热量，μ_2 代表猪肉类热狗的平均热量，μ_3 代表禽肉类热狗的平均热量，μ_4 代表特色类热狗的平均热量,并且所有热量都是独立的且方差为 σ^2 的正态随机变量,试问不同类型的热狗的热量是否不同?($\alpha=0.05$)

解 检验假设：$H_0: \mu_1 = \mu_2 = \mu_3 = \mu_4 \leftrightarrow H_1: \mu_1, \mu_2, \mu_3, \mu_4$ 不全相等，从表中可得：样本容量 $n_1 = 20$(牛肉)，$n_2 = 17$(猪肉)，$n_3 = 17$(禽肉)，$n_4 = 9$(特色类).

通过计算有：$S_A = \sum_{i=1}^{r} \frac{T_i^2}{n_i} - \frac{1}{n} T^2 = 19\,454$，$S_e = G - \sum_{i=1}^{r} \frac{T_i^2}{n_i} = 32\,995$，

所以有：$MS_A = \frac{S_A}{r-1} = \frac{19\,454}{3-1} = 6\,485$，$MS_e = \frac{S_e}{n-r} = \frac{32\,995}{60-3} = 559.2$，

$$F = \frac{MS_A}{MS_e} = \frac{6\,485}{559.2} = 11.60.$$

把计算结果整理成下面的方差分析表，如表 9.6 所示.

表 9.6 4 种类型热狗的热量的方差分析表

方差来源	平方和	自由度	均方	F 值
热狗类型 A	19 454	3	6 485	11.60*
随机误差 e	32 995	59	559.2	
总　和	52 449	62	—	—

取显著性水平 $\alpha = 0.05$，则 $F_{0.05}(3, 59) = 2.764$，$F = 11.60 > 2.764$，所以拒绝原假设，认为不同类型热狗的热量是不同的.

例 9.5 为了测试新试制的汽船的性能，在规定里程内测量三种不同的风浪条件下汽船航行的时间(单位：分钟)，数据如下.

无 风 浪：26　19　16　22　　$\sim N(\mu_1, \sigma^2)$，

稍有风浪：25　27　25　20　18　23　$\sim N(\mu_2, \sigma^2)$，

大风大浪：23　25　28　31　26　　$\sim N(\mu_3, \sigma^2)$，

请用这些数据检验航行条件对航行时间有无影响 ($\alpha = 0.05$).

解 检验假设：$H_0: \mu_1 = \mu_2 = \mu_3 \leftrightarrow H_1: \mu_1, \mu_2, \mu_3$ 不全相等，

而 $$r = 3, n_1 = 4, n_2 = 6, n_3 = 5, n = 4 + 6 + 5 = 15,$$

$$T_1 = 26 + 19 + 16 + 22 = 83, T_2 = 138, T_3 = 133, T = T_1 + T_2 + T_3 = 354,$$

$$G = \text{全体 15 个数据平方和} = 8\,584,\ S_A = \frac{T_1^2}{4} + \frac{T_2^2}{6} + \frac{T_3^2}{5} - \frac{354^2}{15} = 79.65,$$

$$S_e = G - \left(\frac{T_1^2}{4} + \frac{T_2^2}{6} + \frac{T_3^2}{5}\right) = 149.95,\ S_T = G - \frac{T^2}{15} = 229.6.$$

把计算结果整理成下面的方差分析表，如表 9.7 所示.

表 9.7 航行条件对航行时间的方差分析表

方差来源	平方和	自由度	均方	F 值
航行条件 A	79.65	2	39.825	3.187
随机误差 e	149.95	12	12.496	
总　和	229.6	14	—	—

取显著性水平 $\alpha=0.05$，则 $F_\alpha(r-1, n-r)=F_{0.05}(2, 12)=3.88$，由于 $3.187<3.88$，所以，不能拒绝 H_0，即由所得数据尚无充分根据认为航行条件对航行时间有显著影响.

由于 H_0 被接受了，下面就没有比较各水平的平均值 μ_1, μ_2, μ_3 的问题. 作为公式应用的一个算式，从形式上来求一下 $\mu_1-\mu_3$ 的区间估计（置信水平为 0.95）：

$$\bar{X}_1-\bar{X}_3=\frac{T_1}{4}-\frac{T_3}{5}=-5.85, \sqrt{\frac{1}{n_1}+\frac{1}{n_3}}=\sqrt{\frac{1}{4}+\frac{1}{5}}=\sqrt{0.45}=0.671,$$

$$t_{\alpha/2}(n-r)=t_{0.025}(12)=2.179, \sqrt{MS_e}=\sqrt{12.496}=3.535,$$

$$\sqrt{\frac{1}{n_1}+\frac{1}{n_3}}\sqrt{MS_e}\,t_{\alpha/2}(n-r)=0.671\times 3.535\times 2.179=5.169.$$

所以，$\mu_1-\mu_3$ 的置信水平为 0.95 的区间估计为：-5.85 ± 5.169，即$[-11.019, -0.681]$.

例 9.6 一工厂用三种不同的工艺生产某类型电池. 从各种工艺生产的电池中分别抽取样本并测得样本的寿命（使用时间，单位：h）如下.

工艺一：40，46，38，42，44；

工艺二：26，34，30，28，32；

工艺三：39，40，43，48，50.

试问：(1) 三种不同的工艺对电池的寿命这个指标有无影响；

(2) 若有影响，哪个工艺最优？

(3) 求 $\mu_3-\mu_2$ 的区间估计 $(\alpha=0.05)$.

解 (1) 检验假设：$H_0: \mu_1=\mu_2=\mu_3 \leftrightarrow H_1: \mu_1, \mu_2, \mu_3$ 不全相同，

而 $r=3, n=15, T_1=40+46+38+42+44=210, T_2=150, T_3=220$,

$$T=T_1+T_2+T_3=580,$$

$$H=T_1^2+T_2^2+T_3^2=115\,000, G=15\text{ 个数据平方和}=23\,174,$$

$$S_A=\frac{1}{5}H-\frac{1}{15}T^2=23\,000-\frac{580^2}{15}=573.33,$$

$$S_e=G-\frac{1}{5}H=23\,174-23\,000=174,$$

$$S_T=G-\frac{1}{15}T^2=23\,174-\frac{580^2}{15}=747.33,$$

把计算结果整理成下面的方差分析表，如表 9.8 所示.

表 9.8 三种工艺下生产的电池寿命的方差分析表

方差来源	平方和	自由度	均方	F 值
生产工艺 A	573.33	2	286.665	19.77**
随机误差 e	174	12	14.5	—
总　和	747.33	14	—	—

取显著性水平 $\alpha=0.05$，$F_{\alpha}(r-1, n-r)=F_{0.05}(2, 12)=3.89$，由于 $19.77>3.89$，即认为三种工艺生产的电池的寿命的确有差异存在. 即使取 $\alpha=0.01$，$F_{0.01}(2, 12)=6.93$，仍小于 19.77，故仍要拒绝 H_0.

(2) 对三种工艺做比较(此处当然 μ 越大越好)，由于 $\bar{X}_3>\bar{X}_1>\bar{X}_2$，故可认为 $\mu_3>\mu_1>\mu_2$，即第三种工艺最优，第一种次之，第二种最差.

(3) 为估计第二、三种工艺所生产的电池平均使用寿命的差别，算出 $\bar{x}_3-\bar{x}_2=44-30=14$，即用工艺三生产的电池，平均说来其寿命比用工艺二生产的长 14 小时.

取 $\alpha=0.05$，做区间估计：$MS_e=14.5$，$\sqrt{MS_e}=\sqrt{14.5}=3.808$，$n=15$，

$$\sqrt{\frac{2}{5}}=0.632,\ r=3,\ t_{0.025}(12)=2.179,$$

$$\sqrt{\frac{2}{5}}\sqrt{MS_e}\,t_{\alpha/2}(n-r)=0.632\times3.808\times2.179=5.244,$$

所以，$\mu_3-\mu_2$ 的置信水平为 0.95 的区间估计为 14 ± 5.244，即$[8.765, 19.244]$.

9.3　双因素方差分析

9.3.1　数学模型

上一节介绍了单因素方差分析，但是在实际问题中，影响试验指标的因素往往有两个或多个，因此要考虑多个因素中每一个因素对试验的影响是否显著，就要用到多因素方差分析，这里仅讨论双因素方差分析.

例如设考察“种子品种”与“每亩施肥量”这两个因素对玉米亩产的作用，把这两个因素分别记为 A，B. 设 A 有 r 个水平(即有 r 个品种可供选择)：A_1，A_2，…，A_r；B 有 s 个水平(即有 s 种用量可供选择)：B_1，B_2，…，B_s. A 的任一水平 A_i 与 B 的任一水平 B_j 构成一个“水平组合”，记为 (A_i, B_j)，或简记为 (i, j)，它表示一种确定的试验条件——选用一定的品种及每亩施肥一定斤数去种植. 在统计上常常把这样的一个水平组合称为一个“处理”，故一共有 rs 个处理.

准备 rs 块形状和条件尽量一致的地块(每个处理占有一块)来进行种植，收获后计算亩产(斤数)，以 X_{ij} 记作处理 (A_i, B_j) 种植的那块地的亩产斤数，则一共得到 rs 个数据 $\{X_{ij}, i=1, 2, \cdots, r, j=1, 2, \cdots, s\}$. 假定 X_{ij}，$i=1, 2, \cdots, r$，$j=1, 2, \cdots, s$ 相互独立，且 $X_{ij}\sim N(\mu_{ij}, \sigma^2)$，方差 σ^2 与 (i, j) 无关. 有时为了提高精度，对每个水平组合 (A_i, B_j) 共进行 t 次重复独立试验，试验结果用 X_{ijk}，$k=1, 2, \cdots, t$ 表示，而 X_{ijk}，$k=1, 2, \cdots, t$ 可看作是取自正态总体 $X_{ij}\sim N(\mu_{ij}, \sigma^2)$ 的容量为 t 的一个样本，于是双因素多水平重复试验的数据如表 9.9 所示.

由于 X_{ijk}，$k=1, 2, \cdots, t$ 是取自总体 X_{ij} 的一个样本，则有

$$X_{ijk}\sim N(\mu_{ij}, \sigma^2),\ i=1, 2, \cdots, r,\ j=1, 2, \cdots, s, k=1, 2, \cdots, t,$$

表 9.9 双因素重复试验的试验数据

水平	B_1	B_2	…	B_s
A_1	$X_{111}, X_{112}, \cdots, X_{11t}$	$X_{121}, X_{122}, \cdots, X_{12t}$	…	$X_{1s1}, X_{1s2}, \cdots, X_{1st}$
A_2	$X_{211}, X_{212}, \cdots, X_{21t}$	$X_{221}, X_{222}, \cdots, X_{22t}$	…	$X_{2s1}, X_{2s2}, \cdots, X_{2st}$
⋮	⋮	⋮	…	⋮
A_r	$X_{r11}, X_{r12}, \cdots, X_{r1t}$	$X_{r21}, X_{r22}, \cdots, X_{r2t}$	…	$X_{rs1}, X_{rs2}, \cdots, X_{rst}$

记随机误差 $\varepsilon_{ijk}=X_{ijk}-\mu_{ij}$，则各 ε_{ijk} 独立同分布，且 $\varepsilon_{ijk}\sim N(0,\sigma^2)$，

则有模型
$$\begin{cases}X_{ijk}=\varepsilon_{ijk}+\mu_{ij},\\ \varepsilon_{ijk}\sim N(0,\sigma^2),\end{cases}$$

记 $\mu=\dfrac{1}{rs}\sum\limits_{i=1}^{r}\sum\limits_{j=1}^{s}\mu_{ij}$，$\mu_{i\cdot}=\dfrac{1}{s}\sum\limits_{j=1}^{s}\mu_{ij}$，$\mu_{\cdot j}=\dfrac{1}{r}\sum\limits_{i=1}^{r}\mu_{ij}$，

则
$$\alpha_i=\mu_{i\cdot}-\mu,\ i=1,2,\cdots,r;$$
$$\beta_j=\mu_{\cdot j}-\mu,\ j=1,2,\cdots,s;\ \gamma_{ij}=\mu_{ij}-\mu_{i\cdot}-\mu_{\cdot j}+\mu,$$
其中 μ 为总平均，α_i 称为因素 A 的第 i 个水平 A_i 的效应，β_j 称为因素 B 的第 j 个水平 B_j 的效应，而 $\gamma_{ij}=\mu_{ij}-\mu_{i\cdot}-\mu_{\cdot j}+\mu=\mu_{ij}-(\mu_{i\cdot}-\mu)-(\mu_{\cdot j}-\mu)-\mu=\mu_{ij}-\mu-\alpha_i-\beta_j$，称 γ_{ij} 为 A_i 和 B_j 对试验指标的交互作用的效应. 在多因素试验中，通常把因素 A 与因素 B 对试验指标的交互效应设想为一个新因素的效应，这个新因素记作 $A\times B$，称这个因素为 A 与 B 的交互作用. 例如，在一个农业试验中考虑两个因素：A 为每亩施肥量，B 为每亩播种量. 各有若干个水平，则这两个因素对产量的影响并非彼此无关，比方说，当播种量大时，只有肥料能跟上(施加更多的肥料)，才能对增产起更大的作用；如果施肥太少，播种量大了不一定能增产. 这种一个因素的作用依赖于另一个因素的情况称为"两因素 A、B 之间有交互作用存在".

于是得
$$\mu_{ij}=\mu+\alpha_i+\beta_j+\gamma_{ij},$$

且满足
$$\sum_{i=1}^{r}\alpha_i=0,\ \sum_{j=1}^{s}\beta_j=0,\ \sum_{i=1}^{r}\sum_{j=1}^{s}\gamma_{ij}=0,$$

这样上述模型式可以表示为：
$$\begin{cases}X_{ijk}=\varepsilon_{ijk}+\mu+\alpha_i+\beta_j+\gamma_{ij},\\ \sum\limits_{i=1}^{r}\alpha_i=0,\ \sum\limits_{j=1}^{s}\beta_j=0,\ \sum\limits_{i=1}^{r}\sum\limits_{j=1}^{s}\gamma_{ij}=0,\\ \varepsilon_{ijk}\sim N(0,\sigma^2),\text{各 }\varepsilon_{ijk}\text{ 相互独立},\\ i=1,2,\cdots,r,\ j=1,2,\cdots,s,k=1,2,\cdots,t,\end{cases}$$

称其为双因素方差分析的数学模型. 下面分有无交互作用这两种情况来讨论双因素试验的方差分析.

9.3.2 无交互作用的双因素试验方差分析(无重复试验)

若因素 A 与因素 B 之间不存在交互作用，则 $\gamma_{ij}=0,\ i=1,2,\cdots,r,\ j=1,2,\cdots,s,$

于是有：
$$\mu_{ij}=\mu+\alpha_i+\beta_j,$$
如果要研究因素 A，B 对试验指标的影响是否显著，通常只需对每种水平组合 (A_i, B_j) 做一次试验，也即 $t=1$(不进行重复试验)，此时，无交互作用的双因素试验方差分析模型可写成如下形式：
$$\begin{cases}X_{ij}=\varepsilon_{ij}+\mu+\alpha_i+\beta_j,\\ \sum_{i=1}^{r}\alpha_i=0,\ \sum_{j=1}^{s}\beta_j=0,\\ \varepsilon_{ij}\sim N(0,\sigma^2),\text{各 }\varepsilon_{ij}\text{ 相互独立},\\ i=1,2,\cdots,r,j=1,2,\cdots,s,\end{cases}$$

为判断因素 A 对试验指标的影响是否显著，需要检验如下假设：
$$H_{01}:\alpha_1=\alpha_2=\cdots=\alpha_r=0.$$

类似地，判断因素 B 对试验指标的影响是否显著，需要检验如下假设：
$$H_{02}:\beta_1=\beta_2=\cdots=\beta_s=0.$$

1. 平方和分解

记 $\bar{X}=\frac{1}{rs}\sum_{i=1}^{r}\sum_{j=1}^{s}X_{ij}$，$\bar{X}_{i\cdot}=\frac{1}{s}\sum_{j=1}^{s}X_{ij}$，$\bar{X}_{\cdot j}=\frac{1}{r}\sum_{i=1}^{r}X_{ij}$，令 $S_T=\sum_{i=1}^{r}\sum_{j=1}^{s}(X_{ij}-\bar{X})^2$，称 S_T 为总偏差平方和.

由于
$$\begin{aligned}S_T&=\sum_{i=1}^{r}\sum_{j=1}^{s}(X_{ij}-\bar{X})^2\\&=\sum_{i=1}^{r}\sum_{j=1}^{s}[(X_{ij}-\bar{X}_{i\cdot}-\bar{X}_{\cdot j}+\bar{X})+(\bar{X}_{i\cdot}-\bar{X})+(\bar{X}_{\cdot j}-\bar{X})]^2\\&=s\sum_{i=1}^{r}(\bar{X}_{i\cdot}-\bar{X})^2+r\sum_{j=1}^{s}(\bar{X}_{\cdot j}-\bar{X})^2+\sum_{i=1}^{r}\sum_{j=1}^{s}(X_{ij}-\bar{X}_{i\cdot}-\bar{X}_{\cdot j}+\bar{X})^2+\\&\quad 2\sum_{i=1}^{r}\sum_{j=1}^{s}(X_{ij}-\bar{X}_{i\cdot}-\bar{X}_{\cdot j}+\bar{X})(\bar{X}_{i\cdot}-\bar{X})+2\sum_{i=1}^{r}\sum_{j=1}^{s}(X_{ij}-\bar{X}_{i\cdot}-\\&\quad \bar{X}_{\cdot j}+\bar{X})(\bar{X}_{\cdot j}-\bar{X})+2\sum_{i=1}^{r}\sum_{j=1}^{s}(\bar{X}_{i\cdot}-\bar{X})(\bar{X}_{\cdot j}-\bar{X}),\end{aligned}$$

其中 $\sum_{i=1}^{r}\sum_{j=1}^{s}(X_{ij}-\bar{X}_{i\cdot}-\bar{X}_{\cdot j}+\bar{X})(\bar{X}_{i\cdot}-\bar{X})=\sum_{i=1}^{r}\sum_{j=1}^{s}(X_{ij}-\bar{X}_{i\cdot}-\bar{X}_{\cdot j}+\bar{X})(\bar{X}_{\cdot j}-\bar{X})=0$，$\sum_{i=1}^{r}\sum_{j=1}^{s}(\bar{X}_{i\cdot}-\bar{X})(\bar{X}_{\cdot j}-\bar{X})=0$，

令 $S_A=s\sum_{i=1}^{r}(\bar{X}_{i\cdot}-\bar{X})^2$，$S_B=r\sum_{j=1}^{s}(\bar{X}_{\cdot j}-\bar{X})^2$，$S_e=\sum_{i=1}^{r}\sum_{j=1}^{s}(X_{ij}-\bar{X}_{i\cdot}-\bar{X}_{\cdot j}+\bar{X})^2$，则总偏差平方和可分解为三个平方和：$S_T=S_A+S_B+S_e$，此式为总偏差平方和分解式，其中 S_A 为因子 A 的效应平方和，S_B 为因子 B 的效应平方和，S_e 为误差平方和. 其相应的自由度可分解为：$rs-1=(r-1)+(s-1)+(r-1)(s-1)$.

2. 假设检验

为构造检验统计量，先考察 S_A、S_B 和 S_e 的数学期望. 不难计算：

$$E(S_A)=(r-1)\sigma^2+s\sum_{i=1}^{r}\alpha_i^2,\ E(S_B)=(s-1)\sigma^2+r\sum_{j=1}^{s}\beta_j^2,$$
$$E(S_e)=(r-1)(s-1)\sigma^2,$$

记 $MS_A=\dfrac{S_A}{r-1}$，$MS_B=\dfrac{S_B}{s-1}$，$MS_e=\dfrac{S_e}{(r-1)(s-1)}$，

与单因素方差分析方法一样，可以构造如下检验统计量：

$$F_A=\frac{S_A/(r-1)}{S_e/(r-1)(s-1)}=\frac{MS_A}{MS_e},\ F_B=\frac{S_B/(s-1)}{S_e/(r-1)(s-1)}=\frac{MS_B}{MS_e},$$

定理 9.2　在无交互作用的双因素方差分析模型

$$\begin{cases}X_{ij}=\varepsilon_{ij}+\mu+\alpha_i+\beta_j,\\ \sum_{i=1}^{r}\alpha_i=0,\ \sum_{j=1}^{s}\beta_j=0,\\ \varepsilon_{ij}\sim N(0,\sigma^2),\text{各 }\varepsilon_{ij}\text{ 相互独立},\\ i=1,2,\cdots,r,j=1,2,\cdots,s,\end{cases}$$

中，有如下结论：

(1) $\dfrac{S_e}{\sigma^2}\sim\chi^2(r-1)(s-1)$；

(2) 当 H_{01} 成立时，$\dfrac{S_A}{\sigma^2}\sim\chi^2(r-1)$；

(3) 当 H_{02} 成立时，$\dfrac{S_B}{\sigma^2}\sim\chi^2(s-1)$；

(4) S_e，S_A，S_B 相互独立.

证明过程同定理 9.1，在此不再给出证明. 由定理 9.2 易知：

在当 H_{01} 成立时，H_{01} 的检验统计量为：$F_A=\dfrac{S_A/(r-1)}{S_e/(r-1)(s-1)}\sim F((r-1),(r-1)(s-1))$；

在当 H_{02} 成立时，H_{02} 的检验统计量为：$F_B=\dfrac{S_B/(s-1)}{S_e/(r-1)(s-1)}\sim F((s-1),(r-1)(s-1))$.

对于给定的显著性水平 α，由样本值计算出 F_A，F_B 的观测值，检验法则如下：

若 $F_A>F_\alpha((r-1),(r-1)(s-1))$，则拒绝 H_{01}，否则不拒绝 H_{01}；

若 $F_B\geqslant F_\alpha((s-1),(r-1)(s-1))$，则拒绝 H_{02}；否则不拒绝 H_{02}.

将上述过程列成方差分析表如表 9.10 所示：

表 9.10　双因素方差分析表(无交互作用、无重复试验)

方差来源	平方和	自由度	均　方	F 值
因素 A	S_A	$r-1$	$MS_A=S_A/(r-1)$	$F_A=\dfrac{MS_A}{MS_e}$

（续　表）

方差来源	平方和	自由度	均　方	F 值
因素 B	S_B	$s-1$	$MS_B=S_B/(s-1)$	$F_B=\dfrac{MS_B}{MS_e}$
随机误差 e	S_e	$(r-1)(s-1)$	$MS_e=S_e/(r-1)(s-1)$	—
总　和	S_T	$rs-1$	—	—

例 9.7　为了研究蒸馏水的 pH 值和硫酸铜溶液浓度对化验血清中的白蛋白与球蛋白的影响，对蒸馏水的 pH 值 (A) 取了 4 个不同水平，对硫酸的浓度 (B) 取了 3 个不同水平，在不同水平组合 (A_i, B_j) 下，各测一次白蛋白与球蛋白之比，将其结果列成表 9.11，试在 $\alpha=0.05$ 下检验两个因素对化验结果有无显著差异.

表 9.11　在不同水平组合 (A_i, B_j) 下，白蛋白与球蛋白的比值

	B_1	B_2	B_3	$\bar{X}_{i\cdot}$
A_1	3.5	2.3	2.0	2.6
A_2	2.6	2.0	1.9	2.17
A_3	2.0	1.5	1.2	1.57
A_4	1.4	0.8	0.3	0.83
$\bar{X}_{\cdot j}$	2.38	1.65	1.35	—

解　即检验如下两个假设：$H_{01}: \alpha_1=\alpha_2=\alpha_3=\alpha_4=0$；$H_{02}: \beta_1=\beta_2=\beta_3=0$. 通过计算得方差分析表 9.12.

表 9.12　白蛋白与球蛋白的影响试验的方差分析表

方差来源	平方和	自由度	均方	F 值
pH 值 A	5.29	3	1.76	40.9^{**}
硫酸浓度 B	2.22	2	1.11	25.8^{**}
随机误差 e	0.26	6	0.043	—
总　和	7.77	11	—	—

查 F 分布表得 $F_\alpha(3, 6)=4.8$，$F_\alpha(2, 6)=5.1$，于是两个因素对化验结果存在显著差异.

例 9.8　在一个小麦种植试验中，考察 4 种不同的肥料(因素 A)与 3 种不同的品种(因素 B)，选择 12 块形状大小条件尽量一致的地块，每块上施加 $4\times3=12$ 种处理之一，试验结果如表 9.13 所示，给定显著性水平 $\alpha=0.05$，检验假设：

(1) 使用不同肥料的小麦的平均产量有无差异；

(2) 使用不同品种的小麦的平均产量有无差异.

解　计算得：$S_T=662$，$S_A=498$，$S_B=56$，$S_e=S_T-S_A-S_B=662-498-56=108$，它们的自由度分别为：$rs-1=11$，$r-1=3$，$s-1=2$，$(r-1)(s-1)=6$.

表 9.13　小麦种植的试验结果

	B_1	B_2	B_3	$\bar{X}_{i\cdot}$
A_1	164	175	174	171
A_2	155	157	147	153
A_3	159	166	158	161
A_4	158	157	153	156
$\bar{X}_{\cdot j}$	159	163.75	158	—

把计算结果整理成下面的方差分析表，如表 9.14 所示.

表 9.14　小麦种植试验的方差分析表

方差来源	平方和	自由度	均方	F 值
肥料 A	498	3	166	9.22^*
品种 B	56	2	28	1.56
随机误差 e	108	6	18	—
总　和	662	11	—	—

由于 $F_{0.05}(3, 6)=4.76$，$F_{0.05}(2, 6)=5.14$，由于 $9.22>4.76$，应拒绝原假设(1)；又由于 $F_{0.01}(3,6)=9.78>9.22$，在显著性水平 0.01 下不能拒绝原假设(1)，就是说，不同肥料对小麦亩产量影响显著而非高度显著. 又 $1.56<F_{0.05}(2, 6)=5.14$，故不应拒绝假设(2)，即认为三个品种对小麦亩产无差异.

例 9.9　有两种品牌的饮料拟在三个地区进行销售，为了分析饮料的品牌（“品牌”因素）和销售地区（“地区”因素）对销售量的影响，对每种品牌在各地区的销售量取得以下数据，如表 9.15 所示.

表 9.15　两种品牌的软饮料在三个地区的销售量

品牌因素	地 区 因 素		
	地区 1	地区 2	地区 3
品牌 1	558	627	484
品牌 2	464	528	616

试分析品牌和销售地区对饮料的销售量是否有显著影响（显著性水平取 0.05）？

解　提出假设：

对行因素（品牌）提出原假设：$H_0: \alpha_1=\alpha_2$，行因素（品牌）对销售量无显著性影响，对列因素（地区）提出原假设：$H_0: \beta_1=\beta_2=\beta_3$，列因素（地区）对销售量无显著性影响，计算检验统计量的值：

$$S_T=22\,496.833\,3,\ S_A=4\,466.333,\ S_B=620.166\,7,$$

$$S_e=S_T-S_A-S_B=17\,410.33,\ MS_A=S_A/(r-1)=4\,466.333,$$

$$MS_B = S_B/(s-1) = 310.083\,4,\ MS_e = S_e/(r-1)(s-1) = 8\,705.166\,7,$$

$$F_A = MS_A/MS_e = 0.513\,1,\ F_B = MS_B/MS_e = 0.035\,6,$$

把计算结果整理成方差分析表,如表 9.16 所示.

表 9.16 饮料销售量的方差分析表

方差来源	平方和	自由度	均　方	F 值
因素 A	4 466.333	1	4 466.333	0.513 1
因素 B	620.166 7	2	310.083 4	0.035 6
随机误差 e	17 410.33	2	8 705.167	—
总　和	22 496.83	5	—	—

由于 $F_{0.05}(2, 2) = 0.795\,84$,所以不拒绝关于因素 A 的原假设,即认为地区因素对销售量无显著影响. $F_{0.05}(1, 2) = 0.814\,54$,所以不拒绝关于因素 B 的原假设,即认为品牌因素对销售量也无显著影响.

9.3.3 无交互作用的双因素试验方差分析(重复试验)

一般地,两个因素 A, B 的试验, A 有 r 个水平 A_1, A_2, …, A_r; B 有 s 个水平 B_1, B_2, …, B_s. 有时为了提高精度,对每个水平组合(即"处理") (A_i, B_j) 共进行 t 次试验,结果记为: X_{ij1}, X_{ij2}, …, X_{ijt}, 如表 9.17 所示.

表 9.17 重复试验的试验值

	B_1	B_2	…	B_s	和
A_1	$X_{111}, X_{112}, \cdots, X_{11t}$	$X_{121}, X_{122}, \cdots, X_{12t}$	…	$X_{1s1}, X_{1s2}, \cdots, X_{1st}$	T_1
A_2	$X_{211}, X_{212}, \cdots, X_{21t}$	$X_{221}, X_{222}, \cdots, X_{22t}$	…	$X_{2s1}, X_{2s2}, \cdots, X_{2st}$	T_2
⋮	⋮	⋮	…	⋮	⋮
A_r	$X_{r11}, X_{r12}, \cdots, X_{r1t}$	$X_{r21}, X_{r22}, \cdots, X_{r2t}$	…	$X_{rs1}, X_{rs2}, \cdots, X_{rst}$	T_r
和	Q_1	Q_2	…	Q_s	

其中, T_i 是 A 的水平 i 的一切试验值之和, Q_j 是 B 的水平 j 的一切试验值之和. T 则为一切试验值之和. 则有: $S_T = \sum_{i=1}^{r}\sum_{j=1}^{s}\sum_{l=1}^{t}(X_{ijl}-\bar{X})^2 = \sum_{i=1}^{r}\sum_{j=1}^{s}\sum_{l=1}^{t}X_{ijl}^2 - \frac{1}{rst}T^2$, $S_A = \frac{1}{st}\sum_{i=1}^{r}T_i^2 - \frac{1}{rst}T^2$,

$$S_B = \frac{1}{rt}\sum_{j=1}^{s}Q_j^2 - \frac{1}{rst}T^2,\ S_e = S_T - S_A - S_B,$$

其自由度为: S_A 为 $r-1$, S_B 为 $s-1$, S_T 为 $rst-1$; 而 S_e 为 $(rst-1)-(r-1)-(s-1) = rst-r-s+1$, 于是,可列方差分析表如表 9.18 所示.

表 9.18 重复试验双因素方差分析表

方差来源	平方和	自由度	均 方	F 值
因素 A	S_A	$r-1$	$MS_A=S_A/(r-1)$	$F_A=\dfrac{MS_A}{MS_e}$
因素 B	S_B	$s-1$	$MS_B=S_B/(s-1)$	$F_B=\dfrac{MS_B}{MS_e}$
随机误差 e	S_e	$rst-r-s+1$	$MS_e=S_e/(rst-r-s+1)$	—
总 和	S_T	$rst-1$	—	—

假设检验问题：

(1) 因素 A 各水平有无差异，拒绝域为 $F_A>F_\alpha(r-1,\ rst-r-s+1)$；

(2) 因素 B 各水平有无差异，拒绝域为 $F_B>F_\alpha(s-1,\ rst-r-s+1)$.

例 9.10 在例 9.8 中，设每个"肥料-品种"组合重复试验 3 次，所得数据如表 9.19 所示.

表 9.19 小麦种植的重复试验结果

		小麦品种		
		1	2	3
施肥种类	1	164, 166, 170	172, 181, 164	174, 151, 165
	2	165, 163, 158	157, 143, 152	147, 158, 167
	3	159, 168, 165	166, 171, 159	158, 139, 142
	4	158, 141, 146	157, 161, 153	153, 159, 138

解 为计算各平方和，第一步可以把每个处理(即肥料-品种组合之一)的 3 个试验值相加，如表 9.20 所示.

表 9.20 小麦种植重复试验的计算过程

肥料	品种			
	1	2	3	T_i
1	500	517	490	1 507
2	486	452	472	1 410
3	492	496	439	1 427
4	445	471	450	1 366
Q_j	1 923	1 936	1 851	5 710

$$r=4,\ s=3,\ t=3,\ rst=36,\ S_T=3\,779,$$

$$S_A=1\,157,\ S_B=350,\ S_e=S_T-S_A-S_B=2\,272,$$

把计算结果整理成下面的方差分析表，如表 9.21 所示.

表 9.21　小麦种植重复试验的方差分析表

方差来源	平方和	自由度	均　方	F 值
肥料 A	1 157	3	385.667	5.09**
品种 B	350	2	175.000	2.31
随机误差 e	2 272	30	75.733	—
总　和	3 779	35	—	—

取检验水平 $\alpha=0.01$，$F_{0.01}(3, 30)=4.51$，$F_{0.01}(2, 30)=5.39$；取检验水平 $\alpha=0.05$，$F_{0.05}(2, 30)=3.32$；由于 $F_A=5.09>4.51$，则可知在 $\alpha=0.01$ 的显著性水平下应拒绝原假设"因素 A 各水平无差别"，故因素 A 高度显著. 而 $F_B=2.31<3.32$，故即使在 $\alpha=0.05$ 的显著性水平下，也不应拒绝"因素 B 的各水平无差异"，即品种对平均亩产无影响.

9.3.4　有交互作用的双因素试验方差分析

若因素 A 与因素 B 之间存在交互作用 $A\times B$，则有：$\mu_{ij}=\mu+\alpha_i+\beta_j+\gamma_{ij}$. 注意到，如果只对 A，B 两个因素各水平的组合进行了一次观察，则不能了解 A，B 两个因素之间是否存在交互作用的影响，因此对每种水平组合 (A_i, B_j) 重复进行 t 次观察，此时，有交互作用的双因素试验方差分析的模型为：

$$\begin{cases} X_{ijk}=\varepsilon_{ijk}+\mu+\alpha_i+\beta_j+\gamma_{ij}, \\ \sum_{i=1}^{r}\alpha_i=0,\ \sum_{j=1}^{s}\beta_j=0,\ \sum_{i=1}^{r}\gamma_{ij}=0,\ \sum_{j=1}^{s}\gamma_{ij}=0, \\ \varepsilon_{ijk}\sim N(0, \sigma^2),\text{各 }\varepsilon_{ijk}\text{ 相互独立}, \\ i=1, 2, \cdots, r,\ j=1, 2, \cdots, s,\ k=1, 2, \cdots, t. \end{cases}$$

为判断因素 A，B 及 A 与 B 的交互作用 $A\times B$ 对试验指标的影响是否显著，需要分别检验如下三个假设：$H_{01}: \alpha_1=\alpha_2=\cdots=\alpha_r=0$；$H_{02}: \beta_1=\beta_2=\cdots=\beta_s=0$；

$$H_{03}: \gamma_{ij}=0,\text{ 对一切 } i=1, 2, \cdots, r,\ j=1, 2, \cdots, s.$$

1. 平方和分解

记 $\bar{X}=\dfrac{1}{n}\sum_{i=1}^{r}\sum_{j=1}^{s}\sum_{k=1}^{t}X_{ijk}$，$\bar{X}_{ij\cdot}=\dfrac{1}{t}\sum_{k=1}^{t}X_{ijk}$，$\bar{X}_{i\cdot\cdot}=\dfrac{1}{st}\sum_{j=1}^{s}\sum_{k=1}^{t}X_{ijk}$，$\bar{X}_{\cdot j\cdot}=\dfrac{1}{rt}\sum_{i=1}^{r}\sum_{k=1}^{t}X_{ijk}$.

令 $S_T=\sum_{i=1}^{r}\sum_{j=1}^{s}\sum_{k=1}^{t}(X_{ijk}-\bar{X})^2$，称 S_T 为总偏差平方和. 注意到

$$\begin{aligned} S_T&=\sum_{i=1}^{r}\sum_{j=1}^{s}\sum_{k=1}^{t}(X_{ijk}-\bar{X})^2 \\ &=\sum_{i=1}^{r}\sum_{j=1}^{s}\sum_{k=1}^{t}[(\bar{X}_{ij\cdot}-\bar{X}_{i\cdot\cdot}-\bar{X}_{\cdot j\cdot}+\bar{X})+(X_{ijk}-\bar{X}_{ij\cdot})+(\bar{X}_{i\cdot\cdot}-\bar{X})+(\bar{X}_{\cdot j\cdot}-\bar{X})]^2 \\ &=st\sum_{i=1}^{r}(\bar{X}_{i\cdot\cdot}-\bar{X})^2+rt\sum_{j=1}^{s}(\bar{X}_{\cdot j\cdot}-\bar{X})^2+t\sum_{i=1}^{r}\sum_{j=1}^{s}(\bar{X}_{ij\cdot}-\bar{X}_{i\cdot\cdot}-\bar{X}_{\cdot j\cdot}+\bar{X})^2+ \\ &\quad\sum_{i=1}^{r}\sum_{j=1}^{s}\sum_{k=1}^{t}(X_{ijk}-\bar{X}_{ij\cdot})^2,\text{其中六项交叉项均为零}. \end{aligned}$$

令 $S_A=st\sum_{i=1}^{r}(\bar{X}_{i\cdot\cdot}-\bar{X})^2$，$S_B=rt\sum_{j=1}^{s}(\bar{X}_{\cdot j\cdot}-\bar{X})^2$，$S_{A\times B}=t\sum_{i=1}^{r}\sum_{j=1}^{s}(\bar{X}_{ij\cdot}-\bar{X}_{i\cdot\cdot}-\bar{X}_{\cdot j\cdot}+\bar{X})^2$，$S_e=\sum_{i=1}^{r}\sum_{j=1}^{s}\sum_{k=1}^{t}(X_{ijk}-\bar{X}_{ij\cdot})^2$，

则总偏差平方和可分解为四个平方和：$S_T=S_A+S_B+S_{A\times B}+S_e$，则称上式为总偏差平方和分解式，其中 S_A 为因子 A 的效应平方和，S_B 为因子 B 的效应平方和，$S_{A\times B}$ 为因素 A，B 交互作用的效应平方和，S_e 为误差平方和，其相应的自由度可分解为：$rst-1=(r-1)+(s-1)+(r-1)(s-1)+rs(t-1)$.

2. 假设检验

为构造检验统计量，首先考察 S_A，S_B，$S_{A\times B}$，S_e 的数学期望. 不难计算：

$$E(S_A)=(r-1)\sigma^2+st\sum_{i=1}^{r}\alpha_i^2,\ E(S_B)=(s-1)\sigma^2+rt\sum_{j=1}^{s}\beta_j^2,$$

$$E(S_{A\times B})=(r-1)(s-1)\sigma^2+t\sum_{i=1}^{r}\sum_{j=1}^{s}\gamma_{ij}^2,\ E(S_e)=rs(t-1)\sigma^2.$$

记 $MS_A=\dfrac{S_A}{r-1}$，$MS_B=\dfrac{S_B}{s-1}$，$MS_{A\times B}=\dfrac{S_{A\times B}}{(r-1)(s-1)}$，$MS_e=\dfrac{S_e}{rs(t-1)}$，可以构造检验统计量：

$$F_A=\frac{S_A/(r-1)}{S_e/[rs(t-1)]}=\frac{MS_A}{MS_e},\ F_B=\frac{S_B/(s-1)}{S_e/[rs(t-1)]}=\frac{MS_B}{MS_e},$$

$$F_{A\times B}=\frac{S_{A\times B}/[(r-1)(s-1)]}{S_e/[rs(t-1)]}=\frac{MS_{A\times B}}{MS_e}.$$

定理 9.3 在有交互作用的双因素方差分析模型：

$$\begin{cases}X_{ijk}=\varepsilon_{ijk}+\mu+\alpha_i+\beta_j+\gamma_{ij},\\ \sum_{i=1}^{r}\alpha_i=0,\ \sum_{j=1}^{s}\beta_j=0,\ \sum_{i=1}^{r}\gamma_{ij}=0,\ \sum_{j=1}^{s}\gamma_{ij}=0,\\ \varepsilon_{ijk}\sim N(0,\sigma^2),\text{各 }\varepsilon_{ijk}\text{ 相互独立},\\ i=1,2,\cdots,r,\ j=1,2,\cdots,s,\ k=1,2,\cdots,t,\end{cases}$$

中，有如下结论：① $\dfrac{S_e}{\sigma^2}\sim\chi^2(rs(t-1))$；② 当 H_{01} 成立时，$\dfrac{S_A}{\sigma^2}\sim\chi^2(r-1)$；③ 当 H_{02} 成立时，$\dfrac{S_B}{\sigma^2}\sim\chi^2(s-1)$；④ 当 H_{03} 成立时，$\dfrac{S_{A\times B}}{\sigma^2}\sim\chi^2((r-1)(s-1))$；⑤ S_e，S_A，S_B，$S_{A\times B}$ 相互独立.

证明同定理 9.1，这里不再给出证明. 由定理 9.3 易知：

在当 H_{01} 成立时，H_{01} 的检验统计量为：$F_A=\dfrac{S_A/(r-1)}{S_e/[rs(t-1)]}\sim F((r-1),\ rs(t-1))$；

在当 H_{02} 成立时，H_{02} 的检验统计量为：$F_B=\dfrac{S_B/(s-1)}{S_e/[rs(t-1)]}\sim F((s-1),\ rs(t-1))$；

在当 H_{03} 成立时，H_{03} 的检验统计量为：

$$F_{A\times B}=\frac{S_{A\times B}/[(r-1)(s-1)]}{S_e/[rs(t-1)]}\sim F((r-1)(s-1),rs(t-1)).$$

对给定的显著性水平 α，由样本值计算出 $F_A,F_B,F_{A\times B}$ 的观测值,检验法则如下：

若 $F_A>F_\alpha((r-1), rs(t-1))$，则拒绝 H_{01}；否则不拒绝 H_{01}；

若 $F_B>F_\alpha((s-1), rs(t-1))$，则拒绝 H_{02}；否则不拒绝 H_{02}；

若 $F_{A\times B}>F_\alpha((r-1)(s-1), rs(t-1))$，则拒绝 H_{03}；否则不拒绝 H_{03}.

将上述计算过程列成方差分析表,如表 9.22 所示.

表 9.22　交互作用下双因素方差分析表

方差来源	平方和	自由度	均　方	F 值
因素 A	S_A	$r-1$	$MS_A=S_A/(r-1)$	$F_A=MS_A/MS_e$
因素 B	S_B	$s-1$	$MS_B=S_B/(s-1)$	$F_B=MS_B/MS_e$
交互作用 $A\times B$	$S_{A\times B}$	$(r-1)(s-1)$	$MS_{A\times B}=S_{A\times B}/[(r-1)(s-1)]$	$F_{A\times B}=MS_{A\times B}/MS_e$
随机误差 e	S_e	$rs(t-1)$	$MS_e=S_e/[rs(t-1)]$	—
总和	S_T	$rst-1$	—	—

例 9.11　在某橡胶配方中,考虑三种不用的促进剂,四种不同分量的氧化锌,同样的配方重复一次,测得 300%的定伸强力,如表 9.23 所示. 试问氧化锌、促进剂以及它们的交互作用对定伸强力有无显著影响 ($\alpha=0.01$)?

表 9.23　橡胶配方试验数据

	B_1	B_2	B_3	B_4
A_1	31，33	34，36	35，36	39，38
A_2	33，34	36，37	37，39	38，41
A_3	35，37	37，38	39，40	42，44

解　由表 9.23 的数据可算得相应的方差分析,结果如表 9.24 所示.

表 9.24　橡胶配方的方差分析表

方差来源	平方和	自由度	均　方	F 值
因素 A	56.6	2	28.3	19.4*
因素 B	132.2	3	30.2	30.2*
交互作用 $A\times B$	4.7	6	0.8	0.55
随机误差 e	17.5	12	1.46	—
总和	211.0	23	—	—

取显著性水平 $\alpha=0.01$，$F_\alpha(2, 12)=6.9$，$F_\alpha(3, 12)=6.0$，$F_\alpha(6, 12)=4.82$，由此在显

著性水平 $\alpha=0.01$ 下，促进剂种类影响和氧化锌总量的影响都是显著的，而它们之间的交互作用则认为可以忽略.

例 9.12 某苹果汁厂家开发了一种新产品——浓缩苹果汁，采用该果汁与水混合后配出盒装的普通苹果汁.该产品有一些吸引消费者的特性：首先，它比目前市场销售的罐装苹果汁方便；其次，由于市场上的罐装苹果汁事实上也是通过浓缩果汁制造而成，因此新产品的质量至少不会差于罐装果汁；再次，新产品的生产成本略低于罐装苹果汁.营销经理需要决定如何宣传这种新产品，她可以通过强调产品的便利性、高品质或价格优势的广告来推销.除了营销策略不同之外，厂商还决定使用两种媒体中的一种来刊登广告：电视或报纸.于是，试验按照如下方法进行.选择6个不同的小城市：在城市1中，营销的重点是便利性，广告采用电视形式；在城市2中，营销的重点依然是便利性，但广告采用报纸形式；在城市3中，营销的重点是质量，广告采用电视形式；在城市4中，营销的重点也是质量，但广告采用报纸形式；城市5和城市6的营销重点都是价格，但城市5采用电视形式，而城市6采用报纸形式，记录下每个城市10周中每周的销售情况，数据如表9.25所示.

表 9.25 苹果汁的销售情况

因素 B：媒体	因素 A：策略		
	便利性	质 量	价 格
电视	491 712 558 447 479 624 546 444 582 672	677 627 590 632 683 760 690 548 579 644	575 614 706 484 478 650 583 536 579 795
报纸	464 559 759 557 528 670 534 657 557 474	689 650 704 652 576 836 628 798 497 841	803 584 525 498 812 565 708 546 616 587

试问营销策略和媒体分别对销售量有无显著影响，并问两者对销售量有无显著交互作用($\alpha=0.05$).

解 通过计算可以得到：$S_T=\sum_{i=1}^{r}\sum_{j=1}^{s}\sum_{l=1}^{t}(X_{ijl}-\bar{X})^2=614\,757$，$rst-1=59$，

$$S_A=st\sum_{i=1}^{r}(\bar{X}_{i\cdot\cdot}-\bar{X})^2=98\,839,\ r-1=2,\ MS_A=\frac{S_A}{r-1}=49\,419,$$

$$S_B = rt\sum_{j=1}^{s}(\bar{X}_{.j.}-\bar{X})^2 = 13\ 172,\ s-1=1,\ MS_B=\frac{S_B}{s-1}=13\ 172,$$

$$S_{A\times B} = t\sum_{i=1}^{r}\sum_{j=1}^{s}(\bar{X}_{ij.}-\bar{X}_{i..}-\bar{X}_{.j.}+\bar{X})^2 = 1\ 610,\ (r-1)(s-1)=2,$$

$$MS_{A\times B}=\frac{S_{A\times B}}{(r-1)(s-1)}=805,$$

$$S_e=\sum_{i=1}^{r}\sum_{j=1}^{s}\sum_{l=1}^{t}(X_{ijl}-\bar{X}_{ij.})^2=501\ 137,\ rs(t-1)=54,$$

$$MS_e=\frac{S_e}{rs(t-1)}=9\ 280,$$

$$F_A=\frac{MS_A}{MS_e}=5.33,\ F_B=\frac{MS_B}{MS_e}=1.42,\ F_{A\times B}=\frac{MS_{A\times B}}{MS_e}=0.09,$$

上述计算结果可以列成以下的方差分析表，如表 9.26 所示.

表 9.26 苹果汁销售量的方差分析表

方差来源	平方和	自由度	均方	F 值
因素 A（营销策略）	98 839	2	49 419	5.33*
因素 B（媒体）	13 172	1	13 172	1.42
交互作用 $A\times B$	1 610	2	805	0.09
随机误差 e	501 137	54	9 280	
总和	614 757	59		

而 $F_{0.05}(2,54)=3.15$，$F_{0.05}(1,54)=4.00$，由于 $F_A>3.15$，$F_B<4.00$，$F_{A\times B}<3.15$，所以，营销策略对销售量有显著影响，媒体对销售量无显著影响，而营销策略和媒体对销售量无显著的交互作用.

习 题 9

1. 3 台机器制造同一种产品，记录 5 天的产量如题表 9.1 所示，检验这 3 台机器的日产量是否有显著差异.

题表 9.1

机 器	Ⅰ	Ⅱ	Ⅲ
日产量	138	163	155
	144	148	144
	135	152	159
	149	146	147
	143	157	153

2. 灯泡厂用 4 种不同的材料制成灯丝，检验灯丝材料这一因素对灯泡寿命的影响. 若灯泡寿命服从正态分布，不同材料的灯丝制成的灯泡寿命的方差相同，试根据题表 9.2 中记录的试验结果，在显著性水平

0.05 下检验灯泡寿命是否因灯丝材料不同而有显著差异?

题表 9.2

		试验批号							
		1	2	3	4	5	6	7	8
灯丝材料水平	$A1$	1 600	1 610	1 650	1 680	1 700	1 720	1 800	
	$A2$	1 580	1 640	1 640	1 700	1 750			
	$A3$	1 460	1 550	1 600	1 620	1 640	1 660	1 740	1 820
	$A4$	1 510	1 520	1 530	1 570	1 600	1 680		

3. 一个年级有三个小班,他们进行了一次数学考试,现从各个班级随机地抽取一些学生,记录其成绩如题表 9.3 所示:

题表 9.3

Ⅰ	Ⅱ	Ⅲ
73, 66	88, 77	68, 41
89, 60	78, 31	79, 59
82, 45	48, 78	56, 68
43, 93	91, 62	91, 53
80, 36	51, 76	71, 79
73, 77	85, 96	71, 15
	74, 80	87
	56	

试在显著性水平 0.05 下检验各班级的平均分数有无显著差异,设各个总体服从正态分布,且方差相等.

4. 对木材进行抗压强度的试验,选择 3 种不同密度(g/cm^3)的木材:A_1:0.34~0.47,A_2:0.48~0.52,A_3:0.53~0.56 及 3 种不同的加荷速度($N/cm^2 \cdot s$):B_1:100,B_2:400,B_3:700,测得木材的抗压强度(N/cm^2)如题表 9.4 所示,检验木材密度及加荷强度对木材抗压强度是否有显著影响.

题表 9.4

	B_1	B_2	B_3
A_1	37.2	52.2	52.8
A_2	39.0	52.4	57.4
A_3	40.2	50.8	55.4

5. 题表 9.5 记录了 3 位操作工分别在不同机器上操作 3 天的日产量.

题表 9.5

机　器	操作工		
	甲	乙	丙
A_1	15, 15, 17	19, 19, 16	16, 18, 21
A_2	17, 17, 17	15, 15, 15	19, 22, 22

(续 表)

机 器	操 作 工		
	甲	乙	丙
A_3	15，17，16	18，17，16	18，18，18
A_4	18，20，22	15，16，17	17，17，17

取显著性水平 $\alpha = 0.05$，试分析操作工之间、机器之间以及两者交互作用有无显著差异?

6. 为了解 3 种不同配比的饲料对仔猪生长影响的差异，对 3 种不同品种的猪各选 3 头进行试验，分别测得其 3 个月间体重增加量如题表 9.6 所示，取显著性水平 $\alpha = 0.05$，试分析不同饲料与不同品种对猪的生长有无显著影响? 假定其体重增长量服从正态分布，且各种配比的方差相等.

题表 9.6

		因素 B(品种)		
		B_1	B_2	B_3
因素 A(饲料)	A_1	51	56	45
	A_2	53	57	49
	A_3	52	58	47

7. 对生产的高速铣刀进行淬火工艺试验，选择三种不同的等温温度：$A_1 = 280℃$，$A_2 = 300℃$，$A_3 = 320℃$ 及 3 种不同淬火温度：$B_1 = 1\,210℃$，$B_2 = 1\,235℃$，$B_3 = 1\,250℃$. 测得铣刀平均硬度如题表 9.7 所示，请检验等温温度及淬火温度对铣刀硬度是否有显著影响.

题表 9.7

等温温度	淬 火 温 度		
	B_1	B_2	B_3
A_1	64	66	68
A_2	66	68	67
A_3	65	67	68

8. 为了保证某零件镀铬的质量，需重点考察通电方法和液温的影响. 通电方法选取三个水平：A_1(现行方法)，A_2(改进方案一)，A_3(改进方案二)；液温选取两个水平：B_1(现行温度)，B_2(增加 10℃). 每个水平组合进行两次试验，所得结果如题表 9.8 所示(指标值以大为好)，问通电方法、液温和它们的交互作用对该质量指标有无显著影响 ($\alpha = 0.01$)?

题表 9.8

	B_1	B_2
A_1	9.2，9.0	9.8，9.8
A_2	9.8，9.8	10，10
A_3	10，9.8	10，10

第 10 章　回归分析和相关分析

回归分析与相关分析是处理变量数据之间相关关系的一种统计方法.通过相关分析,可以判断两个或两个以上的变量之间是否存在相关关系、相关关系的方向和形态及相关关系的密切程度.回归分析是对具有相关关系现象间数量变化的规律性进行测定,确立一个回归方程,并对所建立的回归方程的有效性进行分析、判断,以便进一步进行估计和预测,回归分析是数理统计学的重要内容,目前已自成体系,形成数理统计学的一门重要分支,也是应用最广泛的一种统计分析法.现在,回归与相关分析已经广泛应用到企业管理、商业决策、金融分析、自然科学和社会科学等许多研究领域.回归与相关分析的类型有很多,如果研究的是两个变量之间的关系,称为简单回归与相关分析;如果研究的是两个以上的变量之间的关系,称为多元回归分析与多元相关分析.从变量关系形态上来看,有线性回归与线性相关分析及非线性回归与非线性相关分析.

10.1　一元线性回归分析

一元线性回归亦称简单线性回归,是回归分析中最简单也是最典型的一种情形,实际应用中,许多涉及两个变量统计相依关系的情形,有些本身就呈现线性关系,有些经过某种变换呈现出线性关系,实际应用中的线性回归,其广义就是指可线性化的回归,这决定了线性回归在理论和实际应用中的重要地位.

回归分析的基本思想和方法以及"回归"名称的由来归功于英国统计学家高尔顿和他的学生皮尔逊(现代统计学的奠基者之一),他们在研究父母身高与其子女身高的遗传问题时,观察了 1 078 对夫妇,以每对夫妇的平均身高作为 x,而取他们的一个成年儿子的身高作为 y,将结果在平面直角坐标系上绘成散点图,发现趋势近乎一条直线.计算出的回归直线方程为:$\hat{y}=33.73+0.516x$.这种趋势及回归方程总体表明父母平均身高 x 每增加一个单位时,其成年儿子的身高 y 平均增加 0.516 个单位.这个结果表明,虽然高个子父辈确有生高个子儿子的趋势,但父辈身高增加一个单位,儿子身高仅增加半个单位左右;反之,矮个子父辈确有生矮个子儿子的趋势,但父辈身高减少一个单位,儿子身高仅减少半个单位左右.通俗地说,一群特高个子父辈的儿子们在同龄人中平均仅为高个子,一群高个子父辈的儿子们在同龄人中平均仅为略高个子;一群特矮个子父辈的儿子们在同龄人中平均仅为矮个子,一群矮个子父辈的儿子们在同龄人中平均仅为略矮个子,即子代的平均高度向中心回归了.这个例子生动地说明了生物学中"种"的概念的稳定性,正是为了描述这种有趣的现象,高尔顿引进了"回归"这个名词来描述父辈身高 x 与子代身高 y 的关系.尽管"回归"这个名称的由来具有其特定的含义,人们在研究大量的问题中,其变量 x 与 y 之间的关系并不总是具有这种"回归"的含义,但把研究变量 x 与 y 间统计关系的量化方法称为"回归"分析,这是对高尔顿这个伟大的统计学家的纪念.

10.1.1　一元线性回归模型

设有两个变量 x 和 y，变量 y 的取值随变量 x 取值的变化而变化，称 y 为因变量，x 为自变量. 我们可以通过散点图大致看出它们之间的关系形态，但现在的问题是如何将变量之间的关系用一定的数学关系式表达出来. 一般来说，对于具有线性关系的两个变量，可以借助一个线性模型来刻画它们的关系：$y=\beta_0+\beta_1 x+\varepsilon$，其中 β_0，β_1 是未知常数，称为回归系数；ε 称为误差项的随机变量，它反映了除 x 和 y 之间的线性关系之外的随机因素对 y 的影响，是不能由 x 和 y 之间的线性关系所解释的变异性.

用样本值 (x_1, y_1)，(x_2, y_2)，…，(x_n, y_n) 来估计 β_0，β_1，得估计值 $\hat{\beta}_0$，$\hat{\beta}_1$，从而得到$\beta_0+\beta_1 x$ 的一个估计$\hat{\beta}_0+\hat{\beta}_1 x$，记作 $\hat{y}$，即 $\hat{y}=\hat{\beta}_0+\hat{\beta}_1 x$，称为 y 对 x 的回归直线方程或经验回归直线方程，$\hat{y}$ 表示因变量的估计值(回归理论值). 其中 $\hat{\beta}_0$ 是回归直线的起始值(截距)，即 x 为 0 时 $\hat{y}$ 的值，从数学意义上理解，它表示在没有自变量 x 的影响时，其他各种因素对因变量 y 的平均影响；$\hat{\beta}_1$ 是回归系数(直线的斜率)，表示自变量 x 每变动一个单位时，因变量 y 的平均变动值.

在实际试验中，对变量 x 与 y 做 n 次试验观察，并假定在 x 的各个值上对 y 的观察值是相互独立的，得到 n 对试验值 (x_i, y_i)，$i=1, 2, \cdots, n$. 在平面直角坐标系中，画出 (x_i, y_i)，$i=1, 2, \cdots, n$，共 n 个点，它们所构成的图形成为散点图. 如果散点图中的 n 个点分布在一条直线附近，直观上可以认为 x 与 y 的关系符合一元线性回归模型.

此时一元线性模型可改写为：$y_i=\beta_0+\beta_1 x_i+\varepsilon_i$，$i=1, 2, \cdots, n$，其中假定 $\varepsilon_i \sim N(0, \sigma^2)$，且 $\varepsilon_1, \varepsilon_2, \cdots, \varepsilon_n$ 相互独立，易见有：$y_i \sim N(\beta_0+\beta_1 x_i, \sigma^2)$ 且 y_1，y_2，…，y_n 相互独立.

10.1.2　回归系数 $\boldsymbol{\beta}_0$、$\boldsymbol{\beta}_1$ 及 $\boldsymbol{\sigma}^2$ 的估计

回归模型中的回归系数 β_0 和 β_1 在一般情况下都是未知数，必须根据样本观察数据 (x_i, y_i)，$i=1, 2, \cdots, n$ 来估计. 确定回归系数 β_0 和 β_1 值的原则是要使样本的回归直线同观察值的拟合状态最好，即使各观察点离样本回归直线最近. 根据这一思想确定回归系数的估计值 $\hat{\beta}_0$ 和 $\hat{\beta}_1$ 的方法称为最小二乘法.

对应于每一个 x_i，根据回归直线方程可以求出一个 $\hat{y}_i$，它就是 y_i 的一个估计值，估计值和观察值之间的偏差为 $e_i=y_i-\hat{y}_i$，有 n 个观察值就有相应的 n 个偏差，偏差有正有负. 我们以偏差的平方和 $Q(\beta_0, \beta_1)$ 最小作为标准来确定回归模型，这就要求：

$$
\begin{aligned}
Q(\hat{\beta}_0, \hat{\beta}_1) &= \sum_{i=1}^{n}(y_i-\hat{y}_i)^2=\sum_{i=1}^{n}(y_i-\hat{\beta}_0-\hat{\beta}_1 x_i)^2 \\
&= \min Q(\beta_0, \beta_1)=\min \sum_{i=1}^{n}(y_i-\beta_0-\beta_1 x_i)^2,
\end{aligned}
$$

记 $Q(\beta_0, \beta_1)=\sum_{i=1}^{n}(y_i-\beta_0-\beta_1 x_i)^2$，使 $Q(\beta_0, \beta_1)$ 达到极小的 β_0、β_1 应满足下面的方程组：

$$\begin{cases} \dfrac{\partial Q(\beta_0, \beta_1)}{\partial \beta_0} = -2\sum_{i=1}^{n}[y_i - (\beta_0 + \beta_1 x_i)] = 0, \\ \dfrac{\partial Q(\beta_0, \beta_1)}{\partial \beta_1} = -2\sum_{i=1}^{n}[y_i - (\beta_0 + \beta_1 x_i)]x_i = 0, \end{cases}$$

将上述方程组整理得如下方程组(称为正规方程组)：

$$\begin{cases} n\beta_0 + \beta_1 \sum_{i=1}^{n} x_i = \sum_{i=1}^{n} y_i, \\ \beta_0 \sum_{i=1}^{n} x_i + \beta_1 \sum_{i=1}^{n} x_i^2 = \sum_{i=1}^{n} x_i y_i, \end{cases}$$

解正规方程组可得：

$$\begin{cases} \hat{\beta}_1 = \dfrac{n\sum_{i=1}^{n} x_i y_i - \sum_{i=1}^{n} x_i \sum_{i=1}^{n} y_i}{n\sum_{i=1}^{n} x_i^2 - \left(\sum_{i=1}^{n} x_i\right)^2} = \dfrac{\sum_{i=1}^{n} x_i y_i - \dfrac{1}{n}\sum_{i=1}^{n} x_i \sum_{i=1}^{n} y_i}{\sum_{i=1}^{n} x_i^2 - \dfrac{1}{n}\left(\sum_{i=1}^{n} x_i\right)^2} \\ \quad = \dfrac{\sum_{i=1}^{n}(x_i - \bar{x})(y_i - \bar{y})}{\sum_{i=1}^{n}(x_i - \bar{x})^2}, \\ \hat{\beta}_0 = \bar{y} - \hat{\beta}_1 \bar{x}, \end{cases}$$

其中 $\bar{x} = \dfrac{1}{n}\sum_{i=1}^{n} x_i$，$\bar{y} = \dfrac{1}{n}\sum_{i=1}^{n} y_i$，称 $\hat{\beta}_0$、$\hat{\beta}_1$ 为回归系数 β_0、β_1 的最小二乘估计，并得回归方程：$\hat{y} = \hat{\beta}_0 + \hat{\beta}_1 x$. 记 $l_{xx} = \sum_{i=1}^{n}(x_i - \bar{x})^2$，$l_{yy} = \sum_{i=1}^{n}(y_i - \bar{y})^2$，$l_{xy} = l_{yx} = \sum_{i=1}^{n}(x_i - \bar{x})(y_i - \bar{y})$，此时 $\hat{\beta}_1 = \dfrac{l_{xy}}{l_{xx}}$.

特别地，由 $\bar{y} = \hat{\beta}_0 + \hat{\beta}_1 \bar{x}$，得回归直线 $\hat{y} = \hat{\beta}_0 + \hat{\beta}_1 x$ 通过点 $(\bar{x}, \bar{y})$，这是回归直线的重要特征之一，它对于回归直线的作图很有帮助.

σ^2 是随机误差 ε 的方差，如果误差大，那么求出来的回归直线用处就不大；如果误差比较小，那么求出来的回归直线就比较理想，可见 σ^2 的大小反映回归直线拟合程度的好坏.

那么，如何来估计 σ^2 呢？自然想到利用 $\dfrac{1}{n}\sum_{i=1}^{n}[\varepsilon_i - E(\varepsilon_i)]^2$ 来估计 σ^2. 由于 ε_i，$E(\varepsilon_i) = 0$，$i = 1, 2, \cdots, n$ 是未知的，而 $\varepsilon_i = y_i - \beta_0 - \beta_1 x_i$，$\hat{\varepsilon}_i = y_i - \hat{\beta}_0 - \hat{\beta}_1 x_i$，记 $S_e = Q(\hat{\beta}_0, \hat{\beta}_1) = \sum_{i=1}^{n}(y_i - \hat{y}_i)^2 = \sum_{i=1}^{n}(y_i - \hat{\beta}_0 - \hat{\beta}_1 x_i)^2$，可以证明：$\hat{\sigma}^2 = \dfrac{S_e}{n-2}$，而且 $\hat{\sigma}^2$ 还是 σ^2 的无偏估计，关于这点见 10.1.3 节中性质 5 的证明.

10.1.3　回归系数的性质

回归系数有如下性质.

性质 1 $\hat{\beta}_0$, $\hat{\beta}_1$ 是 $y_1, y_2, \cdots, y_n$ 的线性函数.(在统计中,如果估计量是样本的线性函数,则称它为线性估计.)

证明 $$\hat{\beta}_1=\frac{1}{l_{xx}}\sum_{j=1}^{n}(x_j-\bar{x})(y_j-\bar{y})$$
$$=\frac{1}{l_{xx}}\left[\sum_{j=1}^{n}(x_j-\bar{x})y_j-\bar{y}\sum_{j=1}^{n}(x_j-\bar{x})\right]=\sum_{j=1}^{n}\frac{x_j-\bar{x}}{l_{xx}}y_j$$

记 $\hat{\beta}_1=\sum_{j=1}^{n}c_j y_j$, 其中 $c_j=\frac{x_j-\bar{x}}{l_{xx}}$.

$$\hat{\beta}_0=\bar{y}-\hat{\beta}_1\bar{x}=\frac{1}{n}\sum_{j=1}^{n}y_j-\sum_{j=1}^{n}c_j y_j\bar{x}=\sum_{j=1}^{n}\left(\frac{1}{n}-c_j\bar{x}\right)y_j$$
$$=\sum_{j=1}^{n}\left[\frac{1}{n}-\frac{\bar{x}(x_j-\bar{x})}{l_{xx}}\right]y_j$$

记 $\hat{\beta}_0=\sum_{j=1}^{n}d_j y_j$, 其中 $d_j=\frac{1}{n}-\frac{\bar{x}(x_j-\bar{x})}{l_{xx}}$. 于是, $\hat{\beta}_0$, $\hat{\beta}_1$ 都是 $y_1, y_2, \cdots, y_n$ 的线性函数.

注意 系数 c_j, d_j, $j=1, 2, \cdots, n$ 具有如下性质:

$$\sum_{j=1}^{n}c_j=\sum_{j=1}^{n}\frac{x_j-\bar{x}}{l_{xx}}=0,\ \sum_{j=1}^{n}c_j^2=\sum_{j=1}^{n}\left(\frac{x_j-\bar{x}}{l_{xx}}\right)^2=\frac{1}{l_{xx}},$$
$$\sum_{j=1}^{n}x_jc_j=\sum_{j=1}^{n}x_j\frac{x_j-\bar{x}}{l_{xx}}=\sum_{j=1}^{n}\frac{(x_j-\bar{x})^2}{l_{xx}}=1,$$
$$\sum_{j=1}^{n}d_j=\sum_{j=1}^{n}\left(\frac{1}{n}-\bar{x}c_j\right)=1,$$
$$\sum_{j=1}^{n}d_j^2=\sum_{j=1}^{n}\left(\frac{1}{n}-\bar{x}c_j\right)^2=\frac{1}{n}-\frac{2}{n}\bar{x}\sum_{j=1}^{n}c_j+\bar{x}^2\sum_{j=1}^{n}c_j^2=\frac{1}{n}+\frac{\bar{x}^2}{l_{xx}},$$
$$\sum_{j=1}^{n}x_jd_j=\sum_{j=1}^{n}x_j\left(\frac{1}{n}-\bar{x}c_j\right)=\bar{x}-\bar{x}\sum_{j=1}^{n}x_jc_j=0,$$
$$\sum_{j=1}^{n}c_jd_j=\sum_{j=1}^{n}c_j\left(\frac{1}{n}-\bar{x}c_j\right)=-\bar{x}\sum_{j=1}^{n}c_j^2=-\frac{\bar{x}}{l_{xx}}.$$

性质 2 $\hat{\beta}_0$, $\hat{\beta}_1$ 分别是 β_0, β_1 的无偏估计.

证明 由于 $E(\varepsilon_i)=0$, $E(y_i)=\beta_0+\beta_1x_i$, $i=1, 2, \cdots, n$, 注意到 $l_{xx}=\sum_{j=1}^{n}x_j(x_j-\bar{x})$,

$$E(\hat{\beta}_1)=\sum_{j=1}^{n}c_jE(y_j)=\sum_{j=1}^{n}c_j(\beta_0+\beta_1x_j)=\beta_0\sum_{j=1}^{n}c_j+\beta_1\sum_{j=1}^{n}x_jc_j=\beta_1,$$
$$E(\hat{\beta}_0)=\sum_{j=1}^{n}d_jE(y_j)=\sum_{j=1}^{n}d_j(\beta_0+\beta_1x_j)$$
$$=\beta_0\sum_{j=1}^{n}d_j+\beta_1\sum_{j=1}^{n}x_jd_j=\beta_0.$$

性质 3　$\bar{y}$、$\hat{\beta}_1$ 服从正态分布，且相互独立.

证明　由于 $\bar{y}$、$\hat{\beta}_1$ 都是 $y_1, y_2, \cdots, y_n$ 的线性组合，则 $\bar{y}$、$\hat{\beta}_1$ 服从正态分布.

又
$$\begin{pmatrix}\bar{y}\\ \hat{\beta}_1\end{pmatrix}=\begin{pmatrix}\dfrac{1}{n} & \dfrac{1}{n} & \cdots & \dfrac{1}{n}\\ \dfrac{x_1-\bar{x}}{l_{xx}} & \dfrac{x_2-\bar{x}}{l_{xx}} & \cdots & \dfrac{x_n-\bar{x}}{l_{xx}}\end{pmatrix}\begin{pmatrix}y_1\\ y_2\\ \vdots\\ y_n\end{pmatrix},$$

记矩阵 $\begin{pmatrix}\dfrac{1}{n} & \dfrac{1}{n} & \cdots & \dfrac{1}{n}\\ \dfrac{x_1-\bar{x}}{l_{xx}} & \dfrac{x_2-\bar{x}}{l_{xx}} & \cdots & \dfrac{x_n-\bar{x}}{l_{xx}}\end{pmatrix}=\mathbf{A}$，则 $\mathbf{A}\mathbf{A}^{\mathrm{T}}=\begin{pmatrix}\dfrac{1}{n} & 0\\ 0 & \dfrac{1}{l_{xx}}\end{pmatrix}$，$\begin{pmatrix}\bar{y}\\ \hat{\beta}_1\end{pmatrix}$ 是二维正态随机变量.

$$\begin{aligned}\operatorname{cov}(\bar{y},\hat{\beta}_1)&=\operatorname{cov}\Big(\bar{y},\sum_{j=1}^{n}c_jy_j\Big)=\sum_{j=1}^{n}c_j\operatorname{cov}(\bar{y},y_j)=\sum_{j=1}^{n}c_j\operatorname{cov}\Big(\frac{1}{n}\sum_{i=1}^{n}y_i,y_j\Big)\\ &=\frac{1}{n}\sum_{j=1}^{n}c_j\sum_{i=1}^{n}\operatorname{cov}(y_i,y_j)\\ &=\frac{\sigma^2}{n}\sum_{j=1}^{n}c_j=0,\end{aligned}$$

进而 $\bar{y}$，$\hat{\beta}_1$ 相互独立.

性质 4　$\hat{\beta}_0$，$\hat{\beta}_1$ 的方差，协方差分别为：

$$D(\hat{\beta}_0)=\Big(\frac{1}{n}+\frac{\bar{x}^2}{l_{xx}}\Big)\sigma^2,\ D(\hat{\beta}_1)=\frac{\sigma^2}{l_{xx}},\ \operatorname{cov}(\hat{\beta}_0,\hat{\beta}_1)=-\frac{\bar{x}}{l_{xx}}\sigma^2.$$

证明
$$D(\hat{\beta}_1)=D\Big(\sum_{j=1}^{n}c_jy_j\Big)=\sum_{j=1}^{n}c_j^2D(y_j)=\sigma^2\sum_{j=1}^{n}c_j^2=\frac{\sigma^2}{l_{xx}},$$
$$D(\hat{\beta}_0)=D\Big(\sum_{j=1}^{n}d_jy_j\Big)=\sigma^2\sum_{j=1}^{n}d_j^2=\Big(\frac{1}{n}+\frac{\bar{x}^2}{l_{xx}}\Big)\sigma^2,$$
$$\operatorname{cov}(\hat{\beta}_0,\hat{\beta}_1)=\operatorname{cov}\Big(\sum_{j=1}^{n}c_jy_j,\sum_{i=1}^{n}d_iy_i\Big)=\sum_{j=1}^{n}c_j\operatorname{cov}\Big(y_j,\sum_{i=1}^{n}d_iy_i\Big)=\sigma^2\sum_{j=1}^{n}c_jd_j=-\frac{\bar{x}}{l_{xx}}\sigma^2.$$

性质 5　$\hat{\sigma}^2=\dfrac{S_e}{n-2}=\dfrac{\sum\limits_{i=1}^{n}(y_i-\hat{y}_i)^2}{n-2}$ 是 σ^2 的无偏估计.

证明　注意到有恒等式：$\sum\limits_{i=1}^{n}(y_i-\bar{y})^2=\sum\limits_{i=1}^{n}(y_i-\hat{y}_i)^2+\sum\limits_{i=1}^{n}(\hat{y}_i-\bar{y})^2$，

事实上
$$\begin{aligned}\sum_{i=1}^{n}(y_i-\bar{y})^2&=\sum_{i=1}^{n}[(y_i-\hat{y}_i)+(\hat{y}_i-\bar{y})]^2\\ &=\sum_{i=1}^{n}(y_i-\hat{y}_i)^2+2\sum_{i=1}^{n}(y_i-\hat{y}_i)(\hat{y}_i-\bar{y})+\sum_{i=1}^{n}(\hat{y}_i-\bar{y})^2,\end{aligned}$$

而
$$\sum_{i=1}^{n}(y_i-\hat{y}_i)(\hat{y}_i-\bar{y})=\sum_{i=1}^{n}(y_i-\hat{\beta}_0-\hat{\beta}_1x_i)(\hat{\beta}_0+\hat{\beta}_1x_i-\bar{y})$$

$$=\sum_{i=1}^{n}[(y_i-\bar{y})-\hat{\beta}_1(x_i-\bar{x})][\hat{\beta}_1(x_i-\bar{x})]$$
$$=\hat{\beta}_1\sum_{i=1}^{n}[(y_i-\bar{y})(x_i-\bar{x})-\hat{\beta}_1(x_i-\bar{x})^2]$$
$$=\hat{\beta}_1(l_{xy}-\hat{\beta}_1 l_{xx})=0,$$

即恒等式成立.

则
$$E\left[\sum_{i=1}^{n}(y_i-\hat{y}_i)^2\right]=E\left[\sum_{i=1}^{n}(y_i-\bar{y})^2\right]-E\left[\sum_{i=1}^{n}(\hat{y}_i-\bar{y})^2\right],$$

由于 $E(y_i)=\beta_0+\beta_1 x_i$, $D(y_i)=\sigma^2$, $i=1, 2, \cdots, n$, $E(\bar{y})=\beta_0+\beta_1\bar{x}$, $D(\bar{y})=\dfrac{\sigma^2}{n}$,

$$E\left[\sum_{i=1}^{n}(y_i-\bar{y})^2\right]=E\left(\sum_{i=1}^{n}y_i^2\right)-nE(\bar{y}^2)$$
$$=\sum_{i=1}^{n}E(y_i^2)-nE(\bar{y}^2)$$
$$=\sum_{i=1}^{n}[(\beta_0+\beta_1 x_i)^2+\sigma^2]-n\left[(\beta_0+\beta_1\bar{x})^2+\frac{\sigma^2}{n}\right]$$
$$=n\beta_0^2+2n\beta_0\beta_1\bar{x}+\beta_1^2\sum_{i=1}^{n}x_i^2+n\sigma^2-n\beta_0^2-2n\beta_0\beta_1\bar{x}-n\beta_1^2\bar{x}^2-\sigma^2$$
$$=\beta_1^2 l_{xx}+(n-1)\sigma^2,$$

$$E\left[\sum_{i=1}^{n}(\hat{y}_i-\bar{y})^2\right]=E\left[\sum_{i=1}^{n}\hat{\beta}_1{}^2(x_i-\bar{x})^2\right]=l_{xx}E(\hat{\beta}_1{}^2)$$
$$=\left(\frac{\sigma^2}{l_{xx}}+\beta_1^2\right)l_{xx}=\sigma^2+\beta_1^2 l_{xx},$$

故
$$E\left[\sum_{i=1}^{n}(y_i-\hat{y}_i)^2\right]=(n-1)\sigma^2+\beta_1^2 l_{xx}-\sigma^2-\beta_1^2 l_{xx}=(n-2)\sigma^2,$$

即
$$E(\hat{\sigma}^2)=\frac{1}{n-2}E\left[\sum_{i=1}^{n}(y_i-\hat{y}_i)^2\right]=\sigma^2.$$

性质 6 $\dfrac{(n-2)\hat{\sigma}^2}{\sigma^2}\sim\chi^2(n-2)$, 且 S_e, $\bar{y}$, $\hat{\beta}_1$ 三者相互独立.

证明 取 $n\times n$ 的正交矩阵 $\mathbf{A}$, 具有如下形式:

$$\mathbf{A}=\begin{pmatrix} a_{11} & a_{12} & \cdots & a_{1n} \\ \vdots & \vdots & & \vdots \\ a_{n-2,1} & a_{n-2,2} & \cdots & a_{n-2,n} \\ (x_1-\bar{x})/\sqrt{l_{xx}} & (x_2-\bar{x})/\sqrt{l_{xx}} & \cdots & (x_n-\bar{x})/\sqrt{l_{xx}} \\ 1/\sqrt{n} & 1/\sqrt{n} & \cdots & 1/\sqrt{n} \end{pmatrix}.$$

由正交性,可得如下一些约束条件: $\sum_{j=1}^{n}a_{ij}=0$, $\sum_{j=1}^{n}a_{ij}x_j=0$, $\sum_{j=1}^{n}a_{ij}^2=1$, $i=1, 2, \cdots, n-$

2； $\sum_{k=1}^{n} a_{ik} a_{jk}=0$，$1 \leqslant i<j \leqslant n-2$.

这里共有 $n(n-2)$ 个未知参数，约束条件有 $3(n-2)+C_{n-2}^{2}=\frac{1}{2}(n-2)(n+3)$ 个，只要 $n \geqslant 3$，未知参数个数就不少于约束条件数，因此必定有解.

$$
令 \boldsymbol{Z}=\begin{pmatrix} z_1 \\ z_2 \\ \vdots \\ z_n \end{pmatrix}=\boldsymbol{AY}=\boldsymbol{A}\begin{pmatrix} y_1 \\ y_2 \\ \vdots \\ y_n \end{pmatrix}=\begin{pmatrix} \sum_{j=1}^{n} a_{1j} y_j \\ \vdots \\ \sum_{j=1}^{n} a_{n-2,j} y_j \\ \sum_{j=1}^{n} \frac{x_j-\bar{x}}{\sqrt{l_{xx}}} y_j \\ \sum_{j=1}^{n} \frac{1}{\sqrt{n}} y_j \end{pmatrix},
$$

其中，$z_{n-1}=\frac{\sum_{i=1}^{n}(x_i-\bar{x}) y_i}{\sqrt{l_{xx}}}=\frac{\sum_{i=1}^{n}(x_i-\bar{x})(y_i-\bar{y})}{\sqrt{l_{xx}}}=\frac{l_{xy}}{\sqrt{l_{xx}}}=\sqrt{l_{xx}} \hat{\beta}_1$，$z_n=\frac{1}{\sqrt{n}} \sum_{i=1}^{n} y_i=\sqrt{n} \bar{y}$，则 $\boldsymbol{Z}$ 仍然服从正态分布，且其期望与协方差分别为：

$$
E(\boldsymbol{Z})=\left(0 \quad \cdots \quad 0 \quad \beta_1 \sqrt{l_{xx}} \quad \sqrt{n}(\beta_0+\beta_1 \bar{x})\right)^{\mathrm{T}},\ D(\boldsymbol{Z})=\boldsymbol{A} D(\boldsymbol{Y}) \boldsymbol{A}^{\mathrm{T}}=\sigma^2 \boldsymbol{I}_n,
$$

这表明 $z_1, z_2, \cdots, z_n$ 相互独立，$z_1, z_2, \cdots, z_{n-2}$ 的共同分布为 $N(0, \sigma^2)$，$z_{n-1} \sim N(\beta_1 \sqrt{l_{xx}}, \sigma^2)$，$z_n \sim N(\sqrt{n}(\beta_0+\beta_1 \bar{x}), \sigma^2)$.

由于 $\sum_{i=1}^{n} z_i^2=\sum_{i=1}^{n} y_i^2=\sum_{i=1}^{n}(y_i-\bar{y})^2+n \bar{y}^2=\sum_{i=1}^{n}(\hat{y}_i-\bar{y})^2+S_e+n \bar{y}^2$，而 $z_n=\sqrt{n} \bar{y}$，$z_{n-1}=\sqrt{l_{xx}} \hat{\beta}_1=\sqrt{\sum_{i=1}^{n}(\hat{y}_i-\bar{y})^2}$，于是有 $z_1^2+z_2^2+\cdots+z_{n-2}^2=S_e$，所以 S_e，$\bar{y}$，$\hat{\beta}_1$ 三者相互独立，并有 $\frac{S_e}{\sigma^2}=\sum_{i=1}^{n-2} \frac{z_i^2}{\sigma^2} \sim \chi^2(n-2)$.

根据上述 6 个性质可得如下结论：

(1) $\hat{\beta}_0 \sim N\left[\beta_0, \sigma^2\left(\frac{1}{n}+\frac{\bar{x}^2}{l_{xx}}\right)\right]$；

(2) $\hat{\beta}_1 \sim N\left(\beta_1, \frac{\sigma^2}{l_{xx}}\right)$；

(3) $\frac{(n-2) \hat{\sigma}^2}{\sigma^2} \sim \chi^2(n-2)$；

(4) $\bar{y}$、$\hat{\beta}_1$、$\hat{\sigma}^2$ 三者相互独立.

下面求系数 β_0、β_1 及 σ^2 的极大似然估计. 由于对 $i=1, 2, \cdots, n$，$y_i=\beta_0+\beta_1 x_i+\varepsilon_i$，$\varepsilon_i \sim N(0, \sigma^2)$，则 $y_i \sim N(\beta_0+\beta_1 x_i, \sigma^2)$，且 $y_1, y_2, \cdots, y_n$ 相互独立.

而 y_i 的密度函数为：$f(y_i)=\dfrac{1}{\sqrt{2\pi}\sigma}\exp\left[-\dfrac{(y_i-\beta_0-\beta_1x_i)^2}{2\sigma^2}\right]$，

由此，$y_1, y_2, \cdots, y_n$ 的联合密度为：

$$L(\beta_0, \beta_1, \sigma^2)=f(y_1, y_2, \cdots, y_n)=\prod_{i=1}^{n}f(y_i)$$

$$=\frac{1}{(2\pi\sigma^2)^{n/2}}\exp\left[-\frac{1}{2\sigma^2}\sum_{i=1}^{n}(y_i-\beta_0-\beta_1x_i)^2\right],$$

$$\ln L(\beta_0, \beta_1, \sigma^2)=-\frac{n}{2}\ln(2\pi)-\frac{n}{2}\ln(\sigma^2)-\frac{1}{2\sigma^2}\sum_{i=1}^{n}(y_i-\beta_0-\beta_1x_i)^2,$$

$$\frac{\partial\ln(\beta_0, \beta_1, \sigma^2)}{\partial\beta_0}=\frac{1}{\sigma^2}\sum_{i=1}^{n}(y_i-\beta_0-\beta_1x_i),$$

$$\frac{\partial\ln(\beta_0, \beta_1, \sigma^2)}{\partial\beta_1}=\frac{1}{\sigma^2}\sum_{i=1}^{n}(y_i-\beta_0-\beta_1x_i)x_i,$$

$$\frac{\partial\ln(\beta_0, \beta_1, \sigma^2)}{\partial\sigma^2}=-\frac{n}{2\sigma^2}+\frac{1}{2(\sigma^2)^2}\sum_{i=1}^{n}(y_i-\beta_0-\beta_1x_i)^2.$$

令 $\dfrac{\partial\ln L(\beta_0, \beta_1, \sigma^2)}{\partial\beta_0}=0$，$\dfrac{\partial\ln L(\beta_0, \beta_1, \sigma^2)}{\partial\beta_1}=0$，$\dfrac{\partial\ln L(\beta_0, \beta_1, \sigma^2)}{\partial\sigma^2}=0$，可解得参数的 MLE 为：

$$\hat{\beta}_{1\text{MLE}}=\frac{l_{xy}}{l_{xx}},\ \hat{\beta}_{0\text{MLE}}=\bar{y}-\hat{\beta}_{1\text{MLE}}\bar{x},\ \hat{\sigma}^2_{\text{MLE}}=\frac{1}{n}\sum_{i=1}^{n}(y_i-\hat{\beta}_{0\text{MLE}}-\hat{\beta}_{1\text{MLE}}x_i)^2=\frac{S_e}{n},$$

易见 $\hat{\sigma}^2_{\text{MLE}}$ 不是 σ^2 的无偏估计.

10.1.4 假设检验与置信区间

当得到一个实际问题的回归方程 $\hat{y}=\hat{\beta}_0+\hat{\beta}_1x$ 后,还不能用它去进行经济分析和预测,因为 $\hat{y}=\hat{\beta}_0+\hat{\beta}_1x$ 是否真正描述了变量 y 与 x 之间的统计规律性,还需运用统计方法对回归方程进行检验.

1. *回归系数的假设检验*

一元线性回归中的检验问题不外乎是对回归系数做出检验假设：

(1) $H_0: \beta_1=\beta_{11}\leftrightarrow H_1: \beta_1\neq\beta_{11}$；

(2) $H_0: \beta_0=\beta_{00}\leftrightarrow H_1: \beta_0\neq\beta_{00}$.

由于 $\hat{\beta}_1\sim N\left(\beta_1, \dfrac{\sigma^2}{l_{xx}}\right)$，则 $\dfrac{(\hat{\beta}_1-\beta_1)\sqrt{l_{xx}}}{\sigma}\sim N(0, 1)$，

又 $\dfrac{(n-2)\hat{\sigma}^2}{\sigma^2}\sim\chi^2(n-2)$，且 $\hat{\beta}_1$ 与 $\hat{\sigma}^2$ 独立,则

$$\frac{(\hat{\beta}_1-\beta_1)\sqrt{l_{xx}}/\sigma}{\sqrt{(n-2)\hat{\sigma}^2/[(n-2)\sigma^2]}}=\frac{(\hat{\beta}_1-\beta_1)\sqrt{l_{xx}}}{\hat{\sigma}}=\frac{(\hat{\beta}_1-\beta_1)\sqrt{l_{xx}}}{\sqrt{S_e/(n-2)}}\sim t(n-2).$$

在原假设 H_0：$\beta_1=\beta_{11}$ 成立时，检验统计量 $T=\dfrac{(\hat{\beta}_1-\beta_{11})\sqrt{l_{xx}}}{\hat{\sigma}}=\dfrac{(\hat{\beta}_1-\beta_{11})\sqrt{l_{xx}}}{\sqrt{S_e/(n-2)}}\sim t(n-2)$，若给定显著性水平 α，其拒绝域：$\mathscr{X}_0=(-\infty,\ -t_{\alpha/2}(n-2))\cup(t_{\alpha/2}(n-2),\ +\infty)$.

特别地，当 $\beta_{11}=0$ 时，若原假设 H_0：$\beta_1=0$ 成立，则线性模型化为：$y_i=\beta_0+\varepsilon_i$，$i=1,\ 2,\ \cdots,\ n$. 这表明：变量 y 并不依赖于 x，即 x，y 间不存在线性相关关系.

在回归分析中，一旦回归系数估计问题得到解决，就要立即检验假设 H_0：$\beta_1=0$，以决定 x，y 之间的线性关系是否显著，此时用的检验统计量为：

$$T=\frac{\hat{\beta}_1\sqrt{l_{xx}}}{\sqrt{S_e/(n-2)}}=\frac{\hat{\beta}_1\sqrt{l_{xx}}}{\hat{\sigma}}\sim t(n-2).$$

再者 $\hat{\beta}_0\sim N\left(\beta_0,\ \sigma^2\left(\dfrac{1}{n}+\dfrac{\bar{x}^2}{l_{xx}}\right)\right)$，$\dfrac{\hat{\beta}_0-\beta_0}{\sigma\sqrt{1/n+\bar{x}^2/l_{xx}}}\sim N(0,\ 1)$，又 $\dfrac{(n-2)\hat{\sigma}^2}{\sigma^2}\sim\chi^2(n-2)$，且 $\hat{\beta}_0=\bar{y}-\hat{\beta}_1\bar{x}$ 与 $\hat{\sigma}^2$ 独立，则

$$\begin{aligned}\frac{(\hat{\beta}_0-\beta_0)\Big/\left(\sigma\sqrt{1/n+\bar{x}^2/l_{xx}}\right)}{\sqrt{(n-2)\hat{\sigma}^2/[(n-2)\sigma^2]}}&=\frac{\hat{\beta}_0-\beta_0}{\hat{\sigma}\sqrt{1/n+\bar{x}^2/l_{xx}}}\\&=\frac{\hat{\beta}_0-\beta_0}{\sqrt{S_e/(n-2)}\sqrt{1/n+\bar{x}^2/l_{xx}}}\sim t(n-2),\end{aligned}$$

对检验假设 H_0：$\beta_0=\beta_{00}$，当 H_0 成立时，检验统计量为：

$$T=\frac{\hat{\beta}_0-\beta_{00}}{\hat{\sigma}\sqrt{1/n+\bar{x}^2/l_{xx}}}=\frac{\hat{\beta}_0-\beta_{00}}{\sqrt{(1/n+\bar{x}^2/l_{xx})S_e}}\sqrt{n-2}\sim t(n-2),$$

若给定显著性水平 α，其拒绝域：$\mathscr{X}_0=(-\infty,\ -t_{\alpha/2}(n-2))\cup(t_{\alpha/2}(n-2),\ +\infty)$.

2. 参数 β_0，β_1，σ^2 的置信区间

由于 $\dfrac{(n-2)\hat{\sigma}^2}{\sigma^2}\sim\chi^2(n-2)$，$\dfrac{(\hat{\beta}_1-\beta_1)\sqrt{l_{xx}}}{\hat{\sigma}}\sim t(n-2)$，$\dfrac{\hat{\beta}_0-\beta_0}{\hat{\sigma}\sqrt{1/n+\bar{x}^2/l_{xx}}}\sim t(n-2)$；

若给定置信水平 $1-\alpha$，则有：$P\left[\chi^2_{1-\alpha/2}(n-2)\leqslant\dfrac{(n-2)\hat{\sigma}^2}{\sigma^2}\leqslant\chi^2_{\alpha/2}(n-2)\right]=1-\alpha$，

$$P\left(\left|\frac{(\hat{\beta}_1-\beta_1)\sqrt{l_{xx}}}{\hat{\sigma}}\right|\leqslant t_{\alpha/2}(n-2)\right)=1-\alpha,$$

$$P\left(\left|\frac{\hat{\beta}_0-\beta_0}{\hat{\sigma}\sqrt{1/n+\bar{x}^2/l_{xx}}}\right|\leqslant t_{\alpha/2}(n-2)\right)=1-\alpha,$$

于是参数 β_0，β_1，σ^2 的置信水平为 $1-\alpha$ 的置信区间分别为

$$\left[\hat{\beta}_0 - t_{\alpha/2}(n-2)\hat{\sigma}\sqrt{1/n+\bar{x}^2/l_{xx}}, \hat{\beta}_0 + t_{\alpha/2}(n-2)\hat{\sigma}\sqrt{1/n+\bar{x}^2/l_{xx}}\right],$$

$$\left[\hat{\beta}_1 - t_{\alpha/2}(n-2)\frac{\hat{\sigma}}{\sqrt{l_{xx}}}, \hat{\beta}_1 + t_{\alpha/2}(n-2)\frac{\hat{\sigma}}{\sqrt{l_{xx}}}\right], \left[\frac{(n-2)\hat{\sigma}^2}{\chi^2_{\alpha/2}(n-2)}, \frac{(n-2)\hat{\sigma}^2}{\chi^2_{1-\alpha/2}(n-2)}\right].$$

3. 利用回归方程进行预测

预测是指通过自变量 x 的取值来预测因变量 y 的取值. 通常其只适用于内插法，而不适用于外推.

1) 点估计

利用估计的回归方程，对 x 的一个特定值 x_0，求出 y 的一个估计值就是点估计. 点估计可分为两种：一是平均值的点估计；二是个别值的点估计. 由 $E(y_0)=\beta_0+\beta_1x_0$ 可得这两种的点估计是一样的.

平均值的点估计是利用估计的回归方程，对 x 的一个特定值 x_0，求出 y 的平均值的一个估计值 $E(y_0)$. 而个别值的点估计是利用估计的回归方程，对 x 的一个特定值 x_0，求出 y 的一个个别值的估计值 $\hat{y}_0$. 对于同一个 x_0，平均值的点估计和个别值的点估计的结果是一样的，但在区间估计中则有所不同.

2) 区间估计

利用估计的回归方程，对 x 的一个特定值 x_0，求出 y 的一个估计值的区间就是区间估计. 区间估计也有两种类型：一是置信区间估计，它是对 x 的一个特定值 x_0，求出 y 的平均值 $E(y_0)$ 的估计区间，这一区间称为置信区间；二是预测区间估计，它是对 x 的一个特定值 x_0，求出 y 的一个个别值 y_0 的估计区间，这一区间称为预测区间.

(1) y 的平均值 $E(y_0)$ 的置信区间. 回归方程为 $\hat{y}=\hat{\beta}_0+\hat{\beta}_1x$，对给定的自变量 $x=x_0$，$\hat{y}_0=\hat{\beta}_0+\hat{\beta}_1x_0$ 作为 $E(y_0)$ 的预测值. 下面求 $E(y_0)$ 的置信水平 $1-\alpha$ 的置信区间.

假定 y_0 与 y_1，y_2，…，y_n 相互独立，$y_0=\beta_0+\beta_1x_0+\varepsilon_0$，$\varepsilon_0\sim N(0,\sigma^2)$，$\varepsilon_0$ 与 ε_1，ε_2，…，ε_n 独立.

又
$$E(\hat{y}_0)=E(\hat{\beta}_0+\hat{\beta}_1x_0)=\beta_0+\beta_1x_0=E(y_0),$$

$$\begin{aligned}D(\hat{y}_0)&=D(\hat{\beta}_0+\hat{\beta}_1x_0)=D(\hat{\beta}_0)+x_0^2D(\hat{\beta}_1)+2x_0\operatorname{cov}(\hat{\beta}_0,\hat{\beta}_1)\\&=\sigma^2\left(\frac{1}{n}+\frac{\bar{x}^2}{l_{xx}}\right)+\frac{\sigma^2x_0^2}{l_{xx}}-2\frac{x_0\bar{x}\sigma^2}{l_{xx}}=\sigma^2\left[\frac{1}{n}+\frac{(x_0-\bar{x})^2}{l_{xx}}\right],\end{aligned}$$

则
$$\hat{y}_0\sim N\left(E(y_0),\sigma^2\left[\frac{1}{n}+\frac{(x_0-\bar{x})^2}{l_{xx}}\right]\right),\quad \frac{\hat{y}_0-E(y_0)}{\sigma\sqrt{\frac{1}{n}+\frac{(x_0-\bar{x})^2}{l_{xx}}}}\sim N(0,1).$$

又 $\frac{(n-2)\hat{\sigma}^2}{\sigma^2}\sim\chi^2(n-2)$，且 $\hat{y}_0$ 与 $\hat{\sigma}^2$ 相互独立，则

$$\frac{[\hat{y}_0-E(y_0)]\Big/\left[\sigma\sqrt{\frac{1}{n}+\frac{(x_0-\bar{x})^2}{l_{xx}}}\right]}{\sqrt{(n-2)\hat{\sigma}^2/[(n-2)\sigma^2]}}=\frac{\hat{y}_0-E(y_0)}{\hat{\sigma}\sqrt{\frac{1}{n}+\frac{(x_0-\bar{x})^2}{l_{xx}}}}\sim t(n-2).$$

若记 $s_{\hat{y}_0}=\hat{\sigma}\sqrt{\dfrac{1}{n}+\dfrac{(x_0-\bar{x})^2}{l_{xx}}}$，则有 $\dfrac{\hat{y}_0-E(y_0)}{s_{\hat{y}_0}}\sim t(n-2)$，对于给定的 x_0，$E(y_0)$ 在 $1-\alpha$ 置信水平下的置信区间可表示为：$[\hat{y}_0-t_{\alpha/2}(n-2)s_{\hat{y}_0},\ \hat{y}_0+t_{\alpha/2}(n-2)s_{\hat{y}_0}]$.

当 $x_0=\bar{x}$ 时，$\hat{y}_0$ 的标准差的估计量最小，此时有 $s_{\hat{y}_0}=\hat{\sigma}\sqrt{1/n}$. 这就是说，当 $x_0=\bar{x}$ 时，估计是最准确的；x_0 偏离 $\bar{x}$ 越远，y 的平均值的置信区间就变得越宽，估计的效果也就越不好.

(2) y 的个别值 y_0 的预测区间. 回归方程为 $\hat{y}=\hat{\beta}_0+\hat{\beta}_1 x$，对给定的自变量 $x=x_0$，预测因变量 y_0，$\hat{y}_0=\hat{\beta}_0+\hat{\beta}_1 x_0$ 作为 y_0 的预测值. 然而，实际问题还需要知道预测的精度，也就是希望给出一个类似于置信区间的预测区间，也即在给定的显著性水平 α 下，找到一个正数 δ，使 $P(|y_0-\hat{y}_0|<\delta)=1-\alpha$，为此，必须求出 $y_0-\hat{y}_0$ 的分布.

假定 y_0 与 $y_1, y_2, \cdots, y_n$ 相互独立，$y_0=\beta_0+\beta_1 x_0+\varepsilon_0$，$\varepsilon_0\sim N(0,\sigma^2)$，$\varepsilon_0$ 与 ε_1，$\varepsilon_2, \cdots, \varepsilon_n$ 独立，易知：$y_0-\hat{y}_0$ 也服从正态分布，且 y_0 与 $\hat{y}_0$ 相互独立.

又 $$E(\hat{y}_0)=E(\hat{\beta}_0+\hat{\beta}_1 x_0)=\beta_0+\beta_1 x_0,\ D(\hat{y}_0)=\sigma^2\left[\frac{1}{n}+\frac{(x_0-\bar{x})^2}{l_{xx}}\right],$$

于是 $$E(y_0-\hat{y}_0)=E(y_0)-E(\hat{y}_0)=\beta_0+\beta_1 x_0-\beta_0-\beta_1 x_0=0,$$

$$D(y_0-\hat{y}_0)=D(y_0)+D(\hat{y}_0)=\sigma^2+\sigma^2\left[\frac{1}{n}+\frac{(x_0-\bar{x})^2}{l_{xx}}\right]=\sigma^2\left[1+\frac{1}{n}+\frac{(x_0-\bar{x})^2}{l_{xx}}\right],$$

即有：$y_0-\hat{y}_0\sim N\left(0,\sigma^2\left[1+\dfrac{1}{n}+\dfrac{(x_0-\bar{x})^2}{l_{xx}}\right]\right)$，$\dfrac{y_0-\hat{y}_0}{\sigma\sqrt{1+\dfrac{1}{n}+\dfrac{(x_0-\bar{x})^2}{l_{xx}}}}\sim N(0,1)$.

又 $\dfrac{(n-2)\hat{\sigma}^2}{\sigma^2}\sim\chi^2(n-2)$，且 $y_0-\hat{y}_0$ 与 $\hat{\sigma}^2$ 相互独立，则

$$\frac{(y_0-\hat{y}_0)\Big/\left[\sigma\sqrt{1+\dfrac{1}{n}+\dfrac{(x_0-\bar{x})^2}{l_{xx}}}\right]}{\sqrt{(n-2)\hat{\sigma}^2/[(n-2)\sigma^2]}}=\frac{y_0-\hat{y}_0}{\hat{\sigma}\sqrt{1+\dfrac{1}{n}+\dfrac{(x_0-\bar{x})^2}{l_{xx}}}}\sim t(n-2).$$

记 $s_0=\hat{\sigma}\sqrt{1+\dfrac{1}{n}+\dfrac{(x_0-\bar{x})^2}{l_{xx}}}$，若给定显著性水平 α，对于给定的 x_0，y 的个别值 y_0 在 $1-\alpha$ 置信水平下的预测区间可表示为：$[\hat{y}_0-t_{\alpha/2}(n-2)s_0,\ \hat{y}_0+t_{\alpha/2}(n-2)s_0]$，该区间以 $\hat{y}_0$ 为中点，长度为 $2t_{\alpha/2}(n-2)s_0$，中点 $\hat{y}_0$ 随 x_0 线性变化，其长度在 $x=\bar{x}$ 处最短，x_0 越远离 $\bar{x}$，长度就越长. 因此预测区间的上限与下限的曲线对称地落在回归直线的两侧，且呈喇叭形. 一般只有当 x_0 比较靠近 $\bar{x}$ 时，才能做出比较精确的预测.

当 n 较大且 x_0 较接近 $\bar{x}$ 时有：$\sqrt{1+\dfrac{1}{n}+\dfrac{(x_0-\bar{x})^2}{l_{xx}}}\approx 1$，此时预测区间可近似为：$[\hat{y}_0-t_{\alpha/2}(n-2)\hat{\sigma},\ \hat{y}_0+t_{\alpha/2}(n-2)\hat{\sigma}]$.

再者，当 n 很大且 x_0 较接近 $\bar{x}$ 时，$t(n-2)$ 近似于 $N(0,1)$，$t_{\alpha/2}(n-2)\approx U_{\alpha/2}$，此时

预测区间可近似为：$[\hat{y}_0 - U_{\alpha/2}\hat{\sigma},\ \hat{y}_0 + U_{\alpha/2}\hat{\sigma}]$.

(3) 两种类型的区间估计的比较. y 的个别值的预测区间要比 y 的平均值的预测宽一些. 两者的差别表明，估计 y 的平均值比预测 y 的一个特定值或个别值更精确. 同样，当 $x_0 = \bar{x}$ 时，预测区间也最精确.

10.1.5 一元线性回归中的方差分析

在 10.1.4 节中介绍了利用 t 检验来对回归系数进行检验，本小节从另一个角度，用方差分析来对回归系数进行检验，由 $t(n-2)$ 与 $F(1,\ n-2)$ 之间的关系可知：这两种检验方法是一致的.

首先介绍平方和分解公式，该公式在证明性质 5 中已提及：对任意的 n 组数据 $(x_i,\ y_i)$，$i=1,\ 2,\ \cdots,\ n$，恒有：$\sum_{i=1}^{n}(y_i-\bar{y})^2=\sum_{i=1}^{n}(\hat{y}_i-\bar{y})^2+\sum_{i=1}^{n}(y_i-\hat{y}_i)^2$，其中，$\hat{y}_i=\hat{\beta}_0+\hat{\beta}_1 x_i$，$i=1,\ 2,\ \cdots,\ n$，$\hat{\beta}_0$ 和 $\hat{\beta}_1$ 分别为参数 β_0 和 β_1 的最小二乘估计.

在上述恒等式中，$\sum_{i=1}^{n}(y_i-\bar{y})^2$ 是 $y_1,\ y_2,\ \cdots,\ y_n$ 这 n 个数的偏差平方和，它描述了这 n 个数的分散程度，称为总的偏差平方和，记为 l_{yy} 或 S_T，自由度为 $n-1$.

$\sum_{i=1}^{n}(\hat{y}_i-\bar{y})^2$ 是 $\hat{y}_1,\ \hat{y}_2,\ \cdots,\ \hat{y}_n$ 这 n 个数的偏差平方和，它描述了 $\hat{y}_1,\ \hat{y}_2,\ \cdots,\ \hat{y}_n$ 的分散程度，事实上，$\frac{1}{n}\sum_{i=1}^{n}\hat{y}_i=\frac{1}{n}\sum_{i=1}^{n}(\hat{\beta}_0+\hat{\beta}_1 x_i)=\hat{\beta}_0+\hat{\beta}_1\bar{x}=\bar{y}$. 又由于 $\sum_{i=1}^{n}(\hat{y}_i-\bar{y})^2=\sum_{i=1}^{n}[\hat{\beta}_0+\hat{\beta}_1 x_i-(\hat{\beta}_0+\hat{\beta}_1\bar{x})]^2=\hat{\beta}_1{}^2\sum_{i=1}^{n}(x_i-\bar{x})^2$，所以，$\hat{y}_1,\ \hat{y}_2,\ \cdots,\ \hat{y}_n$ 的分散性来自 $x_1,\ x_2,\ \cdots,\ x_n$ 的分散性，称为回归平方和(线性影响)，记为 U，自由度为 1. $\sum_{i=1}^{n}(y_i-\hat{y}_i)^2$ 称为残差平方和或剩余平方和，记为 S_e，自由度为 $n-2$.

对于假设 H_0：$\beta_1=0$ 做出检验，自然的想法是把回归平方和 U 与剩余平方和 S_e 进行比较：$F=\frac{U}{S_e/(n-2)}=\frac{\hat{\beta}_1{}^2 l_{xx}}{S_e/(n-2)}=\frac{\hat{\beta}_1{}^2 l_{xx}}{\hat{\sigma}^2}$，如果 F 相当大，则表明 x 对 y 的线性影响较大，就可以认为 x 与 y 之间有线性相关关系；反之，若 F 较小，则没理由认为 x 与 y 之间有线性相关关系. 又 $\frac{\hat{\beta}_1-\beta_1}{\sigma/\sqrt{l_{xx}}}=\frac{(\hat{\beta}_1-\beta_1)\sqrt{l_{xx}}}{\sigma}\sim N(0,\ 1)$，$\frac{(\hat{\beta}_1-\beta_1)^2 l_{xx}}{\sigma^2}\sim\chi^2(1)$，$\frac{(n-2)\hat{\sigma}^2}{\sigma^2}=\frac{S_e}{\sigma^2}\sim\chi^2(n-2)$，且两者独立，则 $\frac{(\hat{\beta}_1-\beta_1)^2 l_{xx}/\sigma^2}{S_e/[(n-2)\sigma^2]}=\frac{(\hat{\beta}_1-\beta_1)^2 l_{xx}}{S_e/(n-2)}=\frac{(\hat{\beta}_1-\beta_1)^2 l_{xx}}{\hat{\sigma}^2}\sim F(1,\ n-2)$. 所以，当原假设 H_0：$\beta_1=0$ 成立时，$F=\frac{\hat{\beta}_1{}^2 l_{xx}}{S_e/(n-2)}=\frac{\hat{\beta}_1{}^2 l_{xx}}{\hat{\sigma}^2}\sim F(1,\ n-2)$，检验原假设 H_0：$\beta_1=0$ 的检验法构造如下：

(1) 选取检验统计量 $F=\frac{U}{S_e/(n-2)}$，它在 H_0 成立时服从 $F(1,\ n-2)$；

(2) 在显著水平 α 下，确定拒绝域为 $\mathscr{X}_0=(F_\alpha(1, n-2), +\infty)$；

(3) 计算统计量 $F=\dfrac{U}{S_e/(n-2)}$ 的观察值；

(4) 做决策：若 $F>F_\alpha(1, n-2)$，拒绝 H_0；若 $F\leqslant F_\alpha(1, n-2)$，不拒绝 H_0. 通常可用表 10.1 表示.

表 10.1　一元线性回归方差分析表

方差来源	平方和	自由度	均方	F 值
回归(因素 x)	$U=\sum_{i=1}^{n}(\hat{y}_i-\bar{y})^2=\hat{\beta}_1{}^2 l_{xx}$	1	$MS_1=\hat{\beta}_1{}^2 l_{xx}$	$F=\dfrac{MS_1}{MS_2}=\dfrac{U}{S_e/(n-2)}$
剩余(随机因素)	$S_e=\sum_{i=1}^{n}(y_i-\hat{y})^2=l_{yy}-U$	$n-2$	$MS_2=S_e/(n-2)$	
总计	$S_T=\sum_{i=1}^{n}(y_i-\bar{y})^2$	$n-1$		

判定系数或称可决系数定义为回归平方和占总平方和的比例，记为 R^2，其计算公式为：

$$R^2=\frac{U}{S_T}=\frac{\sum_{i=1}^{n}(\hat{y}_i-\bar{y})^2}{\sum_{i=1}^{n}(y_i-\bar{y})^2}=1-\frac{\sum_{i=1}^{n}(y_i-\hat{y}_i)^2}{\sum_{i=1}^{n}(y_i-\bar{y})^2}$$

R^2 的取值范围是 $[0, 1]$，R^2 越接近 1，表明回归平方和占总平方和的比例越大，回归直线与各观测点越接近，用 x 的变化来解释 y 值变差的部分就越多，回归直线的拟合程度就越好；反之，R^2 越接近 0，回归直线的拟合程度就越差.

例 10.1　上海市市区的社会商品零售总额和全民所有制职工工资总额的数据如表 10.2 所示：

表 10.2　社会商品零售额与职工工资总额的数据

年份/年	1978	1979	1980	1981	1982	1983	1984	1985	1986	1987
职工工资总额 x/亿元	23.8	27.6	31.6	32.4	33.7	34.9	43.2	52.8	63.8	73.4
社会商品零售额 y/亿元	41.4	51.8	61.7	67.9	68.7	77.5	95.9	137.4	155	175

(1) 试求社会商品零售总额 y 对职工工资总额 x 的线性回归方程，并求 σ^2 的估计；

(2) 试问上海市市区的职工工资总额 x 与社会商品零售总额 y 之间是否存在显著的线性关系？

(3) 试求 β_0、β_1 的置信区间；

(4) 设 1988 年上海市市区职工工资为 85 亿元，试求市区社会商品零售总额的预测值和预测区间；

(5) 试用方差分析来检验假设 H_0：$\beta_1=0$(显著水平 $\alpha=0.05$).

解 (1) 注意到如表 10.3 所示的计算过程：

表 10.3 社会商品零售额与职工工资总额的计算过程

序　号	x_i	y_i	x_i^2	y_i^2	$x_i y_i$
1	23.8	41.4	566.44	1 713.96	985.32
2	27.6	51.8	761.76	2 683.24	1 429.68
3	31.6	61.7	998.56	3 806.89	1 949.72
4	32.4	67.9	1 049.76	4 610.41	2 199.96
5	33.7	68.7	1 135.69	4 719.69	2 315.19
6	34.9	77.5	1 218.01	6 006.25	2 704.75
7	43.2	95.9	1 866.24	9 196.81	4 142.88
8	52.8	137.4	2 787.84	18 878.76	7 254.72
9	63.8	155	4 070.44	24 025.00	9 889.00
10	73.4	175	5 387.56	30 625.00	12 845.00
$\sum$	417.2	932.3	19 842.30	106 266.01	45 716.22

$$l_{xx}=\sum_{i=1}^{n}x_i^2-\frac{1}{n}\Big(\sum_{i=1}^{n}x_i\Big)^2=19\,842.3-\frac{1}{10}(417.2)^2=2\,436.716,$$

$$l_{xy}=\sum_{i=1}^{n}x_i y_i-\frac{1}{n}\sum_{i=1}^{n}x_i\sum_{i=1}^{n}y_i=45\,716.22-\frac{1}{10}\times 417.2\times 932.3=6\,820.664,$$

$$l_{yy}=\sum_{i=1}^{n}y_i^2-\frac{1}{n}\Big(\sum_{i=1}^{n}y_i\Big)^2=106\,266.01-\frac{(932.3)^2}{10}=19\,347.681,$$

$$\hat{\beta}_1=\frac{l_{xy}}{l_{xx}}=\frac{6\,820.664}{2\,436.716}=2.799\,1,$$

$$\hat{\beta}_0=\bar{y}-\hat{\beta}_1\bar{x}=93.23-2.799\,1\times 41.72=-23.55,$$

于是,回归直线为： $\hat{y}=-23.55+2.799\,1x$,

$$\hat{\sigma}^2=\frac{1}{n-2}\sum_{i=1}^{n}(y_i-\hat{y}_i)^2=\frac{255.828\,0}{8}=31.98;$$

(2) 原假设与对立假设为：$H_0: \beta_1=0 \leftrightarrow H_1: \beta_1\neq 0$,

检验统计量：$T=\dfrac{\hat{\beta}_1\sqrt{l_{xx}}}{\hat{\sigma}}$, $t_{0.025}(8)=2.306$, 拒绝域 $\mathscr{X}_0=(-\infty,-2.306)\cup(2.306,+\infty)$, $n=10$, $\sqrt{l_{xx}}=49.363\,1$, $\hat{\beta}_1=2.799\,1$, $\hat{\sigma}=5.655$, $T=\dfrac{2.799\,1\times 49.363\,1}{5.655}=24.43$, 由于 $|T|=24.43>2.306$, 所以拒绝原假设 H_0, 即 x 与 y 之间的线性关系显著；

(3)
$$t_{0.025}(n-2)\frac{\hat{\sigma}}{\sqrt{l_{xx}}}=2.306\times\frac{5.655}{49.363\,1}=0.264\,2,$$

$$t_{0.025}(n-2)\hat{\sigma}\sqrt{1/n+\bar{x}^2/l_{xx}}=2.306\times 5.655\sqrt{1/10+41.72^2/2\,436.716}=11.767\,5,$$

所以，β_1 的置信水平为 0.95 的置信区间为：[2.534 9，3.063 3]；β_0 的置信水平为 0.95 的置信区间为：[−35.32，−11.78]；

（4）$x_0=85$，$\delta=t_{\alpha/2}(n-2)\hat{\sigma}\sqrt{1+\dfrac{1}{n}+\dfrac{(x_0-\bar{x})^2}{l_{xx}}}=2.306\times 5.655\sqrt{1+\dfrac{1}{10}+\dfrac{(85-41.72)^2}{2\,436.716}}=17.83$，

所以，市区社会商品零售总额 1988 年后预测值和预测区间分别为：

$$\hat{y}_0=\hat{\beta}_0+\hat{\beta}_1x_0=-23.55+2.799\,1\times 85=214.37\ (\text{亿元}),$$

$$[\hat{y}_0-\delta,\ \hat{y}_0+\delta]=[196.54,\ 232.20];$$

（5）方差分析如表 10.4 所示，$F_{0.05}(1, 8)=5.32$，由于 $596.62>5.32$，所以，拒绝原假设 $H_0: \beta_1=0$；

表 10.4 职工工资总额与社会商品零售总额的方差分析表

方差来源	平方和	自由度	均 方	F 值
回归 U	19 091.72	1	19 091.72	596.62
剩余 S_e	255.96	8	32.00	
总计 S_T	19 347.68	9		

即认为上海市市区的职工工资总额对社会商品零售额显著线性相关.

10.1.6 可线性化的一元非线性回归

在实际应用中不仅有线性的回归模型，也有非线性的回归模型存在. 例如在经济领域中有呈 S 形的增长；与线形回归模型相比，非线性回归模型的计算较为复杂，所以在此仅介绍简单线性化方法.

下面是几种常见的可变换为线性回归的类型.

（1）双曲函数：$\dfrac{1}{y}=\alpha+\dfrac{\beta}{x}$，令 $z=\dfrac{1}{y}$，$t=\dfrac{1}{x}$，得 $z=\alpha+\beta t$；

（2）幂函数：$y=\alpha x^{\beta}$，令 $z=\ln y$，$t=\ln x$，$a=\ln\alpha$，得 $z=a+\beta t$；

（3）指数函数：$y=\alpha e^{\beta x}$，令 $z=\ln y$，$a=\ln\alpha$，得 $z=a+\beta x$；

（4）对数函数：$y=\alpha+\beta\ln x$，令 $t=\ln x$，得 $y=\alpha+\beta t$；

（5）S 形曲线：$y=\dfrac{1}{\alpha+\beta e^{-x}}$，令 $z=\dfrac{1}{y}$，$t=e^{-x}$，得 $z=\alpha+\beta t$；

（6）$y=\alpha+\beta e^{cx}$（c 已知），令 $t=e^{cx}$，得 $y=\alpha+\beta t$；

（7）$y=\alpha\beta^{x}$，令 $z=\ln y$，$a=\ln\alpha$，$b=\ln\beta$，得 $z=a+bx$；

（8）$y=\alpha e^{\beta x^m}$（m 已知），令 $z=\ln y$，$a=\ln\alpha$，$t=x^m$，得 $z=a+\beta t$.

例 10.2 某联合公司在六年里获得的利润如表 10.5 所示,请据此研究利润与年份的回归关系.

表 10.5 利润与年份的数据

年份序号 x	1	2	3	4	5	6
利润 y/万元	112	149	238	354	580	867

解 将数对(1, 112), (2, 149), …, (6, 867)描在平面上,观察这些点的位置,发现用指数曲线 $y=\alpha\beta^x$ 来描述 x 与 y 之间的关系比较切合, $\lg y=\lg\alpha+x\lg\beta$, 令 $a=\lg\alpha$, $b=\lg\beta$, 把方程写为: $z=a+bx$, 其利润与年份回归关系如表 10.6 所示.

表 10.6 利润与年份回归关系的计算过程

x_i	y_i	$z_i=\lg y_i$	$x_i z_i$	x_i^2
1	112	2.049 2	2.049 2	1
2	149	2.173 2	4.346 4	4
3	238	2.376 6	7.129 8	9
4	354	2.549 0	10.196 0	16
5	580	2.763 4	13.817 0	25
6	867	2.938 0	17.628 0	36
$\sum$: 21	2 300	14.849 4	55.166 4	91

$$\hat{b}=\frac{55.166\,4-21\times 14.894/6}{91-21^2/6},\ \bar{x}=\frac{21}{6}=3.5,\ \bar{z}=\frac{14.849\,4}{6}=2.474\,9,$$

$$\hat{a}=\bar{z}-\hat{b}\bar{x}=2.474\,9-0.182\,5\times 3.5=1.836\,2,$$

$$\hat{\alpha}=10^{\hat{a}}=10^{1.836\,2}=68.6,\ \hat{\beta}=10^{\hat{b}}=10^{0.182\,5}=1.52,$$

于是有:

$$\hat{y}=68.6\times(1.52)^x.$$

10.2 多元线性回归分析

上面讨论了一元线性回归分析问题,但是实际问题往往是十分复杂的,在讨论某一目标量与其他变量的关系时,往往涉及多个变量.例如锅炉每分钟的蒸汽产量与投入燃料量有关,但同时与送风量也有关,这样就必须讨论二元回归问题.

10.2.1 多元线性回归模型的一般形式

设随机变量 y 与一般变量 x_1, x_2, …, x_k 的多元线性回归模型为:

$$y=\beta_0+\beta_1x_1+\beta_2x_2+\cdots+\beta_kx_k+\varepsilon,$$

其中, β_0, β_1, β_2, …, β_k 是 $k+1$ 个未知参数, β_1, β_2, …, β_k 称为回归系数.当 $k=1$ 时,称

为一元线性回归模型；当 $k \geqslant 2$ 时，称为多元线性回归模型.

对于一个实际问题，如果获得 n 组观测值$(x_{i1}, x_{i2}, x_{i3}, \cdots, x_{ik};\ y_i)$，$i=1, 2, \cdots, n$，则线性回归模型可表示为：$y_i=\beta_0+\beta_1 x_{i1}+\beta_2 x_{i2}+\cdots+\beta_k x_{ik}+\varepsilon_i$，$i=1, 2, \cdots, n$，或如下形式：

$$\begin{cases} y_1 &= \beta_0+\beta_1 x_{11}+\beta_2 x_{12}+\cdots+\beta_k x_{1k}+\varepsilon_1, \\ y_2 &= \beta_0+\beta_1 x_{21}+\beta_2 x_{22}+\cdots+\beta_k x_{2k}+\varepsilon_2, \\ \vdots & \vdots \qquad\qquad \vdots \\ y_n &= \beta_0+\beta_1 x_{n1}+\beta_2 x_{n2}+\cdots+\beta_k x_{nk}+\varepsilon_n, \end{cases}$$

写成矩阵的形式为：

$$\boldsymbol{Y}=\boldsymbol{X}\boldsymbol{\beta}+\boldsymbol{\varepsilon},$$

其中，$\boldsymbol{Y}=\begin{pmatrix} y_1 \\ y_2 \\ \vdots \\ y_n \end{pmatrix}$，$\boldsymbol{X}=\begin{pmatrix} 1 & x_{11} & \cdots & x_{1k} \\ 1 & x_{21} & \cdots & x_{2k} \\ \vdots & \vdots & & \vdots \\ 1 & x_{n1} & \cdots & x_{nk} \end{pmatrix}$，$\boldsymbol{\beta}=\begin{pmatrix} \beta_0 \\ \beta_1 \\ \vdots \\ \beta_k \end{pmatrix}$，$\boldsymbol{\varepsilon}=\begin{pmatrix} \varepsilon_1 \\ \varepsilon_2 \\ \vdots \\ \varepsilon_n \end{pmatrix}$，

而 $\boldsymbol{X}_{n\times(k+1)}$ 称为设计矩阵，$\boldsymbol{\varepsilon}$ 是随机误差，常假定：$E(\boldsymbol{\varepsilon})=\boldsymbol{0}$，$D(\boldsymbol{\varepsilon})=\sigma^2\boldsymbol{I}_n$，称 $E(y)=\beta_0+\beta_1 x_1+\beta_2 x_2+\cdots+\beta_k x_k$ 为理论回归方程.

10.2.2 多元线性回归模型的基本假定及回归系数的估计

多元线性回归模型的基本假定为：

(1) $x_1, x_2, \cdots, x_k$ 是可控变量，不是随机变量，且要求其秩 $r(\boldsymbol{X})=k+1<n$，此表明设计矩阵 $\boldsymbol{X}$ 中的变量列之间不相关，$\boldsymbol{X}$ 是一列满秩矩阵；

(2) 随机误差项具有零均值和等方差：$\begin{cases} E(\varepsilon_i)=0, \quad i=1, 2, \cdots, n, \\ \operatorname{cov}(\varepsilon_i, \varepsilon_j)=\begin{cases} \sigma^2, & i=j, \\ 0, & i\neq j, \end{cases} \quad i, j=1, 2, \cdots, n, \end{cases}$

此假定被称为高斯-马尔可夫条件；

(3) 正态分布的假定条件为：$\varepsilon_i \sim N(0, \sigma^2)$，$i=1, 2, \cdots, n$，$\varepsilon_1, \varepsilon_2, \cdots, \varepsilon_n$ 相互独立，则 $\boldsymbol{Y}=\boldsymbol{X}\boldsymbol{\beta}+\boldsymbol{\varepsilon}$ 中的 $\boldsymbol{\varepsilon}$ 可表示为：$\boldsymbol{\varepsilon} \sim N(\boldsymbol{0}, \sigma^2\boldsymbol{I}_n)$，$\boldsymbol{Y} \sim N(\boldsymbol{X}\boldsymbol{\beta}, \sigma^2\boldsymbol{I}_n)$.

有了以上的基本假定，根据最小二乘法原理，可求得 $\beta_0, \beta_1, \beta_2, \cdots, \beta_k$ 的最小二乘估计，记为 $\hat{\beta}_0, \hat{\beta}_1, \hat{\beta}_2, \cdots, \hat{\beta}_k$，即为使 $Q(\beta_0, \beta_1, \cdots, \beta_k)=\sum_{i=1}^{n}[y_i-(\beta_0+\beta_1 x_{i1}+\cdots+\beta_k x_{ik})]^2$ 达到最小的 $\beta_0, \beta_1, \beta_2, \cdots, \beta_k$，此时 $\beta_0, \beta_1, \beta_2, \cdots, \beta_k$ 应满足下面的方程组：

$$\begin{cases} \dfrac{\partial Q(\beta_0, \beta_1, \cdots, \beta_k)}{\partial \beta_0}=-2\sum_{i=1}^{n}[y_i-(\beta_0+\beta_1 x_{i1}+\cdots+\beta_k x_{ik})]=0, \\ \dfrac{\partial Q(\beta_0, \beta_1, \cdots, \beta_k)}{\partial \beta_j}=-2\sum_{i=1}^{n}[y_i-(\beta_0+\beta_1 x_{i1}+\cdots+\beta_k x_{ik})]x_{ij}=0, \\ \qquad j=1, 2, \cdots, k, \end{cases}$$

上述方程组经整理后即得关于 $\beta_0, \beta_1, \beta_2, \cdots, \beta_k$ 的一个线性方程组，称其为正规方程，其解称为 $\beta_0, \beta_1, \beta_2, \cdots, \beta_k$ 的最小二乘估计，记为 $\hat{\beta}_0, \hat{\beta}_1, \hat{\beta}_2, \cdots, \hat{\beta}_k$：

$$\begin{cases} n\beta_0+\beta_1\sum_{i=1}^{n}x_{i1}+\cdots+\beta_k\sum_{i=1}^{n}x_{ik}=\sum_{i=1}^{n}y_i, \\ \beta_0\sum_{i=1}^{n}x_{i1}+\beta_1\sum_{i=1}^{n}x_{i1}^2+\cdots+\beta_k\sum_{i=1}^{n}x_{i1}x_{ik}=\sum_{i=1}^{n}x_{i1}y_i, \\ \cdots\qquad\cdots\qquad\cdots \\ \beta_0\sum_{i=1}^{n}x_{ik}+\beta_1\sum_{i=1}^{n}x_{ik}x_{i1}+\cdots+\beta_k\sum_{i=1}^{n}x_{ik}^2=\sum_{i=1}^{n}x_{ik}y_i, \end{cases}$$

正规方程可用矩阵表示为：$\boldsymbol{X}^{\mathrm{T}}\boldsymbol{X}\boldsymbol{\beta}=\boldsymbol{X}^{\mathrm{T}}\boldsymbol{Y}$，其中 $\boldsymbol{A}=\boldsymbol{X}^{\mathrm{T}}\boldsymbol{X}$ 为正规方程组的系数矩阵，$\boldsymbol{B}=\boldsymbol{X}^{\mathrm{T}}\boldsymbol{Y}$ 为正规方程组的常数项矩阵. 而通常 $\boldsymbol{A}^{-1}$ 是存在的，此时最小二乘估计 $\hat{\boldsymbol{\beta}}$ 可表示为：

$$\hat{\boldsymbol{\beta}}=(\boldsymbol{X}^{\mathrm{T}}\boldsymbol{X})^{-1}\boldsymbol{X}^{\mathrm{T}}\boldsymbol{Y},$$

类似于一元线性回归有：$\hat{\beta}_0=\bar{y}-\hat{\beta}_1\bar{x}_1-\hat{\beta}_2\bar{x}_2-\cdots-\hat{\beta}_k\bar{x}_k$，其中 $\bar{x}_j=\dfrac{1}{n}\sum_{i=1}^{n}x_{ij}, j=1, 2, \cdots, k$. 为求 σ^2 的估计，先引入几个名词：实际观察值 y_i 与回归值 $\hat{y}_i$ 的差 $y_i-\hat{y}_i$ 为残差；$\widetilde{\boldsymbol{Y}}=\boldsymbol{Y}-\hat{\boldsymbol{Y}}=\boldsymbol{Y}-\boldsymbol{X}\hat{\boldsymbol{\beta}}=[\boldsymbol{I}_n-\boldsymbol{X}(\boldsymbol{X}^{\mathrm{T}}\boldsymbol{X})^{-1}\boldsymbol{X}^{\mathrm{T}}]\boldsymbol{Y}$ 为残差向量(或记为 $\boldsymbol{e}$)；S_e 为剩余平方和.

$$\begin{aligned} S_e&=\sum_{i=1}^{n}(y_i-\hat{y}_i)^2=\widetilde{Y}^{\mathrm{T}}\widetilde{Y}=\mathrm{e}^{\mathrm{T}}e=(Y-X\hat{\beta})^{\mathrm{T}}(Y-X\hat{\beta}) \\ &=(Y^{\mathrm{T}}-\hat{\beta}^{\mathrm{T}}X^{\mathrm{T}})(Y-X\hat{\beta})=Y^{\mathrm{T}}Y-Y^{\mathrm{T}}X\hat{\beta}-\hat{\beta}^{\mathrm{T}}X^{\mathrm{T}}Y+\hat{\beta}^{\mathrm{T}}X^{\mathrm{T}}X\hat{\beta} \\ &=Y^{\mathrm{T}}Y-Y^{\mathrm{T}}X\hat{\beta}-Y^{\mathrm{T}}X(X^{\mathrm{T}}X)^{-1}X^{\mathrm{T}}Y+Y^{\mathrm{T}}X(X^{\mathrm{T}}X)^{-1}X^{\mathrm{T}}X\hat{\beta} \\ &=Y^{\mathrm{T}}Y-Y^{\mathrm{T}}X(X^{\mathrm{T}}X)^{-1}X^{\mathrm{T}}Y=Y^{\mathrm{T}}[I_n-X(X^{\mathrm{T}}X)^{-1}X^{\mathrm{T}}]Y. \end{aligned}$$

回归系数估计量主要有如下性质：

性质 1 $\hat{\boldsymbol{\beta}}$ 是随机向量 $\boldsymbol{Y}$ 的一个线性变换.

证明 由 $\hat{\boldsymbol{\beta}}=(\boldsymbol{X}^{\mathrm{T}}\boldsymbol{X})^{-1}\boldsymbol{X}^{\mathrm{T}}\boldsymbol{Y}$，即可得证.

性质 2 $\hat{\boldsymbol{\beta}}$ 是 $\boldsymbol{\beta}$ 的无偏估计，即 $E(\hat{\boldsymbol{\beta}})=\boldsymbol{\beta}$.

证明
$$\begin{aligned} E(\hat{\boldsymbol{\beta}})&=E[(\boldsymbol{X}^{\mathrm{T}}\boldsymbol{X})^{-1}\boldsymbol{X}^{\mathrm{T}}\boldsymbol{Y}]=(\boldsymbol{X}^{\mathrm{T}}\boldsymbol{X})^{-1}\boldsymbol{X}^{\mathrm{T}}E(\boldsymbol{Y}) \\ &=(\boldsymbol{X}^{\mathrm{T}}\boldsymbol{X})^{-1}\boldsymbol{X}^{\mathrm{T}}E(\boldsymbol{X}\boldsymbol{\beta}+\boldsymbol{\varepsilon})=(\boldsymbol{X}^{\mathrm{T}}\boldsymbol{X})^{-1}\boldsymbol{X}^{\mathrm{T}}\boldsymbol{X}\boldsymbol{\beta}=\boldsymbol{\beta}. \end{aligned}$$

性质 3 $D(\hat{\boldsymbol{\beta}})=\sigma^2(\boldsymbol{X}^{\mathrm{T}}\boldsymbol{X})^{-1}$.

证明
$$\begin{aligned} D(\hat{\boldsymbol{\beta}})&=D[(\boldsymbol{X}^{\mathrm{T}}\boldsymbol{X})^{-1}\boldsymbol{X}^{\mathrm{T}}\boldsymbol{Y}]=(\boldsymbol{X}^{\mathrm{T}}\boldsymbol{X})^{-1}\boldsymbol{X}^{\mathrm{T}}D(\boldsymbol{Y})[(\boldsymbol{X}^{\mathrm{T}}\boldsymbol{X})^{-1}\boldsymbol{X}^{\mathrm{T}}]^{\mathrm{T}} \\ &=(\boldsymbol{X}^{\mathrm{T}}\boldsymbol{X})^{-1}\boldsymbol{X}^{\mathrm{T}}(\sigma^2\boldsymbol{I}_n)\boldsymbol{X}(\boldsymbol{X}^{\mathrm{T}}\boldsymbol{X})^{-1}=\sigma^2(\boldsymbol{X}^{\mathrm{T}}\boldsymbol{X})^{-1}. \end{aligned}$$

通常将矩阵 $(\boldsymbol{X}^{\mathrm{T}}\boldsymbol{X})^{-1}$ 称为相关矩阵，同时易知 $\hat{\boldsymbol{\beta}}$ 的各分量之间并不一定独立.

性质 4 $\mathrm{cov}(\hat{\boldsymbol{\beta}}, \widetilde{\boldsymbol{Y}})=\mathrm{cov}(\hat{\boldsymbol{\beta}}, \boldsymbol{e})=0$.

证明
$$\begin{aligned} \mathrm{cov}(\hat{\boldsymbol{\beta}}, \widetilde{\boldsymbol{Y}})&=\mathrm{cov}(\hat{\boldsymbol{\beta}}, \boldsymbol{Y}-\boldsymbol{X}\hat{\boldsymbol{\beta}})=\mathrm{cov}(\hat{\boldsymbol{\beta}}, \boldsymbol{Y})-\mathrm{cov}(\hat{\boldsymbol{\beta}}, \boldsymbol{X}\hat{\boldsymbol{\beta}}) \\ &=\mathrm{cov}((\boldsymbol{X}^{\mathrm{T}}\boldsymbol{X})^{-1}\boldsymbol{X}^{\mathrm{T}}\boldsymbol{Y}, \boldsymbol{Y})-\mathrm{cov}(\hat{\boldsymbol{\beta}}, \hat{\boldsymbol{\beta}})\boldsymbol{X}^{\mathrm{T}} \\ &=(\boldsymbol{X}^{\mathrm{T}}\boldsymbol{X})^{-1}\boldsymbol{X}^{\mathrm{T}}\sigma^2\boldsymbol{I}_n-\sigma^2(\boldsymbol{X}^{\mathrm{T}}\boldsymbol{X})^{-1}\boldsymbol{X}^{\mathrm{T}}=0. \end{aligned}$$

性质 5(高斯-马尔科夫定理) $\hat{\boldsymbol{\beta}}$ 是 $\boldsymbol{\beta}$ 的最佳线性无偏估计(BLUE).

证明 由于 $\hat{\boldsymbol{\beta}}=(\boldsymbol{X}^{\mathrm{T}}\boldsymbol{X})^{-1}\boldsymbol{X}^{\mathrm{T}}\boldsymbol{Y}$，$E(\hat{\boldsymbol{\beta}})=\boldsymbol{\beta}$，$D(\hat{\boldsymbol{\beta}})=\sigma^2(\boldsymbol{X}^{\mathrm{T}}\boldsymbol{X})^{-1}$，设 $\boldsymbol{T}=\boldsymbol{A}\boldsymbol{Y}$ 为 $\boldsymbol{\beta}$ 的任意一个无偏估计，则 $E(\boldsymbol{T})=\boldsymbol{A}\boldsymbol{X}\boldsymbol{\beta}=\boldsymbol{\beta}$，则 $\boldsymbol{A}\boldsymbol{X}=\boldsymbol{I}_{k+1}$，

$$D(\boldsymbol{T})=D(\boldsymbol{A}\boldsymbol{Y})=\boldsymbol{A}D(Y)\boldsymbol{A}^{\mathrm{T}}=\sigma^2\boldsymbol{A}\boldsymbol{A}^{\mathrm{T}},$$

记 $\boldsymbol{B}=\boldsymbol{A}\boldsymbol{A}^{\mathrm{T}}-(\boldsymbol{X}^{\mathrm{T}}\boldsymbol{X})^{-1}$，考虑到

$$\begin{aligned}&(\boldsymbol{A}-(\boldsymbol{X}^{\mathrm{T}}\boldsymbol{X})^{-1}\boldsymbol{X}^{\mathrm{T}})(\boldsymbol{A}-(\boldsymbol{X}^{\mathrm{T}}\boldsymbol{X})^{-1}\boldsymbol{X}^{\mathrm{T}})^{\mathrm{T}}\\=&\boldsymbol{A}\boldsymbol{A}^{\mathrm{T}}-\boldsymbol{A}\boldsymbol{X}(\boldsymbol{X}^{\mathrm{T}}\boldsymbol{X})^{-1}-(\boldsymbol{X}^{\mathrm{T}}\boldsymbol{X})^{-1}\boldsymbol{X}^{\mathrm{T}}\boldsymbol{A}^{\mathrm{T}}+(\boldsymbol{X}^{\mathrm{T}}\boldsymbol{X})^{-1}\boldsymbol{X}^{\mathrm{T}}\boldsymbol{X}(\boldsymbol{X}^{\mathrm{T}}\boldsymbol{X})^{-1}\\=&\boldsymbol{A}\boldsymbol{A}^{\mathrm{T}}-(\boldsymbol{X}^{\mathrm{T}}\boldsymbol{X})^{-1}=\boldsymbol{B},\end{aligned}$$

则 B 的对角线元素均为非负值，因此 $\boldsymbol{T}$ 的第 i 个分量的方差不小于 $\hat{\boldsymbol{\beta}}$ 的第 i 个分量的方差，$i=0, 1, 2, \cdots, k$，所以 $\hat{\boldsymbol{\beta}}$ 优于 $\boldsymbol{T}$，由 $\boldsymbol{T}$ 的任意性，得 $\hat{\boldsymbol{\beta}}$ 为 $\boldsymbol{\beta}$ 的最佳线性无偏估计.

性质6　当 $\boldsymbol{Y}\sim N(\boldsymbol{X}\boldsymbol{\beta}, \sigma^2\boldsymbol{I}_n)$ 时，则：(1) $\hat{\boldsymbol{\beta}}\sim N(\boldsymbol{\beta}, \sigma^2(\boldsymbol{X}^{\mathrm{T}}\boldsymbol{X})^{-1})$；

(2) $\hat{\boldsymbol{\beta}}$ 与 $\widetilde{\boldsymbol{Y}}$ 相互独立，$\hat{\boldsymbol{\beta}}$ 与 S_e 相互独立；

(3) $\dfrac{S_e}{\sigma^2}=\dfrac{\widetilde{\boldsymbol{Y}}^{\mathrm{T}}\widetilde{\boldsymbol{Y}}}{\sigma^2}=\dfrac{\boldsymbol{e}^{\mathrm{T}}\boldsymbol{e}}{\sigma^2}\sim\chi^2(n-r)$，进而 $\hat{\sigma}^2=\dfrac{S_e}{n-r}$ 为 σ^2 的无偏估计，其中 r 为矩阵 $\boldsymbol{X}$ 的秩.

证明　由于 $\hat{\boldsymbol{\beta}}$ 是独立正态随机变量 $y_1, y_2, \cdots, y_n$ 的线性组合，故 $\hat{\boldsymbol{\beta}}$ 仍服从正态分布，且 $E(\hat{\boldsymbol{\beta}})=\boldsymbol{\beta}$, $D(\hat{\boldsymbol{\beta}})=\sigma^2(\boldsymbol{X}^{\mathrm{T}}\boldsymbol{X})^{-1}$，则有：$\hat{\boldsymbol{\beta}}\sim N(\boldsymbol{\beta}, \sigma^2(\boldsymbol{X}^{\mathrm{T}}\boldsymbol{X})^{-1})$.

又 $\begin{pmatrix}\hat{\boldsymbol{\beta}}\\ \widetilde{\boldsymbol{Y}}\end{pmatrix}=\begin{pmatrix}\hat{\boldsymbol{\beta}}\\ \boldsymbol{Y}-\boldsymbol{X}\hat{\boldsymbol{\beta}}\end{pmatrix}$，即 $\begin{pmatrix}\hat{\boldsymbol{\beta}}\\ \widetilde{\boldsymbol{Y}}\end{pmatrix}$ 服从多元正态分布，而 $\hat{\boldsymbol{\beta}}$ 与 $\widetilde{\boldsymbol{Y}}$ 不相关，即有 $\hat{\boldsymbol{\beta}}$ 与 $\widetilde{\boldsymbol{Y}}$ 相互独立，进而 $\hat{\boldsymbol{\beta}}$ 与 S_e 相互独立. 下面证明：$\dfrac{S_e}{\sigma^2}=\dfrac{\widetilde{\boldsymbol{Y}}^{\mathrm{T}}\widetilde{\boldsymbol{Y}}}{\sigma^2}=\dfrac{\boldsymbol{e}^{\mathrm{T}}\boldsymbol{e}}{\sigma^2}\sim\chi^2(n-r)$.

由于 $S_e=\boldsymbol{Y}^{\mathrm{T}}[\boldsymbol{I}_n-\boldsymbol{X}(\boldsymbol{X}^{\mathrm{T}}\boldsymbol{X})^{-1}\boldsymbol{X}^{\mathrm{T}}]\boldsymbol{Y}$，只要设法将 S_e 变换成 $(n-r)$ 个独立 $N(0, \sigma^2)$ 随机变量的平方和即可. 为此令 $\boldsymbol{G}=\boldsymbol{X}(\boldsymbol{X}^{\mathrm{T}}\boldsymbol{X})^{-1}\boldsymbol{X}^{\mathrm{T}}$，这是一个非负定矩阵，其秩与 $\boldsymbol{X}$ 的秩相同，故必存在正交矩阵 $\boldsymbol{C}$，使 $\boldsymbol{C}\boldsymbol{G}\boldsymbol{C}^{\mathrm{T}}=\begin{pmatrix}\lambda_1 & & & & & & 0\\ & \lambda_2 & & & & & \\ & & \ddots & & & & \\ & & & \lambda_r & & & \\ & & & & 0 & & \\ & & & & & \ddots & \\ 0 & & & & & & 0\end{pmatrix}$，其中 $\lambda_i>0$, $i=1, 2, \cdots, r$.

又
$$\boldsymbol{G}^2=\boldsymbol{G}\boldsymbol{G}=\boldsymbol{X}(\boldsymbol{X}^{\mathrm{T}}\boldsymbol{X})^{-1}\boldsymbol{X}^{\mathrm{T}}\boldsymbol{X}(\boldsymbol{X}^{\mathrm{T}}\boldsymbol{X})^{-1}\boldsymbol{X}^{\mathrm{T}}=\boldsymbol{X}(\boldsymbol{X}^{\mathrm{T}}\boldsymbol{X})^{-1}\boldsymbol{X}^{\mathrm{T}}=\boldsymbol{G},$$

故
$$\boldsymbol{C}\boldsymbol{G}\boldsymbol{C}^{\mathrm{T}}=\boldsymbol{C}\boldsymbol{G}^2\boldsymbol{C}^{\mathrm{T}}=\boldsymbol{C}\boldsymbol{G}\boldsymbol{C}^{\mathrm{T}}\boldsymbol{C}\boldsymbol{G}\boldsymbol{C}^{\mathrm{T}}=\begin{pmatrix}\lambda_1^2 & & & & & & 0\\ & \lambda_2^2 & & & & & \\ & & \ddots & & & & \\ & & & \lambda_r^2 & & & \\ & & & & 0 & & \\ & & & & & \ddots & \\ 0 & & & & & & 0\end{pmatrix}.$$

由此 $\lambda_i^2=\lambda_i$, $i=1, 2, \cdots, r$，即 $\lambda_i=1$, $i=1, 2, \cdots, r$，从而有：$\boldsymbol{C}\boldsymbol{G}\boldsymbol{C}^{\mathrm{T}}=\begin{pmatrix}\boldsymbol{I}_r & \boldsymbol{0}\\ \boldsymbol{0} & \boldsymbol{0}\end{pmatrix}$.

做变换 $\boldsymbol{Z}=\boldsymbol{G}(\boldsymbol{Y}-\boldsymbol{X}\boldsymbol{\beta})$，则 $\boldsymbol{Z}$ 服从正态分布，且

$$E(\boldsymbol{Z})=E[\boldsymbol{C}(\boldsymbol{Y}-\boldsymbol{X\beta})]=\boldsymbol{C}[E(\boldsymbol{Y})-\boldsymbol{X\beta}]=0,$$

$$D(\boldsymbol{Z})=D[\boldsymbol{C}(\boldsymbol{Y}-\boldsymbol{X\beta})]=D(\boldsymbol{CY})=\boldsymbol{C}D(\boldsymbol{Y})\boldsymbol{C}^{\mathrm{T}}=\sigma^2\boldsymbol{CC}^{\mathrm{T}}=\sigma^2\boldsymbol{I}_n,$$

这说明 $\boldsymbol{Z}$ 的分量 $Z_1, Z_2, \cdots, Z_n$ 相互独立,且均服从 $N(0, \sigma^2)$. 又

$$\begin{aligned}S_e&=\boldsymbol{Y}^{\mathrm{T}}[\boldsymbol{I}_n-\boldsymbol{X}(\boldsymbol{X}^{\mathrm{T}}\boldsymbol{X})^{-1}\boldsymbol{X}^{\mathrm{T}}]\boldsymbol{Y}\\&=(\boldsymbol{C}^{\mathrm{T}}\boldsymbol{Z}+\boldsymbol{X\beta})[\boldsymbol{I}_n-\boldsymbol{X}(\boldsymbol{X}^{\mathrm{T}}\boldsymbol{X})^{-1}\boldsymbol{X}^{\mathrm{T}}](\boldsymbol{C}^{\mathrm{T}}\boldsymbol{Z}+\boldsymbol{X\beta})\\&=\boldsymbol{Z}^{\mathrm{T}}\boldsymbol{C}(\boldsymbol{I}_n-\boldsymbol{G})\boldsymbol{C}^{\mathrm{T}}\boldsymbol{Z}=\boldsymbol{Z}^{\mathrm{T}}\boldsymbol{Z}-\boldsymbol{Z}^{\mathrm{T}}\boldsymbol{CGC}^{\mathrm{T}}\boldsymbol{Z}=\boldsymbol{Z}'\boldsymbol{Z}-\boldsymbol{Z}^{\mathrm{T}}\begin{pmatrix}\boldsymbol{I}_r&\boldsymbol{0}\\\boldsymbol{0}&\boldsymbol{0}\end{pmatrix}\boldsymbol{Z}\\&=\sum_{i=1}^{n}z_i^2-\sum_{i=1}^{r}z_i^2=\sum_{i=r+1}^{n}z_i^2,\end{aligned}$$

所以 S_e 是 $(n-r)$ 个独立 $N(0, \sigma^2)$ 随机变量的平方和,从而有:$\dfrac{S_e}{\sigma^2}=\dfrac{\widetilde{\boldsymbol{Y}}^{\mathrm{T}}\widetilde{\boldsymbol{Y}}}{\sigma^2}=\dfrac{\boldsymbol{e}^{\mathrm{T}}\boldsymbol{e}}{\sigma^2}\sim\chi^2(n-r)$,进而易知:$\hat{\sigma}^2=\dfrac{S_e}{n-r}$ 为 σ^2 的无偏估计.

注意 如果矩阵 $\boldsymbol{X}$ 是列满秩的,即其秩为 $k+1$,而 $k+1$ 为未知系数的个数,此时 $\hat{\sigma}^2=\dfrac{S_e}{n-(k+1)}$. 若没有常数项,即无 β_0 这一项,此时 $\hat{\sigma}^2=\dfrac{S_e}{n-k}$.

例 10.3 考虑一元线性回归模型:$\begin{cases}y_1=\beta_0+\beta_1x_1+\varepsilon_1\\y_2=\beta_0+\beta_1x_2+\varepsilon_2\\\qquad\vdots\\y_n=\beta_0+\beta_1x_n+\varepsilon_n\end{cases}$, $\varepsilon_1, \varepsilon_2, \cdots, \varepsilon_n$ 相互独立且服从 $N(0, \sigma^2)$,请通过多元线性回归分析的方法(矩阵运算)给出参数的最小二乘估计.

解 记 $\boldsymbol{Y}=\begin{pmatrix}y_1\\y_2\\\vdots\\y_n\end{pmatrix}$, $X=\begin{pmatrix}1&x_1\\1&x_2\\\vdots&\vdots\\1&x_n\end{pmatrix}$, $\boldsymbol{\beta}=\begin{pmatrix}\beta_0\\\beta_1\end{pmatrix}$, $\boldsymbol{\varepsilon}=\begin{pmatrix}\varepsilon_1\\\varepsilon_2\\\vdots\\\varepsilon_n\end{pmatrix}$, $\bar{x}=\dfrac{1}{n}\sum_{i=1}^{n}x_i$, $\bar{y}=\dfrac{1}{n}\sum_{i=1}^{n}y_i$,

则

$$\boldsymbol{X}^{\mathrm{T}}\boldsymbol{X}=\begin{pmatrix}n&n\bar{x}\\n\bar{x}&\sum_{i=1}^{n}x_i^2\end{pmatrix},(\boldsymbol{X}^{\mathrm{T}}\boldsymbol{X})^{-1}=\frac{1}{n\sum_{i=1}^{n}(x_i-\bar{x})^2}\begin{pmatrix}\sum_{i=1}^{n}x_i^2&-n\bar{x}\\-n\bar{x}&n\end{pmatrix},$$

$$\hat{\boldsymbol{\beta}}=(\boldsymbol{X}^{\mathrm{T}}\boldsymbol{X})^{-1}\boldsymbol{X}^{\mathrm{T}}\boldsymbol{Y}=\frac{1}{n\sum_{i=1}^{n}(x_i-\bar{x})^2}\begin{pmatrix}\sum_{i=1}^{n}x_i^2&-n\bar{x}\\-n\bar{x}&n\end{pmatrix}\begin{pmatrix}1&1&\cdots&1\\x_1&x_2&\cdots&x_n\end{pmatrix}\begin{pmatrix}y_1\\y_2\\\vdots\\y_n\end{pmatrix}$$

$$=\frac{1}{n\sum_{i=1}^{n}(x_i-\bar{x})^2}\begin{pmatrix}n\bar{y}\sum_{i=1}^{n}x_i^2-n\bar{x}\sum_{i=1}^{n}x_iy_i\\n\sum_{i=1}^{n}x_iy_i-n^2\bar{x}\cdot\bar{y}\end{pmatrix}.$$

由此得到：
$$\hat{\beta}_1=\frac{n\sum_{i=1}^{n}x_i y_i-n^2\bar{x}\bar{y}}{n\sum_{i=1}^{n}(x_i-\bar{x})^2}=\frac{\sum_{i=1}^{n}x_i y_i-n\bar{x}\bar{y}}{\sum_{i=1}^{n}x_i^2-n\bar{x}^2}=\frac{l_{xy}}{l_{xx}},$$

$$\hat{\beta}_0=\frac{n\bar{y}\sum_{i=1}^{n}x_i^2-n\bar{x}\sum_{i=1}^{n}x_i y_i}{n\sum_{i=1}^{n}(x_i-\bar{x})^2}=\frac{\bar{y}\left(\sum_{i=1}^{n}x_i^2-n\bar{x}^2\right)-\bar{x}\left(\sum_{i=1}^{n}x_i y_i-n\bar{x}\bar{y}\right)}{\sum_{i=1}^{n}x_i^2-n\bar{x}^2}$$
$$=\bar{y}-\hat{\beta}_1\bar{x},$$

$$\hat{\sigma}^2=\frac{S_e}{n-2}=\frac{1}{n-2}(\boldsymbol{Y}-\boldsymbol{X}\hat{\boldsymbol{\beta}})^{\mathrm{T}}(\boldsymbol{Y}-\boldsymbol{X}\hat{\boldsymbol{\beta}})$$
$$=\frac{1}{n-2}\begin{pmatrix}y_1-(\hat{\beta}_0+\hat{\beta}_1x_1)\\ y_2-(\hat{\beta}_0+\hat{\beta}_1x_2)\\ \vdots\\ y_n-(\hat{\beta}_0+\hat{\beta}_1x_n)\end{pmatrix}^{\mathrm{T}}\begin{pmatrix}y_1-(\hat{\beta}_0+\hat{\beta}_1x_1)\\ y_2-(\hat{\beta}_0+\hat{\beta}_1x_2)\\ \vdots\\ y_n-(\hat{\beta}_0+\hat{\beta}_1x_n)\end{pmatrix}$$
$$=\frac{1}{n-2}\begin{pmatrix}(y_1-\bar{y})-\hat{\beta}_1(x_1-\bar{x})\\ (y_2-\bar{y})-\hat{\beta}_1(x_2-\bar{x})\\ \vdots\\ (y_n-\bar{y})-\hat{\beta}_1(x_n-\bar{x})\end{pmatrix}^{\mathrm{T}}\begin{pmatrix}(y_1-\bar{y})-\hat{\beta}_1(x_1-\bar{x})\\ (y_2-\bar{y})-\hat{\beta}_1(x_2-\bar{x})\\ \vdots\\ (y_n-\bar{y})-\hat{\beta}_1(x_n-\bar{x})\end{pmatrix}$$
$$=\frac{1}{n-2}\left[\sum_{i=1}^{n}(y_i-\bar{y})^2+\hat{\beta}_1^2\sum_{i=1}^{n}(x_i-\bar{x})^2-2\hat{\beta}_1\sum_{i=1}^{n}(x_i-\bar{x})(y_i-\bar{y})\right]$$
$$=\frac{1}{n-2}\left[\sum_{i=1}^{n}(y_i-\bar{y})^2-\hat{\beta}_1^2\sum_{i=1}^{n}(x_i-\bar{x})^2\right].$$

例 10.4(关于“中心化”回归模型)　记 $\bar{y}=\frac{1}{n}\sum_{i=1}^{n}y_i$，$\bar{x}_j=\frac{1}{n}\sum_{i=1}^{n}x_{ij}$，$j=1, 2, \cdots, k$，多元线性回归模型为：$y_i=\beta_0+\beta_1x_{i1}+\beta_2x_{i2}+\cdots+\beta_kx_{ik}+\varepsilon_i$，$i=1, 2, \cdots, n$，系数的最小二乘估计记为 $\hat{\beta}_0$，$\hat{\beta}_1$，$\hat{\beta}_2$，…，$\hat{\beta}_k$，由正规方程的第一个方程可知：经验回归方程过“点”$(\bar{x}_1, \bar{x}_2, \cdots, \bar{x}_k;\ \bar{y})$，即有：$\bar{y}=\hat{\beta}_0+\hat{\beta}_1\bar{x}_1+\hat{\beta}_2\bar{x}_2+\cdots+\hat{\beta}_k\bar{x}_k$，又由于

$$\hat{y}_i=\hat{\beta}_0+\hat{\beta}_1x_{i1}+\hat{\beta}_2x_{i2}+\cdots+\hat{\beta}_kx_{ik},\ i=1, 2, \cdots, n,$$

则 $\hat{y}_i=[\bar{y}-(\hat{\beta}_1\bar{x}_1+\hat{\beta}_2\bar{x}_2+\cdots+\hat{\beta}_k\bar{x}_k)]+\hat{\beta}_1x_{i1}+\hat{\beta}_2x_{i2}+\cdots+\hat{\beta}_kx_{ik}$，$i=1, 2, \cdots, n$，
$\hat{y}_i-\bar{y}=\hat{\beta}_1(x_{i1}-\bar{x}_1)+\hat{\beta}_2(x_{i2}-\bar{x}_2)+\cdots+\hat{\beta}_k(x_{ik}-\bar{x}_k)$，$i=1, 2, \cdots, n$.

又
$$\sum_{i=1}^{n}\hat{y}_i=n\hat{\beta}_0+\hat{\beta}_1\sum_{i=1}^{n}x_{i1}+\hat{\beta}_2\sum_{i=1}^{n}x_{i2}+\cdots+\hat{\beta}_k\sum_{i=1}^{n}x_{ik},$$

则有
$$\bar{\hat{y}}=\frac{1}{n}\sum_{i=1}^{n}\hat{y}_i=\hat{\beta}_0+\hat{\beta}_1\bar{x}_1+\hat{\beta}_2\bar{x}_2+\cdots+\hat{\beta}_k\bar{x}_k=\bar{y}.$$

于是有 $\hat{y}_i-\bar{y}=\hat{\beta}_1(x_{i1}-\bar{x}_1)+\hat{\beta}_2(x_{i2}-\bar{x}_2)+\cdots+\hat{\beta}_k(x_{ik}-\bar{x}_k)$，$i=1, 2, \cdots, n$.
上式称为“中心化”经验回归方程.“中心化”经验回归方程的常数项为 0，而回归系数的最小二乘估计值 $\hat{\beta}_1$，$\hat{\beta}_2$，…，$\hat{\beta}_k$ 保持不变，这一点是容易理解的，这是因为“中心化”其实是坐标系的平移变换，只改变直线的截距，而不改变直线的斜率.“中心化”经验回归方程所对应的“中心化”回归模型可表示为：

$$y_i-\bar{y}=\beta_1(x_{i1}-\bar{x}_1)+\cdots+\beta_k(x_{ik}-\bar{x}_k)+\varepsilon'_i,\ i=1, 2, \cdots, n,$$

这里的误差项 ε'_i 与 ε_i 并不相同分布.

下面求回归系数 β_1，β_2，…，β_k 的最小二乘估计与 σ^2 的无偏估计.

矩阵 $\boldsymbol{X}$，$\boldsymbol{Y}$ 为：$\boldsymbol{X}=\begin{pmatrix} x_{11}-\bar{x}_1 & x_{12}-\bar{x}_2 & \cdots & x_{1k}-\bar{x}_k \\ x_{21}-\bar{x}_1 & x_{22}-\bar{x}_2 & \cdots & x_{2k}-\bar{x}_k \\ \vdots & \vdots & & \vdots \\ x_{n1}-\bar{x}_1 & x_{n2}-\bar{x}_2 & \cdots & x_{nk}-\bar{x}_k \end{pmatrix}$，$\boldsymbol{Y}=\begin{pmatrix} y_1-\bar{y} \\ y_2-\bar{y} \\ \vdots \\ y_n-\bar{y} \end{pmatrix}$，

$$\boldsymbol{X}^{\mathrm{T}}\boldsymbol{X}=\begin{pmatrix} l_{11} & l_{12} & \cdots & l_{1k} \\ l_{21} & l_{22} & \cdots & l_{2k} \\ \vdots & \vdots & & \vdots \\ l_{k1} & l_{k2} & \cdots & l_{kk} \end{pmatrix},\ \boldsymbol{X}^{\mathrm{T}}\boldsymbol{Y}=\begin{pmatrix} l_{1y} \\ l_{2y} \\ \vdots \\ l_{ky} \end{pmatrix},$$

其中，$l_{uv}=\sum_{i=1}^{n}(x_{iu}-\bar{x}_u)(x_{iv}-\bar{x}_v)=\sum_{i=1}^{n}x_{iu}x_{iv}-n\bar{x}_u\bar{x}_v$，$u$，$v=1, 2, \cdots, k$，

$$l_{uy}=\sum_{i=1}^{n}(x_{iu}-\bar{x}_u)(y_i-\bar{y})=\sum_{i=1}^{n}x_{iu}y_i-n\bar{x}_u\bar{y},\ u=1, 2, \cdots, k,$$

记 $\boldsymbol{\beta}=\begin{pmatrix} \beta_1 \\ \beta_2 \\ \vdots \\ \beta_k \end{pmatrix}$，由此得到正规方程组为：$\begin{pmatrix} l_{11} & l_{12} & \cdots & l_{1k} \\ l_{21} & l_{22} & \cdots & l_{2k} \\ \vdots & \vdots & & \vdots \\ l_{k1} & l_{k2} & \cdots & l_{kk} \end{pmatrix}\begin{pmatrix} \beta_1 \\ \beta_2 \\ \vdots \\ \beta_k \end{pmatrix}=\begin{pmatrix} l_{1y} \\ l_{2y} \\ \vdots \\ l_{ky} \end{pmatrix}$，

记 $\boldsymbol{L}=\begin{pmatrix} l_{11} & l_{12} & \cdots & l_{1k} \\ l_{21} & l_{22} & \cdots & l_{2k} \\ \vdots & \vdots & & \vdots \\ l_{k1} & l_{k2} & \cdots & l_{kk} \end{pmatrix}$，则上述方程组可表示为：$\boldsymbol{L}\begin{pmatrix} \beta_1 \\ \beta_2 \\ \vdots \\ \beta_k \end{pmatrix}=\begin{pmatrix} l_{1y} \\ l_{2y} \\ \vdots \\ l_{ky} \end{pmatrix}$，

由此得：$\begin{pmatrix} \hat{\beta}_1 \\ \hat{\beta}_2 \\ \vdots \\ \hat{\beta}_k \end{pmatrix}=\boldsymbol{L}^{-1}\begin{pmatrix} l_{1y} \\ l_{2y} \\ \vdots \\ l_{ky} \end{pmatrix}$，进而 $\hat{\beta}_0=\bar{y}-(\hat{\beta}_1\bar{x}_1+\hat{\beta}_2\bar{x}_2+\cdots+\hat{\beta}_k\bar{x}_k)$，

下面估计原始模型中的方差 σ^2.

在设计矩阵列满秩时有：$\hat{\sigma}^2=\dfrac{S_e}{n-k-1}$.

而
$$S_e=\begin{pmatrix}y_1\\y_2\\\vdots\\y_n\end{pmatrix}^{\mathrm T}\begin{pmatrix}y_1\\y_2\\\vdots\\y_n\end{pmatrix}-\begin{pmatrix}\hat\beta_0\\\hat\beta_1\\\vdots\\\hat\beta_k\end{pmatrix}^{\mathrm T}\begin{pmatrix}1 & x_{11} & \cdots & x_{1k}\\1 & x_{21} & \cdots & x_{2k}\\\vdots & \vdots & & \vdots\\1 & x_{n1} & \cdots & x_{nk}\end{pmatrix}^{\mathrm T}\begin{pmatrix}y_1\\y_2\\\vdots\\y_n\end{pmatrix}$$
$$=\sum_{i=1}^n y_i^2-\hat\beta_0\sum_{i=1}^n y_i-\hat\beta_1\sum_{i=1}^n x_{i1}y_i-\cdots-\hat\beta_k\sum_{i=1}^n x_{ik}y_i$$
$$=\sum_{i=1}^n y_i^2-\hat\beta_0 n\bar y-\hat\beta_1(l_{1y}+n\bar x_1\bar y)-\cdots-\hat\beta_k(l_{ky}+n\bar x_k\,\bar y)$$
$$=\sum_{i=1}^n y_i^2-n\bar y(\hat\beta_0+\hat\beta_1\bar x_1+\cdots+\hat\beta_k\,\bar x_k)-\hat\beta_1 l_{1y}-\cdots-\hat\beta_k\,l_{ky}$$
$$=\sum_{i=1}^n y_i^2-n(\bar y)^2-\hat\beta_1 l_{1y}-\cdots-\hat\beta_k\,l_{ky}$$
$$=l_{yy}-\hat\beta_1 l_{1y}-\cdots-\hat\beta_k\,l_{ky}=\boldsymbol{Y}^{\mathrm T}\boldsymbol{Y}-\hat{\boldsymbol\beta}^{\mathrm T}\boldsymbol{X}^{\mathrm T}\boldsymbol{Y}.$$

值得指出的是：利用“中心化”回归模型的优点之一是求逆矩阵的阶数降低一阶，这将减少工作量.

例 10.5(称量设计) 有一架天平称重时有随机误差 ε, $E(\varepsilon)=0$, $D(\varepsilon)=\sigma^2$，设有 4 个重物 A_1, A_2, A_3, A_4，实重分别为 β_1, β_2, β_3, β_4(均未知)，用下述方法称重 4 次. 第 1 次：A_1, A_2, A_3, A_4 放在左盘，右盘砝码读数为 y_1；第 k 次：A_1, A_k 放在左盘，其余放在右盘，加砝码使平衡，砝码读数为 y_k（砝码若在左盘读数为负；放在右盘读数为正），$k=2, 3, 4$.

试求 β_1, β_2, β_3, β_4 的最小二乘估计及方差. 如果对 A_1, A_2, A_3, A_4 分别进行重复称重，需要多少次，才能得到同样精度(方差)的无偏估计.

解 $\begin{cases}y_1=\beta_1+\beta_2+\beta_3+\beta_4+\varepsilon_1,\\y_2=\beta_1+\beta_2-\beta_3-\beta_4+\varepsilon_2,\\y_3=\beta_1-\beta_2+\beta_3-\beta_4+\varepsilon_3,\\y_4=\beta_1-\beta_2-\beta_3+\beta_4+\varepsilon_4,\end{cases}$ 其中 ε_1, ε_2, ε_3, ε_4 独立，且 $E(\varepsilon_i)=0$, $D(\varepsilon_i)=\sigma^2$, $i=1, 2, 3, 4$.

$$\boldsymbol{X}=\begin{pmatrix}1 & 1 & 1 & 1\\1 & 1 & -1 & -1\\1 & -1 & 1 & -1\\1 & -1 & -1 & 1\end{pmatrix},\ \boldsymbol{Y}=\begin{pmatrix}y_1\\y_2\\y_3\\y_4\end{pmatrix},\ \boldsymbol{X}^{\mathrm T}\boldsymbol{X}=\begin{pmatrix}4 & 0 & 0 & 0\\0 & 4 & 0 & 0\\0 & 0 & 4 & 0\\0 & 0 & 0 & 4\end{pmatrix},$$

$$\boldsymbol{X}^{\mathrm T}\boldsymbol{Y}=\begin{pmatrix}y_1+y_2+y_3+y_4\\y_1+y_2-y_3-y_4\\y_1-y_2+y_3-y_4\\y_1-y_2-y_3+y_4\end{pmatrix},\ (\boldsymbol{X}^{\mathrm T}\boldsymbol{X})^{-1}=\begin{pmatrix}\frac14 & 0 & 0 & 0\\0 & \frac14 & 0 & 0\\0 & 0 & \frac14 & 0\\0 & 0 & 0 & \frac14\end{pmatrix},$$

$$\hat{\boldsymbol{\beta}}=\begin{pmatrix}\hat{\beta}_1\\\hat{\beta}_2\\\hat{\beta}_3\\\hat{\beta}_4\end{pmatrix}=(\boldsymbol{X}^{\mathrm{T}}\boldsymbol{X})^{-1}\boldsymbol{X}^{\mathrm{T}}\boldsymbol{Y}=\begin{pmatrix}\frac{1}{4}(y_1+y_2+y_3+y_4)\\\frac{1}{4}(y_1+y_2-y_3-y_4)\\\frac{1}{4}(y_1-y_2+y_3-y_4)\\\frac{1}{4}(y_1-y_2-y_3+y_4)\end{pmatrix},$$

即
$$\hat{\beta}_1=\frac{1}{4}(y_1+y_2+y_3+y_4),\ \hat{\beta}_2=\frac{1}{4}(y_1+y_2-y_3-y_4),$$
$$\hat{\beta}_3=\frac{1}{4}(y_1-y_2+y_3-y_4),\ \hat{\beta}_4=\frac{1}{4}(y_1-y_2-y_3+y_4),$$

且
$$D(\hat{\beta}_i)=\frac{1}{16}[D(y_1)+D(y_2)+D(y_3)+D(y_4)]=\frac{\sigma^2}{4},\ i=1,2,3,4.$$

设对 A_i 重复称 n 次,第 t 次测得的重量为 y_{it}, $t=1, 2, \cdots, n$,易见 β_i 的点估计为: $\hat{\beta}_i=\frac{1}{n}\sum_{t=1}^{n}y_{it}$,其为 β_i 的无偏估计,且 $D(\hat{\beta}_i)=\frac{1}{n^2}\sum_{t=1}^{n}D(y_{it})=\frac{\sigma^2}{n}$.

因此对 A_1, A_2, A_3, A_4 分别进行称量,对每一个要重复 4 次才能得到同样精度的无偏估计.

10.2.3　多元线性回归的假设检验与预测

1. 多元线性回归的显著性检验

检验问题:变量 y 与 x_1, x_2, $\cdots$, x_k 之间是否确有线性关系?如果它们之间没有线性关系,那么一切的 β_i, $i=1, 2, \cdots, k$ 均应为 0,即原假设为 H_0: $\beta_1=\beta_2=\cdots=\beta_k=0$;若不拒绝 H_0,则认为线性回归不显著,否则认为线性回归显著,通常采用方差分析法做检验.

设有 n 组观察值 $(x_{i1}, x_{i2}, \cdots, x_{ik};\ y_i)$, $i=1, 2\cdots, n$,记 $\bar{y}=\frac{1}{n}\sum_{i=1}^{n}y_i$,而回归方程为:

$$\hat{y}_i=\hat{\beta}_0+\hat{\beta}_1x_{i1}+\cdots+\hat{\beta}_kx_{ik},\ i=1,\ 2,\ \cdots,\ n,$$

总的偏差平方和为: $S_T=\sum_{i=1}^{n}(y_i-\bar{y})^2$,将其分解如下:

$$\sum_{i=1}^{n}(y_i-\bar{y})^2=\sum_{i=1}^{n}(y_i-\hat{y}_i)^2+\sum_{i=1}^{n}(\hat{y}_i-\bar{y})^2.$$

事实上,

$$\begin{aligned}S_T&=\sum_{i=1}^{n}[(y_i-\hat{y}_i)+(\hat{y}_i-\bar{y})]^2\\&=\sum_{i=1}^{n}(y_i-\hat{y}_i)^2+\sum_{i=1}^{n}(\hat{y}_i-\bar{y})^2+2\sum_{i=1}^{n}(y_i-\hat{y}_i)(\hat{y}_i-\bar{y}),\end{aligned}$$

由正规方程可得：

$$\begin{aligned}&\sum_{i=1}^{n}(y_i-\hat{y}_i)(\hat{y}_i-\bar{y})\\&=\sum_{i=1}^{n}(y_i-\hat{\beta}_0-\hat{\beta}_1x_{i1}-\cdots-\hat{\beta}_kx_{ik})[(\hat{\beta}_0-\bar{y})+\hat{\beta}_1x_{i1}+\cdots+\hat{\beta}_kx_{ik}]\\&=(\hat{\beta}_0-\bar{y})\sum_{i=1}^{n}(y_i-\hat{\beta}_0-\hat{\beta}_1x_{i1}-\cdots-\hat{\beta}_kx_{ik})+\hat{\beta}_1\sum_{i=1}^{n}(y_i-\hat{\beta}_0-\hat{\beta}_1x_{i1}-\cdots-\hat{\beta}_kx_{ik})x_{i1}+\\&\quad\cdots+\hat{\beta}_k\sum_{i=1}^{n}(y_i-\hat{\beta}_0-\hat{\beta}_1x_{i1}-\cdots-\hat{\beta}_kx_{ik})x_{ik}=0.\end{aligned}$$

$S_e=\sum_{i=1}^{n}(y_i-\hat{y}_i)^2$ 为剩余平方和，它是由试验引起的误差，或者说由 σ^2 引起的；

$S_{回}=\sum_{i=1}^{n}(\hat{y}_i-\bar{y})^2$ 为回归平方和，它是由线性回归引起的. 故 $S_T=S_e+S_{回}$.

设矩阵 $\boldsymbol{X}$ 列满秩，当原假设 H_0 成立时，$\dfrac{S_T}{\sigma^2}\sim\chi^2(n-1)$，$\dfrac{S_e}{\sigma^2}\sim\chi^2(n-k-1)$，$\dfrac{S_{回}}{\sigma^2}\sim\chi^2(k)$，且 S_e 与 $S_{回}$ 相互独立，所以检验统计量：$F=\dfrac{S_{回}/k}{S_e/(n-k-1)}\sim F(k,n-k-1)$，给定显著性水平 α，若 $F>F_\alpha(k,n-k-1)$，则拒绝 H_0，认为线性回归显著；若 $F\leqslant F_\alpha(k,n-k-1)$，则不拒绝 H_0，认为线性回归不显著.

2. 回归系数的显著性检验

假如 y 与 x_1, x_2, …, x_k 之间确有线性关系，但是否每个变量都起着显著作用呢？对某一 j，如果因素 x_j 对 y 作用不显著，那么 β_j 应该是 0. 因此要检验因子 x_j 对 y 是否有显著影响，就相当于检验假设 H_{0j}：$\beta_j=0$ 是否成立.

由于 $\hat{\beta}_j\sim N(\beta_j, c_{jj}\sigma^2)$，其中 c_{jj} 是矩阵 $(\boldsymbol{X}^{\mathrm{T}}\boldsymbol{X})^{-1}$ 的主对角线上的第 $j+1$ 个元素，且 $\hat{\beta}_j$ 与 $\hat{\sigma}^2$ 相互独立，因此当原假设 H_{0j}：$\beta_j=0$ 成立时，检验统计量为：

$$T=\frac{\hat{\beta}_j}{\hat{\sigma}\sqrt{c_{jj}}}=\frac{\hat{\beta}_j}{\sqrt{c_{jj}}\sqrt{S_e/(n-k-1)}}\sim t(n-k-1),$$

给定显著性水平 α，若 $|T|>t_{\alpha/2}(n-k-1)$，则拒绝 H_0，认为 β_j 显著地不等于 0；若 $|T|\leqslant t_{\alpha/2}(n-k-1)$，则不拒绝 H_0，认为 β_j 显著地等于 0.

3. 预测

类似于一元线性回归预测，多元线性回归预测也涉及因变量 y 的平均值的置信区间和个别值的预测区间，下面仅介绍个别值的预测区间. 由 n 组观测值(x_{i1}, x_{i2}, x_{i3}, …, x_{ik}; y_i), $i=1, 2, \cdots, n$，通过最小二乘法建立线性回归方程为：$\hat{y}_i=\hat{\beta}_0+\hat{\beta}_1x_{i1}+\cdots+\hat{\beta}_kx_{ik}$, $i=1, 2, \cdots, n$. 对于给定的 $x_0=(x_{01}, x_{02}, \cdots, x_{0k})^{\mathrm{T}}$，预测因变量 y_0，易见，$\hat{y}_0=\hat{\beta}_0+\hat{\beta}_1x_{01}+\cdots+\hat{\beta}_kx_{0k}$ 作为 y_0 的预测值，假定 y_0 与 y_1, y_2, …, y_n 相互独立，可以证明：

$$y_0-\hat{y}_0\sim N\Big(0, \sigma^2\Big(1+\frac{1}{n}+\sum_{i=1}^{k}\sum_{j=1}^{k}c_{ij}(x_{0i}-\bar{x}_i)(x_{0j}-\bar{x}_j)\Big)\Big),$$

其中，c_{ij} 是矩阵 $(\boldsymbol{X}^{\mathrm{T}}\boldsymbol{X})^{-1}$ 的第 i 行第 j 列元素.

记 $d_0=\sqrt{1+\dfrac{1}{n}+\sum\limits_{i=1}^{k}\sum\limits_{j=1}^{k}c_{ij}(x_{0i}-\bar{x}_i)(x_{0j}-\bar{x}_j)}$，则 $U=\dfrac{y_0-\hat{y}_0}{\sigma d_0}\sim N(0,1)$，而 $\dfrac{S_e}{\sigma^2}\sim\chi^2(n-k-1)$，且 $y_0-\hat{y}_0$ 与 S_e 相互独立，

则
$$T=\frac{y_0-\hat{y}_0}{\sqrt{S_e/(n-k-1)}\,d_0}\sim t(n-k-1),$$

给定置信水平 $1-\alpha$，使 $P(|T|\leqslant t_{\alpha/2}(n-k-1))=1-\alpha$，即：

$$P\left(\frac{|y_0-\hat{y}_0|}{\sqrt{S_e/(n-k-1)}\,d_0}\leqslant t_{\alpha/2}(n-k-1)\right)=1-\alpha,$$

$$P\left(\hat{y}_0-t_{\alpha/2}(n-k-1)\sqrt{\frac{S_e}{n-k-1}}\,d_0\leqslant y_0\leqslant\hat{y}_0+t_{\alpha/2}(n-k-1)\sqrt{\frac{S_e}{n-k-1}}\,d_0\right)=1-\alpha,$$

则 y 的置信水平为 $1-\alpha$ 的预测范围是：

$$\left[\hat{y}_0-t_{\alpha/2}(n-k-1)\sqrt{\frac{S_e}{n-k-1}}\,d_0,\ \hat{y}_0+t_{\alpha/2}(n-k-1)\sqrt{\frac{S_e}{n-k-1}}\,d_0\right].$$

例 10.6　设 $\begin{cases}y_1=\beta_1+\varepsilon_1,\\ y_2=2\beta_1-\beta_2+\varepsilon_2,\\ y_3=\beta_1+2\beta_2+\varepsilon_3,\end{cases}\begin{pmatrix}\varepsilon_1\\ \varepsilon_2\\ \varepsilon_3\end{pmatrix}\sim N(\boldsymbol{0},\sigma^2\boldsymbol{I}_3)$，

(1) 求 $\boldsymbol{\beta}=\begin{pmatrix}\beta_1\\ \beta_2\end{pmatrix}$ 的最小二乘估计 $\hat{\boldsymbol{\beta}}=\begin{pmatrix}\hat{\beta}_1\\ \hat{\beta}_2\end{pmatrix}$；

(2) 导出 $\hat{\beta}_1$ 的分布，基于 $\hat{\beta}_1$ 给出的 σ^2 已知时，β_1 的置信水平为 $1-\alpha$ 的区间估计；

(3) 求 $\beta_1-\beta_2$ 的置信水平为 $1-\alpha$ 的区间估计.

解　(1)
$$\boldsymbol{X}=\begin{pmatrix}1&0\\ 2&-1\\ 1&2\end{pmatrix},\ \boldsymbol{X}^{\mathrm{T}}=\begin{pmatrix}1&2&1\\ 0&-1&2\end{pmatrix},$$

$$\boldsymbol{X}^{\mathrm{T}}\boldsymbol{X}=\begin{pmatrix}6&0\\ 0&5\end{pmatrix},\ (\boldsymbol{X}^{\mathrm{T}}\boldsymbol{X})^{-1}=\begin{pmatrix}\frac{1}{6}&0\\ 0&\frac{1}{5}\end{pmatrix},\ \boldsymbol{X}^{\mathrm{T}}\boldsymbol{Y}=\begin{pmatrix}y_1+2y_2+y_3\\ -y_2+2y_3\end{pmatrix},$$

于是 $\hat{\boldsymbol{\beta}}=(\boldsymbol{X}^{\mathrm{T}}\boldsymbol{X})^{-1}\boldsymbol{X}^{\mathrm{T}}\boldsymbol{Y}=\begin{pmatrix}\frac{1}{6}&0\\ 0&\frac{1}{5}\end{pmatrix}\begin{pmatrix}y_1+2y_2+y_3\\ -y_2+2y_3\end{pmatrix}=\begin{pmatrix}\frac{1}{6}(y_1+2y_2+y_3)\\ \frac{1}{5}(-y_2+2y_3)\end{pmatrix}$，

即
$$\hat{\beta}_1=\frac{1}{6}(y_1+2y_2+y_3),\ \hat{\beta}_2=\frac{1}{5}(-y_2+2y_3).$$

(2) 由于 $\hat{\boldsymbol{\beta}} \sim N(\boldsymbol{\beta}, \sigma^2(\boldsymbol{X}^{\mathrm{T}}\boldsymbol{X})^{-1})$，即 $\hat{\beta}_1 \sim N\left(\beta_1, \frac{1}{6}\sigma^2\right)$.

当 σ^2 已知时，$\frac{\hat{\beta}_1-\beta_1}{\sqrt{\sigma^2/6}} \sim N(0, 1)$，即

$$\sqrt{6}\,\frac{\hat{\beta}_1-\beta_1}{\sigma} \sim N(0, 1),\ P\left(\left|\sqrt{6}\,\frac{\hat{\beta}_1-\beta_1}{\sigma}\right| \leqslant U_{\alpha/2}\right)=1-\alpha,$$

即

$$\begin{aligned} P\left(|\hat{\beta}_1-\beta_1| \leqslant \frac{\sigma}{\sqrt{6}}U_{\alpha/2}\right) &= P\left(-\frac{\sigma}{\sqrt{6}}U_{\alpha/2} \leqslant \hat{\beta}_1-\beta_1 \leqslant \frac{\sigma}{\sqrt{6}}U_{\alpha/2}\right) \\ &= P\left(\hat{\beta}_1-\frac{\sigma}{\sqrt{6}}U_{\alpha/2} \leqslant \beta_1 \leqslant \hat{\beta}_1+\frac{\sigma}{\sqrt{6}}U_{\alpha/2}\right) \\ &= 1-\alpha. \end{aligned}$$

由此，β_1 的置信水平 $1-\alpha$ 的区间估计为：$\left[\hat{\beta}_1-\frac{\sigma}{\sqrt{6}}U_{\alpha/2}, \hat{\beta}_1+\frac{\sigma}{\sqrt{6}}U_{\alpha/2}\right]$.

(3) $D(\hat{\beta})=\sigma^2(\boldsymbol{X}^{\mathrm{T}}\boldsymbol{X})^{-1}=\sigma^2\begin{pmatrix}\frac{1}{6} & 0 \\ 0 & \frac{1}{5}\end{pmatrix}$，由于 $\mathrm{cov}(\hat{\beta}_1, \hat{\beta}_2)=0$，且 $\hat{\beta}_1$，$\hat{\beta}_2$ 为二维正态分布，则 $\hat{\beta}_1$ 与 $\hat{\beta}_2$ 独立. 而 $\hat{\beta}_1 \sim N\left(\beta_1, \frac{1}{6}\sigma^2\right)$，$\hat{\beta}_2 \sim N\left(\beta_2, \frac{1}{5}\sigma^2\right)$.

$$E(\hat{\beta}_1-\hat{\beta}_2)=\beta_1-\beta_2,\ D(\hat{\beta}_1-\hat{\beta}_2)=\frac{1}{6}\sigma^2+\frac{1}{5}\sigma^2=\frac{11}{30}\sigma^2,$$

则

$$\hat{\beta}_1-\hat{\beta}_2 \sim N\left(\beta_1-\beta_2, \frac{11}{30}\sigma^2\right),\ \frac{(\hat{\beta}_1-\hat{\beta}_2)-(\beta_1-\beta_2)}{\sigma\sqrt{\frac{11}{30}}} \sim N(0, 1),$$

$$S_e=\sum_{i=1}^{3}(y_i-\hat{y}_i)^2,\ \begin{pmatrix}\hat{y}_1 \\ \hat{y}_2 \\ \hat{y}_3\end{pmatrix}=\boldsymbol{X}\hat{\boldsymbol{\beta}}=\begin{pmatrix}1 & 0 \\ 2 & -1 \\ 1 & 2\end{pmatrix}\begin{pmatrix}\frac{1}{6}(y_1+2y_2+y_3) \\ \frac{1}{5}(-y_2+2y_3)\end{pmatrix}$$

$$=\begin{pmatrix}\frac{1}{6}y_1+\frac{1}{3}y_2+\frac{1}{6}y_3 \\ \frac{1}{3}y_1+\frac{13}{15}y_2-\frac{1}{15}y_3 \\ \frac{1}{6}y_1-\frac{1}{15}y_2+\frac{29}{30}y_3\end{pmatrix},$$

则 $S_e=\left(\frac{5}{6}y_1-\frac{1}{3}y_2-\frac{1}{6}y_3\right)^2+\left(-\frac{1}{3}y_1+\frac{2}{15}y_2+\frac{1}{15}y_3\right)^2+\left(-\frac{1}{6}y_1+\frac{1}{15}y_2-\frac{1}{30}y_3\right)^2$,

$\dfrac{S_e}{\sigma^2} \sim \chi^2(3-2)$ [即 $\chi^2(1)$]，且 $\hat{\boldsymbol{\beta}}$ 与 S_e 独立，

则

$$\frac{(\hat{\beta}_1-\hat{\beta}_2)-(\beta_1-\beta_2)}{\sqrt{11/30}\,\sigma}\Bigg/\sqrt{\frac{S_e}{\sigma^2\times 1}}=\sqrt{\frac{30}{11}}\,\frac{(\hat{\beta}_1-\hat{\beta}_2)-(\beta_1-\beta_2)}{\sqrt{S_e}}\sim t(1),$$

由此，$\beta_1-\beta_2$ 的置信水平为 $1-\alpha$ 的区间估计为：

$$\left[\hat{\beta}_1-\hat{\beta}_2-\sqrt{\frac{11}{30}}\sqrt{S_e}\,t_{\alpha/2}(1),\ \hat{\beta}_1-\hat{\beta}_2+\sqrt{\frac{11}{30}}\sqrt{S_e}\,t_{\alpha/2}(1)\right].$$

10.3　相关分析

10.3.1　相关分析的概念

在生产和经营活动中，经常要对变量间关系进行分析.比如要研究商品价格的变化与商品销售量的变化之间的关系，广告费用支出与销售量之间的关系，劳动力素质与企业效益之间的关系，直接材料、直接人工的价格与产品销售成本的关系，居民收入与企业产品的需求量影响，农作物产量与施肥量之间的关系等.由于在现实世界中关系无处不在，因而对关系的研究就显得非常有必要.统计分析的目的在于如何根据统计数据确定变量之间的关系形态及其关联的程度，并探索其内在的数量规律性.人们在对关系的研究中发现，变量之间的关系形态可分为两种类型：一类是函数关系，另一类是相关关系.

(1) 函数关系.函数是指现象之间有一种严格的确定性的依存关系，表现为某一现象发生变化，另一现象也随之发生变化，而且有确定的值与之相对应.比如大家熟悉用两个字母 x 和 y 分别代表两个变量，如果变量 y 随变量 x 一起变化，且完全依赖于 x，我们就称 y 与 x 之间为函数关系，记为 $y=f(x)$.例如，银行的1年期存款利率为年息1.98%，存入的本金用 x 表示，到期本息用 y 表示，则 $y=x+1.98\%x$ (不考虑利息税)；再如，某种股票的成交额 y 与该股票的成交量 x、成交价格 p 之间的关系可以用 $y=px$ 来表示，这都是线性函数关系.另外还有非线性函数关系，例如企业的原材料消耗额(y)与销售量(x_1)、单位产品消耗(x_2)、原材料价格(x_3)之间的关系可表示为 $y=x_1x_2x_3$.

(2) 相关关系.相关关系是指客观现象之间确实存在的，但数量上不是严格对应的依存关系.在这种关系中，对于某一现象的每一数值，可以有另一现象的若干数值与之相对应.例如我们考查一个人的收入(y)和他的受教育水平(x)这两个变量，受教育水平不同的人，他们的收入水平往往不同；同样，收入水平相同的人，他们受教育的水平也可能不同.因为受教育水平尽管与一个人的收入多少有密切关系，但它并不是影响收入的唯一因素，还有其他因素(如职业、工作年限等)的影响.因此，我们说收入水平与受教育水平之间是一种相关关系；又如考察成本的高低与利润的多少的关系.我们知道某一确定的成本与相对应的利润却是不确定的，这是因为影响利润的因素除了成本外，还有价格、供求平衡、消费嗜好等因素以及其他偶然因素的影响，因此成本和利润之间只能是一种相关关系而非确定的函数关系；再如，生育率与人均GDP的关系也属于典型的相关关系，人均GDP高的国家，生育率往往较

低,但两者没有唯一确定的关系,这是因为除了经济因素外,生育水平还受教育水平、城市化水平以及不易测量的民族风俗、宗教和其他随机因素的共同影响.

具有相关关系的某些现象可表现为因果关系,即某一或若干现象的变化是引起另一现象变化的原因,它是可以控制给定的值,将其称为自变量;另一个现象的变化是自变量变化的结果,它是不确定的值,将其称为因变量. 如资金投入与产值之间,前者为自变量,后者为因变量,但具有相关关系的现象并不都表现为因果关系,如生产费用和生产量、商品的供求与价格等. 这是由于相关关系比因果关系包括的范围更广泛.

相关关系和函数关系既有区别,又有联系. 有些函数关系往往因为有观察或测量误差以及各种随机因素的干扰等原因,在实际中常常通过相关关系表现出来;而在研究相关关系时,其数量间的规律性了解得越深刻,则相关关系越有可能转化为函数关系或借助函数关系来表现.

10.3.2　相关关系类型

现象之间的相关关系从不同的角度可以区分为不同类型.

(1) 按照相关关系涉及变量(或因素)的多少可分为以下三种.

单相关——又称一元相关或简单相关,是指两个变量之间的相关关系,如研究学习时间和学习成绩之间的关系,广告费支出与产品销售量之间的相关关系就是单相关.

复相关——又称多元相关,是指三个或三个以上变量之间的相关关系,如研究企业产量与原材料、资金和人力资源投入量的关系;商品销售额与居民收入、商品价格之间的相关关系就是复相关.

偏相关——在一个变量与两个或两个以上的变量相关的条件下,当假定其他变量不变,专门研究其中两个变量之间的相关关系时称为偏相关. 例如在投入与产出关系中,假定资金和人力资源两个因素不变而专门探讨产量与原材料之间的关系;在假定商品价格不变的条件下,研究商品的需求量与消费者收入水平的相关关系都是偏相关.

(2) 按照相关形式不同可分为以下两种.

线性相关——又称直线相关,是指当一个变量变动一个单位时,另一变量随之发生大致固定的增(减)量的变动,从图形上看,其观察点的分布近似地表现为一条直线. 例如,产品的投入量与产量;人均消费水平与人均收入水平通常呈线性关系.

非线性相关——一个变量变动时,另一变量也随之发生变动,但这种变动不是按大致固定的比例进行的,从图形上看,其观察点的分布近似地表现为一条曲线,如抛物线、指数曲线等,因此也称曲线相关. 例如,产品的使用时间和失效率,当产品刚出厂投入使用,失效率可能会高一点,随着产品对工作环境的适应,失效率就会降低,当使用一段时间后由于产品的老化,产品的失效率又会有所上升,表现出的失效率曲线为一个 U 形的形态;工人加班加点在一定数量界限内,产量增加,但一旦超过一定限度,产量反而可能下降,这就是一种非线性关系.

10.3.3　相关关系的描述与测定

要判别现象之间有无相关关系,一是定性分析,二是定量分析.

1. 散点图

定性分析是依据研究者的理论知识、专业知识和实践经验,对客观现象之间是否存在相关关系,以及有何种相关关系做出判断,这里我们介绍定性分析的一个常用工具——散点图.

散点图是用直角坐标系的 x 轴代表自变量, y 轴代表因变量,将两个变量相对应的变量值 (x_i, y_i), $i=1, 2, \cdots, n$ 用坐标点的形式描绘出来,用以表明相关点分布状况的图形.它是一种定性分析的方法.散点图描述了两个变量之间的大致关系,从中可以直观地看出变量之间的关系形态及关系强度.

例 10.7　在拥有电视的早些年,商业广告的长度一般都是 60 秒,但现在广告的时间可以任意长,但随着时间的推移,电视广告作为一种扩大产品的知名度,让消费者记住自己的产品,从而吸引更多的消费者购买该商品的手段却没有变.为了研究广告时间的长短对消费者记忆该产品的效果的影响,科研人员在一次试验中抽取了 60 名消费者,让其观看一个小时的电视节目.电视节目中播放了一种品牌的洗发水广告.让其中一部分人观看 20 秒的广告,一部分观看 24 秒,28 秒…….观看完对试验者对产品的记忆程度进行打分,广告时间与记忆分数的数据结果如表 10.7 所示.分析广告时间的长短对产品记忆的影响.

表 10.7　广告时间与记忆分数的数据

受试者编号	观看时间/秒	分　数	受试者编号	观看时间/秒	分　数
1	52	24	22	56	28
2	40	20	23	20	15
3	36	16	24	40	8
4	28	11	25	48	2
5	44	10	26	20	0
6	16	4	27	24	11
7	48	24	28	36	8
8	52	18	29	60	24
9	60	16	30	44	10
10	44	15	31	52	15
11	36	14	32	28	7
12	44	15	33	56	26
13	60	24	34	20	11
14	24	10	35	52	18
15	32	1	36	16	16
16	40	8	37	20	8
17	24	9	38	40	12
18	32	0	39	16	10
19	52	17	40	44	14
20	36	7	41	32	19
21	60	26	42	20	8

（续 表）

受试者编号	观看时间/秒	分 数	受试者编号	观看时间/秒	分 数
43	56	11	52	24	11
44	56	24	53	36	27
45	60	15	54	28	5
46	24	9	55	56	17
47	48	18	56	32	8
48	16	14	57	28	15
49	32	14	58	48	8
50	16	11	59	28	24
51	40	15	60	48	21

解 根据数据表，可以绘制以观看时间长度为 x 轴，以测试分数为 y 轴的散点图，如图 10.1 所示.

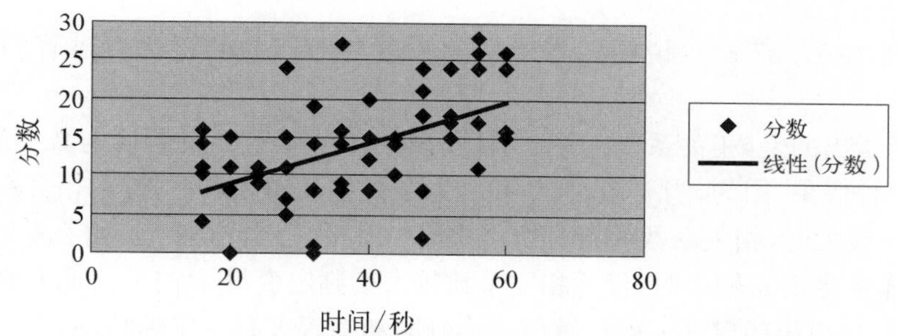

图 10.1 广告观看时间与记忆测试分数的散点图

从图中可以看出散点图中的点呈现从左到右上升的趋势，表明对产品的记忆与观看广告时间的长度成正相关关系，即观看的时间越长，对产品的记忆越深刻.

图形法虽然有助于识别变量间的相互关系，但它无法对这种关系进行精确地计量. 因此在初步判定变量间存在相互关系的基础上，通常还要计算相应的分析指标.

2. 相关系数

记 $r=\dfrac{n\sum\limits_{i=1}^{n}x_i y_i-\sum\limits_{i=1}^{n}x_i\sum\limits_{i=1}^{n}y_i}{\sqrt{n\sum\limits_{i=1}^{n}x_i^2-\left(\sum\limits_{i=1}^{n}x_i\right)^2}\sqrt{n\sum\limits_{i=1}^{n}y_i^2-\left(\sum\limits_{i=1}^{n}y_i\right)^2}}$

$=\dfrac{\sum\limits_{i=1}^{n}x_i y_i-n\,\bar{x}\bar{y}}{\sqrt{\sum\limits_{i=1}^{n}x_i^2-n\bar{x}^2}\sqrt{\sum\limits_{i=1}^{n}y_i^2-n\bar{y}^2}}=\dfrac{l_{xy}}{\sqrt{l_{xx}l_{yy}}}$ 为样本相关系数，其可以作为总体相关系数 $\rho=\dfrac{\operatorname{cov}(X,Y)}{\sqrt{D(X)D(Y)}}$ 的估计.

样本相关系数的值介于 -1 与 $+1$ 之间,即 $-1 \leqslant r \leqslant +1$,其性质如下:

(1) 当 $r>0$ 时,表示两变量正相关;$r<0$ 时,两变量为负相关;

(2) 当 $|r|=1$ 时,表示两变量为完全线性相关,即为函数关系;

(3) 当 $r=0$ 时,表示两变量间无线性相关关系;

(4) 当 $0<|r|<1$ 时,表示两变量存在一定程度的线性相关,且 $|r|$ 越接近 1,两变量间的线性关系越密切,$|r|$ 越接近于 0,两变量间的线性关系越弱;

(5) 一般可按三级划分:$|r|<0.4$ 为低度线性相关;$0.4 \leqslant |r|<0.7$ 为显著性相关;$0.7 \leqslant |r|<1$ 为高度线性相关.

例 10.7 中两个变量的相关系数计算如下:

$$r=\frac{\sum_{i=1}^{n} x_i y_i - n\bar{x}\bar{y}}{\sqrt{\sum_{i=1}^{n} x_i^2 - n(\bar{x})^2}\sqrt{\sum_{i=1}^{n} y_i^2 - n(\bar{y})^2}}$$

$$=\frac{34\,524-60\times 38\times 13.8}{\sqrt{98\,080-60\times 38^2}\sqrt{14\,256-60\times 13.8^2}}=0.537\,831$$

样本相关系数为 0.537 831,说明广告时间的长度与对产品的记忆有显著的线性正相关关系.

这里需要指出的是,相关系数有一个明显的缺点:它接近 1 的程度与数据组数 n 相关,这容易给人一种假象.因为,当 n 较小时,相关系数的波动较大,有些样本相关系数的绝对值易接近 1;当 n 较大时,相关系数的绝对值容易偏小.特别是当 $n=2$ 时,相关系数的绝对值总为 1.因此在样本容量 n 较小时,仅凭相关系数较大就判定变量 x 与 y 之间有密切的线性关系是不妥当的.这也说明仅凭 r 的计算值大小判断相关程度有一定的缺陷,在实际判断两个变量的关系时应该将散点图和相关系数结合起来使用,否则,就容易做出错误的推断.

10.3.4 相关系数的显著性检验

一般情况下,总体相关系数 ρ 是未知的,通常是根据样本相关系数 r 作为 ρ 的近似估计值,但由于 r 是根据样本数据计算出来的,它受到抽样波动的影响,从而 r 为一个随机变量.能否根据样本相关系数说明总体的相关程度呢?这就需要考察样本相关系数的可靠性,即进行显著性检验,这里简单介绍一下检验的过程.数学上可以证明,在总体变量 X 与 Y 都服从正态分布并且总体相关系数 $\rho=0$ 时,可以用费歇的 t 检验法来检验相关系数的显著性,检验过程如下.

第一步:提出假设,假设样本来自一个不相关的总体,$H_0: \rho=0 \leftrightarrow H_1: \rho \neq 0$,即 $H_0: \beta_1=0 \leftrightarrow H_1: \beta_1 \neq 0$(一元回归中的回归系数 β_1);

第二步:计算检验统计量的值 $T=\frac{r}{\sqrt{1-r^2}}\sqrt{n-2}$,在 H_0 成立时,

$$T=\frac{r}{\sqrt{1-r^2}}\sqrt{n-2} \sim t(n-2).$$

事实上，$1-r^2=1-\dfrac{l_{xy}^2}{l_{xx}l_{yy}}=\dfrac{l_{xx}l_{yy}-l_{xy}^2}{l_{xx}l_{yy}}$，$\dfrac{r}{\sqrt{1-r^2}}=\dfrac{l_{xy}}{\sqrt{l_{xx}l_{yy}}}\sqrt{\dfrac{l_{xx}l_{yy}}{l_{xx}l_{yy}-l_{xy}^2}}=\dfrac{l_{xy}}{\sqrt{l_{xx}l_{yy}-l_{xy}^2}}$，

又　$l_{yy}=S_e+U=S_e+\hat{\beta}_1^2 l_{xx}=S_e+\dfrac{l_{xy}^2}{l_{xx}}, S_e=l_{yy}-\dfrac{l_{xy}^2}{l_{xx}}=\dfrac{l_{xx}l_{yy}-l_{xy}^2}{l_{xx}}$，

$$\frac{r}{\sqrt{1-r^2}}\sqrt{n-2}=\frac{l_{xy}}{\sqrt{l_{xx}l_{yy}-l_{xy}^2}}\sqrt{n-2}=\frac{\dfrac{l_{xy}}{l_{xx}}\sqrt{l_{xx}}}{\sqrt{\dfrac{l_{xx}l_{yy}-l_{xy}^2}{l_{xx}}}}\sqrt{n-2}$$

$$=\frac{\hat{\beta}_1\sqrt{l_{xx}}}{\sqrt{S_e/(n-2)}}=\frac{\hat{\beta}_1\sqrt{l_{xx}}}{\hat{\sigma}}\sim t(n-2);$$

第三步：进行决策，如果 $|T|>t_{\alpha/2}(n-2)$，就否定原假设，认为 r 在统计上是显著的，即总体相关系数不为零，总体变量间确实存在线性相关关系；反之，则不能否定原假设.

值得指出的是：利用 $T=\dfrac{r}{\sqrt{1-r^2}}\sqrt{n-2}\sim t(n-2)$ 与在一元线性回归模型中利用 $T=\dfrac{\hat{\beta}_1\sqrt{l_{xx}}}{\sqrt{S_e/(n-2)}}=\dfrac{\hat{\beta}_1\sqrt{l_{xx}}}{\hat{\sigma}}$ 以及 $F=\dfrac{U}{S_e/(n-2)}=\dfrac{\hat{\beta}_1^2 l_{xx}}{S_e/(n-2)}=\dfrac{\hat{\beta}_1^2 l_{xx}}{\hat{\sigma}^2}\sim F(1, n-2)$ 做检验是一致的.

利用例 10.7 计算广告观看时间与对广告产品记忆的分数的相关系数，检验两个变量间的相关性是否显著. 计算样本检验统计量的值为：

$$T=\frac{0.537\,831\times\sqrt{60-2}}{1-0.537\,831^2}=5.763\,024.$$

由于显著性水平为 0.05，而 $t_{0.025}(58)=2.000$，检验统计量值大于临界值，所以拒绝原假设，认为两个变量间的总体相关系数不为零，即广告观看时间与对广告产品的记忆的测试分数之间确实存在正相关关系.

例 10.8　设某种创汇商品在国际市场上的需求量为 q，单件价格为 p，根据往年市场调查获悉 q 与 p 之间的一组调查数据，如表 10.8 所示.

表 10.8　需求量与价格的调查数据

价格 p/(万美元/件)	2	4	4	4.5	3	4.2	3.5	2.5	3.3	3
需求量 q/万件	6	2	2	1	4	1.5	2.8	5.1	3.4	4.2

如果今年该商品预定价为 $p=4.6$ 万美元/件，要求根据往年资料建立的 q 对 p 的回归方程，检验线性相关性是否显著，并预测国际市场上今年的需求量大致为多少(显著性水平取 0.05)?

解　根据样本数据,用最小二乘法求 $\hat{\beta}_0$、$\hat{\beta}_1$ 的值:

$$\hat{\beta}_1=\frac{\sum_{i=1}^{n}p_i q_i-10\bar{p}\bar{q}}{\sum_{i=1}^{n}p_i^2-10(\bar{p})^2}=\frac{97.17-10\times 3.4\times 3.2}{121.8-10\times 3.4^2}=-2.04,$$

$$\hat{\beta}_0=\bar{q}-\hat{\beta}_1\bar{p}=3.2-(-2.04)\times 3.4=10.136,$$

所以,需求量 q 对价格 p 的回归方程为:$\hat{q}=10.136-2.04p$.

对所建立的 q 对 p 的回归方程进行线性相关性显著检验. 原假设 H_0:$\beta_1=0$ 或 H_0:$\rho=0$,选用检验统计量 $T=\frac{r}{\sqrt{1-r^2}}\sqrt{n-2}\sim t(n-2)$,并利用回归计算的结果计算$|T|$.

因为
$$l_{pp}=\sum_{i=1}^{10}p_i^2-10(\bar{p})^2=5.68,\ l_{pq}=\sum_{i=1}^{10}p_i q_i-10\bar{p}\bar{q}=-11.63,$$

$$l_{qq}=\sum_{i=1}^{10}q_i^2-10(\bar{q})^2=126.3-10\times 3.2^2=23.9,$$

$$r=\frac{-11.63}{\sqrt{5.68\times 23.9}}=-0.998,$$

$$T=\frac{r}{\sqrt{1-r^2}}\sqrt{n-2}=-44.654,\ t_{0.025}(8)=2.308,$$

且 $-44.654<-23.08$,所以,拒绝 H_0,即 q 对 p 的回归方程有效或线性相关性显著.

经检验说明:回归方程 $\hat{q}=10.136-2.04p$ 有效,可以用于预测. 当 $p=4.6$ 时,国际市场上今年对该商品的需求量大致为:$10.136-2.04\times 4.6=0.752$(万件).

习　题　10

1. 某建材实验室做陶粒混凝土试验时,考察每立方米(m^3)混凝土的水泥用量(kg)对混凝土抗压强度(kg/cm^2)的影响,测得下列数据如题表 10.1 所示.

题表 10.1　水泥用量和抗压强度的数据

水泥用量 x/kg	150	160	170	180	190	200
抗压强度 y/(kg/cm^2)	56.9	58.3	61.6	64.6	68.1	71.3
水泥用量 x/kg	210	220	230	240	250	260
抗压强度 y/(kg/cm^2)	74.1	77.4	80.2	82.6	86.4	89.7

(1) 求经验回归方程 $\hat{y}=\hat{\beta}_0+\hat{\beta}_1 x$;(2) 检验一元线性回归的显著性($\alpha=0.05$);(3) 设 $x_0=225$ kg,求 y 的预测值及置信水平为 0.95 的预测区间.

2. 以家庭为单位,某种商品年需求量与该商品价格之间的一组调查数据如题表 10.2 所示,(1) 求经验回归方程 $\hat{y}=\hat{\beta}_0+\hat{\beta}_1 x$;(2) 检验线性关系的显著性($\alpha=0.05$,采用 F-检验法).

题表 10.2

价格 x/元	5	2	2	2.3	2.5	2.6	2.8	3	3.3	3.5
需求量 y/kg	1	3.5	3	2.7	2.4	2.5	2	1.5	1.2	1.2

3. 我们知道营业税税收总额 y 与社会商品零售总额 x 有关. 为能从社会商品零售总额去预测税收总额,需要了解两者的关系. 现收集如下 9 组数据如题表 10.3 所示.

题表 10.3

序　号	社会商品零售总额 x/ 亿元	营业税税收总额 y/ 亿元
1	142.08	3.93
2	177.30	5.96
3	204.68	7.85
4	242.88	9.82
5	316.24	12.50
6	341.99	15.55
7	332.69	15.79
8	389.29	16.39
9	453.40	18.45

(1) 求经验回归方程 $\hat{y}=\hat{\beta}_0+\hat{\beta}_1 x$;(2) 检验一元线性回归的显著性($\alpha=0.05$);(3) 试求 β_0、β_1 的置信区间,显著水平 $\alpha=0.05$;(4) 预测社会商品零售总额 $x=300$ 亿元时的营业税收总额,并给出预测区间.

4. 有人研究了黏虫孵化历期平均温度 x℃与历期天数 y 之间的关系,试验资料如题表 10.4 所示.

题表 10.4

平均温度 x/℃	11.8	14.7	15.6	16.8	17.1	18.8	19.5	20.4
历期天数 y/d	30.1	17.3	16.7	13.6	11.9	10.7	8.3	6.7

(1) 建立一元直线回归方程 $\hat{y}=\hat{a}+\hat{b}x$;(2) 计算回归平方、剩余平方和;(3) 用 F 检验的方法检验直线回归关系的显著性;(4)用 t 检验的方法检验回归关系的显著性;(5) 计算回归截距和回归系数的 95%置信区间;(6) 估计黏虫孵化历期平均温度为 15℃,求该年的历期天数为多少天(取 95%置信概率);(7) 求黏虫孵化历期平均温度与历期天数的相关系数;(8) 检验所求相关系数的显著性.

5. 下面给出了某种产品每件平均单价 y (元)与批量 x (件)之间的关系的一组数据,如题表 10.5 所示.

题表 10.5　某种产品每件平均单价与批量的数据

x/ 件	20	25	30	35	40	50
y/ 元	1.81	1.70	1.65	1.55	1.48	1.40
x/ 件	60	65	70	75	80	90
y/ 元	1.30	1.26	1.24	1.21	1.20	1.18

选取模型：$y=\beta_0+\beta_1 x+\beta_2 x^2+\varepsilon$，$\varepsilon \sim N(0, \sigma^2)$ 来拟合它，求回归方程.

6. 设 x 固定时，y 为正态变量，对 x、y 有如下所示的观察值.

x：-0.2，0.6，1.4，1.3，0.1，-1.6，-1.7，-0.7，-1.8，-1.1

y：-6.1，-0.5，7.2，6.9，-0.2，-2.1，-3.9，3.8，-7.5，-2.1

(1) 求 y 对 x 的线性回归方程；(2) 求相关系数，检验线性关系中的显著性 ($\alpha=0.01$)；(3) 当 $x_0=0.5$ 时，求 y 的 95%的预测区间；(4) 若要求 $|y|<4$，x 应该控制在什么范围？

7. 设 $y_i=\beta_0+\beta_1 x_i+\beta_2(3x_i^2-2)+\varepsilon_i$，$i=1, 2, 3$，$x_1=-1$，$x_2=0$，$x_3=1$，$\varepsilon_1$，$\varepsilon_2$，$\varepsilon_3$ 相互独立，均服从 $N(0, \sigma^2)$，(1) 写出矩阵 $\boldsymbol{X}$；(2) 求 β_0，β_1，β_2 的最小二乘估计；(3) 证明：当 $\beta_2=0$ 时，β_0，β_1 的最小二乘估计不变.

8. 设 $\begin{cases} y_i=\theta+\varepsilon_i, & i=1, 2\cdots, m \\ y_{m+i}=\theta+\phi+\varepsilon_{m+i}, & i=1, 2\cdots, m \\ y_{2m+i}=\theta-2\phi+\varepsilon_{2m+i}, & i=1, 2\cdots, n \end{cases}$，各 ε_1，ε_2，$\cdots$，ε_{2m+n} 相互独立，均服从 $N(0, \sigma^2)$，求 θ 和 ϕ 的最小二乘估计，并证明当 $m=2n$ 时，$\hat{\theta}$ 和 $\hat{\phi}$ 不相关.

9. 在一元线性回归分析中讨论最小二乘估计 $\hat{\beta}_0$、$\hat{\beta}_1$ 的相合性(一致性).

综合练习题

1. 从数集 $\{1, 2, 3, 4, 5\}$ 中任取一个数(有放回的)，$b_i(i = 1, 2, 3)$ 表示第 i 次取到的数，记向量 $b = (b_1, b_2, b_3)^{\mathrm{T}}$，如果 3 阶矩阵 $\boldsymbol{A} = \begin{pmatrix} 1 & 1 & 2 \\ 1 & 2 & 4 \\ 1 & 3 & 6 \end{pmatrix}$，则求线性方程组 $\boldsymbol{Ax} = \boldsymbol{b}$ 有解的概率.

2. 盒里装有白球和黑球各一个，从中任取一球，取到白球时随机地在 $[0, 1)$ 上取数 X，取到黑球时随机地在 $[2, 3)$ 上取数 X，求随机变量 X 的分布函数与密度函数.

3. 设随机变量 X 的取值范围为 $[a, b]$，且 $P(X = a) = \dfrac{1}{4}$，$P(X = b) = \dfrac{1}{8}$，又在 $a < X < b$ 的条件下，X 落入 (a, b) 内任意区间(可以是开区间、闭区间或半开半闭区间)的概率与该区间长度成正比，求 X 的分布函数，并问 X 是什么类型的随机变量？

4. 电子产品的失效常常是由外界的"冲击"引起. 若在 $(0, t)$ 内发生冲击的次数 $N(t)$ 服从参数为 λt 的泊松分布，试证第 n 次冲击来到的时间 S_n 服从伽马分布 $\Gamma(n, \lambda)$.

5. 设随机变量 X，Y 相互独立，且 X 服从区间 $[-2, 2]$ 上的均匀分布，Y 的分布列为 $P(Y = -1) = P(Y = 1) = \dfrac{1}{2}$，令 $U = \dfrac{X+Y}{2}$，$V = \dfrac{|X-Y|}{2}$，证明(1) U，V 都是连续型随机变量，且 U，V 不相互独立；(2) $Z = X + Y$ 不是连续型随机变量，其分布函数不连续.

6. 设 (X, Y, Z) 是三维连续型随机变量，其联合密度为 $f(x, y, z)$，X，Y，Z 两两独立，则 X，Y，Z 相互独立的充要条件是 X，Y 在 $Z = z$ 条件下独立.(对任意的 x，y 有：$f_{X,Y|Z}(x, y \mid z) = f_{X|Z}(x \mid z) f_{Y|Z}(y \mid z)$，其中 $f_Z(z) > 0$，称 X，Y 在 $Z = z$ 条件下独立.)

7. 设随机变量 X 与 Y 相互独立，同服从 $N(0, 1)$，令随机变量 $Z = \begin{cases} |X|, & Y < 0 \\ -|X|, & Y \geqslant 0 \end{cases}$，(1) 证明 $Z \sim N(0, 1)$；(2) 问 X 与 Z 是否相互独立，并说明理由；(3) 求随机变量 $U = X + Z$ 的分布函数 $F_U(u)$，并问 U 是连续型还是离散型随机变量？

8. 设 X_1，X_2，$\cdots$，X_n 独立同分布于均匀分布 $U[0, 1]$，则 $Z_n = \sum\limits_{i=1}^{n} X_i$ 的密度函数 $f_{Z_n}(z)$ 与分布函数 $F_{Z_n}(z)$ 分别为(对正整数 n，$k = 0, 1, 2, \cdots, n-1$，$k \leqslant z < k+1$)：

$$f_{Z_n}(z) = \frac{1}{(n-1)!} \sum_{i=0}^{k} (-1)^i \mathrm{C}_n^i (z-i)^{n-1}, \quad F_{Z_n}(z) = \frac{1}{n!} \sum_{i=0}^{k} (-1)^i \mathrm{C}_n^i (z-i)^n$$

9. 设 $X \sim N(0, \sigma^2)$，离散型随机变量 W 的分布列为 $P(W = 1) = \dfrac{1}{2}$，$P(W = -1) = \dfrac{1}{2}$，且 X，W 相互独立，令 $Y = WX$，(1) 求 Y 的概率分布；(2) 判断 X 与 Y 的相关性；(3) $Z = X + Y$ 是否服从正态分布？(4) (X, Y) 是否服从二维正态分布？

10. 设 $X \sim \chi^2(m)$，对整数 k，试求 $E(X^k)$，并给出 $E(X)$，$E(X^2)$，$E(X^{-1})$，$E(X^{-2})$.

11. (1) 设 $E(X \mid Y) = E(X)$，则 X 与 Y 不相关；(2) 若 X，Y 相互独立，则 $E(Y \mid X) = E(Y)$，试举例说明这个命题的逆命题不成立.

12. 若随机变量 Z 与 (X, Y) 独立，证明 $E(XZ \mid Y) = E(Z)E(X \mid Y)$.

13. 给出 t 分布的定义,计算 t 的期望与方差,并回答当自由度趋向无穷时极限分布是什么?

14. 试推导 $F(m, n)$ 分布的期望与方差.

15. 设 X 服从两参数 Birnbaum-Saunders 疲劳寿命分布 $\mathrm{BS}(\alpha, \beta)$,其密度函数为:

$$f(x)=\frac{1}{2\alpha\sqrt{\beta}}\left(\frac{1}{\sqrt{x}}+\frac{\beta}{x\sqrt{x}}\right)\varphi\left[\frac{1}{\alpha}\left(\sqrt{\frac{x}{\beta}}-\sqrt{\frac{\beta}{x}}\right)\right],\ x>0$$

其中,$\alpha>0$ 称为形状参数,$\beta>0$ 称为刻度参数,$\varphi(x)=\frac{1}{\sqrt{2\pi}}\mathrm{e}^{-\frac{x^2}{2}}$. (1) 求 X 的分布函数;(2) 求 $E(X)$, $D(X)$ 及变异系数.

16. 设(X, Y, Z)是三维连续型随机变量,其联合密度为 $f(x, y, z)$,且 X, Y, Z 相互独立,证明(1) $E(XY \mid Z=z)=E(X \mid Z=z)E(Y \mid Z=z)$;

(2) $D[(X+Y) \mid Z=z]=D(X \mid Z=z)+D(Y \mid Z=z)$.

17. 对任意随机变量 X 存在有限二阶矩,a 为常数,记 $Z_1=\max(X, a)$, $Z_2=\min(X, a)$, (1) 证明 $D(Z_1)\leqslant D(X)$, $D(Z_2)\leqslant D(X)$; (2) 若 $X\sim \mathrm{Exp}(1)$, $a=1$,证明 $E(Z_1)=1+\mathrm{e}^{-1}$, $E(Z_2)=1-\mathrm{e}^{-1}$, $\mathrm{cov}(Z_1, Z_2)=\mathrm{e}^{-2}$, $D(Z_1)=2\mathrm{e}^{-1}-\mathrm{e}^{-2}$, $D(Z_2)=1-2\mathrm{e}^{-1}-\mathrm{e}^{-2}$; (3) 若离散型随机变量 X 服从几何分布,即 $P(X=k)=pq^{k-1}$, $k=1, 2, \cdots$,其中,$q=1-p$, $a=2$,证明 $E(Z_1)=p+\frac{1}{p}$, $E(Z_2)=1+q$, $\mathrm{cov}(Z_1, Z_2)=q^2$, $D(Z_1)=\frac{q}{p^2}[1-p^2(2-p)]$, $D(Z_2)=pq$.

18. 设随机变量 $X\sim N(\mu, \sigma^2)$,证明 $E[\Phi(X)]=\Phi\left(\frac{\mu}{\sqrt{\sigma^2+1}}\right)$.

19. 设 $X\geqslant 0$ 为随机变量,证明 $P(X>\lambda E(X))\geqslant(1-\lambda)^2\frac{[E(X)]^2}{E(X^2)}$, $0<\lambda<1$.

20. 设随机变量 X,其数学期望、方差与中位数分别记为 $E(X)$, $D(X)$, $m(X)$,证明

$$|E(X)-m(X)|\leqslant\sqrt{D(X)}.$$

21. 设 X 为非负随机变量,对 $r\geqslant 2$,证明 $E(X^r)\geqslant E(X^{r-2})E(X^2)$.

22. 如果 $E(Y \mid X)=E(X)$,那么有没有可能 $E(X \mid Y)\neq E(X)$,请举反例或者证明.

23. 令两个随机变量 X, Y 相互独立,令 $Z=X+Y$, (1) 若 X, Y 同分布,求 $E(Y \mid Z)$; (2) 若 X, Y 不同分布,试问(1) 的结论是否成立?若成立,请证明,否则给出反例.

24. 三个随机变量 X, Y, Z,已知 Y 与 X 独立,问 $E(Y \mid X, Z)=E(Y \mid Z)$ 是否成立?若成立,请证明;若不成立,请给出反例.

25. 设$(X, Y)\sim N(0, 1; 0, 1; \rho)$,证明 X^2 与 Y^2 的相关系数为 ρ^2.

26. 设离散型随机变量 X_r 服从参数为 p 的负二项分布,即 $X_r\sim NB(r, p)$, $r=1, 2, \cdots$,其分布列为 $P(X_r=i)=\mathrm{C}_{r+i-1}^{i}p^rq^i$, $i=0, 1, 2, \cdots$, (1) 对正整数 k,证明 $E(X_r^k)=r\frac{q}{p}E[(X_{r+1}+1)^{k-1}]$; (2) 求 $E(X_r)$, $E(X_r^2)$, $E(X_r^3)$, $E(X_r^4)$.

27. 设离散型随机变量 $X_{n, M, N}$ 服从超几何分布,其分布列为 $P(X_{n, M, N}=i)=\frac{\mathrm{C}_M^i\mathrm{C}_{N-M}^{n-i}}{\mathrm{C}_N^n}$, $i=0, 1, 2, \cdots, n(n\leqslant M)$, (1) 对正整数 k,证明 $E(X_{n, M, N}^k)=n\frac{M}{N}E[(X_{n-1, M-1, N-1}+1)^{k-1}]$; (2) 求 $E(X_{n, M, N})$, $E(X_{n, M, N}^2)$, $E(X_{n, M, N}^3)$, $E(X_{n, M, N}^4)$.

28. 设离散型随机变量 X 服从参数 p 的对数级数分布,其分布列为 $P(X=i)=\frac{1}{-\ln(1-p)}\frac{p^i}{i}$, $0<$

$p<1$, $i=1, 2, \cdots$, (1) 对正整数 k，证明 $E(X^k)=\dfrac{1}{1-p}\left[p\sum_{i=0}^{k-2}\mathrm{C}_{k-1}^{i}E(X^{i+1})+\dfrac{p}{-\ln(1-p)}\right]$，在此约定 $\sum_{i=0}^{-1}=0$；(2) 求 $E(X)$，$E(X^2)$，$E(X^3)$，$E(X^4)$.

29. 设有 N 件产品，其中有 M 件次品，其余 $N-M$ 件为正品. 今从中任意一次一个不放回地取出，直到取出 $r(r\leqslant M\leqslant N)$ 个次品时，记总取出的产品数为 Y. (1) 试求 Y 的分布列；(2) 记 $X=Y-r$，称 X 服从"负超几何分布"，记为 $X\sim HP(N, M, r)$，试求 X 的分布列；(3) 试求 X 的数学期望、方差以及三阶原点矩与四阶原点矩.

30. 设 $\{X_n, n\geqslant 1\}$ 为独立的随机变量序列，且 $X_n\sim N(1/n, 1/n)$，(1) 证明 $\{X_n, n\geqslant 1\}$ 依概率收敛于 0；(2) 证明 $\{X_n, n\geqslant 1\}$ 以概率 1 收敛于 0；(3) 试问是否存在 a_n，$\lim\limits_{n\to+\infty}a_n=+\infty$，使得 $a_nX_n^2$ 依分布收敛于 $\chi^2(1)$？

31. 设总体 X 的分布列为：$\begin{pmatrix}-1 & 0 & 1\\ q & r & p\end{pmatrix}$，其中 $0<p<1$，$0<q<1$，$p+q+r=1$，而 $X_1, X_2, \cdots, X_n$ 为总体 X 的一个简单随机样本. (1) 求 $X_1, X_2, \cdots, X_n$ 最大值 M 的分布列；(2) 如设 $r=0$，此时当 n 充分大时，求样本均值 $\bar{X}$ 的近似分布.

32. 设 $X_1, X_2, \cdots, X_n$ 相互独立，且同服从 $B(1, p)$，且 $\hat{p}=\bar{X}$，求 (1) $\hat{p}$ 依概率收敛的极限；(2) $\log\hat{p}$ 的极限分布.

33. 设 $F(x)$ 是总体 X 的分布函数，$F_n(x)$ 是基于来自总体 X 的容量为 n 的简单随机样本的经验分布函数. 对于任意给定的 x，$-\infty<x<+\infty$，试求 $F_n(x)$ 的概率分布、数学期望和方差.

34. 设 $X_1, X_2, \cdots, X_n$ 独立同分布，分布函数为 $F(x)$，$Y_n(x)$ 为 x_i 中小于等于 x 的个数，求 $\dfrac{Y_n(x)}{n}$ 的极限分布.

35. 有三个人"随机地分布"在长为 1 km 的一段路上，求没有两个人之间距离小于 d（单位：km）的概率（其中 $d\leqslant 1/2$ km）.

36. 设总体 X 的分布函数为 $F(x)$，$X_1, X_2, \cdots, X_n$ 为来自总体 X 的一个样本，$F_n^*(x)$ 为其经验分布函数，问要使得对任意 $x\in(-\infty, +\infty)$，$F_n^*(x)$ 与 $F(x)$ 的绝对误差 $|F_n^*(x)-F(x)|$ 不小于 10% 的概率不大于 5%，样本容量 n 至少应该取多大？

37. 设 $X_1, X_2, \cdots, X_n$ 相互独立，是取自分布函数 $F(x)$ 的一个样本，$F_n(x)$ 是经验分布函数，证明：$\mathrm{cov}(F_n(u), F_n(v))=\dfrac{1}{n}[F(m)-F(u)F(v)]$，$m=\min(u, v)$.

38. 设 $X_1, X_2, \cdots, X_n$ 是总体 $X\sim N(\mu, \sigma^2)$ 的一个简单随机样本，记 $T=\bar{X}^2-\dfrac{S^2}{n}$，求 $D(T)$.

39. 设 $X_1, X_2, \cdots, X_n$ 为来自如下总体的一个简单随机样本，分布列为：

$$P(X=1)=2p,\ P(X=2)=4p,\ P(X=3)=1-6p,$$

其中，$0<p<1/6$. 试求 (1) p 的最大似然估计 $\hat{p}_1$，并求该估计的方差；(2) p 的矩估计 $\hat{p}_2$；(3) $\hat{p}_1$，$\hat{p}_2$ 是否为参数 p 的相合估计？(4) $\hat{p}_1$，$\hat{p}_2$ 是否为参数 p 的无偏估计？哪个更有效？(5) 参数 p 的最小方差无偏估计.

40. 设来自总体 X 的简单随机样本 $X_1, X_2, \cdots, X_n$，总体 X 的概率分布为：

$$P(X=1)=\theta^2,\ P(X=2)=2\theta(1-\theta),\ P(X=3)=(1-\theta)^2,$$

其中，$0<\theta<1$. 分别以 v_1, v_2 表示 $X_1, X_2, \cdots, X_n$ 中 1, 2 出现的次数. 试求：(1) 未知参数 θ 的极大似然估计量 $\hat{\theta}_1$，并求 $E(\hat{\theta}_1)$；(2) 未知参数 θ 的矩估计量 $\hat{\theta}_2$，并求 $E(\hat{\theta}_2)$，$D(\hat{\theta}_2)$；(3) 当样本值为 (1, 1, 2, 1, 3, 2) 时的极大似然估计值和矩估计值.

41. 设 $X_1, X_2, \cdots, X_n$ 为抽自总体 X 的简单随机样本,其中 X 的密度函数为:当 $x>0$ 时,$f(x, \theta)=\dfrac{4x^2}{\theta^3\sqrt{\pi}}e^{\frac{-x^2}{\theta^2}}$;当 $x\leqslant 0$ 时,$f(x, \theta)=0$,其中 $\theta>0$. (1) 试求 θ 的矩估计 $\hat{\theta}$ 和极大似然估计 θ^*;(2) 讨论 $\hat{\theta}$ 和 θ^* 是否为 θ 的无偏估计,并证明你的结论;(3) 试求 θ^2 的无偏估计.

42. 设 $X_1, X_2, \cdots, X_n$ 为总体 X 的一个样本,X 的密度函数 $f(x)=\theta x^{\theta-1}$, $\theta>0$, $0<x<1$, (1) 判断 $\prod\limits_{i=1}^{n}X_i$ 是否是 θ 的充分统计量;(2) 求 θ 的充分完备统计量;(3) 求 θ 的弱相合估计量.

43. 设随机变量 X 的密度为 $f(x)=\theta(2-2x)(2x-x^2)^{\theta-1}$, $x\in(0, 1)$, $\theta>0$, $X_1, X_2, \cdots, X_n$ 为 X 的一个样本,$Y=-\ln(2X-X^2)$, (1) 求 Y 的密度函数;(2) 求 $E(Y)$ 和 X 的中位数 m_e;(3) 求 θ 的极大似然估计 $\hat{\theta}$;(4) 求 $\hat{\theta}$ 的密度函数;(5) 求 θ 的充分完备统计量;(6) 证明 $\hat{\theta}$ 为 θ 的相合估计;(7) 求 θ 的最小方差无偏估计,并求其方差;(8) 求 θ 无偏估计的 C-R 下界;(9) 求 θ 的置信水平 $1-\alpha$ 的区间估计.

44. 设总体 X 服从参数为 $\theta_1>0$, $\theta_2>0$ 的两参数非对称拉普拉斯分布,即 $X\sim L(\theta_1, \theta_2)$,其密度函数为 $f(x)=\begin{cases}\dfrac{1}{2\theta_1}e^{x/\theta_1}, & x<0,\\ \dfrac{1}{2\theta_2}e^{-x/\theta_2}, & x\geqslant 0,\end{cases}$ 而 $X_1, X_2, \cdots, X_n$ 为来自总体 X 的一个容量为 n 的样本,(1) 利用样本的一阶矩 $\bar{X}$ 与二阶矩 $\overline{X^2}$,求参数 θ_1, θ_2 的矩估计;(2) 利用样本的一阶矩 $\bar{X}$ 与一阶绝对矩 $\overline{|X|}=\dfrac{1}{n}\sum\limits_{i=1}^{n}|X_i|$,求参数 θ_1, θ_2 的矩估计,并求其方差与协方差;(3) 求参数 θ_1, θ_2 的极大似然估计.

45. 设一个系统由甲乙两种类型的元件串联而成,两个元件的使用寿命记为 X, Y,分别服从参数为 λ 与 μ 的指数分布,且相互独立. 通常 X 与 Y 不能完全观测到,仅仅可以观测系统的使用寿命 Z 与导致系统失效的元件类型 W, $Z=\min(X, Y)$, $W=\begin{cases}1, & 若 Z=X,\\ 0, & 若 Z=Y.\end{cases}$ (1) 求 Z 的分布;(2) 证明:Z 与 W 相互独立;(3) 若 $(Z_1, W_1), (Z_2, W_2), \cdots, (Z_n, W_n)$ 为 (Z, W) 的随机样本,求参数 λ 与 μ 的极大似然估计 $\hat{\lambda}$, $\hat{\mu}$;(4) 计算 $E(\hat{\lambda})$,并以此说明 $\hat{\lambda}$ 是否为参数 λ 的无偏估计;(5) 若 $\hat{\lambda}$ 不是参数 λ 的无偏估计,试求常数 C,使得 $C\hat{\lambda}$ 为参数 λ 的无偏估计;(6) $C\hat{\lambda}$ 是否为参数 λ 的相合估计?

46. 假设 $X_1, X_2, \cdots, X_n$ 和 $Y_1, Y_2, \cdots, Y_m$ 分别是抽自正态总体 $N(a, \sigma^2)$ 和 $N(b, k\sigma^2)$ 的两组独立的简单样本,其中 k 为一已知的正数,a, b 和 σ^2 均为未知的参数. (1) 求 a, b 和 σ^2 的极大似然估计;(2) 根据(1)构造 $a-b$ 的一个置信水平为 $1-\alpha(0<\alpha<1)$ 的置信区间.

47. 设 $X_{(1)}, X_{(2)}, \cdots, X_{(n)}$ 为来自两参数指数分布总体 $X\sim \mathrm{Exp}(\mu, 1/\theta)$ 的一个容量为 n 的前 n 个次序统计量,总体的密度函数为:$f(x)=\dfrac{1}{\theta}\exp\left\{-\dfrac{x-\mu}{\theta}\right\}$, $x\geqslant\mu\geqslant 0$, $\theta>0$,给定显著性水平 α,求参数 μ, θ 的置信水平 $1-\alpha$ 的置信区间.

48. 设总体 X 的密度函数为:$f(x;\theta)=\begin{cases}\theta^2 xe^{-\theta x}, & x\geqslant 0,\\ 0, & x<0,\end{cases}$ $\theta>0$, $X_1, X_2, \cdots, X_n$ 为来自此总体的样本,(1) 求 θ 的极大似然估计 $\hat{\theta}_L$;(2) 证明 $\hat{\theta}=\dfrac{2n-1}{2n}\hat{\theta}_L$ 为 θ 的无偏估计;(3) 求 θ 的无偏估计方差的 C-R 下界,并问 $\hat{\theta}$ 是否为 θ 的优效估计?

49. 设随机变量 $X_1, X_2, \cdots, X_n$ 相互独立且服从同一离散型分布,其分布列如下:

$$P(X_1=-1)=\frac{1-\theta}{2},\ P(X_1=0)=\frac{1}{2},\ P(X_1=1)=\frac{\theta}{2},\ 0<\theta<1.$$

(1) 求 θ 的矩估计 $\hat{\theta}_1$,并求 $E(\hat{\theta}_1)$, $D(\hat{\theta}_1)$;(2) 求 θ 的极大似然估计 $\hat{\theta}_2$,并求 $E(\hat{\theta}_2)$;(3) 求 θ 的无偏估计

的方差的C-R下界.(注：能写成通项的应写成通项.)

50. 设$X_1, X_2, \cdots, X_n$为抽自均匀分布$U[\theta_1, \theta_2]$的一个简单随机样本，$X_{(1)} \leqslant X_{(2)} \leqslant \cdots \leqslant X_{(n)}$为其次序统计量，求(1) $\theta_2 - \theta_1$的置信水平为$1-\alpha$的置信区间；(2) $\theta_2 + \theta_1$的置信水平为$1-\alpha$的置信区间.

51. 设$X_1, X_2, \cdots, X_m$独立同分布于$U[0, \theta_1]$，$Y_1, Y_2, \cdots, Y_n$独立同分布于$U[0, \theta_2]$，$\theta_1, \theta_2 > 0$皆未知，且两个样本独立，求$\dfrac{\theta_1}{\theta_2}$的置信水平为$1-\alpha$的置信区间.

52. 根据遗传学理论，性别决定于两个染色体，女性是XX，男性是XY，人群中有XX和XY染色体的人所占的比例都是0.5.染色体X与非色盲遗传因子A或色盲遗传因子B成对出现，概率分别为p和q，$p+q=1$，染色体Y不可能与A或B成对出现.遗传因子有显性和隐性之分，非色盲遗传因子A是显性因子，色盲遗传因子B是隐性因子.现随机调查1 000人，按性别和是否色盲将这1 000人分类，分类结果如下：男性正常、女性正常、男性色盲和女性色盲人数分别为442, 514, 38, 6，试求这四类人群所占比例p_i，$i=1, 2, 3, 4$的极大似然估计.

53. 设$X_1, X_2, \cdots, X_n$是从零截断泊松分布中抽样出来的独立同分布样本，即有分布列：$P(X_i = x) = \dfrac{\theta^x}{x!} \dfrac{1}{e^\theta - 1}$，$x=1, 2, \cdots$，$\theta > 0$，请求出$n=1$和$n=2$时$\theta$的UMVUE.

54. 某公司为了调查消费者对于新推出产品的支持程度，设计问卷调查，随机抽取$n=100$个人，其中有$n_1=45$个人认为新产品好，$n_2=35$个人认为标准产品好，其余$n_3=20$个人认为新产品与标准产品没有区别.记$\pi=(\pi_1, \pi_2, \pi_3)$为消费者对产品支持态度的概率，即$\pi_1$表示新产品好的概率，$\pi_2$表示标准产品好的概率，$\pi_3$表示新产品与标准产品没有区别的概率.(1) 试给出π的对数似然函数和极大似然估计量$\hat{\pi}=(\hat{\pi}_1, \hat{\pi}_2, \hat{\pi}_3)$，并计算出其估计值；(2) 试给出$\hat{\pi}_1$和$\hat{\pi}_2$的方差以及它们的协方差，并计算出其估计值；(3) 给出π_3的置信水平为95%的置信区间；(4) 为调查消费者对于新推出的产品的支持程度，试设计一个检验问题，并给出所提检验问题的Pearson检验统计量，并在显著性水平0.05下，给出检验结果(提示：检验消费者是否认为新产品与标准产品有差异).

55. 设$X_1, X_2, \cdots, X_n$是来自总体X的一个样本，X的密度函数记为$f(x \mid a) = ax^{a-1}$，$0<x<1$，$a>0$，假设检验问题：$H_0: a \leqslant 1 \leftrightarrow H_1: a>1$，(1) 拒绝域$\mathscr{X}_0 = \left\{(x_1, x_2): x_1 x_2 > \dfrac{1}{2}\right\}$，求第一类错误的概率；(2) 求功效函数(或势函数).

56. 设$X_1, X_2, \cdots, X_n$是来自瑞利分布$Ra(\theta)$的一个样本，瑞利分布的密度函数为：$f(x) = \dfrac{2x}{\theta^2} e^{-\frac{x^2}{\theta^2}}$，$x>0$，$\theta>0$.(1) 求此分布的充分统计量；(2) 利用充分统计量在给定显著性水平α下给出检验问题：$H_0: \theta=1 \leftrightarrow H_1: \theta>1$的拒绝域；(3) 在样本量较大时，利用中心极限定理给出近似拒绝域.

57. 设$y_i = \beta x_i + \varepsilon_i$，$\varepsilon_i \sim N(0, \sigma^2 x_i^2)$，$i=1, 2, \cdots, n$，$\varepsilon_1, \varepsilon_2, \cdots, \varepsilon_n$相互独立.(1) 求$\beta$的最小二乘估计和极大似然估计，$\sigma^2$的极大似然估计；(2) β的最小二乘估计与极大似然估计是否无偏？哪个更好？

58. 设样本观察值(x_i, y_i)，$i=1, 2, \cdots, n$满足$y_i = a + bx_i + \varepsilon_i$，$E(\varepsilon_i)=0$，$D(\varepsilon_i) = \dfrac{\sigma^2}{\omega_i}$，其中$\omega_i > 0$，而$a, b, \sigma^2$是未知参数.取目标函数为$Q(a, b) = \sum\limits_{i=1}^n \omega_i (y_i - a - bx_i)^2$，(1) 试求$a, b$的最小二乘估计，并给出$\sigma^2$的无偏估计；(2) 求参数$a, b, \sigma^2$的极大似然估计.

59. 考虑如下回归模型：$y_{ij} = \alpha_i + \beta x_{ij} + \varepsilon_{ij}$，$i=1, 2, \cdots, m$；$j=1, 2, \cdots, n_i$，其中，$\varepsilon_{ij}$，$i=1, 2, \cdots, m$；$j=1, 2, \cdots, n_i$相互独立，且同服从$N(0, \sigma^2)$.(1) 求$\alpha_i$和$\beta$的最小二乘估计，其与极大似然估计有何关系？(2) 给出检验假设$H_0: \alpha_1 = \alpha_2 = \cdots = \alpha_m$的检验法则.

60. 设$y_{ij} = \alpha + \beta_i x_j + \varepsilon_{ij}$，$i=1, 2, \cdots, m$，$j=1, 2, \cdots, n$，其中$\alpha, \beta_1, \beta_2, \cdots, \beta_m$为未知参数，

$x_1, x_2, \cdots, x_n$ 为不全相同的已知数,且满足 $\sum_{j=1}^{n} x_j = 0$,各 ε_{ij} 相互独立,均服从分布 $N(0, \sigma^2)$,其中 σ^2 未知. (1) 求 $\alpha, \beta_1, \beta_2, \cdots, \beta_m$ 的最小二乘估计 $\hat{\alpha}, \hat{\beta}_1, \hat{\beta}_2, \cdots, \hat{\beta}_m$; (2) 求 $E(\hat{\alpha}), D(\hat{\alpha}), E(\hat{\beta}_i), D(\hat{\beta}_i)$, $i = 1, 2, \cdots, m$; (3) 求 σ^2 的无偏估计.

参 考 文 献

[1] 茆诗松，程依明，濮晓龙. 概率论与数理统计教程[M]. 2 版. 北京：高等教育出版社，2011.

[2] 茆诗松，程依明，濮晓龙. 概率论与数理统计教程习题与解答[M]. 2 版. 北京：高等教育出版社，2012.

[3] 华东师范大学数学系. 概率论与数理统计习题集[M]. 北京：高等教育出版社，1983.

[4] 魏宗舒，等. 概率论与数理统计教程[M]. 北京：高等教育出版社，1989.

[5] 梁之舜，邓集贤，杨维权，等. 概率论与数理统计(上下册)[M]. 北京：高等教育出版社，2004.

[6] 陈家鼎，郑忠国. 概率与统计[M]. 北京：北京大学出版社，2008.

[7] 李贤平，沈崇圣，陈子毅. 概率论与数理统计[M]. 上海：复旦大学出版社，2003.

[8] 吴赣昌. 概率论与数理统计(理工类)[M]. 北京：中国人民大学出版社，2006.

[9] 方开泰，许建伦. 统计分布[M]. 北京：科学出版社，1987.

[10] 缪铨生. 概率论与数理统计[M]. 上海：华东师范大学出版社，1998.

[11] 赵跃生. 概率与统计习题解答[M]. 上海：华东师范大学出版社，2007.

[12] 茆诗松，周纪芗. 概率论与数理统计[M]. 北京：中国统计出版社，2007.

[13] 陈俊雅，魏文元，韩家楠，等. 全国高等院校硕士研究生入学试题解答——概率论与数理统计(1980—1984)[M]. 天津：天津科学技术出版社，1986.

[14] 朱秀娟，洪再吉. 概率统计问答 150 题[M]. 长沙：湖南科学技术出版社，1984.

[15] 茆诗松，王静龙. 数理统计[M]. 上海：华东师范大学出版社，1993.

[16] 李裕奇，赵联文，刘海燕. 概率论与数理统计习题详解[M]. 成都：西南交通大学出版社，2006.

[17] 谢兴武，李宏伟. 概率统计释难解疑[M]. 北京：科学出版社，2007.

[18] 梅长林，王宁，周家良. 概率论和数理统计——学习与提高[M]. 西安：西安交通大学出版社，2001.

[19] 陈希孺，倪国熙. 数学统计学[M]. 合肥：中国科学技术大学出版社，2009.

[20] 贺才兴，童品苗，王纪林，等. 概率论与数理统计[M]. 北京：科学出版社，2000.

[21] 范金城，吴可法. 统计推断导引[M]. 北京：科学出版社，2001.

[22] 陈悦. 概率论与数理统计典型题详解[M]. 北京：机械工业出版社，2002.

[23] 隋亚丽，张启全. 概率统计学习指导[M]. 北京：清华大学出版社，2007.

[24] 周概容. 概率论与数理统计(经管类)[M]. 北京：高等教育出版社，2009.

[25] 汪忠志. 概率论及统计应用[M]. 合肥：合肥工业大学出版社，2005.

[26] 赵振伦. 统计学——理论、实物、案例[M]. 上海：立信会计出版社，2005.

[27]　苏继伟.统计学案例分析[M].北京：高等教育出版社,2010.

[28]　茆诗松,王静龙,濮晓龙.高等数理统计[M].2版.北京：高等教育出版社,2006.

[29]　何书元.数理统计[M].北京：高等教育出版社,2012.

[30]　肖果能,唐立,陈亚利,等.概率论与数理统计全程导学[M].长沙：湖南科学技术出版社,2002.

[31]　叶慈南,刘锡平.概率论与数理统计[M].北京：科学出版社,2009.

[32]　胡细宝,王丽霞.概率论与数理统计[M].2版.北京：北京邮电大学出版社,2004.

[33]　韦来生.数理统计[M].北京：科学出版社,2008.

[34]　曹炳元,阎国军.应用概率统计教程[M].北京：科学出版社,2005.

[35]　曹振华,赵平,胡跃清.概率论与数理统计[M].南京：东南大学出版社,2001.

[36]　刘嘉焜,王家生,张玉环.应用数理统计[M].北京：科学出版社,2004.

[37]　吴坚,徐凤君,刘应安.应用概率统计[M].2版.北京：高等教育出版社,2007.

[38]　朱燕堂,赵选民,徐伟.应用概率统计方法[M].西北工业大学出版社,2000.

[39]　宇世航,张锐梅,王晓霞.应用数理统计[M].哈尔滨：黑龙江大学出版社,2008.

[40]　吴群英,林亮.应用数理统计[M].天津：天津大学出版社,2004.

[41]　孙荣恒.应用数理统计[M].2版.北京：科学出版社,2003.

[42]　叶鹰,李开丁.经济数学——概率路与数理统计题解[M].武汉：华中科技大学出版社,2004.

[43]　刘振学,黄仁和,田爱民.实验设计与数据处理[M].北京：化学工业出版社,2005.

[44]　苏均和.试验设计[M].上海：上海财经大学出版社,2005.

[45]　方开泰,马长兴.正交与均匀试验设计[M].北京：科学出版社,2001.

[46]　任露泉.试验设计及其优化[M].北京：科学出版社,2009.

[47]　赵选民.实验设计方法[M].北京：科学出版社,2006.

[48]　李云雁,胡传荣.实验设计与数据处理[M].北京：化学工业出版社,2005.

[49]　李志西,杜双奎.试验优化设计与统计分析[M].北京：科学出版社,2010.

[50]　何晓群,刘文卿.应用回归分析[M].2版.北京：中国人民大学出版社,2007.

[51]　Ross S M.概率论基础教程[M].郑忠国,詹从赞,译.北京：人民邮电出版社,2007.

[52]　陆传赉,王玉孝,姜炳麟.概率论与数理统计习题解析[M].2版.北京：北京邮电大学出版社,2012.

[53]　叶中行,王蓉华,徐晓岭,等.概率论与数理统计[M].北京：北京大学出版社,2010.

[54]　王蓉华,徐晓岭,叶中行,等.概率论与数理统计(习题精选)[M].北京：北京大学出版社,2010.

[55]　DeGroot M H, Schervish M J.概率统计[M].叶中行,王蓉华,徐晓岭,译.北京：人民邮电出版社,2006.

[56]　孙祝岭,徐晓岭.数理统计[M].北京：科学出版社,2006.